中国农业标准经典收藏系列

最新中国农业行业标准

第一辑

1

农业标准出版研究中心　编

中国农业出版社

图书在版编目（CIP）数据

最新中国农业行业标准．第1辑/农业标准出版研究中心编．—北京：中国农业出版社，2010.12
（中国农业标准经典收藏系列）
ISBN 978-7-109-15326-4

Ⅰ.①最… Ⅱ.①农… Ⅲ.①农业—行业标准—汇编—中国—2010 Ⅳ.①S-65

中国版本图书馆CIP数据核字（2010）第261045号

中国农业出版社出版
（北京市朝阳区农展馆北路2号）
（邮政编码 100125）
责任编辑 刘 炜

人民教育出版社印刷厂印刷 新华书店北京发行所发行
2011年1月第1版 2011年1月北京第1次印刷

开本：880mm×1230mm 1/16 印张：139
字数：4 164千字
总定价：680.00元

出 版 说 明

为全面提升农产品质量安全水平，进一步推动农业生产标准化工作，我社在2004—2009年出版的1 858项单行标准的基础上，根据农业标准化生产的需要，组织出版了《中国农业标准经典收藏系列》，包括《最新中国农业行业标准》、《最新中国水产行业标准》和《最新农业部公告国家标准》。

《最新中国农业行业标准》根据年代不同分六辑出版，每一辑按照标准的顺序号从小到大排列。第一辑收录了2004年发布的农业行业标准276项，共2册；第二辑收录了2005年发布的农业行业标准57项；第三辑收录了2006年发布的农业行业标准444项，共4册；第四辑收录了2007年发布的农业行业标准380项，共4册；第五辑收录了2008年发布的农业行业标准187项，共2册；第六辑收录了2009年发布的农业行业标准168项，共2册。

《最新中国水产行业标准》收录了2004—2009年发布的水产行业标准209项，共2册。

《最新农业部公告国家标准》收录了2004—2009年发布的农业部公告国家标准137项。

特别声明：

1. 目录中标有*表示该标准已经被替代，但考虑到研究和参考比对的需要，也收录其中，请读者在选用标准时注意。

2. 目录中标有**表示因各种原因未能出版。

3. 本汇编所收录标准的发布年代不尽相同，本着尊重原著的原则，除明显差错外，对标准中所涉及的有关量、符号、单位和编写体例均未做统一改动。

4. 从印制工艺的角度考虑，原标准中的彩色部分在此只给出了黑白图片。

本书可供农业生产人员、标准管理干部和科研人员使用，也可供有关农业院校师生参考。

2010年12月

目　录

ICS 01.040.65
B 43

中华人民共和国农业行业标准

NY 1—2004
代替 NY 1—1981

细毛羊鉴定项目、符号、术语

Testing items, symbols and technical terms of merino

2004-08-25 发布　　2004-09-01 实施

中华人民共和国农业部　发布

前　言

本标准与 NY 1－1981 相比有如下变化：

——原标准中鉴定项目 12 项，改为 10 项，删去外形、腹毛、体格大小的内容，增加被毛手感鉴定项目。对鉴定项目表述方法及内容作了调整。本标准将原标准项目中的总评分离，单独设立章节并表述为综合评定。

——鉴定项目评定标准采用 3 分制，改变原标准中的语言描述定性评定。

——本标准中，净毛率计算公式中的回潮率由 17％改为 16％。并删去原标准中的羊毛包净毛率条款。

本标准实施之日起替代原 NY 1－1981《细毛羊鉴定项目、符号、术语》。

本标准由中华人民共和国农业部提出并归口。

本标准起草单位：新疆畜牧科学院、新疆农垦科学院、吉林农业科学院。

本标准主要起草人：史梅英、杨永林、张新明、田可川、倪建宏、柳楠、胡向荣、石国庆。

细毛羊鉴定项目、符号、术语

1 范围

本标准规定了细毛羊鉴定项目、符号、术语。

本标准适用于细毛羊鉴定。

2 鉴定项目

细毛羊鉴定项目共10项。项目用汉语拼音首位字母代表。以3分制评定鉴定项目。

2.1 头部

头部用T表示为TX,X为评分。

T3——头毛着生至眼线,鼻梁平滑,面部光洁、无死毛。公羊角呈螺旋型,无角型公羊应有角凹;母羊无角。

T2——头毛多或少,鼻梁稍隆起。公羊角形较差;无角型公羊有角。

T1——头毛过多或光脸,鼻梁隆起。公羊角形较差;无角型公羊有角,母羊有小角。

2.2 体形类型

体形类型用L表示为LX,X为评分。

L3——正侧呈长方形。公、母羊颈部有优良的纵皱褶或群皱。胸深,背腰长,腰线平直,尻宽而平,后躯丰满,肢势端正。

L2——颈部皮肤较紧或皱褶多,体躯有明显皱褶。

L1——颈部皮肤紧或皱褶过多,背线、腹线不平,后躯不丰满。

2.3 被毛长度

实测毛长:在羊体左侧中线,肩胛骨后缘一掌处,顺毛丛方向测量毛丛自然状态的长度,以厘米(cm)表示,精确到0.5 cm。

超过或不足12个月的毛长均应折合为12个月的毛长。可根据各地羊毛长度生长规律校正。

种公羊的毛长除记录体侧毛长外,还可测肩、背、股、腹部毛长。

2.4 长度匀度

长度匀度用C表示为CX,X为评分。

C3——被毛各部位毛丛长度均匀。

C2——背部与体侧毛丛长度差异较大。

C1——被毛各部位的毛丛长度差异较大。

2.5 被毛手感

用S表示为SX,X为评分。

用手抚摸肩部、背部、体侧部、股部被毛。

S3——被毛手感柔软、光滑。

S2——被毛手感较柔软、光滑。

S1——被毛手感粗糙。

2.6 被毛密度

被毛密度用M表示为MX,X为评分。

M3——被毛密度达中等以上。

M2——被毛密度达中等或很密。

M1——密度差。

2.7 被毛纤维细度

2.7.1 细羊毛的细度应是60支以上或毛纤维直径25.0 μm及以内的同质毛。

2.7.2 在测定毛长的部位，依不同的测定方法需要取少量毛纤维测细度，以μm表示，现场可暂用支数或μm表示。

2.8 细度匀度

细度匀度用Y表示为YX，X为评分。

Y3——被毛细度均匀，体侧和股部细度差不超过2.0 μm；毛丛内纤维直径均匀。

Y2——被毛细度较均匀，后躯毛丛内纤维直径欠均匀，少量浮现粗绒毛。

Y1——被毛细度欠均匀，毛丛中有较多浮现粗绒毛。

2.9 弯曲

弯曲用W表示为WX，X为评分。

W3——正常弯曲（弧度呈半圆形）。毛丛顶部到根部弯曲明显、大小均匀。

W2——正常弯曲。毛丛顶部到根部弯曲欠明显、大小均匀。

W1——弯曲不明显或有非正常弯曲。

2.10 油汗

油汗用H表示为HX，X为评分。

H3——白色油汗，含量适中。

H2——乳白色油汗，含量适中。

H1——浅黄色油汗。

3 综合评定

总评是综合品质和种羊种用价值的评定。按10分制评定。

10分——全面符合指标中的优秀个体。

9分——全面符合指标的个体，综合品质好。

8分——符合指标的个体，综合品质较好。

7分——基本符合指标的个体，综合品质一般。

6分——不符合指标的个体，综合品质差。

6分以下不详细评定。

4 等级标志及耳号

4.1 等级标志

细毛羊两岁鉴定结束后，在右耳做等级标志。

等级分为特级、一级和二级。不符合等级的一律不打标记。

特级——在耳尖剪一个缺口。

一级——在耳下缘剪一个缺口。

二级——在耳下缘剪两个缺口。

4.2 耳号

在羊的左耳佩带耳号或耳内侧无毛处打耳刺号。第一位应为出生年号。其他自行确定，允许有各种代号。

5 术语和定义

下列术语和定义适用本标准。

5.1

剪毛量　wool yield

又称原毛量，在剪毛季节受测羊只所剪毛的总质量。

5.2

净毛率　clean wool yield

受测羊只所剪的毛经洗净后的质量用公定回潮率修正后与原毛质量的百分比。按公式(1)计算。

$$净毛率(\%)=\frac{净毛绝对干燥重\times(1+16\%)}{污毛重}\times 100 \quad\cdots\cdots(1)$$

5.3

个体净毛率　Individual clean yield

种公羊、后备公羊、核心群母羊测个体净毛率。用体侧毛样100 g～150 g测定。

5.4

净毛量　clean wool yield

污毛产量乘以净毛率即为净毛量。

5.5

体重　body weight

羊空腹剪毛后即称重，重量以kg表示，精确到0.5 kg。

5.6

产羔率

出生的活羔羊数与分娩母羊数的百分比。结果修约至两位小数。按公式(2)计算。

$$产羔率(\%)=\frac{产活羔羊数}{分娩母羊数}\times 100 \quad\cdots\cdots(2)$$

5.7

羔羊成活率　lamb livability

断奶成活羔羊数与出生活羔数的百分比。按公式(3)计算。

$$羔羊成活率(\%)=\frac{断奶成活羔羊数}{出生活羔羊数}\times 100 \quad\cdots\cdots(3)$$

断奶日龄一般为120日龄。

5.8

胴体重

将待测羊悬吊后肢，屠宰并充分放血后去皮毛、头(由环枕关节处分割)、管骨及管骨以下部分和内脏(保留肾脏及肾脂)，剩余部分静置30 min后称重并记录结果，单位为千克(kg)。结果保留至一位小数。

5.9

屠宰率　Killing out percentage

胴体重加上内脏脂肪重(包括大网膜和肠系膜的脂肪)与宰前活重的百分比。结果修约至两位小数。按公式(4)计算。

$$屠宰率(\%)=\frac{胴体重+内脏脂肪重}{宰前活重}\times 100 \quad\cdots\cdots(4)$$

ICS 65.020.30
B 43

中华人民共和国农业行业标准

NY/T 33—2004
代替 NY/T 33—1986

鸡饲养标准

Feeding standard of chicken

2004-08-25 发布　　2004-09-01 实施

中华人民共和国农业部 发布

前　言

本标准代替 NY/T 33—1986。

本标准由中华人民共和国农业部提出并归口。

本标准主要起草单位:中国农业科学院畜牧研究所、中国农业科学院饲料研究所、中国农业大学动物科技学院、广东省农业科学院畜牧研究所、山东省农业科学院家禽研究所。

本标准主要起草人:文杰、蔡辉益、呙于明、齐广海、陈继兰、张桂芝、刘国华、熊本海、苏基双、计成、刁其玉、刘汉林。

鸡 饲 养 标 准

1 范围

本标准适用于专业化养鸡场和配合饲料厂。蛋用鸡营养需要适用于轻型和中型蛋鸡，肉用鸡营养需要适用于专门化培育的品系，黄羽肉鸡营养需要适用于地方品种和地方品种的杂交种。

2 规范性引用文件

下列文件中的条款通过本标准的引用而成为本标准的条款。凡是注日期的引用文件，其随后所有的修改单(不包括勘误的内容)或修订版均不适用于本标准，然而，鼓励根据本标准达成协议的各方研究是否可使用这些文件的最新版本。凡是不注日期的引用文件，其最新版本适用于本标准。

GB/T 6432 饲料中粗蛋白质含量的测定

GB/T 6433 饲料中粗脂肪含量的测定

GB/T 6435 饲料中水分及干物质含量的测定

GB/T 6436 饲料中钙含量的测定

GB/T 6437 饲料中总磷含量的测定

GB/T 10647 饲料工业通用术语

GB/T 15400 饲料中氨基酸含量的测定

3 术语和定义

下列术语和定义适用于本标准。

3.1

蛋用鸡 layer

人工饲养的、用于生产供人类食用蛋的鸡种。

3.2

肉用鸡 meat-type chicken

人工饲养的、用于供人类食肉的鸡种。这里指专门化培育品系肉鸡。

3.3

黄羽肉鸡 Chinese color-feathered chicken

指《中国家禽品种志》及省、市、自治区地方《畜禽品种志》所列的地方品种鸡，同时还含有这些地方品种鸡血缘的培育品系、配套系鸡种，包括黄羽、红羽、褐羽、黑羽、白羽等羽色。

3.4

代谢能 metabolizable energy

食入饲料的总能减去粪、尿排泄物中的总能即为代谢能，也称表观代谢能，英文简写为 AME。以兆焦或兆卡表示。

蛋白能量比 CP/ME：每兆焦或每千卡饲粮代谢能所含粗蛋白的克数。

赖氨酸能量比 Lys/ME：每兆焦或每千卡饲粮代谢能所含赖氨酸的克数。

3.5

粗蛋白质 crude protein

粗蛋白质包括真蛋白质和非蛋白质含氮化合物，英文简写为 CP。无论饲养标准还是饲料成分表中的蛋白质含量，都由含氮量乘以 6.25 而来。

3.6

表观可利用氨基酸 apparent available amino acids

食入饲料的氨基酸减去粪尿中排泄的氨基酸即为表观可利用氨基酸。氨基酸表观利用率(AAAA%)的计算公式为式(1)：

$$AAAA\% = \frac{\text{饲料中氨基酸} - \text{粪尿中氨基酸}}{\text{饲料中氨基酸}} \times 100 \quad \cdots\cdots (1)$$

3.7

非植酸磷 nonphytate P

饲料中不与植酸成结合态的磷，即总磷减去植酸磷。

3.8

必需矿物质元素 mineral

饲料或动物组织中的无机元素为矿物质元素，以百分数(%)表示者为常量元素，用毫克/千克(mg/kg)表示者为微量元素。

3.9

维生素 vitamin

维生素是一族化学结构不同、营养作用和生理功能各异的有机化合物。维生素既非供能物质，也非动物的结构成分。主要用于控制和调节物质代谢。以国际单位(IU)或毫克(mg)表示。

4 鸡的营养需要

4.1 蛋用鸡的营养需要

生长蛋鸡、产蛋鸡的营养需要见表 1 和表 2。生长蛋鸡体重与耗料量见表 3。

表 1 生长蛋鸡营养需要

Table 1 Nutrient Requirements of Immature Egg-Type Chickens

营养指标 Nutrient	单位 Unit	0 周龄～8 周龄 0wks～8wks	9 周龄～18 周龄 9wks～18wks	19 周龄～开产 19wks～onset of lay
代谢能 ME	MJ/kg(Mcal/kg)	11.91(2.85)	11.70(2.80)	11.50(2.75)
粗蛋白质 CP	%	19.0	15.5	17.0
蛋白能量比 CP/ME	g/MJ(g/Mcal)	15.95(66.67)	13.25(55.30)	14.78(61.82)
赖氨酸能量比 Lys/ME	g/MJ(g/Mcal)	0.84(3.51)	0.58(2.43)	0.61(2.55)
赖氨酸 Lys	%	1.00	0.68	0.70
蛋氨酸 Met	%	0.37	0.27	0.34
蛋氨酸+胱氨酸 Met+Cys	%	0.74	0.55	0.64
苏氨酸 Thr	%	0.66	0.55	0.62
色氨酸 Trp	%	0.20	0.18	0.19
精氨酸 Arg	%	1.18	0.98	1.02
亮氨酸 Leu	%	1.27	1.01	1.07
异亮氨酸 Ile	%	0.71	0.59	0.60
苯丙氨酸 Phe	%	0.64	0.53	0.54
苯丙氨酸+酪氨酸 Phe+Tyr	%	1.18	0.98	1.00
组氨酸 His	%	0.31	0.26	0.27

表 1 （续）

营养指标 Nutrient	单位 Unit	0 周龄～8 周龄 0wks～8wks	9 周龄～18 周龄 9wks～18wks	19 周龄～开产 19wks～onset of lay
脯氨酸 Pro	%	0.50	0.34	0.44
缬氨酸 Val	%	0.73	0.60	0.62
甘氨酸＋丝氨酸 Gly＋Ser	%	0.82	0.68	0.71
钙 Ca	%	0.90	0.80	2.00
总磷 Total P	%	0.70	0.60	0.55
非植酸磷 Nonphytate P	%	0.40	0.35	0.32
钠 Na	%	0.15	0.15	0.15
氯 Cl	%	0.15	0.15	0.15
铁 Fe	mg/kg	80	60	60
铜 Cu	mg/kg	8	6	8
锌 Zn	mg/kg	60	40	80
锰 Mn	mg/kg	60	40	60
碘 I	mg/kg	0.35	0.35	0.35
硒 Se	mg/kg	0.30	0.30	0.30
亚油酸 Linoleic Acid	%	1	1	1
维生素 A Vitamin A	IU/kg	4 000	4 000	4 000
维生素 D Vitamin D	IU/kg	800	800	800
维生素 E Vitamin E	IU/kg	10	8	8
维生素 K Vitamin K	mg/kg	0.5	0.5	0.5
硫胺素 Thiamin	mg/kg	1.8	1.3	1.3
核黄素 Riboflavin	mg/kg	3.6	1.8	2.2
泛酸 Pantothenic Acid	mg/kg	10	10	10
烟酸 Niacin	mg/kg	30	11	11
吡哆醇 Pyridoxine	mg/kg	3	3	3
生物素 Biotin	mg/kg	0.15	0.10	0.10
叶酸 Folic Acid	mg/kg	0.55	0.25	0.25
维生素 B_{12} Vitamin B_{12}	mg/kg	0.010	0.003	0.004
胆碱 Choline	mg/kg	1 300	900	500
注：根据中型体重鸡制订，轻型鸡可酌减 10%；开产日龄按 5%产蛋率计算。 Based on middle-weight layers but reduced 10% for light-weight. The day of 5% egg production is the onset lay age.				

表 2 产蛋鸡营养需要

Table 2 Nutrient Requirements of Laying Hens

营养指标 Nutrient	单位 Unit	开产～高峰期(>85%) Onset of lay～over 85% rate of lay	高峰后(<85%) Rate of lay<85%	种鸡 Breeder
代谢能 ME	MJ/kg(Mcal/kg)	11.29(2.70)	10.87(2.65)	11.29(2.70)
粗蛋白质 CP	%	16.5	15.5	18.0
蛋白能量比 CP/ME	g/MJ(g/Mcal)	14.61(61.11)	14.26(58.49)	15.94(66.67)
赖氨酸能量比 Lys/ME	g/MJ(g/Mcal)	0.64(2.67)	0.61(2.54)	0.63(2.63)
赖氨酸 Lys	%	0.75	0.70	0.75
蛋氨酸 Met	%	0.34	0.32	0.34
蛋氨酸＋胱氨酸 Met＋Cys	%	0.65	0.56	0.65
苏氨酸 Thr	%	0.55	0.50	0.55
色氨酸 Trp	%	0.16	0.15	0.16
精氨酸 Arg	%	0.76	0.69	0.76
亮氨酸 Leu	%	1.02	0.98	1.02
异亮氨酸 Ile	%	0.72	0.66	0.72
苯丙氨酸 Phe	%	0.58	0.52	0.58
苯丙氨酸＋酪氨酸 Phe＋Tyr	%	1.08	1.06	1.08
组氨酸 His	%	0.25	0.23	0.25
缬氨酸 Val	%	0.59	0.54	0.59
甘氨酸＋丝氨酸 Gly＋Ser	%	0.57	0.48	0.57
可利用赖氨酸 Available Lys	%	0.66	0.60	—
可利用蛋氨酸 Available Met	%	0.32	0.30	—
钙 Ca	%	3.5	3.5	3.5
总磷 Total P	%	0.60	0.60	0.60
非植酸磷 Nonphytate P	%	0.32	0.32	0.32
钠 Na	%	0.15	0.15	0.15
氯 Cl	%	0.15	0.15	0.15
铁 Fe	mg/kg	60	60	60
铜 Cu	mg/kg	8	8	6
锰 Mn	mg/kg	60	60	60
锌 Zn	mg/kg	80	80	60
碘 I	mg/kg	0.35	0.35	0.35
硒 Se	mg/kg	0.30	0.30	0.30
亚油酸 Linoleic Acid	%	1	1	1
维生素 A Vitamin A	IU/kg	8 000	8 000	10 000
维生素 D Vitamin D	IU/kg	1 600	1 600	2 000
维生素 E Vitamin E	IU/kg	5	5	10
维生素 K Vitalmin K	mg/kg	0.5	0.5	1.0

表 2 （续）

营养指标 Nutrient	单位 Unit	开产～高峰期(>85%) Onset of lay～over 85% rate of lay	高峰后(<85%) Rate of lay<85%	种鸡 Breeder
硫胺素 Thiamin	mg/kg	0.8	0.8	0.8
核黄素 Riboflavin	mg/kg	2.5	2.5	3.8
泛酸 Pantothenic Acid	mg/kg	2.2	2.2	10
烟酸 Niacin	mg/kg	20	20	30
吡哆醇 Pyridoxine	mg/kg	3.0	3.0	4.5
生物素 Biotin	mg/kg	0.10	0.10	0.15
叶酸 Folic Acid	mg/kg	0.25	0.25	0.35
维生素 B_{12} Vitamin B_{12}	mg/kg	0.004	0.004	0.004
胆碱 Choline	mg/kg	500	500	500

表 3 生长蛋鸡体重与耗料量

Table 3 Body Weight and Feed Consumption of Immature Egg-type Chicken

周龄 wks	周末体重，克/只 BW，g/bird	耗料量，克/只 FI，g/bird	累计耗料量，克/只 Accumulative FI，g/bird
1	70	84	84
2	130	119	203
3	200	154	357
4	275	189	546
5	360	224	770
6	445	259	1 029
7	530	294	1 323
8	615	329	1 652
9	700	357	2 009
10	785	385	2 394
11	875	413	2 807
12	965	441	3 248
13	1 055	469	3 717
14	1 145	497	4 214
15	1 235	525	4 739
16	1 325	546	5 285
17	1 415	567	5 852
18	1 505	588	6 440
19	1 595	609	7 049
20	1 670	630	7 679

注：0～8 周龄为自由采食，9 周龄开始结合光照进行限饲。

Fed at liberty during 0～8 weeks，controlled feeding begging at 9th week combing lighting regime.

4.2 肉用鸡营养需要

肉用仔鸡营养需要量见表4、表5，体重与耗料量见表6。

表4 肉用仔鸡营养需要之一

Table 4 Nutrient Requirement of Broilers(1)

营养指标 Nutrient	单位 Unit	0周龄～3周龄 0wks～3wks	4周龄～6周龄 4wks～6wks	7周龄～ 7 wks～
代谢能 ME	MJ/kg(Mcal/kg)	12.54(3.00)	12.96(3.10)	13.17(3.15)
粗蛋白质 CP	%	21.5	20.0	18.0
蛋白能量比 CP/ME	g/MJ(g/Mcal)	17.14(71.67)	15.43(64.52)	13.67(57.14)
赖氨酸能量比 Lys/ME	g/MJ(g/Mcal)	0.92(3.83)	0.77(3.23)	0.67(2.81)
赖氨酸 Lys	%	1.15	1.00	0.87
蛋氨酸 Met	%	0.50	0.40	0.34
蛋氨酸+胱氨酸 Met+Cys	%	0.91	0.76	0.65
苏氨酸 Thr	%	0.81	0.72	0.68
色氨酸 Trp	%	0.21	0.18	0.17
精氨酸 Arg	%	1.20	1.12	1.01
亮氨酸 Leu	%	1.26	1.05	0.94
异亮氨酸 Ile	%	0.81	0.75	0.63
苯丙氨酸 Phe	%	0.71	0.66	0.58
苯丙氨酸+酪氨酸 Phe+Tyr	%	1.27	1.15	1.00
组氨酸 His	%	0.35	0.32	0.27
脯氨酸 Pro	%	0.58	0.54	0.47
缬氨酸 Val	%	0.85	0.74	0.64
甘氨酸+丝氨酸 Gly+Ser	%	1.24	1.10	0.96
钙 Ca	%	1.0	0.9	0.8
总磷 Total P	%	0.68	0.65	0.60
非植酸磷 Nonphytate P	%	0.45	0.40	0.35
氯 Cl	%	0.20	0.15	0.15
钠 Na	%	0.20	0.15	0.15
铁 Fe	mg/kg	100	80	80
铜 Cu	mg/kg	8	8	8
锰 Mn	mg/kg	120	100	80
锌 Zn	mg/kg	100	80	80
碘 I	mg/kg	0.70	0.70	0.70
硒 Se	mg/kg	0.30	0.30	0.30
亚油酸 Linoleic acid	%	1	1	1
维生素 A Vitamin A	IU/kg	8 000	6 000	2 700
维生素 D Vitamin D	IU/kg	1 000	750	400
维生素 E Vitamin E	IU/kg	20	10	10

表 4 （续）

营养指标 Nutrient	单位 Unit	0 周龄～3 周龄 0wks～3wks	4 周龄～6 周龄 4wks～6wks	7 周龄～ 7 wks～
维生素 K Vitamin K	mg/kg	0.5	0.5	0.5
硫胺素 Thiamin	mg/kg	2.0	2.0	2.0
核黄素 Riboflavin	mg/kg	8	5	5
泛酸 Pantothenic Acid	mg/kg	10	10	10
烟酸 Niacin	mg/kg	35	30	30
吡哆醇 Pyridoxine	mg/kg	3.5	3.0	3.0
生物素 Biotin	mg/kg	0.18	0.15	0.10
叶酸 Folic Acid	mg/kg	0.55	0.55	0.50
维生素 B_{12} Vitamin B_{12}	mg/kg	0.010	0.010	0.007
胆碱 Choline	mg/kg	1 300	1 000	750

表 5 肉用仔鸡营养需要之二

Table 5 Nutrient Requirement of Broilers(2)

营养指标 Nutrient	单位 Unit	0 周龄～2 周龄 0wks～2wks	3 周龄～6 周龄 3wks～6wks	7 周龄～ 7wks～
代谢能 ME	MJ/kg(Mcal/kg)	12.75(3.05)	12.96(3.10)	13.17(3.15)
粗蛋白质 CP	%	22.0	20.0	17.0
蛋白能量比 CP/ME	g/MJ(g/Mcal)	17.25(72.13)	15.43(64.52)	12.91(53.97)
赖氨酸能量比 Lys/ME	g/MJ(g/Mcal)	0.88(3.67)	0.77(3.23)	0.62(2.60)
赖氨酸 Lys	%	1.20	1.00	0.82
蛋氨酸 Met	%	0.52	0.40	0.32
蛋氨酸+胱氨酸 Met+Cys	%	0.92	0.76	0.63
苏氨酸 Thr	%	0.84	0.72	0.64
色氨酸 Trp	%	0.21	0.18	0.16
精氨酸 Arg	%	1.25	1.12	0.95
亮氨酸 Leu	%	1.32	1.05	0.89
异亮氨酸 Ile	%	0.84	0.75	0.59
苯丙氨酸 Phe	%	0.74	0.66	0.55
苯丙氨酸+酪氨酸 Phe+Tyr	%	1.32	1.15	0.98
组氨酸 His	%	0.36	0.32	0.25
脯氨酸 Pro	%	0.60	0.54	0.44
缬氨酸 Val	%	0.90	0.74	0.72
甘氨酸+丝氨酸 Gly+Ser	%	1.30	1.10	0.93
钙 Ca	%	1.05	0.95	0.80
总磷 Total P	%	0.68	0.65	0.60
非植酸磷 Nonphytate P	%	0.50	0.40	0.35

表 5 （续）

营养指标 Nutrient	单位 Unit	0 周龄～2 周龄 0wks～2wks	3 周龄～6 周龄 3wks～6wks	7 周龄～ 7wks～
钠 Na	%	0.20	0.15	0.15
氯 Cl	%	0.20	0.15	0.15
铁 Fe	mg/kg	120	80	80
铜 Cu	mg/kg	10	8	8
锰 Mn	mg/kg	120	100	80
锌 Zn	mg/kg	120	80	80
碘 I	mg/kg	0.70	0.70	0.70
硒 Se	mg/kg	0.30	0.30	0.30
亚油酸 Linoleic acid	%	1	1	1
维生素 A Vitamin A	IU/kg	10 000	6 000	2 700
维生素 D Vitamin D	IU/kg	2 000	1 000	400
维生素 E Vitamin E	IU/kg	30	10	10
维生素 K Vitamin K	mg/kg	1.0	0.5	0.5
硫胺素 Thiamin	mg/kg	2	2	2
核黄素 Riboflavin	mg/kg	10	5	5
泛酸 Pantothenic Acid	mg/kg	10	10	10
烟酸 Niacin	mg/kg	45	30	30
吡哆醇 Pyridoxine	mg/kg	4.0	3.0	3.0
生物素 Biotin	mg/kg	0.20	0.15	0.10
叶酸 Folic Acid	mg/kg	1.00	0.55	0.50
维生素 B_{12} Vitamin B_{12}	mg/kg	0.010	0.010	0.007
胆碱 Choline	mg/kg	1 500	1 200	750

表 6 肉用仔鸡体重与耗料量

Table 6 Body Weight and Feed Consumption of Broilers

周龄 wks	体重，克/只 BW, g/bird	耗料量，克/只 FI, g/bird	累计耗料量，克/只 Accumulative FI, g/bird
1	126	113	113
2	317	273	386
3	558	473	859
4	900	643	1 502
5	1 309	867	2 369
6	1 696	954	3 323
7	2 117	1 164	4 487
8	2 457	1 079	5 566

肉用种鸡营养需要见表 7，体重与耗料量见表 8。

表 7 肉用种鸡营养需要

Table 7 Nutrient Requirements of Meat-type Chicken Breeders

营养指标 Nutrient	单位 Unit	0 周龄～6 周龄 0wks～6wks	7 周龄～18 周龄 7wks～18wks	19 周龄～开产 19wks～Onset of lay	开产至高峰期(产蛋>65%) Onset of lay to >65%Rate of lay	高峰期后(产蛋<65%) Rate of lay <65%
代谢能 ME	MJ/kg(Mcal/kg)	12.12(2.90)	11.91(2.85)	11.70(2.80)	11.70(2.80)	11.70(2.80)
粗蛋白质 CP	%	18.0	15.0	16.0	17.0	16.0
蛋白能量比 CP/ME	g/MJ(g/Mcal)	14.85(62.07)	12.59(52.63)	13.68(57.14)	14.53(60.71)	13.68(57.14)
赖氨酸能量比 Lys/ME	g/MJ(g/Mcal)	0.76(3.17)	0.55(2.28)	0.64(2.68)	0.68(2.86)	0.64(2.68)
赖氨酸 Lys	%	0.92	0.65	0.75	0.80	0.75
蛋氨酸 Met	%	0.34	0.30	0.32	0.34	0.30
蛋氨酸+胱氨酸 Met+Cys	%	0.72	0.56	0.62	0.64	0.60
苏氨酸 Thr	%	0.52	0.48	0.50	0.55	0.50
色氨酸 Trp	%	0.20	0.17	0.16	0.17	0.16
精氨酸 Arg	%	0.90	0.75	0.90	0.90	0.88
亮氨酸 Leu	%	1.05	0.81	0.86	0.86	0.81
异亮氨酸 Ile	%	0.66	0.58	0.58	0.58	0.58
苯丙氨酸 Phe	%	0.52	0.39	0.42	0.51	0.48
苯丙氨酸+酪氨酸 Phe+Tyr	%	1.00	0.77	0.82	0.85	0.80
组氨酸 His	%	0.26	0.21	0.22	0.24	0.21
脯氨酸 Pro	%	0.50	0.41	0.44	0.45	0.42
缬氨酸 Val	%	0.62	0.47	0.50	0.66	0.51
甘氨酸+丝氨酸 Gly+Ser	%	0.70	0.53	0.56	0.57	0.54
钙 Ca	%	1.00	0.90	2.0	3.30	3.50
总磷 Total P	%	0.68	0.65	0.65	0.68	0.65
非植酸磷 Nonphytate P	%	0.45	0.40	0.42	0.45	0.42
钠 Na	%	0.18	0.18	0.18	0.18	0.18
氯 Cl	%	0.18	0.18	0.18	0.18	0.18
铁 Fe	mg/kg	60	60	80	80	80
铜 Cu	mg/kg	6	6	8	8	8
锰 Mn	mg/kg	80	80	100	100	100
锌 Zn	mg/kg	60	60	80	80	80
碘 I	mg/kg	0.70	0.70	1.00	1.00	1.00
硒 Se	mg/kg	0.30	0.30	0.30	0.30	0.30
亚油酸 Linoleic Acid	%	1	1	1	1	1
维生素 A Vitamin A	IU/kg	8 000	6 000	9 000	12 000	12 000
维生素 D Vitamin D	IU/kg	1 600	1 200	1 800	2 400	2 400
维生素 E Vitamin E	IU/kg	20	10	10	30	30
维生素 K Vitamin K	mg/kg	1.5	1.5	1.5	1.5	1.5

表 7 （续）

营养指标 Nutrient	单位 Unit	0 周龄～6 周龄 0wks～6wks	7 周龄～18 周龄 7wks～18wks	19 周龄～开产 19wks～Onset of lay	开产至高峰期（产蛋>65%） Onset of lay to >65%Rate of lay	高峰期后（产蛋<65%） Rate of lay <65%
硫胺素 Thiamin	mg/kg	1.8	1.5	1.5	2.0	2.0
核黄素 Riboflavin	mg/kg	8	6	6	9	9
泛酸 Pantothenic Acid	mg/kg	12	10	10	12	12
烟酸 Niacin	mg/kg	30	20	20	35	35
吡哆醇 Pyridoxine	mg/kg	3.0	3.0	3.0	4.5	4.5
生物素 Biotin	mg/kg	0.15	0.10	0.10	0.20	0.20
叶酸 Folic Acid	mg/kg	1.0	0.5	0.5	1.2	1.2
维生素 B_{12} Vitamin B_{12}	mg/kg	0.010	0.006	0.008	0.012	0.012
胆碱 Choline	mg/kg	1 300	900	500	500	500

表 8　肉用种鸡体重与耗料量

Table 8　Body Weight and Feed Consumption of Meat-type Chicken Breeders

周龄 wks	体重，克/只 BW,g/bird	耗料量，克/只 FI,g/bird	累计耗料量，克/只 Accumulative FI,g/bird
1	90	100	100
2	185	168	268
3	340	231	499
4	430	266	765
5	520	287	1 052
6	610	301	1 353
7	700	322	1 675
8	795	336	2 011
9	890	357	2 368
10	985	378	2 746
11	1 080	406	3 152
12	1 180	434	3 586
13	1 280	462	4 048
14	1 380	497	4 545
15	1 480	518	5 063
16	1 595	553	5 616
17	1 710	588	6 204
18	1 840	630	6 834
19	1 970	658	7 492
20	2 100	707	8 199
21	2 250	749	8 948

表 8 （续）

周龄 wks	体重，克/只 BW，g/bird	耗料量，克/只 FI，g/bird	累计耗料量，克/只 Accumulative FI，g/bird
22	2 400	798	9 746
23	2 550	847	10 593
24	2 710	896	11 489
25	2 870	952	12 441
29	3 477	1 190	13 631
33	3 603	1 169	14 800
43	3 608	1 141	15 941
58	3 782	1 064	17 005

4.3 黄羽肉鸡营养需要

黄羽肉鸡仔鸡营养需要见表 9，体重及耗料量见表 10。

表 9 黄羽肉鸡仔鸡营养需要

Table 9 Nutrient Requirements of Chinese Color-feathered Chicken

营养指标 Nutrient	单位 Unit	♀0 周龄～4 周龄 ♂0 周龄～3 周龄 ♀0wks～4wks ♂0wks～3wks	♀5 周龄～8 周龄 ♂4 周龄～5 周龄 ♀5wks～8wks ♂4wks～5wks	♀＞8 周龄 ♂＞5 周龄 ♀＞8wks ♂＞5wks
代谢能 ME	MJ/kg(Mcal/kg)	12.12(2.90)	12.54(3.00)	12.96(3.10)
粗蛋白质 CP	%	21.0	19.0	16.0
蛋白能量比 CP/ME	g/MJ(g/Mcal)	17.33(72.41)	15.15(63.3)	12.34(51.61)
赖氨酸能量比 Lys/ME	g/MJ(g/Mcal)	0.87(3.62)	0.78(3.27)	0.66(2.74)
赖氨酸 Lys	%	1.05	0.98	0.85
蛋氨酸 Met	%	0.46	0.40	0.34
蛋氨酸＋胱氨酸 Met＋Cys	%	0.85	0.72	0.65
苏氨酸 Thr	%	0.76	0.74	0.68
色氨酸 Trp	%	0.19	0.18	0.16
精氨酸 Arg	%	1.19	1.10	1.00
亮氨酸 Leu	%	1.15	1.09	0.93
异亮氨酸 Ile	%	0.76	0.73	0.62
苯丙氨酸 Phe	%	0.69	0.65	0.56
苯丙氨酸＋酪氨酸 Phe＋Tyr	%	1.28	1.22	1.00
组氨酸 His	%	0.33	0.32	0.27
脯氨酸 Pro	%	0.57	0.55	0.46
缬氨酸 Val	%	0.86	0.82	0.70
甘氨酸＋丝氨酸 Gly＋Ser	%	1.19	1.14	0.97
钙 Ca	%	1.00	0.90	0.80
总磷 Total P	%	0.68	0.65	0.60
非植酸磷 Nonphytate P	%	0.45	0.40	0.35
钠 Na	%	0.15	0.15	0.15

表 9（续）

营养指标 Nutrient	单位 Unit	♀0 周龄～4 周龄 ♂0 周龄～3 周龄 ♀0wks～4wks ♂0wks～3wks	♀5 周龄～8 周龄 ♂4 周龄～5 周龄 ♀5wks～8wks ♂4wks～5wks	♀>8 周龄 ♂>5 周龄 ♀>8wks ♂>5wks
氯 Cl	%	0.15	0.15	0.15
铁 Fe	mg/kg	80	80	80
铜 Cu	mg/kg	8	8	8
锰 Mn	mg/kg	80	80	80
锌 Zn	mg/kg	60	60	60
碘 I	mg/kg	0.35	0.35	0.35
硒 Se	mg/kg	0.15	0.15	0.15
亚油酸 Linoleic Acid	%	1	1	1
维生素 A Vitamin A	IU/kg	5 000	5 000	5 000
维生素 D Vitamin D	IU/kg	1 000	1 000	1 000
维生素 E Vitamin E	IU/kg	10	10	10
维生素 K Vitamin K	mg/kg	0.50	0.50	0.50
硫胺素 Thiamin	mg/kg	1.80	1.80	1.80
核黄素 Riboflavin	mg/kg	3.60	3.60	3.00
泛酸 Pantothenic Acid	mg/kg	10	10	10
烟酸 Niacin	mg/kg	35	30	25
吡哆醇 Pyridoxine	mg/kg	3.5	3.5	3.0
生物素 Biotin	mg/kg	0.15	0.15	0.15
叶酸 Folic Acid	mg/kg	0.55	0.55	0.55
维生素 B_{12} Vitamin B_{12}	mg/kg	0.010	0.010	0.010
胆碱 Choline	mg/kg	1 000	750	500

表 10 黄羽肉鸡仔鸡体重及耗料量
Table 10 Body Weight and Feed Consumption of Chinese Color-feathered Chicken

周龄 wks	周末体重，克/只 BW，g/bird		耗料量，克/只 FI，g/bird		累计耗料量，克/只 Accumulative FI，g/bird	
	公鸡 Male	母鸡 Female	公鸡 Male	母鸡 Female	公鸡 Male	母鸡 Female
1	88	89	76	70	76	70
2	199	175	201	130	277	200
3	320	253	269	142	546	342
4	492	378	371	266	917	608
5	631	493	516	295	1 433	907
6	870	622	632	358	2 065	1 261
7	1 274	751	751	359	2 816	1 620
8	1 560	949	719	479	3 535	2 099

表 10 （续）

周龄 wks	周末体重，克/只 BW，g/bird		耗料量，克/只 FI，g/bird		累计耗料量，克/只 Accumulative FI，g/bird	
	公鸡 Male	母鸡 Female	公鸡 Male	母鸡 Female	公鸡 Male	母鸡 Female
9	1 814	1 137	836	534	4 371	2 633
10		1 254		540		3 028
11		1 380		549		3 577
12		1 548		514		4 091

黄羽肉鸡种鸡营养需要见表 11，生长期体重与耗料量见表 12。

黄羽肉鸡种鸡产蛋期体重与耗料量见表 13。

表 11 黄羽肉鸡种鸡营养需要

Table 11 Nutrient Requirements of Chinese Color－feathered Chicken Breeders

营养指标 Nutrient	单位 Unit	0 周龄～6 周龄 0wks～6wks	7 周龄～18 周龄 7wks～18wks	19 周龄～开产 19wks～Onset of lay	产蛋期 Laying Period
代谢能 ME	MJ/kg(Mcal/kg)	12.12(2.90)	11.70(2.70)	11.50(2.75)	11.50(2.75)
粗蛋白 CP	%	20.0	15.0	16.0	16.0
蛋白能量比 CP/ME	g/MJ(g/Mcal)	16.50(68.96)	12.82(55.56)	13.91(58.18)	13.91(58.18)
赖氨酸能量比 Lys/ME	g/MJ(g/Mcal)	0.74(3.10)	0.56(2.32)	0.70(2.91)	0.70(2.91)
赖氨酸 Lys	%	0.90	0.75	0.80	0.80
蛋氨酸 Met	%	0.38	0.29	0.37	0.40
蛋氨酸＋胱氨酸 Met＋Cys	%	0.69	0.61	0.69	0.80
苏氨酸 Thr	%	0.58	0.52	0.55	0.56
色氨酸 Try	%	0.18	0.16	0.17	0.17
精氨酸 Arg	%	0.99	0.87	0.90	0.95
亮氨酸 Leu	%	0.94	0.74	0.83	0.86
异亮氨酸 Ile	%	0.60	0.55	0.56	0.60
苯丙氨酸 Phe	%	0.51	0.48	0.50	0.51
苯丙氨酸＋酪氨酸 Phe＋Tyr	%	0.86	0.81	0.82	0.84
组氨酸 His	%	0.28	0.24	0.25	0.26
脯氨酸 Pro	%	0.43	0.39	0.40	0.42
缬氨酸 Val	%	0.60	0.52	0.57	0.70
甘氨酸＋丝氨酸 Gly＋Ser	%	0.77	0.69	0.75	0.78
钙 Ca	%	0.90	0.90	2.00	3.00
总磷 Total P	%	0.65	0.61	0.63	0.65
非植酸磷 Nonphytate P	%	0.40	0.36	0.38	0.41

表 11 （续）

营养指标 Nutrient	单位 Unit	0 周龄～6 周龄 0wks～6wks	7 周龄～18 周龄 7wks～18wks	19 周龄～开产 19wks～Onset of lay	产蛋期 Laying Period
钠 Na	%	0.16	0.16	0.16	0.16
氯 Cl	%	0.16	0.16	0.16	0.16
铁 Fe	mg/kg	54	54	72	72
铜 Cu	mg/kg	5.4	5.4	7.0	7.0
锰 Mn	mg/kg	72	72	90	90
锌 Zn	mg/kg	54	54	72	72
碘 I	mg/kg	0.60	0.60	0.90	0.90
硒 Se	mg/kg	0.27	0.27	0.27	0.27
亚油酸 Linoleic Acid	%	1	1	1	1
维生素 A Vitamin A	IU/kg	7 200	5 400	7 200	10 800
维生素 D Vitamin D	IU/kg	1 440	1 080	1 620	2 160
维生素 E Vitamin E	IU/kg	18	9	9	27
维生素 K Vitamin K	mg/kg	1.4	1.4	1.4	1.4
硫胺素 Thiamin	mg/kg	1.6	1.4	1.4	1.8
核黄素 Riboflavin	mg/kg	7	5	5	8
泛酸 Pantothenic Acid	mg/kg	11	9	9	11
烟酸 Niacin	mg/kg	27	18	18	32
吡哆醇 Pyridoxine	mg/kg	2.7	2.7	2.7	4.1
生物素 Biotin	mg/kg	0.14	0.09	0.09	0.18
叶酸 Folic Acid	mg/kg	0.90	0.45	0.45	1.08
维生素 B_{12} Vitamin B_{12}	mg/kg	0.009	0.005	0.007	0.010
胆碱 Choline	mg/kg	1 170	810	450	450

表 12　黄羽肉鸡种鸡生长期体重与耗料量

Table 12　Body Weight and Feed Consumption of Chinese Color-feathered Chicken Breeders during Growing Period

周龄 wks	体重，克/只 BW，g/bird	耗料量，克/只 FI，g/bird	累计耗料量，克/只 Accumulative FI，g/bird
1	110	90	90
2	180	196	286
3	250	252	538
4	330	266	804
5	410	280	1 084
6	500	294	1 378
7	600	322	1 700
8	690	343	2 043
9	780	364	2 407

表 12 （续）

周龄 wks	体重，克/只 BW，g/bird	耗料量，克/只 FI，g/bird	累计耗料量，克/只 Accumulative FI，g/bird
10	870	385	2 792
11	950	406	3 198
12	1 030	427	3 625
13	1 110	448	4 073
14	1 190	469	4 542
15	1 270	490	5 032
16	1 350	511	5 543
17	1 430	532	6 075
18	1 510	553	6 628
19	1 600	574	7 202
20	1 700	595	7 797

表 13 黄羽肉鸡种鸡产蛋期体重与耗料量

Table 13 Body Weight and Feed Consumption of Chinese Color-feathered Chicken Breeders during Laying Period

周龄 wks	体重，克/只 BW，g/bird	耗料量，克/只 FI，g/bird	累计耗料量，千克/只 Accumulative FI，kg/bird
21	1 780	616	616
22	1 860	644	1 260
24	2 030	700	1 960
26	2 200	840	2 800
28	2 280	910	3 710
30	2 310	910	4 620
32	2 330	889	5 509
34	2 360	889	6 398
36	2 390	875	7 273
38	2 410	875	8 148
40	2 440	854	9 002
42	2 460	854	9 856
44	2 480	840	10 696
46	2 500	840	11 536
48	2 520	826	12 362
50	2 540	826	13 188
52	2 560	826	14 014
54	2 580	805	14 819
56	2 600	805	15 624
58	2 620	805	16 429
60	2 630	805	17 234
62	2 640	805	18 039
64	2 650	805	18 844
66	2 660	805	19 649

5 鸡的常用饲料成分及营养价值表

饲料描述及常规成分见表14。
饲料中氨基酸含量见表15。
饲料中矿物质及维生素含量见表16。
鸡用饲料氨基酸表观利用率见表17。

6 常用矿物质饲料中矿物质元素的含量

常用矿物质饲料中矿物质元素的含量见表18。

7 维生素化合物的维生素含量

常用维生素类饲料添加剂产品有效成分含量见表19。

8 鸡常用必需矿物质元素耐受量

鸡常用必需矿物质元素耐受量见表20。

中国禽用饲料成分及营养价值表

Tables of Feed Composition and Nutritive Values for Poultry in China

表 14 饲料描述及常规成分

Table 14 Feed Description and Proximate Composition

序号 (No.)	中国饲料号 (CFN)	饲料名称 Feed Name	饲料描述 Description	干物质 DM,%	粗蛋白 CP,%	粗脂肪 EE,%	粗纤维 CF,%	无氮浸出物 NFE,%	粗灰分 Ash,%	中洗纤维 NDF,%	酸洗纤维 ADF,%	钙 Ca,%	总磷 P,%	非植酸磷 N-Phy-P,%	鸡代谢能 ME	
															Mcal/kg	MJ/kg
1	4-07-0278	玉米 corn grain	成熟,高蛋白优质 mature,high-protein,high-class	86.0	9.4	3.1	1.2	71.1	1.2	—	—	0.02	0.27	0.12	3.18	13.31
2	4-07-0288	玉米 corn grain	成熟,高赖氨酸,优质 mature,high lysine,high-class	86.0	8.5	5.3	2.6	67.3	1.3	—	—	0.16	0.25	0.09	3.25	13.60
3	4-07-0279	玉米 corn grain	成熟,GB/T 17890—1999,1级 mature,GB/T17890-1999,1st-grade	86.0	8.7	3.6	1.6	70.7	1.4	9.3	2.7	0.02	0.27	0.12	3.24	13.56
4	4-07-0280	玉米 corn grain	成熟,GB/T 17890—1999,2级 mature, GB/T17890—1999, 2nd- grade	86.0	7.8	3.5	1.6	71.8	1.3	—	—	0.02	0.27	0.12	3.22	13.47
5	4-07-0272	高粱 sorghum grain	成熟,NY/T 1级 mature,NY/T 1st-grade	86.0	9.0	3.4	1.4	70.4	1.8	17.4	8.0	0.13	0.36	0.17	2.94	12.30
6	4-07-0270	小麦 wheat grain	混合小麦,成熟 NY/T 2级 mixed wheat, mature NY/T 2nd- grade	87.0	13.9	1.7	1.9	67.6	1.9	13.3	3.9	0.17	0.41	0.13	3.04	12.72
7	4-07-0274	大麦(裸) naked barley grain	裸大麦,成熟 NY/T 2级 naked barley, mature NY/T 2nd- grade	87.0	13.0	2.1	2.0	67.7	2.2	10.0	2.2	0.04	0.39	0.21	2.68	11.21
8	4-07-0277	大麦(皮) barley grain	皮大麦,成熟 NY/T 1级 barley grain,mature, GB/T 17890-1999,1st-grade	87.0	11.0	1.7	4.8	67.1	2.4	18.4	6.8	0.09	0.33	0.17	2.70	11.30
9	4-07-0281	黑麦 rye	籽粒,进口 grain(kernel),imported	88.0	11.0	1.5	2.2	71.5	1.8	12.3	4.6	0.05	0.30	0.11	2.69	11.25
10	4-07-0273	稻谷 paddy	成熟 晒干 NY/T 2级 mature, sun-cured, NY/T, 1st-grade	86.0	7.8	1.6	8.2	63.8	4.6	27.4	28.7	0.03	0.36	0.20	2.63	11.00

表 14 （续）

序号 (No.)	中国饲料号 (CFN)	饲料名称 Feed Name	饲料描述 Description	干物质 DM,%	粗蛋白 CP,%	粗脂肪 EE,%	粗纤维 CF,%	无氮浸出物 NFE,%	粗灰分 Ash,%	中洗纤维 NDF,%	酸洗纤维 ADF,%	钙 Ca,%	总磷 P,%	非植酸磷 N-Phy-P,%	鸡代谢能 ME	
															Mcal/kg	MJ/kg
11	4-07-0276	糙米 rough rice	良，成熟，未去米糠 good-class, mature with rice bran	87.0	8.8	2.0	0.7	74.2	1.3	—	—	0.03	0.35	0.15	3.36	14.06
12	4-07-0275	碎米 broken rice	良，加工精米后的副产品 good-class, byproduct for refined rice	88.0	10.4	2.2	1.1	72.7	1.6	—	—	0.06	0.35	0.15	3.40	14.23
13	4-07-0479	粟(谷子) millet grain	合格，带壳，成熟 qualified, mature with hull	86.5	9.7	2.3	6.8	65.0	2.7	15.2	13.3	0.12	0.30	0.11	2.84	11.88
14	4-04-0067	木薯干 cassava tuber flake	木薯干片，晒干 NY/T 合格 cassava tuber flake, sun-cured, NY/T, qualified	87.0	2.5	0.7	2.5	79.4	1.9	8.4	6.4	0.27	0.09	—	2.96	12.38
15	4-04-0068	甘薯干 sweet potato tuber flake	甘薯干片，晒干 NY/T 合格 sweet potato tuber flake, sun-cured, NY/T, qualified	87.0	4.0	0.8	2.8	76.4	3.0	—	—	0.19	0.02	—	2.34	9.79
16	4-08-0104	次粉 wheat middling and reddog	黑面，黄粉，下面 NY/T 1 级 rough, yellow meal, NY/T 1st-grade	88.0	15.4	2.2	1.5	67.1	1.5	18.7	4.3	0.08	0.48	0.14	3.05	12.76
17	4-08-0105	次粉 wheat middling and reddog	黑面，黄粉，下面 NY/T 2 级 rough, yellow meal, NY/T 2nd-grade	87.0	13.6	2.1	2.8	66.7	1.8	—	—	0.08	0.48	0.14	2.99	12.51
18	4-08-0069	小麦麸 wheat bran	传统制粉工艺 NY/T 1 级 traditional processing, NY/T 1st-grade	87.0	15.7	3.9	8.9	53.6	4.9	42.1	13.0	0.11	0.92	0.24	1.63	6.82
19	4-08-0070	小麦麸 wheat bran	传统制粉工艺 NY/T 2 级 traditional processing, NY/T 2nd-grade	87.0	14.3	4.0	6.8	57.1	4.8	—	—	0.10	0.93	0.24	1.62	6.78
20	4-08-0041	米糠 rice bran	新鲜，不脱脂 NY/T 2 级 fresh, nondefat NY/T 2nd-grade	87.0	12.8	16.5	5.7	44.5	7.5	22.9	13.4	0.07	1.43	0.10	2.68	11.21
21	4-10-0025	米糠饼 rice bran meal (exp.)	未脱脂，机榨 NY/T 1 级 nondefat, mech-extd, NY/T 1st-grade	88.0	14.7	9.0	7.4	48.2	8.7	27.7	11.6	0.14	1.69	0.22	2.43	10.17

表 14 （续）

序号 (No.)	中国饲料号 (CFN)	饲料名称 Feed Name	饲料描述 Description	干物质 DM,%	粗蛋白 CP,%	粗脂肪 EE,%	粗纤维 CF,%	无氮浸出物 NFE,%	粗灰分 Ash,%	中洗纤维 NDF,%	酸洗纤维 ADF,%	钙 Ca,%	总磷 P,%	非植酸磷 N-Phy-P,%	鸡代谢能 ME Mcal/kg	鸡代谢能 ME MJ/kg
22	4-10-0018	米糠粕 rice bran meal (sol.)	浸提或预压浸提,NY/T 1 级 solv-extd/pre-press solv-extd, NY/T 1st-grade	87.0	15.1	2.0	7.5	53.6	8.8	—	—	0.15	1.82	0.24	1.98	8.28
23	5-09-0127	大豆 soybean	黄大豆,成熟 NY/T 2 级 yellow,mature,NY/T 2nd-grade	87.0	35.5	17.3	4.3	25.7	4.2	7.9	7.3	0.27	0.48	0.30	3.24	13.56
24	5-09-0128	全脂大豆 full-fat soybean	湿法膨化,生大豆为 NY/T 2 级 moister swelling ,raw bean NY/T 2nd-grade	88.0	35.5	18.7	4.6	25.2	4.0	—	—	0.32	0.40	0.25	3.75	15.69
25	5-10-0241	大豆饼 soybean meal (exp.)	机榨 NY/T 2 级 mech-extd NY/T 2nd-grade	89.0	41.8	5.8	4.8	30.7	5.9	18.1	15.5	0.31	0.50	0.25	2.52	10.54
26	5-10-0103	大豆粕 soybean meal (sol.)	去皮,浸提或预压浸提 NY/T 1 级 dehull, solv-extd/pre-press solv-extd NY/T	89.0	47.9	1.0	4.0	31.2	4.9	8.8	5.3	0.34	0.65	0.19	2.40	10.04
27	5-10-0102	大豆粕 soybean meal (sol.)	浸提或预压浸提 NY/T 2 级 solv-extd/pre-press solv-extd NY/T 2nd-grade	89.0	44.0	1.9	5.2	31.8	6.1	13.6	9.6	0.33	0.62	0.18	2.35	9.83
28	5-10-0118	棉籽饼 cottonseed meal (exp.)	机榨 NY/T 2 级 mech-extd NY/T 2nd-grade	88.0	36.3	7.4	12.5	26.1	5.7	32.1	22.9	0.21	0.83	0.28	2.16	9.04
29	5-10-0119	棉籽粕 cottonseed meal (sol.)	浸提或预压浸提 NY/T 1 级 solv-extd/pre-press solv-extd NY/T 1st-grade	90.0	47.0	0.5	10.2	26.3	6.0	—	—	0.25	1.10	0.38	1.86	7.78
30	5-10-0117	棉籽粕 cottonseed meal (sol.)	浸提或预压浸提 NY/T 2 级 solv-extd/pre-press solv-extd NY/T 2nd-grade	90.0	43.5	0.5	10.5	28.9	6.6	28.4	19.4	0.28	1.04	0.36	2.03	8.49
31	5-10-0183	菜籽饼 rapeseed meal (exp.)	机榨 NY/T 2 级 mech-extd NY/T 2nd-grade	88.0	35.7	7.4	11.4	26.3	7.2	33.3	26.0	0.59	0.96	0.33	1.95	8.16

表 14 （续）

序号 (No.)	中国饲料号 (CFN)	饲料名称 Feed Name	饲料描述 Description	干物质 DM,%	粗蛋白 CP,%	粗脂肪 EE,%	粗纤维 CF,%	无氮浸出物 NFE,%	粗灰分 Ash,%	中洗纤维 NDF,%	酸洗纤维 ADF,%	钙 Ca,%	总磷 P,%	非植酸磷 N-Phy-P,%	鸡代谢能 ME	
															Mcal/kg	MJ/kg
32	5-10-0121	菜籽粕 rapeseed meal (sol.)	浸提或预压浸提 NY/T 2 级 solv-extd/pre-press solv-extd NY/T 2nd-grade	88.0	38.6	1.4	11.8	28.9	7.3	20.7	16.8	0.65	1.02	0.35	1.77	7.41
33	5-10-0116	花生仁饼 peanut meal (exp.)	机榨 NY/T 2 级 mech-extd NY/T 2nd-grade	88.0	44.7	7.2	5.9	25.1	5.1	14.0	8.7	0.25	0.53	0.31	2.78	11.63
34	5-10-0115	花生仁粕 peanut meal (sol.)	浸提或预压浸提 NY/T 2 级 solv-extd/pre-press solv-extd NY/T 2nd-grade	88.0	47.8	1.4	6.2	27.2	5.4	15.5	11.7	0.27	0.56	0.33	2.60	10.88
35	5-10-0031	向日葵仁饼 sunflower meal (exp.)	壳仁比为 35：65 NY/T 3 级 hull/kernel 35 ： 65, NY/T 3rd-grade	88.0	29.0	2.9	20.4	31.0	4.7	41.4	29.6	0.24	0.87	0.13	1.59	6.65
36	5-10-0242	向日葵仁粕 sunflower meal (sol.)	壳仁比为 16：84 NY/T 2 级 hull/kernel 16：84 NY/T 3rd grade	88.0	36.5	1.0	10.5	34.4	5.6	14.9	13.6	0.27	1.13	0.17	2.32	9.71
37	5-10-0243	向日葵仁粕 sunflower meal (sol.)	壳仁比为 24：76 NY/T 2 级 hull/kernel 24 ： 76 NY/T 2nd-grade	88.0	33.6	1.0	14.8	38.8	5.3	32.8	23.5	0.26	1.03	0.16	2.03	8.49
38	5-10-0119	亚麻仁饼 linseed meal (exp.)	机榨 NY/T 2 级 mech-extd NY/T 2nd-grade	88.0	32.2	7.8	7.8	34.0	6.2	29.7	27.1	0.39	0.88	0.38	2.34	9.79
39	5-10-0120	亚麻仁粕 linseed meal (sol.)	浸提或预压浸提 NY/T 2 级 solv-extd/pre-press solv-extd NY/T 2nd-grade	88.0	34.8	1.8	8.2	36.6	6.6	21.6	14.4	0.42	0.95	0.42	1.90	7.95
40	5-10-0246	芝麻饼 sesame meal (exp.)	机榨,CP40% mech-extd ,CP 40%	92.0	39.2	10.3	7.2	24.9	10.4	18.0	13.2	2.24	1.19	0.00	2.14	8.95
41	5-11-0001	玉米蛋白粉 corn gluten meal	玉米去胚芽,淀粉后的面筋部分 CP60% corn gluten without plumule & starch ,CP60%	90.1	63.5	5.4	1.0	19.2	1.0	8.7	4.6	0.07	0.44	0.17	3.88	16.23

表 14 (续)

序号 (No.)	中国饲料号 (CFN)	饲料名称 Feed Name	饲料描述 Description	干物质 DM,%	粗蛋白 CP,%	粗脂肪 EE,%	粗纤维 CF,%	无氮浸出物 NFE,%	粗灰分 Ash,%	中洗纤维 NDF,%	酸洗纤维 ADF,%	钙 Ca,%	总磷 P,%	非植酸磷 N-Phy-P,%	鸡代谢能 ME	
															Mcal/kg	MJ/kg
42	5-11-0002	玉米蛋白粉 corn gluten meal	同上,中等蛋白产品,CP50% corn gluten without plumule &starch ,CP50%	91. 2	51. 3	7. 8	2. 1	28. 0	2. 0	—	—	0. 06	0. 42	0. 16	3. 41	14. 27
43	5-11-0008	玉米蛋白粉 corn gluten meal	同上,中等蛋白产品,CP40% corn gluten without plumule &starch ,CP40%	89. 9	44. 3	6. 0	1. 6	37. 1	0. 9	—	—	—	—	—	3. 18	13. 31
44	5-11-0003	玉米蛋白饲料 corn gluten feed	玉米去胚芽去淀粉后的含皮残渣 corn residue without plumule &starch	88. 0	19. 3	7. 5	7. 8	48. 0	5. 4	33. 6	10. 5	0. 15	0. 70	—	2. 02	8. 45
45	4-10-0026	玉米胚芽饼 corn germ meal (exp.)	玉米湿磨后的胚芽,机榨 corn plumule , wet grinder, mech-extd	90. 0	16. 7	9. 6	6. 3	50. 8	6. 6	—	—	0. 04	1. 45	—	2. 24	9. 37
46	4-10-0244	玉米胚芽粕 corn germ meal (sol.)	玉米湿磨后的胚芽,浸提 corn plumule , wet grinder, solv-extd	90. 0	20. 8	2. 0	6. 5	54. 8	5. 9	—	—	0. 06	1. 23	—	2. 07	8. 66
47	5-11-0007	DDGS corn distiller's grains with	玉米啤酒糟及可溶物,脱水 corn distiller's grains with soluble,dehy	90. 0	28. 3	13. 7	7. 1	36. 8	4. 1	—	—	0. 20	0. 74	0. 42	2. 20	9. 20
48	5-11-0009	蚕豆粉浆蛋白粉 broad bean gluten meal	蚕豆去皮制粉丝后的浆液,脱水 broad bean distiller's with solubes,dehy	88. 0	66. 3	4. 7	4. 1	10. 3	2. 6	—	—	—	0. 59	—	3. 47	14. 52
49	5-11-0004	麦芽根 barley malt sprouts	大麦芽副产品,干燥 barley malt byproduct,dried	89. 7	28. 3	1. 4	12. 5	41. 4	6. 1	—	—	0. 22	0. 73	—	1. 41	5. 90
50	5-13-0044	鱼粉(CP64. 5%) fish meal	7 样平均值 average for 7 samples	90. 0	64. 5	5. 6	0. 5	8. 0	11. 4	—	—	3. 81	2. 83	2. 83	2. 96	12. 38
51	5-13-0045	鱼粉(CP62. 5%) fish meal	8 样平均值 average for 8 samples	90. 0	62. 5	4. 0	0. 5	10. 0	12. 3	—	—	3. 96	3. 05	3. 05	2. 91	12. 18

表 14 （续）

序号 (No.)	中国饲料号 (CFN)	饲料名称 Feed Name	饲料描述 Description	干物质 DM,%	粗蛋白 CP,%	粗脂肪 EE,%	粗纤维 CF,%	无氮浸出物 NFE,%	粗灰分 Ash,%	中洗纤维 NDF,%	酸洗纤维 ADF,%	钙 Ca,%	总磷 P,%	非植酸磷 N-Phy-P,%	鸡代谢能 ME Mcal/kg	鸡代谢能 ME MJ/kg
52	5-13-0046	鱼粉(CP60.2%) fish meal	沿海产的海鱼粉，脱脂，12 样平均值 sea fish meal by coast ，defat, average for 12 samples	90.0	60.2	4.9	0.5	11.6	12.8	—	—	4.04	2.90	2.90	2.82	11.80
53	5-13-0077	鱼粉(CP53.5%) fish meal	沿海产的海鱼粉，脱脂，11 样平均值 sea fish meal by coast ，defat, average for 11 samples	90.0	53.5	10.0	0.8	4.9	20.8	—	—	5.88	3.20	3.20	2.90	12.13
54	5-13-0036	血粉 blood meal	鲜猪血 喷雾干燥 fresh pig blood, dried	88.0	82.8	0.4	0.0	1.6	3.2	—	—	0.29	0.31	0.31	2.46	10.29
55	5-13-0037	羽毛粉 feather meal	纯净羽毛，水解 pure feather, hydrolysis	88.0	77.9	2.2	0.7	1.4	5.8	—	—	0.20	0.68	0.68	2.73	11.42
56	5-13-0038	皮革粉 leather meal	废牛皮，水解 wasted cattlehide, hydrolysis	88.0	74.7	0.8	1.6	—	10.9	—	—	4.40	0.15	0.15	—	—
57	5-13-0047	肉骨粉 meat and bone meal	屠宰下脚，带骨干燥粉碎 slaughter waste with bone, dried, ground	93.0	50.0	8.5	2.8	—	31.7	32.5	5.6	9.20	4.70	4.70	2.38	9.96
58	5-13-0048	肉粉 meat meal	脱脂 defatted	94.0	54.0	12.0	1.4	—	—	31.6	8.3	7.69	3.88	—	2.20	9.20
59	1-05-0074	苜蓿草粉 (CP19%) alfalfa meal	一茬盛花期烘干 NY/T 1 级 1st-flower period, stoving, NY/T 1st-grade	87.0	19.1	2.3	22.7	35.3	7.6	36.7	25.0	1.40	0.51	0.51	0.97	4.06
60	1-05-0075	苜蓿草粉 (CP17%) alfalfa meal	一茬盛花期烘干 NY/T 2 级 1st-flower period, stoving, NY/T 2nd-grade	87.0	17.2	2.6	25.6	33.3	8.3	39.0	28.6	1.52	0.22	0.22	0.87	3.64
61	1-05-0076	苜蓿草粉 (CP14%～15%) alfalfa meal	NY/T 3 级 NY/T 3rd-grade	87.0	14.3	2.1	29.8	33.8	10.1	36.8	2.9	1.34	0.19	0.19	0.84	3.51
62	5-11-0005	啤酒糟 brewers dried grain	大麦酿造副产品 byproducts for barley brewer	88.0	24.3	5.3	13.4	40.8	4.2	39.4	24.6	0.32	0.42	0.14	2.37	9.92

表 14 （续）

序号 (No.)	中国饲料号 (CFN)	饲料名称 Feed Name	饲料描述 Description	干物质 DM,%	粗蛋白 CP,%	粗脂肪 EE,%	粗纤维 CF,%	无氮浸出物 NFE,%	粗灰分 Ash,%	中洗纤维 NDF,%	酸洗纤维 ADF,%	钙 Ca,%	总磷 P,%	非植酸磷 N-Phy-P,%	鸡代谢能 ME Mcal/kg	鸡代谢能 ME MJ/kg
63	7-15-0001	啤酒酵母 brewers dried yeast	啤酒酵母菌粉,QB/T 1940—94 brewer's yeast meal, QB/T1940—94	91.7	52.4	0.4	0.6	33.6	4.7	—	—	0.16	1.02	—	2.52	10.54
64	4-13-0075	乳清粉 whey, dehydrated	乳清,脱水,低乳糖含量 whey, dehydrated, low lactose	94.0	12.0	0.7	0.0	71.6	9.7	—	—	0.87	0.79	0.79	2.73	11.42
65	5-01-0162	酪蛋白 casein	脱水 dehydrosis	91.0	88.7	0.8	—	—	—	—	—	0.63	1.01	0.82	4.13	17.28
66	5-14-0503	明胶 gelatin		90.0	88.6	0.5	—	—	—	—	—	0.49	—	—	2.36	9.87
67	4-06-0076	牛奶乳糖 milk lactose	进口,含乳糖 80%以上 imported, lactose ≥80%	96.0	4.0	0.5	0.0	83.5	8.0	—	—	0.52	0.62	0.62	2.69	11.25
68	4-06-0077	乳糖 milk lactose		96.0	0.3	—	—	95.7	—	—	—	—	—	—	—	—
69	4-06-0078	葡萄糖 glucose		90.0	0.3	—	—	89.7	—	—	—	—	—	—	3.08	12.89
70	4-06-0079	蔗糖 sucrose		99.0	0.0	0.0	—	—	—	—	—	0.04	0.01	0.01	3.90	16.32
71	4-02-0889	玉米淀粉 corn starch		99.0	0.3	0.2	—	—	—	—	—	0.00	0.03	0.01	3.16	13.22
72	4-07-0001	牛脂 bef tallow		99.0	0.3	≥98	0.0	—	—	—	—	0.00	0.00	0.00	7.78	32.55
73	4-07-0002	猪油 lard		99.0	0.0	≥98	0.0	—	—	—	—	0.00	0.00	0.00	9.11	38.11
74	4-07-0003	家禽脂肪 poultry fat		99.0	0.0	≥98	0.0	—	—	—	—	0.00	0.00	0.00	9.36	39.16

表 14 （续）

序号 (No.)	中国饲料号 (CFN)	饲料名称 Feed Name	饲料描述 Description	干物质 DM,%	粗蛋白 CP,%	粗脂肪 EE,%	粗纤维 CF,%	无氮浸出物 NFE,%	粗灰分 Ash,%	中洗纤维 NDF,%	酸洗纤维 ADF,%	钙 Ca,%	总磷 P,%	非植酸磷 N-Phy-P,%	鸡代谢能 ME	
															Mcal/kg	MJ/kg
75	4-07-0004	鱼油 fish oil		99.0	0.0	≥98	0.0	—	—	—	—	0.00	0.00	0.00	8.45	35.35
76	4-07-0005	菜籽油 vegetable oil		99.0	0.0	≥98	0.0	—	—	—	—	0.00	0.00	0.00	9.21	38.53
77	4-07-0006	椰子油 coconut oil		99.0	0.0	≥98	0.0	—	—	—	—	0.00	0.00	0.00	8.81	36.76
78	4-07-0007	玉米油 corn oil		100.0	0.0	≥99	0.0	—	—	—	—	0.00	0.00	0.00	9.66	40.42
79	4-17-0008	棉籽油 cottonseed oil		100.0	0.0	≥99	0.0	—	—	—	—	0.00	0.00	0.00	—	—
80	4-17-0009	棕榈油 palm oil		100.0	0.0	≥99	0.0	—	—	—	—	0.00	0.00	0.00	5.80	24.27
81	4-17-0010	花生油 peanuts oil		100.0	0.0	≥99	0.0	—	—	—	—	0.00	0.00	0.00	9.36	39.16
82	4-17-0011	芝麻油 sesame oil		100.0	0.0	≥99	0.0	—	—	—	—	0.00	0.00	0.00	—	—
83	4-17-0012	大豆油 soybean oil	粗制 semifinished products	100.0	0.0	≥99	0.0	—	—	—	—	0.00	0.00	0.00	8.37	35.02
84	4-17-0013	葵花油 sunflower oil		100.0	0.0	≥99	0.0	—	—	—	—	0.00	0.00	0.00	9.66	40.42

表 15 饲料中氨基酸含量

Table 15 Amino Acids Contents in Feeds

序号 (No.)	中国饲料号 (CFN)	饲料名称 Feed Name	干物质 DM,%	粗蛋白 CP,%	精氨酸 Arg,%	组氨酸 His,%	异亮氨酸 Ile,%	亮氨酸 Leu,%	赖氨酸 Lys,%	蛋氨酸 Met,%	胱氨酸 Cys,%	苯丙氨酸 Phe,%	酪氨酸 Tyr,%	苏氨酸 Thr,%	色氨酸 Trp,%	缬氨酸 Val,%
1	4-07-0278	玉米 corn grain	86.0	9.4	0.38	0.23	0.26	1.03	0.26	0.19	0.22	0.43	0.34	0.31	0.08	0.40
2	4-07-0288	玉米 corn grain	86.0	8.5	0.50	0.29	0.27	0.74	0.36	0.15	0.18	0.37	0.28	0.30	0.08	0.46
3	4-07-0279	玉米 corn grain	86.0	8.7	0.39	0.21	0.25	0.93	0.24	0.18	0.20	0.41	0.33	0.30	0.07	0.38
4	4-07-0280	玉米 corn grain	86.0	7.8	0.37	0.20	0.24	0.93	0.23	0.15	0.15	0.38	0.31	0.29	0.06	0.35
5	4-07-0272	高粱 sorghum grain	86.0	9.0	0.33	0.18	0.35	1.08	0.18	0.17	0.12	0.45	0.32	0.26	0.08	0.44
6	4-07-0270	小麦 wheat grain	87.0	13.9	0.58	0.27	0.44	0.80	0.30	0.25	0.24	0.58	0.37	0.33	0.15	0.56
7	4-07-0274	大麦(裸)naked barley grain	87.0	13.0	0.64	0.16	0.43	0.87	0.44	0.14	0.25	0.68	0.40	0.43	0.16	0.63
8	4-07-0277	大麦(皮)barley grain	87.0	11.0	0.65	0.24	0.52	0.91	0.42	0.18	0.18	0.59	0.35	0.41	0.12	0.64
9	4-07-0281	黑麦 rye	88.0	11.0	0.50	0.25	0.40	0.64	0.37	0.16	0.25	0.49	0.26	0.34	0.12	0.52
10	4-07-0273	稻谷 paddy	86.0	7.8	0.57	0.15	0.32	0.58	0.29	0.19	0.16	0.40	0.37	0.25	0.10	0.47
11	4-07-0276	糙米 rough rice	87.0	8.8	0.65	0.17	0.30	0.61	0.32	0.20	0.14	0.35	0.31	0.28	0.12	0.49
12	4-07-0275	碎米 broken rice	88.0	10.4	0.78	0.27	0.39	0.74	0.42	0.22	0.17	0.49	0.39	0.38	0.12	0.57
13	4-07-0479	粟(谷子)millet grain	86.5	9.7	0.30	0.20	0.36	1.15	0.15	0.25	0.20	0.49	0.26	0.35	0.17	0.42
14	4-04-0067	木薯干 cassava tuber flake	87.0	2.5	0.40	0.05	0.11	0.15	0.13	0.05	0.04	0.10	0.04	0.10	0.03	0.13
15	4-04-0068	甘薯 sweet potato tuber flake	87.0	4.0	0.16	0.08	0.17	0.26	0.16	0.06	0.08	0.19	0.13	0.18	0.05	0.27
16	4-08-0104	次粉 wheat middling and reddog	88.0	15.4	0.86	0.41	0.55	1.06	0.59	0.23	0.37	0.66	0.46	0.50	0.21	0.72
17	4-08-0105	次粉 wheat middling and reddog	87.0	13.6	0.85	0.33	0.48	0.98	0.52	0.16	0.33	0.63	0.45	0.50	0.18	0.68
18	4-08-0069	小麦麸 wheat bran	87.0	15.7	0.97	0.39	0.46	0.81	0.58	0.13	0.26	0.58	0.28	0.43	0.20	0.63
19	4-08-0070	小麦麸 wheat bran	87.0	14.3	0.88	0.35	0.42	0.74	0.53	0.12	0.24	0.53	0.25	0.39	0.18	0.57
20	4-08-0041	米糠 rice bran	87.0	12.8	1.06	0.39	0.63	1.00	0.74	0.25	0.19	0.63	0.50	0.48	0.14	0.81
21	4-10-0025	米糠饼 rice bran meal(exp.)	88.0	14.7	1.19	0.43	0.72	1.06	0.66	0.26	0.30	0.76	0.51	0.53	0.15	0.99
22	4-10-0018	米糠粕 rice bran meal(sol.)	87.0	15.1	1.28	0.46	0.78	1.30	0.72	0.28	0.32	0.82	0.55	0.57	0.17	1.07
23	5-09-0127	大豆 soybeans	87.0	35.5	2.57	0.59	1.28	2.72	2.20	0.56	0.70	1.42	0.64	1.41	0.45	1.50
24	5-09-0128	全脂大豆 full-fat soybeans	88.0	35.5	2.63	0.63	1.32	2.68	2.37	0.55	0.76	1.39	0.67	1.42	0.49	1.53

表 15 （续）

序号 (No.)	中国饲料号 (CFN)	饲料名称 Feed Name	干物质 DM,%	粗蛋白 CP,%	精氨酸 Arg,%	组氨酸 His,%	异亮氨酸 Ile,%	亮氨酸 Leu,%	赖氨酸 Lys,%	蛋氨酸 Met,%	胱氨酸 Cys,%	苯丙氨酸 Phe,%	酪氨酸 Tyr,%	苏氨酸 Thr,%	色氨酸 Trp,%	缬氨酸 Val,%
25	5-10-0241	大豆饼 soybean meal(exp.)	89.0	41.8	2.53	1.10	1.57	2.75	2.43	0.60	0.62	1.79	1.53	1.44	0.64	1.70
26	5-10-0103	大豆粕 soybean meal(sol.)	89.0	47.9	3.67	1.36	2.05	3.74	2.87	0.67	0.73	2.52	1.69	1.93	0.69	2.15
27	5-10-0102	大豆粕 soybean meal(sol.)	89.0	44.0	3.19	1.09	1.80	3.26	2.66	0.62	0.68	2.23	1.57	1.92	0.64	1.99
28	5-10-0118	棉籽饼 cottonseed meal(exp.)	88.0	36.3	3.94	0.90	1.16	2.07	1.40	0.41	0.70	1.88	0.95	1.14	0.39	1.51
29	5-10-0119	棉籽粕 cottonseed meal(sol.)	88.0	47.0	4.98	1.26	1.40	2.67	2.13	0.56	0.66	2.43	1.11	1.35	0.54	2.05
30	5-10-0117	棉籽粕 cottonseed meal(sol.)	90.0	43.5	4.65	1.19	1.29	2.47	1.97	0.58	0.68	2.28	1.05	1.25	0.51	1.91
31	5-10-0183	菜籽饼 rapeseed meal(exp.)	88.0	35.7	1.82	0.83	1.24	2.26	1.33	0.60	0.82	1.35	0.92	1.40	0.42	1.62
32	5-10-0121	菜籽粕 rapeseed meal(sol.)	88.0	38.6	1.83	0.86	1.29	2.34	1.30	0.63	0.87	1.45	0.97	1.49	0.43	1.74
33	5-10-0116	花生仁饼 peanut meal(exp.)	88.0	44.7	4.60	0.83	1.18	2.36	1.32	0.39	0.38	1.81	1.31	1.05	0.42	1.28
34	5-10-0115	花生仁粕 peanut meal(sol.)	88.0	47.8	4.88	0.88	1.25	2.50	1.40	0.41	0.40	1.92	1.39	1.11	0.45	1.36
35	1-10-0031	向日葵仁饼 sunflower meal(exp.)	88.0	29.0	2.44	0.62	1.19	1.76	0.96	0.59	0.43	1.21	0.77	0.98	0.28	1.35
36	5-10-0242	向日葵仁粕 sunflower meal(sol.)	88.0	36.5	3.17	0.81	1.51	2.25	1.22	0.72	0.62	1.56	0.99	1.25	0.47	1.72
37	5-10-0243	向日葵仁粕 sunflower meal(sol.)	88.0	33.6	2.89	0.74	1.39	2.07	1.13	0.69	0.50	1.43	0.91	1.14	0.37	1.58
38	5-10-0119	亚麻仁饼 linseed meal(exp.)	88.0	32.2	2.35	0.51	1.15	1.62	0.73	0.46	0.48	1.32	0.50	1.00	0.48	1.44
39	5-10-0120	亚麻仁粕 linseed meal(sol.)	88.0	34.8	3.59	0.64	1.33	1.85	1.16	0.55	0.55	1.51	0.93	1.10	0.70	1.51
40	5-10-0246	芝麻饼 sesame meal(exp.)	92.0	39.2	2.38	0.81	1.42	2.52	0.82	0.82	0.75	1.68	1.02	1.29	0.49	1.84
41	5-11-0001	玉米蛋白粉 corn gluten meal	90.1	63.5	1.90	1.18	2.85	11.59	0.97	1.42	0.96	4.10	3.19	2.08	0.36	2.98
42	5-11-0002	玉米蛋白粉 corn gluten meal	91.2	51.3	1.48	0.89	1.75	7.87	0.92	1.14	0.76	2.83	2.25	1.59	0.31	2.05
43	5-11-0008	玉米蛋白粉 corn gluten meal	89.9	44.3	1.31	0.78	1.63	7.08	0.71	1.04	0.65	2.61	2.03	1.38	—	1.84
44	5-11-0003	玉米蛋白饲料 corn gluten feed	88.0	19.3	0.77	0.56	0.62	1.82	0.63	0.29	0.33	0.70	0.50	0.68	0.14	0.93
45	4-10-0026	玉米胚芽饼 corn genm meal(exp.)	90.0	16.7	1.16	0.45	0.53	1.25	0.70	0.31	0.47	0.64	0.54	0.64	0.16	0.91
46	4-10-0244	玉米胚芽粕 corn genm meal(sol.)	90.0	20.8	1.51	0.62	0.77	1.54	0.75	0.21	0.28	0.93	0.66	0.68	0.18	1.66
47	5-11-0007	DDGS corn distiller's grain with soluble	90.0	28.3	0.98	0.59	0.98	2.63	0.59	0.59	0.39	1.93	1.37	0.92	0.19	1.30
48	5-11-0009	蚕豆粉浆蛋白粉 broad bean gluten meal	88.0	66.3	5.96	1.66	2.90	5.88	4.44	0.60	0.57	3.34	2.21	2.31	—	3.20
49	5-11-0004	麦芽根 barley malt sprouts	89.7	28.3	1.22	0.54	1.08	1.58	1.30	0.37	0.26	0.85	0.67	0.96	0.42	1.44

表 15 （续）

序号(No.)	中国饲料号(CFN)	饲料名称 Feed Name	干物质 DM,%	粗蛋白 CP,%	精氨酸 Arg,%	组氨酸 His,%	异亮氨酸 Ile,%	亮氨酸 Leu,%	赖氨酸 Lys,%	蛋氨酸 Met,%	胱氨酸 Cys,%	苯丙氨酸 Phe,%	酪氨酸 Tyr,%	苏氨酸 Thr,%	色氨酸 Trp,%	缬氨酸 Val,%
50	5-13-0044	鱼粉(CP64.5%)fish meal	90.0	64.5	3.91	1.75	2.68	4.99	5.22	1.71	0.58	2.71	2.13	2.87	0.78	3.25
51	5-13-0045	鱼粉(CP62.5%)fish meal	90.0	62.5	3.86	1.83	2.79	5.06	5.12	1.66	0.55	2.67	2.01	2.78	0.75	3.14
52	5-13-0046	鱼粉(CP60.2%)fish meal	90.0	60.2	3.57	1.71	2.68	4.80	4.72	1.64	0.52	2.35	1.96	2.57	0.70	3.17
53	5-13-0077	鱼粉(CP53.5%)fish meal	90.0	53.5	3.24	1.29	2.30	4.30	3.87	1.39	0.49	2.22	1.70	2.51	0.60	2.77
52	5-13-0036	血粉 blood meal	88.0	82.8	2.99	4.40	0.75	8.38	6.67	0.74	0.98	5.23	2.55	2.86	1.11	6.08
53	5-13-0037	羽毛粉 feather meal	88.0	77.9	5.30	0.58	4.21	6.78	1.65	0.59	2.93	3.57	1.79	3.51	0.40	6.05
54	5-13-0038	皮革粉 leather meal	88.0	74.7	4.45	0.40	1.06	2.53	2.18	0.80	0.16	1.56	0.63	0.71	0.50	1.91
55	5-13-0047	肉骨粉 meat and bone meal	93.0	50.0	3.35	0.96	1.70	3.20	2.60	0.67	0.33	1.70	—	1.63	0.26	2.25
56	5-13-0048	肉粉 meat meal	94.0	54.0	3.60	1.14	1.60	3.84	3.07	0.80	0.60	2.17	1.40	1.97	0.35	2.66
57	1-05-0074	苜蓿草粉(CP19%)alfalfa meal	87.0	19.1	0.78	0.39	0.68	1.20	0.82	0.21	0.22	0.82	0.58	0.74	0.43	0.91
58	1-05-0075	苜蓿草粉(CP17%)alfalfa meal	87.0	17.2	0.74	0.32	0.66	1.10	0.81	0.20	0.16	0.81	0.54	0.69	0.37	0.85
59	1-05-0076	苜蓿草粉(CP14%～15%)alfalfa meal	87.0	14.3	0.61	0.19	0.58	1.00	0.60	0.18	0.15	0.59	0.38	0.45	0.24	0.58
60	5-11-0005	啤酒糟 brewers dried grain	88.0	24.3	0.98	0.51	1.18	1.08	0.72	0.52	0.35	2.35	1.17	0.81	—	1.66
61	7-15-0001	啤酒酵母 brewers dried yeast	91.7	52.4	2.67	1.11	2.85	4.76	3.38	0.83	0.50	4.07	0.12	2.33	2.08	3.40
62	4-13-0075	乳清粉 whey,dehydrated	94.0	12.0	0.40	0.20	0.90	1.20	1.10	0.20	0.30	0.40	—	0.80	0.20	0.70
63	5-01-0162	酪蛋白 casein	91.0	88.7	3.26	2.82	4.66	8.79	7.35	2.70	0.41	4.79	4.77	3.98	1.14	6.10
64	5-14-0503	明胶 gelatin	90.0	88.6	6.60	0.66	1.42	2.91	3.62	0.76	0.12	1.74	0.43	1.82	0.05	2.26
65	4-06-0076	牛奶乳糖 milk lactose	96.0	4.0	0.29	0.10	0.10	0.18	0.16	0.03	0.04	0.10	0.02	0.10	0.10	0.10

注:“—”表示未测值,下同 “—”unmeasured,the same below

表 16　饲料中矿物质及维生素含量

Table 16　Minerals and Vitamins Contents in Feeds

序号 (No.)	中国饲料号 (CFN)	饲料名称 Feed Name	钠 Na %	氯 Cl %	镁 Mg %	钾 K %	铁 Fe mg/kg	铜 Cu mg/kg	锰 Mn mg/kg	锌 Zn mg/kg	硒 Se mg/kg	胡萝卜素β-carrouine mg/kg	维生素E mg/kg	维生素 B_1 mg/kg	维生素 B_2 mg/kg	泛酸 Pantothenic Acid mg/kg	烟酸 Niacin mg/kg	生物素 Biotin mg/kg	叶酸 Folic Acid mg/kg	胆碱 Choline mg/kg	维生素 B_6 mg/kg	维生素 B_{12} μg/kg	亚油酸 Linoleic Acid %
1	4-07-0278	玉米 corn grain	0.01	0.04	0.11	0.29	36	3.4	5.8	21.1	0.04	—	22.0	3.5	1.1	5.0	24.0	0.06	0.15	620	10.0	—	2.20
2	4-07-0288	玉米 corn grain	0.01	0.04	0.11	0.29	36	3.4	5.8	21.1	0.04	—	22.0	3.5	1.1	5.0	24.0	0.06	0.15	620	10.0	—	2.20
3	4-07-0279	玉米 corn grain	0.02	0.04	0.12	0.30	37	3.3	6.1	19.2	0.03	0.8	22.0	2.6	1.1	3.9	21.0	0.08	0.12	620	10.0	0.0	2.20
4	4-07-0280	玉米 corn grain	0.02	0.04	0.12	0.30	37	3.3	6.1	19.2	0.03	—	22.0	2.6	1.1	3.9	21.0	0.08	0.12	620	10.0	—	2.20
5	4-07-0272	高粱 sorghum grain	0.03	0.09	0.15	0.34	87	7.6	17.1	20.1	0.05	—	7.0	3.0	1.3	12.4	41.0	0.26	0.20	668	5.2	0.0	1.13
6	4-07-0270	小麦 wheat grain	0.06	0.07	0.11	0.50	88	7.9	45.9	29.7	0.05	0.4	13.0	4.6	1.3	11.9	51.0	0.11	0.36	1 040	3.7	0.0	0.59
7	4-07-0274	大麦(裸)naked barley grain	0.04	—	0.11	0.60	100	7.0	18.0	30.0	0.16	—	48.0	4.1	1.4	—	87.0	—	—	—	19.3	0.0	—
8	4-07-0277	大麦(皮)barley grain	0.02	0.15	0.14	0.56	87	5.6	17.5	23.6	0.06	4.1	20.0	4.5	1.8	8.0	55.0	0.15	0.07	990	4.0	0.0	0.83
9	4-07-0281	黑麦 rye	0.02	0.04	0.12	0.42	117	7.0	53.0	35.0	0.40	—	15.0	3.6	1.5	8.0	16.0	0.06	0.60	440	2.6	0.0	0.76
10	4-07-0273	稻谷 paddy	0.04	0.07	0.07	0.34	40	3.5	20.0	8.0	0.04	—	16.0	3.1	1.2	3.7	34.0	0.08	0.45	900	28.0	0.0	0.28
11	4-07-0276	糙米 rough rice	0.04	0.06	0.14	0.34	78	3.3	21.0	10.0	0.07	—	13.5	2.8	1.1	11.0	30.0	0.08	0.40	1014	—	—	—
12	4-07-0275	碎米 broken rice	0.07	0.08	0.11	0.13	62	8.8	47.5	36.4	0.06	—	14.0	1.4	0.7	8.0	30.0	0.08	0.20	800	28.0	—	—
13	4-07-0479	粟(谷子)millet grain	0.04	0.14	0.16	0.43	270	24.5	22.5	15.9	0.08	1.2	36.3	6.6	1.6	7.4	53.0	—	15.00	790	—	—	0.84
14	4-04-0067	木薯干 cassava tuber flake	—	—	—	—	150	4.2	6.0	14.0	0.04	—	—	—	—	—	—	—	—	—	—	—	—
15	4-04-0068	甘薯干 sweet potato tuber flake	—	—	0.08	—	107	6.1	10.0	9.0	0.07	—	—	—	—	—	—	—	—	—	—	—	—
16	4-08-0104	次粉 wheat middling and reddog	0.60	0.04	0.41	0.60	140	11.6	94.2	73.0	0.07	3.0	20.0	16.5	1.8	15.6	72.0	0.33	0.76	1 187	9.0	—	1.74
17	4-08-0105	次粉 wheat middling and reddog	0.60	0.04	0.41	0.60	140	11.6	94.2	73.0	0.07	3.0	20.0	16.5	1.8	15.6	72.0	0.33	0.76	1 187	9.0	—	1.74
18	4-08-0069	小麦麸 wheat bran	0.07	0.07	0.52	1.19	170	13.8	104.3	96.5	0.07	1.0	14.0	8.0	4.6	31.0	186.0	0.36	0.63	980	7.0	0.0	1.70
19	4-08-0070	小麦麸 wheat bran	0.07	0.07	0.47	1.19	157	16.5	80.6	104.7	0.05	1.0	14.0	8.0	4.6	31.0	186.0	0.36	0.63	980	7.0	0.0	1.70
20	4-08-0041	米糠 rice bran	0.07	0.07	0.90	1.73	304	7.1	175.9	50.3	0.09	—	60.0	22.5	2.5	23.0	293.0	0.42	2.20	1 135	14.0	0.0	3.57
21	4-10-0025	米糠饼 rice bran meal(exp.)	0.08	—	1.26	1.80	400	8.7	211.6	56.4	0.09	—	11.0	24.0	2.9	94.9	689.0	0.70	0.88	1 700	54.0	40.0	—
22	4-10-0018	米糠粕 rice bran meal(sol.)	0.09	—	—	1.80	432	9.4	228.4	60.9	0.10	—	—	—	—	—	—	—	—	—	—	—	—

表 16 （续）

序号 (No.)	中国饲料号 (CFN)	饲料名称 Feed Name	钠 Na	氯 Cl	镁 Mg	钾 K	铁 Fe	铜 Cu	锰 Mn	锌 Zn	硒 Se	胡萝卜素 β-carrouine	维生素 E	维生素 B_1	维生素 B_2	泛酸 Pantothenic Acid	烟酸 Niacin	生物素 Biotin	叶酸 Folic Acid	胆碱 Choline	维生素 B_6	维生素 B_{12}	亚油酸 Linoleic Acid
			%	%	%	%	mg/kg	mg/kg	mg/kg	mg/kg	mg/kg	mg/kg	mg/kg	mg/kg	mg/kg	mg/kg	mg/kg	mg/kg	mg/kg	mg/kg	mg/kg	μg/kg	%
23	5-09-0127	大豆 soybeans	0. 02	0. 03	0. 28	1. 70	111	18. 1	21. 5	40. 7	0. 06	—	40. 0	12. 3	2. 9	17. 4	24. 0	0. 42	—	3 200	12. 0	—	8. 00
24	5-09-0128	全脂大豆 full-fat soybeans	0. 02	0. 03	0. 28	1. 70	111	18. 1	21. 5	40. 7	0. 06	—	40. 0	12. 3	2. 9	17. 4	24. 0	0. 42	—	3 200	12. 0	—	8. 00
25	5-10-0241	大豆饼 soybean meal(exp.)	0. 02	0. 02	0. 25	1. 77	187	19. 8	32. 0	43. 4	0. 04	—	6. 6	1. 7	4. 4	13. 8	37. 0	0. 32	0. 45	2 673	—	—	—
26	5-10-0103	大豆粕 soybean meal(sol.)	0. 03	0. 05	0. 28	2. 05	185	24. 0	38. 2	46. 4	0. 10	0. 2	3. 1	4. 6	3. 0	16. 4	30. 7	0. 33	0. 81	2 858	6. 10	0. 0	0. 51
27	5-10-0102	大豆粕 soybean meal(sol.)	0. 03	0. 05	0. 28	1. 72	185	24. 0	28. 0	46. 4	0. 06	0. 2	3. 1	4. 6	3. 0	16. 4	30. 7	0. 33	0. 81	2 858	6. 10	0. 0	0. 51
28	5-10-0118	棉籽饼 cottonseed meal(exp.)	0. 04	0. 14	0. 52	1. 20	266	11. 6	17. 8	44. 9	0. 11	0. 2	16. 0	6. 4	5. 1	10. 0	38. 0	0. 53	1. 65	2 753	5. 30	0. 0	2. 47
29	5-10-0119	棉籽粕 cottonseed meal(sol.)	0. 04	0. 04	0. 40	1. 16	263	14. 0	18. 7	55. 5	0. 15	0. 2	15. 0	7. 0	5. 5	12. 0	40. 0	0. 30	2. 51	2 933	5. 10	0. 0	1. 51
30	5-10-0117	棉籽粕 cottonseed meal(sol.)	0. 04	0. 04	0. 40	1. 16	263	14. 0	18. 7	55. 5	0. 15	0. 2	15. 0	7. 0	5. 5	12. 0	40. 0	0. 30	2. 51	2 933	5. 10	0. 0	1. 51
31	5-10-0183	菜籽饼 rapeseed meal(exp.)	0. 02	—	—	1. 34	687	7. 2	78. 1	59. 2	0. 29	—	—	—	—	—	—	—	—	—	—	—	—
32	5-10-0121	菜籽粕 rapeseed meal(sol.)	0. 09	0. 11	0. 51	1. 40	653	7. 1	82. 2	67. 5	0. 16	—	54. 0	5. 2	3. 7	9. 5	160. 0	0. 98	0. 95	6700	7. 20	0. 0	0. 42
33	5-10-0116	花生仁饼 peanut meal (exp.)	0. 04	0. 03	0. 33	1. 14	347	23. 7	36. 7	52. 5	0. 06	—	3. 0	7. 1	5. 2	47. 0	166. 0	0. 33	0. 40	1 655	10. 00	0. 0	1. 43
34	5-10-0115	花生仁粕 peanut meal(sol.)	0. 07	0. 03	0. 31	1. 23	368	25. 1	38. 9	55. 7	0. 06	—	3. 0	5. 7	11. 0	53. 0	173. 0	0. 39	0. 39	1 854	10. 00	0. 0	0. 24
35	1-10-0031	向日葵仁饼 sunflower meal (exp.)	0. 02	0. 01	0. 75	1. 17	424	45. 6	41. 5	62. 1	0. 09	—	0. 9	—	18. 0	4. 0	86. 0	1. 40	0. 40	800	—	—	—
36	5-10-0242	向日葵仁粕 sunflower meal (sol.)	0. 20	0. 01	0. 75	1. 00	226	32. 8	34. 5	82. 7	0. 06	—	0. 7	4. 6	2. 3	39. 0	22. 0	1. 70	1. 60	3 260	17. 20	—	—
37	5-10-0243	向日葵仁粕 sunflower meal (sol.)	0. 20	0. 10	0. 68	1. 23	310	35. 0	35. 0	80. 0	0. 08	—	—	3. 0	3. 0	29. 9	14. 0	1. 40	1. 14	3 100	11. 10	0. 0	0. 98
38	5-10-0119	亚麻仁饼 linseed meal(exp.)	0. 09	0. 04	0. 58	1. 25	204	27. 0	40. 3	36. 0	0. 18	—	7. 7	2. 6	4. 1	16. 5	37. 4	0. 36	2. 90	1 672	6. 10	—	—
39	5-10-0120	亚麻仁粕 linseed meal(sol.)	0. 14	0. 05	0. 56	1. 38	219	25. 5	43. 3	38. 7	0. 18	0. 2	5. 8	7. 5	3. 2	14. 7	33. 0	0. 41	0. 34	1 512	6. 00	200. 0	0. 36
40	5-10-0246	芝麻饼 sesame meal(exp.)	0. 04	0. 05	0. 50	1. 39	—	50. 4	32. 0	2. 4	—	0. 2	—	2. 8	3. 6	6. 0	30. 0	2. 40	—	1 536	12. 50	0. 0	1. 90
41	5-11-0001	玉米蛋白粉 corn gluten	0. 01	0. 05	0. 08	0. 30	230	1. 9	5. 9	19. 2	0. 02	44. 0	25. 5	0. 3	2. 2	3. 0	55. 0	0. 15	0. 20	330	6. 90	50. 0	1. 17
42	5-11-0002	玉米蛋白粉 corn gluten	0. 02	—	—	0. 35	332	10. 0	78. 0	49. 0	—	—	—	—	—	—	—	—	—	—	—	—	—
43	5-11-0008	玉米蛋白粉 corn gluten	0. 02	0. 08	0. 05	0. 40	400	28. 0	7. 0	—	1. 00	16. 0	19. 9	0. 2	1. 5	9. 6	54. 5	0. 15	0. 22	330	—	—	—
44	5-11-0003	玉米蛋白饲料 corn gluten	0. 12	0. 22	0. 42	1. 30	282	10. 7	77. 1	59. 2	0. 23	8. 0	14. 8	2. 0	2. 4	17. 8	75. 5	0. 22	0. 28	1 700	13. 00	250. 0	1. 43
45	4-10-0026	玉米胚芽饼 corn germ meal (exp.)	0. 01	—	0. 10	0. 30	99	12. 8	19. 0	108. 1	—	2. 0	87. 0	—	3. 7	3. 3	42. 0	—	—	1 936	—	—	1. 47

表 16（续）

序号 (No.)	中国饲料号 (CFN)	饲料名称 Feed Name	钠 Na %	氯 Cl %	镁 Mg %	钾 K %	铁 Fe mg/kg	铜 Cu mg/kg	锰 Mn mg/kg	锌 Zn mg/kg	硒 Se mg/kg	胡萝卜素 β-carrouine mg/kg	维生素 E mg/kg	维生素 B_1 mg/kg	维生素 B_2 mg/kg	泛酸 Pantothenic Acid mg/kg	烟酸 Niacin mg/kg	生物素 Biotin mg/kg	叶酸 Folic Acid mg/kg	胆碱 Choline mg/kg	维生素 B_6 mg/kg	维生素 B_{12} μg/kg	亚油酸 Linoleic Acid %
46	4-10-0244	玉米胚芽粕 corn germ meal	0. 01	—	0. 16	0. 69	214	7. 7	23. 3	126. 6	0. 33	2. 0	80. 8	1. 1	4. 0	4. 4	37. 7	0. 22	0. 20	2000	—	—	1. 47
47	5-11-0007	DDGS corn distiller's grains with soluble	0. 88	0. 17	0. 35	0. 98	197	43. 9	29. 5	83. 5	0. 37	3. 5	40. 0	3. 5	8. 6	11. 0	75. 0	0. 30	0. 88	2637	2. 28	10. 0	2. 15
48	5-11-0009	蚕豆粉浆蛋白粉 broad bean gluten meal	0. 01	—	—	0. 06	—	22. 0	16. 0	—	—	—	—	—	—	—	—	—	—	—	—	—	—
49	5-11-0004	麦芽根 barley malt sprouts	0. 06	0. 59	0. 16	2. 18	198	5. 3	67. 8	42. 4	0. 60	—	4. 2	0. 7	1. 5	8. 6	43. 3	—	0. 20	1548	—	—	—
50	5-13-0044	鱼粉(CP64. 5%) fish meal	0. 88	0. 60	0. 24	0. 90	226	9. 1	9. 2	98. 9	2. 7	—	5. 0	0. 3	7. 1	15. 0	100. 0	0. 23	0. 37	4408	4. 00	352. 0	0. 20
51	5-13-0045	鱼粉(CP62. 5%) fish meal	0. 78	0. 61	0. 16	0. 83	181	6. 0	12. 0	90. 0	1. 62	—	5. 7	0. 2	4. 9	9. 0	55. 0	0. 15	0. 30	3099	4. 00	150. 0	0. 12
52	5-13-0046	鱼粉(CP60. 2%) fish meal	0. 97	0. 61	0. 16	1. 10	80	8. 0	10. 0	80. 0	1. 5	—	7. 0	0. 5	4. 9	9. 0	55. 0	0. 20	0. 30	3056	4. 00	104. 0	0. 12
53	5-13-0077	鱼粉(CP53. 5%) fish meal	1. 15	0. 61	0. 16	0. 94	292	8. 0	9. 7	88. 0	1. 94	—	5. 6	0. 4	8. 8	8. 8	65. 0	—	—	3000	—	143. 0	—
54	5-13-0036	血粉 blood meal	0. 31	0. 27	0. 16	0. 90	2100	8. 0	2. 3	14. 0	0. 7	—	1. 0	0. 4	1. 6	1. 2	23. 0	0. 09	0. 11	800	4. 40	50. 0	0. 10
55	5-13-0037	羽毛粉 feather meal	0. 31	0. 26	0. 20	0. 18	73	6. 8	8. 8	53. 8	0. 8	—	7. 3	0. 1	2. 0	10. 0	27. 0	0. 04	0. 20	880	3. 00	71. 0	0. 83
56	5-13-0038	皮革粉 leather meal	—	—	—	—	131	11. 1	25. 2	89. 8	—	—	—	—	—	—		—	—	—	—	—	—
57	5-13-0047	肉骨粉 meat and bone meal	0. 73	0. 75	1. 13	1. 40	500	1. 5	12. 3	90. 0	0. 25		0. 8	0. 2	5. 2	4. 4	59. 4	0. 14	0. 60	2000	4. 60	100. 0	0. 72
58	5-13-0048	肉粉 meat meal	0. 80	0. 97	0. 35	0. 57	440	10. 0	10. 0	94. 0	0. 37		1. 2	0. 6	4. 7	5. 0	57. 0	0. 08	0. 50	2077	2. 40	80. 0	0. 80
59	1-05-0074	苜蓿草粉（CP19%）alfalfa meal	0. 09	0. 38	0. 30	2. 08	372	9. 1	30. 7	17. 1	0. 46	94. 6	144. 0	5. 8	15. 5	34. 0	40. 0	0. 35	4. 36	1419	8. 00	0	0. 44
60	1-05-0075	苜蓿草粉（CP17%）alfalfa meal	0. 17	0. 46	0. 36	2. 40	361	9. 7	30. 7	21. 0	0. 46	94. 6	125. 0	3. 4	13. 6	29. 0	38. 0	0. 30	4. 20	1401	6. 50	0	0. 35
61	1-05-0076	苜蓿草粉(CP14%～15%)alfalfa meal	0. 11	0. 46	0. 36	2. 22	437	9. 1	33. 2	22. 6	0. 48	63. 0	98. 0	3. 0	10. 6	20. 8	41. 8	0. 25	1. 54	1548	—	—	—
62	5-11-0005	啤酒糟 brewers dried grain	0. 25	0. 12	0. 19	0. 08	274	20. 1	35. 6	104. 0	0. 41	0. 2	27. 0	0. 6	1. 5	8. 6	43. 0	0. 24	0. 24	1 723	0. 70	0	2. 94
63	7-15-0001	啤酒酵母 brewers dried	0. 10	0. 12	0. 23	1. 70	248	61. 0	22. 3	86. 7	1. 00	—	2. 2	91. 8	37. 0	109. 0	448	0. 63	9. 90	3 984	42. 80	999. 9	0. 04
64	4-13-0075	乳清粉 whey, dehydrated	2. 11	0. 14	0. 13	1. 81	160	43. 1	4. 6	3. 0	0. 06	—	0. 3	3. 9	29. 9	47. 0		0. 34	0. 66	1 500	4. 00	20. 0	0. 01
65	5-01-0162	酪蛋白 casein	0. 01	0. 04	0. 01	0. 01	14	4. 0	4. 0	30. 0	0. 16	—	—	0. 4	1. 5	2. 7	1. 0	0. 04	0. 51	205	0. 40	—	—
66	5-14-0503	明胶 gelatin	—	—	0. 05	—	—	—	—	—	—	—	—	—	—	—	—	—	—	—	—	—	—
67	4-06-0076	牛奶乳糖 milk lactose	—	—	0. 15	2. 40	—	—	—	—	—	—	—	—	—	—	—	—	—	—	—	—	—

注："—"表示未测值，下同　　"—"unmeasured, the same below

表 17　鸡用饲料氨基酸表观利用率

Table 17　Apparent Digestibility of Amino Acids in Feed Ingredients Used for Poultry

序号 (No.)	中国饲料号 (CFN)	饲料名称 Feed Name	干物质 DM,%	粗蛋白 CP,%	精氨酸 Arg,%	组氨酸 His,%	异亮氨酸 Ile,%	亮氨酸 Leu,%	赖氨酸 Lys,%	蛋氨酸 Met,%	胱氨酸 Cys,%	苯丙氨酸 Phe,%	酪氨酸 Tyr,%	苏氨酸 Thr,%	色氨酸 Trp,%	缬氨酸 Val,%
1	4—07—0279	玉米 corn grain	86.0	8.7	93	92	91	95	82	93	82	94	93	85	90	89
2	4—07—0272	高粱 sorghum grain 单宁<0.5	86.0	9.0	93	87	95	95	92	92	80	95	94	92	95	93
3	4—07—0270	小麦 wheat grain	87.0	13.9	—	—	—	—	76	87	78	—	—	74	84	—
4	4—07—0274	大麦(裸)naked barley grain	87.0	13.0	—	—	—	—	70	71	75	—	—	67	75	—
5	4—07—0277	大麦(皮)barley grain	87.0	11.0	—	—	—	—	71	76	78	—	—	70	80	—
6	4—07—0281	黑麦 rye	88.0	11.0	90	90	88	88	84	89	82	90	90	85	—	90
7	4—07—0276	糙米 rough rice	87.0	8.8	—	—	—	—	83	86	82	—	—	81	86	—
8	4—08—0104	次粉 wheat midding and reddog	88.0	15.4	—	—	—	—	90	93	88	—	—	89	92	—
9	4—08—0069	小麦麸 wheat bran	87.0	15.7	—	—	—	—	73	64	71	—	—	70	77	—
10	4—08—0041	米糠 rice bran	87.0	12.8	—	—	—	—	75	78	74	—	—	68	72	—
11	5—10—0241	大豆饼 soybean meal(exp.)	87.0	40.9	—	—	—	—	77	72	60	—	—	74	—	—
12	5—10—0103	大豆粕 soybean meal(sol.)	89.0	47.9	—	—	—	—	90	93	88	—	—	89	92	
13	5—10—0102	大豆粕 soybean meal(sol.)	87.0	44.0	—	—	—	—	87	87	83	—	—	86	—	—
14	5—10—0118	棉籽饼 cottonseed meal(exp.)	88.0	36.3	90	—	61	77	82	75	57	77	86	71	—	74
15	5—10—0119	棉籽粕 cottonseed meal(sol.)	88.0	47.0	—	—	—	—	61	71	63	—	—	71	75	
16	5—10—0183	菜籽饼 rapeseed meal(exp.)	88.0	35.7	91	91	83	87	77	88	70	87	86	81	—	72
17	5—10—0121	菜籽粕 rapeseed meal(sol.)	88.0	38.6	89	92	85	88	79	87	75	88	86	82	57	83
18	5—10—0115	花生仁粕 peanut meal(sol.)	88.0	47.8	—	—	—	—	78	84	75	—	—	83	85	—
19	5—10—0242	向日葵仁粕 sunflower meal(sol.)	88.0	36.5	92	87	84	83	76	90	65	86	80	74	—	79
20	5—10—0243	向日葵仁粕 sunflower meal(sol.)	88.0	33.6	92	87	84	83	76	90	65	86	80	74	—	79
21	5—10—0246	芝麻饼 sesame meal(exp.)	92.0	39.2	—	—	—	—	25	80	65	—	—	54	65	—
22	5—11—0003	玉米蛋白饲料 corn gluten feed	88.0	19.3	—	—	—	—	79	90	74	—	—	80	72	—
23	5—13—0044	鱼粉(CP64.5%)fish meal	90.0	64.5	88	94	86	89	86	88	62	85	84	87	81	86
24	5—13—0037	羽毛粉 feather meal	88.0	77.9	—	—	—	—	63	71	55	—	—	69	72	—
25	1—05—0074	苜蓿草粉(CP19%)alfalfa meal	87.0	19.1	—	—	—	—	59	65	58	—	—	65	72	—

注:"—"表示未测值　　"—"unmeasured

表 18 常用矿物质饲料中矿物元素的含量

Table 18 Trace Elements Contents in Mineral Feed Ingredients

序号 (No.)	中国料号 (CFN)	饲料名称 Feed Name	化学分子式 Chemical Formular	钙 Ca,%[a]	磷 P,%	磷利用率 Avp,%[b]	钠 Na,%	氯 Cl,%	钾 K,%	镁 Mg,%	硫 S,%	铁 Fe,%	锰 Mn,%
01	6—14—0001	碳酸钙,饲料级轻质 Calcium carbonate	$CaCO_3$	38.42	0.02	—	0.08	0.02	0.08	1.610	0.08	0.06	0.02
02	6—14—0002	磷酸氢钙,无水 Calcium acid phosphate	$CaHPO_4$	29.60	22.77	95～100	0.18	0.47	0.15	0.800	0.80	0.79	0.14
03	6—14—0003	磷酸氢钙,2 个结晶水 Calcium acid phosphate	$CaHPO_4 \cdot 2H_2O$	23.29	18.00	95～100	—	—	—	—	—	—	—
04	6—14—0004	磷酸二氢钙 Calcium dihydrogen phosphate	$Ca(H_2PO_4)_2 \cdot H_2O$	15.90	24.58	100	0.20	—	0.16	0.900	0.80	0.75	0.01
05	6—14—0005	磷酸三钙(磷酸钙)Calcium carbonate	$Ca_3(PO_4)_2$	38.76	20.0	—	—	—	—	—	—	—	—
06	6—14—0006	石粉[c]、石灰石、方解石等 Limestone、Calcite		35.84	0.01	—	0.06	0.02	0.11	2.060	0.04	0.35	0.02
07	6—14—0007	骨粉,脱脂 Bone meal		29.80	12.50	80～90	0.04	—	0.20	0.300	2.40	—	0.03
08	6—14—0008	贝壳粉 Shell meal		32～35	—	—	—	—	—	—	—	—	—
09	6—14—0009	蛋壳粉 Egg shell meal		30～40	0.1～0.4	—	—	—	—	—	—	—	—
10	6—14—0010	磷酸氢铵 Ammonium hydrogen phosphate	$(NH_4)_2HPO_4$	0.35	23.48	100	0.20	—	0.16	0.750	1.50	0.41	0.01
11	6—14—0011	磷酸二氢铵 Ammonium dihydrogen phosphate	$(NH_4)H_2PO_4$	—	26.93	100	—	—	—	—	—	—	—
12	6—14—0012	磷酸氢二钠 Sodium hydrogen phosphate	Na_2HPO_4	0.09	21.82	100	31.04	—	—	—	—	—	—
13	6—14—0013	磷酸二氢钠 Sodium dihydeogen phosphate	NaH_2PO_4	—	25.81	100	19.17	0.02	0.01	0.010	—	—	—
14	6—14—0014	碳酸钠 Sodium carbonate (soda)	Na_2CO_3	—	—	—	43.30	—	—	—	—	—	—
15	6—14—0015	碳酸氢钠 Sodium bicarbonate(baking soda)	$NaHCO_3$	0.01	—	—	27.00	—	0.01	—	—	—	—
16	6—14—0016	氯化钠 Sodium chloride	$NaCl$	0.30	—	—	39.50	59.00	—	0.005	0.20	0.01	—
17	6—14—0017	氯化镁 Magnesium chloride	$MgCl_2 \cdot 6H_2O$	—	—	—	—	—	—	11.950	—	—	—
18	6—14—0018	碳酸镁 Magnesium carbonate	$MgCO_3 \cdot Mg(OH)_2$	0.02	—	—	—	—	—	34.000	—	—	0.01
19	6—14—0019	氧化镁 Magnesium oxide	MgO	1.69	—	—	—	—	0.02	55.000	0.10	1.06	—
20	6—14—0020	硫酸镁,7 个结晶水 Magnesium sulfate	$MgSO_4 \cdot 7H_2O$	0.02	—	—	—	0.01	—	9.860	13.01	—	—
21	6—14—0021	氯化钾 Potassium chloride	KCl	0.05	—	—	1.00	47.56	52.44	0.230	0.32	0.06	0.001
22	6—14—0022	硫酸钾 Potassium sulfate	K_2SO_4	0.15	—	—	0.09	1.50	44.87	0.600	18.40	0.07	0.001

注 1:数据来源:《中国饲料学》(2000,张子仪主编),《猪营养需要》(NRC,1998)。

注 2:饲料中使用的矿物质添加剂一般不是化学纯化合物,其组成成分的变异较大。如果能得到,一般应采用原料供给商的分析结果。例如,饲料级的磷酸氢钙原料中往往含有一些磷酸二氢钙,而磷酸二氢钙中含有一些磷酸氢钙。

[a] 在大多数来源的磷酸氢钙、磷酸二氢钙、磷酸三钙、脱氟磷酸钙、碳酸钙、硫酸钙和方解石石粉中,估计钙的生物学利用率为 90%～100%,在高镁含量的石粉或白云石石粉中钙的生物学效价较低,为 50%～80%

[b] 生物学效价估计值通常以相当于磷酸氢钠或磷酸氢钙中的磷的生物学效价表示。

[c] 大多数方解石石粉中含有 38%或高于表中所示的钙和低于表中所示的镁,"—"表示数据不详。

Note 1:data from《Chinese Feed Sciences》(2002. Zhang Ziyi,chief editor),《Nutrient Requirements of Swine》(NRC,1998).

Note 2:The mineral supplements used as feed supplements are not chemically pure compounds. and the composition may vary substantially among sources . The supplier's analysis should be used if it is available. For example, feed-grade dicalcium phosphate contains some monocalcium phosphate and feed-grade monocalcium phosphate contains dicalcium phosphate.

[a] Estimates suggest 90% to 100% bioavailability of calcium in most sources of monocalcium phosphate, dicalcium phosphate, triicalcium phosphate, defluorinated phosphate, calcium carbonate, calcium sulfate, and calcitic limestone. The calcium in high-magnesium limestone or dolomitic limestone is less bioavailable (50% to 80%).

[b] bioavailability estimates are generally expressed as a percentage of monosodium phosphate or monocalcium phosphate .

[c] Most calcitic limestones will contain 38% or more calcium and less magnesium than shown in the table.

表 19 常用维生素类饲料添加剂产品有效成分含量

Table 19 The Contents of Effectiue Ingredient in Normal Vitamin Additives

有效成分	产品名称	有效成分含量
维生素 A Vitamia A	维生素 A 醋酸酯 Vitamin A acetate 维生素 A D_3 粉 Vitamin AD_3(powder) 维生素 A 醋酸酯原料(油)Vitamin Aacetate technical grade(oil)	30 万 IU/g,40 万 IU/g 或 50 万 IU/g 50 万 IU/g 210 万 IU/g
维生素 D_3 Vitamin D_3	维生素 D_3 Vitamin D_3 维生素 AD_3 粉 Vitamin AD_3(powder) 维生素 D_3 原料(锭剂) Vitamin D_3 technical grade	30 万 IU/g,40 万 IU/g 或 50 万 IU/g 10 万 IU/g 2 000 万 IU/g
dl-α-生育酚 dl-α-tocopherol	维生素 E 醋酸酯粉剂 Vitamin E acetate(powder) 维生素 E 醋酸酯油剂 Vitamin E acetate Oily	50% 97%
维生素 K_3 Vitamin K_3 (甲萘醌)(menadione)	亚硫酸氢钠甲萘醌(MSB)微囊 亚硫酸氢钠甲萘醌(MSB)Menadione sodium bisulfide(MSB) 亚硫酸烟酰胺甲萘醌(MNB) 亚硫酸氢钠甲萘醌复合物(MSBC)Menadione sodium bisulfide complex(MSBC) 亚硫酸二甲嘧啶甲萘醌(MPB)Menadione pyrimidinal bisulfite	含甲萘醌 25% 含亚硫酸氢钠甲萘醌 94%,约含甲萘醌 50% 含甲萘醌不低于 43.7% 约含甲萘醌 33% 含亚硫酸二甲嘧啶甲萘醌 50%,约含甲萘醌 22.5%
硫胺素 thiamine	硝酸硫胺 Thiamine mononitrate 盐酸硫胺 Thiamine hydrochloride	含硝酸硫胺 98.0%,约含硫胺素 80.0% 含盐酸硫胺 98.5%,约含硫胺素 88.0%
核黄素 riboflavin	维生素 B_2 Vitamin B_2	80%或 96%
d-泛酸 d-pantothenic acid	D-泛酸钙 Calcium d pantothenate DL-泛酸钙 Calcium dl pantothenate	含 D-泛酸钙 98.0%,约含 d-泛酸 90.0% 相当于 D-泛酸钙生物活性的 50%
烟酸 Niacin	烟酸 Niacin 烟酰胺 Niacinamide	99.0% 98.5%
维生素 B_6 Vitamin B_6	盐酸吡哆醇 Pyridoxine hydrochloride	含盐酸吡哆醇 98%,约含吡哆醇 80%
d-生物素 biotin	生物素 biotin	2%或 98%
叶酸 Folic acid	叶酸 Folic acid	80%或 95%
维生素 B_{12} Vitamin B_{12}	维生素 B_{12} Vitamin B_{12}	1%,5%或 10%
胆碱 choline	氯化胆碱粉剂 Choline chloride(power) 氯化胆碱液剂 Choline chloride(liquid)	含氯化胆碱 50%或 60%,约含胆碱 37.3%或 44.8% 含氯化胆碱 70%或 75%,约含胆碱 52.2%或 56.0%

表20 鸡日粮中矿物质元素的耐受量

Table 20 Dietary Tolerant Concentrations of Mineral Elements for Chicken

元素 Element	阶段 Period	单位 Unit	耐受量 Tolerance
钙 Calcium	产蛋期 Egg production period	%	4.0
	其他 others	%	1.2
磷 Phosphorus	产蛋期 Egg production period	%	0.8
	其他 others	%	1.0
钠 Sodium	产蛋期 Egg production period	%	0.8
	其他 others	%	1.0
铜 Copper		毫克/千克 mg/kg	300
铁 Iron		毫克/千克 mg/kg	500
锰 Manganese		毫克/千克 mg/kg	2 000
锌 Zinc		毫克/千克 mg/kg	1 000
碘 Iodine		毫克/千克 mg/kg	300
硒 Selenium		毫克/千克 mg/kg	2
氟 Fluorin		毫克/千克 mg/kg	150～400

ICS 65.020.30
B 43

中华人民共和国农业行业标准

NY/T 34—2004
代替 NY/T 34—1986

奶牛饲养标准

Feeding standard of dairy cattle

2004-08-25 发布　　2004-09-01 实施

中华人民共和国农业部　发布

前　言

本标准代替 NY/T 34—1986《奶牛饲养标准》。

本标准修订的主要内容：将前一版中蛋白质部分采用的粗蛋白质体系更换为小肠蛋白质体系及其参数。为便于使用者过渡，本标准保留粗蛋白质的参数；修订了作为资料性附录的饲料营养价值表，并作为正文。

本标准的附录 A、附录 B、附录 C、附录 D 和附录 E 为资料性附录。

本标准由中华人民共和国农业部提出并归口。

本标准负责起草单位：中国奶业协会、中国农业大学、中国农业科学院畜牧研究所、北京市农场局。

本标准主要起草人：冯仰廉、方有生、莫放、张晓明、李胜利、陆治年、王加启。

奶 牛 饲 养 标 准

1 范围

本标准提出了奶牛各饲养阶段和产奶的营养需要。

本标准适用于奶牛饲料厂、国营、集体、个体奶牛场配合饲料和日粮。

2 术语和定义

下列术语和定义适用于本标准。

2.1

奶牛能量单位 dairy energy unit

本标准采用相当于 1 kg 含脂率为 4%的标准乳能量，即 3 138 kJ 产奶净能作为一个“奶牛能量单位”，汉语拼音字首的缩写为 NND。为了应用的方便，对饲料能量价值的评定和各种牛的能量需要均采用产奶净能和 NND。

4%乳脂率的标准乳(FCM)(kg)＝0.4×奶量(kg)＋15×乳脂量(kg) …………… (1)

2.2

小肠粗蛋白质 crude protein in the small intestine

小肠粗蛋白质＝饲料瘤胃非降解粗蛋白质＋瘤胃微生物粗蛋白质

饲料非降解粗蛋白质＝饲料粗蛋白质－饲料瘤胃降解粗蛋白质(RDP)

小肠可消化粗蛋白质＝饲料瘤胃非降解粗蛋白质(UDP)×小肠消化率＋瘤胃微生物粗蛋白质(MCP)×小肠消化率

3 饲养标准

3.1 能量需要

3.1.1 饲料产奶净能值的测算

产奶净能(MJ/kg 干物质)＝0.550 1×消化能(MJ/kg 干物质)－0.395 8 ………… (2)

3.1.2 产奶牛的干物质需要

适用于偏精料型日粮的参考干物质进食量(kg)＝0.062$W^{0.75}$＋0.40Y …………… (3)

适用于偏粗料型日粮的参考干物质进食量(kg)＝0.062$W^{0.75}$＋0.45Y …………… (4)

式中：

Y——标准乳重量，单位为千克(kg)；

W——体重，单位为千克(kg)。

牛是反刍动物，为保证正常的消化机能，配合日粮时应考虑粗纤维的供给量。粗纤维量过低会影响瘤胃的消化机能，粗纤维量过高则达不到所需的能量浓度。日粮中的中性洗涤纤维(NDF)应不低于 25%。

3.1.3 成年母牛维持的能量需要

在适宜环境温度拴系饲养条件下，奶牛的绝食代谢产热量(kJ)＝293×$W^{0.75}$。对自由运动可增加 20%的能量，即 356$W^{0.75}$kJ。由于在第一和第二个泌乳期奶牛自身的生长发育尚未完成，故能量需要须在以上维持基础之上，第一个泌乳期增加 20%，第二个泌乳期增加 10%。放牧运动时，能量需要明显增加，运动的能量需要见表 1。

牛在低温环境下，体热损失增加。维持需要在 18℃ 基础上，平均每下降 1℃ 产热增加 2.5kJ/

(kg$W^{0.75}$ · 24h)维持需要在 5℃时为 389 $W^{0.75}$，0℃时为 402 $W^{0.75}$，−5℃时为 414 $W^{0.75}$，−10℃时为 427 $W^{0.75}$，−15℃时为 439 $W^{0.75}$。

表 1 水平行走的维持能量需要(kJ/头·日)

行走距离(km)	行走速度(m/s)	
	1 m/s	1.5 m/s
1	$364W^{0.75}$	$368W^{0.75}$
2	$372W^{0.75}$	$377W^{0.75}$
3	$381W^{0.75}$	$385W^{0.75}$
4	$393W^{0.75}$	$398W^{0.75}$
5	$406W^{0.75}$	$418W^{0.75}$

3.1.4 产奶的能量需要

产奶的能量需要量＝牛奶的能量含量×产奶量

牛奶的能量含量(kJ/kg)＝750.00＋387.98×乳脂率＋163.97×乳蛋白率＋55.02×乳糖率 …… (5)

牛奶的能量含量(kJ/kg)＝1 433.65＋415.30×乳脂率 …… (6)

牛奶的能量含量(kJ/kg)＝166.19＋249.16×乳总干物质率 …… (7)

3.1.5 产奶牛的体重变化与能量需要

成年母牛每增重 1 kg 需 25.10 MJ 产奶的净能，相当 8 kg 标准乳；每减重 1 kg 可产生 20.58 MJ 产奶净能，即 6.56 kg 标准乳。

3.1.6 产奶牛不同生理阶段的能量需要

分娩后泌乳初期阶段，母牛对能量进食不足，须动用体内贮存的能量去满足产奶需要。在此期间，应防止过度减重。

奶牛的最高日产奶量出现的时间不一致。当食欲恢复后，可采用引导饲养，给量稍高于需要。

奶牛妊娠的代谢能利用效率较低。妊娠第 6、7、8、9 月时，每天在维持基础上增加 4.18 MJ、7.11 MJ、12.55 MJ 和 20.92 MJ 产奶净能。

3.1.7 生长牛的能量需要

3.1.7.1 生长牛的维持能量需要

生长母牛的绝食代谢(kJ)＝531×$W^{0.75}$ …… (8)

在此基础上加 10%的自由运动量，即为维持的需要量。生长公牛的维持需要量与生长母牛相同。

3.1.7.2 生长牛增重的能量需要

由于对奶用生长牛的增重速度不要求像肉用牛那样快，为了应用的方便，对奶用生长牛的净能需要量亦统一用产奶净能表示。其产奶净能的需要是在增重的能量沉积上加以调整。

$$\text{增重的能量沉积(MJ)}=\frac{(\text{增重,kg})\times[1.5+0.004\,5\times(\text{体重,kg})]}{1-0.30\times(\text{增重,kg})}\times 4.184 \quad (9)$$

增重的能量沉积换算成产乳净能的系数＝−0.532 2＋0.325 4ln(体重,kg) …… (10)

增重所需产奶净能＝增重的能量沉积×系数(表 2)

表 2 增重的能量沉积换算成产奶净能的系数

体重,kg	产奶净能＝增重的能量沉积×系数
150	×1.10
200	×1.20
250	×1.26
300	×1.32

表 2 （续）

体重,kg	产奶净能＝增重的能量沉积×系数
350	×1.37
400	×1.42
450	×1.46
500	×1.49
550	×1.52

由于生长公牛增重的能量利用效率比母牛稍高，故生长公牛的能量需要按生长母牛的 90％计算。

3.1.8 种公牛的能量需要

$$种公牛的能量需要量(MJ)=0.398\times W^{0.75} \quad (11)$$

3.2 蛋白质需要

3.2.1 瘤胃微生物蛋白质合成量的评定

瘤胃饲料降解氮（RDN）转化为瘤胃微生物氮（MN）的效率（MN/RDN）与瘤胃可发酵有机物质（FOM）中的瘤胃饲料降解氮的含量（RDN/FOM）呈显著相关。用下式计算：

$$MN/RDN=3.6259-0.8457\times \ln(RDNg/FOMkg) \quad (12)$$

表 3　用 RDNg/FOMkg 与 MN/RDN 的回归式计算的 MN/RDN

RDNg/FOMkg	15	20	25	30	35
MN/RDN	1.34	1.09	0.90	0.75	0.62

瘤胃微生物蛋白质（MCP）合成量（g）＝饲料瘤胃降解蛋白质（RDP）（g）×MN/RDN

由于用曲线回归式所计算的单个饲料的 MN/RDN 对日粮是非加性的，所以对单个饲料的 MN/RDN 可先用其中间值 0.9 进行初评，并列入饲料营养价值表中，最后须按日粮的总 RDN/FOM 用曲线回归式对 MN/RDN 做出总评。MN/RDN 在理论上不应超过 1.0，当 MN/RDN 超过 0.9 时，则预示有过多的内源尿素氮进入瘤胃。

由于瘤胃微生物蛋白质的合成，除了需要 RDN 外，还需要能量。为了应用的方便，所需能量可用瘤胃饲料可发酵有机物质（FOM）来表示。用 FOM 评定的瘤胃微生物蛋白质合成量的计算：MCP g/FOM kg＝136。

3.2.2 瘤胃能氮平衡

因为对同一种饲料，用 RDP 和 FOM 评定出的 MCP 往往不一致。为了使日粮的配合更为合理，以便同时满足瘤胃微生物对 FOM 和 RDP 的需要，特提出瘤胃能氮平衡的原理和计算方法：

瘤胃能氮平衡（RENB）＝用 FOM 评定的瘤胃微生物蛋白质量－用 RDP 评定的瘤胃微生物蛋白质量

如果日粮的能氮平衡结果为零，则表明平衡良好；如为正值，则说明瘤胃能量有富余，这时应增加 RDP；如为负值，则表明应增加瘤胃中的能量（FOM）。最后检验日粮的能氮平衡时，应采用回归式做最后计算。

3.2.3 尿素的有效用量

尿素有效用量（ESU）用式（13）计算：

$$ESU(g)=\frac{瘤胃能氮平衡值(g)}{2.8\times 0.65} \quad (13)$$

式中：

0.65——常规尿素氮被瘤胃微生物利用的平均效率（如添加缓释尿素，则尿素氮转化为瘤胃微生物氮的效率可采用 0.8）；

2.8——尿素的粗蛋白质当量。

如果瘤胃能氮平衡为零或负值，则表明不应再在日粮中添加尿素。

3.2.4 小肠可消化粗蛋白质

小肠可消化粗蛋白质＝饲料瘤胃非降解粗蛋白质×0.65＋瘤胃微生物粗蛋白质×0.70 …… (14)

3.2.5 小肠可消化粗蛋白质的转化效率

小肠可消化粗蛋白质用于体蛋白质沉积的转化效率，对生长牛为0.60，对产奶为0.70。

3.2.6 维持的蛋白质需要

维持的可消化粗蛋白质需要量为对产奶牛3.0(g)×$W^{0.75}$，对200 kg体重以下的生长牛为2.3(g)×$W^{0.75}$。

维持的小肠可消化粗蛋白质需要量为2.5(g)×$W^{0.75}$，对200kg体重以下的生长牛为2.2(g)×$W^{0.75}$。

3.2.7 产奶的蛋白质需要

乳蛋白质率(%)根据实测确定。

产奶的可消化粗蛋白质需要量＝牛奶的蛋白量/0.60 …………………… (15)

产奶的小肠可消化粗蛋白质需要量＝牛奶的蛋白量/0.70 ………………… (16)

3.2.8 生长牛增重的蛋白质需要量

生长牛的蛋白质需要量取决于增重的体蛋白质沉积量。

增重的体蛋白质沉积(g/d)＝$\Delta W(170.22-0.1731W+0.000178W^2)\times(1.12-0.1258\Delta W)$…(17)

式中：

ΔW——日增重，单位为千克(kg)；

W——体重，单位为千克(kg)。

增重的可消化粗蛋白质的需要量(g)＝增重的体蛋白质沉积量(g)/0.55 ………… (18)

增重的小肠可消化粗蛋白质的需要量(g)＝增重的体蛋白质沉积量(g)/0.60 ……… (19)

但幼龄时的蛋白质转化效率较高，体重40 kg～60 kg时可用0.70，体重70 kg～90 kg时用0.65的转化效率。

3.2.9 妊娠的蛋白质需要

妊娠的可消化粗蛋白质的需要量：妊娠6个月时为50 g，7个月时为84 g，8个月时为132 g，9个月时为194 g。

妊娠的小肠可消化粗蛋白质的需要量：妊娠6个月时为43 g，7个月时73 g，8个月时为115 g，9个月时为169 g。

3.2.10 种公牛的蛋白质需要

种公牛的蛋白质需要是以保证采精和种用体况为基础。

种公牛的可消化粗蛋白质需要量(g)＝4.0×$W^{0.75}$ …………………… (20)

种公牛的小肠可消化粗蛋白质需要量(g)＝3.3×$W^{0.75}$ ………………… (21)

3.3 钙、磷的需要

3.3.1 产奶牛的钙、磷需要

维持需要按每100 kg体重供给6 g钙和4.5 g磷；每千克标准乳供给4.5 g钙和3 g磷。钙磷比例以2∶1至1.3∶1为宜。

3.3.2 生长牛的钙、磷需要

维持需要按每100 kg体重供给6 g钙和4.5 g磷，每千克增重供给20 g钙和13 g磷。

3.4 各种牛的综合营养需要(表4～表9)

3.5 饲料的能量

3.5.1 饲料的总能(GF)

$$总能(kJ/100g 饲料)=23.93×粗蛋白质(\%)+39.75 粗脂肪(\%)+20.04×粗纤维(\%)+16.88 无氮浸出物(\%) \quad (22)$$

3.5.2 饲料的消化能(DE)

DE=GE×能量消化率

在无条件进行能量消化率实测时,可用式(23)、(24)结测:

$$能量消化率(\%)=94.2808-61.5370(NDF/OM) \quad (23)$$

$$能量消化率(\%)=91.6694-91.3359(ADF/OM) \quad (24)$$

式中:

NDF——中性洗涤纤维;

ADF——酸性洗涤纤维。

3.5.3 瘤胃可发酵有机物质(FOM)

FOM=OM×FOM/OM

$$FOM/OM(\%)=92.8945-74.7658(NDF/OM) \quad (25)$$

$$FOM/ON(\%)=91.2202-118.6864(ADF/OM) \quad (26)$$

3.5.4 饲料的代谢能(ME)

代谢能=消化能-甲烷能-尿能

$$甲烷(L/FOM,kg)=60.4562+0.2967(FNDF/FOM,\%) \quad (27)$$

$$甲烷(L/FOM,kg)=48.1290+0.5352(NDF/OM,\%) \quad (28)$$

$$甲烷能/DE(\%)=8.6804+0.0373(FNDF/FOM,\%) \quad (29)$$

$$甲烷能/DE(\%)=7.1823+0.0666(NDF/OM,\%) \quad (30)$$

式中:

FNDF——可发酵中性洗涤纤维。

尿能/DE(%)的平均值=4.27±0.94(根据国内对19种日粮的牛体内试验结果)

3.6 奶牛常用饲料的成为分与营养价值(表10)

表4 成年母牛维持的营养需要

体重 kg	日粮干物质 kg	奶牛能量单位 NND	产奶净能 Mcal	产奶净能 MJ	可消化粗蛋白质 g	小肠可消化粗蛋白质 g	钙 g	磷 g	胡萝卜素 mg	维生素A IU
350	5.02	9.17	6.88	28.79	243	202	21	16	63	25 000
400	5.55	10.13	7.60	31.80	268	224	24	18	75	30 000
450	6.06	11.07	8.30	34.73	293	244	27	20	85	34 000
500	6.56	11.97	8.98	37.57	317	264	30	22	95	38 000
550	7.04	12.88	9.65	40.38	341	284	33	25	105	42 000
600	7.52	13.73	10.30	43.10	364	303	36	27	115	46 000
650	7.98	14.59	10.94	45.77	386	322	39	30	123	49 000
700	8.44	15.43	11.57	48.41	408	340	42	32	133	53 000
750	8.89	16.24	12.18	50.96	430	358	45	34	143	57 000

注1:对第一个泌乳期的维持需要按上表基础增加20%,第二个泌乳期增加10%。

注2:如第一个泌乳期的年龄和体重过小,应按生长牛的需要计算实际增重的营养需要。

注3:放牧运动时,须在上表基础上增加能量需要量,按正文中的说明计算。

注4:在环境温度低的情况下,维持能量消耗增加,须在上表基础上增加需要量,按正文说明计算。

注5:泌乳期间,每增重1 kg体重需增加8 NND和325 g可消化粗蛋白;每减重1 kg需扣除6.56 NND和250 g可消化粗蛋白。

表5 每产1kg奶的营养需要

乳脂率 %	日粮干物质 kg	奶牛能量单位 NND	产奶净能 Mcal	产奶净能 MJ	可消化粗蛋白质 g	小肠可消化粗蛋白质 g	钙 g	磷 g	胡萝卜素 mg	维生素A IU
2.5	0.31～0.35	0.80	0.60	2.51	49	42	3.6	2.4	1.05	420
3.0	0.34～0.38	0.87	0.65	2.72	51	44	3.9	2.6	1.13	452
3.5	0.37～0.41	0.93	0.70	2.93	53	46	4.2	2.8	1.22	486
4.0	0.40～0.45	1.00	0.75	3.14	55	47	4.5	3.0	1.26	502
4.5	0.43～0.49	1.06	0.80	3.35	57	49	4.8	3.2	1.39	556
5.0	0.46～0.52	1.13	0.84	3.52	59	51	5.1	3.4	1.46	584
5.5	0.49～0.55	1.19	0.89	3.72	61	53	5.4	3.6	1.55	619

表6 母牛妊娠最后四个月的营养需要

体重 kg	怀孕月份	日粮干物质 kg	奶牛能量单位 NND	产奶净能 Mcal	产奶净能 MJ	可消化粗蛋白质 g	小肠可消化粗蛋白质 g	钙 g	磷 g	胡萝卜素 mg	维生素A kIU
350	6	5.78	10.51	7.88	32.97	293	245	27	18	67	27
	7	6.28	11.44	8.58	35.90	327	275	31	20		
	8	7.23	13.17	9.88	41.34	375	317	37	22		
	9	8.70	15.84	11.84	49.54	437	370	45	25		
400	6	6.30	11.47	8.60	35.99	318	267	30	20	76	30
	7	6.81	12.40	9.30	38.92	352	297	34	22		
	8	7.76	14.13	10.60	44.36	400	339	40	24		
	9	9.22	16.80	12.60	52.72	462	392	48	27		
450	6	6.81	12.40	9.30	38.92	343	287	33	22	86	34
	7	7.32	13.33	10.00	41.84	377	317	37	24		
	8	8.27	15.07	11.30	47.28	425	359	43	26		
	9	9.73	17.73	13.30	55.65	487	412	51	29		
500	6	7.31	13.32	9.99	41.80	367	307	36	25	95	38
	7	7.82	14.25	10.69	44.73	401	337	40	27		
	8	8.78	15.99	11.99	50.17	449	379	46	29		
	9	10.24	18.65	13.99	58.54	511	432	54	32		
550	6	7.80	14.20	10.65	44.56	391	327	39	27	105	42
	7	8.31	15.13	11.35	47.49	425	357	43	29		
	8	9.26	16.87	12.65	52.93	473	399	49	31		
	9	10.72	19.53	14.65	61.30	535	452	57	34		
600	6	8.27	15.07	11.30	47.28	414	346	42	29	114	46
	7	8.78	16.00	12.00	50.21	448	376	46	31		
	8	9.73	17.73	13.30	55.65	496	418	52	33		
	9	11.20	20.40	15.30	64.02	558	471	60	36		

表 6 （续）

体重 kg	怀孕 月份	日粮干 物质 kg	奶牛能量 单位 NND	产奶净能 Mcal	产奶净能 MJ	可消化粗 蛋白质 g	小肠可消化 粗蛋白质 g	钙 g	磷 g	胡萝卜素 mg	维生素 A kIU
650	6	8.74	15.92	11.94	49.96	436	365	45	31	124	50
	7	9.25	16.85	12.64	52.89	470	395	49	33		
	8	10.21	18.59	13.94	58.33	518	437	55	35		
	9	11.67	21.25	15.94	66.70	580	490	63	38		
700	6	9.22	16.76	12.57	52.60	458	383	48	34	133	53
	7	9.71	17.69	13.27	55.53	492	413	52	36		
	8	10.67	19.43	14.57	60.97	540	455	58	38		
	9	12.13	22.09	16.57	69.33	602	508	66	41		
750	6	9.65	17.57	13.13	55.15	480	401	51	36	143	57
	7	10.16	18.51	13.88	58.08	514	431	55	38		
	8	11.11	20.24	15.18	63.52	562	473	61	40		
	9	12.58	22.91	17.18	71.89	624	526	69	43		

注 1:怀孕牛干奶期间按上表计算营养需要。

注 2:怀孕期间如未干奶,除按上表计算营养需要外,还应加产奶的营养需要。

表 7 生长母牛的营养需要

体重 kg	日增重 g	日粮干 物质 kg	奶牛能量 单位 NND	产奶净能 Mcal	产奶净能 MJ	可消化粗 蛋白质 g	小肠可消化 粗蛋白质 g	钙 g	磷 g	胡萝卜素 mg	维生素 A kIU
40	0		2.20	1.65	6.90	41	—	2	2	4.0	1.6
	200		2.67	2.00	8.37	92	—	6	4	4.1	1.6
	300		2.93	2.20	9.21	117	—	8	5	4.2	1.7
	400		2.23	2.42	10.13	141	—	11	6	4.3	1.7
	500		3.52	2.64	11.05	164	—	12	7	4.4	1.8
	600		3.84	2.86	12.05	188	—	14	8	4.5	1.8
	700		4.19	3.14	13.14	210	—	16	10	4.6	1.8
	800		4.56	3.42	14.31	231	—	18	11	4.7	1.9
50	0		2.56	1.92	8.04	49	—	3	3	5.0	2.0
	300		3.32	2.49	10.42	124	—	9	5	5.3	2.1
	400		3.60	2.70	11.30	148	—	11	6	5.4	2.2
	500		3.92	2.94	12.31	172	—	13	8	5.5	2.2
	600		4.24	3.18	13.31	194	—	15	9	5.6	2.2
	700		4.60	3.45	14.44	216	—	17	10	5.7	2.3
	800		4.99	3.74	15.65	238	—	19	11	5.8	2.3

表7（续）

体重 kg	日增重 g	日粮干物质 kg	奶牛能量单位 NND	产奶净能 Mcal	产奶净能 MJ	可消化粗蛋白质 g	小肠可消化粗蛋白质 g	钙 g	磷 g	胡萝卜素 mg	维生素A kIU
60	0		2.89	2.17	9.08	56	—	4	3	6.0	2.4
	300		3.67	2.75	11.51	131	—	10	5	6.3	2.5
	400		3.96	2.97	12.43	154	—	12	6	6.4	2.6
	500		4.28	3.21	13.44	178	—	14	8	6.5	2.6
	600		4.63	3.47	14.52	199	—	16	9	6.6	2.6
	700		4.99	3.74	15.65	221	—	18	10	6.7	2.7
	800		5.37	4.03	16.87	243	—	20	11	6.8	2.7
70	0	1.22	3.21	2.41	10.09	63	—	4	4	7.0	2.8
	300	1.67	4.01	3.01	12.60	142	—	10	6	7.9	3.2
	400	1.85	4.32	3.24	13.56	168	—	12	7	8.1	3.2
	500	2.03	4.64	3.48	14.56	193	—	14	8	8.3	3.3
	600	2.21	4.99	3.74	15.65	215	—	16	10	8.4	3.4
	700	2.39	5.36	4.02	16.82	239	—	18	11	8.5	3.4
	800	3.61	5.76	4.32	18.08	262	—	20	12	8.6	3.4
80	0	1.35	3.51	2.63	11.01	70	—	5	4	8.0	3.2
	300	1.80	1.80	3.24	13.56	149	—	11	6	9.0	3.6
	400	1.98	4.64	3.48	14.57	174	—	13	7	9.1	3.6
	500	2.16	4.96	3.72	15.57	198	—	15	8	9.2	3.7
	600	2.34	5.32	3.99	16.70	222	—	17	10	9.3	3.7
	700	2.57	5.71	4.28	17.91	245	—	19	11	9.4	3.8
	800	2.79	6.12	4.59	19.21	268	—	21	12	9.5	3.8
90	0	1.45	3.80	2.85	11.93	76	—	6	5	9.0	3.6
	300	1.84	4.64	3.48	14.57	154	—	12	7	9.5	3.8
	400	2.12	4.96	3.72	15.57	179	—	14	8	9.7	3.9
	500	2.30	5.29	3.97	16.62	203	—	16	9	9.9	4.0
	600	2.48	5.65	4.24	17.75	226	—	18	11	10.1	4.0
	700	2.70	6.06	4.54	19.00	249	—	20	12	10.3	4.1
	800	2.93	6.48	4.86	20.34	272	—	22	13	10.5	4.2
100	0	1.62	4.08	3.06	12.81	82	—	6	5	10.0	4.0
	300	2.07	4.93	3.70	15.49	173	—	13	7	10.5	4.2
	400	2.25	5.27	3.95	16.53	202	—	14	8	10.7	4.3
	500	2.43	5.61	4.21	17.62	231	—	16	9	11.0	4.4
	600	2.66	5.99	4.49	18.79	258	—	18	11	11.2	4.4
	700	2.84	6.39	4.79	20.05	285	—	20	12	11.4	4.5
	800	3.11	6.81	5.11	21.39	311	—	22	13	11.6	4.6

表7 （续）

体重 kg	日增重 g	日粮干物质 kg	奶牛能量单位 NND	产奶净能 Mcal	产奶净能 MJ	可消化粗蛋白质 g	小肠可消化粗蛋白质 g	钙 g	磷 g	胡萝卜素 mg	维生素A kIU
125	0	1.89	4.73	3.55	14.86	97	82	8	6	12.5	5.0
	300	2.39	5.64	4.23	17.70	186	164	14	7	13.0	5.2
	400	2.57	5.96	4.47	18.71	215	190	16	8	13.2	5.3
	500	2.79	6.35	4.76	19.92	243	215	18	10	13.4	5.4
	600	3.02	6.75	5.06	21.18	268	239	20	11	13.6	5.4
	700	3.24	7.17	5.38	22.51	295	264	22	12	13.8	5.5
	800	3.51	7.63	5.72	23.94	322	288	24	13	14.0	5.6
	900	3.74	8.12	6.09	25.48	347	311	26	14	14.2	5.7
	1 000	4.05	8.67	6.50	27.20	370	332	28	16	14.4	5.8
150	0	2.21	5.35	4.01	16.78	111	94	9	8	15.0	6.0
	300	2.70	6.31	4.73	19.80	202	175	15	9	15.7	6.3
	400	2.88	6.67	5.00	20.92	226	200	17	10	16.0	6.4
	500	3.11	7.05	5.29	22.14	254	225	19	11	16.3	6.5
	600	3.33	7.47	5.60	23.44	279	248	21	12	16.6	6.6
	700	3.60	7.92	5.94	24.86	305	272	23	13	17.0	6.8
	800	3.83	8.40	6.30	26.36	331	296	25	14	17.3	6.9
	900	4.10	8.92	6.69	28.00	356	319	27	16	17.6	7.0
	1 000	4.41	9.49	7.12	29.80	378	339	29	17	18.0	7.2
175	0	2.48	5.93	4.45	18.62	125	106	11	9	17.5	7.0
	300	3.02	7.05	5.29	22.14	210	184	17	10	18.2	7.3
	400	3.20	7.48	5.61	23.48	238	210	19	11	18.5	7.4
	500	3.42	7.95	5.96	24.94	266	235	22	12	18.8	7.5
	600	3.65	8.43	6.32	26.45	290	257	23	13	19.1	7.6
	700	3.92	8.96	6.72	28.12	316	281	25	14	19.4	7.8
	800	4.19	9.53	7.15	29.92	341	304	27	15	19.7	7.9
	900	4.50	10.15	7.61	31.85	365	326	29	16	20.0	8.0
	1 000	4.82	10.81	8.11	33.94	387	346	31	17	20.3	8.1
200	0	2.70	6.48	4.86	20.34	160	133	12	10	20.0	8.0
	300	3.29	7.65	5.74	24.02	244	210	18	11	21.0	8.4
	400	3.51	8.11	6.08	25.44	271	235	20	12	21.5	8.6
	500	3.74	8.59	6.44	26.95	297	259	22	13	22.0	8.8
	600	3.96	9.11	6.83	28.58	322	282	24	14	22.5	9.0
	700	4.23	9.67	7.25	30.34	347	305	26	15	23.0	9.2
	800	4.55	10.25	7.69	32.18	372	327	28	16	23.5	9.4
	900	4.86	10.91	8.18	34.23	396	349	30	17	24.0	9.6
	1 000	5.18	11.60	8.70	36.41	417	368	32	18	24.5	9.8

表7（续）

体重 kg	日增重 g	日粮干物质 kg	奶牛能量单位 NND	产奶净能 Mcal	产奶净能 MJ	可消化粗蛋白质 g	小肠可消化粗蛋白质 g	钙 g	磷 g	胡萝卜素 mg	维生素A kIU
250	0	3.20	7.53	5.65	23.64	189	157	15	13	25.0	10.0
	300	3.83	8.83	6.62	27.70	270	231	21	14	26.5	10.6
	400	4.05	9.31	6.98	29.21	296	255	23	15	27.0	10.8
	500	4.32	9.83	7.37	30.84	323	279	25	16	27.5	11.0
	600	4.59	10.40	7.80	32.64	345	300	27	17	28.0	11.2
	700	4.86	11.01	8.26	34.56	370	323	29	18	28.5	11.4
	800	5.18	11.65	8.74	36.57	394	345	31	19	29.0	11.6
	900	5.54	12.37	9.28	38.83	417	365	33	20	29.5	11.8
	1 000	5.90	13.13	9.83	41.13	437	385	35	21	30.0	12.0
300	0	3.69	8.51	6.38	26.70	216	180	18	15	30.0	12.0
	300	4.37	10.08	7.56	31.64	295	253	24	16	31.5	12.6
	400	4.59	10.68	8.01	33.52	321	276	26	17	32.0	12.8
	500	4.91	11.31	8.48	35.49	346	299	28	18	32.5	13.0
	600	5.18	11.99	8.99	37.62	368	320	30	19	33.0	13.2
	700	5.49	12.72	9.54	39.92	392	342	32	20	33.5	13.4
	800	5.85	13.51	10.13	42.39	415	362	34	21	34.0	13.6
	900	6.21	14.36	10.77	45.07	438	383	36	22	34.5	13.8
	1 000	6.62	15.29	11.47	48.00	458	402	38	23	35.0	14.0
350	0	4.14	9.43	7.07	29.59	243	202	21	18	35.0	14.0
	300	4.86	11.11	8.33	34.86	321	273	27	19	36.8	14.7
	400	5.13	11.76	8.82	36.91	345	296	29	20	37.4	15.0
	500	5.45	12.44	9.33	39.04	369	318	31	21	38.0	15.2
	600	5.76	13.17	9.88	41.34	392	338	33	22	38.6	15.4
	700	6.08	13.96	10.47	43.81	415	360	35	23	39.2	15.7
	800	6.39	14.83	11.12	46.53	442	381	37	24	39.8	15.9
	900	6.84	15.75	11.81	49.42	460	401	39	25	40.4	16.1
	1 000	7.29	16.75	12.56	52.56	480	419	41	26	41.0	16.4
400	0	4.55	10.32	7.74	32.39	268	224	24	20	40.0	16.0
	300	5.36	12.28	9.21	38.54	344	294	30	21	42.0	16.8
	400	5.63	13.03	9.77	40.88	368	316	32	22	43.0	17.2
	500	5.94	13.81	10.36	43.35	393	338	34	23	44.0	17.6
	600	6.30	14.65	10.99	45.99	415	359	36	24	45.0	18.0
	700	6.66	15.57	11.68	48.87	438	380	38	25	46.0	18.4
	800	7.07	16.56	12.42	51.97	460	400	40	26	47.0	18.8
	900	7.47	17.64	13.24	55.40	482	420	42	27	48.0	19.2
	1 000	7.97	18.80	14.10	59.00	501	437	44	28	49.0	19.6

表7（续）

体重 kg	日增重 g	日粮干物质 kg	奶牛能量单位 NND	产奶净能 Mcal	产奶净能 MJ	可消化粗蛋白质 g	小肠可消化粗蛋白质 g	钙 g	磷 g	胡萝卜素 mg	维生素A kIU
450	0	5.00	11.16	8.37	35.03	293	244	27	23	45.0	18.0
	300	5.80	13.25	9.94	41.59	368	313	33	24	48.0	19.2
	400	6.10	14.04	10.53	44.06	393	335	35	25	49.0	19.6
	500	6.50	14.88	11.16	46.70	417	355	37	26	50.0	20.0
	600	6.80	15.80	11.85	49.59	439	377	39	27	51.0	20.4
	700	7.20	16.79	12.58	52.64	461	398	41	28	52.0	20.8
	800	7.70	17.84	13.38	55.99	484	419	43	29	53.0	21.2
	900	8.10	18.99	14.24	59.59	505	439	45	30	54.0	21.6
	1 000	8.60	20.23	15.17	63.48	524	456	47	31	55.0	22.0
500	0	5.40	11.97	8.98	37.58	317	264	30	25	50.0	20.0
	300	6.30	14.37	10.78	45.11	392	333	36	26	53.0	21.2
	400	6.60	15.27	11.45	47.91	417	355	38	27	54.0	21.6
	500	7.00	16.24	12.18	50.97	441	377	40	28	55.0	22.0
	600	7.30	17.27	12.95	54.19	463	397	42	29	56.0	22.4
	700	7.80	18.39	13.79	57.70	485	418	44	30	57.0	22.8
	800	8.20	19.61	14.71	61.55	507	438	46	31	58.0	23.2
	900	8.70	20.91	15.68	65.61	529	458	48	32	59.0	23.6
	1 000	9.30	22.33	16.75	70.09	548	476	50	33	60.0	24.0
550	0	5.80	12.77	9.58	40.09	341	284	33	28	55.0	22.0
	300	6.80	15.31	11.48	48.04	417	354	39	29	58.0	23.0
	400	7.10	16.27	12.20	51.05	441	376	30	30	59.0	23.6
	500	7.50	17.29	12.97	54.27	465	397	31	31	60.0	24.0
	600	7.90	18.40	13.80	57.74	487	418	45	32	61.0	24.4
	700	8.30	19.57	14.68	61.43	510	439	47	33	62.0	24.8
	800	8.80	20.85	15.64	65.44	533	460	49	34	63.0	25.2
	900	9.30	22.25	16.69	69.84	554	480	51	35	64.0	25.6
	1 000	9.90	23.76	17.82	74.56	573	496	53	36	65.0	26.0
600	0	6.20	13.53	10.15	42.47	364	303	36	30	60.0	24.0
	300	7.20	16.39	12.29	51.43	441	374	42	31	66.0	26.4
	400	7.60	17.48	13.11	54.86	465	396	44	32	67.0	26.8
	500	8.00	18.64	13.98	58.50	489	418	46	33	68.0	27.2
	600	8.40	19.88	14.91	62.39	512	439	48	34	69.0	27.6
	700	8.90	21.23	15.92	66.61	535	459	50	35	70.0	28.0
	800	9.40	22.67	17.00	71.13	557	480	52	36	71.0	28.4
	900	9.90	24.24	18.18	76.07	580	501	54	37	72.0	28.8
	1 000	10.50	25.93	19.45	81.38	599	518	56	38	73.0	29.2

表 8　生长公牛的营养需要

体重 kg	日增重 g	日粮干物质 kg	奶牛能量单位 NND	产奶净能 Mcal	产奶净能 MJ	可消化粗蛋白质 g	小肠可消化粗蛋白质 g	钙 g	磷 g	胡萝卜素 mg	维生素 A kIU
40	0	—	2.20	1.65	6.91	41	—	2	2	4.0	1.6
	200	—	2.63	1.97	8.25	92	—	6	4	4.1	1.6
	300	—	2.87	2.15	9.00	117	—	8	5	4.2	1.7
	400	—	3.12	2.34	9.80	141	—	11	6	4.3	1.7
	500	—	3.39	2.54	10.63	164	—	12	7	4.4	1.8
	600	—	3.68	2.76	11.55	188	—	14	8	4.5	1.8
	700	—	3.99	2.99	12.52	210	—	16	10	4.6	1.8
	800	—	4.32	3.24	13.56	231	—	18	11	4.7	1.9
50	0	—	2.56	1.92	8.04	49	—	3	3	5.0	2.0
	300	—	3.24	2.43	10.17	124	—	9	5	5.3	2.1
	400	—	3.51	2.63	11.01	148	—	11	6	5.4	2.2
	500	—	3.77	2.83	11.85	172	—	13	8	5.5	2.2
	600	—	4.08	3.06	12.81	194	—	15	9	5.6	2.2
	700	—	4.40	3.30	13.81	216	—	17	10	5.7	2.3
	800	—	4.73	3.55	14.86	238	—	19	11	5.8	2.3
60	0	—	2.89	2.17	9.08	56	—	4	4	7.0	2.8
	300	—	3.60	2.70	11.30	131	—	10	6	7.9	3.2
	400	—	3.85	2.89	12.10	154	—	12	7	8.1	3.2
	500	—	4.15	3.11	13.02	178	—	14	8	8.3	3.3
	600	—	4.45	3.34	13.98	199	—	16	10	8.4	3.4
	700	—	4.77	3.58	14.98	221	—	18	11	8.5	3.4
	800	—	5.13	3.85	16.11	243	—	20	12	8.6	3.4
70	0	1.2	3.21	2.41	10.09	63	—	4	4	7.0	3.2
	300	1.6	3.93	2.95	12.35	142	—	10	6	7.9	3.6
	400	1.8	4.20	3.15	13.18	168	—	12	7	8.1	3.6
	500	1.9	4.49	3.37	14.11	193	—	14	8	8.3	3.7
	600	2.1	4.81	3.61	15.11	215	—	16	10	8.4	3.7
	700	2.3	5.15	3.86	16.16	239	—	18	11	8.5	3.8
	800	2.5	5.51	4.13	17.28	262	—	20	12	8.6	3.8
80	0	1.4	3.51	2.63	11.01	70	—	5	4	8.0	3.2
	300	1.8	4.24	3.18	13.31	149	—	11	6	9.0	3.6
	400	1.9	4.52	3.39	14.19	174	—	13	7	9.1	3.6
	500	2.1	4.81	3.61	15.11	198	—	15	8	9.2	3.7
	600	2.3	5.13	3.85	16.11	222	—	17	9	9.3	3.7
	700	2.4	5.48	4.11	17.20	245	—	19	11	9.4	3.8
	800	2.7	5.85	4.39	18.37	268	—	21	12	9.5	3.8

表8（续）

体重 kg	日增重 g	日粮干物质 kg	奶牛能量单位 NND	产奶净能 Mcal	产奶净能 MJ	可消化粗蛋白质 g	小肠可消化粗蛋白质 g	钙 g	磷 g	胡萝卜素 mg	维生素A kIU
90	0	1.5	3.80	2.85	11.93	76	—	6	5	9.0	3.6
	300	1.9	4.56	3.42	14.31	154	—	12	7	9.5	3.8
	400	2.1	4.84	3.63	15.19	179	—	14	8	9.7	3.9
	500	2.2	5.15	3.86	16.16	203	—	16	9	9.9	4.0
	600	2.4	5.47	4.10	17.16	226	—	18	11	10.1	4.0
	700	2.6	5.83	4.37	18.29	249	—	20	12	10.3	4.1
	800	2.8	6.20	4.65	19.46	272	—	22	13	10.5	4.2
100	0	1.6	4.08	3.06	12.81	82	—	6	5	10.0	4.0
	300	2.0	4.85	3.64	15.23	173	—	13	7	10.5	4.2
	400	2.2	5.15	3.86	16.16	202	—	14	8	10.7	4.3
	500	2.3	5.45	4.09	17.12	231	—	16	9	11.0	4.4
	600	2.5	5.79	4.34	18.16	258	—	18	11	11.2	4.4
	700	2.7	6.16	4.62	19.34	285	—	20	12	11.4	4.5
	800	2.9	6.55	4.91	20.55	311	—	22	13	11.6	4.6
125	0	1.9	4.73	3.55	14.86	97	82	8	6	12.5	5.0
	300	2.3	5.55	4.16	17.41	186	164	14	7	13.0	5.2
	400	2.5	5.87	4.40	18.41	215	190	16	8	13.2	5.3
	500	2.7	6.19	4.64	19.42	243	215	18	10	13.4	5.4
	600	2.9	6.55	4.91	20.55	268	239	20	11	13.6	5.4
	700	3.1	6.93	5.20	21.76	295	264	22	12	13.8	5.5
	800	3.3	7.33	5.50	23.02	322	288	24	13	14.0	5.6
	900	3.6	7.79	5.84	24.44	347	311	26	14	14.2	5.7
	1 000	3.8	8.28	6.21	25.99	370	332	28	16	14.4	5.8
150	0	2.2	5.35	4.01	16.78	111	94	9	8	15.0	6.0
	300	2.7	6.21	4.66	19.50	202	175	15	9	15.7	6.3
	400	2.8	6.53	4.90	20.51	226	200	17	10	16.0	6.4
	500	3.0	6.88	5.16	21.59	254	225	19	11	16.3	6.5
	600	3.2	7.25	5.44	22.77	279	248	21	12	16.6	6.6
	700	3.4	7.67	5.75	24.06	305	272	23	13	17.0	6.8
	800	3.7	8.09	6.07	25.40	331	296	25	14	17.3	6.9
	900	3.9	8.56	6.42	26.87	356	319	27	16	17.6	7.0
	1 000	4.2	9.08	6.81	28.50	378	339	29	17	18.0	7.2

表 8（续）

体重 kg	日增重 g	日粮干物质 kg	奶牛能量单位 NND	产奶净能 Mcal	产奶净能 MJ	可消化粗蛋白质 g	小肠可消化粗蛋白质 g	钙 g	磷 g	胡萝卜素 mg	维生素 A kIU
175	0	2.5	5.93	4.45	18.62	125	106	11	9	17.5	7.0
	300	2.9	6.95	5.21	21.80	210	184	17	10	18.2	7.3
	400	3.2	7.32	5.49	22.98	238	210	19	11	18.5	7.4
	500	3.6	7.75	5.81	24.31	266	235	22	12	18.8	7.5
	600	3.8	8.17	6.13	25.65	290	257	23	13	19.1	7.6
	700	3.8	8.65	6.49	27.16	316	281	25	14	19.4	7.7
	800	4.0	9.17	6.88	28.79	341	304	27	15	19.7	7.8
	900	4.3	9.72	7.29	30.51	365	326	29	16	20.0	7.9
	1 000	4.6	10.32	7.74	32.39	387	346	31	17	20.3	8.0
200	0	2.7	6.48	4.86	20.34	160	133	12	10	20.0	8.1
	300	3.2	7.53	5.65	23.64	244	210	18	11	21.0	8.4
	400	3.4	7.95	5.96	24.94	271	235	20	12	21.5	8.6
	500	3.6	8.37	6.28	26.28	297	259	22	13	22.0	8.8
	600	3.8	8.84	6.63	27.74	322	282	24	14	22.5	9.0
	700	4.1	9.35	7.01	29.33	347	305	26	15	23.0	9.2
	800	4.4	9.88	7.41	31.01	372	327	28	16	23.5	9.4
	900	4.6	10.47	7.85	32.85	396	349	30	17	24.0	9.6
	1 000	5.0	11.09	8.32	34.82	417	368	32	18	24.5	9.8
250	0	3.2	7.53	5.65	23.64	189	157	15	13	25.0	10.0
	300	3.8	8.69	6.52	27.28	270	231	21	14	26.5	10.6
	400	4.0	9.13	6.85	28.67	296	255	23	15	27.0	10.8
	500	4.2	9.60	7.20	30.13	323	279	25	16	27.5	11.0
	600	4.5	10.12	7.59	31.76	345	300	27	17	28.0	11.2
	700	4.7	10.67	8.00	33.48	370	323	29	18	28.5	11.4
	800	5.0	11.24	8.43	35.28	394	345	31	19	29.0	11.6
	900	5.3	11.89	8.92	37.33	417	366	33	20	29.5	11.8
	1 000	5.6	12.57	9.43	39.46	437	385	35	21	30.0	12.0

表8（续）

体重 kg	日增重 g	日粮干物质 kg	奶牛能量单位 NND	产奶净能 Mcal	产奶净能 MJ	可消化粗蛋白质 g	小肠可消化粗蛋白质 g	钙 g	磷 g	胡萝卜素 mg	维生素 A kIU
300	0	3.7	8.51	6.38	26.70	216	180	18	15	30.0	12.0
	300	4.3	9.92	7.44	31.13	295	253	24	16	31.5	12.6
	400	4.5	10.47	7.85	32.85	321	276	26	17	32.0	12.8
	500	4.8	11.03	8.27	34.61	346	299	28	18	32.5	13.0
	600	5.0	11.64	8.73	36.53	368	320	30	19	33.0	13.2
	700	5.3	12.29	9.22	38.85	392	342	32	20	33.5	13.4
	800	5.6	13.01	9.76	40.84	415	362	34	21	34.0	13.6
	900	5.9	13.77	10.33	43.23	438	383	36	22	34.5	13.8
	1 000	6.3	14.61	10.96	45.86	458	402	38	23	35.0	14.0
350	0	4.1	9.43	7.07	29.59	243	202	21	18	35.0	14.0
	300	4.8	10.93	8.20	34.31	321	273	27	19	36.8	14.7
	400	5.0	11.53	8.65	36.20	345	296	29	20	37.4	15.0
	500	5.3	12.13	9.10	38.08	369	318	31	21	38.0	15.2
	600	5.6	12.80	9.60	40.17	392	338	33	22	38.6	15.4
	700	5.9	13.51	10.13	42.39	415	360	35	23	39.2	15.7
	800	6.2	14.29	10.72	44.86	442	381	37	24	39.8	15.9
	900	6.6	15.12	11.34	47.45	460	401	39	25	40.4	16.1
	1 000	7.0	16.01	12.01	50.25	480	419	41	26	41.0	16.4
400	0	4.5	10.32	7.74	32.39	268	224	24	20	40.0	16.0
	300	5.3	12.08	9.05	37.91	344	294	30	21	42.0	16.8
	400	5.5	12.76	9.57	40.05	368	316	32	22	43.0	17.2
	500	5.8	13.47	10.10	42.26	393	338	34	23	44.0	17.6
	600	6.1	14.23	10.67	44.65	415	359	36	24	45.0	18.0
	700	6.4	15.05	11.29	47.24	438	380	38	25	46.0	18.4
	800	6.8	15.93	11.95	50.00	460	400	40	26	47.0	18.8
	900	7.2	16.91	12.68	53.06	482	420	42	27	48.0	19.2
	1 000	7.6	17.95	13.46	56.32	501	437	44	28	49.0	19.6

表8（续）

体重 kg	日增重 g	日粮干物质 kg	奶牛能量单位 NND	产奶净能 Mcal	产奶净能 MJ	可消化粗蛋白质 g	小肠可消化粗蛋白质 g	钙 g	磷 g	胡萝卜素 mg	维生素A kIU
450	0	5.0	11.16	8.37	35.03	293	244	27	23	45.0	18.0
	300	5.7	13.04	9.78	40.92	368	313	33	24	48.0	19.2
	400	6.0	13.75	10.31	43.14	393	335	35	25	49.0	19.6
	500	6.3	14.51	10.88	45.53	417	355	37	26	50.0	20.0
	600	6.7	15.33	11.50	48.10	439	377	39	27	51.0	20.4
	700	7.0	16.21	12.16	50.88	461	398	41	28	52.0	20.8
	800	7.4	17.17	12.88	53.89	484	419	43	29	53.0	21.2
	900	7.8	18.20	13.65	57.12	505	439	45	30	54.0	21.6
	1 000	8.2	19.32	14.49	60.63	524	456	47	31	55.0	22.0
500	0	5.4	11.97	8.93	37.58	317	264	30	25	50.0	20.0
	300	6.2	14.13	10.60	44.36	392	333	36	26	53.0	21.2
	400	6.5	14.93	11.20	46.87	417	355	38	27	54.0	21.6
	500	6.8	15.81	11.86	49.63	441	377	40	28	55.0	22.0
	600	7.1	16.73	12.55	52.51	463	397	42	29	56.0	22.4
	700	7.6	17.75	13.31	55.69	485	418	44	30	57.0	22.8
	800	8.0	18.85	14.14	59.17	507	438	46	31	58.0	23.2
	900	8.4	20.01	15.01	62.81	529	458	48	32	59.0	23.6
	1 000	8.9	21.29	15.97	66.82	548	476	50	33	60.0	24.0
550	0	5.8	12.77	9.58	40.09	341	284	33	28	55.0	22.0
	300	6.7	15.04	11.28	47.20	417	354	39	29	58.0	23.0
	400	6.9	15.92	11.94	49.96	441	376	41	30	59.0	23.6
	500	7.3	16.84	12.63	52.85	465	397	43	31	60.0	24.0
	600	7.7	17.84	13.38	55.99	487	418	45	32	61.0	24.4
	700	8.1	18.89	14.17	59.29	510	439	47	33	62.0	24.8
	800	8.5	20.04	15.03	62.89	533	460	49	34	63.0	25.2
	900	8.9	21.31	15.98	66.87	554	480	51	35	64.0	25.6
	1 000	9.5	22.67	17.00	71.13	573	496	53	36	65.0	26.0

表 8 （续）

体重 kg	日增重 g	日粮干物质 kg	奶牛能量单位 NND	产奶净能 Mcal	产奶净能 MJ	可消化粗蛋白质 g	小肠可消化粗蛋白质 g	钙 g	磷 g	胡萝卜素 mg	维生素 A kIU
600	0	6.2	13.53	10.15	42.47	364	303	36	30	60.0	24.0
	300	7.1	16.11	12.08	50.55	441	374	42	31	66.0	26.4
	400	7.4	17.08	12.81	53.60	465	396	44	32	67.0	26.8
	500	7.8	18.13	13.60	56.91	489	418	46	33	68.0	27.2
	600	8.2	19.24	14.43	60.38	512	439	48	34	69.0	27.6
	700	8.6	20.45	15.34	64.19	535	459	50	35	70.0	28.0
	800	9.0	21.76	16.32	68.29	557	480	52	36	71.0	28.4
	900	9.5	23.17	17.38	72.72	580	501	54	37	72.0	28.8
	1 000	10.1	24.69	18.52	77.49	599	518	56	38	73.0	29.2

表 9 种公牛的营养需要

体重 kg	日粮干物质 kg	奶牛能量单位 NND	产奶净能 Mcal	产奶净能 MJ	可消化粗蛋白质 g	钙 g	磷 g	胡萝卜素 mg	维生素 A kIU
500	7.99	13.40	10.05	42.05	423	32	24	53	21
600	9.17	15.36	11.52	48.20	485	36	27	64	26
700	10.29	17.24	12.93	54.10	544	41	31	74	30
800	11.37	19.05	14.29	59.79	602	45	34	85	34
900	12.42	20.81	15.61	65.32	657	49	37	95	38
1 000	13.44	22.52	16.89	70.64	711	53	40	106	42
1 100	14.44	24.26	18.15	75.94	764	57	43	117	47
1 200	15.42	25.83	19.37	81.05	816	61	46	127	51
1 300	16.37	27.49	20.57	86.07	866	65	49	138	55
1 400	17.31	28.99	21.74	90.97	916	69	52	148	59

表 10 奶牛常用饲料的

表 10.1 青绿饲

编号	饲料名称	样品说明	原样中						
			干物质 %	粗蛋白 %	钙 %	磷 %	总能量 MJ/kg	奶牛能量单位 NND/kg	可消化粗蛋白质 g/kg
2-01-601	岸杂一号	2省3样平均值	23.9	3.7	—	—	4.43	0.42	22
2-01-602	绊根草	大地绊根草，营养期	23.8	2.7	0.13	0.03	4.09	0.39	16
2-01-604	白茅		35.8	1.5	0.11	0.04	6.42	0.49	9
2-01-605	冰草	中间冰草	23.0	3.1	0.13	0.06	4.15	0.40	19
2-01-606	冰草	西伯利亚冰草	24.6	4.1	0.18	0.07	4.42	0.42	25
2-01-607	冰草	蒙古冰草	28.8	3.8	0.12	0.09	5.17	0.50	23
2-01-608	冰草	沙生冰草	27.2	4.2	0.14	0.08	4.91	0.47	25
2-01-017	蚕豆苗	小胡豆，花前期	11.2	2.7	0.07	0.05	2.08	0.24	16
2-01-018	蚕豆苗	小胡豆，盛花期	12.3	2.2	0.08	0.04	2.23	0.24	13
2-01-026	大白菜	小白口	4.4	1.1	0.06	0.04	0.78	0.10	7
2-01-027	大白菜	大青口	4.6	1.1	0.04	0.04	0.83	0.10	7
2-01-609	大白菜		4.5	1.0	0.11	0.03	0.72	0.09	6
2-01-030	大白菜	大麻叶齐心白菜	7.0	1.8	0.10	0.05	1.19	0.15	11
2-01-610	大麦青割	五月上旬	15.7	2.0	—	—	2.78	0.29	12
2-01-611	大麦青割	五月下旬	27.9	1.8	—	—	4.84	0.52	11
2-01-614	大豆青割	全株	35.2	3.4	0.36	0.29	5.76	0.59	20
2-01-238	大豆青割	全株	25.7	4.3	—	0.30	4.85	0.51	26
2-01-615	大豆青割	茎叶	25.0	5.4	0.11	0.03	4.46	0.49	32
2-01-616	大早熟禾		33.0	3.4	0.15	0.07	5.93	0.52	20
2-01-617	多叶老芒麦		30.0	5.2	0.17	0.08	5.51	0.53	31
2-01-618	甘薯蔓		11.2	1.0	0.23	0.06	1.89	0.19	6
2-01-619	甘薯蔓		12.4	2.1	—	0.26	2.29	0.23	13
2-01-062	甘薯蔓	加蓬红薯藤营养期	11.8	2.4	—	—	2.06	0.21	14
2-01-620	甘薯蔓	夏甘薯藤	12.7	2.2	—	—	2.44	0.25	13
2-01-621	甘薯蔓	秋甘薯藤	14.5	1.7	—	—	2.50	0.26	10
2-01-622	甘薯蔓	成熟期	30.0	1.9	0.60	0.01	5.03	0.44	11
2-01-068	甘薯蔓	南瑞苕成熟期	12.1	1.4	0.17	0.05	2.08	0.21	8
2-01-071	甘薯蔓	红薯藤成熟期	10.9	1.7	0.27	0.03	1.85	0.18	10
2-01-072	甘薯蔓	11省市15样平均值	13.0	2.1	0.20	0.05	2.25	0.22	13
2-01-623	甘蔗尾		24.6	1.5	0.07	0.01	4.32	0.37	9

成分与营养价值表

料类

干 物 质 中													
总能量 MJ/kg	消化能 MJ/kg	产奶净能		奶牛能量单位 NND/kg	粗蛋白 %	可消化粗蛋白质 g/kg	粗脂肪 %	粗纤维 %	无氮浸出物 %	粗灰分 %	钙 %	磷 %	胡萝卜素 mg/kg
		MJ/kg	Mcal/kg										
18.51	11.22	5.44	1.32	1.76	15.5	93	5.0	33.1	36.8	9.6	—	—	—
17.19	10.50	5.13	1.23	1.64	11.3	68	2.1	34.5	39.9	12.2	0.55	0.13	—
17.93	8.87	4.33	1.03	1.37	4.2	25	2.0	44.4	43.0	6.4	0.31	0.11	—
18.05	11.11	5.48	1.30	1.74	13.5	81	3.0	31.7	43.0	8.7	0.57	0.26	—
17.97	10.92	5.45	1.28	1.71	16.7	100	2.0	30.9	41.5	8.9	0.73	0.28	—
17.96	11.09	5.38	1.30	1.74	13.2	79	2.1	32.6	44.1	8.0	0.42	0.31	—
18.09	11.04	5.40	1.30	1.73	15.4	93	2.2	31.3	43.0	8.1	0.51	0.29	—
18.64	13.54	6.79	1.61	2.14	24.1	145	5.4	20.5	39.3	10.7	0.63	0.45	—
18.13	12.39	6.18	1.46	1.95	17.9	107	3.3	28.5	40.7	9.8	0.65	0.33	—
17.66	14.33	6.82	1.70	2.27	25.0	150	4.5	9.1	47.7	13.6	1.36	0.91	—
17.99	13.73	7.39	1.63	2.17	23.9	143	4.3	8.7	52.2	10.9	0.87	0.87	—
16.05	12.68	6.67	1.50	2.00	22.2	133	4.4	11.1	40.0	22.2	2.44	0.67	0.57
17.13	13.54	6.71	1.61	2.14	25.7	154	4.3	11.4	41.4	17.1	1.43	0.71	—
17.72	11.76	5.92	1.39	1.85	12.7	76	3.2	29.9	43.9	10.2	—	—	—
17.36	11.86	5.88	1.40	1.86	6.5	39	1.4	27.2	58.1	6.8	—	—	—
16.37	10.73	5.26	1.26	1.68	9.7	58	6.0	28.7	35.2	20.5	1.02	0.82	290.43
18.89	12.59	6.19	1.49	1.98	16.7	100	8.2	27.6	36.2	11.3	—	1.17	—
17.82	12.44	6.20	1.47	1.96	21.6	130	2.9	22.0	42.0	11.6	0.44	0.12	289.86
17.98	10.12	4.97	1.18	1.58	10.3	62	2.1	35.5	44.8	7.3	0.45	0.21	—
18.37	11.27	5.60	1.33	1.77	17.3	104	4.3	25.7	43.7	9.0	0.57	0.27	—
16.88	10.85	5.27	1.27	1.70	8.9	54	4.5	19.6	53.6	13.4	2.05	0.54	38.06
18.52	11.81	5.81	1.39	1.85	16.9	102	6.5	19.4	47.6	9.7	—	2.10	—
17.43	11.35	5.68	1.33	1.78	20.3	122	5.1	16.9	42.4	15.3	—	—	—
19.27	12.49	6.30	1.48	1.97	17.3	104	7.9	18.1	49.6	7.1	—	—	—
17.28	11.43	5.52	1.34	1.79	11.7	70	3.4	17.2	57.2	10.3	—	—	81.6
16.77	9.46	4.63	1.10	1.47	6.3	38	3.3	24.3	53.7	12.3	2.00	0.03	—
17.14	11.09	5.21	1.30	1.74	11.6	69	4.1	19.0	52.9	12.4	1.40	0.41	—
16.97	10.58	5.41	1.24	1.65	15.6	94	4.6	18.3	45.9	15.6	2.48	0.28	—
17.29	10.82	5.54	1.27	1.69	16.2	97	3.8	19.2	47.7	13.1	1.54	0.38	—
17.59	9.69	4.80	1.13	1.50	6.1	37	2.0	31.3	53.7	6.9	0.28	0.04	—

表 10.1

编号	饲料名称	样品说明	原样中						
			干物质 %	粗蛋白 %	钙 %	磷 %	总能量 MJ/kg	奶牛能量单位 NND/kg	可消化粗蛋白质 g/kg
2-01-625	甘蓝包		7.8	1.3	0.06	0.04	1.24	0.15	8
2-01-626	甘蓝包	甘蓝包外叶	7.6	1.2	0.12	0.02	1.27	0.13	7
2-01-627	甘蓝包	甘蓝包外叶	10.9	1.3	—	—	1.82	0.23	8
2-01-628	葛　藤	爪哇葛藤	20.5	4.5	—	—	4.04	0.30	27
2-01-629	葛　藤	沙葛藤	20.9	3.5	0.13	0.01	3.98	0.30	21
2-01-630	狗尾草	卡松古鲁种	10.1	1.1	—	—	1.74	0.15	7
2-01-631	黑麦草	阿文士意大利黑麦草	16.3	3.5	0.10	0.04	2.86	0.34	21
2-01-632	黑麦草	伯克意大利黑麦草	18.0	3.3	0.13	0.05	3.15	0.37	20
2-01-633	黑麦草	菲期塔多年生黑麦草	19.2	3.3	0.15	0.05	3.36	0.40	20
2-01-634	黑麦草		16.3	2.1	—	—	2.92	0.34	13
2-01-635	黑麦草	抽穗期	22.8	1.7	—	—	3.97	0.36	10
2-01-636	黑麦草	第一次收割	13.2	2.2	0.18	—	2.35	0.23	13
2-01-099	胡萝卜秧	4 省市 4 样平均值	12.0	2.0	0.38	0.05	2.07	0.23	13
2-01-638	花生藤		29.3	4.5	—	—	5.30	0.47	27
2-01-639	花生藤		24.6	2.5	0.53	0.02	4.48	0.33	15
2-01-640	坚尼草	抽穗期	25.3	2.0	—	—	4.39	0.43	12
2-01-641	坚尼草	拔节期	23.4	1.6	—	—	4.07	0.35	10
2-01-642	坚尼草	初穗期	32.7	1.2	—	—	5.67	0.47	7
2-01-131	聚合草	始花期	11.8	2.1	0.28	0.01	1.87	0.20	13
2-01-643	萝卜叶		10.6	1.9	0.04	0.01	1.52	0.19	11
2-01-177	马铃薯秧		11.6	2.3	—	—	2.15	0.15	14
2-01-644	芒　草	拔节期	34.5	1.6	0.16	0.02	6.26	0.52	10
2-01-645	苜　蓿	盛花期	26.2	3.8	0.34	0.01	4.73	0.40	23
2-01-646	苜　蓿	五月中旬	17.5	1.5	—	—	3.08	0.25	9
2-01-197	苜　蓿	亚州苜蓿，营养期	25.0	5.2	0.52	0.06	4.55	0.47	31
2-01-647	苜　蓿		21.9	4.6	0.31	0.09	4.05	0.41	28
2-01-201	苜　蓿	杂花，初花期	28.8	5.1	0.35	0.09	5.36	0.56	31
2-01-648	苜　蓿	紫花苜蓿	20.2	3.6	0.47	0.06	3.55	0.36	22
2-01-209	苜　蓿	黄花苜蓿，现蕾期	13.9	3.1	0.13	0.05	2.68	0.31	19
2-01-649	牛尾草	梅尔多牛尾草	21.3	4.5	0.19	0.05	3.81	0.45	27
2-01-227	荞麦苗	初花期	19.8	2.8	0.69	0.14	3.57	0.36	17
2-01-226	荞麦苗	盛花期	17.4	2.0	—	0.05	3.05	0.31	12
2-01-650	青　菜		19.1	2.9	0.36	0.05	2.67	0.32	17

(续)

干物质中													
总能量 MJ/kg	消化能 MJ/kg	产奶净能		奶牛能量单位 NND/kg	粗蛋白 %	可消化粗蛋白质 g/kg	粗脂肪 %	粗纤维 %	无氮浸出物 %	粗灰分 %	钙 %	磷 %	胡萝卜素 mg/kg
		MJ/kg	Mcal/kg										
15.93	12.22	6.03	1.44	1.92	16.7	100	1.3	12.8	52.6	16.7	0.77	0.51	—
16.72	10.93	5.53	1.28	1.71	15.8	95	3.9	15.8	48.7	15.8	1.58	0.26	4.56
16.66	13.34	6.61	1.58	2.11	11.9	72	4.6	11.9	56.9	14.7	—	—	—
19.71	9.74	4.73	1.10	1.46	22.0	132	5.4	35.6	30.7	6.3	—	—	—
19.04	9.56	4.64	1.08	1.44	16.7	100	4.3	30.6	42.6	5.7	0.62	0.05	—
17.27	10.17	5.05	1.11	1.49	10.9	65	5.0	31.7	37.6	14.9	—	—	—
17.54	12.83	6.44	1.56	2.09	21.5	129	4.3	20.9	38.7	14.7	0.61	0.25	—
17.51	13.02	6.56	1.54	2.06	18.3	110	3.3	23.3	42.2	12.8	0.72	0.28	—
17.48	13.18	6.56	1.56	2.08	17.2	103	3.1	25.0	42.2	12.5	0.78	0.26	—
17.92	13.57	6.69	1.56	2.09	12.9	77	4.9	24.5	47.2	10.4	—	—	342.72
17.41	10.14	4.96	1.18	1.58	7.5	45	3.1	29.8	50.0	9.6	—	—	—
17.79	11.13	5.45	1.31	1.74	16.7	100	2.3	28.0	43.2	9.8	1.36	—	—
17.21	12.18	6.00	1.44	1.92	18.3	110	5.0	18.3	42.5	15.8	3.17	0.42	171.52
18.09	10.29	5.02	1.20	1.60	15.4	92	2.7	21.2	53.9	6.8	—	—	—
18.24	8.71	4.27	1.01	1.34	10.2	61	3.7	35.4	43.1	7.7	2.15	0.08	—
17.36	10.87	5.30	1.27	1.70	7.9	47	2.4	33.6	46.2	9.9	—	—	—
17.38	9.64	4.66	1.12	1.50	6.8	41	1.7	38.9	43.2	9.4	—	—	—
17.33	9.29	4.50	1.08	1.44	3.7	22	1.8	40.4	45.3	8.9	—	—	—
15.88	10.84	5.34	1.27	1.69	17.8	107	1.7	11.9	50.8	17.8	2.37	0.08	—
14.07	11.43	5.57	1.34	1.79	17.9	108	3.8	8.5	40.6	29.2	0.38	0.09	300.00
18.50	8.42	4.05	0.97	1.29	19.8	119	6.0	23.3	39.7	11.2	—	—	—
18.15	9.71	4.75	1.13	1.51	4.6	28	2.9	33.9	53.9	4.6	0.46	0.06	—
18.06	9.83	4.81	1.15	1.53	14.5	87	1.1	35.9	41.2	7.3	1.30	0.04	—
17.58	9.23	4.57	1.07	1.43	8.6	51	2.3	32.6	48.0	8.6	—	—	—
18.22	11.96	5.88	1.41	1.88	20.8	125	1.6	31.6	37.2	8.8	2.08	0.24	—
19.22	11.91	5.94	1.40	1.87	21.0	126	2.7	32.0	35.6	8.7	1.42	0.41	216.60
18.61	12.35	6.11	1.46	1.94	17.7	106	3.1	26.4	46.5	6.3	1.22	0.31	—
17.56	11.37	5.59	1.34	1.78	17.8	107	1.5	32.2	37.1	11.4	2.33	0.30	—
19.25	14.07	6.98	1.67	2.23	22.3	134	7.2	19.4	42.4	8.6	0.94	0.36	—
17.89	13.36	6.53	1.58	2.11	21.1	127	3.8	23.0	39.9	12.2	0.89	0.23	—
18.01	11.58	5.71	1.36	1.82	14.1	85	3.5	24.2	42.4	10.6	3.48	0.71	—
17.52	11.36	5.57	1.34	1.78	11.5	69	2.3	30.5	46.0	9.8	—	0.29	—
14.00	10.72	5.29	1.26	1.68	15.2	91	1.0	40.8	10.5	32.5	1.88	0.26	—

表 10.1

编号	饲料名称	样品说明	原样中						
			干物质 %	粗蛋白 %	钙 %	磷 %	总能量 MJ/kg	奶牛能量单位 NND/kg	可消化粗蛋白质 g/kg
2-01-652	雀麦草	坦波无芒雀麦草	25.3	4.1	0.64	0.07	4.45	0.48	25
2-01-246	三叶草	苏联三叶草	19.7	3.3	0.26	0.06	3.65	0.39	20
2-01-247	三叶草	新西兰红三叶，现蕾期	11.4	1.9	—	—	2.04	0.24	11
2-01-248	三叶草	新西兰红三叶，初花期	13.9	2.2	—	—	2.51	0.27	13
2-01-250	三叶草	地中海红三叶，盛花期	12.7	1.8	—	—	2.36	0.25	11
2-01-653	三叶草	分枝期	13.0	2.1	—	—	2.22	0.26	13
2-01-654	三叶草	初花期	19.6	2.4	—	—	3.45	0.38	14
2-01-254	三叶草	红三叶，6 样平均值	18.5	3.7	—	—	3.46	0.38	22
2-01-655	沙打旺		14.9	3.5	0.20	0.05	2.61	0.30	21
2-01-343	苕子	初花期	15.0	3.2	—	—	2.86	0.29	19
2-01-658	苏丹草	拔节期	18.5	1.9	—	—	3.34	0.33	11
2-01-659	苏丹草	抽穗期	19.7	1.7	—	—	3.60	0.35	10
2-01-333	甜菜叶		8.7	2.0	0.11	0.04	1.39	0.17	12
2-01-661	通心菜		9.9	2.3	0.10	—	1.63	0.20	14
2-01-663	象草		16.4	2.4	0.04	—	3.11	0.31	14
2-01-664	象草		20.0	2.0	0.05	0.02	3.70	0.36	12
2-01-665	向日葵托		10.3	0.5	0.10	0.01	1.69	0.17	3
2-01-666	向日葵叶	2 省市 2 样品平均值	17.0	2.7	0.74	0.04	2.63	0.29	16
2-01-667	小冠花		20.0	4.0	0.31	0.06	3.59	0.40	24
2-01-668	小麦青割		29.8	4.8	0.27	0.03	5.43	0.57	29
2-01-669	鸭茅	杰斯柏鸭茅	20.6	3.2	0.49	0.06	3.70	0.34	19
2-01-670	鸭茅	伦内鸭茅	21.2	2.8	0.11	0.06	3.64	0.32	17
2-01-671	燕麦青割	刚抽穗	19.7	2.9	0.11	0.07	3.65	0.40	17
2-01-672	燕麦青割		25.5	4.1	9.00	0.06	4.68	0.45	25
2-01-673	燕麦青割	扬花期	22.1	2.4	—	—	3.93	0.38	14
2-01-674	燕麦青割	灌浆期	19.6	2.2	—	—	3.50	0.32	13
2-01-677	野青草	狗尾草为主	25.3	1.7	—	0.12	4.36	0.40	10
2-01-678	野青草	稗草为主	34.5	3.8	0.14	0.11	5.81	0.54	23
2-01-680	野青草	混杂草	29.6	2.3	—	—	5.26	0.49	14
2-01-681	野青草	沟边草	32.8	2.3	—	—	5.73	0.53	14
2-01-682	拟高粱		18.4	2.2	0.13	0.03	3.22	0.34	13
2-01-683	拟高粱	拔节期	18.5	1.2	0.21	0.08	3.29	0.31	7
2-01-243	玉米青割	乳熟期，玉米叶	17.9	1.1	0.06	0.04	3.37	0.32	7

（续）

干物质中													
总能量 MJ/kg	消化能 MJ/kg	产奶净能		奶牛能量单位 NND/kg	粗蛋白 %	可消化粗蛋白质 g/kg	粗脂肪 %	粗纤维 %	无氮浸出物 %	粗灰分 %	钙 %	磷 %	胡萝卜素 mg/kg
		MJ/kg	Mcal/kg										
17.60	12.06	5.97	1.42	1.90	16.2	97	2.8	30.0	39.1	11.9	2.53	0.28	—
18.52	12.56	6.19	1.48	1.98	16.8	101	2.5	28.9	45.7	6.1	1.32	0.30	—
17.96	13.32	6.67	1.58	2.11	16.7	100	6.1	18.4	46.5	12.3	—	—	—
18.07	12.33	6.04	1.46	1.94	15.8	95	5.0	23.7	44.6	10.8	—	—	—
18.59	12.49	6.30	1.48	1.97	14.2	85	7.1	26.0	42.5	10.2	—	—	—
17.14	12.68	6.15	1.50	2.00	16.2	97	3.1	20.0	47.7	13.1	—	—	—
17.60	12.31	6.02	1.45	1.94	12.2	73	3.1	25.5	49.5	9.7	—	—	148.58
18.73	13.01	6.38	1.54	2.05	20.0	120	4.9	22.2	44.9	8.1	—	—	184.14
17.52	12.76	6.24	1.51	2.01	23.5	141	3.4	15.4	44.3	13.4	1.34	0.34	—
19.09	12.28	6.20	1.45	1.93	21.3	128	4.0	32.7	34.7	7.3	—	—	—
18.05	11.38	5.68	1.34	1.78	10.3	62	4.3	29.2	47.6	8.6	—	—	—
18.26	11.33	5.53	1.33	1.78	8.6	52	3.6	31.5	50.3	6.1	—	—	—
15.96	12.40	6.32	1.47	1.95	23.0	138	3.4	11.5	40.2	21.8	1.26	0.46	—
16.45	12.80	6.36	1.52	2.02	23.2	139	3.0	10.1	45.5	18.2	1.01	—	—
18.97	12.02	6.16	1.42	1.89	14.6	88	9.1	29.3	35.4	12.8	0.24	—	—
18.53	11.47	5.65	1.35	1.80	10.0	60	3.0	35.0	47.0	5.0	0.25	0.10	—
16.36	10.57	5.34	1.24	1.65	4.9	29	2.9	19.4	60.2	12.6	0.97	0.10	—
15.46	10.91	5.18	1.28	1.71	15.9	95	3.5	10.6	48.2	21.8	4.35	0.24	—
17.94	12.68	6.30	1.50	2.00	20.0	120	3.0	21.0	46.0	10.0	1.55	0.30	—
18.21	12.15	6.04	1.43	1.91	16.1	97	2.3	28.9	45.3	7.4	0.91	0.10	—
17.96	10.57	5.29	1.24	1.65	15.5	93	3.9	28.6	41.3	10.7	2.38	0.29	—
17.17	9.72	4.76	1.13	1.51	13.2	79	3.8	28.3	40.6	14.2	0.52	0.28	—
18.54	12.86	6.40	1.52	2.03	14.7	88	4.6	27.4	45.7	7.6	0.56	0.36	—
18.36	11.26	5.61	1.32	1.76	16.1	96	3.1	28.2	45.1	7.5	35.3	0.24	0.25
17.78	10.99	5.52	1.29	1.72	10.9	65	2.7	30.8	47.1	8.6	—	—	—
17.65	10.46	5.15	1.22	1.63	11.2	67	2.6	33.2	44.4	8.7	—	—	—
17.20	10.15	4.98	1.19	1.58	6.7	40	2.8	28.1	52.6	9.9	—	0.47	—
16.85	10.06	4.99	1.17	1.57	11.0	66	2.0	29.9	44.1	13.0	0.41	0.32	—
17.78	10.60	5.24	1.24	1.66	7.8	47	2.7	35.1	46.3	8.1	—	—	—
17.47	10.36	5.12	1.21	1.62	7.0	42	2.1	35.1	47.0	8.8	—	—	—
17.49	11.76	5.71	1.39	1.85	12.0	72	2.7	28.3	46.7	10.3	0.71	0.16	—
17.77	10.72	5.24	1.26	1.68	6.5	39	2.2	33.0	51.9	6.5	1.14	0.43	—
18.84	11.40	5.64	1.34	1.79	6.1	37	2.8	29.1	55.3	6.7	0.34	0.22	—

表 10.1

编号	饲料名称	样品说明	原样中						
			干物质 %	粗蛋白 %	钙 %	磷 %	总能量 MJ/kg	奶牛能量单位 NND/kg	可消化粗蛋白质 g/kg
2-01-685	玉米青割		22.9	1.5	—	0.02	4.11	0.41	9
2-01-686	玉米青割	未抽穗	12.8	1.2	0.08	0.06	2.30	0.23	7
2-01-687	玉米青割	抽穗期	17.6	1.5	0.09	0.05	3.16	0.31	9
2-01-688	玉米青割	有玉丝穗	12.9	1.1	0.04	0.03	2.26	0.22	7
2-01-689	玉米青割	乳熟期占 1/2	18.5	1.5	0.06	—	3.20	0.32	9
2-01-241	玉米青割	西德 2 号,抽穗期	24.1	3.1	0.08	0.08	4.19	0.48	19
2-01-690	玉米全株	晚	27.1	0.8	0.09	0.10	4.72	0.49	5
2-01-693	紫云英		16.2	3.2	0.21	0.05	2.94	0.33	19
2-01-695	紫云英	盛花期	9.0	1.3	—	—	1.68	0.19	8
2-01-429	紫云英	8 省市 8 样平均值	13.0	2.9	0.18	0.07	2.42	0.28	17

表 10.2 青贮类

编号	饲料名称	样品说明	原样中						
			干物质 %	粗蛋白 %	钙 %	磷 %	总能量 MJ/kg	奶牛能量单位 NND/kg	可消化粗蛋白质 g/kg
3-03-002	草木樨青贮	已结籽,pH4.0	31.6	5.1	0.53	0.08	5.55	0.53	31
3-03-601	冬大麦青贮	7 样平均值	22.2	2.6	0.05	0.03	3.82	0.40	16
3-03-602	甘薯藤青贮	秋甘薯藤	33.1	2.0	0.46	0.15	5.14	0.47	12
3-03-004	甘薯藤青贮	窖贮 6 个月	21.7	2.8	—	—	3.77	0.34	17
3-03-005	甘薯藤青贮		18.3	1.7	—	—	2.98	0.24	10
3-03-021	甜菜叶青贮		37.5	4.6	0.39	0.10	6.05	0.69	28
3-03-025	玉米青贮	收获后黄干贮	25.0	1.4	0.10	0.02	4.35	0.25	8
3-03-031	玉米青贮	乳熟期	25.0	1.5	—	—	4.35	0.39	9
3-03-603	玉米青贮	红色草原牧场	29.2	1.6	0.09	0.08	5.28	0.47	10
3-03-605	玉米青贮	4 省市 5 样平均值	22.7	1.6	0.10	0.06	3.96	0.36	10
3-03-606	玉米大豆青贮		21.8	2.1	0.15	0.06	3.46	0.35	13
3-03-010	胡萝卜青贮		23.6	2.1	0.25	0.03	3.29	0.44	13
3-03-011	胡萝卜青贮	起苔	19.7	3.1	0.35	0.03	3.21	0.33	19
3-03-019	苜蓿青贮	盛花期	33.7	5.3	0.50	0.10	6.25	0.52	32

（续）

干　物　质　中													
总能量	消化能	产奶净能		奶牛能量单位	粗蛋白	可消化粗蛋白质	粗脂肪	粗纤维	无氮浸出物	粗灰分	钙	磷	胡萝卜素
MJ/kg	MJ/kg	MJ/kg	Mcal/kg	NND/kg	%	g/kg	%	%	%	%	%	%	mg/kg
17.94	11.42	5.68	1.34	1.79	6.6	39	1.7	30.1	57.2	4.4	—	0.09	63.40
17.97	11.46	5.63	1.35	1.80	9.4	56	3.1	32.8	46.9	7.8	0.63	0.47	—
17.98	11.24	5.51	1.32	1.76	8.5	51	2.3	33.0	50.0	6.3	0.51	0.28	—
17.51	10.90	5.58	1.28	1.71	8.5	51	2.3	34.1	45.7	9.3	0.31	0.23	—
17.31	11.05	5.46	1.30	1.73	8.1	49	2.2	29.2	51.4	9.2	0.32	—	—
17.41	12.63	6.27	1.49	1.99	12.9	77	1.7	27.4	48.5	9.5	0.33	0.33	—
17.40	11.52	5.72	1.36	1.81	3.0	18	1.5	29.2	60.9	5.5	0.33	0.37	—
18.14	12.90	6.48	1.53	2.04	19.8	119	3.7	25.3	40.7	10.5	1.30	0.31	—
18.63	13.35	7.00	1.58	2.11	14.4	87	6.7	16.7	54.4	7.8	—	—	—
18.60	13.61	6.77	1.62	2.15	22.3	134	5.4	19.2	43.1	10.0	1.38	0.54	—

饲料

干　物　质　中													
总能量	消化能	产奶净能		奶牛能量单位	粗蛋白	可消化粗蛋白质	粗脂肪	粗纤维	无氮浸出物	粗灰分	钙	磷	胡萝卜素
MJ/kg	MJ/kg	MJ/kg	Mcal/kg	NND/kg	%	g/kg	%	%	%	%	%	%	mg/kg
17.57	10.84	5.32	1.26	1.68	16.1	97	3.2	32.3	35.4	13.0	1.68	0.25	—
17.23	11.59	5.68	1.35	1.80	11.7	70	3.2	29.7	42.8	12.6	0.23	0.14	—
15.54	9.28	4.56	1.06	1.42	6.0	36	2.7	18.4	55.3	17.5	1.39	0.45	—
17.37	10.17	4.84	1.18	1.57	12.9	77	5.1	21.7	47.0	13.4	—	—	—
16.27	8.63	4.15	0.98	1.31	9.3	56	6.0	24.6	39.9	20.2	—	—	—
16.13	11.82	5.81	1.38	1.84	12.3	74	6.4	19.7	38.9	22.7	1.04	0.27	—
17.38	6.75	3.20	0.75	1.00	5.6	34	1.2	35.6	50.0	7.6	0.40	0.08	—
17.38	10.13	4.88	1.17	1.56	6.0	36	4.4	30.8	47.6	11.2	—	—	—
18.09	10.43	5.03	1.21	1.61	5.5	33	2.4	31.5	55.5	5.1	0.31	0.27	—
17.45	10.29	4.98	1.19	1.59	7.0	42	2.6	30.4	51.1	8.8	0.44	0.26	—
15.90	10.40	5.00	1.20	1.61	9.6	58	2.3	31.7	37.6	18.8	0.69	0.28	—
13.92	11.96	5.89	1.40	1.86	8.9	53	2.1	18.6	42.8	27.5	1.06	0.13	—
16.30	10.82	5.33	1.26	1.68	15.7	94	6.6	28.9	24.4	24.4	1.78	0.15	—
18.54	10.03	4.87	1.16	1.54	15.7	94	4.2	38.0	30.6	11.6	1.48	0.30	—

表 10.3 块根、块茎、

编号	饲料名称	样品说明	原样中						
			干物质 %	粗蛋白 %	钙 %	磷 %	总能量 MJ/kg	奶牛能量单位 NND/kg	可消化粗蛋白质 g/kg
4-04-601	甘薯		24.6	1.1	—	0.07	4.08	0.58	7
4-04-602	甘薯		24.4	1.1	—	—	4.12	0.57	7
4-04-018	甘薯		23.0	1.1	0.14	0.06	3.86	0.54	7
4-04-200	甘薯	7省市8样平均值	25.0	1.0	0.13	0.05	4.25	0.59	7
4-04-207	甘薯	8省市甘薯干40样平均值	90.0	3.9	0.15	0.12	1.52	2.14	25
4-04-603	胡萝卜		9.3	0.8	0.05	0.03	1.58	0.23	5
4-04-604	胡萝卜	红色胡萝卜	13.7	1.4	0.06	0.05	2.33	0.33	9
4-04-605	胡萝卜	黄色胡萝卜	13.4	1.3	0.07	—	2.32	0.33	8
4-04-606	胡萝卜	2样平均值	11.6	0.9	0.16	0.04	2.05	0.29	6
4-04-077	胡萝卜		10.8	1.0	—	—	1.85	0.27	7
4-04-208	胡萝卜	12省市13样平均值	12.0	1.1	0.15	0.09	2.04	0.29	7
4-04-092	萝卜	白萝卜	8.2	0.6	0.05	0.03	1.32	0.20	4
4-04-094	萝卜	长大萝卜	7.0	0.9	—	—	1.17	0.17	6
4-04-210	萝卜	11省市11样平均值	7.0	0.9	0.05	0.03	1.15	0.17	6
4-04-607	马铃薯		21.2	1.1	0.01	0.05	3.53	0.51	7
4-04-110	马铃薯		18.8	1.3	—	—	3.15	0.44	8
4-04-114	马铃薯	米粒种	15.2	1.1	0.02	0.06	2.59	0.36	7
4-04-211	马铃薯	10省市10样平均值	22.0	1.6	0.02	0.03	3.72	0.52	10
4-04-608	木薯粉		94.0	3.1	—	—	1.61	2.26	20
4-04-136	南瓜	柿饼瓜青皮	6.4	0.7	—	—	1.12	0.15	5
4-04-212	南瓜	9省市9样平均值	10.0	1.0	0.04	0.02	1.71	0.24	7
4-04-610	甜菜	2样平均值	9.9	1.4	0.03	—	1.75	0.22	9
4-04-157	甜菜	贵州威宁，糖用	13.5	0.9	0.03	0.04	2.33	0.32	6
4-04-213	甜菜	8省市9样平均值	15.0	2.0	0.06	0.04	2.59	0.31	13
4-04-611	甜菜丝干		88.6	7.3	0.66	0.07	1.54	1.97	47
4-04-162	芜菁甘蓝	洋萝卜新西兰2号	10.0	1.1	0.05	0.01	1.77	0.25	7
4-04-164	芜菁甘蓝	洋萝卜新西兰3号	10.0	1.0	0.06	微	1.71	0.25	7
4-04-161	芜菁甘蓝	洋萝卜新西兰4号	10.0	1.0	0.05	微	1.69	0.25	7
4-04-215	芜菁甘蓝	3省5样平均值	10.0	1.0	0.06	0.02	1.71	0.25	7
4-04-168	西瓜皮		6.6	0.6	0.02	0.02	1.71	0.14	4

瓜果类饲料

干物质中													
总能量 MJ/kg	消化能 MJ/kg	产奶净能		奶牛能量单位 NND/kg	粗蛋白 %	可消化粗蛋白质 g/kg	粗脂肪 %	粗纤维 %	无氮浸出物 %	粗灰分 %	钙 %	磷 %	胡萝卜素 mg/kg
		MJ/kg	Mcal/kg										
16.58	14.94	7.32	1.77	2.36	4.5	29	0.8	3.3	86.2	5.3	—	0.28	—
16.90	14.81	7.38	1.75	2.34	4.5	29	1.2	4.1	86.1	4.1	—	—	—
16.76	14.88	7.48	1.76	2.35	4.8	31	0.9	3.0	87.0	4.3	0.61	0.26	—
16.99	14.95	7.56	1.77	2.36	4.0	26	1.2	3.6	88.0	3.2	0.52	0.20	39.82
16.92	15.06	7.44	1.78	2.38	4.3	28	1.4	2.6	88.8	2.9	0.17	0.13	—
17.01	15.64	7.74	1.85	2.47	8.6	56	2.2	8.6	73.1	7.5	0.54	0.32	—
17.01	15.25	7.66	1.81	2.41	10.2	66	1.5	10.2	70.8	7.3	0.44	0.36	—
17.33	15.57	7.84	1.85	2.46	9.7	63	2.2	12.7	68.7	6.7	0.52	—	348.08
17.67	15.80	8.02	1.87	2.50	7.8	50	5.2	12.1	67.2	7.8	1.38	0.34	—
17.08	15.80	7.78	1.88	2.50	9.3	60	1.9	7.4	75.0	6.5	—	—	—
16.99	15.30	7.75	1.81	2.42	9.2	60	2.5	10.0	70.0	8.3	1.25	0.75	—
16.04	15.43	7.68	1.83	2.44	7.3	48	微	9.8	73.2	9.8	0.61	0.37	2.00
16.73	15.37	7.86	1.82	2.43	12.9	84	1.4	10.0	65.7	10.0	—	—	—
16.49	15.37	7.29	1.82	2.43	12.9	84	1.4	10.0	64.3	11.4	0.71	0.43	—
16.68	15.23	7.50	1.80	2.41	5.2	34	0.5	1.9	88.2	4.2	0.05	0.24	0.41
16.75	14.84	7.39	1.76	2.34	6.9	45	0.5	2.7	85.1	4.8	—	—	—
17.03	15.00	7.43	1.78	2.37	7.2	47	0.7	2.0	86.8	3.3	0.13	0.39	—
16.89	14.98	7.45	1.77	2.36	7.3	47	0.5	3.2	39.5	4.1	0.09	0.14	—
17.11	15.22	7.57	1.80	2.40	3.3	21	0.7	2.4	92.1	1.4	—	—	—
17.43	14.86	7.34	1.76	2.34	10.9	71	3.1	4.7	65.6	7.8	—	—	—
17.06	15.20	7.60	1.80	2.40	10.0	65	3.0	12.0	68.0	7.0	0.40	0.20	64.29
17.67	14.12	7.27	1.67	2.22	14.1	92	3.0	15.2	59.6	8.1	0.30	—	—
17.26	15.02	7.48	1.78	2.37	6.7	43	4.4	5.2	81.5	2.2	0.22	0.30	—
17.28	13.18	6.47	1.55	2.07	13.3	87	2.7	11.3	60.7	12.0	0.40	0.27	—
17.36	14.13	7.00	10.67	2.22	8.2	54	0.7	22.1	63.9	5.1	0.74	0.08	—
17.73	15.80	8.00	1.88	2.50	11.0	71	1.0	13.0	67.0	8.0	0.50	0.10	—
17.13	15.80	8.00	1.88	2.50	10.0	65	微	16.0	66.0	8.0	0.60	微	—
16.93	15.80	8.00	1.88	2.50	10.0	65	1.0	15.0	66.0	3.0	0.50	微	—
17.09	15.80	8.00	1.88	2.50	10.0	65	2.0	13.0	67.0	8.0	0.60	0.20	—
17.79	13.51	7.12	1.59	2.12	9.1	59	3.0	19.7	53.0	15.2	0.30	0.30	—

表 10.4 青干草类

编号	饲料名称	样品说明	原样中						
			干物质 %	粗蛋白 %	钙 %	磷 %	总能量 MJ/kg	奶牛能量单位 NND/kg	可消化粗蛋白质 g/kg
1-05-601	白茅	地上茎叶	90.9	7.4	0.28	0.09	1.68	1.23	44
1-05-602	稗草		93.4	5.0	—	—	1.62	1.07	30
1-05-603	绊根草	营养期茎叶	92.6	9.6	0.52	0.13	1.68	1.33	58
1-05-604	草木樨	整株	88.3	16.8	2.42	0.02	1.50	1.36	101
1-05-605	大豆干草		94.6	11.8	1.50	0.70	1.70	1.44	71
1-05-606	大米草	整株	83.2	12.8	0.42	0.02	1.50	1.26	77
1-05-608	黑麦草		90.8	11.6	—	—	1.63	1.50	70
1-05-609	胡枝子		94.7	16.6	0.93	0.11	1.90	1.42	100
1-05-610	混合牧草	夏季,以禾本科为主	90.1	13.9	—	—	1.76	1.36	83
1-05-611	混合牧草	秋季,以禾本科为主	92.2	9.6	—	—	1.68	1.41	58
1-05-612	混合牧草	冬季状态	88.7	2.3	—	—	1.54	0.97	14
1-05-614	芨芨草	结实期	89.3	10.7	—	—	1.65	1.19	64
1-05-615	碱草	营养期	90.3	19.0	—	—	1.72	1.54	114
1-05-616	碱 草	抽穗期	90.1	13.4	—	—	1.69	1.40	80
1-05-617	碱 草	结实期	91.7	7.4	—	—	1.68	1.03	44
1-05-619	芦 苇	抽穗前地面 10cm 以上	91.3	8.8	0.11	0.11	1.61	1.27	53
1-05-620	芦苇	2 省市 2 样平均值	95.7	5.5	0.08	0.10	1.66	1.15	33
1-05-621	米儿蒿	结籽期	89.2	11.9	1.09	0.81	1.59	1.48	71
1-05-622	苜蓿干草	苏联苜蓿 2 号	92.4	16.8	1.95	0.28	1.63	1.64	101
1-05-623	苜蓿干草	上等	86.1	15.8	2.08	0.25	1.55	1.54	95
1-05-624	苜蓿干草	中等	90.1	15.2	1.43	0.24	1.63	1.37	91
1-05-625	苜蓿干草	下等	88.7	11.6	1.24	0.39	1.61	1.27	70
1-05-626	苜蓿干草	花苜蓿	93.9	17.9	—	—	1.68	1.86	107
1-05-627	苜蓿干草	野生	93.1	13.0	—	—	1.71	1.60	78
1-05-029	苜蓿干草	公农 1 号苜蓿,现蕾期一茬	87.4	19.8	—	—	1.60	1.74	119
1-05-031	苜蓿干草	公农 1 号苜蓿,营养期一茬	87.7	18.3	1.47	0.19	1.63	1.64	110
1-05-040	苜蓿干草	盛花期	88.4	15.5	1.10	0.22	1.60	1.58	93
1-05-044	苜蓿干草	紫花苜蓿,盛花期	91.3	18.7	1.31	0.18	1.73	1.74	112
1-05-628	苜蓿干草	和田苜蓿 2 号	92.8	15.1	2.19	0.20	1.63	1.63	91
1-05-629	披碱草	5～9 月	94.9	7.7	0.30	0.01	1.75	1.24	46
1-05-630	披碱草	抽穗期	88.8	6.3	0.39	0.29	1.55	1.23	38
1-05-631	披碱草		89.8	4.8	0.11	0.10	1.57	1.19	29

饲料

干 物 质 中													
总能量 MJ/kg	消化能 MJ/kg	产奶净能		奶牛能量单位 NND/kg	粗蛋白 %	可消化粗蛋白质 g/kg	粗脂肪 %	粗纤维 %	无氮浸出物 %	粗灰分 %	钙 %	磷 %	胡萝卜素 mg/kg
		MJ/kg	Mcal/kg										
4.48	8.88	4.24	1.01	1.35	8.1	49	3.3	32.3	51.8	4.4	0.31	0.10	—
18.16	9.38	4.52	1.08	1.44	10.4	62	2.8	30.5	50.2	6.0	0.56	0.14	—
16.99	10.01	4.84	1.16	1.54	19.0	114	1.8	31.6	31.9	15.6	2.74	0.02	—
17.99	9.89	4.78	1.14	1.52	12.5	75	1.2	30.3	50.2	5.8	1.59	0.74	35.77
17.41	9.85	4.74	1.14	1.51	15.4	92	3.2	36.4	30.5	14.4	0.50	0.02	—
17.93	10.77	5.17	1.24	1.65	12.8	77	3.2	30.1	44.9	9.0	—	—	—
20.09	9.76	5.07	1.12	1.50	17.5	105	7.1	38.6	31.7	5.1	0.98	0.12	—
19.49	9.82	4.74	1.13	1.51	15.4	93	6.3	38.2	33.4	6.7	—	—	—
18.25	9.94	4.82	1.15	1.53	10.4	62	5.1	29.5	46.4	8.6	—	—	—
17.33	7.32	3.45	0.82	1.09	2.6	16	4.5	40.5	40.4	7.1	—	—	—
18.42	8.76	4.18	1.00	1.33	12.0	72	2.5	43.9	34.3	7.4	—	—	—
19.00	11.01	5.38	1.28	1.71	21.0	126	4.1	28.7	39.1	7.1	—	—	—
18.71	10.09	4.88	1.17	1.55	14.9	89	2.9	35.0	41.5	5.8	—	—	—
18.27	7.49	3.52	0.84	1.12	8.1	48	3.4	45.0	35.4	8.1	—	—	—
17.62	9.11	4.36	1.04	1.39	9.6	58	2.3	35.4	43.4	9.3	0.12	0.12	—
17.38	7.97	3.76	0.90	1.20	5.7	34	2.0	36.3	47.1	8.9	0.08	0.10	—
17.83	10.73	5.21	1.24	1.66	13.3	80	2.4	27.7	48.3	8.3	1.22	0.91	—
17.60	11.42	5.57	1.33	1.77	18.2	109	1.4	31.9	37.3	11.1	2.11	0.30	—
18.06	11.51	5.64	1.34	1.79	18.4	110	1.7	29.0	42.4	8.5	2.42	0.29	500.00
18.11	9.89	4.78	1.14	1.52	16.9	101	1.1	42.1	30.9	9.1	1.59	0.27	—
18.20	9.36	4.53	1.07	1.43	13.1	78	1.4	48.8	28.2	8.6	1.40	0.44	—
17.88	12.67	6.28	1.49	1.98	19.1	114	2.7	26.4	41.3	10.5	—	—	190.23
18.32	11.09	5.40	1.29	1.72	14.0	84	1.9	37.1	40.3	6.8	—	—	—
17.84	12.73	6.27	1.49	1.99	22.7	136	1.8	29.1	34.8	11.7	—	—	179.46
18.59	12.00	5.87	1.40	1.87	20.9	125	1.5	35.9	34.4	7.3	1.68	0.22	500.77
18.09	11.50	5.59	1.34	1.79	17.5	105	2.6	28.7	42.1	9.0	1.24	0.25	14.27
18.92	12.21	6.01	1.43	1.91	20.5	123	3.9	31.5	37.7	7.4	1.43	0.20	—
17.52	11.31	5.51	1.32	1.76	16.3	98	1.3	34.4	37.0	11.1	2.36	0.22	—
18.48	8.60	4.11	0.98	1.31	8.1	49	1.9	46.8	38.0	5.2	0.32	0.01	—
17.48	9.07	4.34	1.04	1.39	7.1	43	2.0	36.3	45.7	8.9	0.44	0.33	—
17.43	8.71	4.15	0.99	1.33	5.3	32	1.6	37.3	47.8	8.0	0.12	0.11	—

表 10.4

编号	饲料名称	样品说明	原样中						
			干物质 %	粗蛋白 %	钙 %	磷 %	总能量 MJ/kg	奶牛能量单位 NND/kg	可消化粗蛋白质 g/kg
1-05-632	雀麦草	无芒雀麦,抽穗期野生	9.16	2.7	—	—	1.67	1.39	16
1-05-633	雀麦草	无芒雀麦,结果期野生	93.2	10.3	—	—	1.66	1.37	62
1-05-634	雀麦草		94.3	5.7	—	—	1.68	1.26	34
1-05-635	雀麦草	雀麦草叶	90.9	14.9	0.64	0.13	1.60	1.69	89
1-05-637	筲子	初花期	90.5	19.1	—	—	1.73	1.73	115
1-05-638	筲子	盛花期	95.6	17.8	—	—	1.77	1.79	107
1-05-640	苏丹草	抽穗期	90.0	6.3	—	—	1.67	1.32	38
1-05-641	苏丹草		91.5	6.9	—	—	1.61	1.39	41
1-05-642	燕麦干草		86.5	7.7	0.37	0.31	1.50	1.31	46
1-05-644	羊草	三级草	88.3	3.2	0.25	0.18	1.56	1.15	19
1-05-645	羊草	4样平均值	91.6	7.4	0.37	0.18	1.70	1.38	44
1-05-646	野干草	秋白草	85.2	6.8	0.41	0.31	1.43	1.25	41
1-05-647	野干草	水涝池	90.8	2.9	0.50	0.10	1.54	1.22	17
1-05-648	野干草	禾本科野草	93.1	7.4	0.61	0.39	1.65	1.38	44
1-05-054	野干草	海金山	91.4	6.2	—	—	1.64	1.32	37
1-05-055	野干草	山草	90.6	8.9	0.54	0.09	1.63	1.27	53
1-05-056	野干草	沿化,野生杂草	92.1	7.6	0.45	0.07	1.61	1.30	46
1-05-649	野干草	次杂草	90.9	6.3	0.31	0.29	1.38	1.14	38
1-05-650	野干草	杂草	90.8	5.8	0.41	0.19	1.49	1.25	35
1-05-060	野干草	杂草	90.8	6.9	0.51	0.22	1.53	1.29	41
1-05-651	野干草	杂草	84.0	3.3	0.03	0.02	1.47	1.11	20
1-05-003	野干草	草原野干草	91.7	6.8	0.61	0.08	1.67	1.27	41
1-05-062	野干草	羽茅草为主	90.2	7.7	—	0.08	1.66	1.21	46
1-05-063	野干草	芦苇为主	89.0	6.2	0.04	0.12	1.53	1.13	37
1-05-652	针茅	沙生针茅,抽穗期	86.4	7.9	—	—	1.64	1.10	47
1-05-653	针茅	贝尔加针茅,结实期	88.8	8.4	—	—	1.70	1.15	50
1-05-081	紫云英	盛花,全株	88.0	22.3	3.63	0.53	1.68	1.91	134
1-05-082	紫云英	结夹,全株	90.8	19.4	—	—	1.71	1.67	116

（续）

干物质中													
总能量 MJ/kg	消化能 MJ/kg	产奶净能		奶牛能量单位 NND/kg	粗蛋白 %	可消化粗蛋白质 g/kg	粗脂肪 %	粗纤维 %	无氮浸出物 %	粗灰分 %	钙 %	磷 %	胡萝卜素 mg/kg
		MJ/kg	Mcal/kg										
18.21	9.87	4.76	1.14	1.52	2.9	18	3.4	30.0	44.7	8.1	—	—	—
17.80	9.59	4.62	1.10	1.47	11.1	66	3.0	33.0	43.6	9.3	—	—	—
17.86	8.78	4.22	1.00	1.34	6.0	36	2.3	36.2	48.9	6.6	—	—	—
17.63	11.93	5.85	1.39	1.86	16.4	98	2.3	25.0	46.2	10.1	0.70	0.14	—
19.12	12.25	6.01	1.43	1.91	21.1	127	4.3	32.9	34.1	7.5	—	—	—
18.52	12.01	5.87	1.40	1.87	18.6	112	2.3	33.1	38.7	7.3	—	—	—
18.51	9.57	4.61	1.10	1.47	7.0	42	1.6	37.9	51.1	2.4	—	—	—
17.57	9.88	4.81	1.14	1.52	7.5	45	3.4	30.4	49.4	9.3	—	—	—
17.32	9.85	4.75	1.14	1.51	8.9	53	1.6	32.8	47.3	9.4	0.43	0.36	—
17.65	8.57	4.08	0.98	1.30	3.6	22	1.5	36.8	52.3	5.8	0.28	0.20	—
18.51	9.81	4.71	1.13	1.51	8.1	48	3.9	32.1	50.9	5.0	0.40	0.20	—
16.83	9.57	4.58	1.10	1.47	8.0	48	1.3	32.3	47.1	11.4	0.48	0.36	—
16.97	8.52	4.20	1.01	1.34	3.2	19	1.2	37.8	48.3	9.5	0.55	0.11	—
17.70	9.66	4.63	1.11	1.48	7.9	48	2.8	28.0	53.8	7.4	0.66	0.42	—
17.94	9.43	4.54	1.08	1.44	6.8	41	2.7	33.4	50.7	6.5	—	—	—
18.02	9.17	4.39	1.05	1.40	9.8	59	2.2	37.2	43.5	7.3	0.60	0.10	—
17.44	9.23	4.41	1.06	1.41	8.3	50	2.1	33.7	46.9	9.1	0.49	0.08	—
15.13	8.28	3.96	0.94	1.25	6.9	42	1.8	23.1	48.3	19.9	0.34	0.32	—
16.38	9.02	4.34	1.03	1.38	6.4	38	1.7	27.8	51.2	12.9	0.45	0.21	—
16.82	9.29	4.47	1.07	1.42	7.6	46	2.2	31.4	46.5	12.3	0.56	0.24	—
17.46	8.69	4.14	0.99	1.32	3.9	24	1.4	34.5	53.6	6.5	0.04	0.02	—
18.26	9.07	4.34	1.04	1.38	7.4	44	2.7	40.1	43.6	6.1	0.67	0.09	—
18.43	8.81	4.22	1.01	1.34	8.5	51	1.9	37.5	48.2	3.9	—	0.09	—
17.24	8.38	4.00	0.95	1.27	7.0	42	2.8	32.8	46.7	10.7	0.04	0.13	—
18.96	8.40	4.03	0.95	1.27	9.1	55	2.4	51.6	32.4	4.3	—	—	—
19.16	8.53	4.05	0.97	1.30	9.5	57	4.1	51.4	29.6	5.6	—	—	—
19.11	13.81	6.81	1.63	2.17	25.3	152	5.5	22.2	38.2	8.9	4.13	0.60	—
18.85	11.81	5.76	1.38	1.84	21.4	128	5.5	22.2	42.1	8.7	—	—	—

表 10.5　农副产品

编　号	饲料名称	样品说明	原　样　中						
			干物质 %	粗蛋白 %	钙 %	磷 %	总能量 MJ/kg	奶牛能量单位 NND/kg	可消化粗蛋白质 g/kg
1-06-602	大麦秸		95.2	5.8	0.13	0.02	16.19	1.31	15
1-06-603	大麦秸		88.4	4.9	0.05	0.06	15.62	1.04	12
1-06-632	大麦秸		90.0	4.9	0.12	0.11	15.81	1.17	14
1-06-604	大豆秸		89.7	3.2	0.61	0.03	16.32	1.10	8
1-06-605	大豆秸		93.7	4.8	—	—	17.17	1.12	12
1-06-606	大豆秸		92.7	9.1	1.23	0.20	17.11	1.09	23
1-06-630	稻 草		90.0	2.7	0.11	0.05	13.41	1.04	7
1-06-612	风柜谷尾	瘪稻谷	88.5	5.6	0.16	0.21	14.29	0.79	14
1-06-613	甘薯蔓	土多	90.5	13.2	1.72	0.26	14.66	1.25	42
1-06-038	甘薯蔓	25 样平均值	90.0	7.6	1.63	0.08	15.78	1.39	24
1-06-100	甘薯蔓	7 省市 13 样平均值	88.0	8.1	1.55	0.11	15.29	1.34	26
1-06-615	谷 草	小米秆	90.7	4.5	0.34	0.03	15.54	1.33	10
1-06-617	花生藤	伏花生	91.3	11.0	2.46	0.04	16.11	1.54	28
1-06-618	糜 草	糯小米秆	91.7	5.2	0.25	—	15.78	1.34	11
1-06-619	荞麦秸	固原	95.4	4.2	0.11	0.02	15.74	1.07	9
1-06-620	小麦秸	冬小麦	90.0	3.9	0.25	0.03	7.49	0.99	10
1-06-623	燕麦秸	甜燕麦秸，青海种	93.0	7.0	0.17	0.01	16.92	1.33	15
1-06-624	莜麦秸	油麦秸	95.2	8.8	0.29	0.10	17.39	1.27	19
1-06-631	黑麦秸		90.0	3.5	—	—	16.25	1.11	9
1-06-629	玉米秸		90.0	5.8	—	—	15.22	1.21	18

类饲料

干物质中													
总能量 MJ/kg	消化能 MJ/kg	产奶净能		奶牛能量单位 NND/kg	粗蛋白 %	可消化粗蛋白质 g/kg	粗脂肪%	粗纤维 %	无氮浸出物 %	粗灰分 %	钙 %	磷 %	胡萝卜素 mg/kg
		MJ/kg	Mcal/kg										
17.01	9.02	4.36	1.03	1.38	6.1	15	1.9	35.5	45.6	10.9	0.14	0.02	—
17.67	7.82	3.70	0.88	1.18	5.5	14	3.3	38.2	43.8	9.2	0.06	0.07	—
17.44	8.51	4.08	0.98	1.30	5.5	16	1.8	71.8	10.4	10.6	0.13	0.12	—
18.20	8.12	3.84	0.92	1.23	3.6	9	0.6	52.1	39.7	4.1	0.68	0.03	—
18.32	7.93	3.76	0.90	1.20	5.1	13	0.9	54.1	35.1	4.8	—	—	—
18.50	7.81	3.66	0.88	1.18	9.8	25	2.0	48.1	33.5	6.6	1.33	0.22	—
16.10	8.61	3.65	0.87	1.16	3.1	8	1.2	66.3	13.9	15.6	0.12	0.05	—
16.15	6.10	2.79	0.67	0.89	6.3	16	2.3	27.0	49.4	15.0	0.18	0.24	—
16.20	9.05	4.35	1.04	1.38	14.6	47	3.4	25.3	37.2	19.4	1.90	0.29	—
17.54	10.04	4.84	1.16	1.54	8.4	27	3.2	34.1	43.9	10.3	1.81	0.09	—
17.39	9.90	4.81	1.14	1.52	9.2	30	3.1	32.4	44.3	11.0	1.76	0.13	—
17.13	9.56	4.62	1.10	1.47	5.0	11	1.3	35.9	48.7	9.0	0.37	0.03	—
17.64	10.89	5.28	1.27	1.69	12.0	31	1.6	32.4	45.2	8.7	2.69	0.04	—
17.21	9.53	4.61	1.10	1.46	5.7	12	1.3	32.9	51.8	8.3	0.27		—
16.50	7.48	3.55	0.84	1.12	4.4	10	0.8	41.6	41.2	13.0	0.12	0.02	—
17.22	8.35	3.45	0.83	1.10	4.4	11	0.6	78.2	6.1	10.8	0.28	0.03	—
18.20	9.35	4.51	1.07	1.43	7.5	16	2.4	28.4	58.0	3.9	0.18	0.01	—
18.27	8.77	4.22	1.00	1.33	9.2	20	1.4	46.2	37.1	6.0	0.30	0.11	—
17.07	9.72	3.86	0.92	1.23	3.9	10	1.2	75.3	9.1	10.5	—	—	—
16.92	10.71	4.22	1.01	1.34	6.5	20	0.9	68.9	17.0	6.8	—	—	—

表 10.6　谷实类

编　号	饲料名称	样品说明	原样中						
			干物质 %	粗蛋白 %	钙 %	磷 %	总能量 MJ/kg	奶牛能量单位 NND/kg	可消化粗蛋白质 g/kg
4-07-029	大　米	糙米,4样平均值	87.0	8.8	0.04	0.25	15.55	2.28	57
4-07-601	大　米	广场131	87.1	6.8	—	—	15.30	2.24	44
4-07-602	大　米		86.1	9.1	—	—	15.34	2.24	59
4-07-038	大　米	9省市16样籼稻米平均值	87.5	8.5	0.06	0.21	15.54	2.29	55
4-07-034	大　米	碎米,较多谷头	88.2	8.8	0.05	0.28	15.77	2.26	57
4-07-603	大　米	3省市3样平均值	86.6	7.1	0.02	0.10	15.39	2.26	46
4-07-604	大　麦	春大麦	88.8	11.5	0.23	0.46	16.41	2.08	75
4-07-022	大　麦	20省市,49样平均值	88.8	10.8	0.12	0.29	15.80	2.13	70
4-07-041	稻　谷	粳稻	88.8	7.7	0.06	0.16	15.72	2.05	50
4-07-043	稻　谷	早稻	87.0	9.1	—	0.31	15.23	1.94	59
4-07-048	稻　谷	中稻	90.3	6.8	—	—	15.63	1.98	44
4-07-068	稻　谷	杂交晚稻	91.6	8.6	0.05	0.16	15.92	2.05	56
4-07-074	稻　谷	9省市34样籼稻平均值	90.6	8.3	0.13	0.28	15.68	2.04	54
4-07-605	高　粱	红高粱	87.0	8.5	0.09	0.36	15.79	2.05	55
4-07-075	高　粱	杂交多穗	88.4	8.0	0.05	0.34	15.62	2.04	52
4-07-081	高　粱		87.3	8.0	0.02	0.38	15.79	2.06	52
4-07-083	高　粱	小粒高粱	86.0	6.9	0.12	0.20	14.85	1.93	45
4-07-091	高　粱	10样平均值	93.0	9.8	—	—	16.94	2.20	64
4-07-606	高　粱	多穗高粱	85.2	8.2	0.01	0.16	15.18	1.97	53
4-07-103	高　粱	蔗高粱	85.2	6.3	0.03	0.31	15.10	1.98	41
4-07-104	高　粱	17省市高粱38样平均值	89.3	8.7	0.09	0.28	16.12	2.09	57
4-07-607	荞　麦		89.6	10.0	—	0.14	16.49	2.08	65
4-07-120	荞　麦	苦荞,带壳	86.2	7.3	0.02	0.30	15.72	1.62	47
4-07-123	荞　麦	11省市14样平均值	87.1	9.9	0.09	0.30	15.82	1.94	64
4-07-608	小　麦	次等	87.5	8.8	0.07	0.48	15.50	2.30	57
4-07-157	小　麦	加拿大进口	90.0	11.6	0.03	0.18	16.07	2.37	75
4-07-609	小　麦	小麦穗	96.6	15.4	0.31	0.00	17.56	2.51	100
4-07-164	小　麦	15省市28样平均值	91.8	12.1	0.11	0.36	16.43	2.39	79
4-07-610	小　米	小米粉	86.2	9.2	0.04	0.28	15.50	2.23	60
4-07-173	小　米	8省9样平均值	86.8	8.9	0.05	0.32	15.69	2.24	58

饲料

干物质中													
总能量 MJ/kg	消化能 MJ/kg	产奶净能		奶牛能量单位 NND/kg	粗蛋白 %	可消化粗蛋白质 g/kg	粗脂肪 %	粗纤维 %	无氮浸出物 %	粗灰分 %	钙 %	磷 %	胡萝卜素 mg/kg
		MJ/kg	Mcal/kg										
17.88	16.53	8.23	1.97	2.62	10.1	66	2.3	0.8	85.3	1.5	0.05	0.29	—
17.57	16.23	8.07	1.93	2.57	7.8	51	1.4	2.2	87.3	1.4	—	—	—
17.82	16.41	8.16	1.95	2.60	10.6	69	1.7	1.5	84.8	1.4	—	—	—
20.73	16.51	8.18	1.96	2.62	9.7	63	1.8	0.9	86.2	1.4	0.07	0.24	—
17.87	16.17	8.07	1.92	2.56	10.0	65	2.7	2.7	82.2	2.4	0.06	0.32	—
17.77	16.46	8.22	1.96	2.61	8.2	53	2.4	0.8	87.1	1.5	0.02	0.12	—
18.47	14.85	7.35	1.76	2.34	13.0	84	4.8	8.7	69.5	4.1	0.26	0.52	—
17.80	15.19	7.55	1.80	2.40	12.2	79	2.3	5.3	76.7	9.1	0.14	0.33	—
17.71	14.64	7.22	1.73	2.31	8.7	56	2.1	9.7	75.9	3.6	0.07	0.18	—
17.51	14.17	6.98	1.67	2.23	10.5	68	2.8	10.2	70.3	6.2	—	0.36	—
17.31	13.95	6.87	1.64	2.19	7.5	49	2.1	12.3	72.4	5.6	—	—	—
17.38	14.22	7.04	1.68	2.24	9.4	61	2.2	9.9	72.8	5.7	0.05	0.17	—
17.31	14.30	7.08	1.69	2.25	9.2	60	1.7	9.4	74.5	5.3	0.14	0.31	—
18.14	14.93	7.41	1.77	2.36	9.8	64	4.1	1.7	82.0	2.4	0.10	0.41	—
17.66	14.64	7.25	1.73	2.31	9.0	59	1.6	2.7	85.0	1.7	0.06	0.38	—
18.08	14.95	7.39	1.77	2.36	9.2	60	3.8	1.7	83.3	2.1	0.02	0.44	—
17.27	14.26	7.06	1.68	2.24	8.0	52	3.3	2.3	80.6	5.8	0.14	0.23	—
18.21	14.99	7.43	1.77	2.37	10.5	68	3.9	1.5	82.2	1.9	—	—	—
17.81	14.67	7.28	1.73	2.31	9.6	63	2.7	2.1	83.1	2.5	0.01	0.19	—
17.72	14.74	7.28	1.74	2.32	7.4	48	2.2	2.7	86.2	1.5	0.04	0.36	—
18.06	14.84	7.31	1.76	2.34	9.7	63	3.7	2.5	81.6	2.5	0.10	0.31	—
18.41	14.72	7.29	1.74	2.32	11.2	73	2.9	11.2	73.2	1.6	—	0.16	—
18.24	12.06	5.93	1.41	1.88	8.5	55	2.3	17.6	69.7	1.9	0.02	0.35	—
18.17	14.15	7.01	1.67	2.23	11.4	74	2.6	13.2	69.7	3.1	0.10	0.34	—
17.72	16.57	8.23	1.97	2.63	10.1	65	1.6	0.9	85.9	1.5	0.08	0.55	—
17.86	16.60	8.28	1.97	2.63	12.9	84	1.6	0.9	82.9	1.8	0.03	0.20	—
18.18	16.39	8.15	1.95	2.60	15.9	104	2.8	3.5	74.4	3.3	0.32	—	—
17.90	16.42	8.21	1.95	2.60	13.2	86	2.0	2.6	79.7	2.5	0.12	0.39	—
17.99	16.32	8.11	1.94	2.59	10.7	69	3.4	0.9	83.2	1.9	0.05	0.32	—
18.07	16.29	8.10	1.94	2.58	10.3	67	3.1	1.5	83.5	1.6	0.06	0.37	—

表 10.6

编　号	饲料名称	样品说明	原样中						
			干物质 %	粗蛋白 %	钙 %	磷 %	总能量 MJ/kg	奶牛能量单位 NND/kg	可消化粗蛋白质 g/kg
4-07-176	燕　麦	玉麦当地种	93.5	11.7	0.15	0.43	17.85	2.16	76
4-07-188	燕　麦	11省市17样平均值	90.3	11.6	0.15	0.33	16.86	2.13	75
4-07-193	玉　米	白玉米1号	88.2	7.8	0.02	0.21	16.03	2.27	51
4-07-194	玉　米	黄玉米	88.0	8.5	0.02	0.21	16.18	2.35	55
4-07-611	玉　米	龙牧一号	89.2	9.8	—	—	16.72	2.40	64
4-07-247	玉　米	碎玉米	89.8	9.1	—	0.21	15.80	2.30	59
4-07-253	玉　米	黄玉米,6样品平均值	88.7	7.6	0.02	0.22	16.34	2.31	49
4-07-254	玉　米	白玉米,6样品平均值	89.9	8.8	0.05	0.19	16.65	2.33	57
4-07-222	玉　米	32样玉米平均值	87.6	8.6	0.09	0.18	15.92	2.26	56
4-07-263	玉　米	23省市120样玉米平均值	88.4	8.6	0.08	0.21	16.14	2.28	56

表 10.7　豆类

编　号	饲料名称	样品说明	原样中						
			干物质 %	粗蛋白 %	钙 %	磷 %	总能量 MJ/kg	奶牛能量单位 NND/kg	可消化粗蛋白质 g/kg
5-09-601	蚕　豆	等外	89.0	27.5	0.11	0.39	17.03	2.29	179
5-09-012	蚕　豆	次蚕豆	88.0	28.5	—	0.18	16.70	2.29	185
5-09-200	蚕　豆	7样平均值	88.0	23.8	0.10	0.47	16.55	2.24	155
5-09-201	蚕　豆	全国14样平均值	88.0	24.9	0.15	0.40	16.45	2.25	162
5-09-026	大　豆		90.2	40.0	0.28	0.61	21.21	2.94	260
5-09-202	大　豆	2样平均值	90.0	36.5	0.05	0.42	21.43	2.97	237
5-09-082	大　豆	次品	90.8	31.7	0.31	0.48	21.75	2.61	206
5-09-206	大　豆		88.0	40.5	—	0.47	20.54	2.85	263
5-09-207	大　豆	9样平均值	90.0	37.8	0.33	0.41	21.08	2.92	246
5-09-047	大　豆		88.0	39.6	—	0.26	20.44	2.84	257
5-09-602	大　豆	本地黄豆	88.0	37.5	0.17	0.55	20.11	2.74	244
5-09-217	大　豆	全国16省市40样平均值	88.0	37.0	0.27	0.48	20.55	2.76	241
5-09-028	黑　豆		94.7	40.7	0.27	0.60	21.63	2.97	265
5-09-031	黑　豆		92.3	34.7	—	0.69	21.04	2.83	226
5-09-082	榄　豆		85.6	21.5	0.39	0.47	15.58	2.16	140

(续)

干物质中													
总能量 MJ/kg	消化能 MJ/kg	产奶净能		奶牛能量单位 NND/kg	粗蛋白 %	可消化粗蛋白质 g/kg	粗脂肪 %	粗纤维 %	无氮浸出物 %	粗灰分 %	钙 %	磷 %	胡萝卜素 mg/kg
		MJ/kg	Mcal/kg										
19.09	14.65	7.25	1.73	2.31	12.5	81	7.4	10.8	65.2	4.1	0.16	0.46	—
18.67	14.95	7.38	1.77	2.36	12.8	83	5.8	9.9	67.2	4.3	0.17	0.37	—
18.18	16.24	8.07	1.93	2.57	8.8	57	3.9	2.4	83.3	1.6	0.02	0.24	—
18.38	16.83	8.38	2.00	2.67	9.7	63	4.9	1.5	82.0	1.9	0.02	0.24	2.50
18.75	16.95	8.45	2.02	2.69	11.0	71	5.8	1.9	79.6	1.7	—	—	—
17.60	16.17	8.02	1.92	2.56	10.1	66	1.7	2.1	83.5	2.6	—	0.23	—
18.43	16.43	8.16	1.95	2.60	8.6	56	4.8	2.5	82.8	1.4	0.02	0.25	2.50
18.55	16.35	8.15	1.94	2.59	9.8	64	5.0	2.8	80.9	1.6	0.06	0.21	—
18.17	16.28	8.08	1.93	2.58	9.8	64	3.4	2.1	83.3	1.4	0.10	0.21	—
18.26	16.28	8.10	1.93	2.58	9.7	63	4.0	2.3	82.5	1.6	0.09	0.24	—

饲料

干物质中													
总能量 MJ/kg	消化能 MJ/kg	产奶净能		奶牛能量单位 NND/kg	粗蛋白 %	可消化粗蛋白质 g/kg	粗脂肪%	粗纤维 %	无氮浸出物 %	粗灰分 %	钙 %	磷 %	胡萝卜素 mg/kg
		MJ/kg	Mcal/kg										
19.13	16.24	8.09	1.93	2.57	30.9	201	1.7	9.1	54.8	3.5	0.12	0.44	—
18.97	16.42	8.18	1.95	2.60	32.4	211	0.5	9.2	54.5	3.4	—	0.20	—
18.80	16.07	7.99	1.91	2.55	27.0	176	1.7	8.5	59.0	3.8	0.11	0.53	—
18.69	16.14	8.05	1.92	2.56	28.3	184	1.6	8.5	57.8	3.8	0.17	0.45	—
23.51	20.83	10.21	2.44	3.26	44.3	288	18.1	7.0	25.6	5.0	0.31	0.68	—
23.81	20.62	10.38	2.47	3.30	40.6	264	20.6	5.1	29.1	4.7	0.06	0.47	1.16
23.96	18.06	9.04	2.16	2.87	34.9	227	21.4	14.0	25.6	4.2	0.34	0.53	—
23.34	20.25	10.18	2.43	3.24	46.0	299	17.6	7.8	22.3	6.3	—	0.53	—
23.42	20.29	10.19	2.43	3.24	42.0	273	18.8	6.2	27.7	5.3	0.37	0.46	—
23.23	20.19	10.14	2.42	3.23	45.0	292	17.2	5.7	26.7	5.5	—	0.30	—
22.86	19.50	9.75	2.34	3.11	42.6	277	15.6	10.1	26.4	5.3	0.19	0.63	—
23.35	19.64	9.85	2.35	3.14	42.0	273	18.4	5.8	28.5	5.2	0.31	0.55	—
22.84	19.64	9.86	2.35	3.14	43.0	279	15.7	7.3	28.7	5.3	0.29	0.63	0.49
22.80	19.21	9.62	2.30	3.07	37.6	244	16.4	10.0	31.4	4.7	—	0.75	—
18.20	15.94	7.92	1.89	2.52	25.1	163	1.1	6.7	61.9	5.3	0.46	0.55	—

表 10.8 糠麸类

编号	饲料名称	样品说明	原样中							
			干物质 %	粗蛋白 %	钙 %	磷 %	总能量 MJ/kg	奶牛能量单位 NND/kg	可消化粗蛋白质 g/kg	总能量 MJ/kg
1-08-001	大豆皮		91.0	18.8	—	0.35	17.16	1.85	113	18.85
4-08-002	大麦麸		87.0	15.4	0.33	0.48	16.00	2.07	92	18.39
4-08-016	高粱糠	2省8样品平均值	91.1	9.6	0.07	0.81	17.42	2.17	58	19.12
4-08-007	黑麦麸	细麸	91.9	13.7	0.04	0.48	16.80	1.98	82	18.29
4-08-006	黑麦麸	粗麸	91.7	8.0	0.05	0.13	16.43	1.45	48	17.82
4-08-601	黄面粉	三等面粉	87.8	11.1	0.12	0.13	15.70	2.33	67	17.89
4-08-602	黄面粉	进口小麦次粉	87.5	16.8	—	0.12	16.55	2.24	101	18.92
4-08-603	黄面粉	土面粉	87.2	9.5	0.08	0.44	17.84	2.28	57	20.46
4-08-018	米　糠	玉糠	89.1	10.6	0.10	1.50	17.38	2.09	64	19.50
4-08-003	米　糠		88.4	14.2	0.22	—	18.67	2.27	85	21.11
4-08-012	米　糠	杂交中稻	92.1	14.0	0.12	1.60	17.84	2.11	84	19.37
1-08-029	米　糠		91.0	12.0	0.18	0.83	18.53	2.18	72	20.37
4-08-030	米　糠	4省市13样平均值	90.2	12.1	0.14	1.04	18.20	2.16	73	20.18
4-08-058	小麦麸	2样平均值	87.2	13.9	—	—	16.00	1.88	83	18.36
4-08-049	小麦麸	39样平均值	89.3	15.0	0.14	0.54	16.27	1.89	90	18.22
4-08-604	小麦麸	进口小麦	88.2	11.7	0.11	0.87	16.22	1.86	70	18.39
4-08-060	小麦麸	3样平均值	86.0	15.0	0.35	0.80	16.27	1.87	90	18.92
4-08-057	小麦麸	9样平均值	88.3	15.6	0.21	0.81	16.44	1.95	94	18.62
4-08-067	小麦麸	14样平均值	87.8	12.7	0.11	0.92	16.06	1.89	76	18.30
4-08-070	小麦麸		90.8	11.8	—	—	16.59	1.69	71	18.27
4-08-045	小麦麸		89.3	13.1	0.25	0.90	16.23	1.93	79	18.17
4-08-077	小麦麸	19样平均值	89.8	13.9	0.15	0.92	16.55	1.96	83	18.43
4-08-075	小麦麸	七二粉麸皮	89.8	14.2	0.14	1.86	16.24	1.94	85	18.09
4-08-076	小麦麸	八四粉麸皮	88.0	15.4	0.12	0.85	15.90	1.90	92	18.07
4-08-078	小麦麸	全国115样平均值	88.6	14.4	0.18	0.78	16.24	1.91	86	18.33
4-08-088	玉米皮		87.9	10.1	—	—	16.74	1.58	61	19.05
4-08-089	玉米皮	玉米糠	87.5	9.9	0.08	0.48	16.07	1.79	59	18.37
4-08-092	玉米皮		89.5	7.8	—	—	16.31	1.87	47	18.22
4-08-094	玉米皮	6省市6样品平均值	88.2	9.7	0.28	0.35	16.17	1.84	58	18.34

饲料

干　物　质　中												
消化能 MJ/kg	产奶净能		奶牛能量单位 NND/kg	粗蛋白 %	可消化粗蛋白质 g/kg	粗脂肪 %	粗纤维 %	无氮浸出物 %	粗灰分 %	钙 %	磷 %	胡萝卜素 mg/kg
	MJ/kg	Mcal/kg										
12.98	6.40	1.52	2.03	20.7	124	2.9	27.6	43.0	5.6	—	0.38	—
15.07	7.46	1.78	2.38	17.7	106	3.7	6.6	67.5	4.6	0.38	0.55	—
15.09	7.49	1.79	2.38	10.5	63	10.0	4.4	69.7	5.4	0.08	0.89	—
13.71	6.75	1.62	2.15	14.9	89	3.4	8.7	69.0	5.3	0.04	0.52	—
10.26	4.98	1.19	1.58	8.7	52	2.3	20.8	63.1	5.0	0.05	0.14	—
16.73	8.35	1.99	2.65	12.6	76	1.5	0.9	83.6	1.4	0.14	0.15	—
16.16	8.03	1.92	2.56	19.2	115	5.6	7.1	63.3	4.8	—	0.14	—
16.49	8.21	1.96	2.61	10.9	65	0.8	1.5	85.2	1.6	0.09	0.50	—
14.87	7.37	1.76	2.35	11.9	71	11.9	7.3	62.1	6.8	0.11	1.68	—
16.21	8.05	1.93	2.57	16.1	96	19.6	7.1	47.9	9.4	0.25	—	—
14.54	7.19	1.72	2.29	15.2	91	11.8	10.4	53.5	9.0	0.13	1.74	—
15.17	7.49	1.80	2.40	13.2	79	18.4	11.9	44.7	11.9	0.20	0.91	—
15.16	7.52	1.80	2.39	13.4	80	17.2	10.2	48.0	11.2	0.16	1.15	—
13.72	6.77	1.62	2.16	15.9	96	5.0	10.6	61.8	6.7	—	—	—
13.49	6.66	1.59	2.12	16.8	101	3.6	11.5	62.0	6.0	0.16	0.60	—
13.44	6.64	1.58	2.11	13.3	80	4.8	11.5	65.4	5.1	0.12	0.99	—
13.83	6.81	1.63	2.17	17.4	105	5.9	11.5	59.8	5.3	0.41	0.93	—
14.04	6.92	1.66	2.21	17.7	106	4.6	9.6	63.0	5.1	0.24	0.92	—
13.70	6.78	1.61	2.15	14.5	87	4.6	9.8	65.6	5.9	0.13	1.05	—
11.95	5.86	1.40	1.86	13.0	78	5.0	12.9	62.9	6.3	—	—	—
13.76	6.80	1.62	2.16	14.7	88	3.8	9.2	67.1	5.3	0.28	1.01	2.93
13.88	6.86	1.64	2.18	15.5	93	4.2	9.7	65.8	4.8	0.17	1.02	—
13.75	6.80	1.62	2.16	15.8	95	3.5	8.1	67.0	5.6	0.16	2.07	—
13.74	6.76	1.62	2.16	17.5	105	2.3	9.3	65.9	5.0	0.14	0.97	—
13.72	6.81	1.62	2.16	16.3	98	4.2	10.4	63.4	5.8	0.20	0.88	—
11.56	5.62	1.35	1.80	11.5	69	5.6	15.7	64.8	2.4	—	—	
13.06	6.41	1.53	2.05	11.3	68	4.1	10.9	70.3	3.4	0.09	0.55	—
13.32	6.55	1.57	2.09	8.7	52	3.1	10.9	75.3	2.1	—	—	—
13.30	6.55	1.56	2.09	11.0	66	4.5	10.3	70.2	4.0	0.32	0.40	—

表 10.9 油饼类

编号	饲料名称	样品说明	原样中						
			干物质 %	粗蛋白 %	钙 %	磷 %	总能量 MJ/kg	奶牛能量单位 NND/kg	可消化粗蛋白质 g/kg
5-10-601	菜籽饼	浸提	89.7	40.0	—	—	17.23	2.22	260
5-10-016	菜籽饼	浸提,2样平均值	92.5	40.9	0.74	1.07	18.09	2.32	266
5-10-022	菜籽饼	13省市,机榨,21样平均值	92.2	36.4	0.73	0.95	18.90	2.43	237
5-10-023	菜籽饼	2省,土榨,2样平均值	90.1	34.1	0.84	1.64	18.71	2.33	222
5-10-045	豆　饼	2样平均值	91.1	44.7	0.28	0.61	18.80	2.66	291
5-10-031	豆　饼		87.6	43.4	0.30	0.50	18.28	2.57	282
5-10-602	豆　饼	溶剂法	89.0	45.8	0.32	0.67	17.66	2.60	298
5-10-036	豆　饼	开封,冷榨	95.1	45.6	—	—	19.90	2.80	296
5-10-037	豆　饼	开封,热榨	87.3	40.7	0.43	—	18.21	2.57	265
5-10-028	豆　饼	热榨	90.0	41.8	0.34	0.77	18.65	2.64	272
5-10-027	豆　饼	机榨	91.0	41.8	—	—	19.01	2.41	272
5-10-039	豆　饼	机榨	89.0	42.6	0.31	0.49	18.34	2.60	277
5-10-043	豆　饼	13省,机榨,42样平均值	90.6	43.0	0.32	0.50	18.74	2.64	280
5-10-053	胡麻饼	亚麻仁饼,机榨	91.1	35.9	0.39	0.87	18.41	2.46	233
5-10-057	胡麻饼	亚麻仁饼,机榨	93.8	32.3	0.62	1.00	19.34	2.41	210
5-10-603	胡麻饼	亚麻仁饼	88.8	27.2	—	—	17.89	2.31	177
5-10-061	胡麻饼	新疆,机榨,11样平均值	92.4	31.9	0.74	0.74	18.64	2.46	207
5-10-062	胡麻饼	8省市,机榨,11样平均值	92.0	33.1	0.58	0.77	18.60	2.44	215
5-10-064	花生饼	机榨	89.0	41.7	0.23	0.64	18.59	2.62	271
5-10-065	花生饼	冷榨	91.4	42.5	0.32	0.50	19.48	2.77	276
5-10-066	花生饼	10样平均值	89.0	49.1	0.30	0.29	19.33	2.75	319
5-10-604	花生饼	浸提	90.1	48.8	—	—	17.99	2.57	317
5-10-605	花生饼		88.5	39.5	0.33	0.55	17.20	2.45	257
5-10-067	花生饼	机榨,6样平均值	92.0	49.6	0.17	0.59	19.75	2.82	322
5-10-072	花生饼	9样平均值	89.0	46.7	0.19	0.61	18.79	2.69	304
5-10-606	花生饼	机榨	92.0	45.8	—	0.57	19.49	2.58	298
5-10-607	花生饼	溶剂法	92.0	47.4	0.20	0.65	18.79	2.47	308
5-10-075	花生饼	9省市,机榨,34样平均值	89.9	46.4	0.24	0.52	19.22	2.71	302
5-10-077	米糠饼	脱脂米糠	90.8	15.9	—	—	16.49	1.83	103
5-10-608	米糠饼		82.5	15.3	—	—	15.67	1.71	99
5-10-083	米糠饼	浸提	89.9	14.9	0.14	1.02	15.37	1.67	97
5-10-084	米糠饼	7省市,机榨,13样平均值	90.7	15.2	0.12	0.18	16.64	1.86	99

饲料

干物质中													
总能量 MJ/kg	消化能 MJ/kg	产奶净能		奶牛能量单位 NND/kg	粗蛋白 %	可消化粗蛋白质 g/kg	粗脂肪 %	粗纤维 %	无氮浸出物 %	粗灰分 %	钙 %	磷 %	胡萝卜素 mg/kg
		MJ/kg	Mcal/kg										
19.21	15.65	7.79	1.86	2.47	44.6	290	2.6	13.0	29.1	10.7	—	—	—
19.55	15.85	7.88	1.88	2.51	44.2	287	2.1	14.5	31.1	8.2	0.80	1.16	—
20.50	16.62	8.26	1.98	2.64	39.5	257	8.5	11.6	31.8	8.7	0.79	1.03	—
20.76	16.32	8.14	1.94	2.59	37.8	246	9.5	15.8	28.2	8.7	0.93	1.82	—
20.63	18.33	9.19	2.19	2.92	49.1	319	5.0	6.5	33.2	6.1	0.31	0.67	—
20.87	18.42	9.22	2.20	2.93	49.5	322	5.5	8.0	31.1	5.9	0.34	0.57	—
19.85	18.34	9.17	2.19	2.92	51.5	334	1.0	6.7	34.3	6.5	0.36	0.75	0.44
20.92	18.48	9.24	2.21	2.94	47.9	312	6.9	6.2	32.3	6.6	—	—	—
20.86	18.48	9.26	2.21	2.94	46.6	303	6.6	6.0	34.8	6.0	0.49	—	—
20.72	18.41	9.21	2.20	2.93	46.4	302	6.0	5.7	36.1	5.8	0.38	0.86	—
20.88	16.69	8.33	1.99	2.65	45.9	299	6.6	5.5	36.6	5.4	—	—	0.22
20.61	18.34	9.17	2.19	2.92	47.9	311	5.5	5.7	34.5	6.4	0.35	0.55	—
20.68	18.30	9.15	2.19	2.91	47.5	308	6.0	6.3	33.8	6.5	0.35	0.55	—
20.20	17.02	8.45	2.03	2.70	39.4	256	5.6	9.8	39.1	6.1	0.43	0.95	—
20.62	16.22	8.08	1.93	2.57	34.4	224	9.0	12.9	37.0	6.7	0.66	1.07	—
20.15	16.41	8.15	1.95	2.60	30.6	199	12.7	11.0	32.9	12.7	—	—	0.33
20.17	16.78	8.33	2.00	2.66	34.5	224	8.2	9.0	40.0	8.2	0.80	0.80	—
20.22	16.72	8.33	1.99	2.65	36.0	234	8.2	10.7	37.0	8.3	0.63	0.84	—
20.89	18.48	9.27	2.21	2.94	46.9	305	8.3	5.5	31.2	8.1	0.26	0.72	—
21.31	19.00	9.53	2.27	3.03	46.5	302	7.9	4.3	36.8	4.6	0.35	0.55	—
21.73	19.36	9.69	2.32	3.09	55.2	359	8.1	6.0	24.4	6.4	0.34	0.33	—
19.96	17.92	8.97	2.14	2.85	54.2	352	0.6	6.1	33.0	6.2	—	—	—
19.44	17.42	8.70	2.08	2.77	44.6	290	4.1	4.1	37.5	9.7	0.37	0.62	—
21.46	19.21	9.05	2.30	3.07	53.9	350	6.3	5.4	29.5	4.9	0.18	0.64	0.22
21.11	18.95	9.51	2.27	3.02	52.5	341	6.3	4.6	30.4	6.2	0.21	0.69	—
21.18	17.63	8.78	2.10	2.80	49.8	324	6.4	12.0	25.7	6.2	—	0.62	—
20.43	16.91	8.42	2.01	2.68	51.5	335	1.3	14.1	28.2	4.9	0.22	0.71	—
21.38	18.90	9.50	2.26	3.01	51.6	335	7.3	6.5	28.6	6.0	0.27	0.58	—
18.16	12.88	6.37	1.51	2.02	17.5	114	7.6	10.2	52.8	11.9	—	—	—
19.00	13.22	6.55	1.55	2.07	18.5	121	11.3	12.2	45.2	12.7	—	—	—
17.10	11.92	5.82	1.39	1.86	16.6	108	1.8	13.3	57.8	10.5	0.16	1.13	—
18.34	13.09	6.46	1.54	2.05	16.8	109	8.0	9.8	54.4	11.0	0.13	0.20	—

表 10.9

编号	饲料名称	样品说明	原样中						
			干物质 %	粗蛋白 %	钙 %	磷 %	总能量 MJ/kg	奶牛能量单位 NND/kg	可消化粗蛋白质 g/kg
5-10-609	棉籽饼		84.4	20.7	0.78	0.63	15.73	1.49	135
5-10-610	棉籽饼	去壳浸提,2样平均值	88.3	39.4	0.23	2.01	17.25	2.24	256
5-10-101	棉籽饼	土榨,棉绒较多	93.8	21.7	0.26	0.55	18.91	1.82	141
5-10-611	棉籽饼	去壳,浸提	92.5	41.0	0.16	1.20	18.15	2.35	267
5-10-612	棉籽饼	4省市,去壳,机榨,6样平均值	89.6	32.5	0.27	0.81	18.00	2.34	211
5-10-110	向日葵饼	去壳浸提	92.6	46.1	0.53	0.35	18.65	2.17	300
5-10-613	向日葵饼		93.3	17.4	0.40	0.94	18.34	1.50	113
5-10-113	向日葵饼	带壳,复浸	92.5	32.1	0.29	0.84	17.87	1.57	209
5-10-124	椰子饼		90.3	16.6	0.04	0.19	19.07	2.20	108
5-10-126	玉米胚芽饼		93.0	17.5	0.05	0.49	18.39	2.33	114
5-10-614	芝麻饼	片状	89.1	38.0	—	—	18.04	2.35	247
5-10-147	芝麻饼		92.0	39.2	2.28	1.19	19.12	2.50	255
5-10-138	芝麻饼	10省市,机榨,13样平均值	90.7	41.1	2.29	0.79	18.29	2.40	267

表 10.10 动物性

编号	饲料名称	样品说明	原样中						
			干物质 %	粗蛋白 %	钙 %	磷 %	总能量 MJ/kg	奶牛能量单位 NND/kg	可消化粗蛋白质 g/kg
5-13-022	牛　乳	全脂鲜奶	13.0	3.3	0.12	0.09	3.22	0.50	21
5-13-601	牛　乳	全脂鲜奶	12.3	3.1	0.12	0.09	2.98	0.47	20
5-13-602	牛　乳	脱脂奶	9.6	3.7	—	—	1.81	0.29	24
5-13-021	牛　乳	全脂鲜奶	13.3	3.3	0.12	0.09	3.32	0.52	21
5-13-132	牛　乳	全脂鲜奶	12.0	3.2	0.10	0.10	2.93	0.46	21
5-13-024	牛乳粉	全脂乳粉	98.0	26.2	1.03	0.88	24.76	3.78	170

（续）

干物质中													
总能量 MJ/kg	消化能 MJ/kg	产奶净能		奶牛能量单位 NND/kg	粗蛋白 %	可消化粗蛋白质 g/kg	粗脂肪 %	粗纤维 %	无氮浸出物 %	粗灰分 %	钙 %	磷 %	胡萝卜素 mg/kg
		MJ/kg	Mcal/kg										
18.63	11.37	5.56	1.32	1.77	24.5	159	1.4	24.4	43.4	6.3	0.92	0.75	—
19.54	16.02	7.96	1.90	2.54	44.6	290	2.4	11.8	33.0	8.3	0.26	2.28	—
20.17	12.42	6.08	1.46	1.94	23.1	150	7.2	25.2	39.8	4.7	0.28	0.59	—
19.62	16.04	7.97	1.91	2.54	44.3	288	1.5	13.0	34.5	6.7	0.17	1.30	—
20.09	16.47	8.18	1.96	2.61	36.3	236	6.4	11.9	38.5	6.9	0.30	0.90	—
20.14	14.85	7.37	1.76	2.34	49.8	324	2.6	12.7	27.5	7.3	0.57	0.38	—
19.65	10.42	5.03	1.21	1.61	18.6	121	4.4	42.0	29.8	5.1	0.43	1.01	—
19.32	10.96	5.30	1.27	1.70	34.7	226	1.3	24.6	33.0	6.4	0.31	0.91	—
21.11	15.41	7.65	1.83	2.44	18.4	119	16.7	15.9	40.8	8.2	0.04	0.21	—
19.77	15.83	7.88	1.88	2.51	18.8	122	6.0	16.0	57.3	1.8	0.05	0.53	—
20.25	16.63	8.27	1.98	2.64	42.6	277	9.0	7.2	29.9	11.3	—	—	—
20.78	17.11	8.51	2.04	2.72	42.6	277	11.2	7.8	27.1	11.3	2.48	1.29	0.22
20.16	16.68	8.31	1.98	2.65	45.3	295	9.9	6.5	24.1	14.1	2.52	0.87	—

饲料类

干物质中													
总能量 MJ/kg	消化能 MJ/kg	产奶净能		奶牛能量单位 NND/kg	粗蛋白 %	可消化粗蛋白质 g/kg	粗脂肪 %	粗纤维 %	无氮浸出物 %	粗灰分 %	钙 %	磷 %	胡萝卜素 mg/kg
		MJ/kg	Mcal/kg										
24.79		12.23	2.88	3.85	25.4	165	30.8	—	38.5	5.4	0.92	0.69	—
24.20		11.95	2.87	3.82	25.2	164	28.5	—	40.7	5.7	0.98	0.73	1 166.6
18.83		9.69	2.27	3.02	38.5	251	2.1	—	52.1	7.3	—	—	—
24.96		12.33	2.93	3.91	24.8	161	31.6	—	38.3	5.3	0.90	0.68	—
24.43		12.25	2.88	3.83	26.7	173	29.2	—	38.3	5.8	0.83	0.83	—
25.26		12.13	2.89	3.86	26.7	174	31.2	—	38.3	5.8	1.05	0.90	—

表 10.11 糟渣类

编号	饲料名称	样品说明	原样中						
			干物质 %	粗蛋白 %	钙 %	磷 %	总能量 MJ/kg	奶牛能量单位 NND/kg	可消化粗蛋白质 g/kg
1-11-601	豆腐渣	黄豆	10.1	3.1	0.05	0.03	2.10	0.29	20
1-11-602	豆腐渣	2省市4样平均值	11.0	3.3	0.05	0.03	2.27	0.31	21
1-11-032	粉　渣	绿豆粉渣	14.0	2.1	0.06	0.03	2.57	0.30	14
4-11-046	粉　渣	玉米粉渣	15.0	1.6	0.01	0.05	2.85	0.40	10
4-11-603	粉　渣	玉米淀粉渣	8.9	1.0	0.03	0.05	1.66	0.20	7
4-11-058	粉　渣	6省7样平均值	15.0	1.8	0.02	0.02	2.79	0.39	12
1-11-044	粉　渣	玉米蚕豆粉渣	15.0	1.4	0.13	0.02	2.73	0.28	9
1-11-063	粉　渣	蚕豆粉渣	15.0	2.2	0.07	0.01	2.78	0.26	14
1-11-048	粉　渣	豌豆粉渣	15.0	3.5	0.13	—	2.67	0.28	23
1-11-059	粉　渣	豌豆粉渣	9.9	1.4	0.05	0.02	1.84	0.20	9
4-11-032	粉　渣	甘薯粉渣	15.0	0.3	—	—	2.59	0.36	2
1-11-040	粉　渣	巴山豆粉渣	10.9	1.7	—	—	2.00	0.26	11
4-11-069	粉　渣	3省3样平均值	15.0	1.0	0.06	0.04	2.63	0.29	7
4-11-073	粉　渣	玉米粉浆	2.0	0.3	—	0.01	0.41	0.06	2
5-11-083	酱油渣	黄豆2份麸1份	22.4	7.1	0.11	0.03	4.74	0.48	46
5-11-080	酱油渣	豆饼3份麸2份	24.3	7.1	0.11	0.03	5.48	0.66	46
5-11-103	酒　糟	高粱酒糟	37.7	9.3	—	—	7.54	0.96	60
5-11-098	酒　糟	米酒糟	20.3	6.0	—	—	4.43	0.57	39
4-11-096	酒　糟	甘薯干	35.0	5.7	1.14	0.10	5.41	0.53	37
1-11-093	酒　糟	甘薯稻谷	35.0	2.8	0.22	0.12	4.97	0.17	18
4-11-113	酒　糟	玉米加15%谷壳	35.0	6.4	0.09	0.07	6.92	0.70	42
4-11-092	酒　糟	玉米酒糟	21.0	4.0	—	—	4.26	0.43	26
4-11-604	木薯渣	风干样	91.0	3.0	0.32	0.02	15.95	2.15	20
1-11-605	啤酒糟		11.5	3.3	0.06	0.04	8.98	0.26	21
5-11-606	啤酒糟		13.6	3.6	0.06	0.08	2.71	0.27	23
5-11-607	啤酒糟	2省市3样平均值	23.4	6.8	0.09	0.18	4.77	0.51	44
1-11-608	甜菜渣		15.2	1.3	0.11	0.02	2.28	0.30	8
1-11-609	甜菜渣		8.4	0.9	0.08	0.05	1.35	0.16	6
1-11-610	甜菜渣		12.2	1.4	0.12	0.01	2.00	0.24	9
5-11-146	饴糖渣		22.9	7.6	0.10	0.16	4.99	0.56	49
5-11-147	饴糖渣	大米95%、大麦5%	22.6	7.0	0.01	0.04	4.45	0.51	45
4-11-148	饴糖渣	玉米	16.4	1.4	0.02	—	3.22	0.34	9
5-11-611	饴糖渣	麦芽糖渣	28.5	9.0	—	0.13	5.35	0.60	59

饲料

干物质中													
总能量 MJ/kg	消化能 MJ/kg	产奶净能		奶牛能量单位 NND/kg	粗蛋白 %	可消化粗蛋白质 g/kg	粗脂肪 %	粗纤维 %	无氮浸出物 %	粗灰分 %	钙 %	磷 %	胡萝卜素 mg/kg
		MJ/kg	Mcal/kg										
20.75	18.04	8.71	2.15	2.87	30.7	200	5.0	23.8	39.6	1.0	0.50	0.30	—
20.64	17.72	8.82	2.11	2.82	30.0	195	7.3	19.1	40.0	0.9	0.45	0.27	—
18.36	13.64	6.64	1.61	2.14	15.0	97	0.7	20.2	62.1	2.1	0.43	0.21	—
19.06	16.80	8.40	2.00	2.67	10.7	69	6.0	9.3	72.7	1.3	0.07	0.33	27.28
18.73	14.27	7.08	1.69	2.25	11.2	73	3.4	15.7	68.5	1.1	0.34	0.56	—
18.62	16.40	8.13	1.95	2.60	12.0	78	4.7	9.3	71.3	2.7	0.13	0.13	—
18.18	11.98	5.87	1.40	1.87	9.3	61	1.3	30.0	55.3	4.0	0.87	0.13	—
18.50	11.17	5.33	1.30	1.73	14.7	95	0.7	35.3	45.3	4.0	0.47	0.07	—
17.78	11.98	5.87	1.40	1.87	23.3	152	10.0	18.0	27.3	21.3	0.87	—	—
18.55	12.90	6.36	1.52	2.02	14.1	92	1.0	25.3	57.6	2.0	0.51	0.20	
17.29	15.20	7.53	1.80	2.40	2.0	13	2.0	5.3	88.7	2.0	—	—	—
18.35	15.11	7.34	1.79	2.39	15.6	101	0.9	20.2	60.6	2.8	—	—	—
17.54	12.38	6.20	1.45	1.93	6.7	43	2.7	8.7	78.0	4.0	0.40	0.27	—
20.67	18.81	8.50	2.25	3.00	15.0	98	15.0	5.0	60.0	5.0	—	0.50	—
21.17	13.64	6.74	1.61	2.14	31.7	206	8.9	15.2	41.5	2.7	0.49	0.13	—
22.56	17.10	8.64	2.04	2.72	29.2	190	18.5	13.6	32.5	6.2	0.45	0.12	—
20.01	16.08	8.01	1.91	2.55	24.7	160	11.1	9.0	46.7	8.5	—	—	—
21.81	17.66	8.87	2.11	2.81	29.6	192	15.8	5.4	43.8	5.4	—	—	—
15.47	9.85	4.80	1.14	1.51	16.3	106	4.9	16.9	37.1	24.9	3.26	0.29	—
14.21	3.65	1.57	0.36	0.49	8.0	52	1.7	21.4	43.4	25.4	0.63	0.34	—
19.77	12.78	6.23	1.50	2.00	18.3	119	9.7	14.3	51.4	6.3	0.26	0.02	—
20.31	13.07	6.62	1.54	2.05	19.0	124	10.5	11.0	55.7	3.8	—	—	66.67
17.52	14.97	7.45	1.77	2.36	3.3	21	2.3	6.2	86.5	1.8	0.35	0.02	—
18.06	14.36	7.30	1.70	2.26	28.7	187	11.3	18.3	37.4	4.3	0.52	0.35	—
19.91	12.69	6.47	1.49	1.99	26.5	172	4.4	16.9	46.3	5.9	0.44	0.59	—
20.37	13.87	6.79	1.63	2.18	29.1	189	8.1	16.7	40.6	5.6	0.38	0.77	—
15.00	12.62	6.38	1.48	1.97	8.6	56	0.7	18.4	53.3	19.1	0.72	0.13	—
16.07	12.21	6.07	1.43	1.90	10.7	70	1.2	31.0	40.5	16.7	0.95	0.60	0.22
16.36	12.59	6.23	1.48	1.97	11.5	75	0.8	31.1	41.8	14.8	0.98	0.08	—
21.78	15.47	7.69	1.83	2.45	33.2	216	13.5	9.2	39.3	4.8	0.44	0.70	—
20.11	14.33	7.26	1.69	2.26	31.0	201	5.3	2.2	60.2	1.3	0.04	0.18	—
19.65	13.22	6.40	1.55	2.07	8.5	55	8.5	10.4	72.0	0.6	0.12	—	—
18.77	13.42	6.63	1.58	2.11	31.6	205	5.6	14.4	36.1	12.6	—	0.46	—

表 10.12 矿物质饲料

编　号	饲料名称	样品说明	干物质 %	钙 %	磷 %
6-14-001	白云石			21.16	0
6-14-002	蚌壳粉		99.3	40.82	0
6-14-003	蚌壳粉		99.8	46.46	—
6-14-004	蚌壳粉		85.7	23.51	—
6-14-006	贝壳粉		98.9	32.93	0.03
6-14-007	贝壳粉		98.6	34.76	0.02
6-14-015	蛋壳粉		91.2	29.33	0.14
6-14-016	蛋壳粉		—	37.00	0.15
6-14-017	蛋壳粉	粗蛋白 6.3%	96.0	25.99	0.10
6-14-018	骨　粉		94.5	31.26	14.17
6-14-021	骨　粉	脱胶	95.2	36.39	16.37
6-14-022	骨　粉		91.0	31.82	13.39
6-14-027	骨　粉		93.4	29.23	13.13
6-14-030	蛎　粉		99.6	39.23	0.23
6-14-032	磷酸钙	脱氟	—	27.91	14.38
6-14-035	磷酸氢钙	脱氟	99.8	21.85	8.64
6-14-037	马芽石		风干	38.38	0
6-14-038	石 粉	白色	97.1	39.49	—
6-14-039	石　粉	灰色	99.1	32.54	—
6-14-040	石　粉		风干	42.21	微
6-14-041	石　粉		风干	55.67	0.11
6-14-042	石　粉		92.1	33.98	0
6-14-044	石灰石		99.7	32.0	—
6-14-045	石灰石		99.9	24.48	—
6-14-046	碳酸钙	轻质碳酸钙	99.1	35.19	0.14
6-14-048	蟹壳粉		89.9	23.33	1.59

表 10.13 奶牛常用矿物质饲料中的元素含量表

饲料名称	化学式	元素含量,%	
碳酸钙	$CaCO_3$	Ca=40	
石灰石粉	$CaCO_3$	Ca=35.89	P=0.02
煮骨粉		Ca=24～25	P=11～18
蒸骨粉		Ca=31～32	P=13～15
磷酸氢二钠	$Na_2HPO_4 \cdot 12H_2O$	P=8.7	Na=12.8
亚磷酸氢二钠	$Na_2HPO_3 \cdot 5H_2O$	P=14.3	Na=21.3
磷酸钠	$Na_3PO_4 \cdot 12H_2O$	P=8.2	Na=12.1

表 10.13(续)

饲料名称	化学式	元素含量,%	
焦磷酸钠	$Na_4P_2O_7 \cdot 10\ H_2O$	P=14.1	Na=10.3
磷酸氢钙	$CaHPO_4 \cdot 2\ H_2O$	P=18.0	Ca=23.2
磷酸钙	$Ca_3(PO_4)_2$	P=20.0	Ca=38.7
过磷酸钙	$Ca(H_2PO_4)_2 \cdot H_2O$	P=24.6	Ca=15.9
氯化钠	NaCl	Na=39.7	Cl=60.3
硫酸亚铁	$FeSO_4 \cdot 7\ H_2O$	Fe=20.1	
碳酸亚铁	$FeCO_3 \cdot H_2O$	Fe=41.7	
碳酸亚铁	$FeCO_3$	Fe=48.2	
氯化亚铁	$FeCl_2 \cdot 4\ H_2O$	Fe=28.1	
氯化铁	$FeCl_3 \cdot 6\ H_2O$	Fe=20.7	
氯化铁	$FeCl_3$	Fe=34.4	
硫酸铜	$CuSO_4 \cdot 5\ H_2O$	Cu=39.8	S=20.06
氯化铜	$CuCl_2 \cdot 2\ H_2O$(绿色)	Cu=47.2	Cl=52.71
氧化镁	MgO	Mg=60.31	
硫酸镁	$MgSO_4 \cdot 7\ H_2O$	Mg=20.18	S=26.58
碳酸铜	$CuCO_3 \cdot Cu(OH)_2 \cdot H_2O$	Cu=53.2	
碳酸铜(碱式)孔雀石	$CuCO_3 \cdot Cu(OH)_2$	Cu=57.5	
氢氧化铜	$Cu(OH)_2$	Cu=65.2	
氯化铜(白色)	$CuCl_2$	Cu=64.2	
硫酸锰	$MnSO_4 \cdot 5\ H_2O$	Mn=22.8	
碳酸锰	$MnCO_3$	Mn=47.8	
氧化锰	MnO	Mn=77.4	
氯化锰	$MnCl_2 \cdot 4\ H_2O$	Mn=27.8	
硫酸锌	$ZnSO_4 \cdot 7\ H_2O$	Zn=22.7	
碳酸锌	$ZnCO_3$	Zn=52.1	
氧化锌	ZnO	Zn=80.3	
氯化锌	$ZnCl_2$	Zn=48.0	
碘化钾	KI	I=76.4	K=23.56
二氧化锰	MnO_2	Mn=63.2	
亚硒酸钠	$Na_2SeO_3 \cdot 5\ H_2O$	Se=30.0	
硒酸钠	$Na_2SeO_4 \cdot 10\ H_2O$	Se=21.4	
硫酸钴	$CoSO_4$	Co=38.02	S=20.68
碳酸钴	$CoCO_3$	Co=49.55	
氯化钴	$CoCl_2 \cdot 6\ H_2O$	Co=24.78	

表 10.14 常用饲料风干物质中的中性洗涤纤维(NDF)和酸性洗涤纤维(ADF)含量(%)

饲料名称	干物质(DM)	中性洗涤纤维(NDF)	酸性洗涤纤维(ADF)
豆粕	87.93	15.61	9.89
豆粕	88.73	13.97	6.31
玉米	87.33	14.01	6.55
大米	86.17	17.44	0.53
玉米淀粉渣	87.26	59.71	—
米糠	89.67	46.13	23.73
苜蓿	—	51.51	29.73
豆秸	—	75.26	46.14
羊草	—	72.68	40.58
羊草	93.15	67.24	41.21
羊草	92.09	67.02	40.99
羊草	92.51	71.99	30.73
稻草	—	75.93	46.32
麦秸	—	81.23	48.39
玉米秸(叶)	—	67.93	38.97
玉米秸(茎)	—	74.44	43.16

表 10.15 常用饲料干物质中的中性洗涤纤维(NDF)和酸性洗涤纤维(ADF)含量(%)

饲料名称	干物质(DM)	中性洗涤纤维(NDF)	酸性洗涤纤维(ADF)
玉米淀粉渣	93.47	81.96	28.02
麦芽根	90.64	64.80	17.33
麸皮	88.54	40.10	11.62
整株玉米	17.0	61.30	34.86
青贮玉米	15.73	67.24	40.98
鲜大麦	30.33	65.70	39.46
青贮大麦	29.80	76.35	46.24
高粱青贮	93.65	67.63	43.71
高粱青贮	32.78	73.13	46.88
大麦青贮	93.99	77.79	53.05
啤酒糟	93.66	77.69	25.77
酱油渣	93.07	65.62	35.75
酱油渣	94.08	54.73	33.47
白酒糟	94.50	73.48	50.64
白酒糟	93.20	73.24	52.49
羊草	92.96	70.74	42.64

表 10.15(续)

饲料名称	干物质(DM)	中性洗涤纤维(NDF)	酸性洗涤纤维(ADF)
稻草	93.15	74.79	50.30
氨化稻草	93.92	74.15	55.28
苜蓿	91.46	60.34	44.66
玉米秸	91.64	79.48	53.24
小麦秸	94.45	78.03	72.63
氨化麦秸	88.96	78.37	54.62
谷草	90.66	74.81	50.78
氨化谷草	91.94	76.82	50.49
复合处理谷草	91.06	76.31	48.58
稻草	92.08	86.71	54.58
氨化稻草	92.33	83.19	49.59
复合处理稻草	91.68	77.95	50.59
玉米秸	91.85	83.98	66.57
氨化玉米秸	91.15	84.82	63.92
复合处理玉米秸	92.37	81.64	57.32
糜黍秸	91.59	78.32	45.38
氯化糜黍秸	91.43	75.88	46.04
复合处理糜黍秸	92.19	72.16	42.02
莜麦秸	92.39	76.65	50.33
氨化莜麦秸	91.47	75.27	51.87
复合处理莜麦秸	92.04	79.91	49.36
麦秸	92.13	89.53	69.22
氨化麦秸	89.64	86.54	63.54
复合处理麦秸	91.93	82.75	61.53
荞麦秸	93.81	52.73	33.99
氨化乔麦秸	92.62	54.85	35.48
复合处理麦壳	93.19	55.16	33.40
麦壳	91.98	83.50	52.22
氨化麦壳	92.61	84.44	54.16
复合处理麦壳	92.42	84.94	53.29
白薯蔓	91.49	55.54	45.50
氨化白薯蔓	91.88	61.25	45.83
复合处理白薯蔓	92.45	59.24	47.00
苜蓿秸	91.89	75.27	57.70
氨化苜蓿秸	90.78	77.91	58.02
复合处理苜蓿秸	92.51	72.85	53.48
花生壳	91.90	88.74	71.99
氨化花生壳	91.86	88.78	72.44
复合处理花生壳	92.24	86.29	74.75
豆荚	91.48	71.10	52.81
氨化豆荚	91.60	70.52	56.14
复合处理豆荚	92.17	66.70	54.32

表 10.16 饲料蛋白质降解率、瘤胃微生物蛋白质产生量、瘤胃能氮

饲料名称	饲料来源	FOM kg/kg		粗蛋白 %	蛋白质降解率 %		瘤胃降解蛋白质 g/kg	
		生长牛	产奶牛		生长牛	产奶牛	生长牛	产奶牛
豆饼	黑龙江	0.547	0.476	45.8	50.75	42.69	232	196
豆饼	黑龙江	0.546	0.466	43.4	50.72	41.75	220	181
豆饼	黑龙江	0.771	0.667	42.4	66.02	59.83	280	254
豆饼	黑龙江	0.629	0.579	44.2	58.43	51.89	258	229
豆饼	黑龙江	0.621	0.588	34.4	57.66	52.77	198	182
豆饼	黑龙江	0.645	0.608	37.8	59.87	54.52	226	206
豆饼	黑龙江	0.660	0.633	40.9	61.23	56.74	250	232
豆饼	吉　林	0.614	0.548	41.8	50.07	49.11	209	205
豆饼	吉　林	0.682	0.643	48.7	63.26	57.68	308	281
豆饼	北　京	0.525	0.446	41.3	48.77	39.77	201	164
豆饼	北　京	0.680	0.648	41.2	63.11	58.15	260	240
豆饼	北　京	0.580	0.562	40.8	53.83	46.57	220	190
豆粕	北　京	0.475	0.404	40.7	44.08	36.35	179	148
豆粕	北　京	0.637	0.574	45.9	59.09	51.45	271	236
豆粕	北　京	0.418	0.346	47.9	38.77	31.02	186	149
豆粕	北　京	0.403	0.313	44.3	37.41	28.08	166	124
豆粕	北　京	0.568	0.527	40.8	52.71	42.29	215	173
豆粕	北　京	0.612	0.570	41.5	56.85	51.10	236	212
豆粕	北　京	0.599	0.549	43.9	55.59	49.23	244	216
豆粕	黑龙江	0.598	0.559	42.5	56.49	50.13	240	213
豆粕	东　北	0.670	0.625	44.9	62.24	56.08	279	252
豆粕	东　北	0.525	0.492	44.1	48.71	44.13	215	195
豆粕	河　南	0.440	0.403	43.3	40.87	36.18	177	157
豆粕	北　京	0.477	0.419	41.5	44.29	37.61	184	156
热处理豆饼	中农大	0.272	0.250	45.2	25.28	22.42	114	101
黄豆粉	中农大	0.731	0.674	37.1	67.86	60.48	252	224
花生饼	河　北	0.425	0.377	35.4	54.29	48.21	192	171
花生饼	北　京	0.580	0.541	40.3	74.28	70.19	299	283
花生粕	北　京	0.546	0.458	53.5	54.14	45.50	290	243
棉仁粕	河　北	0.239	0.198	33.1	30.15	25.55	100	85

给量平衡、小肠可消化粗蛋白质(按饲料干物质基础计算)

瘤胃微生物蛋白质产生量,g/kg				瘤胃能氮给量平衡 g/kg		小肠可消化粗蛋白质,g/kg			
按供给的能量估测		按供给的降解蛋白质估测				生长牛		产奶牛	
生长牛	产奶牛	生长牛	产奶牛	生长牛	产奶牛	IDCPMF	IDCPMP	IDCPMF	IDCPMP
74	65	209	176	−135	−111	199	293	216	294
74	63	198	163	−124	−100	191	278	209	279
105	91	252	229	−147	−138	167	270	174	271
86	79	232	206	−146	−127	180	282	194	283
84	80	178	164	−94	−84	154	220	161	220
88	83	203	185	−115	−102	160	241	170	241
90	86	225	209	−135	−123	166	261	175	261
84	75	188	185	−104	−110	195	267	191	268
93	87	277	253	−184	−166	181	310	195	311
71	61	181	148	−110	−87	187	265	205	265
92	88	234	216	−142	−128	163	263	173	263
79	76	198	171	−119	−95	178	261	195	261
65	55	161	133	−96	−78	194	261	207	261
87	78	244	212	−157	−134	183	293	200	293
57	47	167	134	−110	−87	230	307	247	308
55	43	149	112	−94	−69	219	284	237	286
77	72	194	156	−117	−84	179	261	203	262
83	78	212	191	−129	−113	174	265	187	266
81	75	220	194	−139	−119	183	281	197	281
81	76	216	192	−135	−116	177	271	191	272
91	85	251	227	−160	−142	174	286	188	287
71	67	194	176	−123	−109	197	283	207	283
60	55	159	141	−99	−86	208	278	218	278
65	57	166	140	−101	−83	196	266	208	266
37	34	103	91	−66	−57	246	292	252	292
99	92	227	202	−128	−110	147	236	160	237
58	51	173	154	−115	−103	146	226	155	227
79	74	269	255	−190	−181	123	256	130	257
74	62	261	219	−187	−157	211	342	233	343
33	27	90	77	−57	−50	173	213	179	214

表 10.16

饲料名称	饲料来源	FOM kg/kg		粗蛋白 %	蛋白质降解率 %		瘤胃降解蛋白质 g/kg	
		生长牛	产奶牛		生长牛	产奶牛	生长牛	产奶牛
棉仁粕	河　南	0.296	0.280	36.3	37.35	36.36	136	132
棉仁饼	河　北	0.258	0.227	32.9	32.34	29.31	106	96
棉仁饼	河　北	0.332	0.266	41.3	40.66	34.37	168	142
棉仁饼	河　北	0.410	0.365	27.3	51.83	47.09	141	129
棉仁饼	河　南	0.305	0.284	37.2	38.48	36.65	143	136
棉籽饼	河　北	0.495	0.455	28.7	62.49	58.75	179	169
棉籽饼	河　南	0.417	0.392	28.6	58.43	56.75	167	162
棉籽饼	北　京	0.214	0.185	35.1	27.01	23.90	95	84
菜籽粕	四　川	0.440	0.418	33.7	46.17	44.28	156	149
菜籽粕	上　海	0.290	0.249	34.3	30.38	26.36	104	90
菜籽粕	北　京	0.406	0.368	37.5	42.62	38.86	160	146
菜籽饼	河　北	0.323	0.276	40.0	25.78	22.87	103	91
菜籽饼	四　川	0.338	0.294	42.8	27.02	24.41	116	104
菜籽饼	北　京	0.554	0.511	24.2	58.03	54.04	140	131
葵花粕	北　京	0.485	0.433	32.4	46.13	39.42	149	128
葵花饼	北　京	0.669	0.635	27.2	70.00	65.63	190	179
葵花饼	内蒙古	0.720	0.382	30.2	76.56	71.67	231	216
胡麻粕	河　北	0.573	0.533	31.0	61.95	57.03	192	177
芝麻饼	河　北	0.449	0.366	35.7	46.59	38.06	166	136
芝麻粕	北　京	0.472	0.415	41.9	49.05	43.08	206	181
芝麻渣粉	北　京	0.528	0.501	42.4	54.79	52.04	232	221
芝麻渣饼	北　京	0.835	0.826	40.8	91.45	90.43	373	369
芝麻饼	北　京	0.789	0.774	35.5	85.57	83.93	304	298
酒精蛋白粉	北　京	0.468	0.450	29.5	43.84	41.61	129	123
酒精蛋白粉	北　京	0.415	0.391	36.8	34.24	33.89	126	125
玉米	东　北	0.369	0.330	9.6	29.73	26.37	29	25
玉米	河　北	0.539	0.482	7.6	43.44	38.84	33	30
玉米	河　南	0.643	0.569	8.5	51.89	48.06	44	41
玉米	河　南	0.508	0.450	8.3	40.94	36.31	34	30

（续）

瘤胃微生物蛋白质产生量，g/kg				瘤胃能氮给量平衡 g/kg		小肠可消化粗蛋白质，g/kg			
按供给的能量估测		按供给的降解蛋白质估测				生　长　牛		产　奶　牛	
生长牛	产奶牛	生长牛	产奶牛	生长牛	产奶牛	IDCPMF	IDCPMP	IDCPMF	IDCPMP
40	38	122	119	－82	－81	176	233	177	233
35	31	95	86	－60	－55	169	211	173	212
44	36	151	128	－107	－92	190	265	201	266
56	50	127	116	－71	－66	125	175	129	175
41	39	129	122	－88	－83	178	239	181	239
67	62	161	152	－94	－90	117	183	120	183
57	53	150	146	－93	－93	117	182	118	183
29	25	86	76	－57	－51	187	227	191	227
60	57	140	134	－80	－77	160	216	162	216
39	34	94	81	－55	－47	183	221	188	221
55	52	144	131	－89	－79	178	241	185	241
44	38	93	82	－49	－44	224	258	227	258
46	40	104	94	－58	－54	235	276	239	276
75	69	126	118	－51	－49	119	155	120	155
66	59	134	115	－68	－56	160	208	169	208
91	86	171	161	－80	－75	117	173	121	173
98	52	208	194	－110	－142	115	192	92	192
78	72	173	159	－95	－87	131	198	137	198
61	50	149	122	－88	－72	167	228	179	229
64	56	185	163	－121	－107	183	268	194	269
72	68	209	199	－137	－131	175	271	180	271
114	112	336	332	－222	－220	103	258	104	258
107	105	274	268	－167	－163	108	225	111	225
64	61	116	111	－52	－50	153	189	155	190
56	53	113	113	－57	－60	196	236	195	237
50	45	26	23	24	22	79	62	78	62
73	66	30	27	43	39	79	49	76	49
87	77	40	37	47	40	88	55	83	55
69	61	31	27	38	34	80	54	77	53

表 10.16

饲料名称	饲料来源	FOM kg/kg		粗蛋白 %	蛋白质降解率 %		瘤胃降解蛋白质 g/kg	
		生长牛	产奶牛		生长牛	产奶牛	生长牛	产奶牛
玉米	北 京	0.418	0.359	8.1	44.46	41.13	36	33
玉米	北 京	0.618	0.561	8.4	49.82	45.21	42	38
玉米	北 京	0.485	0.437	8.3	39.12	35.21	32	29
次粉	北 京	0.786	0.765	16.0	80.34	77.45	129	124
麸皮	北 京	0.687	0.665	14.9	83.36	80.74	124	120
麸皮	河 北	0.740	0.722	15.9	85.11	83.03	135	132
麸皮	河 北	0.625	0.597	14.1	75.60	72.25	107	102
碎米	河 北	0.654	0.608	6.5	65.41	60.81	43	40
碎米	河 北	0.639	0.576	7.0	63.92	57.62	45	40
米糠	河 北	0.587	0.559	10.9	88.67	85.41	97	93
米糠	北 京	0.656	0.642	14.3	76.78	75.05	110	107
豆腐渣	北 京	0.548	0.487	21.8	60.20	53.61	131	117
豆腐渣	北 京	0.541	0.470	19.7	59.64	51.66	117	102
豆腐渣	北 京	0.743	0.711	19.4	80.02	76.58	155	149
玉米胚芽饼	北 京	0.543	0.486	14.2	54.28	48.58	77	69
饴糖糟	北 京	0.365	0.276	6.0	36.47	27.57	22	17
玉米渣	北 京	0.444	0.387	10.1	50.19	43.90	51	44
淀粉渣	北 京	0.345	0.309	7.9	35.25	31.63	28	25
酱油渣	北 京	0.619	0.596	26.1	64.26	61.17	168	160
啤酒糟	北 京	0.538	0.501	23.6	56.62	52.69	134	124
啤酒糟	北 京	0.354	0.309	25.2	37.24	32.49	94	82
啤酒糟	北 京	0.333	0.281	29.5	35.07	29.57	103	87
啤酒糟	北 京	0.458	0.439	20.4	48.18	46.24	98	94
羊草	东 北	0.384	0.384	6.7	52.73	52.73	35	35
羊草	东 北	0.384	0.384	6.9	44.87	44.87	31	31
羊草	东 北	0.384	0.384	6.1	51.89	51.89	32	32
羊草	东 北	0.384	0.384	6.2	51.56	51.57	32	32
羊草	东 北	0.384	0.384	5.0	57.79	57.79	29	29
羊草	东 北	0.384	0.384	8.8	59.26	59.26	52	52
羊草	东 北	0.384	0.384	8.5	63.53	63.53	54	54
羊草	东 北	0.384	0.384	6.6	56.74	56.74	37	37
羊草	东 北	0.384	0.384	5.4	63.32	63.32	34	34

（续）

瘤胃微生物蛋白质产生量，g/kg				瘤胃能氮给量平衡 g/kg		小肠可消化粗蛋白质，g/kg			
按供给的能量估测		按供给的降解蛋白质估测				生　长　牛		产　奶　牛	
生长牛	产奶牛	生长牛	产奶牛	生长牛	产奶牛	IDCPMF	IDCPMP	IDCPMF	IDCPMP
57	49	32	30	25	19	69	52	66	52
84	76	38	34	46	42	86	54	83	54
66	59	29	26	37	33	79	53	76	53
107	104	116	112	−9	−8	95	101	96	102
93	90	112	108	−19	−18	81	95	82	94
101	98	122	119	−21	−21	86	101	86	101
85	81	96	92	−11	−11	82	89	82	90
89	83	39	36	50	47	77	42	74	41
87	78	41	36	46	42	77	45	74	45
80	76	87	84	−7	−8	64	69	64	69
89	87	99	96	−10	−9	84	91	84	91
75	66	118	105	−43	−39	109	139	112	139
74	64	105	92	−31	−28	104	126	107	126
101	97	140	134	−39	−37	96	123	97	123
74	66	69	62	5	4	94	91	94	91
50	38	19	14	31	24	58	36	52	36
60	53	43	37	17	16	72	60	71	60
47	42	24	21	23	21	64	47	62	47
84	81	143	136	−59	−55	115	156	117	156
73	68	114	105	−41	−37	112	141	115	141
48	42	80	70	−32	−28	128	151	131	151
45	38	88	74	−43	−36	147	177	151	177
62	60	83	80	−21	−20	107	122	108	122
52	52	30	30	22	22	56	40	56	40
52	52	26	26	26	26	59	41	59	41
52	52	27	27	25	25	54	36	54	36
52	52	27	27	25	25	54	37	54	37
52	52	25	25	27	27	49	30	49	30
52	52	44	44	8	8	58	52	58	52
52	52	46	46	6	6	55	51	55	51
52	52	31	31	21	21	54	39	54	39
52	52	29	29	23	23	48	32	48	32

表 10.16

饲料名称	饲料来源	FOM kg/kg		粗蛋白 %	蛋白质降解率 %		瘤胃降解蛋白质 g/kg	
		生长牛	产奶牛		生长牛	产奶牛	生长牛	产奶牛
羊草	东 北	0.384	0.384	7.9	74.33	74.33	59	59
玉米青贮	北 京	0.331	0.331	5.4	49.78	49.78	27	27
玉米青贮	北 京	0.447	0.447	8.8	60.53	60.53	53	53
大麦青贮	北 京	0.333	0.333	8.9	36.36	36.36	32	32
大麦青贮	北 京	0.456	0.456	7.9	61.80	61.80	49	49
高粱青贮	北 京	0.365	0.365	7.3	39.66	39.66	29	29
高粱青贮	北 京	0.365	0.365	8.1	70.12	70.12	57	57
高粱青贮	北 京	0.338	0.338	9.2	48.42	48.42	45	45
高粱青贮	北 京	0.447	0.447	10.8	60.51	60.51	65	65
高粱青贮	北 京	0.447	0.447	7.8	66.47	66.57	52	52
高粱青贮	北 京	0.447	0.447	11.4	64.91	64.91	74	74
稻草	北 京	0.273	0.273	3.8	39.91	39.91	15	15
稻草	北 京	0.273	0.273	4.8	38.58	38.58	19	19
稻草	北 京	0.273	0.273	3.1	37.76	37.76	12	12
复合处理稻草	中农大	0.400	0.400	7.7	68.48	68.48	53	53
玉米秸	河 北	0.299	0.299	5.4	42.89	42.89	23	23
小麦秸	河 北	0.281	0.281	4.4	29.90	29.90	13	13
黍秸	河 北	0.281	0.281	4.3	43.23	43.23	19	19
亚麻秸	河 北	0.281	0.281	4.5	43.01	43.01	19	19
干苜蓿秆	北 京	0.444	0.444	13.2	61.10	61.00	81	81
鲜苜蓿	北 京	0.505	0.505	18.9	79.91	79.91	151	151
羊茅	北 京	0.482	0.482	11.2	70.29	70.29	79	79
无芒雀麦	北 京	0.553	0.553	11.1	65.99	65.99	73	73
红三叶	北 京	0.658	0.658	21.9	80.60	80.86	177	177
鲜青草	北 京	0.536	0.536	18.7	73.61	73.61	138	138

注 1:瘤胃可发酵有机物质(FOM)是根据实测或抽样测定估算。

注 2:瘤胃蛋白质降解率是用牛瘤胃尼龙袋法测定。

注 3:精饲料的食糜外流速度(K),为应用的方便,对生长牛采用 $K=0.06$,对产奶牛采用 $K=0.08$;对青粗饲料均采用

注 4:按供给的降解蛋白质估测瘤胃微生物蛋白质(g/g),对精饲料采用 0.9,对青饲料采用 0.85。

注 5:小肠可消化粗蛋白质(IDCP)是根据微生物蛋白质的产生量(MCP)和瘤胃非降解粗蛋白质(UDP)估测;IDCPMF

（续）

瘤胃微生物蛋白质产生量，g/kg				瘤胃能氮给量平衡 g/kg		小肠可消化粗蛋白质，g/kg			
按供给的能量估测		按供给的降解蛋白质估测				生 长 牛		产 奶 牛	
生长牛	产奶牛	生长牛	产奶牛	生长牛	产奶牛	IDCPMF	IDCPMP	IDCPMF	IDCPMP
52	52	50	50	2	2	48	47	48	47
45	45	23	23	22	22	48	32	48	32
61	61	45	45	16	16	64	53	64	53
45	45	27	27	18	18	66	53	66	53
62	62	42	42	20	20	61	47	61	47
50	50	25	25	25	25	61	44	61	44
50	50	48	48	2	2	49	48	49	48
46	46	38	38	8	8	60	55	60	55
61	61	55	55	6	6	69	64	69	64
61	61	44	44	17	17	58	46	58	46
61	61	63	63	−2	−2	67	68	67	68
37	37	13	13	24	24	26	9	26	9
37	37	16	16	21	21	26	11	26	11
37	37	10	10	27	27	26	7	26	7
54	54	45	45	9	9	38	32	38	32
41	41	20	20	21	21	29	14	29	14
38	38	11	11	27	27	27	8	27	8
38	38	16	16	22	22	27	11	27	11
38	38	16	16	22	22	27	11	27	11
60	60	69	69	−9	−9	42	48	42	48
69	69	128	128	−59	−59	71	112	71	112
66	66	67	67	−1	−1	66	67	66	67
75	75	62	62	13	13	75	66	75	66
89	89	150	150	−61	−61	88	130	88	130
73	73	117	117	−44	−44	81	111	81	111

K=0.025。

表示 IDCP 中的微生物蛋白质由 FOM 估测，IDCPMP 表示 IDCP 中的微生物蛋白质由饲料瘤胃降解蛋白质估测。

附 录 A
(资料性附录)
微 量 元 素

奶牛日粮中微量元素的推荐量见表 A.1。

表 A.1 奶牛日粮干物中微量元素的推荐量

微量元素	产奶牛	干奶牛
镁(Mg),%	0.2	0.16
钾(K),%	0.9	0.6
钠(Na),%	0.18	0.10
氯(Cl),%	0.25	0.20
硫(S),%	0.2	0.16
铁(Fe),mg/kg	15	15
钴(Co),mg/kg	0.1	0.1
铜(Cu),mg/kg	10	10
锰(Mn),mg/kg	12	12
锌(Zn),mg/kg	40	40
碘(I),mg/kg	0.4	0.25
硒(Se),mg/kg	0.1	0.1
注:引自 Nutrition Repuirements of Dairy Cattle(NRC,1989. 2001),Ruminant Nutrition Recommended Allowance an Feed Tables(INRA,1989,法国)。		

成年牛和青年牛微量元素缺乏时的征候见表 A.2。

表 A.2 微量元素缺乏的征候

项 目	铁		铜		钴		碘		锰		锌		硒	
	成年牛	青年牛	成年牛	青年牛	成年牛	青年牛	成年牛	青年牛	成年牛	青年牛	成年牛	青年牛	成年牛	青年牛
生长受阻		√	√	√	√	√		√	√	√	√	√		
产奶下降			√		√		√				√			
食欲减退		√	√	√	√	√	√	√			√	√		
异食			√	√	√	√								
消瘦			√	√	▲	▲					√	√		
贫血		√	√	√	√	√								
姿势不正			√	√					▲	▲	√	√		
自发骨裂			√	√										
跛行			√	√					√	√	√	√		√
心脏疾患			▲	▲										√
呼吸困难			√	√										√
腹泻			√		√	√								
毛发褪色			▲	▲										

表 A.2(续)

项　目	铁		铜		钴		碘		锰		锌		硒	
	成年牛	青年牛	成年牛	青年牛	成年牛	青年牛	成年牛	青年牛	成年牛	青年牛	成年牛	青年牛	成年牛	青年牛
毛发乱			√	√	▲	▲		√			√	√		
脱毛								√			▲	▲		
皮炎											▲	▲		
甲状腺肿							▲	▲						
繁殖障碍			√		√		√		√		√			
肌变性														▲
蹄变形											√	√		

注 1:√为一般征候,▲为特定征候。

注 2:引自 Ruminant Nutrition Recommended Allowances and Feed Tables(INRA,1989,法国)。

附　录　B
（资料性附录）
瘤胃微生物氨基酸组成及小肠消化率

项　　目	A	B
核糖核酸氮/微生物总氮，%	9.8	10.0
总氨基酸氮/微生物总氮，%	83.8	82.5
必需氨基酸氮/微生物总氮，%	47.4	—
微生物氨基酸组成（g/100g 总氨基酸）：	5.67	5.4
苏氨酸	5.55	6.0
缬氨酸	5.74	5.7
异亮氨酸	8.65	7.6
亮氨酸	5.21	5.4
酪氨酸	5.85	4.9
苯丙氨酸	9.13	8.5
赖氨酸	2.18	2.1
组氨酸	4.92	5.2
精氨酸	0.66	1.2
半胱氨酸	2.64	2.4
蛋氨酸	11.61	11.2
天门冬氨酸	4.43	4.1
甘氨酸	5.16	5.5
丙氨酸	6.45	7.1
脯氨酸	3.55	3.5
必需氨酸/总氨酸	0.564	—
微生物氨基酸小肠消化率，%	86.1	84.7
注：A 引自中国农业大学动物科技学院（2000）。 B 引自 ϕrskov（1992）。		

附 录 C
（资料性附录）
饲料氨基酸在瘤胃中降解率的估测

根据中国农业大学(1989)用瘤胃尼龙袋法和氨基酸分析技术对生蚕豆、向日葵、麸皮、花生粕、豆粕、棉籽粕、菜籽粕、鱼粉、羊草等9种饲料的氨基酸降解率测定，得出以下估测回归式：

C.1 饲料总氨基酸降解率(%)＝－2.349＋1.008×饲料蛋白质降解率(%)

C.2 用总氨基酸降解率(x)估测各种氨基酸降解率的四归式：

苏氨酸降解率(%)＝$-6.73+1.103x$，$r=0.984$，$n=9$，$p<0.01$
缬氨酸降解率(%)＝$-0.975+1.047x$，$r=0.97$，$n=9$，$p<0.01$
蛋氨酸降解率(%)＝$11.538+0.86x$，$r=0.893$，$n=9$，$p<0.01$
异亮氨酸降解率(%)＝$-6.284+1.065x$
亮氨酸降解率(%)＝$-3.726+1.048x$
酪氨酸降解率(%)＝$0.882+0.957x$
苯丙氨酸降解率(%)＝$-6.39+1.089x$
组氨酸降解率(%)＝$12.489+0.82x$
赖氨酸降解率(%)＝$7.317+0.902x$
精氨酸降解率(%)＝$10.44+0.845x$
天门冬氨酸降解率(%)＝$-20.687+1.306x$
丝氨酸降解率(%)＝$-4.342+1.076x$
谷氨酸降解率(%)＝$5.809+0.825x$
甘氨酸降解率(%)＝$2.825+0.961x$
丙氨酸降解率(%)＝$9.359+0.858x$
色氨酸降解率(%)＝$2.589+1.005x$
脯氨酸降解率(%)＝$-0.057+1.037x$
胱氨酸降解率(%)＝$-3.344+1.02x$

以上各式均为$P<0.01$，$n=9$。

附 录 D
(资料性附录)
饲料瘤胃非降解残渣小肠液消化率

项 目	瘤胃非降解残渣小肠液消化率,%			
	有机物质	粗蛋白质	粗脂肪	无氮浸出物
玉米	53.3	63.3	63.6	53.0
麸皮	46.2	43.5	64.2	47.1
大豆粕	56.5	64.6	65.4	57.1
棉籽粕	56.9	70.6	64.3	54.2
菜籽粕	47.2	62.2	61.9	55.4
小麦	55.7	80.2	—	—
大豆皮	24.6	57.5	—	—
葵花籽粕	18.8	62.4	—	—
芝麻粕	38.3	61.2	—	—

注 1:引自中国农业大学动物科技学院(2000)。

注 2:饲料在瘤胃中降解 12 h 后,用小肠液冻干粉培养 8 h。

注 3:每 0.5 g 被测饲料用小肠液冻干粉 0.25 g,淀粉酶活性≥30.3 u、脂肪酶活性≥497.66 u、胰蛋白酶活性≥13.81 u、糜蛋白酶活性≥4.75 u,缓冲液 15 mL,pH=7.5,温度 38℃。

附　录　E
（资料性附录）
瘤胃尼龙袋法评定饲料蛋白质降解率的建议方法

饲料蛋白质降解率是反刍动物新蛋白质体系的重要组成部分，评定饲料蛋白质瘤胃降解率的方法有体内法、体外法和尼龙袋法等。其中，尼龙袋法是一种既能反映瘤胃实际环境条件又简单易行的评定方法。

尼龙袋法现在已被世界各国广泛采用。但由于此法的准确性受尼龙袋的规格、样本量、袋子的孔眼大小、冲洗方法、实验动物日粮、饲养水平等很多因素的影响，所以必须有我国统一的标准方法。

我国对尼龙袋法的研究已有数年，积累了一定经验。现在结合国内、外经验，提出该方法的标准化草案，供进一步应用、讨论、修订的参考。

E.1　材料

E.1.1　动物

成年牛不少于2头，每头牛安装一瘤胃瘘管。

E.1.2　饲喂

实验动物在1.3倍维持需要的营养水平下饲养，日粮精、粗比为1∶1，精料混合料的组成不应少于3种，日粮粗蛋白水平不低于13%。动物每日饲喂2次(8:00,16:00)，自由饮水。

E.1.3　被测样本的制备

被测样本在自然风干状态下。通过2.5 mm筛孔粉碎，放磨口瓶内备用。

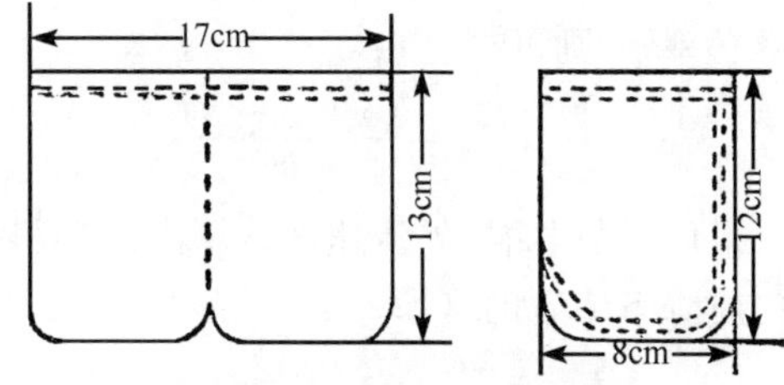

图 E.1　实验用袋的尺寸

E.1.4　尼龙袋的规格

选择孔眼为50 μm的尼龙过滤布，裁成17 cm×13 cm的长方块，对折，用涤纶线双道，制成长×宽为8 cm×12 cm的尼龙袋，散边用烙铁烫(图E.1)。

E.2　方法

E.2.1　被测样本蛋白质降解率的测定

E.2.1.1　放袋

准确称取精料4 g或粗料2 g，放入一个尼龙袋内，每2个袋夹在一根长约50 cm的半软性塑料管上(图E.2)。于晨饲后2 h，借助一木棍将袋送入瘤胃腹囊处，管的另一端挂在瘘管盖上，每头牛放6根管，共12个袋。

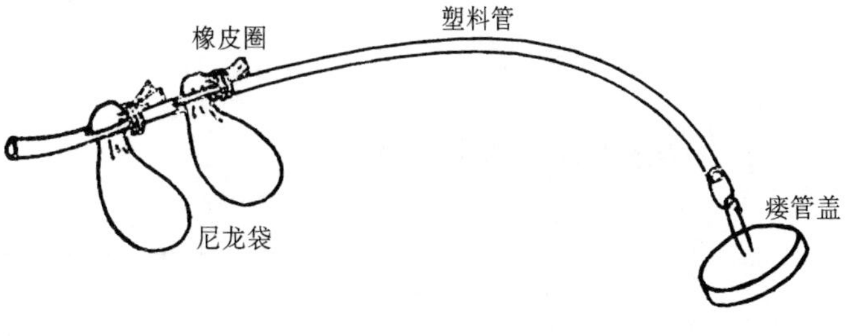

图 E.2　尼龙袋固定图示

E.2.1.2　放置时间

尼龙袋在瘤胃的停留时间精料为2 h、6 h、12 h、24 h、36 h、48 h，粗料为6 h、12 h、24 h、36 h、48 h、72 h。即在放袋后的每个时间点各取出一根管。

E.2.1.3 冲洗

取出的尼龙袋连同管一起放入洗衣机内(中等速度洗)冲洗 8 min,中间换水一次。如无洗衣机,可用手洗。冲洗时,用手轻轻抚动袋子,直至水清为止。一般约需 5 min。

E.2.1.4 测定残渣的蛋白含量

将尼龙袋从管上取下,放入 70℃烘箱内,烘至恒重(约需 48 h)。原样的干物质测定也是在 70℃下烘干。将每头牛同一时间点的 2 个袋内残渣混合,取样测定其内蛋白质含量。

E.2.1.5 待测饲料蛋白质降解率的计算

降解率的计算公式见式(E.1):

$$dp = a + b \times (1 - e^{-ct}) \quad \text{(E.1)}$$

式中:

dp——t 时刻的蛋白质降解率(已知);

a——理论上瞬息时消失的蛋白质部分(未知);

b——最终降解的蛋白质部分(未知);

c——b 的降解常数(未知);

t——饲料在瘤胃内停留时间(已知)。

根据最小二乘法的原理,将每种待测饲料的 a,b,c 解出,亦可用做图法分别估算出 a,b,c 值。即先将实测的 6 个时间点降解率画出曲线,第 1 个时间点外推到的截距便是 a,最后的平稳降解(消失)率为 $a+b$,$(a+b)-a=b$;选择曲线拐点处实测的降解率 p,则可求出 c:

$$e^{-ct} = \frac{(a+b-p)}{b}$$

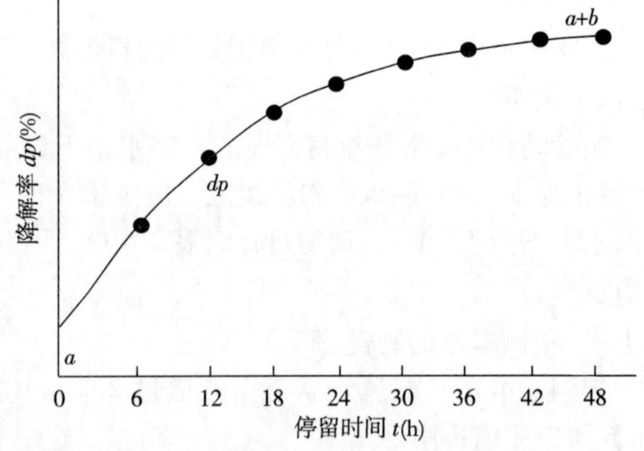

最后,根据瘤胃外流速度计算出该饲料的动态蛋白质降解率,如式(E.2):

$$p = a + \frac{b \times c}{c + k} \quad \text{(E.2)}$$

式中:

p——待测饲料的动态蛋白质降解率;

k——牛瘤胃精饲料食糜向消化道后段移动速度。

k 值可按式(E.3,E.4)计算:

$$k = 0.0364 + 0.0173x, r = 0.9162, n = 7, p < 0.01 \quad \text{(E.3)}$$

(中国农业大学动物科技学院,1989)

$$k = 0.0394 + 0.0176x, r = 0.9076, n = 4, p < 0.01 \quad \text{(E.4)}$$

(φrskov,1984)

式中:

x——饲养水平,以维持饲养水平为 1。

ICS 65.020.30
B 43

中华人民共和国农业行业标准

NY/T 65—2004
代替 NY/T 65—1987

猪饲养标准

Feeding standard of swine

2004-08-25 发布　　2004-09-01 实施

中华人民共和国农业部 发布

前　言

本标准代替 NY/T 65—1987《瘦肉型猪饲养标准》。

本标准的附录 A、附录 B、附录 C 均为资料性附录。

本标准由中华人民共和国农业部提出并归口。

本标准起草单位：中国农业大学动物科技学院、四川农业大学动物营养研究所、广东省农业科学院畜牧研究所、中国农业科学院畜牧研究所。

本标准主要起草人：李德发、王康宁、谯仕彦、贾刚、蒋宗勇、陈正玲、林映才、吴德、朱锡明、熊本海、杨立彬、王凤来。

猪 饲 养 标 准

1 范围

本标准规定了瘦肉型、肉脂型和地方品种猪对能量、蛋白质、氨基酸、矿物元素和维生素的需要量，可作为配合饲料厂、各种类型的养猪场、养猪专业户和农户配制猪饲粮的依据。

2 规范性引用文件

下列文件中的条款通过本标准的引用而成为本标准的条款。凡是注日期的引用文件，其随后所有的修改单(不包括勘误的内容)或修订版均不适用于本标准，然而，鼓励根据本标准达成协议的各方研究是否可使用这些文件的最新版本。凡是不注日期的引用文件，其最新版本适用于本标准。

GB/T 6432 饲料粗蛋白测定方法

GB/T 6433 饲料粗脂肪测定方法

GB/T 6434 饲料中粗纤维测定方法

GB/T 6435 饲料水分的测定方法

GB/T 6438 饲料中粗灰分的测定方法

GB/T 6436 饲料中钙的测定

GB/T 6437 饲料中总磷的测定 分光光度法

GB 8407 瘦肉型种猪测定技术规程

GB 8470 瘦肉型猪活体分级

GB/T 10647 饲料工业通用术语

GB/T 15400 饲料氨基酸含量的测定

3 术语和定义

下列术语和定义适用于本标准。

3.1

瘦肉型猪 lean type pig

指瘦肉占胴体重的56%以上，胴体膘厚2.4 cm以下，体长大于胸围15 cm以上的猪。

3.2

肉脂型猪 lean-fat type pig

指瘦肉占胴体重的56%以下、胴体膘厚2.4 cm以上、体长大于胸围5 cm～15 cm的猪。

3.3

自由采食 at libitum

指单个猪或群体猪自由接触饲料的行为，是猪在自然条件下采食行为的反映，是猪的本能。

3.4

自由采食量 voluntary feed intake

指猪在自由接触饲料的条件下，一定时间内采食饲料的重量。

3.5

消化能 digestible energy(DE)

从饲料总能中减去粪能后的能值，指饲料可消化养分所含的能量亦称“表观消化能”(ADE)。以

MJ/kg 或 kcal/kg 表示。

3.6

代谢能　metabolizable energy(ME)

从饲料总能中减去粪能和尿能后的能值，亦称“表观代谢能”(AME)。以 MJ/kg 或 kcal/kg 表示。

3.7

能量蛋白比　calorie-protein ratio

指饲料中消化能(kJ/kg 或 kcal/kg)与粗蛋白质百分含量的比。

3.8

赖氨酸能量比　lysine-calorie ratio

指饲料中赖氨酸含量(g/kg)与消化能(MJ/kg 或 Mcal/kg)的比。

3.9

非植酸磷　nonphytate phosphorus

饲料中不与植酸成结合状态的磷，即总磷减去植酸磷。

3.10

理想蛋白质　ideal protein

指氨基酸组成和比例与动物所需要的氨基酸的组成和比例完全一致的蛋白质，猪对该种蛋白质的利用率为100%。

3.11

矿物元素　mineral

指饲料或动物组织中的无机元素，以百分数(%)表示者为常量矿物元素，用毫克/千克(mg/kg)表示者为微量元素。

3.12

维生素　vitamin

是一族化学结构不同、营养作用和生理功能各异的动物代谢所必需，但需要量极少的低分子有机化合物，以国际单位(IU)或毫克(mg)表示。

3.13

中性洗涤纤维　neutral detergent fiber(NDF)

指试样经中性洗涤剂(十二烷基硫酸钠)处理后剩余的不溶性残渣，主要为植物细胞壁成分，包括半纤维素、纤维素、木质素、硅酸盐和很少量的蛋白质。

3.14

酸性洗涤纤维　acid detergent fiber(ADF)

指经中性洗涤剂洗涤后的残渣，再用酸性洗涤剂(十六烷三甲基溴化铵)处理，处理后的不溶性成分，包括纤维素、木质素和硅酸盐。

4　瘦肉型猪营养需要

生长肥育猪营养需要见表1～表2。

母猪营养需要见表表3～表4。

种公猪营养需要见表5。

5　肉脂型猪营养需要

生长肥育猪营养需要见表6～表11。

母猪营养需要见表12～表13。

种公猪营养需要见表 14～表 15。

6 饲料成分及营养价值表

猪常用饲料描述及营养成分见表 16。

猪饲料中氨基酸组成见表 17。

猪常用饲料矿物质及维生素含量见表 18。

猪常量矿物质饲料中矿物元素含量见表 19。

无机来源的微量元素和估测的生物学利用率见表 20。

表 1 瘦肉型生长肥育猪每千克饲粮养分含量(自由采食,88%干物质)[a]

Table 1 Nutrient requirements of lean type growing-finishing pigs *at libitum* (88%DM)

体重 BW,kg	3～8	8～20	20～35	35～60	60～90
平均体重 Average BW,kg	5.5	14.0	27.5	47.5	75.0
日增重 ADG,kg/d	0.24	0.44	0.61	0.69	0.80
采食量 ADFI,kg/d	0.30	0.74	1.43	1.90	2.50
饲料/增重 F/G	1.25	1.59	2.34	2.75	3.13
饲粮消化能含量 DE,MJ/kg(kcal/kg)	14.02(3 350)	13.60(3 250)	13.39(3 200)	13.39(3 200)	13.39(3 200)
饲粮代谢能含量 ME,MJ/kg(kcal/kg)[b]	13.46(3 215)	13.06(3 120)	12.86(3 070)	12.86(3 070)	12.86(3 070)
粗蛋白质 CP,%	21.0	19.0	17.8	16.4	14.5
能量蛋白比 DE/CP,kJ/%(kcal/%)	668(160)	716(170)	752(180)	817(195)	923(220)
赖氨酸能量比 Lys/DE,g/MJ(g/Mcal)	1.01(4.24)	0.85(3.56)	0.68(2.83)	0.61(2.56)	0.53(2.19)
氨基酸 amino acids[c],%					
赖氨酸 Lys	1.42	1.16	0.90	0.82	0.70
蛋氨酸 Met	0.40	0.30	0.24	0.22	0.19
蛋氨酸+胱氨酸 Met +Cys	0.81	0.66	0.51	0.48	0.40
苏氨酸 Thr	0.94	0.75	0.58	0.56	0.48
色氨酸 Trp	0.27	0.21	0.16	0.15	0.13
异亮氨酸 Ile	0.79	0.64	0.48	0.46	0.39
亮氨酸 Leu	1.42	1.13	0.85	0.78	0.63
精氨酸 Arg	0.56	0.46	0.35	0.30	0.21
缬氨酸 Val	0.98	0.80	0.61	0.57	0.47
组氨酸 His	0.45	0.36	0.28	0.26	0.21
苯丙氨酸 Phe	0.85	0.69	0.52	0.48	0.40
苯丙氨酸+酪氨酸 Phe+Tyr	1.33	1.07	0.82	0.77	0.64
矿物元素 minerals[d],%或每千克饲粮含量					
钙 Ca,%	0.88	0.74	0.62	0.55	0.49
总磷 Total P,%	0.74	0.58	0.53	0.48	0.43
非植酸磷 Nonphytate P,%	0.54	0.36	0.25	0.20	0.17
钠 Na,%	0.25	0.15	0.12	0.10	0.10
氯 Cl,%	0.25	0.15	0.10	0.09	0.08
镁 Mg,%	0.04	0.04	0.04	0.04	0.04
钾 K,%	0.30	0.26	0.24	0.21	0.18
铜 Cu,mg	6.00	6.00	4.50	4.00	3.50
碘 I,mg	0.14	0.14	0.14	0.14	0.14
铁 Fe,mg	105	105	70	60	50
锰 Mn,mg	4.00	4.00	3.00	2.00	2.00

表 1 (续)

体重 BW,kg	3～8	8～20	20～35	35～60	60～90
硒 Se,mg	0.30	0.30	0.30	0.25	0.25
锌 Zn,mg	110	110	70	60	50
维生素和脂肪酸 vitamins and fatty acid[e],%或每千克饲粮含量					
维生素 A Vitamin A,IU[f]	2 200	1 800	1 500	1 400	1 300
维生素 D_3 Vitamin D_3,IU[g]	220	200	170	160	150
维生素 E Vitamin E,IU[h]	16	11	11	11	11
维生素 K Vitamin K,mg	0.50	0.50	0.50	0.50	0.50
硫胺素 Thiamin,mg	1.50	1.00	1.00	1.00	1.00
核黄素 Riboflavin,mg	4.00	3.50	2.50	2.00	2.00
泛酸 Pantothenic acid,mg	12.00	10.00	8.00	7.50	7.00
烟酸 Niacin,mg	20.00	15.00	10.00	8.50	7.50
吡哆醇 Pyridoxine,mg	2.00	1.50	1.00	1.00	1.00
生物素 Biotin,mg	0.08	0.05	0.05	0.05	0.05
叶酸 Folic acid,mg	0.30	0.30	0.30	0.30	0.30
维生素 B_{12} Vitamin B_{12},μg	20.00	17.50	11.00	8.00	6.00
胆碱 Choline,g	0.60	0.50	0.35	0.30	0.30
亚油酸 Linoleic acid,%	0.10	0.10	0.10	0.10	0.10

[a] 瘦肉率高于 56%的公母混养猪群(阉公猪和青年母猪各一半)。

[b] 假定代谢能为消化能的 96%。

[c] 3kg～20kg 猪的赖氨酸百分比是根据试验和经验数据的估测值,其他氨基酸需要量是根据其与赖氨酸的比例(理想蛋白质)的估测值;20kg～90kg 猪的赖氨酸需要量是结合生长模型、试验数据和经验数据的估测值,其他氨基酸需要量是根据其与赖氨酸的比例(理想蛋白质)的估测值。

[d] 矿物质需要量包括饲料原料中提供的矿物质量;对于发育公猪和后备母猪,钙、总磷和有效磷的需要量应提高 0.05～0.1 个百分点。

[e] 维生素需要量包括饲料原料中提供的维生素量。

[f] 1IU 维生素 A=0.344 μg 维生素 A 醋酸酯。

[g] 1IU 维生素 D_3=0.025 μg 胆钙化醇。

[h] 1IU 维生素 E=0.67 mg D-α-生育酚或 1 mg DL-α-生育酚醋酸酯。

表 2 瘦肉型生长肥育猪每日每头养分需要量(自由采食,88%干物质)[a]

Table 2 Daily nutrient requirements of lean type growing-finishing pigs *at libitum* (88%DM)

体重 BW,kg	3～8	8～20	20～35	35～60	60～90
平均体重 Average BW,kg	5.5	14.0	27.5	47.5	75.0
日增重 ADG,kg/d	0.24	0.44	0.61	0.69	0.80
采食量 ADFI,kg/d	0.30	0.74	1.43	1.90	2.50
饲料/增重 F/G	1.25	1.59	2.34	2.75	3.13
饲粮消化能摄入量 DE,MJ/d(Mcal/d)	4.21(1 005)	10.06(2 405)	19.15(4 575)	25.44(6 080)	33.48(8 000)
饲粮代谢能摄入量 ME,MJ/d(Mcal/d)[b]	4.04(965)	9.66(2 310)	18.39(4 390)	24.43(5 835)	32.15(7 675)
粗蛋白质 CP,g/d	63	141	255	312	363
氨基酸 amino acids[c],g/d					
赖氨酸 Lys	4.3	8.6	12.9	15.6	17.5
蛋氨酸 Met	1.2	2.2	3.4	4.2	4.8
蛋氨酸+胱氨酸 Met+Cys	2.4	4.9	7.3	9.1	10.0
苏氨酸 Thr	2.8	5.6	8.3	10.6	12.0
色氨酸 Trp	0.8	1.6	2.3	2.9	3.3

表 2 （续）

体重 BW,kg	3～8	8～20	20～35	35～60	60～90
异亮氨酸 Ile	2.4	4.7	6.7	8.7	9.8
亮氨酸 Leu	4.3	8.4	12.2	14.8	15.8
精氨酸 Arg	1.7	3.4	5.0	5.7	5.5
缬氨酸 Val	2.9	5.9	8.7	10.8	11.8
组氨酸 His	1.4	2.7	4.0	4.9	5.5
苯丙氨酸 Phe	2.6	5.1	7.4	9.1	10.0
苯丙氨酸＋酪氨酸 Phe＋Tyr	4.0	7.9	11.7	14.6	16.0
矿物元素 minerals[d],g 或 mg/d					
钙 Ca,g	2.64	5.48	8.87	10.45	12.25
总磷 Total P,g	2.22	4.29	7.58	9.12	10.75
非植酸磷 Nonphytate P,g	1.62	2.66	3.58	3.80	4.25
钠 Na,g	0.75	1.11	1.72	1.90	2.50
氯 Cl,g	0.75	1.11	1.43	1.71	2.00
镁 Mg,g	0.12	0.30	0.57	0.76	1.00
钾 K,g	0.90	1.92	3.43	3.99	4.50
铜 Cu,mg	1.80	4.44	6.44	7.60	8.75
碘 I,mg	0.04	0.10	0.20	0.27	0.35
铁 Fe,mg	31.50	77.70	100.10	114.00	125.00
锰 Mn,mg	1.20	2.96	4.29	3.80	5.00
硒 Se,mg	0.09	0.22	0.43	0.48	0.63
锌 Zn,mg	33.00	81.40	100.10	114.00	125.00
维生素和脂肪酸 vitamins and fatty acid[e],IU、g、mg 或 μg/d					
维生素 A Vitamin A,IU[f]	660	1 330	2 145	2 660	3 250
维生素 D_3 Vitamin D_3,IU[g]	66	148	243	304	375
维生素 E Vitamin E,IU[h]	5	8.5	16	21	28
维生素 K Vitamin K,mg	0.15	0.37	0.72	0.95	1.25
硫胺素 Thiamin,mg	0.45	0.74	1.43	1.90	2.50
核黄素 Riboflavin,mg	1.20	2.59	3.58	3.80	5.00
泛酸 Pantothenic acid,mg	3.60	7.40	11.44	14.25	17.5
烟酸 Niacin,mg	6.00	11.10	14.30	16.15	18.75
吡哆醇 Pyridoxine,mg	0.60	1.11	1.43	1.90	2.50
生物素 Biotin,mg	0.02	0.04	0.07	0.10	0.13
叶酸 Folic acid,mg	0.09	0.22	0.43	0.57	0.75
维生素 B_{12} Vitamin B_{12},μg	6.00	12.95	15.73	15.20	15.00
胆碱 Choline,g	0.18	0.37	0.50	0.57	0.75
亚油酸,g	0.30	0.74	1.43	1.90	2.50

[a] 瘦肉率高于 56%的公母混养猪群(阉公猪和青年母猪各一半)。

[b] 假定代谢能为消化能的 96%。

[c] 3kg～20kg 猪的赖氨酸每日需要量是用表 1 中的百分率乘以采食量的估测值，其他氨基酸需要量是根据其与赖氨酸的比例(理想蛋白质)的估测值；20kg～90kg 猪的赖氨酸需要量是根据生长模型的估测值，其他氨基酸需要量是根据其与赖氨酸的比例(理想蛋白质)的估测值。

[d] 矿物质需要量包括饲料原料中提供的矿物质量；对于发育公猪和后备母猪，钙、总磷和有效磷的需要量应提高 0.05～0.1 个百分点。

[e] 维生素需要量包括饲料原料中提供的维生素量。

[f] 1IU 维生素 A＝0.344 μg 维生素 A 醋酸酯。

[g] 1IU 维生素 D_3＝0.025 μg 胆钙化醇。

[h] 1IU 维生素 E＝0.67 mg D-α-生育酚或 1 mg DL-α-生育酚醋酸酯。

表 3 瘦肉型妊娠母猪每千克饲粮养分含量(88%干物质)[a]

Table 3 Nutrient requirements of lean type gestating sow(88%DM)

妊娠期	妊娠前期 Early pregnancy			妊娠后期 Late pregnancy		
配种体重 BW at mating,kg[b]	120～150	150～180	>180	120～150	150～ 180	>180
预期窝产仔数 Litter size	10	11	11	10	11	11
采食量 ADFI,kg/d	2.10	2.10	2.00	2.60	2.80	3.00
饲粮消化能含量 DE,MJ/kg(kcal/kg)	12.75(3 050)	12.35(2 950)	12.15(2 950)	12.75(3 050)	12.55(3 000)	12.55(3 000)
饲粮代谢能含量 ME,MJ/kg(kcal/kg)[c]	12.25(2 930)	11.85(2 830)	11.65(2 830)	12.25(2 930)	12.05(2 880)	12.05(2 880)
粗蛋白质 CP,%[d]	13.0	12.0	12.0	14.0	13.0	12.0
能量蛋白比 DE/CP,kJ/%(kcal/%)	981(235)	1 029(246)	1 013(246)	911(218)	965(231)	1 045(250)
赖氨酸能量比 Lys/DE,g/MJ(g/Mcal)	0.42(1.74)	0.40(1.67)	0.38(1.58)	0.42(1.74)	0.41(1.70)	0.38(1.60)
氨基酸 amino acids,%						
赖氨酸 Lys	0.53	0.49	0.46	0.53	0.51	0.48
蛋氨酸 Met	0.14	0.13	0.12	0.14	0.13	0.12
蛋氨酸+胱氨酸 Met+Cys	0.34	0.32	0.31	0.34	0.33	0.32
苏氨酸 Thr	0.40	0.39	0.37	0.40	0.40	0.38
色氨酸 Trp	0.10	0.09	0.09	0.10	0.09	0.09
异亮氨酸 Ile	0.29	0.28	0.26	0.29	0.29	0.27
亮氨酸 Leu	0.45	0.41	0.37	0.45	0.42	0.38
精氨酸 Arg	0.06	0.02	0.00	0.06	0.02	0.00
缬氨酸 Val	0.35	0.32	0.30	0.35	0.33	0.31
组氨酸 His	0.17	0.16	0.15	0.17	0.17	0.16
苯丙氨酸 Phe	0.29	0.27	0.25	0.29	0.28	0.26
苯丙氨酸+酪氨酸 Phe+Tyr	0.49	0.45	0.43	0.49	0.47	0.44
矿物元素 minerals[e],%或每千克饲粮含量						
钙 Ca,%	0.68					
总磷,Total P,%	0.54					
非植酸磷 Nonphytate P,%	0.32					
钠 Na,%	0.14					
氯 Cl,%	0.11					
镁 Mg,%	0.04					
钾 K,%	0.18					
铜 Cu,mg	5.0					
碘 I,mg	0.13					
铁 Fe,mg	75.0					
锰 Mn,mg	18.0					
硒 Se,mg	0.14					
锌 Zn,mg	45.0					
维生素和脂肪酸 vitamins and fatty acid,%或每千克饲粮含量[f]						
维生素 A Vitamin A,IU[g]	3 620					
维生素 D_3 Vitamin D_3,IU[h]	180					
维生素 E Vitamin E,IU[i]	40					
维生素 K Vitamin K,mg	0.50					
硫胺素 Thiamin,mg	0.90					
核黄素 Riboflavin,mg	3.40					
泛酸 Pantothenic acid,mg	11					

表 3 （续）

妊娠期	妊娠前期 Early pregnancy	妊娠后期 Late pregnancy
烟酸 Niacin，mg	9.05	
吡哆醇 Pyridoxine，mg	0.90	
生物素 Biotin，mg	0.19	
叶酸 Folic acid，mg	1.20	
维生素 B_{12} Vitamin B_{12}，μg	14	
胆碱 Choline，g	1.15	
亚油酸 Linoleic acid，%	0.10	

[a] 消化能、氨基酸是根据国内试验报告、企业经验数据和 NRC(1998)妊娠模型得到的。

[b] 妊娠前期指妊娠前 12 周，妊娠后期指妊娠后 4 周；“120kg～150kg”阶段适用于初产母猪和因泌乳期消耗过度的经产母猪，“150kg～180kg”阶段适用于自身尚有生长潜力的经产母猪，“180kg 以上”指达到标准成年体重的经产母猪，其对养分的需要量不随体重增长而变化。

[c] 假定代谢能为消化能的 96%。

[d] 以玉米—豆粕型日粮为基础确定的。

[e] 矿物质需要量包括饲料原料中提供的矿物质。

[f] 维生素需要量包括饲料原料中提供的维生素量。

[g] 1IU 维生素 A=0.344 μg 维生素 A 醋酸酯。

[h] 1IU 维生素 D_3=0.025 μg 胆钙化醇。

[i] 1IU 维生素 E=0.67 mg D-α-生育酚或 1 mg DL-α-生育酚醋酸酯。

表 4　瘦肉型泌乳母猪每千克饲粮养分含量(88%干物质)[a]

Table 4　Nutrient Requirements of lean type lactating sow(88%DM)

分娩体重 BW post-farrowing，kg	140～180		180～240	
泌乳期体重变化，kg	0.0	−10.0	−7.5	−15
哺乳窝仔数 Litter size，头	9	9	10	10
采食量 ADFI，kg/d	5.25	4.65	5.65	5.20
饲粮消化能含量 DE，MJ/kg(kcal/kg)	13.80(3 300)	13.80(3 300	13.80(3 300)	13.80(3 300)
饲粮代谢能含量 ME，MJ/kg[b](kcal/kg)	13.25(3 170)	13.25(3 170)	13.25(3 170)	13.25(3 170)
粗蛋白质 CP，%[c]	17.5	18.0	18.0	18.5
能量蛋白比 DE/CP，kJ/%(Mcal/%)	789(189)	767(183)	767(183)	746(178)
赖氨酸能量比 Lys/DE，g/MJ(g/Mcal)	0.64(2.67)	0.67(2.82)	0.66(2.76)	0.68(2.85)
氨基酸 amino acids，%				
赖氨酸 Lys	0.88	0.93	0.91	0.94
蛋氨酸 Met	0.22	0.24	0.23	0.24
蛋氨酸+胱氨酸 Met+Cys	0.42	0.45	0.44	0.45
苏氨酸 Thr	0.56	0.59	0.58	0.60
色氨酸 Trp	0.16	0.17	0.17	0.18
异亮氨酸 Ile	0.49	0.52	0.51	0.53
亮氨酸 Leu	0.95	1.01	0.98	1.02
精氨酸 Arg	0.48	0.48	0.47	0.47

表 4（续）

分娩体重 BW post-farrowing,kg	140～180		180～240	
缬氨酸 Val	0.74	0.79	0.77	0.81
组氨酸 His	0.34	0.36	0.35	0.37
苯丙氨酸 Phe	0.47	0.50	0.48	0.50
苯丙氨酸＋酪氨酸 Phe＋Tyr	0.97	1.03	1.00	1.04
矿物元素 minerals[d]，%或每千克饲粮含量				
钙 Ca，%	0.77			
总磷 Total P，%	0.62			
有效磷 Nonphytate P，%	0.36			
钠 Na，%	0.21			
氯 Cl，%	0.16			
镁 Mg，%	0.04			
钾 K，%	0.21			
铜 Cu，mg	5.0			
碘 I，mg	0.14			
铁 Fe，mg	80.0			
锰 Mn，mg	20.5			
硒 Se，mg	0.15			
锌 Zn，mg	51.0			
维生素和脂肪酸 vitamins and fatty acid，%或每千克饲粮含量[e]				
维生素 A Vitamin A，IU[f]	2 050			
维生素 D_3 Vitamin D_3，IU[g]	205			
维生素 E Vitamin E，IU[h]	45			
维生素 K Vitamin K，mg	0.5			
硫胺素 Thiamin，mg	1.00			
核黄素 Riboflavin，mg	3.85			
泛酸 Pantothenic acid，mg	12			
烟酸 Niacin，mg	10.25			
吡哆醇 Pyridoxine，mg	1.00			
生物素 Biotin，mg	0.21			
叶酸 Folic acid，mg	1.35			
维生素 B_{12} Vitamin B_{12}，μg	15.0			
胆碱 Choline，g	1.00			
亚油酸 Linoleic acid，%	0.10			

[a] 由于国内缺乏哺乳母猪的试验数据，消化能和氨基酸是根据国内一些企业的经验数据和 NRC(1998)的泌乳模型得到的。

[b] 假定代谢能为消化能的 96%。

[c] 以玉米—豆粕型日粮为基础确定的。

[d] 矿物质需要量包括饲料原料中提供的矿物质。

[e] 维生素需要量包括饲料原料中提供的维生素量。

[f] 1IU 维生素 A＝0.344 μg 维生素 A 醋酸酯。

[g] 1IU 维生素 D_3＝0.025 μg 胆钙化醇。

[h] 1IU 维生素 E＝0.67 mg D-α-生育酚或 1 mg DL-α-生育酚醋酸酯。

表 5　配种公猪每千克饲粮和每日每头养分需要量(88%干物质)[a]

Table 5　Nutrient requirements of breeding boar (88%DM)

饲粮消化能含量 DE,MJ/kg(kcal/kg)	12.95(3 100)	12.95(3 100)
饲粮代谢能含量 ME,MJ/kg[b](kcal/kg)	12.45(2 975)	12.45(975)
消化能摄入量 DE,MJ/kg(kcal/kg)	21.70(6 820)	21.70(6 820)
代谢能摄入量 ME,MJ/kg(kcal/kg)	20.85(6 545)	20.85(6 545)
采食量 ADFI,kg/d[d]	2.2	2.2
粗蛋白质 CP,%[c]	13.50	13.50
能量蛋白比 DE/CP,kJ/%(kcal/%)	959(230)	959(230)
赖氨酸能量比 Lys/DE,g/MJ(g/Mcal)	0.42(1.78)	0.42(1.78)
需要量 requirements		
	每千克饲粮中含量	每日需要量
氨基酸 amino acids		
赖氨酸 Lys	0.55%	12.1 g
蛋氨酸 Met	0.15%	3.31 g
蛋氨酸+胱氨酸 Met+Cys	0.38%	8.4 g
苏氨酸 Thr	0.46%	10.1 g
色氨酸 Trp	0.11%	2.4 g
异亮氨酸 Ile	0.32%	7.0 g
亮氨酸 Leu	0.47%	10.3 g
精氨酸 Arg	0.00%	0.0 g
缬氨酸 Val	0.36%	7.9 g
组氨酸 His	0.17%	3.7 g
苯丙氨酸 Phe	0.30%	6.6 g
苯丙氨酸+酪氨酸 Phe+Tyr	0.52%	11.4 g
矿物元素 minerals[e]		
钙 Ca	0.70%	15.4 g
总磷 Total P	0.55%	12.1 g
有效磷 Nonphytate P	0.32%	7.04 g
钠 Na	0.14%	3.08 g
氯 Cl	0.11%	2.42 g
镁 Mg	0.04%	0.88 g
钾 K	0.20%	4.40 g
铜 Cu	5 mg	11.0 mg
碘 I	0.15 mg	0.33 mg
铁 Fe	80 mg	176.00 mg
锰 Mn	20 mg	44.00 mg
硒 Se	0.15 mg	0.33 mg
锌 Zn	75 mg	165 mg

表5（续）

维生素和脂肪酸 vitamins and fatty acid[f]		
维生素 A VitaminA[g]	4 000 IU	8 800 IU
维生素 D_3 Vitamin D_3[h]	220 IU	485 IU
维生素 E Vitamin E[i]	45 IU	100 IU
维生素 K Vitamin K	0.50 mg	1.10 mg
硫胺素 Thiamin	1.0 mg	2.20 mg
核黄素 Riboflavin	3.5 mg	7.70 mg
泛酸 Pantothenic acid	12 mg	26.4 mg
烟酸 Niacin	10 mg	22 mg
吡哆醇 Pyridoxine	1.0 mg	2.20 mg
生物素 Biotin	0.20 mg	0.44 mg
叶酸 Folic acid	1.30 mg	2.86 mg
维生素 B_{12} Vitamin B_{12}	15 μg	33 μg
胆碱 Choline	1.25 g	2.75 g
亚油酸 Linoleic acid	0.1%	2.2 g

[a] 需要量的制定以每日采食 2.2kg 饲粮为基础，采食量需根据公猪的体重和期望的增重进行调整。

[b] 假定代谢能为消化能的 96%。

[c] 以玉米—豆粕日粮为基础。

[d] 配种前一个月采食量增加 20%～25%，冬季严寒期采食量增加 10%～20%。

[e] 矿物质需要量包括饲料原料中提供的矿物质。

[f] 维生素需要量包括饲料原料中提供的维生素量。

[g] 1IU 维生素 A=0.344 μg 维生素 A 醋酸酯。

[h] 1IU 维生素 D_3=0.025 μg 胆钙化醇。

[i] 1IU 维生素 E=0.67 mg D-α-生育酚或 1 mg DL-α-生育酚醋酸酯。

表6 肉脂型生长育肥猪每千克饲粮养分含量(一型标准[a]，自由采食，88%干物质)

Table 6 Nutrient requirements of lean-fat type growing-finishing pig *at libitum* (type,88%DM)

体重 BW,kg	5～8	8～15	15～30	30～60	60～90
日增重 ADG,kg/d	0.22	0.38	0.50	0.60	0.70
采食量 ADFI,kg/d	0.40	0.87	1.36	2.02	2.94
饲料转化率,F/G	1.80	2.30	2.73	3.35	4.20
饲粮消化能含量 DE,MJ/kg(kcal/kg)	13.80(3 300)	13.60(3 250)	12.95(3 100)	12.95(3 100)	12.95(3 100)
粗蛋白质 CP[b],%	21.0	18.2	16.0	14.0	13.0
能量蛋白比 DE/CP,kJ/%(kcal/%)	657(157)	747(179)	810(194)	925(221)	996(238)
赖氨酸能量比 Lys/DE,g/MJ (g/Mcal)	0.97(4.06)	0.77 (3.23)	0.66(2.75)	0.53 (2.23)	0.46(1.94)
氨基酸 amino acids,%					
赖氨酸 Lys	1.34	1.05	0.85	0.69	0.60
蛋氨酸+胱氨酸 Met+Cys	0.65	0.53	0.43	0.38	0.34
苏氨酸 Thr	0.77	0.62	0.50	0.45	0.39

表 6 (续)

体重 BW,kg	5～8	8～15	15～30	30～60	60～90
色氨酸 Trp	0.19	0.15	0.12	0.11	0.11
异亮氨酸 Ile	0.73	0.59	0.47	0.43	0.37
矿物元素 minerals,%或每千克饲粮含量					
钙 Ca,%	0.86	0.74	0.64	0.55	0.46
总磷 Total P,%	0.67	0.60	0.55	0.46	0.37
非植酸 P Nonphytate P,%	0.42	0.32	0.29	0.21	0.14
钠 Na,%	0.20	0.15	0.09	0.09	0.09
氯 Cl,%	0.20	0.15	0.07	0.07	0.07
镁 Mg,%	0.04	0.04	0.04	0.04	0.04
钾 K,%	0.29	0.26	0.24	0.21	0.16
铜 Cu,mg	6.00	5.5	4.6	3.7	3.0
铁 Fe,mg	100	92	74	55	37
碘 I,mg	0.13	0.13	0.13	0.13	0.13
锰 Mn,mg	4.00	3.00	3.00	2.00	2.00
硒 Se,mg	0.30	0.27	0.23	0.14	0.09
锌 Zn,mg	100	90	75	55	45
维生素和脂肪酸 vitamins and fatty acid,%或每千克饲粮含量					
维生素 A Vitamin A,IU	2 100	2 000	1 600	1 200	1 200
维生素 D Vitamin D,IU	210	200	180	140	140
维生素 E Vitamin E,IU	15	15	10	10	10
维生素 K Vitamin K,mg	0.50	0.50	0.50	0.50	0.50
硫胺素 Thiamin,mg	1.50	1.00	1.00	1.00	1.00
核黄素 Riboflavin,mg	4.00	3.5	3.0	2.0	2.0
泛酸 Pantothenic acid,mg	12.00	10.00	8.00	7.00	6.00
烟酸 Niacin,mg	20.00	14.00	12.0	9.00	6.50
吡哆醇 Pyridoxine,mg	2.00	1.50	1.50	1.00	1.00
生物素 Biotin,mg	0.08	0.05	0.05	0.05	0.05
叶酸 Folic acid,mg	0.30	0.30	0.30	0.30	0.30
维生素 B_{12} Vitamin B_{12},μg	20.00	16.50	14.50	10.00	5.00
胆碱 Choline,g	0.50	0.40	0.30	0.30	0.30
亚油酸 Linoleic acid,%	0.10	0.10	0.10	0.10	0.10

[a] 一型标准:瘦肉率 52%±1.5%,达 90kg 体重时间 175d 左右

[b] 粗蛋白质的需要量原则上是以玉米—豆粕日粮满足可消化氨基酸需要而确定的。为克服早期断奶给仔猪带来的应激,5kg～8kg 阶段使用了较多的动物蛋白和乳制品。

表7　肉脂型生长育肥猪每日每头养分需要量(一型标准[a],自由采食,88%干物质)

Table 7　Daily nutrient requirements of lean-fat type growing-finishing pig *at libitum*(88%DM)

体重 BW,kg	5～8	8～15	15～30	30～60	60～90
日增重 ADG,kg/d	0.22	0.38	0.50	0.60	0.70
采食量 ADFI,kg/d	0.40	0.87	1.36	2.02	2.94
饲料/增重 F/G	1.80	2.30	2.73	3.35	4.20
饲粮消化能含量 DE,MJ/kg(kcal/kg)	13.80(3 300)	13.60(3 250)	12.95(3 100)	12.95(3 100)	12.95(3 100)
粗蛋白质 CP[b],g/d	84.0	158.3	217.6	282.8	382.2
氨基酸 amino acids(g/d)					
赖氨酸 Lys	5.4	9.1	11.6	13.9	17.6
蛋氨酸+胱氨酸 Met+Cys	2.6	4.6	5.8	7.7	10.0
苏氨酸 Thr	3.1	5.4	6.8	9.1	11.5
色氨酸 Trp	0.8	1.3	1.6	2.2	3.2
异亮氨酸 Ile	2.9	5.1	6.4	8.7	10.9
矿物质 minerals(g或mg/d)					
钙 Ca,g	3.4	6.4	8.7	11.1	13.5
总磷 Total P,g	2.7	5.2	7.5	9.3	10.9
非植酸磷 Nonphytate P,g	1.7	2.8	3.9	4.2	4.1
钠 Na,g	0.8	1.3	1.2	1.8	2.6
氯 Cl,g	0.8	1.3	1.0	1.4	2.1
镁 Mg,g	0.2	0.3	0.5	0.8	1.2
钾 K,g	1.2	2.3	3.3	4.2	4.7
铜 Cu,mg	2.40	4.79	6.12	8.08	8.82
铁 Fe,mg	40.00	80.04	100.64	111.10	108.78
碘 I,mg	0.05	0.11	0.18	0.26	0.38
锰 Mn,mg	1.60	2.61	4.08	4.04	5.88
硒 Se,mg	0.12	0.22	0.34	0.30	0.29
锌 Zn,mg	40.0	78.3	102.0	111.1	132.3
维生素和脂肪酸 vitamins and fatty acid,IU、mg、g或μg/d					
维生素 A Vitamin A,IU	840.0	1 740.0	2 176.0	2 424.0	3 528.0
维生素 D Vitamin D,IU	84.0	174.0	244.8	282.8	411.6
维生素 E Vitamin E,IU	6.0	13.1	13.6	20.2	29.4
维生素 K Vitamin K,mg	0.2	0.4	0.7	1.0	1.5
硫胺素 Thiamin,mg	0.6	0.9	1.4	2.0	2.9
核黄素 Riboflavin,mg	1.6	3.0	4.1	4.0	5.9
泛酸 Pantothenic acid,mg	4.8	8.7	10.9	14.1	17.6
烟酸 Niacin,mg	8.0	12.2	16.3	18.2	19.1
吡哆醇 Pyridoxine,mg	0.8	1.3	2.0	2.0	2.9
生物素 Biotin,mg	0.0	0.0	0.1	0.1	0.1
叶酸 Folic acid,mg	0.1	0.3	0.4	0.6	0.9
维生素 B_{12} Vitamin B_{12},μg	8.0	14.4	19.7	20.2	14.7
胆碱 Choline,g	0.2	0.3	0.4	0.6	0.9
亚油酸 Linoleic acid,g	0.4	0.9	1.4	2.0	2.9

[a] 一型标准适用于瘦肉率52%±1.5%,达90kg体重时间175d左右的肉脂型猪。

[b] 粗蛋白质的需要量原则上是以玉米—豆粕日粮满足可消化氨基酸的需要而确定的。5kg～8kg阶段为克服早期断奶给仔猪带来的应激,使用了较多的动物蛋白和乳制品。

表 8　肉脂型生长育肥猪每千克饲粮中养分含量(二型标准[a],自由采食,干物质 88%)

Table 8　Nutrient requirements of lean-fat type growing-finishing pig *at libitum*(88%DM)

体重 BW,kg	8～15	15～30	30～60	60～90
日增重 ADG,kg/d	0.34	0.45	0.55	0.65
采食量 ADFI,kg/d	0.87	1.30	1.96	2.89
饲料/增重 F/G	2.55	2.90	3.55	4.45
饲粮消化能含量 DE,MJ/kg(kcal/kg)	13.30(3 180)	12.25(2 930)	12.25(2 930)	12.25(2 930)
粗蛋白 CP[b],%	17.5	16.0	14.0	13.0
能量蛋白比 DE/CP,kJ/%(kcal/%)	760(182)	766(183)	875(209)	942(225)
赖氨酸能量比 Lys/DE,g/MJ (g/Mcal)	0.74(3.11)	0.65(2.73)	0.53(2.22)	0.46(1.91)
氨基酸 amino acids,%				
赖氨酸 Lys	0.99	0.80	0.65	0.56
蛋氨酸+胱氨酸 Met+Cys	0.56	0.40	0.35	0.32
苏氨酸 Thr	0.64	0.48	0.41	0.37
色氨酸 Trp	0.18	0.12	0.11	0.10
异亮氨酸 Ile	0.54	0.45	0.40	0.34
矿物元素 minerals,%或每千克饲粮含量				
钙 Ca,%	0.72	0.62	0.53	0.44
总磷 Total P,%	0.58	0.53	0.44	0.35
非植酸磷 Nonphytate P,%	0.31	0.27	0.20	0.13
钠 Na,%	0.14	0.09	0.09	0.09
氯 Cl,%	0.14	0.07	0.07	0.07
镁 Mg,%	0.04	0.04	0.04	0.04
钾 K,%	0.25	0.23	0.20	0.15
铜 Cu,mg	5.00	4.00	3.00	3.00
铁 Fe,mg	90.00	70.00	55.00	35.00
碘 I,mg	0.12	0.12	0.12	0.12
锰 Mn,mg	3.00	2.50	2.00	2.00
硒 Se,mg	0.26	0.22	0.13	0.09
锌 Zn,mg	90	70.00	53.00	44.00
维生素和脂肪酸 vitamins and fatty acid,%或每千克饲粮含量				
维生素 A Vitamin A,IU	1 900	1 550	1 150	1 150
维生素 D Vitamin D,IU	190	170	130	130
维生素 E Vitamin E,IU	15	10	10	10
维生素 K Vitamin K,mg	0.45	0.45	0.45	0.45
硫胺素 Thiamin,mg	1.00	1.00	1.00	1.00
核黄素 Riboflavin,mg	3.00	2.50	2.00	2.00
泛酸 Pantothenic acid,mg	10.00	8.00	7.00	6.00
烟酸 Niacin,mg	14.00	12.00	9.00	6.50
吡哆醇 Pyridoxine,mg	1.50	1.50	1.00	1.00
生物素 Biotin,mg	0.05	0.04	0.04	0.04
叶酸 Folic acid,mg	0.30	0.30	0.30	0.30
维生素 B_{12} Vitamin B_{12},μg	15.00	13.00	10.00	5.00
胆碱 Choline,g	0.40	0.30	0.30	0.30
亚油酸 Linoleic acid,%	0.10	0.10	0.10	0.10

[a] 二型标准适用于瘦肉率 49%±1.5%,达 90kg 体重时间 185d 左右的肉脂型猪,5kg～8kg 阶段的各种营养需要同一型标准。

表 9 肉脂型生长育肥猪每日每头养分需要量(二型标准[a],自由采食,88%干物质)

Table 9 Daily nutrient requirements of lean-fat type growing-finishing pig *at libitum*(type 88%DM)

体重 BW,kg	8~15	15~30	30~60	60~90
日增重 ADG,kg/d	0.34	0.45	0.55	0.65
采食量 ADFI,kg/d	0.87	1.30	1.96	2.89
饲料/增重 F/G	2.55	2.90	3.55	4.45
饲粮消化能含量 DE,MJ/kg(kcal/kg)	13.30(3 180)	12.25(2 930)	12.25(2 930)	12.25(2 930)
粗蛋白 CP,g/d	152.3	208.0	274.4	375.7
氨基酸 amino acids(g/d)				
赖氨酸 Lys	8.6	10.4	12.7	16.2
蛋氨酸+胱氨酸 Met+Cys	4.9	5.2	6.9	9.2
苏氨酸 Thr	5.6	6.2	8.0	10.7
色氨酸 Trp	1.6	1.6	2.2	2.9
异亮氨酸 Ile	4.7	5.9	7.8	9.8
矿物质元素 minerals(g 或 mg/d)				
钙 Ca,g	6.3	8.1	10.4	12.7
总磷 Total P,g	5.0	6.9	8.6	10.1
非植酸磷 Nonphatate P,g	2.7	3.5	3.9	3.8
钠 Na,g	1.2	1.2	1.8	2.6
氯 Cl,g	1.2	0.9	1.4	2.0
镁 Mg,g	0.3	0.5	0.8	1.2
钾 K,g	2.2	3.0	3.9	4.3
铜 Cu,mg	4.4	5.2	5.9	8.7
铁 Fe,mg	78.3	91.0	107.8	101.2
碘 I,mg	0.1	0.2	0.2	0.3
锰 Mn,mg	2.6	3.3	3.9	5.8
硒 Se,mg	0.2	0.3	0.3	0.3
锌 Zn,mg	78.3	91.0	103.9	127.2
维生素和脂肪酸 vitamins and fatty acid,IU、mg、g 或 μg/d				
维生素 A Vitamin A,IU	1 653	2 015	2 254	3 324
维生素 D VitaminD,IU	165	221	255	376
维生素 E Vitamin E,IU	13.1	13.0	19.6	28.9
维生素 K VitaminK,mg	0.4	0.6	0.9	1.3
硫胺素 Thiamin,mg	0.9	1.3	2.0	2.9
核黄素 Riboflavin,mg	2.6	3.3	3.9	5.8
泛酸 Pantothenic acid,mg	8.7	10.4	13.7	17.3
烟酸 Niacin,mg	12.16	15.6	17.6	18.79
吡哆醇 Pyridoxine,mg	1.3	2.0	2.0	2.9
生物素 Biotin,mg	0.0	0.1	0.1	0.1
叶酸 Folic acid,mg	0.3	0.4	0.6	0.9
维生素 B_{12} Vitamin B_{12},μg	13.1	16.9	19.6	14.5
胆碱 Choline,g	0.3	0.4	0.6	0.9
亚油酸 Linoleic acid,g	0.9	1.3	2.0	2.9

[a] 二型标准适用于瘦肉率 49%±1.5%,达 90kg 体重时间 185d 左右的肉脂型猪,5kg~8kg 阶段的各种营养需要同一型标准。

表 10 肉脂型生长育肥猪每千克饲粮中养分含量(三型标准[a],自由采食,88%干物质)

Table 10 Nutrient requirements of lean—fat type growing—finishing *at libitum* (88%DM)

体重 BW,kg	15～30	30～60	60～90
日增重 ADG,kg/d	0.40	0.50	0.59
采食量 ADFI,kg/d	1.28	1.95	2.92
饲料/增重 F/G	3.20	3.90	4.95
饲粮消化能含量 DE,MJ/kg(kcal/kg)	11.70(2 800)	11.70(2 800)	11.70(2 800)
粗蛋白 CP,g/d	15.0	14.0	13.0
能量蛋白比 DE/CP,kJ/%(kcal/%)	780(187)	835(200)	900(215)
赖氨酸能量比 Lys/DE,g/MJ (g/Mcal)	0.67(2.79)	0.50(2.11)	0.43(1.79)
氨基酸 amino acids,%			
赖氨酸 Lys	0.78	0.59	0.50
蛋氨酸+胱氨酸 Met+Cys	0.40	0.31	0.28
苏氨酸 Thr	0.46	0.38	0.33
色氨酸 Trp	0.11	0.10	0.09
异亮氨酸 Ile	0.44	0.36	0.31
矿物元素 minerals,%或每千克饲粮含量			
钙 Ca,%	0.59	0.50	0.42
总磷 Total P,%	0.50	0.42	0.34
有效磷 Nonphytate P,%	0.27	0.19	0.13
钠 Na,%	0.08	0.08	0.08
氯 Cl,%	0.07	0.07	0.07
镁 Mg,%	0.03	0.03	0.03
钾 K,%	0.22	0.19	0.14
铜 Cu,mg	4.00	3.00	3.00
铁 Fe,mg	70.00	50.00	35.00
碘 I,mg	0.12	0.12	0.12
锰 Mn,mg	3.00	2.00	2.00
硒 Se,mg	0.21	0.13	0.08
锌 Zn,mg	70.00	50.00	40.00
维生素和脂肪酸 vitamins and fatty acid,%或每千克饲粮含量			
维生素 A Vitamin A,IU	1 470	1 090	1 090
维生素 D Vitamin D,IU	168	126	126
维生素 E Vitamin E,IU	9	9	9
维生素 K Vitamin K,mg	0.4	0.4	0.4
硫胺素 Thiamin,mg	1.00	1.00	1.00
核黄素 Riboflavin,mg	2.50	2.00	2.00
泛酸 Pantothenic acid,mg	8.00	7.00	6.00
烟酸 Niacin,mg	12.00	9.00	6.50
吡哆醇 Pyridoxine,mg	1.50	1.00	1.00
生物素 Biotin,mg	0.04	0.04	0.04
叶酸 Folic acid,mg	0.25	0.25	0.25
维生素 B_{12} Vitamin B_{12},μg	12.00	10.00	5.00
胆碱 Choline,g	0.34	0.25	0.25
亚油酸 Linoleic acid,g	0.10	0.10	0.10

[a] 适用于瘦肉率46%±1.5%,达90kg体重时间200d左右的肉脂型猪,5kg～8kg阶段的各种营养需要同一型标准。

表 11　肉脂型生长育肥猪每日每头养分需要量(一型标准[a],自由采食,88%干物质)

Table 11　Daily nutrient requirements of lean-fat type growing-finishing pig *at libitum*(88%DM)

体重 BW,kg	15～30	30～60	60～90
日增重 ADG,kg/d	0.40	0.50	0.59
采食量 ADFI,kg/d	1.28	1.95	2.92
饲料/增重 F/G	3.20	3.90	4.95
饲粮消化能含量 DE,MJ/kg(kcal/kg)	11.70(2 800)	11.70(2 800)	11.70(2 800)
粗蛋白质 CP,g/d	192.0	273.0	379.6
氨基酸 amino acids,g/d			
赖氨酸 Lys	10.0	11.5	14.6
蛋氨酸+胱氨酸 Met+Cys	5.1	6.0	8.2
苏氨酸 Thr	5.9	7.4	9.6
色氨酸 Trp	1.4	2.0	2.6
异亮氨酸 Ile	5.6	7.0	9.1
矿物质 minerals,g 或 mg/d			
钙 Ca,g	7.6	9.8	12.3
总磷 Total P,g	6.4	8.2	9.9
有效磷 Nonphytate P,g	3.5	3.7	3.8
钠 Na,g	1.0	1.6	2.3
氯 Cl,g	0.9	1.4	2.0
镁 Mg,g	0.4	0.6	0.9
钾 K,g	2.8	3.7	4.4
铜 Cu,mg	5.1	5.9	8.8
铁 Fe,mg	89.6	97.5	102.2
碘 I,mg	0.2	0.2	0.4
锰 Mn,mg	3.8	3.9	5.8
硒 Se,mg	0.3	0.3	0.3
锌 Zn,mg	89.6	97.5	116.8
维生素和脂肪酸 vitamins and fatty acid,IU、mg、g 或 μg/d			
维生素 A Vitamin A,IU	1 856.0	2 145.0	3 212.0
维生素 D Vitamin D,IU	217.6	243.8	365.0
维生素 E Vitamin E,IU	12.8	19.5	29.2
维生素 K Vitamin K,mg	0.5	0.8	1.2
硫胺素 Thiamin,mg	1.3	2.0	2.9
核黄素 Riboflavin,mg	3.2	3.9	5.8
泛酸 Pantothenic acid,mg	10.2	13.7	17.5
烟酸 Niacin,mg	15.36	17.55	18.98
吡哆醇 Pyridoxine,mg	1.9	2.0	2.9
生物素 Biotin,mg	0.1	0.1	0.1
叶酸 Folic acid,mg	0.3	0.5	0.7
维生素 B_{12} Vitamin B_{12},μg	15.4	19.5	14.6
胆碱 Choline,g	0.4	0.5	0.7
亚油酸 Linoleic acid,g	1.3	2.0	2.9

[a] 适用于瘦肉率 46%±1.5%,达 90kg 体重时间 200d 左右的肉脂型猪,5kg～8kg 阶段的各种营养需要同一型标准。

表 12 肉脂型妊娠、哺乳母猪每千克饲粮养分含量(88%干物质)

Table 12 Nutrient requirements of lean-fat type gestating and lactating sow(88%DM)

	妊娠母猪 Pregnant sow	泌乳母猪 Lactating sow
采食量 ADFI,kg/d	2.10	5.10
饲粮消化能含量 DE,MJ/kg(kcal/kg)	11.70(2 800)	13.60(3 250)
粗蛋白质 CP,%	13.0	17.5
能量蛋白比 DE/CP,kJ/%(kcal/%)	900(215)	777(186)
赖氨酸能量比 Lys/DE,g/MJ (g/Mcal)	0.37(1.54)	0.58(2.43)
氨基酸 amino acids,%		
赖氨酸 Lys	0.43	0.79
蛋氨酸+胱氨酸 Met+Cys	0.30	0.40
苏氨酸 Thr	0.35	0.52
色氨酸 Trp	0.08	0.14
异亮氨酸 Ile	0.25	0.45
矿物质元素 minerals,%或每千克饲粮含量		
钙 Ca,%	0.62	0.72
总磷 Total P,%	0.50	0.58
非植酸磷 Nonphytate P,%	0.30	0.34
钠 Na,%	0.12	0.20
氯 Cl,%	0.10	0.16
镁 Mg,%	0.04	0.04
钾 K,%	0.16	0.20
铜 Cu,mg	4.00	5.00
碘 I,mg	0.12	0.14
铁 Fe,mg	70	80
锰 Mn,mg	16	20
硒 Se,mg	0.15	0.15
锌 Zn,mg	50	50
维生素和脂肪酸 vitamins and fatty acid,%或每千克饲粮含量		
维生素 A Vitamin A,IU	3 600	2 000
维生素 D Vitamin D,IU	180	200
维生素 E Vitamin E,IU	36	44
维生素 K Vitamin K,mg	0.40	0.50
硫胺素 Thiamin,mg	1.00	1.00
核黄素 Riboflavin,mg	3.20	3.75
泛酸 Pantothenic acid,mg	10.00	12.00
烟酸 Niacin,mg	8.00	10.00
吡哆醇 Pyridoxine,mg	1.00	1.00
生物素 Biotin,mg	0.16	0.20
叶酸 Folic acid,mg	1.10	1.30
维生素 B_{12} Vitamin B_{12},μg	12.00	15.00
胆碱 Choline,g	1.00	1.00
亚油酸 Linoleic acid,%	0.10	0.10

表 13 地方猪种后备母猪每千克饲粮中养分含量[a](88%干物质)

Table 13 Nutrient requirements of local replacement gilt(88%DM)

体重 BW,kg	10~20	20~40	40~70
预期日增重 ADG,kg/d	0.30	0.40	0.50
预期采食量 ADFI,kg/d	0.63	1.08	1.65
饲料/增重 F/G	2.10	2.70	3.30
饲粮消化能含量 DE,MJ/kg(kcal/kg)	12.97(3 100)	12.55(3 000)	12.15(2 900)
粗蛋白质 CP,%	18.0	16.0	14.0
能量蛋白比 DE/CP,kJ/%(kcal/%)	721(172)	784(188)	868(207)
赖氨酸能量比 Lys/DE,g/MJ (g/Mcal)	0.77(3.23)	0.70(2.93)	0.48(2.00)
氨基酸 amino acids,%			
赖氨酸 Lys	1.00	0.88	0.67
蛋氨酸+胱氨酸 Met+Cys	0.50	0.44	0.36
苏氨酸 Thr	0.59	0.53	0.43
色氨酸 Trp	0.15	0.13	0.11
异亮氨酸 Ile	0.56	0.49	0.41
矿物质 minerals,%			
钙 Ca	0.74	0.62	0.53
总磷 Total P	0.60	0.53	0.44
有效磷 Nonphytate P	0.37	0.28	0.20
[a] 除钙、磷外的矿物元素及维生素的需要,可参照肉脂型生长育肥猪的二型标准。			

表 14 肉脂型种公猪每千克饲粮养分含量[a](88%干物质)

Table 14 Nutrient requirements of lean-fat type breeding boar(88%DM)

体重 BW,kg	10~20	20~40	40~70
日增重 ADG,kg/d	0.35	0.45	0.50
采食量 ADFI,kg/d	0.72	1.17	1.67
饲粮消化能含量 DE,MJ/kg(kcal/kg)	12.97(3 100)	12.55(3 000)	12.55(3 000)
粗蛋白质 CP,%	18.8	17.5	14.6
能量蛋白比 DE/CP,kJ/%(kcal/%)	690(165)	717(171)	860(205)
赖氨酸能量比 Lys/DE,g/MJ (g/Mcal)	0.81(3.39)	0.73(3.07)	0.50(2.09)
氨基酸 amino acids,%			
赖氨酸 Lys	1.05	0.92	0.73
蛋氨酸+胱氨酸 Met+Cys	0.53	0.47	0.37

表 14 （续）

体重 BW,kg	10～20	20～40	40～70
苏氨酸 Thr	0.62	0.55	0.47
色氨酸 Trp	0.16	0.13	0.12
异亮氨酸 Ile	0.59	0.52	0.45
矿物质 minerals,%			
钙 Ca	0.74	0.64	0.55
总磷 Total P	0.60	0.55	0.46
有效磷 Nonphytate P	0.37	0.29	0.21
[a] 除钙、磷外的矿物元素及维生素的需要，可参照肉脂型生长育肥猪的一型标准。			

表 15 肉脂型种公猪每日每头养分需要量[a]（88%干物质）

Table 15 Daily nutrient requirements of lean-fat type breeding boar(88%DM)

体重 BW,kg	10～20	20～40	40～70
日增重 ADG,kg/d	0.35	0.45	0.50
采食量 ADFI,kg/d	0.72	1.17	1.67
饲粮消化能含量 DE,MJ/kg(kcal/kg)	12.97(3 100)	12.55(3 000)	12.55(3 000)
粗蛋白质 CP,g/d	135.4	204.8	243.8
氨基酸 amino acids,g/d			
赖氨酸 Lys	7.6	10.8	12.2
蛋氨酸+胱氨酸 Met+Cys	3.8	10.8	12.2
苏氨酸 Thr	4.5	10.8	12.2
色氨酸 Trp	1.2	10.8	12.2
异亮氨酸 Ile	4.2	10.8	12.2
矿物质 minerals,g/d			
钙 Ca	5.3	10.8	12.2
总磷 Total P	4.3	10.8	12.2
有效磷 Nonphytate P	2.7	10.8	12.2
[a] 除钙、磷外的矿物元素及维生素的需要，可参照肉脂型生长育肥猪的一级标准。			

表 16 饲料描述

Table 16 Feed description

序号	饲料号 (CFN)	饲料名称 Feed name	饲料描述 Description	干物质 DM,%	粗蛋白 CP,%
1	4-07-0278	玉米 corn grain	成熟,高蛋白,优质	86.0	9.4
2	4-07-0288	玉米 corn grain	成熟,高赖氨酸,优质	86.0	8.5
3	4-07-0279	玉米 corn grain	成熟,GB/T 17890—1999 1级	86.0	8.7
4	4-07-0280	玉米 corn grain	成熟,GB/T 17890—1999 2级	86.0	7.8
5	4-07-0272	高粱 sorghum grain	成熟,NY/T 1级	86.0	9.0
6	4-07-0270	小麦 wheat grain	混合小麦,成熟 NY/T 2级	87.0	13.9
7	4-07-0274	大麦(裸)naked barley grain	裸大麦,成熟 NY/T 2级	87.0	13.0
8	4-07-0277	大麦(皮)hulled barley grain	皮大麦,成熟 NY/T 1级	87.0	11.0
9	4-07-0281	黑麦 rye	籽粒,进口	88.0	11.0
10	4-07-0273	稻谷 paddy	成熟 晒干 NY/T 2级	86.0	7.8
11	4-07-0276	糙米 brown rice	良,成熟,未去米糠	87.0	8.8
12	4-07-0275	碎米 broken rice	良,加工精米后的副产品	88.0	10.4
13	4-07-0479	粟(谷子)millet grain	合格,带壳,成熟	86.5	9.7
14	4-04-0067	木薯干 cassava tuber flake	木薯干片,晒干 NY/T 合格	87.0	2.5
15	4-04-0068	甘薯干 sweet potato tuber flake	甘薯干片,晒干 NY/T 合格	87.0	4.0
16	4-08-0104	次粉 wheat middling and reddog	黑面,黄粉,下面 NY/T 1级	88.0	15.4
17	4-08-0105	次粉 wheat middling and reddog	黑面,黄粉,下面 NY/T 2级	87.0	13.6
18	4-08-0069	小麦麸 wheat bran	传统制粉工艺 NY/T 1级	87.0	15.7
19	4-08-0070	小麦麸 wheat bran	传统制粉工艺 NY/T 2级	87.0	14.3
20	4-08-0041	米糠 rice bran	新鲜,不脱脂 NY/T 2级	87.0	12.8
21	4-10-0025	米糠饼 rice bran meal (exp.)	未脱脂,机榨 NY/T 1级	88.0	14.7
22	4-10-0018	米糠粕 rice bran meal (sol.)	浸提或预压浸提,NY/T 1级	87.0	15.1
23	5-09-0127	大豆 soybean	黄大豆,成熟 NY/T 2级	87.0	35.5
24	5-09-0128	全脂大豆 full-fat soybean	湿法膨化,生大豆为 NY/T 2级	88.0	35.5
25	5-10-0241	大豆饼 soybean meal (exp.)	机榨 NY/T 2级	89.0	41.8
26	5-10-0103	大豆粕 soybean meal (sol.)	去皮,浸提或预压浸提 NY/T 1级	89.0	47.9
27	5-10-0102	大豆粕 soybean meal (sol.)	浸提或预压浸提 NY/T 2级	89.0	44.0
28	5-10-0118	棉籽饼 cottonseed meal (exp.)	机榨 NY/T 2级	88.0	36.3
29	5-10-0119	棉籽粕 cottonseed meal (sol.)	浸提或预压浸提 NY/T 1级	90.0	47.0
30	5-10-0117	棉籽粕 cottonseed meal (sol.)	浸提或预压浸提 NY/T 2级	90.0	43.5
31	5-10-0183	菜籽饼 rapeseed meal (exp.)	机榨 NY/T 2级	88.0	35.7
32	5-10-0121	菜籽粕 rapeseed meal (sol.)	浸提或预压浸提 NY/T 2级	88.0	38.6
33	5-10-0116	花生仁饼 peanut meal (exp.)	机榨 NY/T 2级	88.0	44.7
34	5-10-0115	花生仁粕 peanut meal (sol.)	浸提或预压浸提 NY/T 2级	88.0	47.8
35	1-10-0031	向日葵仁饼 sunflower meal (exp.)	壳仁比:35:65 NY/T 3级	88.0	29.0
36	5-10-0242	向日葵仁粕 sunflower meal (sol.)	壳仁比:16:84 NY/T 2级	88.0	36.5
37	5-10-0243	向日葵仁粕 sunflower meal (sol.)	壳仁比:24:76 NY/T 2级	88.0	33.6
38	5-10-0119	亚麻仁饼 linseed meal (exp.)	机榨 NY/T 2级	88.0	32.2
39	5-10-0120	亚麻仁粕 linseed meal (sol.)	浸提或预压浸提 NY/T 2级	88.0	34.8
40	5-10-0246	芝麻饼 sesame meal (exp.)	机榨,CP40%	92.0	39.2
41	5-11-0001	玉米蛋白粉 corn gluten meal	玉米去胚芽,淀粉后的面筋部分 CP60%	90.1	63.5

及常规成分

and proximate composition

粗脂肪 EE,%	粗纤维 CF,%	无氮浸出 NFE,%	粗灰分 Ash,%	中洗纤维 NDF,%	酸洗纤维 ADF,%	钙 Ca,%	总磷 P,%	非植酸磷 N—Phy—P,%	消化能 DE	
									Mcal/kg	MJ/kg
3.1	1.2	71.1	1.2	—	—	0.02	0.27	0.12	3.44	14.39
5.3	2.6	67.3	1.3	—	—	0.16	0.25	0.09	3.45	14.43
3.6	1.6	70.7	1.4	9.3	2.7	0.02	0.27	0.12	3.41	14.27
3.5	1.6	71.8	1.3	—	—	0.02	0.27	0.12	3.39	14.18
3.4	1.4	70.4	1.8	17.4	8.0	0.13	0.36	0.17	3.15	13.18
1.7	1.9	67.6	1.9	13.3	3.9	0.17	0.41	0.13	3.39	14.18
2.1	2.0	67.7	2.2	10.0	2.2	0.04	0.39	0.21	3.24	13.56
1.7	4.8	67.1	2.4	18.4	6.8	0.09	0.33	0.17	3.02	12.64
1.5	2.2	71.5	1.8	12.3	4.6	0.05	0.30	0.11	3.31	13.85
1.6	8.2	63.8	4.6	27.4	28.7	0.03	0.36	0.20	2.69	11.25
2.0	0.7	74.2	1.3	—	—	0.03	0.35	0.15	3.44	14.39
2.2	1.1	72.7	1.6	—	—	0.06	0.35	0.15	3.60	15.06
2.3	6.8	65.0	2.7	15.2	13.3	0.12	0.30	0.11	3.09	12.93
0.7	2.5	79.4	1.9	8.4	6.4	0.27	0.09	—	3.13	13.10
0.8	2.8	76.4	3.0	—	—	0.19	0.02	—	2.82	11.80
2.2	1.5	67.1	1.5	18.7	4.3	0.08	0.48	0.14	3.27	13.68
2.1	2.8	66.7	1.8	—	—	0.08	0.48	0.14	3.21	13.43
3.9	8.9	53.6	4.9	42.1	13.0	0.11	0.92	0.24	2.24	9.37
4.0	6.8	57.1	4.8	—	—	0.10	0.93	0.24	2.23	9.33
16.5	5.7	44.5	7.5	22.9	13.4	0.07	1.43	0.10	3.02	12.64
9.0	7.4	48.2	8.7	27.7	11.6	0.14	1.69	0.22	2.99	12.51
2.0	7.5	53.6	8.8	—	—	0.15	1.82	0.24	2.76	11.55
17.3	4.3	25.7	4.2	7.9	7.3	0.27	0.48	0.30	3.97	16.61
18.7	4.6	25.2	4.0	—	—	0.32	0.40	0.25	4.24	17.74
5.8	4.8	30.7	5.9	18.1	15.5	0.31	0.50	0.25	3.44	14.39
1.0	4.0	31.2	4.9	8.8	5.3	0.34	0.65	0.19	3.60	15.06
1.9	5.2	31.8	6.1	13.6	9.6	0.33	0.62	0.18	3.41	14.26
7.4	12.5	26.1	5.7	32.1	22.9	0.21	0.83	0.28	2.37	9.92
0.5	10.2	26.3	6.0	—	—	0.25	1.10	0.38	2.25	9.41
0.5	10.5	28.9	6.6	28.4	19.4	0.28	1.04	0.36	2.31	9.68
7.4	11.4	26.3	7.2	33.3	26.0	0.59	0.96	0.33	2.88	12.05
1.4	11.8	28.9	7.3	20.7	16.8	0.65	1.02	0.35	2.53	10.59
7.2	5.9	25.1	5.1	14.0	8.7	0.25	0.53	0.31	3.08	12.89
1.4	6.2	27.2	5.4	15.5	11.7	0.27	0.56	0.33	2.97	12.43
2.9	20.4	31.0	4.7	41.4	29.6	0.24	0.87	0.13	1.89	7.91
1.0	10.5	34.4	5.6	14.9	13.6	0.27	1.13	0.17	2.78	11.63
1.0	14.8	38.8	5.3	32.8	23.5	0.26	1.03	0.16	2.49	10.42
7.8	7.8	34.0	6.2	29.7	27.1	0.39	0.88	0.38	2.90	12.13
1.8	8.2	36.6	6.6	21.6	14.4	0.42	0.95	0.42	2.37	9.92
10.3	7.2	24.9	10.4	18.0	13.2	2.24	1.19	0.00	3.20	13.39
5.4	1.0	19.2	1.0	8.7	4.6	0.07	0.44	0.17	3.60	15.06

表 16

序号	饲料号(CFN)	饲料名称 Feed name	饲料描述 Description	干物质 DM,%	粗蛋白 CP,%
42	5-11-0002	玉米蛋白粉 corn gluten meal	同上,中等蛋白产品,CP50%	91.2	51.3
43	5-11-0008	玉米蛋白粉 corn gluten meal	同上,中等蛋白产品,CP40%	89.9	44.3
44	5-11-0003	玉米蛋白饲料 corn gluten feed	玉米去胚芽去淀粉后的含皮残渣	88.0	19.3
45	4-10-0026	玉米胚芽饼 corn germ meal (exp.)	玉米湿磨后的胚芽,机榨	90.0	16.7
46	4-10-0244	玉米胚芽粕 corn germ meal (sol.)	玉米湿磨后的胚芽,浸提	90.0	20.8
47	5-11-0007	DDGS corn distiller's grains with soluble	玉米啤酒糟及可溶物,脱水	90.0	28.3
48	5-11-0009	蚕豆粉浆蛋白粉 broad bean gluten meal	蚕豆去皮制粉丝后的浆液,脱水	88.0	66.3
49	5-11-0004	麦芽根 barley malt sprouts	大麦芽副产品,干燥	89.7	28.3
50	5-13-0044	鱼粉(CP64.5%) fish meal	7 样平均值	90.0	64.5
51	5-13-0045	鱼粉(CP62.5%) fish meal	8 样平均值	90.0	62.5
52	5-13-0046	鱼粉(CP60.2%) fish meal	沿海产的海鱼粉,脱脂,12 样平均值	90.0	60.2
53	5-13-0077	鱼粉(CP53.5%) fish meal	沿海产的海鱼粉,脱脂,11 样平均值	90.0	53.5
54	5-13-0036	血粉 blood meal	鲜猪血 喷雾干燥	88.0	82.8
55	5-13-0037	羽毛粉 feather meal	纯净羽毛,水解	88.0	77.9
56	5-13-0038	皮革粉 leather meal	废牛皮,水解	88.0	74.7
57	5-13-0047	肉骨粉 meat and bone meal	屠宰下脚,带骨干燥粉碎	93.0	50.0
58	5-13-0048	肉粉 meat meal	脱脂	94.0	54.0
59	1-05-0074	苜蓿草粉(CP19%) alfalfa meal	一茬,盛花期,烘干,NY/T 1 级	87.0	19.1
60	1-05-0075	苜蓿草粉(CP17%) alfalfa meal	一茬,盛花期,烘干,NY/T 2 级	87.0	17.2
61	1-05-0076	苜蓿草粉(CP14%~15%) alfalfa meal	NY/T 3 级	87.0	14.3
62	5-11-0005	啤酒糟 brewers dried grain	大麦酿造副产品	88.0	24.3
63	7-15-0001	啤酒酵母 brewers dried yeast	啤酒酵母菌粉,QB/T 1940—94	91.7	52.4
64	4-13-0075	乳清粉 whey,dehydrated	乳清,脱水,低乳糖含量	94.0	12.0
65	5-01-0162	酪蛋白 casein	脱水	91.0	88.7
66	5-14-0503	明胶 gelatin		90.0	88.6
67	4-06-0076	牛奶乳糖 milk lactose	进口,含乳糖 80%以上	96.0	4.0
68	4-06-0077	乳糖 milk lactose		96.0	0.3
69	4-06-0078	葡萄糖 glucose		90.0	0.3
70	4-06-0079	蔗糖 sucrose		99.0	0.0
71	4-02-0889	玉米淀粉 corn starch		99.0	0.3
72	4-17-0001	牛脂 beef tallow		100.0	0.0
73	4-17-0002	猪油 lard		100.0	0.0
74	4-17-0005	菜籽油 vegetable oil		100.0	0.0
75	4-17-0006	椰子油 coconut oil		100.0	0.0
76	4-07-0007	玉米油 corn oil		100.0	0.0
77	4-17-0008	棉籽油 cottonseed oil		100.0	0.0
78	4-17-0009	棕榈油 palm oil		100.0	0.0
79	4-17-0010	花生油 peanuts oil		100.0	0.0
80	4-17-0011	芝麻油 sesame oil		100.0	0.0
81	4-17-0012	大豆油 soybean oil	粗制	100.0	0.0
82	4-17-0013	葵花油 sunflower oil		100.0	0.0

注:"—"表示数据不详。

（续）

粗脂肪 EE,%	粗纤维 CF,%	无氮浸出 NFE,%	粗灰分 Ash,%	中洗纤维 NDF,%	酸洗纤维 ADF,%	钙 Ca,%	总磷 P,%	非植酸磷 N—Phy—P,%	消化能 DE	
									Mcal/kg	MJ/kg
7.8	2.1	28.0	2.0	—	—	0.06	0.42	0.16	3.73	15.61
6.0	1.6	37.1	0.9	—	—	—	—	—	3.59	15.02
7.5	7.8	48.0	5.4	33.6	10.5	0.15	0.70	—	2.48	10.38
9.6	6.3	50.8	6.6	—	—	0.04	1.45	—	3.51	14.69
2.0	6.5	54.8	5.9	—	—	0.06	1.23	—	3.28	13.72
13.7	7.1	36.8	4.1	—	—	0.20	0.74	0.42	3.43	14.35
4.7	4.1	10.3	2.6	—	—	—	0.59	—	3.23	13.51
1.4	12.5	41.4	6.1	—	—	0.22	0.73	—	2.31	9.67
5.6	0.5	8.0	11.4	—	—	3.81	2.83	2.83	3.15	13.18
4.0	0.5	10.0	12.3	—	—	3.96	3.05	3.05	3.10	12.97
4.9	0.5	11.6	12.8	—	—	4.04	2.90	2.90	3.00	12.55
10.0	0.8	4.9	20.8	—	—	5.88	3.20	3.20	3.09	12.93
0.4	0.0	1.6	3.2	—	—	0.29	0.31	0.31	2.73	11.42
2.2	0.7	1.4	5.8	—	—	0.20	0.68	0.68	2.77	11.59
0.8	1.6	—	10.9	—	—	4.40	0.15	0.15	2.75	11.51
8.5	2.8	—	31.7	32.5	5.6	9.20	4.70	4.70	2.83	11.84
12.0	1.4	—	—	31.6	8.3	7.69	3.88	—	2.70	11.30
2.3	22.7	35.3	7.6	36.7	25.0	1.40	0.51	0.51	1.66	6.95
2.6	25.6	33.3	8.3	39.0	28.6	1.52	0.22	0.22	1.46	6.11
2.1	29.8	33.8	10.1	36.8	2.9	1.34	0.19	0.19	1.49	6.23
5.3	13.4	40.8	4.2	39.4	24.6	0.32	0.42	0.14	2.25	9.41
0.4	0.6	33.6	4.7	—	—	0.16	1.02	—	3.54	14.81
0.7	0.0	71.6	9.7	—	—	0.87	0.79	0.79	3.44	14.39
0.8	—	—	—	—	—	0.63	1.01	0.82	4.13	17.27
0.5	—	—	—	—	—	0.49	—	—	2.80	11.72
0.5	0.0	83.5	8.0	—	—	0.52	0.62	0.62	3.37	14.10
—	—	95.7	—	—	—	—	—	—	3.53	14.77
—	—	89.7	—	—	—	—	—	—	3.36	14.06
0.0	—	—	—	—	—	0.04	0.01	0.01	3.80	15.90
0.2	—	—	—	—	—	0.00	0.03	0.01	4.00	16.74
≥99	0.0	—	—	—	—	0.00	0.00	0.00	8.00	33.47
≥99	0.0	—	—	—	—	0.00	0.00	0.00	8.29	34.69
≥99	0.0	—	—	—	—	0.00	0.00	0.00	8.76	36.65
≥99	0.0	—	—	—	—	0.00	0.00	0.00	8.40	35.15
≥99	0.0	—	—	—	—	0.00	0.00	0.00	8.75	36.61
≥99	0.0	—	—	—	—	0.00	0.00	0.00	8.60	35.98
≥99	0.0	—	—	—	—	0.00	0.00	0.00	8.01	33.51
≥99	0.0	—	—	—	—	0.00	0.00	0.00	8.73	36.53
≥99	0.0	—	—	—	—	0.00	0.00	0.00	8.75	36.61
≥99	0.0	—	—	—	—	0.00	0.00	0.00	8.75	36.61
≥99	0.0	—	—	—	—	0.00	0.00	0.00	8.76	36.65

表 17 饲料中

Table 17 The contents

序号	中国饲料号 (CFN)	饲料名称 Feed name	干物质 DM,%	粗蛋白 CP,%	精氨酸 Arg,%	组氨酸 His,%
1	4—07—0278	玉米 corn grain	86.0	9.4	0.38	0.23
2	4—07—0288	玉米 corn grain	86.0	8.5	0.50	0.29
3	4—07—0279	玉米 corn grain	86.0	8.7	0.39	0.21
4	4—07—0280	玉米 corn grain	86.0	7.8	0.37	0.20
5	4—07—0272	高粱 sorghum grain	86.0	9.0	0.33	0.18
6	4—07—0270	小麦 wheat grain	87.0	13.9	0.58	0.27
7	4—07—0274	大麦(裸) naked barley grain	87.0	13.0	0.64	0.16
8	4—07—0277	大麦(皮) hulled barley grain	87.0	11.0	0.65	0.24
9	4—07—0281	黑麦 rye	88.0	11.0	0.50	0.25
10	4—07—0273	稻谷 paddy	86.0	7.8	0.57	0.15
11	4—07—0276	糙米 brown rice	87.0	8.8	0.65	0.17
12	4—07—0275	碎米 broken rice	88.0	10.4	0.78	0.27
13	4—07—0479	粟(谷子) millet grain	86.5	9.7	0.30	0.20
14	4—04—0067	木薯干 cassava tuber flake	87.0	2.5	0.40	0.05
15	4—04—0068	甘薯干 sweet potato tuber flake	87.0	4.0	0.16	0.08
16	4—08—0104	次粉 wheat middling and reddog	88.0	15.4	0.86	0.41
17	4—08—0105	次粉 wheat middling and reddog	87.0	13.6	0.85	0.33
18	4—08—0069	小麦麸 wheat bran	87.0	15.7	0.97	0.39
19	4—08—0070	小麦麸 wheat bran	87.0	14.3	0.88	0.35
20	4—08—0041	米糠 rice bran	87.0	12.8	1.06	0.39
21	4—10—0025	米糠饼 rice bran meal (exp.)	88.0	14.7	1.19	0.43
22	4—10—0018	米糠粕 rice bran meal (sol.)	87.0	15.1	1.28	0.46
23	5—09—0127	大豆 soybean	87.0	35.5	2.57	0.59
24	5—09—0128	全脂大豆 full—fat soybean	88.0	35.5	2.63	0.63
25	5—10—0241	大豆饼 soybean meal (exp.)	89.0	41.8	2.53	1.10
26	5—10—0103	大豆粕 soybean meal (sol.)	89.0	47.9	3.67	1.36
27	5—10—0102	大豆粕 soybean meal (sol.)	89.0	44.0	3.19	1.09
28	5—10—0118	棉籽饼 cottonseed meal (exp.)	88.0	36.3	3.94	0.90
29	5—10—0119	棉籽粕 cottonseed meal (sol.)	88.0	47.0	4.98	1.26
30	5—10—0117	棉籽粕 cottonseed meal (sol.)	90.0	43.5	4.65	1.19
31	5—10—0183	菜籽饼 rapeseed meal (exp.)	88.0	35.7	1.82	0.83
32	5—10—0121	菜籽粕 rapeseed meal (sol.)	88.0	38.6	1.83	0.86
33	5—10—0116	花生仁饼 peanut meal (exp.)	88.0	44.7	4.60	0.83

氨基酸含量

of amino acids

异亮氨酸 Ile,%	亮氨酸 Leu,%	赖氨酸 Lys,%	蛋氨酸 Met,%	胱氨酸 Cys,%	苯丙氨酸 Phe,%	苏氨酸 Thr,%	色氨酸 Trp,%	缬氨酸 Val,%
0.26	1.03	0.26	0.19	0.22	0.43	0.31	0.08	0.40
0.27	0.74	0.36	0.15	0.18	0.37	0.30	0.08	0.46
0.25	0.93	0.24	0.18	0.20	0.41	0.30	0.07	0.38
0.24	0.93	0.23	0.15	0.15	0.38	0.29	0.06	0.35
0.35	1.08	0.18	0.17	0.12	0.45	0.26	0.08	0.44
0.44	0.80	0.30	0.25	0.24	0.58	0.33	0.15	0.56
0.43	0.87	0.44	0.14	0.25	0.68	0.43	0.16	0.63
0.52	0.91	0.42	0.18	0.18	0.59	0.41	0.12	0.64
0.40	0.64	0.37	0.16	0.25	0.49	0.34	0.12	0.52
0.32	0.58	0.29	0.19	0.16	0.40	0.25	0.10	0.47
0.30	0.61	0.32	0.20	0.14	0.35	0.28	0.12	0.49
0.39	0.74	0.42	0.22	0.17	0.49	0.38	0.12	0.57
0.36	1.15	0.15	0.25	0.20	0.49	0.35	0.17	0.42
0.11	0.15	0.13	0.05	0.04	0.10	0.10	0.03	0.13
0.17	0.26	0.16	0.06	0.08	0.19	0.18	0.05	0.27
0.55	1.06	0.59	0.23	0.37	0.66	0.50	0.21	0.72
0.48	0.98	0.52	0.16	0.33	0.63	0.50	0.18	0.68
0.46	0.81	0.58	0.13	0.26	0.58	0.43	0.20	0.63
0.42	0.74	0.53	0.12	0.24	0.53	0.39	0.18	0.57
0.63	1.00	0.74	0.25	0.19	0.63	0.48	0.14	0.81
0.72	1.06	0.66	0.26	0.30	0.76	0.53	0.15	0.99
0.78	1.30	0.72	0.28	0.32	0.82	0.57	0.17	1.07
1.28	2.72	2.20	0.56	0.70	1.42	1.41	0.45	1.50
1.32	2.68	2.37	0.55	0.76	1.39	1.42	0.49	1.53
1.57	2.75	2.43	0.60	0.62	1.79	1.44	0.64	1.70
2.05	3.74	2.87	0.67	0.73	2.52	1.93	0.69	2.15
1.80	3.26	2.66	0.62	0.68	2.23	1.92	0.64	1.99
1.16	2.07	1.40	0.41	0.70	1.88	1.14	0.39	1.51
1.40	2.67	2.13	0.56	0.66	2.43	1.35	0.54	2.05
1.29	2.47	1.97	0.58	0.68	2.28	1.25	0.51	1.91
1.24	2.26	1.33	0.60	0.82	1.35	1.40	0.42	1.62
1.29	2.34	1.30	0.63	0.87	1.45	1.49	0.43	1.74
1.18	2.36	1.32	0.39	0.38	1.81	1.05	0.42	1.28

表 17

序号	中国饲料号(CFN)	饲料名称 Feed name	干物质 DM,%	粗蛋白 CP,%	精氨酸 Arg,%	组氨酸 His,%
34	5—10—0115	花生仁粕 peanut meal (sol.)	88.0	47.8	4.88	0.88
35	1—10—0031	向日葵仁饼 sunflower meal (exp.)	88.0	29.0	2.44	0.62
36	5—10—0242	向日葵仁粕 sunflower meal (sol.)	88.0	36.5	3.17	0.81
37	5—10—0243	向日葵仁粕 sunflower meal (sol.)	88.0	33.6	2.89	0.74
38	5—10—0119	亚麻仁饼 linseed meal (exp.)	88.0	32.2	2.35	0.51
39	5—10—0120	亚麻仁粕 linseed meal (sol.)	88.0	34.8	3.59	0.64
40	5—10—0246	芝麻饼 sesame meal (exp.)	92.0	39.2	2.38	0.81
41	5—11—0001	玉米蛋白粉 corn gluten meal	90.1	63.5	1.90	1.18
42	5—11—0002	玉米蛋白粉 corn gluten meal	91.2	51.3	1.48	0.89
43	5—11—0008	玉米蛋白粉 corn gluten meal	89.9	44.3	1.31	0.78
44	5—11—0003	玉米蛋白饲料 corn gluten feed	88.0	19.3	0.77	0.56
45	4—10—0026	玉米胚芽饼 corn germ meal (exp.)	90.0	16.7	1.16	0.45
46	4—10—0244	玉米胚芽粕 corn germ meal (sol.)	90.0	20.8	1.51	0.62
47	5—11—0007	DDGS corn distiller's grains with soluble	90.0	28.3	0.98	0.59
48	5—11—0009	蚕豆粉浆蛋白粉 broad bean gluten meal	88.0	66.3	5.96	1.66
49	5—11—0004	麦芽根 barley malt sprouts	89.7	28.3	1.22	0.54
50	5—13—0044	鱼粉(CP64.5%) fish meal	90.0	64.5	3.91	1.75
51	5—13—0045	鱼粉(CP62.5%) fish meal	90.0	62.5	3.86	1.83
52	5—13—0046	鱼粉(CP60.2%) fish meal	90.0	60.2	3.57	1.71
53	5—13—0077	鱼粉(CP53.5%) fish meal	90.0	53.5	3.24	1.29
54	5—13—0036	血粉 blood meal	88.0	82.8	2.99	4.40
55	5—13—0037	羽毛粉 feather meal	88.0	77.9	5.30	0.58
56	5—13—0038	皮革粉 leather meal	88.0	74.7	4.45	0.40
57	5—13—0047	肉骨粉 meat and bone meal	93.0	50.0	3.35	0.96
58	5—13—0048	肉粉 meat meal	94.0	54.0	3.60	1.14
59	1—05—0074	苜蓿草粉(CP19%) alfalfa meal	87.0	19.1	0.78	0.39
60	1—05—0075	苜蓿草粉(CP17%) alfalfa meal	87.0	17.2	0.74	0.32
61	1—05—0076	苜蓿草粉(CP14%～15%) alfalfa meal	87.0	14.3	0.61	0.19
62	5—11—0005	啤酒糟 brewers dried grain	88.0	24.3	0.98	0.51
63	7—15—0001	啤酒酵母 brewers dried yeast	91.7	52.4	2.67	1.11
64	4—13—0075	乳清粉 whey,dehydrated	94.0	12.0	0.40	0.20
65	5—01—0162	酪蛋白 casein	91.0	88.7	3.26	2.82
66	5—14—0503	明胶 gelatin	90.0	88.6	6.60	0.66
67	4—06—0076	牛奶乳糖 milk lactose	96.0	4.0	0.29	0.10

注:"—"表示数据不详。

（续）

异亮氨酸 Ile,%	亮氨酸 Leu,%	赖氨酸 Lys,%	蛋氨酸 Met,%	胱氨酸 Cys,%	苯丙氨酸 Phe,%	苏氨酸 Thr,%	色氨酸 Trp,%	缬氨酸 Val,%
1.25	2.50	1.40	0.41	0.40	1.92	1.11	0.45	1.36
1.19	1.76	0.96	0.59	0.43	1.21	0.98	0.28	1.35
1.51	2.25	1.22	0.72	0.62	1.56	1.25	0.47	1.72
1.39	2.07	1.13	0.69	0.50	1.43	1.14	0.37	1.58
1.15	1.62	0.73	0.46	0.48	1.32	1.00	0.48	1.44
1.33	1.85	1.16	0.55	0.55	1.51	1.10	0.70	1.51
1.42	2.52	0.82	0.82	0.75	1.68	1.29	0.49	1.84
2.85	11.59	0.97	1.42	0.96	4.10	2.08	0.36	2.98
1.75	7.87	0.92	1.14	0.76	2.83	1.59	0.31	2.05
1.63	7.08	0.71	1.04	0.65	2.61	1.38	—	1.84
0.62	1.82	0.63	0.29	0.33	0.70	0.68	0.14	0.93
0.53	1.25	0.70	0.31	0.47	0.64	0.64	0.16	0.91
0.77	1.54	0.75	0.21	0.28	0.93	0.68	0.18	1.66
0.98	2.63	0.59	0.59	0.39	1.93	0.92	0.19	1.30
2.90	5.88	4.44	0.60	0.57	3.34	2.31	—	3.20
1.08	1.58	1.30	0.37	0.26	0.85	0.96	0.42	1.44
2.68	4.99	5.22	1.71	0.58	2.71	2.87	0.78	3.25
2.79	5.06	5.12	1.66	0.55	2.67	2.78	0.75	3.14
2.68	4.80	4.72	1.64	0.52	2.35	2.57	0.70	3.17
2.30	4.30	3.87	1.39	0.49	2.22	2.51	0.60	2.77
0.75	8.38	6.67	0.74	0.98	5.23	2.86	1.11	6.08
4.21	6.78	1.65	0.59	2.93	3.57	3.51	0.40	6.05
1.06	2.53	2.18	0.80	0.16	1.56	0.71	0.50	1.91
1.70	3.20	2.60	0.67	0.33	1.70	1.63	0.26	2.25
1.60	3.84	3.07	0.80	0.60	2.17	1.97	0.35	2.66
0.68	1.20	0.82	0.21	0.22	0.82	0.74	0.43	0.91
0.66	1.10	0.81	0.20	0.16	0.81	0.69	0.37	0.85
0.58	1.00	0.60	0.18	0.15	0.59	0.45	0.24	0.58
1.18	1.08	0.72	0.52	0.35	2.35	0.81	—	1.66
2.85	4.76	3.38	0.83	0.50	4.07	2.33	2.08	3.40
0.90	1.20	1.10	0.20	0.30	0.40	0.80	0.20	0.70
4.66	8.79	7.35	2.70	0.41	4.79	3.98	1.14	6.10
1.42	2.91	3.62	0.76	0.12	1.74	1.82	0.05	2.26
0.10	0.18	0.16	0.03	0.04	0.10	0.10	0.10	0.10

表 18 矿物质及

Table 18 The contents of

序号	中国饲料号 (CFN)	饲料名称 Feed name	钠 Na %	氯 Cl %	镁 Mg %	钾 K %	铁 Fe mg/kg	铜 Cu mg/kg	锰 Mn mg/kg	锌 Zn mg/kg
1	4—07—0278	玉米 corn grain	0.01	0.04	0.11	0.29	36	3.4	5.8	21.1
2	4—07—0288	玉米 corn grain	0.01	0.04	0.11	0.29	36	3.4	5.8	21.1
3	4—07—0279	玉米 corn grain	0.02	0.04	0.12	0.30	37	3.3	6.1	19.2
4	4—07—0280	玉米 corn grain	0.02	0.04	0.12	0.30	37	3.3	6.1	19.2
5	4—07—0272	高粱 sorghum grain	0.03	0.09	0.15	0.34	87	7.6	17.1	20.1
6	4—07—0270	小麦 wheat grain	0.06	0.07	0.11	0.50	88	7.9	45.9	29.7
7	4—07—0274	大麦(裸)naked barley grain	0.04	—	0.11	0.60	100	7.0	18.0	30.0
8	4—07—0277	大麦(皮)hulled barley grain	0.02	0.15	0.14	0.56	87	5.6	17.5	23.6
9	4—07—0281	黑麦 rye	0.02	0.04	0.12	0.42	117	7.0	53.0	35.0
10	4—07—0273	稻谷 paddy	0.04	0.07	0.07	0.34	40	3.5	20.0	8.0
11	4—07—0276	糙米 brown rice	0.04	0.06	0.14	0.34	78	3.3	21.0	10.0
12	4—07—0275	碎米 broken rice	0.07	0.08	0.11	0.13	62	8.8	47.5	36.4
13	4—07—0479	粟(谷子)millet grain	0.04	0.14	0.16	0.43	270	24.5	22.5	15.9
14	4—04—0067	木薯干 cassava tuber flake	—	—	—	—	150	4.2	6.0	14.0
15	4—04—0068	甘薯干 sweet potato tuber flake	—	—	0.08	—	107	6.1	10.0	9.0
16	4—08—0104	次粉 wheat middling and reddog	0.60	0.04	0.41	0.60	140	11.6	94.2	73.0
17	4—08—0105	次粉 wheat middling and reddog	—	—	—	—	—	—	—	—
18	4—08—0069	小麦麸 wheat bran	0.07	0.07	0.52	1.19	170	13.8	104.3	96.5
19	4—08—0070	小麦麸 wheat bran	0.07	0.07	0.47	1.19	157	16.5	80.6	104.7
20	4—08—0041	米糠 rice bran	0.07	0.07	0.90	1.73	304	7.1	175.9	50.3
21	4—10—0025	米糠饼 rice bran meal (exp.)	0.08	—	1.26	1.80	400	8.7	211.6	56.4
22	4—10—0018	米糠粕 rice bran meal (sol.)	0.09	—	—	1.80	432	9.4	228.4	60.9
23	5—09—0127	大豆 soybean	0.02	0.03	0.28	1.70	111	18.1	21.5	40.7
24	5—09—0128	全脂大豆 full—fat soybean	0.02	0.03	0.28	1.70	111	18.1	21.5	40.7
25	5—10—0241	大豆饼 soybean meal (exp.)	0.02	0.02	0.25	1.77	187	19.8	32.0	43.4
26	5—10—0103	大豆粕 soybean meal (sol.)	0.03	0.05	0.28	2.05	185	24.0	38.2	46.4
27	5—10—0102	大豆粕 soybean meal (sol.)	0.03	0.05	0.28	1.72	185	24.0	28.0	46.4
28	5—10—0118	棉籽饼 cottonseed meal (exp.)	0.04	0.14	0.52	1.20	266	11.6	17.8	44.9
29	5—10—0119	棉籽粕 cottonseed meal (sol.)	0.04	0.04	0.40	1.16	263	14.0	18.7	55.5
30	5—10—0117	棉籽粕 cottonseed meal (sol.)	0.04	0.04	0.40	1.16	263	14.0	18.7	55.5
31	5—10—0183	菜籽饼 rapeseed meal (exp.)	0.02	—	—	1.34	687	7.2	78.1	59.2
32	5—10—0121	菜籽粕 rapeseed meal (sol.)	0.09	0.11	0.51	1.40	653	7.1	82.2	67.5
33	5—10—0116	花生仁饼 peanut meal (exp.)	0.04	0.03	0.33	1.14	347	23.7	36.7	52.5

维生素含量

minerals and vitamins

硒 Se mg/kg	胡萝卜 mg/kg	维生素 E mg/kg	维生素 B_1 mg/kg	维生素 B_2 mg/kg	泛酸 mg/kg	烟酸 mg/kg	生物素 mg/kg	叶酸 mg/kg	胆碱 mg/kg	维生素 B_6 mg/kg	维生素 B_{12} μg/kg	亚油酸 %
0.04	—	22.0	3.5	1.1	5.0	24.0	0.06	0.15	620	10.0	—	2.20
0.04	—	22.0	3.5	1.1	5.0	24.0	0.06	0.15	620	10.0	—	2.20
0.03	0.8	22.0	2.6	1.1	3.9	21.0	0.08	0.12	620	10.0	0.0	2.20
0.03	—	22.0	2.6	1.1	3.9	21.0	0.08	0.12	620	10.0	—	2.20
0.05	—	7.0	3.0	1.3	12.4	41.0	0.26	0.20	668	5.2	0.0	1.13
0.05	0.4	13.0	4.6	1.3	11.9	51.0	0.11	0.36	1040	3.7	0.0	0.59
0.16	—	48.0	4.1	1.4	—	87.0	—	—	—	19.3	0.0	—
0.06	4.1	20.0	4.5	1.8	8.0	55.0	0.15	0.07	990	4.0	0.0	0.83
0.40	—	15.0	3.6	1.5	8.0	16.0	0.06	0.60	440	2.6	0.0	0.76
0.04	—	16.0	3.1	1.2	3.7	34.0	0.08	0.45	900	28.0	0.0	0.28
0.07	—	13.5	2.8	1.1	11.0	30.0	0.08	0.40	1014	—	—	—
0.06	—	14.0	1.4	0.7	8.0	30.0	0.08	0.20	800	28.0	—	—
0.08	1.2	36.3	6.6	1.6	7.4	53.0	—	15.00	790	—	—	0.84
0.04	—	—	—	—	—	—	—	—	—	—	—	—
0.07	—	—	—	—	—	—	—	—	—	—	—	—
0.07	3.0	20.0	16.5	1.8	15.6	72.0	0.33	0.76	1187	9.0	—	1.74
—	—	—	—	—	—	—	—	—	—	—	—	—
0.07	1.0	14.0	8.0	4.6	31.0	186.0	0.36	0.63	980	7.0	0.0	1.70
0.05	1.0	14.0	8.0	4.6	31.0	186.0	0.36	0.63	980	7.0	0.0	1.70
0.09	—	60.0	22.5	2.5	23.0	293.0	0.42	2.20	1135	14.0	0.0	3.57
0.09	—	11.0	24.0	2.9	94.9	689.0	0.70	0.88	1700	54.0	40.0	—
0.10	—	—	—	—	—	—	—	—	—	—	—	—
0.06	—	40.0	12.3	2.9	17.4	24.0	0.42	—	3200	12.0	—	8.00
0.06	—	40.0	12.3	2.9	17.4	24.0	0.42	—	3200	12.0	—	8.00
0.04	—	6.6	1.7	4.4	13.8	37.0	0.32	0.45	2673	—	—	—
0.10	0.2	3.1	4.6	3.0	16.4	30.7	0.33	0.81	2858	6.1	0.0	0.51
0.06	0.2	3.1	4.6	3.0	16.4	30.7	0.33	0.81	2858	6.1	0.0	0.51
0.11	0.2	16.0	6.4	5.1	10.0	38.0	0.53	1.65	2753	5.3	0.0	2.47
0.15	0.2	15.0	7.0	5.5	12.0	40.0	0.30	2.51	2933	5.10	0.0	1.51
0.15	0.2	15.0	7.0	5.5	12.0	40.0	0.30	2.51	2933	5.10	0.0	1.51
0.29	—	—	—	—	—	—	—	—	—	—	—	—
0.16	—	54.0	5.2	3.7	9.5	160.0	0.98	0.95	6700	7.20	0.0	0.42
0.06	—	3.0	7.1	5.2	47.0	166.0	0.33	0.40	1655	10.00	0.0	1.43

表 18

序号	中国饲料号(CFN)	饲料名称 Feed name	钠 Na %	氯 Cl %	镁 Mg %	钾 K %	铁 Fe mg/kg	铜 Cu mg/kg	锰 Mn mg/kg	锌 Zn mg/kg
34	5—10—0115	花生仁粕 peanut meal (sol.)	0.07	0.03	0.31	1.23	368	25.1	38.9	55.7
35	1—10—0031	向日葵仁 sunflower meal (exp.)	0.02	0.01	0.75	1.17	424	45.6	41.5	62.1
36	5—10—0242	向日葵仁粕 sunflower meal (sol.)	0.20	0.01	0.75	1.00	226	32.8	34.5	82.7
37	5—10—0243	向日葵仁粕 sunflower meal (sol.)	0.20	0.10	0.68	1.23	310	35.0	35.0	80.0
38	5—10—0119	亚麻仁饼 linseed meal (exp.)	0.09	0.04	0.58	1.25	204	27.0	40.3	36.0
39	5—10—0120	亚麻仁粕 linseed meal (sol.)	0.14	0.05	0.56	1.38	219	25.5	43.3	38.7
40	5—10—0246	芝麻饼 sesame meal (exp.)	0.04	0.05	0.50	1.39	—	50.4	32.0	2.4
41	5—11—0001	玉米蛋白粉 corn gluten meal	0.01	0.05	0.08	0.30	230	1.9	5.9	19.2
42	5—11—0002	玉米蛋白粉 corn gluten meal	0.02	—	—	0.35	332	10.0	78.0	49.0
43	5—11—0008	玉米蛋白粉 corn gluten meal	0.02	0.08	0.05	0.40	400	28.0	7.0	—
44	5—11—0003	玉米蛋白饲料 corn gluten feed	0.12	0.22	0.42	1.30	282	10.7	77.1	59.2
45	4—10—0026	玉米胚芽饼 corn germ meal (exp.)	0.01	—	0.10	0.30	99	12.8	19.0	108.1
46	4—10—0244	玉米胚芽粕 corn germ meal (sol.)	0.01	—	0.16	0.69	214	7.7	23.3	126.6
47	5—11—0007	DDGScorn distiller's grains with soluble	0.88	0.17	0.35	0.98	197	43.9	29.5	83.5
48	5—11—0009	蚕豆粉浆蛋白 broad bean gluten meal	0.01	—	—	0.06	—	22.0	16.0	—
49	5—11—0004	麦芽根 barley malt sprouts	0.06	0.59	0.16	2.18	198	5.3	67.8	42.4
50	5—13—0044	鱼粉(CP64.5%) fish meal	0.88	0.6	0.24	0.90	226	9.1	9.2	98.9
51	5—13—0045	鱼粉(CP62.5%) fish meal	0.78	0.61	0.16	0.83	181	6.0	12.0	90.0
52	5—13—0046	鱼粉(CP60.2%) fish meal	0.97	0.61	0.16	1.10	80	8.0	10.0	80.0
53	5—13—0077	鱼粉(CP53.5%) fish meal	1.15	0.61	0.16	0.94	292	8.0	9.7	88.0
54	5—13—0036	血粉 blood meal	0.31	0.27	0.16	0.90	2100	8.0	2.3	14.0
55	5—13—0037	羽毛粉 feather meal	0.31	0.26	0.20	0.18	73	6.8	8.8	53.8
56	5—13—0038	皮革粉 leather meal	—	—	—	—	131	11.1	25.2	89.8
57	5—13—0047	肉骨粉 meat and bone meal	0.73	0.75	1.13	1.40	500	1.5	12.3	90.0
58	5—13—0048	肉粉 meat meal	0.80	0.97	0.35	0.57	440	10.0	10.0	94.0
59	1—05—0074	苜蓿草粉(CP19%) alfalfa meal	0.09	0.38	0.30	2.08	372	9.1	30.7	17.1
60	1—05—0075	苜蓿草粉(CP17%) alfalfa meal	0.17	0.46	0.36	2.40	361	9.7	30.7	21.0
61	1—05—0076	苜蓿草粉(CP14%~15%) alfalfa meal	0.11	0.46	0.36	2.22	437	9.1	33.2	22.6
62	5—11—0005	啤酒糟 brewers dried grain	0.25	0.12	0.19	0.08	274	20.1	35.6	104
63	7—15—0001	啤酒酵母 brewers dried	0.10	0.12	0.23	1.70	248	61.0	22.3	86.7
64	4—13—0075	乳清粉 whey,dehydrated	2.11	0.14	0.13	1.81	160	43.1	4.6	3.0
65	5—01—0162	酪蛋白 casein	0.01	0.04	0.01	0.01	14	4.0	4.0	30.0
66	5—14—0503	明胶 gelatin	—	—	0.05	—	—	—	—	—
67	4—06—0076	牛奶乳糖 milk lactose	—	—	0.15	2.40	—	—	—	—

注:"—"表示数据不详。

(续)

硒 Se mg/kg	胡萝卜 mg/kg	维生素 E mg/kg	维生素 B_1 mg/kg	维生素 B_2 mg/kg	泛酸 mg/kg	烟酸 mg/kg	生物素 mg/kg	叶酸 mg/kg	胆碱 mg/kg	维生素 B_6 mg/kg	维生素 B_{12} μg/kg	亚油酸 %
0.06	—	3.0	5.7	11.0	53.0	173.0	0.39	0.39	1854	10.00	0.0	0.24
0.09	—	0.9	—	18.0	4.0	86.0	1.40	0.40	800	—	—	—
0.06	—	0.7	4.6	2.3	39.0	22.0	1.70	1.60	3260	17.20	—	—
0.08	—	—	3.0	3.0	29.9	14.0	1.40	1.14	3100	11.10	0.0	0.98
0.18	—	7.7	2.6	4.1	16.5	37.4	0.36	2.90	1672	6.10	—	—
0.18	0.2	5.8	7.5	3.2	14.7	33.0	0.41	0.34	1512	6.00	200.0	0.36
—	0.2	—	2.8	3.6	6.0	30.0	2.40	—	1536	12.50	0.0	1.90
0.02	44.0	25.5	0.3	2.2	3.0	55.0	0.15	0.20	330	6.90	50.0	1.17
—	—	—	—	—	—	—	—	—	—	—	—	—
1.00	16.0	19.9	0.2	1.5	9.6	54.5	0.15	0.22	330	—	—	—
0.23	8.0	14.8	2.0	2.4	17.8	75.5	0.22	0.28	1700	13.00	250.0	1.43
—	2.0	87.0	—	3.7	3.3	42.0	—	—	1936	—	—	1.47
0.33	2.0	80.8	1.1	4.0	4.4	37.7	0.22	0.20	2000	—	—	1.47
0.37	3.5	40.0	3.5	8.6	11.0	75.0	0.30	0.88	2637	2.28	10.0	2.15
—	—	—	—	—	—	—	—	—	—	—	—	—
0.60	—	4.2	0.7	1.5	8.6	43.3	—	0.20	1548	—	—	—
2.7	—	5.0	0.3	7.1	15.0	100.0	0.23	0.37	4408	4.00	352.0	0.20
1.62	—	5.7	0.2	4.9	9.0	55.0	0.15	0.30	3099	4.00	150.0	0.12
1.5	—	7.0	0.5	4.9	9.0	55.0	0.20	0.30	3056	4.00	104.0	0.12
1.94	—	5.6	0.4	8.8	8.8	65.0	—	—	3000	—	143.0	—
0.7	—	1.0	0.4	1.6	1.2	23.0	0.09	0.11	800	4.40	50.0	0.10
0.8	—	7.3	0.1	2.0	10.0	27.0	0.04	0.20	880	3.00	71.0	0.83
—	—	—	—	—	—	—	—	—	—	—	—	—
0.25	—	0.8	0.2	5.2	4.4	59.4	0.14	0.60	2000	4.60	100.0	0.72
0.37	—	1.2	0.6	4.7	5.0	57.0	0.08	0.50	2077	2.40	80.0	0.80
0.46	94.6	144.0	5.8	15.5	34.0	40.0	0.35	4.36	1419	8.00	0	0.44
0.46	94.6	125.0	3.4	13.6	29.0	38.0	0.30	4.20	1401	6.50	0	0.35
0.48	63.0	98.0	3.0	10.6	20.8	41.8	0.25	1.54	1548	—	—	—
0.41	0.2	27.0	0.6	1.5	8.6	43.0	0.24	0.24	1723	0.70	0	2.94
1.00	—	2.2	91.8	37.0	109.0	448	0.63	9.90	3984	42.80	999.9	0.04
0.06	—	0.3	3.9	29.9	47.0	10.0	0.34	0.66	1500	4.00	20.0	0.01
0.16	—	—	0.4	1.5	2.7	1.0	0.04	0.51	205	0.40	—	—
—	—	—	—	—	—	—	—	—	—	—	—	—
—	—	—	—	—	—	—	—	—	—	—	—	—

表 19 常量矿物质饲料中矿物

Table 19 The contents of

序	中国料号	饲料名称	化学分子式	钙 Ca[a] %
01	6—14—0001	碳酸钙 饲料级轻质 calcium carbonate	$CaCO_3$	38.42
02	6—14—0002	磷酸氢钙,无水 calcium hydrogen phosphate	$CaHPO_4$	29.60
03	6—14—0003	磷酸氢钙,2个结晶水 calcium hydrogen phosphate	$CaHPO_4 \cdot 2H_2O$	23.29
04	6—14—0004	磷酸二氢钙 calcium acid phosphate	$Ca(H_2PO_4)_2 \cdot H_2O$	15.90
05	6—14—0005	磷酸三钙(磷酸钙)calcium carbonate	$Ca_3(PO_4)_2$	38.76
06	6—14—0006	石粉[c]、石灰石、方解石等 limestone、calcite		35.84
07	6—14—0007	骨粉,脱脂 bone meal		29.80
08	6—14—0008	贝壳粉 shell meal		32～35
09	6—14—0009	蛋壳粉 egg shell meal		30～40
10	6—14—0010	磷酸氢铵 ammonium hydrogen phosphate	$(NH_4)_2HPO_4$	0.35
11	6—14—0011	磷酸二氢铵 ammonium dihydrogen phosphate	$(NH_4)H_2PO_4$	—
12	6—14—0012	磷酸氢二钠 sodium hydrogen phosphate	Na_2HPO_4	0.09
13	6—14—0013	磷酸二氢钠 sodium dihydeogen phosphate	NaH_2PO_4	—
14	6—14—0014	碳酸钠 sodium carbonate (soda)	Na_2CO_3	—
15	6—14—0015	碳酸氢钠 sodium bicarbonate(baking soda)	$NaHCO_3$	0.01
16	6—14—0016	氯化钠 sodium chloride	NaCl	0.30
17	6—14—0017	氯化镁,6个结晶水 magnesium chloride	$MgCl_2 \cdot 6H_2O$	—
18	6—14—0018	碳酸镁 magnesium carbonate	$MgCO_3$	0.02
19	6—14—0019	氧化镁 magnesium oxide	MgO	1.69
20	6—14—0020	硫酸镁,7个结晶水 magnesium sulfate	$MgSO_4 \cdot 7H_2O$	0.02
21	6—14—0021	氯化钾 potassium chloride	KCl	0.05
22	6—14—0022	硫酸钾 potassium sulfate	K_2SO_4	0.15

注1:数据来源:《中国饲料学》(2000,张子仪主编),《猪营养需要》(NRC,1998)。

注2:饲料中使用的矿物质添加剂一般不是化学纯化合物,其组成成分的变异较大。如果能得到,一般应采用原料供

注3:"—"表示数据不详。

[a] 在大多数来源的磷酸氢钙、磷酸二氢钙、磷酸三钙、脱氟磷酸钙、碳酸钙、硫酸钙和方解石石粉中,估计钙的生物学利

[b] 生物学效价估计值通常以相当于磷酸氢钠或磷酸氢钙中的磷的生物学效价表示。

[c] 大多数方解石石粉中含有38%或高于表中所示的钙和低于表中所示的镁。

元素的含量(以饲喂状态为基础)

minerals in mineral feeds

磷 P %	磷利用率[b] %	钠 Na %	氯 Cl %	钾 K %	镁 Mg %	硫 S %	铁 Fe %	锰 Mn %
0.02	—	0.08	0.02	0.08	1.61	0.08	0.06	0.02
22.77	95～100	0.18	0.47	0.15	0.80	0.80	0.79	0.14
18.00	95～100	—	—	—	—	—	—	—
24.58	100	0.20	—	0.16	0.90	0.80	0.75	0.01
20.0	—	—	—	—	—	—	—	—
0.01	—	0.06	0.02	0.11	2.06	0.04	0.35	0.02
12.50	80～90	0.04	—	0.20	0.30	2.40	—	0.03
—	—	—	—	—	—	—	—	—
0.1～0.4	—	—	—	—	—	—	—	—
23.48	100	0.20	—	0.16	0.75	1.50	0.41	0.01
26.93	100	—	—	—	—	—	—	—
21.82	100	31.04	—	—	—	—	—	—
25.81	100	19.17	0.02	0.01	0.01	—	—	—
—	—	43.30	—	—	—	—	—	—
—	—	27.00	—	0.01	—	—	—	—
—	—	39.50	59.00	—	0.005	0.20	0.01	—
—	—	—	—	—	11.95	—	—	—
—	—	—	—	—	34.00	—	—	0.01
—	—	—	—	0.02	55.00	0.10	1.06	—
—	—	—	0.01	—	9.86	13.01	—	—
—	—	1.00	47.56	52.44	0.23	0.32	0.06	0.001
—	—	0.09	1.50	44.87	0.60	18.40	0.07	0.001

给商的分析结果。例如,饲料级的磷酸氢钙原料中往往含有一些磷酸二氢钙,而磷酸二氢钙中含有一些磷酸氢钙。

用率为 90%～100%。在高镁含量的石粉或白云石石粉中,钙的生物学效价较低,为 50%～80%。

表 20 无机来源的微量元素和估测的生物学利用率[a]

Table 20 The bioavailability of trace elements of mineral feeds

微量元素与来源[b]		化学分子式	元素含量,%	相对生物学利用率,%
铁 Fe				
	一水硫酸亚铁 ferrous sulphate(H_2O)	$FeSO_4 \cdot H_2O$	30.0	100
	七水硫酸亚铁 ferrous sulphate($7H_2O$)	$FeSO_4 \cdot 7H_2O$	20.0	100
	碳酸亚铁 ferrous carbonate	$FeCO_3$	38.0	15～80
	三氧化二铁 ferric oxide	Fe_2O_3	69.9	0
	六水氯化铁 ferric chloride($6H_2O$)	$FeCl_3 \cdot 6H_2O$	20.7	40～100
	氧化亚铁 ferrous oxide	FeO	77.8	—[c]
铜 Cu				
	五水硫酸铜 copper sulphate($5H_2O$)	$CuSO_4 \cdot 5H_2O$	25.2	100
	氯化铜 copper chloride	$Cu_2(OH)_3Cl$	58.0	100
	氧化铜 copper oxide	CuO	75.0	0～10
	一水碳酸铜 copper carbonate(H_2O)	$CuCO_3 \cdot Cu(OH)_2 \cdot H_2O$	50.0～55.0	60～100
	无水硫酸铜 copper sulphate	$CuSO_4$	39.9	100
锰 Mn				
	一水硫酸锰 manganese sulphate(H_2O)	$MnSO_4 \cdot H_2O$	29.5	100
	氧化锰 manganese oxide	MnO	60.0	70
	二氧化锰 manganese dioxide	MnO_2	63.1	35～95
	碳酸锰 manganese carbonate	$MnCO_3$	46.4	30～100
	四水氯化锰 manganese chloride($4H_2O$)	$MnCl_2 \cdot 4H_2O$	27.5	100
锌 Zn				
	一水硫酸锌 zinc sulphate(H_2O)	$ZnSO_4 \cdot H_2O$	35.5	100
	氧化锌 zinc oxide	ZnO	72.0	50～80
	七水硫酸锌 zinc sulphate($7H_2O$)	$ZnSO_4 \cdot 7H_2O$	22.3	100
	碳酸锌 zinc carbonate	$ZnCO_3$	56.0	100
	氯化锌 zinc chloride	$ZnCl_2$	48.0	100
碘 I				
	乙二胺双氢碘化物(EDDI)	$C_2H_8N_22HI$	79.5	100
	碘酸钙 calcium iodide	$Ca(IO_3)_2$	63.5	100
	碘化钾 potassium iodide	KI	68.8	100
	碘酸钾 potassium iodate	KIO_3	59.3	—[c]
	碘化铜 copper iodide	CuI	66.6	100
硒 Se				
	亚硒酸钠 sodium selenite	Na_2SeO_3	45.0	100
	十水硒酸钠 sodium selenate($10H_2O$)	$Na_2SeO_4 \cdot 10H_2O$	21.4	100
钴 Co				
	六水氯化钴 cobalt chloride($6H_2O$)	$CoCl_2 \cdot 6H_2O$	24.3	100
	七水硫酸钴 cobalt sulphate($7H_2O$)	$CoSO_4 \cdot 7H_2O$	21.0	100
	一水硫酸钴 cobalt sulphate(H_2O)	$CoSO_4 \cdot H_2O$	34.1	100
	一水氯化钴 cobalt chloride(H_2O)	$CoCl_2 \cdot H_2O$	39.9	100

[a] 表中数据来源于《中国饲料学》(2000,张子仪主编)及《猪营养需要》(NRC,1998)中相关数据;

[b] 列于每种微量元素下的第一种元素来源通常作为标准,其他来源与其相比较估算相对生物学利用率;

[c] 表示无有效的数值。

附 录 A
（资料性附录）
瘦肉型猪可消化氨基酸需要量

表 A.1 瘦肉型生长肥育猪每千克饲粮可消化氨基酸含量（自由采食，88%干物质）[a]

Table A.1 Digestible amino acid requirements of lean type growing—finishing pig *at libitum* (88%DM)

体重 BW，kg	3～8	8～20	20～35	35～60	60～90
平均体重 average BW，kg	5.5	14.0	27.5	47.5	75.0
日增重 ADG，kg/d	0.24	0.44	0.62	0.69	0.81
采食量 ADFI，kg/d	0.30	0.75	1.45	1.90	2.55
饲料/增重 F/G	1.25	1.70	2.35	2.75	3.15
饲粮消化能含量 DE，MJ/kg(kcal/kg)	14.00(3 350)	13.60(3 250)	13.40(3 200)	13.40(3 200)	13.40(3 200)
饲粮代谢能含量 ME[b]，MJ/kg(kcal/kg)	13.45(3 215)	13.05(3 120)	12.85(3 070)	12.85(3 070)	12.85(3 070)
粗蛋白质 CP，%	21.0	19.0	17.8	16.4	14.5
回肠真可消化氨基酸[c] ileal true digestible amino acids，%					
赖氨酸 Lys	1.29	1.04	0.79	0.72	0.61
蛋氨酸 Met	0.36	0.27	0.21	0.19	0.17
蛋氨酸＋胱氨酸 Met＋Cys	0.73	0.60	0.45	0.41	0.36
苏氨酸 Thr	0.81	0.65	0.50	0.45	0.40
色氨酸 Trp	0.24	0.18	0.14	0.13	0.11
异亮氨酸 Ile	0.70	0.57	0.43	0.39	0.34
亮氨酸 Leu	1.30	1.05	0.79	0.72	0.62
精氨酸 Arg	0.52	0.43	0.32	0.29	0.22
缬氨酸 Val	0.88	0.71	0.53	0.49	0.42
组氨酸 His	0.41	0.33	0.25	0.23	0.19
苯丙氨酸 Phe	0.77	0.63	0.47	0.42	0.37
苯丙氨酸＋酪氨酸 Phe＋Tyr	1.21	0.98	0.74	0.68	0.58
回肠表观可消化氨基酸[d] ileal apparent digestible amino acids，%					
赖氨酸 Lys	1.23	0.98	0.74	0.66	0.55
蛋氨酸 Met	0.33	0.25	0.20	0.18	0.16
蛋氨酸＋胱氨酸 Met＋Cys	0.69	0.55	0.41	0.38	0.33
苏氨酸 Thr	0.74	0.58	0.44	0.39	0.35
色氨酸 Try	0.22	0.16	0.12	0.11	0.09
异亮氨酸 Iso	0.67	0.54	0.40	0.36	0.31
亮氨酸 Leu	1.26	1.02	0.76	0.69	0.60
精氨酸 Arg	0.50	0.41	0.30	0.26	0.20
缬氨酸 Val	0.82	0.66	0.49	0.45	0.37
组氨酸 His	0.39	0.31	0.24	0.22	0.18
苯丙氨酸 Phe	0.73	0.58	0.43	0.39	0.34
苯丙氨酸＋酪氨酸 Phe＋Tyr	1.15	0.93	0.68	0.63	0.53

[a] 瘦肉率高于55%的阉公猪和青年母猪混养猪群。

[b] 假定代谢能为消化能的96%。

[c] 回肠真可消化氨基酸(TDAA)指饲料氨基酸已被吸收，从猪小肠消失并经内源性矫正的部分，是通过回肠末端收集食糜技术测定的，其计算公式为(A.1)：

$$\text{TDAA}(\%)=\frac{\text{食入氨基酸}-(\text{回肠食糜氨基酸}-\text{内源氨基酸})}{\text{食入氨基酸}}\times 100 \quad \cdots\cdots (A.1)$$

表 A.1（续）

<table><tr><td>3kg～20kg 猪的赖氨酸回肠真可消化和表观可消化需要量是根据试验和经验数据估测的，其他氨基酸需要量是根据其与赖氨酸的比例（理想蛋白质模式）估测的；20kg～90kg 猪的赖氨酸回肠表观可消化和真可消化需要量是结合生长模型、试验数据和经验数据估测的，其他氨基酸需要量是根据理想蛋白质模式估测的。
[d] 指饲料氨基酸已被吸收，从猪小肠消失但未经内源性矫正的部分，是通过回肠末端收集食糜技术测定的，其计算公式为（A.2）：
$$ADAA(\%) = \frac{食入氨基酸 - 回肠食糜氨基酸}{食入氨基酸} \times 100 \quad \cdots\cdots (A.2)$$</td></tr></table>

表 A.2 瘦肉型生长肥育猪每头每日可消化氨基酸需要量（自由采食，88%干物质）[a]

Table A.2 Daily digestible amino acids requirements of lean type growing-finishing pig *at libitum* (88%DM)

体重 BW，kg	3～8	8～20	20～35	35～60	60～90
平均体重 average BW，kg	5.5	14.0	27.5	47.5	75.0
日增重 ADG，kg/d	0.24	0.44	0.62	0.69	0.81
采食量 ADFI，kg/d	0.30	0.75	1.45	1.90	2.55
饲料/增重 F/G	1.25	1.70	2.35	2.75	3.15
饲粮消化能摄入量 DE，MJ/d(kcal/d)	4.20(1 005)	10.20(2 440)	19.40(4 640)	25.45(6 080)	34.15(8 160)
饲粮代谢能摄入量[b]ME，MJ/d(kcal/d)	4.05(965)	9.80(2 340)	18.60(4 450)	24.40(5 835)	32.75(7 830)
粗蛋白质摄入量 CP，g/d	63	143	258	312	370
回肠真可消化氨基酸[c] ileal true digestible amino acids，g/d					
赖氨酸 Lys	3.87	7.80	11.46	13.68	15.56
蛋氨酸 Met	1.08	2.03	3.05	3.61	4.34
蛋氨酸＋胱氨酸 Met＋Cys	2.19	4.50	6.53	7.79	9.18
苏氨酸 Thr	2.43	4.88	7.25	8.55	10.20
色氨酸 Trp	0.72	1.35	2.03	2.47	2.81
异亮氨酸 Ile	2.10	4.28	6.24	7.41	8.67
亮氨酸 Leu	3.90	7.88	11.46	13.68	15.81
精氨酸 Arg	1.56	3.23	4.64	5.51	5.61
缬氨酸 Val	2.64	5.33	7.69	9.31	10.71
组氨酸 His	1.23	2.48	3.63	4.37	4.85
苯丙氨酸 Phe	2.31	4.73	6.82	7.98	9.44
苯丙氨酸＋酪氨酸 Phe＋Tyr	3.63	7.35	10.73	12.92	14.79
回肠表观可消化氨基酸[c] ileal apparent digestible amino acids，g/d					
赖氨酸 Lys	3.69	7.35	10.73	12.54	14.03
蛋氨酸 Met	0.99	1.88	2.90	3.42	4.08
蛋氨酸＋胱氨酸 Met＋Cys	2.07	4.13	5.95	7.22	8.42
苏氨酸 Thr	2.22	4.35	6.38	7.41	8.93
色氨酸 Trp	0.66	1.20	1.74	2.09	2.30
异亮氨酸 Ile	2.01	4.05	5.80	6.84	7.91
亮氨酸 Leu	3.78	7.65	11.02	13.11	15.30
精氨酸 Arg	1.50	3.08	4.35	4.94	5.10
缬氨酸 Val	2.46	4.95	7.11	8.55	9.44
组氨酸 His	1.17	2.33	3.48	4.18	4.59
苯丙氨酸 Phe	2.19	4.35	6.24	7.41	8.67
苯丙氨酸＋酪氨酸 Phe＋Tyr	3.45	6.98	9.86	11.97	13.52

[a] 瘦肉率高于 55%的阉公猪和青年母猪混养猪群。

[b] 假定代谢能为消化能的 96%。

表 A.2（续）

c 3kg～20kg 猪的赖氨酸回肠真可消化和表观可消化需要量是根据试验和经验数据估测的，其他氨基酸需要量是根据其与赖氨酸的比例（理想蛋白质模式）估测的；20kg～90kg 猪的赖氨酸回肠表观可消化和真可消化需要量是结合生长模型、试验数据和经验数据估测的，其他氨基酸需要量是根据理想蛋白质模式估测的。

表 A.3 瘦肉型妊娠母猪每千克饲粮可消化氨基酸含量（88%干物质）[a]

Table A.3 Digestible amino acids requirements of lean type gestating pig(88%DM)

	妊娠前期 early pregnancy			妊娠后期 late pregnancy		
配种体重[b]BW at mating，kg	120～150	150～180	>180	120～150	150～180	>180
预期窝产仔数 Litter size	10	11	11	10	11	11
饲粮消化能含量 DE，MJ/kg(kcal/kg)	12.75(3 050)	12.35(2 950)	12.15(2 950)	12.75(3 050)	12.55(3 000)	12.55(3 000)
饲粮代谢能含量[c]ME，MJ/kg(kcal/kg)	12.25(2 930)	11.85(2 830)	11.65(2 830)	12.25(2 930)	12.05(2 880)	12.05(2 880)
粗蛋白质[d]CP，%	13.0	12.0	12.0	14.0	13.0	12.0
采食量 ADFI，kg/d	2.10	2.10	2.00	2.60	2.80	3.00
回肠真可消化氨基酸 ileal true digestible amino acids，%						
赖氨酸 Lys	0.45	0.41	0.38	0.45	0.42	0.39
蛋氨酸 Met	0.12	0.11	0.11	0.12	0.11	0.11
蛋氨酸+胱氨酸 Met+Cys	0.30	0.28	0.27	0.30	0.29	0.28
苏氨酸 Thr	0.33	0.32	0.31	0.33	0.33	0.32
色氨酸 Trp	0.09	0.08	0.08	0.09	0.08	0.08
异亮氨酸 Ile	0.26	0.24	0.23	0.26	0.25	0.24
亮氨酸 Leu	0.43	0.40	0.37	0.43	0.41	0.38
精氨酸 Arg	0.03	0.00	0.00	0.03	0.00	0.00
缬氨酸 Val	0.30	0.28	0.26	0.30	0.29	0.27
组氨酸 His	0.14	0.13	0.12	0.14	0.13	0.12
苯丙氨酸 Phe	0.25	0.24	0.22	0.25	0.25	0.23
苯丙氨酸+酪氨酸 Phe+Tyr	0.43	0.41	0.38	0.43	0.42	0.39
回肠表观可消化氨基酸 ileal apparent digestible amino acids，%						
赖氨酸 Lys	0.40	0.37	0.35	0.40	0.38	0.36
蛋氨酸 Met	0.12	0.11	0.10	0.12	0.11	0.10
蛋+胱氨酸 Met+Cys	0.27	0.26	0.25	0.27	0.27	0.26
苏氨酸 Thr	0.29	0.28	0.26	0.29	0.29	0.27
色氨酸 Trp	0.07	0.07	0.06	0.07	0.07	0.06
异亮氨酸 Ile	0.23	0.22	0.20	0.23	0.23	0.21
亮氨酸 Leu	0.42	0.39	0.36	0.42	0.40	0.37
精氨酸 Arg	0.02	0.00	0.00	0.02	0.00	0.00
缬氨酸 Val	0.27	0.25	0.24	0.27	0.26	0.25
组氨酸 His	0.13	0.12	0.12	0.13	0.12	0.12
苯丙氨酸 Phe	0.24	0.22	0.20	0.24	0.23	0.21
苯丙氨酸+酪氨酸 Phe+Tyr	0.40	0.37	0.35	0.40	0.38	0.36

a 消化能、可消化氨基酸是根据国内的试验报告、企业的经验数据和 NRC(1998)的妊娠模型得到的。

b 妊娠前期指妊娠前 12 周，妊娠后期指妊娠后 4 周；"120kg～150kg"阶段适用于初产母猪和因泌乳期消耗过度的经产母猪，"150kg～180kg" 阶段适用于自身尚有生长潜力的经产母猪，"180kg 以上"指达到标准成年体重的经产母猪，其对养分的需要量不随体重增长而变化。

c 假定代谢能为消化能的 96%。

表 A. 4　瘦肉型泌乳母猪每千克饲粮可消化氨基酸含量(88%干物质)[a]

Table A. 4　Digestible amino acids requirements of lean type lactating pig(88%DM)

分娩体重 BW post-farrowing, kg	140～180		180～240	
泌乳期体重变化, kg	0.0	−10.0	−7.5	−15
哺乳窝仔数 litter size, 头	9	9	10	10
饲粮消化能含量 DE, MJ/kg(kcal/kg)	13.80(3 300)	13.80(3 300)	13.80(3 300)	13.80(3 300)
饲粮代谢能含量 ME[b], MJ/kg(kcal/kg)	13.25(3 170)	13.25(3 170)	13.25(3 170)	13.25(3 170)
粗蛋白质 CP[c], %	17.5	18.0	18.0	18.5
采食量 ADFI, kg/d	5.25	4.65	5.65	5.20
回肠真可消化氨基酸 ileal true digestible amino acids, %				
赖氨酸 Lys	0.77	0.82	0.79	0.83
蛋氨酸 Met	0.20	0.21	0.21	0.22
蛋氨酸+胱氨酸 Met+Cys	0.37	0.39	0.38	0.40
苏氨酸 Thr	0.47	0.50	0.49	0.51
色氨酸 Trp	0.14	0.15	0.15	0.16
异亮氨酸 Ile	0.43	0.46	0.45	0.47
亮氨酸 Leu	0.87	0.93	0.90	0.94
精氨酸 Arg	0.43	0.44	0.42	0.43
缬氨酸 Val	0.65	0.70	0.67	0.73
组氨酸 His	0.31	0.32	0.31	0.33
苯丙氨酸 Phe	0.42	0.45	0.43	0.45
苯丙氨酸+酪氨酸 Phe+Tyr	0.87	0.92	0.90	0.94
回肠表观可消化氨基酸 ileal apparent digestible amino acids, %				
赖氨酸 Lys	0.71	0.76	0.74	0.77
蛋氨酸 Met	0.19	0.20	0.20	0.20
蛋氨酸+胱氨酸 Met+Cys	0.34	0.36	0.36	0.37
苏氨酸 Thr	0.41	0.44	0.43	0.45
色氨酸 Trp	0.12	0.13	0.13	0.14
异亮氨酸 Ile	0.40	0.42	0.41	0.43
亮氨酸 Leu	0.84	0.89	0.86	0.90
精氨酸 Arg	0.41	0.41	0.40	0.40
缬氨酸 Val	0.59	0.64	0.62	0.65
组氨酸 His	0.29	0.30	0.30	0.31
苯丙氨酸 Phe	0.39	0.41	0.40	0.42
苯丙氨酸+酪氨酸 Phe+Tyr	0.86	0.86	0.84	0.87

[a] 由于国内缺乏哺乳母猪的试验数据，消化能和可消化氨基酸是根据国内一些企业的经验数据和 NRC(1998)的泌乳模型得到的。

[b] 假定代谢能为消化能的 96%。

[c] 以玉米—豆粕型日粮为基础确定的。

附 录 B
（资料性附录）
肉脂型及地方品种猪可消化氨基酸需要量

表 B.1 肉脂型生长育肥猪每千克饲粮可消化氨基酸含量（一型标准，自由采食，88%干物质）[a]

Table B.1 Digestible amino acids requirements of lean-fat type growing-finishing pig *at libitum*（88%DM）

体重 BW，kg	5～8	8～15	15～30	30～60	60～90
日增重 ADG，kg/d	0.22	0.38	0.50	0.60	0.70
采食量 ADFI，kg/d	0.40	0.87	1.36	2.02	2.94
饲料/增重 F/G	1.80	2.30	2.73	3.35	4.20
饲粮消化能含量 DE，MJ/kg(kcal/kg)	13.80(3 300)	13.60(3 250)	12.95(3 100)	12.95(3 100)	12.95(3 100)
粗蛋白质 CP，%	21.0	18.2	16.0	14.0	13.0
回肠真可消化氨基酸 ileal true digestible amino acids，%					
赖氨酸 Lys	1.19	0.92	0.74	0.60	0.51
蛋氨酸+胱氨酸 Met+Cys	0.58	0.48	0.38	0.33	0.30
苏氨酸 Thr	0.66	0.52	0.43	0.38	0.32
色氨酸 Trp	0.17	0.13	0.10	0.10	0.10
异亮氨酸 Ile	0.65	0.52	0.42	0.38	0.32
回肠表观可消化氨基酸 ileal apparent digestible amino acids，%					
赖氨酸 Lys	1.11	0.86	0.68	0.55	0.46
蛋氨酸+胱氨酸 Met+Cys	0.54	0.44	0.35	0.31	0.28
苏氨酸 Thr	0.59	0.46	0.37	0.33	0.28
色氨酸 Trp	0.15	0.11	0.09	0.08	0.07
异亮氨酸 Ile	0.61	0.48	0.39	0.35	0.30

[a] 粗蛋白质的需要量原则上是以玉米—豆粕日粮满足可消化氨基酸的需要而确定的。为克服早期断奶给仔猪带来的应激，5kg～8kg 体重阶段使用了较多的动物蛋白和乳制品。

表 B.2 肉脂型生长育肥猪每日每头可消化需要量（一型标准，自由采食，88%干物质）[a]

Table B.2 Daily digestible amino acids requirements of lean-fat type growing-finishing pig *at libitum*（88%DM）

体重 BW，kg	5～8	8～15	15～30	30～60	60～90
日增重 ADG，kg/d	0.22	0.38	0.50	0.60	0.70
采食量 ADFI，kg/d	0.40	0.87	1.36	2.02	2.94
饲料/增重 F/G	1.80	2.30	2.73	3.35	4.20
饲粮消化能含量 DE，MJ/kg(kcal/kg)	13.80(3 300)	13.60(3 250)	12.95(3 100)	12.95(3 100)	12.95(3 100)
粗蛋白质 CP，g/d	84.0	158.3	217.6	282.8	382.2
回肠真可消化氨基酸 ileal true digestible amino acids，g/d					
赖氨酸 Lys	4.4	7.5	9.2	11.1	13.5
蛋氨酸+胱氨酸 Met+Cys	2.2	3.8	4.8	6.3	8.2
苏氨酸 Thr	2.4	4.0	5.0	6.7	8.2
色氨酸 Trp	0.6	1.0	1.2	1.6	2.1
异亮氨酸 Ile	2.4	4.2	5.3	7.1	8.8
回肠表观可消化氨基酸 ileal apparent digestible amino acids，g/d					
赖氨酸 Lys	4.8	8.0	10.1	12.1	15.0
蛋氨酸+胱氨酸 Met+Cys	2.3	4.2	5.2	6.7	8.8
苏氨酸 Thr	2.6	4.5	5.8	7.7	9.4
色氨酸 Trp	0.7	1.1	1.4	2.0	2.9
异亮氨酸 Ile	2.6	4.5	5.7	7.7	9.4

[a] 粗蛋白质的需要量原则上是以玉米—豆粕日粮满足可消化氨基酸的需要而确定的。为克服早期断奶给仔猪带来的应激，5kg～8kg 阶段使用了较多的动物蛋白和乳制品。

表 B.3 肉脂型生长育肥猪每千克饲粮中可消化氨基酸含量(二型标准,自由采食,88%干物质)[a]

Table B.3 Digestible amino acids requirements of lean-fat type growing-finishing pig *at libitum*(88%DM)

体重 BW,kg	8~15	15~30	30~60	60~90
日增重 ADG,kg/d	0.34	0.45	0.55	0.65
采食量 ADFI,g/d	0.87	1.30	1.96	2.89
饲料/增重 F/G	2.55	2.90	3.55	4.45
饲粮消化能含量 DE,MJ/kg(kcal/kg)	13.30(3 180)	12.25(2 930)	12.25(2 930)	12.25(2 930)
粗蛋白质 CP,%	17.5	16.0	14.0	13.0
回肠真可消化氨基酸 ileal true digestible amino acids,%				
赖氨酸 Lys	0.87	0.70	0.56	0.48
蛋+胱氨酸 Met+Cys	0.43	0.36	0.31	0.28
苏氨酸 Thr	0.54	0.40	0.35	0.31
色氨酸 Trp	0.16	0.10	0.09	0.09
异亮氨酸 Ile	0.47	0.40	0.35	0.31
回肠表观可消化氨基酸 ileal apparent digestible amino acids,%				
赖氨酸 Lys	0.81	0.65	0.51	0.44
蛋氨酸+胱氨酸 Met+Cys	0.46	0.33	0.29	0.26
苏氨酸 Thr	0.48	0.35	0.31	0.26
色氨酸 Trp	0.14	0.08	0.07	0.06
异亮氨酸 Ile	0.45	0.37	0.32	0.28

[a] 5kg~8kg 体重阶段的需要量同一型标准。

表 B.4 肉脂型生长育肥猪每日每头养分需要量(二型标准,自由采食,88%干物质)[a]

Table B.4 Daily digestible amino acids requirements of lean-fat type growing-finishing pig *at libitum*(88%DM)

体重 BW,kg	8~15	15~30	30~60	60~90
日增重 ADG,kg/d	0.34	0.45	0.55	0.65
采食量 ADFI,kg/d	0.87	1.30	1.96	2.89
饲料/增重 F/G	2.55	2.90	3.55	4.45
饲粮消化能含量 DE,MJ/kg(kcal/kg)	13.30(3 180)	12.25(2 930)	12.25(2 930)	12.25(2 930)
粗蛋白 CP,%	152.3	208.0	274.4	375.7
回肠真可消化氨基酸 ileal true digestible amino acids,g/d				
赖氨酸 Lys	7.6	9.1	11.0	13.9
蛋氨酸+胱氨酸 Met+Cys	3.7	4.7	6.1	8.1
苏氨酸 Thr	4.7	5.2	6.9	9.0
色氨酸 Trp	1.4	1.3	1.8	2.6
异亮氨酸 Ile	4.1	5.2	6.9	9.0
回肠表观可消化氨基酸 ileal apparent digestible amino acids,g/d				
赖氨酸 Lys	7.0	8.5	10.0	12.7
蛋氨酸+胱氨酸 Met+Cys	4.0	4.3	5.7	7.5
苏氨酸 Thr	4.2	4.6	6.1	7.5
色氨酸 Trp	1.2	1.0	1.4	1.7
异亮氨酸 Ile	3.9	4.8	6.3	8.1

[a] 5kg~8kg 体重阶段的需要量同一型标准。

表 B.5 肉脂型生长育肥猪每千克饲粮中可消化氨基酸含量(三型标准,自由采食,88%干物质)[a]

Table B.5 Digestible amino acids requirements of lean－fat type growing－finishing pig *at libitum*(88%DM)

体重 BW,kg	15～30	30～60	60～90
日增重 ADG,kg/d	0.40	0.50	0.59
采食量 ADFI,kg/d	1.28	1.95	2.92
饲料/增重 F/G	3.20	3.90	4.95
饲粮消化能含量 DE,MJ/kg(kcal/kg)	11.70(2 800)	11.70(2 800)	11.70(2 800)
粗蛋白质 CP,%	15.0	14.0	13.0
回肠真可消化氨基酸 ileal true digestible amino acids,%			
赖氨酸 Lys	0.66	0.52	0.44
蛋氨酸+胱氨酸 Met+Cys	0.34	0.29	0.25
苏氨酸 Thr	0.38	0.34	0.28
色氨酸 Trp	0.09	0.09	0.08
异亮氨酸 Ile	0.38	0.34	0.28
回肠表观可消化氨基酸 ileal apparent digestible amino acids,%			
赖氨酸 Lys	0.62	0.48	0.39
蛋氨酸+胱氨酸 Met+Cys	0.32	0.27	0.22
苏氨酸 Thr	0.33	0.28	0.23
色氨酸 Trp	0.08	0.07	0.06
异亮氨酸 Ile	0.34	0.29	0.24
[a] 5kg～8kg 体重阶段的需要量同一型标准;8kg～16kg 体重阶段的需要量同二型标准。			

表 B.6 肉脂型生长育肥猪每日每头可消化氨基酸需要量(三型标准,自由采食,88%干物质)[a]

Table B.6 Daily digestible amino acids requirements of lean－fat type growing－finishing pig *at libitum*(88%DM)

体重 BW,kg	15～30	30～60	60～90
日增重 ADG,kg/d	0.40	0.50	0.59
采食量 ADFI,kg/d	1.28	1.95	2.92
饲料/增重 F/G	3.20	3.90	4.95
饲粮消化能含量 DE,MJ/kg(kcal/kg)	11.70(2 800)	11.70(2 800)	11.70(2 800)
粗蛋白质 CP,%	15.0	14.0	13.0
回肠真可消化氨基酸 ileal true digestible amino acids,g/d			
赖氨酸 Lys	8.4	10.1	12.8
蛋氨酸+胱氨酸 Met+Cys	4.4	5.7	7.3
苏氨酸 Thr	4.9	6.6	8.2
色氨酸 Trp	1.2	1.8	2.3
异亮氨酸 Ile	4.9	6.6	8.2
回肠表观可消化氨基酸 ileal apparent digestible amino acids,g/d			
赖氨酸 Lys	7.9	9.4	11.4
蛋氨酸+胱氨酸 Met+Cys	4.1	5.3	6.4
苏氨酸 Thr	4.2	5.5	6.7
色氨酸 Trp	1.0	1.4	1.8
异亮氨酸 Ile	4.4	5.7	7.0
[a] 5kg～8kg 体重阶段的需要量同一型标准;8kg～16kg 体重阶段的需要量同二型标准。			

表 B.7 肉脂型妊娠和哺乳母猪每千克饲粮可消化氨基酸含量(88%干物质)

Table B.7 Digestible amino acid requirements of lean-fat type gestating and lactating sow(88%DM)

指标 item	妊娠母猪 pregnant sow	泌乳母猪 lactating sow
采食量 ADFI,kg/d	2.10	5.10
饲粮消化能含量 DE,MJ/kg(kcal/kg)	11.70(2 800)	13.60(3 250)
粗蛋白质 CP,%	13.0	17.5
回肠真可消化氨基酸 ileal true digestible amino acids,%		
赖氨酸 Lys	0.36	0.68
蛋氨酸+胱氨酸 Met+Cys	0.26	0.34
苏氨酸 Thr	0.30	0.43
色氨酸 Trp	0.07	0.12
异亮氨酸 Ile	0.21	0.38
回肠表观可消化氨基酸 ileal apparent digestible amino acids,%		
赖氨酸 Lys	0.33	0.63
蛋氨酸+胱氨酸 Met+Cys	0.24	0.32
苏氨酸 Thr	0.26	0.38
色氨酸 Trp	0.06	0.11
异亮氨酸 Ile	0.20	0.35

表 B.8 地方猪种后备母猪每千克饲粮中可消化氨基酸含量(88%干物质)[a]

Table B.8 Digestible amino acids requirements of local replacement gilt(88%DM)

体重 BW,kg	10~20	20~40	40~70
预期日增重 ADG,kg/d	0.30	0.40	0.50
预期采食量 ADFI,kg/d	0.63	1.08	1.65
饲料/增重 F/G	2.10	2.70	3.30
饲粮消化能含量 DE,MJ/kg(kcal/kg)	12.97(3 100)	12.55(3 000)	12.14 (2 900)
粗蛋白质 CP,%	18.0	16.0	14.0
回肠真可消化氨基酸 ileal true digestible amino acids,%			
赖氨酸 Lys	0.89	0.78	0.58
蛋氨酸+胱氨酸 Met+Cys	0.46	0.40	0.32
苏氨酸 Thr	0.49	0.44	0.36
色氨酸 Trp	0.13	0.11	0.09
异亮氨酸 Ile	0.49	0.43	0.36
回肠表观可消化氨基酸 ileal apparent digestible amino acids,%			
赖氨酸 Lys	0.82	0.72	0.53
蛋氨酸+胱氨酸 Met+Cys	0.42	0.37	0.30
苏氨酸 Thr	0.43	0.39	0.32
色氨酸 Trp	0.11	0.09	0.08
异亮氨酸 Ile	0.47	0.41	0.34
[a] 除钙、磷外的矿物元素及维生素的需要,可参照肉脂型生长育肥猪的二型标准。			

表 B.9　肉脂型种公猪每千克饲粮可消化氨基酸含量(88%干物质)[a]

Table B.9　Digestible amino acids requirements of lean-fat type breeding boar(88%DM)

体重 BW,g	10～20	20～40	40～70
日增重 ADG,kg/d	0.35	0.45	0.50
采食量 ADFI,kg/d	0.72	1.17	1.67
饲粮消化能含量 DE,MJ/kg(kcal/kg)	12.97(3 100)	12.55(3 000)	12.55(3 000)
粗蛋白质 CP,%	18.8	17.5	14.6
回肠真可消化氨基酸 ileal true digestible amino acids,%			
赖氨酸 Lys	0.94	0.81	0.63
蛋氨酸+胱氨酸 Met+Cys	0.48	0.42	0.34
苏氨酸 Thr	0.52	0.47	0.40
色氨酸 Trp	0.14	0.11	0.10
异亮氨酸 Ile	0.52	0.46	0.40
回肠表观可消化氨基酸 ileal apparent digestible amino acids,%			
赖氨酸 Lys	0.86	0.75	0.58
蛋氨酸+胱氨酸 Met+Cys	0.44	0.39	0.32
苏氨酸 Thr	0.45	0.41	0.34
色氨酸 Trp	0.12	0.09	0.08
异亮氨酸 Ile	0.49	0.43	0.36
[a] 除钙、磷外的矿物元素及维生素的需要,可参照肉脂型生长育肥猪的一型标准。			

表 B.10　肉脂型种公猪每日每头饲粮可消化氨基酸需要量(88%干物质)[a]

Table B.10　Daily digestible amino acids requirements of lean-fat type breeding boar(88%DM)

体重 BW,kg	10～20	20～40	40～70
日增重 ADG,kg/d	0.35	0.45	0.50
采食量 ADFI,kg/d	0.72	1.17	1.67
饲粮消化能含量 DE,MJ/kg(kcal/kg)	12.97(3 100)	12.55(3 000)	12.55(3 000)
粗蛋白质 CP,g/d	135.4	204.8	243.8
回肠真可消化氨基酸 ileal true digestible amino acids,g/d			
赖氨酸 Lys	6.8	10.8	12.2
蛋氨酸+胱氨酸 Met+Cys	3.5	10.8	12.2
苏氨酸 Thr	3.7	10.8	12.2
色氨酸 Trp	1.0	10.8	12.2
异亮氨酸 Ile	3.7	10.8	12.2
回肠表观可消化氨基酸 ileal apparent digestible amino acids,g/d			
赖氨酸 Lys	6.2	10.8	12.2
蛋氨酸+胱氨酸 Met+Cys	3.2	10.8	12.2
苏氨酸 Thr	3.2	10.8	12.2
色氨酸 Trp	0.9	10.8	12.2
异亮氨酸 Ile	3.5	10.8	12.2
[a] 除钙、磷外的矿物元素及维生素的需要,可参照肉脂型生长育肥猪的一型标准。			

附 录
(资料性
猪用饲料氨

表 C.1 猪用饲料氨基酸回
Table C.1 Apparent ileal digestibility of amino acids

饲料名称 Feed name	干物质 DM,%	粗蛋白 CP,%	精氨酸 Arg,%	组氨酸 His,%	异亮氨酸 Ile,%	亮氨酸 Leu,%
高赖氨酸玉米 corn grain	86.0	8.5	91(89~94)	90	81(75~89)	86(84~89)
玉米 corn grain	86.0	8.7	85(73~90)	83(74~91)	78(66~89)	85(76~94)
大麦(裸)naked barley grain	87.0	13.0	79(74~83)	74(72~77)	72(62~82)	76(72~80)
糙米 rough rice	87.0	8.8	90(85~95)	87(85~89)	84(80~89)	84(82~87)
次粉 wheat middling and reddog	88.0	15.4	92(90~93)	91(89~93)	88(86~89)	90(88~91)
大豆饼 soybean meal(exp.)	87.0	40.9	90(89~93)	87(85~93)	82(74~84)	82(78~83)
大豆粕 soybean meal(sol.)	89.0	47.9	94(93~95)	90(89~92)	89(87~91)	89(88~90)
大豆粕 soybean meal(sol.)	87.0	44.0	90(87~92)	86(81~92)	82(76~85)	82(78~86)
棉籽饼 cottonseed meal(exp.)	88.0	36.3	86(82~90)	72(65~80)	54(46~60)	58(51~65)
棉籽粕 cottonseed meal(sol.)	88.0	43.5	88(86~90)	77(73~80)	69(62~88)	71(66~85)
菜籽饼 rapeseed meal(exp.)	88.0	35.7	83(80~84)	78(72~83)	75(69~77)	78(72~80)
菜籽粕 rapeseed meal(sol.)	88.0	38.6	82(80~84)	79(75~82)	73(68~76)	77(74~80)
花生仁饼 peanut meal(exp.)	88.0	44.7	93(90~95)	80(73~85)	81(76~85)	83(78~87)
花生仁粕 peanut meal(sol.)	88.0	47.8	95(92~97)	87(80~91)	82(80~87)	81(72~89)
向日葵仁粕 sunflower meal(sol.)	88.0	36.5	85(75~95)	80(70~90)	77(72~830	80(73~86)
玉米蛋白粉 corn gluten meal	90.1	63.5	85(82~88)	85(81~87)	90	95(93~97)
鱼粉(CP64.5%)fish meal	90.0	64.5	89(86~92)	84(80~89)	86(82~91)	87(83~92)

C

附录)

基酸消化率

肠表观消化率(参考值)

in feed ingredients used for swine(Reference)

赖氨酸 Lys,%	蛋氨酸 Met,%	胱氨酸 Cys,%	苯丙氨酸 Phe,%	苏氨酸 Thr,%	色氨酸 Trp,%	缬氨酸 Val,%
80(76~85)	82(79~85)	80	87(85~91)	73(69~79)	89	81(79~82)
72(63~82)	84(75~90)	73(64~77)	83(75~90)	76(64~86)	74(62~89)	78(67~87)
64	78(69~88)	73	82(80~85)	63(62~65)	—	69(65~73)
83	85(81~86)	81	86(82~90)	79(72~85)	74(70~77)	82(70~90)
83(81~85)	90(87~92)	87(83~90)	90(89~92)	82(78~85)	86	86(84~87)
85	86(82~87)	78(74~87)	84(81~85)	76(74~79)	79(78~80)	79(71~81)
90(88~92)	88(85~91)	80	89	83(85~91)	86(84~89)	81(78~84)
85(81~89)	87(83~90)	79(72~88)	85(80~88)	75(72~79)	80(76~85)	80(75~83)
54(42~64)	45(41~52)	—	71(66~75)	58(50~67)	—	55(48~64)
59(54~67)	69(59~73)	70(65~75)	81(70~93)	62(56~80)	73(62~90)	69(55~81)
74(71~76)	84(80~86)	77(73~84)	76(72~79)	67(60~69)	71(63~77)	70(67~71)
72(69~75)	83(77~85)	75(71~81)	76(71~79)	68(64~71)	—	69(65~720)
78(72~82)	86(83~90)	77(74~78)	88(85~89)	73(67~77)	71(68~75)	80(76~83)
79(76~82)	82(75~90)	78	87(80~91)	79(72~86)	74	81(76~86)
74(72~77)	85(82~88)	77	82(75~88)	78(75~81)	—	79(77~81)
77(73~80)	88(86~90)	80(73~85)	90(87~96)	83(80~86)	60(45~70)	88(87~91)
86(79~91)	89(83~95)	77(63~85)	85(80~91)	82(77~88)	78(74~95)	84(80~89)

表 C.2 猪用饲料氨基酸

Table C.2 True ileal digestibility of aminoacids in

饲料名称 Feed Name	干物质 DM,%	粗蛋白 CP,%	精氨酸 Arg,%	组氨酸 His,%	异亮氨酸 Ile,%	亮氨酸 Leu,%
玉米 corn grain	86.0	8.5	94(91~97)	91	85(83~87)	88(87~90)
玉米 corn grain	86.0	8.7	92(86~98)	90(86~98)	86(83~93)	88(84~94)
高粱(单宁含量低)sorghum grain	86.0	9.0	86(80~94)	83	89(88~91)	92(91~93)
小麦 wheat grain	87.0	13.9	87(81~90)	86(73~89)	88(78~91)	89(81~91)
大麦(裸)naked barley grain	87.0	13.0	87(84~96)	85(82~87)	84	86(85~87)
黑麦 rye	88.0	11.0	78	78	79(77~85)	82(80~87)
糙米 rough rice	87.0	8.8	93	88(87~91)	90	88(87~90)
次粉 wheat middling and reddog	88.0	15.4	96(93~99)	95(92~97)	92(90~94)	92
小麦麸 wheat bran	87.0	15.7	88	84	79(77~82)	82
大豆饼 soybean meal(exp.)	87.0	40.9	93(90~95)	90(85~93)	87(82~91)	87(81~90)
大豆粕 soybean meal(sol.)	89.0	47.9	96(95~97)	93(89~95)	94(92~95)	91(90~93)
棉籽饼 cottonseed meal(exp.)	88.0	36.3	87(85~91)	76(69~86)	65(56~76)	66(58~75)
棉籽粕 cottonseed meal(sol.)	88.0	43.5	91(89~97)	85(83~93)	79(75~85)	77(73~80)
菜籽饼[a] rapeseed meal(exp.)	88.0	35.7	89(88~92)	86(83~91)	80(77~84)	84(79~88)
菜籽粕 rapeseed meal(sol.)	88.0	38.6	86(84~88)	83(81~85)	76(72~79)	81(78~84)
花生仁饼 peanut meal(exp.)	88.0	44.7	97	91(90~93)	91(88~93)	92(89~94)
花生仁粕 peanut meal(sol.)	88.0	47.8	97	90	90(87~92)	90(88~93)
向日葵仁饼 sunflower meal(exp.)	88.0	29.0	91(89~93)	85(83~86)	83(81~84)	83(81~85)
向日葵仁粕 sunflower meal(sol.)	88.0	36.5	93	84	81(79~83)	82(79~84)
鱼粉(CP64.5%)fish meal	90.0	64.5	94(93~95)	93(91~96)	94(93~98)	94(93~98)
血粉 blood meal	88.0	82.8	92(88~97)	92(88~95)	88(84~96)	92(88~96)
羽毛粉 feather meal	88.0	77.9	82(79~84)	70(68~72)	83(75~87)	80(75~83)
皮革粉 leather meal	88.0	74.7	56(50~60)	53	78(74~80)	66(63~68)
肉骨粉 meat and bone meal	93.0	50.0	87	84(81~86)	82(80~84)	82(80~83)

[a] 经脱毒处理。

回肠真消化率(参考值)

feed ingredients used for swine(Reference)

赖氨酸 Lys%	蛋氨酸 Met%	胱氨酸 Cys%	苯丙氨酸 Phe%	苏氨酸 Thr%	色氨酸 Trp%	缬氨酸 Val%
82(79～85)	86(83～90)	82	88(87～90)	82(81～84)	94	85(84～87)
76(66～81)	89(81～96)	82(78～86)	89(86～94)	84(75～92)	86(77～94)	85(76～90)
83(80～88)	90(89～93)	88(87～89)	90	86(83～91)	86	89(86～94)
78(73～85)	89(84～94)	88(79～92)	91	84(82～86)	89(87～90)	87(79～92)
78(73～83)	85(83～88)	85(82～90)	86(83～89)	81(78～88)	73(69～77)	84(81～87)
73	83(80～90)	83(81～90)	84(82～89)	75(73～82)	—	79(76～89)
85	88	—	90(89～92)	88	78	88(85～92)
91(87～94)	92(91～95)	88(87～90)	92(89～95)	89(85～95)	92(90～95)	91(89～95)
74	82(80～84)	80(79～82)	84	74(71～76)	70	78(76～79)
89(84～92)	90(86～94)	85(78～89)	86(82～89)	85(78～89)	88	86(80～89)
93(92～94)	93(91～95)	86(82～93)	91(89～92)	91(89～93)	92(89～93)	88(86～90)
58(46～68)	65(57～74)	—	77(71～81)	61(51～75)	—	66(58～76)
68(64～80)	74(65～78)	85(80～92)	83(75～95)	79(74～81)	76(70～86)	84(79～87)
77(64～85)	87	81(75～82)	81(80～84)	75	69	77(74～82)
75(72～78)	86(84～88)	79(76～84)	81(78～84)	74(70～76)	80	74(70～77)
86(84～89)	89(85～95)	89(86～92)	93(92～94)	88(84～91)	—	89(86～91)
85(82～87)	86(84～88)	88(86～92)	93	86(82～91)	—	88(85～91)
82(80～83)	89	80(79～81)	85(83～86)	82(78～84)	—	81(77～82)
83(81～84)	88(86～89)	80(79～81)	83(80～85)	81(79～83)	—	79(76～81)
93(92～95)	94(92～98)	89(85～96)	93(91～96)	94(92～98)	90	93(91～96)
94(88～98)	96(95～99)	91(88～95)	93(89～97)	94((90～98)	94	91(87～95)
65(64～66)	76(73～78)	73	83(80～85)	81	60	81(77～83)
55(52～59)	59(55～62)	55	68(62～74)	60(54～67)	—	67(64～72)
83	85	64(59～70)	83	82	78	81

ICS 65.020.20
B 30

中华人民共和国农业行业标准

NY/T 222—2004
代替 NY/T 222—1993

剑麻栽培技术规程

Technical rules for plant of sisal

2005-01-04 发布　　　　2005-02-01 实施

中华人民共和国农业部　发布

前　言

本标准代替 NY/T 222—1993《剑麻栽培技术规程》。

本标准与 NY/T 222—1993 的差别主要是增加生物学特性、植区与园地选择、安全与质量控制部分内容；补充营养诊断指导施肥内容；删去第二章“种苗繁育”的内容。

本标准的附录 B、附录 C、附录 D、附录 E、附录 F、附录 G 为规范性附录，附录 A 为资料性附录。

本标准由中华人民共和国农业部提出并归口。

本标准起草单位：广东省湛江农垦局。

本标准主要起草人：陈叶海、苏智伟。

剑麻栽培技术规程

1 范围

本标准规定了剑麻田的植区与园地选择、规划与开垦、种苗准备、定植、田间管理、施肥、病虫草害防治、安全与质量控制、割叶及麻田更新等的技术要求。

本标准适用于我国植麻区剑麻的栽培与管理。

本标准适用于龙舌兰麻 H. 11648。

2 术语和定义

下列术语和定义适用于本标准。

2.1

疏植苗 dispersal breeding seedling

嫩壮吸芽苗、经密植培育的珠芽苗和无性快速繁殖的腋芽苗(亦称侧芽苗)通过疏植培育后达到大田种植标准的麻苗。

2.2

营养诊断配方施肥 nutrient deficiency diagnosis directional fertilizer

根据作物自身养分及立地土壤的营养元素含量的测定指标,比照该作物最佳的养分含量和立地土壤的营养标准,结合作物的需肥规律、土壤供肥性能与肥料效应等,合理配比肥料营养组分,实行按需施用的平衡施肥方法。

2.3

割叶周期 period for cutting leaf

后一次割叶与前一次割叶相隔的时间。

2.4

割叶强度 strength for cutting leaf

每次割下叶片的数量,常以割下多少轮叶或以割叶后留叶数来表示。

2.5

更新 renewing

对因植株开花、病死等原因造成在产麻株只有原定植总株数的50%左右的麻田进行淘汰,并重新开垦种植。

3 生物学特性

3.1 植物学特性

3.1.1 根

3.1.1.1 剑麻属单子叶、多年生一稔草本植物。

3.1.1.2 剑麻的根属须根系,分布多在40 cm深的土层中,根幅1.5 m～3 m。

3.1.1.3 剑麻的根具有浅生、分散、强大以及耐瘦瘠、耐干旱等特点。

3.1.2 茎

3.1.2.1 剑麻具有短而粗的茎,没有分枝。

3.1.2.2 剑麻的茎近似圆形,为螺旋状排列的叶片所环抱,茎端呈锥形。

3.1.3 叶

3.1.3.1 剑麻的叶片无叶柄，剑形、肉质、硬而狭长；叶腋中有1个腋芽，呈休眠状态；叶缘无刺，叶尖上有1 cm～2 cm的顶刺；叶面上有白色蜡粉，叶色灰绿。

3.1.3.2 剑麻的叶片是剑麻生长最旺盛的器官，在未开展时是互包卷着，形成心叶；展开的叶片螺旋状簇生在短茎上，像莲花座。

3.1.3.3 剑麻的叶片外层富含20%的蜡质层，上下表层均有许多深陷气孔，气孔昼闭夜开，具有保水防旱的生理机能。

3.1.3.4 剑麻叶片中间的海绵组织中着生许多强化纤维束和带状纤维束，约占叶片总重量的4%～5%。

3.1.3.5 剑麻的叶序数是13，即逢13展叶线。

3.1.4 花

3.1.4.1 剑麻属异花授粉植物。

3.1.4.2 剑麻植后一般10年～13年抽轴开花，花后结果至株芽脱落，生命结束。

3.1.4.3 剑麻花序为巨大的圆锥花序，花轴高达5 m～9 m。

3.1.5 果

3.1.5.1 剑麻花后所结果为蒴果，长圆形，成熟时呈黑褐色，长、宽分别约4.5 cm和3 cm。

3.1.5.2 剑麻开花结果后位于花柄离层下的潜伏芽逐渐萌发成珠芽，珠芽可作为繁殖材料。

3.2 生态学特性

3.2.1 生长发育特性

3.2.1.1 剑麻具有喜高温、耐旱的生态习性。

3.2.1.2 剑麻从大田种植到第一次割叶约需3年，这阶段的麻株营养生长突出，叶片数增加最多，生长消耗大。

3.2.1.3 剑麻开割后4年～6年，麻株营养生长旺盛，年均增叶40片以上。

3.2.1.4 剑麻从大田种植后9年至抽出花轴，麻株营养生长明显减弱。

3.2.2 对外界环境条件要求

3.2.2.1 剑麻在年平均气温19℃以上，极端低温多年平均＞0℃的地区都能生长。最适宜气温为22℃～24℃。

3.2.2.2 剑麻适生的降雨量为800 mm～2 000 mm，最适宜降雨量1 200 mm～1 500 mm。

3.2.2.3 剑麻对土壤要求不严，在铁质砖红壤、第四纪风化的红壤和花岗岩风化的杂砂赤红壤及紫色砂岩风化的红壤区均能良好生长。

4 植区与园地选择

4.1 植区选择

植区选择分为最适宜区、适宜区和次适宜区三等级，各等级的标准应符合表1的要求。

表1 植区分级标准

植区等级	年平均气温℃	极端最低温℃	年降雨量mm
最适宜区	≥23	＞3	1 200～1 800
适宜区	21～22	≥1	1 200～2 000
次适宜区	≥19	＞0	≥800或≤2 000

4.2 园地选择

4.2.1 地势

坡度小于15°。

4.2.2 土壤

土层厚度在80 cm以上，有机质含量2%以上。地下水位在1.0 m以下，排水良好。

5 规划与开垦

5.1 麻园规划

5.1.1 麻园规划要适应机械化、园林化、交通运输方便、布局合理的原则。

5.1.2 平地、5°以下缓坡地采用正方形或长方形设计，面积一般为3.5 hm^2～6.5 hm^2。

5.1.3 5°～15°丘陵地要环山等高设计，且适当集中连片，便于管理。

5.2 防护林设置

5.2.1 营造原则

有风害的植麻区要设置防护林，且主林带与主风方向垂直；丘陵地应根据地形设置山顶块状林和山脊林带。

5.2.2 规格

主林带宽度10 m～15 m，副林带宽6 m～8 m，株行距1.8 m×1.5 m或2 m×1.5 m。

5.2.3 树种

选择速生、经济效益好、抗风力强的树种，可选择桉树类品种等。

5.3 道路

5.3.1 平坦、缓坡地麻田的四周边行距离防护林6.0 m～7.0 m作为道路，超过140 m长的麻行，应设置与行间相垂直的交通道路，宽4.0 m～6.0 m。

5.3.2 丘陵地麻田要因地制宜搞好山脚、山脊主干路、山腰环山支路和人行道的三路配套。主、支干路面宽5.0 m～6.0 m，人行道路3.0 m～4.0 m。

5.4 开垦

5.4.1 原则

要做到水土保持，防止冲刷，消灭恶草。

5.4.2 要求

提早整地，要在前一年雨季末进行。机耕深度不少于40 cm，不漏犁、不漏耙、地块平整、土壤细碎。

5.4.3 做法

生荒地挖除灌木、高草和树头，深松犁横直深松一次，再三犁三耙。熟地二犁二耙。坡地、丘陵地按等高环山开垦，5°以下坡地全垦，6°～10°坡地等高全垦，每隔15 m左右修一条等高田埂；10°～15°坡地开4.0 m～4.5 m宽梯田，严禁顺坡开垦，不是恶草可保留一定草带以防冲刷。

6 种苗准备

6.1 应选择经过疏植培育后达到苗高60 cm～70 cm、存叶35片以上、株重4 kg以上、无病虫害的大、壮、嫩麻苗作定植材料。

6.2 种苗应提前起苗，让苗自然风干2 d～3 d后种植。

6.3 起苗后切除老根或部分老茎，保留老茎1 cm～1.5 cm(似碗底形)，原则上不修叶，必要时剥掉2片至3片干叶。

6.4 应对苗头进行消毒，方法是用40%灭病威200倍液和80%疫霜灵800倍液混合均匀喷雾。

6.5 起、运苗时不能伤叶片、叶轴和麻头，雨天不起苗，挖苗后及时分级、运输、种植。

7. 定植

7.1 施基肥

以有机肥为主，适当加磷、钾、钙肥进行穴施或沟施。穴施的穴长 50 cm、宽 50 cm、深 25 cm～30 cm；沟施的沟宽 50 cm、深 25 cm～30 cm。一般施肥后覆土 10 cm～15 cm。钙肥可选用石灰，应在土地备耕前撒施再机耕。施肥量参见附录 A。

7.2 定标

7.2.1 原则

应根据地形，按预定株行距定标，平地采用南北行向，坡地按水平等高定标。

7.2.2 株行距

根据气候、土壤肥力、地形地势、栽培管理水平和机械化的要求而定。大行距 3.8 m～4.0 m，小行距 1.0 m～1.2 m，株距 0.9 m～1.0 m，每公顷 3 750 株～4 800 株。气候条件差、土壤肥力低的地区可适当密植。

7.3 起畦

平地要求畦高 20 cm～30 cm，畦宽 2 m～2.2 m，畦面呈龟背形；缓坡地以及排水良好的地或降雨量少、土壤含砂量高和无斑马纹病的地区可低起畦种植，畦高不少于 15 cm；坡地起穴种植，穴堆高不少于 25 cm。

7.4 定植

7.4.1 时间

9 月至次年 4 月份种植，以春季种植为好，严禁高温多雨天气定植。

7.4.2 分级

种植前种苗要按苗龄及大小严格分级，按种苗大小分区定植。种苗分级标准按照附录 B 的规定执行。

7.4.3 定植深度

覆土深不超过绿白交界处 2 cm。定植时勿使泥土埋入叶片基部，麻头不要直接接触肥料，要覆土压实。种苗定植要做到"浅、稳、正、直、齐"。

8 田间管理

8.1 未开割麻田管理

8.1.1 补换植

定植后半年内要及时查苗，对缺株、弱苗、病株及时补换植，以保证麻田生长整齐一致。

8.1.2 扶苗

对当年新种麻和暴风雨后的麻田要进行全面巡查，对倾斜、倒伏植株及时扶正培土，对被淤泥雍入叶片基部的麻株要及时清理。

8.1.3 除草

及时除草，同时铲除吸芽，或用除草剂控制杂草的蔓生，保持麻行无荒草，但严禁使用草甘膦除草剂；坡度大而冲刷严重的麻田不要犁翻土层进行松土除草。

8.2 开割麻田管理

8.2.1 除草

原则上只除去灌木、高草和恶草，保留低矮的杂草覆盖以保水护根。至冬季可全面除草。

8.2.2 **中耕**

平地麻田每年、坡地麻田隔年在割叶后中耕一次，深度以 25 cm～35 cm 为宜。

8.2.3 **培土**

培土应结合中耕、除草、施肥进行，防止伤害麻叶。培土一般以麻根不裸露、小行畦不积水且畦面明显高出地面为宜。

9 施肥

9.1 未开割麻田施肥

9.1.1 应选择在春季施肥，定植后第二年起每年施肥一次。

9.1.2 以有机肥为主，化肥为辅，氮、磷、钾配合，又以钾、磷肥为主。施肥量参见附录 A。

9.1.3 平地以双沟施肥为主，坡地以穴施为主。做到见根施肥，平坦麻田在大行间靠近麻的边缘，用机开双沟施；穴施的在离茎基部 30 cm～50 cm 处挖长、宽 40 cm～50 cm、深 25 cm～30 cm 穴。施肥后要覆土 10 cm～15 cm。

9.2 开割麻田施肥

9.2.1 应在雨季前的 3 月～5 月份施肥。

9.2.2 应进行营养诊断配方施肥。施肥量参见附录 A。要重视中量和微量元素的施用，对缺钙、硼、镁、钼的麻田应适量补施。

9.2.3 以沟施为主，在大行间开沟，单双沟交叉隔年轮换，沟宽 40 cm～50 cm、深 30 cm～40 cm。压青时可结合施肥将青料放入沟底，然后覆土。施肥位置应逐年更换。坡地最好穴施和沟施隔年轮换，以减少肥料的流失。

9.2.4 推行配方专用肥的施用。配方专用肥和石灰应尽量实行机械撒施，以确保施肥的质量。

10 病虫草害综合防治及自然灾害防御

10.1 病害防治

10.1.1 **斑马纹病防治**

10.1.1.1 预防为主，综合防治；以农业综合栽培措施为主，药剂为辅。

10.1.1.2 搞好以“治水”为主的麻田基本建设。开好防冲刷沟、排水沟、隔离沟和防畜沟，以防病害蔓延。对低洼、积水、地下水位高、易发病地区，要起畦种植，且起畦高度不少于 25 cm。

10.1.1.3 做好种苗防病工作。外来种苗要经过严格检疫，种苗不堆放，麻苗切口要用有效成分 1%的疫霜灵药液消毒。苗期发病要及时处理。

10.1.1.4 不要偏施氮肥，要适量增施钾肥；麻渣必须经过堆沤腐熟后才能施用，且易发病区宜撒施后整地，不宜沟施。

10.1.1.5 雨天不育苗、不起苗、不定植、不除草、不割叶。雨后及时做好麻田的排水工作。

10.1.1.6 未开割幼龄麻应在雨季前割 2 轮～3 轮脚叶，已开割幼龄麻应在雨季前割叶。

10.1.1.7 每年从 4 月开始，经常检查易发病麻田，及时发现病株并根据病情轻重妥善处理。对发病较轻的 1 级～2 级病株要将病叶割除并进行药剂防治。对发病 3 级植株要彻底清除，运出麻园集中烧毁；病穴要挖松暴晒或加用 80%的疫霜灵药液消毒。斑马纹病分级按附录 C 的规定执行。

10.1.2 **茎腐病防治**

10.1.2.1 高温期少割或不割叶。病区高温期不割叶，且原计划 5 月份前割叶的，提前到 1 月～2 月份割叶；计划 6 月～9 月份割叶的，推迟到 10 月～12 月份割叶。

10.1.2.2 除正常施肥管理外，对病区适当增施有机肥和石灰，以提高钙含量，增强植株抗性。

10.1.2.3 高温期间要经常检查病田，及时发现病株及时处理，对发病指标达4级以上的要彻底清除，病穴要挖松暴晒，并撒施石灰和喷药消毒。对3级以下病株要进行药剂防治。茎腐病分级按附录D的规定执行。

10.1.2.4 处理病株后的病穴、病田割叶后和新种麻(含补植麻)起苗2 d内要用40%灭病威200倍液或28%复方多菌灵400倍药液喷病穴、割口和切口，做到不漏喷，每公顷用药量要达到600 kg以上。如喷药4小时内遇雨，应在雨后补喷。

10.1.3 **其他病害防治**

10.1.3.1 煤烟病是由于介壳虫为害而引起的，要防治好介壳虫。

10.1.3.2 炭疽病一般在台风雨和寒害后发生，高温多雨季节发生较为严重，要在有台风和常风大的地区麻田周围增设防护林带，以减少风害造成的叶片伤口，结合中耕除草割除老病叶以减少田间病菌源和在雨季喷施1∶1∶100波尔多液或30%氧氯化铜600倍～800倍液等杀菌剂防治。

10.1.3.3 黑斑病是由被丢弃的病叶生长传播引起，多在雨季发生，要及时割除病叶并集中烧毁或深埋和间种绿肥以及重病时喷1∶1∶100波尔多液或30%氧氯化铜600倍～800倍液即可防治。

10.1.3.4 平衡条纹病是一种病毒病，要严格采用无病和长势健壮的母株繁殖种苗或大田定植苗以保证有效预防。

10.1.3.5 黑腐病多是由色二孢菌为害所致，在割除病叶后，使用50%多菌灵或70%甲基托布津500倍液喷雾杀菌一次，20天后用绿乳铜800倍液再喷雾一次进行保护。要重施有机肥、钾肥、镁肥、铜肥和间种绿肥等进行综合防治。

10.1.3.6 带枯病是缺钾引起，对发病指标达2级以上病株重施钾肥，并连施1年～2年。带枯病分级按附录E的规定执行。

10.1.3.7 褪绿斑驳病是缺钙、土壤酸度过高及土壤贫瘠引起，要增施石灰、调节土壤酸度或施用钙肥防治。

10.1.3.8 紫色尖端卷叶病与缺素尤其是缺钙、磷、钾有一定关系，应进行营养诊断后补施所缺元素。

10.1.3.9 皱叶病是缺硼引起，要适量施硼。

10.1.3.10 枯斑病一般是由缺镁引起，要适量增施镁肥。

10.1.3.11 类似紫色卷叶病的其他疑似病毒病，要消灭传毒媒介(如介壳虫等)，严禁病苗上山，挖除病株集中烧毁或深埋。

10.2 **虫害防治**

10.2.1 **蚧虫防治**

10.2.1.1 为害剑麻的害虫主要有褐圆蚧、白粉蚧和橄榄蚧等。

10.2.1.2 加强田间管理，保持无荒芜，增强田间透光度。

10.2.1.3 为害时用80%敌敌畏或40%氧化乐果800倍液，进行喷雾2次～3次，喷药要均匀、湿透。

10.2.2 **红蜘蛛防治**

10.2.2.1 割除虫叶，对为害严重的麻田适当提前割叶，缩短割叶间距。

10.2.2.2 铲除田间杂草，加强麻田管理，以及时铲除红蜘蛛的寄主。

10.2.2.3 采用合理的种植密度，使麻田通风透气。

10.2.2.4 采用无虫害的种苗种植。

10.2.2.5 对虫害麻田采用50%硫悬浮剂500倍液防治。

10.3 **草害防治**

10.3.1 新植麻和未开割幼龄麻田应及早进行人工除草或化学除草，保持麻行无杂草；开割麻田尤其是坡地麻田以化学除草为主,保持麻行无高草恶草。

10.3.2 麻田化学除草应使用高效低毒除草剂。

10.4 自然灾害防御

10.4.1 寒害是由低温引起,增施钾肥、钙肥和建立防护林网以减轻寒害为害。对寒害达3级以上的植株要及时收割受害的成熟叶片,并增施肥料。寒害分级按照附录F的规定执行。

10.4.2 风害程度的轻重受到风力大小、刮风及降雨时间长短的影响,超过10级以上大风会给剑麻造成一定程度的为害。要建立完整的防护林网以减轻风害。对风害达2级以上的植株要及时扶正,并对受伤叶片喷施85%疫霜灵进行防病保护,同时增施肥料。风害分级按照附录G的规定执行。

11 割叶

11.1 开割标准

剑麻存叶达100片、叶长100 cm即可开割。

11.2 割叶周期

原则上1年割1次,若土壤肥沃、营养充足、生长旺盛的麻田,剑麻叶片生长快,可8个月～10个月割1次,即2年割3次,但要按标准留叶。

11.3 割叶强度

第一次割叶后留叶55片～60片。以后留叶不少于50片,原则上高产麻田可以多留叶,但最多不超过70片,低产麻田留叶不少于45片。

11.4 割叶时间

一年四季均可割叶,原则上是雨季少割、冬季和旱季多割、雨天不割,同时3刀前麻田要求在雨季前割叶,防止感染斑马纹病。茎腐病区在低温期割叶。

11.5 割叶方法

11.5.1 割叶工具用镰刀,规格要求刀口锋利不缺口,刀长适中。

11.5.2 提前准备好绑麻带和割麻刀,麻带质量要求半干、半新鲜、不发霉、不变质。

11.5.3 视麻株大小、麻龄合理割留叶,看麻株叶片重量捆绑。

11.5.4 下刀要准、要稳,割口要平滑、不破裂,麻株周围留叶要平衡,麻株间留叶多少要均匀,叶片基部留长2 cm～3 cm。

11.5.5 割叶时做到不反刀,不复刀,不漏割,不伤叶。

11.5.6 叶片要分级捆扎,割下的叶片要削去干尾叶,将完好叶片和青叶长80 cm以上的捆在一起,青叶长60 cm～79 cm的另外捆扎。捆扎要求坚实,把重在15 kg左右为宜,随割随运。

12 麻田更新、轮作和间作

12.1 更新

12.1.1 麻田有50%以上开花或麻田因植株开花、死亡等造成缺株达50%以上时即可进行淘汰。

12.1.2 淘汰麻麻头粉碎后就地犁翻回田较好,也可集中堆沤腐烂再回田。

12.2 轮作

12.2.1 淘汰麻田不提倡连作,应轮作2年～3年其他经济作物后再种剑麻。轮作作物要结合本地区情况而定,忌种与斑马纹病的交替寄主作物。

12.3 间作

12.3.1 新植麻的第一、第二年,麻田大行间可间种豆科作物或矮生绿肥,但必须距离麻株1 m以上,并要求及时收获,避免影响剑麻生长和防止病虫害发生。

13 安全与质量控制

13.1 安全控制

13.1.1 种苗安全

13.1.1.1 引进种苗要确保不带任何病虫害，育苗时做好隔离措施。

13.1.1.2 严禁在病株麻田采集吸芽进行培育。

13.1.1.3 对种苗新鲜切口进行浸药处理。

13.1.1.4 雨天不起苗和运苗。种苗不得堆放以免发病。

13.1.2 田间作业安全

13.1.2.1 麻田要挖防畜沟和建立隔离带。

13.1.2.2 严禁在雨天进行有伤害剑麻叶片的田间作业。

13.1.2.3 严格控制人为和机械作业伤麻，收获时不割伤麻。严禁强割、反刀割割伤麻。

13.2 质量控制

13.2.1 种苗质量

必须选用经 1 年～1 年 6 个月疏植培育后达到种植标准的大、壮、嫩、无病虫害麻苗。

13.2.2 种植质量

13.2.2.1 土地要耕好，不起畦、基肥不足、麻苗不够标准不种。

13.2.2.2 施足基肥，做到一足、二全、三均匀。每公顷施优质有机肥不少于 75 t，磷肥、钾肥、石灰分别不少于 650 kg、450 kg 和 2 500 kg，化肥、有机肥要施放混匀，石灰应在整地前撒施。

13.2.2.3 平地起畦种植，畦面高度不少于 20 cm，坡地起畦或穴堆高度不少于 25 cm。

13.2.2.4 种苗应消毒和分级后种植，严禁定植过深。

13.2.3 管理质量

13.2.3.1 新植麻推行芽前化学除草，杂草除早除净；中老龄麻保持无荒芜。

13.2.3.2 深沟施肥，并实行营养诊断配方施肥。

13.2.3.3 剑麻植后 2 年 6 个月～3 年达到开割标准。

13.2.3.4 投产前剑麻年均长叶不少于 60 片，投产后剑麻年均长叶不少于 50 片，单叶重量不少于 0.5 kg。

13.2.3.5 雨水偏多年份，剑麻斑马纹病或茎腐病的发病率不高于 5%；剑麻虫害率不高于 2%。

13.2.3.6 结合除草、松土和培土管理，保持剑麻根系不暴晒。

附 录 A
（资料性附录）
剑麻施肥量参考量

种类	施肥量(kg/株·年)		说明
	未开割麻田	开割麻田	
一、基肥			
有机肥	17.5～25	—	以腐熟栏肥计
氮肥	—	—	以尿素计(下同)
磷肥	0.15～0.25	—	以过磷酸钙或钙镁磷肥计
钾肥	0.1～0.175	—	以氯化钾计
钙肥	0.5～0.75	—	以石灰或石灰石粉计
二、追肥			
腐熟有机肥	10～17.5	7.5～10	—
氮肥	0.1～0.15	0.1～0.17	—
磷肥	0.1～0.15	0.15～0.225	—
钾肥	0.1～0.15	0.15～0.175	—
钙肥	0.25～0.5	2.0～2.7	—
硼肥	0.003 5～0.004	0.003 5～0.004	对缺硼地区补施，以硼砂计
注：1. 施用其他化肥时，按表列品种肥份含量折算。 2. 最适施肥量应通过营养诊断确定。			

附　录 B
（规范性附录）
剑麻种苗分级指标

级别	分 级 标 准
特级	苗高 70 cm 以上，存叶 45 片以上，株重 8 kg 以上，无病虫害，苗龄 14 个月～18 个月
1	苗高 60 cm～70 cm，存叶 40 片～45 片，株重 6 kg～8 kg，无病虫害，苗龄 12 个月～18 个月
2	苗高 55 cm～60 cm，存叶 35 片～40 片，株重 4 kg～6 kg，无病虫害，苗龄 12 个月～18 个月
3	苗高 35 cm～55 cm，存叶 25 片～35 片，株重 2.5 kg～4 kg，无病虫害，苗龄 12 个月～18 个月
4	苗高 35 cm 以下，存叶 20 片～25 片，株重 1.5 kg～2.5 kg，无病虫害，苗龄 8 个月～24 个月

附 录 C
（规范性附录）
斑马纹病分级指标

级别	病 状 表 现
0	无病斑
1	叶片出现病斑
2	叶片基部出现病斑
3	茎腐或轴腐

附 录 D
（规范性附录）
茎腐病分级指标

级别	分 级 标 准
0	无病
1	叶基割口感病 1～4 个
2	叶基割口感病 5～10 个
3	叶基割口感病 11 个以上
4	叶片凋萎茎腐
注:以株为单位。	

附 录 E
（规范性附录）
带枯病分级指标

级别	分 级 标 准
0	无病斑
1	病斑叶片 5 片以下
2	病斑叶片 6 片～10 片
3	病斑叶片 11 片以上
注：以株为单位。	

附　录　F
（规范性附录）
寒害分级指标

级别	分　级　标　准
0	叶片基本无受害
1	叶片受害面积小于1/5
2	叶片受害面积1.1/5～2/5
3	叶片受害面积2.1/5～3/5
4	叶片受害面积大于3/5
注：在同一麻株上叶片出现不同受害级别数时，以多数受害的级数为指标。	

附 录 G
（规范性附录）
风 害 分 级 指 标

级别	分 级 标 准
0	无风害
1	折叶在 5 片以下
2	折叶在 6 片～10 片或麻株被刮倾斜
3	折叶在 11 片以上或麻株被刮倒
注：以株为单位。	

ICS 65.060.80
B 95

中华人民共和国农业行业标准

NY/T 264—2004
代替 NY/T 264—1994, NY/T 265—1994,
NY/T 266—1994

剑麻加工机械　刮麻机

Machinery for processing of sisal-decorticator

2005-01-04 发布　　　　2005-02-01 实施

中华人民共和国农业部　发布

前　言

本标准代替 NY/T 264—1994《刮麻机产品规格与质量》、NY/T 265—1994《刮麻机产品试验方法》和 NY/T 266—1994《刮麻机产品验收规则》。

本标准与 NY/T 264—1994、NY/T 265—1994 和 NY/T 266—1994 相比主要变化如下：

——删除了机型直向喂入型(式)刮麻机；

——产品型号规格中，将班处理量改为小时处理量；

——增加了使用可靠性指标；

——修订了试验方法，将试验确定为空载、磨合和负载 3 种试验方法；

——修订了检验规则；

——增加了标志、包装、运输和贮存等内容；

——规范了技术术语。

本标准的附录 A 为规范性附录。

本标准由中华人民共和国农业部提出并归口。

本标准起草单位：中国热带农业科学院农业机械研究所、农业部热带作物机械质量监督检验测试中心。

本标准主要起草人：张劲、欧忠庆。

剑麻加工机械　刮麻机

1　范围

本标准规定了剑麻加工机械刮麻机的型号规格、技术要求、试验方法、检验规则及标志、包装、运输和贮存等要求。

本标准适用于加工剑麻叶片的横向喂入型(式)刮麻机。

2　规范性引用文件

下列文件中的条款通过本标准的引用而成为本标准的条款。凡是注日期的引用文件,其随后所有的修改单(不包括勘误的内容)或修订版均不适用于本标准。然而,鼓励根据本标准达成协议的各方研究是否可使用这些文件的最新版本。凡是不注日期的引用文件,其最新版本适用于本标准。

GB/T 699　优质碳素结构钢

GB/T 700　碳素结构钢

GB/T 1176　铸造铜合金技术条件

GB/T 1184　形状和位置公差　未注公差值

GB/T 1804　一般公差　未注公差的线性和角度尺寸的公差

GB/T 2828.1　计数抽样检验程序　第1部分:按接收质量限(AQL)检索的逐批检验抽样计划

GB/T 3280　不锈钢冷轧钢板

GB/T 3768　声学　声压法测定噪声源声功率级　反射面上方采用包络测量表面的简易法

GB/T 9439　灰铸铁件

GB/T 10089　圆柱蜗杆、蜗轮精度

GB/T 10095　渐开线圆柱齿轮精度

GB/T 13306　标牌

GB/T 15031　剑麻纤维

JB/T 5673　农林拖拉机及机具涂漆　通用技术条件

JB/T 5994　装配通用技术条件

JB/T 9832.2　农林拖拉机及机具漆膜附着力性能测定法　压切法

3　型号、规格和主要参数

3.1　型号规格编制方法

型号由机名代号、主要参数和刮麻位置代号组成。

机名代号用刮麻机名称第一个汉字拼音开头的大写字母和夹麻部件名称汉字拼音开头的大写字母表示。

主要参数用小时处理叶片能力(生产率)表示。

刮麻位置代号用刮麻边数汉字拼音开头的大写字母表示。

3.2　型号表示方法

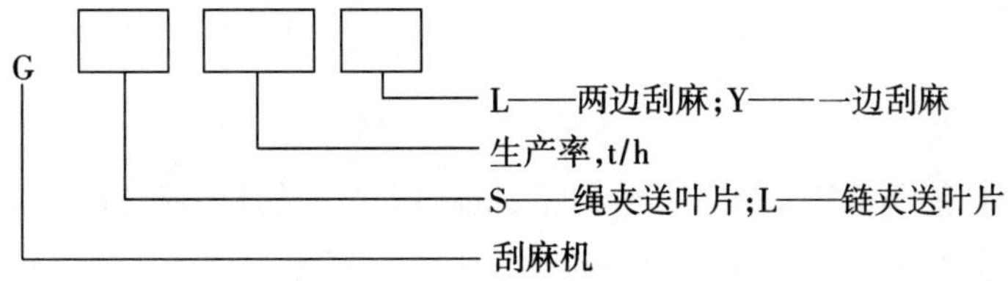

示例:GS18L 表示为用绳夹送叶片,生产率 18 t/h,两边刮麻的刮麻机。

3.3 主要参数

主要参数见表 1。

表 1 产品型号、规格和主要参数

项目		机型						
		GS18L	GL18L	GL18Y	GL12L	GL6Y	GS6L	GS5L
生产率 kg/h		18 000	18 000	18 000	12 000	6 000	6 000	5 000
所需动力 kW		137.5	141	147	120	70	70	47
小刀轮	直径 mm	1 230	1 210	1 240	1 000	900	900	900
	转速 r/min	560	630	593	580	705	705	723
	线速度 m/s	36	40	38	30	33	33	34
	刀片数	12	16	12	12	10	10	10
大刀轮	直径 mm	1 550	1 580	1 532	1 400	1 100	1 100	1 100
	转速 r/min	456	472	490	420	605	605	605
	线速度 m/s	37	39	39	31	35	35	35
	刀片数	16	16	16	12	12	12	12
喂叶线速度 m/s		0.8	0.6	0.8	0.5	0.6	0.6	0.4
夹叶方式		剑麻绳	链条	链条	链条	链条	剑麻绳	剑麻绳
夹叶线速度 m/s		0.8	0.6	0.9	0.6	0.8	0.8	0.7
注:表中线速度为参考值。								

4 技术要求

4.1 一般要求

4.1.1 应按照经规定程序批准的图样及技术文件制造、检验、装配与调整。

4.1.2 所有电气线路、管路应排列整齐,紧固可靠,在运行中不应出现松动、碰撞与摩擦。转动部位应装防护罩。

4.1.3 各运动副应运转灵活,无异常响声,减速箱体不应有渗漏现象。

4.1.4 轴承在运转时,温度不应有骤升现象;空载时,温升应不超过 30℃;磨合时,温升应不超过35℃;负载时,温升应不超过 40℃。减速箱润滑油的最高温度应不超过 65℃。

4.1.5 仪表应工作可靠、灵敏、准确、读数清晰、观察方便。

4.1.6 空载时,噪声应不大于 87 dB(A)。

4.1.7 图样上未注明公差的机械加工尺寸,应符合 GB/T 1804 中 C 级的规定。

4.1.8 加工出的纤维,青皮率应不大于 1%;经脱水、打光和干燥后,纤维含杂率应不大于 5%。

4.1.9 纤维提取率应不小于 75%,机底漏叶率应不大于 3%。

4.1.10 刀轮与凹板间隙调整应方便可靠,调节范围应符合图纸设计要求。

4.1.11 夹叶输送装置应换位准确、性能可靠。

4.1.12 使用可靠性应不小于 95%。

4.2 主要零部件

4.2.1 机架

4.2.1.1 应采用力学性能不低于 GB/T 9439 规定的 HT 200 的材料制造。

4.2.1.2 铸件非加工面的平面度在任意 600 mm×600 mm 长度上应不大于 3 mm。

4.2.1.3 机架加工面高度公差应不低于 GB/T 1184 规定的 9 级精度。

4.2.1.4 机架侧面连接面与底面垂直度公差应不低于 GB/T 1184 规定的 9 级精度。

4.2.1.5 机架的结合面和外露的加工面不应有气孔和缩孔。

4.2.1.6 机架不应有裂纹、疏松等影响力学性能的铸造缺陷。

4.2.2 **轴**

4.2.2.1 应采用力学性能不低于 GB/T 699 规定的 45 钢的材料制造。

4.2.2.2 刀轮轴各轴承位同轴度公差应不低于 GB/T 1184 规定的 8 级精度。其余各轴颈同轴度公差应不低于 9 级精度要求。

4.2.2.3 调质处理后硬度应为 22～28 HRC。

4.2.3 **刀轮**

4.2.3.1 应采用力学性能不低于 GB/T 9439 规定的 HT 200 的材料制造。

4.2.3.2 刀轮轴孔表面和连接刀片的螺栓孔处不应有冷隔、夹渣和偏析现象。

4.2.3.3 刀轮全长直线度公差应不低于 GB/T 1184 规定的 9 级精度。

4.2.3.4 刀轮与刀片等零件组装总成后，应作静平衡试验。

4.2.4 **刀片**

4.2.4.1 应采用力学性能不低于 GB/T 3280 规定的 1 Cr 13 的材料制造。

4.2.4.2 大、小刀轮的刀片加工完毕以后，高度偏差均应不大于 0.5 mm。

4.2.5 **凹板**

4.2.5.1 应采用力学性能不低于 GB/T 3280 规定的 1 Cr 13 的材料制造。

4.2.6 **凹板座**

4.2.6.1 应采用力学性能不低于 GB/T 9439 规定的 HT 200 的材料制造。

4.2.6.2 各螺纹孔处不应有砂眼、气孔、疏松等铸造缺陷。

4.2.6.3 跟主绳轮轴相连的凸台平面与底面垂直度公差应不低于 GB/T 1184 规定的 9 级精度。

4.2.7 **夹叶链轮、绳轮**

4.2.7.1 应采用力学性能不低于 GB/T 9439 规定的 HT 200 的材料制造。

4.2.7.2 绳轮槽、链轮齿形部分和中心孔内表面均不应有砂眼、气孔、疏松等缺陷。

4.2.8 **夹叶链**

4.2.8.1 链销应采用力学性能不低于 GB/T 699 规定的 45 钢的材料制造。

4.2.8.2 链板应采用力学性能不低于 GB/T 700 规定的 Q 235A 的材料制造。

4.2.8.3 链板上两销孔中心距公差应不大于 GB/T 1804 中规定的 m 级精度。

4.2.8.4 链板表面硬度应不低于 40 HRC。

4.2.9 **齿轮**

4.2.9.1 应采用力学性能不低于 GB/T 699 规定的 45 钢的材料制造。

4.2.9.2 齿轮加工精度应不低于 GB/T 10095 规定的 9 级精度，齿面粗糙度 Ra 值为 6.3，齿面硬度为 40～50 HRC。

4.2.9.3 齿轮接触斑点，在长度方向应不小于 50%，在高度方向应不小于 40%。

4.2.10 **蜗轮箱**

4.2.10.1 壳体应采用力学性能不低于 GB/T 9439 规定的 HT 200 的材料制造，轴承孔、螺栓孔处不应有灰渣、砂眼、气孔等铸造缺陷。

4.2.10.2 蜗轮副精度应不低于 GB/T 10089 规定的 9 C。

4.2.10.3 蜗轮轴与蜗杆轴间的垂直度公差应不大于 0.08 mm。

4.2.10.4 蜗轮轴心线与蜗轮箱底面平行度公差应不大于 0.08 mm。

4.2.10.5 蜗轮应采用 GB/T 1176 规定的 ZCuA 110 Fe3Mn2 材料制造。

4.2.10.6 蜗杆应采用力学性能不低于 GB/T 699 规定的 45 钢的材料制造，两轴承位、接盘位对齿形圆柱面同轴度公差应不大于 0.04 mm，调质处理后硬度为 22～28 HRC。

4.3 装配要求

4.3.1 装配前应对各种零件进行清洗。所有零部件必须检验合格，外购件、协作件必须符合质量要求方可进行装配。各种零部件的装配应符合 JB/T 5994 的规定。

4.3.2 夹叶链轮系和夹叶绳轮系各轮宽的中心面轴向错位量应不大于 3.0 mm。

4.3.3 啮合齿轮中心面轴向错位量应不大于 1.5 mm。

4.4 外观与涂漆

4.4.1 转动件端面应涂红色。表面涂漆质量应不低于 JB/T 5673 中普通耐候涂层的规定。漆层应色泽均匀、平整光滑，无露底、起泡、起皱等。

4.4.2 漆膜附着力应检测 3 处均应达到 JB/T 9832.2 规定的 2 级。

5 试验方法

5.1 空载试验

5.1.1 应在总装检验合格后进行。

5.1.2 在额定转速下连续运转应不少于 4 h。

5.1.3 按表 2 规定的项目进行检查和测定。

表 2 空载试验项目和方法

试验项目	试验方法	试验仪器
运转平稳性及声响	感官	
仪表和控制装置	目测	
轴承温升	试验结束时立即测定	测温计
减速箱和油封处渗漏	目测	
噪声	按 GB/T 3768 规定	声级计

表 3 磨合试验项目和方法

试验项目	试验方法	试验仪器
运转平稳性及声响	感官	
仪表和控制装置	目测	
轴承温升	试验结束时立即测定	测温计
减速箱和油封处渗漏	目测	

5.2 磨合试验

5.2.1 应在空载试验合格后进行。

5.2.2 按表 3 规定的项目进行检查和测定。

5.2.3 应在额定转速下进行，磨合累计时间应不少于 16 h。磨合分段时间和负荷情况，应符合表 4 的规定。

表 4 磨合试验分段和负荷

磨合时间	负荷状况	刀轮电动机
12 h	不超过额定生产率的 50%	不超过额定电流的 50%
4 h	不超过额定生产率的 75%	不超过额定电流的 75%

5.3 **负载试验**

5.3.1 应在磨合试验后，并对刮麻机进行全面清洗、润滑，保养夹叶链、更换减速箱润滑油后进行。

5.3.2 应在额定转速及满负荷条件下，连续运转不少于 2 h。

5.3.3 试验用叶片长度应符合该刮麻机使用说明书的规定。

5.3.4 应按表 5 规定的项目进行检查和测定。

表 5 负载试验项目和方法

试验项目	试验方法	试验仪器
运转平稳性及声响	感官	
仪表和控制装置	目测	
轴承温升和减速箱油温	试验结束时立即测定	测温计
减速箱和油封处渗漏	目测	
工作性能与质量	按附录 A 的规定	按相关要求
生产率	测定单位时间的叶片加工量	秒表、秤

6 检验规则

6.1 **出厂检验**

6.1.1 产品均需经制造厂质检部门检验合格并签发“产品合格证”后才能出厂。

6.1.2 产品出厂应实行全检，并做好产品出厂档案记录。

6.1.3 出厂检验项目及要求：

——产品的外观质量应符合 4.4 的规定；

——产品的装配质量应符合 4.3 的规定；

——安全防护应符合 4.1.2 的规定；

——产品的空载试验应符合 5.1 的规定。

6.1.4 用户有要求时，应进行磨合和负载试验。磨合和负载试验应分别符合 5.2 和 5.3 的规定。

6.2 **型式检验**

6.2.1 有下列情况之一时应对产品进行型式检验：

——新产品或老产品转厂生产；

——正式生产后，结构、材料、工艺等有较大改变，可能影响产品性能；

——正常生产时，定期或周期性抽查检验；

——产品长期停产后恢复生产；

——出厂检验结果与上次型式检验有较大差异；

——质量监督机构提出进行型式检验要求。

6.2.2 型式检验应采用随机抽样，抽样方法按 GB/T 2828.1 中正常检查一次抽样方案确定。

6.2.3 样本应在 6 个月内生产的产品中随机抽取。抽样检查批量应不少于 3 台，样本大小为 2 台。

6.2.4 样本应在生产企业成品库或销售部门抽取，零部件在零部件成品库或装配线上已检验合格的零部件中抽取。

6.2.5　型式检验项目、不合格分类和判定规则见表6。

7　标志、包装、运输、贮存及技术文件

7.1　标志

产品应在明显部位固定标牌，标牌应符合GB/T 13306的规定。标牌上应包括产品名称、型号、技术规格、制造厂名称、商标、出厂编号、出厂年月等内容。

7.2　包装

7.2.1　产品在包装前应在机件和工具的外露加工面上涂防锈剂，主要零部件的加工面应包防潮纸，在正常运输和保管情况下，防锈的有效期自出厂之日起应不少于6个月。

7.2.2　产品可整体装箱，也可分部件包装，产品零件、部件、工具和备件应固定在箱内。

7.2.3　包装箱应符合运输和装载要求，箱内应铺防水材料。包装箱外应标明收货单位及地址、产品名称及型号、制造厂名称及地址、包装箱尺寸(长×宽×高)、毛重等。还应有“不得倒置”、“向上”、“小心轻放”、“防潮”和“吊索位置”等标志。

7.3　运输和贮存

产品在运输过程中，应保证整机和零部件及随机备件、工具不受损坏。产品应贮存在干燥、通风的仓库内，并注意防潮，避免与酸、碱、农药等有腐蚀性物质混放，在室外临时贮放时应有遮篷。

7.4　随机技术文件

每台产品应提供下列技术文件：

——产品使用说明书；

——产品合格证；

——装箱单(包括附件及随机工具清单)。

表6　型式检验项目、不合格分类和判定规则

不合格分类	检验项目	样本数	项目数	检查水平	样本大小字码	AQL	Ac	Re
A	1. 生产率 2. 工作性能和质量 3. 使用可靠性		3			6.5	0	1
B	1. 刀轮静平衡 2. 刀轮、刀片和凹板质量 3. 轴承温升、减速箱油温及渗漏情况 4. 轴承与孔、轴配合尺寸 5. 齿轮质量、齿轮副侧隙和接触斑点 6. 噪声	2	6	S-I	A	25	1	2
C	1. 外观质量 2. 调节机构 3. 漆膜附着力 4. 机架质量 5. 电气和防护装置 6. 链、绳轮传动系质量 7. 标志和技术文件		7			40	2	3

注：AQL为合格质量水平，Ac为合格判定数，Re为不合格判定数，评定时采用逐项检验考核，A、B、C各类的不合格总数小于等于Ac为合格，大于等于Re为不合格。A、B、C各类均合格时，该批产品为合格品，否则为不合格品。

附　录　A
（规范性附录）
性能指标的测定

A.1　使用可靠性测定

在正常生产和使用条件下考核 200 h，同一机型不少于 3 台，可在不同地区测定，取所测定结果的算术平均值。

$$K=\frac{\sum T_Z}{\sum T_g+\sum T_Z}\times 100 \qquad \cdots\cdots (A.1)$$

式中：

K——使用可靠性，单位为百分比（%）；

T_Z——作业时间，单位为小时（h）；

T_g——故障停机时间，单位为小时（h）。

A.2　生产率测定

在刮麻机额定转速及满负荷条件下测定生产率，测定 3 次，每次不少于 1 h，计算生产率的算术平均值，精确到 1 kg/h，时间精确到分钟。

$$E=\frac{N_a}{T} \qquad \cdots\cdots (A.2)$$

式中：

E——生产率，单位为千克每小时（kg/h）；

N_a——被加工的剑麻叶片质量，单位为千克（kg）；

T——工作时间，单位为小时（h）。

A.3　提取率测定

在测定生产率时，分别测定各次提取的纤维和丢失纤维质量，计算 3 次纤维提取率的算术平均值，精确到 1%。

$$L=\frac{N_b}{N_b+N_c}\times 100 \qquad \cdots\cdots (A.3)$$

式中：

L——纤维提取率，单位为百分比（%）；

N_b——提取纤维质量，单位为千克（kg）；

N_c——丢失纤维质量，单位为千克（kg）。

A.4　机底漏叶率测定

取使用说明书规定长度的叶片 3 t，分 3 次作刮麻试验，分别统计各次掉落在机底的剑麻叶片质量 P，计算 3 次机底漏叶率的算术平均值，精确到 1%。

$$D=\frac{P}{N_d}\times 100 \qquad \cdots\cdots (A.4)$$

式中：

D——机底漏叶率，单位为百分比(%)；

P——每次掉落在机底的剑麻叶片质量，单位为千克(kg)；

N_d——每次被加工的剑麻叶片质量，单位为千克(kg)。

A.5 青皮率测定

在刚加工出的湿纤维 100 kg 中取 3 个试样，每个试样 1 kg，剪取青皮称取质量，计算 3 次青皮率的算术平均值，精确到 0.1%，质量精确到 1 g。

$$G=\frac{N_p}{N_e}\times 100 \quad \cdots\cdots (A.5)$$

式中：

G——青皮率，单位为百分比(%)；

N_p——青皮质量，单位为千克(kg)；

N_e——纤维总质量，单位为千克(kg)。

A.6 纤维含杂率测定

纤维含杂率测定按 GB/T 15031 的规定。

ICS 67.160.10
X 60

中华人民共和国农业行业标准

NY/T 274—2004
代替 NY/T 274—1995，NY/T 275—1995，NY/T 276—1995，
NY/T 277—1995，NY/T 278—1995

绿色食品 葡萄酒

Green food Wine

2005-01-04 发布 2005-02-01 实施

中华人民共和国农业部 发布

前　言

本标准代替 NY/T 274—1995《干白葡萄酒》、NY/T 275—1995《半干白葡萄酒》、NY/T 276—1995《干红葡萄酒》、NY/T 277—1995《半干红葡萄酒》和 NY/T 278—1995《干桃红葡萄酒》。

本标准由中华人民共和国农业部提出。

本标准由中国绿色食品发展中心归口。

本标准起草单位:农业部食品质量监督检验测试中心(济南)。

本标准主要起草人:柳琪、滕葳、任凤山、王磊、郭栋梁、朱爱国。

绿色食品　葡萄酒

1　范围

本标准规定了绿色食品葡萄酒的产品分类、要求、试验方法、检验规则、标志、标签、包装、运输和贮存等。

本标准适用于经发酵等工艺酿制而成的绿色食品葡萄酒。

2　规范性引用文件

下列文件中的条款通过本标准的引用而成为本标准的条款。凡是注日期的引用文件，其随后所有的修改单(不包括勘误的内容)或修订版均不适用于本标准，然而，鼓励根据本标准达成协议的各方研究是否可使用这些文件的最新版本。凡是不注日期的引用文件，其最新版本适用于本标准。

GB/T 4789.2　食品卫生微生物学检验　菌落总数测定

GB/T 4789.3　食品卫生微生物学检验　大肠菌群测定

GB/T 4789.4　食品卫生微生物学检验　沙门氏菌检验

GB/T 4789.5　食品卫生微生物学检验　志贺氏菌检验

GB/T 4789.10　食品卫生微生物学检验　金黄色葡萄球菌检验

GB/T 4789.11　食品卫生微生物学检验　溶血性链球菌检验

GB/T 5009.11　食品中总砷及无极砷的测定

GB/T 5009.12　食品中铅的测定

GB/T 5009.22　食品中黄曲霉毒素 B_1 的测定

GB/T 5009.29　食品中山梨酸、苯甲酸的测定

GB 12696　葡萄酒厂卫生规范

GB/T 15038　葡萄酒、果酒通用试验方法

NY/T 391　绿色食品　产地环境技术条件

NY/T 392　绿色食品　食品添加剂使用准则

NY/T 658　绿色食品　包装通用准则

3　产品分类

3.1　按色泽分

3.1.1　白葡萄酒。

3.1.2　桃红葡萄酒。

3.2　按含糖量分

3.2.1　干葡萄酒。

3.2.2　半干葡萄酒。

3.2.3　半甜葡萄酒。

3.2.4　甜葡萄酒。

3.3　按二氧化碳含量分

3.3.1　平静葡萄酒。

3.3.2　起泡葡萄酒。

3.3.2.1 高泡葡萄酒。

3.3.2.2 低泡葡萄酒。

4 要求

4.1 环境

原料产地环境条件应符合 NY/T 391 的规定。生产场所应符合 GB 12696 的要求。

4.2 原料

应符合绿色食品的要求。所使用食品添加剂应符合 NY/T 392 规定。

4.3 感官

应符合表 1 的规定。

表 1 感官指标

项目	品种	要求
色泽	白葡萄酒	近似无色，微黄带绿、浅黄、禾秆黄、金黄色
	红葡萄酒	紫红、深红、宝石红、红微带棕色、棕红色
	桃红葡萄酒	桃红、淡玫瑰红、浅红色
滋味	干、半干葡萄酒	具有纯正、幽雅、爽怡的口味和新鲜悦人的果香味，酒体丰满、完整、回味绵长
	甜、半甜葡萄酒	具有甘甜醇厚的口味和陈酿的酒香味，酸甜协调，酒体丰满、完整、回味绵长
	起泡葡萄酒	具有清新、优美、醇正、和谐、悦人的口味和发酵起泡酒的特有香味，有杀口力；加香葡萄酒具有醇厚、爽舒的口味和谐调的芳香植物香味，酒体丰满、完整
香气	具有纯正、浓郁、优雅、怡悦、和谐的果香与酒香，陈酿型的葡萄酒还应具有陈酿香；加香葡萄酒还应有和谐的芳香植物香	
澄清程度	澄清、有光泽，无明显悬浮物（使用软木塞封口的酒允许有 3 个以下不大于 1 mm 的软木渣，封装超过 18 个月的红葡萄酒允许有少量沉淀）	
起泡程度	起泡葡萄酒注入杯中时，应有微细的串珠状气泡升起，并有一定的持续性	
典型性	具有标示的葡萄品种及产品类型应有的特征和风格	

4.4 理化指标

应符合表 2 的规定。

表 2 理化指标

项目			指标
酒精度(20℃)，%(体积百分数)			≥7.0
总糖(以葡萄糖计) g/L	平静葡萄酒 低泡葡萄酒	干葡萄酒	≤4.0
			≤9.0 （总糖与滴定酸(以酒石酸计)的差值小于或等于 2.0 g/L 时）
		半干葡萄酒	4.1～12.0
			12.1～18.0 （总糖与滴定酸(以酒石酸计)的差值小于或等于 2.0 g/L 时）
		半甜葡萄酒	12.1～45.0
		甜葡萄酒	≥45.1
	高泡葡萄酒	天然型高泡葡萄酒	≤12.0(允许差为 3.0)
		绝干型高泡葡萄酒	12.1～17.0(允许差为 3.0)
		干型高泡葡萄酒	17.1～32.0(允许差为 3.0)
		半干型高泡葡萄酒	32.1～50.0
		甜型高泡葡萄酒	≥50.1

表 2 （续）

项目			指标
干浸出物，g/L	白葡萄酒		≥16.0
	桃红葡萄酒		≥17.0
	红葡萄酒		≥18.0
二氧化碳(20℃)，MPa	低泡葡萄酒	<250 mL/瓶	0.05～0.29
		≥250 mL/瓶	0.05～0.34
	高泡葡萄酒	<250 mL/瓶	≥0.30
		≥250 mL/瓶	≥0.35
总二氧化硫，mg/L	干葡萄酒		≤200
	其他类型葡萄酒		≤250
滴定酸(以酒石酸计)，g/L			5.0～8.0
挥发酸(以乙酸计)，g/L			≤0.8
铁(以 Fe 计)，mg/L			≤8.0
铜(以 Cu 计)，mg/L			≤0.5
容量偏差	≥500 mL		±2%
	<500 mL		±3%
注：酒精度标签标示值与实测值不得超过±1.0%(体积百分比)。			

4.5 卫生指标

应符合表 3 的规定。

表 3 卫生指标

项目	指标
铅(以 Pb 计)，mg/L	≤0.2
砷(以 As 计)，mg/L	≤0.2
山梨酸，g/kg	≤0.2
苯甲酸，mg/kg	不得检出(≤1 mg/kg)
黄曲霉毒素 B_1，μg/kg	≤5
菌落总数，cfu/mL	≤50
大肠菌群，MPN/100 mL	≤3
致病菌(沙门氏菌、志贺氏菌、金黄色葡萄球菌、溶血性链球菌)	不得检出

5 试验方法

5.1 感官检验

按 GB/T 15038 规定执行。

5.2 理化检验

按 GB/T 15038 规定执行。

5.3 卫生检验

5.3.1 砷

按 GB/T 5009.11 规定执行。

5.3.2 铅

按 GB/T 5009.12 规定执行。

5.3.3 山梨酸、苯甲酸

按 GB/T 5009.29 规定执行。

5.3.4 黄曲霉毒素 B_1

按 GB/T 5009.22 规定执行。

5.3.5 菌落总数、大肠菌群、致病菌

按 GB/T 4789.2、GB/T 4789.3、GB/T 4789.4、GB/T 4789.5、GB/T 4789.10、GB/T 4789.11 规定执行。

6 检验规则

6.1 组批

同原料、同配方、同工艺、同批号、相同规格的产品作为一个检验批次。

6.2 抽样

按表 4 随机抽取样本，单件包装净含量小于 500 mL，总取样量不足 1 500 mL 时，可按比例增加抽样量。

表 4 抽样表

批量范围，箱	样本数，箱	单位样本数，瓶
≤50	3	3
51～1 200	5	2
1 201～3 500	8	1
≥3 501	13	1

6.3 检验分类

6.3.1 出厂检验

每批产品出厂前，都要进行出厂检验，出厂检验的内容包括感官、酒精度、总糖、干浸出物、挥发酸、二氧化碳、总二氧化硫、净含量、菌落总数及标签、标志和包装，检验合格并附合格证后方可出厂。

6.3.2 型式检验

对本标准中 4.3、4.4、4.5 规定的全部要求进行检验，一般情况下，同一类产品的型式检验每半年进行一次，有下列情况之一者，亦应进行型式检验：

a) 申请绿色食品认证的产品；

b) 国家质量监督机构或行业主管部门提出型式检验要求；

c) 更改主要原料、关键工艺或设备，生产环境发生较大变化，或停产 3 个月后，重新恢复生产时；

d) 前后两次抽样检验结果差异较大。

6.4 判定规则

6.4.1 出厂检验项目或型式检验项目全部达到标准要求时，判为合格品。

6.4.2 理化指标、标志、标签、包装如有一项不符合本标准要求，可以加倍抽样复检。复检后如仍不符合本标准要求时，判为不合格品。

6.4.3 感官、卫生指标如有一项不符合本标准，判为不合格品，不得复检。

7 标志、标签、包装

按 NY/T 658 规定执行。

8 运输、贮存

8.1 运输

产品在运输过程中应轻拿轻放，防止日晒雨淋。运输工具应清洁卫生，不得与有毒、有害物品混运。用软木塞封口的葡萄酒，须卧放或倒放，运输温度宜保持在 5℃～35℃。

8.2 贮存

存放地点应阴凉、干燥、通风良好；严防日晒、雨淋，严禁火种。成品不得与潮湿地面直接接触；不得与有毒、有害、有腐蚀性物品同贮。贮存温度宜保持在 5℃～25℃。

ICS 65.020.20
B 31

中华人民共和国农业行业标准

NY/T 760—2004

芦　　笋

2004-01-07 发布　　　　2004-03-01 实施

中华人民共和国农业部　发布

前　言

本标准由中华人民共和国农业部提出。

本标准起草单位：江西省农业科学院。

本标准主要起草人：陈光宇、卢普滨、罗绍春、戴廷灿、占丰溪。

芦　　笋

1　范围

本标准规定了芦笋的术语和定义、产品分类、要求、试验方法、检验规则、包装与标志、运输与贮存。

本标准适用于鲜芦笋。

2　规范性引用文件

下列文件中的条款通过本标准的引用而成为本标准的条款。凡是注日期的引用文件，其随后所有的修改单(不包括勘误的内容)或修订版均不适用于本标准，然而，鼓励根据本标准达成协议的各方研究是否可使用这些文件最新版本。凡是不注日期的引用文件，其最新版本适用于本标准。

GB/T 5009.11　食品中总砷及无机砷的测定

GB/T 5009.12　食品中铅的测定

GB/T 5009.17　食品中总汞及有机汞的测定

GB/T 5009.19　食品中六六六、滴滴涕残留量的测定

GB/T 5009.20　食品中有机磷农药残留量的测定

GB/T 5009.38　蔬菜、水果卫生标准的分析方法

GB/T 5009.103　植物性食品中甲胺磷和乙酰甲胺磷农药残留量的测定

GB/T 5009.105　黄瓜中百菌清残留量的测定方法

GB/T 8855　新鲜水果和蔬菜的取样方法

GB 8868　蔬菜塑料周转箱

GB/T 16870　芦笋冷藏技术

3　术语和定义

下列术语和定义适用于本标准。

3.1

修整　trimming

鲜笋基部经横向切割后使之切口清洁、整齐，切去纤维部分。

3.2

茎粗　spear thickness

修整后的芦笋茎基部 3 cm 处横断面平均直径。

3.3

畸形笋　abnormal spears

笋茎变形、弯曲和基部垂直横切面长径大于或等于短径 2 倍的扁平笋均称为畸形笋。

3.4

空心笋　hollowing

笋茎基部空心直径大于 2 mm 者。

4　产品分类

4.1　根据芦笋嫩茎的颜色分类

4.1.1 白色芦笋

笋茎主要为白色,无或只有少许其他颜色。

4.1.2 绿色芦笋

笋茎主要为绿色,无或只有少许其他颜色。

4.1.3 紫色芦笋

笋茎主要为紫色,无或只有少许其他颜色。

4.2 根据茎粗分类

茎粗(以 ϕ 表示)按表 1 分类。

表 1 茎粗分类表

单位为毫米

类型	特细	细	中	粗	特粗	巨型
茎粗	ϕ<6	6≤ϕ<10	10≤ϕ<14	14≤ϕ<18	18≤ϕ<22	ϕ≥22

5 要求

5.1 采收及采收后处理

芦笋采收应在当天气温较低时进行,采收后在田间应防止日晒,并及时运至加工厂,于 1℃ 条件下预冷,然后修整加工。无冷库条件则应放置于室内阴凉处用湿布盖上,并应于 2h 内将其运到预冷车间加工贮存。

5.2 感官要求

芦笋应清洁、无杂质,感官应符合表 2 的规定。

表 2 各等级芦笋感官要求

等级 指标项目	优级品	一级品	二级品
颜色特征	具有同一类品种的特征,笋茎非本色部分不超过总长度的 10%;笋茎本色部分不得有杂色,不得有异类品种	基本具有同一类品种的特征,笋茎非本色部分不超过总长度的 20%。异类品种和有杂色的根数不得超过 2%	基本具有同一类品种的特征,笋茎非本色部分不超过总长度的 40%。异类品种和有杂色的根数不得超过 2%
外观	长短、茎粗类型一致,无特细笋和巨型笋;笋长度 17 cm~27 cm,同包装笋长度相差小于 1 cm;无畸形笋、锈斑、裂口和损伤	长短、茎粗类型基本一致,无特细笋;笋长度 10 cm~30 cm,同包装笋长度相差小于 5cm;无畸形笋、锈斑、裂口和损伤	允许存在两个相邻的茎粗类型;允许有少量锈斑、裂口、损伤或畸形笋存在
组织形态	笋头鳞片特紧密、无空心笋;笋条新鲜、脆嫩、挺直,无萎蔫现象	笋头鳞片紧密、无空心笋;笋条新鲜、脆嫩、允许有轻度弯曲,无萎蔫现象	笋头鳞片较紧密,允许有少量散头;笋条新鲜,无萎蔫现象
可食部	可食部不低于 95%	可食部不低于 95%	可食部不低于 90%
允许误差	允许 5%的一级品芦笋混入	允许 10%的相邻等级芦笋混入	有缺陷笋不超过 10%

5.3 安全指标

安全指标应符合表 3 规定。

表 3 芦笋安全指标

单位为毫克每千克

项目	指标
汞(以 Hg 计)	≤0.01
铅(以 Pb 计)	≤0.2

表 3(续) 单位为毫克每千克

项 目	指 标
砷(以总砷计)	≤0.5
六六六	≤0.2
滴滴涕	≤0.1
甲拌磷	不得检出
杀螟硫磷	≤0.5
倍硫磷	≤0.05
甲胺磷	不得检出
甲基对硫磷	不得检出
多菌灵	≤0.5
百菌清	≤1.0

6 试验方法

6.1 感官指标

6.1.1 品种特征、外形、色泽、清洁度、新鲜度、弯曲、笋头开散、扁平笋、锈斑、空心、腐烂、病虫伤等用目测法检验。对空心、病虫伤如有怀疑者,应用小刀纵向剖开检验。

6.1.2 长度、粗度用标尺直接量取样品。

6.1.3 异味用鼻嗅的方法检测。

6.1.4 脆嫩度用刀切的方法检验。

6.2 安全指标

6.2.1 汞

按照 GB/T 5009.17 的方法执行。

6.2.2 铅

按照 GB/T 5009.12 的方法执行。

6.2.3 砷

按照 GB/T 5009.11 的方法执行。

6.2.4 六六六、滴滴涕

按照 GB/T 5009.19 的方法执行。

6.2.5 甲拌磷、杀螟硫磷、倍硫磷、甲基对硫磷

按照 GB/T 5009.20 的方法执行。

6.2.6 甲胺磷

按照 GB/T 5009.103 的方法执行。

6.2.7 多菌灵

按照 GB/T 5009.38 的方法执行。

6.2.8 百菌清

按照 GB/T 5009.105 的方法执行。

7 检验规则

7.1 组批规则

产地抽样以相同或相似品种、同一产地、相同栽培条件、同天采收的芦笋作为一个检验批次。

批发市场、农贸市场和超市相同进货渠道的芦笋作为一个检验批次。

7.2 抽样方法

按照GB/T 8855中的有关规定执行。

报验单填写的项目应与货物相符，凡与货物不符，包装容器严重损坏者，应由交货单位重新整理后再行抽样。

7.3 检验分类

7.3.1 交收检验

每批产品交收前，都要进行交收检验。交收检验内容包括感官、标志和包装。检验合格后并附合格证方可交收。

7.3.2 型式检验

型式检验是对产品进行全面考核，即对本标准规定的全部要求进行检验。有下列情形之一者应进行型式检验。

a) 国家质量监督机构或行业主管部门提出型式检验要求；

b) 前后两次抽样检验结果差异较大；

c) 人为或自然因素使生产环境发生较大变化。

7.4 判定规则

7.4.1 每批产品抽样检验时，对不符合所属等级标准的芦笋作各项记录，如果一根芦笋同时出现几种缺陷，则选择一种主要缺陷，按一根残次品计算。不合格率按不合格品质量和样品总质量比计算，凡检验不符合各项规格要求者作降级处理。不合格率以ω计，数值以%表示，按式(1)计算。

$$\omega = \frac{n}{N} \times 100 \quad (1)$$

式中：

n——有缺陷的芦笋质量，单位为克(g)；

N——检验样品总质量，单位为克(g)。

计算结果精确到小数点后一位。

7.4.2 限度范围

每批受检样品，不合格率按其所检单位(如箱)的平均值计算，其值不得超过规定限度。

如同一批次某件样品不合格百分率超过规定限度时，为避免不合格率变异幅度太大，规定如下：规定限度总计不应超过5%者，则任一件包装不合格率百分率的上限不应超过10%。

7.4.3 卫生要求有一项不合格，该批次产品不合格。

7.4.4 复检

该批次样本包装、净含量不合格者，允许生产单位进行整改后申请复检一次。感官和卫生要求检验不合格不进行复检。

8 包装与标志

8.1 芦笋采收后应及时挑选、分级，然后采用散装、小捆或装袋的方式，再装入塑料箱、纸箱等包装容器，包装芦笋的塑料袋应用无毒保鲜塑料袋，塑料箱包装按GB 8868的规定执行，每件包装质量不得超过20 kg。

8.2 每件包装上标签应标明产品名称、产品的执行标准、等级、商标、生产单位、产地、净含量、采收日期和贮存方法。标签要求字迹清晰、完整、准确。

9 运输与贮存

9.1 运输

恒温冷藏车在1℃～10℃条件下运输，并注意防冻、防高温、防污染。

9.2 贮存

按GB/T 16870的规定执行，贮存温度应为1℃～4℃。

ICS 65.100.01
B 17

中华人民共和国农业行业标准

NY/T 761—2004

蔬菜和水果中有机磷、有机氯、拟除虫菊酯和氨基甲酸酯类农药多残留检测方法

2004-01-07 发布

2004-03-01 实施

中华人民共和国农业部 发布

前　言

NY/T 761—2004《蔬菜和水果中有机磷、有机氯、拟除虫菊酯和氨基甲酸酯类农药多残留检测方法》分为三个部分：

——第1部分：蔬菜和水果中26种有机磷类农药多残留检测方法；

——第2部分：蔬菜和水果中22种有机氯和拟除虫菊酯类农药多残留检测方法；

——第3部分：蔬菜和水果中8种氨基甲酸酯类农药多残留检测方法。

本部分为NY/T 761—2004的第1部分，"附录A"为资料性附录。

本部分由中华人民共和国农业部提出。

本部分起草单位：农业部环境质量监督检验测试中心(天津)、农业部环境保护科研监测所。

本部分主要起草人：刘长武、刘潇威、刘凤枝、买光熙、李平、赵梦彬、郑明辉、王一茹。

本标准为首次发布。

蔬菜和水果中有机磷、有机氯、拟除虫菊酯和氨基甲酸酯类农药多残留检测方法

第1部分　蔬菜和水果中有机磷类农药多残留检测方法

方　法　一

1　范围

本部分规定了蔬菜和水果中敌敌畏、甲拌磷、乐果、对氧磷、对硫磷、甲基对硫磷、杀螟硫磷、异柳磷、乙硫磷、喹硫磷、伏杀硫磷、敌百虫、氧化乐果、磷胺、甲基嘧啶磷、马拉硫磷、辛硫磷、亚胺硫磷、甲胺磷、二嗪磷、甲基毒死蜱、毒死蜱、倍硫磷、杀扑磷、乙酰甲胺磷、胺丙畏等26种有机磷类农药多残留气相色谱检测方法。

本部分适用于蔬菜和水果中上述26种农药残留量的检测。

2　原理

样品中有机磷类农药经乙腈提取，提取溶液经净化、浓缩后，用双塔自动进样器同时注入气相色谱的两个进样口，样品中组分经不同极性的两根毛细管柱分离，火焰光度检测器(FPD)检测。外标法定性、定量。

3　试剂与材料

方法所用试剂，凡未指明规格者，均为分析纯；水为蒸馏水。

3.1　乙腈。

3.2　丙酮，重蒸。

3.3　氯化钠，140℃烘烤4 h。

3.4　滤膜，0.2 μm。

3.5　铝箔。

3.6　农药标准品，见表1。

表1　26种有机磷农药标准品

序号	中文名	英文名	纯度	溶剂	组别
1	敌敌畏	dichiorvos	≥96%	丙酮	Ⅰ
2	敌百虫	trichlorfon	≥96%	丙酮	Ⅱ
3	甲胺磷	methamidaphos	≥96%	丙酮	Ⅲ
4	乙酰甲胺磷	acephate	≥96%	丙酮	Ⅳ
5	甲拌磷	phorate	≥96%	丙酮	Ⅰ
6	氧化乐果	omethoate	≥96%	丙酮	Ⅱ
7	胺丙畏	propetamphos	≥96%	丙酮	Ⅳ

表1（续）

序号	中文名	英文名	纯度	溶剂	组别
8	二嗪磷	diazinon	≥96%	丙酮	Ⅲ
9	乐果	dimethoate	≥96%	丙酮	Ⅰ
10	磷胺	phosphamidon	≥96%	丙酮	Ⅱ
11	甲基毒死蜱	chlorpyrifos-methyl	≥96%	丙酮	Ⅲ
12	对氧磷	paraoxon	≥96%	丙酮	Ⅰ
13	甲基对硫磷	parathion-methyl	≥96%	丙酮	Ⅳ
14	甲基嘧啶磷	pirimiphos-methyl	≥96%	丙酮	Ⅱ
15	毒死蜱	chlorpyrifos	≥96%	丙酮	Ⅲ
16	马拉硫磷	malathion	≥96%	丙酮	Ⅱ
17	对硫磷	parathion	≥96%	丙酮	Ⅰ
18	杀螟硫磷	fenitrothion	≥96%	丙酮	Ⅳ
19	倍硫磷	fenthion	≥96%	丙酮	Ⅲ
20	异柳磷	isofenphos	≥96%	丙酮	Ⅳ
21	喹硫磷	quinalphos	≥96%	丙酮	Ⅰ
22	辛硫磷	phoxim	≥96%	丙酮	Ⅱ
23	杀扑磷	methidathion	≥96%	丙酮	Ⅲ
24	乙硫磷	ethion	≥96%	丙酮	Ⅳ
25	伏杀硫磷	phosalone	≥96%	丙酮	Ⅰ
26	亚胺硫磷	phosmet	≥96%	丙酮	Ⅱ

3.7 农药标准溶液配制

单一农药标准溶液：准确称取一定量某农药标准品，用丙酮稀释，逐一配制成26种农药1 000mg/L的单一农药标准储备液，贮存在－18℃以下冰箱中。使用时根据各农药在对应检测器上的响应值，吸取适量的标准储备液，用丙酮稀释配制成所需的标准工作液。

农药混合标准溶液：将26种农药分为4组，按照表1中组别，根据各农药在仪器上的响应值，逐一吸取一定体积的同组别的单个农药储备液分别注入同一容量瓶中，用丙酮稀释至刻度，采用同样方法配制成4组农药混合标准储备溶液。使用前用丙酮稀释成所需浓度的标准工作液。

4 仪器设备

4.1 分析实验室常用仪器设备。

4.2 旋涡混合器。

4.3 匀浆机。

4.4 氮吹仪。

4.5 气相色谱仪，带有双火焰光度检测器(FPD)，双塔自动进样器，双毛细管进样口。

5 分析步骤

5.1 试料制备

取不少于1 000 g蔬菜水果样品，取可食部分，用干净纱布轻轻擦去样品表面的附着物，采用对角线分割法，取对角部分，将其切碎，充分混匀放入食品加工器粉碎，制成待测样，放入分装容器中备用。

5.2 提取

准确称取 25.0 g 试料放入匀浆机中，加入 50.0 mL 乙腈，在匀浆机中高速匀浆 2 min 后用滤纸过滤，滤液收集到装有 5 g～7 g 氯化钠的 100 mL 具塞量筒中，收集滤液 40 mL～50 mL，盖上塞子，剧烈震荡 1 min，在室温下静止 10 min，使乙腈相和水相分层。

5.3 净化

从 100 mL 具塞量筒中吸取 10.00 mL 乙腈溶液，放入 150 mL 烧杯中，将烧杯放在 80℃水浴锅上加热，杯内缓缓通入氮气或空气流，蒸发近干，加入 2.0 mL 丙酮，盖上铝箔待测。

将上述烧杯中用丙酮溶解的样品，完全转移至 15 mL 刻度离心管中，再用约 3 mL 丙酮分 3 次冲洗烧杯，并转移至离心管，最后准确定容至 5.0 mL，在旋涡混合器上混匀，供色谱测定。如样品过于混浊，应用 0.2 μm 滤膜过滤后再进行测定。

5.4 测定

5.4.1 色谱参考条件

5.4.1.1 色谱柱

预柱，1.0 m，0.53 mm 内径，脱活石英毛细管柱。

采用两根色谱柱，分别为：

A 柱：50％聚苯基甲基硅氧烷（DB-17 或 HP-50＋）柱，30 m×0.53 mm×1.0 μm；

B 柱：100％聚甲基硅氧烷（DB-1 或 HP-1）柱，30 m×0.53 mm×1.50 μm。

5.4.1.2 温度

进样口温度，220℃。

检测器温度，250℃

柱温，150℃（保持 2 min）$\underline{8℃/min}$250℃（保持 12 min）。

5.4.1.3 气体及流量

载气：氮气，纯度≥99.999％，流速为 10 mL/min。

燃气：氢气，纯度≥99.999％，流速为 75 mL/min。

助燃气：空气，流速为 100 mL/min。

5.4.1.4 进样方式

不分流进样。样品一式两份，由双塔自动进样器同时进样。

5.4.2 色谱分析

由自动进样器吸取 1.0μL 标准混合溶液（或净化后的样品）注入色谱仪中，以双柱保留时间定性，以分析柱 B 获得的样品溶液峰面积与标准溶液峰面积比较定量。

6 结果表述

6.1 定性

双柱测得的样品中未知组分的保留时间（RT）分别与标样在同一色谱柱上的保留时间（RT）相比较，如果样品中某组分的两组保留时间与标准中某一农药的两组保留时间相差都在±0.05 min 内的可认定为该农药。

6.2 计算

样品中被测农药残留量以质量分数 ω 计，数值以毫克每千克（mg/kg）表示，按公式（1）计算。

$$\omega = \frac{V_1 \times A \times V_3}{V_2 \times A_s \times m} \times \Psi \qquad (1)$$

式中：

Ψ——标准溶液中农药的含量，单位为毫克/升(mg/L)；

A——样品中被测农药的峰面积；

A_s——农药标准溶液中被测农药的峰面积；

V_1——提取溶剂总体积；

V_2——吸取出用于检测的提取溶液的体积；

V_3——样品定容体积；

m——样品的质量。

计算结果保留三位有效数。

6.3 精密度

将 26 种有机磷农药混合标准溶液在 0.05 mg/L～0.30 mg/L、0.10 mg/L～0.60 mg/L 和 0.50 mg/L～3.00 mg/L 三个水平添加到蔬菜和水果样品中进行方法的精密度试验，方法的添加回收率在 70%～120%之间，变异系数小于 20%。

6.4 检出限

方法的检出限在 0.0010 mg/kg～0.2500 mg/kg。

7 色谱图

见图。各农药色谱峰保留时间参考值见附录 A。

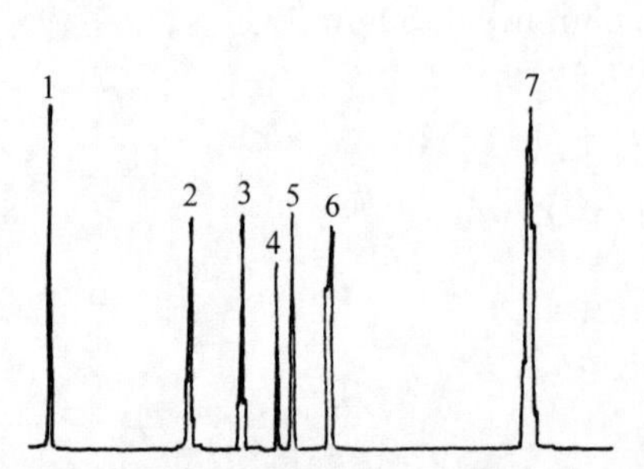

图 1-1 第 1 组有机磷农药标准(A 柱)

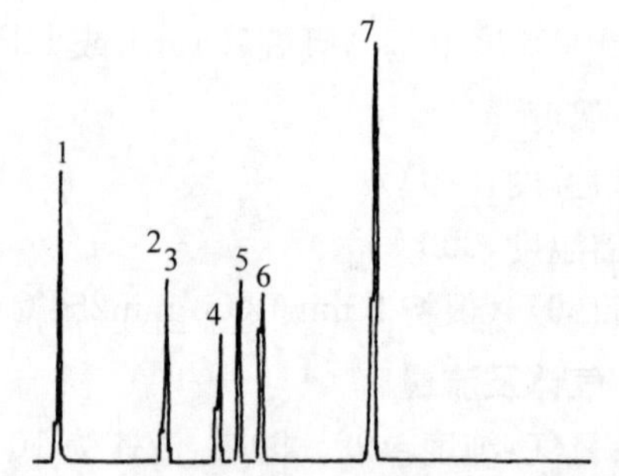

图 1-2 第 1 组有机磷农药标准(B 柱)

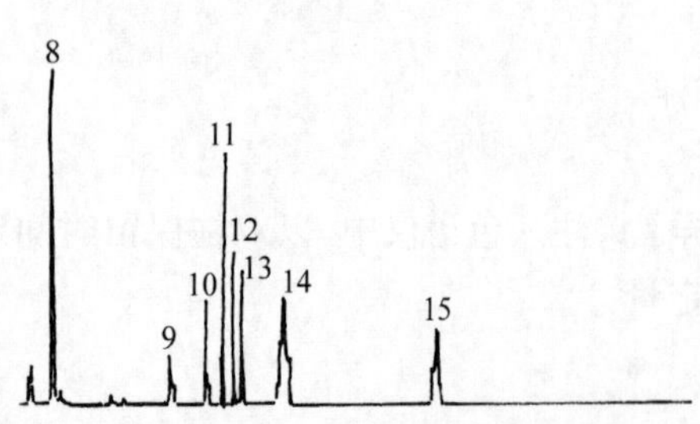

图 2-1 第 2 组有机磷农药标准(A 柱)

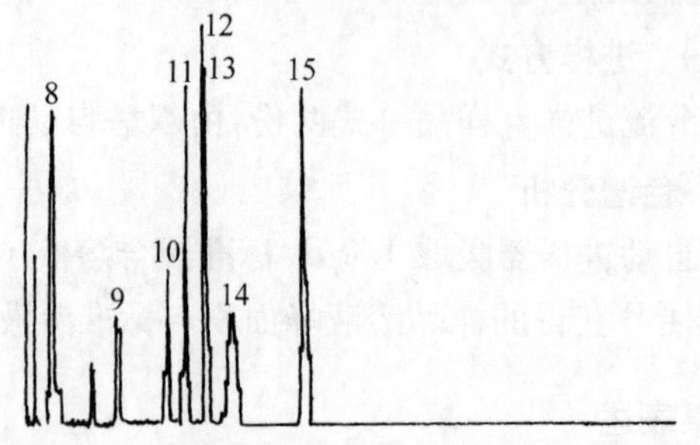

图 2-2 第 2 组有机磷农药标准(B 柱)

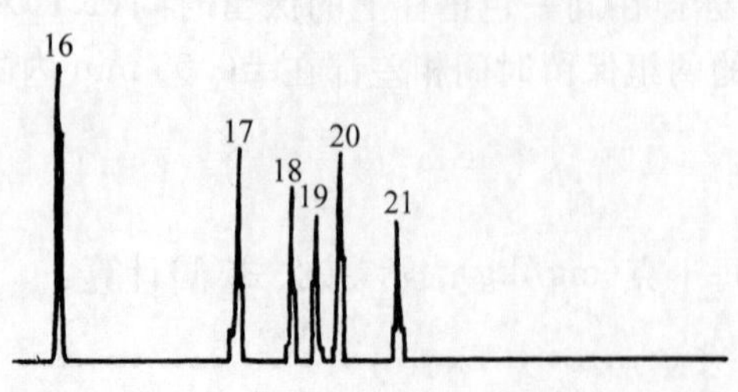

图 3-1 第 3 组有机磷农药标准(A 柱)

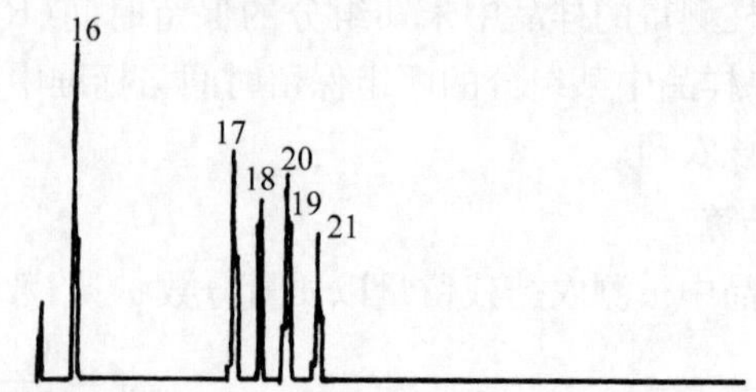

图 3-2 第 3 组有机磷农药标准(B 柱)

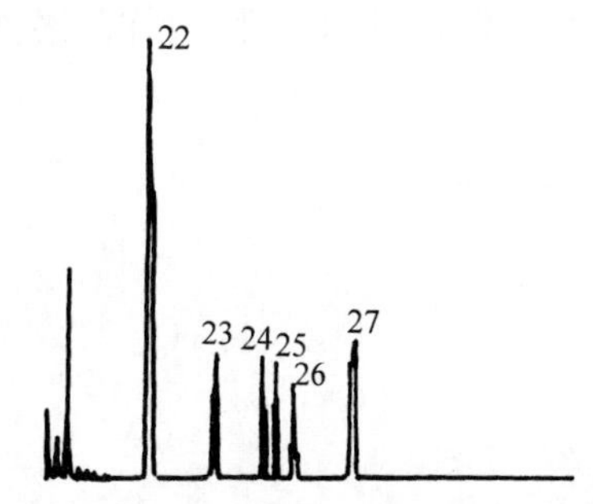

图4-1 第4组有机磷农药标准(A柱)

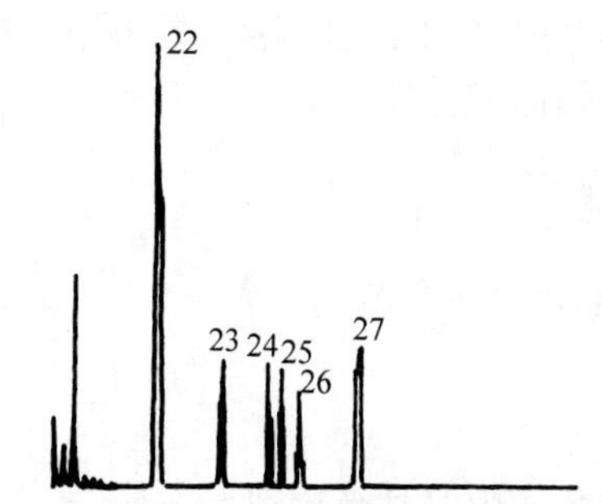

图4-2 第4组有机磷农药标准(B柱)

1——敌敌畏;2——甲拌磷;3——乐果;4——对氧磷;5——对硫磷;6——喹硫磷;7——伏杀硫磷;8——敌百虫;9——氧化乐果;10——磷胺1;11——磷胺2;12——甲基嘧啶磷;13——马拉硫磷;14——辛硫磷;15——亚胺硫磷;16——甲胺磷;17——二嗪磷;18——甲基毒死蜱;19——毒死蜱;20——倍硫磷;21——杀扑磷;22——乙酰甲胺磷;23——胺丙畏;24——甲基对硫磷;25——杀螟硫磷;26——异柳磷;27——乙硫磷。

方 法 二

1 范围

同“方法一”。

2 原理

样品中有机磷类农药用乙腈提取,提取液经净化、浓缩后,被注入气相色谱,样品中组分经毛细管柱分离,用火焰光度检测器(FPD)检测。外标法同时定性、定量。

3 试剂与材料

同“方法一”。

4 仪器设备

4.1 除气相色谱仪外,其他仪器设备同“方法一”。

4.2 气相色谱仪,带有火焰光度检测器(FPD),毛细管进样口。

5 分析步骤

5.1 试料制备、提取、净化步骤同“方法一”。

5.2 测定

5.2.1 色谱参考条件

5.2.1.1 色谱柱

预柱,1.0 m(0.53 mm内径、脱活石英毛细管柱);色谱柱,50%聚苯基甲基硅氧烷(DB 17或HP 50+)柱,30 m×0.53 mm×1.0 μm。

5.2.1.2 温度,同“方法一”。

5.2.1.3 气体及流量,同“方法一”。

5.2.1.4 进样方式,不分流进样。

5.2.2 色谱分析

吸取1.0 μL标准混合溶液(或净化后的样品)注入色谱仪中,以保留时间定性,以样品溶液峰面积与标准溶液峰面积比较定量。

6 结果表述

同“方法一”。

7 色谱图

同“方法一”中B柱色谱图。

附 录 A
（资料性附录）
表 A.1 有机磷类农药检测参考数据一览表

序号	中文名	英文名	相对保留时间		最低检出限 MDL mg/kg		组别
			A-RRT (DB-17,FPD)	B-RRT (DB-1,FPD)	A(DB-17)	B(DB-1)	
1	敌敌畏	dichiorvos	0.27	0.22	0.0250	0.0330	Ⅰ
2	敌百虫	trichlorfon	0.28	0.23	0.0750	0.1330	Ⅱ
3	甲胺磷	methamidaphos	0.34	0.20	0.0330	0.0500	Ⅲ
4	乙酰甲胺磷	acephate	0.56	0.36	0.2000	0.3150	Ⅳ
5	甲拌磷	phorate	0.72	0.68	0.0250	0.0400	Ⅰ
6	氧化乐果	omethoate	0.75	0.53	0.0500	0.0500	Ⅱ
7	胺丙畏	propetamphos	0.79	0.76	0.0250	0.0500	Ⅳ
8	二嗪磷	diazinon	0.79	0.79	0.0250	0.0500	Ⅲ
9	乐果	dimethoate	0.88	0.68	0.0250	0.0500	Ⅰ
10	磷胺-1	phosphamidon-1	0.88	0.78	0.0110	0.0200	Ⅱ
11	甲基毒死蜱	chlorpyrifos-methyl	0.94	0.89	0.0250	0.0500	Ⅲ
12	磷胺-2	phosphamidon-2	0.95	0.86	0.0240	0.0300	Ⅱ
13	对氧磷	paraoxon	0.96	0.88	0.0330	0.0500	Ⅰ
14	甲基对硫磷	parathion-methyl	0.97	0.88	0.0250	0.0500	Ⅳ
15	甲基嘧啶磷	pirimiphos-methyl	0.98	0.96	0.0170	0.0500	Ⅱ
16	毒死蜱	chlorpyrifos	1.00	1.00	0.0330	0.0500	Ⅲ
17	马拉硫磷	malathion	1.01	1.10	0.0170	0.0500	Ⅱ
18	对硫磷	parathion	1.01	1.00	0.0250	0.0400	Ⅰ
19	杀螟硫磷	fenitrothion	1.01	0.94	0.0250	0.0500	Ⅳ
20	倍硫磷	fenthion	1.06	0.99	0.0250	0.0500	Ⅲ
21	异柳磷	isofenphos	1.07	1.09	0.0330	0.0500	Ⅳ
22	喹硫磷	quinalphos	1.13	1.09	0.0330	0.0400	Ⅰ
23	辛硫磷	phoxim	1.19	1.11	0.4000	0.2500	Ⅱ
24	杀扑磷	methidathion	1.24	1.11	0.0500	0.0500	Ⅲ
25	乙硫磷	ethion	1.35	1.29	0.0330	0.0400	Ⅳ
26	伏杀硫磷	phosalone	2.00	1.57	0.6000	0.0200	Ⅰ
27	亚胺硫磷	phosmet	2.08	1.44	0.2000	0.1000	Ⅱ

前　言

NY/T 761—2004《蔬菜和水果中有机磷、有机氯、拟除虫菊酯和氨基甲酸酯类农药多残留检测方法》分为三个部分：

——第1部分：蔬菜和水果中26种有机磷类农药多残留检测方法；

——第2部分：蔬菜和水果中22种有机氯和拟除虫菊酯类农药多残留检测方法；

——第3部分：蔬菜和水果中8种氨基甲酸酯类农药多残留检测方法。

本部分为NY/T 761—2004的第1部分，"附录A"为资料性附录。

本部分由中华人民共和国农业部提出。

本部分起草单位：农业部环境质量监督检验测试中心(天津)、农业部环境保护科研监测所。

本部分主要起草人：刘长武、刘潇威、刘凤枝、买光熙、李平、赵梦彬、郑明辉、王一茹。

本标准为首次发布。

蔬菜和水果中有机磷、有机氯、拟除虫菊酯和氨基甲酸酯类农药多残留检测方法

第2部分 蔬菜和水果中有机氯类、拟除虫菊酯类农药多残留检测方法

方 法 一

1 范围

本部分规定了蔬菜和水果中α-666、β-666、δ-666、o,p′-DDE、p,p′-DDE、o,p′-DDD、p,p′-DDD、o,p′-DDT、p,p′-DDT、异菌脲、五氯硝基苯、林丹、乙烯菌核利、三氯杀螨醇、三氟氯氰菊酯、氯硝胺、百菌清、三唑酮、甲氰菊酯、氯菊酯、氰戊菊酯、溴氰菊酯等22种有机氯类、拟除虫菊酯类农药多残留气相色谱检测方法。

本部分适用于蔬菜和水果中上述22种农药残留量的检测。

2 原理

样品中有机氯类、拟除虫菊酯类农药用乙腈提取，提取液采用固相萃取技术分离、净化、浓缩后，用双塔自动进样器同时将样品注入气相色谱的两个进样口，组分经不同极性的两根毛细管柱分离，电子捕获检测器(ECD)检测。外标法定性、定量。

3 试剂与材料

方法所用试剂，凡未指明规格者，均为分析纯；水为蒸馏水。

3.1 乙腈。

3.2 丙酮，重蒸。

3.3 已烷，重蒸。

3.4 氯化钠，140℃烘烤4 h。

3.5 固相萃取柱，弗罗里矽柱(Florisil®)，容积6 mL，填充物1 000 mg。

3.6 铝箔。

3.7 农药标准品，见表1。

表1 22种有机氯农药及拟除虫菊酯类农药标准品

序号	中文名	英文名	纯度	溶剂	组别
1	α-666	α-BHC	≥96%	正已烷	Ⅰ
2	氯硝胺	dicloran	≥96%	正已烷	Ⅲ
3	β-666	β-BHC	≥96%	正已烷	Ⅰ
4	林丹	lindane	≥96%	正已烷	Ⅱ
5	δ-666	δ-BHC	≥96%	正已烷	Ⅰ
6	五氯硝基苯	pentachloronitrobenzene	≥96%	正已烷	Ⅱ

表 1（续）

序号	中文名	英文名	纯度	溶剂	组别
7	百菌清	chlorothalonil	≥96%	正己烷	Ⅲ
8	乙烯菌核利	vinclozolin	≥96%	正己烷	Ⅱ
9	毒死蜱	chlorpyrifos	≥96%	正己烷	
10	三氯杀螨醇	dicofol	≥96%	正己烷	Ⅱ
11	三唑酮	triadimefon	≥96%	正己烷	Ⅲ
12	o,p′-DDE	o,p′-DDE	≥96%	正己烷	Ⅰ
13	p,p′-DDE	p,p′-DDE	≥96%	正己烷	Ⅰ
14	o,p′-DDD	o,p′-DDD	≥96%	正己烷	Ⅰ
15	p,p′-DDD	p,p′-DDD	≥96%	正己烷	Ⅰ
16	o,p′-DDT	o,p′-DDT	≥96%	正己烷	Ⅱ
17	p,p′-DDT	p,p′-DDT	≥96%	正己烷	Ⅰ
18	异菌脲	iprodione	≥96%	正己烷	Ⅰ
19	甲氰菊酯	fenpropathrin	≥96%	正己烷	Ⅲ
20	三氟氯氰菊酯	lambda-cyhalothrin	≥96%	正己烷	Ⅱ
21	氯菊酯	permethrin	≥96%	正己烷	Ⅲ
22	氰戊菊酯	fenvalerate	≥96%	正己烷	Ⅲ
23	溴氰菊酯	deltamethrin	≥96%	正己烷	Ⅲ

3.8 农药标准溶液配制

单个农药标准溶液：准确称取一定量农药标准品，用正己烷稀释，逐一配制成 22 种农药 1 000 mg/L 单一农药标准储备液，贮存在−18℃以下冰箱中。使用时根据各农药在对应检测器上的响应值，吸取适量的标准储备液，用正己烷稀释配制成所需的标准工作液。

农药混合标准溶液：将 22 种农药分为 3 组，按照表 1 中组别，根据各农药在仪器上的响应值，逐一吸取一定体积的同组别的单个农药储备液分别注入同一容量瓶中，用正己烷稀释至刻度，采用同样方法配制成 3 组农药混合标准储备溶液。使用前用正己烷稀释成所需浓度的标准工作液。

4 仪器设备

4.1 分析实验室常用仪器设备。

4.2 食品加工器。

4.3 旋涡混合器。

4.4 匀浆机。

4.5 氮吹仪。

4.6 气相色谱仪，配有双电子捕获检测器(ECD)，双塔自动进样器，双毛细管进样口。

5 测定步骤

5.1 试料制备

同第一部分“方法一”。

5.2 提取

同第一部分“方法一”。

5.3 净化

从100 mL具塞量筒中吸取10.00 mL乙腈溶液，放入150 mL烧杯中，将烧杯放在水80℃浴锅上加热，杯内缓缓通入氮气或空气流，蒸发近干，加入2.0 mL正己烷，盖上铝箔待检测。

将弗罗里矽柱依次用5.0 mL丙酮＋正己炳(10＋90)、5.0 mL正己烷预淋条件化，当溶剂液面到达柱吸附层表面时，立即倒入样品溶液，用15 mL刻度离心管接收洗脱液，用5mL丙酮＋正己烷(10＋90)涮洗烧杯后淋洗弗罗里矽柱，并重复一次。将盛有淋洗液的离心管置于氮吹仪上，在水浴温度50℃条件下，氮吹蒸发至小于5 mL，用正己烷准确定容至5.0 mL，在旋涡混合器上混匀，分别移入两个2 mL自动进样器样品瓶中，待测。

5.4 测定

5.4.1 色谱参考条件

5.4.1.1 色谱柱

预柱，1.0 m，0.25 mm内径、脱活石英毛细管柱。

分析柱采用两根色谱柱，分别为：

分析柱A：100％聚甲基硅氧烷(DB-1或HP-1)柱，30 m×0.25 mm×0.25 μm。

分析柱B：50％聚苯基甲基硅氧烷(DB-17或HP—50＋)柱，30 m×0.25 vmm×0.25 μm。

5.4.1.2 温度

进样口温度，200℃。

检测器温度，320℃。

柱温，150℃(保持2 min)6℃/min 270℃(保持8 min，测定溴氯菊酯保持23 min)。

5.4.1.3 气体及流量

载气：氮气，纯度≥99.999％，流速为1 mL/min。

5.4.1.4 进样方式

分流进样，分流比1＋10。样品一式两份，由双塔自动进样器同时进样。

5.4.2 色谱分析

由自动进样器吸取1.0 μL标准混合溶液(或净化后的样品溶液)注入色谱仪中，以双柱保留时间定性，以分析柱A获得的样品溶液峰面积与标准溶液峰面积比较定量。

6 结果

6.1 定性

双柱测得的样品中未知组分的保留时间(RT)分别与标样在同一色谱柱上的保留时间(RT)相比较，如果样品中某组分的两组保留时间与标准中某一农药的两组保留时间相差都在±0.05 min内的可认定为该农药。

6.2 计算

样品中被测农药残留量以质量分数ω计，数值以毫克每千克(mg/kg)表示，按公式(1)计算。

$$\omega=\frac{V_1\times A\times V_3}{V_2\times A_s\times m}\times\Psi \qquad (1)$$

式中：

Ψ——标准溶液中农药的含量，单位为毫克/升(mg/L)；

A——样品中被测农药的峰面积；

A_s——农药标准溶液中被测农药的峰面积；

V_1——提取溶剂总体积；

V_2——吸取出用于检测的提取溶液的体积；

V_3——样品定容体积；

m——样品的质量。

计算结果保留三位有效数字。

6.3 精密度

将22种有机氯和拟除虫菊酯类农药混合标准溶液在0.01 mg/L～0.10 mg/L、0.10 mg/L～1.00 mg/L和0.50 mg/L～5.00 mg/L三个水平添加到蔬菜和水果样品中进行方法的精密度试验，方法的添加回收率在70%～120%之间，变异系数小于20%。

7 色谱图

见图。各农药色谱峰保留时间参考值见附录A。

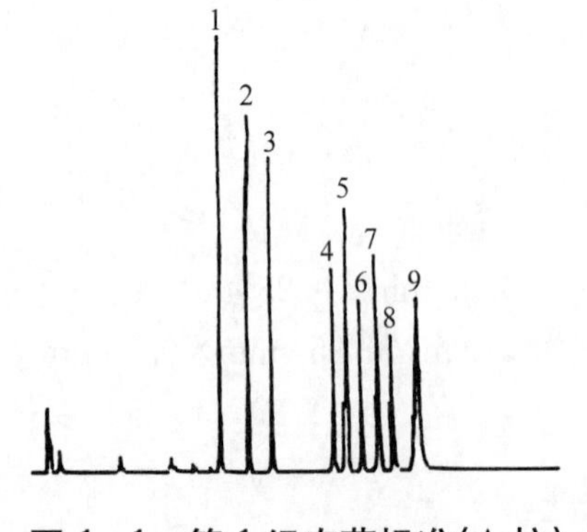

图1-1 第1组农药标准(A柱)

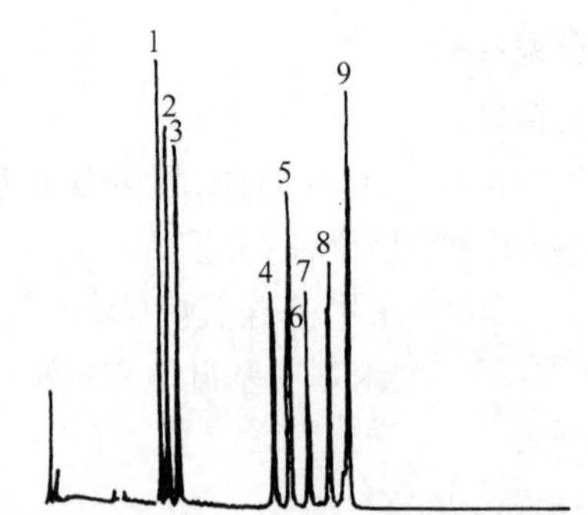

图1-2 第1组农药标准(B柱)

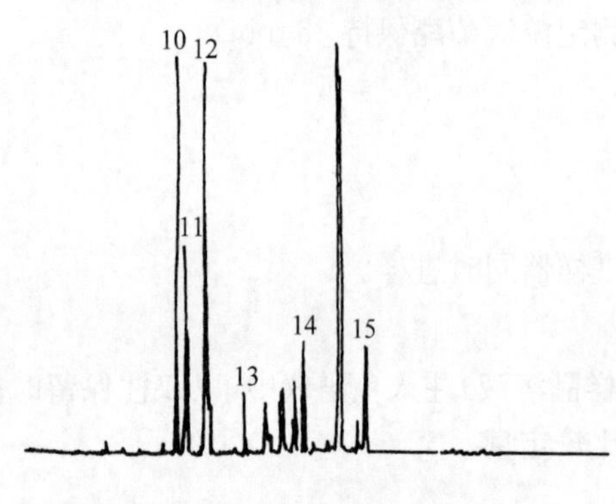

图2-1 第2组农药标准(A柱)

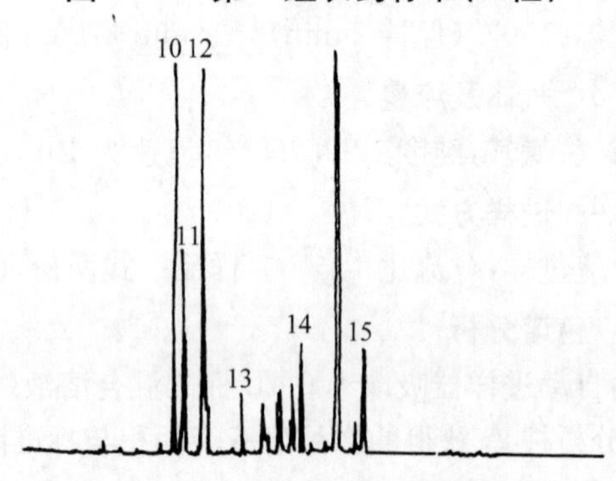

图2-2 第1组农药标准(B柱)

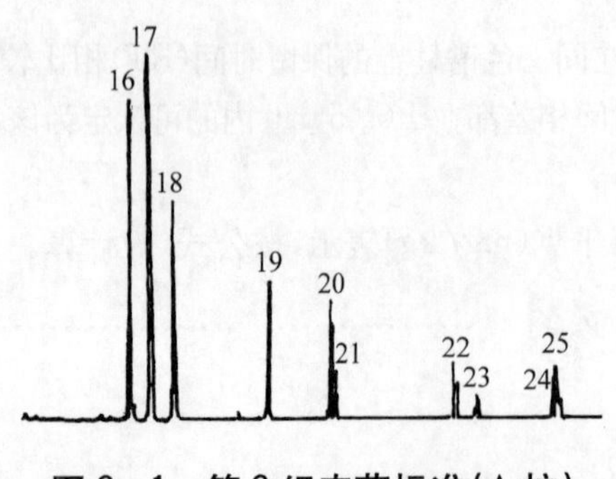

图3-1 第3组农药标准(A柱)

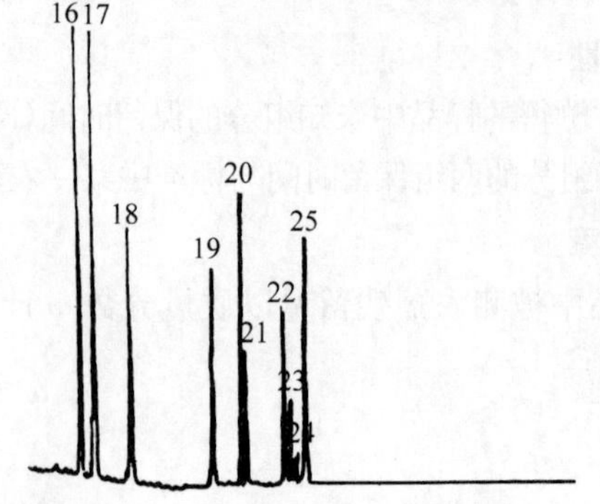

图3-2 第3组农药标准(B柱)

1——α666；2——β666；3——δ666；4——o，p′DDE；5——p，p′DDE；6——o，p′DDD；7——p，p′DDD；8——p，p′DDT；9——异菌脲；10——五氯硝基苯；11——林丹；12——乙烯菌核利；13——三氯杀螨醇；14——o，p′DDT；15——三氟氯氰菊酯；16——氯硝胺；17——百菌清；18——粉锈宁；19——甲氰菊酯；20——顺-氯菊酯；21——反-氯菊酯；22——反-氰戊菊酯；23——顺-氰戊菊酯；24——顺-溴氰菊酯；25——反-溴氰菊酯。

方 法 二

1 范围

同"方法一"。

2 原理

样品中有机氯、拟除虫菊酯类农药用乙腈提取，提取液经固相萃取柱净化、浓缩后，被注入气相色谱，组分经毛细管柱分离，用电子捕获检测器(ECD)检测。外标法定性、定量。

3 试剂与材料

同"方法一"。

4 仪器设备

4.1 其余仪器设备同"方法一"。

4.2 气相色谱仪，带电子捕获检测器(ECD)，毛细管进样口。

5 分析步骤

5.1 试料制备、提取、净化步骤同"方法一"。

5.2 测定

5.2.1 色谱参考条件

5.2.1.1 色谱柱

预柱，1.0 m(0.25 mm 内径、脱活石英毛细管柱)；分析柱，100%聚甲基硅氧烷(DB-1 或 HP-1)柱，30 m×0.25 mm×0.25 μm。

5.2.1.2 温度，同"方法一"。

5.2.1.3 气体及流量，同"方法一"。

5.2.1.4 进样方式，同"方法一"。

5.2.2 色谱分析

吸取 1.0 μL 标准混合溶液(或净化后的样品)注入色谱仪中，以保留时间定性，以样品溶液峰面积与标准溶液峰面积比较定量。

6 结果表述

同"方法一"。

7 色谱图

同"方法一"中 A 柱色谱图。

附 录 A
（资料性附录）
表 A.1 有机氯和拟除虫菊酯类农药检测参考数据

序号	中文名	英文名	相对保留时间		最低检出限 MDL mg/kg		组别
			A-RRT (DB-17,ECD)	B-RRT (DB-1,ECD)	A(DB-17)	B(DB-1)	
1	α-666	α-BHC	0.72	0.70	0.000 6	0.000 8	Ⅰ
2	氯硝胺	dicloran	0.78	0.71	0.000 8	0.001 0	Ⅲ
3	β-666	β-BHC	0.82	0.73	0.000 1	0.001 5	Ⅰ
4	林丹	lindane	0.80	0.77	0.000 8	0.001 0	Ⅱ
5	δ-666	δ-BHC	0.90	0.78	0.000 8	0.001 0	Ⅰ
6	五氯硝基苯	pentachloronitrobenzene	0.77	0.79	0.000 6	0.000 8	Ⅱ
7	百菌清	chlorothalonil	0.88	0.81	0.000 9	0.001 1	Ⅲ
8	乙烯菌核利	vinclozolin	0.88	0.94	0.002 0	0.002 5	Ⅱ
	毒死蜱	chlorpyrifos	1.00	1.00	0.002 8	0.003 7	
9	三氯杀螨醇	dicofol	1.03	1.05	0.025 0	0.017 0	Ⅱ
10	三唑酮	triadimefon	0.99	1.07	0.002 0	0.003 3	Ⅲ
11	o,p′-DDE	o,p′-DDE	1.13	1.21	0.000 8	0.001 0	Ⅰ
12	p,p′-DDE	p,p′-DDE	1.18	1.29	0.000 6	0.000 7	Ⅰ
13	o,p′-DDD	o,p′-DDD	1.23	1.30	0.001 0	0.001 4	Ⅰ
14	p,p′-DDD	p,p′-DDD	1.29	1.37	0.000 7	0.001 0	Ⅰ
15	o,p′-DDT	o,p′-DDT	1.29	1.40	0.002 5	0.002 0	Ⅱ
16	p,p′-DDT	p,p′-DDT	1.35	1.47	0.001 0	0.003 3	Ⅰ
17	异菌脲	iprodione	1.44	1.56	0.010 0	0.011 0	Ⅰ
18	甲氰菊酯	fenpropathrin	1.45	1.61	0.004 0	0.006 7	Ⅲ
19	三氟氯氰菊酯	lambda-cyhalothrin	1.50	1.73	0.002 6	0.003 0	Ⅱ
20	顺式-氯菊酯	permethrin - cis	1.72	1.82	0.01 2	0.013 0	Ⅲ
21	反式-氯菊酯	permethrin - trans	1.74	1.84	0.020 0	0.010 0	Ⅲ
22	顺式-氰戊菊酯	fenvalerate - cis	2.32	2.16	0.010 0	0.008 0	Ⅲ
23	反式-氰戊菊酯	fenvalerate - trans	2.24	2.12	0.020 0	0.020 0	Ⅲ
24	顺式-溴氰菊酯	deltamethrin - cis	2.56	2.23	0.017 0	0.060 0	Ⅲ
25	反式-溴氰菊酯	deltamethrin - trans	2.66	2.29	0.015 0	0.056 0	Ⅲ

前　言

NY/T 761—2004《蔬菜和水果中有机磷、有机氯、拟除虫菊酯和氨基甲酸酯类农药多残留检测方法》分为三个部分：

——第1部分：蔬菜和水果中26种有机磷类农药多残留检测方法；

——第2部分：蔬菜和水果中22种有机氯和拟除虫菊酯类农药多残留检测方法；

——第3部分：蔬菜和水果中8种氨基甲酸酯类农药多残留检测方法。

本部分为NY/T 761—2004的第3部分，“附录A”为资料性附录。

本部分由中华人民共和国农业部提出。

本部分起草单位：农业部环境质量监督检验测试中心（天津）、农业部环境保护科研监测所。

本部分主要起草人：刘长武、刘潇威、刘凤枝、买光熙、李平、赵梦彬、郑明辉、王一茹。

本标准为首次发布。

蔬菜和水果中有机磷、有机氯、拟除虫菊酯和氨基甲酸酯类农药多残留检测方法

第3部分　蔬菜和水果中氨基甲酸酯类农药多残留检验方法

1　范围

本部分规定了蔬菜和水果中涕灭威砜、涕灭威亚砜、灭多威、3-羟基呋喃丹、涕灭威、克白威、甲萘威、异丙威8种氨基甲酸酯类农药多残留液相色谱检测方法。

本部分适用于蔬菜和水果中上述8种农药残留量的检测。

2　原理

样品中氨基甲酸酯类农药用乙腈提取，提取液采用固相萃取技术分离、净化，经浓缩后，使用带荧光检测器和柱后衍生系统的高效液相色谱进行检测。外标法定性、定量。

3　试剂与材料

方法所用试剂，凡未指明规格者，均为分析纯；水为蒸馏水。

3.1　乙腈。

3.2　丙酮，重蒸。

3.3　甲醇，色谱纯。

3.4　氯化钠，140℃烘烤4 h。

3.5　柱后衍生试剂

3.5.1　0.05 mol/L Na/H 溶液，Pickering$^+$(cat. No CB130)；

3.5.2　OPA 稀释溶液，Pickering$^+$(cat. No CB910)；

3.5.3　邻苯二甲醛(O-Phthaladehyde，OPA)，Pickering$^+$(cat. No 0120)；

3.5.4　巯基乙醇(Thiofluor)，Pickering$^+$(cat. No 3700-2000)。

3.6　固相萃取柱，氨基柱(Aminopropyl$^+$)，容积6 mL，填充物500 mg。

3.7　滤膜，0.2 μm，0.45 μm。

3.8　农药标准品，见表1。

表1　8种氨基甲酸酯类农药标准品

序号	中文号	英文名	纯度	溶剂
1	涕灭威亚砜	aldicarb sulfoxide	≥96%	甲醇
2	涕灭威砜	aldicarb sulfone	≥96%	甲醇
3	灭多威	methomyl	≥96%	甲醇
4	3-羟基呋喃丹	3-hydroxycarbofuran	≥96%	甲醇
5	涕灭威	aldicarb	≥96%	甲醇
6	克百威	carbofuran	≥96%	甲醇
7	甲萘威	carbaryl	≥96%	甲醇
8	异丙威	isoprocarb	≥96%	甲醇

3.9 农药标准溶液配制

单个农药标准溶液：准确称取一定量农药标准品，用甲醇稀释，逐一配制成 1 000 mg/L 的单一农药标准储备液，贮存在−18℃以下冰箱中。使用时根据各农药在对应检测器上的响应值，吸取适量的标准储备液，用甲醇稀释配制成所需的标准工作液。

农药混合标准溶液：根据各农药在仪器上的响应值，逐一吸取一定体积的单个农药储备液分别注入同一容量瓶中，用甲醇稀释至刻度配制成农药混合标准储备溶液，使用前用甲醇稀释成所需浓度的标准工作液。

4 仪器设备

4.1 食品加工器。

4.2 匀浆机。

4.3 氮吹仪。

4.4 液相色谱仪，可做梯度淋洗，配有柱后衍生反应装置和荧光检测器(FLD)。

5 测定步骤

5.1 试料制备

同第一部分“方法一”。

5.2 提取

同第一部分“方法一”。

5.3 净化

从 100 mL 具塞量筒中准确吸取 10.00 mL 乙腈相溶液，放入 150 mL 烧杯中，将烧杯放在 80℃水浴锅上加热，杯内缓缓通入氮气或空气流，将乙腈蒸发近干；加入 2.0 mL 甲醇＋二氯甲烷(1＋99)溶解残渣，盖上铝箔待净化。

将氨基柱用 4.0 mL 甲醇＋二氯甲烷(1＋99)预洗条件化，当溶剂液面到达柱吸附层表面时，立即加入样品溶液，用 15 mL 离心管收集洗脱液，用 2 mL 甲醇＋二氯甲烷(1＋99)洗烧杯后过柱，并重复一次。将离心管置于氮吹仪上，水浴温度 50℃，氮吹蒸发至近干，用甲醇准确定容至 2.5 mL。在混合器上混匀后，用 0.2 μm 滤膜过滤，待测。

5.4 色谱参考条件

5.4.1 色谱柱

预柱，C_{18}预柱，4.6 mm×4.5 cm；分析柱，C_8，4.6 mm×25 cm，5 μm 或 C_{18}，4.6 mm×25 cm，5 μm。

5.4.2 柱温，42℃。

5.4.3 荧光检测器，λex330 nm，λem465 nm。

5.4.4 溶剂梯度与流速，见表 2

表 2 溶剂梯度与流速

时间 min	水 %	甲醇 %	流速 mL/min
0.00	85	15	0.5
2.00	75	25	0.5
8.00	75	25	0.5
9.00	60	40	0.8

表 2（续）

时间 min	水 %	甲醇 %	流速 mL/min
10.00	55	45	0.8
19.00	20	80	0.8
25.00	20	80	0.8
26.00	85	15	0.5

5.4.5 柱后衍生

5.4.5.1 0.05 mol/L 氢氧化钠溶液，流速 0.3 mL/min；

5.4.5.2 OPA 试剂，流速 0.3 mL/min；

5.4.5.3 反应器温度

水解温度，100℃；衍生温度，室温。

5.5 色谱分析

吸取 20.0 μL 标准混合溶液（或净化后的样品）注入色谱仪中，以保留时间定性，以样品溶液峰面积与标准溶液峰面积比较定量。

6 结果

6.1 计算

样品中被测农药残留量以质量分数 ω 计，数值以毫克每千克(mg/kg)表示，按公式(1)计算。

$$\omega=\frac{V_1\times A\times V_3}{V_2\times A_s\times m}\times\Psi \qquad (1)$$

式中：

Ψ——标准溶液中农药的含量，单位为毫克/升(mg/L)；

A——样品中被测农药的峰面积；

A_s——农药标准溶液中被测农药的峰面积；

V_1——提取溶剂总体积；

V_2——吸取出用于检测的提取溶液的体积；

V_3——样品定容体积；

m——样品的质量。

计算结果保留三位有效数字。

6.2 精密度

将 8 种氨基甲酸酯类农药混合标准溶液在 0.05 mg/L、0.10 mg/L 和 0.50 mg/L 三个水平添加到蔬菜和水果样品中进行方法的精密度试验，方法的添加回收率在 70%～120%之间，变异系数小于 20%。

7 色谱图

见图 1。各农药色谱峰保留时间参考值见附录 A。

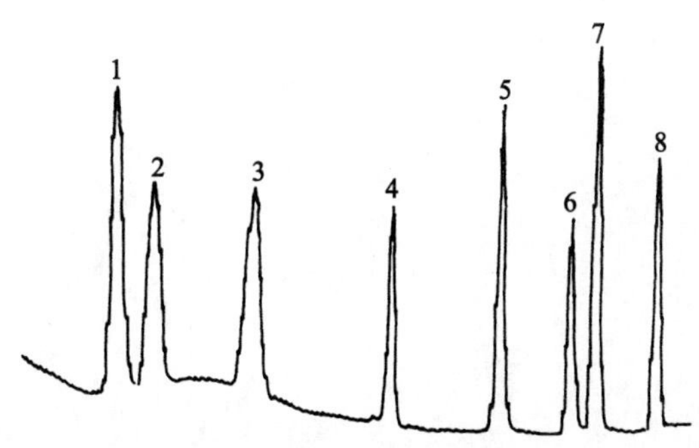

图1 氨基甲酸酯类农药标准色谱图

1——涕灭威亚砜；2——涕灭威砜；3——灭多威；4——3-羟基呋喃丹；5——涕灭威；6——克百威；7——甲萘威；8——异丙威。

附 录 A
（资料性附录）

表 A.1 氨基甲酸酯类农药检测参考数据表

序号	中文名	英文名	相对保留时间 RRT(C_8,FLD)	最低检出限 MDL mg/kg
1	涕灭威亚砜	aldicarb sulfoxide	0.47	0.003 0
2	涕灭威砜	aldicarb sulfone	0.51	0.003 0
3	灭多威	methomyl	0.65	0.003 0
4	3-羟基呋喃丹	3-hydroxycarbofuran	0.80	0.002 0
5	涕灭威	aldicarb	0.90	0.001 0
6	克百威	carbofuran	0.98	0.002 5
7	甲萘威	carbaryl	1.00	0.001 0
8	异丙威	isoprocarb	1.05	0.002 0

ICS 65.100.01
B 17

中华人民共和国农业行业标准

NY/T 762—2004

蔬菜农药残留检测抽样规范

2004-01-07 发布 2004-03-01 实施

中华人民共和国农业部 发布

前　言

本标准由中华人民共和国农业部提出并归口。

本标准起草单位:农业部蔬菜品质监督检验测试中心(北京)、农业部农业环境质量监督检验测试中心(天津)。

本标准主要起草人:刘肃、刘潇威、钱洪、王富华。

蔬菜农药残留检测抽样规范

1 范围

本标准规定了新鲜蔬菜样本抽样方法及实验室试样制备方法。

本标准适用于市场和生产地新鲜蔬菜样本的抽取及实验室试样的制备。

2 规范性引用文件

下列文件中的条款通过本标准的引用而成为本标准的条款。凡是注日期的引用文件，其随后所有的修改单(不包括勘误的内容)或修订版均不适用于本标准，然而，鼓励根据本标准达成协议的各方研究是否可使用这些文件的最新版本。凡是不注日期的引用文件，其最新版本适用于本标准。

GB 8855 新鲜水果和蔬菜的取样方法

3 要求

抽取的样本，应能充分地代表该批产品的特征。抽取混合样本，不能以单株(或单个果实)作为监测样本。抽样过程中，应及时、准确记录抽样的相关信息。所抽样本应经被抽单位或个人确认，生产地抽样时应调查蔬菜生产、管理情况，市场抽样应调查蔬菜来源或产地。

3.1 抽样准备

3.1.1 抽样前应制定抽样方案。

3.1.2 应事先准备好抽样袋、保鲜袋、纸箱、标签、封条(如需要)等抽样用具，并保证这些用具洁净、干燥、无异味，不会对样本造成污染。抽样过程不应受雨水、灰尘等环境污染。

3.2 人员

抽样人员应不少于2人。抽样人员应持个人有效证件(身份证、工作证等)、抽查文件、记录本、抽样单和调查表等。

3.3 抽样时间

3.3.1 生产地

根据不同品种在其种植区域的成熟期来确定，蔬菜抽样应安排在蔬菜成熟期或蔬菜即将上市前进行。

3.3.2 批发市场

宜在批发或交易高峰时期抽样。

3.3.3 农贸市场和超市

宜在抽取批发市场之前进行。

3.4 抽样量

生产地抽样一般每个样本抽样量不低于3 kg，单个个体大于0.5 kg/个时，抽取样本不少于10个个体，单个个体大于1 kg/个时，抽取样本不少于5个个体。抽样时，应除去泥土、黏附物及明显腐烂和萎蔫部分。

市场抽样样本量按照GB 8855的规定。

4 抽样方法

4.1 生产地

当蔬菜种植面积小于10 hm^2 时，每1 hm^2～3 hm^2 设为一个抽样单元；当蔬菜种植面积大于10

hm^2，每 3 hm^2～5 hm^2 设为一个抽样单元。当在设施栽培的蔬菜大棚中抽样时，每个大棚为一个抽样单元。每个抽样单元内根据实际情况按对角线法、梅花点法、棋盘式法、蛇形法等方法采取样本，每个抽样单元内抽样点不应少于 5 个，每个抽样点面积为 1 m^2 左右，随机抽取该范围内的蔬菜作为检测用样本。

4.2 批发市场

4.2.1 散装样本

应视堆高不同从上、中、下分层取样，每层从中心及四周五点取样。

4.2.2 包装产品

堆垛取样时，在堆垛两侧的不同部位上、中、下过四角抽取相应数量的样本。

4.3 农贸市场和超市

同一蔬菜样本应从同一摊位抽取。

4.4 填写抽样单

抽样人员要与被检单位代表共同确认样本的真实性和代表性，抽样完成后，要现场填写抽样单，抽样单一式三份，由抽样人员和被检单位代表共同签字或加盖公章，一份交被检单位，一份随样品，一份由抽样人员带回。

5 样本的封存和运输

5.1 样本的封存

样本封存前要将"随样品"的抽样单一联放在袋内，将样本封存，粘贴好封条，要求标明封样时间，封条应由双方代表共同签字。

5.2 样本的运输

样本应在 24 h 内运送到实验室，否则应将样本冷冻后运输。原则上不准邮寄和托运，应由抽样人员随身携带。在运输过程中应避免样本变质、受损或遭受污染。

6 样本缩分

6.1 场所

通风、整洁、无扬尘、无易挥发化学物质。

6.2 工具和容器

6.2.1 制备样本：无色聚乙烯砧板或木砧板，不锈钢食品加工机或聚乙烯塑料食品加工机、高速组织分散机、不锈钢刀、不锈钢剪等。

6.2.2 分装容器：具塞磨口玻璃瓶、旋盖聚乙烯塑料瓶、具塞玻璃瓶等，规格视量而定。

6.3 样本缩分

取可食部分，用干净纱布轻轻擦去样本表面的附着物，如果样品粘附有太多泥土，可用流水冲去表面泥土，并轻轻擦干。采用对角线分割法，取对角部分，于清洁的无色聚乙烯塑料薄膜上，将其切碎，充分混匀，用四分法取样或直接放入食品加工机中捣碎成匀浆，制成待测样，取 500 g 左右放入分装容器中，备用。

制样工具应防止交叉污染。

7 样本的贮存

试样贮存的冷藏箱、低温冰箱和干燥器应清洁、无化学药品等污染物。新鲜样本短期保存 2 d～3 d，可放入冷藏冰箱中。长期保存应放在 -20℃ 低温冰箱中。冷冻样本解冻后应立即检测，检测时要将样品搅匀后再称样，如果样品分离严重应重新匀浆。

ICS 67.050
B 45

中华人民共和国农业行业标准

NY/T 763—2004

猪肉、猪肝、猪尿抽样方法

Sampling method for meat,liver and urine of pig

2004-01-07 发布　　2004-03-01 实施

中华人民共和国农业部　发布

前　言

本标准附录 A 为规范性附录。

本标准由中华人民共和国农业部提出并归口。

本标准起草单位:农业部畜禽产品质量监督检验测试中心、北京国农工贸发展中心。

本标准主要起草人:刘素英、尤华、李艳华、薛毅、王慧云、蔡英华。

猪肉、猪肝、猪尿抽样方法

1 范围

本标准规定了猪肉、猪肝、猪尿的抽样准备、样品抽取方法、抽样记录、运输及保存。

本标准适用于养殖、屠宰、加工、贮藏、销售环节中对猪肉、猪肝、猪尿进行生产检验和监督检验时样品的抽取。屠宰前生猪应来源于非疫区。

2 规范性引用文件

下列文件中的条款通过本标准的引用而成为本标准的条款。凡是注日期的引用文件，其随后所有的修改单(不包括勘误的内容)或修订版均不适用于本标准，然而，鼓励根据本标准达成协议的各方研究是否可使用这些文件的最新版本。凡是不注日期的引用文件，其最新版本适用于本标准。

GB/T 3358 统计学术语

GB/T 14437 产品质量监督计数一次抽样检验程序及抽样方案

3 术语和定义

GB/T 3358、GB/T 14437 中确立的以及下列术语和定义适用于本标准。

3.1

监督抽样检验 audit sampling test

由监督方独立对经过验收被接受的产品总体进行的、决定监督总体是否可通过的抽样检验。

3.2

单位产品 unit of product

为实施抽样检验的需要而划分的基本单位，称为单位产品。

3.3

样本单位 unit of sample

从监督总体中抽取用于检验的样本中的单位产品。

3.4

样本量 sample size

样本中所包含的样本单位数。

3.5

破坏性检验 destructive test

检验过程中会损坏或破坏样品原有性状及性质的检验方式。

4 抽样准备

4.1 技术准备

4.1.1 确定抽样目的。明确是出厂检验、需方或供需双方的交付验收、仲裁检验及监督检验中的哪一种类型，并根据检验类型确定抽样方法。

4.1.2 熟悉被检测产品的性状、质量安全状况、生产工艺及过程控制、生产地区或生产者的情况、产品标准及验收规则。

4.1.3 明确确定被抽样品的检验分析内容，包括哪些检验项目，检验分析是否具有破坏性。

4.1.4 选择抽样方法。综合上述情况决定抽样方法、抽样检验水平和质量水平。

4.1.5 建立抽样的质量保证措施。

4.2 抽样人员

4.2.1 抽样人员应熟悉、了解国家抽样法律法规、标准及相关文件。

4.2.2 抽样人员在抽样前应接受培训，培训内容包括：与抽样产品相关知识和产品标准、已确定的样品抽取方法及抽样量、抽样及封样时的注意事项、抽样单的填写、样品贮存及运输途中的注意事项等。

4.2.3 抽样时，抽样人员应向被抽样单位出示工作证和抽样文件。抽样时，每次每组抽样人员应不少于 2 人。

4.2.4 抽样人员应遵守抽样程序，认真、完整地填写抽样单，抽样单位至少应有 2 人签字。

4.3 抽样物资

4.3.1 抽样器具

4.3.1.1 根据所抽样品性质的不同，准备适于检验样品要求的器具。进行微生物检验抽样时，应准备灭菌容器。

4.3.1.2 抽样器具应清洁、无异味、无污染、不渗漏。

4.3.2 相关物件准备

抽样单、任务书、封条、介绍信、抽样人员有效身份证件等。

5 样品的要求

5.1 样品来源

5.1.1 猪肉、猪肝样品应取自经检疫、检验，取得合格证明，符合屠宰要求的生猪。取样地点可在：屠宰场、冷库、销售市场(如批发市场、超市、农贸市场及其他销售场所)。

5.1.2 猪尿样品取样地点可在饲养场、待宰圈或屠宰线上。

5.2 样本基本要求

5.2.1 活猪抽样的样本应选择能代表整批产品群体水平，不能特意选择特殊的个体。

5.2.2 用于微生物检验的样本应单独抽取，取样后应置于灭菌的容器中，存放温度为 0℃～4℃。

6 猪尿的抽样

6.1 组批规则

活猪以同一养殖场中养殖条件相同的生猪为一检验批；屠宰场中以来源于同一养殖场、同一地区、同一时段屠宰的生猪为一检验批。

6.2 样本量的确定

抽样中，样本量按表 1 的规定执行。

表 1

样本总量(N)	10～50	51～100	101～250	251 以上
样本量(n)	2～5	3～8	5～12	7 以上
注：N 为样本总量，即样本总体中所包含的单位产品的总数；n 为样本量。				

6.3 取样

6.3.1 活体取样

生猪保持安静时，取尿液约 100 mL，平均分成 3 份，每份约 30 mL，分装入样品瓶中密封。其中两份由抽样人员带回用于检验和留样用，另一份封存于被抽检单位，作为对检验结果有争议时复检用。

6.3.2 屠宰后取样

生猪屠宰后，取出含有尿液的膀胱，取出尿液约 100 mL，平均分成 3 份，每份约 30 mL，分装入样品瓶中密封。其中 2 份由抽样人员带回用于检验和留样用，另一份封存于被抽检单位，作为对检验结果有争议时复检用。

7 猪肉、猪肝样品的抽样

7.1 屠宰加工企业样品的抽取

根据检验目的需要，样品取样分为同一批次随机抽取的个体样本中取样和同一批次随机抽取的群体样本中取样。

7.1.1 组批规则

7.1.1.1 在屠宰线上抽样，以来源于同一养殖场、同一地区、同一时段屠宰的生猪的猪肉、猪肝为一检验批。

7.1.1.2 在仓库抽样，以企业明示的批号为一检验批。

7.1.2 抽样方法

7.1.2.1 屠宰线上取样

a) 同一批次随机抽取的个体样本中取样：在已确定取样猪的胴体上，取背部、腿部或臀部肌肉，每份样品的重量不得低于 1 kg(全项检验中不得低于 6 kg)；猪肝取整叶。

b) 同一批次随机抽取的群体样本中取样：在已确定的 n 头猪的胴体上(n≥1)，取背部、腿部或臀部的肌肉，混匀成约 1 kg 以上(全项检验中不得低于 6 kg)的一份样品；随机取同一批 3 头～10 头猪的肝样，混匀成约 1 kg 以上(全项检验中不得低于 6 kg)的一份样品。

7.1.2.2 猪肉、猪肝的仓库抽样

a) 鲜品：若成堆产品，则从每批成堆产品的堆放空间的四角和中间设采样点，每点从上、中、下三层取若干小块混为一份样品，不得低于 1 kg(全项检验中不得低于 6 kg)；若零散产品，则随机从 3 片～5 片胴体上取若干小块混为一份样品，样品重量不得低于 1 kg(全项检验中不得低于 6 kg)。

b) 冻品：小包装冻肉同批同质随机取 3 包～5 包混合，总量不得低于 1 kg(全项检验中不得低于 6 kg)。

c) 大片肉：参照鲜品的要求。

7.2 销售市场猪肉、猪肝样品的抽取

7.2.1 组批规则

市场抽样时，以产品明示的批号为检验批。

7.2.2 抽样方法

7.2.2.1 销售市场仓库的抽样

参照 7.1.2.2 的要求进行。

7.2.2.2 销售市场货架的抽样

a) 每件 500 g 以上的产品：同批同质随机从 3 件～15 件上取若干小块混合成约 1 kg 以上的样品(全项检验中不得低于 6 kg)。

b) 每件 500 g 以下的产品：同批同质随机取样混合后，样品重量不得低于 1 kg(全项检验中不得低于 6 kg)。

c) 小块碎肉、肝：从堆放平面的四角和中间取同批同质的样品混合成 1 kg 以上的样品(全项检验中不得低于 6 kg)。

d) 无包装片肉：大片肉参照 7.1.2.2 中 c)，小片肉同 7.2.2.2 中 a)、b)和 c)。

7.3 样品的包装、封存

将上述各步取得的样品，按检验用样品、检验单位留样、被抽样单位留样要求分装、封好。检验用样品、检验单位留样由抽样人员带回用于检验和留样用，被抽样单位留样封存于被抽企业，作为对检验结果有争议时复检用。

8 抽样记录及封样

8.1 抽样人员应准确无误地填写抽样单，抽样单见附录 A。抽样单共三联，第一联存根，第二联随待检样品，第三联随所取样品密封后交被抽样单位保存。

8.2 被抽样单位要与抽样人员共同确认样品的真实性，并在抽样单上双方盖章(或签字)。

8.3 所抽取样品应由抽样人员妥善保管，随身带回。注意保持样品的原始性，样品不得被暴晒、淋湿、污染及丢失。

8.4 所抽取的样品其中一份(附抽样单第三联)，贴上封条后交被抽样单位冷冻保存；另外的样品(附抽样单第二联)，贴上封条后由抽样人员带回。猪尿样品需密封，防止渗漏。

9 样品贮存、运输

9.1 取样后，样品应立即 0℃～4℃条件下冷冻保存。特殊样品，样品的保存条件应符合检验项目保存条件的要求。

9.2 运输过程中，样品温度不得超过 4℃，时间不超过 24 h。

附 录 A
(规范性附录)
猪肉、猪肝、猪尿样品抽样单

表 A.1 猪肉、猪肝、猪尿样品抽样单

<table>
<tr><td>检验类别</td><td></td><td>样品名称</td><td colspan="2"></td></tr>
<tr><td>样品编号</td><td></td><td>商标</td><td colspan="2"></td></tr>
<tr><td>抽样基数</td><td></td><td>抽样数量</td><td colspan="2"></td></tr>
<tr><td>抽样日期</td><td></td><td>保存情况</td><td colspan="2">冷冻(藏)</td></tr>
<tr><td>被抽样单位</td><td></td><td>通讯地址</td><td colspan="2"></td></tr>
<tr><td>联系电话</td><td></td><td>邮政编码</td><td colspan="2"></td></tr>
<tr><td>企业性质</td><td></td><td>企业规模</td><td colspan="2"></td></tr>
<tr><td>抽样方式</td><td></td><td>总体随机</td><td colspan="2">其他</td></tr>
<tr><td>样品包装</td><td>完好 不完好</td><td>签封标志</td><td colspan="2">完好 不完好</td></tr>
<tr><td>样品编号</td><td>运送畜主名称及联系方式</td><td>动物产地</td><td>检疫证号</td><td>准运证号</td></tr>
<tr><td></td><td></td><td></td><td></td><td></td></tr>
<tr><td colspan="5">抽样人及被抽样单位(人)仔细阅读下面文字,确认后签字:
我认真负责地填写(提供)了以上内容,确认填写内容及所抽样品的真实、可靠。</td></tr>
<tr><td colspan="2">被抽样单位盖章或签名
被抽样单位主管人签名

年 月 日</td><td colspan="3">抽样单位盖章
抽样人签名

年 月 日</td></tr>
</table>

此单一式三份,第一联存根,第二联随样品,第三联由被抽样单位保存。

ICS 11.220
B 41

中华人民共和国农业行业标准

NY/T 764—2004

高致病性禽流感
疫情判定及扑灭技术规范

2004-02-07 发布　　2004-02-17 实施

中华人民共和国农业部　发布

前　言

本标准的全部技术内容为强制性的要求。

本标准的主要内容为高致病性禽流感疫情的判定、报告、扑灭。

本标准由中华人民共和国农业部提出。

本标准由全国动物检疫标准化技术委员会归口。

本标准起草单位：全国畜牧兽医总站、北京市畜牧兽医总站。

本标准主要起草人：徐百万、李秀峰、陈国胜、王中立、曹平、王昌建。

高致病性禽流感　疫情判定及扑灭技术规范

1　范围

本标准规定了高致病性禽流感疫情的判定、报告、扑灭等技术要求。

本标准适用于发生怀疑、疑似和确诊高致病性禽流感疫情的处置。

2　规范性引用文件

下列文件中的条款通过本标准的引用而成为本标准的条款。凡是注日期的引用文件，其随后所有的修改单(不包括勘误的内容)或修订版均不适用于本标准，然而，鼓励根据本标准达成协议的各方研究是否可使用这些文件的最新版本。凡是不注日期的引用文件，其最新版本适用于本标准。

GB/T 18936　高致病性禽流感诊断技术

NY/T 766　高致病性禽流感　无害化处理技术规范

NY/T 767　高致病性禽流感　消毒技术规范

NY/T 768　高致病性禽流感　人员防护技术规范

NY/T 770　高致病性禽流感　监测技术规范

NY/T 772　禽流感病毒 RT-PCR 试验方法

3　术语和定义

下列术语和定义适用于本标准。

3.1

高致病性禽流感

是由正黏病毒科流感病毒属 A 型流感病毒引起的禽类烈性传染病。世界动物卫生组织(OIE)将其列为 A 类动物疫病，我国将其列为一类动物疫病。

3.2

疫点

指患病禽类所在的地点。一般是指患病禽类所在的禽场(户)或其他有关屠宰、经营单位；如为农村散养，应将自然村划为疫点。

3.3

疫区

指以疫点为中心，半径 3 km～5 km 范围内的区域。疫区划分时，应注意考虑当地的饲养环境、人工和天然屏障(如河流、山脉等)。

3.4

受威胁区

指疫区周边外延 5 km～30 km 范围内的区域。受威胁区划分时，应注意考虑当地的饲养环境、人工和天然屏障(如河流、山脉等)。

4　疫情判定

4.1　诊断方法

血清学和病原学诊断按 GB/T 18936 及 NY/T 772 操作。

4.2 诊断指标

4.2.1 临床诊断指标

a) 急性发病死亡；

b) 脚鳞出血；

c) 鸡冠出血或发绀、头部水肿；

d) 肌肉和其他组织器官广泛严重出血。

4.2.2 血清学诊断指标

a) H5 或 H7 的血凝抑制(HI)效价达到 1∶16 及以上；

b) 禽流感琼脂免疫扩散(AGP)试验阳性(水禽除外)。

4.2.3 病原学诊断指标

a) H5 或 H7 亚型病毒分离阳性；

b) H5 或 H7 分子生物学诊断阳性；

c) 任何亚型病毒静脉内接种致病指数(IVPI)大于 1.2。

4.3 结果判定

4.3.1 临床怀疑为高致病性禽流感

经动物防疫监督机构派出的 2 名以上具备相关资格的防疫人员到现场临床诊断，认为病禽符合 4.2.1 中 a)项，且至少有 4.2.1b)、c)、d)中任意一项，即可做出本结果判定。

4.3.2 疑似高致病性禽流感

符合结果判定 4.3.1，且经省级动物防疫监督机构实验室进行血清检测，符合 4.2.2a)或 b)中任意一项，即可做出本结果判定。

4.3.3 确诊为高致病性禽流感

符合结果判定 4.3.2，且经国务院畜牧兽医行政管理部门指定的实验室进行病毒分离与鉴定，只要符合 4.2.3 中 a)、b)、c)任意一项，即可做出本结果判定。

符合结果判定 4.3.1，且省级动物防疫监督机构实验室进行血清检测为阴性，但经国务院畜牧兽医行政管理部门指定的实验室进行病毒分离与鉴定，只要符合 4.2.3a)、b)、c)中任意一项，亦可做出本结果判定。

5 疫情报告

当地动物防疫监督机构在接到报告后，立即派员到现场进行调查核实。怀疑是高致病性禽流感的，应在 2 h 以内将情况逐级报到省级畜牧兽医行政管理部门；经省级畜牧兽医行政管理部门判定为疑似高致病性禽流感后，应立即上报同级人民政府和国务院畜牧兽医行政管理部门；国务院畜牧兽医行政管理部门应当立即向国务院报告。

6 疫情扑灭

6.1 隔离

临床怀疑为高致病性禽流感的，应立即对疫点内全部禽类实行隔离、封闭措施，指派专人看管，禁止禽类及其产品的移动，对舍内、外环境进行严格的消毒处理。

6.2 封锁

对判定为疑似高致病性禽流感或确诊为高致病性禽流感的，必须采取以下封锁措施：

6.2.1 封锁的实施

6.2.1.1 所在地畜牧兽医行政管理部门划定疫点、疫区、受威胁区，并报请同级人民政府发布封锁令，对疫点、疫区实施封锁措施。

6.2.1.2 在疫区周围设置警示标志，在出入疫区的交通路口设置动物检疫消毒站，对出入的车辆和有关物品进行消毒。必要时，经省级人民政府批准，可设立临时检查站，执行对禽类的监督检查任务。

6.2.1.3 对疫点、疫区内所有禽类进行扑杀，并将所有病死禽、被扑杀禽及其禽类产品、禽类排泄物、被污染饲料、垫料、污水等按 NY/T 766 进行无害化处理。

6.2.1.4 关闭疫区内禽类产品交易市场，禁止易感染活禽进出和易感染禽类产品运出。

6.2.1.5 对被污染的物品、交通工具、用具、禽舍、场地等按 NY/T 767 进行严格彻底消毒。

6.2.2 封锁的解除

疫区内所有禽类及其产品按规定处理 21 d 后，经病原学检测未出现新的传染源，并经彻底终末消毒和当地动物防疫监督人员审验合格后，由当地畜牧兽医行政管理部门向发布封锁令的人民政府申请解除封锁。

6.2.3 疫情扑灭的条件

疫区解除封锁后，达到 NY/T 770 中 5.2.4 项中规定的要求。

6.3 扑杀

6.3.1 一般性原则

6.3.1.1 扑杀禽应在当地动物防疫监督机构的监控和指导下进行。

6.3.1.2 扑杀禽应选择在易于清理、消毒的地点，消毒技术详见 NY/T 767。

6.3.1.3 扑杀时要尽量避免禽流出血液污染场地，并对处理场地及时进行消毒。

6.3.1.4 扑杀后的禽应装入防止泄漏的包装封口待运。

6.3.2 扑杀方法

6.3.2.1 二氧化碳无痛致死

先将待扑杀禽装入袋中，置于密封车或其他密封容器中，通入二氧化碳使其窒息致死；或将禽装入密封袋中，通入二氧化碳使其窒息致死。

6.3.2.2 扭颈致死

操作者用一只手握住禽体部使其固定，另一只手握住禽头部向一个方向扭转拉抻，使禽颈部骨骼断裂致死。

6.3.2.3 其他方法

根据本地情况，经过当地动物防疫监督机构的批准后，采用其他能避免病原扩散的致死方法。

6.4 无害化处理

染疫禽、同群禽及其产品、污染物按 NY/T 766 操作。

6.5 人员防护

参与疫情处理的人员按 NY/T 768 做好自我防护和消毒工作。

ICS 11.220
B 41

中华人民共和国农业行业标准

NY/T 765—2004

高致病性禽流感
样品采集、保存及运输技术规范

2004-02-07 发布　　　　2004-02-17 实施

中华人民共和国农业部　发布

前　言

本标准中附录A和附录B为规范性附录。

本标准由中华人民共和国农业部提出。

本标准由全国动物检疫标准化技术委员会归口。

本标准起草单位:农业部动物及动物产品卫生质量监督检验测试中心、农业部兽医诊断中心。

本标准主要起草人:王玉东、郭福生、龚振华、王宏伟、曲志娜、王娟、刘俊辉、蒋正军。

高致病性禽流感　样品采集、保存及运输技术规范

1　范围

本标准规定了高致病性禽流感病料采集、保存和运输的方法。

本标准适用于疑似高致病性禽流感禽样品的采集、保存及运输。

2　规范性引用文件

下列文件中的条款通过本标准的引用而成为本标准的条款。凡是注日期的引用文件，其随后所有的修改单(不包括勘误的内容)或修订版均不适用于本标准，然而，鼓励根据本标准达成协议的各方研究是否可使用这些文件的最新版本。凡是不注日期的引用文件，其最新版本适用于本标准。

NY/T 768　高致病性禽流感　人员防护技术规范

3　采样前的准备

3.1　采样要求

3.1.1　根据采样目的，采集不同类型和不同数量的样品。

3.1.2　采样人员必须是兽医技术人员，熟悉采样器具的使用，掌握正确的采样方法。

3.2　器具和试剂

3.2.1　器具

3.2.1.1　动物检疫器械箱、保温箱或保温瓶、解剖刀、剪刀、镊子、酒精灯、酒精棉、碘酒棉、注射器及针头。

3.2.1.2　样品容器(如西林瓶、平皿、1.5 mL 塑料离心管、10 mL 玻璃离心管及易封口样品袋、塑料包装袋等)。

3.2.1.3　试管架、塑料盒(1.5 mL 小塑料离心管专用)、铝饭盒、瓶塞、无菌棉拭子、胶布、封口膜、封条、冰袋。

3.2.1.4　采样刀剪等器具和样品容器须经无菌处理。

3.2.2　试剂

加有抗生素的 pH7.4 等渗磷酸盐缓冲液(PBS)(配制方法见附录 A)。

3.3　记录和防护材料

不干胶标签、签字笔、圆珠笔、记号笔、采样单、记录本等；口罩、一次性手套、乳胶手套、防护服、防护帽、胶靴等。

4　样品采集

4.1　基本要求

应从死禽和处于急性发病期的病禽采集样品，样品要具有典型性。采样过程要注意无菌操作，同时避免污染环境。采样人员要按 NY/T 768 的要求加强个人防护。

4.2　病死禽

4.2.1　一般采集组织样品。取死亡不久的 5 只病死禽采样，病死禽数不足 5 只时，取发病禽补齐 5 只。

4.2.2　每只禽采集肠管及肠内容物 1 份；肺和气管样品 1 份；肝、脾、肾、脑等各 1 份，并分别采集。上

述每个样品取样重量为 15 g～20 g，放于样品袋或平皿中。如果重量不够可取全部脏器(如脾脏)。

4.2.3 不同禽只脏器不能混样，同一禽只不同脏器一般不能混样。将样品封口，贴好标签。

4.3 病禽

无病死禽时，采集病禽样品。

4.3.1 拭子样品

取 5 只病禽采样，每只采集泄殖腔拭子和喉气管拭子各 1 个，将样品端剪下，分别置于含有抗生素 PBS 的(加 1.0 mL～1.3 mLPBS)小塑料离心管中，封好口，贴好标签。

4.3.1.1 泄殖腔拭子采集方法

将棉拭子插入泄殖腔约 1.5 cm～2 cm，旋转后沾上粪便。

4.3.1.2 粪便样品

小珍禽采泄殖腔拭子容易造成伤害，可只采集 5 个新鲜粪便样品(每个样品 1 g～2 g)，置于内含有抗生素 PBS(加 1 mL～1.5 mLPBS)的西林瓶中，封好口，贴好标签。保存粪便和泄殖腔拭子的 PBS 中抗生素浓度提高 5 倍(配制方法见附录 A)。

4.3.1.3 喉气管拭子采集方法

将棉拭子插入口腔至咽的后部直达喉气管，轻轻擦拭并慢慢旋转，沾上气管分泌物。保存喉气管拭子的 PBS 中抗生素浓度(配制方法见附录 A)。

4.3.2 血清样品

采集 10 只病禽的血样，心脏或翅静脉采血，每只病禽采血样 2 mL～3 mL，盛于西林瓶中或 10 mL 离心管中，经离心或自然放置析出血清后，将血清移到另外的西林瓶或小塑料离心管中，盖紧瓶塞，封好口，贴好标签。不同禽只的血样不能混合。

4.3.3 组织样品

当需要采集组织样品时，将 5 只病禽宰杀，组织样品采样方法同 4.2。

4.4 整禽采样

4.4.1 适于禽主或兽医部门采样。

4.4.2 将病死禽或病禽装入塑料袋内，至少用两层塑料袋包装，同时和血清样品一起用保温箱加冰袋密封包装，由采样人员 12 h 内带回或送到实验室。

4.4.3 要求死禽和病禽总数不少于 5 只；组织采样方法同 4.2。

4.4.4 血清样品不少于 10 份，每份不少于 1.5 mL。采血方法同 4.3.2。

4.5 采样单及标签等的填写

样品信息详见附录 B，采样单要用钢笔或签字笔逐项填写(一式三份)，样品标签和封条应用圆珠笔填写，保温容器外封条用钢笔或签字笔填写，小塑料离心管上可用记号笔作标记。应将采样单和病史资料装在塑料包装袋中，随样品一起送到实验室。

4.6 包装要求

4.6.1 每个组织样品应仔细分别包装，在样品袋或平皿外面贴上标签，标签注明样品名、样品编号、采样日期等。再将各个样品放到塑料包装袋中。

4.6.2 拭子样品小塑料离心管要放在特定的塑料盒内。

4.6.3 血清样品装于西林瓶时，要用铝盒盛放，盒内加填塞物避免小瓶晃动。若装于小塑料离心管中，则放在塑料盒内。

4.6.4 包装袋外、塑料盒及铝盒要贴封条，封条上要有采样人签章，并注明贴封日期。标注放置方向，切勿倒置。

5 保存和运输

5.1 样品置于保温容器中运输，保温容器必须密封，防止渗漏。一般使用保温箱或保温瓶，保温容器外贴封条，封条有贴封人(单位)签字(盖章)，并注明贴封日期。

5.2 样品应在特定的温度下运输，拭子样品和组织样品要作暂时的冷藏或冷冻处理，然后立即运送实验室。

5.2.1 若能在 4 h 内送到实验室，可只用冰袋冷藏运输。

5.2.2 如果超过 4 h，要作冷冻处理。应先将样品置于－30℃冻结，然后再在保温箱内加冰袋运输，经冻结的样品必须在 24 h 内送到。

5.2.3 若 24 h 不能送到实验室，需要在运输过程中保持－20℃以下。

5.3 血清样品要单独存放。若 24 h 内运达实验室，在保温箱内加冰袋冷藏运输；若超过 24 h，要先冷冻后，在保温箱内加大量冰袋运输，途中不能超过 48 h。

5.4 各种样品到达实验室后，若暂时不进行处理，则应冷冻(最好－70℃或以下)保存，不得反复冻融。

附 录 A
（规范性附录）
pH7.4 的等渗磷酸盐缓冲液(PBS)的配制

A.1 pH7.4 的等渗磷酸盐缓冲液(0.01 mol/L, pH7.4, PBS)

NaCl	8.0 g
KH_2PO_4	0.2 g
$Na_2HPO_4 \cdot 12H_2O$	2.9 g
KCl	0.2 g

将上列试剂按次序加入定量容器中，加适量蒸馏水溶解后，再定容至 1 000 mL，调 pH 至 7.4，高压消毒灭菌 112 kPa20 min，冷却后，保存于 4℃冰箱中备用。

A.2 棉拭子用抗生素 PBS(病毒保存液)的配制

取上述 PBS 液，按要求加入下列抗生素：喉气管拭子用 PBS 液中加入青霉素(2 000 IU/mL)、链霉素(2 mg/mL)、丁胺卡那霉素(1 000 IU/mL)、制霉菌素(1 000 IU/mL)。粪便和泄殖腔拭子所用的 PBS 中抗生素浓度应提高 5 倍。加入抗生素后应调 pH 至 7.4。在采样前分装小塑料离心管，每管中加这种 PBS1.0 mL～1.3 mL。采粪便时，在西林瓶中加 PBS1 mL～1.5 mL，采样前冷冻保存。

附　录　B
（规范性附录）
禽流感监测采样单

<table>
<tr><td colspan="2">场名或禽主</td><td colspan="3"></td><td colspan="2">禽别（划√）</td><td colspan="2">□祖代□父母代□商品代</td></tr>
<tr><td colspan="2">通讯地址</td><td colspan="6"></td><td>邮编</td><td></td></tr>
<tr><td colspan="2">联系人</td><td colspan="2"></td><td>电话</td><td colspan="2"></td><td>传真</td><td></td></tr>
<tr><td>栋　号</td><td>样品名称</td><td>品种</td><td>日龄</td><td>存养量</td><td>采样数量</td><td colspan="3">编号起止*</td></tr>
<tr><td rowspan="9"></td><td></td><td></td><td></td><td></td><td></td><td colspan="3"></td></tr>
<tr><td></td><td></td><td></td><td></td><td></td><td colspan="3"></td></tr>
<tr><td></td><td></td><td></td><td></td><td></td><td colspan="3"></td></tr>
<tr><td></td><td></td><td></td><td></td><td></td><td colspan="3"></td></tr>
<tr><td></td><td></td><td></td><td></td><td></td><td colspan="3"></td></tr>
<tr><td></td><td></td><td></td><td></td><td></td><td colspan="3"></td></tr>
<tr><td></td><td></td><td></td><td></td><td></td><td colspan="3"></td></tr>
<tr><td></td><td></td><td></td><td></td><td></td><td colspan="3"></td></tr>
<tr><td></td><td></td><td></td><td></td><td></td><td colspan="3"></td></tr>
<tr><td>既往病史及免疫情况</td><td colspan="8"></td></tr>
<tr><td>临床症状和病理变化</td><td colspan="8"></td></tr>
<tr><td>采样单位</td><td colspan="3"></td><td colspan="2">联系电话</td><td colspan="3"></td></tr>
<tr><td colspan="4">被采样单位盖章或签名

年　　月　　日</td><td colspan="5">采样单位盖章或签名

年　　月　　日</td></tr>
</table>

注：此单一式三份，第一联采样单位保存，第二联随样品，第三联由被采样单位保存。

*"编号起止"统一用阿拉伯数字 1、2、3、…表示，各场保存原禽只编号。

ICS 11.220
B 41

中华人民共和国农业行业标准

NY/T 766—2004

高致病性禽流感
无害化处理技术规范

2004-02-17 发布　　2004-02-17 实施

中华人民共和国农业部　发布

前　言

本标准由中华人民共和国农业部提出。

本标准由全国动物检疫标准化技术委员会归口。

本标准起草单位:农业部动物检疫所。

本标准主要起草人:于丽萍、黄保续、范伟兴、陈杰。

高致病性禽流感　无害化处理技术规范

1　范围

本标准规定了对因发生高致病性禽流感疫情而需处理的禽尸、产品和其他污染物品进行无害化处理的技术规范。

本标准适用于各类禽饲养场、屠宰加工企业、屠宰点和肉类市场等因发生高致病性禽流感疫情而进行的无害化处理。

2　规范性引用文件

下列文件中的条款通过本标准的引用而成为本标准的条款。凡是注日期的引用文件，其随后所有的修改单(不包括勘误的内容)或修订版均不适用于本标准，然而，鼓励根据本标准达成协议的各方研究是否可使用这些文件的最新版本。凡是不注日期的引用文件，其最新版本适用于本标准。

GB/T 18635　动物防疫　基本术语

NY 764　高致病性禽流感　疫情判定及扑灭技术规范

3　术语和定义

GB/T 18635确立的以及下列术语和定义适用于本标准。

无害化处理　bio-safety disposal

用物理、化学或生物学等方法处理带有或疑似带有病原体的动物尸体、动物产品或其他物品，达到消灭传染源、切断传播途径、阻止病原扩散的目的。

4　一般原则

4.1　动物防疫监督机构应全过程监控无害化处理工作。无害化处理人员应当接受过专业技术培训。

4.2　所有病死禽、被扑杀禽及其产品、排泄物、被污染或可能被污染的垫料、饲料和其他物品，以及不能有效清污消毒的厂房、器械和建筑材料应当进行无害化处理。

4.3　疫情发生后，应尽早采取无害化处理措施，以减少疫情扩散。无害化措施以尽量减少损失，保护环境，不污染空气、土壤和水源为原则。

4.4　确保所采取的任何一种无害化处理措施都能够杀灭病原。

4.5　活禽按NY 764扑杀后再进行无害化处理。

4.6　清群时应关牢禽舍，同时对褥草和羽毛进行消毒，阻止病毒通过空气传播，避免同野鸟接触。处理禽舍、笼器具时，应先将垫料表面用消毒液淋湿，并尽可能堆成堆，用塑料布盖上再清理销毁。

4.7　运输过程中，应特别注意不扩散病毒。例如，车厢和底部必须防水，所有运载的物品必须用密闭防水容器包裹以防漏出，上部充分遮盖，以防溢出。运输工具应清洗和消毒。

5　深埋

5.1　深埋点应在感染的饲养场内或附近，远离居民区、水源、泄洪区和交通要道，不得用于农业生产，避开公众视野，清楚标示。

5.2　坑的覆盖土层厚度应不小于1.5 m，坑底铺垫生石灰，覆盖土以前再撒一层2 cm厚的生石灰。坑的位置和类型应有利于防洪和避免动物扒刨。禽类尸体置于坑中后，用土覆盖，与周围持平。填土不要太实，以免尸腐产气，造成气泡冒出和液体渗漏。

5.3 污染的饲料、排泄物和杂物等物品，也应喷洒消毒剂后与尸体共同深埋。

6 焚烧

无法采取深埋方法处理时，采用焚烧处理。焚烧时，应符合环保要求。

6.1 疫区附近有大型焚尸炉的，可采用焚化的方法。

6.2 处理的尸体和污染物量小的，可以挖不小于 2.0 m 深的坑，浇油焚烧。

7 化制

当既不能深埋也不能焚烧时，可选用化制处理法。炼制后，应进行清污消毒。

7.1 应在动物防疫监督机构认可的化制厂化制。

7.2 化制厂必须建立有效的控制措施，以防病毒通过人员和物品扩散。

8 发酵

8.1 饲料、发酵可在指定地点堆积，密闭发酵。发酵时间夏季不少于 2 个月，冬季不少于 3 个月。

8.2 发酵处理应符合环保要求，所涉及到的运输、装卸等环节要避免泄漏，运输装卸工具要彻底消毒。

ICS 11.220
B 41

中华人民共和国农业行业标准

NY/T 767—2004

高致病性禽流感　消毒技术规范

2004-02-17 发布　　2004-02-17 实施

中华人民共和国农业部　发布

前　言

本标准由中华人民共和国农业部提出。

本标准由全国动物检疫标准化技术委员会归口。

本标准起草单位：中国农业大学、北京市畜牧兽医总站。

本标准主要起草人：佘锐萍、曹平、祝俊杰。

高致病性禽流感　消毒技术规范

1　范围

本标准规定了高致病性禽流感(HPAI)疫点、疫区等的紧急防疫消毒、终末消毒技术,以及受威胁区的预防消毒技术。

本标准适用于发生怀疑、疑似或确认为高致病性禽流感疫情的处理。

2　术语和定义

下列术语和定义适用于本标准。

2.1

疫点

指患病禽类所在的地点。一般指患病禽类所在的禽场(户)、养禽小区或其他有关禽类屠宰加工、经营单位。如为农村散养,则应将病禽所在的自然村划为疫点。

2.2

疫区

指以疫点为中心,半径 3 km～5 km 范围内的区域。疫区划分时,注意考虑当地的饲养环境和天然屏障(如河流、山脉等)。

2.3

受威胁区

指疫区周边外延 5 km～30 km 范围内的区域。

2.4

消毒

指用物理的(包括清扫和清洗)、化学的和生物的方法杀灭病鸡体及其环境中的病原体。其目的是预防和防止高致病性禽流感的传播和蔓延。

2.5

预防消毒

又称定期消毒,是为了预防高致病性禽流感等疾病的发生,对禽舍、禽场环境、用具、饮水等所进行的常规的定期消毒工作。

2.6

紧急防疫消毒

在高致病性禽流感等疫情发生后至解除封锁前的一段时间内,对养禽场、禽舍、禽只的排泄物、分泌物及其污染的场所、用具等及时进行的防疫消毒措施。其目的是为了消灭由传染源(病鸡)排泄在外界环境中的病原体,切断传播途径,防止高致病性禽流感的扩散蔓延,把传染病控制在最小范围并就地消灭。

2.7

终末消毒

发生高致病性禽流感以后,待全部病禽及疫区范围内所有可疑禽只经无害化处理完毕,经过 21 d 再没有新的病例发生,在疫区解除封锁之前,为了消灭疫区内可能残留的高致病性禽流感病原体所进行的全面彻底的大消毒。

3 疫点、疫区消毒

3.1 疫点的紧急防疫消毒

3.1.1 用0.3%二氧化氯或0.3%过氧乙酸等溶液对病禽舍进行喷雾消毒。

3.1.2 **清理禽舍**

彻底将禽舍内的污物、鸡粪、垫料、剩料等各种污物清理干净，做无害化处理。可移动的设备和用具搬出鸡舍，集中堆放到指定的地点清洗、消毒。

3.1.3 **焚烧**

鸡舍清扫后，用火焰喷射器对鸡舍的墙裙、地面、笼具等不怕燃烧的物品进行火焰消毒。

3.1.4 **冲洗**

对鸡舍的墙壁、地面、笼具，特别是屋顶木梁柁架等，用高压水枪进行冲刷，清洗干净。

3.1.5 **喷洒消毒药物**

待鸡舍地面水干后，用消毒液对地面和墙壁等进行均匀、足量的喷雾、喷洒消毒。

3.1.6 **熏蒸消毒**

关闭门窗和风机，用福尔马林密闭熏蒸消毒24 h以上。

3.1.7 对疫点养禽场内禽舍外环境清理后进行消毒。

3.2 疫点、疫区交通道路、运输工具的消毒

3.2.1 封锁期间，疫区道口消毒站对出入人员、运输工具及有关物品进行消毒。

3.2.2 运输工具必须进行全面消毒。

3.3 工作人员的消毒

参加疫病防控工作的各类人员应进行消毒，其中包括穿戴的工作服、帽、手套、胶靴及器械等。消毒方法可采用浸泡、喷洒、洗涤等；工作人员的手及皮肤裸露部位应清洗、消毒。

3.4 疫区的终末消毒

在解除封锁前对疫区进行彻底消毒。消毒方法参照紧急消毒措施。

3.5 污水处理

以上消毒所产生的污水应进行无害化处理。

4 受威胁区的预防消毒

受高致病性禽流感威胁的养禽场、家禽产品集贸市场、禽类产品加工厂、交通运输工具等场所，应加强预防消毒工作。

ICS 11.220
B 41

中华人民共和国农业行业标准

NY/T 768—2004

高致病性禽流感 人员防护技术规范

2004-02-17 发布　　2004-02-17 实施

中华人民共和国农业部 发布

前 言

本标准由中华人民共和国农业部提出。

本标准由全国动物检疫标准化技术委员会归口。

本标准起草单位:农业部动物检疫所、农业部畜牧兽医局、全国畜牧兽医总站。

本标准主要起草人:魏荣、李金祥、于康震、贾幼陵、王长江、黄保续、郭福生。

高致病性禽流感　人员防护技术规范

1　范围

本标准规定了对密切接触高致病性禽流感病毒感染或可能感染禽和场的人员的生物安全防护要求。

本标准适用于密切接触高致病性禽流感病毒感染或可能感染禽和场的人员进行生物安全防护。此类人员包括:诊断、采样、扑杀禽鸟、无害化处理禽鸟及其污染物和清洗消毒的工作人员、饲养人员、赴感染或可能感染场进行调查的人员。

2　诊断、采样、扑杀禽鸟、无害化处理禽鸟及其污染物和清洗消毒的人员

2.1　进入感染或可能感染场和无害化处理地点

2.1.1　穿防护服。

2.1.2　戴可消毒的橡胶手套。

2.1.3　戴 N95 口罩或标准手术用口罩。

2.1.4　戴护目镜。

2.1.5　穿胶靴。

2.2　离开感染或可能感染场和无害化处理地点

2.2.1　工作完毕后,对场地及其设施进行彻底消毒。

2.2.2　在场内或处理地的出口处脱掉防护装备。

2.2.3　将脱掉的防护装备置于容器内进行消毒处理。

2.2.4　对换衣区域进行消毒,人员用消毒水洗手。

2.2.5　工作完毕要洗澡。

3　饲养人员

3.1　饲养人员与感染或可能感染的禽鸟及其粪便等污染物品接触前,必须戴口罩、手套和护目镜,穿防护服和胶靴。

3.2　扑杀处理禽鸟和进行清洗消毒工作前,应穿戴好防护物品。

3.3　场地清洗消毒后,脱掉防护物品。

3.4　衣服须用 70℃以上的热水浸泡 5 min 或用消毒剂浸泡,然后再用肥皂水洗涤,于太阳下晾晒。

3.5　胶靴和护目镜等要清洗消毒。

3.6　处理完上述物品后要洗澡。

4　赴感染或可能感染场的人员

4.1　需备物品

口罩、手套、防护服、一次性帽子或头套、胶靴等。

4.2　进入感染或可能感染场

4.2.1　穿防护服。

4.2.2　戴口罩，用过的口罩不得随意丢弃。

4.2.3　穿胶靴，用后要清洗消毒。

4.2.4　戴一次性手套或可消毒橡胶手套。

4.2.5　戴好一次性帽子或头套。

4.3　离开感染或可能感染场

4.3.1　脱个人防护装备时，污染物要装入塑料袋内，置于指定地点。

4.3.2　最后脱掉手套后，手要洗涤消毒。

4.3.3　工作完毕要洗浴，尤其是出入过有禽粪灰尘的场所。

5　健康监测

5.1　所有暴露于感染或可能感染禽和场的人员均应接受卫生部门监测。

5.2　出现呼吸道感染症状的人员应尽快接受卫生部门检查。

5.3　出现呼吸道感染症状人员的家人也应接受健康监测。

5.4　免疫功能低下、60岁以上和有慢性心脏和肺脏疾病的人员要避免从事与禽接触的工作。

5.5　应密切关注采样、扑杀处理禽鸟和清洗消毒的工作人员及饲养人员的健康状况。

ICS 11.220
B 41

中华人民共和国农业行业标准

NY/T 769—2004

高致病性禽流感　免疫技术规范

2004-02-17 发布　　2004-02-17 实施

中华人民共和国农业部 发布

前　言

本标准由中华人民共和国农业部提出。

本标准由全国动物检疫标准化技术委员会归口。

本标准起草单位:中国农业科学院哈尔滨兽医研究所。

本标准主要起草人:刘明、田国斌、王秀荣、陈化兰。

高致病性禽流感　免疫技术规范

1　范围

本标准规定了禽流感油乳剂灭活疫苗使用过程中的运输、贮存、免疫程序和免疫效果评价的技术规范。

本标准适用于H5或H7亚型禽流感油佐剂灭活疫苗。

2　规范性引用文件

下列文件中的条款通过本标准的引用而成为本标准的条款，凡是注日期的引用文件，其随后所有的修改单(不包括勘误的内容)或修订版均不适用于本标准，然而，鼓励根据本标准达成协议的各方研究是否可使用这些文件的最新版本。凡是不注日期的引用文件，其最新版本适用于本标准。

GB/T 18936　高致病性禽流感诊断技术

3　术语和定义

下列术语和定义适用于本标准。

3.1

批次

具有相同代码、组成均一的全部疫苗。

3.2

剂量

标签上标定的特定年龄家禽，经特定免疫途径，一次接种疫苗的使用量。

3.3

效力

根据生产商建议使用生物制品所产生的特异的免疫保护能力。

4　免疫效力保证

4.1　根据当前流行的禽流感病毒血凝素(HA)亚型，选择相同亚型的禽流感疫苗用于家禽的预防接种。

4.2　根据饲养家禽的数量，准备足够完成一次免疫接种所需要的同一厂家、同一批次的疫苗。

4.3　疫苗的运输和贮藏

4.3.1　夏季疫苗宜采用冷藏运输；冬季运输要注意防冻。

4.3.2　疫苗避光冷藏(2℃～8℃)。

4.4　疫苗使用要求

4.4.1　家禽的要求

接种的家禽必须临床表现健康。此外，为了避免家禽发生反胃现象，疫苗注射的当天早晨要禁饲。

4.4.2　疫苗的检查

疫苗使用前，要仔细核对疫苗的抗原亚型，详细记录生产批号和失效日期。包装破损、破乳分层、颜色改变等现象的疫苗不得使用。

4.4.3　疫苗的预温

为了便于免疫接种，疫苗在使用前从冰箱中取出，置于室温(22℃左右)2 h左右。疫苗使用之前充分摇匀。疫苗注射期间,经常摇动,混匀疫苗。疫苗启封后,限 24 h 内用完。

4.4.4 接种针头的要求

使用 12 号的针头,同一养禽场的家禽,每注射 1 000 只至少要更换针头一次。

4.4.5 接种部位的选择

优先采用颈部皮下注射,注射部位为家禽颈背部下 1/3 处,针头向下与皮肤呈 45°。

4.5 疫苗接种质量控制

4.5.1 专人负责监督接种过程,确保每只家禽都被接种。发现漏种的家禽,要及时补种。

4.5.2 使用疫苗要做好记录。记录内容包括:家禽的品种、年龄,疫苗的来源、批次,接种时间等。

5 免疫程序

高致病性禽流感的免疫程序的制定,主要以禽群相应亚型禽流感病毒的血清抗体水平的高低为依据。

5.1 推荐的免疫程序

5.1.1 生产蛋鸡和肉种鸡

雏鸡在 2 周龄首次免疫,接种剂量 0.3 mL;5 周龄时加强免疫,接种剂量 0.5 mL;120 日龄左右再加强免疫,接种剂量 0.5 mL;以后间隔 5 个月加强免疫一次,接种剂量 0.5 mL。

5.1.2 8 周龄出栏肉仔鸡

雏鸡在 10 日龄免疫,接种剂量 0.5 mL。

5.1.3 100 日龄出栏肉仔鸡

雏鸡在 2 周龄首次免疫,接种剂量 0.3 mL;5 周龄时加强免疫,接种剂量 0.5 mL。

5.2 火鸡、鸭和鹅

在 2 周龄首次免疫,接种剂量 0.5 mL;5 周龄时加强免疫,接种剂量 1 mL;以后间隔 5 个月加强免疫一次,接种剂量 1 mL。

5.3 紧急免疫接种

高致病性禽流感受威胁区内的所有健康未接种禽流感疫苗的鸡、鸭和鹅等禽类,应当进行禽流感疫苗的紧急免疫接种。接种剂量:鸡 0.5 mL,鸭、鹅等禽类 1 mL。

6 免疫效力的评价

6.1 鸡群(30 只/群)在疫苗接种前、后(免疫后 3 周)分别静脉采血 3 mL,分离血清;然后,按 GB/T 18936 推荐的血凝抑制试验(HI)检测鸡血清 HI 的抗体水平。当鸡 HI 抗体平均水平小于 4 log2 时,判定为免疫效力低下,应当进行疫苗接种;HI 抗体水平大于或者等于 4 log2 时,判定为免疫效力良好。

6.2 火鸡、鸭、鹅等禽类接种禽流感疫苗免疫效力评价缺乏足够的血清学依据。

ICS 11.220
B 41

中华人民共和国农业行业标准

NY/T 770—2004

高致病性禽流感　监测技术规范

2004-02-17 发布　　　　2004-02-17 实施

中华人民共和国农业部　发布

前　言

本标准中的附录 A 和附录 B 为资料性附录。

本部分由中华人民共和国农业部提出。

本部分由全国动物检疫标准化技术委员会归口。

本标准起草单位:农业部动物检疫所、全国畜牧兽医总站。

本标准主要起草人:李晓成、陈杰、黄保续、王宏伟、范伟兴、于丽萍。

高致病性禽流感　监测技术规范

1　范围

本标准规定了高致病性禽流感监测技术。

本标准适用于高致病性禽流感常规监测和疫病发生后对疫点、疫区和受威胁区的监测。

2　规范性引用文件

下列文件中的条款通过本标准的引用而成为本标准的条款。凡是注日期的引用文件，其随后所有的修改单(不包括勘误的内容)或修订版均不适用于本标准，然而，鼓励根据本标准达成协议的各方研究是否可使用这些文件的最新版本。凡是不注日期的引用文件，其最新版本适用于本标准。

GB/T 18936　高致病性禽流感诊断技术

NY 764　高致病性禽流感　疫情判定及扑灭技术规范

NY/T 769　高致病性禽流感　免疫技术规范

NY/T 771　高致病性禽流感　流行病学调查技术规范

NY/T 772　禽流感病毒 RT-PCR 试验方法

中华人民共和国动物防疫法　中华人民共和国主席令(第 87 号)

3　术语和定义

下列术语和定义适用于本标准。

3.1

监测

对某种疫病的发生、流行、分布及相关因素进行系统的长时间的观察与检测，以把握该疫病的发生情况和发展趋势。

3.2

岗哨动物

在某地专门设立的易感动物群，一般每群为 30 只～100 只，通过临床观察和实验室检测来证实该地是否存在所监测的病原。

4　监测方法

4.1　流行病学调查

见 NY/T 771。

4.2　临床症状检查

发现禽类急性死亡，并且出现脚鳞皮下出血，或鸡冠出血，或发绀、头部水肿，或肌肉和其他组织器官广泛性严重出血，就可以怀疑为高致病性禽流感。

4.3　血清学检测

用间接酶联免疫吸附试验(间接 ELISA)或血凝抑制试验(HI)检测血清抗体(见 GB/T 18936)。如果出现间接 ELISA 阳性，或 H5 或 H7 的 HI 效价达到 1∶16 以上，须进行现场调查并采样进行病原学检测。

4.4　病原学检测

采集样品,用SPF鸡胚分离病原或用RT-PCR检测禽流感病原(见GB/T 18936和NY/T 772)。如果发现病原,应将样品送指定实验室进一步检验。

5 监测方式

5.1 常规监测

5.1.1 根据本标准4.2条,任何人发现可疑病例,须遵照《中华人民共和国动物防疫法》第二十条向当地兽医行政主管部门报告。

5.1.2 全国范围内,高致病性禽流感监测可采用血清学和病原学检测的方法实施。在免疫区,血清学检测不被使用。全国范围内的抽样方法如下:根据各省、市、自治区的县和乡级数量,按置信水平为95%,乡级按乡级感染率为2%抽样,被抽到的乡要覆盖到预计5%感染县的抽样数量(见附录A),同时考虑所涉及县的地理位置分布和养殖情况;养殖场禽群(侧重存栏量少于10 000只)和散养禽群(以自然村为单位)采样数量按95%置信水平感染率为5%的样本量计算(见附录B);病原学检测采集咽喉和泄殖腔拭子,血清学检测采集禽血清;血清学检测和病原学检测方法和结果按本标准的4.3和4.4处置。

5.2 疫点、疫区和受威胁区的监测

5.2.1 按照NY/T 771的调查范围,对所调查的禽群每周3次进行连续1个月临床观察,也可以采用通讯询问。对病死禽进行病理学剖检,并采样送国家指定的实验室进行病毒分离和鉴定。通过临床观察和病毒分离鉴定结果确定新的高致病性禽流感禽群。

5.2.2 封锁扑杀消毒后,对疫区和受威胁区所有养禽场、养猪场采集拭子样品,在野生禽类活动或栖息地采集新鲜粪便或水样。禽类每只采集咽喉和泄殖腔拭子1对,猪采集鼻腔拭子;按每个养殖场采30个(对)拭子,散养动物按每个自然村采集30个(对)拭子,野禽活动或栖息地采集30个样品。对采集的样品进行病原分离或RT-PCR检测。如果发现高致病性禽流感,参照NY 764处置。

5.2.3 强制免疫效果检测

强制免疫效果检测方法和结果评估见NY/T 769。

5.2.4 封锁令解除后无病监测

疫区内重新使用的禽舍中饲养高致病性禽流感非免疫禽,或者设立50只岗哨动物,进行临床症状观察和血清学检测,如果禽群有发病或死亡,应采集死禽样品送检分离病原;血清学检测分别在重新饲养非免疫鸡或设立的岗哨动物后0 d、30 d和5个月时对感染场、危险接触场和可疑场进行,检测数量按照置信水平为95%检出率应低于5%的数量计算。并辅以开始:每周2次临床的检查达30 d,然后2周1次达5个月。对血清学阳性禽群要进行流行病学调查和病毒分离。如果怀疑或确诊高致病性禽流感,参照NY 764。如果检测均为阴性,可重新视为高致病性禽流感非疫区。

附 录 A
(资料性附录)
高致病性禽流感监测抽样数量参考表

序 号	省、市、自治区	县级(个)		乡级(个)	
		总数	抽检数	总数	抽样乡数
1	北京	18	10	322	120
2	天津	18	10	239	110
3	河北	172	50	2 202	143
4	山西	119	47	1 384	140
5	内蒙古	101	45	1 405	141
6	辽宁	100	45	1 551	141
7	吉林	60	38	1 026	138
8	黑龙江	130	47	1 325	140
9	上海	19	10	234	110
10	江苏	106	45	1 590	141
11	浙江	88	44	1 610	142
12	安徽	105	46	1 996	143
13	福建	86	44	1 104	138
14	江西	99	45	1 615	142
15	山东	139	47	1 927	143
16	河南	158	49	2 422	144
17	湖北	102	45	1 234	140
18	湖南	122	47	2 583	144
19	广东	123	47	1 844	143
20	广西	108	45	1 388	140
21	海南	20	18	218	105
22	重庆	40	31	1 347	140
23	四川	180	48	5 275	147
24	贵州	87	44	1 539	141
25	云南	129	48	1 582	142
26	西藏	73	43	689	134
27	陕西	107	45	1 742	143
28	甘肃	86	44	1 650	143
29	青海	43	31	424	125
30	宁夏	23	19	343	115
31	新疆	99	45	1 004	138

附 录 B
(资料性附录)
检出疫病所需样本大小(Cannon 和 Roe 二氏,1982)

群体大小	病畜在群体中的百分率和抽样大小		群体大小	病畜在群体中的百分率和抽样大小	
	5%	2%		5%	2%
10	10	10	500	56	129
20	19	20	600	56	132
30	26	30	700	57	134
40	31	40	800	57	136
50	35	48	900	57	137
60	38	55	1 000	57	138
70	40	62	1 200	57	140
80	42	68	1 400	58	141
90	43	73	1 600	58	142
100	45	78	1 800	58	143
120	47	86	2 000	58	143
140	48	92	3 000	58	145
160	49	97	4 000	58	146
180	50	101	5 000	59	147
200	51	105	6 000	59	147
250	53	112	7 000	59	147
300	54	117	8 000	59	147
350	54	121	9 000	59	148
400	55	124	10 000	59	148
450	55	127	∞	59	148

ICS 11.220
B 41

中华人民共和国农业行业标准

NY/T 771—2004

高致病性禽流感
流行病学调查技术规范

2004-02-17 发布　　2004-02-17 实施

中华人民共和国农业部 发布

前　言

本标准中附录 A、附录 B 和附录 C 为规范性附录。

本部分由中华人民共和国农业部提出。

本部分由全国动物检疫标准化技术委员会归口。

本标准起草单位:农业部动物检疫所、全国畜牧兽医总站。

本标准主要起草人:范伟兴、黄保续、于康震、李晓成、陈杰、于丽萍。

高致病性禽流感　流行病学调查技术规范

1　范围

本标准规定了发生高致病性禽流感疫情后开展的流行病学调查技术要求。

本标准适用于高致病性禽流感暴发后的最初调查、现地调查和追踪调查。

2　规范性引用文件

下列文件中的条款通过本标准的引用而成为本标准的条款。凡是注日期的引用文件，其随后所有的修改单(不包括勘误的内容)或修订版均不适用于本标准，然而，鼓励根据本标准达成协议的各方研究是否可使用这些文件的最新版本。凡是不注日期的引用文件，其最新版本适用于本标准。

NY 764　高致病性禽流感　疫情判定及扑灭技术规范

NY/T 768　高致病性禽流感　人员防护技术规范

3　术语和定义

3.1

最初调查

兽医技术人员在接到养禽场/户怀疑发生高致病性禽流感的报告后，对所报告的养禽场/户进行的实地考察以及对其发病情况的初步核实。

3.2

现地调查

兽医技术人员或省级、国家级动物流行病学专家对所报告的高致病性禽流感发病场/户的场区状况、传染来源、发病禽品种与日龄、发病时间与病程、发病率与病死率以及发病禽舍分布等所做的现场调查。

3.3

跟踪调查

在高致病性禽流感暴发及扑灭前后，对疫点的可疑带毒人员、病死禽及其产品和传播媒介的扩散趋势、自然宿主发病和带毒情况的调查。

4　最初调查

4.1　目的

核实疫情，提出对疫点的初步控制措施，为后续疫情确诊和现地调查提供依据。

4.2　组织与要求

4.2.1　动物防疫监督机构接到养禽场/户怀疑发病的报告后，立即指派 2 名以上兽医技术人员，备有必要的器械、用品和采样用的容器，在 24 h 内尽快赶赴现场，核实发病情况。

4.2.2　被派兽医技术人员至少 3 d 内没有接触过高致病性禽流感病禽及其污染物，按 NY/T 768 做好个人防护。

4.3　内容

4.3.1　调查发病禽场的基本状况、病史、症状以及环境状况四个方面，完成最初调查表(见附录 A)。

4.3.2　认真检查发病禽群状况，根据 NY 764 做出是否发生高致病性禽流感的初步判断。

4.3.3 在不能排除高致病性禽流感的情况下，调查人员立即报告当地动物防疫监督机构，并建议提请省级/国家级动物流行病学专家前来做进一步诊断，并准备配合做好后续采样、诊断和疫情扑灭措施。

4.3.4 实施对疫点的初步控制措施，严禁从养禽场/户运出家禽、家禽产品和可疑污染物品，并限制人员流动。

4.3.5 画图标出可疑发病禽场/户周围 10 km 以内分布的养禽场、道路、河流、山岭、树林、人工屏障等，连同最初调查表一同报告当地动物防疫监督机构。

5 现地调查

5.1 目的

在最初调查无法排除高致病性禽流感的情况下，对报告养禽场/户做进一步的诊断和调查，分析可能的传染来源、传播方式、传播途径以及影响疫情控制和扑灭的环境和生态因素，为控制和扑灭疫情提供技术依据。

5.2 组织与要求

5.2.1 省级动物防疫监督机构接到怀疑发病报告后，必须立即派遣流行病学专家配备必要的器械和用品于 24 h 内赴现场，做进一步诊断和调查。

5.2.2 被派兽医技术人员必须符合 4.2.2 的要求。

5.3 内容

5.3.1 在地方动物防疫监督机构技术人员初步调查的基础上，对发病养禽场/户的发病情况，周边地理地貌，野生动物分布，近期家禽、产品和人员流动情况等开展进一步的调查；分析传染来源、传播途径以及影响疫情控制和消灭的环境和生态因素。

5.3.2 尽快完成流行病学现地调查表(见附录 B)，并提交给省和地方动物防疫监督机构。

5.3.3 与地方动物防疫监督机构密切配合，完成病料样品的采集、包装及运输等诊断事宜。

5.3.4 对暴发的疫情做出高致病性禽流感的诊断后，协助并参与地方政府和地方动物防疫监督机构扑灭疫情。

6 跟踪调查

6.1 目的

追踪疫点传染源和传播媒介的扩散趋势、自然宿主的发病和带毒情况，为可能出现的公共卫生危害提供预警预报。

6.2 组织

当地流行病学调查人员在省级或国家级动物流行病学专家指导下对有关人员、可疑感染家禽、可疑污染物品和带毒宿主进行的追踪调查。

6.3 内容

6.3.1 追踪出入发病养禽场/户的有关工作人员和所有家禽、禽产品及有关物品的流动情况，并对其做适当的隔离观察和控制措施，严防疫情扩散。

6.3.2 对疫点、疫区的家禽、水禽、猪、留鸟、候鸟等重要疫源宿主进行发病情况调查，追踪病毒变异情况。

6.3.3 完成跟踪调查表(见附录 C)，并提交本次暴发疫情的流行病学调查报告。

附 录 A
（规范性附录）
高致病性禽流感流行病学最初调查表

<table>
<tr><td colspan="2">任务编号：</td><td>国标码：</td></tr>
<tr><td colspan="2">调查者姓名：</td><td>电话：</td></tr>
<tr><td colspan="2">场/户主姓名：</td><td>电话：</td></tr>
<tr><td colspan="2">场/户名称</td><td>邮编：</td></tr>
<tr><td>场/户地址</td><td colspan="2"></td></tr>
<tr><td>饲养品种</td><td colspan="2"></td></tr>
<tr><td>饲养数量</td><td colspan="2"></td></tr>
<tr><td>场址地形环境描述</td><td colspan="2"></td></tr>
<tr><td rowspan="3">发病时天气状况</td><td colspan="2">温度</td></tr>
<tr><td colspan="2">干旱/下雨</td></tr>
<tr><td colspan="2">主风向</td></tr>
<tr><td>场区条件</td><td colspan="2">□进场要洗澡更衣 □进生产区要换胶靴 □场舍门口有消毒池
□供料道与出粪道分开</td></tr>
<tr><td>污水排向</td><td colspan="2">□附近河流 □农田沟渠 □附近村庄 □野外湖区 □野外水塘
□野外荒郊 □其他</td></tr>
<tr><td>过去一年曾发生的疫病</td><td colspan="2">□低致病性禽流感 □鸡新城疫 □马立克氏病 □禽白血病
□鸡传染性喉气管炎 □鸡传染性贫血 □鸡传染性支气管炎
□鸡传染性法氏囊病</td></tr>
<tr><td>本次典型发病情况</td><td colspan="2">□急性发病死亡 □脚鳞出血 □鸡冠出血或发绀、头部水肿
□肌肉和其他组织器官广泛性严重出血 □神经症状 □绿色稀便
□其他（请填写）：</td></tr>
<tr><td>疫情核实结论</td><td colspan="2">□不能排除高致病性禽流感 □排除高致病性禽流感</td></tr>
<tr><td colspan="2">调查人员签字：</td><td>时间：</td></tr>
</table>

附 录 B
(规范性附录)
高致病性禽流感现地调查表

疫情类型　(1)确诊　(2)疑似　(3)可疑

B.1 疫点易感禽与发病禽现场调查

B.1.1 最早出现发病时间：__________年________月________日________时，
发病数：____只，死亡数：____只，圈舍(户)编号：__________。

B.1.2 禽群发病情况：

圈舍(户)编号	家禽品种	日龄	发病日期	发病数	开始死亡日期	死亡数

B.1.3 袭击率：__________________

计算公式：

袭击率=(疫情暴发以来发病禽数÷疫情暴发开始时易感禽数)×100%

B.2 可能的传染来源调查

B.2.1 发病前30 d内，发病禽舍是否新引进了家禽？

(1)是　(2)否

引进禽品种	引进数量	混群情况*	最初混群时间	健康状况	引进时间	来　源
* 混群情况：(1)同舍(户)饲养，(2)邻舍(户)饲养，(3)饲养于本场(村)隔离场，隔离场(舍)人员单独隔离。						

B.2.2 发病前30 d内发病禽场/户是否有野鸭、鸟栖息或捕获鸟？

(1)是　(2)否

鸟　名	数　量	来　源	鸟停留地点*	鸟病死数量	与禽畜接触频率**
* 停留地点包括禽场(户)内建筑场上、树上、存料处及料槽等； ** 接触频率指鸟与停留地点的接触情况，分为每天、数次、仅一次。					

B.2.3 发病前 30 d 内是否运入可疑的被污染物品(药品)?

(1)是　　(2)否

物品名称	数　量	经过或存放地	运入后使用情况

B.2.4 最近 30 d 内是否有场外有关业务人员来场?

(1)无　　(2)有,请写出访问者姓名、单位、访问日期,并注明是否来自疫区。

来　访　人	来访日期	来访人职业/电话	是否来自疫区

B.2.5 发病场(户)是否靠近其他养禽场及动物集散地?

(1)是　　(2)否

B.2.5.1 与发病场的相对地理位置______。

B.2.5.2 与发病场的距离______。

B.2.5.3 其大致情况______。

B.2.6 发病场周围 10 km 以内是否有下列动物群?

B.2.6.1 猪______。

B.2.6.2 野禽,具体禽种:______。

B.2.6.3 野水禽,具体禽种:______。

B.2.6.4 田鼠、家鼠:______。

B.2.6.5 其他:______。

B.2.7 在最近 25 d～30 d 内本场周围 10 km 有无禽发病?

(1)无　　(2)有

B.2.7.1 发病日期:______。

B.2.7.2 病禽数量和品种:______。

B.2.7.3 确诊/疑似诊断疾病:______。

B.2.7.4 场主姓名:______。

B.2.7.5 发病地点与本场相对位置、距离:______。

B.2.7.6 投药情况:______。

B.2.7.7 疫苗接种情况:______。

B.2.8 场内是否有职员住在其他养殖场/养禽村?

(1)无　　(2)有

B.2.8.1 该农场所处的位置:______。

B.2.8.2 该场养禽的数量和品种:______。

B.2.8.3　该场禽的来源及去向：________________________。

B.2.8.4　职员拜访和接触他人地点：________________________。

B.3　在发病前30 d是否有饲养方式/管理的改变？

(1)无　(2)有，________________________。

B.4　发病场(户)周围环境情况

B.4.1　静止水源——沼泽、池塘或湖泊：(1)是　(2)否

B.4.2　流动水源——灌溉用水、运河水、河水：(1)是　(2)否

B.4.3　断续灌溉区——方圆3 km内无水面：(1)是　(2)否

B.4.4　最近发生过洪水：(1)是　(2)否

B.4.5　靠近公路干线：(1)是　(2)否

B.4.6　靠近山溪或森(树)林：(1)是　(2)否

B.5　该养禽场/户地势类型属于：

(1)盆地　(2)山谷　(3)高原　(4)丘陵　(5)平原　(6)山区

(7)其他(请注明)________________________。

B.6　饮用水及冲洗用水情况

B.6.1　饮水类型：

(1)自来水　(2)浅井水　(3)深井水　(4)河塘水　(5)其他

B.6.2　冲洗水类型：

(1)自来水　(2)浅井水　(3)深井水　(4)河塘水　(5)其他

B.7　发病养禽场/户高致病性禽流感疫苗免疫情况：

(1)免疫　(2)不免疫

B.7.1　疫苗生产厂家________________________。

B.7.2　疫苗品种、批号________________________。

B.7.3　被免疫鸡数量________________________。

B.8　受威胁区免疫禽群情况

B.8.1　免疫接种1个月内禽只发病情况：

(1)未见发病　(2)发病，发病率________________________。

B.8.2　异源亚型血清学检测和病原学检测

标本类型	采样时间	检测项目	检测方法	结　果
注：标本类型包括鼻咽、脾淋内脏、血清及粪便等。				

B.9 解除封锁后是否使用岗哨动物

(1)否　　(2)是,简述结果_____________________________。

B.10 最后诊断情况

B.10.1 确诊 HPAI,确诊单位_____________________________。

B.10.2 排除,其他疫病名称_____________________________。

B.11 疫情处理情况

B.11.1 发病禽群及其周围 3 km 以内所有家禽全部扑杀:

(1)是　　(2)否,扑杀范围:_____________________________。

B.11.2 疫点周围 3 km～5 km 内所有家禽全部接种疫苗

(1)是　　(2)否

所用疫苗的病毒亚型:____________________厂家____________________。

附 录 C
（规范性附录）
高致病性禽流感跟踪调查表

C.1 在发病养禽场/户出现第一个病例前 21 d 至该场被控制期间出场的(A)有关人员，(B)动物/产品/排泄废弃物，(C)运输工具/物品/饲料/原料，(D)其他(请标出)________________，养禽场被隔离控制日期________________。

出场日期	出场人/物 (A/B/C/D)	运输工具	人/承运人姓名/ 电话	目的地/电话

C.2 在发病养禽场/户出现第一个病例前 21 d 至该场被隔离控制期间，是否有家禽、车辆和人员进出家禽集散地？

(1)无　　(2)有，请填写下表，追踪可能污染物，做限制或消毒处理。

出入日期	出场人/物	运输工具	人/承运人姓名/ 电话	相对方位/距离
注：家禽集散地包括展览场所、农贸市场、动物产品仓库、拍卖市场、动物园等。				

C.3 列举在发病养禽场/户出现第一个病例前 21 d 至该场被隔离控制期间出场的工作人员(如送料员、雌雄鉴别人员、销售人员、兽医等)3 d 内接触过的所有养禽场/户，通知被访场家进行防范。

姓　　名	出场人员	出场日期	访问日期	目的地/电话

C.4　疫点或疫区水禽

C.4.1　在发病后1个月发病情况

(1)未见发病　　(2)发病,发病率________________。

C.4.2　异源亚型血清学检测和病原学检测

标本类型	采样时间	检测项目	检测方法	结　　果

C.5　疫点或疫区留鸟

C.5.1　在发病后1个月发病情况

(1)未见发病　　(2)发病,发病率________________。

C.5.2　血清学检测和病原学检测

标本类型	采样时间	检测项目	检测方法	结　　果

C.6　受威胁区猪密切接触的猪只

C.6.1　在发病后1个月发病情况

(1)未见发病　　(2)发病,发病率________________。

C.6.2　血清学和病原学检测异源亚型血清学检测和病原学检测

标本类型	采样时间	检测项目	检测方法	结　果

C.7　疫点或疫区候鸟

C.7.1　在发病后1个月发病情况

(1)未见发病　　(2)发病,发病率________________。

C.7.2　血清学检测和病原学检测

标本类型	采样时间	检测项目	检测方法	结　果

C.8　在该疫点疫病传染期内密切接触人员的发病情况________________

(1)未见发病

(2)发病,简述情况:

接触人员姓名	性别	年龄	接触方式*	住址或工作单位	电话号码	是否发病及死亡
* 接触方式:(1)本舍(户)饲养员　(2)非本舍饲养员　(3)本场兽医　(4)收购与运输　(5)屠宰加工　(6)处理疫情的场外兽医　(7)其他接触。						

ICS 11.220
B 41

中华人民共和国农业行业标准

NY/T 772—2004

禽流感病毒 RT-PCR 试验方法

2004-02-17 发布

2004-02-17 实施

中华人民共和国农业部 发布

前　　言

本标准由中华人民共和国农业部提出。

本标准由全国动物检疫标准化技术委员会归口。

本标准推荐了两种试验方法。

本标准中附录A、附录C为规范性附录，附录B、附录D为资料性附录。

本标准起草单位：中国农业科学院哈尔滨兽医研究所、农业部兽医诊断中心。

本标准主要起草人：王秀荣、孙明、刘明、王宏伟、陈化兰、刘丽玲。

禽流感病毒 RT-PCR 试验方法(一)

1 范围

本标准规定了禽流感病毒型特异性检测技术和禽流感病毒 H5、H7、H9 血凝素亚型及 N1、N2 神经氨酸酶亚型的 RT-PCR 鉴别技术。

本标准适用于检测禽组织、分泌物、排泄物和鸡胚尿囊液中禽流感病毒核酸。

2 规范性引用文件

下列文件中的条款通过本标准的引用而成为本标准的条款,凡是注日期的引用文件,其随后所有的修改单(不包括勘误的内容)或修订版均不适用于本标准,然而,鼓励根据本标准达成协议的各方研究是否可使用这些文件的最新版本。凡是不注日期的引用文件,其最新版本适用于本标准。

GB/T 18936 高致病性禽流感诊断技术

3 实验室条件

3.1 仪器:PCR 仪、台式低温高速离心机、电泳仪、电泳槽、冰箱、手提紫外线灯、紫外凝胶成像仪、微量移液器、水浴箱等。

3.2 从事 RT-PCR 工作的实验室尽可能分区,根据条件划分出 RNA 提取区、基因扩增区、电泳区。特别注意电泳后的琼脂糖凝胶要及时处理,避免对实验室造成污染。

3.3 注意个人防护和环境保护,电泳中用到的 EB 可诱发基因突变,试验中被 EB 污染的物品要有专用收集处,并通过焚烧进行无害化处理。

4 试剂的准备

4.1 试剂

4.1.1 变性液见 A.1。

4.1.2 2 M 醋酸钠溶液(pH 4.0)见 A.2。

4.1.3 水饱和酚(pH 4.0)。

4.1.4 氯仿/异戊醇混合液见 A.3。

4.1.5 M-MLV 反转录酶(200 u/μL)。

4.1.6 RNA 酶抑制剂(40 u/μL)。

4.1.7 Taq DNA 聚合酶(5 u/μL)。

4.1.8 1.0%琼脂糖凝胶见 A.4。

4.1.9 50×TAE 缓冲液见 A.5。

4.1.10 溴化乙锭(10 μg/μL)见 A.6。

4.1.11 加样缓冲液见 A.7。

4.1.12 焦碳酸二乙酯(DEPC)处理的灭菌双蒸水见 A.8。

4.1.13 5×反转录反应缓冲液见 A.9。

4.1.14 2.5 mmol dNTPs 见 A.10。

4.1.15 10×PCR Buffer 见 A.11。

4.1.16 DNA分子量标准。

4.2 **引物**

见附录B。

5 操作程序

5.1 样品的采集和处理

按照GB/T 18936中提供的方法进行。

5.2 RNA的提取

5.2.1 设立阳性样品对照、阴性样品对照。

5.2.2 **异硫氰酸胍一步法**

5.2.2.1 将组织或细胞中加入适量的变性液，匀浆。

5.2.2.2 将混合物移至一管中，按每毫升变性液中立即加入0.1 mL乙酸钠、1 mL酚、0.2 mL氯仿/异戊醇混合液。加入每种组分后，盖上管盖，倒置混匀。

5.2.2.3 将匀浆剧烈振荡10 s，冰浴15 min，使核蛋白质复合体彻底裂解。

5.2.2.4 然后12 000 rpm，4℃离心20 min，将上层含RNA的水相移入一新管中。为了降低被处于水相和有机相分界处的DNA污染的可能性，不要吸取水相的最下层。

5.2.2.5 加入等体积的异丙醇，充分混匀液体，并在－20℃条件下沉淀RNA 1 h或更长时间。

5.2.2.6 4℃ 12 000 rpm离心10 min，弃上清，再用75%的乙醇洗涤沉淀；然后离心，再用吸头彻底吸弃上清，在自然条件下干燥沉淀，溶于适量DEPC处理的水中。－20℃贮存，备用。

5.2.3 选择市售商品化RNA提取试剂盒，完成RNA的提取。

5.3 反转录

5.3.1 取5 μL RNA，加1 μL反转录引物，70℃5 min。

5.3.2 冰浴2 min。

5.3.3 继续加入：

5×反转录反应缓冲液	4 μL
0.1 M DTT	2 μL
2.5 mmol dNTPs	2 μL
M-MLV反转录酶	0.5 μL
RNA酶抑制剂	0.5 μL
DEPC水	11 μL

37℃水浴1 h，合成cDNA链。取出后，可以直接进行PCR，或者放于－20℃保存备用。试验中同时设立阳性对照和阴性对照。

5.4 PCR

根据扩增目的的不同，选择不同的上、下游引物，M-229U/M-229L是型特异性引物，用于扩增禽流感病毒的M基因片段；H5-380U/H5-380L、H7-501U/H7-501L、H9-732U/H9-732L分别特异性扩增H5、H7、H9亚型血凝素基因片段；N1-358U/N1-358L、N2-377U/N2-377L分别特异性扩增N1、N2亚型神经氨酸酶基因片段。

PCR为50 μL体系，包括：

双蒸灭菌水	37.5 μL
反转录产物	4 μL
上游引物	0.5 μL

下游引物	0.5 μL
10×PCR Buffer	5 μL
2.5 mmol dNTPs	2 μL
Taq 酶	0.5 μL

首先加入双蒸灭菌水，然后再按照顺序逐一加入上述成分，每一次要加入到液面以下。全部加完后，混悬，瞬时离心，使液体都沉降到 PCR 管底。在每个 PCR 管中加入 1 滴液体石蜡(约 20 μL)。循环参数为 95℃5 min，94℃ 45 s，52℃ 45 s，72℃ 45 s，循环 30 次，72℃延伸 6 min 结束。设立阳性对照和阴性对照。

5.5 电泳

5.5.1 制备 1.0%琼脂糖凝胶板，见 A.4。

5.5.2 取 5 μL PCR 产物，与 0.5 μL 加样缓冲液混合，加入琼脂糖凝胶板的加样孔中。

5.5.3 加入分子量标准。

5.5.4 盖好电泳仪，插好电极，5 V/cm 电压电泳，30 min～40 min。

5.5.5 在手提紫外线灯下观察；或者用紫外凝胶成像仪扫描图片存档，打印。

5.5.6 用分子量标准比较，判断 PCR 片段大小。

6 结果判定

6.1 在阳性对照出现相应大小扩增带、阴性对照无此带出现的情况下判定结果。

6.2 用 M-229U/M-229L 检测，出现大小约 229 bp 扩增片段时，判定为禽流感病毒阳性，否则判定为阴性。

6.3 用 H5-380U/H5-380L 检测，出现大小约 380 bp 扩增片段时，判定为 H5 血凝素亚型禽流感病毒阳性，否则判定为阴性。

6.4 用 H7-501U/H7-501L 检测，出现大小约 501 bp 扩增片段时，判定为 H7 血凝素亚型禽流感病毒阳性，否则判定为阴性。

6.5 用 H9-732U/H9-732L 检测，出现大小约 732 bp 扩增片段时，判定为 H9 血凝素亚型禽流感病毒阳性，否则判定为阴性。

6.6 用 N1-358U/N1-358L 检测，出现大小约 358 bp 扩增片段时，判定为 N1 神经氨酸酶亚型禽流感病毒阳性，否则判定为阴性。

6.7 用 N2-377U/N2-377L 检测，出现大小约 377 bp 扩增片段时，判定为 N2 神经氨酸酶亚型禽流感病毒阳性，否则判定为阴性。

禽流感病毒 RT-PCR 试验方法(二)

1 范围

本标准规定了禽流感病毒型特异性检测技术和禽流感病毒 H5、H7、H9 血凝素亚型的反转录聚合酶链反应(RT-PCR)鉴别诊断技术。

本标准适用于检测禽组织、分泌物、排泄物和鸡胚尿囊液中禽流感病毒核酸。

2 试剂

2.1 变性液见 C.1。

2.2 2 mol/L 醋酸钠溶液(pH4.0)见 C.2。

2.3 酚/氯仿/异戊醇混合液见 C.3。

2.4 2.5 mmol/L dNTP 见 C.4。

2.5 10×PCR 缓冲液见 C.5。

2.6 溴化乙锭(EB)溶液见 C.6。

2.7 TAE 电泳缓冲液见 C.7。

2.8 2%琼脂糖凝胶见 C.8。

2.9 上样缓冲液见 C.9。

2.10 10 pmol/μL RT-PCR 引物见附录 D。

2.11 其他试剂:5 μ Taq DNA 聚合酶,10 μ/μL AMV 反转录酶,40 μ/μL,RNA 酶抑制剂,异丙醇,70%乙醇。

3 实验室条件

3.1 实验室应配备的仪器

分析天平、台式冷冻高速离心机、真空干燥器、制冰机、PCR 扩增仪、电泳仪、电泳槽、紫外凝胶成像仪(或紫外分析仪)、液氮罐或-70℃冰箱、微波炉、组织研磨器、-20℃冰箱、可调移液器(2 μL、20 μL、200 μL、1 000 μL)。

3.2 实验室分区

PCR 整个试验分 PCR 反应液配制区——配液区、模板提取区、扩增区、电泳区。流程顺序为配液区→模板提取区→扩增区→电泳区。严禁器材和试剂倒流。

4 操作程序

4.1 样品的采集及处理

4.1.1 样品的采集

病死或扑杀禽,取脑、肺等组织;待检活禽,用棉拭子蘸取气管分泌物或泄殖腔排泄物,放于 50%甘油生理盐水中(要求送检病料新鲜,严禁反复冻融病料)。

4.1.2 样品的处理

4.1.2.1 组织样品处理

称取待检病料 0.05 g,置于研磨器中剪碎并研磨,加入 600 μL 变性液继续研磨。取已研磨好的待检病料上清 300 μL，置于 1.5 mL 灭菌离心管中，加入 100 μL 变性液，混匀。

4.1.2.2 分泌物和排泄物样品处理

将棉拭子充分捻动、拧干后弃去拭子。4℃ 8 000 rpm 离心 5 min，取上清 100 μL，置于 1.5 mL 灭菌离心管中，加入 300 μL 变性液，混匀。

4.1.2.3 阳性对照处理

取禽流感病毒液 100 μL，置于 1.5 mL 灭菌离心管中，加入 300 μL 变性液，混匀。

4.1.2.4 阴性对照处理

取灭菌双蒸水 100 μL，置于 1.5 mL 灭菌离心管中，加入 300 μL 变性液，混匀。

4.2 病毒 RNA 的提取

4.2.1 取已处理的待检样品以及阴性对照、阳性对照，每管依次加入醋酸钠溶液 30 μL、酚/氯仿/异戊醇混合液 300 μL，颠倒 10 次混匀，冰浴 15 min，4℃ 10 000 rpm 离心 15 min。

4.2.2 取上清 300 μL 置于新的经 DEPC 水处理过的 1.5 mL 灭菌离心管中，加入等体积异丙醇，混匀，置于液氮中 3 min 或－70℃冰箱 20 min。取出样品管，室温融化，4℃ 15 000 rpm 离心 20 min。

4.2.3 弃上清，沿管壁缓缓滴入 1 mL 70％乙醇，轻轻旋转洗一次后倒掉，将离心管倒扣于吸水纸上 1 min，真空干燥 15 min。

4.2.4 用 10 μL 无 RNA 酶的灭菌双蒸水和 1 μL RNA 酶抑制剂溶解沉淀。－20℃储存备用。

4.3 RT-PCR

4.3.1 引物选用

4.3.1.1 型特异性引物用于检测禽流感病毒核蛋白基因(NP)片段。

4.3.1.2 H5 亚型引物用于检测禽流感病毒 H5 亚型血凝素基因(HA)片段。

4.3.1.3 H7 亚型引物用于检测禽流感病毒 H7 亚型血凝素基因(HA)片段。

4.3.1.4 H9 亚型引物用于检测禽流感病毒 H9 亚型血凝素基因(HA)片段。

4.3.2 反应体系

本试验为反转录和 PCR 扩增同时进行，反应液总体积为 25 μL。

DEPC 处理的灭菌双蒸水	13 μL
2.5 mmol/L dNTP	2.5 μL
10 pmol/μL RT-PCR 引物	1.5 μL
15 mmol/L 氯化镁	2 μL
10×PCR 缓冲液	2.5 μL
AMV 反转录酶	0.2 μL
RNA 酶抑制剂	0.3 μL,
5u Taq DNA 聚合酶	1 μL
提取的样品 RNA	2 μL

混匀并做好标记，加入 20 μL 矿物油覆盖，在 PCR 扩增仪上进行以下循环：42℃ 45 min，95℃ 3 min；扩增条件为 95℃ 30 s，50℃ 40 s(用型特异性引物时，为 55℃ 40 s)，72℃ 40 s，35 个循环后，72℃延伸 10 min。

4.4 电泳

取 PCR 扩增产物 15 μL 与 3 μL 上样缓冲液混合，点样于 2％琼脂糖凝胶孔中，以 5 V/cm 电压进行电泳，40 min，紫外凝胶成像仪或紫外分析仪上观察结果。

5 结果判定

5.1 在阳性对照出现相应大小扩增带、阴性对照无带此出现的情况下判定结果。

5.2 用型特异引物检测被检样品出现 330 bp 条带时，判定为禽流感病毒阳性，否则为阴性。

5.3 用 H5 亚型引物检测被检样品出现 545 bp 条带时，判定为 H5 亚型禽流感病毒阳性，否则为阴性。

5.4 用 H7 亚型引物检测被检样品出现 634 bp 条带时，判定为 H7 亚型禽流感病毒阳性，否则为阴性。

5.5 用 H9 亚型引物检测被检样品出现 488 bp 条带时，判定为 H9 亚型禽流感病毒阳性，否则为阴性。

附 录 A
（规范性附录）
相关试剂的配制

A.1 变性液

4 M 异硫氰酸胍
25 mM 柠檬酸钠 · $2H_2O$
0.5%(m/V)十二烷基肌酸钠
0.1 M β-巯基乙醇

具体配制：将 250 g 异硫氰酸胍、0.75 M(pH7.0)柠檬酸钠 17.6 mL 和 26.4 mL 10%(m/V)十二烷基肌酸钠溶于 293 mL 水中。65℃条件下搅拌、混匀，直至完全溶解。室温条件下保存，每次临用前按每 50 mL 变性液加入 14.4 mol/L 的 β-巯基乙醇 0.36 mL 的剂量加入。变性液可在室温下避光保存数月。

A.2 2 mol/L 乙酸钠溶液(pH4.0)

乙酸钠	16.4 g
冰乙酸	调 pH 至 4.0
灭菌双蒸水	加至 100 mL

A.3 氯仿/异戊醇混合液

氯仿	49 mL
异戊醇	1 mL

A.4 1.0%琼脂糖凝胶的配制

琼脂糖	1.0 g
0.5×TAE 电泳缓冲液	加至 100 mL

微波炉中完全融化，待冷至 50℃～60℃时，加溴化乙锭(EB)溶液 5 μL，摇匀，倒入电泳板上，凝固后取下梳子，备用。

A.5 50×TAE 电泳缓冲液

A.5.1 0.5 mol/L 乙二铵四乙酸二钠(EDTA)溶液(pH8.0)

二水乙二铵四乙酸二钠	18.61 g
灭菌双蒸水	80 mL
氢氧化钠	调 pH 至 8.0
灭菌双蒸水	加至 100 mL

A.5.2 TAE 电泳缓冲液(50×)配制

羟基甲基氨基甲烷(Tris)	242 g
冰乙酸	57.1 mL
0.5 mol/L 乙二铵四乙酸二钠溶液(pH8.0)	100 mL
灭菌双蒸水	加至 1 000 mL

用时用灭菌双蒸水稀释使用。

A.6 溴化乙锭(EB)溶液

溴化乙锭	20 mg
灭菌双蒸水	加至 20 mL

A.7 10×加样缓冲液

聚蔗糖	25 g
灭菌双蒸水	100 mL
溴酚蓝	0.1 g
二甲苯腈	0.1 g

A.8 DEPC 水

超纯水	100 mL
焦碳酸二乙酯(DEPC)	50 μL

室温过夜,121℃高压 15 min,分装到 1.5 mL DEPC 处理过的微量管中。

A.9 M-MLV 反转录酶 5×反应缓冲液

1 moL Tris-HCl(pH8.3)	5 mL
KCl	0.559 g
$MgCl_2$	0.029 g
DTT	0.154 g
灭菌双蒸水	加至 100 mL

A.10 2.5 mmol/L dNTP

DATP(10 mmol/L)	20 μL
DTTP(10 mmol/L)	20 μL
DGTP(10 mmol/L)	20 μL
DCTP(10 mmol/L)	20 μL

A.11 10×PCR 缓冲液

1 M Tris-HCl(pH8.8)	10 mL
1 M KCl	50 mL
Nonidet P40	0.8 mL
1.5 moL $MgCl_2$	1 mL
灭菌双蒸水	加至 100 mL

附 录 B
(资料性附录)
禽流感病毒 RT - PCR 试验用引物

B.1 反转录引物

Uni 12:5′- AGCAAAAGCAGG - 3′,引物浓度为 20 pmol。

B.2 PCR 引物

见表 B.1,引物浓度均为 20 pmol。

表 B.1 PCR 过程中选择的引物

引物名称	引物序列	长度 bp	扩增目的
M - 229U	5′- TTCTAACCGAGGTCGAAAC - 3′	229	通用引物
M - 229L	5′- AAGCGTCTACGCTGCAGTCC - 3′		
H5 - 380U	5′- AGTGAATTGGAATATGGTAACTG - 3′	380	H5
H5 - 380L	5′- AACTGAGTGTTCATTTTGTCAAT - 3′		
H7 - 501U	5′- AATGCACARGGAGGAGGAACT - 3′	501	H7
H7 - 501L	5′- TGAYGCCCCGAAGCTAAACCA - 3′		
H9 - 732U	5′- TCAACAAACTCCACCGAAACTGT - 3′	732	H9
H9 - 732L	5′- TCCCGTAAGAACATGTCCATACCA - 3′		
N1 - 358U	5′- ATTRAAATACAAYGGYATAATAAC - 3′	358	N1
N1 - 358L	5′- GTCWCCGAAAACYCCACTGCA - 3′		
N2 - 377U	5′- GTGTGYATAGCATGGTCCAGCTCAAG - 3′	377	N2
N2 - 377L	5′- GAGCCYTTCCARTTGTCTCTGCA - 3′		
注:W=(AT);Y=(CT);R=(AG)。			

附 录 C
（规范性附录）
试剂的配制

C.1 变性液

柠檬酸钠	0.764 g
十二烷基肌氨酸钠	0.5 g
β-巯基乙醇	0.868 mL
硫氰酸胍	47.28 g
灭菌双蒸水	加至 100 mL

C.2 2 mol/L 乙酸钠溶液（pH4.0）

乙酸钠	16.4 g
冰乙酸	pH 至 4.0
灭菌双蒸水	加至 100 mL

C.3 酚/氯仿/异戊醇混合液

酸性酚	50 mL
氯仿	49 mL
异戊醇	1 mL

C.4 2.5 mmol/L dNTP

dATP(100 mmol/L)	20 μL
dTTP(100 mmol/L)	20 μL
dGTP(100 mmol/L)	20 μL
dCTP(100 mmol/L)	20 μL
灭菌双蒸水	加至 800 μL

C.5 10×PCR 缓冲液

灭菌双蒸水	70 mL
三羟甲基氨基甲烷(Tris)	0.158 g
氯化钾	0.373 g
曲拉通 X-100	0.1 mL
盐酸	调 pH 至 9.0
灭菌双蒸水	加至 100 mL

C.6 溴化乙锭(EB)溶液

溴化乙锭	0.2 g
灭菌双蒸水	加至 20 mL

C.7 TAE 电泳缓冲液(50×)

C.7.1 0.5 mol/L 乙二铵四乙酸二钠(EDTA)溶液(pH8.0)

二水乙二铵四乙酸二钠	18.61 g
灭菌双蒸水	80 mL
氢氧化钠	调 pH 至 8.0
灭菌双蒸水	加至 100 mL

C.7.2 TAE 电泳缓冲液(50×)配制

三羟甲基氨基甲烷(Tris)	242 g
冰乙酸	57.1 mL
0.5 mol/L 乙二铵四乙酸二钠溶液(pH8.0)	100 mL
灭菌双蒸水	加至 1 000 mL

用时用灭菌双蒸水稀释使用。

C.8 2%琼脂糖凝胶的配制

琼脂糖	4 g
TAE 电泳缓冲液(50×)	4 mL
灭菌双蒸水	196 mL

微波炉中完全融化,加溴化乙锭(EB)溶液 50 μL。

C.9 上样缓冲液

溴酚蓝 0.2 g,加双蒸水 10 mL 过夜溶解。50 g 蔗糖加入 50 mL 水溶解后,移入已溶解的溴酚蓝溶液中,摇匀定容至 100 mL。

附 录 D
（资料性附录）
禽流感病毒 RT-PCR 试验用引物

D.1 10 pmol/μL 型特异性引物配制

2 OD 的上游型特异性引物加灭菌双蒸水至 462 μL，2 OD 的下游特异性引物加灭菌双蒸水至 445 μL。使用时，2 种引物等体积混匀即可。

D.2 10 pmol/μL H5 亚型引物配制

2 OD 的上游 H5 亚型引物加灭菌双蒸水至 494 μL，2 OD 的下游 H5 亚型引物加灭菌双蒸水至 484 μL。使用时，2 种引物等体积混匀即可。

D.3 10 pmol/μL H7 亚型引物配制

2 OD 的上游 H7 亚型引物加灭菌双蒸水至 487 μL，2 OD 的下游 H7 亚型引物加灭菌双蒸水至 488 μL。使用时，2 种引物等体积混匀即可。

D.4 10 pmol/μL H9 亚型引物配制

3 OD 的上游 H9 亚型引物加灭菌双蒸水至 492 μL，2 OD 的下游 H9 亚型引物加灭菌双蒸水至 516 μL。使用时，2 种引物等体积混匀即可。

表 D.1

引物名称	序 列	扩增片段大小	扩增片段位置	用 途
上游型特异性引物 下游型特异性引物：	5′-CAGRTACTGGGCHATAAGRAC-3′ 5′-GCATTGTCTCCGAAGAAATAAG-3′	330 bp	核蛋白基因 1 200～1 529	禽流感病毒 型鉴定
上游 H5 亚型引物 下游 H5 亚型引物	5′-ACACATGCYCARGACATACT-3′ 5′-CTYTGRTTYAGTGTTGATGT-3′	545 bp	血凝素基因 155～699	禽流感病毒 H5 亚型鉴定
上游 H7 亚型引物 下游 H7 亚型引物	5′-GGGATACAAAATGAAYACTC-3′ 5′-CCATABARYYTRGTCTGYTC-3′	634 bp	血凝素基因 12～645	禽流感病毒 H7 亚型鉴定
上游 H9 亚型引物 下游 H9 亚型引物	5′-CTCCACACAGAGCAYAATGG-3′ 5′-GYACACTTGTTGTTGTRTC-3′	488 bp	血凝素基因 151～638	禽流感病毒 H9 亚型鉴定
注：Y=C/T R=A/G H=A/C/T B=G/C/T。				

ICS 65.100.01
B 17

中华人民共和国农业行业标准

NY 773—2004

水果中啶虫脒最大残留限量

Maximum residue limits for acetamiprid in fruits

2004-04-16 发布　　　　2004-06-01 实施

中华人民共和国农业部　发布

前　言

本标准由中华人民共和国农业部提出。

本标准起草单位:农业部农药检定所。

本标准主要起草人:龚勇、秦冬梅、刘光学、何艺兵、陶传江、朱光艳、李友顺、宋稳成。

水果中啶虫脒最大残留限量

1 范围

本标准规定了啶虫脒在梨(仁)果类、柑橘类水果全果中最大残留限量标准。

本标准适用于梨(仁)果、柑橘类水果。

2 最大残留限量标准见表 1

表 1 水果中啶虫脒最大残留限量

农 药 名 称		最大残留限量(MRL) mg/kg
中文通用名	英文通用名	
啶虫脒	acetamiprid	2

ICS 65.100.01
B 17

中华人民共和国农业行业标准

NY 774—2004

叶菜中氯氰菊酯、氯氟氰菊酯、醚菊酯、甲氰菊酯、氟胺氰菊酯、氟氯氰菊酯、四聚乙醛、二甲戊乐灵、氟苯脲、阿维菌素、虫酰肼、氟虫腈、丁硫克百威最大残留限量

Maximum residue limits for pesticides in leafy vegetable

2004-04-16 发布　　　　2004-06-01 实施

中华人民共和国农业部　发布

前　言

本标准由中华人民共和国农业部提出。

本标准起草单位:农业部农药检定所。

本标准主要起草人:秦冬梅、刘光学、龚勇、何艺兵、朱光艳、李友顺、宋稳成、吴志华。

叶菜中氯氰菊酯、氯氟氰菊酯、醚菊酯、甲氰菊酯、氟胺氰菊酯、氟氯氰菊酯、四聚乙醛、二甲戊乐灵、氟苯脲、阿维菌素、虫酰肼、氟虫腈、丁硫克百威最大残留限量

1 范围

本标准规定了氯氰菊酯等13种农药在叶菜中的最大残留限量。

本标准适用于叶菜类蔬菜。

2 最大残留限量标准

氯氰菊酯等13种农药在叶菜中最大残留限量(MRL)标准见表1。

表1 氯氰菊酯等13种农药在叶菜中的最大残留限量

农药名称		MRL mg/kg
中文通用名	英文通用名	
氯氰菊酯	cypermethrin	1
氯氟氰菊酯	cyhalothrin	0.5
醚菊酯	ethofenprox	1
甲氰菊酯	fenpropathrin	1
氟胺氰菊酯	fluvalinate	0.5
氟氯氰菊酯	cyfluthrin	0.5
四聚乙醛	metaldehyde	1
二甲戊乐灵	pendimethalin	0.2
氟苯脲	teflubenzuron	0.5
阿维菌素	abamectin	0.02
虫酰肼	tebufenozide	0.5
氟虫腈	fipronil	0.02
丁硫克百威	carbosulfan	0.05

ICS 65.100.01
B 17

中华人民共和国农业行业标准

NY 775—2004

玉米中烯唑醇、甲草胺、溴苯腈、氰草津、麦草畏、二甲戊乐灵、氟乐灵、克百威、顺式氰戊菊酯、噻酚磺隆、异丙甲草胺最大残留限量

2004-04-16 发布

2004-06-01 实施

中华人民共和国农业部 发布

前　言

本标准由中华人民共和国农业部提出。

本标准起草单位：农业部农药检定所、农业部天津环保所。

本标准主要起草人：龚勇、陶传江、吴玉环、刘光学、何艺兵、高晓辉、秦冬梅、朱光艳、白清云、黄士忠。

玉米中烯唑醇、甲草胺、溴苯腈、氰草津、麦草畏、二甲戊乐灵、氟乐灵、克百威、顺式氰戊菊酯、噻酚磺隆、异丙甲草胺最大残留限量

1 范围

本标准规定了玉米籽粒中烯唑醇、甲草胺、溴苯腈、氰草津、麦草畏、二甲戊乐灵、氟乐灵、克百威、顺式氰戊菊酯、噻酚磺隆、异丙甲草胺11种农药的最大残留限量标准。

本标准适用于鲜食玉米、玉米籽粒。

2 最大残留限量标准

烯唑醇、甲草胺、溴苯腈、氰草津、麦草畏、二甲戊乐灵、氟乐灵、克百威、顺式氰戊菊酯、噻酚磺隆、异丙甲草胺11种农药的最大残留限量标准见表1。

表1 玉米中11种农药的最大残留限量标准

单位为毫克每千克

农 药 名 称		最大残留限量(MRL)
中文通用名	英文通用名	
烯唑醇	diniconazole	0.05
甲草胺	alachlor	0.2
溴苯腈	bromoxynil	0.1
氰草津	cyanazine	0.05
麦草畏	dicamba	0.5
二甲戊乐灵	pendimethalin	0.1
氟乐灵	trifluralin	0.05
克百威	carbofuran	0.1
顺式氰戊菊酯	esfenvalerate	0.02
噻酚磺隆	thifensulfuron-methyl	0.05
异丙甲草胺	metolachlor	0.1

ICS 67.080.20
B 31

中华人民共和国农业行业标准

NY/T 776—2004

丝 瓜

Luffa

2004-04-16 发布　　2004-06-01 实施

中华人民共和国农业部 发布

前 言

本标准由中华人民共和国农业部提出。

本标准起草单位:四川省农业科学院园艺研究所、四川省农业厅、成都市第一农业科学研究所。

本标准主要起草人:常伟、刘云福、杨莉。

丝　瓜

1 范围

本标准规定了丝瓜的要求、试验方法、检验规则、标志、包装、运输和贮存。

本标准适用于丝瓜的生产、收购和流通。

2 规范性引用文件

下列文件中的条款通过本标准的引用而成为本标准的条款。凡是注日期的引用文件，其随后所有的修改单(不包括勘误的内容)或修订版均不适用于本标准，然而，鼓励根据本标准达成协议的各方研究是否可使用这些文件的最新版本。凡是不注日期的引用文件，其最新版本适用于本标准。

GB/T 5009.11　食品中总砷及无机砷的测定

GB/T 5009.12　食品中铅的测定

GB/T 5009.15　食品中镉的测定

GB/T 5009.17　食品中总汞及有机汞的测定

GB/T 5009.20　食品中有机磷农药残留量的测定

GB/T 5009.38　蔬菜、水果卫生标准的分析方法

GB/T 6543　瓦楞纸箱

GB/T 8855　新鲜水果和蔬菜的取样方法

GB/T 8868　蔬菜塑料周转箱

GB/T 14878　食品中百菌清残留量的测定方法

GB/T 14929.4　食品中氯氰菊酯、氰戊菊酯和溴氰菊酯残留量测定方法

GB/T 14973　食品中粉锈宁残留量的测定方法

3 要求

3.1 感官指标

应符合表1的规定。

表1 丝瓜感官指标

<table>
<tr><td rowspan="2" colspan="2">项 目</td><td colspan="3">等 级</td></tr>
<tr><td>一级</td><td>二级</td><td>三级</td></tr>
<tr><td rowspan="11">品
质</td><td>长度差异,cm</td><td>≤3</td><td>≤6</td><td>≤10</td></tr>
<tr><td>横径差异,cm</td><td>≤1.0</td><td>≤1.5</td><td>≤2.0</td></tr>
<tr><td>畸形果率,%</td><td>无</td><td>≤2</td><td>≤5</td></tr>
<tr><td>品 种</td><td colspan="2">同一品种</td><td>相似品种</td></tr>
<tr><td>果 面</td><td colspan="3">无外来物</td></tr>
<tr><td>果 实</td><td colspan="3">完整、鲜嫩</td></tr>
<tr><td>异 味</td><td colspan="3">无</td></tr>
<tr><td>冻 害</td><td colspan="3">无</td></tr>
<tr><td>病虫害</td><td colspan="3">无</td></tr>
<tr><td>腐 烂</td><td colspan="3">无</td></tr>
<tr><td>机械伤</td><td colspan="3">无</td></tr>
<tr><td colspan="2">限 度,%</td><td>每批样品总不合格率
≤3</td><td>每批样品总不合格率
≤6</td><td>每批样品总不合格率
≤10</td></tr>
<tr><td colspan="5">注:长度差异、横径差异、畸形果率为主要缺陷。</td></tr>
</table>

3.2 卫生指标

应符合表2的规定。

表2 丝瓜卫生指标　　单位为毫克每千克

项 目	指 标
砷(以As计)	≤0.5
铅(以Pb计)	≤0.2
汞(以Hg计)	≤0.01
镉(以Cd计)	≤0.05
乐果(dimethoate)	≤1
敌敌畏(dichlorvos)	≤0.2
溴氰菊酯(deltamethrin)	≤0.2
多菌灵(carbendazim)	≤0.5
百菌清(chlorothalonil)	≤1
三唑酮(triadimefon)	≤0.2

4 试验方法

4.1 仪器与用具

直尺(精度1 cm)、游标卡尺(精度0.1 cm)、刀。

4.2 感官指标

4.2.1 丝瓜品种、冻害、腐烂、病虫害、机械损伤、外来物用目测法检验。

4.2.2 异味用鼻嗅方法检测。

4.2.3 鲜嫩通过果肉内种子的食用程度来检测，如种子适宜食用，即为鲜嫩。

4.2.4 丝瓜长度用直尺测量。

4.2.5 丝瓜的横径用游标卡尺测量果实中部的垂直方向的直径，取平均值。

4.3 卫生指标

4.3.1 砷

按 GB/T 5009.11 规定执行。

4.3.2 铅

按 GB/T 5009.12 规定执行。

4.3.3 汞

按 GB/T 5009.17 规定执行。

4.3.4 镉

按 GB/T 5009.15 规定执行。

4.3.5 乐果、敌敌畏

按 GB/T 5009.20 规定执行。

4.3.6 溴氰菊酯

按 GB/T 14929.4 规定执行。

4.3.7 多菌灵

按 GB/T 5009.38 规定执行。

4.3.8 百菌清

按 GB/T 14878 规定执行。

4.3.9 三唑酮

按 GB 14973 规定执行。

5 检验规则

5.1 检验分类

5.1.1 型式检验

型式检验是对产品进行全面考核，即对本标准规定的全部要求进行检验。有下列情形之一者应进行型式检验：

a) 国家质量监督机构或行业主管部门提出型式检验要求；

b) 其他需进行型式检验时；

c) 前后两次抽样检验结果差异较大；

d) 因人为或自然因素使生产环境发生较大变化。

5.1.2 交收检验

每批产品交收前，生产单位都要进行交收检验。交收检验内容包括等级、标志和包装。检验合格后并附合格证方可交收。

5.2 组批

同产地、同时收购的丝瓜作为一个检验批次。批发市场同产地、同等级的丝瓜作为一个检验批次。农贸市场和超市相同进货渠道的丝瓜作为一个检验批次。

5.3 抽样方法

按照GB/T 8855中的有关规定执行。报验单填写的项目应与实货相符，凡与实货单不符，品种、等级混淆不清，包装容器严重损坏者，应由交货单位重新整理后再行抽样。

5.4 包装检验

按第7章的规定进行。

5.5 判定规则

5.5.1 每批受检丝瓜检验时，对不符合感官指标的丝瓜做各项记录。如果单个丝瓜同时出现多种缺陷，选择一种主要的缺陷，按一个残次品计算。不合格品的百分率按公式(1)计算：

$$X=\frac{m_1}{m_2} \quad \cdots\cdots (1)$$

式中：

X——单项不合格品的百分率；

m_1——单项不合格品的质量；

m_2——检验批次样本的总质量。

计算结果精确到小数点后一位。

各单项不合格品百分率之和即为总不合格品百分率。

5.5.2 限度范围：每批受检样品，不合格率按其所检单位(如每箱、每筐、每袋)的平均值计算，其值不应超过所规定的限度。

如同一批次某件样品不合格品百分率超过规定的限度时，为了避免不合格率变异幅度太大，规定如下：

规定限度总计不超过3%者，则任一件包装不合格品百分率的上限不得超过6%；

规定限度总计不超过6%者，则任一件包装不合格品百分率的上限不得超过12%；

规定限度总计不超过10%者，则任一件包装不合格品百分率的上限不得超过20%。

5.5.3 卫生指标有一项不合格，或检出蔬菜上禁用农药，则判该批产品为不合格品。

5.5.4 该批次样本标志、包装、净含量不合格者，允许生产单位进行整改后申请复验一次。感官和卫生指标检测不合格，不进行复验。

6 标志

包装上应标明产品名称、产品的标准编号、商标、生产单位名称、详细地址、等级、规格、净含量和包装日期等，标志上的字迹应清晰、完整、准确。

7 包装、运输和贮存

7.1 包装

7.1.1 包装容器(筐、箱、袋)要求清洁、干燥、牢固、透气，无异味，内部无尖突物，外部无尖刺，无虫蛀、腐烂、霉变现象。塑料箱应符合GB/T 8868的要求。

7.1.2 用泡沫网或纸实行单果包装，不同等级分别包装。

7.1.3 每批报检的丝瓜单位净含量应一致。

7.1.4 包装检验规则：逐件称量抽取的样品，每件的净含量应一致，不应低于包装外标志的净含量。

7.2 运输

7.2.1 装运时做到轻装、轻卸，严防机械损伤；运输工具应清洁、卫生，无污染。

7.2.2 运输时应防日晒、雨淋，注意通风。

7.3 贮存

短期存放应在阴凉、通风、清洁、卫生的库房内，防日晒、雨淋、有毒物质和病虫害的危害。

ICS 67.080.20
B 31

中华人民共和国农业行业标准

NY/T 777—2004

冬　瓜

Wan gourd

2004-04-16 发布　　　　2004-06-01 实施

中华人民共和国农业部　发布

前　言

本标准由中华人民共和国农业部提出。

本标准起草单位:农业部食品质量监督检验测试中心(成都)、成都市第一农业科学研究所、四川省农业厅。

本标准主要起草人:欧阳华学、胡述楫、匡成兵、杨素芝、罗玲、杜晓芸。

冬　瓜

1　范围

本标准规定了冬瓜的术语和定义、要求、试验方法、检验规则、标志、包装、运输和贮存。

本标准适用于冬瓜产品。

2　规范性引用文件

下列文件中的条款通过本标准的引用而成为本标准的条款。凡是注日期的引用文件，其随后所有的修改单(不包括勘误的内容)或修订版均不适用于本标准，然而，鼓励根据本标准达成协议的各方研究是否可使用这些文件的最新版本。凡是不注日期的引用文件，其最新版本适用于本标准。

GB/T 5009.11　食品中总砷及无机砷的测定

GB/T 5009.12　食品中铅的测定

GB/T 5009.15　食品中镉的测定

GB/T 5009.17　食品总汞及有机汞的测定

GB/T 5009.20　食品中有机磷农药残留量的测定

GB/T 5009.38　蔬菜、水果卫生标准的分析方法

GB/T 8855　新鲜水果和蔬菜的取样方法

GB/T 8868　蔬菜塑料周转箱

GB/T 14878　食品中百菌清残留量的测定方法

GB/T 14929.4　食品中氯氰菊酯、氰戊菊酯和溴氰菊酯残留量测定方法

GB 14973　食品中粉锈宁残留量的测定方法

3　术语和定义

下列术语和定义适用于本标准。

膨松

冬瓜肉质松软。

4　要求

4.1　感官

应符合表1的规定。

表1　冬瓜感官指标

品质	一　级	二　级	三　级
	同一品种、成熟适度、果形正常、完整、果色良好、果面清洁，无膨松、异味、冻害、病虫害、机械伤、腐烂		
规格	大型果质量>15 kg，中型果质量为3 kg～15 kg，小型果质量<3 kg，同一品种，同一批次，大小质量基本一致		
限度	每批样品不符合品质要求的按质量计不得超过3%	每批样品不符合品质要求的按质量计不应超过6%	每批样品不符合品质要求的按质量计不应超过10%
注：主要缺陷为：膨松、腐烂和机械伤。			

4.2 卫生指标

应符合表 2 的规定。

表 2 冬瓜卫生指标

单位为毫克每千克

项　目	指　标
砷(以 As 计)	≤0.5
铅(以 Pb 计)	≤0.2
汞(以 Hg 计)	≤0.01
镉(以 Cd 计)	≤0.05
乐果(dimethoate)	≤1
敌敌畏(dichlorvos)	≤0.2
溴氰菊酯(deltamethrin)	≤0.2
多菌灵(carbendazim)	≤0.5
百菌清(chlorothalonil)	≤1
三唑酮(triadimefon)	≤0.2

5 试验方法

5.1 感官指标

冬瓜的品种特征、果形、果色、果面清洁、腐烂、冻害、病虫害、机械损伤等感官指标用目测法检验；异味用鼻嗅检验；成熟度、膨松对切后用目测法检验。

5.2 卫生指标

5.2.1 砷

按 GB/T 5009.11 规定执行。

5.2.2 铅

按 GB/T 5009.12 规定执行。

5.2.3 镉

按 GB/T 5009.15 规定执行。

5.2.4 汞

按 GB/T 5009.17 规定执行。

5.2.5 乐果、敌敌畏

按 GB/T 5009.20 规定执行。

5.2.6 溴氰菊酯

按 GB/T 14929.4 规定执行。

5.2.7 多菌灵

按 GB/T 5009.38 规定执行。

5.2.8 百菌清

按 GB/T 14878 规定执行。

5.2.9 三唑酮

按 GB 14973 规定执行。

6 检验规则

6.1 组批

同一产地、同一品种、同时收购的冬瓜为一批。

6.2 抽样

按 GB/T 8855 规定执行。

6.3 交收检验

冬瓜产品上市流通前,应对冬瓜产品进行感官指标检验。检验合格后,出具合格证书。

6.4 型式检验

6.4.1 国家需要进行型式检验时,前后两次抽样检验结果差异较大时,因人为或自然因素使生产环境发生较大变化时,需进行型式检验。

6.4.2 型式检验项目:本标准要求中的全部项目。

6.5 判定规则

6.5.1 每批受检样品检验时,对不符合要求的样品做各项记录。如果一个样品同时出现多种缺陷,选择一种主要的缺陷,按一个残次品计算。不合格品的百分率按式(1)计算:

$$X=\frac{m_1}{m_2} \quad \cdots\cdots (1)$$

式中:

X——单项不合格品的百分率;

m_1——单项不合格品的质量;

m_2——检验批次样本的总质量。

计算结果精确到小数点后一位。

各单项不合格品百分率之和即为总不合格品百分率。

6.5.2 限度范围:每批受检样品,不合格率按其所检单位(如每箱、每袋)的平均值计算,其值不得超过所规定的限度。

如同一批次某件样品不合格品百分率超过规定的限度时,为了避免不合格率变异幅度太大,规定如下:

规定限度总计不超过 3%者,则任一件包装不合格品百分率的上限不得超过 6%;

规定限度总计不超过 6%者,则任一件包装不合格品百分率的上限不得超过 12%;

规定限度总计不超过 10%者,则任一件包装不合格品百分率的上限不得超过 20%。

6.5.3 卫生指标有一项不合格,或检出蔬菜上禁用农药,则判该批产品为不合格品。

6.5.4 复验:产品不合格不复验。

7 标志

7.1 包装上应标明产品名称、产品标准编号、产地、等级、规格、采摘日期、包装日期等。

7.2 包装上应标明生产单位(或企业)名称、详细地址。标志上的字迹应清晰、准确。

8 包装、运输和贮存

8.1 包装

8.1.1 用于冬瓜包装的容器应按产品大小规格设计,整洁、干燥、牢固、透气、卫生、无污染,内壁无尖实物,无虫蛀、腐烂、霉变等,塑料箱应符合 GB/T 8868 的规定。

8.1.2 按产品的规格、等级分别包装。

8.2 运输

8.2.1 装运时做到轻装、轻卸,严防机械损伤;运输工具应清洁、卫生,无污染。

8.2.2 运输时应防冻、防雨淋，注意通风散热。

8.3 贮存

8.3.1 贮存时应按品种、等级、规格分别贮存。

8.3.2 冬瓜存库最适宜温度 10℃，相对湿度为 70%～75%。

ICS 67.080.020
B 31

中华人民共和国农业行业标准

NY/T 778—2004

紫　菜　薹

Purple cai-tai

2004-04-16 发布　　　　2004-06-01 实施

中华人民共和国农业部 发布

前　言

本标准由中华人民共和国农业部提出并归口。

本标准起草单位：湖北省绿色食品管理办公室、湖北省农业科学院蔬菜研究室、湖北省优质农产品开发中心。

本标准主要起草人：邱正明、张劲松、罗昆、李秋洪、操尚学、郭凤领、胡军安。

紫　菜　薹

1 范围

本标准规定了商品紫菜薹的术语和定义、要求、检验规则与方法、包装与标志及运输与贮藏。

本标准适用于收购、贮藏、运输、销售及出口的鲜食紫菜薹。

2 规范性引用文件

下列文件中的条款通过本标准的引用而成为本标准的条款。凡是注日期的引用文件，其随后所有的修改单(不包括勘误的内容)或修订版均不适用于本标准，但鼓励根据本标准达成协议的各方研究是否可使用这些文件的最新版本。凡是不注日期的引用文件，其最新版本适用于本标准。

GB 2762　食品中汞允许量标准

GB 2763　粮食、蔬菜等食品中六六六、滴滴涕残留量标准

GB 4788　食品中甲拌磷、杀螟硫磷、倍硫磷残留量卫生标准

GB 4809　食品中氟允许量标准

GB 4810　食品中总砷允许量标准

GB 4928　食品中溴氰菊酯最大残留限量标准

GB 5127　食品中敌敌畏、乐果、马拉硫磷、倍硫磷最大残留限量标准

GB 8855　新鲜水果和蔬菜的取样方法

GB 8863　蔬菜塑料周转箱

GB/T 5009.10　食品中粗纤维的测定方法

GB/T 5009.11　食品中总砷的测定方法

GB/T 5009.12　食品中铅的测定方法

GB/T 5009.17　食品中总汞的测定方法

GB/T 5009.18　食品中氟的测定方法

GB/T 5009.19　食品中六六六、滴滴涕残留量的测定方法

GB/T 5009.20　食品中有机磷农药残留量的测定方法

GB/T 5009.38　蔬菜、水果卫生标准的分析方法

GB 14875　食品中辛硫磷农药残留的测定方法

GB 14877　食品中氨基甲酸酯类农药残留的测定方法

GB 14878　食品中百菌清残留的测定方法

GB 14928.2　食品中抗蚜威最大残留限量标准

GB 14929.4　食品中氯氰菊酯、氰戊菊酯、溴氰菊酯残留量测定方法

GB/T 17331　食品中有机磷和氨基甲酸酯类农药多种残留的测定

GB/T 17332　食品中有机氯和拟除虫菊酯类农药多种残留的测定

3 术语和定义

下列术语和定义适用于本标准。

3.1

紫菜薹 ***Brassica campestris*** **L. ssp.** ***chinenesis*****(L.)Makino var.** ***purpurea*** **Bailey**

属十字花科芸薹属的一个变种，别名红菜薹、红油菜薹。

3.2

薹粗　**diameter of bottom stem**

是指薹基部横切直径。

3.3

薹长　**length of stem**

是指从薹基部到薹花序顶端的长度。

3.4

相似品种　**similar varieties**

指薹粗、薹长、薹叶等形状及品质相似的紫菜薹品种。

3.5

整修良好　**renovate well**

指用于鲜销的紫菜薹要去掉不可食的叶片。

3.6

薹色紫(鲜)红　**purplish red**

指菜薹具有其品质应有的紫(鲜)红色泽。

3.7

清洁　**clean**

指薹部无泥土或其他外来物的污染。

3.8

新鲜　**fresh**

指薹茎、薹叶及花有光泽,薹质脆嫩。

3.9

无异味　**no unhealthy smell or taste**

指嗅或尝均具有紫菜薹固有的风味,无因栽培或污染所造成的不良气味和滋味。

3.10

冻害　**freeze injury**

指紫菜薹在冰点或冰点以下低温出现冰晶无法缓解所造成的危害。

3.11

机械损伤　**mechanical damage**

指因机械外力所造成紫菜薹的损伤。

3.12

严重病虫害和机械损伤　**serious disease and insect pests and mechanical damage**

指因病虫害或机械损伤严重影响紫菜薹的外观及食用品质。

3.13

薹粗、薹长整齐一致　**regular diameter and length of stem**

指菜薹的薹粗及薹长均在同一规格指标以内。

3.14

蜡粉　**wax power**

菜薹表皮外一层粉状蜡质。

3.15

薹叶叶柄极短或无叶柄　**very short or no leafstalk**

指薹基部叶的最长叶柄长在 4 cm 以下。

3.16

薹叶少　few leaf

指单薹薹叶数在4片以下。

3.17

糠心老化　stem hollow or tough

指薹肉空心木质化或软化不脆嫩。

4 要求

4.1 感观指标

感观指标应符合表1的规定。

表1　感观指标

项　目	指　标	限　度
品种	同一品种	每批样品不符合感观要求的按质量计，其总不合格率不超过5%
蜡粉	具有本品种的特征特性	
薹色	具有本品种的特征特性	
薹长	具有本品种的特征特性	
薹粗	具有本品种的特征特性	
新鲜	有光泽，无萎蔫、糠心、老化和黄叶	
清洁	无泥土、灰尘及污染物	
病虫害	无	
机械伤	无	
冻害	无	
苦味	无	
花蕾	每薹花穗开放花朵5朵以下	

4.2 理化指标

理化指标应符合表2的规定。

表2　理化指标

项　目	指　标
粗纤维	<8%

4.3 卫生指标

卫生指标应符合表3的规定

表3　卫生指标

项　目	指　标
砷(以As计),mg/kg	≤0.5
铅(以Pb计),mg/kg	≤0.2
汞(以Hg计),mg/kg	≤0.01
镉(以Cd计),mg/kg	≤0.05
氟(以F计),mg/kg	≤1.0

表 3（续）

项　目	指　标
六六六(BHC),mg/kg	≤0.2
滴滴涕(DDT),mg/kg	≤0.1
溴氰菊酯(deletamethrin),mg/kg	≤0.2
多菌灵(carbendazol),mg/kg	≤0.5
百菌清(chlorothalonil),mg/kg	≤1.0
敌百虫(trichlorfon),mg/kg	≤0.1
辛硫磷(phoxim),mg/kg	≤0.05
乐果(dimethoate),mg/kg	≤1.0
呋喃丹(carbofuran),mg/kg	不得检出

4.4 分级指标

质量级别按表 4 规定的指标进行分级。

表 4　分级指标

等级	指 标 要 求	规　格	备　注
一级	1)　具有同一品种的特征,薹粗、薹长整齐一致,薹色紫(鲜)红,无蜡粉或蜡粉均匀一致,薹质脆嫩,食用时无苦味,薹叶少而尖小,薹叶叶柄极短或无叶柄,薹花序无开放花朵; 2)　整修良好,清洁,新鲜,无腐烂、黄叶、异味、冻害、病虫为害及机械损伤,无糠心老化现象	25 cm<薹长≤35 cm 1.5 cm<薹粗≤3.0 cm 鲜样粗纤维含量在8%以下	1)　单薹出现糠心、冻害、机械损伤、黄叶或腐烂、异味等缺陷即为一根残次品(或不合格株); 2)　本级产品的不合格率超过5%(含5%)降为下一等级产品。 级别的划分按照指标中相应规格的要求,遵循就低不就高的原则
二级	1)　具有同一品种的特征,薹粗、薹长整齐一致,薹色鲜红,无蜡粉或蜡粉均匀一致,薹质脆嫩,无苦味,薹叶少而尖小,薹叶叶柄短,每薹花序开放花朵在3朵以下; 2)　整修良好,清洁,新鲜,无腐烂、黄叶、异味、冻害、病虫为害及机械损伤,无糠心老化现象	20 cm<薹长≤25 cm 1.2 cm<薹粗≤1.5 cm 鲜样粗纤维含量在8%以下	
三级	1)　具有相似品种的特征,薹粗、薹长整齐一致,薹色紫(鲜)红,薹质脆嫩,基本无苦味,薹叶少,每薹花序开放花朵在5朵以下; 2)　整修良好,清洁,新鲜,无腐烂、黄叶、异味、冻害、病虫为害及机械损伤,无糠心老化现象	15 cm<薹长≤20 cm 1.0 cm<薹粗≤1.2 cm 鲜样粗纤维含量在8%以下	
等外级	1)　具有同一品种的特征,薹粗、薹长整齐一致,薹色紫(鲜)红,薹质脆嫩,薹叶少,薹叶叶柄极短或无叶柄; 2)　整修良好,清洁,新鲜,无腐烂、黄叶、异味、冻害、病虫为害及机械损伤	薹长>35 cm ≤15 cm 薹粗>3.0 cm ≤1.0 cm	

5 检验规则与方法

5.1 检验规则

5.1.1 同品种、同等级、同时收购的紫菜薹作为一个检验批次。

5.1.2 报验单填写的项目应与实货相符，凡货单不符，品种、等级混淆不清，包装容器严重损坏者，应由交货单位重新整理后，再行抽样。

5.1.3 每批报验的紫菜薹，其包装规格、单位重量须一致。

5.1.4 理化指标和卫生指标有一个指标不合格，即判定该样品不合格。

5.1.5 包装检查按第6条规定进行。

5.2 检验方法

5.2.1 抽样方法采取随机取样，抽样数量按表5所列数量抽取。

表5 检验抽样指标

报验数量(根)	取样数量(根)
≤100	≥5
101～300	≥7
301～500	≥9
501～1 000	≥10
＞1 000	≥15

5.2.2 逐件称量抽取的样品，每件重量须一致，不得低于包装外标志的重量，不得高于标志重量的5%。

5.2.3 逐件打开包装样品，取出紫菜薹平放在检验台上，记录其根数，并进行单根品质、规格检验。

5.2.4 采用感官、测量、计数方法鉴定紫菜薹的薹粗、薹长、薹叶叶数、薹叶叶柄长、薹色泽、整齐度、新鲜、清洁和腐烂、黄叶、冻害、机械损伤、病虫为害等品质。

5.2.5 单根薹检测

5.2.5.1 用每件的称重减去包装容器重量，求得每件的净重。

5.2.5.2 清点每件容器中紫菜薹的根数，并除以净重求得单根紫菜薹的平均重量及确定应属的级别。再核对与包装外标志所示的等级是否相符。

5.2.5.3 用同一台电子秤检测紫菜薹单根重量的限度，将重量固定在紫菜薹所属级别重量的下限和上限，称量后得到小于所属级别下限和大于所属级别上限不合格株数，最后计算不合格紫菜薹的百分率。

5.2.6 每批紫菜薹抽样检验时，对不符合所属等级标准的紫菜薹作各项记录，如果一根紫菜薹同时出现几种缺陷，则选择一种主要缺陷，按一根残次品计算。不合格品百分率(Y)要求保留一位小数。计算公式如下：

$$Y(\%)=\frac{a}{b}\times 100 \quad \cdots\cdots (1)$$

式中

Y——不合格品百分率，单位为百分率，%；

a——各单项不合格根数；

b——检验批次总根数。

5.2.7 紫菜薹粗纤维含量检测(按GB/T 5009.10的方法检测)。将粉碎的紫菜薹样品用酸液和碱液水解后得到的样品残渣烘干称重，再经灰化后称灰分重量，然后把残渣烘干重量减去灰分重量。紫菜薹样品的粗纤维含量(X)计算公式是：

$$X=\frac{G}{m}\times 100 \quad \cdots\cdots (2)$$

式中

X——样品中粗纤维的含量，单位为百分率，%；

G——残余物的质量，单位为克，g；

m——样品的质量，单位为克，g。

5.2.8 卫生指标检验

5.2.8.1 砷

按 GB/T 5009.11 规定方法测定。

5.2.8.2 铅

按 GB/T 5009.12 规定方法测定。

5.2.8.3 汞

按 GB/T 5009.17 规定方法测定。

5.2.8.4 镉

按 GB/T 5009.15 规定方法测定。

5.2.8.5 氟

按 GB/T 5009.18 规定方法测定。

5.2.8.6 六六六、滴滴涕残留量

按 GB/T 5009.19 规定方法测定。

5.2.8.7 溴氰菊酯残留量

按 GB 14929.4 规定方法测定。

5.2.8.8 多菌灵残留量

按 GB/T 5009.38 规定方法测定。

5.2.8.9 百菌清残留量

按 GB 14878 规定方法测定。

5.2.8.10 敌百虫残留量

按 GB/T 5009.20 规定方法测定。

5.2.8.11 辛硫磷残留量

按 GB 14875 规定方法测定。

5.2.8.12 乐果

按 GB/T 5009.20 规定方法测定。

5.2.8.13 呋喃丹残留量

按 GB 14877 规定方法测定。

6 包装与标签

6.1 紫菜薹的包装容器(箱、筐等)要求大小一致，清洁、干燥、牢固、透气、无污染、无异味、内壁无尖突物，外表平整无尖刺，无虫蛀、腐烂、霉变。疏木箱需缝宽度适当，无突起的铁钉。塑料箱应符合 GB 8868—1988 的要求。

6.2 产品按级别分开包装。

6.3 包装上应标明品种、等级、毛重、净重、产地、生产者、收获日期和包装日期。

7 运输

7.1 紫菜薹收获后及时整理、分级、包装、运输。

7.2 装运时，做到轻装、轻卸，防止机械损伤；运输工具应清洁、卫生、无污染。

7.3 运输时，防止日晒、雨淋、变质，做好通风散热。

8 贮藏

8.1 贮存应在阴凉、通风、清洁、卫生的条件下进行，严防日晒、雨淋、冻害及有毒物质污染和病虫为害。按品种、级别分别堆码，货堆保持通风散热。

8.2 在冷库内贮藏时，于空气湿度大于90%的聚乙烯袋内密封。温度0℃～5℃，贮藏期60 d；5℃～10℃时，贮藏期30 d。窖藏时，注意窖内换气，根据气温变化，入贮初期注意通风散热；中期须保温防冻；末期夜间通风降温，防止腐烂。

ICS 67.140.10
X 55

中华人民共和国农业行业标准

NY/T 779—2004

普 洱 茶

Puer tea

2004-04-16 发布　　　　2004-06-01 实施

中华人民共和国农业部 发布

前　言

本标准由中华人民共和国农业部提出。

本标准起草单位:农业部优质农产品开发服务中心、西南农业大学茶叶研究所、云南省茶叶进出口公司。

本标准主要起草人:李清泽、刘勤晋、陈文品、白文祥、杜维春。

普 洱 茶

1 范围

本标准规定了普洱茶的术语和定义、要求、试验方法、检验规则、标志、包装、运输和贮运。

本标准适用于以云南大叶种晒青毛茶(俗称"滇青")经熟成再加工和压制成型的各种普洱散茶、普洱压制茶、普洱袋泡茶。

2 规范性引用文件

下列文件中的条款通过本标准的引用而成为本标准的条款。凡是注日期的引用文件,其随后所有的修改单(不包括勘误的内容)或修订版均不适用于本标准,然而,鼓励根据本标准达成协议的各方研究是否使用这些文件的最新版本。凡是不注日期的引用文件,其最新版本适用于本标准。

GB 191 包装储运图示标志

GB/T 6388 运输包装收发货标志

GB 7718 食品标签通用标准

GB/T 8302 茶 取样

GB/T 8304 茶 水分测定

GB/T 8305 茶 水浸出物测定

GB/T 8306 茶 总灰分测定

GB/T 8310 茶 粗纤维测定

GB/T 8311 茶 粉末和碎茶含量测定

GB/T 8313 茶 茶多酚测定

GB 11678 食品包装用原纸卫生标准

NY 5244 无公害食品 茶叶

3 术语和定义

下列术语和定义适用于本标准。

3.1

普洱散茶

以云南大叶种芽叶为原料,经杀青、揉捻、晒干等工序制成的各种嫩度的晒青毛茶,经熟成、整形、归堆、拼配、杀菌而成各种名称和级别的普洱芽茶及级别茶。

3.2

普洱压制茶

各种级别的普洱散茶半成品,根据市场需求而使用机械压制成型的沱茶、紧茶、饼茶、砖茶、圆茶及茶果等。

3.3

普洱袋泡茶

利用普洱散茶中的碎、片、末(40 孔以上)自动计量装袋、包装的各种规格袋泡茶。

3.4

熟成

熟成是指云南大叶种晒青毛茶及其压制茶在良好贮藏条件下长期贮存(10 年以上),或云南大叶种晒青毛茶经人工渥堆发酵，使茶多酚等生化成分经氧化聚合水解系列生化反应，最终形成普洱茶特定品质的加工工序。

4 要求

4.1 产品分类及质量等级

4.1.1 普洱茶成品分普洱散茶、普洱压制茶、普洱袋泡茶、普洱速溶茶四类。

4.1.2 普洱散茶分为普洱金芽茶、宫廷普洱茶及特、1～5级共8个花色品种；普洱压制茶分为普洱沱茶、普洱紧茶、普洱饼茶、普洱砖茶、普洱圆茶及普洱茶果或其他形状。

4.2 基本要求

4.2.1 原料及制成品生产场所均应符合食品工厂生产条件要求。

4.2.2 产品应具有本类茶叶所具有共同自然品质特征，无劣变、无异味。

4.2.3 产品不得含有任何非茶类夹杂物。

4.2.4 不着色，无任何人工合成的化学物质及添加剂。

4.3 感官要求

4.3.1 各产品等级的感官品质应符合实物标准样，对外贸易应符合双方合同规定的成交茶样。

4.3.2 普洱散茶品质特征见表1。

表1 普洱散茶品质特征

成品名称	形状规格	色 泽	香 气	滋 味	汤 色	叶 底
金 芽	全芽整叶 有锋苗	全披金毫 色泽橙黄	毫香细长 陈香	醇厚 甘爽	橙红 明亮	红亮 柔软
宫 廷	紧细匀直、规格匀整 有锋苗	金毫显露 色泽褐润	陈香馥郁	醇和 甘滑	红浓 明亮	褐红 亮软
特 级	紧细较匀、规格整齐 有锋苗	金毫显露 色泽褐润	陈香高长	醇厚 回甘	红浓 明亮	褐红 亮软
一 级	紧结重实 有锋苗	芽毫较显 红褐尚润	陈香显露	醇浓 回甘	深红 明亮	褐红 亮软
二 级	肥壮紧实	红褐尚润 略显毫	陈香显露	醇厚 回甘	红浓 明亮	褐红尚亮 较软
三 级	粗壮尚紧	红褐尚润 欠匀	陈香纯正	醇厚 回甘	红亮	红褐尚亮 软
四 级	粗壮欠紧、欠匀	红褐尚润 欠匀	陈香纯正	醇和 回甘	红亮	红褐欠亮 尚软
五 级	粗大松泡	红褐欠匀润	陈香纯正	醇和 回甘	红亮	红褐欠亮 尚软

4.3.3 普洱压制茶品质特征见表2。

表 2 普洱压制茶品质特征

成品名称	单位	净重 g	形状规格 cm	色 泽	香 气	滋 味	汤 色	叶 底
普洱 沱茶	个	100	碗臼形 边口直径 8.2 高 4.2	红褐 油润 略显毫	陈香 滑润	醇厚 滑润	深红 明亮	褐红 亮软
普洱 紧茶	个	250	碗臼形 边口直径 10.2 高 5.6	红褐 尚润	陈香 显露	醇和 滑润	红浓 明亮	褐红 尚亮较软
七子饼茶	个	357	圆饼形 直径 20.0±0.5 中心厚 2.5 边厚 1.3	红褐 油润 有毫	陈香 显露	醇和 滑润	深红 明亮	褐红 亮软
普洱 砖茶	块	250	长方形 长 14.0×宽 9.0×高 3.0 长 15.0×宽 10.0×高 2.5	红褐 尚润 有毫	陈香 明显	醇和	红亮	红褐 尚亮软
普洱 小沱茶	个	4±1	碗臼形 边口直径 1.5 高 1.0	红褐 尚润	陈香 纯正	醇和	红浓 明亮	褐红 尚亮较软
普洱 小茶果	个	3.0	长方形 长 2.0×宽 1.2×高 0.8	红褐 尚润	陈香 纯正	醇和	深红 明亮	褐红 尚亮柔软
普洱 小圆饼	个	100	圆饼形 直径 10.0±0.5 高 1.2	暗褐润	陈香 纯正	醇和	深红 明亮	褐红 亮软

4.3.4 普洱袋泡茶品质特征见表 3。

表 3 普洱袋泡茶品质特征

成品名称	单位	净重 g	形状规格 cm	色 泽	香 气	滋 味	汤 色	叶 底
普洱袋泡茶	袋	2.0	长方形 长 6.0×宽 5.0×高 0.3 长 6.0×宽 3.0×高 0.6	暗褐	陈纯	醇和	红亮	褐红 尚亮

4.4 理化指标

普洱茶理化指标见表 4。

表 4 普洱茶理化指标

项 目	指 标			
	普洱散茶		普洱压制茶	普洱袋泡茶
水分，%≤	10.0		9.0	8.5
总灰分，%≤	6.0		6.5	6.0
碎茶，%≤	5.0		2.0	—
粉末，%≤	0.5		—	—
茶多酚，%≤	10.0		9.0	10.0
水浸出物，%≥	金芽—三级	四、五级	34.0	34.0
	35.0	32.0		
粗纤维，%≤	14.0		16.0	14.0
注：碎茶 16 目～24 目，压制茶中小沱茶碎茶可含 10%。				

4.5 卫生指标

按 NY 5244 规定执行，螨类活体指标应小于 LOD。根据《中华人民共和国农药管理条例》，禁用农药不得在茶叶生产中使用。

4.6 净含量负偏差要求

净含量负偏差要求见表 5。

表 5 各种规格净含量负偏差

净含量 Q	负偏差	
	占净含量百分比(%)	g
5 g～50 g	9	—
50 g～100 g	—	4.5
100 g～200 g	4.5	—
200 g～300 g	—	9
300 g～500 g	3	—
500 g～1 000 g	—	15
1 kg～10 kg	1.5	—
10 kg～15 kg	—	150
15 kg～20 kg	1.0	—

5 试验方法

5.1 取样

按 GB/T 8302 的规定执行。

5.2 理化指标

5.2.1 水分

按 GB/T 8304 的规定执行。

5.2.2 总灰分

按 GB/T 8306 的规定执行。

5.2.3 粉末、碎茶

按 GB/T 8311 规定执行。

5.2.4 茶多酚

按 GB/T 8313 规定执行。

5.2.5 水浸出物

按 GB/T 8305 规定执行。

5.2.6 粗纤维

按 GB/T 8310 规定执行。

5.3 卫生指标

按 NY 5244 规定执行。

6 检验规则

6.1 型式检验

6.1.1 型式检验为全项目检验。

6.1.2 型式检验在下列情形之一下进行：

a) 企业首次批量生产前；

b) 原料、工艺、机具有较大改变而影响产品质量时；

c) 国家质量监督机构提出型式检验要求时。

6.2 交收(出厂)检验

每批产品出厂前，应检验感官品质、水分、碎末茶、净含量和包装规格，经检验合格签发产品质量合格证，方可出厂。

6.3 判定规则

6.3.1 凡劣变、有较重酸味和卫生指标不合格的产品，均判为不合格产品，不得作为饮料销售。

6.3.2 出厂检验时，其检验项目中若有一项不符合要求的产品，判为不合格产品。

6.4 复检

对检验不合格批次，应对留存样进行复检或在同批产品包装中重新按 GB/T 8302 规定加倍取样，对不合格项目进行复检，以复检结果为准。

7 标志、包装、运输和贮存

7.1 标志

7.1.1 产品销售包装上的标签标志应符合 GB 7718 的规定。

7.1.2 运输包装上的储运图示标志应符合 GB 191 的规定，收发货标志应符合 GB/T 6388 的规定。其他条款应按贸易合同上的规定条款清晰标注有关内容。

7.1.3 应注明普洱茶保质期至少在 2 年以上(含 2 年)。

7.2 包装

7.2.1 包装容器应用干燥、清洁、卫生、无异味的材料制成，接触茶叶的内包装纸应符合 GB 11678 或相关食品用包装材料卫生标准规定的包装材料。

7.2.2 包装应牢固、清洁、防潮，能保护茶叶品质，适于长途运输。

7.3 运输

7.3.1 运输工具应清洁、干燥、卫生、无异味、无污染。

7.3.2 运输时应防雨、防潮、防暴晒。

7.3.3 装卸时应轻卸，不得甩掷。

7.3.4 严禁与有毒、有害、有异味、易污染的物品混装、混运。

7.4 贮存

7.4.1 产品应贮存于清洁、防潮、通风、干燥、无异味的专用仓库内，仓库周围应无异味气污染。

7.4.2 禁止与有毒、有害、有异味、易污染的物品混贮。

ICS 67.140.10
X 55

中华人民共和国农业行业标准

NY/T 780—2004

红 茶

Black tea

2004-04-16 发布 2004-06-01 实施

中华人民共和国农业部 发布

前　言

本标准的附录 A 是规范性附录。

本标准由中华人民共和国农业部提出。

本标准起草单位:农业部茶叶质量监督检验测试中心、浙江省农业厅经济作物管理局。

本标准起草人:鲁成银、刘栩、毛祖法、金寿珍、叶阳。

红　　茶

1　范围

本标准规定了红茶的术语和定义、规格、要求、试验方法、检验规则、标签、包装、运输和贮存。

本标准适用于各类红茶产品。

2　规范性引用文件

下列文件中的条款通过本标准的引用而成为本标准的条款。凡是注日期的引用文件，其随后所有的修改单(不包括勘误的内容)或修订版均不适用于本标准，然而，鼓励根据本标准达成协议的各方研究是否可使用这些文件的最新版本。凡是不注日期的引用文件，其最新版本适用于本标准。

GB/T 5009.57　茶叶卫生标准的分析方法

GB 7718　食品标签通用标准

GB/T 8302　茶　取样

GB/T 8304　茶　水分测定

GB/T 8305　茶　水浸出物测定

GB/T 8306　茶　总灰分测定

GB/T 8311　茶　粉末和碎茶含量测定

GB/T 14487　茶叶感官审评术语

NY/T 787—2004　茶叶感官审评通用方法

NY 5244　无公害食品　茶叶

3　术语和定义

下列术语和定义适用于本标准。

3.1

红茶

用茶树[*Camellia sinensis* (L.)K]新梢的芽、叶、嫩茎，经过萎凋、揉捻、(切碎)、发酵、干燥等工艺加工，表现红色特征的茶。

3.2

名优红茶

用嫩度或匀净度较优的鲜叶原料，经过萎凋、揉捻、发酵、做型、干燥等特殊工艺加工，具有独特品质风格的红茶。

4　规格

4.1　工夫红茶

经过萎凋、揉捻、发酵、干燥等工艺加工的条形红茶，按原料品种分为大叶种工夫红茶和小叶种工夫红茶。分别分为特级、一级、二级、三级、四级、五级、六级。

4.2　红碎茶

经过萎凋、揉捻、切碎、发酵、干燥等工艺加工的颗粒形红茶，分为叶茶、碎茶、片茶和末茶四个花色，各花色的规格根据贸易需要确定。

4.3 小种红茶

经过萎凋、揉捻、发酵、熏焙、干燥等工艺加工的条形红茶，分为一级、二级、三级、四级。

4.4 名优红茶

原料嫩度优于其他红茶，通过特殊加工工序，形成具有独特品质风格的红茶。质量等级按企业标准确定。

5 要求

5.1 基本要求

5.1.1 品质正常，无劣变，无异变。

5.1.2 无非茶类夹杂物。

5.1.3 不着色，不添加任何化学物质和非天然的香味物质。

5.2 感官指标

各品名、等级、花色感官品质应符合本级品质特征要求，见附录A。贸易应符合双方合同规定的成交要求。

5.3 理化指标

5.3.1 各品名理化指标见表1。

表1 红茶理化指标

项　目	指　标	备　注
水分，%(m/m)	≤6.5	—
水浸出物，%(m/m)	≥32.0	—
总灰分，%(m/m)	≤6.5	—
粉末，%(m/m)	≤3.0	依照GB/T 8311规定的相应筛网规格检验

5.4 净含量允差

定量包装规格由企业自定。单件定量包装茶叶的净含量负偏差见表2。

表2 净含量负偏差

净含量(Q)	负　偏　差	
	Q的百分比	g
5 g～50 g	9	—
50 g～100 g	—	4.5
100 g～200 g	4.5	—
200 g～300 g	—	9
300 g～500 g	3	—
500 g～1 kg	—	15
1 kg～10 kg	1.5	—
10 kg～15 kg	—	150
15 kg～25 kg	1.0	—

5.5 卫生指标

各品名、等级、花色的红茶卫生指标执行NY 5244的规定。

6 试验方法

6.1 取样

按 GB/T 8302 规定执行。

6.2 感官品质检验

按 NY/T 787—2004 规定执行。

6.3 理化品质检验

6.3.1 水分检验，按 GB/T 8304 规定执行。

6.3.2 水浸出物检验，按 GB/T 8305 规定执行。

6.3.3 总灰分检验，按 GB/T 8306 规定执行。

6.3.4 粉末检验，按 GB/T 8311 规定执行。

6.4 净含量检验

用感量符合计量规定的秤称取去除包装的产品，与产品标示值对照进行测定。

6.5 卫生检验

按 NY 5244 规定执行。

6.6 包装检验

按 GB 7718 规定执行。

7 检验规则

7.1 组批

产品均应以批(唛)为单位，同批(唛)产品的品质规格和包装必须一致。

7.2 检验分类

7.2.1 型式(例行)检验

7.2.1.1 有下例情况之一时，应对产品质量进行型式检验。

a) 新产品试制定型鉴定；

b) 投产后，如原料、工艺、机具有较大改变，可能影响产品质量时；

c) 有关的质量监督机构检查产品质量时。

7.2.1.2 型式检验时，应按第 5 项规定的技术要求全部进行检验。

7.2.2 交收(出厂)检验

7.2.2.1 每批产品交货时，应检验感官品质、水分、粉末和包装规格。

7.2.2.2 产品出厂，应经过检验，签发产品质量合格证，方可出厂。

7.3 判定规则

有下例情况之一时，均为不合格产品。

a) 凡劣变、有污染、有不良异气味和卫生指标不合格的产品；

b) 型式检验时，技术要求规定的各项检验中有一项不符合技术要求的产品；

c) 交收检验时，按 7.2.2.1 条规定的检验项目，其中一项不符合技术要求的产品。

7.4 复验

对检验结果有争议时，应对留存样进行复验，或在同批(唛)产品中重新按 GB/T 8302 规定加倍取样，对不合格项目进行复验，以复验结果为准。

8 标签、包装、运输、贮存

8.1 标签

出厂产品的外包装上应按 GB 7718 规定或贸易合同条款规定清晰标明标记。

8.2 包装

8.2.1 包装材料应干燥、清洁、密封性能好，无异味，不影响茶叶品质。

8.2.2 包装要牢固、防潮、整洁，能保护茶叶品质，便于装卸、仓储和运输。

8.3 运输

运输工具必须清洁、干燥、无异味、无污染；运输时应防潮、防雨、防暴晒；装卸时轻放轻卸，严禁与有毒、有异气味、易污染的物品混装混运。

8.4 贮存

产品应贮于清洁、干燥、无异气味的专用仓库中，仓库周围应无异气污染。

附　录　A
（规范性附录）
红茶各品名、等级、花色等级感官品质特征

A.1　大叶种工夫红茶感官品质特征要求，见表A.1。

表A.1　大叶种工夫红茶感官品质特征

级　别	外　形	汤　色	香　气	滋　味	叶　底
特级	肥嫩，金毫披露，棕润匀整	红艳明亮	甜香浓郁	浓爽鲜甜	肥嫩匀齐，红亮显芽
一级	肥壮显锋苗，棕润匀整	红明亮	甜香高长	浓，甜醇	肥软匀整，红亮
二级	壮实整齐，棕褐较润	红　明	甜香纯正	浓　醇	红亮完整，肥大
三级	壮实尚匀整，稍有梗片	红较亮	尚　高	醇　正	较红亮，较软
四级	尚紧，尚匀，有梗片	红尚亮	纯　和	平　和	红尚亮，欠软
五级	粗大欠匀，有梗朴片	深　红	稍有粗气	稍　粗	暗红，粗大
六级	粗松欠匀，多梗朴片	暗　红	粗　气	粗　涩	色暗，粗大质硬

A.2　小叶种工夫红茶感官品质特征要求，见表A.2。

表A.2　小叶种工夫红茶感官品质特征

级　别	外　形	汤　色	香　气	滋　味	叶　底
特级	细秀显芽，乌润匀整	红亮清澈	甜香细腻	鲜醇甜润	细巧匀齐，红亮显芽
一级	细嫩露锋苗，乌润匀整	红　亮	甜香持久	甜　爽	细嫩匀整，红亮
二级	细紧整齐，色乌较润	红　明	带甜香	甜　醇	红亮完整，柔软
三级	紧实尚匀整，稍有梗片	红较亮	纯　正	醇　正	较红亮，较软
四级	尚紧结，有梗片	尚红亮	纯　和	平　和	红尚亮，欠软
五级	粗实欠匀，有梗朴片	红欠亮	稍有粗气	稍粗淡	暗红，粗大
六级	粗松欠匀，多梗朴片	暗　红	粗　气	粗　淡	色暗，粗大质硬

A.3　红碎茶各花色感官品质特征的最低要求，见表A.3，各种贸易规格的红碎茶，均不得低于相应的花色要求。

表A.3　红碎茶感官品质特征

花　色	外　形	汤　色	香　气	滋　味	叶　底
叶　茶	条索紧卷，尚润，有嫩茎	红亮	高纯	醇厚	红　亮
碎　茶	颗粒紧实，色润	红亮	高纯	浓厚	红　亮
片　茶	片状褶皱，尚匀	尚亮	平正	醇正	红尚亮
末　茶	细沙粒状，重实匀净，尚润	深红	纯正	醇正	红匀尚亮

A.4 小种红茶感官品质特征要求，见表 A.4。

表 A.4 小种红茶感官品质特征

级 别	外 形	汤 色	香 气	滋 味	叶 底
一级	紧直重实，匀整，色黑	红 明	具浓厚松烟香	醇厚带甜	深红嫩匀
二级	紧实色黑，较匀	深 红	香高，富松烟香	醇 厚	红尚亮，尚嫩
三级	壮实色黑，尚匀	深红尚亮	带松烟香	醇 正	暗红，尚软
四级	粗松，色黑显枯	深红欠亮	稍 粗	平 和	暗红粗大

A.5 名优红茶感官品质特征要求，见表 A.5。

表 A.5 名优红茶感官品质特征

外 形	汤 色	香 气	滋 味	叶 底
嫩匀，造形独特，金毫披露	红艳明亮，清澈	甜（花）香持久	鲜甜爽口	红亮鲜活，嫩度不低于一芽一叶初展

ICS 67.140.10
X 55

中华人民共和国农业行业标准

NY/T 781—2004

六 安 瓜 片 茶

2004-04-16 发布 2004-06-01 实施

中华人民共和国农业部 发布

前　　言

本标准由中华人民共和国农业部提出。

本标准起草单位:六安市茶叶产业协会。

本标准主要起草人:段传植、谢元璋、解正定、储昭伟、黄世启、张涛铸、荣先卓、周海明。

六安瓜片茶

1 范围

本标准规定了六安瓜片茶的术语和定义、要求、试验方法、检验规则、标志、包装、运输和贮存。

本标准适用于六安瓜片茶。

2 规范性引用文件

下列文件中的条款通过本标准的引用而成为本标准的条款。凡是注日期的引用文件，其随后所有的修改单(不包括勘误的内容)或修订版均不适用于本标准，然而，鼓励根据本标准达成协议的各方研究是否可使用这些文件的最新版本。凡是不注日期的引用文件，其最新版本适用于本标准。

GB 191 包装储运图示标志

GB 7718 食品标签通用标准

GB/T 8302 茶 取样

GB/T 8303 茶 磨碎试样的制备及其干物质含量测定

GB/T 8304 茶 水分测定

GB/T 8305 茶 水浸出物测定

GB/T 8306 茶 总灰分测定

GB/T 8310 茶 粗纤维测定

GB/T 8311 茶 粉末和碎茶含量测定

GB 11680 食品包装用原纸卫生标准

NY 5244 无公害食品 茶叶

SB/T 10157 茶叶感官审品方法

定量包装商品计量监督规定

3 术语和定义

下列术语和定义适用于本标准

3.1

扳片

对采摘的新梢剔除并按叶片的老嫩程度分级的过程。

3.2

采片

直接从茶树芽梢采摘叶片的过程。

3.3

宝绿

具有鲜活性的亮绿色。

3.4

漂叶

色黄、粗老的单片叶。

3.5

上霜

片茶表面呈现出的浅白色霜状物。

3.6

有霜

片茶表面显有的白色霜状物。

3.7

六安瓜片茶

又称片茶，产自六安市境内茶区，经扳片或采片得到的原料，通过独特的传统加工工艺制成的形似瓜子的片形茶叶。

4 要求

4.1 基本要求

产品应具有绿茶的品质特征，无梗、无芽、无劣变、无异味。不含有非茶类夹杂物。不着色，不添加任何人工合成的化学物质和香味物质。

4.2 分级

4.2.1 分级

六安瓜片茶分为特一、特二、一级、二级、三级共五个级别。其中，特一、特二原料由芽下一至二叶制成。

4.2.2 标准样

每级设一个实物标准样，每两年换样一次，实物标准样茶参照本标准规定的技术要求制定。

4.3 感官指标

各级茶叶的感官品质应符合本级特征要求，感官指标见表1。

表1 六安瓜片茶感官品质要求

级别	外　形	内　质			
		香　气	滋　味	汤　色	叶　底
特一	瓜子形、平伏、匀整、宝绿、上霜、显毫、无漂叶	清　香 高　长	鲜　爽 回　甘	嫩　绿 清　澈 明　亮	嫩　绿 鲜　活 匀　整
特二	瓜子形、匀整、宝绿、上霜、显毫、无漂叶	清　香 持　久	鲜　醇 回　甘	嫩　绿 明　亮	嫩　绿 鲜　活 匀　整
一级	瓜子形、匀整、色绿、上霜、无漂叶	清　香	鲜　醇	黄　绿 明　亮	黄　绿 匀　整
二级	瓜子形、较匀整、色绿、有霜、稍有漂叶	纯　正	较鲜醇	黄　绿 尚　亮	黄　绿 尚匀整
三级	瓜子形、色绿、稍有漂叶	纯　正	尚鲜醇	黄　绿 尚　亮	黄　绿 尚匀整

4.4 理化指标

六安瓜片茶理化指标见表2。

表2　六安瓜片茶理化指标

项　　目	指　　标 %
水　分	≤6.0
粉　末	≤1.0
总灰分	≤6.5
水浸出物	≥36
粗纤维	≤14

4.5　卫生指标

按 NY 5244《无公害食品　茶叶》的规定执行。

4.6　净含量

按《定量包装商品计量监督规定》执行。

5　试验方法

5.1　取样和样品的制备

按 GB/T 8302 和 GB/T 8303 执行。

5.2　感官品质检验

按 SB/T 10157 执行。

5.3　理化指标检验

5.3.1　水分检验按 GB/T 8304 执行。

5.3.2　水浸出物测定按 GB/T 8305 执行。

5.3.3　总灰分测定按 GB/T 8306 执行。

5.3.4　粗纤维测定按 GB/T 8310 规定执行。

5.3.5　粉末测定按 GB/T 8311 规定执行。

5.4　卫生指标的检测

按 NY 5244 执行。

5.5　净含量检测

按《定量包装商品计量监督规定》执行。

6　检验规则

6.1　批次

按 NY 5244 规定执行。

6.2　出厂检验

6.2.1　每批产品出厂前，生产单位应进行检验，检验合格并附有合格证的产品方可出厂。

6.2.2　出厂检验内容为：感官品质、水分、粉末、净含量和包装标签。

6.3　型式检验

型式检验是对产品进行全面考核，即对本标准规定的全部要求进行检验。有下列情形之一者，应进行型式检验。

a)　首次批量生产前。

b)　前后两次抽样检验结果差异较大。

c)　因人为或自然因素使生产环境发生较大变化。

d) 投产后,如原料、工艺、机具有较大改变,可能影响产品质量时。

6.4 判定规则

6.4.1 检验结果全部符合本标准规定技术要求的产品,则判该批产品为合格。

6.4.2 凡劣变、有污染、有异气味或卫生指标不符合技术要求的产品,则判该批产品为不合格。

6.4.3 交收检验时,按6.2.2条规定的检验项目,其中有一项不符合技术要求的产品,则判该批产品为不合格。

6.5 复检

对检验结果有争议时,应对留存样进行复检,或在同批产品中重新按GB/T 8302规定加倍抽样,对不合格项目进行复检,以复检结果为准。

7 标志、包装、运输和贮存

7.1 标志应符合GB 191规定。标签应符合GB 7718的规定。

7.2 包装要求密封、干燥、避光,牢固而防潮。包装用纸应符合GB 11680规定。

7.3 运输工具要求洁净、干燥,有防雨设备,严禁与有异味的商品混装、混运。

7.4 贮存仓库要干燥、清洁、通风、避光。仓库周围无异味。

7.5 在本标准规定的运输、贮存条件下,本产品的保质期不低于12个月。

ICS 67.140.10
X 55

中华人民共和国农业行业标准

NY/T 782—2004

黄 山 毛 峰 茶

2004-04-16 发布　　　　2004-06-01 实施

中华人民共和国农业部 发布

前　言

本标准由中华人民共和国农业部提出。

本标准起草单位：黄山市农业委员会、安徽省农业委员会农业局、安徽省农业科学院茶叶研究所、黄山市质量技术监督局。

本标准主要起草人：顾家雯、杨庆、黄利义、周坚、王屯青、昌志东。

黄山毛峰茶

1 范围

本标准规定了黄山毛峰茶的术语和定义、要求、试验方法、检验规则、标志、标签、包装、运输和贮存。

本标准适用于黄山毛峰茶。

2 规范性引用文件

下列文件中的条款通过本标准的引用而成为本标准的条款。凡是注日期的引用文件，其随后所有的修改单(不包括勘误的内容)或修订版均不适用于本标准，然而，鼓励根据本标准达成协议的各方研究是否可使用这些文件的最新版本。凡是不注日期的引用文件，其最新版本适用于本标准。

GB 191 包装储运图示标志

GB/T 5009.12 食品中铅的测定方法

GB/T 5009.13 食品中铜的测定方法

GB/T 5009.19 食品中六六六、滴滴涕残留量的测定方法

GB/T 5009.20 食品中有机磷农药残留量的测定方法

GB 7718 食品标签通用标准

GB/T 8302 茶 取样

GB/T 8304 茶 水分测定

GB/T 8305 茶 水浸出物测定

GB/T 8306 茶 总灰分测定

GB/T 8310 茶 粗纤维测定

GB/T 8311 茶 粉末和碎茶含量测定

GB/T 14487 茶叶感官审评术语

GB 14876 食品中甲胺磷和乙酰甲胺磷农药残留量的测定方法

GB/T 17332 食品中有机氯和拟除虫菊酯类农药多种残留的测定方法

NY 5244 无公害食品 茶叶

SB/T 10035 茶叶销售包装通用技术条件

SB/T 10157 茶叶感官审评方法

3 术语和定义

下列术语和定义适用于本标准。

3.1

黄山毛峰茶

以生产于黄山市特定自然环境条件下的优良茶树品种的幼嫩芽叶为原料加工而成的名优绿茶。

3.2

金黄片

特级一等鲜叶带有鱼叶，鱼叶经加工后成金黄色，俗称金黄片。

4 要求

4.1 分级

黄山毛峰茶按感官品质分为特级、一级、二级、三级。特级分一、二、三等。每级设一个实物标准样，特级实物标准样设在二等，每三年换样一次。

4.2 基本要求

4.2.1 具有该茶类应有的品质，无劣变，无异味。

4.2.2 不得含有非茶类夹杂物。

4.2.3 不着色，不添加任何人工合成的化学物质和香味物质。

4.3 感官品质

各等级茶叶的感官品质应符合表1的规定。

表1 各等级黄山毛峰茶的感官品质要求

级别	外形	内质			
		香气	汤色	滋味	叶底
特级一等	芽头肥壮，匀齐，形似雀舌，显毫，嫩绿泛象牙色，有金黄片	馥郁持久	嫩绿，清澈明亮	鲜爽回甘	嫩匀肥壮，嫩绿鲜活
特级二等	芽头肥壮，匀齐，形似雀舌，显毫，嫩绿润	嫩香高长	嫩绿明亮	鲜爽	嫩匀肥壮，嫩绿明亮
特级三等	芽叶肥壮，匀齐，显毫，嫩绿润	嫩香	黄绿明亮	鲜爽	肥嫩匀整，绿亮
一级	芽叶肥壮，匀齐，显毫，绿润	清高	黄绿亮	鲜醇	嫩匀，黄绿亮
二级	芽叶嫩匀，略显毫，条稍弯，绿润	清香	黄绿亮	醇厚	较嫩匀，黄绿亮
三级	芽叶较嫩，尚匀，条略卷，尚绿较润	清香	黄绿尚亮	尚醇厚	尚匀，黄绿

4.4 理化指标

黄山毛峰茶理化指标应符合表2规定。

表2 黄山毛峰茶理化指标

项目	指标
水分，%	≤6.5
粉末，%	≤0.5
总灰分，%	≤6.5
水浸出物，%	≥37
粗纤维，%	≤14

4.5 卫生指标

卫生指标应符合NY 5244规定。

4.6 净含量负偏差

定量包装规格由企业自定，单件定量包装茶叶的净含量负偏差应符合原国家技术监督局(1995)第43号令《定量包装商品计量监督规定》。

5 试验方法

5.1 取样

按GB/T 8302规定执行。

5.2 感官品质检验

按GB/T 14487和SB/T 10157规定执行。

5.3 理化指标检验

5.3.1 水分检验，按GB/T 8304规定执行。

5.3.2 水浸出物检验，按GB/T 8305规定执行。

5.3.3 总灰分，按GB/T 8306规定执行。

5.3.4 粗纤维检验，按GB/T 8310规定执行。

5.3.5 粉末，按GB/T 8311规定执行。

5.4 卫生指标检测

5.4.1 铅检测，按GB/T 5009.12规定执行。

5.4.2 铜检测，按GB/T 5009.13规定执行。

5.4.3 六六六、滴滴涕检测，按GB/T 5009.19规定执行。

5.4.4 三氯杀螨醇、氰戊菊酯、联苯菊酯、氯氰菊酯和溴氰菊酯检测，按GB/T 17332规定执行。

5.4.5 甲胺磷、乙酰甲胺磷检测，按GB 14876规定执行。

5.4.6 乐果、敌敌畏、杀螟硫磷和喹硫磷检验，按GB/T 5009.20规定执行。

5.5 净含量检测

按《定量包装商品计量监督规定》执行。

5.6 包装标签检验

按GB 7718规定执行。

6 检验规则

6.1 产品应以批(唛)为单位，同批(唛)产品的品质规格和包装应一致。

6.2 出厂检验

6.2.1 出厂检验内容为感官品质、水分、粉末、净含量和包装标签。

6.2.2 每批产品出厂时，均需进行出厂检验，由厂质检部门检验合格，签发产品质量合格证，方可出厂。

6.3 型式检验

6.3.1 型式检验是对本标准规定的全部要求进行检验。

6.3.2 型式检验在下列情况之一下进行：

a) 企业首次批量生产前；

b) 原料、工艺、机具有较大改变，可能影响产品质量时；

c) 国家质量监督机构提出型式检验要求时。

6.4 判定规则

6.4.1 凡劣变、有污染、有异味或卫生指标有一项不合格的产品，均判为不合格产品。

6.4.2 除卫生指标外，理化指标有一项不合格或感官品质不符合规定级别的，应在原批产品中加倍抽取样本复检，复检中仍不符合标准要求的，则判该批为不合格产品。

6.4.3 对检验结果有争议的，应对留存样进行复检，或在同批(唛)产品中重新按GB/T 8302规定加倍抽样。重新抽样应由争议双方会同进行，对有争议项目进行复检，以复检结果为准。

7 标志、标签

7.1 包装标签应符合 GB 7718 规定。

7.2 运输包装箱的图示标志应符合 GB 191 的规定。

8 包装、运输、贮存

8.1 包装

8.1.1 包装材料应干燥、清洁、无异气味，安全卫生。

8.1.2 接触茶叶的包装材料应符合 SB/T 10035 的规定。

8.1.3 包装要牢固、防潮、整洁、能保护茶叶品质、便于装卸、仓储和运输。

8.2 运输

运输工具应清洁、干燥、无异味、无污染；运输时应防潮、防雨、防暴晒；装卸时轻装轻卸，防重压，严禁与有毒、有异气味、易污染的物品混装混运。

8.3 贮存

8.3.1 茶叶应贮存于清洁、干燥、阴凉、无异气味的专用仓库中，仓库周围应无异气味污染。

8.3.2 贮存仓库不得使用化学合成的杀虫剂、灭鼠剂及防霉剂。

8.3.3 在本标准规定的运输、贮存条件下，黄山毛峰茶的保质期不得低于 12 个月。

ICS 67.140.10
X 55

中华人民共和国农业行业标准

NY/T 783—2004

洞 庭 春 茶

Dongtingchun tea

2004-04-16 发布　　　　2004-06-01 实施

中华人民共和国农业部 发布

前 言

本标准的附录 A 为规范性附录。

本标准由中华人民共和国农业部提出。

本标准起草单位:湖南省农业厅、湖南农业大学、农业部茶叶质量检测中心、岳阳县黄沙街茶叶示范场。

本标准主要起草人:童小麟、周跃斌、肖菊香、刘栩、胡耀龙、廖振坤、邹礼仁、刘忠新。

洞 庭 春 茶

1 范围

本标准规定了洞庭春茶的术语和定义、要求、试验方法、检验规则、标志、标签、包装、运输和贮存。

本标准适用于湖南省生产的洞庭春茶。

2 规范性引用文件

下列文件中的条款通过本标准的引用而成为本标准的条款。凡是注日期的引用文件，其随后所有的修改单(不包括勘误的内容)或修订版均不适用于本标准，然而，鼓励根据本标准达成协议的各方研究是否可使用这些文件的最新版本。凡是不注日期的引用文件，其最新版本适用于本标准。

GB 191 包装储运图示标志

GB 7718 食品标签通用标准

GB/T 8302 茶 取样

GB/T 8303 茶 磨碎试样的制备及其干物质含量测定

GB/T 8304 茶 水分测定

GB/T 8305 茶 水浸出物测定

GB/T 8306 茶 总灰分测定

GB/T 8310 茶 粗纤维测定

GB/T 8313 茶 茶多酚测定

GB/T 8314 茶 游离氨基酸总量测定

GB 11680 食品包装用原纸卫生标准

GB/T 14487 茶叶感官审评术语

NY 5244 无公害食品 茶叶

3 术语和定义

下列术语和定义适用本标准。

洞庭春茶 dongtingchun tea

选用适制的茶树品种的幼嫩芽叶，经独特的加工工艺制作而成，具有紧结微曲多毫，色泽翠绿，香气鲜浓持久，滋味醇厚鲜爽，汤色清澈明净为主要品质特征的绿茶。

4 要求

4.1 品名

洞庭春茶按鲜叶原料和外形特征分为3个品名。

洞庭春芽：用未展叶的芽头加工，白毫满披隐翠的全芽形绿茶。

洞庭春毫：用1芽1叶为主要原料加工，茸毫满披隐绿的微卷曲形绿茶。

洞庭春翠：用1芽2叶为主要原料加工，翠绿显毫微曲形绿茶。

4.2 基本要求

4.2.1 品质正常、无异味、无劣变。

4.2.2 纯茶叶产品，不添加任何其他物质，如着色剂、调味剂等。

4.2.3 不得含有茶类和非茶类的夹杂物。

4.3 感官品质

4.3.1 各品名洞庭春茶的感官品质应符合实物标准样茶的品质特征。对外贸易应符合双方合同规定的成交样茶。

4.3.2 各品名洞庭春茶的感官品质应符合表1要求。

表1 洞庭春茶感官品质

品名	外形			内质			
	形态	色泽	含毫量	香气	滋味	汤色	叶底
洞庭春芽	全芽肥壮 整齐、匀净	隐翠	白毫 满披	毫香 清鲜	鲜纯 回甘	浅绿 明亮	全芽肥壮 嫩绿匀亮
洞庭春毫	条索略卷曲、 肥壮、匀净	隐绿	茸毫 披露	带毫香	鲜醇	嫩黄 绿亮	芽叶幼嫩 嫩绿匀亮
洞庭春翠	条索略曲、 显芽较肥壮、匀净	翠绿	显毫	嫩香 带栗香	醇爽	黄绿 明亮	芽叶嫩 嫩匀绿亮

4.3.3 各品名洞庭春茶设一个实物标准样。实物标准样为该产品品质的最低界限。由省农业和省质量技术监督部门对实物标准样审查封签。实物标准样由行业主管部门按照本标准规定的技术要求每隔两年定期更换。

4.4 理化品质

各品名洞庭春茶的理化品质应符合表2规定。

表2 洞庭春茶理化指标

<table>
<tr><th rowspan="2">项目</th><th colspan="3">指标
%(m/m)</th></tr>
<tr><th>洞庭春芽</th><th>洞庭春毫</th><th>洞庭春翠</th></tr>
<tr><td>水分</td><td colspan="3">≤6.5</td></tr>
<tr><td>总灰分</td><td colspan="2">≤6.0</td><td>≤6.5</td></tr>
<tr><td>水浸出物</td><td colspan="3">≥34.0</td></tr>
<tr><td>粗纤维</td><td colspan="3">≤13.0</td></tr>
<tr><td>茶多酚</td><td colspan="3">≥23.0</td></tr>
<tr><td>氨基酸</td><td colspan="3">≥3.0</td></tr>
</table>

4.5 卫生指标

各品名洞庭春茶的卫生指标应符合 NY 5244 的规定。

4.6 净含量负偏差

定量包装规格由企业自定。单件定量包装茶叶的净含量负偏差符合表3规定。

表3 净含量负偏差

净含量 Q	负偏差	
	Q的百分比	g
5 g～50 g	9	—
50 g～100 g	—	4.5

表 3（续）

净含量 Q	负 偏 差	
	Q 的百分比	g
100 g～200 g	4.5	—
200 g～300 g	—	9
300 g～500 g	3	—
500 g～1 kg	—	1.5
1 kg～10 kg	1.5	—
10 kg～15 kg	—	150
15 kg～25 kg	1.0	—

5 试验方法

5.1 取样

5.2 感官品质检验

按 GB/T 14487 和附录 A 规定执行。

5.3 理化品质检验

5.3.1 总灰分、粗纤维、水浸出物、茶多酚、游离氨基酸总量的样品制备，按 GB/T 8303 规定执行。

5.3.2 水分检验，按 GB/T 8304 规定执行。

5.3.3 总灰分检验，按 GB/T 8306 规定执行。

5.3.4 水浸出物检验，按 GB/T 8305 规定执行。

5.3.5 粗纤维检验，按 GB/ T8310 规定执行。

5.3.6 茶多酚检验，按 GB/T 8313 规定执行。

5.3.7 游离氨基酸总量检验，按 GB/T 8314 规定执行。

5.4 卫生检验

按 NY 5244 中的规定执行。

5.5 包装检验

按 GB 11680 和 GB 7718 规定执行。

5.6 净含量检验

按法定许可衡器检验去除包装的产品，与产品标示值对照。

6 检验规则

6.1 检验批次

产品均以批（唛）为单位，同批（唛）产品的品质规格、花色、重量和包装必须一致。

6.2 检验分类

检验分出厂检验和型式检验。

6.2.1 出厂检验

每批产品出厂前，生产单位应进行检验，产品出厂检验内容为感官品质、水分、净含量和包装标签，检验合格并附有产品质量合格证，方可出厂。

6.2.2 型式检验

型式检验即对本标准规定的全部项目进行检验。有下列情形之一者应对产品质量进行型式检验：

a) 正常生产情况下，每2年进行一次；

b) 因人为或自然因素使加工工艺或生产环境发生较大变化；

c) 国家质量监督机构或主管部门提出型式检验要求时。

6.3 判定规则

6.3.1 凡劣变、有污染、有异气味或卫生指标任一项不符合要求的产品，则该批产品为不合格。

6.3.2 出厂检验时，按6.2.1条规定的项目检验，其中有一项不符合质量要求的产品，则判该批产品为不合格。

6.3.3 型式检验时，按本标准规定的全部项目检验，如有一项不符合质量要求的产品，则判该批产品为不合格。

6.4 复检

对检验结果有争议时，应对留存样进行复检，或在同批(唛)产品中重新按GB/T 8302规定加倍抽样，对不合格项目进行复检，以复检结果为准。

7 标志、标签

7.1 标志、标签应符合GB 7718的规定，或按贸易合同规定标明标记。

7.2 贮运包装的图示标志应符合GB 191的规定。

8 包装、运输和贮存

8.1 包装

包装牢固、防潮、整洁、美观，包装材料无毒、无污染、无异气味，能保护茶叶品质。

8.2 运输

运输茶叶的工具应清洁、干燥、无异气味、无污染，运输时应防雨、防潮、防暴晒；装卸时轻放轻卸，严禁与有毒、有异气味、易污染的物品混装、混运。

8.3 贮存

8.3.1 产品应贮于清洁、干燥、无异气味的专用仓库中，不得与其他物品混放，仓库周围应无异气味、无污染。

8.3.2 产品自生产日期起保质期不超过18个月。

附 录 A
（规范性附录）
洞庭春茶感官审评方法

A.1 原理

按照本规定的检验程序，根据检验人员正常的视觉、嗅觉、味觉、触觉感受，使用GB/T 14487所含的评茶术语，评定茶叶品质的优次。

A.2 检验室条件

A.2.1 光线明亮柔和，光度一致，采用来自北面自然光或标准合成光源。

A.2.2 室温保持20 ℃～25 ℃。

A.2.3 室内清洁、干燥，空气新鲜流通、无异味干扰。

A.3 审评用具

A.3.1 评茶杯：白色瓷质，高65 mm、外径66 mm、内径62 mm、容量150 mL，具盖，盖上有一小孔，在杯柄相对的杯口上缘有锯齿形一小缺口。

A.3.2 评茶碗：白色瓷质，高55 mm、上口外径95 mm、内径92 mm，容量150 mL。

A.3.3 评茶盘：木质，涂以白漆的方形盘，长、宽各230 mm，边高30 mm，盘的一角有缺口。

A.3.4 叶底盘：白色搪瓷盘或黑色方形小木盘。

A.3.5 网匙：不锈钢网，底圆形。

A.3.6 吐茶桶。

A.3.7 其他用具：天平(感量0.1 g)，计时钟或沙时计，茶匙，电水壶。

A.4 检验程序

用分样器或四分法从平均样品中分取试样100 g～180 g，置于评茶盘中，将评茶盘运转数次后，使试样按粗细、大小顺序分层后审评外形；随后称取混匀的试样3 g，置于评茶杯中，注满沸水，加盖冲泡5 min，将茶沥入评茶碗中，依次审评汤色、香气(审评杯中)和滋味，最后将杯中的茶渣移入翻置于杯上的杯盖或叶底盘中，检视其叶底。

A.5 检验要求

A.5.1 外形审评：审评试样的形态、大小、嫩度、色泽、匀度和净度等。

A.5.2 汤色审评：审评茶汤的颜色、深浅、明暗及清浊程度等。

A.5.3 香气审评：审评香气的类型、纯异、浓淡、高低和鲜陈等。

A.5.4 滋味审评：审评茶汤的纯异、鲜陈、浓淡、醇涩等。

A.5.5 叶底审评：审评茶渣的老嫩、色泽、明暗及匀杂程度。

A.6 结果评定

对照实物标准样品进行评定。

ICS 67.140.10
X 55

中华人民共和国农业行业标准

NY/T 784—2004

紫　笋　茶

Zisun tea

2004-04-16 发布　　　　2004-06-01 实施

中华人民共和国农业部　发布

前　言

本标准由中华人民共和国农业部提出。

本标准起草单位:浙江省农业厅经济作物管理局、浙江省长兴县农业局。

本标准主要起草人:毛祖法、罗列万、俞燎远、吴建华、是晓红、何忠民、刘政。

紫 笋 茶

1 范围

本标准规定了紫笋茶的要求、试验方法、检验规则、标志、标签、包装、运输和贮存等要求。

本标准适用于紫笋茶。

2 规范性引用文件

下列文件中的条款通过本标准的引用而成为本标准的条款。凡是注日期的引用文件，其随后所有的修改单（不包括勘误的内容）或修订版均不适用于本标准，然而，鼓励根据本标准达成协议的各方研究是否可使用这些文件的最新版本。凡是不注日期的引用文件，其最新版本适用于本标准。

GB 191 包装储运图示标志

GB/T 5009.12 食品中铅的测定方法

GB/T 5009.13 食品中铜的测定方法

GB/T 5009.20 食品中有机磷农药残留量的测定方法

GB/T 5009.57 茶叶卫生标准的分析方法

GB/T 6388 运输包装收发货标志

GB 7718 食品标签通用标准

GB/T 8302 茶 取样

GB/T 8304 茶 水分测定

GB/T 8305 茶 水浸出物测定

GB/T 8306 茶 总灰分测定

GB/T 8310 茶 粗纤维测定

GB/T 8311 茶 粉末和碎片含量测定

GB 11678 食品包装用纸卫生标准

GB/T 14487 茶叶感官审评术语

GB/T 17332 食品中有机氯和拟除虫菊酯类农药多种残留的测定

NY 5020 无公害食品 茶叶产地环境条件

NY 5244 无公害食品 茶叶

国家技术监督局[1995]43 号令 定量包装商品计量监督规定

3 要求

3.1 基本要求

产品基本要求应符合 NY 5244 中 4.2 条规定。

3.2 分级

紫笋茶产品分特级、一级、二级、三级等四个等级。

3.3 感官指标

3.3.1 各等级产品的感官品质应符合实物标准样，每三年更换一次实物标准样。

3.3.2 各级产品感官品质特征应符合表 1 的要求。

表 1　紫笋茶各级感官品质要求

级别	外　形			内　质			
	条索	整碎	色泽	香气	滋味	汤色	叶底
特级	紧直细嫩	匀整	翠绿	清香持久	鲜爽	嫩绿明亮	嫩匀、绿明亮
一级	紧直略扁	匀整	绿润	清高	鲜醇	绿明亮	尚嫩匀、绿明亮
二级	直略扁	尚匀整	绿尚润	高	醇厚	绿尚亮	绿尚亮
三级	尚扁直	尚匀	绿	尚高	浓厚	绿尚亮	尚绿

3.4　理化指标

笋紫茶理化指标应符合表 2 的要求。

表 2　紫笋茶理化指标要求

项　目	指　标 %
水分	≤6.5
总灰分	≤6.5
碎末茶	≤2.0
水浸出物	≥36.0
粗纤维	≤14.0

3.5　卫生指标

按 NY 5244 执行。

3.6　净含量允差

按国家技术监督局[1995]43 号令执行。

4　试验方法

4.1　取样

按 GB/T 8302 规定执行。

4.2　卫生指标检测按 NY 5244 执行。

4.3　净含量

按国家技术监督局[1995]43 号令执行。

4.4　包装标签

按 GB 7718 规定执行。

4.5　感官品质

感官品质按下列方法执行：

取有代表性的茶样 500 g，对照标准样，从“外形和内质”二个方面进行评审。外形审评：在茶样盘中对照标准样评判样茶的造型、色泽、嫩度、整碎和净杂。内质审评：称取 3.0 g 标准样和 3.0 g 茶样，分别置于 150 ml 的标准审评杯中，用沸水冲泡 5 分钟后准时将茶汤沥出，对照标准样评判样茶的汤色、香气、滋味和叶底的品质。

5 检验规则

5.1 产品均应以批(唛)为单位,同批(唛)产品的品质规格和包装必须一致。

5.2 交收(出厂)检验

5.2.1 每批产品交收(出厂)前,生产单位必须进行检验,检验合格并附有合格证的产品方可交收(出厂)。

5.2.2 交收(出厂)检验内容为感官品质、水分、粉末、净含量和包装标签。

5.3 型式检验

5.3.1 型式检验的样品应该在出厂检验合格的产品中随机抽取。

5.3.2 型式检验是对产品质量进行全面考核,有下例情形之一者应对产品质量进行型式检验:

a) 正常生产情况下一年组织一次;

b) 前后两次抽样检验结果差异较大;

c) 因人为或自然因素使生产环境发生较大变化;

d) 国家质量监督机构或主管部门提出型式检验要求。

5.3.3 型式检验内容为本标准规定的全部检验要求。

5.4 判定规则

5.4.1 凡劣变、有污染、有异气味或卫生指标中有一项不符合技术要求的,则判该批产品为不合格。

5.4.2 交收检验时,按5.2.2条规定的检验项目,其中有一项不符合要求的产品,则判该批产品为不合格。

5.4.3 型式检验时,要求规定的各项检验中有一项不符合要求的,则判该批产品为不合格。

5.5 复检

对检验结果有争议时,应对留存样进行复检,或在同批(唛)产品中重新按GB/T 8302规定加倍抽样,对不合格项目进行复检,以复检结果为准。

6 标志、标签

6.1 标志

标志应符合GB 191规定。

6.2 标签

产品的包装标签应符合GB 7718的规定。

7 包装、运输、贮存

7.1 包装

7.1.1 包装材料应干燥、清洁、无异气味,不影响茶叶品质。

7.1.2 包装要牢固、防潮、整洁、能保护茶叶品质,便于装卸、仓储和运输。

7.1.3 包装用纸应符合GB 11680规定。包装储运图示标志应符合GB 191规定。

7.2 运输

运输工具应清洁、干燥、无异味、无污染;运输时应防潮、防雨、防暴晒;装卸时轻放轻卸,严禁与有毒、有异气味、易污染的物品混装混运。

7.3 贮存

产品应贮于清洁、干燥、阴凉、无异气味的专用仓库中,仓库周围应无异气污染。

ICS 67.140.10
X 55

中华人民共和国农业行业标准

NY/T 785—2004

蒸青煎茶

Sencha

2004-04-16 发布　　2004-06-01 实施

中华人民共和国农业部 发布

前　言

本标准由中华人民共和国农业部提出。

本标准起草单位:浙江省农业厅经济作物管理局、农业部茶叶质量监督检验测试中心、浙江三明茶业有限公司、浙江绍兴御茶村茶业有限公司、绍兴县林业局。

本标准主要起草人:毛祖法、陆德彪、黄婺、鲁成银、陈席卿、陈国荣、金银永。

蒸 青 煎 茶

1 范围

本标准规定了蒸青煎茶的术语和定义、要求、试验方法、检验规则、标识、包装、运输和贮存。

本标准适用于蒸青煎茶。

2 规范性引用文件

下列文件中的条款通过本标准的引用而成为本标准的条款。凡是注日期的引用文件，其随后所有的修改单(不包括勘误的内容)或修订版均不适用于本标准，然而，鼓励根据本标准达成协议的各方研究是否可使用这些文件的最新版本。凡是不注日期的引用文件，其最新版本适用于本标准。

GB 191 包装储运图示标识

GB/T 5009.12 食品中铅的测定方法

GB/T 5009.13 食品中铜的测定方法

GB/T 5009.20 食品中有机磷农药残留量的测定方法

GB 7718 食品标签通用标准

GB/T 8302 茶 取样

GB/T 8304 茶 水分测定

GB/T 8306 茶 总灰分测定

GB 11680 食品包装用原纸卫生标准

GB 14876 食品中甲胺磷和乙酰甲胺磷农药残留量的测定方法

GB/T 17332 食品中有机氯和拟除虫菊酯类农药多种残留的测定

NY 5244 无公害食品 茶叶

SB/T 10157 茶叶感官审评方法

国家技术监督局[1995]43号令 《定量包装商品计量监督规定》

3 术语和定义

下列术语和定义适用于本标准。

蒸青煎茶

以茶树鲜叶为原料，经过蒸汽杀青—冷却—粗揉—揉捻—中揉—精揉—烘干工艺加工而成的茶叶产品。

4 要求

4.1 基本要求

4.1.1 产品应具有蒸青煎茶的自然品质特征，无劣变，无异味。

4.1.2 产品应洁净，不得含有非茶类夹杂物。

4.1.3 不着色，不添加人工合成的化学物质。

4.2 分级

蒸青煎茶按感官品质高低，分为六个级：特级、一级、二级、三级、四级、五级。

4.3 感官品质

蒸青煎茶的感官品质应符合表1规定。

表1 蒸青煎茶的感官品质

级别	外形	内质			
		香气	滋味	汤色	叶底
特级	多嫩芽、绿润、细紧挺削、匀净	嫩香持久	浓醇鲜	嫩绿清澈、明亮	嫩绿明亮、匀净
一级	嫩芽较多、尚绿润、紧直、稍有嫩茎	清香	尚鲜爽	黄绿明亮	尚嫩绿明亮
二级	有嫩叶、黄绿尚润、扁直、有嫩茎片	纯正	醇和	黄绿尚明	黄绿尚明
三级	稍有老叶、黄绿稍枯、稍粗松、有梗朴片	尚纯	尚平和	黄绿欠明	尚黄绿
四级	老叶较多、黄枯稍暗、较粗松、黄朴片较多	有粗气	稍淡	黄稍暗	粗老稍暗
五级	多老叶、黄枯较暗、粗松、老梗朴片较多	粗老气	粗老气	粗淡	粗老色暗

4.4 理化指标

蒸青煎茶的理化指标应符合表2规定。

表2 蒸青煎茶的理化指标

项目	指标
水分	≤7.0%
总灰分	≤6.5%
水浸出物	≥34%

4.5 卫生指标

蒸青煎茶的卫生指标应符合 NY 5244 规定。

4.6 净含量允差

定量包装规格由企业自定。单件定量包装蒸青煎茶的净含量允差应符合国家技术监督局[1995]43号令规定。

5 试验方法

5.1 取样

按 GB/T 8302 规定执行。

5.2 感官品质审评

按 SB/T 10157 规定执行。

5.3 理化指标检验

5.3.1 水分

按 GB/T 8304 规定执行。

5.3.2 总灰分

按 GB/T 8306 规定执行。

5.4 卫生指标检验

按 NY 5244 规定执行。

5.5 净含量检测

按国家技术监督局[1995]43号令执行。

6 检测规则

6.1 产品均应以批(唛)为单位,同批(唛)产品的品质规格和包装应一致。

6.2 交收(出厂)检验

6.2.1 每批产品交收(出厂)前,生产单位应进行检验,检验合格并附有合格证的产品方可交收(出厂)。

6.2.2 交收(出厂)检验内容为感官品质、水分、净含量和包装标签。

6.3 型式检验

6.3.1 型式检验是对产品质量进行全面考核,有下列情形之一者应对产品质量进行型式检验。

a) 申请无公害食品标志或无公害食品年度抽查检验;

b) 前后两次抽样检验结果差异较大;

c) 因人为或自然因素使生产环境发生较大变化;

d) 国家质量监督机构或主管部门提出型式检验要求。

6.3.2 型式检验即对本标准规定的全部要求进行检验。

6.4 判定规则

6.4.1 检验结果全部符合本标准规定要求的,则判该批产品为合格。

6.4.2 凡劣变、有污染、卫生指标中有一项不符合规定要求或添加人工合成的化学物质的,则判该批产品为不合格。

6.4.3 交收(出厂)检验时,感官品质不合格的,降级处理;特级降为一级不合格的,再降为二级;二级不合格的,降为三级;三级不合格的,降为四级;四级不合格的,降为五级;五级仍不合格的,作为级外品。理化指标与包装标签,其中有一项不符合规定要求的,则判该批产品为不合格。

6.4.4 型式检验时,要求规定的各项检验中有一项不符合要求的,则判该批产品为不合格。

6.5 复检

对检验结果有争议时,应对留存样进行复检,或在同批(唛)产品中重新按 GB/T 8302 规定加倍抽样,对不合格项目进行复检,以复检结果为准。

7 标识、标签

7.1 销售包装标签应符合 GB 7718 的规定。

7.2 运输包装箱的图示标志应符合 GB 191 的规定。

8 包装、运输、贮存

8.1 包装

8.1.1 包装材料应干燥、清洁、无异气味,不影响产品质量。

8.1.2 包装要牢固、防潮、整洁,能保护产品质量,便于装卸、仓储和运输。

8.1.3 包装用纸应符合 GB 11680 规定。

8.2 运输

运输工具应清洁、干燥、无异味、无污染;运输时应防潮、防雨、防暴晒;装卸时轻放轻卸,严禁与有毒、有异气味、易污染的物品混装混运。

8.3 贮存

产品应贮于清洁、干燥、通风、无污染的专用仓库中,仓库周围无异气污染。

ICS 67.080.10
X 24

中华人民共和国农业行业标准

NY/T 786—2004

食 用 椰 干

Desiccated coconut

2004-04-16 发布　　2004-06-01 实施

中华人民共和国农业部 发布

前　言

本标准由中华人民共和国农业部提出。

本标准起草单位:中国热带农业科学院椰子研究所、农业部食品质量监督检验测试中心(湛江)。

本标准主要起草人:赵松林、黄和、张木炎、陈华、李新菊。

食　用　椰　干

1　范围

本标准规定了食用椰干的要求、试验方法、检验规则和标签、标识、包装、运输和贮存。

本标准适用于以充分成熟的椰子果实为原料，经过剥衣、去壳、去种皮、清洗、粉碎、榨汁（或不榨汁）、烘干等工序生产的颗粒状产品（俗称椰蓉），不适用于其他产品。

2　规范性引用文件

下列文件中的条款通过本标准的引用而构成为本标准的条款。凡是注日期的引用文件，其随后所有的修改单（不包括勘误的内容）或修订版均不适用于本标准，然而，鼓励根据本标准达成协议的各方研究是否可使用这些文件的最新版本。凡是不注日期的引用文件，其最新版本适用于本标准。

GB 191　包装储运图示标志

GB 4789.2　食品卫生微生物学检验　菌落总数测定

GB 4789.3　食品卫生微生物学检验　大肠菌数测定

GB 4789.4　食品卫生微生物学检验　沙门氏菌检验

GB 4789.5　食品卫生微生物学检验　志贺氏菌检验

GB 4789.10　食品卫生微生物学检验　金黄色葡萄球菌检验

GB 4789.11　食品卫生微生物学检验　溶血性链球菌检验

GB/T 5009.3　食品中水分的测定方法

GB/T 5009.5　食品中蛋白质的测定方法

GB/T 5009.6　食品中脂肪的测定方法

GB/T 5009.11　食品中总砷的测定方法

GB/T 5009.12　食品中铅的测定方法

GB/T 5009.13　食品中铜的测定方法

GB/T 5009.34　食品中二氧化硫的测定

GB/T 5009.56　食品中酸价的测定

GB 7718　食品标签通用标准

JJF 1070　定量包装商品净含量计量检验规则

国家技术监督局 43 号令《定量包装商品计量监督规定》

3　要求

3.1　原料要求

所选用的原料必须是充分成熟、不腐烂、不长芽的椰子果实。

3.2　感官要求

感官要求应符合表 1 规定。

表 1　感官要求

项　目	要　求
色泽	白色
形状	松散颗粒状，颗粒大小均匀，不结块
滋味和口感	具有椰子特有的香气和滋味，无刺激、焦糊、酸味及其他异味
杂质	无肉眼可见的外来杂质

3.3 理化指标

理化指标应符合表 2 的规定。

表 2　理化指标

项　目	指　标	
	榨汁	不榨汁
水分，%	≤3.0	≤3.0
蛋白质，%	≥2.5	≥4.0
脂肪(以干基计)，%	≥15.0	≥40.0

3.4 卫生指标

卫生指标应符合表 3 的规定。

表 3　卫生指标

项　目	指　标
二氧化硫(以 SO_2 计)，mg/kg	≤50.0
砷(以 As 计)，mg/kg	≤0.5
铅(以 Pb 计)，mg/kg	≤1.0
铜(以 Cu 计)，mg/kg	≤10.0
酸价(以脂肪计)，mgKOH/g	≤2.0
细菌总数，cfu/g	≤2 000
大肠菌群，每 100g 含的 MPN	≤30
沙门氏菌	不得检出
志贺氏菌	不得检出
金黄色葡萄球菌	不得检出
溶血性链球菌	不得检出

4 净含量及负偏差

净含量及负偏差按《定量包装商品计量监督规定》规定执行。

5 试验方法

5.1 感官

将被测样品倒在洁净的白瓷盘中，用肉眼直接观察色泽、形态和杂质，嗅其气味，品尝滋味。

5.2 水分

按 GB/T 5009.3 执行。

5.3 蛋白质

按 GB/T 5009.5 执行。

5.4 脂肪

按 GB/T 5009.6 执行。

5.5 二氧化硫

按 GB/T 5009.34 执行。

5.6 砷

按 GB/T 5009.11 执行。

5.7 铅

按 GB/T 5009.12 执行。

5.8 铜

按 GB/T 5009.13 执行。

5.9 酸价

按 GB/T 5009.56 执行。

5.10 菌落总数

按 GB 4789.2 执行。

5.11 大肠菌群

按 GB 4789.3 执行。

5.12 沙门氏菌

按 GB 4789.4 执行。

5.13 志贺氏菌

按 GB 4789.5 执行。

5.14 金黄色葡萄球菌

按 GB 4789.10 执行。

5.15 溶血性链球菌

按 GB 4789.11 执行。

5.16 净含量及负偏差

按 JJF 1070 执行。

6 检验规则

6.1 检验分类

6.1.1 型式检验

型式检验的项目应包括本标准规定的全部项目。

出现下列情况之一者，应进行型式检验。

a） 新产品定型鉴定时；

b） 原材料、设备或工艺有较大改变，可能影响产品质量时；

c） 停产半年以上，又恢复生产时；

d） 正常生产时，定期或积累一定产量后，周期性进行一次检验；

e） 出厂检验结果与上次型式检验有较大差异时；

f） 国家质量监督机构或主管部站提出型式检验要求时。

6.1.2 出厂检验

每组批产品出厂前应由生产厂的技术检验部门按本标准对感官、水分、微生物、净含量及负偏差等项目进行检验，检验合格，签发合格证，方可出厂。

6.2 组批

以同一原料品种、同一班次生产的同一规格产品为一组批次。

6.3 抽样

在每一批号产品中随机抽取 10 次共 2 kg 作样品，混匀后用四分法平均分成两份，一份用于感官、理化指标和卫生指标的检验，另一份样品留备用。

净含量的抽样按 JJF 1070 执行。

6.4 判定

检验结果中卫生指标有一项达不到本标准的要求，且经过复检后仍达不到要求时，则判定被检批为不合格产品；所有指标都达到本标准的要求时判定该批产品为合格产品。

6.5 复验

对检验结果有争议时，可在同批产品中加倍抽样进行复验一次，复验结果为最终结果。

7 标签、标识、包装、运输和贮存

7.1 标签

按 GB 7718 执行。

7.2 标识

按 GB 191 执行。

7.3 包装、运输、贮存

包装材料必须符合国家食品卫生要求。

运输工具应清洁、干燥，具有防雨、防晒、防尘设施，严禁与有毒、有害、有异味的物品混运。

产品贮藏库应通风良好，干燥清洁，堆放时要离开地面 10 cm 以上，距墙壁 20 cm 以上，要注意防鼠、防潮。

8 保质期

在本标准规定贮存条件下榨汁食品椰干保质期不低于 8 个月，不榨汁食品椰干保质期不低于 6 个月。

ICS 67.240
X 04

中华人民共和国农业行业标准

NY/T 787—2004

茶叶感官审评通用方法

General method of tea sensory test

2004-04-16 发布　　　　2004-06-01 实施

中华人民共和国农业部　发布

前 言

本标准由中华人民共和国农业部提出。

本标准起草单位:农业部茶叶质量监督检验测试中心、山东省果茶技术指导站、浙江大学农学院茶学系。

本标准起草人:鲁成银、段家祥、龚淑英、刘栩、金寿珍。

茶叶感官审评通用方法

1 范围

本标准规定了茶叶感官审评的操作环境、器具与用水、审评员、审评内容、试验方法和评分。

本标准适用于各类茶叶[*Camellia sinensis*(L.)K]产品的感官审评。

2 规范性引用文件

下列文件中的条款通过本标准的引用而成为本标准的条款。凡是注日期的引用文件，其随后所有的修改单(不包括勘误的内容)或修订版均不适用于本标准，然而，鼓励根据本标准达成协议的各方研究是否可使用这些文件的最新版本。凡是不注日期的引用文件，其最新版本适用于本标准。

GB/T 10220 感官分析方法总论

3 操作环境

3.1 光线明亮柔和，光度一致，采用来自北面自然光或标准合成光源。地板和墙壁不反光，色泽浅淡。

3.2 室温保持20℃～25℃。

3.3 室内清洁、干燥，空气新鲜流通，无异味干扰。

3.4 室内安静，无噪音干扰。

3.5 干、湿审评台高度适合审评需要，台面不反光。

4 器具与用水

4.1 评茶杯

瓷质，高65 mm，外径66 mm，内径62 mm，容量150 mL，具盖，盖上有一小孔，在杯柄相对的杯口上缘有一呈锯齿形小缺口，乌龙茶可使用110 mL的钟形杯。

4.2 评茶碗

瓷质，色泽一致。高55 mm，上口外径95 mm，内径92 mm，容量150 mL。

4.3 评茶盘

用胶合板或木板制的方形盘，涂以白色，无异气味。长、宽各230 mm边高30 mm，盘的一角有缺口。

4.4 叶底盘

白色搪瓷盘或黑色(长)方形小木盘。

4.5 网匙

铜丝网制，底圆形。

4.6 吐茶桶

4.7 称量工具

感量0.1 g天平，速溶茶审评使用感量0.01 g的天平。

4.8 计时钟或沙时计

4.9 茶匙

4.10 电水壶

4.11 紧压茶分解工具

4.12 **评茶用水**

符合国家饮用水规定，清洁无味，pH 5.5～7，硬度＜10。

5 审评员

应符合 GB/T 10220 中相关规定的要求。

6 审评内容

6.1 茶叶感官审评按外形、汤色、香气、滋味、叶底五个审评因子进行，并分别用 GB/T 14487 中规定的评茶术语奉述。某些茶类的审评可只进行其中部分因子。

6.2 **外形审评**

审评试样的形态、嫩度、色泽、匀整和净度等。

6.3 **汤色审评**

审评茶汤的颜色、深浅、明暗及清浊程度等，以及速溶茶的速溶性。

6.4 **香气审评**

审评香气的类型、纯异、浓淡、高低、持久性及新陈等。

6.5 **滋味审评**

审评茶汤浓淡、醇涩、纯异、鲜钝等。

6.6 **叶底审评**

审评叶底的老嫩、色泽、明暗及匀杂程度等。

7 试验方法

7.1 **通用感官审评方法**

绿茶、红茶、黄茶、白茶、乌龙茶及黑茶等采用，乌龙茶的通用感官审评方法为仲裁法。

7.1.1 **外形审评**

用分样器或四分法从待检样品中分取代表性试样 100 g～150 g，置于评茶盘中，将评茶盘运转数次，使试样按粗细、大小顺序分层后，审评外形。对紧压茶，先审评整块茶的外观，再用分解工具解块后，分取试样 100 g～150 g，置于评茶盘中，审评其内部茶叶状况。

7.1.2 **内质审评**

称取评茶盘中混匀的试样 3 g，置于评茶杯中，注满沸水，加盖，冲泡 5 min 后将茶汤沥入评茶碗中，依次审评汤色、香气（评茶杯中）和滋味，最后将评茶杯中的茶渣，移入翻置于评茶杯上的杯盖或叶底盘中，检视其叶底。

7.2 **花茶双杯审评方法**

外形审评同 8.1.1；内质审评时分别称取 3 g 茶样 2 份，剔除花干，置于两只评茶杯中，注满沸水，加盖。一杯冲泡 3 min 后，将茶汤沥入评茶碗中，审评香气的鲜灵度和汤色，另一杯审评操作同 8.1.2，其中香气审评侧重浓度和纯度。

7.3 **乌龙茶盖碗审评方法**

外形审评同 8.1.1；内质审评时称取 5 g 茶样置于 110 mL 钟形杯中，以沸水冲泡并加盖。审评冲泡 3 次，冲泡时间依次为 2 min，3 min，5 min。每次均应在茶汤未沥出评茶碗中时，嗅闻杯盖内侧附着的香气，其余的审评操作同 8.1.2，以第二次冲泡审评的结果为主要评价依据。

7.4 **袋泡茶审评方法**

7.4.1 **外形审评**

仅对茶袋的滤纸质量和茶袋的包装状况进行审评。

7.4.2 内质审评

取一整袋茶置于评茶杯中，注满沸水并加盖，冲泡 3 min 后上下提动两次（每分钟一次），至 5 min 时将茶汤沥入评茶碗中，依次审评汤色、香气和滋味。叶底审评滤袋的完整性，必要时检视茶渣的色泽和均匀度。

7.5 速溶茶审评方法

取 5 g～10 g 茶样审评外形，再迅速称取 0.75 g 速溶茶茶样 2 份，分别置于透明玻璃杯中，用 150 mL 冷水和沸水冲泡，依次审评速溶性、汤色、香气和滋味。

7.6 液体茶审评方法

液体茶审评液温为 25℃～30℃（必要时加热），依次审评汤色、香气和滋味。

8 评分

8.1 评分方法

茶叶感官审评评分方法为：每一审评因子按百分制分别记分，再将所得分数与该因子的评分系数相乘，最后将各个乘积值相加，即为审评总得分。计算公式如下：

$$X=A\times a+B\times b+C\times c+D\times d+E\times e$$

式中：

X ——茶叶审评总得分；

A ——外形评分；

a ——外形评分系数，单位为百分率（%）；

B ——汤色评分；

b ——汤色评分系数，单位为百分率（%）；

C ——香气评分；

c ——香气评分系数，单位为百分率（%）；

D ——滋味评分；

d ——滋味评分系数，单位为百分率（%）；

E ——叶底评分；

e ——叶底评分系数，单位为百分率（%）。

8.2 评分系数

各茶类评分系数见表 1。

表 1 各茶类评分系数

单位为%

茶 类	外 形	汤 色	香 气	滋 味	叶 底
名优绿茶	30	10	25	25	10
普通绿茶	20	10	30	30	10
功夫红茶	30	10	25	25	10
红碎茶	10	15	30	35	10
乌龙茶	15	10	35	30	10
黄 茶	30	10	20	30	10
白 茶	20	10	30	30	10

表 1（续）

茶 类	外 形	汤 色	香 气	滋 味	叶 底
黑 茶	30	10	20	25	15
花 茶	25	5	35	30	5
袋泡茶	—	30	30	35	5
速溶茶	10	25	20	35	10
液体茶	—	35	30	35	—

ICS 65.100.01
B 17

中华人民共和国农业行业标准

NY/T 788—2004

农药残留试验准则

Guideline on pesticide residue trials

2004-04-16 发布　　2004-06-01 实施

中华人民共和国农业部　发布

前　言

农药残留试验是农药管理的一个重要组成部分。农药登记、制定农产品中农药最高残留限量(MRL)标准以及制定“农药合理使用准则”等有关规定均以充分的残留试验资料为科学依据,对保障农产品卫生和食品安全具有重大意义。为规范农药残留试验,取得完整、可靠的残留评价资料,特制定本标准。

本标准由中华人民共和国农业部提出。

本标准起草单位:农业部农药检定所、山西省农药重点实验室。

本标准主要起草人:刘光学、乔雄梧、陶传江、何艺兵、龚勇、秦冬梅、朱光艳、秦曙、李友顺、宋稳成。

农药残留试验准则

1 范围

本标准规定了农药残留试验的术语和定义、基本要求，包括田间试验的设计和实施、采样及样品贮藏、残留分析、试验记录及报告要求。

本标准适用于进行农药登记残留试验，最高残留限量的制定及农药合理使用准则的制定。

2 术语和定义

下列术语和定义适用于本标准。

2.1

农药残留 pesticide residue

指使用农药后，在农产品及环境中农药活性成分及其在性质上和数量上有毒理学意义的代谢（或降解、转化）产物。

2.2

规范残留试验 supervised residue trial

指在良好农业生产规范（GAP）和良好实验室规范（GLP）或相似条件下，为获取推荐使用的农药在可食用（或饲用）初级农产品和土壤中可能的最高残留量，以及这些农药在农产品、土壤（或水）中的消解动态而进行的试验。

2.3

推荐剂量 recommended dosage

指一种农药产品经田间药效试验后，提出的防治某种作物病、虫、草害的施药量（或浓度）。

2.4

采收间隔期 interval to harvest

指采收距最后一次施药的间隔天数。

2.5

安全间隔期 preharvest interval

指经残留试验确证的试验农药实际使用时采收距最后一次施药的间隔天数。

2.6

田间样品 field sample

指按照规定的方法在田间采集的样品。

2.7

实验室样品 laboratory sample

指田间样品按照样品缩分原则缩小以后的样品，用于冷冻贮藏、分析取样和复检。

2.8

分析样品 analytical sample

指按照分析方法要求直接用于分析的样品。

2.9

最小检出量 limit of detection，LOD

指使检测系统产生 3 倍噪音信号所需待测物的质量（以 ng 为单位表示）。

2.10

最低检测浓度　limit of quantification, LOQ

指用添加方法能检测出待测物在样品中的最低含量(以 mg/kg 为单位表示)。

3　基本要求

3.1　农药残留试验单位

进行农药残留试验单位的实验室应具备如下条件:(1)满足残留分析技术要求的仪器、设备和环境设施;(2)按照操作规程进行残留试验,保证分析质量。

3.2　农药残留试验人员

从事农药残留试验要求有专业技术人员,应具备进行农药残留试验的专业知识和经验,掌握农药残留试验的相关规定和技能。

3.3　残留试验的背景资料

残留试验的背景资料包括:登记农药有效成分及其剂型的理化性能,登记应用的作物、防治对象、使用剂量、使用适期和次数、推荐的安全间隔期、残留分析方法以及已有的残留和环境评价资料等,并记录农药产品标签中农药通用名称(中、英文)、商品名称(中、英文)、注意事项以及生产厂家(公司)、产品批号等。

3.4　残留试验的设计原则

3.4.1　根据农药产品推荐的使用方法,期望得到规范用药条件下的最高残留量。

3.4.2　与药效试验不同,防治对象存在与否并不影响残留试验方案的实施。

4　田间试验的设计

4.1　田间试验的重复次数

根据残留试验性质,按照《农药登记资料要求》决定田间试验重复次数。

4.2　试验地点

4.2.1　应选择具有代表性的、能覆盖主要种植区、种植方式、土壤和气候条件的试验地点,试验地点应该符合该登记农药的主要应用区域和应用季节。

4.2.2　试验地点的多少取决于登记农药的应用范围、作物布局以及耕作方式的一致性,不一定在每一类生态和气候种植区设点试验,但是,应该注意试验取得的数据有足够的代表性和避免未设试验点区域可能出现更高的残留量。不能少于两个生态和气候不同的种植区。

4.2.3　试验前应对试验地点的土壤类型、前茬作物、农药使用历史、气候等情况做好调查和记载,应选择作物长势均匀、地势平整的地块。试验地点前茬以及在试验进行中均不得施用与供试农药类型相同的农药,以免干扰对试验农药的分析测试。

4.3　供试作物

按照《农药登记资料要求》决定供试作物。一种剂型用于多种作物的农药产品,可在每组作物中选择 1 种～2 种主要作物的主栽品种进行残留试验。在使用剂量和使用方法以及栽培条件近似的情况下,每一组内一种主要作物上的残留数据可认为同时适用于同组其他作物。

4.4　试验小区

粮食作物不得小于 30 m^2,叶菜类蔬菜不得小于 15 m^2,果树不得少于 2 株,每个处理设 3 个以上重复小区,小区之间设保护行或田埂。试验小区可以按照用药量由低到高的顺序排列,避免交叉污染。同时要注意灌溉田的流水方向和风向,浇水时不能串灌。试验必须设对照小区,与处理区设有效的隔离带,避免漂移、挥发和淋溶污染。当在保护地(温室、大棚、仓库)做熏蒸、气雾、烟雾试验时,不同剂量处理分别选不同温室、大棚或仓库处理。

4.5 施药方法和器具

残留试验的施药方法和器具应采用常规施药方法、器具。施药前应对施药器具彻底清洗，施药时均匀一致并严格控制药液量。

4.6 其他农药的使用

为保证试验作物的正常生长而必须施用其他农药时，选择使用与试验农药没有分析干扰的农药品种，应在处理和对照小区均一处理。使用过的农药及时间、剂量等应做详细记录。

5 最终残留量试验

5.1 施药剂量

设两个以上施药剂量，在不发生药害的前提下，以登记时的最高推荐剂量作为残留试验的低剂量，低剂量的 1.5 倍～2 倍剂量作为残留试验的高剂量。施药量的单位应与农药标签用药量的单位一致，如对水稻、小麦、蔬菜等作物的施药量以"有效成分 g/hm^2"表示，对果树、茶树等的施药量以"有效成分 mg/L"表示。

5.2 施药次数和时间

以登记时推荐的最多防治次数和增加 1 次的次数作为残留试验的施药次数。土壤处理剂、种子处理剂(拌种剂)、除草剂或植物生长调节剂等，残留试验的施药次数可不增加。一般根据实际防治需要和推荐采收间隔期推算确定第一次施药时间和后续施药间隔时间。

5.3 采收间隔期

根据农作物病、虫、草害防治的实际情况、农产品采收适期和推荐采收间隔期确定试验采收间隔期。对于在喷药期间采摘的农产品，如黄瓜、番茄、茶叶等，试验采收间隔期应相应的短些，间隔期应选 1 d、2 d、3 d、5 d 或 7 d；其他农作物，如水稻、棉花、柑橘等，间隔期可适当长些，一般设 7 d、14 d、21 d 或30 d，每个残留试验应设两个以上采收间隔期，第二年做相应调整。

6 消解动态试验

6.1 消解动态和半衰期的表示

农药的消解以农药残留量消解一半时所需的时间，即以半衰期表示，可用图示法表征消解动态(即分别以农药活性成分或代谢物、降解物残留量为纵坐标，以时间为横坐标绘制消解曲线图)，用统计方法(非线性回归)求出半衰期。施药后的农药在农作物、环境中的残留量一般随时间变化以近似负指数函数递减的规律变化，可用一级反应动力学方程公式计算：

$$C_T = C_0 e^{-KT}$$

式中：

C_T ——时间 T(d 或 h)时的农药残留量，单位为毫克/千克(mg/kg)；

C_0 ——施药后的原始沉积量，单位为毫克/千克(mg/kg)；

K ——消解系数；

T ——施药后时间，单位为天或小时(d 或 h)。

6.2 消解动态试验种类

旱田作物应做作物可食用部分(植株或果实)、土壤中消解动态试验。水田作物还需做农药在田水中消解动态试验。为避免太大的生长稀释作用，做植株或果实上农药消解动态时应选择植株或果实为其成熟个体约一半大小时开始施药。

6.3 消解动态试验的剂量

以最终残留量试验的高剂量作为消解动态试验的施药量。第一次采样残留量很低(低于最低检测浓度的 10 倍)时，根据分析方法的最低检出浓度加大施药量。喷洒植株不能保证土壤均匀覆盖而影响土壤采样时，专门在土面或另选等面积专门小区均匀喷药。除草剂等土壤处理农药则按照施药要求进行。

6.4 采样间隔和次数

采用在同一小区一次施药、多次采样的方法进行试验，施药后分别于 0 d(在施药后药液基本风干的2 h之内，即原始沉积量)、1 d、3 d、7 d、14 d、21 d、30 d、45 d……d 采样。对于消解较快的农药，前期采样间隔时间应以小时计进行。采样次数不少于 6 次，最后一次的样品中残留量以消解率达到 90%以上为宜。

6.5 土壤处理剂和拌种剂的消解动态试验

对于土壤施用颗粒剂、拌种剂(包衣剂)、芽前土壤处理剂等，植株消解动态试验可在出苗后开始按不同的间隔时间采样，以研究其消解趋势(可不计算半衰期，或以释放高峰作为原始沉积量计算半衰期)。

7 残留试验的样品采集和运输、贮藏

7.1 采样方法

7.1.1 随机法：通过抽取随机数字决定小区中被采集的植株。

7.1.2 对角线法：在小区中呈 X 线形定点取样。

7.1.3 五点法：对角线法的一个特例，即在小区的中间和四个角的方向定五点取样。

7.1.4 在所选的采样点上有选择地采样，应避免采有病、过小或未成熟的样品。采果树样品时，需在植株各部位(上、下、内、外、向阳和背阴面)采样，果实密集的部位相对多采。

7.1.5 避免在地头或边沿采样(留 0.5 m 边缘)，按规定采集所有可食用部分，注意尽可能符合农产品采收实际要求。

7.1.6 先采对照区的样品，再按剂量从小到大的顺序采集其他小区样品。每个小区采集一个代表性样品。

7.2 采样量及采样部位

7.2.1 按照附录 A《作物分类及采样部位和推荐采样量》确定采样部位及采样量。

7.2.2 土壤样品采 0 cm～15 cm 耕作层，每小区设 5 个～10 个采样点，采样量不少于 1 kg。土壤消解动态试验采 0 cm～10 cm 层土样。

7.2.3 水样多点取约 5 000 mL，混匀后取 1 000 mL～2 000 mL。

7.3 样品处置

7.3.1 在样品的采集、包装和制备过程中避免样品表面残留农药的损失。遇光降解的农药，要避免暴露。

7.3.2 避免在样品采集和贮运过程中样品损坏及变质而影响残留量。

7.3.3 样品上黏附的土壤等杂物可用软刷子刷掉或干布擦掉，同时要避免交叉污染。

7.4 样品缩分

7.4.1 指将田间样品缩分成实验室样品。

7.4.2 个体较小的样品，如麦粒和小粒水果等，用四分法将田间样品缩分成实际需要的实验室样品，谷物等样品先粉碎、过 40 目筛，最后取约 250 g～500 g 样品保存待测。

7.4.3 土样样品不能风干，过 1 mm 孔径筛，最后取约 250 g～500 g 样品保存待测，测试同时做水分含量，用于校正干土残留量。不能过筛土壤的样品去掉植物残枝和石砾后保存待测。

7.4.4 中等个体的样品，如豆荚等，样品缩分可能导致失去代表性，可在充分混合的田间样品中随机选取足够量的实验室样品。

7.4.5 较大个体的样品，如大白菜、西瓜等蔬菜、水果样品，应该采集有足够代表性的样品。

7.5 样品包装和贮藏

7.5.1 采集的每一个样品应写好标签。标签应能够防潮，一般在样品包装内外各放一个标签，样品送达实验室后应给每个样品赋予惟一编号，伴随样品分析各个阶段，直至报告结果。样品及有关样品资料(样品名称、采样时间、地点及注意事项等)应在 24 h 以内运送到实验室。在样品抵达实验室之后，接收

人员应对样品资料进行核对、检查并记录样品状态以及与样品资料相符、样品记录完整、正确，必要时与试验组织者核查做出补充。

7.5.2 样品需用不含分析干扰物质和不易破损的容器包装，并尽快保存在冷冻或冷藏冰箱中。

7.5.3 运到实验室的新鲜样品应在1℃～5℃温度（最佳为3℃～5℃）下贮存并应尽快检测，如需贮存较长时间或是冷冻样品，则样品必须在－20℃条件下贮存，解冻后应立即测定。有些农药在贮存时可能会发生降解，需要在相同条件下做添加回收率试验进行验证。对于果皮和果肉分别检测的样品，应该在冷冻前将其分离，分别包装。一般不得将样品匀浆后冷冻，除非证明这样不可能造成农药残留的损失。但是可将样品先提取并去掉溶剂后在－20℃条件下贮存。水样则应保存在冰点以上，以防止冻裂容器。取冷冻样品进行检测时，应不使水和冰晶与样品分离，必要时应进行匀浆。检测后的样品需保存至少半年时间，以供复检。

8 田间试验的记录

见附录B，农药残留试验田间试验记录表。

9 残留分析

9.1 检测方法

9.1.1 检测方法的选择

所有确立的检测方法都要进行方法验证，证明所选方法符合分析要求，切实可行。

对方法的性能检验主要用方法的灵敏度、准确度和精确度来衡量，通常灵敏度以方法的最低检测浓度来表示；准确度以方法添加回收率表示；精确度以相对标准偏差表示。

9.1.2 最低检测浓度(LOQ)必须低于或等于推荐 MRL 值

9.1.3 回收率

用添加法测定回收率，原则上添加浓度应以接近待测样品的农药含量为宜。但由于待测样品中的农药残留量是未知的，因此，一般以该样品的最高残留限量(MRL值)和方法最低检测浓度作为必选的浓度，即添加回收率试验必须选至少2个添加浓度。若没有推荐MRL值参照时，以最低检测浓度和高于最低检测浓度10倍的浓度做添加回收率。不同添加浓度要求回收率见表1。

表1 不同添加浓度要求的回收率

添加浓度 mg/kg	平均回收率 %
＞1	70～110
＞0.1～≤1	70～110
＞0.01～≤0.1	70～110
＞0.001～≤0.01	60～120
≤0.001	50～120

9.1.4 相对标准偏差(RSD)

在进行添加回收率实验时，对同一浓度的添加回收率试验必须进行至少5次重复。不同添加浓度回收率实验所要求的相对标准偏差见表2。

表2 不同添加浓度回收率实验要求的相对标准偏差

添加浓度 mg/kg	相对标准偏差(RSD) %
＞1	10
＞0.1～≤1	15
＞0.01～≤0.1	20
＞0.001～≤0.01	30
≤0.001	35

9.1.5 标准曲线制作

一般采用外标法定量,以试验农药的绝对量(ng)为横坐标,响应值(如峰高或峰面积)为纵坐标制作标准曲线,确定线性响应范围,并计算出回归方程和相关系数。绘制标准曲线的试验点应不少于5个。

9.2 检出农药的确证(confirmation test)

9.2.1 确证试验的条件

在检测结果定性不确定的情况下,在报告检测结果之前仍然需要进行确证实验,以免做出错误结论。通常根据农药的理化特性和介质的特点通过改变提取、净化、分离、检测技术对待测农药进行确证,通常可选择下述方法之一进行确证。

9.2.2 色谱柱改变

即换用另一极性不同的色谱柱和测试条件检测,此时分析物的相对保留指数往往有显著的改变而能实现确证目的。

9.2.3 检测器改变

改用另外一种检测器,特别是选择性检测器测试。

9.2.4 气—质或液—质联用技术

首先要比较总离子流色谱图(TIC)中待测农药的保留时间、峰形和响应值应与标准一致。由于其他离子化方式不能提供足够的分子结构信息,一般采用电子轰击方式(EI)。应参考同样条件下标准物质的质谱图或相似条件下建立的质谱库,当全扫描模式(Scan)灵敏度不够时,需要应用选择离子模式(SIM),此时最少应选择2个200质量单位以上或3个100质量单位以上的特征离子,各离子丰度比例与标准谱图相应离子比例符合率应在70%~130%之间。定性检测时还需特别注意同位素离子的丰度可提供可靠的定性信息;在做谱图比较前应首先减去仪器和样品造成的背景干扰,使定性符合率更高。

9.2.5 检测方法改变

在特定情况下,改变检测系统也是一种选择,如将气相色谱法改为高压液相色谱法或薄层层析法,色谱法改为光谱法等。

9.3 结果计算和表述

根据采用的检测方法进行结果计算和数据统计,色谱法最常用的计算方法为外标法和内标法。残留量应为农药本体及其有毒代谢物,降解物的总和,以mg/kg表示。当检测值低于最低检测浓度时,应写"<最低检测浓度值"。应真实记载实际检测结果,分别列出各样品重复检测值和平均值,而不能用回收率校正。

结果一般以两位有效数字表达(如0.11,1.1,11和1.1×10^{2}等),在残留量浓度低于0.01 mg/kg时相对标准偏差更大,此时的结果采用一位有效数字表达即可。为了统计上的方便也可分别增加一位有效数字。回收率采用整数位的百分数表达即可。

土壤样品以干重计算,植物样品以鲜重计算。

10 试验报告的撰写

见附录C,农药残留试验报告格式。

附 录 A
（规范性附录）
作物分类及采样部位和推荐采样量表

本表根据《农药登记资料要求》制定，除非特别声明，MRL 应用的初级农产品的部位等同于采样用于残留分析的部位。

表 A.1

组别	组 名	商 品 分 类	最高残留限量应用的初级农产品部位及分析部位	每个样品的采样量
1	稻谷类粮食	属禾本科的淀粉质种子。食用前脱壳 包括水稻、旱稻等	籽粒	采 12 点，至少 2 kg
2	麦类粮食	多属禾本科各属的淀粉质种子。食用前脱壳 包括大麦、小麦、燕麦、黑麦、荞麦等	籽粒	采 12 点，至少采2 kg
3	旱粮类粮食	属禾本科的淀粉质种子 包括甜玉米、玉米、高粱、谷子等	籽粒。鲜食玉米包括玉米粒和轴	采 12 点，至少采2 kg
4	块根块茎类粮食	块根、块茎粮食多为含淀粉的食品，由膨大的块根、块茎等组成，大部分属于多个种的地下部分。整个部分可食用 包括：甘薯、木薯、山药、马铃薯等	块根、块茎	至少 4 个～12 个个体，不少于 2 kg
5	小杂粮类粮食	小杂粮类粮食包括豆科干种子 包括：红小豆、绿豆、豌豆、蚕豆等	籽粒	干豆不少于 1 kg
6	白菜类蔬菜	整个商品可食用部分由叶、茎组成的食品：大白菜、青菜、小白菜、小油菜	去掉明显腐坏和萎蔫部分的茎叶	至少 4 个～12 个个体，不少于1 kg
7	甘蓝类蔬菜	包括十字花科的一类整个商品可食用的由叶、茎和花序形成的食品：结球甘蓝、青花菜、球茎甘蓝（苤蓝）、芥蓝、抱子甘蓝、红球甘蓝、皱叶甘蓝、菜花、羽衣甘蓝等	去掉明显腐坏和萎蔫部分的茎叶。菜花和花椰菜分析花序和茎，抱子甘蓝只分析小甘蓝状芽	至少 6 个～12 个个体，不少于 2 kg
8	绿叶类蔬菜	绿叶类蔬菜是由许多可食用植物的叶形成的一类蔬菜。整个叶子可食用。不包括十字花科叶菜 包括：菠菜、苋菜、茴香、蕹菜、茼蒿、生菜、豌豆苗、萝卜叶、糖用甜菜叶、野苣、菊苣等	去掉明显腐坏和萎蔫部分的茎叶	至少 12 个个体，不少于 2 kg
9	根菜类蔬菜	根菜类蔬菜多由膨大的块根、块茎、球茎、根茎等组成，大部分属于多个种的地下部分。整个蔬菜部分可食用 包括：萝卜、胡萝卜、芋头、芥菜、芜菁、榨菜头、甜菜、块根芹、欧洲防风等	去掉顶端的膨大部分。用流动的凉水冲洗，如有必要，用软刷子轻轻刷掉附着的泥土和残渣，然后用干净的吸水纸吸干	至少 6 个～12 个个体，不少于 2 kg
10	豆菜类蔬菜	豆菜类包括豆科蔬菜中鲜的、甚至带荚的种子，如常见的菜豆和豌豆 包括：蚕豆、甜豌豆、扁豆、豇豆、荷兰豆、菜豆、菜豆荚、利马豆、青豆等	豆荚或籽粒	鲜豆（荚）不少于2 kg
11	茎菜类蔬菜	茎菜类是由多种植物的可食茎、嫩芽形成的食品 包括：芹菜、莴笋、菜薹、薹菜、紫菜薹、洋蓟、菊苣、食用大黄等	去掉明显腐坏和萎蔫部分的可食茎、嫩芽。大黄：仅采茎用于分析	至少 12 个个体，不少于2 kg
12	瓜菜类蔬菜	多种蔓生或灌木植物的成熟或未成熟果实组成 包括：南瓜、冬瓜、节瓜、丝瓜、西葫芦、苦瓜等	除去果梗后的整个果实	至少 4 个～6 个个体

表 A.1（续）

组别	组 名	商 品 分 类	最高残留限量应用的初级农产品部位及分析部位	每个样品的采样量
13	茄果类蔬菜	多种蔓生或灌木植物的成熟或未成熟果实组成。整个果实可食用 包括：番茄、辣椒、青椒、茄子、秋葵等	除去果梗后的整个果实	至少6个～12个个体，不少于2 kg
14	鳞茎类蔬菜	鳞茎类蔬菜多为有浓辛辣味道的食品，一般由百合科葱属植株的肉质鳞茎或生长中的芽组成。去掉羊皮纸装的外皮后的整个鳞茎都可食用 包括：韭菜、洋葱、蒜、姜、百合、大葱等	韭菜和大葱：去掉泥土和根后的整个部分。鳞茎、干洋葱头或大蒜：去掉根和可能的干外皮后的整个部分	至少12个～24个个体，不少于2 kg
15	芽菜类蔬菜	豆类发芽长成的蔬菜：绿豆芽、黄豆芽等	整个豆芽	不少于1 kg
16	食用菌类蔬菜	食用真菌整个子实体可食用 包括：双孢蘑菇、大肥菇、香菇、草菇、口蘑、木耳等	整个子实体	至少12个个体，不少于1 kg
17	其他蔬菜	黄瓜、芦笋、竹笋各为一类	整个果实或食用部分。芦笋：仅采茎用于分析	至少6个～12个个体，不少于2 kg
18	梨果类水果	又称仁果，属蔷薇科的梨属，果实除核外可直接食用 包括：苹果、梨、榅桲	除去果梗后的整个果实	至少12个个体，不少于2 kg
19	核果类水果	都属蔷薇科，果实除核外可直接食用 包括：桃、李、杏、樱桃、酸樱桃、油桃	分析除去果梗和核后的整个果实，但残留计算包括果核	至少24个个体，不少于1 kg
20	浆果类水果	浆果类果实包括种子在内的整个果实可食用 包括：葡萄、猕猴桃、杨梅、黑梅、越桔、博伊森树莓、酸果蔓、穗醋栗、露莓、醋栗、树莓等	去掉果柄和果托的整个水果。穗醋栗样品包括果柄	不少于1 kg
21	柑橘类水果	芸香科的各种柑橘类水果，一般具有富含香精油的果皮，内部由多汁的果瓣组成。果肉可直接食用或制饮料 包括：橘子、柚子、柑子、橙子、柠檬等	整个果实	至少6个～12个个体，不少于2 kg
22	坚果类水果	树生坚果是一些木本或灌木树的种子，外被坚硬不可食外壳，内着油质种子 核桃、板栗、榛子、澳大利亚坚果、美洲山核桃、甜杏仁等	去壳后的整个可食部分 板栗：去皮	多点采不少于1 kg
23	瓜果类水果	多种蔓生或灌木植物的成熟果实组成 包括：甜瓜、香瓜、哈密瓜、白兰瓜等	除去果梗后的整个果实	至少4个～8个个体
24	皮可食类水果	不同种热带亚热带木本、灌木植物的成熟或未成熟果实。一般整个果实可鲜食 包括：椰枣、无花果、橄榄、红枣、柿子、枇杷	椰枣、橄榄：分析除去果梗和核后的整个果实，但残留计算包括果核。无花果：整个果实	不少于1 kg
25	其他各种水果	不同种热带亚热带木本、灌木植物的成熟或未成熟果实。果实可食用部分被果皮或外壳包被。一般整个果实可鲜食 包括：西瓜、香蕉、菠萝、芒果、荔枝、龙眼、杨桃、榴莲、木瓜等各为一类	除个别指明外整个果实 菠萝：去掉果冠	至少4个～12个个体，不少于2 kg
26	经济作物	棉花、花生、茶、大豆、烟草、甘蔗、甜菜、油菜籽、向日葵、芝麻、亚麻籽、可可、咖啡、草莓等各为一类	整个籽实或食用部分	多点采不少于0.1 kg～0.5 kg(干)或1 kg～2 kg(鲜)
27	中草药	中草药多为植物的种子、根、茎、叶、果实和果仁组成。一般干制后多味药配合使用。各种中草药各一类	整个药用部分	多点采不少于0.5 kg(干)或1 kg(鲜)

表 A.1(续)

组别	组　名	商　品　分　类	最高残留限量应用的初级农产品部位及分析部位	每个样品的采样量
28	豆科饲料作物	豆科饲料由不同的豆科作物(含种子或不含种子)制成的干鲜饲料 包括:蚕豆、花生、苜蓿、三叶草、豌豆、大豆等	整个植株	多点采 1 kg～2 kg,干草 0.5 kg
29	禾本科饲草作物	多属禾本科各属植物,鲜饲、青贮或干草用于动物饲料 包括:稻草、大麦秸、干草、玉米秸、高粱秸等	整个植株	至少 5 个个体,不少于 2 kg
30	香草类	香草类来自许多草本植物的叶、茎和根,用量小,为食品增加味道。一般新鲜或干制后添加到其他食品中使用	整个食用部分	多点采不少于 0.1 kg(干)或 0.2 kg(鲜)
31	调味品类	调味品由有香味的种子、根、果实和果仁组成,用量小,为其他食品增加味道。一般干制后添加到其他食品中使用	整个食用部分	多点采不少于 0.2 kg(干)或 0.5 kg(鲜)

附 录 B
(资料性附录)
农药残留试验田间试验记录表

表 B.1

<table>
<tr><td rowspan="4">试验单位</td><td>年 度</td><td></td><td>试验名称</td><td colspan="3"></td></tr>
<tr><td>试验单位
及地址</td><td colspan="5"></td></tr>
<tr><td colspan="3">责任人(包括签名)</td><td>试验设计人</td><td>施 药 人</td><td>采 样 人</td></tr>
<tr><td colspan="3"></td><td></td><td></td><td></td></tr>
</table>

<table>
<tr><td rowspan="3">试验农药</td><td rowspan="2">活性成分
(通用名)</td><td rowspan="2">农药分类</td><td rowspan="2">商品名
或编码</td><td colspan="3">剂 型</td></tr>
<tr><td>类型</td><td>浓度</td><td>商品/
试验专用</td></tr>
<tr><td></td><td></td><td></td><td></td><td></td><td></td></tr>
</table>

<table>
<tr><td rowspan="4">试验作物/农产品</td><td>作物名称</td><td></td><td rowspan="3">试验地点</td><td>省(地区)</td><td></td></tr>
<tr><td>品 种</td><td></td><td rowspan="2">地点或田间分布图(包括地址)</td><td rowspan="2"></td></tr>
<tr><td>农作物分类</td><td></td></tr>
<tr><td>防治对象</td><td colspan="4">试验时存在 □</td></tr>
</table>

<table>
<tr><td rowspan="8">试验地管理信息</td><td>作物种植基本信息</td><td colspan="3">如:生产果园或温室;种植期;生长期;保护行;土壤特性(土壤种类、pH、有机质含量、机械组成等)</td></tr>
<tr><td>小区大小</td><td></td><td>行 距</td><td></td></tr>
<tr><td>每处理小区数量(重复)</td><td></td><td>每小区作物数量</td><td></td></tr>
<tr><td>对照小区数量</td><td></td><td>每小区栽培行数</td><td></td></tr>
<tr><td>上一年使用的农药</td><td colspan="3"></td></tr>
<tr><td>试验期间在小区中施用的其他农药(施用量和时间)</td><td colspan="3"></td></tr>
<tr><td>耕作措施
如灌溉、施肥等</td><td colspan="3"></td></tr>
<tr><td>气候条件,如温度、降雨、日照等(若可能另附详细资料)</td><td colspan="3">1. 施药前(96 h)
2. 施药时
3. 施药后(至采样前)</td></tr>
</table>

表 B.1(续)

<table>
<tr><td rowspan="6">施药数据</td><td>施药方法和器械类型
包括喷药方式和用水量</td><td></td></tr>
<tr><td>使用剂量(a.i.g/hm²)</td><td></td></tr>
<tr><td>稀释倍数或喷雾浓度</td><td></td></tr>
<tr><td>施药次数</td><td></td></tr>
<tr><td>施药日期</td><td></td></tr>
<tr><td>最后一次处理时的作物生长期</td><td></td></tr>
</table>

<table>
<tr><td rowspan="20">采样及样品处理</td><td colspan="8">采样日期与地点:</td></tr>
<tr><td colspan="8">采样时的作物生长期:</td></tr>
<tr><td colspan="8">采样方法:</td></tr>
<tr><td colspan="8">田间样品采集　　　　采集人:</td></tr>
<tr><td>小区号</td><td>处理与重复</td><td>采样部位</td><td>采样量
(个数/重量)</td><td>缩分方法</td><td>实验室样品
重量,g</td><td colspan="2">实验室样品
编号</td></tr>
<tr><td></td><td></td><td></td><td></td><td></td><td></td><td colspan="2"></td></tr>
<tr><td></td><td></td><td></td><td></td><td></td><td></td><td colspan="2"></td></tr>
<tr><td></td><td></td><td></td><td></td><td></td><td></td><td colspan="2"></td></tr>
<tr><td></td><td></td><td></td><td></td><td></td><td></td><td colspan="2"></td></tr>
<tr><td></td><td></td><td></td><td></td><td></td><td></td><td colspan="2"></td></tr>
<tr><td></td><td></td><td></td><td></td><td></td><td></td><td colspan="2"></td></tr>
<tr><td colspan="8">实验室样品的贮藏</td></tr>
<tr><td>实验室
样品编号</td><td>样品重量
g</td><td>样品处理
与状态</td><td>采样日期</td><td>实验室
接收日期</td><td>冷冻贮藏
日期</td><td>分析日期</td><td>备注</td></tr>
<tr><td></td><td></td><td></td><td></td><td></td><td></td><td></td><td></td></tr>
<tr><td></td><td></td><td></td><td></td><td></td><td></td><td></td><td></td></tr>
<tr><td></td><td></td><td></td><td></td><td></td><td></td><td></td><td></td></tr>
<tr><td></td><td></td><td></td><td></td><td></td><td></td><td></td><td></td></tr>
<tr><td></td><td></td><td></td><td></td><td></td><td></td><td></td><td></td></tr>
<tr><td></td><td></td><td></td><td></td><td></td><td></td><td></td><td></td></tr>
</table>

附 录 C
(资料性附录)
农药残留试验报告格式

试验单位: (盖章)	主持人: (签字)	参加人员:
农药厂家:	试验年度:	报告日期:

(商品名含量剂型)在(作物名称)上残留试验报告

中文通用名: 英文通用名:

英文商品名: 中文商品名:

化学名称:

化学结构式:

化学分子式:

分子量:

农药简介:包括试验委托方、农药生产企业、农药的理化特性、毒性、生物活性和防治对象、作用机制、推荐 MRL 与 ADI(含数据来源)等。

一、田间试验

1. 试验时间

2. 试验地点

3. 试验农药

4. 试验作物

5. 试验方法

5.1 田间试验设计 用文字及表格说明(包括小区面积、重复、施药方法、施药量、施药次数、间隔期、采样时间、采样方法、样品包装及储运等)及表格

5.2 气候条件、土壤类型

5.3 消解动态试验 有文字及表格说明

5.4 最终残留试验 有文字及表格说明

二、检测方法

方法原理简述

1. 仪器设备

2. 试剂

3. 样品的制备 包括土壤、作物(可食部分)、植株或水等。

4. 分析步骤

4.1 提取

4.2 净化

4.3 分析测定

4.3.1 仪器(气谱、液谱、气质联用等)条件

4.3.2 标准曲线 文字说明及标准曲线图、公式、相关系数。

4.3.3 最小检出量

4.3.4 最低检测浓度

4.3.5 相对保留时间

4.3.6 添加回收率与相对标准偏差 文字及表格说明。

4.3.7 残留量计算公式

4.3.8 确证试验方法(如果有的话)

5. 残留试验结果

5.1 (商品名)在作物(可食部分)、土壤、植株或水中的消解动态结果(有文字说明,且有表格附后;用 $C=C_0e^{-kt}$ 计算半衰期、相关系数)

5.2 (商品名)在作物(可食部分)、土壤植株或水中最终残留测定结果(有文字说明,且有表格附后;用 $C=C_0e^{-kt}$ 计算半衰期、相关系数)

5.3 确证试验结果(如果有的话)

6. 结论及合理使用建议

6.1 待测农药在作物土壤田水中的消解速率评价

6.2 各种施药因子与残留量相关性分析

6.3 非正常检测结果分析

6.4 根据推荐 MRL 值和试验结果提出合理使用建议

7. 图表

7.1 表格包括田间试验表、添加回收率表、消解动态表、最终残留量测定结果表。

7.2 谱图包括标样、土壤空白、土壤添加、土壤实测样;作物空白、作物添加、作物实测样;可食部分空白、可食部分添加、可食部分实测样;水空白、水添加、水实测样。

7.3 消解曲线图(包括作物、土壤、水、可食部分,图中显示回归方程及相关系数)。

注:

1. 农药残留试验报告用 A4 纸打印,上下页边距 3.0cm,左右页边距 3.3cm;标题用宋体小三号字,其他用宋体小四号字。

2. 所有表格、标准曲线、消解曲线、谱图均放在文字后面。

3. 登记农药残留试验报告必须由主持人(工程师以上职称)签字,试验单位盖章;残留会议用试验总结报告不要签字、盖章。

4. 登记农药残留试验报告除交试验委托方两份外,还需交给农业部农药检定所残留室一份。

ICS 65.100.01
B 17

中华人民共和国农业行业标准

NY/T 789—2004

农药残留分析样本的采样方法

Guideline on sampling for pesticide residue analysis

2004-04-16 发布　　　　2004-06-01 实施

中华人民共和国农业部　发布

前　言

本标准由中华人民共和国农业部提出。

本标准起草单位:农业部农药检定所和中国农业大学应用化学系。

本标准主要起草人:何艺兵、刘丰茂、潘灿平、刘光学、钱传范、龚勇、秦冬梅、朱光艳、李友顺、宋稳成。

农药残留分析样本的采样方法

1 范围

本标准规定了农药残留田间试验样本(植株、水、土壤)、产地和市场样本的采集、处理、贮存方法。

本标准适用于种植业中农药残留分析样本的采样过程。

2 规范性引用文件

下列文件中的条款通过本标准的引用而成为本标准的条款。凡是注明日期的引用文件,其随后所有的修改单(不包括勘误的内容)或修订版均不适用于本标准,然而,鼓励根据本标准达成协议的各方研究是否可使用这些文件的最新版本。凡是不注明日期的引用文件,其最新版本适用于本标准。

GB/T 8302 茶 取样

GB/T 8855 新鲜水果和蔬菜的取样方法

GB/T 12530 食用菌取样方法

GB/T 14699.1 饲料采样方法

NY/T 398 农、畜、水产品污染监测技术规范

NY/T 788—2004 农药残留试验准则

3 采样原则

3.1 采样应由专业技术人员进行。

3.2 采集的样本应具有代表性。

3.3 样本采集、制备过程中应防止待测定组分发生化学变化、损失,避免污染。

3.4 采样过程中,应及时、准确记录采样相关信息。

4 采样方法

4.1 产地样本采样

4.1.1 样本采集

按照产地面积和地形不同,采用随机法、对角线法、五点法、Z形法、S形法、棋盘式法等进行多点采样。产地面积小于 1 hm^2 时,按照 NY/T 398 规定划分采样单元;产地面积大于 1 hm^2 小于 10 hm^2 时,以 1 hm^2～3 hm^2 作为采样单元;产地面积大于 10 hm^2 时,以 3 hm^2～5 hm^2 作为采样单元。每个采样单元内采集一个代表性样本。不应采有病、过小的样本。采果树样本时,需在植株各部位(上、下、内、外、向阳和背阴面)采样。

4.1.2 样本预处理及采样量

4.1.2.1 块根类和块茎类蔬菜

采集块根或块茎,用毛刷和干布去除泥土及其他黏附物。样本采集量至少为 6 个～12 个个体,且不少于 3 kg。代表种类有:马铃薯、萝卜、胡萝卜、芜菁、甘薯、山药、甜菜、块根芹。

4.1.2.2 鳞茎类蔬菜

韭菜和大葱:去除泥土、根和其他黏附物;鳞茎、干洋葱头和大蒜:去除根部和老皮。样本采集量至少为 12 个～24 个个体,且不少于 3 kg。代表种类有:大蒜、洋葱、韭菜、葱。

4.1.2.3 叶类蔬菜

去掉明显腐烂和萎蔫部分的茎叶。菜花和花椰菜分析花序和茎。采集样本量至少为 4 个～12 个个体，不少于 3 kg。代表种类：菠菜、甘蓝、大白菜、莴苣、甜菜叶、花椰菜、萝卜叶、菊苣。

4.1.2.4 茎菜类蔬菜

去掉明显腐烂和萎蔫部分的可食茎、嫩芽。大黄：只取茎部。采集样本量至少为 12 个个体，且不少于 2 kg。代表种类有：芹菜、朝鲜蓟、菊苣、大黄等。

4.1.2.5 豆菜类蔬菜

取豆荚或籽粒。采集样本量鲜豆（荚）不少于 2 kg，干样不少于 1 kg。代表种类有：蚕豆、菜豆、大豆、绿豆、豌豆、芸豆、利马豆。

4.1.2.6 果菜类（果皮可食）

除去果梗后的整个果实。采集样本量为 6 个～12 个个体，不少于 3 kg。代表种类有：黄瓜、胡椒、茄子、西葫芦、番茄、黄秋葵。

4.1.2.7 果菜类（果皮不可食）

除去果梗后的整个果实，测定时果皮与果肉分别测定。采集样本量为 4 个～6 个个体。代表种类：哈密瓜、南瓜、甜瓜、西瓜、冬瓜。

4.1.2.8 食用菌类蔬菜

取整个子实体。至少 12 个个体，不少于 1 kg。代表种类有：香菇、草菇、口蘑、双孢蘑菇、大肥菇、木耳等。

4.1.2.9 柑橘类水果

取整个果实。外皮和果肉分别测定。至少 6 个～12 个个体，不少于 3 kg。代表种类有：橘子、柚子、橙子、柠檬等。

4.1.2.10 梨果类水果

去蒂、去芯部（含籽）带皮果肉共测。至少 12 个个体，不少于 3 kg。代表种类有：苹果、梨等。

4.1.2.11 核果类水果

除去果梗及核的整个果实，但残留计算包括果核。至少 24 个个体，不少于 2 kg。代表种类有：杏、油桃、樱桃、桃、李子。

4.1.2.12 小水果和浆果

去掉果柄和果托的整个果实，样本采集量不少于 3 kg。代表种类有：葡萄、草莓、黑莓、醋栗、越桔、罗甘莓、酸果蔓、黑醋栗、覆盆子。

4.1.2.13 果皮可食类水果

枣、橄榄：分析除去果梗和核后的整个果实，但计算残留量时以整个果实计。无花果取整个果实。样本采集量不少于 1 kg。代表种类有：枣、橄榄、无花果。

4.1.2.14 果皮不可食类水果

除非特别说明，应取整个果实。鳄梨和芒果：整个样本去核，但是计算残留量时以整个果实计。菠萝：去除果冠。样本采集量为 4 个～12 个个体，不少于 3 kg。代表种类有：鳄梨、芒果、香蕉、番木瓜果、番石榴、西番莲果、新西兰果、菠萝。

4.1.2.15 谷物

对于稻谷，取糙米或精米。鲜食玉米和甜玉米，取籽粒加玉米穗轴（去皮）。样本采集至少 12 点，不少于 2 kg。代表种类有：水稻、小麦、大麦、黑麦、玉米、高粱、燕麦、甜玉米。

4.1.2.16 饲草作物类

取整个植株。至少 5 个个体，不少于 2 kg。代表种类有：大麦饲料、玉米饲料、稻草、高粱饲料。

4.1.2.17 经济作物

整个籽粒或食用部分。花生、去掉外皮。多点采集不少于0.1 kg～0.5 kg(干样)或1 kg～2 kg(鲜样)。代表种类有:花生、棉籽、红花籽、亚麻籽、葵花籽、油菜籽、菜叶、成茶、可可豆、咖啡豆。

4.1.2.18 豆科饲料作物

取整个植株。多点采1 kg～2 kg,干草0.5 kg。代表种类有:紫花苜蓿饲料、花生饲料、大豆饲料、豌豆饲料、苜蓿饲料。

4.1.2.19 坚果

去壳后的整个可食部分。板栗去皮处理。多点采样且不少于1 kg。代表种类有:杏核、澳洲坚果、栗子、核桃、榛子、胡桃。

4.1.2.20 中草药

取整个药用部分。多点采不少于0.5 kg(干样)或1 kg(鲜样)。

4.1.2.21 香草类

取整个食用部分。多点采不少于0.1 kg(干样)或0.2 kg(鲜样)。

4.1.2.22 调味品类

整个食用部分。多点采不少于0.2 kg(干样)或0.5 kg(鲜样)。

4.1.2.23 土壤

土壤样本一般从作物生长小区内采集,采集0 cm～15 cm耕作层,每个小区设5个～10个采样点,采样量不少于1 kg。

4.1.2.24 水和其他液体样本

从作物生长小区内多点采集5 L水样,充分混合。去除漂浮物、沉淀物和泥土。在报告结果时,应指明水样是否包含漂浮物和沉淀物。

4.2 农药残留田间试验样本采样

根据试验目的和样本种类实际情况,按照随机法、对角线法或五点法在每个采样单元内进行多点采样。样本预处理方法按照4.1.2进行。采样数量按照NY/T 788—2004 进行。

4.3 市场样本采样

4.3.1 散装样本

对于散装成堆样本,应视堆高不同从上、中、下分层采样,必要时增加层数,每层采样时从中心及四周五点随机采样。抽检样本的采样量按照GB/T 8855规定进行。样本预处理方法按照4.1.2进行。

4.3.2 包装产品

对于包装产品,抽检样本的采样量按照GB/T 8855规定进行随机采样。采样时按堆垛采样或甩箱采样,即在堆垛两侧的不同部位上、中、下或四角中取出相应数量的样本,如因地点狭窄,按堆垛采样有困难时,可在成堆过程中每隔若干箱甩一箱,取出所需样本。样本预处理方法按照4.1.2进行。

4.3.3 特殊样本

茶样本,按照GB/T 8302进行。

食用菌样本按照GB/T 12530进行。

饲料样本按照GB/T 14699.1进行。

样本预处理方法按照4.1.2进行。

5 样本的缩分

5.1 谷物样本

样本经粉碎后,过0.5 mm孔径筛,按四分法缩分取250 g～500 g保存待测。

5.2 土壤样本

土壤样本不应风干。过1 mm孔径筛,取250 g～500 g保存待测,测试同时做水分含量测定。不能过筛的土壤样品去除其中石块、动植物残体等杂物后待测。最终检测结果以土壤干重计。

5.3 小体积蔬菜和水果

均匀混合后，按四分法缩分，用组织捣碎机或匀浆器处理后取 250 g～500 g 保存待测。

5.4 大体积蔬菜和水果

切碎后，按四分法缩分，取 600 g～800 g 保存待测。

5.5 冷冻样本

冷冻状态下破碎后进行缩分。如需解冻处理，须立即测定。

5.6 水样本

滤纸过滤，混匀后，依照分析方法和待检物浓度取相应数量样本待测。

5.7 其他

其他种类的样本，按照四分法缩分后，取出实验室分析所需样本量，保存待测。

6 样本包装、贮存

6.1 样本的包装

采集的样本用惰性包装袋(盒)装好，写好标签(包装内外各一个)和编号(伴随样本各个阶段，直至报告结果)。样本及有关资料(样本名称、采样时间、地点及注意事项等)在 24 h 内运送到实验室，在运输过程中应避免样本变质、受损、失水或遭受污染。

6.2 样本的贮存

6.2.1 对含性质不稳定的农药残留样本，应立即进行测定。

6.2.2 容易腐烂变质的样本，应马上捣碎处理，在低于－20℃条件下冷冻保存。

6.2.3 水样在冷藏条件下贮存，或者通过萃取等处理，得到提取液，在冷冻条件下贮存。

6.2.4 短期贮存(小于 7 d)的样本，应按原状在 1℃～5℃下保存。

6.2.5 贮藏较长时间时，应在低于－20℃条件下冷冻保存。解冻后应立即分析。取冷冻样本进行检测时，应不使水、冰晶与样本分离，分离严重时应重新匀浆。

6.2.6 检测样本应留备份并保存至约定时间，以供复检。

7 样本记录

样本记录表包括以下基本内容：

a) 样本名称、种类、品种；
b) 识别标记或批号、样本编号；
c) 采样日期；
d) 采样时间；
e) 采样地点；
f) 样本基数及采样数量；
g) 包装方法；
h) 采样(收样)单位、采样(收样)人签名或盖章；
i) 贮存方式、贮存地点、保存时间；
j) 采样时的环境条件和气候条件；
k) 对市场抽检样品需标明原编号及生产日期、被抽样单位，并经被抽样单位签名或盖章。

ICS 65.020.20
B 33

中华人民共和国农业行业标准

NY/T 790—2004

双低油菜生产技术规程

Technical regulation of production of low erucic acid and low glucosinolate oil seed rape

2004-04-16 发布　　2004-06-01 实施

中华人民共和国农业部　发布

前 言

本标准由中华人民共和国农业部提出。

本标准起草单位:中国农业科学院油料作物研究所、农业部油料及制品质量监督检验测试中心。

本标准主要起草人:李光明、李培武、李云昌、杨经泽、杨湄、谢立华。

双低油菜生产技术规程

1 范围

本标准规定了双低油菜(低芥酸低硫苷油菜)的生产的术语和定义、技术要求、栽培管理和收获。

本标准适用于我国油菜主产区双低油菜生产。

2 规范性引用文件

下列文件中的条款通过本标准的引用而成为本标准的条款。凡是注日期的引用文件,其随后的所有修改单(不包括勘误的内容)或修定版均不适用于本标准,然而,鼓励根据本标准达成协议的各方研究是否可使用这些文件的最新版本。凡是不注日期的引用文件,其最新版本适用于本标准。

NY 414 低芥酸低硫苷油菜种子

NY/T 415 低芥酸低硫苷油菜籽

3 术语和定义

下列术语和定义适用于本标准。

3.1

双低油菜 low erucic acid and low glucosinolate oil seed rape

指低芥酸低硫苷油菜。

3.1.1

低芥酸 low erucic acid

同 NY/T 415 第 3.4 条。

3.1.2

低硫苷 low glucosinolate

同 NY/T 415 第 3.5 条。

3.2

区域种植 region plantation

在一个种植区域内连片种植双低油菜品种,不插花种植非双低油菜品种及其他十字花科作物。

4 技术要求

4.1 品种及种子选择

选用适合产地自然环境和耕作制度的双低油菜品种,种子经检验符合《低芥酸低硫苷油菜种子》(NY 414)的要求。不能自行留用上年大田收获的双低油菜籽作种子。

4.2 产地布局

双低油菜生产须实施区域种植(3.2)。

4.3 肥料使用准则

4.3.1 双低油菜生产中禁止使用油菜秸秆、果壳作农家肥。

4.3.2 双低油菜生产中非缺硫土壤不宜使用含硫化肥。

4.3.3 采用平衡施肥技术,实行有机、无机肥结合,氮、磷、钾、硼配合使用。

4.4 菌核病防治

按照《油菜菌核病防治技术规程》执行。

4.5 收获与贮藏

双低油菜须实行单独收获、分仓贮藏，防止与非双低油菜混收混贮。

5 栽培管理

双低油菜生产可分为直播和育苗移栽。

5.1 育苗移栽

5.1.1 苗床管理

5.1.1.1 苗床

选择两年以上未种过油菜及其他十字花科作物的旱地作苗床，苗床与大田面积比例为 1∶5。

5.1.1.2 苗床施肥

苗床应施足底肥，以腐熟的人、畜粪尿和磷肥、钾肥及硼肥为主，并遵循 4.3.1 和 4.3.2。

5.1.2 移栽田间管理

5.1.2.1 整地技术

稻田和旱地均可移栽油菜，视土质情况可翻耕整地后移栽或板田免耕移栽。翻耕整地移栽须在前茬作物收获后深翻、耙平、耙细，除去油菜及其他十字花科作物自生苗，防止对移栽的双低油菜造成混杂；免耕移栽须施用除草剂，除去油菜及其他十字花科作物自生苗。

5.1.2.2 移栽技术

按照“移大苗、弃小苗”、“移壮苗、弃弱苗”的原则，将双低油菜苗由苗床移栽到大田，浇水保苗。

5.1.2.3 施肥技术

5.1.2.3.1 基肥

腐熟的人畜粪、沟肥、堆肥、厩肥、土杂肥、饼肥等农家肥和化学磷肥及硼肥均作基肥底施；化学钾肥 60％作基肥底施，40％作腊肥追施；化学氮肥 50％～60％作基肥底施，其余作追肥施用。禁忌施用的肥料遵循 4.3.1 和 4.3.2。

5.1.2.3.2 硼肥

硼肥是双低油菜正常生长的重要肥料，必须作底肥施足。以化学硼肥硼砂为例，每公顷至少施 7.5 kg，缺硼土壤每公顷施 15 kg。如选用其他类型的化学硼肥，按其有效硼含量计算出相当于硼砂的有效硼含量作底肥施足。

5.1.2.3.3 氮肥

根据土质情况，氮素追肥可分成三次或两次施用，即返青肥—腊肥—薹肥或返青肥—腊肥，前者的比例为 20∶70∶10，后者的比例为 25∶75。12 月下旬腊肥与 40％的钾肥(5.1.2.3.1)一起追施。

5.2 直播

5.2.1 田地选择

同 5.1.1.1 中“苗床”要求。不考虑苗床与大田面积比例。

5.2.2 播种技术

条播或撒播，根据不同品种特性和实际田间状况，合理确定播种量。

5.2.3 施肥技术

5.2.3.1 基肥

同 5.1.2.3.1。

5.2.3.2 硼肥

同 5.1.2.3.2。

5.2.3.3 氮肥

同5.1.2.3.3,“返青肥”在4～5片真叶定苗后施用。

5.3 除杂保纯

结合间苗、定苗田间管理,除去弱苗、病苗、杂苗。在追施腊肥和薹肥前,结合除草,去掉其他十字花科作物。

5.4 防止鸟害

角果成熟期应防止鸟害。

6 收获

6.1 收获准备

收获前,将晒场、麻袋、仓库等清理干净。

6.2 适期收获

当主花序角果、全株和全田角果70%～80%现黄,主花序下部角果呈黄色、籽粒呈固有颜色时,即应收获。

6.3 脱粒、贮藏

双低油菜须单收、单脱、单摊晒,菜籽含水量降至9%～10%后进仓单独贮藏,防止与非双低油菜籽混收混贮。

ICS 65.020.20
B 33

中华人民共和国农业行业标准

NY/T 791—2004

双低杂交油菜种子繁育技术规程

Technical procedure for seed multiplication of double low hybrid rapeseed

2004-04-16 发布　　2004-06-01 实施

中华人民共和国农业部 发布

前　言

本标准的附录 A 为资料性附录。

本标准由农业部提出。

本标准起草单位:农业部农作物种子质量监督检验测试中心(武汉)、湖北省种子管理站。

本标准主要起草人:吴庆峰、刘汉珍、聂练兵、万荷英、汪爱顺、谢建平、伍同寸。

双低杂交油菜种子繁育技术规程

1 范围

本标准规定了甘蓝型双低杂交油菜亲本种子繁育及杂交制种的技术方法和程序。

本标准适用于甘蓝型双低杂交油菜的F_1杂交种及其亲本(细胞质雄性不育三系和细胞核雄性不育二系杂交油菜亲本)种子。

2 规范性引用文件

下列文件中的条款通过本标准的引用而成为本标准的条款。凡是注日期的引用文件,其随后所有的修改单(不包括勘误的内容)或修订版均不适用于本部分,然而,鼓励根据本部分达成协议的各方研究是否可使用这些文件的最新版本。凡是不注日期的引用文件,其最新版本适用于本部分。

GB/T 3543.1~3543.7 农作物种子检验规程

GB 4407.2 经济作物种子 油料类

NY 414 低芥酸低硫苷油菜种子

NY/T 91 油菜籽中油的芥酸的测定 气相色谱法

NY/T 603 甘蓝型、芥菜型双低常规油菜种子繁育技术规程

ISO 9167-1 油菜籽中硫代葡萄糖苷含量测定 高效液相色谱法

3 术语和定义

本标准采用下列定义。

3.1

双低油菜 low erucic acid low glucosinolate rape

是指甘蓝型低芥酸(顺Δ^{13}-二十二碳一烯酸)、低硫苷(硫代葡萄糖苷)油菜。

3.2

育种家种子 breeder seed

是指育种家育成或提纯复壮的具有品种(品系)典型特征特性、遗传性状稳定的品种或亲本种子的最初一批种子,用于繁殖原种种子或直接配制杂交种(F_1)。

3.3

原种 basic seed

用育种家种子繁殖的第一代,或按原种生产技术规程生产并达到原种质量标准的种子,用于繁殖良种的种子。

3.4

大田用种 certified seed

用亲本原种繁殖的第一代种子。

3.5

杂交种 hybrid

用两个或两个以上的亲本进行杂交而得到的种子。

3.6

三系 three-line

雄性不育系(简称不育系,一般用“A”表示)、雄性不育保持系(简称保持系,一般用“B”表示)、雄性不育恢复系(简称恢复系,一般用“R”表示),统称为三系。

3.7

二系　two - line

本规程所称的二系仅指细胞核雄性不育两型系(简称不育两型系)、细胞核雄性不育恢复系(简称恢复系),统称为二系。

3.8

回交　back - cross

两个品种杂交后,子一代再和双亲之一重复杂交,称为回交。本规程所称的回交是指不育系与保持系之间的杂交。

3.9

测交　test - cross

本规程所称的测交是指用不育系作测验种(为母本),用恢复系作被测种(为父本)进行杂交,得到测交种,并进一步通过测交种的恢复度和杂交优势对恢复系作出评价。

4　亲本种子繁育

4.1　三系亲本种子繁育

4.1.1　育种家种子繁育

4.1.1.1　单株选择

分别在不育系、保持系、恢复系的原种繁殖田中,选取具有本品种典型特征特性的植株(选择株数根据对亲本种子的需要量确定,一般情况下为 30 株~50 株),考种和品质检测后,各选留 N 个优良单株(选择株数根据对亲本种子的需要量确定,一般情况下 $N=15$),按单株分别编号、脱粒、留种。

4.1.1.2　株系圃(成对杂交)

将上一代中选的不育系、保持系、恢复系单株分别在株系圃中种植,成对进行杂交(不育系分别与保持系、恢复系进行回交和测交),并按组合收获成对杂交的种子。

4.1.1.2.1　田间设计

将田间划分为 2 个小区:即 AB 区(不育系与保持系株系圃)和 R 区(恢复系株系圃)。在 AB 区中,不育系株系与保持系株系按“$A_1B_1A_2B_2\cdots A_NB_N$”的形式相间排列,各 N 个株系,共 2N 个株系;在 R 区中,恢复系种植 N 个株系,按“$R_1R_2\cdots R_N$”顺序编号排列。AB 区和 R 区分别隔离。

每个株系种 4 行,一般行长 4 m,株行距 20 cm×40 cm,株系间距 80 cm。株系按编号顺序排列。

4.1.1.2.2　成对回交

用不育系作母本,保持系作父本,花期就近成对回交。成对回交时,不育系单株先整序,后套袋杂交。对于微粉较多的不育系,整序的重点是除去花粉量较大的花序和分枝。每个组合杂交 8 个~10 个花序,100 朵小花。成熟后按组合收种,与每个组合对应的保持系按单株收种,分别编号保存。

4.1.1.2.3　成对测交

用不育系作母本,恢复系作父本,花期成对测交。成对测交时,不育系单株先整序,后套袋杂交。对于微粉较多的不育系,整序的重点是除去花粉量较大的花序和分枝。每个组合杂交 8 个~10 个花序,100 朵左右小花。成熟后按组合收种,与每个组合对应的恢复系按单株收种,分别编号保存。

4.1.1.3　后代鉴定及株系决选

4.1.1.3.1　回交后代鉴定

将上一代成对回交组合的 F_1 种子(仍为不育系)作母本,与该组合对应的保持系种子作父本,依次播种,株行距一般为 20 cm×40 cm,保持系与不育系行比为 1∶1 或 1∶2。

对回交组合的育性进行鉴定，淘汰其中不育株率和不育度最低的组合，然后根据保持系和不育系的典型性状，对余下的组合及其父本进行形态鉴定、考种和品质检测，最后保留3个～4个组合。

4.1.1.3.2 **测交组合鉴定**

将上一代成对测交组合的 F_1 种子依次播种，株行距20 cm×40 cm左右。

对测交组合的恢复株率（恢复株数占调查总株数的百分率）和优势进行鉴定，对能完全恢复、整齐一致、优势强的组合及其对应父本作进一步的形态鉴定、考种和品质检测，最后保留3个～4个组合。

4.1.1.3.3 **株系决选**

对于4.1.1.3.1中回交保留的组合所对应的父本种子和母本种子分别进行混合，即分别为保持系育种家种子和不育系育种家种子。

对于4.1.1.3.2中保留的组合对应的父本种子进行混合，即为恢复系育种家种子。

4.1.2 **原种繁育**

将原种繁殖区分为AB区、B区和R区，分别隔离。AB区繁殖不育系原种，B区繁殖保持系原种，R区繁殖恢复系原种。AB区与B区可在同一隔离区内，R区不得与AB区、B区处于同一隔离区内，采用自然屏障隔离或空间隔离1 500 m以上。

4.1.2.1 **不育系原种繁育**

用育种家种子保持系作父本，不育系作母本，在AB区内播种繁殖。父、母本行比为1∶1或1∶2。繁殖过程中要去杂去劣，重点除去母本行中的可育株。终花后先砍父本，母本成熟后收获并混合，即为不育系原种，于低温干燥条件下贮藏备用。

4.1.2.2 **保持系原种繁育**

用保持系的育种家种子在B区内播种繁殖，繁殖面积按保持系的需种量确定。繁殖时要除杂去劣，重点除去不育株，收获后混合即为保持系原种，于低温干燥条件下贮藏备用。

4.1.2.3 **恢复系原种繁育**

用恢复系的育种家种子在R区内播种繁殖，繁殖面积按恢复系的需种量确定。繁殖时要除杂去劣，重点除去不育株，收获后混合即为恢复系原种，于低温干燥条件下贮藏备用。

4.1.3 **大田用种繁育**

播种前，应按田间布局特点（或分户）将繁殖田划分为若干区域，分别编号并建立田间档案。种子收获后，应按以上编号分别抽样进行品质检测，将双低指标合格的种子混合保存。

4.1.3.1 **不育系大田用种繁育**

用不育系原种作母本，保持系原种作父本繁殖不育系大田用种。其隔离条件、选地耕地、播种密度、田间管理、病虫防治、辅助授粉、收获贮藏等均可参照三系制种部分（见5杂交制种部分）。此外还应注意：

1） 除杂去劣。不育系和保持系在苗期、薹期的长相十分相似，应按不育系和保持系的典型特征特性，将混入其中的混杂株、变异株、病株和劣株彻底拔除；

2） 在近终花时应将父本（保持系）全部割除。

4.1.3.2 **保持系、恢复系大田用种繁育**

用保持系和恢复系的原种分别繁殖保持系大田用种和恢复系大田用种。保持系因用种量少，可用原种在网室内繁殖，繁殖方法见NY/T 603—2002；恢复系因用种量大，可用原种在大田隔离条件下繁殖，繁殖方法同4.1.2.3。

4.2 **二系亲本种子繁育**

4.2.1 **不育两型系种子繁育**

4.2.1.1 **育种家种子繁育**

4.2.1.1.1 **单株选择**

在双低两型系原种繁殖田内，于临花期选典型可育株和不育株各30株～50株，挂牌标记，套袋。

4.2.1.1.2 **成对杂交**

待花朵开放后，成对杂交组合10个～20个，成熟后按组合收获，检测芥酸和硫苷含量，将双低指标合格的组合留种。

4.2.1.1.3 **株系圃**

将上一代收获的种子按组合依次种入隔离网室或生长室内，一般每组合播9行360株左右，苗期考察性状，花期调查育性比例，将其中符合1∶1分离模式，形态特征典型的组合保留2个～3个，将其中个别杂株除去，其余组合砍除。对保留的每个组合留中间的1行(不拔其中的可育株)作为授粉行，而把两侧相邻4行中的可育株全部拔除，只留不育株，作为被授粉行，进行人工辅助授粉。成熟时将被授粉行中收获的种子进行混合，即为不育两型系育种家种子，在低温干燥条件下贮藏。

4.2.1.2 **原种繁育**

将不育两型系育种家种子种植于繁殖区内，花期逐株检查育性，按1∶3或1∶4安排父本授粉行与母本被授粉行的行比，分别将父本授粉行内的不育株和母本被授粉行内的可育株彻底拔除。隔离区的选择以自然屏障隔离为主，并辅以距离隔离。距离隔离1 500 m以上，选择山冲或湖洲。在隔离区内选2年～3年未种植油菜的田块作为繁殖田，隔离区内不得种植其他油菜、白菜、芥菜及其他十字花科作物，无蜂群放养。在母本被授粉后(即终花期)，要彻底将可育株拔除干净。利用蜜蜂传粉和人工授粉，终花期砍除父本授粉行，母本被授粉行成熟后收获的种子即为不育两型系原种；也可在初花期对不育株进行人工标记(例如在当选的不育株茎秆上涂抹油漆)，收获时选有标记的植株收种，即为不育两型系原种。

4.2.1.3 **大田用种繁育**

用不育两型系原种繁殖大田用种，供大田杂交制种用，繁殖方法同原种繁育(见4.2.1.2)。

4.2.2 **恢复系种子繁育**

同三系恢复系种子繁育(见4.1.2)。

4.3 **亲本种子检测**

作为商品出售的育种家种子和原种应由具有资质的检测机构对种子质量和芥酸、硫苷含量进行检测。扦样和种子播种品质检验执行GB 3543.1～3543.7，纯度采用田间小区种植鉴定，芥酸和硫苷检测执行NY 414和ISO 9167-1，质量分级执行GB 4407.2和NY 414，对不合格的种子批予以淘汰。

5 杂交制种

5.1 三系杂交制种

适用于细胞质雄性不育三系法配制杂交种，适用于平原、丘陵地区制种。

5.1.1 **种子来源**

不育系原种或良种作母本，恢复系原种或良种作父本。

5.1.2 **基地选择**

在隔离区内选择土壤肥力中上、肥力均匀、地势平坦、排灌方便、旱涝保收、不易被人畜危害的田块。旱地制种必须选择2年～3年内未种过油菜或其他十字花科作物的地块。

5.1.3 **隔离**

采用自然屏障隔离。选择四周环山的丘陵盆地、湖心洲或江心洲为制种区，以山、湖、江作隔离。平原地区的空间隔离带距离不小于1 500 m。隔离区内不能留有自生油菜和其他开花的十字花科作物。隔离区内可种植父本(恢复系)，但必须用当年制种田使用的父本种子。花期蜂群要在隔离区以外安放，花期转入隔离区的蜂群必须关箱净身5 d以上，或在母本开花前5 d介入。

5.1.4 **整地**

采用直播时，耕作要做到深、细、碎、平、墒、净，土壤上虚下实。采用育苗移栽时，苗床面积按计划制种面积配置,一般母本苗床与大田以1∶5～1∶10配置,父本苗床与大田以1∶10～1∶20配置。结合耕作施足底肥,增施磷、硼肥,缺钾地区还应适量补施钾肥。

5.1.5 行比和行向

应根据不育系的不育度、不育系与恢复系的生长势差异合理确定行比。父、母本行比一般为1∶2、2∶2、2∶3。母本微量花粉量大的,可适当加大父本比例,反之则适当缩小父本比例。行向与当地花期主要风向垂直为好。对大规模制种区,可采取宽窄厢规格种植,即按照一定的父、母本行比,合理确定宽厢和窄厢的宽度。

5.1.6 播种期

根据当地气候特点及油菜温光特性合理确定播种期。并根据父、母本的生育期确定播种差期,确保父、母本花期同步。父本与母本生育期相同的组合,父本可与母本同期播种。

5.1.7 播种方式

根据当地气候特点及环境条件确定播种方式,可采用直播或育苗移栽。

5.1.8 播种量

父、母本行比为1∶2时,直播:父本1 125 g/hm^2,母本1 875 g/hm^2;育苗移栽:父母本苗床均为6 000 g/hm^2。父、母本行比为2∶2或2∶3时,直播:父、母本各为1 500 g/hm^2;育苗移栽:父母本苗床各为6 000 g/hm^2。

5.1.9 合理密植

直播留苗:父、母本行比为1∶2时,父、母本合计留苗12万株/hm^2～15万株/hm^2。父、母本行比为2∶2或2∶3时,父、母本合计留苗15万株/hm^2～17万株/hm^2。

育苗移栽留苗:父、母本合计留苗12万株/hm^2～15万株/hm^2。

5.1.10 田间管理

5.1.10.1 间苗、定苗和补苗

苗床地出苗后,1叶1心期开始间苗,疏理窝堆苗、病虫苗、拥挤苗;3叶1心期定苗,每平方米留苗70株～80株,并拔除混杂苗、自生苗、弱小苗。及时除草松土,浇水补墒;直播田,3叶～4叶期一次定苗,对缺苗断垄田块,齐苗后要及时查苗补种,未进行补种的要移栽补齐。但不论是补种、补栽或在直播田取苗移栽,都要防止父母本错播错栽。移栽时间一般为5叶～6叶期。

5.1.10.2 中耕松土

播后如遇大雨,要及时破除板结,确保全苗。定苗施肥后要进行中耕松土。油菜从小到大,中耕要掌握浅、深、浅的原则。

5.1.10.3 移栽

采取育苗移栽方式制种的,适时开沟移栽,沟深15 cm左右,沟施压根肥。壮苗移栽,父本和母本要分开,先栽完一个亲本,再栽另一个亲本。将幼苗按素质分类,先栽大苗,后栽小苗,不栽杂苗。移栽时,适墒起苗,不伤根,多带土,做到大小苗分栽不混栽,行栽直、根栽稳、苗栽正、高脚苗栽深,栽后浇好定根水。

5.1.10.4 灌水蓄墒

播种后,3叶期以前宜适量浇水灌溉。移栽或定苗后,应及时灌水定根。冬季干旱和东海严重的地区,要及时灌水防冻。蕾薹期注意加强灌溉。开花期可根据土壤墒情适量灌溉。

5.1.10.5 化学调控

根据植株生长情况,可适量喷施植物生长调节剂,用于防止旺苗或防冻保苗等。

5.1.10.6 防治病虫

平衡施肥,及时清沟排渍。适时防治病虫害,苗期重点防治立枯病、霜霉病,初花、盛花期重点防治菌核病,终花期摘除老(黄)叶和病叶等。防虫重点是蚜虫和菜青虫。

5.1.11 **除杂去劣**

在苗期、越冬期、返青期、蕾薹期、初花期，可根据亲本的典型特征，分别将父、母本行的杂株、劣株除去。杂株是指混杂株、优势株（植株高大，分枝多，株型松散）和变异株；劣株是指长势较差，植株畸形，病虫危害的植株。母本去杂时应注意将具有正常花蕾和正常花粉、微量花粉较多的植株彻底除去。收割前应进一步去杂去劣，清除母本行中的杂株、劣株、病株和萝卜角株。

5.1.12 **防除微量花粉**

可采用摘顶保纯或化学杀雄防除微量花粉。

摘顶保纯：一般在初花前 3 d～4 d，当主花序和上部 1 个～2 个分枝花蕾明显抽出，且便于摘打时，摘去丰花序和上部 1 个～2 个分枝。对微量花粉持续时间较长的不育系，应摘除更多的花序和分枝。为保证花期相遇，要同时摘除恢复系的相同部位。不育系摘顶后一周内，还应对摘顶部位进行检查，将遗漏的正常花和已结角的正常角果全部摘去。

化学杀雄：在不育系开始现蕾时对不育系喷施一次化学杀雄剂，隔 7d 左右再喷施一次。喷施时，应避免将药剂喷到恢复系上，可用薄膜将恢复系隔开。

5.1.13 **人工辅助授粉**

在初花期至盛花期，于晴天上午 10 时至下午 2 时，用绳子或竹竿平行于行向赶粉，或顺行用一只手将母本斜压下，用另一只手将父本倾斜于母本之上，轻轻抖动父本或用机动喷雾器吹风等措施，使父本花粉落到母本柱头上。

5.1.14 **适时割除父本**

当父本进入终花期后及时割除父本，并将残留在田内的父本株及其分枝清理干净。

5.1.15 **收获与贮藏**

全田有 70%～80%的角果黄熟时收获母本。抢晴天收割，如天气不好，可采取割头法，以减轻堆垛压力。

收获过程中要防止机械混杂，要分户、分田块单脱、单晒、单藏。对母本种子进行抽样检验，将合格的母本种子混合，即为杂交种(F_1)。贮藏于阴凉干燥的仓库内。

5.1.16 **种子检验和品质检测**

杂交种销售前应由具有资质的检测机构对种子质量和芥酸、硫苷含量进行检测。扦样和种子播种品质检验执行 GB 3543.1～3543.7，纯度和恢复株率采用田间小区种植鉴定，芥酸和硫苷检测执行 NY 414 和 ISO 9167-1，质量分级执行 GB 4407.2 和 NY 414，对不合格的种子批予以淘汰。

5.2 **二系杂交制种**

适用于细胞核雄性不育二系法配制杂交种。制种程序与细胞质雄性不育三系法制种基本相同（见 5.1）。制种过程中应注意以下几点：

5.2.1 **行比**

父本（恢复系）、母本（不育两型系）行比为 1∶4～5，母本行密度可比三系法母本行的密度适当增加 0.5 倍～1 倍。

5.2.2 **适时除去母本行的可育株**

二系制种的技术关键是及时除去母本行的可育株。除去可育株可采取拔株法或铲株法，一般从蕾薹期开始进行，临花期前必须全部除完。除去可育株要及时彻底，防止形成再生分枝和花朵，确保母本群体中遗留的可育株不超过 0.4%。

5.2.3 **可育株与不育株的识别**

准确识别可育株与不育株，是初花前（母本蕾期）除去母本群体中可育株的关键。可育株与不育株在蕾期的主要区别如下：

可育株：花蕾较不育株花蕾大，绿色稍深，用手摸时感觉较不育株花蕾坚实，用手挤破花蕾时，有黄色渗出液。

不育株：花蕾细长，绿色稍浅，手摸时感觉较可育株花蕾松软，有不充实感，用手挤破花蕾时，无黄色渗出液。早期花序常有无死蕾现象。

5.2.4 辅助授粉

在彻底拔除可育株后，再安放蜂群，并进行人工辅助授粉。

5.2.5 收获

只收不育株上的种子，即为二系杂交种。

5.2.6 种子检验和品质检测

同5.1.16。

附 录 A
(资料性附录)
双低杂交油菜细胞质雄性不育三系亲本种子繁育程序示意图

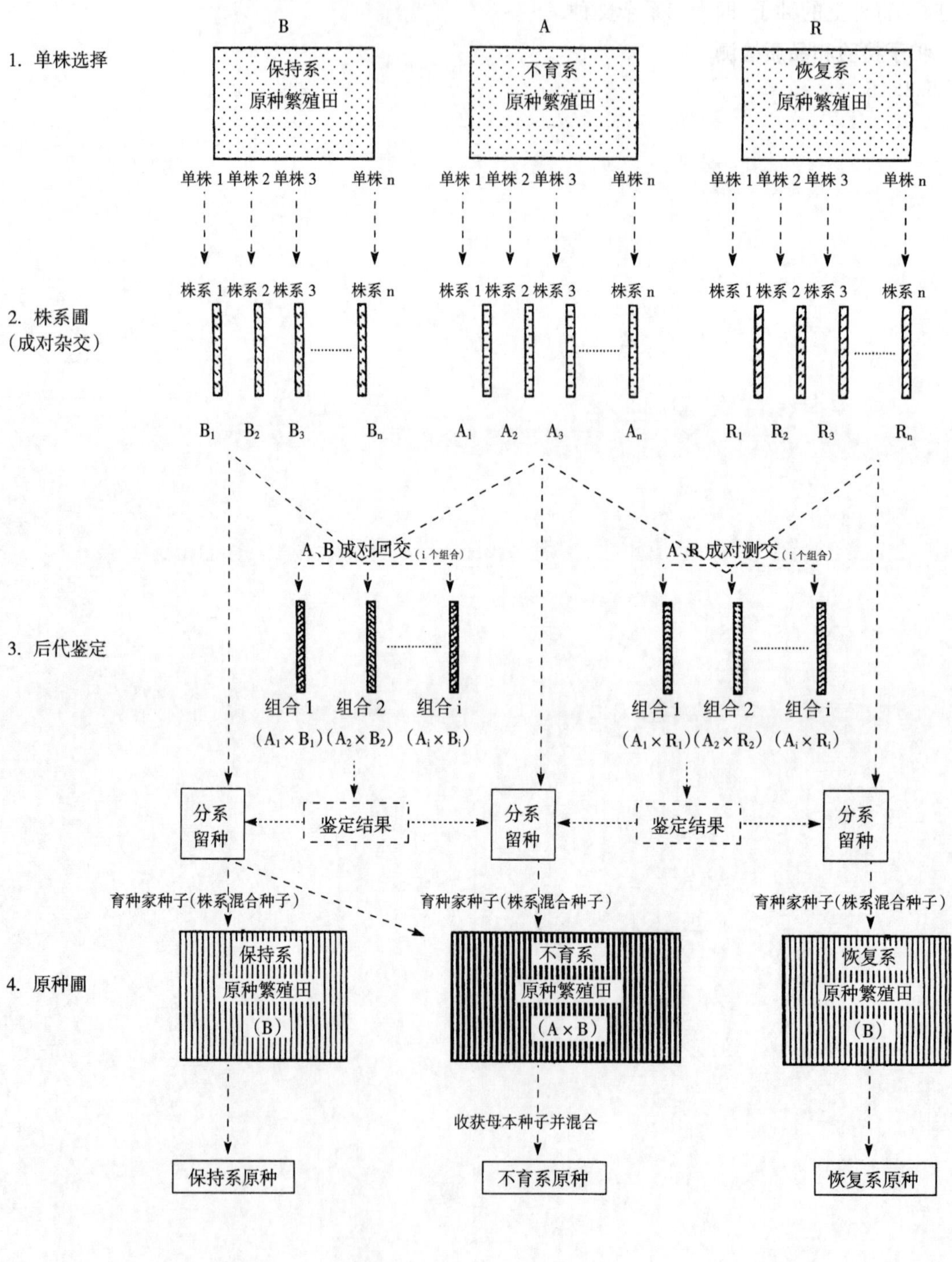

ICS 67.050
B 33

中华人民共和国农业行业标准

NY/T 792—2004

油菜籽芥酸硫苷的测定(光度法)

Rapid determination of erucic acid and glucosinolate in rapeseed—Photometry

2004-04-16 发布　　　　2004-06-01 实施

中华人民共和国农业部　发布

前　言

双低油菜籽油芥酸含量低，有益于人体健康；饼粕硫苷含量低，是优质植物蛋白资源。

光度法测定油菜籽中芥酸硫苷技术开辟了油菜籽品质快速测定的新途径，已被油菜科研、良繁、推广、生产和加工领域采用。为规范光度法测定油菜籽芥酸硫苷技术，制定本标准。

本标准由中华人民共和国农业部提出。

本标准起草单位：农业部油料及制品质量监督检验测试中心、中国农业科学院油料作物研究所。

本标准主要起草人：李培武、张文、吴渝、李光明、汪雪芳、谢立华、王友平。

油菜籽芥酸硫苷的测定(光度法)

1 范围

本标准规定了光度法测定油菜籽芥酸硫苷含量的有关术语和定义、原理、试剂、仪器以及分析步骤等。

本标准适用于双低油菜种子和商品油菜籽芥酸硫苷含量的快速定量测定,也适用于双低油菜育种中间材料芥酸硫苷含量的快速检测。本标准不适用于仲裁检验。

2 规范性引用文件

下列文件中的条款通过本标准的引用而成为本标准的条款。凡是注日期的引用文件,其随后的所有修改单(不包括勘误的内容)或修定版均不适用于本标准,然而,鼓励根据本标准达成协议的各方研究是否可使用这些文件的最新版本。凡是不注日期的引用文件,其最新版本适用于本标准。

GB 5491 粮食 油料检验 扦样、分样法

GB/T 6682 实验室用水规格

3 术语和定义

下列术语和定义适用于本标准。

3.1

芥酸 erucic acid

油菜籽油中所含顺 Δ^{13}-二十二碳-烯酸,以所占脂肪酸组成的百分率表示。

3.2

硫苷 glucosinolate

油菜籽中所含硫代葡萄糖苷,简称硫苷,以每克饼粕或每克菜籽中所含硫苷总量的微摩尔数表示。

4 原理

4.1 芥酸测定原理

油菜籽油中芥酸含量不同,在特定溶剂中形成的浊度不同,根据浊度与芥酸含量的相关关系测定芥酸含量。

4.2 硫苷测定原理

油菜籽中硫苷与特异性酶和专用显色剂反应生成有特征吸收峰的有色产物,采用光度法测定硫苷含量。

5 试剂

除非另有规定,使用试剂均为分析纯试剂。

5.1 水,GB/T 6682,二级。

5.2 超纯水,GB/T 6682,一级。

5.3 聚乙二醇辛基苯基醚($C_{34}H_{62}O_{11}$)乙醇溶液:10 mg/mL。称取 10.0 g 聚乙二醇辛基苯基醚用无水乙醇溶解并定容至 1 000 mL。

5.4 硫酸二氢钾(KH_2PO_4)溶液:0.1 mol/L。称取 1.36 g 磷酸二氢钾用蒸馏水溶解并定容至

100 mL。

5.5 油菜籽硫苷测试板，由农业部油料及制品质量监督检验测试中心进行质量控制。

6 仪器设备

6.1 NYDL－2000 优质油菜速测仪。

6.2 脂肪制备器。

6.3 微型粉碎机。

6.4 恒温箱。

6.5 天平：量程 0 g～200 g，感量 10 mg。

6.6 可调微量移液器：200 μL。

6.7 微量移液器：1 000 μL。

7 取样

按照 GB 5491 执行。取样时，应清除样品外来杂质。含水量＞13％时，油菜籽需风干或 50℃烘干至水分＜13％。

8 分析步骤及结果计算

8.1 芥酸测定

预先将石英比色杯和 20 mL 超纯水置于(32±0.5)℃恒温箱(6.4)中预热恒温。

8.1.1 取 5 g～8 g 油菜籽(7)倒入脂肪制备器，制取油样，用取油管收集，静置备用。

8.1.2 称取 0.30 g 油样于 50 mL 具塞三角瓶中，用移液管加入 25 mL 聚乙二醇辛基苯基醚乙醇溶液(5.3)，旋紧塞子，用力振摇，充分混匀后，放入(32±0.5)℃恒温箱(6.4)中保温 15 min。

8.1.3 在恒温箱内，用微量移液器(6.7)将 1 000 μL 恒温至 32℃的超纯水(5.2)加入三角瓶，边滴加边摇动三角瓶，旋紧塞子后摇匀，随即倒入比色杯，用 NYDL－2000 优质油菜速测仪(6.1)进行芥酸测定，测定值即为油菜籽芥酸含量(％)。

同一样品进行两次重复测定，测定结果取算术平均值。

8.2 硫苷测定

8.2.1 取菜籽样品约 3 g～5 g(7)，用微型粉碎机或研钵磨碎，细度 40 目。

8.2.2 称取 0.50 g 粉碎样品，置于 5 mL 具塞试管，用移液管加入 3 mL 水(5.1)，盖紧塞子，充分混匀后室温下放置 8 min。

8.2.3 用脱脂棉过滤，或离心机(3 000 r/min)离心 5 min，取上清液 50 μL 加入到硫苷测试板孔(5.5)内，静置 8 min，用微量移液器(6.6)加入 150 μL 磷酸二氢钾溶液(5.4)后再静置 2 min。

8.2.4 NYDL－2000 优质油菜速测仪测定硫苷，作空白调零后测定值即为每克饼粕或每克菜籽中所含硫苷总量的微摩尔数(μmol/g)。

同一样品进行两次重复测定，测定结果取算术平均值。

9 允许差

9.1 芥酸

芥酸含量＞5％时，两次平行测定结果绝对相差不大于 1.0％；芥酸含量＜5％时，两次平行测定结果绝对相差不大于 0.5％。

9.2 硫苷

两次平行测定结果绝对相差不大于 8.0 μmol/g 饼或 4.0 μmol/g 籽。

ICS 65.020.20
B 16

中华人民共和国农业行业标准

NY/T 794—2004

油菜菌核病防治技术规程

Technical regulation for *Sclerotinia* disease control of oilseed rape

2004-04-16 发布　　　　2004-06-01 实施

中华人民共和国农业部　发布

前　言

本标准附录A、附录B、附录C是规范性附录。

本标准由中华人民共和国农业部提出。

本标准起草单位：农业部油料及制品质量监督检验测试中心、中国农业科学院油料作物研究所。

本标准主要起草人：周必文、李培武、刘胜毅、李光明、陈道炎、王友平。

油菜菌核病防治技术规程

1 范围

本标准规定了我国油菜菌核病[*Sclerotinia sclerotiorum*(Lib.)de Bary]的防治术语和定义、防治原则、指标、措施和方法。

本标准适用于长江流域及其他冬油菜区油菜菌核病的防治，东北、西北春油菜区和西南夏播油菜区可参照使用。

2 术语和定义

下列术语和定义适用于本标准。

2.1

经济损失允许水平

通过防治获得的效益(主要指经济效益)与防治费用相等时的产量损失量。损失量用损失率表示。

2.2

防治指标

决定采取防治措施以防止病害严重程度上升到经济损失允许水平的发病株率。

2.3

叶病株率

在一块田或一个调查区域内，叶片上产生明显病斑的植株数占总调查株数的百分比。

2.4

茎病株率

在一块田或一个调查区域内，主茎或分枝产生明显病斑的植株数占总调查株数的百分比。

2.5

病情指数

在一块田或一个调查区域内，油菜植株群体受菌核病为害的严重程度。

2.6

防治效果

采取防治措施后病害相对减轻的程度。用防治后的油菜菌核病病情指数较未防治对照相对减轻的百分数表示。

2.7

开花期

油菜自初花期至终花期所经历的生长发育阶段。

2.8

角果发育期

油菜自终花期至成熟期所经历的发育阶段。

3 防治技术

3.1 防治原则

以种植抗病品种为基础，系统农业防治，重点化学药剂保护，发展生物防治，进行综合治理。

3.2 防治指标

3.2.1 可不防治地区和田地

3.2.1.1 可不防治地区

油菜开花期和角果发育期月降雨量小于20 mm～30 mm、月平均相对湿度在60%以下的地区(开花期灌水地区若往年病害较重者例外)。

3.2.1.2 可不防治田地

油菜长势差,每公顷产量在750 kg以下,历年发病株率在10%以下,当年发病株率在8%以下的田地。

3.2.2 药剂防治指标

根据不同产量水平下的经济损失允许水平,以油菜盛花中期(盛花期后10 d左右)的叶病株率为药剂防治指标。将农药按大田防效归为两类,高效农药如菌核净类和其他农药如多菌灵类在不同产量水平下的防治指标见表1。

表1 油菜不同产量水平使用菌核净类和多菌灵类农药防治的防治指标

产量水平 kg/hm²	防治指标(油菜盛花中期叶病株率) %	
	使用多菌灵类防治	使用菌核净类防治
750	30	39
1 125	18	26
1 500	13	18
1 875	10	14
2 250	7	11
注:白菜型油菜的防治指标按表内数据降低5。		

3.3 防治措施与方法

3.3.1 利用抗病品种

利用品种抗病性防治病害的方法如下:

3.3.1.1 合理布局品种

扩大抗病品种面积,减少感病品种面积;抗病品种应多样化,避免种植单一品种;逐步加速品种更换,避免长期种植同一品种。

3.3.1.2 根据抗性水平合理利用

达到中抗以上水平的抗病品种可以作为独立使用的防治措施;低抗品种只能与农业防治或化学防治搭配使用;使用避病品种应注意病情预测,当病害有可能大发生时,应增加药剂防治。

3.3.1.3 抗病性保持选择

每年油菜成熟期田间单株选择无病害、其他性状优良一致的植株留种,防止品种抗性退化。

3.3.2 化学防治

3.3.2.1 防治油菜菌核病的化学农药种类

高效农药(大田防治效果达80%～90%)有菌核净40%可湿性粉剂、腐霉利50%可湿性粉剂、斯佩斯40%可湿性粉剂、灰核宁40%可湿性粉剂等;其他农药(大田防效达50%～80%)有多菌灵50%、80%可湿性粉剂、40%悬浮剂、灭病威40%胶悬液、托布津50%可湿性粉剂、甲基托布津70%可湿性粉剂、氯硝胺50%可湿性粉剂等。国外使用较多的还有苯来特,防效较优的有乙烯菌核利(Ronilan)、咪唑霉(Rovral)等。大田防治效果在50%以下的农药不宜使用。

3.3.2.2 药剂防治期

油菜盛花期至终花期叶病株率达10%以上、茎病株率在1%以下时开始进行药剂防治。防治2次或3次者，在第一次防治之后，每隔7 d～10 d再防治一次。自油菜进入初花期后，应特别注意病情预测和天气预报，及时进行防治。菌核病调查方法、评定标准见附录A、附录B。

3.3.2.3 用药量与药液配置

每公顷用药量根据农药有效成分含量和防治效果确定，因药剂不同而异，按农药说明书使用。可湿性粉剂、胶悬剂、乳剂等对水使用的农药的对水量应根据油菜长势好坏和喷雾机具性能确定，以农药能均匀完全覆盖油菜植株地上各部为原则。每公顷每次的用水量一般为1 125 kg～1 875 kg，特殊情况可少至750 kg，多至2 250 kg。

高效农药防治一次即可见效，病害严重或使用低效农药需防治2次或3次。

3.3.2.4 施药方法

药剂对水喷雾应在晴天油菜植株上露水干后进行，粉剂以油菜植株上有露水雾滴时施用最好。喷雾喷粉均应均匀喷于油菜的茎、枝、叶正反面、花序及角果上，并以植株中、下部器官为主。如施药后24 h内降中至大雨，雨后应重施。

3.3.3 农业防治

3.3.3.1 轮作

水稻田种植油菜是减轻病害的重要措施。旱地轮作油菜的间隔年数应在3年以上，地理距离间隔应在100 m以上。

3.3.3.2 种子处理

播种用种子在播种前用盐水(5 kg水加食盐0.75 kg)或硫酸铵水(5 kg水加硫酸铵0.5 kg～1 kg)或泥水选种，漂去混杂在种子中的菌核，选后用清水洗净种子。也可用50℃温水浸种10 min～15 min或筛选汰除菌核。

3.3.3.3 合理施肥

重施基肥和苗肥，控制薹肥。氮素基肥和苗肥应占氮肥总用量的80%～90%，薹肥一般应控制在10%以下，在油菜生育期特别长、成熟迟的地区薹肥可达到总量的20%。

注意氮、磷、钾肥的配合比例，防止偏施氮肥。氮素薹肥应在薹高5 cm以下时施用。

合理施肥防治病害的关键是控制油菜后期生长过旺，防止植株倒伏。

3.3.3.4 控湿管理

油菜开花期多雨潮湿或开花期灌水田间潮湿的地区，应降低或控制油菜田内的相对湿度。主要方法有：油菜地窄畦深沟；抽薹期清理排水沟，保持田间不渍水；油菜终花期前后摘除生长旺盛的油菜田植株第一次有效分枝以下的病叶、黄叶和老叶，带出油菜田。

3.3.4 生物防治

有真菌和细菌两类制剂，以真菌类较多。真菌制剂如木霉(*Trichoderma viride* 和 *T. harziznium*)、盾壳霉(*Coniothyrium minitans*)等，主要在播种之前施于田间，施用量按制剂说明而定。

4 综合防治

4.1 综合防治区的划分

油菜面积较少(少于3 000 hm^2)的县(市)，以县(市)为防治区；油菜面积较大(大于3 000 hm^2)的县(市)，在县(市)内按乡(镇)划分防治区；在县(市)内自然生态或栽培生态条件差别很大时，按生态区划分防治区。

4.2 防治组合

在一个防治区中，包括综合措施、单项措施和不防治等数种组合。

4.2.1　采用不同防治组合的依据

根据常年病害严重程度和当年可能发生的趋势、防治措施的防治效果和可能的经济效益，以及防治成本和防治措施的负面影响确定采用不同的防治组合。

4.2.2　防治组合组配方法和步骤

4.2.2.1　确定可不防治地区和可不防治田地

根据防治指标和经济损失允许水平决定不防治地区和田(地)块。

4.2.2.2　合理布局品种

在需要防治的地区，根据合理布局品种的原则和方法布局品种，逐步实现以抗病品种为主的品种布局和以抗病品种为基础的防治布局。

4.2.2.3　合理搭配农业防治措施

需要采用农业防治措施的地区或田块及其相应措施如下：

直播油菜→种子处理；

前作物为旱地作物→油菜轮作；

高产栽培→合理施肥；

油菜开花结果期多雨潮湿→窄畦深沟，清沟防渍；

病害严重的高产地→摘叶防病兼作饲料。

如同一地区或田块具有上述多种特征，则相应采取多种农业防治措施。

4.2.2.4　合理应用化学防治

在每公顷油菜籽产量水平达到 1 500 kg 以上，预测茎病株率达到 15%以上的地区和田块，必须使用化学农药防治。

4.3　综合防治实施阶段与阶段内容

4.3.1　油菜播种前

根据病害远程预测和防治决策，制定防治计划，规划品种布局和防治面积；落实轮作、窄畦深沟和种子处理。

4.3.2　播种、移栽至抽薹期

落实品种布局；完成合理施肥；完成清沟防渍；根据病害中长期预报，计划化学防治。

4.3.3　开花期和角果发育期

病害近程预测调查；根据病害预测和调查，实施药剂防治；完成摘叶。

4.3.4　成熟期及收获期

抗病品种无病株选种留种；防治效果调查。

4.3.5　收获后

及时收集油菜残秸，铲除油菜堆集、脱粒场地表土，集中作水稻肥料，或制作高温堆肥，减少下年度病原菌核。

统计防治效果和挽回损失。统计方法见附录 C。

附　录　A
（规范性附录）
油菜菌核病调查方法

A.1　油菜开花期田间病害近程预测调查

A.1.1　选择对象田

在一个综合防治区，选择符合下述5个条件的油菜地3块～5块作为对象田：种植早熟感病品种；较一般油菜早播、早移栽；施肥多，长势特别好；旱地连作油菜；地势较低、田间排水不畅的油菜田地。

A.1.2　对象田定期调查

自油菜初花期开始，普查对象田油菜叶片是否开始发病，自始病期开始，每隔2 d～3 d，在对象田调查一次叶病株率和茎病株率，每次每田调查100株～200株，至油菜终花期为止。

A.1.3　大田药剂防治期调查

自对象田叶病株率达10%以上时开始，对大田油菜进行病害调查，重点是符合对象田5个条件之一的油菜地，特别是长势好的油菜。当大田叶病株率达10%以上、茎病株率在1%以下时，预报为药剂防治开始期，如未达此标准，以后不定期抽查，特别是降雨之后或对象田病害迅速上升时要加强大田普查，及时预报防治。

A.2　油菜成熟期大田防治效果检验调查

A.2.1　防治区油菜归类

用油菜长势、产量水平（理论产量）作为衡量病害的估测指标。在不防治时，按估测指标可以将病害程度和发展趋势归为三类：

A类：油菜长势好、产量水平高，病害重。

B类：油菜长势一般，产量水平中等，病害中等。

C类：油菜长势差，产量水平低，病害较轻。

经过防治之后，各类油菜病害仍有差别。在同类油菜中，此种差别主要是由不同防治措施（组合）的不同防效造成的。按防治效果（以病害程度估计）分为3级：

1级：防治效果好，病害轻。

2级：防治效果中等，病害中等。

3级：防治效果差，病害重。

防治区的油菜可归类为：3类×3级＝9类级。

A.2.2　设置和选择对照田

在防治区中选取需要防治而又未进行防治的有代表性的田块作为对照田。对照田和防治区一样，按油菜长势和产量水平分为A、B、C三类设置和选择田块。在实施防治措施时落实对照田。

A.2.3　取样方法和样本数量

以一块调查田（地）块为一个样本。防治区的样本按3类×3级＝9类级抽取，对照区的样本按3类抽取。样本数量（个）与油菜总面积（公顷）的比例为1∶6.7～66.7，一个防治区的样本总量≥20个。

A.2.4　病害调查方法

每个样本（调查田）调查200株，对角线5点或棋盘式调查，每点调查20株～40株，逐行逐株（无主茎株、无角果特小株、其他病害严重感染株除外）分病级记载。油菜成熟前 3 d～7 d 调查。在同一调查地点防治田和对照田的调查应在同一天内完成。

附 录 B
（规范性附录）
调查与评定标准

B.1 油菜成熟期菌核病严重度分级标准

0 级：全株茎、枝、果无症状。

1 级：全株 1/3 以下分枝数(含果轴，下同)发病或主茎有小型病斑；全株受害角果数(含病害引起的非生理性早熟和不结实角果数，下同)在 1/4 以下。

2 级：全株 1/3～2/3 分枝数发病，或分枝发病数在 1/3 以下而主茎中上部有大型病斑；全株受害角果数达 1/4～2/4。

3 级：全株 2/3 以上分枝数发病，或分枝发病数在 2/3 以下而主茎中下部有大型病斑；全株受害角果数达 2/4～3/4。

4 级：全株绝大部分分枝发病，或主茎有多个病斑，或主茎下部有绕茎病斑；全株受害角果数达 3/4 以上。

B.2 油菜物候期记载标准

初花期：调查田中有 25％的油菜植株开始开花的日期。

盛花期：调查田中有 75％的油菜花序开始开花的日期。

终花期：调查田中有 75％的油菜花序终止开花的日期。

成熟期：调查田中有 75％的油菜植株角果变为成熟色，主轴中段角果种子变为品种特有的种子色的日期。

B.3 品种抗病性评定标准

B.3.1 抗病品种

指达到表 B.1 两项标准的品种。

表 B.1 抗病品种等级标准

抗病性等级	抗病效果 ％	
	田间鉴定	接种鉴定
低 抗	＞0	＞0
中 抗	≥50	≥30
高 抗	≥70	≥50

注 1：抗病效果(％)＝$\frac{对照品种病情指数-品种病情指数}{对照品种病情指数}\times 100$。

注 2：对照：甘蓝型油菜——甘油 5 号。
白菜型油菜——浠水白油菜。
芥菜型油菜——望江芥油菜。

B.3.2 避病品种

田间鉴定有抗病效果，而接种鉴定不抗病，此类品种为避病品种。

B.3.3 感病品种

田间鉴定和接种鉴定均不抗病，病害比对照严重的品种。

附 录 C
(规范性附录)
统计方法

C.1 发病株率和病情指数

C.1.1 发病株率

叶病株率和茎病株率统称为发病株率或病株率或发病率。

$$P(\%)=\frac{X}{N}\times 100 \quad \cdots\cdots (C.1)$$

式中：

P——发病株率；

N——调查株数；

X——病株数。

C.1.2 病情指数

将调查的油菜植株中的全部不同严重程度的病株，转换成最严重程度的病株数，此病株数占调查总株数的百分比即为病情指数。病情指数≤发病株率，它表示病害严重程度。

$$ID(\%)=\frac{\sum_{i=1}^{n}(i\times X_i)}{n\times\sum_{i=1}^{n}X_i}\times 100 \quad \cdots\cdots (C.2)$$

式中：

ID——病情指数；

i——病害级别，$i=0,1,2,\cdots,n$（0——健株级别；n——最严重病害级别）；

X_i——第 i 级的病株数（$i=0$ 时，X_0 为 0 级健株数）；

$\sum_{i=1}^{n}X_i$——调查总株数（病株和健株）；

$\sum$——求和号，$\sum_{i=1}^{n}$ 表示对它后面的变量（$i\times X_i$）求和，即从第一个（$i=1$）累加到最后一个（n）。

$\sum_{i=1}^{n}X_i$ 含义类同，即从第 0 个累加到 n 个。

C.2 平均发病株率与平均病情指数

二者均用加权平均值表示。本标准规定以调查株数为权。

$$\overline{P}(\%)=\frac{\sum_{i=1}^{n}(N_i\times P_i)}{\sum_{i=1}^{n}N_i}, i=1,2,\cdots,n \quad \cdots\cdots (C.3)$$

式中：

$\overline{P}$——平均发病株率（%）；

n——样本数（调查田块数）；

N_i——第 i 个样本(某一块调查田)的调查株数；
P_i——第 i 个样本的发病株率。

$$\overline{ID} = \frac{\sum_{i=1}^{n}(N_i \times ID_i)}{\sum_{i=1}^{n} N_i}, i = 1,2,\cdots,n \quad \text{(C.4)}$$

式中：
$\overline{ID}$——平均病情指数；
ID_i——第 i 个样本的病情指数，其余各项含义同 C.3 式。

C.3 防治效果与平均防治效果

$$E(\%) = \frac{ID_{CK} - ID_0}{ID_{CK}} \times 100 \quad \text{(C.5)}$$

式中：
E——防治效果(%)；
ID_{CK}——对照的病情指数；
ID_0——防治的病情指数。

防治区的平均防治效果用防治区和对照区的加权平均病情指数按 C.6 式计算。

$$\overline{E}(\%) = \frac{\overline{ID}_{CK} - \overline{ID}_0}{\overline{ID}_{CK}} \times 100 \quad \text{(C.6)}$$

式中：
$\overline{E}$——平均防治效果(%)；
$\overline{ID}_{CK}$——对照平均病情指数；
$\overline{ID}_0$——防治平均病情指数。

用于计算平均防效的对照和防治区的平均病情指数，其样本必须来自相对应相同油菜类别，如果对照样本数不足，同类不同级的防治处理可以共用一个相对应的同类对照。

C.4 防治效果的显著性检验

对防治效果进行达标显著性检验。本标准采用 t 法。

$$t = \frac{(ID_{CK} - ID_0) - D \times ID_{CK}}{\sqrt{p \times q(1/n_{CK} + 1/n_0)}} \quad \text{(C.7)}$$

式中：
t——t 值；
ID_{CK}——对照的病情指数；
n_{CK}——对照的调查株数；
ID_0——防治区的病情指数；
n_0——防治区的调查株数；
D——人为指定的差异标准。

如 ID_{CK} 为平均值，则 n_{CK} 为对照的调查总株数；如 ID_0 为平均值，则 n_0 为防治处理的调查总株数；p 和 q 为总体中事件出现频率和不出现频率：

$$p = \frac{n_{CK} \times ID_{CK} + n_0 \times ID_0}{n_{CK} + n_0}, q = 100 - p \quad \text{(C.8)}$$

如人为指定综合防治平均防效达到了 80% 方为完成了预定的防效指标，此时令 D=0.8(用成数表示百分数)。

求出 t 值后，查 t 表，自由度 $d_f = n_{CK} + n_0 - 2$，当实测的 t 值大于或等于 t 表中显著性 $P = 0.05$ 水平的 t 值时，说明防治效果达到了 D 水平。

C.5 经济损失允许水平与防治挽回损失

C.5.1 经济损失允许水平

$$Y(\%) = \frac{C \times H}{P \times W \times E} \times 100 \quad \cdots\cdots (C.9)$$

式中：

Y——允许的油菜籽产量损失率(%)；

C——防治费用(元/ hm^2)；

H——防治带来的消极影响，指令 $H=2$；

P——油菜籽价格(元/ kg)；

W——无病害时油菜籽产量(理论产量，或产量水平)(kg/ hm^2)；

E——防治效果(成数表示)。

C.5.2 防治挽回损失

C.5.2.1 损失率

用油菜成熟期病情指数估计油菜籽产量损失率。在长江中、下游油菜区，病情指数(ID=1.75～100.0)与油菜籽产量损失率(P,%)的关系为：

$$P(\%) = 0.607 ID^{1.04} \pm 4.29 \quad \cdots\cdots (C.10)$$

C.5.2.2 防治挽回损失率

防治挽回损失率等于未防治对照损失率减去防治损失率。

ICS 65.020
B 61

中华人民共和国农业行业标准

NY/T 795—2004

红江橙苗木繁育规程

Regulation for propagation of hongjiangcheng orange trees

2004-04-16 发布　　2004-06-01 实施

中华人民共和国农业部　发布

前　言

本标准的附录 A、附录 B、附录 C、附录 D、附录 E、附录 F 为规范性附录。

本标准由中华人民共和国农业部提出。

本标准起草单位:广东省湛江农垦局。

本标准主要起草人:陈国强、苏智伟、曾绍麟。

红江橙苗木繁育规程

1 范围

本标准规定了红江橙苗木繁育的术语和定义、无病毒苗木繁育体系、无病毒原种的培育与保存、无病毒母本园和无病毒苗木繁育技术规程。

本标准适用于各省、自治区、直辖市红江橙苗木产地及栽培区。

2 规范性引用文件

下列文件中的条款通过本标准的引用而成为本标准的条款。凡是注日期的引用文件，其随后所有的修改单(不包括勘误的内容)或修订版均不适用于本标准，然而，鼓励根据本标准达成协议的各方研究是否可使用这些文件的最新版本。凡是不注日期的引用文件，其最新版本适用于本标准。

GB 5040—1985 柑橘苗木产地检疫规程

GB 9659—1988 柑橘嫁接苗分级及检验

3 术语和定义

下列术语和定义适用于本标准。

3.1

无病毒苗 diseases free trees

无病毒苗不含黄龙病、衰退病、碎叶病、裂皮病。

3.2

无病毒苗木繁育体系 diseases free nursery tree propagating system

经农业部或省、自治区、直辖市农业行政主管部门核准，由完成无病毒苗木生产各环节任务的不同单位组成的整体。包括原种保存圃、无病毒母本园及无病毒苗木繁育圃三个环节。

3.3

无病毒原种 diseases free primary plant

红江橙优良株系，经过田间选拔、脱毒处理、直接引进检测后，确认不带指定病害的原始植株。

3.4

无病毒母本园 diseases free mother block

采自无病毒原种保存圃的接穗所建立的红江橙采穗圃和砧木采种圃。

3.5

无病毒苗木繁育圃 diseases free tree propagating nursery

使用无病毒母本园提供的接穗和砧木种子或经脱毒处理的砧木种子所建立的红江橙苗圃。

4 无病毒苗木繁育体系

4.1 无病毒红江橙原种保存圃

4.1.1 无病毒红江橙原种保存圃承担无病毒原种的筛选、脱毒、培育、保存的任务，并向无病毒母本园提供无病毒红江橙接穗，协助母本园单位建立无病毒红江橙采穗圃和砧木采种园。

4.1.2 无病毒原种保存圃由农业部确认。

4.2 无病毒母本园

4.2.1 无病毒母本园包括无病毒红江橙采穗圃、无病毒砧木采种园。

4.2.2 无病毒母本园负责向无病毒苗木繁育圃提供无病毒红江橙接穗、砧木种子或砧木苗。

4.2.3 无病毒母本园的繁殖材料由原种保存圃提供，并接受省级植物检疫机构指定的病毒检测单位的定期病毒检测，一旦发现繁殖材料带病立即销毁。

4.2.4 无病毒母本园由省农业行政主管部门核准。

4.3 无病毒苗木繁育圃

4.3.1 繁育圃的砧木和接穗必须来自无病毒母本园，不允许从苗木上采穗进行以苗繁苗。

4.3.2 无病毒红江橙苗木繁育圃负责向生产者提供无病毒红江橙嫁接苗木。

4.3.3 无病毒红江橙苗木繁育圃由省农业行政主管部门认定，领取无病毒红江橙苗木生产许可证和经营许可证，并接受主管部门的指导和监督。

5 无病毒原种培育与保存

5.1 待脱毒材料

5.1.1 待脱毒处理的品种株系和砧木应由专业技术人员进行选择。

5.1.2 选取树龄6年以上、品种纯正、优质高产，且无指定病害的健康优良单株作为待脱毒材料的母本树，采集接穗作为脱毒材料。

5.1.3 待脱毒材料的病毒检测先按附录A规定的方法鉴别主要病毒类等病害，然后按附录B方法检测柑橘黄龙病病原物。

5.2 脱毒处理

5.2.1 茎尖嫁接脱毒按照附录C的规定执行。

5.2.2 热处理茎尖嫁接脱毒按附录D的规定执行。

5.3 脱毒材料的病毒检测

5.3.1 经脱毒处理获得的材料，采用指示植物进行鉴定。指示植物检测方法按附录E的规定进行。

5.3.2 指示植物的症状鉴别，按附录F的规定执行。

5.4 无病毒原种的保存

5.4.1 红江橙接穗经过脱毒处理和病毒检测，确认无病毒后方可作为无病毒原种，经繁育后保存在原种圃。

5.4.2 田间保存圃，原种要种在前作为非芸香类植物地段，与柑橙园相隔3 km以上并用50目～60目防虫网保护。

5.4.3 无病毒原种树每两年应进行一次病毒检测，发现病害单株应立即淘汰。检测单位要将病毒检测结果报告主管部门。

6 无病毒母本园的建立

6.1 园地的选择与基础建设

6.1.1 园地应选择前作5年以上为非芸香类植物地带，丘陵地带选择距离柑橘园3 km以上，平原地带选择距离柑橘园5 km以上。清除周围芸香类植物。

6.1.2 园地水源丰富，环境避风，交通方便。

6.1.3 园地土壤肥沃，并进行土壤病虫消毒处理。

6.1.4 园地周围设置铁丝网防止人为及牲畜干扰。

6.1.5 园地内设置防虫网保护，防止传病昆虫侵入。

6.2 无病毒红江橙采穗圃

6.2.1 种子处理按 GB 5040—1985 中 3.2.1 的规定执行。

6.2.2 砧木种子经播种、培育至高 10 cm 以上移栽。苗木茎干离地 8 cm 以上、径粗 0.6 cm 嫁接。

6.2.3 采穗圃接穗由无病毒原种保存圃提供,详细记载原种接穗株系、来源、脱毒、检测的单位及时间。

6.2.4 采穗圃接穗按株系成行栽植,株距 80 cm～100 cm,行距 100 cm～150 cm。同一株系连续种植,按顺序编号,绘制采穗圃株系分布图,并做好标记。

6.2.5 加强肥水管理,保证树势壮旺、生产充实的接穗和结果,以观察果实的园艺性状,出现非纯红肉果植株立即淘汰。

6.3 无病毒砧木采种园

6.3.1 砧木品种按各产区适用的砧木确定,可采用红橘、酸橘和红柠檬等。不同品种要隔离种植。

6.3.2 所采用种子必须在健康植株上采集。种子消毒处理按 GB 5040—1985 中 3.2.1 的规定执行。土壤处理按 7.2.1.2 的方法进行。

6.3.3 种子播种、移栽按 6.2.2 的方法进行。

6.3.4 砧木采种园的接穗,是采自经过优选的果大、种子多、籽粒饱满的健壮植株,并剪穗嫁接成苗后,置于玻璃箱中利用夏季 40℃～50℃日温,持续培养 30 d 以上脱毒。

6.4 无病毒母本园的病毒检测

6.4.1 母本园病毒检测,田间检测按附录 A 的规定执行,黄龙病病原检测按附录 B 的规定执行。发现植株带病毒,立即拔除销毁并消毒树穴土壤。

6.4.2 每两年随机抽样进行病毒检测一次。

6.5 母本园的技术档案

6.5.1 每年记载各品种、株系的生长量、花期、果期、产量、果实大小、种子数、果实品质等。

6.5.2 记录母本园向外提供的红江橙接穗的数量和接收单位。

7 无病毒苗木繁育圃的建立

7.1 苗圃的建立

7.1.1 苗圃地的选择,在黄龙病区,苗圃地周围与芸香类植物之间距离 3 km 以上;有高山、大河、湖泊等天然屏障的地区,其间隔 1.5 km 以上,且水源丰富、土壤肥沃、酸度适中,前作 5 年以上为非芸香类植物地段,交通方便。

7.1.2 苗圃地的规划和建设,划分为若干小区,铺设防虫网,苗圃四周安装铁丝网,防止人为破坏及牲畜进入。

7.2 实生砧木培育

7.2.1 实生苗床

7.2.1.1 砧木种子采自无病毒砧木采种园或经病毒检测确认无病毒的种子。

7.2.1.2 播前应施足有机肥,并进行土壤消毒。

7.2.1.3 种子处理按 GB 5040—1985 中 3.2.1 的规定执行。

7.2.2 实生砧木苗移栽管理

7.2.2.1 实生砧木苗移栽,苗高 10 cm～15 cm 时移栽。移栽时淘汰变异弱小主根和根颈弯曲的小弱苗。

7.2.2.2 移栽前畦面的整理按 7.2.1.2 的要求。田间管理与常规生产管理相同。

7.3 苗圃的嫁接与管理

7.3.1 接穗的采集。接穗必须从无病毒红江橙采穗圃采集，剪下的接穗立即除去叶片，按株系分扎成捆，用湿布包好，并登记母本树株系名称(编号)和采集时间。

7.3.2 嫁接。每次嫁接前用0.5%次氯酸钠溶液对工具进行消毒，嫁接位置离地8 cm以上。

7.3.3 嫁接苗的管理。嫁接苗的管理与常规生产管理相同。发现异常植株应立即清除。

7.4 红江橙嫁接苗分级标准及检验

按GB 9659—1988第五章的规定执行。

7.5 红江橙嫁接苗的检查、签证、出圃

按GB 5040—1985第四章规定执行。出圃前，主要病毒类病害的鉴定，先按附录A的方法普查，然后抽样检查，按附录B的方法检测柑橘黄龙病的病原物。

附 录 A
(规范性附录)
田间目测鉴定柑橘病毒病的症状

A.1 衰退病 tristeza

速衰型以酸橙作砧木的柑橙叶片突然萎蔫干枯,或地下无新根或植株矮化;苗黄型叶脉黄化或叶片似缺锌、锰状黄化;茎陷点型接穗主干或支干木质部有陷点和沟纹,叶黄果小。

A.2 黄龙病 huanglongbing

新梢在生长过程中停止转绿,叶片均匀黄化或叶片转绿后从主、侧脉附近和叶片基部开始黄化,黄化部分扩展形成黄绿相间的斑驳,叶片变小变硬。

A.3 裂皮病 exocortis

以枳、枳橙、莱檬作砧木,其砧木部树皮纵向开裂,裂皮下流胶,重者树皮剥落,黑根外露,植株矮化,新梢少而弱,易落叶。

A.4 碎叶病 tatter leaf

植株砧穗接合处环缢,接口上部接穗肿大,植株矮化,叶脉黄化,后期植株黄化,甚至枯死。

附 录 B
（规范性附录）
聚合酶链式反应(PCR)技术检测柑橘黄龙病病原法

B.1 待测样品的采集

在田间采集待测柑橘植株的叶片 20 片～30 片，装在密封保湿塑料袋中，送到指定的检测单位进行检测。若不能马上送到检测单位，须放置于 4℃的冰箱中保存。

B.2 待测样品模板 DNA 的制备

取待测叶片的中脉 0.5 g，剪碎，加液氮磨成粉末状；加入 2 倍～3 倍体积的 DNA 抽提缓冲液（2% CTAB，1%PVP，100 mmol/L Tris-HCl，20 mmol/L EDTA）混匀，分装于 Eppendorf 管中；65℃水浴 1 h；用苯酚/氯仿、氯仿/异戊醇抽提两次，取上清液，加入 1/10 体积 3 mol/L NaOAC（pH7.0）及 2 倍体积无水乙醇，置－20℃冰箱过夜；于 4℃下 14 000 g 离心 20 min，弃上清液，分别用 70%及 95%乙醇洗沉淀各一次；吹干，加入 100 μL TE（10 mmol/L Tris-HCl，1 mmol/L EDTA）；取 2 μL 在 1.2%琼脂糖凝胶上电泳，紫外灯下观察 DNA 的纯度并估算其浓度，其余置于－20℃冰箱保存备用。

B.3 PCR 特异引物的设计

根据柑橘黄龙病病原亚洲株系的 DNA 序列设计并合成用于检测柑橘黄龙病病原的特异性引物 1 和引物 2。引物 1(P_1)的碱基序列为：5′- GCGCGTAGCAATACGAGCGGCA - 3′；引物 2(P_2)的碱基序列为：5′- GCCTCGCGACTTCGCAACCCAT - 3′，其扩增片段大小为 1 160bp。

B.4 待测样品的 PCR 扩增反应

PCR 扩增反应体系的总体积为 50 μL。反应体系包括：10×PCR 反应缓冲液 5 μL，2 mmol/L $dNTP_S$ 5 μL，P_1 和 P_2 各 1 μL（物质的量为 25 pmol），待测样品的模板 DNA 2 μL，双蒸灭菌水 35 μL，最后加入 TaqDNA 聚合酶 1 μL（3 U/μL），各种反应物混匀后，置于 PCR 扩增仪上进行扩增反应。反应条件为：94℃预变性 5 min 后，依 94℃变性 1 min—65℃退火 1 min—72℃延伸 1 min，进行 35 次循环，72℃再延伸 10 min，使 PCR 的产物得到充分扩增。每次扩增反应均设清水空白对照、健康植株样品负对照及含柑橘黄龙病病原 DNA 的正对照各一个，每个试验均进行两次重复。

B.5 待测样品的检测结果判断

PCR 扩增反应完毕后，取 10 μL 扩增产物，用 1.2%琼脂糖凝胶电泳 40 min，电泳完毕后，在波长为 254 nm 的紫外灯下观察，在含柑橘黄龙病病原 DNA 的正对照样品中，能看到一条长度为 1 160 bp 的特异性电泳区带，为柑橘黄龙病病原的 DNA 片段，而在清水空白对照、健康植株负对照的样品中则扩增不到这条特异性的电泳区带。如果在待检测的样品中能扩增出长度为 1 160 bp 的特异性电泳区带，则证明该检测样品带有柑橘黄龙病病原。反之，如果在待检测的样品中不能扩增出长度为 1 160 bp 的特异性电泳区带，则证明该检测样品中不带柑橘黄龙病病原。

附 录 C
（规范性附录）
茎尖嫁接脱毒法

C.1 砧木种子处理

选饱满的砧木品种种子洗干净，剥去种皮，在无菌条件下，用0.5%次氯酸钠液浸泡10 min，用无菌水洗干净后播种于装有MS培养基的试管中，在黑暗中培养2周。

C.2 接穗处理

从预先准备好的需脱毒母株（小苗），取刚抽出1 cm～2 cm长的红江橙新梢，去掉较大叶片。在无菌条件下，用0.25%次氯酸钠液浸5 min，再用无菌水洗干净备用。

C.3 茎尖嫁接

将经消毒处理好的接穗切取0.14 mm～0.18 mm的茎尖（2个～3个原基）嫁接于砧木上，并移入MS液体培养基中。在光强1 000 lx、光照12 h～14 h、温度26℃±2℃条件下培养，及时去除砧木不定芽，待嫁接苗长出3片～5片叶后，再移于网室消毒土中培育。按嫁接成活的芽系进行编号。

C.4 病毒检测

按芽系编号，采用指示植物进行鉴定。保存无病毒的芽系，将带病毒的芽系淘汰。

附 录 D
（规范性附录）
热处理—茎尖嫁接脱毒法

D.1 接穗的准备和热处理

预先将准备好的红江橙母株（盆栽小苗）置于人工气候箱中进行热处理 35 d（白天用 40℃、光照 16 h、黑夜 30℃、光照 8 h），或置于玻璃箱中利用夏季 40℃～50℃日温，持续 8 h 培养 30d 以上。

D.2 种子处理和砧木准备

砧木品种的种子，在无菌条件下，用 0.5%次氯酸钠液浸泡 10 min，用无菌水冲洗干净，播于 MS 琼脂培养基试管中，在黑暗中培养 2 周作砧木。

D.3 茎尖嫁接

在无菌条件下，取出砧木，切去茎上部，从热处理母株（小苗）嫩芽上切取 0.14 mm～0.18 mm 的茎尖（2 个～3 个叶原基）嫁接于砧木上，并移入液体 MS 培养基中，在温度 26℃±2℃、有光条件下培养，待茎尖成活、长至 3 片～5 片叶时，再移于网室消毒土中培育。对嫁接成活的每个芽系进行编号。

D.4 病毒检测

按芽系编号，采用指示植物进行鉴定，保存无病毒的芽系，将带病毒的芽系淘汰。

附　录　E
（规范性附录）
指示植物检测法

E.1　指示植物的选用

黄龙病选椪柑实生苗作指示植物；裂皮病选 Etrog 香橼 861－S－1 作指示植物；碎叶病选 Rusk 枳橙作指示植物；衰退病普通型株系用墨西哥莱檬，苗黄型株系用酸橘、葡萄柚，茎陷点型株系用甜橙作指示植物。指示植物必须是健康的。

E.2　待检苗的准备

挑选红橘和椪柑生长一致的砧木实生苗，定植于检测苗圃中。每行 50 株～100 株，株行距 20 cm×60 cm。检测苗圃 500 m 以内不得有柑橘类植物，并设置防虫网罩住，防止病虫侵入。从待检样本树上剪取成熟枝条，嫁接于红橘砧木实生苗上作为待检苗。按照待检样本树芽系编号挂牌。1 株待检样本树在同一行砧木上嫁接 5 株。

E.3　指示植物与待检苗的嫁接

待检苗粗 0.5 cm 即可嫁接。分别剪取 E.1 选用的指示植物的成熟枝条，分别采取枝段枝接或芽片腹接法，接于待检苗上。并从待检样本树上剪取成熟枝段或芽片接于椪柑实生苗上。按指示植物名称和待检苗芽系编号，写好标签，做好记录和挂牌。

E.4　嫁接苗的管理

嫁接后，加强肥水管理，防止虫害和控制蘖芽生长。

E.5　病毒类病害鉴别

从抽芽展叶开始，每周定期观察指示植物的症状表现，做好观察记录，根据指示植物的症状反应，判别待检树是否还潜带病毒。

附 录 F
（规范性附录）
病毒类病害在指示植物上的症状鉴别

病毒类病害在指示植物上的症状鉴别如表 F.1 所示。

表 F.1 病毒在指示植物上的症状

病毒类病害		指 示 植 物	症 状 表 现
黄龙病		椪柑实生苗	新梢叶片斑驳型黄化
裂皮病		Etrog 香橼 861-S-1	夏梢叶片中脉抽缩向叶背卷曲，老叶背面叶脉黑褐色坏死或开裂
碎叶病		Rusk	春梢或秋梢叶片出现黄斑、叶片扭曲和叶缘缺损
衰退病	速衰型	墨西哥莱檬、甜橙	叶脉间断性半透明或 4 个～6 个月后有茎陷点
	苗黄型	葡萄柚、酸橘	苗黄化
	茎陷点型	甜橙、葡萄柚	茎陷点

ICS 65.020.20
B 16

中华人民共和国农业行业标准

NY/T 796—2004

稻水象甲防治技术规范

Rules for controlling the rice water weevil

2004-04-16 发布　　　　2004-06-01 实施

中华人民共和国农业部　发布

前　言

为提高我国稻水象甲防治技术水平，满足广大稻农的需要，在广泛实验的基础上，并结合全国各地稻水象甲防治技术的实际情况而编制的本标准。

本标准由中华人民共和国农业部提出。

本标准起草单位：河北省芦台农场。

本标准主要起草人：张玉江、王志敏、李亚琴、周永刚、张永刚、张忠良、高军、李凤艾。

稻水象甲防治技术规范

1 范围

本标准规定了稻水象甲 *Lissorhoptrus oryzophilus* Kuschel 防治术语和定义、总则、防治措施和虫口密度测试方法。

本标准适用于全国各稻水象甲发生区稻水象甲的防治。

2 术语和定义

下列术语和定义适用于本标准。

2.1

防治指标 prevention and control Index

又称经济阈值、防治阈值，为虫害防治适期的虫口密度达到此标准时，应采取的防治措施，以防止为害损失超过经济损害水平。

2.2

防治适期 suitable period for control

为病虫害安全、经济、有效的防治适宜时期。

3 总则

实施植物检疫措施，控制稻水象甲的传播蔓延；在已有该虫发生又难以将其扑灭的稻区，本着“安全、经济、有效”的原则，采取农业防治与化学防治相结合、以化学防治为主的措施。

4 防治措施

4.1 植物检疫

严格执行植物检疫法规，禁止携带带有稻水象甲的稻苗、稻草、稻种、草坪和蟹苗等物品运出稻水象甲发生区。

4.2 农业防治

4.2.1 选用生长势强、耐虫或抗虫的水稻品种。

4.2.2 推迟移栽稻田的插秧期或直播稻田的播种期，避开成虫迁入高峰期，减少迁入稻田的稻水象甲成虫量，缩短稻水象甲成虫的为害和产卵期。

4.2.3 实施浅水灌溉和间歇灌溉，采取不利于稻水象甲发生而有利于水稻生长的栽培措施，减轻稻水象甲的为害，提高水稻的抗虫补偿能力。

4.3 化学防治

掌握好防治指标和防治适期，选用低毒高效农药，只在水稻生育前期施药，通过防治迁入水稻本田或直播田的稻水象甲越冬代成虫，控制其成虫直接为害，并预防下一代幼虫和成虫的发生。

4.3.1 防治指标

成虫虫口密度 0.3 头每丛或 10 头每平方米。

4.3.2 防治适期

水稻秧苗移栽前 1 d～2 d 在秧田施药 1 次，使秧苗带药进本田；从越冬场所迁入水稻本田或直播田的稻水象甲成虫达防治指标时施药 1 次；此后继续迁入的稻水象甲成虫虫口密度若又达防治指标时，再次施药。此期施药2次～3次。

4.3.3 防治方法

所用药剂从表1中任选其一，需连续施药2次以上时，提倡交替使用不同种类的农药。

表1 防治稻水象甲药剂种类、用药量及施药方法

药剂名称	剂 型	单次用药量 mL/hm²	施药方法及注意事项
辛硫磷	50%乳油	750～1 500	对水 75 kg/hm²～100 kg/hm² 喷雾。稻田施药时连同田边杂草及附近玉米苗上的稻水象甲成虫一起防治。水稻本田或直播田施药时田间水层 3 cm～5 cm，保水 5 d～7 d。
毒死本	48%乳油	750～1 500	
倍硫磷	50%乳油	750～1 500	
醚菊酯	10%悬浮剂	600～900	
乙氰菊酯	10%乳油	1 500～2 000	
注：除表中的5种药剂外，也可使用其他对稻水象甲防治有效的药剂，但需符合有关农药安全使用标准及农药合理使用准则。			

5 虫口密度测试方法

5.1 取样

在稻水象甲成虫向稻田迁入期，每块田按Z形不少于5点取样，每样点1 m×1 m，用4根1 m长的苇棍将所取样点围成正方形。

5.2 调查记录

计数每点稻苗丛数、稻苗上和在水中游动的稻水象甲成虫虫量。水层浅时可直接计数虫量；水层深或田水混浊时，可用双手将稻苗连同根部泥土轻轻从水中抠出计数虫量。

5.3 计算

按式(1)或式(2)计算：

$$A = \sum B / \sum C \qquad (1)$$

$$D = \sum B / \sum E \qquad (2)$$

式中：

A——平均每丛稻苗稻水象甲成虫虫量；
B——每样点稻水象甲成虫虫量；
C——每样点稻苗丛数；
D——平均每平方米稻水象甲成虫虫量；
E——每样点面积。

ICS 65.080
B 10

中华人民共和国农业行业标准

NY/T 797—2004

硅　　肥

Silicate fertilizer

2004-04-16 发布　　2004-06-01 实施

中华人民共和国农业部　发布

前　言

本标准由中华人民共和国农业部提出。

本标准起草单位：中国农业科学院土壤肥料研究所、农业部肥料质量监督检测中心（长沙）、河南省科学院地理所硅肥工程中心、云南省昆阳磷肥厂。

本标准主要起草人：李春花、周卫、梁国庆、范红黎、周运辉、蔡德龙、李杰。

硅 肥

1 范围

本标准规定了硅肥的技术要求、试验方法、检验规则以及标识、包装、运输和贮存。

本标准适用于以炼铁炉渣、黄磷炉渣、钾长石、海矿石、赤泥等为主要原料，以有效硅(SiO_2)为主要标明量的各种肥料。

2 引用标准

下列标准所含的条文，通过在本标准引用而构成为本标准的条文。本标准出版时，所示版本均为有效。所有标准都会被修订，使用本标准的各方应探讨使用下列标准最新版本的可能性。

GB/T 1250—1989 极限数值的表示方法和判定方法

GB/T 6003.1—1997 金属丝编织网试验筛

GB/T 6678—1986 固体化工产品采样通则

GB/T 6682—1992 分析实验室用水规格和试验方法

GB 8569—1997 固体化学肥料包装

GB 18382—2001 肥料标识 内容和要求(neq ISO 7409:1984)

HG 2557—1994 钙镁磷肥

HG/T 2843—1997 化肥产品 化学分析常用标准滴定溶液、标准溶液、试剂溶液和指示剂溶液

3 要求

3.1 术语

下列术语和定义适用于本标准。

硅肥

包括以炼铁炉渣、黄磷炉渣、钾长石、海矿石、赤泥、粉煤灰等为主要原料，以有效硅(SiO_2)为主要标明量的各种肥料。

3.2 外观

灰白色或暗灰色粉末。

3.3 硅肥的要求应符合表1的规定。

表1 硅肥的要求

项 目	合格品指标
有效硅(以 SiO_2 计)含量，%	≥20.0
水分含量，%	≤3.0
细度(通过 250 μm 标准筛)，%	≥80
注：硅肥还应符合国家标准“GB/T 肥料中砷、镉、铅、铬、汞限量”。	

4 试验方法

4.1 有效硅含量的测定——重量法(仲裁法)

4.1.1 原理

试样经盐酸溶液[c(HCl)=0.5 mol/L]提取，浸提液经过滤，在硼酸存在下加盐酸蒸干，硅酸由此脱水为二氧化硅，再加入动物胶使二氧化硅凝聚，经过滤、洗涤、灼烧，称量。用氢氟酸处理，使二氧化硅呈四氟化硅挥发除去，称量。根据氢氟酸处理前后质量之差，计算出有效二氧化硅含量。

4.1.2 试剂和溶液

除非另有说明，在分析中均使用分析纯试剂和GB/T 6682—1992中规定的三级水。

试验中所用标准滴定溶液、标准溶液、试剂溶液和指示剂溶液，在没有注明其他要求时，均按HG/T 2843—1997规定制备。

安全提示：试验中所用的试剂盐酸、硝酸、氢氟酸具有腐蚀性，操作时应小心。如溅在皮肤上，立即用大量水冲洗，严重者应立即治疗。

4.1.2.1 氢氟酸。

4.1.2.2 盐酸。

4.1.2.3 盐酸溶液：[c(HCl)=0.5 mol/L]。

按HG/T 2843—1997中5.2.1条配制。

4.1.2.4 盐酸溶液：1+19。

4.1.2.5 硫酸溶液：1+1。

4.1.2.6 盐酸饱和硼酸溶液：盐酸(4.1.2.2)加固体硼酸至饱和。

4.1.2.7 动物胶溶液：20 g/L。

称取2.0 g动物胶于加热至近沸的100 mL水中，继续加热溶解完全至溶液呈透明状。

4.1.2.8 硝酸银溶液：10 g/L。

4.1.3 仪器和设备

4.1.3.1 一般实验室仪器和设备。

4.1.3.2 水平往复式恒温振荡机或30 r/min～35 r/min上下旋转式振荡器。

4.1.3.3 恒温水浴锅。

4.1.3.4 蒸发皿：250 mL。

4.1.3.5 铂坩埚：30 mL～40 mL。

4.1.3.6 马福炉：控温范围应达到950℃～1 000℃。

4.1.4 分析步骤

4.1.4.1 试样溶液的制备

称取约1 g试验室样品(精确至0.000 2 g)，置于250 mL干燥的具塞锥形瓶或容量瓶中，准确加入150 mL预先加热至28℃～30℃的盐酸溶液(4.1.2.3)，塞紧瓶塞，进行振荡：

若使用水平往复式振荡机，选择振荡频率180 r/min、振荡温度25℃～30℃，振荡80 min。

若使用30 r/min～35 r/min上下旋转式振荡器，保持溶液温度28℃～30℃，振荡1 h。

振荡结束后，立即用干燥漏斗和快速滤纸过滤，弃去最初几毫升滤液。

4.1.4.2 测定

准确吸取50 mL滤液于蒸发皿中，加入40 mL盐酸饱和硼酸溶液(4.1.2.6)，混匀，在水浴上蒸发至近干，向其中加入40 mL盐酸(4.1.2.2)，20 mL动物胶溶液(4.1.2.7)，并在70℃～80℃的水浴中保温30 min以溶解并凝聚二氧化硅。沉淀用倾泻法，以定量滤纸过滤沉淀，用温热的盐酸溶液(4.1.2.4)洗涤蒸发皿和沉淀各4次～6次，每次用量约5 mL～10 mL，然后再用热水洗涤蒸发皿和沉淀，每次用约10 mL水，洗涤至无氯离子，用硝酸银溶液(4.1.2.8)检验。

将沉淀连同滤纸一并放入铂坩埚中，将铂坩埚置于垫有石棉网的电炉上，小心烘干，灰化完全后，置于马福炉中，在950℃灼烧1 h。取出稍冷，置于干燥器中冷却30 min，称量。往铂坩埚中加入数滴水润湿沉淀,加2滴～3滴硫酸溶液(4.1.2.5),3 mL～5 mL氢氟酸(4.1.2.2),将铂坩埚置于垫有石棉网的电炉上缓缓加热至硫酸冒白烟,再继续加热蒸发至近干。取下铂坩埚冷却至室温,再加入5 mL氢氟酸(4.1.2.5),继续加热至冒尽三氧化硫白烟,移入马福炉中,在950℃灼烧1 h。取出稍冷,置于干燥器中冷却30 min,称量。

4.1.4.3 **空白试验**

在测定的同时,除不加试样外,按4.1.4.1条和4.1.4.2条完全相同的分析步骤、试剂和用量进行平行操作。

4.1.5 **分析结果的表述**

有效硅含量(SiO_2)以质量百分数W(SiO_2)表示,按式(1)计算:

$$W=\frac{(m_1-m_2)-(m_3-m_4)}{m\times 50\div 150}\times 100 \qquad (1)$$

式中:

m_1——氢氟酸处理前沉淀与铂坩埚的质量,单位为克(g);

m_2——氢氟酸处理后沉淀与铂坩埚的质量,单位为克(g);

m_3——空白试验氢氟酸处理前沉淀与铂坩埚的质量,单位为克(g);

m_4——空白试验氢氟酸处理后沉淀与铂坩埚的质量,单位为克(g);

m ——试样质量(g)。

所得结果应表示至两位小数。

4.1.6 **允许差**

取平行测定结果的算术平均值为测定结果。

平行测定结果的绝对差值不大于0.40%。

不同实验室测定结果的绝对差值不大于0.60%。

4.2 **有效硅含量的测定——氟硅酸钾容量法**

4.2.1 **适应范围**

本方法适用于测定有效二氧化硅含量在30 mg～50 mg范围内的溶液。

4.2.2 **方法提要**

试样经盐酸溶液[c(HCl)=0.5 mol/L]提取,提取的有效硅在硝酸溶液介质中与氟化钾生成氟硅酸钾沉淀,经过滤洗涤,除去游离酸,用沸水水解沉淀生成氢氟酸,用氢氧化钠标准滴定溶液。因生成的正硅酸离解度很小,不以酸的形式参与滴定,根据消耗的氢氧化钠标准滴定溶液的体积,即可求出有效二氧化硅含量。

4.2.3 **试样溶液的制备**

按4.1.4.1条制备试样溶液。

4.2.4 **测定**

按照HG 2557—1994中4.5.5.2进行。

4.3 **水分的测定**

按照HG 2557—1994中4.3的规定进行。

4.4 **细度的测定**

按照HG 2557—1994中4.7及GB/T 6003.1—1997的规定进行。

5 检验规则

5.1 本标准中质量指标合格与否的判断,采用GB/T 1250—1989中规定的“修约值比较法”。

5.2 硅肥按批检验,每批的重量规定不超过300 t。用户把附有同一质量证明书的产品作为一批。

5.3 硅肥出厂前应由生产厂的质量监督检验部门进行检验,生产厂应保证所有出厂的硅肥都符合本标准的要求。每批出厂的产品都应附有一定格式的质量证明书,其内容包括:生产厂名称及厂址、产品名称、商标、产品等级、产品净重、生产日期(或批号)及本标准编号。

5.4 如果检验结果中有一项指示不符合本标准要求时,应重新自两倍量的包装单元中采样进行复验,复验结果,即使只有一项指标不符合本标准要求时,则整批硅肥为不合格,不能验收。

5.5 采样按下述方法进行采样。

5.5.1 袋装的硅肥按 GB/T 6678—1986 规定选取采样袋数,如表 2。

表 2 采样袋数

总的包装袋数	采样袋数	总的包装袋数	采样袋数
1～10	全部袋数	182～216	18
11～49	11	217～254	19
50～64	12	255～296	20
65～81	13	297～343	21
82～101	14	344～394	22
102～125	15	395～450	23
126～151	16	451～512	24
152～181	17		

超过 512 袋以上时,按式(2)计算采样袋数,如遇小数时,进为整数。

$$采样袋数=3\times\sqrt[3]{N} \quad\quad (2)$$

式中:

N——每批硅肥产品的总袋数。

按表 2 或式(2)计算结果,抽出样品袋数。采样时,用采样针从每袋最长对角线斜插至袋深的 3/4 处,采取不少于 0.1 kg 的样品,每批样品总量不少于 2 kg。

5.5.2 硅肥也可以在包装皮带运输机上按一定的时间间隔采取均匀的样品,每批所取样品总量不得少于 5 kg。

5.6 样品缩分

将每批所采取的样品合并在一起,充分混匀,用缩分器或四分法缩分至约 1.0 kg(不得重新制样),分装于两个清洁、干燥并具有磨口塞的广口瓶或聚乙烯瓶中。贴上标签,注明:生产厂名称、产品名称、批号、采样日期和采样人姓名。一份供检验用,另一份作为保留样品,保留期两个月,以备查验。

5.7 当供需双方对产品质量发生异议需要仲裁时,按《中华人民共和国产品质量法》有关规定仲裁。仲裁应按本标准规定的试验方法和检验规则进行。

6 包装、标识、贮存与运输

6.1 硅肥用塑料编织袋内衬聚乙烯薄膜袋或复合塑料编织袋包装,包装的技术要求,包装材料应符合 GB 8569—1997 的有关规定,每袋净重 10 kg±0.1 kg、25 kg±0.25 kg、40 kg±0.4 kg 或 50 kg±0.5 kg,每批产品平均每袋净重不得低于 10 kg、25 kg、40 kg 或 50 kg。

6.2 硅肥包装袋标识应符合国家标准 GB 18382—2001 肥料标识 内容和要求的要求,包装袋上应标明:商标、产品名称、产品等级、主要养分含量、净含量、本标准编号、生产厂名称、厂址、电话号码。

6.3 硅肥应贮存在场地平整、干燥通风、阴凉的仓库中，防晒、防雨淋、防受潮、防湿。堆高不宜大于7 m。

6.4 硅肥在搬运、运输过程中，均应防晒、防雨淋、防受潮、防湿和防包装袋破损。

ICS 65.080
B 10

中华人民共和国农业行业标准

NY/T 798—2004

复合微生物肥料

Compound microbial fertilizers

2004-04-16 发布 2004-06-01 实施

中华人民共和国农业部 发布

前　言

本标准由中华人民共和国农业部提出并归口。

本标准起草单位：农业部微生物肥料质量监督检验测试中心、辽宁省土壤肥料总站。

本标准起草人:冯瑞华、李俊、沈德龙、樊蕙、于向华、麻林涛、李力、刘亚林。

复合微生物肥料

1 范围

本标准规定了复合微生物肥料的术语和定义、要求、试验方法、检验规则、标志、包装运输及贮存。

本标准适用于复合微生物肥料。

2 规范性引用文件

下列文件中的条款通过本标准的引用而成为本标准的条款。凡是注日期的引用文件，其随后所有的修改单（不包括勘误的内容）或修订版均不适用于本标准，然而，鼓励根据本标准达成协议的各方研究是否可使用这些文件的最新版本。凡是不注日期的引用文件，其最新版本适用于本标准。

GB 1250 极限数值的表示方法和判定方法

GB 8170 数值修约规则

GB 18877—2002 有机—无机复混肥料

GB/T 19524.1—2004 肥料中粪大肠菌群的测定

GB/T 19524.2—2004 肥料中蛔虫卵死亡率的测定

NY 525—2002 有机肥料

3 术语和定义

复合微生物肥料 Compound microbial fertilizers

指特定微生物与营养物质复合而成，能提供、保持或改善植物营养，提高农产品产量或改善农产品品质的活体微生物制品。

4 要求

4.1 菌种

使用的微生物应安全、有效。生产者应提供菌种的分类鉴定报告，包括属及种的学名、形态、生理生化特性及鉴定依据等完整资料，以及菌种安全性评价资料。采用生物工程菌，应具有获准允许大面积释放的生物安全性有关批文。

4.2 成品技术指标

4.2.1 外观(感官) 产品按剂型分为液体、粉剂和颗粒型。粉剂产品应松散；颗粒产品应无明显机械杂质，大小均匀，具有吸水性。

4.2.2 复合微生物肥料产品技术指标见表1。

表1 复合微生物肥料产品技术指标

项目	剂型		
	液体	粉剂	颗粒
有效活菌数(cfu)[a]，亿/g(mL)	≥0.50	≥0.20	≥0.20
总养分($N+P_2O_5+K_2O$)，%	≥4.0	≥6.0	≥6.0
杂菌率，%	≤15.0	≤30.0	≤30.0

表 1（续）

项　　目	剂　　型		
	液体	粉剂	颗粒
水分，%	—	≤35.0	≤20.0
pH	3.0～8.0	5.0～8.0	5.0～8.0
细度，%	—	≥80.0	≥80.0
有效期[b]，月	≥3	≥6	

[a] 含两种以上微生物的复合微生物肥料，每一种有效菌的数量不得少于 0.01 亿/[g(mL)]。

[b] 此项仅在监督部门或仲裁双方认为有必要时才检测。

4.2.3 复合微生物肥料产品中无害化指标见表 2。

表 2 复合微生物肥料产品无害化指标

参　　数	标准极限
粪大肠菌群数，个/g(mL)	≤100
蛔虫卵死亡率，%	≥95
砷及其化合物(以 As 计)，mg/kg	≤75
镉及其化合物(以 Cd 计)，mg/kg	≤10
铅及其化合物(以 Pb 计)，mg/kg	≤100
铬及其化合物(以 Cr 计)，mg/kg	≤150
汞及其化合物(以 Hg 计)，mg/kg	≤5

5 试验方法

5.1 仪器设备

5.1.1 生物显微镜；

5.1.2 恒温培养箱；

5.1.3 恒温干燥箱；

5.1.4 超净工作台或洁净室；

5.1.5 电子天平(或精密天平，下同)；

5.1.6 摇床；

5.1.7 蒸汽灭菌锅；

5.1.8 试验筛；

5.1.9 酸度计。

5.2 试剂

方法中所用的试剂，在未注明其他规格时，均指分析纯(A.R.)。

5.2.1 无离子水、无菌水(或生理盐水，下同)、蒸馏水。

5.2.2 检测用培养基：根据所测微生物的种类选用适宜的培养基。

5.3 产品参数的检测

5.3.1 外观(感官)的测定

取少量样品放到白色搪瓷盘(或白色塑料调色板)中，仔细观察样品的颜色、形状、质地。

5.3.2 有效活菌数的测定

5.3.2.1 系列稀释

称取固体样品 10 g(精确到 0.01 g),加入带玻璃珠的 100 mL 的无菌水中(液体样品用无菌吸管取 10.0 mL 加入 90 mL 的无菌水中),静置 20 min,在旋转式摇床上 200 r/min 充分振荡 30 min,即成母液菌悬液(基础液)。

用 5 mL 无菌移液管分别吸取 5.0 mL 上述母液菌悬液加入 45 mL 无菌水中,按 1∶10 进行系列稀释,分别得到 $1:1\times10^1$,$1:1\times10^2$,$1:1\times10^3$,$1:1\times10^4$……稀释的菌悬液(每个稀释度应更换无菌移液管)。

5.3.2.2 加样及培养

每个样品取 3 个连续适宜的稀释度,用 0.5 mL 无菌移液管分别吸取不同稀释度菌悬液 0.1 mL,加至预先制备好的固体培养基平板上,分别用无菌玻璃刮刀将不同稀释度的菌悬液均匀地涂于琼脂表面。

每一稀释度重复 3 次,同时以无菌水作空白对照,于适宜的条件下培养。

5.3.2.3 菌落识别

根据所检测菌种的技术资料,每个稀释度取不同类型的代表菌落通过涂片、染色、镜检等技术手段确认有效菌。当空白对照培养皿出现菌落数时,检测结果无效,应重做。

5.3.2.4 菌落计数

以出现 20 个~300 个菌落数的稀释度的平板为计数标准(丝状真菌为 10 个~150 个菌落数),分别统计有效活菌数目和杂菌数目。当只有一个稀释度,其有效菌平均菌落数在 20 个~300 个之间时,则以该菌落数计算。若有两个稀释度,其有效菌平均菌落数均在 20 个~300 个之间时,应按两者菌落总数之比值(稀释度大的菌落总数×10 与稀释度小的菌落总数之比)决定,若其比值小于等于 2 应计算两者的平均数;若大于 2 则以稀释度小的菌落平均数计算。有效活菌数按式(1)计算,同时计算杂菌数。

$$n_m=\frac{\bar{x}\times k\times v_1}{m_0\times v_2}\times10^{-8}\ 或\ n_v=\frac{\bar{x}\times k\times v_1}{v_0\times v_2}\times10^{-8}\quad\cdots\cdots(1)$$

式中:

n_m ——质量有效活菌数,单位为亿每克(亿/g);

n_v ——体积有效活菌数,单位为亿每毫升(亿/mL);

$\bar{x}$ ——有效菌落平均数,单位为个;

k ——稀释倍数;

v_1 ——基础液体积,单位为毫升(mL);

v_2 ——菌悬液加入量,单位为毫升(mL);

v_0 ——样品量,单位为毫升(mL);

m_0 ——样品量,单位为克(g)。

5.3.3 霉菌杂菌数的测定

采用马丁培养基,测定方法同 5.3.2。

5.3.4 杂菌率的计算

除样品有效菌外,其他的菌均为杂菌(包括霉菌杂菌)。样品中杂菌率按式(2)计算:

$$m(\%)=\frac{n_1}{n_1+n}\times100\quad\cdots\cdots(2)$$

式中:

m ——样品杂菌率,单位为百分率(%);

n_1 ——杂菌数,单位为亿每克(亿/g)或亿每毫升(亿/mL);

n ——有效活菌数,单位为亿每克(亿/g)或亿每毫升(亿/mL)。

5.3.5 水分的测定

将空铝盒置于干燥箱中105℃±2℃烘干0.5 h,冷却后称量记录空铝盒的质量。然后称取2份平行样品,每份20 g(精确到0.01 g),分别加入铝盒中并记录质量。将装好样品的铝盒置于干燥箱中105℃±2℃下烘干4 h~6 h。取出置于干燥器中冷却20 min后进行称量。水分含量按式(3)计算(结果为两次测定的平均值):

$$w(\%) = \frac{m_1 - m_2}{m_1 - m_0} \times 100 \quad \cdots\cdots (3)$$

式中:

w——样品水分含量,单位为百分率(%);

m_0——空铝盒的质量,单位为克(g);

m_1——样品和铝盒的质量,单位为克(g);

m_2——烘干后样品和铝盒的质量,单位为克(g)。

5.3.6 细度的测定

5.3.6.1 粉剂样品

称取样品50 g(精确到0.1 g),放入300 mL烧杯中,加200 mL水浸泡10 min~30 min后倒入孔径2.0 mm的试验筛中,然后用水冲洗,并用刷子轻轻地刷筛面上的样品,直至筛下流出清水为止。将试验筛连同筛上样品放入干燥箱中,在105℃±2℃烘干4 h~6 h。冷却后称量筛上样品质量。样品细度按式(4)计算:

$$s(\%) = [1 - \frac{m_1}{m_0 \times (1 - w)}] \times 100 \quad \cdots\cdots (4)$$

式中:

s——筛下样品质量分数,单位为百分率(%);

m_0——样品质量,单位为克(g);

w——样品含水量,单位为百分率(%);

m_1——筛上干样品质量,单位为克(g)。

5.3.6.2 颗粒样品

称取样品50 g(精确到0.1 g),将两个不同孔径的试验筛(1.0 mm和4.75 mm)摞在一起放在底盘上(大孔径试验筛放在上面),样品倒入大孔径试验筛内,筛样品。然后称小孔径试验筛上的样品质量,颗粒细度按式(5)计算:

$$g(\%) = \frac{m_1}{m_0} \times 100 \quad \cdots\cdots (5)$$

式中:

g——样品质量分数,单位为百分率(%);

m_1——小孔径试验筛上样品质量,单位为克(g);

m_0——样品质量,单位为克(g)。

5.3.7 pH的测定

打开酸度计电源预热30 min,用标准溶液校准。

pH的测定,每个样品重复3次,计算3次的平均值。

5.3.7.1 液体样品

用量筒取40 mL样品放入50 mL的烧杯中,直接用酸度计测定,仪器读数稳定后记录。

5.3.7.2 粉剂样品

称取样品15 g,放入50 mL的烧杯中,按1:2(样品:无离子水)的比例将无离子水加到烧杯中(如果样品含水量低,可根据基质类型按1:3~5的比例加无离子水),搅拌均匀。然后静置30 min,测样品悬液的pH,仪器读数稳定后记录。

5.3.7.3 **颗粒样品**

样品先研碎过 1.0 mm 试验筛，按照 5.3.7.2 的方法测定。

5.4 **$N+P_2O_5+K_2O$ 含量的测定**

应符合 NY 525—2002 中 5.3～5.5 的规定。

5.5 **粪大肠菌群数的测定**

应符合 GB/T 19524.1—2004 中的规定。

5.6 **蛔虫卵死亡率的测定**

应符合 GB/T 19524.2—2004 中的规定。

5.7 **As、Cd、Pb、Cr、Hg 的测定**

应符合 GB 18877—2002 中 5.12～5.17 的规定。

6 检验规则

本标准中产品技术指标的数字修约应符合 GB 8170 的规定；产品质量指标合格判定应符合 GB 1250 中修约值比较法的规定。

6.1 抽样

按每一发酵罐菌液（或每批固体发酵）加工成的产品为一批，进行抽样检验，抽样过程严格避免杂菌污染。

6.1.1 **抽样工具**

无菌塑料袋（瓶）、金属勺、抽样器、量筒、牛皮纸袋、胶水、抽样封条及抽样单等。

6.1.2 **抽样方法和数量**

一般在成品库中抽样，采用随机法抽取。

随机抽取 5 袋（桶）～10 袋（桶），在无菌条件下，每袋（桶）取样 500 g(mL)，然后将抽取样品混匀，按四分法分装 3 袋（瓶），每袋（瓶）不少于 500 g(mL)。

6.2 判定规则

6.2.1 **具下列任何一条款者，均为合格产品。**

a) 检验结果各项技术指标均符合标准要求的产品；

b) 在 pH、水分、细度、外观等检测项目中，有一项不符合技术指标，而其他各项符合指标要求的产品。

6.2.2 **具下列任何一条款者，均为不合格产品。**

a) 有效活菌数不符合技术指标；

b) 杂菌率不符合技术指标；

c) 在 pH、水分、细度、外观等检测项目中，有二项以上（含）不符合技术指标；

d) 有效养分含量不符合技术指标；

e) 粪大肠菌群值不符合技术指标；

f) 蛔虫卵死亡率不符合技术指标；

g) As、Cd、Pb、Cr、Hg 中任一含量不符合技术指标。

7 包装、标识、运输和贮存

7.1 包装

根据不同产品剂型选择适当的包装材料、容器、形式和方法，以满足产品包装的基本要求。

产品包装中应有产品合格证和使用说明书，在使用说明书中标明使用范围、方法、用量及注意事项等内容。

7.2 标识

标识所标注的内容,应符合国家法律、法规的规定。

7.2.1 产品名称及商标

应标明国家标准、行业标准已规定的产品通用名称、商品名称或者有特殊用途的产品名称,可在产品通用名下以小一号字体予以标注。

国家标准、行业标准对产品通用名称没有规定的,应使用不会引起用户、消费者误解和混淆的商品名称。

企业可以标注经注册登记的商标。

7.2.2 产品规格

应标明产品在每一个包装物中的净重,并使用国家法定计量单位。标注净重的误差范围不得超过其明示量的±5%。

7.2.3 产品执行标准

应标明产品所执行的标准编号。

7.2.4 产品登记证号

应标明有效的产品登记证号。

7.2.5 生产者名称、地址

应标明经依法登记注册并能承担产品质量责任的生产者名称、地址、邮政编码和联系电话。进口产品可以不标生产者的名称、地址,但应当标明该产品的原产地(国家/地区),以及代理商或者进口商或者销售商在中国依法登记注册的名称和地址。

7.2.6 生产日期或生产批号

应在生产合格证或产品包装上标明产品的生产日期或生产批号。

7.2.7 保质期

用“保质期______个月(或年)”表示。

7.3 运输

运输过程中有遮盖物,防止雨淋、日晒及高温。气温低于0℃时采取适当措施,以保证产品质量。轻装轻卸,避免包装破损。不应与对微生物肥料有毒、有害的其他物品混装、混运。

7.4 贮存

产品应贮存在阴凉、干燥、通风的库房内,不应露天堆放,以防日晒雨淋,避免不良条件的影响。

ICS 67.100.10
X 16

中华人民共和国农业行业标准

NY/T 799—2004

发酵型含乳饮料

Fermented milk beverages

2004-04-16 发布 2004-06-01 实施

中华人民共和国农业部 发布

前　言

本标准由中华人民共和国农业部提出。

本标准起草单位:农业部食品质量监督检验测试中心(上海)。

本标准主要起草人:郭本恒、郑冠树、钱莉、谢可杰、张春林、刘霄玲、陈美莲、曹琥靓。

发酵型含乳饮料

1 范围

本标准规定了发酵型含乳饮料的产品分类、要求、试验方法、检验规则和标签、包装、运输和贮存要求。

本标准适用于以乳或乳制品为主要原料，经杀菌后采用乳酸菌类菌种培养发酵，添加水和食品辅料调制，再经过杀菌或不杀菌而制成的饮料。

2 规范性引用文件

下列文件中的条款通过本标准的引用而成为本标准的条款。凡是注日期的引用文件，其随后所有的修改单（不包括勘误的内容）或修订版均不适用于本标准，然而，鼓励根据本标准达成协议的各方研究是否可使用这些文件的最新版本。凡是不注日期的引用文件，其最新版本适用于本标准。

GB/T 191 包装储运图示标志

GB 2760 食品添加剂使用卫生标准

GB/T 4789.2 食品卫生微生物学检验 菌落总数测定

GB/T 4789.3 食品卫生微生物学检验 大肠菌群测定

GB/T 4789.4 食品卫生微生物学检验 沙门氏菌检验

GB/T 4789.5 食品卫生微生物学检验 志贺氏菌检验

GB/T 4789.10 食品卫生微生物学检验 葡萄球菌检验

GB/T 4789.11 食品卫生微生物学检验 溶血性链球菌检验

CB/T 4789.15 食品卫生微生物学检验 霉菌和酵母计数测定

GB/T 4789.32 乳酸菌饮料中乳酸菌的微生物学检验

CB/T 5009.5 食品中蛋白质的测定方法

GB/T 5009.11 食品中总砷的测定方法

GB/T 5009.12 食品中铅的测定方法

GB/T 5009.13 食品中铜的测定方法

GB/T 5009.28 食品中糖精钠的测定方法

GB/T 5009.29 食品中山梨酸、苯甲酸的测定方法

GB/T 5009.35 食品中着色剂的测定方法

GB/T 5009.46 乳与乳制品卫生标准的分析方法

CB/T 5009.97 食品中环己基氨基磺酸钠的测定方法

GB/T 5009.140 饮料中乙酰磺胺酸钾（安赛蜜）的测定

GB/T 5409 牛乳检验方法

GB 5410 全脂乳粉、脱脂乳粉、全脂加糖乳粉和调味乳粉

CB/T 6914 生鲜牛乳收购标准

GB 7718 食品标签通用标准

GB/T 10791 软饮料原辅材料的要求

GB 14880 食品营养强化剂使用卫生标准

QB/T 3782 脱盐乳清粉

JJF 1070 定量包装商品净含量计量检验规则

3 产品分类

3.1 按蛋白质含量分为两类

3.1.1 乳酸菌饮料

蛋白含量不低于0.7 g/100 mL。

3.1.2 乳酸菌乳饮料

蛋白含量不低于1.0 g/100 mL。

3.2 按生产工艺分为两类

3.2.1 活性产品

经乳酸菌发酵后不再杀菌制成的产品。

3.2.2 非活性产品

经乳酸菌发酵再杀菌制成的产品。

4 要求

4.1 原辅料

4.1.1 水

应符合GB/T 10791中4.1的规定。

4.1.2 乳和乳制品

4.1.2.1 乳应符合GB/T 6914的规定。

4.1.2.2 乳清粉应符合QB/T 3782的规定。

4.1.2.3 乳粉应符合GB 5410的规定。

4.1.3 食品添加剂

应选用GB 2760及其增补品种中允许使用的品种，并应符合相应的国家标准或行业标准的相关要求。

4.1.4 食品营养强化剂

应选用GB 14880及其增补品种中允许使用的品种，并应符合相应国家标准或行业标准的规定。

4.2 感官要求

应符合表1的要求。

表1

项 目	要 求
色泽	均匀乳白色、乳黄色，或与产品相适应的特征色泽
组织状态	均匀细腻，无异物，无分层等不均匀的现象
滋味和气味	酸甜纯正，无其他异味

4.3 理化要求

4.3.1 净含量

单件定量包装商品的净含量负偏差不得超过表2的规定；同批产品的平均净含量不得低于标准标明的净含量。

表 2

净含量 mL	负偏差允许值	
	相对偏差,%	绝对偏差,mL
100～200	4.5	—
200～300	—	9
300～500	3	—
500～1 000	—	15

4.3.2 蛋白质、非脂乳固体、酸度

应符合表 3 的要求。

表 3

项　　目	指　　　标	
	乳酸菌乳饮料	乳酸菌饮料
蛋白质,%	≥1.0	≥0.7
非脂乳固体,%	≥3.0	≥2.0
酸度,°T	25	

4.4 乳酸菌要求

应符合表 4 要求。

表 4

单位为 cfu/mL

项　　目	指　　　标			
	乳酸菌乳饮料		乳酸菌饮料	
	活性乳酸菌乳饮料	非活性乳酸菌乳饮料	活性乳酸菌饮料	非活性乳酸菌饮料
乳酸菌	$\geq 1\times10^6$	—	$\geq 1\times10^6$	—
注:乳酸菌的指标规定为产品出厂时的要求。				

4.5 卫生要求

应符合表 5 要求。

表 5

单位为 mg/kg

项　　目	要　　求
砷	≤0.5
铅	≤0.5
铜	≤5.0
苯甲酸钠(以苯甲酸计)	≤30
山梨酸、山梨酸钾(以山梨酸计)	≤1 000

表5(续)

项　目	要　求
乙酰磺胺酸钾(安赛蜜)	≤1 000
环己基氨基磺酸钠(甜蜜素)	≤1 000
糖精钠	≤80
人工色素	符合 GB 2760
注1:使用本表没有规定的食品添加剂和营养强化剂时,应参照相应国家和行业标准执行。 注2:如产品中同时含有糖精钠和环己基氨基磺酸钠(甜蜜素),其总量要求不得超过100mg/kg。	

4.6 微生物要求

应符合表6要求。

表6

项　目	要　求	
	活　性	非活性
菌落总数,cfu/mL	—	≤100
大肠菌群,MPN/mL	≤3	
酵母,cfu/mL	≤50	
霉菌,cfu/mL	≤30	
沙门氏菌	不得检出	
志贺氏菌	不得检出	
金黄色葡萄球菌	不得检出	
溶血性链球菌	不得检出	

5 试验方法

5.1 感官

5.1.1 色泽和组织状态

在室温下,取适量试样于50 mL烧杯中,在自然光下观察色泽和组织状态。

5.1.2 滋味和气味

在室温下,取适量试样于50 mL烧杯中,先闻气味,用温开水漱口后,再品尝滋味。

5.2 理化检验

5.2.1 净含量

按JJF 1070规定执行。

5.2.2 蛋白质

按GB/T 5009.5规定执行。

5.2.3 非脂乳固体

按GB/T 5009.46中4.5.1规定执行。

5.2.4 酸度

按 GB/T 5409 中 2.1.1 规定执行。

5.3 乳酸菌检验

按 GB/T 4789.32 规定执行。

5.4 卫生检验

5.4.1 砷

按 GB/T 5009.11 规定执行。

5.4.2 铅

按 GB/T 5009.12 规定执行。

5.4.3 铜

按 GB/T 5009.13 规定执行。

5.4.4 人工合成色素

按 GB/T 5009.35 规定执行。

5.4.5 山梨酸、山梨酸钾、苯甲酸钠

按 GB/T 5009.29 规定执行。

5.4.6 乙酰磺胺酸钾(安赛蜜)

按 GB/T 5009.140 规定执行。

5.4.7 糖精钠

按 GB/T 5009.28 规定执行。

5.4.8 环己基氨基磺酸钠(甜蜜素)

按 GB/T 5009.97 规定执行。

5.5 微生物检验

5.5.1 菌落总数

按 GB/T 4789.2 规定执行。

5.5.2 大肠菌群

按 GB/T 4789.3 规定执行。

5.5.3 沙门氏菌

按 GB/T 4789.4 规定执行。

5.5.4 志贺氏菌

按 GB/T 4789.5 规定执行。

5.5.5 金黄色葡萄球菌

按 GB/T 4789.10 规定执行。

5.5.6 溶血性链球菌

按 GB/T 4789.11 规定执行。

5.5.7 酵母和霉菌

按 GB/T 4789.15 规定执行。

6 检验规则

6.1 出厂检验

6.1.1 出厂时，应由生产厂检验部门按本标准进行逐批检验。检验合格后，在包装箱内(或外)附有合格证，且附有合格证的产品方可出厂。

6.1.2 出厂检验项目包括：感官、净含量、蛋白质、酸度、非脂乳固体、乳酸菌数、菌落总数、大肠菌群。

6.2 型式检验

6.2.1 型式检验每季度进行一次或一个生产周期进行一次。但对于有下列情况之一时,亦应进行:

a) 更改主要的原辅材料或更改关键的工艺时;

b) 长期停产后,恢复生产时;

c) 国家质量监督机构提出进行型式检验要求时。

6.2.2 型式检验项目包括本标准技术要求的全部项目。

6.3 抽样

6.3.1 批定义

同一班次、同一品种、同一生产线、同一规格、同一包装的产品为一批。

6.3.2 出厂检验抽样

每批随机抽取 40 罐(盒、袋),其中 30 罐(盒、袋)用于感官、净含量、酸度、蛋白质、非脂乳固体,3 罐(盒、袋)用于乳酸菌、细菌总数、大肠菌群的检验,剩余为留样。

6.3.3 型式检验抽样

从任意一批产品中,随机抽取 60 罐(盒、袋),其中 30 罐(盒、袋)用于感官、净含量、理化指标,3 罐(盒、袋)用于卫生指标检验,3 罐(盒、袋)用于微生物指标检验,剩余为留样。

6.3.4 样品应及时进行检验

如产品不能进行及时检验,按产品标示方法进行贮藏。

6.4 判定规则

6.4.1 出厂检验项目全部符合本标准,判定为合格品。如有一项或一项以上不符合本标准,须加倍抽样复验不符合项目;复验后仍不符合本标准时,判定整批产品为不合格。菌落总数或大肠菌群不符合本标准时,判定为不合格品。

6.4.2 型式检验项目全部符合本标准,判定为合格品。如有一项(净含量除外)不符合本标准,判定整批产品为不合格品。

7 标签、包装、运输、贮存

7.1 标签、包装

7.1.1 产品标签应按 GB 7718 的规定表示,还应标明产品的种类和蛋白质。

7.1.2 包装箱上应标明产品名称、制造者(或经销商)名称、地址、邮编、电话,还应标明单件定量包装的净含量及每箱数量。

7.1.3 包装箱上的储运图示应符合 GB/T 191 的规定。

7.2 运输、贮存

7.2.1 运输工具必须清洁、卫生,搬运时应轻拿轻放,严禁摔撞。

7.2.2 在贮运过程中,必须防止暴晒、雨淋,严禁与有毒或有异味的物品混贮、混运。

7.2.3 活性产品应贮存于 2℃～6℃冷库中,非活性产品不得露天堆放。

ICS 67.050
X 04

中华人民共和国农业行业标准

NY/T 800—2004

生鲜牛乳中体细胞测定方法

Enumeration of somatic cells in raw milk

(ISO 13366—1:1997,Milk—Enumeration of somatic cells—Part 1:Microscopic method, ISO 13366—2:1997,Milk—Enumeration of somatic cells—Part 2: Electronic particle counter method, ISO 13366—3:1997,Milk—Enumeration of somatic cells—Part 3:Fluoro—opto—electronic method, MOD)

2004-04-16 发布　　　　2004-06-01 实施

中华人民共和国农业部　发布

前　言

本标准修改采用ISO 13366—1:1997《牛奶　体细胞测定方法　第一部分　显微镜法》、ISO 13366—2:1997《牛奶　体细胞测定方法　第二部分　电子粒子计数法》和 ISO 13366—3:1997《牛奶　体细胞测定方法　第三部分　荧光光电计数法》。

本标准由中华人民共和国农业部提出。

本标准起草单位:农业部乳品质量监督检验测试中心、农业部食品质量监督检验测试中心(上海)、农业部食品质量监督检验测试中心(佳木斯)和农业部食品质量监督检验测试中心(石河子)。

本标准主要起草人:王金华、张宗城、刘宁、孟序、陆静、张春林、王南云、罗小玲、程春芝。

生鲜牛乳中体细胞测定方法

1 范围

本标准规定了生鲜牛乳中体细胞的测定方法。

本标准适用于标准样、体细胞仪的校准以及生鲜牛乳中体细胞数的测定。

2 规范性引用文件

下列文件中的条款通过本标准的引用而成为本标准的条款。凡是注日期的引用文件，其随后所有的修改单(不包括勘误的内容)或修订版均不适用于本标准，然而，鼓励根据本标准达成协议的各方研究是否可使用这些文件的最新版本。凡是不注日期的引用文件，其最新版本适用于本标准。

GB 6682 分析实验室用水规格和试验方法

3 显微镜法

3.1 原理

将测试的生鲜牛乳涂抹在载玻片上成样膜，干燥、染色，显微镜下对细胞核可被亚甲基蓝清晰染色的细胞计数。

3.2 试剂

除非另有说明，在分析中仅使用化学纯和蒸馏水。

3.2.1 乙醇，95%。

3.2.2 四氯乙烷($C_2H_2Cl_4$)或三氯乙烷($C_2H_3Cl_3$)。

3.2.3 亚甲基蓝($C_{16}H_{18}ClN_3S \cdot 3H_2O$)。

3.2.4 冰醋酸(CH_3COOH)。

3.2.5 硼酸(H_3BO_3)。

3.3 仪器

3.3.1 显微镜：放大倍数×500或×1 000，带刻度目镜、测微尺和机械台。

3.3.2 微量注射器：容量0.01 mL。

3.3.3 载玻片：具有外槽圈定的范围，可采用血球计数板。

3.3.4 水浴锅：恒温65℃±5℃。

3.3.5 水浴锅：恒温35℃±5℃。

3.3.6 电炉：加热温度40℃±10℃。

3.3.7 砂芯漏斗：孔径≤10 μm。

3.3.8 干发型吹风机。

3.3.9 恒温箱：恒温40℃～45℃。

3.4 染色溶液制备

在250 mL三角瓶中加入54.0 mL乙醇(3.2.1)和40.0 mL四氯乙烷(3.2.2)，摇匀；在65℃水浴锅(3.3.4)中加热3 min，取出后加入0.6 g亚甲基蓝(3.2.3)，仔细混匀；降温后，置入冰箱中冷却至4℃；取出后，加入6.0 mL冰醋酸(3.2.4)，混匀后用砂芯漏斗(3.3.7)过滤；装入试剂瓶，常温贮存。

3.5 试样的制备

3.5.1 采集的生鲜牛乳应保存在2℃～6℃条件下。若6 h内未测定,应加硼酸(3.2.5)防腐。硼酸在样品中的浓度不大于0.6 g/100 mL,贮存温度2℃～6℃,贮存时间不超过24 h。

3.5.2 将生鲜牛乳样在35℃水浴锅(3.3.5)中加热5 min,摇匀后冷却至室温。

3.5.3 用乙醇(3.2.1)将载玻片(3.3.3)清洗后,用无尘镜头纸擦干,火焰烤干,冷却。

3.5.4 用无尘镜头纸擦净微量注射器(3.3.2)针头后抽取0.01 mL试样(3.5.2),用无尘镜头纸擦干微量注射器针头外残样。将试样平整地注射在有外围的载玻片(3.3.3)上,立刻置于恒温箱(3.3.9)中,水平放置5 min,形成均匀厚度样膜。在电炉(3.3.6)上烤干,将载玻片上干燥样膜浸入染色溶液(3.4)中,计时10 min,取出后凉干。若室内湿度大,则可用干发型吹风机(3.3.8)吹干;然后,将染色的样膜浸入水中洗去剩余的染色溶液,干燥后防尘保存。

3.6 测定

3.6.1 将载玻片固定在显微镜(3.3.1)的载物台上,用自然光或为增大透射光强度用电光源、聚光镜头、油浸高倍镜。

3.6.2 单向移动机械台对逐个视野中载玻片上染色体细胞计数,明显落在视野内或在视野内显示一半以上形体的体细胞被用于计数,计数的体细胞不得少于400个。

3.7 结果计算

样品中体细胞数按式(1)计算。

$$X = \frac{100 \times N \times S}{a \times d} \quad \cdots\cdots (1)$$

式中:

X——样品中体细胞数,单位为个每毫升(个/mL);

N——显微镜体细胞计数,单位为个;

S——样膜复盖面积,单位为平方毫米(mm^2);

a——单向移动机械台进行镜下计数的长度,单位为毫米(mm);

d——显微镜视野直径,单位为毫米(mm)。

3.8 允许差

相对相差≤5%。

4 电子粒子计数体细胞仪法

4.1 原理

样品中加入甲醛溶液固定体细胞,加入乳化剂电解质混合液,将包含体细胞的脂肪球加热破碎,体细胞经过狭缝,由阻抗增值产生的电压脉冲数记录,读出体细胞数。

4.2 试剂

所有试剂均为分析纯试剂,实验用水应符合GB 6682中一级水的规格或相当纯度的水。

4.2.1 伊红Y($C_{20}H_8Br_4O_5$)。

4.2.2 甲醛溶液,35%～40%。

4.2.3 乙醇,95%。

4.2.4 曲拉通X—100(Triton X—100)($C_{34}H_{62}O_{11}$)。

4.2.5 0.09 g/L氯化钠溶液:在1 L水中溶入0.09 g氯化钠。

4.2.6 硼酸(H_3BO_3)。

4.3 仪器

4.3.1 砂芯漏斗,孔径≤0.5 μm。

4.3.2 电子粒子计数体细胞仪。

4.3.3 水浴锅：恒温 40℃±1℃。

4.4 固定液制备

4.4.1 在 100 mL 容量瓶中加入 0.02 g 伊红 Y(4.2.1)和 9.40 mL 甲醛(4.2.2)，用水溶解后定容。混匀后，用砂芯漏斗(4.3.1)过滤，滤液装入试剂瓶，常温保存。

4.4.2 可使用电子粒子计数体细胞仪生产厂提供的固定液。

4.5 乳化剂电解质混合液制备

4.5.1 在 1 L 烧杯中加入 125 mL 乙醇(4.2.3)和 20.0 mL 曲拉通 X—100(4.2.4)，仔细混匀；加入 885 mL 氯化钠溶液(4.2.5)，混匀后，用砂芯漏斗(4.3.1)过滤；滤液装入试剂瓶，常温保存。

4.5.2 或使用电子粒子计数体细胞仪专用的乳化剂电解质混合液。

4.6 试样的制备

4.6.1 采集的生鲜牛乳应保存在 2℃～6℃条件下。若 6 h 内未测定，应加硼酸(4.2.6)防腐，硼酸在样品中的浓度不大于 0.6 g/100 mL，贮存温度 2℃～6℃，贮存时间不超过 24 h。

4.6.2 采样后应立即固定体细胞，即在混匀的样品中吸取 10 mL 样品，加入 0.2 mL 固定液(4.4)，可在采样前在采样管内预先加入以上比例的固定液(4.4)，但采样管应密封，以防甲醛挥发。

4.7 测定

将试样(4.6)置于水浴锅(4.3.3)中加热 5 min，取出后颠倒 9 次，再水平振摇 5 次～8 次，然后在不低于 30℃条件下置入电子粒子计数体细胞仪测定。

4.8 结果

直接读数，单位为千个每毫升。

4.9 允许差

相对相差≤15%。

4.10 校正

4.10.1 在以下情况之一应进行校正：

a) 连续进行 2 个月；

b) 经长期停用，开始使用时；

c) 体细胞仪维修后开始使用时。

4.10.2 校正使用专用标样，连续测定 5 次，取出平均值。

4.10.3 标样中体细胞含量为每毫升 40 万个～50 万个，测定平均值与标样指标值的相对误差应为≤10%。

4.11 稳定性试验

4.11.1 在 1 个工作日内对体细胞含量为每毫升 50 万个左右的样品，以每 50 个样作规律性的间隔计数。

4.11.2 在 1 个工作日结束时，按式(2)计算变异系数。

$$CV(\%)=\frac{S}{n}\times 100 \qquad (2)$$

式中：

CV——变异系数，单位为百分率(%)；

S——数次测定的标准差，单位为个每毫升(个/mL)；

n——数次测定的平均值，单位为个每毫升(个/mL)。

4.11.3 变异系数应≤5%。

5 荧光光电计数体细胞仪法

5.1 原理

样品在荧光光电计数体细胞仪中与染色—缓冲溶液混合后，由显微镜感应细胞核内脱氧核糖核酸染色后产生荧光的染色细胞，转化为电脉冲，经放大记录，直接显示读数。

5.2 试剂

所有试剂均为分析纯试剂，实验用水应符合 GB 6682 中一级水的规格或相当纯度的水。

5.2.1 溴化乙锭($C_{21}H_{20}BrN_3$)。

5.2.2 柠檬酸三钾($C_6H_5O_7K_3 \cdot H_2O$)。

5.2.3 柠檬酸($C_6H_8O_7 \cdot H_2O$)。

5.2.4 曲拉通 X—100(Triton X—100)($C_{34}H_{62}O_{11}$)。

5.2.5 氢氧化铵溶液，25%。

5.2.6 硼酸(H_3BO_3)。

5.2.7 重铬酸钾($K_2Cr_2O_7$)。

5.2.8 叠氮化钠(NaN_3)。

5.3 仪器

5.3.1 荧光光电计数体细胞仪。

5.3.2 水浴锅：恒温 40℃±1℃。

5.4 染色—缓冲溶液制备

5.4.1 染色—缓冲储备液

在 5 L 试剂瓶中加入 1 L 水，在其中溶入 2.5 g 溴化乙锭(5.2.1)，搅拌，可加热到 40℃～60℃，加速溶解；使其完全溶解后，加入 400 g 柠檬酸三钾(5.2.2)和 14.5 g 柠檬酸(5.2.3)，再加入 4 L 水，搅拌，使其完全溶解；然后，边搅拌边加入 50 g 曲拉通 X—100(5.2.4)，混匀，贮存在避光、密封和阴凉的环境中，90 d 内有效。

5.4.2 染色—缓冲工作液

将 1 份体积染色—缓冲储备液(5.4.1)与 9 份体积水混合，7 d 内有效。

5.4.3 或使用荧光光电计数体细胞仪专用的染色—缓冲工作液。

5.5 清洗液制备

5.5.1 将 10 g 曲拉通 X—100(5.2.4)和 25 mL 氢氧化铵溶液(5.2.5)溶入 10 L 水，仔细搅拌，完全溶解后贮存在密封、阴凉的环境中，25 d 内有效。

5.5.2 或使用荧光光电计数体细胞仪专用清洗液。

5.6 试样的防腐

5.6.1 采样管内生鲜牛乳中加入荧光光电计数体细胞仪专用防腐剂，溶解后充分摇匀。

5.6.2 如无以上防腐剂，则在生鲜牛乳采样后加入以下 1 种防腐剂(24 h 内)：

a) 硼酸(5.2.6)：在样品中浓度不超过 0.6 g/100 mL，在 6℃～12℃条件下可保存 24 h；

b) 重铬酸钾(5.2.7)：在样品中浓度不超过 0.2 g/100 mL，在 6℃～12℃条件下可保存 72 h。

5.7 测定

将试样(5.6)置于水浴锅(5.3.2)中加热 5 min，取出后颠倒 9 次，再水平振摇 5 次～8 次，然后在不低于 30℃条件下置入仪器测定。

5.8 结果

直接读数,单位为千个每毫升。

5.9 允许差

相对相差≤15%。

5.10 校正

5.10.1 在以下情况之一应进行校正:

a) 连续进行2个月;

b) 经长期停用,开始使用时;

c) 体细胞仪维修后开始使用时。

5.10.2 校正使用专用标样,连续测定5次,得出平均值。

5.10.3 标样中体细胞含量为每毫升40万个~50万个,测定平均值与标样指标值的相对误差应≤10%。

5.11 稳定性试验

5.11.1 在1个工作日内对体细胞含量为每毫升50万个左右的样品,以每50个样作规律性的间隔计数。

5.11.2 在1个工作日结束时,按式(3)计算变异系数。

$$CV(\%)=\frac{S}{n}\times 100 \qquad (3)$$

式中:

CV——变异系数,单位为百分率(%);

S——数次测定的标准差,单位为个每毫升(个/mL);

n——数次测定的平均值,单位为个每毫升(个/mL)。

5.11.3 变异系数应≤5%。

ICS 67.050
X 04

中华人民共和国农业行业标准

NY/T 801—2004

生鲜牛乳及其制品中碱性磷酸酶活度的测定方法

Method for determination of alkaline phosphatase activity in raw milk and its products

2004-04-16 发布

2004-06-01 实施

中华人民共和国农业部 发布

前 言

本标准由中华人民共和国农业部提出。

本标准起草单位:农业部乳品质量监督检验测试中心。

本标准主要起草人:王金华、张宗城、张均媚。

生鲜牛乳及其制品中碱性磷酸酶活度的测定方法

1 范围

本标准规定了生鲜牛乳及其制品中碱性磷酸酶活度的测定方法。

本标准适用于生鲜牛乳及其制品中碱性磷酸酶活度的测定。

本标准方法的检出限为 0.02 μg 苯酚/mL 或 g。

2 规范性引用文件

下列文件中的条款通过本标准的引用而成为本标准的条款。凡是注日期的引用文件，其随后所有的修改单(不包括勘误的内容)或修订版均不适用于本标准，然而，鼓励根据本标准达成协议的各方研究是否可使用这些文件的最新版本。凡是不注日期的引用文件，其最新版本适用于本标准。

GB 6682 分析实验室用水规格和试验方法

3 术语和定义

下列术语和定义适用于本标准。

碱性磷酸酶活度 alkaline phosphatase activity

产品中具活性的碱性磷酸酶数量，它表示为在一定条件下 1 mL 液态乳或 1 g 固态乳制品复原的液态乳中碱性磷酸酶催化磷酸酚二钠生成苯酚的微克数。

4 原理

生鲜牛乳及其制品中碱性磷酸酶(ALP)在 40℃条件下催化磷酸酚二钠生成的苯酚与 2,6-二氯醌氯亚胺反应生成蓝色靛酚，在 655 nm 处测定靛酚吸光度，与标准苯酚比较定量。

$$C_6H_5PO_4Na_2 + H_2O \xrightarrow{ALP} C_6H_5OH + Na_3PO_4$$

$$C_6H_5OH + C_6H_2Cl_2ONCl \xrightarrow{CuSO_4} C_{18}H_{16}N_2O$$

5 试剂

所用试剂均为分析纯试剂，实验用水应符合 GB 6682 中一级水的规格或相当纯度的水。

5.1 碳酸钠(Na_2CO_3)

5.2 碳酸氢钠($NaHCO_3$)

5.3 碳酸盐缓冲液，pH 9.64

称取 4.689 g 碳酸钠和 3.717 g 碳酸氢钠，溶于水，定容至 100 mL。

5.4 稀释碳酸盐缓冲液，pH 9.64

将碳酸盐缓冲液用水稀释 $V_{10.00} \longrightarrow V_{100.0}$。

5.5 磷酸酚二钠($C_6H_5PO_4Na_2$)

5.6 2,6-二氯醌氯亚胺溶液，3 g/L

称取 0.030 g 2,6-二氯醌氯亚胺($O=C_6H_2Cl_2=NCl$)，精确至 0.000 1 g，溶入 10 mL 甲醇中，存于棕色试剂瓶，4℃冰箱中冷藏。测定当天配制。

5.7 硫酸铜溶液，2 g/L

称取 0.200 g 硫酸铜($CuSO_4$),溶于水,定容至 100 mL。

5.8 正丁醇($C_2H_5CH_2CH_2OH$)

沸点 116℃~118℃。

5.9 正丁醇溶液,7.5%

将 75 mL 正丁醇和 925 mL 水混合,存于棕色试剂瓶,4℃冰箱中冷藏。

5.10 正丁醇溶液,8.3%

将 83 mL 正丁醇和 917 mL 水混合,存于棕色试剂瓶,4℃冰箱中冷藏。

5.11 底物显色剂缓冲液,pH9.50

取 10 mL 水置于 100 mL 分液漏斗中,称取 0.500 g 磷酸酚二钠($C_6H_5PO_4Na_2 \cdot 2H_2O$),精确至 0.000 1 g,溶于其中;加入 25 mL 碳酸盐缓冲液、2 滴~3 滴 2,6-二氯醌氯亚胺溶液和 1 滴硫酸铜溶液,混匀,静置 5 min;再加入 3 mL 正丁醇,混匀,静置分层后,放出底层水相溶液到容量瓶中,用水定容至 500 mL;混匀,4℃冰箱中冷藏。测定当天配制。

5.12 乙酸镁溶液,8.82%

称取 8.82 g 乙酸镁[$Mg(CH_3COO)_2 \cdot 4H_2O$],精确至 0.000 1 g,用水定容至 100 mL,该溶液含镁 10 mg/mL。

5.13 盐酸溶液,0.1 mol/L

量取 8.3 mL 盐酸(HCl),置于容量瓶中,用水定容至 1 L。

5.14 苯酚标准溶液,1 mg/mL

称取 1.000 g 无水苯酚,精确至 0.000 1 g,置于容量瓶中,用盐酸定容至 1 L,存于棕色试剂瓶,4℃冰箱中冷藏。该溶液稳定性可达数月。

5.15 苯酚标准溶液,10 μg/mL

将苯酚标准储备液用水稀释 $V_{10.00} \longrightarrow V_{1\,000.0}$,存于棕色试剂瓶,4℃冰箱中冷藏。测定当天配制。

6 仪器

6.1 恒温水浴锅

精确至 1℃。

6.2 可见光分光光度计

655 nm。

6.3 微量移液器

1.00 mL,精度 0.01 mL。

6.4 冰浴容器

6.5 离心机

3 000 r/min。

7 试样的制备

取样后,样品应保存在 0℃~4℃冰箱中,36 h 内开始测定。

7.1 生鲜牛奶

用微量移液器吸取 1 mL 样品,定容至 250 mL。

7.2 全脂牛奶、脱脂牛奶、浓缩乳、巧克力奶

置于烧杯内。

7.3 酸牛奶和其他发酵乳制品

称取均质样品5 g,精确至0.000 1 g,置于烧杯内;加入25 mL碳酸盐缓冲液后,再加入0.08 g碳酸钠和0.06 g碳酸氢钠,精确至0.000 1 g,用碳酸盐缓冲液定容至50 mL。

7.4 冰淇淋

称取均质样品5 g,精确至0.000 1 g,融化后静置1 h,放出内含空气,用水定容至50 mL。

7.5 炼乳

称取5 g,精确至0.000 1 g,用水定容至50 mL。

7.6 稀奶油、奶油

称取5 g,精确至0.000 1 g,用正丁醇定容至50 mL。

7.7 干酪

称取均质样品5 g,精确至0.000 1 g。若pH大于7.0,则加2 mL水;若pH等于或小于7.0,则加入1 mL水及1 mL稀释碳酸盐缓冲液,搅匀。加入18 mL正丁醇溶液,搅拌混匀,静置5 min;过滤,滤液在冰浴容器中冷却5 min后加入4 mL乙酸镁溶液,混匀;用碳酸盐缓冲液定容至50 mL。

7.8 干酪素

称取5 g,精确至0.000 1 g,溶于20 mL正丁醇溶液,颠摇使干酪素完全溶解;加入8 mL乙酸镁溶液,混匀;用碳酸盐缓冲液定容至50 mL。

7.9 乳粉

称取5 g,精确至0.000 1 g,用水溶解,定容至50 mL。

8 分析步骤

8.1 标准曲线的绘制

用微量移液器吸取0.00 mL、0.10 mL、0.20 mL、0.50 mL、1.00 mL苯酚标准溶液,分别置于25 mL比色管中;各加入0.5 mL碳酸盐缓冲液,混匀;各加入0.1 mL 2,6-二氯醌氯亚胺溶液和2滴硫酸铜溶液,混匀,在40℃±1℃水浴锅中加热5 min;取出后,在冰浴容器中冷却5 min;加入20 mL正丁醇,缓慢颠摇6次,混匀;离心机分离5 min,用吸管吸取分离的正丁醇,过滤,滤液置于1 cm比色皿中。苯酚标准溶液系列分别含0 μg、1.0 μg、2.0 μg、5.0 μg、10 μg苯酚。用0 μg苯酚标准溶液调整分光光度计零点,在655 nm处测定各比色杯中标准溶液的吸光度。以苯酚含量为横坐标,吸光度为纵坐标,绘制标准曲线。

8.2 试料的测定

用微量移液器分别吸取1 mL试样置于三个带塞试管中,其中两个做平行样品试验,另一个做空白试验。将空白试验的整个试管在沸水中加热2 min,然后冷却至室温。三个带塞试管中分别加入10 mL底物显色剂缓冲液,缓慢颠摇混匀,40℃±1℃恒温水浴锅中加热15 min,加热期间至少混匀1次。从恒温水浴锅取出后加入0.1 mL 2,6-二氯醌氯亚胺溶液及2滴硫酸铜溶液,混匀,立即在40℃±1℃恒温水浴锅中加热5 min,取出后在冰浴容器中冷却5 min,加入20 mL正丁醇缓慢颠摇6次,混匀,静置分层。若正丁醇乳化,可在冰浴容器中冷却5 min,离心机分离5 min。吸出分离出的正丁醇,过滤,滤液置于1 cm比色皿中,以空白试料调整分光光度计的零点,在655 nm处测定试料吸光度,并在标准曲线上查出对应的苯酚含量。

9 结果计算

样品中碱性磷酸酶活度按式(1)计算:

$$A=\frac{P\times d}{m} \quad \cdots\cdots (1)$$

式中:

A——碱性磷酸酶活度，单位为 μg 苯酚/mL 或 μg 苯酚/g；
P——标准曲线上查出的苯酚含量，单位为微克(μg)；
d——稀释倍数(无稀释时 $d=1$)；
m——样品体积或质量，单位为毫升或克(mL 或 g)。

10 允许差

相对相差≤10%。

ICS 67.050
X 04

中华人民共和国农业行业标准

NY/T 802—2004

乳与乳制品中淀粉的测定酶—比色法

Method for determination of starch in raw milk and dairy food Enzyme–colorimetric method

2004-04-16 发布　　　　2004-06-01 实施

中华人民共和国农业部　发布

前　言

本标准由中华人民共和国农业部提出。

本标准起草单位：农业部乳品质量监督检验测试中心、农业部食品质量监督检验测试中心(上海)、农业部食品质量监督检验测试中心(佳木斯)和农业部食品质量监督检验测试中心(石河子)。

本标准主要起草人：王金华、张宗城、刘宁、薛刚、钱莉、王南云、罗小玲、朱建新、牛兆红。

乳与乳制品中淀粉的测定
酶—比色法

1 范围

本标准规定了用酶—比色法测定乳与乳制品中淀粉的方法。

本标准适用于乳与乳制品中淀粉的测定。

本标准方法检出限为0.1 μg。

2 规范性引用文件

下列文件中的条款通过本标准的引用而成本标准的条款。凡是注日期的引用文件，其随后所有的修改单(不包括勘误的内容)或修订版均不适用于本标准，然而，鼓励根据本标准达成协议的各方研究是否可使用这些文件的最新版本。凡是不注日期的引用文件，其最新版本适用于本标准。

GB 6682 分析实验室用水规格和试验方法

3 原理

淀粉在淀粉葡萄糖苷酶(AGS)催化下，水解为葡萄糖。葡萄糖氧化酶(GOD)在有氧条件下，催化氧化葡萄糖，生成葡萄糖酸和过氧化氢。受过氧化物酶(POD)催化，过氧化氢与4-氨基安替吡啉和苯酚生成红色醌亚胺。在505 nm波长测定醌亚胺的吸光度与标准系列比较定量。

$$(C_6H_{10}O_5)_n + nH_2O \xrightarrow{AGS} nC_6H_{12}O_6$$

$$C_6H_{12}O_6 + O_2 \xrightarrow{GOD} C_6H_{10}O_6 + H_2O_2$$

$$H_2O_2 + C_6H_5OH + C_{11}H_{13}N_3O \xrightarrow{POD} C_6H_5NO + H_2O$$

4 试剂

以下酶制剂为生化纯，化学试剂为分析纯，用水应符合GB 6682中一级水的规格或相当纯度的水。

4.1 淀粉葡萄糖苷酶(amyloglucosidase)溶液

称取1.920 g一水柠檬酸($C_6H_8O_7 \cdot H_2O$)、7.415 g二水柠檬酸三钠($C_6H_5O_7Na_3 \cdot 2H_2O$)和相当于100 u(活力单位)质量的淀粉葡萄糖苷酶，加水溶于100 mL容量瓶中，定容，pH 4.6。在4℃左右保存，有效期1个月。

4.2 葡萄糖氧化酶(glucose oxidase)—过氧化物酶(辣根，peroxidase)溶液

称取1.300 g无水磷酸二氢钾(KH_2PO_4)、4.739 g十二水磷酸氢二钠($Na_2HPO_4 \cdot 12H_2O$)，相当400 u(活力单位)质量的葡萄糖氧化酶和1 000 u(活力单位)质量的过氧化物酶，加水溶于100 mL容量瓶中定容，pH 7.0，在4℃左右保存，有效期1个月。

4.3 0.001 54 mol/L 4-氨基安替吡啉溶液

称取0.031 3 g 4-氨基安替吡啉($C_{11}H_{13}N_3O$)溶于100 mL水中。

4.4 0.022 mol/L 苯酚溶液

称取0.020 7 g苯酚(C_6H_5OH)溶于100 mL水中。

4.5 二甲基亚砜[$(CH_3)_2SO$]

4.6 6 mol/L 盐酸溶液

将 12 mol/L 盐酸(HCl)与等体积水混合，摇匀。

4.7 6 mol/L 氢氧化钠溶液

称取 24 g 氢氧化钠(NaOH)，溶于 100 mL 水中，摇匀。

4.8 淀粉标准溶液

称取经 100℃±2℃干燥 2 h 的可溶性淀粉[$(C_6H_{10}O_5)_x$]0.200 g，精确至 0.000 1 g，溶于少量60℃水中，冷却后定容至 100 mL，摇匀。将此溶液用水稀释 $V_{10.00} \rightarrow V_{100.0}$，即 200 μg/mL 淀粉标准溶液。

5 仪器

5.1 恒温水浴锅

精确至 1℃。

5.2 可见光分光光度计

505 nm。

5.3 酸度计

5.4 微量移液器

精度 0.01 mL。

6 试料的制备

用 100 mL 三角瓶称取样品 0.5 g～1.5 g，精确至 0.000 1 g，加入 20 mL 二甲基亚砜和 6 mol/L 盐酸溶液 5 mL，于 60℃±1℃恒温水浴锅恒温 30 min(每隔 5 min 摇动一次)。冷却至室温后，用 6 mol/L 氢氧化钠溶液和酸度计调整 pH 至 4.6。将溶液转移到 250 mL 容量瓶中，用水定容，摇匀后用快速滤纸过滤。弃去最初滤液 30 mL，即为试料。

试料中淀粉含量高于 1 000 μg/mL 时，可适当增加定容体积。

7 分析步骤

7.1 标准曲线的绘制

用微量移液器吸取 0.00 mL、0.20 mL、0.40 mL、0.60 mL、0.80 mL、1.00 mL 淀粉标准溶液，分别置于 10 mL 容量瓶中，各加入 1 mL 淀粉葡萄糖苷酶溶液，摇匀，于 60℃±1℃恒温水浴锅中恒温 20 min；冷却至室温，加入 1.5 mL 葡萄糖氧化酶—过氧化物酶溶液、1.5 mL 4-氨基安替吡啉溶液和 1.5 mL 苯酚溶液，摇匀，在 36℃±1℃恒温水浴锅中恒温 40 min；冷却至室温，用水定容，摇匀。用 1 cm 比色皿，以淀粉标准溶液含量为 0.00 mL 的试剂溶液调整分光光度计的零点，在波长 505 nm 处测定各容量瓶中溶液的吸光度。以淀粉含量为横坐标，吸光度为纵坐标，绘制标准曲线。

7.2 试料的测定

用微量移液器吸取 0.20 mL～2.00 mL 试料(依试料中淀粉的含量而定)，置于 10 mL 容量瓶中。以下按 7.1 从“各加入 1 mL 淀粉葡萄糖苷酶溶液，……用 1 cm 比色皿”步骤操作；但须用等量试料调整分光光度计的零点。测出试料吸光度后，在标准曲线上查出对应的淀粉含量。

8 结果计算

样品中淀粉的含量按式(1)计算。

$$X(\%)=\frac{C\times V_1}{m\times V_2\times 10\,000} \qquad \cdots\cdots (1)$$

式中：

X——样品中淀粉的含量，单位为百分率(%)；

C——标准曲线上查出的试液中淀粉含量，单位为微克(μg)；

m——样品的质量，单位为克(g)；

V_1——试料的定容体积，单位为毫升(mL)；

V_2——测定时吸取试料的体积，单位为毫升(mL)。

计算结果精确至小数点后两位。

9 允许差

相对相差≤5%。

ICS 71.080.99
G 16

中华人民共和国农业行业标准

NY/T 805—2004

太阳灶镀铝薄膜反光材料技术条件

Specification of reflective material for solar cookers

2004-04-16 发布　　　　2004-06-01 实施

中华人民共和国农业部 发布

前　言

本标准与NY/T 219—2003标准配合使用。

本标准由中华人民共和国农业部提出并归口。

本标准起草单位：农业部规划设计研究院、中国科学院上海硅酸盐研究所、中国农村能源行业协会、科羚科技实业有限公司。

本标准主要起草人：高援朝、胡行方、陈晓夫、赵国荣。

太阳灶镀铝薄膜反光材料技术条件

1 范围

本标准规定了太阳灶镀铝薄膜反光材料的技术要求、试验方法和检验规则。

本标准适用于镀铝薄膜反光材料，不适用于玻璃镜片等反光材料。

2 规范性引用文件

下列文件中的条款通过本标准的引用而构成为本标准的条款。凡是注日期的引用文件，其随后所有的修改单(不包括勘误的内容)或修订版均不适用于本标准，然而，鼓励根据本标准达成协议的各方研究是否可使用这些文件的最新版本。凡是不注日期的引用文件，其最新版本适用于本标准。

GB/T 191 包装储运图示标志

GB/T 1865—1997 色漆和清漆 人工气候老化和人工辐射暴露(滤过的氙弧辐射)

GB/T 2792 压敏胶黏带180°剥离强度试验方法

GB/T 6672 塑料薄膜和薄片厚度测定 机械测量法

GB/T 9276—1996 涂层自然气候暴露试验方法

GB/T 11164—1999 真空镀膜设备通用技术条件

GB/T 13384 机电产品包装通用技术条件

GB/T 17683.1—1999 太阳能 在地面不同接收条件下的太阳光谱辐照度标准 第1部分：大气质量1.5的法向直接日射辐照度和半球向日射辐照度

JB/T 3078—1999 有机硅浸渍漆

JB/T 8945—1999 真空溅射镀膜设备

NY/T 219—2003 聚光型太阳灶

3 术语和定义

NY/T 219中以及下列术语和定义适用于本标准。

3.1

镀铝薄膜反光材料(以下简称反光材料) reflective material of aluminized film

以聚酯薄膜为基材，利用真空溅射等镀膜技术在其上沉积反光铝膜，再加涂有机硅保护层，下覆压敏胶黏剂和隔离纸。

3.2

保护层 protection layer

按特定工艺合成的有机硅透明清漆，均匀加涂在反光铝膜表面，保护铝膜不受摩擦损伤和环境侵蚀。

3.3

压敏胶黏剂 press-sensitive adhesive

在常温下，利用压力能够将两物体黏接在一起的胶。

3.4

隔离纸 separating paper

一面涂有蜡或防黏涂层，保护和隔离涂有压敏胶的反光材料便于包装和粘贴的专用纸张。

3.5

紫外线老化 ultraviolet radiation aging

在太阳光直接照射下，太阳紫外线对物体使用寿命的影响。

3.6

太阳反射比 solar reflectance

反光材料反射的太阳能与入射的太阳能的比值。

3.7

使用寿命 service lifetime

反光材料粘贴在太阳灶壳体表面后，在自然环境中能够正常使用的年限。

3.8

耐磨能力 wear-ability

反光材料在外力摩擦时的抗磨能力。

4 技术要求

4.1 性能要求

4.1.1 太阳反射比不小于 0.80(波长范围为 300 nm～2 500 nm)。

4.1.2 耐磨性：经 3 000 次耐磨试验后，太阳反射比不小于 0.70。

4.1.3 耐候性：经耐候性试验后，粘贴牢靠，太阳反射比不小于 0.60。

4.1.4 在正常使用条件下，镀铝层不得脱落，使用寿命不低于 4 年。

4.2 材料要求

4.2.1 反光铝膜厚度在 60 nm～100 nm 之间，真空镀铝设备应符合 GB/T 11164 和 JB/T 8945 的规定。

4.2.2 聚酯薄膜厚度在 0.05 mm±0.01 mm 之间，测试方法应符合 GB/T 6672 的要求。

4.2.3 有机硅保护层应符合 JB/T 3078 的要求。

4.2.4 压敏胶黏剂应符合 GB/T 2792 的要求。

4.2.5 隔离纸在剥离时与压敏胶不得有粘连现象。

4.3 尺寸要求

4.3.1 反光材料的长度可按设备能力自行设置，宽度不小于 80 mm。

4.3.2 隔离纸长度应与反光材料同长，宽度不小于反光材料。

4.3.3 成卷反光材料中心的纸轴直径在 50 mm～80 mm 之间。

4.4 外观要求

反光材料表面应光亮平整，涂层均匀平滑，无明显的皱纹、划痕、污垢和其他缺陷。

5 试验方法

5.1 太阳反射比测量

5.1.1 测试设备

5.1.1.1 分光光度计：波长范围 300 nm～2 500 nm，波长精度±1.6 nm，测光精度±1%。

5.1.1.2 仪器附件：积分球和反射比标准白板。

5.1.2 样品制备

取 40 mm×40 mm 的反光材料样品，粘贴在平整的玻璃或金属基片上，样品粘贴应无气泡、皱褶。

5.1.3 **测试环境**

测试室内温度应在 20℃±5℃之间，相对湿度小于 60%。

5.1.4 **测试步骤**

5.1.4.1 按仪器操作规程开机，检查、校正仪器是否处于正常工作状态。

5.1.4.2 确认仪器正常后，用积分球分别测定样品和标准白板在波长 300 nm～2 500 nm 范围内的光谱反射比曲线。

5.1.5 **数据处理**

在光谱反射比曲线上选取 n 个测试点（一般 $n \geqslant 50$），由下列公式计算出样品的太阳反射比（ρ_s）：

$$\rho_s = \frac{\sum_{i=1}^{n} \rho_{0\lambda_i} \rho_{\lambda_i} E_{\lambda_i} \Delta\lambda_i}{\sum_{i=1}^{n} E_{\lambda_i} \Delta\lambda_i}$$

式中：

ρ_s ——太阳反射比；

$\rho_{0\lambda_i}$ ——λ 波长时标准白板的光谱反射比；

ρ_{λ_i} ——λ 波长时测得样品相对于标准白板的光谱反射率；

$\Delta\lambda_i$——波长间隔，$\Delta\lambda_i = 1/2(\lambda_{i+1} - \lambda_{i-1})$，单位为纳米（nm）；

E_{λ_i}——λ 波长时太阳辐照度的光谱密集度，单位为瓦每平方米每微米 W/(m^2 · μm)（查 GB/T 17683.1—1999 表 2 或表 3）；

n ——选取的测试点数目。

5.2 **耐磨试验**

5.2.1 **试验设备**

起毛球仪或技术性能相当的试验仪器。

5.2.2 **试验步骤**

将样品安装在测试仪器上，加荷重 800 g 进行 3 000 次摩擦性能试验。

5.3 **耐候性试验**

5.3.1 **曝晒试验**

将反光材料粘贴在试片上，按 GB/T 9276 的要求进行试验。

5.3.2 **紫外线老化试验**

将反光材料粘贴在试片上，根据 GB/T 1865 的要求进行试验。

5.3.3 **淋雨试验**

将反光材料粘贴在试片上，用自来水垂直喷淋，喷水量不低于 200 kg/(m^2 · h)，持续 1 h。试验后，检查反光材料有无损坏，粘贴是否牢靠。

5.4 **剥离强度试验**

将反光材料粘贴在试片上，根据 GB/T 2792 的要求进行试验。

5.5 **外观检查**

反光材料的外观按 4.4 的要求，用视觉进行检查。

6 检验规则

6.1 **出厂检验**

6.1.1 产品在交货前应逐卷进行出厂检验。

6.1.2 出厂检验按 5.5 进行外观检查。

6.2 型式检验

6.2.1 产品有下列情况之一时,应进行型式检验:

a) 需要进行全面质量考核时;

b) 新产品试制定型时;

c) 改变产品结构、材料、工艺而影响产品性能时;

d) 老产品转厂或停产超过两年恢复生产时;

e) 在正常生产情况下,产品定期进行全面检验时;

f) 国家质量监督检验机构提出进行型式检验的要求时。

6.2.2 型式检验是在出厂检验合格的一定批量的产品中随机抽样1～3卷。

6.2.3 型式检验按第5章进行。

6.3 判定规则

6.3.1 出厂检验符合4.4规定的外观要求者为合格。

6.3.2 型式检验所检项目符合第4章规定的各项要求者为合格。若产品的反光性能不合格,则产品为不合格;若产品的其余各项中有两项不合格,则产品为不合格。

7 标志、包装、贮存

7.1 标志

7.1.1 反光材料应在外包装上设有清晰的、不易消除的标志。

7.1.2 产品标志应包括下列内容:

a) 制造厂家及商标;

b) 产品名称和型号;

c) 反光材料面积;

d) 太阳反射比;

e) 制造日期或出厂编号。

7.2 包装

7.2.1 反光材料的包装应符合GB/T 13384的规定,其指示标志应符合GB/T 191的规定。

7.2.2 在保证产品不受损坏的前提下,近距离运输可采用简易包装。

7.2.3 包装箱内应随带下列文件:

a) 产品合格证;

b) 产品说明书;

c) 产品保修单。

7.3 贮存

反光材料应放在通风干燥的仓库内,不得与易燃物品及化学腐蚀物品混放。

ICS 65.020.30
B 43

中华人民共和国农业行业标准

NY 806—2004

光明配套系猪

Guangming synthetic line pig

2004-08-25 发布　　　　2004-09-01 实施

中华人民共和国农业部　发布

前　言

本标准的全部技术内容为强制性。

本标准的附录 A 为资料性附录。

本标准由中华人民共和国农业部提出并归口。

本标准起草单位:深圳市光明畜牧有限公司、农业部种猪质量监督检验测试中心(广州)、华南农业大学。

本标准主要起草人:林广、刘小红、吴秋豪、陈瑶生、邬玉祥、巩振华。

光明配套系猪

1 范围

本标准规定了光明配套系种猪及商品猪的外貌特征、生产性能和出场标准。

本标准适用于光明配套系种猪、商品猪的鉴定、选育、生产和出场时对种猪的评定。

2 术语与定义

下列术语和定义适用于本标准。

2.1

光明配套系猪父系 the sire line for guangming synthetic line pig

指光明配套系猪父系猪，为配套系的父本。

2.2

光明配套系猪母系 the dam line for guangming synthetic line pig

指光明配套系猪母系猪，为配套系的母本。

2.3

光明配套系猪商品猪 the commercial pig for guangming synthetic line pig

指光明配套系猪商品猪，为配套系的终端产品，以商品肉猪形式直接上市。

3 光明配套系猪父系

3.1 外貌特征

光明配套系猪父系体躯长，被毛棕红色或棕黑色，无任何白斑或白毛。头小，颜面微凹，耳中等大，略向前倾；背腰呈弓形或微弓，腹线平直，腿臀肌肉发达，四肢粗壮有力，体质结实。

3.2 繁殖性能

母猪初情期175日龄～200日龄，适宜配种期200日龄～230日龄。母猪平均总产仔数初产不低于8头，经产不低于9头。

3.3 生长性能

达100 kg体重日龄：公猪平均不高于175日龄，母猪不高于185日龄；100 kg体重活体背膘厚：公猪平均不高于16 mm，母猪不高于18 mm；饲料转化率平均不高于2.8。

3.4 胴体品质

100 kg体重屠宰时，屠宰率平均不低于73%，眼肌面积平均不低于36 cm^2，腿臀比例平均不低于30%，胴体背膘厚平均不高于19 mm，胴体瘦肉率平均不低于64%。

无PSE肉或DFD肉。

4 光明配套系猪母系

4.1 外貌特征

光明配套系猪母系体躯长，被毛白色，耳大向前，头肩较轻，允许偶有少量暗黑斑点；后腿及臀部肌肉丰满，背宽，四肢结实，系部强健有力，嘴筒较短，外观清秀，体质结实。

4.2 繁殖性能

母猪初情期180日龄～210日龄，适宜配种期210日龄～240日龄。母猪平均总产仔数初产不低于

9头,经产不低于10头。

4.3 生长性能

达100 kg体重日龄:公猪平均不高于180日龄,母猪不高于185日龄;100 kg体重活体背膘厚:公猪平均不高于17 mm,母猪不高于19 mm;饲料转化率平均不高于2.9。

4.4 胴体品质

100 kg体重屠宰时,屠宰率平均不低于72%,眼肌面积平均不低于35 cm^2,腿臀比例平均不低于30%,胴体背膘厚平均不高于20 mm,胴体瘦肉率平均不低于63%。

无PSE肉或DFD肉。

5 种用价值

5.1 体型外貌符合本品系特征。

5.2 外生殖器发育正常,无遗传疾患和损征,有效乳头数6对以上(含6对),排列整齐。

5.3 种猪个体或双亲经过性能测定,主要经济性状,即总产仔数、达100 kg体重日龄、100 kg体重活体背膘厚的估计育种值(EBV)资料齐全。

5.4 种猪来源及血缘清楚,系谱记录档案齐全。

5.5 健康状况良好。

6 种猪出场要求

6.1 符合种用价值的要求。

6.2 有质量合格证,耳号清晰,档案齐全。

6.3 健康状况良好,按当地疫病流行情况免疫注射规定疫苗,开具检疫证书。

7 光明配套系猪商品猪

7.1 外貌特征

被毛大部分白色,约5%~10%会出现暗花斑,耳中等大,头轻,腮肉不明显,收腹,背腰平直,肌肉结实紧凑,臀部肌肉丰满,四肢健壮。

7.2 生长肥育性能

达100 kg体重日龄平均不高于180日龄;100 kg体重活体背膘厚平均不高于19 mm;饲料转化率平均不高于2.6。

7.3 胴体品质

100 kg体重屠宰时,屠宰率平均不低于73%,眼肌面积平均不低于36 cm^2,腿臀比例平均不低于30%,胴体背膘厚平均不高于20 mm,胴体瘦肉率平均不低于64%。

无PSE肉或DFD肉。

7.4 出场要求

健康状况良好,按当地疫病流行情况免疫注射规定疫苗,开具检疫证书。

附 录 A
（资料性附录）
光明配套系猪营养标准

表 A.1 光明配套系猪的每日营养摄入需要量（推荐）

	配种公猪	母 猪		生长猪体重 kg					
		妊娠	哺乳	3～5	5～10	10～20	20～50	50～80	80～100
消化能，MJ	28.45	27.34	76.12	3.58	7.07	14.22	36.38	36.65	43.72
代谢能，MJ	27.31	26.25	73.12	3.43	6.68	13.66	25.31	35.19	41.97
粗蛋白质，%	15.0	14.0	17.5	26.0	23.7	20.9	18.0	17.5	16.0
赖氨酸，g	16.0	12.9	48.6	3.8	6.7	11.5	17.5	23.0	24.6
苏氨酸，g	9.6	7.7	31.1	2.5	4.3	7.4	11.3	13.8	14.7
蛋氨酸＋胱氨酸，g	8.8	7.1	23.4	2.2	3.8	6.5	9.9	12.6	13.5
色氨酸，g	2.8	2.3	8.6	0.7	1.2	2.1	3.2	4.1	4.4
钙，g	15.0	13.9	39.4	2.25	4.00	7.00	11.13	12.88	13.84
总磷，g	12.0	11.1	31.5	1.75	3.25	6.00	9.28	11.59	12.30
有效磷，g	7.0	6.5	18.4	1.38	2.00	3.20	4.27	4.89	4.61

ICS 65.020.30
B 43

中华人民共和国农业行业标准

NY 807—2004

苏 太 猪

Sutai pig

2004-08-25 发布　　2004-09-01 实施

中华人民共和国农业部 发布

前　言

本标准的全部技术内容为强制性。

本标准的附录 A 为资料性附录。

本标准由中华人民共和国农业部提出并归口。

本标准主要起草单位:苏州市苏太猪育种中心、江苏省畜牧兽医总站、江苏省苏太猪育种中心、苏州市畜禽良种实验场。

本标准主要起草人:王子林、钱鹤良、黄雪根、华金弟。

苏　太　猪

1　范围

本标准规定了苏太猪的品种特性、体型外貌、生产性能、种用要求和种猪出场标准。

本标准适用于苏太猪的品种鉴别。

2　规范性引用文件

下列文件中的条款通过本标准的引用而成为本标准的条款。凡是注日期的引用文件，其随后所有的修改单（不包括勘误的内容）或修改版均不适用于本标准，然而，鼓励根据本标准达成协议的各方研究是否可使用这些文件的最新版本。凡是不注日期的引用文件，其最新版本适用于本标准。

GB 16567　种畜禽调运检疫技术规范

3　特征特性

3.1　体型外貌

苏太猪全身被毛黑色，耳中等大小、前垂，脸面有清晰皱纹，嘴筒中等长而直，四肢结实，背腰平直，腹较小，后躯丰满，有效乳头在7对以上。少部分猪有玉鼻。

3.2　生长发育

在正常饲养条件（参照第A.1章）下，后备母猪6月龄体重70 kg～85 kg，体长95 cm～105 cm；后备公猪6月龄体重72 kg～88 kg，体长98 cm～108 cm。

3.3　肥育性能

在每千克配合饲料中含消化能12.55 MJ～12.97 MJ，粗蛋白14%～16%的条件下，25 kg～85 kg体重阶段，日增重600 g左右，175日龄体重可达85 kg。

3.4　胴体品质

体重在85 kg时屠宰，屠宰率70%左右，胴体平均背膘厚28 mm以下，胴体瘦肉率55%左右，肉色鲜红，肉质良好。

3.5　繁殖性能

在正常饲养条件下，公猪7月龄～8月龄，体重85 kg以上适配；母猪6月龄～7月龄，体重70 kg以上适配，初产母猪平均总产仔数11头左右，经产母猪平均总产仔数13头左右。

3.6　杂交利用

适合作生产瘦肉型商品猪的杂交母本。

4　种用要求

a）体型外貌符合本品种特征；

b）生殖器官发育正常，有效乳头7对以上；

c）无疝气、单睾、隐睾、瞎乳头等遗传损征；

d）来源和血缘清楚，系谱记录齐全；

e）健康。

5　种猪出场标准

a）60日龄以上；

b) 体重不低于 25 kg；

c) 符合种用要求；

d) 按 GB 16567 规定免疫；

e) 有种猪系谱卡和出场合格证、动物检疫合格证。种猪出场合格证内容格式参见附录 A。

附　录　A
（资料性附录）
营养标准和种猪出场合格证

表 A.1　营养标准

	生长猪体重 kg				母　猪		公　猪
	1～10	10～20	20～60	60～90	妊娠	哺乳	
消化能,MJ	15.2	13.3	12.97	12.55	11.70	12.50	12.85
粗蛋白,%	19.5	17.5	16.0	14.0	12.0	14.0	15.0
赖氨酸,%	1.30	0.85	0.73	0.62	0.45	0.61	0.52
蛋氨酸+胱氨酸,%	0.68	0.55	0.38	0.32	0.32	0.45	0.36
钙,%	0.95	0.70	0.65	0.62	0.61	0.64	0.65
磷,%	0.65	0.55	0.48	0.42	0.48	0.45	0.47

表 A.2　种猪出场合格证

猪　　号：

品　　种：　　　　　　　　性　　别：

出生日期：　年　月　日　　奶 头 数：　左　　右

同窝仔猪数：　头　　　　日龄头重：　千克

出场体重：　千克　　　　出场日期：　年　月　日

系　谱：

父：________　父父：________　父母：________

母：________　母父：________　母母：________

疫苗免疫：　猪　　瘟　　猪肺疫　　猪丹毒　　W

接种时间：

选购单位：　　　　　　　　选购人：

填发单位：　　　　　　　　填发人：

ICS 65.020.30
B 43

中华人民共和国农业行业标准

NY 808—2004

香　　猪

Xiang pig

2004-08-25 发布　　2004-09-01 实施

中华人民共和国农业部 发布

前言

本标准全部技术内容为强制性。

本标准由中华人民共和国农业部提出并归口。

本标准起草单位：贵州省畜禽品种改良站、贵州大学、贵州省畜牧兽医研究所、贵州省畜禽良种场、从江县农业局、榕江县农业局、剑河县农业局。

本标准主要起草人：廖正录、刘培琼、张芸、王春凤、王盛芳、申学林、李永松、杨秀江、韦胜权、韦骏、罗平、张懿、刘杨、张启林、燕志宏、邱小田。

香　　猪

1　范围

本标准规定了香猪的品种特征、特性、分级标准与鉴定规则。

本标准适用于香猪品种的鉴别和种猪等级评定。

2　规范性引用文件

下列文件中的条款通过本标准的引用而成为本标准的条款。凡是注日期的引用文件，其随后所有的修改单(不包括勘误的内容)或修订版均不适用于本标准，然而，鼓励根据本标准达成协议的各方研究是否可使用这些文件的最新版本。凡是不注日期的引用文件，其最新版本适用于本标准。

GB 16567　种畜禽调运检疫技术规范

3　外貌特征

香猪毛色遗传多样，包括从江香猪(全黑)、剑白香猪(两头乌)、久仰香猪(全黑、"六白"或"不完全六白"特征)、环江香猪(全黑)4 个类型。香猪以体小、肉香而著称。性成熟早，肌纤维直径细，肌束内纤维根数多，皮薄、骨细、肉嫩、肉味香浓、经济早熟。

香猪体躯短，矮小，丰圆，肥腴；头大小适中，面直，额部皱纹纵行，浅而少；耳略小而薄，幼年时呈荷叶状略向前竖，成年后呈垂耳；背腰微凹，腹较大，四肢短细，后肢多卧系；成年母猪体重 38 kg～46 kg；体长 97 cm～106 cm；奶头 5 对～6 对；公猪体重 24 kg～37 kg，体长 61 cm～93 cm；香猪吻突呈粉红色或蓝黑色，毛稀，眼周有淡粉红色眼圈。

4　生产性能

4.1　繁殖性能

母猪初情期 84 日龄～120 日龄，适宜配种日龄 150 日龄～200 日龄；适宜初配体重 22 kg 左右；母猪总产仔数：初产 5 头以上，经产 6 头～12 头，产活仔数 5 头～10 头，双月断奶窝重 24.00 kg～50.66 kg。

4.2　生长发育

6 月龄肥猪平均体重 25 kg～27 kg。

4.3　胴体品质

6 月龄屠宰，屠宰率 60%～63%，瘦肉率 46%～52%，肌肉脂肪含量 3.5%～3.7%，肌肉嫩度 3.2 kg～3.3 kg(剪切力值)。

5　等级标准

种猪分别于 2 月龄、6 月龄、8 月龄进行等级评定。

5.1　种猪分级标准

5.1.1　种猪综合分级评定

种猪综合分级评定依据取决于体重、体长和产仔数三个独立参数。两个参数为一级另一个参数为二级以上的综合评定为一级；两个参数以上为二级另一个参数为一级的定为二级；两个参数为三级的定为三级；三个参数均为三级的定为等外级。

5.1.2 独立参数分级评定

5.1.2.1 体重分级评定见表1。

表1 香猪体重标准

单位为千克

畜别	月龄	一等	二等	三等
		标准	标准[a]	标准[a]
母猪	2	4.7～5.1	4.3～4.7 5.1～5.4	5.4～6.1 3.7～4.3
	6	21.7～22.4	21.0～21.7 22.4～23.2	23.2～24.5 19.6～21.0
	8	29.7～30.4	28.9～29.7 30.4～31.2	31.2～32.7 27.4～28.9
公猪	2	4.4～4.5	4.2～4.4 4.5～4.74	4.7～5.0 3.9～4.2
	6	20.3～21.0	19.5～20.3 21.0～21.8	21.8～23.3 18.0～19.5
	8	35.8～36.5	35.0～35.8 36.5～37.3	37.3～38.6 33.7～35.0

[a] 因香猪种用选择的特殊性(既不能进行纯正向选择,又不能进行纯负向选择),该列参数中,上行表明为避免负向选择带来的弱体猪进入种群而设置的负向选择范围,下行为该等级正向选择范围。

5.1.2.2 体长分级评定见表2。

表2 香猪体长标准

单位为厘米

畜别	月龄	一等	二等	三等
		标准	标准[a]	标准[a]
母猪	6	62.7～63.4	63.4～64.2 60.6～62.0	64.2～65.5 60.6～61.9
	8	77.8～78.5	78.5～79.3 75.7～77.0	79.3～80.6 75.7～77.0
公猪	6	71.2～72.4	72.4～73.6 67.8～70.0	73.6～75.7 67.8～70.0
	8	79.3～79.8	79.8～80.3 77.9～78.8	80.2～81.1 77.9～78.8

[a] 因香猪种用选择的特殊性(既不能进行纯正向选择,又不能进行纯负向选择),该列参数中,上行表明为避免负向选择带来的弱体猪进入种群而设置的负向选择范围,下行为该等级正向选择范围。

5.1.2.3 产仔数分级评定见表3。

表3 香猪产仔数标准

单位为头

项目		等级		
		一级	二级	三级
初产	产仔数	8	6	5
经产	产仔数	12	8	6

5.2 种猪评定标准

a) 2月龄按本身体重、双亲等级评定；

b) 6月龄按体重、体长和双亲等级评定；

c) 8月龄按双亲、同胞、后裔的繁殖性状、体重、体长等级评定。

6 种猪出场要求

a) 体型符合本品种特征，外生殖器发育正常，无遗传疾患和损征；

b) 健康状况良好；

c) 出场年龄：60日龄，种猪来源及血缘清楚，档案系谱记录齐全；

d) 出场标准：三级以上；

e) 种猪出场应有合格证，并按照GB 16567要求出具检疫证书，耳号清楚可辨，档案准确齐全，有质量鉴定人员签字。

ICS 65.020.30
B 43

中华人民共和国农业行业标准

NY 809—2004

南 江 黄 羊

Nanjiang yellow goat

2004-08-25 发布　　2004-09-01 实施

中华人民共和国农业部 发布

前　言

本标准的全部技术内容为强制性。

本标准的附录A、附录B为规范性附录。

本标准由中华人民共和国农业部提出并归口。

本标准起草单位：四川省畜禽繁育改良总站、四川省畜牧科学研究院、南江县畜牧局。

本标准主要起草人：周光明、付昌秀、王维春、熊朝瑞、蒲元成、龚平。

南 江 黄 羊

1 范围

本标准规定了南江黄羊的品种特性和等级评定。

本标准适用于南江黄羊的品种鉴定和种羊等级评定。

2 品种特性

2.1 原产地

南江黄羊原产于四川省南江县。

2.2 外貌特征

全身被毛黄褐色，毛短富有光泽。颜面黑黄，鼻梁两侧有一对称的浅黄色条纹。公羊颈部及前胸被毛黑黄粗长。枕部沿背脊有一条黑色毛带，十字部后渐浅。头大小适中，母羊颜面清秀。大多数有角，少数无角。耳较长或微垂，鼻梁微隆。公、母羊均有毛髯，少数羊颈下有肉髯。颈长短适中，与肩部结合良好；胸深而广、肋骨开张；背腰平直，尻部倾斜适中；四肢粗壮、肢势端正，蹄质坚实。体质结实，结构匀称。体躯略呈圆桶形。公羊额宽、头部雄壮，睾丸发育良好。母羊乳房发育良好。成年公羊、成年母羊照片见附录C。

2.3 生产性能

2.3.1 体重

一级羊体重体尺标准下限见表1。体重体尺测定方法见附录A。

表1 一级羊体重体尺标准下限

年 龄	性 别	体 重 kg	体 高 cm	体 长 cm	胸 围 cm
6月龄	公羊	25	55	57	65
	母羊	20	52	54	60
周岁	公羊	35	60	63	75
	母羊	28	56	59	70
成年	公羊	60	72	77	90
	母羊	40	65	68	80

2.3.2 产肉性能

10月龄羯羊胴体重达12 kg以上，屠宰率44%以上，净肉率32%以上。

2.3.3 繁殖性能

母羊的初情期3月龄～5月龄，公羊性成熟期5月龄～6月龄。初配年龄公羊10月龄～12月龄，母羊8月龄～10月龄。母羊常年发情，发情周期19.5 d±3 d，发情持续期34 h±6 h，妊娠期148 d±3 d，产羔率：初产140%，经产200%。

3 等级评定

3.1 评定时间

6月龄、周岁、成年三个阶段。

3.2 评定内容

体型外貌、体重体尺、繁殖性能、系谱。

3.3 评定方法

3.3.1 外貌等级划分

按附录B规定评出总分，再按表2划分等级。

表2 外貌等级划分

等　级	公　羊	母　羊
特	≥95	≥95
一	≥85	≥85
二	≥80	≥75
三	≥75	≥65

3.3.2 体重体尺等级划分

体重体尺等级划分见表3。

表3 体重体尺等级划分

年龄	等级	公羊				母羊			
		体高 cm	体长 cm	胸围 cm	体重 kg	体高 cm	体长 cm	胸围 cm	体重 kg
6月龄	特	62	65	72	28	58	60	65	23
	一	55	57	65	25	52	54	60	20
	二	50	52	60	22	48	50	55	17
	三	45	47	55	19	44	46	50	15
周　岁	特	67	70	82	40	62	66	77	32
	一	60	63	75	35	56	59	70	28
	二	55	58	70	30	52	55	65	24
	三	50	53	65	25	48	51	60	21
成　年	特	79	85	99	69	72	75	87	45
	一	72	77	90	60	65	68	80	40
	二	67	72	84	55	60	63	75	36
	三	62	66	78	50	55	58	70	32
注：成年公羊3岁、成年母羊2.5岁。									

3.3.3 繁殖性能等级划分

3.3.3.1 种母羊繁殖性能：种母羊繁殖性能等级划分见表4。

表4 繁殖性能等级划分

等　级	年产窝数	窝产羔数
特	≥2.0	≥2.5
一	≥1.8	≥2.0
二	≥1.5	≥1.5
三	≥1.2	≥1.2

3.3.3.2 种公羊精液品质：南江黄羊种公羊每次射精量1.0 mL以上，精子密度每毫升达20亿以上，活力0.7以上。公羊每天采精2次，连续采精3 d休息1 d。

3.3.4 个体品质等级评定

个体品质根据体重（经济重要性权重0.36）、体尺（经济重要性权重0.24）、繁殖性能（经济重要性权重0.3)、体型外貌(经济重要性权重0.1)指标进行等级综合评定(表5)。

表5　个体品质等级评定

体型外貌	体重体尺															
	特				一				二				三			
	繁殖性能				繁殖性能				繁殖性能				繁殖性能			
	特	一	二	三	特	一	二	三	特	一	二	三	特	一	二	三
特	特	特	特	一	一	一	一	二	一	二	二	二	二	二	三	三
一	特	特	一	二	一	一	二	二	二	二	二	二	二	三	三	三
二	特	一	二	二	一	二	二	二	二	二	二	三	三	三	三	三
三	一	一	二	二	二	二	三	三	二	二	三	三	三	三	三	三

3.3.5　系谱评定等级划分

系谱评定等级划分见表6。

表6　系谱评定等级划分

母　　羊	公　　羊			
	特	一	二	三
特	特	一	一	二
一	特	一	二	三
二	一	一	二	三
三	二	二	二	三

3.3.6　综合评定

种羊等级综合评定,以个体品质(经济重要性权重0.7)、系谱(经济重要性权重0.3)两项指标进行等级评定,见表7。

表7　种羊等级综合评定

系　谱	个　体　品　质															
	特				一				二				三			
特	特	特	特	特	一	一	一	二	一	二	二	二	二	二	二	二
一	特	特	特	一	一	一	二	二	二	二	二	二	二	三	三	三
二	特	一	一	一	二	二	二	二	二	二	二	三	三	三	三	三
三	一	一	一	一	二	二	二	二	二	二	三	三	三	三	三	三

附　录　A
（规范性附录）
体重体尺的测定方法

A.1　测量用具

测量体重用台秤或地秤称量。测量体高、体长用测杖，测量胸围用软尺。

A.2　羊只姿势

测量体尺时，应让羊只端正地站在平坦地面上，使前后肢均处于一条直线，头自然向前抬望。

A.3　体重

在早晨空腹时进行，使用以千克为计量单位的台秤或地秤称重。

A.4　体高

用测杖测定鬐甲最高处至地面的垂直距离。

A.5　体长

用测杖测定肩甲前缘到坐骨结节的直线距离。

A.6　胸围

用软尺测定肩甲后缘绕经前胸部的周长。

附　录　B
（规范性附录）
体型外貌评分表

体型外貌评分见表 B.1。

表 B.1　体型外貌评分表

项　目		评分要求	满分	
			公	母
外貌	被　毛	被毛黄色、富有光泽，自枕部沿背脊有一条由粗到细的黑色毛带，至十字部后不明显。被毛短浅、公羊颈与前胸有粗黑长毛和深色毛髯，母羊毛髯细短色浅	14	13
	头　形	头大小适中，额宽面平，鼻微拱，耳大长直或微垂	8	6
	外　形	体躯略呈圆桶形，公羊雄壮、母羊清秀	6	5
	小　计		28	24
体躯	颈	公羊粗短、母羊较长，与肩部结合良好	6	6
	前　躯	胸部深广，肋骨开张	10	10
	中　躯	背腰平直，腹部较平直	10	10
	后　躯	荐宽、尻丰满斜平适中，母羊乳房呈梨形，发育良好，无附加乳头	12	16
	四　肢	粗壮端正，蹄质结实	10	10
	小　计		48	52
发育	外生殖器	发育良好，公羊睾丸对称，母羊外阴正常	10	10
	整体结构	肌肉丰满、膘情适中。体质结实，各部结构匀称、紧凑	14	14
	小　计		24	24
	总计		100	100

ICS 65.020.30
B 43

中华人民共和国农业行业标准

NY 810—2004

湘东黑山羊

Xiangdong black goat

2004-08-25 发布 2004-09-01 实施

中华人民共和国农业部 发布

前 言

本标准的全部技术内容为强制性。

本标准由中华人民共和国农业部提出并归口。

本标准起草单位:湖南农业大学、湖南省畜牧水产局、浏阳市畜牧水产局。

本标准主要起草人:张彬、张桂才、薛立群、李丽立、罗剑彪、周鸿重、陈凯凡、陈宇光。

湘 东 黑 山 羊

1 范围

本标准规定了湘东黑山羊的品种特性和等级评定。

本标准适用于湘东黑山羊的品种鉴别和等级评定。

2 品种特性

2.1 原产地

湘东黑山羊原产于湖南省浏阳市、平江县、醴陵市、长沙县等湘东地区。

2.2 外貌特征

头小而清秀，眼大有神，有角，角呈扁三角锥形。耳竖立，额面微突起，鼻梁稍隆，颈较细长。胸部较窄，后躯较前躯发达。四肢端正，蹄质坚实，尾短。被毛全黑并有光泽，皮肤呈青缎色。公羊角向后两侧伸展，呈镰刀状，鬐甲稍高于十字部，背腰平直，雄性特征明显。母羊角短小，向上、向外斜伸，呈倒“八”字形，鬐甲略低于十字部，腰部稍凹陷，乳房发育较好。

2.3 生产性能

2.3.1 体重、体尺

一级羊的体重、体尺指标见表1。

表1 体重、体尺指标

年 龄	性 别	体高,cm	体长,cm	胸围,cm	体重,kg
6月龄	公 羊	45.0	50.8	54.3	16
	母 羊	43.3	48.2	52.7	15
	羯 羊	44.4	49.7	53.2	15
周 岁	公 羊	51.9	55.3	60.2	20
	母 羊	50.2	53.1	58.2	19
	羯 羊	50.7	53.6	58.5	21
成 年	公 羊	62.3	67.8	73.3	31
	母 羊	58.1	64.3	68.4	27

2.3.2 产肉性能

一级羊的产肉性能见表2。

表2 产肉性能

年 龄	性 别	屠宰率,%	净肉率,%
6月龄	公 羊	41	34
	母 羊	40	34
	羯 羊	42	35
周 岁	公 羊	43	37
	母 羊	41	36
	羯 羊	44	38
成 年	公 羊	44	39
	母 羊	42	37

2.3.3 繁殖性能

公羊4月龄～5月龄性成熟，母羊的初情期为3月龄～4月龄。公羊初配年龄8月龄～10月龄，母羊初配年龄6月龄～8月龄，24月龄体成熟。母羊常年发情，发情周期平均为20 d，发情持续期平均32 h，妊娠期平均150 d。初产母羊产羔率147%，经产母羊产羔率217%。

3 等级评定

3.1 评定时间

在6月龄、周岁、成年三个阶段进行。

3.2 评定内容

体重和体尺（体高、体长、胸围）。

3.3 评定方法

按表3规定的方法进行。

表3 体重体尺等级评定

年 龄	等 级	体重，kg		体高，cm		体长，cm		胸围，cm	
		公	母	公	母	公	母	公	母
6月龄	特	19	18	52.3	49.8	54.7	51.9	60.0	57.0
	一	16	15	45.1	43.3	50.8	48.2	54.3	52.7
	二	12	12	41.5	40.0	47.0	44.5	51.0	49.0
	三	9	9	38.0	37.0	44.0	41.0	47.0	45.0
周 岁	特	24	22	55.6	53.9	59.4	56.7	66.0	63.0
	一	20	19	51.9	50.2	55.3	53.1	60.2	58.2
	二	17	15	48.2	46.7	51.2	49.5	56.2	53.8
	三	13	12	44.5	43.2	47.1	46.0	52.2	50.0
成 年	特	37	32	67.0	62.4	72.7	68.5	80.0	74.0
	一	31	27	62.3	58.1	67.8	64.3	73.3	68.4
	二	24	21	57.6	53.8	62.9	60.1	67.0	63.0
	三	20	17	53.0	50.0	59.0	56.0	62.0	58.0

ICS 65.020.30
B 43

中华人民共和国农业行业标准

NY 811—2004

无角陶赛特种羊

Poll dorset

2004-08-25 发布　　2004-09-01 实施

中华人民共和国农业部　发布

前　言

本标准附录 A 为资料性附录。

本标准由中华人民共和国农业部提出并归口。

本标准主要起草单位:中国农业科学院畜牧研究所、宁夏农业科学院畜牧兽医研究所、吉林省农业科学院、北京金鑫农业发展有限公司。

本标准主要起草人:马月辉、浦亚斌、吴凯峰、李颖康、赵玉民、王端云、傅宝玲。

无角陶赛特种羊

1 范围

本标准规定了无角陶赛特种羊的特性、等级评定。

本标准适用于无角陶赛特种羊的鉴定和等级评定。

2 术语和定义

下列术语和定义适用于本标准。

2.1

体重 body weight

禁水 2 h、禁食 12 h 的称重，单位为千克。

2.2

体尺 body size

用量具测量羊体特定部位所取得的长、宽、高及围度数值。

2.3

体高 body height

鬐甲最高点到地面的垂直距离，用专用测杖量取，单位为厘米。

2.4

体长 body length

肩端到臀端的直线距离，用专用测杖量取，单位为厘米。

2.5

胸围 circumference

沿肩胛骨后缘垂直量取的胸部周径，用卷尺量取，单位为厘米。

2.6

胸宽 breast wideness

左右肩部外结节间的距离，单位为厘米。

3 品种特性

3.1 原产地

无角陶赛特羊是澳大利亚于 1954 年以雷兰羊(Ryeland)和陶赛特(Dorset)为母本，考力代羊为父本，然后再用陶赛特公羊回交，选择所生无角后代培育而成。我国在 20 世纪 80 年代末、90 年代初从澳大利亚和新西兰引入该品种，现分布于内蒙古、新疆、北京、河南、河北、辽宁、山东、黑龙江等地，适合于我国北方农区和半农半牧区饲养。

3.2 外貌特征

体型大、匀称，肉用体型明显；头小额宽，鼻端为粉红色，耳小，面部清秀，无杂色毛；颈部短粗，与胸部、肩部结合良好；体躯宽，呈圆桶形，结构紧凑；胸部宽深，背腰平直宽大，体躯丰满；四肢短粗健壮，腿间距宽，肢势端正，蹄质坚实，蹄壁白色；被毛为半细毛，白色，皮肤为粉红色。外貌特征见附录 A。

3.3 生产性能

3.3.1 体尺体重

种羊体尺体重基本指标见表1。

表1 种羊体尺体重基本指标

性别	年龄	体高 cm	体长 cm	胸围 cm	胸宽 cm	体重 kg
公羊	6月龄	57	69	83	24	38
	周岁	65	74	95	26	70
	成年	67	85	100	29	100
母羊	6月龄	56	65	80	23	36
	周岁	63	70	92	26	60
	成年	65	75	97	27	70
注:成年指24月龄以上。						

3.3.2 产肉性能

6月龄羔羊屠宰率为52%,净肉率45.7%。

3.4 繁殖性能

3.4.1 公羊

初情期6月龄~8月龄,初次配种适宜时间为14月龄。公羊性欲旺盛,身体健壮,可常年配种。

3.4.2 母羊

初情期6月龄~8月龄,性成熟8月龄~10月龄,初次配种适宜时间为12月龄。发情周期平均为16 d,妊娠期为145 d~153 d。母羊可以常年发情,但以春秋两季尤为明显。保姆性强。经产母羊产羔率为140%~160%。

4 等级评定

4.1 等级评定时间

等级评定在6月龄、1周岁和成年(2周岁以上)进行。

4.2 等级评定内容

6月龄评定、周岁评定、成年评定均按照体型外貌、生产性能等进行评定。

4.3 等级评定方法

4.3.1 外貌特征评定

采用目测法,按照种羊标准的外貌特征内容,对羊的外貌特征进行评定。

4.3.2 体重体尺评定

按照体重、体尺测量方法进行评定。

4.4 等级划分

4.4.1 种羊应具有准确、真实、清晰的血统来源和系谱资料。

4.4.2 特级

符合种羊品种特性。特级种羊的体尺体重见表2。

表 2　特级种羊体尺体重

性别	年龄	体高 cm	体长 cm	胸围 cm	胸宽 cm	体重 kg
公羊	6 月龄	64	78	90	29	47
	周岁	69	82	102	31	82
	成年	71	94	116	35	120
母羊	6 月龄	63	74	88	28	45
	周岁	67	80	98	30	68
	成年	69	87	106	33	85
注:成年指 24 月龄以上。						

4.4.3　一级

符合种羊品种特性。一级种羊的体尺体重见表 3。

表 3　一级种羊体尺体重

性别	年龄	体高 cm	体长 cm	胸围 cm	胸宽 cm	体重 kg
公羊	6 月龄	62	75	87	28	44
	周岁	67	79	99	29	78
	成年	69	90	110	33	115
母羊	6 月龄	61	71	85	26	42
	周岁	66	77	96	28	66
	成年	68	84	103	31	80
注:成年指 24 月龄以上。						

4.4.4　二级

符合种羊品种特性。二级种羊体尺体重见表 4。

表 4　二级种羊体尺体重

性别	年龄	体高 cm	体长 cm	胸围 cm	胸宽 cm	体重 kg
公羊	6 月龄	60	72	85	26	41
	周岁	66	77	97	27	74
	成年	68	87	105	31	108
母羊	6 月龄	59	68	83	25	39
	周岁	65	74	94	27	63
	成年	67	80	100	29	75
注:成年指 24 月龄以上。						

4.4.5　基本合格羊

符合种羊品种特征，体尺体重符合种羊体尺体重基本指标而又达不到二级种羊标准的羊只，定为基本合格羊。

不符合种羊品种特征或体尺体重达不到种羊体尺体重基本指标的羊只，不能作为种羊利用。

附 录 A
（资料性附录）
无角陶赛特种羊

种公羊正面图

种公羊侧面图

种母羊正面图

种母羊侧面图

ICS 65.020.30
B 43

中华人民共和国农业行业标准

NY 812—2004

太 湖 鹅

Taihu geese

2004-08-25 发布　　2004-09-01 实施

中华人民共和国农业部 发布

前　言

本标准由中华人民共和国农业部提出并归口。

本标准起草单位：江苏省畜牧兽医总站、扬州大学畜牧兽医学院。

本标准主要起草人：钱鹤良、王勇、仇兴光、赵万里、杨均伟、王志跃。

太　湖　鹅

1　范围

本标准规定了太湖鹅的品种特性、外貌特征、体尺与体重、生产性能。

本标准适用于太湖鹅的品种鉴定。

2　品种特性

太湖鹅是我国小型鹅种，具有体型小、行动灵活、耐粗饲、适应性强，性成熟早、产蛋多、基本无就巢性，仔鹅皮薄、皮下脂肪少、肉质细嫩等特点。

3　外貌特征

太湖鹅体型结构紧凑，全身羽毛白色、紧贴体躯，部分个体在眼梢、头顶及腰背部有少量斑点状灰黑色羽毛；喙为橘红色，喙端较淡，公鹅的喙较母鹅的长；眼睑淡黄色，虹彩灰蓝色；肉瘤圆而光滑，无皱褶，呈淡姜黄色，公鹅的肉瘤较母鹅大而突出；颈细长呈弓形，咽袋不明显；胫、蹼均为橘红色；无腹褶。

4　成年体尺与体重

太湖鹅成年体尺与体重见表1。

表1　太湖鹅成年体尺与体重

性　　别	公	母
体重，kg	3.85～4.45	3.15～3.75
体斜长，cm	29.5～31.5	27.0～29.0
胸宽，cm	7.8～8.7	7.4～8.2
胸深，cm	10.6～12.0	10.0～11.0
龙骨长，cm	15.5～17.0	13.5～14.5
髋骨宽，cm	7.2～8.1	7.0～7.7
胫长，cm	10.0～10.8	9.2～10.0
颈长，cm	30.5～32.5	28.5～31.0

5　肉用性能

5.1　生长速度

太湖鹅仔鹅生产，可采用放牧、放牧加补饲和舍饲的方式，各周龄生长速度见表2。

表2　太湖鹅各周龄生长速度

单位为克

周　　龄	平均体重
0	78.0～92.0
1	130.0～155.0
2	305.0～380.0

表 2（续）

周　龄	平均体重
3	610.0～750.0
4	911.0～1 100.0
5	1 210.0～1 410.0
6	1 500.0～1 800.0
7	1 910.0～2 200.0
8	2 100.0～2 550.0
9	2 250.0～2 700.0
10	2 400.0～3 010.0

5.2 饲料转化比

放牧加补饲时 1.50～2.00∶1；全舍饲时 2.78～2.90∶1。

5.3 屠宰性能

太湖鹅屠宰性能见表 3。

表 3　70 日龄仔鹅屠宰性能

性别	屠宰体重 g	屠宰率 %	半净膛 %	全净膛 %	胸肌率 %	腿肌率 %
公	2 600～3 100	85.5～77.5	74.5～69.5	62.5～68.5	7.2～8.3	17.5～19.0
母	2 400～2 900	82.5～75.5	70.5～66.0	61.0～67.0	7.0～8.0	16.5～18.0

6 繁殖性能

太湖鹅繁殖性能见表 4。

表 4　太湖鹅繁殖性能

名　称	指　数
开产日龄，d	185～210
65 周龄产蛋量，个	63～74
蛋重，g	125.0～135.0
蛋壳颜色	乳白色
蛋形指数	1.40～1.46
公母比例	1∶5～7
种蛋受精率，%	≥90.0
受精蛋孵化率，%	≥85.0

ICS 65.020.30
B 43

中华人民共和国农业行业标准

NY 813—2004

丝羽乌骨鸡

Silkies

2004-08-25 发布　　2004-09-01 实施

中华人民共和国农业部 发布

前　言

本标准附录 A、附录 B 为资料性附录。

本标准由中华人民共和国农业部提出并归口。

本标准起草单位:江苏省家禽科学研究所、扬州大学畜牧兽医学院。

本标准主要起草人:张学余、王志跃、陈宽维、黄凡美、苏一军、沈晓鹏、卜柱、高玉时。

丝 羽 乌 骨 鸡

1 范围

本标准规定了丝羽乌骨鸡的品种外貌、体尺和主要生产性能指标。

本标准适用于丝羽乌骨鸡的品种评定。

2 外貌特征

2.1 丝羽乌骨鸡具有十全特征

草莓冠:冠颜色在性成熟前为暗紫色,与桑葚相似,故又称桑葚冠。成年后公鸡略带红色。

缨头:头顶有冠羽,为一丛缨状丝毛。母鸡冠羽较为发达,状如绒球,又称“凤头”。

绿耳:耳叶呈绿色,在性成熟前出现明显蓝色或绿色色彩,成年后色素逐渐减退,仍呈淡绿色。

胡须:在下颌和两颊着生有较细长的丝毛似胡须,母鸡较发达。

丝毛:除翼羽和尾羽外,全身羽毛成丝绒状。翼羽较短,羽片末端常有不完全的分裂,尾羽和镰羽不发达。

五爪:脚有五爪。通常由第一趾向第二趾的一侧多生一趾,也有个别从第一趾再多生一趾,成为六趾的。其第一趾连同分生的多趾均不着地。

毛脚:胫部和第四趾着生有胫羽和趾羽。

乌皮:全身皮肤及眼睑、胫、趾均呈乌色;喙乌色,成年后喙尖色素消退呈灰白色。

乌骨:骨质暗乌,骨膜深黑色,骨髓黑色。

乌肉:肌肉为浅乌色,胸肌色素沉着较浅。

2.2 体型特征

丝羽乌骨鸡的体型呈元宝形,背部呈“U”形的弯曲,脚矮,头部有绒球,两翅紧缩,颈细,长度适中,眼球呈黑色。

2.3 性别特征

丝羽乌骨鸡公鸡尾部大镰羽高翘,冠和肉垂较发达,啼叫声音洪亮;母鸡凤冠较大,胸部肌肉较公鸡丰满,具有就巢性。

3 成年体重和体尺

丝羽乌骨鸡成年鸡体重和体尺见表1。

表1 成年鸡体重和体尺

项　　目	公	母
体重,kg	1.3～1.8	1.0～1.6
体斜长,cm	16.2～18.6	15.1～17.8
胸宽,cm	6.0～7.2	5.0～6.2
龙骨长,cm	9.8～11	8.5～10.0
胫长,cm	9.0～10.3	8.2～9.4

4 生产性能

4.1 种鸡生产性能

丝羽乌骨鸡种鸡生产性能见表2。

表2 种鸡生产性能

项 目	范 围
开产日龄,d	170～180
72周产蛋数,个	105～135
平均蛋重,g	42～45
蛋壳颜色	粉色
受精率,%	90～92
入孵蛋孵化率,%	75～86
初生重,g	29～33

种鸡各周龄体重和饲料需要量见附录A。种鸡饲料营养水平见附录B。

4.2 商品鸡生产性能

6周龄公母平均体重0.3 kg～0.5 kg,饲料转化比为3.2～3.4：1;13周龄公母平均体重1.0 kg～1.2 kg,饲料转化比为3.4～3.7：1。13周龄公母平均胸肌率17%～19%;13周龄公母平均腿肌率21%～25%。

附　录　A
（资料性附录）
种鸡体重和饲料需要量

丝羽乌骨鸡种鸡体重和饲料需要量见表 A.1。

表 A.1　种鸡体重和饲料需要量

周　龄	体重 g	每天每只鸡料量 g	每周每只鸡料量 g	累计料量 g
1	29	8	56	56
2	55	14	98	154
3	85	20	140	294
4	115	26	182	476
5	145	32	224	700
6	175	38	266	966
7	205	42	294	1 260
8	235	46	322	1 582
9	270	49	343	1 925
10	320	51	357	2 282
11	380	52	364	2 646
12	440	53	371	3 017
13	490	54	378	3 395
14	540	55	385	3 780
15	590	56	392	4 172
16	640	57	399	4 571
17	690	58	406	4 977
18	740	59	413	5 390
19	790	60	420	5 810
20	840	62	434	6 244
21～25	860	66	462×5	8 554
26～30	930	75	525×5	11 179
31～40	1 000	75	525×10	16 429
41～50	1 080	74	518×10	21 609
51～60	1 160	73	511×10	26 719
61～72	1 200	72	504×12	32 767

附　录　B
（资料性附录）
种鸡饲料营养水平

丝羽乌骨鸡种鸡饲料营养水平见表B.1。

表B.1　种鸡饲料营养水平

	1周龄～6周龄	7周龄～20周龄	21周龄～72周龄
能量,MJ/kg	12.20	11.5	11.5
粗蛋白,%	19.00	13.0	14.00
钙,%	1.00	0.85	3.20
有效磷,%	0.50	0.42	0.60
钠,%	0.15	0.15	0.35
蛋氨酸,%	0.52	0.45	0.36
赖氨酸,%	1.28	0.05	0.73

ICS 65.020.30
B 43

中华人民共和国农业行业标准

NY 814—2004

新杨褐壳蛋鸡配套系

Xinyang brown layer package

2004-08-25 发布　　　　2004-09-01 实施

中华人民共和国农业部　发布

前言

本标准由中华人民共和国农业部提出并归口。

本标准起草单位：国家家禽工程技术研究中心。

本标准主要起草人：严华祥、杨长锁、杨宁。

新杨褐壳蛋鸡配套系

1 范围

本标准规定了新杨褐壳蛋鸡配套系产品的分类，主要外貌特征，祖代、父母代和商品代生产性能，检验方法和检验规则。

本标准适用于新杨褐壳蛋鸡配套系的祖代、父母代种鸡和商品代鸡。

2 产品分类

新杨褐壳蛋鸡配套系划分为祖代蛋种鸡、父母代蛋种鸡和商品代蛋鸡。

新杨褐壳蛋鸡配套系产品分为1日龄种雏、商品雏与种蛋。

3 外貌特征及技术要求

3.1 1日龄种雏外貌特征及技术要求

新杨褐壳蛋鸡配套系1日龄种雏外貌特征及技术要求见表1、表2、表3。

表1 1日龄祖代种雏外貌特征及技术要求

项目	要求
体重，g	≥30
形态	眼大有神、活泼好动、站立平稳、挣扎有力、叫声清脆响亮、无脱水现象，绒毛清洁、干爽
脐部	愈合良好，而且被腹部绒毛覆盖
免疫要求	已注射马立克疫苗
公母比例	1∶12～1∶15
公雏外貌特征	A系红褐色绒毛，剪冠；C系银白色绒毛，剪冠
母雏外貌特征	B系红褐色绒毛；D系银白色绒毛
雌雄鉴别方式	翻肛鉴别
雌雄鉴别准确率，%	≥96

表2 1日龄父母代种雏外貌特征及技术要求

项目	要求
体重，g	≥30
形态	眼大有神、活泼好动、站立平稳、挣扎有力、叫声清脆响亮、无脱水现象，绒毛清洁、干爽
脐部	愈合良好，而且被腹部绒毛覆盖
免疫要求	已注射马立克疫苗
公母比例	1∶12～1∶15
公雏外貌特征	红褐色绒毛
母雏外貌特征	银白色或淡黄色绒毛
雌雄鉴别方式	翻肛鉴别
雌雄鉴别准确率，%	≥96

表3　1日龄商品代雏鸡外貌特征及技术要求

项　目	要　　求
体重，g	≥30
形态	眼大有神、活泼好动、站立平稳、挣扎有力、叫声清脆响亮、无脱水现象，绒毛清洁、干爽
脐部	愈合良好，而且被腹部绒毛覆盖
免疫要求	已注射马立克疫苗
母雏外貌特征	1)底色为浅褐色，头部和背部有一条或三条深褐色条纹，约占78% 2)全身浅褐色，约占15% 3)底色为浅褐色，头部白色，其他部位褐色约占4% 4)底色为浅褐色，头部白色，其他部位为褐色条纹约占3.0%
雌雄鉴别方式	羽色鉴别
雌雄鉴别准确率，%	≥99

3.2　种蛋技术要求

新杨褐壳蛋鸡配套系种蛋技术要求见表4。

表4　种蛋技术要求

项　目	要　　求
蛋重，g	50～70
受精率，%	≥85
蛋壳颜色	褐色
蛋形指数	0.58～0.96
外观	无破损、无沙壳、无皱纹、无钢皮蛋和斑块蛋
卫生要求	无粪便等污染物
其他	非双黄蛋

4　主要生产性能

4.1　祖代生产性能

新杨褐壳蛋鸡配套系祖代生产性能见表5。

表5　祖代生产性能

项　　目		性能指标
1周龄～18周龄存活率，%		95～98
18周龄体重，kg		1.4～1.5
产蛋日龄	B系	160～165
	D系	155～161
高峰产蛋率，%	B系	86～92
	D系	86～93
入舍母鸡68周龄产蛋数	B系	244～260
	D系	242～260
入舍母鸡68周龄合格种蛋数	B系	210～220
	D系	205～220
平均入孵蛋孵化率，%	B系	80～81
	D系	80～82

4.2 父母代生产性能

新杨褐壳蛋鸡配套系父母代生产性能见表6。

表6 父母代生产性能

项　目	性能指标
1周龄～18周龄存活率,%	95～98
18周龄体重,kg	1.4～1.5
50%产蛋日龄	147～150
高峰产蛋率,%	91～93
入舍母鸡68周龄产蛋数	254～268
入舍母鸡68周龄合格种蛋数	225～238
平均孵化率,%	81～84

4.3 商品代生产性能

新杨褐壳蛋鸡配套系商品代生产性能见表7。

表7 商品代生产性能

项　目	性能指标
1周龄～18周龄存活率,%	96～98
18周龄体重,kg	1.4～1.5
开产日龄	141～151
高峰产蛋率,%	92～98
入舍母鸡72周龄产蛋数	280～310
入舍母鸡72周龄总蛋重,kg	17～20
全期平均蛋重,g	61.5～64.5
产蛋期饲料转化比	2.15∶1～2.35∶1
72周龄体重,kg	1.8～2.1

5 检验方法

5.1 种雏检验

5.1.1 形态、脐部

用感官检验。

5.1.2 雌雄鉴别方式

翻肛鉴别、羽速鉴别、羽色鉴别。抽样检验采用解剖法。

5.2 种蛋检验

5.2.1 蛋形、蛋壳

颜色、外观、卫生要求用感官检验。

5.2.2 蛋重

平均蛋重用感量为20 g的台秤,按盘(30个/盘～36个/盘)称毛重,再称盘重,毛重减去盘重为净重,最后计算每个蛋的平均蛋重。个体蛋重使用感量0.1 g的电子秤或天平。

5.2.3 受精率

孵化 7 d 后，通过照蛋判定。

6 检验规则

6.1 检验分类

分型式检验和出场检验。

6.2 型式检验

有下列情况之一者，须进行型式检验：

a) 正常生产时，每半年应进行一次型式检验；

b) 国家质量监督检验机构提出型式检验的要求时；

c) 停产半年以上，再恢复生产时。

6.3 出场检验

6.3.1 产品出场时，必须做出检验，符合本标准并出具合格证方可出场。

6.3.2 检验项目

a) 雏鸡：形态、绒毛、雌雄鉴别准确率；

b) 种蛋：外观、蛋壳颜色、蛋形、蛋重和卫生要求。

6.3.3 取样方式

随机抽取 1%～3%的样本进行逐项检验。

7 判断规则

7.1 1 日龄雏鸡不符合表 1、表 2、表 3 的要求者均判为不合格。

7.2 种蛋不符合表 4 要求者均判为不合格。

ICS 65.020.30
B 43

中华人民共和国农业行业标准

NY/T 815—2004

肉牛饲养标准

Feeding standard of beef cattle

2004-08-25 发布 2004-09-01 实施

中华人民共和国农业部 发布

前　言

本标准由中华人民共和国农业部提出并归口。

本标准主要起草单位:中国农业科学院畜牧研究所、中国农业大学。

本标准主要起草人:冯仰廉、王加启、杨红建、莫放、魏宏阳、黄应祥、冯定远、王中华、龚月生、李树聪。

肉牛饲养标准

1 范围

本标准规定了肉牛对日粮干物质进食量、净能、小肠可消化粗蛋白质、矿物质元素、维生素需要量标准。

本标准适用于生长肥育牛、生长母牛、妊娠母牛、泌乳母牛。

2 术语和定义

下列术语和定义适用于本标准。

2.1

日干物质进食量　daily dry matter intake

动物 24 小时内对所给饲饲料干物质的进食数量，英文简写为 DMI，单位以 kg/d 表示。

2.2

总能　gross energy

饲料总能(GE)为单位千克饲料在测热仪中完全氧化燃烧后所产生的热量，又称燃烧热，单位为 kJ/kg。具体测算如式(1)：

$$GE=239.3\times CP+397.5\times EE+200.4\times CF+168.6\times NFE \quad \cdots\cdots (1)$$

式中：

GE——饲料总能，单位为千焦每千克(kJ/kg)；

CP——饲料中粗蛋白质含量，单位为百分率(%)；

EE——饲料中粗脂肪含量，单位为百分率(%)；

CF——饲料中粗纤维含量，单位为百分率(%)；

NFE——饲料中无氮浸出物含量，单位为百分率(%)。

2.3

消化能　digestive energy

消化能(DE)为饲料总能(GE)扣除粪能量损失(FE)后的差值，单位为 kJ/kg。测算按式(2)计算，式(2)中能量消化率按式(3)或式(4)计算：

$$DE=GE\times 能量消化率 \quad \cdots\cdots (2)$$

$$能量消化率=91.6694-91.3359\times(ADF\_OM) \quad \cdots\cdots (3)$$

$$能量消化率=94.2808-61.5370\times(NDF\_OM) \quad \cdots\cdots (4)$$

式(2)、式(3)、式(4)中：

DE——消化能，单位为千焦每千克(kJ/kg)；

GE——饲料总能，单位为千焦每千克(kJ/kg)；

ADF_OM——饲料有机物中酸性洗涤纤维含量，单位为百分率(%)；

NDF_OM——饲料有机物中中性洗涤纤维含量，单位为百分率(%)。

2.4

净能　net energy

从动物食入饲料消化能中扣除尿能和被进食饲料在体内消化代谢过程中的体增热(HI)即为饲料净能值，英文简写为 NE，也是单位进食饲料能量在体内的沉积量。

2.5

维持净能 net energy for maintenance

饲料维持净能的评定是根据饲料消化能乘以饲料消化能转化为维持净能的效率(Km)计算得到的，测算公式为式(5)，式(5)中 Km 测算公式为式(6)：

$$NEm = DE \times Km \tag{5}$$

$$Km = 0.1875 \times (DE/GE) + 0.4579 \tag{6}$$

式(5)和式(6)中：

NEm ——维持净能，单位为千焦每千克(kJ/kg)；

DE ——饲料消化能，单位为千焦每千克(kJ/kg)；

Km ——消化能转化为维持净能的效率；

GE ——饲料总能，单位为千焦每千克(kJ/kg)。

2.6

增重净能 net energy for gain

饲料增重净能的评定是根据饲料消化能乘以饲料消化能转化为增重净能的效率(Kf)计算得到的，具体测算公式为式(7)和式(8)：

$$NEg = DE \times K_f \tag{7}$$

$$K_f = 0.523 \times (DE/GE) + 0.00589, n = 15, r = 0.999 \tag{8}$$

式(7)和式(8)中：

NEg ——增重净能，单位为千焦每千克(kJ/kg)；

DE——饲料消化能，单位为千焦每千克(kJ/kg)；

K_f ——消化能转化为增重净能的效率；

GE——饲料总能，单位为千焦每千克(kJ/kg)。

2.7

综合净能 combined net energy

饲料消化能同时转化为维持净能和增重净能的综合效率(Kmf)因日粮饲养水平不同而存在很大的差异。饲料综合净能(NEmf)的评定是根据饲料消化能乘以饲料消化能转化为净能的综合效率(Kmf)计算得到的，测算公式为式(9)和式(10)：

$$NEmf = DE \times Kmf \tag{9}$$

$$Kmf = Km \times Kf \times 1.5/(Kf + 0.5 \times Km) \tag{10}$$

式(9)和式(10)中：

Kmf ——消化能转化为净能的效率；

DE ——饲料消化能，单位为千焦每千克(kJ/kg)；

1.5 ——饲养水平值；

Km ——消化能转化为维持净能的效率；

Kf ——消化能转化为增重净能的效率。

2.8

肉牛能量单位 beef energy unit

本标准采用相当于 1 kg 中等玉米(二级饲料用玉米，干物质 88.5%、粗蛋白 8.6%、粗纤维 2.0%、粗灰分 1.4%、消化能 16.40 MJ/kgDM，Km=0.621 4，Kf=0.461 9，Kmf=0.557 3，$NEmf$=9.13 MJ/kgDM)，所含的综合净能值 8.08 MJ(1.93Mcal)为一个"肉牛能量单位"(RND)。

2.9

小肠可消化粗蛋白质 Intestinal digestible crude protein

进入到反刍家畜小肠消化道并在小肠中被消化的粗蛋白质为小肠可消化粗蛋白质，英语简称为 IDCP，由饲料瘤胃非降解蛋白质、瘤胃微生物蛋白质(MCP)及小肠内源性粗蛋白质组成，单位为克。在具体测算中，小肠内源性粗蛋白质可以忽略不计，测算公式为式(11)：

$$IDCP = UDP \times Idg1 + MCP \times 0.7 \quad \cdots\cdots (11)$$

式(11)中：

IDCP——小肠可消化粗蛋白质，单位为克(g)；

UDP——饲料瘤胃非降解粗蛋白质，单位为克(g)；

MCP——饲料微生物粗蛋白质产生量，单位为克(g)；

*Idg*1——UDP 在小肠中的消化率；

0.7——MCP 在小肠中的消化率。

鉴于国内对饲料成分表中各单一饲料小肠消化率参数缺乏，对精饲料 *Idg*1 暂且建议取 0.65，对青粗饲料建议 *Idg*1 取 0.60，对秸秆则忽略不计，*Idg*1 取 0。

在计算日粮总小肠可消化粗蛋白质供给量时，瘤胃微生物蛋白质部分参与计算数值取用 MN/RDN 估测 MCP(用 MCPp 表示)和用 MCP/FOM 估测的 MCP(用 MCPf 表示)中最小的一个值。

2.10

瘤胃有效降解粗蛋白质 Rumen effective degradable protein

饲料粗蛋白质在瘤胃中被降解的部分，又称饲料瘤胃有效降解粗蛋白质，英文简称为 ERDP，单位为克。具体测算公式为式(12)和式(13)：

$$dg_t = a + b \times (1 - e^{-ct}) \quad \cdots\cdots (12)$$

$$RDP = CP \times [a + b \times c / (c + kp)] \quad \cdots\cdots (13)$$

式(12)和式(13)中：

dg_t——饲料粗蛋白质在瘤胃 t 时间点的动态降解率，单位为百分率(%)；

a——可迅速降解的可溶性粗蛋白质或非蛋白氮部分，单位为百分率(%)；

b——具有一定降解速率的非可溶性可降解粗蛋白质部分，单位为百分率(%)；

c——b 的单位小时降解速率；

CP——饲料粗蛋白质，单位为克(g)；

kp——瘤胃食糜向后段消化道外流速度。

kp 的具体计算公式如式(14)：

$$kp = -0.024 + 0.179 \times (-e^{-0.278 \times L}) \quad \cdots\cdots (14)$$

式中：

L——饲养水平，由给饲动物日粮中总代谢能需要量除以维持代谢能需要量计算而得。

2.11

饲料瘤胃微生物蛋白质 MCP

饲料在瘤胃发酵所产生并进入小肠的微生物粗蛋白，即为饲料瘤胃微生物蛋白质。具体测算公式为式(15)和式(16)：

$$MCP = RDP \times (MN\_RDN) \quad \cdots\cdots (15)$$

$$MN\_RDN = 3.6259 - 0.8457 \times \ln(RDN\_FOM) \quad \cdots\cdots (16)$$

式(15)和式(16)中：

MCP——饲料瘤胃微生物蛋白质，单位为克(g)；

MN_RDN——饲料瘤胃降解氮转化微生物氮的效率；

RDN_FOM——千克饲料瘤胃可发酵有机物中饲料瘤胃降解氮的含量，单位为克每千克(g/kg)。

为应用和计算方便，对单个饲料建议 MN_取中间值 0.9，MCP_OM 取 136。

3 肉牛营养需要量

3.1 干物质采食量

3.1.1 生长肥育牛干物质采食量

根据国内生长肥育牛的饲养试验总结资料，日粮能量浓度在 8.37～10.46 MJ/kg DM 的干物质进食量的参考计算公式为式(17)：

$$DMI = 0.062 \times LBW^{0.75} + (1.5296 + 0.0037 \times LBW) \times ADG \quad \cdots\cdots (17)$$

式中：

DMI——干物质采食量，单位为千克每天(kg/d)；

LBW——活重，单位为千克(kg)；

ADG——平均日增重，单位为千克每天(kg/d)。

3.1.2 繁殖母牛干物质采食量

根据国内繁殖母牛饲养试验结果，妊娠母牛的干物质采食量参考公式为式(18)：

$$DMI = 0.062 \times LBW^{0.75} + (0.790 + 0.05587 \times t) \quad \cdots\cdots (18)$$

式中：

DMI——干物质采食量，单位为千克每天(kg/d)；

LBW——活重，单位为千克/(kg)；

t——妊娠天数。

3.1.3 哺乳母牛干物质采食量

干物质进食量参考计算公式为式(19)和式(20)：

$$DMI = 0.062 \times LBW^{0.75} + 0.45 \times FCM \quad \cdots\cdots (19)$$

$$FCM = 0.4 \times M + 15 \times MF \quad \cdots\cdots (20)$$

式(19)和式(20)中：

LBW——活重，单位为千克(kg)；

FCM——4%乳脂率标准乳，单位为千克(kg)；

M——每日产奶量，单位为千克每天(kg/d)；

MF——乳脂肪含量，单位为千克(kg)；

3.2 净能需要量

肉牛净能需要量详见表 3～表 6，有关计算公式见下文。

3.2.1 生长肥育牛净能需要量

3.2.1.1 维持净能需要量

根据国内所做绝食呼吸测热试验和饲养试验的平均结果，生长肥育牛在全舍饲条件下，维持净能需要为 322 kJ/kgW$^{0.75}$(或 77 kcal)，即式(21)：

$$NEm = 322 \times LBW^{0.75} \quad \cdots\cdots (21)$$

式中：

NEm——维持净能，单位为千焦每天(kJ/d)；

LBW——活重，单位为千克(kg)；

式(21)中 NEm 值适合在中立温度、舍饲、有轻微活动和无应激的环境条件下应用。

当气温低于 12℃时，每降低 1℃，维持能量需要增加 1%。

3.2.1.2 增重净能需要量

肉牛的能量沉积(RE)就是增重净能。增重的能量沉积用式(22)计算：

$$NEg = (2092 + 25.1 \times LBW) \times \frac{ADG}{1 - 0.3 \times ADG} \quad \cdots\cdots (22)$$

式中：

NEg——增重净能，单位为千焦每天(kJ/d)；

LBW——活重,单位为千克(kg);

ADG——平均日增重,单位为千克每天(kg/d)。

3.2.1.3 综合净能需要量

肉牛综合净能需要量计算公式如式(23):

$$NEmf=\left\{322LBW^{0.75}+\left[(2\,092+25.1\times LBW)\times\frac{ADG}{1-0.3\times ADG}\right]\right\}\times F \quad\cdots\cdots(23)$$

式中:

NEmf——综合净能,单位为千焦每天(kJ/d);

LBW——活重,单位为千克(kg);

ADG——平均日增重,单位为千克每天(kg/d);

F——综合净能校正系数,具体见表1。

表1 不同体重和日增重的肉牛综合净能需要的校正系数(F)

体重,kg	日 增 重,kg/d											
	0	0.3	0.4	0.5	0.6	0.7	0.8	0.9	1	1.1	1.2	1.3
150~200	0.850	0.960	0.965	0.970	0.975	0.978	0.988	1.000	1.020	1.040	0.060	0.080
225	0.864	0.974	0.979	0.984	0.989	0.992	1.002	1.014	1.034	1.054	1.074	1.094
250	0.877	0.987	0.992	0.997	1.002	1.005	1.015	1.027	1.047	1.067	1.087	1.107
275	0.891	1.001	1.006	1.011	1.016	1.019	1.029	1.041	1.061	1.081	1.101	1.121
300	0.904	1.014	1.002	1.024	1.029	1.032	1.042	1.054	1.074	1.094	1.114	1.134
325	0.910	1.020	1.025	1.030	1.035	1.038	1.048	1.060	1.080	1.100	1.120	1.140
350	0.915	1.025	1.030	1.035	1.040	1.043	1.053	1.065	1.085	1.105	1.125	1.145
375	0.921	1.031	1.036	1.041	1.046	1.049	1.059	1.071	1.091	1.111	1.131	1.151
400	0.927	1.037	1.042	1.047	1.052	1.055	1.065	1.077	1.097	1.117	1.137	1.157
425	0.930	1.040	1.045	1.050	1.055	1.058	1.680	1.408	1.100	1.120	1.140	1.160
450	0.932	1.042	1.047	1.052	1.057	1.060	1.070	1.082	1.102	1.122	1.142	1.162
475	0.935	1.045	1.050	1.055	1.060	1.063	1.073	1.085	1.105	1.125	1.145	1.165
500	0.937	1.047	1.052	1.057	1.062	1.065	1.075	1.087	1.107	1.127	1.147	1.167

3.2.2 生长母牛净能需要量

3.2.2.1 维持净能需要量 NEm

同3.2.1.1中式(21)。

3.2.2.2 增重净能需要量 NEg

生长母牛增重净能按生长肥育牛增重净能的110%计算。具体计算如式(24):

$$NEg=\frac{110}{100}\times(2\,092+25.1\times LBW)\times\frac{ADG}{1-0.3\times ADG} \quad\cdots\cdots(24)$$

式中:

LBW——活重,单位为千克(kg);

ADG——平均日增重,单位为千克每天(kg/d)。

3.2.2.3 综合净能需要量

肉牛综合净能需要量计算公式同3.2.1.3中式(23),其中,增重净能需要量部分按式(24)。

3.2.3 妊娠母牛净能需要量

3.2.3.1 维持净能需要量 NEm

同3.2.1.1中式(21)。

3.2.3.2 妊娠净能需要量 NEc

繁殖母牛妊娠净能校正为维持净能的计算公式如式(25):

$$NEc=Gw\times(0.197\,69\times t-11.761\,22) \quad\cdots\cdots(25)$$

式中:

NEc——妊娠净能需要量，单位为兆焦每天(MJ/d)；

Gw——胎日增重，单位为千克每天(kg/d)；

t——妊娠天数。

不同妊娠天数(t)、不同体重母牛的胎日增重(Gw)计算公式为式(26)：

$$Gw=(0.00879\times t-0.8545)\times(0.1439+0.0003558\times LBW) \quad \cdots\cdots (26)$$

式中：

Gw——胎日增重，单位为千克(kg)；

LBW——活重，单位为千克(kg)；

t——妊娠天数。

3.2.3.3 综合净能需要量 NEmf

妊娠综合净能需要量计算如式(27)：

$$NEmf=(NEm+NEc)\times 0.82 \quad \cdots\cdots (27)$$

式中：

NEmf——妊娠综合净能需要量，单位为千焦每天(kJ/d)；

NEm——维持净能需要量，单位为千焦每天(kJ/d)；

NEc——妊娠净能需要量，单位为千焦每天(kJ/d)。

3.2.4 泌乳母牛净能需要量

3.2.4.1 维持净能需要量 NEm

同3.2.1.1中式(21)。

3.2.4.2 泌乳净能需要量 NEL

泌乳净能需要量的计算公式如式(28)或式(29)：

$$NEL=M\times 3.138\times FCM \quad \cdots\cdots (28)$$

或

$$NEL=M\times 4.184\times(0.092\times MF+0.049\times SNF+0.0569) \quad \cdots\cdots (29)$$

式(28)和式(29)中：

NEL——泌乳净能，单位为千焦每天(kJ/d)；

M——每日产奶量，单位为千克每天(kg/d)；

FCM——4%乳脂率标准乳，具体计算公式同式(20)，单位为千克(kg)；

MF——乳脂肪含量，单位为百分率(%)；

SNF——乳非脂肪固形物含量，单位为百分率(%)。

由于代谢能用于维持和用于产奶的效率相似，故泌乳母牛的饲料产奶净能供给量可以用维持净能来计算。

3.2.4.3 泌乳综合净能需要量

泌乳综合净能需要量的计算公式如式(30)：

$$泌乳母牛综合净能=(维持净能+泌乳净能)\times 校正系数 \quad \cdots\cdots (30)$$

3.3 小肠可消化粗蛋白质需要量 IDCP

肉牛小肠可消化蛋白质需要量等于用于维持、增重、妊娠、泌乳的小肠可消化粗蛋白质的总和。肉牛小肠可消化粗蛋白质需要表详见表3～表8。有关计算公式见下文。

3.3.1 维持小肠可消化粗蛋白质需要量 IDCPm

根据国内的最新氮平衡试验结果，在本标准中建议肉牛维持的粗蛋白质需要量(g/d)为5.43$LBW^{0.75}$。肉牛小肠可消化粗蛋白质的需要量计算公式如式(31)：

$$IDCPm=3.69\times LBW^{0.75} \quad \cdots\cdots (31)$$

式中：

IDCPm ——维持小肠可消化粗蛋白质需要量，单位为克每天(g/d)；

LBW ——活重，单位为千克(kg)。

3.3.2 增重小肠可消化粗蛋白质需要量 IDCPg

肉牛增重的净蛋白质需要量(NPg)为动物体组织中每天蛋白质沉积量，它是根据从单位千克增重中蛋白质含量和每天活增重计算而得到的。增重蛋白质沉积量也随动物活重、生长阶段、性别、增重率变化而变化。以肉牛育肥上市期望体重 500 kg，体脂肪含量为 27%作为参考，增重的小肠可消化蛋白质需要量计算如式(32)、式(33)和式(34)：

$$NPg = ADG \times [268 - 7.026 \times (NEg/ADG)] \quad (32)$$

当 LBW≤330 时，

$$IDCPg = NPg/(0.834 - 0.0009 \times LBW) \quad (33)$$

当 LBW>330 时，

$$IDCPg = NPg/0.492 \quad (34)$$

式(32)、式(33)、式(34)中：

NPg ——净蛋白质需要量，单位为克每天(g/d)；

IDCPg ——增重小肠可消化粗蛋白质需要量，单位为克每天(g/d)；

LBW——活重，单位为千克(kg)；

ADG——日增重，单位为千克每天(kg/d)；

0.492——小肠可消化粗蛋白质转化为增重净蛋白质的效率；

NEg ——增重净能，单位为兆焦每天(MJ/d)。

3.3.3 妊娠小肠可消化粗蛋白质需要量 IDCPc

小肠可消化蛋白质用于妊娠肉用母牛胎儿发育的净蛋白质需要量用 NPc 来表示的，具体根据犊牛出生重量(CBW)和妊娠天数计算。其模型建立数据是以海福特青年母牛妊娠子宫及胎儿测定结果为基础(Ferrell 等，1967)，计算公式如式(35)和式(36)。

$$NPc = 6.25 \times CBW \times [0.001669 - (0.00000211 \times t)] \times e^{(0.0278 - 0.0000176 \times t) \times t} \quad (35)$$

$$IDCPc = NPc/0.65 \quad (36)$$

式(35)和式(36)中：

NPc ——妊娠小肠可消化粗蛋白质需要量，单位为克每天(g/d)；

t ——妊娠天数；

0.65——妊娠小肠消化粗蛋白质转化为妊娠净蛋白质的效率；

CBW——犊牛出生重，单位为千克(kg)。具体计算如式(37)：

$$CBW = 15.201 + 0.0376 \times LBW \quad (37)$$

式中：

CBW——犊牛出生重，单位为千克(kg)；

LBW——妊娠母牛活重。

3.3.4 泌乳小肠可消化粗蛋白质需要量 IDCPL

产奶的蛋白质需要量根据牛奶中的蛋白质含量实测值计算。

粗蛋白质用于奶蛋白的平均效率为 0.6，小肠可消化粗蛋白质用于奶蛋白质合成的效率为 0.70，式公式如式(38)：

$$产奶小肠可消化粗蛋白质需要量 = \frac{X}{0.70} \quad (38)$$

式中：

X——每日乳蛋白质产量，单位为克每天(g/d)；

0.70——小肠可消化粗蛋白质转化为产奶净蛋白质的效率。

3.4 肉牛小肠可吸收氨基酸需要量

3.4.1 小肠理想氨基酸模式

根据国内采用安装有瘤胃、十二指肠前端和回肠末端瘘管的阉牛进行的消化代谢试验研究结果，经反复验证后，肉牛小肠理想氨基酸模式如表2所示。

表2 小肠可消化粗蛋白质中各种必需氨基酸的理想化学分数

氨基酸	体蛋白质，g/100 g IDCP	理想模式，%
赖氨酸(Lys)	6.4	100
蛋氨酸(Met)	2.2	34
精氨酸(Arg)	3.3	52
组氨酸(His)	2.5	39
亮氨酸(Leu)	6.7	105
异亮氨酸(Ile)	2.8	44
苯丙氨酸(Phe)	3.5	55
苏氨酸(Thr)	3.9	61
缬氨酸(Val)	4.0	63

3.4.2 小肠可吸收赖氨酸和蛋氨酸维持需要量

根据国内采用安装有瘤胃、十二指肠前端和回肠末端瘘管的阉牛进行的消化代谢试验研究成果，在饲喂氨化稻草—玉米—棉粕型日粮条件下，生长阉牛维持的小肠表观可吸收赖氨酸和蛋氨酸需要量分别为0.112 7和0.038 4 g/kg $W^{0.75}$，对体表皮屑和毛发损失加以考虑后，维持的小肠表观可吸收赖氨酸和蛋氨酸需要量分别为0.120 6和0.041 0 g/kg $W^{0.75}$。小肠表观可吸收赖氨酸与蛋氨酸需要量之比为2.94∶1，而体蛋白中的赖氨酸与蛋氨酸含量之比为3.23∶1。

3.5 肉牛对矿物元素需要量

3.5.1 肉牛对钙和磷需要量

肉牛对钙和磷需要量见表3～表6。

3.5.2 肉牛对钠和氯需要量

钠和氯一般用食盐补充，根据牛对钠的需要量占日粮干物质的0.06%～0.10%计算，日粮含食盐0.15%～0.25%即可满足钠和氯的需要。

3.5.3 肉牛对微量元素需要量

肉牛对微量元素需要量见表8。

3.6 肉牛对维生素需要量

3.6.1 维生素A需要量

肉用牛的维生素A需要量按照每千克饲料干物质计算：

生长肥育牛为2 200 IU，相当于5.5 mg β-胡萝卜素；

妊娠母牛为2 800 IU，相当于7.0 mg β-胡萝卜素；

泌乳母牛为3 900 IU，相当于9.75 mg β-胡萝卜素；

1mg β-胡萝卜素相当于400 IU维生素A。

3.6.2 维生素D需要量

肉牛的维生素D需要量为275 IU/kg干物质日粮。1 IU维生素D的效价相当于0.025 μg胆钙化醇。麦角钙化醇(维生素D_2)对牛也具有活性。水生动物肝脏中储存着大量的维生素D，而包括反刍动物在内的陆生哺乳动物体内没有维生素D储存。但是，肉牛受阳光照射可以合成维生素D，采食经阳光辐射的粗饲料也可获得维生素D。因此，这些动物极少需要补充维生素D。

3.6.3 维生素E需要量

肉牛对维生素E适宜需要量：幼年犊牛需要量为15 IU/kg干物质～60 IU/kg干物质。对于青年母牛，在产前1个月日粮添加维生素E协同硒制剂注射，有助于减少繁殖疾病（难产、胎衣不下等）的发生。经产犊4胎的母牛的生长、繁殖和泌乳不受低维生素E的影响。对生长肥育阉牛最适维生素E需要量为每日在日粮中添加50 IU～100 IU的维生素E。

4 肉牛常用饲料成分与营养价值

4.1 青绿饲料类饲料成分与营养价值

青绿饲料类饲料成分与营养价值详见表9。

4.2 块根块茎瓜果类饲料成分与营养价值

块根、块茎、瓜果类饲料成分与营养价值详见表10。

4.3 干草类饲料成分与营养价值

干草类饲料成分与营养价值详见表11。

4.4 农副产品类饲料成分与营养价值

农副产品类饲料成分与营养价值详见表12。

4.5 谷实类饲料成分与营养价值

谷实类饲料成分与营养价值详见表13。

4.6 糠麸类饲料成分与营养价值

糠麸类饲料成分与营养价值详见表14。

4.7 饼粕类饲料成分与营养价值

饼粕类饲料成分与营养价值详见表15。

4.8 糟渣类饲料成分与营养价值

糟渣类饲料成分与营养价值详见表16。

4.9 矿物质类饲料成分与营养价值

矿物质类饲料成分与营养价值详见表17。

表3 生长肥育牛的每日营养需要量

LBW kg	ADG kg/d	DMI kg/d	NEm MJ/d	NEg MJ/d	RND	NEmf MJ/d	CP g/d	IDCPm g/d	IDCPg g/d	IDCP g/d	钙 g/d	磷 g/d
150	0	2.66	13.80	0.00	1.46	11.76	236	158	0	158	5	5
	0.3	3.29	13.80	1.24	1.87	15.10	377	158	103	261	14	8
	0.4	3.49	13.80	1.71	1.97	15.90	421	158	136	294	17	9
	0.5	3.70	13.80	2.22	2.07	16.74	465	158	169	328	19	10
	0.6	3.91	13.80	2.76	2.19	17.66	507	158	202	360	22	11
	0.7	4.12	13.80	3.34	2.30	18.58	548	158	235	393	25	12
	0.8	4.33	13.80	3.97	2.45	19.75	589	158	267	425	28	13
	0.9	4.54	13.80	4.64	2.61	21.05	627	158	298	457	31	14
	1.0	4.75	13.80	5.38	2.80	22.64	665	158	329	487	34	15
	1.1	4.95	13.80	6.18	3.02	20.35	704	158	360	518	37	16
	1.2	5.16	13.80	7.06	3.25	26.28	739	158	389	547	40	16
175	0	2.98	15.49	0.00	1.63	13.18	265	178	0	178	6	6
	0.3	3.63	15.49	1.45	2.09	16.90	403	178	104	281	14	9
	0.4	3.85	15.49	2.00	2.20	17.78	447	178	138	315	17	9
	0.5	4.07	15.49	2.59	2.32	18.70	489	178	171	349	20	10
	0.6	4.29	15.49	3.22	2.44	19.71	530	178	204	382	23	11
	0.7	4.51	15.49	3.89	2.57	20.75	571	178	237	414	26	12
	0.8	4.72	15.49	4.63	2.79	22.05	609	178	269	446	28	13
	0.9	4.94	15.49	5.42	2.91	23.47	650	178	300	478	31	14
	1.0	5.16	15.49	6.28	3.12	25.23	686	178	331	508	34	15
	1.1	5.38	15.49	7.22	3.37	27.20	724	178	361	538	37	16
	1.2	5.59	15.49	8.24	3.63	29.29	759	178	390	567	40	17

表 3 （续）

LBW kg	ADG kg/d	DMI kg/d	NEm MJ/d	NEg MJ/d	RND	NEmf MJ/d	CP g/d	IDCPm g/d	IDCPg g/d	IDCP g/d	钙 g/d	磷 g/d
200	0	3.30	17.12	0.00	1.80	14.56	293	196	0	196	7	7
	0.3	3.98	17.12	1.66	2.32	18.70	428	196	105	301	15	9
	0.4	4.21	17.12	2.28	2.43	19.62	472	196	139	336	17	10
	0.5	4.44	17.12	2.95	2.56	20.67	514	196	173	369	20	11
	0.6	4.66	17.12	3.67	2.69	21.76	555	196	206	403	23	12
	0.7	4.89	17.12	4.45	2.83	22.47	593	196	239	435	26	13
	0.8	5.12	17.12	5.29	3.01	24.31	631	196	271	467	29	14
	0.9	5.34	17.12	6.19	3.21	25.90	669	196	302	499	31	15
	1.0	5.57	17.12	7.17	3.45	27.82	708	196	333	529	34	16
	1.1	5.80	17.12	8.25	3.71	29.96	743	196	362	558	37	17
	1.2	6.03	17.12	9.42	4.00	32.30	778	196	391	587	40	17
225	0	3.60	18.71	0.00	1.87	15.10	320	214	0	214	7	7
	0.3	4.31	18.71	1.86	2.56	20.71	452	214	107	321	15	10
	0.4	4.55	18.71	2.57	2.69	21.76	494	214	141	356	18	11
	0.5	4.78	18.71	3.32	2.83	22.89	535	214	175	390	20	12
	0.6	5.02	18.71	4.13	2.98	24.10	576	214	209	423	23	13
	0.7	5.26	18.71	5.01	3.14	25.36	614	214	241	456	26	14
	0.8	5.49	18.71	5.95	3.33	26.90	652	214	273	488	29	14
	0.9	5.73	18.71	6.97	3.55	28.66	691	214	304	519	31	15
	1.0	5.96	18.71	8.07	3.81	30.79	726	214	335	549	34	16
	1.1	6.20	18.71	9.28	4.10	33.10	761	214	364	578	37	17
	1.2	6.44	18.71	10.59	4.42	35.69	796	214	391	606	39	18
250	0	3.90	20.24	0.00	2.20	17.78	346	232	0	232	8	8
	0.3	4.64	20.24	2.07	2.81	22.72	475	232	108	340	16	11
	0.4	4.88	20.24	2.85	2.95	23.85	517	232	143	375	18	12
	0.5	5.13	20.24	3.69	3.11	25.10	558	232	177	409	21	12
	0.6	5.37	20.24	4.59	3.27	26.44	599	232	211	443	23	13
	0.7	5.62	20.24	5.56	3.45	27.82	637	232	244	475.9	26	14
	0.8	5.87	20.24	6.61	3.65	29.50	672	232	276	507.8	29	15
	0.9	6.11	20.24	7.74	3.89	31.38	711	232	307	538.8	31	16
	1.0	6.36	20.24	8.97	4.18	33.72	746	232	337	568.6	34	17
	1.1	6.60	20.24	10.31	4.49	36.28	781	232	365	597.2	36	18
	1.2	6.85	20.24	11.77	4.84	39.06	814	232	392	624.3	39	18
275	0	4.19	21.74	0.00	2.40	19.37	372	249	0	249.2	9	9
	0.3	4.96	21.74	2.28	3.07	24.77	501	249	110	359	16	12
	0.4	5.21	21.74	3.14	3.22	25.98	543	249	145	394.4	19	12
	0.5	5.47	21.74	4.06	3.39	27.36	581	249	180	429	21	13
	0.6	5.72	21.74	5.05	3.57	28.79	619	249	214	462.8	24	14
	0.7	5.98	21.74	6.12	3.75	30.29	657	249	247	495.8	26	15
	0.8	6.23	21.74	7.27	3.98	32.13	696	249	278	527.7	29	16
	0.9	6.49	21.74	8.51	4.23	34.18	731	249	309	558.5	31	16
	1.0	6.74	21.74	9.86	4.55	36.74	766	249	339	588	34	17
	1.1	7.00	21.74	11.34	4.89	39.50	798	249	367	616	36	18
	1.2	7.25	21.74	12.95	5.60	42.51	834	249	393	642.4	39	19
300	0	4.46	23.21	0.00	2.60	21.00	397	266	0	266	10	10
	0.3	5.26	23.21	2.48	3.32	26.78	523	266	112	377.6	17	12
	0.4	5.53	23.21	3.42	3.48	28.12	565	266	147	413.4	19	13
	0.5	5.79	23.21	4.43	3.66	29.58	603	266	182	448.4	21	14

表3（续）

LBW kg	ADG kg/d	DMI kg/d	NEm MJ/d	NEg MJ/d	RND	NEmf MJ/d	CP g/d	IDCPm g/d	IDCPg g/d	IDCP g/d	钙 g/d	磷 g/d
300	0.6	6.06	23.21	5.51	3.86	31.13	641	266	216	482.4	24	15
	0.7	6.32	23.21	6.67	4.06	32.76	679	266	249	515.5	26	15
	0.8	6.58	23.21	7.93	4.31	34.77	715	266	281	547.4	29	16
	0.9	6.85	23.21	9.29	4.58	36.99	750	266	312	578	31	17
	1.0	7.11	23.21	10.76	4.92	39.71	785	266	341	607.1	34	18
	1.1	7.38	23.21	12.37	5.29	42.68	818	266	369	634.6	36	19
	1.2	7.64	23.21	14.12	5.69	45.98	850	266	394	660.3	38	19
325	0	4.75	24.65	0.00	2.78	22.43	421	282	0	282.4	11	11
	0.3	5.57	24.65	2.69	3.54	28.58	547	282	114	396	17	13
	0.4	5.84	24.65	3.71	3.72	30.04	586	282	150	432.3	19	14
	0.5	6.12	24.65	4.80	3.91	31.59	624	282	185	467.6	22	14
	0.6	6.39	24.65	5.97	4.12	33.26	662	282	219	501.9	24	15
	0.7	6.66	24.65	7.23	4.36	35.02	700	282	253	535.1	26	16
	0.8	6.94	24.65	8.59	4.60	37.15	736	282	284	566.9	29	17
	0.9	7.21	24.65	10.06	4.90	39.54	771	282	315	597.3	31	18
	1.0	7.49	24.65	11.66	5.25	42.43	803	282	344	626.1	33	18
	1.1	7.76	24.65	13.40	5.65	45.61	839	282	371	653	36	19
	1.2	8.03	24.65	15.30	6.08	49.12	868	282	395	677.8	38	20
350	0	5.02	26.06	0.00	2.95	23.85	445	299	0	298.6	12	12
	0.3	5.87	26.06	2.90	3.76	30.38	569	299	122	420.6	18	14
	0.4	6.15	26.06	3.99	3.95	31.92	607	299	161	459.4	20	14
	0.5	6.43	26.06	5.17	4.16	33.60	645	299	199	497.1	22	15
	0.6	6.72	26.06	6.43	4.38	35.40	683	299	235	533.6	24	16
	0.7	7.00	26.06	7.79	4.61	37.24	719	299	270	568.7	27	17
	0.8	7.28	26.06	9.25	4.89	39.50	757	299	304	602.3	29	17
	0.9	7.57	26.06	10.83	5.21	42.05	789	299	336	634.1	31	18
	1.0	7.85	26.06	12.55	5.59	45.15	824	299	365	664	33	19
	1.1	8.13	26.06	14.43	6.01	48.53	857	299	393	691.7	36	20
	1.2	8.41	26.06	16.48	6.47	52.26	889	299	418	716.9	38	20
375	0	5.28	27.44	0.00	3.13	25.27	469	314	0	314.4	12	12
	0.3	6.16	27.44	3.10	3.99	32.22	593	314	119	433.5	18	14
	0.4	6.45	27.44	4.28	4.19	33.85	631	314	157	471.2	20	15
	0.5	6.74	27.44	5.54	4.41	35.61	669	314	193	507.7	22	16
	0.6	7.03	27.44	6.89	4.65	37.53	704	314	228	542.9	25	17
	0.7	7.32	27.44	8.34	4.89	39.50	743	314	262	576.6	27	17
	0.8	7.62	27.44	9.91	5.19	41.88	778	314	294	608.7	29	18
	0.9	7.91	27.44	11.61	5.52	44.60	810	314	324	638.9	31	19
	1.0	8.20	27.44	13.45	5.93	47.87	845	314	353	667.1	33	19
	1.1	8.49	27.44	15.46	6.26	50.54	878	314	378	692.9	35	20
	1.2	8.79	27.44	17.65	6.75	54.48	907	314	402	716	38	20
400	0	5.55	28.80	0.00	3.31	26.74	492	330	0	330	13	13
	0.3	6.45	28.80	3.31	4.22	34.06	613	330	116	446.2	19	15
	0.4	6.76	28.80	4.56	4.43	35.77	651	330	153	482.7	21	16
	0.5	7.06	28.80	5.91	4.66	37.66	689	330	188	518	23	17
	0.6	7.36	28.80	7.35	4.91	39.66	727	330	222	551.9	25	17
	0.7	7.66	28.80	8.90	5.17	41.76	763	330	254	584.3	27	18
	0.8	7.96	28.80	10.57	5.49	44.31	798	330	285	614.8	29	19
	0.9	8.26	28.80	12.38	5.64	47.15	830	330	313	643.5	31	19

表3（续）

LBW kg	ADG kg/d	DMI kg/d	NEm MJ/d	NEg MJ/d	RND	NEmf MJ/d	CP g/d	IDCPm g/d	IDCPg g/d	IDCP g/d	钙 g/d	磷 g/d
400	1.0	8.56	28.80	14.35	6.27	50.63	866	330	340	669.9	33	20
	1.1	8.87	28.80	16.49	6.74	54.43	895	330	364	693.8	35	21
	1.2	9.17	28.80	18.83	7.26	58.66	927	330	385	714.8	37	21
425	0	5.80	30.14	0.00	3.48	28.08	515	345	0	345.4	14	14
	0.3	6.73	30.14	3.52	4.43	35.77	636	345	113	458.6	19	16
	0.4	7.04	30.14	4.85	4.65	37.57	674	345	149	494	21	17
	0.5	7.35	30.14	6.28	4.90	39.54	712	345	183	528.1	23	17
	0.6	7.66	30.14	7.81	5.16	41.67	747	345	215	560.7	25	18
	0.7	7.97	30.14	9.45	5.44	43.89	783	345	246	591.7	27	18
	0.8	8.29	30.14	11.23	5.77	46.57	818	345	275	620.8	29	19
	0.9	8.60	30.14	13.15	6.14	49.58	850	345	302	647.8	31	20
	1.0	8.91	30.14	15.24	6.59	53.22	886	345	327	672.4	33	20
	1.1	9.22	30.14	17.52	7.09	57.24	918	345	349	694.4	35	21
	1.2	9.53	30.14	20.01	7.64	61.67	947	345	368	713.3	37	22
450	0	6.06	31.46	0.00	3.63	29.33	538	361	0	360.5	15	15
	0.3	7.02	31.46	3.72	4.63	37.41	659	361	110	470.7	20	17
	0.4	7.34	31.46	5.14	4.87	39.33	697	361	145	505.1	21	17
	0.5	7.66	31.46	6.65	5.12	41.38	732	361	177	538	23	18
	0.6	7.98	31.46	8.27	5.40	43.60	770	361	209	569.3	25	19
	0.7	8.30	31.46	10.01	5.69	45.94	806	361	238	598.9	27	19
	0.8	8.62	31.46	11.89	6.03	48.74	841	361	266	626.5	29	20
	0.9	8.94	31.46	13.93	6.43	51.92	873	361	291	651.8	31	20
	1.0	9.26	31.46	16.14	6.90	55.77	906	361	314	674.7	33	21
	1.1	9.58	31.46	18.55	7.42	59.96	938	361	334	694.8	35	22
	1.2	9.90	31.46	21.18	8.00	64.60	967	361	351	711.7	37	22
475	0	6.31	32.76	0.00	3.79	30.63	560	375	0	375.4	16	16
	0.3	7.30	32.76	3.93	4.84	39.08	681	375	107	482.7	20	17
	0.4	7.63	32.76	5.42	5.09	41.09	719	375	140	515.9	22	18
	0.5	7.96	32.76	7.01	5.35	43.26	754	375	172	547.6	24	19
	0.6	8.29	32.76	8.73	5.64	45.61	789	375	202	577.7	25	19
	0.7	8.61	32.76	10.57	5.94	48.03	825	375	230	605.8	27	20
	0.8	8.94	32.76	12.55	6.31	51.00	860	375	257	631.9	29	20
	0.9	9.27	32.76	14.70	6.72	54.31	892	375	280	655.7	31	21
	1.0	9.60	32.76	17.04	7.22	58.32	928	375	301	676.9	33	21
	1.1	9.93	32.76	19.58	7.77	62.76	957	375	320	695	35	22
	1.2	10.26	32.76	22.36	8.37	67.61	989	375	334	709.8	36	23
500	0	6.56	34.05	0.00	3.95	31.92	582	390	0	390.2	16	16
	0.3	7.58	34.05	4.14	5.04	40.71	700	390	104	494.5	21	18
	0.4	7.91	34.05	5.71	5.30	42.84	738	390	136	526.6	22	19
	0.5	8.25	34.05	7.38	5.58	45.10	776	390	167	557.1	24	19
	0.6	8.59	34.05	9.18	5.88	47.53	811	390	196	585.8	26	20
	0.7	8.93	34.05	11.12	6.20	50.08	847	390	222	612.6	27	20
	0.8	9.27	34.05	13.21	6.58	53.18	882	390	247	637.2	29	21
	0.9	9.61	34.05	15.48	7.01	56.65	912	390	269	659.4	31	21
	1.0	9.94	34.05	17.93	7.53	60.88	947	390	289	678.8	33	22
	1.1	10.28	34.05	20.61	8.10	65.48	979	390	305	695	34	23
	1.2	10.62	34.05	23.54	8.73	70.54	1 011	390	318	707.7	36	23

表 4　生长母牛的每日营养需要量

LBW kg	ADG kg/d	DMI kg/d	NEm MJ/d	NEg MJ/d	RND	NEmf MJ/d	CP g/d	IDCPm g/d	IDCPg g/d	IDCP g/d	钙 g/d	磷 g/d
150	0	2.66	13.80	0.00	1.46	11.76	236	158	0	158	5	5
	0.3	3.29	13.80	1.37	1.90	15.31	377	158	101	259	13	8
	0.4	3.49	13.80	1.88	2.00	16.15	421	158	134	293	16	9
	0.5	3.70	13.80	2.44	2.11	17.07	465	158	167	325	19	10
	0.6	3.91	13.80	3.03	2.24	18.07	507	158	200	358	22	11
	0.7	4.12	13.80	3.67	2.36	19.08	548	158	231	390	25	11
	0.8	4.33	13.80	4.36	2.52	20.33	589	158	263	421	28	12
	0.9	4.54	13.80	5.11	2.69	21.76	627	158	294	452	31	13
	1.0	4.75	13.80	5.92	2.91	23.47	665	158	324	482	34	14
175	0	2.98	15.49	0.00	1.63	13.18	265	178	0	178	6	6
	0.3	3.63	15.49	1.59	2.12	17.15	403	178	102	280	14	8
	0.4	3.85	15.49	2.20	2.24	18.07	447	178	136	313	17	9
	0.5	4.07	15.49	2.84	2.37	19.12	489	178	169	346	19	10
	0.6	4.29	15.49	3.54	2.50	20.21	530	178	201	378	22	11
	0.7	4.51	15.49	4.28	2.64	21.34	571	178	233	410	25	12
	0.8	4.72	15.49	5.09	2.81	22.72	609	178	264	442	28	13
	0.9	4.94	15.49	5.96	3.01	24.31	650	178	295	472	30	14
	1.0	5.16	15.49	6.91	3.24	26.19	686	178	324	502	33	15
200	0	3.30	17.12	0.00	1.80	14.56	293	196	0	196	7	7
	0.3	3.98	17.12	1.82	2.34	18.92	428	196	103	300	14	9
	0.4	4.21	17.12	2.51	2.47	19.46	472	196	137	333	17	10
	0.5	4.44	17.12	3.25	2.61	21.09	514	196	170	366	19	11
	0.6	4.66	17.12	4.04	2.76	22.30	555	196	202	399	22	12
	0.7	4.89	17.12	4.89	2.92	23.43	593	196	234	431	25	13
	0.8	5.12	17.12	5.82	3.10	25.06	631	196	265	462	28	14
	0.9	5.34	17.12	6.81	3.32	26.78	669	196	296	492	30	14
	1.0	5.57	17.12	7.89	3.58	28.87	708	196	325	521	33	15
225	0	3.60	18.71	0.00	1.87	15.10	320	214	0	214	7	7
	0.3	4.31	18.71	2.05	2.60	20.71	452	214	105	319	15	10
	0.4	4.55	18.71	2.82	2.74	21.76	494	214	138	353	17	11
	0.5	4.78	18.71	3.66	2.89	22.89	535	214	172	386	20	12
	0.6	5.02	18.71	4.55	3.06	24.10	576	214	204	418	23	112
	0.7	5.26	18.71	5.51	3.22	25.36	614	214	236	450	25	13
	0.8	5.49	18.71	6.54	3.44	26.90	652	214	267	481	28	14
	0.9	5.73	18.71	7.66	3.67	29.62	691	214	297	511	30	15
	1.0	5.96	18.71	8.88	3.95	31.92	726	214	326	540	33	16
250	0	3.90	20.24	0.00	2.20	17.78	346	232	0	232	8	8
	0.3	4.64	20.24	2.28	2.84	22.97	475	232	106	338	15	11
	0.4	4.88	20.24	3.14	3.00	24.23	517	232	140	372	18	11
	0.5	5.13	20.24	4.06	3.17	25.01	558	232	173	405	20	12
	0.6	5.37	20.24	5.05	3.35	27.03	599	232	206	438	23	13
	0.7	5.62	20.24	6.12	3.53	28.53	637	232	237	469	25	14
	0.8	5.87	20.24	7.27	3.76	30.38	672	232	268	500	28	15
	0.9	6.11	20.24	8.51	4.02	32.47	711	232	298	530	30	15
	1.0	6.36	20.24	9.86	4.33	34.98	746	232	326	558	33	17
275	0	4.19	21.74	0.00	2.40	19.37	372	249	0	249	9	9
	0.3	4.96	21.74	2.50	3.10	25.06	501	249	107	356	16	11
	0.4	5.21	21.74	3.45	3.27	26.40	543	249	141	391	18	12

表 4（续）

LBW kg	ADG kg/d	DMI kg/d	NEm MJ/d	NEg MJ/d	RND	NEmf MJ/d	CP g/d	IDCPm g/d	IDCPg g/d	IDCP g/d	钙 g/d	磷 g/d
275	0.5	5.47	21.74	4.47	3.45	27.87	581	249	175	424	20	13
	0.6	5.72	21.74	5.56	3.65	29.46	619	249	208	457	23	14
	0.7	5.98	21.74	6.73	3.85	31.09	657	249	239	488	25	14
	0.8	6.23	21.74	7.99	4.10	33.10	696	249	270	519	28	15
	0.9	6.49	21.74	9.36	4.38	35.35	731	249	299	548	30	16
	1.0	6.74	21.74	10.85	4.72	38.07	766	249	327	576	32	17
300	0	4.46	23.21	0.00	2.60	21.00	397	266	0	266	10	10
	0.3	5.26	23.21	2.73	3.35	27.07	523	266	109	375	16	12
	0.4	5.53	23.21	3.77	3.54	28.58	565	266	143	409	18	13
	0.5	5.79	23.21	4.87	3.74	30.17	603	266	177	443	21	14
	0.6	6.06	23.21	6.06	3.95	31.88	641	266	210	476	23	14
	0.7	6.32	23.21	7.34	4.17	33.64	679	266	241	507	25	15
	0.8	6.58	23.21	8.72	4.44	35.82	715	266	271	537	28	16
	0.9	6.85	23.21	10.21	4.74	38.24	750	266	300	566	30	17
	1.0	7.11	23.21	11.84	5.10	41.17	785	266	328	594	32	17
325	0	4.75	24.65	0.00	2.78	22.43	421	282	0	282	11	11
	0.3	5.57	24.65	2.96	3.59	28.95	547	282	110	393	17	13
	0.4	5.84	24.65	4.08	3.78	30.54	586	282	145	427	19	14
	0.5	6.12	24.65	5.28	3.99	32.22	624	282	179	461	21	14
	0.6	6.39	24.65	6.57	4.22	34.06	662	282	212	494	23	15
	0.7	6.66	24.65	7.95	4.46	35.98	700	282	243	526	25	16
	0.8	6.94	24.65	9.45	4.74	38.28	736	282	273	556	28	16
	0.9	7.21	24.65	11.07	5.06	40.88	771	282	302	584	30	17
	1.0	7.49	24.65	12.82	5.45	44.02	803	282	329	611	32	18
350	0	5.02	26.06	0.00	2.95	23.85	445	299	0	299	12	12
	0.3	5.87	26.06	3.19	3.81	30.75	569	299	118	416	17	14
	0.4	6.15	26.06	4.39	4.02	32.47	607	299	155	454	19	14
	0.5	6.43	26.06	5.69	4.24	34.27	645	299	191	490	21	15
	0.6	6.72	26.06	7.07	4.49	36.23	683	299	226	524	23	16
	0.7	7.00	26.06	8.56	4.74	38.24	719	299	259	558	25	16
	0.8	7.28	26.06	10.17	5.04	40.71	757	299	290	589	28	17
	0.9	7.57	26.06	11.92	5.38	43.47	789	299	320	619	30	18
	1.0	7.85	26.06	13.81	5.80	46.82	824	299	348	646	32	18
375	0	5.28	27.44	0.00	3.13	25.27	469	314	0	314	12	12
	0.3	6.16	27.44	3.41	4.04	32.59	593	314	115	429	18	14
	0.4	6.45	27.44	4.71	4.26	34.39	631	314	151	465	20	15
	0.5	6.74	27.44	6.09	4.50	36.32	669	314	185	500	22	16
	0.6	7.03	27.44	7.58	4.76	38.41	704	314	219	533	24	17
	0.7	7.32	27.44	9.18	5.03	40.58	743	314	250	565	26	17
	0.8	7.62	27.44	10.90	5.35	43.18	778	314	280	595	28	18
	0.9	7.91	27.44	12.77	5.71	46.11	810	314	308	622	30	19
	1.0	8.20	27.44	14.79	6.15	49.66	845	314	333	648	32	19
400	0	5.55	28.80	0.00	3.31	26.74	492	330	0	330	13	13
	0.3	6.45	28.80	3.64	4.26	34.43	613	330	111	441	18	15
	0.4	6.76	28.80	5.02	4.50	36.36	651	330	146	476	20	16
	0.5	7.06	28.80	6.50	4.76	38.41	689	330	180	510	22	16
	0.6	7.36	28.80	8.08	5.03	40.58	727	330	211	541	24	17
	0.7	7.66	28.80	9.79	5.31	42.89	763	330	242	572	26	17

表 4 （续）

LBW kg	ADG kg/d	DMI kg/d	NEm MJ/d	NEg MJ/d	RND	NEmf MJ/d	CP g/d	IDCPm g/d	IDCPg g/d	IDCP g/d	钙 g/d	磷 g/d
400	0.8	7.96	28.80	11.63	5.65	45.65	798	330	270	600	28	18
	0.9	8.26	28.80	13.62	6.04	48.74	830	330	296	626	29	19
	1.0	8.56	28.80	15.78	6.50	52.51	866	330	319	649	31	19
450	0	6.06	31.46	0.00	3.89	31.46	537	361	0	361	12	12
	0.3	7.02	31.46	4.10	4.40	35.56	625	361	105	465	18	14
	0.4	7.34	31.46	5.65	4.59	37.11	653	361	137	498	20	15
	0.5	7.65	31.46	7.31	4.80	38.77	681	361	168	528	22	16
	0.6	7.97	31.46	9.09	5.02	40.55	708	361	197	557	24	17
	0.7	8.29	31.46	11.01	5.26	42.47	734	361	224	585	26	17
	0.8	8.61	31.46	13.08	5.51	44.54	759	361	249	609	28	18
	0.9	8.93	31.46	15.32	5.79	46.78	784	361	271	632	30	19
	1.0	9.25	31.46	17.75	6.09	49.21	808	361	291	652	32	19
500	0	6.56	34.05	0.00	4.21	34.05	582	390	0	390	13	13
	0.3	7.57	34.05	4.55	4.78	38.60	662	390	98	489	18	15
	0.4	7.91	34.05	6.28	4.99	40.32	687	390	128	518	20	16
	0.5	8.25	34.05	8.12	5.22	42.17	712	390	156	547	22	16
	0.6	8.58	34.05	10.10	5.46	44.15	736	390	183	573	24	17
	0.7	8.92	34.05	12.23	5.73	46.28	760	390	207	597	26	17
	0.8	9.26	34.05	14.53	6.01	48.58	783	390	228	618	28	18
	0.9	9.60	34.05	17.02	6.32	51.07	805	390	247	637	29	19
	1.0	9.93	34.05	19.72	6.65	53.77	827	390	263	653	31	19

表 5 妊娠母牛的每日营养需要量

体重 kg	妊娠 月份	DMI kg/d	NEm MJ/d	NEc MJ/d	RND	NEmf MJ/d	CP g/d	IDCPm g/d	IDCPc g/d	IDCP g/d	钙 g/d	磷 g/d
300	6	6.32	23.21	4.32	2.80	22.60	409	266	28	294	14	12
	7	6.43	23.21	7.36	3.11	25.12	477	266	49	315	16	12
	8	6.60	23.21	11.17	3.50	28.26	587	266	85	351	18	13
	9	6.77	23.21	15.77	3.97	32.05	735	266	141	407	20	13
350	6	6.86	26.06	4.63	3.12	25.19	449	299	30	328	16	13
	7	6.98	26.06	7.88	3.45	28.87	517	299	53	351	18	14
	8	7.15	26.06	11.97	3.87	31.24	627	299	91	389	20	15
	9	7.32	26.06	16.89	4.37	35.30	775	299	151	450	22	15
400	6	7.39	28.80	4.94	3.43	27.69	488	330	32	362	18	15
	7	7.51	28.80	8.40	3.78	30.56	556	330	56	386	20	16
	8	7.68	28.80	12.76	4.23	34.13	666	330	97	427	22	16
	9	7.84	28.80	18.01	4.76	38.47	814	330	161	491	24	17
450	6	7.90	31.46	5.24	3.73	30.12	526	361	34	394	20	17
	7	8.02	31.46	8.92	4.11	33.15	594	361	60	420	22	18
	8	8.19	31.46	13.55	4.58	36.99	704	361	103	463	24	18
	9	8.36	31.46	19.13	5.15	41.58	852	361	171	532	27	19
500	6	8.40	34.05	5.55	4.03	32.51	563	390	36	426	22	19
	7	8.52	34.05	9.45	4.43	35.72	631	390	63	453	24	19
	8	8.69	34.05	14.35	4.92	39.76	741	390	109	499	26	20
	9	8.86	34.05	20.25	5.53	44.62	889	390	181	571	29	21
550	6	8.89	36.57	5.86	4.31	34.83	599	419	37	457	24	20
	7	9.00	36.57	9.97	4.73	38.23	667	419	67	486	26	21
	8	9.17	36.57	15.14	5.26	42.47	777	419	115	534	29	22
	9	9.34	36.57	21.37	5.90	47.62	925	419	191	610	31	23

表 6　哺乳母牛的每日营养需要量

体重 kg	DMI kg/d	FCM kg/d	NEm MJ/d	NEL MJ/d	RND	NEmf MJ/d	CP g/d	IDCPm g/d	IDCPL g/d	IDCP g/d	钙 g/d	磷 g/d
300	4.47	0	23.21	0.00	3.50	28.31	332	266	0	266	10	10
	5.82	3	23.21	9.41	4.92	39.79	587	266	142	408	24	14
	6.27	4	23.21	12.55	5.40	43.61	672	266	190	456	29	15
	6.72	5	23.21	15.69	5.87	47.44	757	266	237	503	34	17
	7.17	6	23.21	18.83	6.34	51.27	842	266	285	551	39	18
	7.62	7	23.21	21.97	6.82	55.09	927	266	332	598	44	19
	8.07	8	23.21	25.10	7.29	58.92	1 012	266	379	645	48	21
	8.52	9	23.21	28.24	7.77	62.75	1 097	266	427	693	53	22
	8.97	10	23.21	31.38	8.24	66.57	1 182	266	474	740	58	23
350	5.02	0	26.06	0.00	3.93	31.78	372	299	0	299	12	12
	6.37	3	26.06	9.41	5.35	43.26	627	299	142	441	27	16
	6.82	4	26.06	12.55	5.83	47.08	712	299	190	488	32	17
	7.27	5	26.06	15.69	6.30	50.91	797	299	237	536	37	19
	7.72	6	26.06	18.83	6.77	54.74	882	299	285	583	42	20
	8.17	7	26.06	21.97	7.25	58.56	967	299	332	631	46	21
	8.62	8	26.06	25.10	7.72	62.39	1 052	299	379	678	51	23
	9.07	9	26.06	28.24	8.20	66.22	1 137	299	427	725	56	24
	9.52	10	26.06	31.38	8.67	70.04	1 222	299	474	773	61	25
400	5.55	0	28.80	0.00	4.35	35.12	411	330	0	330	13	13
	6.90	3	28.80	9.41	5.77	46.60	666	330	142	472	28	17
	7.35	4	28.80	12.55	6.24	50.43	751	330	190	520	33	18
	7.80	5	28.80	15.69	6.71	54.26	836	330	237	567	38	20
	8.25	6	28.80	18.83	7.19	58.08	921	330	285	615	43	21
	8.70	7	28.80	21.97	7.66	61.91	1 006	330	332	662	47	22
	9.15	8	28.80	25.10	8.14	65.74	1 091	330	379	709	52	24
	9.60	9	28.80	28.24	8.61	69.56	1 176	330	427	757	57	25
	10.05	10	28.80	31.38	9.08	73.39	1 261	330	474	804	62	26
450	6.06	0	31.46	0.00	4.75	38.37	449	361	0	361	15	15
	7.41	3	31.46	9.41	6.17	49.85	704	361	142	503	30	19
	7.86	4	31.46	12.55	6.64	53.67	789	361	190	550	35	20
	8.31	5	31.46	15.69	7.12	57.50	874	361	237	598	40	22
	8.76	6	31.46	18.83	7.59	61.33	959	361	285	645	45	23
	9.21	7	31.46	21.97	8.06	65.15	1 044	361	332	693	49	24
	9.66	8	31.46	25.10	8.54	68.98	1 129	361	379	740	54	26
	10.11	9	31.46	28.24	9.01	72.81	1 214	361	427	787	59	27
	10.56	10	31.46	31.38	9.48	76.63	1 299	361	474	835	64	28
500	6.56	0	34.05	0.00	5.14	41.52	486	390	0	390	16	16
	7.91	3	34.05	9.41	6.56	53.00	741	390	142	532	31	20
	8.36	4	34.05	12.55	7.03	56.83	826	390	190	580	36	21
	8.81	5	34.05	15.69	7.51	60.66	911	390	237	627	41	23
	9.26	6	34.05	18.83	7.98	64.48	996	390	285	675	46	24
	9.71	7	34.05	21.97	8.45	68.31	1 081	390	332	722	50	25
	10.16	8	34.05	25.10	8.93	72.14	1 166	390	379	770	55	27
	10.61	9	34.05	28.24	9.40	75.96	1 251	390	427	817	60	28
	11.06	10	34.05	31.38	9.87	79.79	1 336	390	474	864	65	29
550	7.04	0	36.57	0.00	5.52	44.60	522	419	0	419	18	18
	8.39	3	36.57	9.41	6.94	56.08	777	419	142	561	32	22
	8.84	4	36.57	12.55	7.41	59.91	862	419	190	609	37	23

表 6 （续）

体重 kg	DMI kg/d	FCM kg/d	NEm MJ/d	NEg MJ/d	RND	NEmf MJ/d	CP g/d	IDCPm g/d	IDCPg g/d	IDCP g/d	钙 g/d	磷 g/d
550	9.29	5	36.57	15.69	7.89	63.73	947	419	237	656	42	25
	9.74	6	36.57	18.83	8.36	67.56	1 032	419	285	704	47	26
	10.19	7	36.57	21.97	8.83	71.39	1 117	419	332	751	52	27
	10.64	8	36.57	25.10	9.31	75.21	1 202	419	379	799	56	29
	11.09	9	36.57	28.24	9.78	79.04	1 287	419	427	846	61	30
	11.54	10	36.57	31.38	10.26	82.87	1 372	419	474	893	66	31

表 7　哺乳母牛每千克 4%标准乳中的营养含量

干物质 g	肉牛能量单位 RND	综合净能 MJ	脂肪 g	粗蛋白质 g	钙 g	磷 g
450	0.32	2.57	40	85	2.46	1.12

表 8　肉牛对日粮微量矿物元素需要量

微量元素	单　位	需要量(以日粮干物质计)			最大耐受浓度[1]
		生长和肥育牛	妊娠母牛	泌乳早期母牛	
钴(Co)	mg/kg	0.10	0.10	0.10	10
铜(Cu)	mg/kg	10.00	10.00	10.00	100
碘(I)	mg/kg	0.50	0.50	0.50	50
铁(Fe)	mg/kg	50.00	50.00	50.00	1 000
锰(Mn)	mg/kg	20.00	40.00	40.00	1 000
硒(Se)	mg/kg	0.10	0.10	0.10	2
锌(Zn)	mg/kg	30.00	30.00	30.00	500
注 1. 参照 NRC(1996)。					

表 9　青绿饲料类饲料成分与营养价值表

编　号	饲料名称	样品说明	DM[a] %	CP[b] %	EE[c] %	CF[d] %	NFE[e] %	Ash[f] %	Ca[g] %	P[h] %	DE[i] MJ/kg	NEmf[j] MJ/kg	RND[k] 个/kg
2-01-610	大麦青割	北京， 五月上旬	15.7 100.0	2.0 12.7	0.5 3.2	4.7 29.9	6.9 43.9	1.6 10.2	— —	— —	1.80 11.45	0.86 5.48	0.11 0.68
2-01-072	甘薯藤	11 省市， 15 样平均值	13.0 100.0	2.1 16.2	0.5 3.8	2.5 19.2	6.2 47.7	1.7 13.1	0.20 1.54	0.05 0.38	1.37 10.55	0.63 4.84	0.08 0.60
2-01-632	黑麦草	北京，意大利 黑麦草	18.0 100.0	3.3 18.3	0.6 3.3	4.2 23.3	7.6 42.2	2.3 12.8	0.13 0.72	0.05 0.28	2.22 12.33	1.11 6.17	0.14 0.76
2-01-645	苜　蓿	北京， 盛花期	26.2 100.0	3.8 14.5	0.3 1.1	9.4 35.9	10.8 41.2	1.9 7.3	0.34 1.30	0.01 0.04	2.42 9.22	1.02 3.87	0.13 0.48
2-01-655	沙打旺	北京	14.9 100.0	3.5 23.5	0.5 3.4	2.3 15.4	6.6 44.3	2.0 13.4	0.20 1.34	0.05 0.34	1.75 11.76	0.85 5.68	0.10 0.70
2-01-664	象　草	广东湛江	20.0 100.0	2.0 10.0	0.6 3.0	7.0 35.0	9.4 47.0	1.0 5.0	0.15 0.25	0.02 0.10	2.23 11.13	1.02 5.12	0.13 0.63
2-01-679	野青草	黑龙江	18.9 100.0	3.2 16.9	1.0 5.3	5.7 30.2	7.4 39.2	1.6 8.5	0.24 1.27	0.03 0.16	2.06 10.92	0.93 4.93	0.12 0.61
2-01-677	野青草	北京， 狗尾草为主	25.3 100.0	1.7 6.7	0.7 2.8	7.1 28.1	13.3 52.6	2.5 9.9	— —	0.12 0.47	2.53 10.01	1.14 4.50	0.14 0.56

表 9 （续）

编 号	饲料名称	样品说明	DM[a] %	CP[b] %	EE[c] %	CF[d] %	NFE[e] %	Ash[f] %	Ca[g] %	P[h] %	DE[i] MJ/kg	NEmf[j] MJ/kg	RND[k] 个/kg
3-03-605	玉米青贮	4省市,5样品平均值	22.7	1.6	0.6	6.9	11.6	2.0	0.10	0.06	2.25	1.00	0.12
			100.0	7.0	2.6	30.4	51.1	8.8	0.44	0.26	9.90	4.40	0.54
3-03-025	玉米青贮	吉林,收获后黄干贮	25.0	1.4	0.3	8.7	12.5	1.9	0.10	0.02	1.70	0.61	0.08
			100.0	5.6	1.2	35.6	50.0	7.6	0.40	0.08	6.78	2.44	0.30
3-03-606	玉米大豆青贮	北京	21.8	2.1	0.5	6.9	8.1	4.1	0.15	0.06	2.20	1.05	0.13
			100.0	9.6	2.3	31.7	37.6	18.8	0.69	0.28	10.09	4.82	0.60
3-03-601	冬大麦青贮	北京,7样品平均值	22.2	2.6	0.7	6.6	9.5	2.8	0.05	0.03	2.47	1.18	0.15
			100.0	11.7	3.2	29.7	42.8	12.6	0.23	0.14	11.14	5.33	0.66
3-03-011	胡萝卜叶青贮	青海西宁，起苔	19.7	3.1	1.3	5.7	4.8	4.8	0.35	0.03	2.01	0.95	0.12
			100.0	15.7	6.6	28.9	24.4	24.4	1.78	0.15	10.18	4.81	0.60
3-03-005	苜蓿青贮	青海西宁，盛花期	33.7	5.3	1.4	12.8	10.3	3.9	0.50	0.10	3.13	1.32	0.16
			100.0	15.7	4.2	38.0	30.6	11.6	1.48	0.30	9.29	3.93	0.49
3-03-021	甘薯蔓青贮	上海	18.3	1.7	1.1	4.5	7.3	3.7	—	—	1.53	0.64	0.08
			100.0	9.3	6.0	24.6	39.9	20.2	—	—	8.38	3.52	0.44
3-03-021	甜菜叶青贮	吉林	37.5	4.6	2.4	7.4	14.6	8.5	0.39	0.10	4.26	2.14	0.26
			100.0	12.3	6.4	19.7	38.9	22.7	1.04	0.27	11.36	5.69	0.70

a 表示干物质；b 表示粗蛋白质；c 表示粗脂肪；d 表示粗纤维；e 无氮浸出物；f 表示灰分；g 表示钙；h 表示磷；i 表示消化能；j 表示综合净能；k 表示肉牛能量单位。

表 10 块根、块茎、瓜果类饲料成分与营养价值表

编 号	饲料名称	样品说明	DM %	CP %	EE %	CF %	NFE %	Ash %	Ca %	P %	DE MJ/kg	NEmf MJ/kg	RND 个/kg
4-04-601	甘薯	北京	24.6	1.1	0.2	0.8	21.2	1.3	—	0.07	3.70	2.07	0.26
			100.0	4.5	0.8	3.3	86.2	5.3	—	0.28	15.05	8.43	1.04
4-04-200	甘薯	7省市,8样品平均值	25.0	1.0	0.3	0.9	22.0	0.8	0.13	0.05	3.83	2.14	0.26
			100.0	4.0	1.2	3.6	88.0	3.2	0.52	0.20	15.31	8.55	1.06
4-04-603	胡萝卜	张家口	9.3	0.8	0.2	0.8	6.8	0.7	0.05	0.03	1.45	0.82	0.10
			100.0	8.6	2.2	8.6	73.1	7.5	0.54	0.32	15.60	8.87	1.10
4-04-208	胡萝卜	12省市,13样品平均值	12.0	1.1	0.3	1.2	8.4	1.0	0.15	0.09	1.85	1.05	0.13
			100.0	9.2	2.5	10.0	70.0	8.3	1.25	0.75	15.44	8.73	1.08
4-04-211	马铃薯	10省市,10样品平均值	22.0	1.6	0.1	0.7	18.7	0.9	0.02	0.03	3.29	1.82	0.23
			100.0	7.5	0.5	3.2	85.0	4.1	0.09	0.14	14.97	8.28	1.02
4-04-213	甜菜	8省市,9样品平均值	15.0	2.0	0.4	1.7	9.1	1.8	0.06	0.04	1.94	1.01	0.12
			100.0	13.3	2.7	11.3	60.7	12.0	0.40	0.27	12.93	6.71	0.83
4-04-611	甜菜丝干	北京	88.6	7.3	0.6	19.6	56.6	4.5	0.66	0.07	12.25	6.49	0.80
			100.0	8.2	0.7	22.1	63.9	5.1	0.74	0.08	13.82	7.33	0.91
4-04-215	芜菁甘蓝	3省市,5样品平均值	10.0	1.0	0.2	1.3	6.7	0.8	0.06	0.02	1.58	0.91	0.11
			100.0	10.0	2.0	13.0	67.0	8.0	0.60	0.20	15.80	9.05	1.12

表 11 干草类饲料成分与营养价值表

编 号	饲料名称	样品说明	DM %	CP %	EE %	CF %	NFE %	Ash %	Ca %	P %	DE MJ/kg	NEmf MJ/kg	RND 个/kg
1-05-645	羊草	黑龙江,4样品平均值	91.6	7.4	3.6	29.4	46.6	4.6	0.37	0.18	8.78	3.70	0.46
			100.0	8.1	3.9	32.1	50.9	5.0	0.40	0.20	9.59	4.04	0.50
1-05-622	苜蓿干草	北京,苏联苜蓿2号	92.4	16.8	1.3	29.5	34.5	10.3	1.95	0.28	9.79	4.51	0.56
			100.0	18.2	1.4	31.9	37.3	11.1	2.11	0.30	10.59	4.89	0.60

表 11 （续）

编 号	饲料名称	样品说明	DM %	CP %	EE %	CF %	NFE %	Ash %	Ca %	P %	DE MJ/kg	NEmf MJ/kg	RND 个/kg
1-05-625	苜蓿干草	北京，下等	88.7	11.6	1.2	43.3	25.0	7.6	1.24	0.39	7.67	3.13	0.39
			100.0	13.1	1.4	48.8	28.2	8.6	1.40	0.44	8.64	3.53	0.44
1-05-646	野干草	北京，秋白草	85.2	6.8	1.1	27.5	40.1	9.6	0.41	0.31	7.86	3.43	0.42
			100.0	8.0	1.3	32.3	47.1	11.4	0.48	0.36	9.22	4.03	0.50
1-05-071	野干草	河北，野草	87.9	9.3	3.9	25.0	44.2	5.5	0.33	—	8.42	3.54	0.44
			100.0	10.6	4.4	28.4	50.3	6.3	0.38	—	9.58	4.03	0.50
1-05-607	黑麦草	吉林	87.8	17.0	4.9	20.4	34.3	11.2	0.39	0.24	10.42	5.00	0.62
			100.0	19.4	5.6	23.2	39.1	12.8	0.44	0.27	11.86	5.70	0.71
1-05-617	碱草	内蒙古，结实期	91.7	7.4	3.1	41.3	32.5	7.4	—	—	6.54	2.37	0.29
			100.0	8.1	3.4	45.0	35.4	8.1	—	—	7.13	2.58	0.32
1-05-606	大米草	江苏，整株	83.2	12.8	2.7	30.3	25.4	12.0	0.42	0.02	7.65	3.29	0.41
			100.0	15.4	3.2	36.4	30.5	14.4	0.50	0.02	9.19	3.95	0.49

表 12 农副产品类饲料成分与营养价值表

编 号	饲料名称	样品说明	DM %	CP %	EE %	CF %	NFE %	Ash %	Ca %	P %	DE MJ/kg	NEmf MJ/kg	RND 个/kg
1-06-062	玉米秸	辽宁，3样品平均值	90.0	5.9	0.9	24.9	50.2	8.1	—	—	5.83	2.53	0.31
			100.0	6.6	1.0	27.7	55.8	9.0	—	—	6.48	2.81	0.35
1-06-622	小麦秸	新疆，墨西哥种	89.6	5.6	1.6	31.9	41.1	9.4	0.05	0.06	5.32	1.96	0.24
			100.0	6.3	1.8	35.6	45.9	10.5	0.06	0.07	5.93	2.18	0.27
1-06-620	小麦秸	北京，冬小麦	43.5	4.4	0.6	15.7	18.1	4.7	—	—	2.54	0.91	0.11
			100.0	10.1	1.4	36.1	41.6	10.8	—	—	5.85	2.10	0.26
1-06-009	稻草	浙江，晚稻	89.4	2.5	1.7	24.1	48.8	12.3	0.07	0.05	4.84	1.92	0.24
			100.0	2.8	1.9	27.0	54.6	13.8	0.08	0.06	5.42	2.16	0.27
1-06-611	稻草	河南	90.3	6.2	1	27.0	37.3	18.6	0.56	0.17	4.64	1.79	0.22
			100.0	6.9	1.3	29.9	41.3	20.6	0.62	0.19	5.17	1.99	0.25
1-06-615	谷草	黑龙江，2样品平均值	90.7	4.5	1.2	32.6	44.2	8.2	0.34	0.03	6.33	2.71	0.34
			100.0	5.0	1.3	35.9	48.7	9.0	0.37	0.03	6.98	2.99	0.37
1-06-100	甘薯蔓	7省市，31样品平均值	88.0	8.1	2.7	28.5	39.0	9.7	1.55	0.11	7.53	3.28	0.41
			100.0	9.2	3.1	32.4	44.3	11.0	1.76	0.13	8.69	3.78	0.47
1-06-617	花生蔓	山东，伏花生	91.3	11.0	1.5	29.6	41.3	7.9	2.46	0.04	9.48	4.31	0.53
			100.0	12.0	1.6	32.4	45.2	8.7	2.69	0.04	10.39	4.72	0.58

表 13 谷实类饲料成分与营养价值表

编 号	饲料名称	样品说明	DM %	CP %	EE %	CF %	NFE %	Ash %	Ca %	P %	DE MJ/kg	NEmf MJ/kg	RND 个/kg
4-07-263	玉米	23省市，120样品平均值	88.4	8.6	3.5	2.0	72.9	1.4	0.08	0.21	14.47	8.06	1.00
			100.0	9.7	4.4	2.3	82.5	1.6	0.09	0.24	16.36	9.12	1.13
4-07-194	玉米	北京，黄玉米	88.0	8.5	4.3	1.3	72.2	1.7	0.02	0.21	14.87	8.40	1.04
			100.0	9.7	4.9	1.5	82.0	1.9	0.02	0.24	16.90	9.55	1.18
4-07-104	高粱	17省市，38样品平均值	89.3	8.7	3.3	2.2	72.9	2.2	0.09	25.28	13.31	7.08	25.88
			100.0	9.7	3.7	2.5	81.6	2.5	0.10	0.31	14.90	7.93	0.98
4-07-605	高粱	北京，红高粱	87.0	8.5	3.6	25.5	71.3	2.1	0.09	25.36	13.09	6.98	25.86
			100.0	9.8	4.1	1.7	82.0	2.4	0.10	0.41	15.04	8.02	0.99
4-07-022	大麦	20省市，49样品平均值	88.8	10.8	2.0	4.7	68.1	3.2	0.12	25.29	13.31	7.19	25.89
			100.0	12.1	2.3	5.3	76.7	3.6	0.14	0.33	14.99	8.10	1.00

表 13 （续）

编号	饲料名称	样品说明	DM %	CP %	EE %	CF %	NFE %	Ash %	Ca %	P %	DE MJ/kg	NEmf MJ/kg	RND 个/kg
4-07-074	籼稻谷	9省市,34样	90.6	8.3	25.5	8.5	67.5	4.8	0.13	25.28	13.00	6.98	25.86
		品平均值	100.0	9.2	1.7	9.4	74.5	5.3	0.14	0.31	14.35	7.71	0.95
4-07-188	燕　麦	11省市,17样	90.3	11.6	5.2	8.9	60.7	3.9	0.15	25.33	13.28	6.95	25.86
		品平均值	100.0	12.8	5.8	9.9	67.2	4.3	0.17	0.37	14.70	7.70	0.95
4-07-164	小　麦	15省市,28样	91.8	12.1	25.8	2.4	73.2	2.3	0.11	25.36	14.82	8.29	25.03
		品平均值	100.0	13.2	2.0	2.6	79.7	2.5	0.12	0.39	16.14	9.03	1.12

表 14　糠麸类饲料成分和营养价值表

编号	饲料名称	样品说明	DM %	CP %	EE %	CF %	NFE %	Ash %	Ca %	P %	DE MJ/kg	NEmf MJ/kg	RND 个/kg
4-08-078	小麦麸	全国,115样	88.6	14.4	3.7	9.2	56.2	5.1	0.2	25.78	11.37	5.86	25.73
		品平均值	100.0	16.3	4.2	10.4	63.4	5.8	0.20	0.88	13.24	6.61	0.82
4-08-049	小麦麸	山东,39样	89.3	15.0	3.2	10.3	55.4	5.4	0.14	25.54	11.47	5.66	25.70
		品平均值	100.0	16.8	3.6	11.5	62.0	6.0	0.16	0.60	12.84	6.33	0.78
4-08-094	玉米皮	北京	87.9	10.17	4.9	13.8	57.0	2.1	—	—	10.12	4.59	25.57
			100.0	11.5	5.6	15.7	64.8	2.4	—	—	11.51	5.22	0.65
4-08-030	米　糠	4省市,13样	90.2	12.1	15.5	9.2	43.3	10.1	0.14	25.04	13.93	7.22	25.89
		品平均值	100.0	13.4	17.2	10.2	48.0	11.2	0.16	1.15	15.44	8.00	0.99
4-08-016	高粱糠	2省,8个样品	91.1	9.6	9.1	4.0	63.5	4.9	0.07	25.81	14.02	7.40	25.92
		平均值	100.0	10.5	10.0	4.4	69.7	5.4	0.08	0.89	15.39	8.13	1.01
4-08-603	黄面粉	北京,土面粉	87.2	9.5	25.7	25.3	74.3	25.4	0.08	25.44	14.24	8.08	25.00
			100.0	10.9	0.8	1.5	85.2	1.6	0.09	0.50	16.33	9.26	1.15
4-08-001	大豆皮	北京	91.0	18.8	2.6	25.4	39.4	5.1	—	25.35	11.25	5.40	25.67
			100.0	20.7	2.9	27.6	43.3	5.6	—	0.38	12.36	5.94	0.74

表 15　饼粕类饲料成分和营养价值表

编号	饲料名称	样品说明	DM %	CP %	EE %	CF %	NFE %	Ash %	Ca %	P %	DE MJ/kg	NEmf MJ/kg	RND 个/kg
5-10-043	豆饼	13省,42样	90.6	43.0	5.4	5.7	30.6	5.9	0.32	25.50	14.31	7.41	25.92
	（机榨）	品平均值	100.0	47.5	6.0	6.3	33.8	6.5	0.35	0.55	15.80	8.17	1.01
5-10-602	豆饼	四川,溶剂法	89.0	45.8	25.9	6.0	30.5	5.8	0.32	25.67	13.48	6.97	25.86
			100.0	51.2	1.0	6.7	34.3	6.5	0.36	0.75	15.15	7.83	0.97
5-10-022	菜籽饼	13省市,21	92.2	36.4	7.8	10.7	29.3	8.0	0.73	25.95	13.52	6.77	25.84
	（机榨）	样品平均值	100.0	39.5	8.5	11.6	31.8	8.7	0.79	1.03	14.66	7.35	0.91
5-10-062	胡麻饼	8省市,11	92.0	33.1	7.5	9.8	34.0	7.6	0.58	25.77	13.76	7.01	25.87
	（机榨）	样品平均值	100.0	36.0	8.2	10.7	37.0	8.3	0.63	0.84	14.95	7.62	0.94
5-10-075	花生饼	9省市,34	89.9	46.4	6.6	5.8	25.7	5.4	0.24	25.52	14.44	7.41	25.92
	（机榨）	样品平均值	100.0	51.6	7.3	6.5	28.6	6.0	0.27	0.58	16.06	8.24	1.02
5-10-610	棉籽饼	上海,浸2	88.3	39.4	2.1	10.4	29.1	7.3	0.23	2.01	12.05	5.95	25.74
	（去壳）	样品平均值	100.0	44.6	2.4	11.8	33.0	8.3	0.26	2.28	13.65	6.74	0.83
5-10-612	棉籽饼（去	4省市,6样	89.6	32.5	5.7	10.7	34.5	6.2	0.27	25.81	13.11	6.62	25.82
	壳机榨）	品平均值	100.0	36.3	6.4	11.9	38.5	6.9	0.30	0.90	14.63	7.39	0.92
5-10-110	向日葵饼	北京,去壳浸	92.6	46.1	2.4	11.8	25.5	6.8	0.53	25.35	10.97	4.93	25.61
		提	100.0	49.8	2.6	12.7	27.5	7.4	0.57	0.38	11.84	5.32	0.66

表 16 糟渣类饲料成分和营养价值表

编 号	饲料名称	样品说明	DM %	CP %	EE %	CF %	NFE %	Ash %	Ca %	P %	DE MJ/kg	NEmf MJ/kg	RND 个/kg
5-11-103	酒糟	吉林,高粱酒糟	37.7	9.3	4.2	3.4	17.6	3.2	—	—	5.83	3.03	25.38
			100.0	24.7	11.1	9.0	46.7	8.5	—	—	15.46	8.05	1.00
4-11-092	酒糟	贵州,玉米酒糟	21.0	4.0	2.2	2.3	11.7	25.8	—	—	2.69	25.25	25.15
			100.0	19.0	10.5	11.0	55.7	3.4	—	—	12.89	5.94	0.73
4-11-058	玉米粉渣	6省,7样品平均值	15.0	2.8	25.7	25.4	10.7	25.4	0.02	25.02	2.41	25.33	25.16
			100.0	12.0	4.7	9.3	71.3	2.7	0.13	0.13	16.1	8.86	1.10
4-11-069	马铃薯粉渣	3省,3样品平均值	15.0	25.0	25.4	25.3	11.7	25.6	0.06	25.04	25.90	25.94	25.12
			100.0	6.7	2.7	8.7	78.0	4.0	0.40	0.27	12.67	6.29	0.78
5-11-607	啤酒糟	2省,3样品平均值	23.4	6.8	25.9	3.9	9.5	25.3	0.09	25.18	2.98	25.38	25.17
			100.0	29.1	8.1	16.7	40.6	5.6	0.38	0.77	12.27	5.91	0.73
1-11-609	甜菜渣	黑龙江	8.4	25.9	25.1	2.6	3.4	25.4	0.08	25.05	25.00	25.52	25.06
			100.0	10.7	1.2	31.0	40.5	16.7	0.95	0.60	11.92	6.17	0.76
1-11-602	豆腐渣	2省市,4样品平均值	11.0	3.3	25.8	2.1	4.4	25.4	0.05	25.03	25.77	25.93	25.12
			100.0	30.0	7.3	19.1	40.0	3.6	0.45	0.27	16.09	8.49	1.05
5-11-080	酱油渣	宁夏银川	24.3	7.1	4.5	3.3	7.9	25.5	0.11	25.03	3.62	25.73	25.21
			100.0	29.2	18.5	13.6	32.5	6.2	0.45	0.12	14.89	7.14	0.88

表 17 矿物质饲料类饲料成分和营养价值表

编 号	饲料名称	样品说明	干物质 %	钙 %	磷 %
6-14-001	白云石	北京	—	21.16	0
6-14-002	蚌壳粉	东北	99.3	40.82	0
6-14-003	蚌壳粉	东北	99.8	46.46	—
6-14-004	蚌壳粉	安徽	85.7	23.51	—
6-14-006	贝壳粉	吉林榆树	98.9	32.93	0.03
6-14-007	贝壳粉	浙江舟山	98.6	34.76	0.02
6-14-016	蛋壳粉	四川	—	37.00	0.15
6-14-017	蛋壳粉	云南会泽,6.3%CP	96	25.99	0.1
6-14-030	砺粉	北京	99.6	39.23	0.23
6-14-032	碳酸钙	北京,脱氟	—	27.91	14.38
6-14-034	磷酸氢钙	四川	风干	23.20	18.60
6-14-035	碳酸氢钙	云南,脱氟	99.8	21.85	8.64
6-14-037	马芽石	云南昆明	风干	38.38	0
6-14-038	石粉	河南南阳,白色	97.1	39.49	—
6-14-039	石粉	河南大理石,灰色	99.1	32.54	—
6-14-040	石粉	广东	风干	42.21	—
6-14-041	石粉	广东	风干	55.67	0.11
6-14-042	石粉	云南昆明	92.1	33.98	0
6-14-044	石灰石	吉林	99.7	32.0	—
6-14-045	石灰石	吉林九台	99.9	24.48	—
6-14-046	碳酸钙	浙江湖州	99.1	35.19	0.14
6-14-048	蟹壳粉	上海	89.9	23.33	1.59

附 录 A
(资料性附录)
饲料在瘤胃和小肠中的营养价值定

表 A.1 饲料有机物和蛋白质在肉牛瘤胃及小肠的营养价值(以饲料干物质基础计)

饲料名称	饲料来源	FOM/OM	CP %	DP %	RDP %	MCP,g/kg		RENB g	IDCP,g/kg		
						MCPf	MCPp		IDCPMF	IDCPMP	IDCPUDP
豆饼	黑龙江	0.547	45.8	50.75	232	74	209	−135	199	293	499
豆饼	黑龙江	0.546	43.4	50.72	220	74	198	−124	191	278	507
豆饼	黑龙江	0.771	42.4	66.02	280	105	252	−147	167	270	468
豆饼	黑龙江	0.629	44.2	58.43	258	86	232	−146	180	282	482
豆饼	黑龙江	0.621	34.4	57.66	198	84	178	−94	154	220	521
豆饼	黑龙江	0.645	37.8	59.87	226	88	203	−115	160	241	503
豆饼	黑龙江	0.66	40.9	61.23	250	90	225	−135	166	261	488
豆饼	吉林	0.614	41.8	50.07	209	84	188	−104	195	267	514
豆饼	吉林	0.682	48.7	63.23	308	93	277	−184	181	310	450
豆饼	北京	0.525	41.3	48.77	201	71	181	−110	187	265	519
豆饼	北京	0.68	41.2	63.11	260	92	234	−142	163	263	481
豆饼	北京	0.58	40.8	53.83	220	79	198	−119	178	261	507
豆饼	北京	0.475	40.7	44.08	179	65	161	−96	194	261	534
豆粕	北京	0.637	45.9	59.09	271	87	244	−157	183	293	474
豆粕	北京	0.418	47.9	38.77	186	57	167	−110	230	307	529
豆粕	北京	0.403	44.3	37.41	166	55	149	−94	219	284	542
豆粕	北京	0.568	40.8	52.71	215	77	194	−117	179	261	510
豆粕	北京	0.612	41.5	56.85	236	83	212	−129	174	265	497
豆粕	北京	0.599	43.9	55.59	244	81	220	−139	183	281	491
豆粕	黑龙江	0.598	42.5	56.49	240	81	216	−135	177	271	494
豆粕	东北	0.67	44.9	62.24	279	91	251	−160	174	286	469
豆粕	东北	0.525	44.1	48.71	215	71	194	−123	179	283	510
豆粕	河南	0.44	43.3	40.87	177	60	159	−99	208	278	535
豆粕	北京	0.477	41.5	44.29	184	65	166	−101	196	266	530
豆粕(%)	中农大	0.164	48.4	14.7	71	22	64	−42	284	313	604
热处理豆饼	中农大	0.272	45.2	25.28	114	37	103	−66	246	292	576
黄豆粉	中农大	0.731	37.1	67.86	252	99	227	−128	147	236	486
花生饼	河北	0.425	35.4	54.29	192	58	173	−115	146	226	525
花生饼	北京	0.58	40.3	74.28	299	79	269	−190	123	256	456
花生粕	北京	0.546	53.5	54.14	290	74	261	−187	211	342	462
棉仁粕	河北	0.239	33.1	30.15	100	33	90	−57	173	213	585
棉仁粕	河南	0.296	36.3	37.35	136	40	122	−82	176	233	562
棉仁饼	河北	0.258	32.9	32.34	106	35	95	−60	169	211	581
棉仁饼	河北	0.322	41.3	40.66	168	44	151	−107	190	265	541
棉仁饼	河北	0.41	27.3	51.83	141	56	127	−71	125	175	558
棉仁饼	河南	0.305	37.2	38.48	143	41	129	−88	178	239	557
棉籽饼	河北	0.495	28.7	62.49	179	67	161	−94	117	183	534
棉籽饼	河南	0.417	28.6	58.43	167	57	150	−93	117	182	541
棉籽饼	北京	0.214	35.1	27.01	95	29	86	−57	187	227	588
菜籽粕	四川	0.44	33.7	46.17	156	60	140	−80	160	216	549

表 A.1 （续）

饲料名称	饲料来源	FOM/OM	CP %	DP %	RDP %	MCP,g/kg		RENB g	IDCP,g/kg		
						MCPf	MCPp		IDCPMF	IDCPMP	IDCPUDP
菜籽粕	上海	0.29	34.3	30.38	104	39	94	−55	183	221	582
菜籽粕	北京	0.406	37.5	42.62	160	55	144	−89	178	241	546
菜籽饼	河北	0.323	40	25.78	103	44	93	−49	224	258	583
菜籽饼	四川	338	42.8	27.02	116	46	104	−58	235	276	575
菜籽饼	北京	554	24.2	58.03	140	75	126	−51	119	155	559
葵花粕	北京	0.485	32.4	46.13	149	66	134	−68	160	206	553
葵花饼	北京	0.669	27.2	70	190	91	171	−80	117	173	527
葵花饼	内蒙古	0.72	30.2	76.56	231	98	208	−110	115	192	500
胡麻粕	河北	0.573	31	61.95	192	78	173	−95	131	198	525
芝麻饼	河北	449	35.7	46.59	166	61	149	−88	167	228	542
芝麻粕	北京	0.472	41.9	49.05	206	64	185	−121	183	268	516
芝麻渣粉	北京	0.582	42.4	54.79	232	72	209	−137	175	271	499
芝麻渣饼	北京	0.583	40.8	91.45	373	114	336	−222	103	258	408
芝麻饼	北京	0.789	3 535	85.57	304	107	274	−167	108	225	452
酒楂蛋白粉	北京	0.468	29.5	43.84	129	64	116	−52	153	189	566
酒楂蛋白粉	北京	0.415	36.8	34.24	126	56	113	−57	196	236	568
玉米	东北	0.369	9.6	29.73	29	50	26	24	79	62	631
玉米	河北	0.593	7.6	43.44	33	73	30	43	79	49	629
玉米	河南	0.643	8.5	51.89	44	87	40	47	88	55	621
玉米	河南	0.508	8.3	40.94	34	69	31	38	80	54	628
玉米	北京	0.418	8.1	44.46	36	57	32	25	69	52	627
玉米	北京	0.618	8.4	49.82	42	84	38	46	86	54	623
玉米	北京	0.485	8.3	39.12	32	66	29	37	79	53	629
次粉	北京	0.786	16	80.34	129	107	116	−9	95	101	566
麸皮	北京	0.687	14.9	83.36	124	93	112	−19	81	95	569
麸皮	河北	740	15.9	85.11	135	101	122	−21	86	101	562
麸皮	河北	0.625	14.1	75.6	107	85	96	−11	82	89	580
碎米	河北	0.654	6.5	65.41	43	89	39	50	77	42	622
碎米	河北	0.639	7	63.92	45	87	41	46	77	45	621
米糠	河北	0.587	10.9	88.67	97	80	87	−7	64	69	587
米糠	北京	0.656	14.3	76.78	110	89	99	−10	84	91	579
豆腐渣	北京	0.548	21.8	60.2	131	75	118	−43	109	139	565
豆腐渣	北京	0.541	19.7	59.64	117	74	105	−31	104	126	574
豆腐渣	北京	0.743	19.4	80.02	155	101	140	−39	96	123	549
玉米胚芽饼	北京	0.543	14.2	54.28	77	74	69	5	94	91	600
饴糖糟	北京	0.365	6	36.47	22	50	19	31	58	36	636
玉米渣	北京	0.444	10.1	50.19	51	60	43	17	72	60	617
淀粉渣	北京	0.345	7.9	35.25	28	47	24	23	64	47	632
酱油渣	北京	0.619	26.1	64.26	168	84	143	−59	115	156	541
啤酒糟	北京	0.538	23.6	56.62	134	73	114	−41	112	141	563
啤酒糟	北京	0.354	25.2	37.24	94	48	80	−32	128	151	589
啤酒糟	北京	0.333	29.5	35.07	103	45	88	−43	147	177	583
啤酒糟	北京	0.458	20.4	48.18	98	62	83	−21	107	122	586
羊草	东北	0.384	6.7	52.73	35	52	30	22	56	40	579
羊草	东北	0.384	6.9	44.87	31	52	26	26	59	41	581
羊草	东北	0.384	6.1	51.89	32	52	27	25	54	36	581
羊草	东北	0.384	6.2	51.56	32	52	27	25	54	37	581

表 A.1（续）

饲料名称	饲料来源	FOM/OM	CP %	DP %	RDP %	MCP,g/kg		RENB g	IDCP,g/kg		
						MCPf	MCPp		IDCPMF	IDCPMP	IDCPUDP
羊草	东北	0.384	5	57.79	29	52	25	27	49	30	583
羊草	东北	0.384	8.8	59.26	52	52	44	8	58	52	569
羊草	东北	0.384	5.4	63.32	34	52	29	23	48	32	580
羊草	东北	0.384	7.9	74.33	59	52	50	2	48	47	565
玉米青贮	北京	0.331	5.4	49.78	27	45	23	22	48	32	584
玉米青贮	北京	0.447	8.8	60.53	53	61	45	16	64	53	568
大麦青贮	北京	0.333	8.9	36.36	32	45	27	18	66	53	581
大麦青贮	北京	0.456	7.9	61.8	49	62	42	20	61	47	571
高粱青贮	北京	0.365	7.3	39.66	29	50	25	25	61	44	583
高粱青贮	北京	0.365	8.1	70.12	57	50	48	2	49	48	566
高粱青贮	北京	0.338	9.2	48.42	45	46	38	8	60	55	573
高粱青贮	北京	0.447	10.8	60.51	65	61	55	6	69	64	561
高粱青贮	北京	0.447	7.8	66.47	52	61	44	17	58	46	569
高粱青贮	北京	0.447	11.4	64.91	74	61	63	−2	67	68	556
稻草	北京	0.273	3.8	39.91	15	37	13	24	26	9	0
稻草	北京	0.273	4.8	38.58	19	37	16	21	26	11	0
稻草	北京	0.273	3.1	37.76	12	37	10	27	26	7	0
复合处理稻草	中农大	0.4	7.7	68.48	53	54	45	9	38	32	0
玉米秸	河北	0.299	5.4	42.89	23	41	20	21	29	14	0
小麦秸	河北	0.281	4.4	29.9	13	38	11	27	27	8	0
黍秸	河北	0.281	4.3	43.23	19	38	16	22	27	11	589
亚麻秸	河北	0.281	4.5	43.01	19	38	16	22	27	11	589
干苜蓿秆	北京	0.444	13.2	61.1	81	60	69	−9	42	48	551
鲜苜蓿	北京	0.505	18.9	79.91	151	69	128	−59	71	112	509
羊茅	北京	0.482	11.2	70.29	79	66	67	−1	66	67	553
无芒雀麦	北京	0.553	11.1	65.99	73	75	62	13	75	66	556
红三叶	北京	0.658	21.9	80.6	177	89	150	−61	88	130	494
鲜青草	北京	0.536	18.7	73.61	138	73	117	−44	81	111	517

a 瘤胃有机物发酵率(FOM/OM)是根据实测或抽样测定估算；

b 瘤胃蛋白质降解率(DP)是根据牛瘤胃尼龙袋法实测；降解蛋白(RDP)＝DP(%)×粗蛋白(%)/10；

c 按供给的能量估测瘤胃微生物产生量 MCPf(g)＝FOM(kg)×136；

d 按供给的降解蛋白质(RDP)估测瘤胃微生物蛋白质 MCPp(g)，对精饲料采用 0.90，对青粗饲料为 0.85；

e 瘤胃能氮平衡(RENB)为 MCPf－MCPp，瘤胃微生物蛋白质小肠的表观消化率为 0.70；

f 饲料非降解蛋白质(UDP)的小肠表观消化率对精饲料采用 0.65，对青粗饲料采用 0.60，对秸秆类则忽略不计；

g 小肠可消化蛋白质(IDCP)是根据微生物蛋白质产生量(MCP)和非降解蛋白质(UDP)估测；

h IDCPMF 表示 IDCP 中的微生物蛋白质由 FOM 估测，IDCPMP 表示 IDCP 中的微生物蛋白质由 RDP 估测；

i IDCPUDP 表示小肠可消化瘤胃非降解蛋白质。

附 录 B
（资料性附录）
常用饲料中中性洗涤纤维和酸性洗涤纤维的含量

表 B.1 常用饲料风干物质中的中性洗涤纤维（NDF）和酸性洗涤纤维（ADF）含量

饲料名称	DM，%	NDF，%	ADF，%
豆粕	87.93	15.61	9.89
豆粕	88.73	13.97	6.31
玉米	87.33	14.01	6.55
大米	86.17	17.44	0.53
玉米淀粉渣	87.26	59.71	
米糠	89.67	46.13	23.73
苜蓿		51.51	29.73
豆秸		75.26	46.14
羊草		72.68	40.58
羊草	15	67.24	41.21
羊草	92.09	67.02	40.99
羊草	92.51	71.99	30.73
稻草		75.93	46.32
麦秸		81.23	48.39
玉米秸（叶）		67.93	38.97
玉米秸（茎）		74.44	43.16

表 B.2 常用饲料干物质中的中性洗涤纤维（NDF）和酸性洗涤纤维（ADF）含量

饲料名称	DM，%	NDF，%	ADF，%
玉米淀粉渣	93.47	81.96	28.02
麦芽根	90.64	64.8	17.33
麸皮	88.54	40.1	11.62
整株玉米	17	61.3	34.86
青贮玉米	15.73	67.24	40.98
鲜大麦	30.33	65.7	39.46
青贮大麦	29.8	76.35	46.24
高粱青贮	93.65	67.63	43.71
高粱青贮	32.78	73.13	46.88
大麦青贮	93.99	77.79	53.05
啤酒糟	93.66	77.69	25.77
酱油渣	93.07	65.62	35.75

表 B.2 （续）

饲料名称	DM,%	NDF,%	ADF,%
酱油渣	94.08	54.73	33.47
白酒糟	94.5	73.48	50.64
白酒糟	93.2	73.24	52.49
羊草	92.96	70.74	42.64
稻草	93.15	74.79	50.3
氨化稻草	93.92	74.15	55.28
苜蓿	91.46	60.34	44.66
玉米秸	91.64	79.48	53.24
小麦秸	94.45	78.03	72.63
氨化麦秸	88.96	78.37	54.62
谷草	90.66	74.81	50.78
氨化谷草	91.94	76.82	50.49
复合处理谷草	91.06	76.31	48.58
稻草	92.08	86.71	54.58
氨化稻草	92.33	83.19	49.59
复合处理稻草	91.68	77.95	50.59
玉米秸	91.85	83.98	66.57
氨化玉米秸	91.15	84.82	63.92
复合处理玉米秸	92.37	81.64	57.32
糜黍秸	91.59	78.32	45.38
氨化糜黍秸	91.43	75.88	46.04
复合氨化糜黍秸	92.19	72.16	42.02
莜麦秸	92.39	76.65	50.33
氨化莜麦秸	91.47	75.27	51.87
复合处理莜麦秸	92.04	79.91	49.36
麦秸	92.13	89.53	69.22
氨化麦秸	89.64	86.54	63.54
复合处理麦秸	91.93	82.75	61.53
荞麦秸	93.81	52.73	33.99
氨化荞麦秸	92.62	54.85	35.48
复合处理荞麦秸	93.19	55.16	33.4
麦壳	91.98	83.5	52.22
氨化麦壳	92.61	84.44	54.16
复合处理麦壳	92.42	84.94	53.29
白薯蔓	91.49	55.54	45.5
氨化白薯蔓	91.88	61.25	45.83

表 B.2 （续）

饲料名称	DM,%	NDF,%	ADF,%
复合处理白薯蔓	92.45	59.24	47
苜蓿秸	91.89	75.27	57.7
氨化苜蓿秸	90.78	77.91	58.02
复合处理苜蓿秸	92.51	72.85	53.48
花生壳	91.9	88.74	71.99
氨化花生壳	91.86	88.78	72.44
复合处理花生壳	92.24	86.29	74.75
豆荚	91.48	71.1	52.81
氨化豆荚	91.6	70.52	56.14
复合处理豆荚	92.17	66.7	54.32

ICS 65.020.30
B 43

中华人民共和国农业行业标准

NY/T 816—2004

肉羊饲养标准

Feeding standard of meat-producing sheep and goats

2004-08-25 发布　　2004-09-01 实施

中华人民共和国农业部 发布

前　言

本标准的附录 A 为资料性附录。

本标准由中华人民共和国农业部提出并归口。

本标准起草单位:中国农业科学院畜牧研究所、内蒙古畜牧科学院。

本标准主要起草人:王加启、卢德勋、杨红建、杨在宾、雒秋江、杨玉福、王洪荣、熊本海、张力、曲绪仙、郑中朝、毛杨毅。

肉羊饲养标准

1 范围

本标准规定了肉用绵羊和山羊对日粮干物质进食量、消化能、代谢能、粗蛋白质、维生素、矿物质元素每日需要量值。

本标准适用于以产肉为主，产毛、绒为辅而饲养的绵羊和山羊品种。

2 规范性引用文件

下列文件中的条款通过本标准的引用而成为本标准的条款。凡是注日期的引用文件，其随后所有的修改单(不包括勘误的内容)或修订版均不适用于本标准，然而，鼓励根据本标准达成协议的各方研究已经是否可使用这些文件的最新版本。凡是不注日期的引用文件，其最新版本适用于本标准。

GB 5461 食用盐

GB/T 6432 饲料中粗蛋白质测定方法

GB/T 6433 饲料中粗脂肪测定方法

GB/T 6434 饲料中粗纤维测定方法

GB/T 6436 饲料中钙的测定

GB/T 6437 饲料中总磷的测定 分光光度法

GB/T 6439 饲料中水溶性氯化物的测定 硝酸镁法

GB/T 17776 饲料中硫的测定 硝酸镁法

GB/T 17812 饲料中维生素 E 的测定 高效液相色谱法

GB/T 17817 饲料中维生素 A 的测定 高效液相色谱法

GB/T 17818 饲料中维生素 D_3 的测定 高效液相色谱法

《关于在我国统一实行计量单位的命令》(中华人民共和国国务院发布)

《贯彻中华人民共和国计量单位的命令的通知》(文化部出版局、国家计量局发布)

3 术语和定义

下列术语和定义适用于本标准。

3.1

日粮干物质进食量 dietary dry matter intake

动物 24h 内对所给饲日粮干物质的进食量，英文简写为 DMI，单位以 kg/d 表示。

3.2

总能 gross energy

饲料总能为每千克饲料在氧弹测热仪中完全氧化燃烧后所产生的热量(MJ)，又称燃烧热，英文缩写为 GE。在无实测数据时，可参考式(1)计算：

$$GE = 100 \times (23.93 \times CP + 39.75 \times EE + 20.04 \times CF + 16.86 \times NFE) \quad \cdots\cdots\cdots\cdots (1)$$

式中：

GE——总能，单位为兆焦每千克(MJ/kg)；

CP——饲料中粗蛋白质含量，单位为百分率(%)；

EE——饲料中粗脂肪含量，单位为百分率(%)；

CF——饲料中粗纤维含量，单位为百分率(%)；

NFE——饲料中无氮浸出物含量，单位为百分率(%)。

3.3

消化能 digestive energy

消化能为饲料总能扣除粪能量损失后的差值，亦称“表观消化能”，英文简写为DE。在无实测数据时，可参考式(2)计算：

$$DE=(2.385\times DCP+3.933\times DEE+1.757\times DCF+1.674\times DNFE)/1\,000 \quad (2)$$

式中：

DE——消化能，单位为兆焦每千克(MJ/kg)；

DCP——饲料中可消化粗蛋白质含量，单位为百分率(%)；

DEE——饲料中可消化粗脂肪含量，单位为百分率(%)；

DCF——饲料中可消化粗纤维含量，单位为百分率(%)；

DNFE——饲料中可消化无氮浸出物含量，单位为百分率(%)。

3.4

代谢能 metabolizable energy

食入饲料的总能减去粪、尿排泄物中的总能及呼出气体中甲烷气体能量即为代谢能。由于排泄物中包括来自宿主身体的内源性能量，亦称“表观代谢能”，英文简写为ME，单位为MJ/kg。在无实测数据时，代谢能可参考消化能乘以0.82估算。

3.5

粗蛋白质 crude protein

以凯氏定氮法测定的饲料含氮量，乘以6.25即为粗蛋白质，英文简写为CP，浓度用%表示。

4 肉用绵羊营养需要量

各生产阶段肉用绵羊对干物质进食量和消化能、代谢能、粗蛋白质、钙、磷、食用盐每日营养需要量见表1～表6，对硫、维生素A、维生素D、维生素E的每日营养添加量推荐值见表7。

4.1 生长肥育羔羊每日营养需要量

4 kg～20 kg体重阶段生长肥育绵羊羔羊不同日增重下日粮干物质进食量和消化能、代谢能、粗蛋白质、钙、总磷、食用盐每日营养需要量见表1，对硫、维生素A、维生素D、维生素E、微量矿物质元素的日粮添加量见表7。

表1 生长肥育绵羊羔羊每日营养需要量表

体重 kg	日增重 kg/d	DMI kg/d	DE MJ/d	ME MJ/d	粗蛋白质 g/d	钙 g/d	总磷 g/d	食用盐 g/d
4	0.1	0.12	1.92	1.88	35	0.9	0.5	0.6
4	0.2	0.12	2.8	2.72	62	0.9	0.5	0.6
4	0.3	0.12	3.68	3.56	90	0.9	0.5	0.6
6	0.1	0.13	2.55	2.47	36	1.0	0.5	0.6
6	0.2	0.13	3.43	3.36	62	1.0	0.5	0.6
6	0.3	0.13	4.18	3.77	88	1.0	0.5	0.6
8	0.1	0.16	3.10	3.01	36	1.3	0.7	0.7
8	0.2	0.16	4.06	3.93	62	1.3	0.7	0.7
8	0.3	0.16	5.02	4.60	88	1.3	0.7	0.7
10	0.1	0.24	3.97	3.60	54	1.4	0.75	1.1
10	0.2	0.24	5.02	4.60	87	1.4	0.75	1.1

表 1 （续）

体重 kg	日增重 kg/d	DMI kg/d	DE MJ/d	ME MJ/d	粗蛋白质 g/d	钙 g/d	总磷 g/d	食用盐 g/d
10	0.3	0.24	8.28	5.86	121	1.4	0.75	1.1
12	0.1	0.32	4.60	4.14	56	1.5	0.8	1.3
12	0.2	0.32	5.44	5.02	90	1.5	0.8	1.3
12	0.3	0.32	7.11	8.28	122	1.5	0.8	1.3
14	0.1	0.4	5.02	4.60	59	1.8	1.2	1.7
14	0.2	0.4	8.28	5.86	91	1.8	1.2	1.7
14	0.3	0.4	7.53	6.69	123	1.8	1.2	1.7
16	0.1	0.48	5.44	5.02	60	2.2	1.5	2.0
16	0.2	0.48	7.11	8.28	92	2.2	1.5	2.0
16	0.3	0.48	8.37	7.53	124	2.2	1.5	2.0
18	0.1	0.56	8.28	5.86	63	2.5	1.7	2.3
18	0.2	0.56	7.95	7.11	95	2.5	1.7	2.3
18	0.3	0.56	8.79	7.95	127	2.5	1.7	2.3
20	0.1	0.64	7.11	8.28	65	2.9	1.9	2.6
20	0.2	0.64	8.37	7.53	96	2.9	1.9	2.6
20	0.3	0.64	9.62	8.79	128	2.9	1.9	2.6

注 1：表中日粮干物质进食量(DMI)、消化能(DE)、代谢能(ME)、粗蛋白质(CP)、钙、总磷、食用盐每日需要量推荐数值参考自内蒙古自治区地方标准《细毛羊饲养标准》(DB 15/T 30—92)。

注 2：日粮中添加的食用盐应符合 GB 5461 中的规定。

4.2 育成母羊每日营养需要量

25 kg～50 kg 体重阶段绵羊育成母羊日粮干物质进食量和消化能、代谢能、粗蛋白质、钙、磷、食用盐每日营养需要量见表 2，对硫、维生素 A、维生素 D、维生素 E、微量矿物质元素的日粮添加量见表 7。

表 2 育成母绵羊每日营养需要量表

体重 kg	日增重 kg/d	DMI kg/d	DE MJ/d	ME MJ/d	粗蛋白质 g/d	钙 g/d	总磷 g/d	食用盐 g/d
25	0	0.8	5.86	4.60	47	3.6	1.8	3.3
25	0.03	0.8	6.70	5.44	69	3.6	1.8	3.3
25	0.06	0.8	7.11	5.86	90	3.6	1.8	3.3
25	0.09	0.8	8.37	6.69	112	3.6	1.8	3.3
30	0	1.0	6.70	5.44	54	4.0	2.0	4.1
30	0.03	1.0	7.95	6.28	75	4.0	2.0	4.1
30	0.06	1.0	8.79	7.11	96	4.0	2.0	4.1
30	0.09	1.0	9.20	7.53	117	4.0	2.0	4.1
35	0	1.2	7.95	6.28	61	4.5	2.3	5.0
35	0.03	1.2	8.79	7.11	82	4.5	2.3	5.0
35	0.06	1.2	9.62	7.95	103	4.5	2.3	5.0
35	0.09	1.2	10.88	8.79	123	4.5	2.3	5.0
40	0	1.4	8.37	6.69	67	4.5	2.3	5.8
40	0.03	1.4	9.62	7.95	88	4.5	2.3	5.8
40	0.06	1.4	10.88	8.79	108	4.5	2.3	5.8
40	0.09	1.4	12.55	10.04	129	4.5	2.3	5.8

表 2 (续)

体重 kg	日增重 kg/d	DMI kg/d	DE MJ/d	ME MJ/d	粗蛋白质 g/d	钙 g/d	总磷 g/d	食用盐 g/d
45	0	1.5	9.20	8.79	94	5.0	2.5	6.2
45	0.03	1.5	10.88	9.62	114	5.0	2.5	6.2
45	0.06	1.5	11.71	10.88	135	5.0	2.5	6.2
45	0.09	1.5	13.39	12.10	80	5.0	2.5	6.2
50	0	1.6	9.62	7.95	80	5.0	2.5	6.6
50	0.03	1.6	11.30	9.20	100	5.0	2.5	6.6
50	0.06	1.6	13.39	10.88	120	5.0	2.5	6.6
50	0.09	1.6	15.06	12.13	140	5.0	2.5	6.6

注 1:表中日粮干物质进食量(DMI)、消化能(DE)、代谢能(ME)、粗蛋白质(CP)、钙、总磷、食用盐每日需要量推荐数值参考自内蒙古自治区地方标准《细毛羊饲养标准》(DB 15/T 30—92)。

注 2:日粮中添加的食用盐应符合 GB 5461 中的规定。

4.3 育成公羊每日营养需要量

20 kg~70 kg 体重阶段绵羊育成母羊日粮干物质进食量和消化能、代谢能、粗蛋白质、钙、总磷、食用盐每日营养需要量见表 3,对硫、维生素 A、维生素 D、维生素 E、微量矿物质元素的日粮添加量见表 7。

表 3 育成公绵羊营养需要量表

体重 kg	日增重 kg/d	DMI kg/d	DE MJ/d	ME MJ/d	粗蛋白质 g/d	钙 g/d	总磷 g/d	食用盐 g/d
20	0.05	0.9	8.17	6.70	95	2.4	1.1	7.6
20	0.10	0.9	9.76	8.00	114	3.3	1.5	7.6
20	0.15	1.0	12.20	10.00	132	4.3	2.0	7.6
25	0.05	1.0	8.78	7.20	105	2.8	1.3	7.6
25	0.10	1.0	10.98	9.00	123	3.7	1.7	7.6
25	0.15	1.1	13.54	11.10	142	4.6	2.1	7.6
30	0.05	1.1	10.37	8.50	114	3.2	1.4	8.6
30	0.10	1.1	12.20	10.00	132	4.1	1.9	8.6
30	0.15	1.2	14.76	12.10	150	5.0	2.3	8.6
35	0.05	1.2	11.34	9.30	122	3.5	1.6	8.6
35	0.10	1.2	13.29	10.90	140	4.5	2.0	8.6
35	0.15	1.3	16.10	13.20	159	5.4	2.5	8.6
40	0.05	1.3	12.44	10.20	130	3.9	1.8	9.6
40	0.10	1.3	14.39	11.80	149	4.8	2.2	9.6
40	0.15	1.3	17.32	14.20	167	5.8	2.6	9.6
45	0.05	1.3	13.54	11.10	138	4.3	1.9	9.6
45	0.10	1.3	15.49	12.70	156	5.2	2.9	9.6
45	0.15	1.4	18.66	15.30	175	6.1	2.8	9.6
50	0.05	1.4	14.39	11.80	146	4.7	2.1	11.0

表 3 （续）

体重 kg	日增重 kg/d	DMI kg/d	DE MJ/d	ME MJ/d	粗蛋白质 g/d	钙 g/d	总磷 g/d	食用盐 g/d
50	0.10	1.4	16.59	13.60	165	5.6	2.5	11.0
50	0.15	1.5	19.76	16.20	182	6.5	3.0	11.0
55	0.05	1.5	15.37	12.60	153	5.0	2.3	11.0
55	0.10	1.5	17.68	14.50	172	6.0	2.7	11.0
55	0.15	1.6	20.98	17.20	190	6.9	3.1	11.0
60	0.05	1.6	16.34	13.40	161	5.4	2.4	12.0
60	0.10	1.6	18.78	15.40	179	6.3	2.9	12.0
60	0.15	1.7	22.20	18.20	198	7.3	3.3	12.0
65	0.05	1.7	17.32	14.20	168	5.7	2.6	12.0
65	0.10	1.7	19.88	16.30	187	6.7	3.0	12.0
65	0.15	1.8	23.54	19.30	205	7.6	3.4	12.0
70	0.05	1.8	18.29	15.00	175	6.2	2.8	12.0
70	0.10	1.8	20.85	17.10	194	7.1	3.2	12.0
70	0.15	1.9	24.76	20.30	212	8.0	3.6	12.0

注 1：表中日粮干物质进食量(DMI)、消化能(DE)、代谢能(ME)、粗蛋白质(CP)、钙、总磷、食用盐每日需要量推荐数值参考自内蒙古自治区地方标准《细毛羊饲养标准》(DB 15/T 30-92)。

注 2：日粮中添加的食用盐应符合 GB 5461 中的规定。

4.4 育肥羊每日营养需要量

20 kg～45 kg 体重阶段舍饲育肥羊日粮干物质进食量和消化能、代谢能、粗蛋白质、钙、总磷、食用盐每日营养需要量见表 4，对硫、维生素 A、维生素 D、维生素 E、微量矿物质元素的日粮添加量见表 7。

表 4 育肥羊每日营养需要量

体重 kg	日增重 kg/d	DMI kg/d	DE MJ/d	ME MJ/d	粗蛋白质 g/d	钙 g/d	总磷 g/d	食用盐 g/d
20	0.10	0.8	9.00	8.40	111	1.9	1.8	7.6
20	0.20	0.9	11.30	9.30	158	2.8	2.4	7.6
20	0.30	1.0	13.60	11.20	183	3.8	3.1	7.6
20	0.45	1.0	15.01	11.82	210	4.6	3.7	7.6
25	0.10	0.9	10.50	8.60	121	2.2	2	7.6
25	0.20	1.0	13.20	10.80	168	3.2	2.7	7.6
25	0.30	1.1	15.80	13.00	191	4.3	3.4	7.6
25	0.45	1.1	17.45	14.35	218	5.4	4.2	7.6
30	0.10	1.0	12.00	9.80	132	2.5	2.2	8.6
30	0.20	1.1	15.00	12.30	178	3.6	3	8.6
30	0.30	1.2	18.10	14.80	200	4.8	3.8	8.6
30	0.45	1.2	19.95	16.34	351	6.0	4.6	8.6
35	0.10	1.2	13.40	11.10	141	2.8	2.5	8.6
35	0.20	1.3	16.90	13.80	187	4.0	3.3	8.6

表 4 （续）

体重 kg	日增重 kg/d	DMI kg/d	DE MJ/d	ME MJ/d	粗蛋白质 g/d	钙 g/d	总磷 g/d	食用盐 g/d
35	0.30	1.3	18.20	16.60	207	5.2	4.1	8.6
35	0.45	1.3	20.19	18.26	233	6.4	5.0	8.6
40	0.10	1.3	14.90	12.20	143	3.1	2.7	9.6
40	0.20	1.3	18.80	15.30	183	4.4	3.6	9.6
40	0.30	1.4	22.60	18.40	204	5.7	4.5	9.6
40	0.45	1.4	24.99	20.30	227	7.0	5.4	9.6
45	0.10	1.4	16.40	13.40	152	3.4	2.9	9.6
45	0.20	1.4	20.60	16.80	192	4.8	3.9	9.6
45	0.30	1.5	24.80	20.30	210	6.2	4.9	9.6
45	0.45	1.5	27.38	22.39	233	7.4	6.0	9.6
50	0.10	1.5	17.90	14.60	159	3.7	3.2	11.0
50	0.20	1.6	22.50	18.30	198	5.2	4.2	11.0
50	0.30	1.6	27.20	22.10	215	6.7	5.2	11.0
50	0.45	1.6	30.03	24.38	237	8.5	6.5	11.0

注 1：表中日粮干物质进食量（DMI）、消化能（DE）、代谢能（ME）、粗蛋白质（CP）、钙、总磷、食用盐每日需要量推荐数值参考自新疆维吾尔自治区企业标准《新疆细毛羔舍饲肥育标准》（1985）。

注 2：日粮中添加的食用盐应符合 GB 5461 中的规定。

4.5 妊娠母羊每日营养需要量

不同妊娠阶段妊娠母羊日粮干物质进食量和消化能、代谢能、粗蛋白质、钙、总磷、食用盐每日营养需要量见表 5，对硫、维生素 A、维生素 D、维生素 E、微量矿物质元素的日粮添加量见表 7。

表 5 妊娠母绵羊每日营养需要量

妊娠阶段	体重 kg	DMI kg/d	DE MJ/d	ME MJ/d	粗蛋白质 g/d	钙 g/d	总磷 g/d	食用盐 g/d
前期[a]	40	1.6	12.55	10.46	116	3.0	2.0	6.6
	50	1.8	15.06	12.55	124	3.2	2.5	7.5
	60	2.0	15.90	13.39	132	4.0	3.0	8.3
	70	2.2	16.74	14.23	141	4.5	3.5	9.1
后期[b]	40	1.8	15.06	12.55	146	6.0	3.5	7.5
	45	1.9	15.90	13.39	152	6.5	3.7	7.9
	50	2.0	16.74	14.23	159	7.0	3.9	8.3
	55	2.1	17.99	15.06	165	7.5	4.1	8.7
	60	2.2	18.83	15.90	172	8.0	4.3	9.1
	65	2.3	19.66	16.74	180	8.5	4.5	9.5
	70	2.4	20.92	17.57	187	9.0	4.7	9.9
后期[c]	40	1.8	16.74	14.23	167	7.0	4.0	7.9
	45	1.9	17.99	15.06	176	7.5	4.3	8.3
	50	2.0	19.25	16.32	184	8.0	4.6	8.7

表 5 （续）

妊娠阶段	体重 kg	DMI kg/d	DE MJ/d	ME MJ/d	粗蛋白质 g/d	钙 g/d	总磷 g/d	食用盐 g/d
后期[c]	55	2.1	20.50	17.15	193	8.5	5.0	9.1
	60	2.2	21.76	18.41	203	9.0	5.3	9.5
	65	2.3	22.59	19.25	214	9.5	5.4	9.9
	70	2.4	24.27	20.50	226	10.0	5.6	11.0

注 1：表中日粮干物质进食量(DMI)、消化能(DE)、代谢能(ME)、粗蛋白质(CP)、钙、总磷、食用盐每日需要量推荐数值参考自内蒙古自治区地方标准《细毛羊饲养标准》(DB 15/T 30－92)。

注 2：日粮中添加的食用盐应符合 GB 5461 中的规定。

[a] 指妊娠期的第 1 个月至第 3 个月。

[b] 指母羊怀单羔妊娠期的第 4 个月至第 5 个月。

[c] 指母羊怀双羔妊娠期的第 4 个月至第 5 个月。

4.6 泌乳母羊每日营养需要量

40 kg～70 kg 泌乳母羊的日粮干物质进食量和消化能、代谢能、粗蛋白质、钙、总磷、食用盐每日营养需要量见表 6，对硫、维生素 A、维生素 D、维生素 E、微量矿物质元素的日粮添加量见表 7。

表 6 泌乳母绵羊每日营养需要量

体重 kg	日泌乳量 kg/d	DMI kg/d	DE MJ/d	ME MJ/d	粗蛋白质 g/d	钙 g/d	总磷 g/d	食用盐 g/d
40	0.2	2.0	12.97	10.46	119	7.0	4.3	8.3
40	0.4	2.0	15.48	12.55	139	7.0	4.3	8.3
40	0.6	2.0	17.99	14.64	157	7.0	4.3	8.3
40	0.8	2.0	20.5	16.74	176	7.0	4.3	8.3
40	1.0	2.0	23.01	18.83	196	7.0	4.3	8.3
40	1.2	2.0	25.94	20.92	216	7.0	4.3	8.3
40	1.4	2.0	28.45	23.01	236	7.0	4.3	8.3
40	1.6	2.0	30.96	25.10	254	7.0	4.3	8.3
40	1.8	2.0	33.47	27.20	274	7.0	4.3	8.3
50	0.2	2.2	15.06	12.13	122	7.5	4.7	9.1
50	0.4	2.2	17.57	14.23	142	7.5	4.7	9.1
50	0.6	2.2	20.08	16.32	162	7.5	4.7	9.1
50	0.8	2.2	22.59	18.41	180	7.5	4.7	9.1
50	1.0	2.2	25.10	20.50	200	7.5	4.7	9.1
50	1.2	2.2	28.03	22.59	219	7.5	4.7	9.1
50	1.4	2.2	30.54	24.69	239	7.5	4.7	9.1
50	1.6	2.2	33.05	26.78	257	7.5	4.7	9.1
50	1.8	2.2	35.56	28.87	277	7.5	4.7	9.1
60	0.2	2.4	16.32	13.39	125	8.0	5.1	9.9
60	0.4	2.4	19.25	15.48	145	8.0	5.1	9.9
60	0.6	2.4	21.76	17.57	165	8.0	5.1	9.9
60	0.8	2.4	24.27	19.66	183	8.0	5.1	9.9

表 6 （续）

体重 kg	日泌乳量 kg/d	DMI kg/d	DE MJ/d	ME MJ/d	粗蛋白质 g/d	钙 g/d	总磷 g/d	食用盐 g/d
60	1.0	2.4	26.78	21.76	203	8.0	5.1	9.9
60	1.2	2.4	29.29	23.85	223	8.0	5.1	9.9
60	1.4	2.4	31.8	25.94	241	8.0	5.1	9.9
60	1.6	2.4	34.73	28.03	261	8.0	5.1	9.9
60	1.8	2.4	37.24	30.12	275	8.0	5.1	9.9
70	0.2	2.6	17.99	14.64	129	8.5	5.6	11.0
70	0.4	2.6	20.50	16.70	148	8.5	5.6	11.0
70	0.6	2.6	23.01	18.83	166	8.5	5.6	11.0
70	0.8	2.6	25.94	20.92	186	8.5	5.6	11.0
70	1.0	2.6	28.45	23.01	206	8.5	5.6	11.0
70	1.2	2.6	30.96	25.10	226	8.5	5.6	11.0
70	1.4	2.6	33.89	27.61	244	8.5	5.6	11.0
70	1.6	2.6	36.40	29.71	264	8.5	5.6	11.0
70	1.8	2.6	39.33	31.80	284	8.5	5.6	11.0

注 1：表中日粮干物质进食量(DMI)、消化能(DE)、代谢能(ME)、粗蛋白质(CP)、钙、总磷、食用盐每日需要量推荐数值参考自内蒙古自治区地方标准《细毛羊饲养标准》(DB 15/T 30-92)。

注 2：日粮中添加的食用盐应符合 GB 5461 中的规定。

表 7　肉用绵羊对日粮硫、维生素、微量矿物质元素需要量(以干物质为基础)

体重阶段	生长羔羊	育成母羊	育成公羊	育肥羊	妊娠母羊	泌乳母羊	最大耐受浓度[b]
	4 kg～20 kg	25 kg～50 kg	20 kg～70 kg	20 kg～50 kg	40 kg～70 kg	40 kg～70 kg	
硫,g/d	0.24～1.2	1.4～2.9	2.8～3.5	2.8～3.5	2.0～3.0	2.5～3.7	—
维生素 A,IU/d	188～940	1 175～2 350	940～3 290	940～2 350	1 880～3 948	1 880～3 434	—
维生素 D,IU/d	26～132	137～275	111～389	111～278	222～440	222～380	—
维生素 E,IU/d	2.4～12.8	12～24	12～29	12～23	18～35	26～34	—
钴,mg/kg	0.018～0.096	0.12～0.24	0.21～0.33	0.2～0.35	0.27～0.36	0.3～0.39	10
铜[a],mg/kg	0.97～5.2	6.5～13	11～18	11～19	16～22	13～18	25
碘,mg/kg	0.08～0.46	0.58～1.2	1.0～1.6	0.94～1.7	1.3～1.7	1.4～1.9	50
铁,mg/kg	4.3～23	29～58	50～79	47～83	65～86	72～94	500
锰,mg/kg	2.2～12	14～29	25～40	23～41	32～44	36～47	1 000
硒,mg/kg	0.016～0.086	0.11～0.22	0.19～0.30	0.18～0.31	0.24～0.31	0.27～0.35	2
锌,mg/kg	2.7～14	18～36	50～79	29～52	53～71	59～77	750

注：表中维生素 A、维生素 D、维生素 E 每日需要量数据参考自 NRC(1985)，维生素 A 最低需要量：47 IU/kg 体重，1 mgβ-胡萝卜素效价相当于 681 IU 维生素 A。维生素 D 需要量：早期断奶羔羊最低需要量为 5.55 IU/kg 体重；其他生产阶段绵羊对维生素 D 的最低需要量为 6.66 IU/kg 体重，1 IU 维生素 D 相当于 0.025 μg 胆钙化醇。维生素 E 需要量：体重低于 20 kg 的羔羊对维生素 E 的最低需要量为 20 IU/kg 干物质进食量；体重大于 20 kg 的各生产阶段绵羊对维生素 E 的最低需要量为 15 IU/kg 干物质进食量，1 IU 维生素 E 效价相当于 1 mg D,L-α-生育酚醋酸酯。

[a] 当日粮中钼含量大于 3.0 mg/kg 时，铜的添加量要在表中推荐值基础上增加 1 倍。

[b] 参考自 NRC(1985)提供的估计数据。

5 肉用山羊每日营养需要量

5.1 生长育肥山羊羔羊每日营养需要量

生长育肥山羊羔羊每日营养需要量见表8。

表8 生长育肥山羊羔羊每日营养需要量

体重 kg	日增重 kg/d	DMI kg/d	DE MJ/d	ME MJ/d	粗蛋白质 g/d	钙 g/d	总磷 g/d	食用盐 g/d
1	0	0.12	0.55	0.46	3	0.1	0.0	0.6
1	0.02	0.12	0.71	0.60	9	0.8	0.5	0.6
1	0.04	0.12	0.89	0.75	14	1.5	1.0	0.6
2	0	0.13	0.90	0.76	5	0.1	0.1	0.7
2	0.02	0.13	1.08	0.91	11	0.8	0.6	0.7
2	0.04	0.13	1.26	1.06	16	1.6	1.0	0.7
2	0.06	0.13	1.43	1.20	22	2.3	1.5	0.7
4	0	0.18	1.64	1.38	9	0.3	0.2	0.9
4	0.02	0.18	1.93	1.62	16	1.0	0.7	0.9
4	0.04	0.18	2.20	1.85	22	1.7	1.1	0.9
4	0.06	0.18	2.48	2.08	29	2.4	1.6	0.9
4	0.08	0.18	2.76	2.32	35	3.1	2.1	0.9
6	0	0.27	2.29	1.88	11	0.4	0.3	1.3
6	0.02	0.27	2.32	1.90	22	1.1	0.7	1.3
6	0.04	0.27	3.06	2.51	33	1.8	1.2	1.3
6	0.06	0.27	3.79	3.11	44	2.5	1.7	1.3
6	0.08	0.27	4.54	3.72	55	3.3	2.2	1.3
6	0.10	0.27	5.27	4.32	67	4.0	2.6	1.3
8	0	0.33	1.96	1.61	13	0.5	0.4	1.7
8	0.02	0.33	3.05	2.5	24	1.2	0.8	1.7
8	0.04	0.33	4.11	3.37	36	2.0	1.3	1.7
8	0.06	0.33	5.18	4.25	47	2.7	1.8	1.7
8	0.08	0.33	6.26	5.13	58	3.4	2.3	1.7
8	0.10	0.33	7.33	6.01	69	4.1	2.7	1.7
10	0	0.46	2.33	1.91	16	0.7	0.4	2.3
10	0.02	0.48	3.73	3.06	27	1.4	0.9	2.4
10	0.04	0.50	5.15	4.22	38	2.1	1.4	2.5
10	0.06	0.52	6.55	5.37	49	2.8	1.9	2.6
10	0.08	0.54	7.96	6.53	60	3.5	2.3	2.7
10	0.10	0.56	9.38	7.69	72	4.2	2.8	2.8
12	0	0.48	2.67	2.19	18	0.8	0.5	2.4
12	0.02	0.50	4.41	3.62	29	1.5	1.0	2.5
12	0.04	0.52	6.16	5.05	40	2.2	1.5	2.6
12	0.06	0.54	7.90	6.48	52	2.9	2.0	2.7

表 8 （续）

体重 kg	日增重 kg/d	DMI kg/d	DE MJ/d	ME MJ/d	粗蛋白质 g/d	钙 g/d	总磷 g/d	食用盐 g/d
12	0.08	0.56	9.65	7.91	63	3.7	2.4	2.8
12	0.10	0.58	11.40	9.35	74	4.4	2.9	2.9
14	0	0.50	2.99	2.45	20	0.9	0.6	2.5
14	0.02	0.52	5.07	4.16	31	1.6	1.1	2.6
14	0.04	0.54	7.16	5.87	43	2.4	1.6	2.7
14	0.06	0.56	9.24	7.58	54	3.1	2.0	2.8
14	0.08	0.58	11.33	9.29	65	3.8	2.5	2.9
14	0.10	0.60	13.40	10.99	76	4.5	3.0	3.0
16	0	0.52	3.30	2.71	22	1.1	0.7	2.6
16	0.02	0.54	5.73	4.70	34	1.8	1.2	2.7
16	0.04	0.56	8.15	6.68	45	2.5	1.7	2.8
16	0.06	0.58	10.56	8.66	56	3.2	2.1	2.9
16	0.08	0.60	12.99	10.65	67	3.9	2.6	3.0
16	0.10	0.62	15.43	12.65	78	4.6	3.1	3.1

注 1：表中 0～8 kg 体重阶段肉用绵羊羔羊日粮干物质进食量(DMI)按每千克代谢体重 0.07 kg 估算；体重大于 10 kg 时，按中国农业科学院畜牧研究所 2003 年提供的如下公式计算获得：

$$DMI=(26.45\times W^{0.75}+0.99\times ADG)/1\,000$$

式中：

DMI——干物质进食量，单位为千克每天(kg/d)；

W——体重，单位为千克(kg)；

ADG——日增重，单位为克每天(g/d)。

注 2：表中代谢能(ME)、粗蛋白质(CP)数值参考自杨在宾等(1997)对青山羊数据资料。

注 3：表中消化能(DE)需要量数值根据 ME/0.82 估算。

注 4：表中钙需要量按表 14 中提供参数估算得到，总磷需要量根据钙磷为 1.5∶1 估算获得。

注 5：日粮中添加的食用盐应符合 GB 5461 中的规定。

15 kg～30 kg 体重阶段育肥山羊消化能、代谢能、粗蛋白质、钙、总磷、食用盐每日营养需要量见表 9。

表 9　育肥山羊每日营养需要量

体重 kg	日增重 kg/d	DMI kg/d	DE MJ/d	ME MJ/d	粗蛋白质 g/d	钙 g/d	总磷 g/d	食用盐 g/d
15	0	0.51	5.36	4.40	43	1.0	0.7	2.6
15	0.05	0.56	5.83	4.78	54	2.8	1.9	2.8
15	0.10	0.61	6.29	5.15	64	4.6	3.0	3.1
15	0.15	0.66	6.75	5.54	74	6.4	4.2	3.3
15	0.20	0.71	7.21	5.91	84	8.1	5.4	3.6
20	0	0.56	6.44	5.28	47	1.3	0.9	2.8
20	0.05	0.61	6.91	5.66	57	3.1	2.1	3.1
20	0.10	0.66	7.37	6.04	67	4.9	3.3	3.3

表 9 （续）

体重 kg	日增重 kg/d	DMI kg/d	DE MJ/d	ME MJ/d	粗蛋白质 g/d	钙 g/d	总磷 g/d	食用盐 g/d
20	0.15	0.71	7.83	6.42	77	6.7	4.5	3.6
20	0.20	0.76	8.29	6.80	87	8.5	5.6	3.8
25	0	0.61	7.46	6.12	50	1.7	1.1	3.0
25	0.05	0.66	7.92	6.49	60	3.5	2.3	3.3
25	0.10	0.71	8.38	6.87	70	5.2	3.5	3.5
25	0.15	0.76	8.84	7.25	81	7.0	4.7	3.8
25	0.20	0.81	9.31	7.63	91	8.8	5.9	4.0
30	0	0.65	8.42	6.90	53	2.0	1.3	3.3
30	0.05	0.70	8.88	7.28	63	3.8	2.5	3.5
30	0.10	0.75	9.35	7.66	74	5.6	3.7	3.8
30	0.15	0.80	9.81	8.04	84	7.4	4.9	4.0
30	0.20	0.85	10.27	8.42	94	9.1	6.1	4.2

注 1：表中干物质进食量(DMI)、消化能(DE)、代谢能(ME)、粗蛋白质(CP)数值来源于中国农业科学院畜牧所(2003)，具体的计算公式如下：

$DMI, kg/d=(26.45\times W^{0.75}+0.99\times ADG)/1\,000$

$DE, MJ/d=4.184\times(140.61\times LBW^{0.75}+2.21\times ADG+210.3)/1\,000$

$ME, MJ/d=4.184\times(0.475\times ADG+95.19)\times LBW^{0.75}/1\,000$

$CP, g/d=28.86+1.905\times LBW^{0.75}+0.2024\times ADG$

以上式中：

DMI——干物质进食量，单位为千克每天(kg/d)；

DE——消化能，单位为兆焦每天(MJ/d)；

ME——代谢能，单位为兆焦每天(MJ/d)；

CP——粗蛋白质，单位为克每天(g/d)；

LBW——活体重，单位为千克(kg)；

ADG——平均日增重，单位为克每天(g/d)。

注 2：表中钙、总磷每日需要量来源见表 8 中注 4。

注 3：日粮中添加的食用盐应符合 GB 5461 中的规定。

5.2 后备公山羊每日营养需要量

后备公山羊每日营养需要量见表 10。

表 10 后备公山羊每日营养需要量

体重 kg	日增重 kg/d	DMI kg/d	DE MJ/d	ME MJ/d	粗蛋白质 g/d	钙 g/d	总磷 g/d	食用盐 g/d
12	0	0.48	3.78	3.10	24	0.8	0.5	2.4
12	0.02	0.50	4.10	3.36	32	1.5	1.0	2.5
12	0.04	0.52	4.43	3.63	40	2.2	1.5	2.6
12	0.06	0.54	4.74	3.89	49	2.9	2.0	2.7
12	0.08	0.56	5.06	4.15	57	3.7	2.4	2.8

表 10（续）

体重 kg	日增重 kg/d	DMI kg/d	DE MJ/d	ME MJ/d	粗蛋白质 g/d	钙 g/d	总磷 g/d	食用盐 g/d
12	0.10	0.58	5.38	4.41	66	4.4	2.9	2.9
15	0	0.51	4.48	3.67	28	1.0	0.7	2.6
15	0.02	0.53	5.28	4.33	36	1.7	1.1	2.7
15	0.04	0.55	6.10	5.00	45	2.4	1.6	2.8
15	0.06	0.57	5.70	4.67	53	3.1	2.1	2.9
15	0.08	0.59	7.72	6.33	61	3.9	2.6	3.0
15	0.10	0.61	8.54	7.00	70	4.6	3.0	3.1
18	0	0.54	5.12	4.20	32	1.2	0.8	2.7
18	0.02	0.56	6.44	5.28	40	1.9	1.3	2.8
18	0.04	0.58	7.74	6.35	49	2.6	1.8	2.9
18	0.06	0.60	9.05	7.42	57	3.3	2.2	3.0
18	0.08	0.62	10.35	8.49	66	4.1	2.7	3.1
18	0.10	0.64	11.66	9.56	74	4.8	3.2	3.2
21	0	0.57	5.76	4.72	36	1.4	0.9	2.9
21	0.02	0.59	7.56	6.20	44	2.1	1.4	3.0
21	0.04	0.61	9.35	7.67	53	2.8	1.9	3.1
21	0.06	0.63	11.16	9.15	61	3.5	2.4	3.2
21	0.08	0.65	12.96	10.63	70	4.3	2.8	3.3
21	0.10	0.67	14.76	12.10	78	5.0	3.3	3.4
24	0	0.60	6.37	5.22	40	1.6	1.1	3.0
24	0.02	0.62	8.66	7.10	48	2.3	1.5	3.1
24	0.04	0.64	10.95	8.98	56	3.0	2.0	3.2
24	0.06	0.66	13.27	10.88	65	3.7	2.5	3.3
24	0.08	0.68	15.54	12.74	73	4.5	3.0	3.4
24	0.10	0.70	17.83	14.62	82	5.2	3.4	3.5
注：日粮中添加的食用盐应符合 GB 5461 中的规定。								

5.3 妊娠期母山羊每日营养需要量

妊娠期母山羊每日营养需要量见表 11。

表 11 妊娠期母山羊每日营养需要量

妊娠 阶段	体重 kg	DMI kg/d	DE MJ/d	ME MJ/d	粗蛋白质 g/d	钙 g/d	总磷 g/d	食用盐 g/d
空怀期	10	0.39	3.37	2.76	34	4.5	3.0	2.0
	15	0.53	4.54	3.72	43	4.8	3.2	2.7
	20	0.66	5.62	4.61	52	5.2	3.4	3.3
	25	0.78	6.63	5.44	60	5.5	3.7	3.9
	30	0.90	7.59	6.22	67	5.8	3.9	4.5

表 11 （续）

妊娠阶段	体重 kg	DMI kg/d	DE MJ/d	ME MJ/d	粗蛋白质 g/d	钙 g/d	总磷 g/d	食用盐 g/d
1 d～90 d	10	0.39	4.80	3.94	55	4.5	3.0	2.0
	15	0.53	6.82	5.59	65	4.8	3.2	2.7
	20	0.66	8.72	7.15	73	5.2	3.4	3.3
	25	0.78	10.56	8.66	81	5.5	3.7	3.9
	30	0.90	12.34	10.12	89	5.8	3.9	4.5
91 d～120 d	15	0.53	7.55	6.19	97	4.8	3.2	2.7
	20	0.66	9.51	7.8	105	5.2	3.4	3.3
	25	0.78	11.39	9.34	113	5.5	3.7	3.9
	30	0.90	13.20	10.82	121	5.8	3.9	4.5
120 d 以上	15	0.53	8.54	7.00	124	4.8	3.2	2.7
	20	0.66	10.54	8.64	132	5.2	3.4	3.3
	25	0.78	12.43	10.19	140	5.5	3.7	3.9
	30	0.90	14.27	11.7	148	5.8	3.9	4.5
注：日粮中添加的食用盐应符合 GB 5461 中的规定。								

5.4 泌乳期母山羊每日营养需要量

泌乳前期母山羊每日营养需要量见表 12。

表 12 泌乳前期母山羊每日营养需要量

体重 kg	泌乳量 kg/d	DMI kg/d	DE MJ/d	ME MJ/d	粗蛋白质 g/d	钙 g/d	总磷 g/d	食用盐 g/d
10	0	0.39	3.12	2.56	24	0.7	0.4	2.0
10	0.50	0.39	5.73	4.70	73	2.8	1.8	2.0
10	0.75	0.39	7.04	5.77	97	3.8	2.5	2.0
10	1.00	0.39	8.34	6.84	122	4.8	3.2	2.0
10	1.25	0.39	9.65	7.91	146	5.9	3.9	2.0
10	1.50	0.39	10.95	8.98	170	6.9	4.6	2.0
15	0	0.53	4.24	3.48	33	1.0	0.7	2.7
15	0.50	0.53	6.84	5.61	31	3.1	2.1	2.7
15	0.75	0.53	8.15	6.68	106	4.1	2.8	2.7
15	1.00	0.53	9.45	7.75	130	5.2	3.4	2.7
15	1.25	0.53	10.76	8.82	154	6.2	4.1	2.7
15	1.50	0.53	12.06	9.89	179	7.3	4.8	2.7
20	0	0.66	5.26	4.31	40	1.3	0.9	3.3
20	0.50	0.66	7.87	6.45	89	3.4	2.3	3.3
20	0.75	0.66	9.17	7.52	114	4.5	3.0	3.3
20	1.00	0.66	10.48	8.59	138	5.5	3.7	3.3

表 12 （续）

体重 kg	泌乳量 kg/d	DMI kg/d	DE MJ/d	ME MJ/d	粗蛋白质 g/d	钙 g/d	总磷 g/d	食用盐 g/d
20	1.25	0.66	11.78	9.66	162	6.5	4.4	3.3
20	1.50	0.66	13.09	10.73	187	7.6	5.1	3.3
25	0	0.78	6.22	5.10	48	1.7	1.1	3.9
25	0.50	0.78	8.83	7.24	97	3.8	2.5	3.9
25	0.75	0.78	10.13	8.31	121	4.8	3.2	3.9
25	1.00	0.78	11.44	9.38	145	5.8	3.9	3.9
25	1.25	0.78	12.73	10.44	170	6.9	4.6	3.9
25	1.50	0.78	14.04	11.51	194	7.9	5.3	3.9
30	0	0.90	6.70	5.49	55	2.0	1.3	4.5
30	0.50	0.90	9.73	7.98	104	4.1	2.7	4.5
30	0.75	0.90	11.04	9.05	128	5.1	3.4	4.5
30	1.00	0.90	12.34	10.12	152	6.2	4.1	4.5
30	1.25	0.90	13.65	11.19	177	7.2	4.8	4.5
30	1.50	0.90	14.95	12.26	201	8.3	5.5	4.5
注 1：泌乳前期指泌乳第 1 天～第 30 天。 注 2：日粮中添加的食用盐应符合 GB 5461 中的规定。								

泌乳后期母山羊每日营养需要量见表 13。

表 13　泌乳后期母山羊每日营养需要量

LBW kg	泌乳量 kg/d	DMI kg/d	DE MJ/d	ME MJ/d	粗蛋白质 g/d	钙 g/d	磷 g/d	食用盐 g/d
10	0	0.39	3.71	3.04	22	0.7	0.4	2.0
10	0.15	0.39	4.67	3.83	48	1.3	0.9	2.0
10	0.25	0.39	5.30	4.35	65	1.7	1.1	2.0
10	0.50	0.39	6.90	5.66	108	2.8	1.8	2.0
10	0.75	0.39	8.50	6.97	151	3.8	2.5	2.0
10	1.00	0.39	10.10	8.28	194	4.8	3.2	2.0
15	0	0.53	5.02	4.12	30	1.0	0.7	2.7
15	0.15	0.53	5.99	4.91	55	1.6	1.1	2.7
15	0.25	0.53	6.62	5.43	73	2.0	1.4	2.7
15	0.50	0.53	8.22	6.74	116	3.1	2.1	2.7
15	0.75	0.53	9.82	8.05	159	4.1	2.8	2.7
15	1.00	0.53	11.41	9.36	201	5.2	3.4	2.7
20	0	0.66	6.24	5.12	37	1.3	0.9	3.3
20	0.15	0.66	7.20	5.9	63	2.0	1.3	3.3
20	0.25	0.66	7.84	6.43	80	2.4	1.6	3.3
20	0.50	0.66	9.44	7.74	123	3.4	2.3	3.3
20	0.75	0.66	11.04	9.05	166	4.5	3.0	3.3
20	1.00	0.66	12.63	10.36	209	5.5	3.7	3.3

表 13 （续）

LBW kg	泌乳量 kg/d	DMI kg/d	DE MJ/d	ME MJ/d	粗蛋白质 g/d	钙 g/d	磷 g/d	食用盐 g/d
25	0	0.78	7.38	6.05	44	1.7	1.1	3.9
25	0.15	0.78	8.34	6.84	69	2.3	1.5	3.9
25	0.25	0.78	8.98	7.36	87	2.7	1.8	3.9
25	0.5	0.78	10.57	8.67	129	3.8	2.5	3.9
25	0.75	0.78	12.17	9.98	172	4.8	3.2	3.9
25	1.00	0.78	13.77	11.29	215	5.8	3.9	3.9
30	0	0.90	8.46	6.94	50	2.0	1.3	4.5
30	0.15	0.90	9.41	7.72	76	2.6	1.8	4.5
30	0.25	0.90	10.06	8.25	93	3.0	2.0	4.5
30	0.50	0.90	11.66	9.56	136	4.1	2.7	4.5
30	0.75	0.90	13.24	10.86	179	5.1	3.4	4.5
30	1.00	0.90	14.85	12.18	222	6.2	4.1	4.5

注 1：泌乳后期指泌乳第 31 天～第 70 天。
注 2：日粮中添加的食用盐应符合 GB 5461 中的规定。

表 14　山羊对常量矿物质元素每日营养需要量参数

常量元素	维持 mg/kg 体重	妊娠 g/kg 胎儿	泌乳 g/kg 产奶	生长 g/kg	吸收率 %
钙 Ca	20	11.5	1.25	10.7	30
总磷 P	30	6.6	1.0	6.0	65
镁 Mg	3.5	0.3	0.14	0.4	20
钾 K	50	2.1	2.1	2.4	90
钠 Na	15	1.7	0.4	1.6	80
硫 S	0.16%～0.32%(以进食日粮干物质为基础)				—

注 1：表中参数参考自 Kessler(1991)和 Haenlein(1987)资料信息。
注 2：表中“—”表示暂无此项数据。

表 15　山羊对微量矿物质元素需要量(以进食日粮干物质为基础)

微量元素	推荐量，mg/kg
铁 Fe	30～40
铜 Cu	10～20
钴 Co	0.11～0.2
碘 I	0.15～2.0
锰 Mn	60～120
锌 Zn	50～80
硒 Se	0.05

注 1：表中推荐数值参考自 AFRC(1998)，以进食日粮干物质为基础。

6　肉羊常用饲料成分与营养价值表

肉羊常用饲料成分与营养价值见表 16 和表 17，有关表 16 的制订说明如下：

a) 本表是在《中国饲料成分及营养价值表 2002 年第 13 版》的基础上，通过补充经常饲喂的禾本科牧草、豆科牧草和一些农副产品、糠麸类等肉用绵羊和山羊饲料原料成分与营养价值修订而成的。

b) 根据《关于在我国统一实行计量单位的命令》和《贯彻中华人民共和国计量单位的命令的联合通知》，本表中有关常规饲料能量浓度采用兆焦(MJ)表示。鉴于饲料羊代谢能实测数据不全，本表中饲料代谢能值，暂建议通过消化能值乘以 0.82 估算。

c) 本表饲料中粗蛋白质、粗脂肪、粗纤维、钙、总磷的测定方法分别按 GB/T 6432、GB/T 6433、GB/T 6434、GB/T 6436、GB/T 6437 中规定的方法执行；饲料中硫、维生素 A、维生素 D、维生素 E 的测定方法分别按 GB/T 17776、GB/T 17817、GB/T 17818、GB/T 17812 中规定的方法执行；饲料中水溶性氯化物的测定按 GB/T 6439 中规定的方法执行。

d) 表 16 中，从第 1 序号饲料“玉米皮”开始至第 17 序号是粗饲料，因地域、品种、收获季节、茎叶比例和加工制作的方法不同，而很难给出适合于不同原料背景条件下对应的饲料养分值。同时，因篇幅问题也不能列出所有状态下的样本值。因此，用户在使用这些数据时，要有针对性，尽可能使用实测的成分含量，有效能值则可参考表中建议的数值，按养分评定的基本折算原理做适当的修正。

表 16 中国羊常用饲料成分及营养价值表

序号	中国饲料号 CFN	饲料名称 Feed Name	饲料描述 Description	干物质 DM,%	消化能 MJ/kg	代谢能 MJ/kg	粗蛋白 CP,%	粗脂肪 EE,%	粗纤维 CF,%	无氮浸出物 NFE,%	中洗纤维 NDF,%	酸洗纤维 ADF,%	钙 Ca,%	总磷 P,%
1	1-05-0024	苜蓿干草 alfalfa hay	等外品	88.7	7.67	6.29	11.6	1.2	43.3	25.0	53.5	39.6	1.24	0.39
2	1-05-0064	沙打旺 erect milkvetch	盛花期,晒制	92.4	10.46	8.58	15.7	2.5	25.8	41.1	—	—	0.36	0.18
3	1-05-0607	黑麦草 ryegrass	冬黑麦	87.8	10.42	8.54	17.0	4.9	20.4	34.3	—	—	0.39	0.24
4	1-05-0615	谷草 straw grass	粟茎叶,晒制	90.7	6.33	5.19	4.5	1.2	32.6	44.2	67.8	46.1	0.34	0.03
5	1-05-0622	苜蓿干草 alfalfa hay	中苜蓿 2 号	92.4	9.79	8.03	16.8	1.3	29.5	34.5	47.1	38.3	1.95	0.28
6	1-05-0644	羊草 Chinese wildrye hay	以禾本科为主,晒制	92.0	9.56	7.84	7.3	3.6	—	—	57.5	32.8	0.22	0.14
7	1-05-0645	羊草 chinese wildrye hay	以禾本科为主,晒制	91.6	8.78	7.20	7.4	3.6	29.4	46.6	56.9	34.5	0.37	0.18
8	1-06-0009	稻草 rice straw	晚稻,成熟	89.4	4.84	3.97	2.5	1.7	24.1	48.8	77.5	48.8	0.07	0.05
9	1-06-0802	稻草 rice straw	晒干,成熟	90.3	4.64	3.80	6.2	1.0	27.0	37.3	67.5	45.4	0.56	0.17
10	1-06-0062	玉米秸 corn straw	收获后茎叶	90.0	5.83	4.78	5.9	0.9	24.9	50.2	59.5	36.3	—	—
11	1-06-0100	甘薯蔓 sweet potato vine	成熟期,以 80%茎为主	88.0	7.53	6.17	8.1	2.7	28.5	39.0	—	—	1.55	0.11
12	1-06-0622	小麦秸 wheat straw	春小麦	89.6	4.28	3.51	2.6	1.6	31.9	41.1	72.6	52.0	0.05	0.06
13	1-06-0631	大豆秸 soy straw	枯黄期,老叶	85.9	8.49	6.96	11.3	2.4	28.8	36.9	—	—	1.31	0.22
14	1-06-0636	花生蔓 peanut vine	成熟期,伏花生	91.3	9.48	7.77	11.0	1.5	29.6	41.3	—	—	2.46	0.04
15	1-08-0800	大豆皮 soya bean hull	晒干,成熟	91.0	11.25	9.23	18.8	2.6	25.4	39.4	—	—	—	0.35
16	1-10-0031	向日葵仁饼 sunflower meal(exp.)	壳仁比为 35∶65,NY/T 3 级	88.0	8.79	7.21	29.0	2.9	20.4	31.0	41.4	29.6	0.24	0.87
17	3-03-0029	玉米青贮	乳熟期,全株	23.0	2.21	1.81	2.8	0.4	8.0	9.0	—	—	0.18	0.05
18	4-07-0278	玉米 corn grain	成熟,高蛋白,优质	86.0	14.23	11.67	9.4	3.1	1.2	71.1	—	—	0.02	0.27
19	4-07-0279	玉米 corn grain	成熟,GB/T 17890-1999 1 级	86.0	14.27	11.70	8.7	3.6	1.6	70.7	9.3	2.7	0.02	0.27
20	4-07-0280	玉米 corn grain	成熟,GB/T 17 890-1999 2 级	86.0	14.14	11.59	7.8	3.5	1.6	71.8	8.2	2.9	0.02	0.27
21	4-07-0272	高粱 sorghum grain	成熟,NY/T 1 级	86.0	13.05	10.70	9.0	3.4	1.4	70.4	17.4	8.0	0.13	0.36
22	4-07-0270	小麦 wheat grain	混合小麦,成熟 NY/T 2 级	87.0	14.23	11.67	13.9	1.7	1.9	67.6	13.3	3.9	0.17	0.41

表 16（续）

序号	中国饲料号 CFN	饲料名称 Feed Name	饲料描述 Description	干物质 DM,%	消化能 MJ/kg	代谢能 MJ/kg	粗蛋白 CP,%	粗脂肪 EE,%	粗纤维 CF,%	无氮浸出物 NFE,%	中洗纤维 NDF,%	酸洗纤维 ADF,%	钙 Ca,%	总磷 P,%
23	4-07-0274	大麦(裸)naked barley grain	裸大麦,成熟 NY/T 2级	87.0	13.43	11.01	13.0	2.1	2.0	67.7	10.0	2.2	0.04	0.39
24	4-07-0277	大麦(皮)barley grain	皮大麦,成熟 NY/T 1级	87.0	13.22	10.84	11.0	1.7	4.8	67.1	18.4	6.8	0.09	0.33
25	4-07-0281	黑麦 rye	籽粒,进口	88.0	14.18	11.63	11.0	1.5	2.2	71.5	12.3	4.6	0.05	0.30
26	4-07-0273	稻谷 paddy	成熟,晒干 NY/T 2级	86.0	12.64	10.36	7.8	1.6	8.2	63.8	27.4	28.7	0.03	0.36
27	4-07-0276	糙米 rough rice	良,成熟,未去米糠	87.0	14.27	11.70	8.8	2.0	0.7	74.2	13.9	—	0.03	0.35
28	4-07-0275	碎米 broken rice	良,加工精米后的副产品	88.0	14.35	11.77	10.4	2.2	1.1	72.7	1.6	—	0.06	0.35
29	4-07-0479	粟(谷子)millet grain	合格,带壳,成熟	86.5	12.55	10.29	9.7	2.3	6.8	65.0	15.2	13.3	0.12	0.30
30	4-04-0067	木薯干 cassava tuber flake	木薯干片,晒干 NY/T 合格	87.0	12.51	10.26	2.5	0.7	2.5	79.4	8.4	6.4	0.27	0.09
31	4-04-0068	甘薯干 sweet potato tuber flake	甘薯干片,晒干 NY/T 合格	87.0	13.68	11.22	4.0	0.8	2.8	76.4	—	—	0.19	0.02
32	4-08-0003	高粱糠 sorghum grain bran	籽粒加工后的壳副产品	91.1	14.02	11.50	9.6	9.1	4.0	63.5	—	—	0.07	0.81
33	4-08-0104	次粉 wheat middling and reddog	黑面,黄粉,下面 NY/T 1级	88.0	13.89	11.39	15.4	2.2	1.5	67.1	18.7	4.3	0.08	0.48
34	4-08-0105	次粉 wheat middling and reddog	黑面,黄粉,下面 NY/T 2级	87.0	13.60	11.15	13.6	2.1	2.8	66.7	31.9	10.5	0.08	0.48
35	4-08-0069	小麦麸 wheat bran	传统制粉工艺 NY/T 1级	87.0	12.18	9.99	15.7	3.9	6.5	56.0	37.0	13.0	0.11	0.92
36	4-08-0070	小麦麸 wheat bran	传统制粉工艺 NY/T 2级	87.0	12.10	9.92	14.3	4.0	6.8	57.1	—	—	0.10	0.93
37	4-08-0070	玉米皮 corn hull	籽粒加工后的壳副产品	87.9	10.12	8.30	10.2	4.9	13.8	57.0	44.8	14.9	—	—
38	4-08-0041	米糠 rice bran	新鲜,不脱脂 NY/T 2级	87.0	13.77	11.29	12.8	16.5	5.7	44.5	22.9	13.4	0.07	1.43
39	5-09-0127	大豆 soybean	黄大豆,成熟 NY/T 2级	87.0	16.36	13.42	35.5	17.3	4.3	25.7	7.9	7.3	0.27	0.48
40	5-09-0128	全脂大豆 full-fat soybean	湿法膨化,生大豆为 NY/T 2级	88.0	16.99	13.93	35.5	18.7	4.6	25.2	17.2	11.5	0.32	0.40
41	4-10-0018	米糠粕 rice bran meal(sol.)	浸提或预压浸提,NY/T 1级	87.0	10.00	8.20	15.1	2.0	7.5	53.6	—	—	0.15	1.82
42	4-10-0025	米糠饼 rice bran meal(exp.)	未脱脂,机榨 NY/T 1级	88.0	11.92	9.77	14.7	9.0	7.4	48.2	27.7	11.6	0.14	1.69
43	4-10-0026	玉米胚芽饼 corn germ meal(exp.)	玉米湿磨后的胚芽,机榨	90.0	12.45	10.21	16.7	9.6	6.3	50.8	—	—	0.04	1.45
44	4-10-0244	玉米胚芽粕 corn germ meal(sol.)	玉米湿磨后的胚芽,浸提	90.0	11.56	9.48	20.8	2.0	6.5	54.8	—	—	0.06	1.23
45	4-11-0612	糖蜜 molasses	糖用甜菜	75	15.97	13.10	11.8	0.4	—	—	0.08	0.08	—	—
46	5-10-0241	大豆饼 soybean meal(exp.)	机榨 NY/T 2级	89.0	14.10	11.56	41.8	5.8	4.8	30.7	18.1	15.5	0.31	0.50

表 16（续）

序号	中国饲料号 CFN	饲料名称 Feed Name	饲料描述 Description	干物质 DM,%	消化能 MJ/kg	代谢能 MJ/kg	粗蛋白 CP,%	粗脂肪 EE,%	粗纤维 CF,%	无氮浸出物 NFE,%	中洗纤维 NDF,%	酸洗纤维 ADF,%	钙 Ca,%	总磷 P,%
47	5-10-0103	大豆粕 soybean meal(sol.)	去皮，浸提或预压浸提 NY/T 1级	89.0	14.31	11.73	47.9	1.0	4.0	31.2	8.8	5.3	0.34	065
48	5-10-0102	大豆粕 soybean meal(sol.)	浸提或预压浸提 NY/T 2级	89.0	14.27	11.70	44.0	1.9	5.2	31.8	13.6	9.6	0.33	0.62
49	5-10-0118	棉籽饼 cottonseed meal(exp.)	机榨 NY/T 2级	88.0	13.22	10.84	36.3	7.4	12.5	26.1	32.1	22.9	0.21	0.83
50	5-10-0119	棉籽粕 cottonseed meal(sol.)	浸提或预压浸提 NY/T 1级	90.0	13.05	10.70	47.0	0.5	10.2	26.3	—	—	0.25	1.10
51	5-10-0117	棉籽粕 cottonseed meal(sol.)	浸提或预压浸提 NY/T 2级	90.0	12.47	10.23	43.5	0.5	10.5	28.9	28.4	19.4	0.28	1.04
52	5-10-0183	菜籽饼 rapeseed meal(exp.)	机榨 NY/T 2级	88.0	13.14	10.77	35.7	7.4	11.4	26.3	33.3	26.0	0.59	0.96
53	5-10-0121	菜籽粕 rapeseed meal(sol.)	浸提或预压浸提 NY/T 2级	88.0	12.05	9.88	38.6	1.4	11.8	28.9	20.7	16.8	0.65	1.02
54	5-10-0116	花生仁饼 peanut meal (exp.)	机榨 NY/T 2级	88.0	14.39	11.80	44.7	7.2	5.9	25.1	14.0	8.7	0.25	0.53
55	5-10-0115	花生仁粕 peanut meal(sol.)	浸提或预压浸提 NY/T 2级	88.0	13.56	11.12	47.8	1.4	6.2	27.2	15.5	11.7	0.27	0.56
56	5-10-0242	向日葵仁粕 sunflower meal(sol.)	壳仁比为 16：84，NY/T 2级	88.0	10.63	8.72	36.5	1.0	10.5	34.4	14.9	13.6	0.27	1.13
57	5-10-0243	向日葵仁粕 sunflower meal(sol.)	壳仁比为 24：76，NY/T 2级	88.0	8.54	7.00	33.6	1.0	14.8	38.8	32.8	23.5	0.26	1.03
58	5-10-0119	亚麻仁饼 linseed meal(exp.)	机榨 NY/T 2级	88.0	13.39	10.98	32.2	7.8	7.8	34.0	29.7	27.1	0.39	0.88
59	5-10-0120	亚麻仁粕 linseed meal(sol.)	浸提或预压浸提 NY/T 2级	88.0	12.51	10.26	34.8	1.8	8.2	36.6	21.6	14.4	0.42	0.95
60	5-10-0246	芝麻饼 sesame meal(exp.)	机榨，CP 40%	92.0	14.69	12.05	39.2	10.3	7.2	24.9	18.0	13.2	2.24	1.19
61	5-11-0001	玉米蛋白粉 corn gluten meal	玉米去胚芽，淀粉后的面筋部分 CP 60%	90.1	18.37	15.06	63.5	5.4	1.0	19.2	8.7	4.6	0.07	0.44
62	5-11-0002	玉米蛋白粉 corn gluten meal	同上，中等蛋白产品，CP 50%	91.2	15.86	13.01	51.3	7.8	2.1	28.0	10.1	7.5	0.06	0.42
63	5-11-0003	玉米蛋白饲料 corn gluten feed	玉米去胚芽、淀粉后的含皮残渣	88.0	13.39	10.98	19.3	7.5	7.8	48.0	33.6	10.5	0.15	0.70
64	5-11-0004	麦芽根 barley malt sprouts	大麦芽副产品，干燥	89.7	11.42	9.36	28.3	1.4	12.5	41.4	—	—	0.22	0.73
65	5-11-0005	啤酒糟 brewers dried grain	大麦酿造副产品	88.0	—	—	24.3	5.3	13.4	40.8	39.4	24.6	0.32	0.42
66	5-11-0007	DDGS corn distiller's grains with soluble	玉米啤酒糟及可溶物，脱水	90.0	14.64	12.00	28.3	13.7	7.1	36.8	—	—	0.20	0.74
67	5-11-0008	玉米蛋白粉 corn gluten meal	同上，中等蛋白产品，CP40%	89.9	15.19	12.46	44.3	6.0	1.6	37.1	33.3	—	—	—
68	5-11-0009	蚕豆粉浆蛋白粉 broad bean gluten meal	蚕豆去皮制粉丝后的浆液，脱水	88.0	—	—	66.3	4.7	4.1	10.3	—	—	—	0.59
69	7-15-0001	啤酒酵母 brewers dried yeast	啤酒酵母菌粉，QB/T 1940-94	91.7	13.43	11.01	52.4	0.4	0.6	33.6	—	—	0.16	1.02
70	8-16-0099	尿素 urea		95.0	0	0	267	—	—	—	—	—	—	—

注 1："—"表示数据不详或暂无此测定数据。

注 2：表中代谢能值是根据消化能乘以 0.82 估算。

表 17　常用矿物质饲料中矿物元素的含量(以饲喂状态为基础)

序号	中国饲料号 CFN	饲料名称 Feed Name	化学分子式 Chemical formula	钙 Ca[a] %	磷 P %	磷利用率[b] %	钠 Na %	氯 Cl %	钾 K %	镁 Mg %	硫 S %	铁 Fe %	锰 Mn %
1	6-14-0001	碳酸钙,饲料级轻质 calcium carbonate	$CaCO_3$	38.42	0.02	—	0.08	0.02	0.08	1.610	0.08	0.06	0.02
2	6-14-0002	磷酸氢钙,无水 calcium phosphate(dibasic), anhydrous	$CaHPO_4$	29.60	22.77	95～100	0.18	0.47	0.15	0.800	0.80	0.79	0.14
3	6-14-0003	磷酸氢钙,2个结晶水 calcium phosphate(dibasic), dehydrate	$CaHPO_4 \cdot 2H_2O$	23.29	18.00	95～100	—	—	—	—	—	—	—
4	6-14-0004	磷酸二氢钙 calcium phosphate(monobasic) monohydrate	$Ca(H_2PO_4)_2 \cdot H_2O$	15.90	24.58	100	0.20	—	0.16	0.900	0.80	0.75	0.01
5	6-14-0005	磷酸三钙(磷酸钙) calcium phosphate(tribasic)	$Ca_3(PO_4)_2$	38.76	20.0	—	—	—	—	—	—	—	—
6	6-14-0006	石粉[c]、石灰石、方解石等 limestone、calcite		35.84	0.01	—	0.06	0.02	0.11	2.060	0.04	0.35	0.02
7	6-14-0010	磷酸氢铵 ammonium phosphate(dibasic)	$(NH_4)_2HPO_4$	0.35	23.48	100	0.20	—	0.16	0.750	1.50	0.41	0.01
8	6-14-0011	磷酸二氢铵 ammonium phosphate (monobasic)	$NH_4H_2PO_4$	—	26.93	100	—	—	—	—	—	—	—
9	6-14-0012	磷酸氢二钠 sodium phosphate (dibasic)	Na_2HPO_4	0.09	21.82	100	31.04	—	—	—	—	—	—
10	6-14-0013	磷酸二氢钠 sodium phosphate (monobasic)	NaH_2PO_4	—	25.81	100	19.17	0.02	0.01	0.010	—	—	—
11	6-14-0015	碳酸氢钠 sodium bicarbonate	$NaHCO_3$	0.01	—	—	27.00	—	0.01	—	—	—	—
12	6-14-0016	氯化钠 sodium chloride	$NaCl$	0.30	—	—	39.50	59.00	—	0.005	0.20	0.01	—
13	6-14-0017	氯化镁 magnesium chloride hexahydrate	$MgCl_2 \cdot 6H_2O$	—	—	—	—	—	—	11.950	—	—	—
14	6-14-0018	碳酸镁 magnesium carbonate	$MgCO_3 \cdot MgOH_2$	0.02	—	—	—	—	—	34.000	—	—	0.01
15	6-14-0019	氧化镁 magnesium oxide	MgO	1.69	—	—	—	—	0.02	55.000	0.10	1.06	—
16	6-14-0020	硫酸镁,7个结晶水 magnesium sulfate heptahydrate	$MgSO_4 \cdot 7H_2O$	0.02	—	—	—	0.01	—	9.860	13.01	—	—
17	6-14-0021	氯化钾 potassium chloride	KCl	0.05	—	—	1.00	47.56	52.44	0.230	0.32	0.06	0.001
18	6-14-0022	硫酸钾 potassium sulfate	K_2SO_4	0.15	—	—	0.09	1.50	44.87	0.600	18.40	0.07	0.001

注 1：数据来源:《中国饲料学》(2000,张子仪主编)。

注 2：饲料中使用的矿物质添加剂一般不是化学纯化合物,其组成成分的变异较大。如果能得到,一般应采用原料供给商的分析结果。例如,饲料级的磷酸氢钙原料中往往含有一些磷酸二氢钙,而磷酸二氢钙中含有一些磷酸氢钙。

[a] 在大多数来源的磷酸氢钙、磷酸二氢钙、磷酸三钙、脱氟磷酸钙、碳酸钙、硫酸钙和方解石石粉中,估计钙的生物学利用率为 90%～100%,在高镁含量的石粉或白云石石粉中钙的生物学效价较低,为 50%～80%。

[b] 生物学效价估计值通常以相当于磷酸氢钠或磷酸氢钙中磷的生物学效价表示。

[c] 大多数方解石石粉中含有 38%或高于表中所示的钙和低于表中所示的镁。

附　录　A
（资料性附录）
新蛋白质营养体系下肉用绵羊营养需要量

A.1　范围

本附录A适用于以产肉为主要生产目的而饲养的绵羊品种。

本附录规定了新蛋白质营养体系下肉用绵羊对日粮干物质进食量、代谢能、小肠可消化粗蛋白质需要量推荐值。

A.2　饲料小肠可消化粗蛋白质评定

A.2.1　小肠可消化粗蛋白质　intestinal digestible crude protein

进入到反刍家畜小肠消化道并在小肠中被消化的粗蛋白质为小肠可消化粗蛋白质，英语简写为IDCP，由饲料瘤胃非降解蛋白质（UDP）、瘤胃微生物粗蛋白质（MCP）及小肠内源性粗蛋白质组成，单位为g，在具体测算中，小肠内源性粗蛋白质可暂忽略不计。IDCP具体按式（A.1）计算：

$$\mathrm{IDCP}=\mathrm{UDP}\times Idg1+\mathrm{MCP}\times 0.7 \qquad \text{(A.1)}$$

式中：

UDP——饲料瘤胃非降解粗蛋白质量，单位为克（g）；

MCP——瘤胃微生物粗蛋白质产生量，单位为克（g）；

$Idg1$——饲料瘤胃非降解蛋白质在小肠的平均消化率，暂建议取值为0.68；

0.7——瘤胃微生物粗蛋白质在小肠的平均消化率建议值。

A.2.2　瘤胃有效降解粗蛋白质　rumen effective degradable protein

饲料粗蛋白质在瘤胃中被降解的部分，又称饲料瘤胃有效降解粗蛋白质，英文简称为ERDP，采用瘤胃尼龙袋培养法测定。具体按式（A.2）和式（A.3）测算：

$$dg_t=a+b\times(1-e^{-c\times t}) \qquad \text{(A.2)}$$

$$\mathrm{ERDP}=\mathrm{CP}\times[a+b\times c/(c+kp)] \qquad \text{(A.3)}$$

式（A.2）和式（A.3）中：

dg_t——饲料粗蛋白质在瘤胃中第t时间点的动态消失率；

t——饲料粗蛋白质在瘤胃中的停留时间，单位为小时（h）；

a——可迅速降解的可溶性粗蛋白质和非蛋白氮部分；

b——具有一定降解速率的非可溶性可降解粗蛋白质部分；

c——b部分降解速率（h^{-1}），也可以用k_d表示；

CP——饲料粗蛋白质，单位为克（g）；

kp——瘤胃食糜向后段消化道的外流速度，具体按式（A.4）计算（AFRC，1993）。

$$kp=-0.024+0.179\times(1-e^{-0.278\times L}) \qquad \text{(A.4)}$$

式（A.4）中：

kp——瘤胃食糜向后段消化道的外流速度，单位为h^{-1}；

L——饲养水平，由给饲动物日粮中总代谢能需要量除以维持代谢能需要量计算而得。

A.2.3　瘤胃微生物粗蛋白质MCP

在瘤胃发酵过程中产生并进入小肠的瘤胃微生物来源粗蛋白质，即为瘤胃微生物蛋白质，按式

(A.5)计算(NRC,1985)：

$$MCP=(423.43\times DEI-1.29)\times 6.25 \quad \cdots\cdots (A.5)$$

式(A.5)中：

MCP——瘤胃微生物粗蛋白质，单位为克每天(g/d)；

DEI——每日饲料消化能进食量，单位为兆焦每天(MJ/d)。

A.3 肉用绵羊营养需要量

肉用绵羊日干物质采食量、代谢能、小肠可消化粗蛋白质需要量见表 A.1～A.6。

A.3.1 肉用绵羊干物质采食量

粗料型日粮　指日粮中粗饲料比例大于 55%时，按式(A.6)计算干物质采食量：

$$DMI=(1+F\times 17.51)\times(104.7\times q_m-0.307\times LBW-15.0)\times LBW^{0.75} \quad \cdots\cdots (A.6)$$

精料型日粮　指日粮中粗饲料比例小于 55%时，按式(A.7)计算干物质采食量：

$$DMI=(1+F\times 17.51)\times(150.3-78\times q_m-0.408\times LBW)\times LBW^{0.75} \quad \cdots\cdots (A.7)$$

式(A.6)和式(A.7)中：

DMI——干物质采食量，单位为千克每天(kg/d)；

LBW——动物活体重，单位为千克(kg)；

q_m——维持饲养水平条件下总能代谢率，根据日粮代谢能除以总能计算得到；

F——校正系数，按式(A.8)计算。

$$F=-0.038+0.076\times ME-0.015\times ME^2 \quad \cdots\cdots (A.8)$$

式(A.8)中：

F——校正系数；

ME——给饲日粮干物质中代谢能浓度，单位为兆焦每千克(MJ/kg)。

A.3.2 肉用绵羊代谢能需要量

肉羊代谢能需要量评定是在消化代谢试验、呼吸测热等试验的基础上，采用析因法得到不同生产水平下进食代谢能转化为维持净能(NEm)、增重净能(NEg)、妊娠净能(NEc)、产奶净能(NE_L)产毛净能(NEw)的量和效率(k)后推算获得。计算如式(A.9)所列：

$$ME(MJ/d)=NEm/km+NEg/kf+NEc/kc+NE_L/kl+NEw/kw \quad \cdots\cdots (A.9)$$

式(A.9)中，km、kf、kc、kl、kw 分别为代谢能转化为 NEm、NEg、NEc、NE_L、NEw 的沉积效率，具体测算公式如下(AFRC,1993)：

$$km=0.35\times q_m+0.503 \quad \cdots\cdots (A.10)$$

$$kf=0.78\times q_m+0.006 \quad \cdots\cdots (A.11)$$

$$kc=0.133 \quad \cdots\cdots (A.12)$$

$$kl=0.35\times q_m+0.420 \quad \cdots\cdots (A.13)$$

$$kw=0.18 \quad \cdots\cdots (A.14)$$

式(A.10)～式(A.14)中：

q_m——维持饲养水平条件下总能代谢率，根据日粮代谢能除以总能计算得到。

式(A.9)中，NEm、NEg、NEc、NE_L、NEw 具体计算公式(AFRC,1993)如下：

$$NEm(MJ/d)=(4.185\times 56\times LBW^{0.75}+A)/1\,000 \quad \cdots\cdots (A.15)$$

生长肥育羔羊和育成公羊：$NEg(MJ/d)=ADG\times(2.5+0.35\times LBW)$ ……(A.16)

育成母羊：$NEg(MJ/d)=ADG\times(2.1+0.45\times LBW)$ ……(A.17)

羯羊：$NEg(MJ/d)=ADG\times(4.4+0.32\times LBW)$ ……(A.18)

$$Log(Et)=3.322-4.979\times e^{-0.00643\times t} \quad \cdots\cdots (A.19)$$

$$NEc(MJ/d)=0.25\times Wo\times Et\times 0.07372\times e^{-0.00643\times t} \quad \cdots\cdots (A.20)$$

$$NE_L(MJ/d)=Y\times(41.94\times MF+15.85\times P+21.41\times ML)/1\,000 \quad (A.21)$$

$$NEw(MJ/d)=23\times FL/1\,000 \quad (A.22)$$

式(A.15)～式(A.22)中：

LBW——动物活体重，单位为千克(kg)；

ADG——平均日增重，单位为千克每天(kg/d)；

FL——每日产毛量，单位为克每天(g/d)；

A——动物随意活动净能需要量，舍饲羔羊 *A* 取 6.7 kJ/d，放牧饲养羔羊 *A* 取 10.6 kJ，对舍饲妊娠母羊而言，$A=9.6\times LBW$，对泌乳母羊而言，$A=5.4\times LBW$；

t——妊娠天数；

Et——妊娠第 *t* 天胎儿的燃烧热值，单位为兆焦(MJ)；

Wo——羔羊出生重，对绵羊出生重取 4.0 kg；

Y——每日产奶量，单位为千克每天(kg/d)；

MF——乳脂肪含量，单位为克每千克(g/kg)；

P——乳蛋白质含量，单位为克每千克(g/kg)；

ML——乳糖含量，单位为克每千克(g/kg)；

q_m——维持饲养水平条件下总能代谢率，根据日粮代谢能除以总能计算得到。

A.3.3 肉用绵羊小肠可消化粗蛋白质需要量

肉羊小肠可消化粗蛋白质需要量评定是在消化代谢试验、比较屠宰等试验的基础上，采用析因法得到不同生产水平下日粮小肠可消化粗蛋白质供给量转化为维持净蛋白质(NPm)、增重净蛋白质(NPg)、妊娠净蛋白质(NPc)、产奶净蛋白质(NP_L)、产毛净蛋白质(NPw)的量和效率(*kn*)后推算获得。肉用绵羊不同生产阶段小肠可消化粗蛋白质每日需要量见表 A.1～表 A.6。计算如式(A.23)：

$$IDCP(g/d)=NPm/knl+NPg/knf+NPc/knc+NP_L/knl+NPw/knw \quad (A.23)$$

式(A.23)中，knm、knf、knc、knl、knw 分别为小肠可消化粗蛋白质分别转化为 NPm、NPg、NPc、NP_L、NPw 的效率，数值分别为 1.0、0.59、0.85、0.85、0.26。NPm、NPg、NPw 表示，NPm、NPg、NPc、NP_L、NPw 具体计算公式(AFRC，1993)如式(A.24)：

$$NPm(g/d)=2.187\times LBW^{0.75} \quad (A.24)$$

公羔、羯羔、育成公羊增重净蛋白质需要量：

$$NPg(g/d)=ADG\times(160.4-1.22\times LBW+0.010\,5\times LBW^2) \quad (A.25)$$

母羔增重净蛋白质需要量：

$$NPg(g/d)=ADG\times(156.1-1.94\times LBW+0.017\,3\times LBW^2) \quad (A.26)$$

育成母羊增重净蛋白质需要量：

$$NEg(MJ/d)=ADG\times(2.1+0.45\times LBW) \quad (A.27)$$

妊娠净蛋白质需要量：

$$NPc(g/d)=TPt\times 0.067\times e^{-0.006\,01\times t} \quad (A.28)$$

$$Log(TPt)=4.928-4.87\times e^{-0.006\,01\times t} \quad (A.29)$$

产奶净蛋白质需要量：

$$NP_L(g/d)=48.9\times Y \quad (A.30)$$

除育成母羊 IDCPw 取 5.3g/d 外，其他肉用绵羊产毛小肠可消化粗蛋白质需要量计算如下：

$$IDCPw(g/d)=NPw/0.26 \quad (A.31)$$

$$IDCPw(g/d)=11.54+0.384\,6\times NPg \quad (A.32)$$

式(A.24)～式(A.32)中：

LBW——动物活体重，单位为千克(kg)；

ADG——平均日增重，单位为千克每天(kg/d)；

t ——妊娠天数，单位为天(d)；

TPt ——第 t 天妊娠胎儿的总蛋白质值，单位为克(g)；

Y ——每日产奶量，单位为千克每天(kg/d)。

A.4 肉羊常用饲料成分与营养价值表

肉羊常用饲料成分与饲料蛋白质瘤胃动态降解参数见表 A.7。表中“－”表示暂无测定数据。表中英文缩写及其度量单位具体注释如下：

DM ——饲料中干物质含量，单位为百分率(%)；

ME ——饲料干物质中代谢能浓度，单位为兆焦每千克(MJ/kg)；

CP ——饲料干物质中粗蛋白质含量，单位为百分率(%)；

a ——具体注释见本附录 A 中 A.2.2 部分；

b ——具体详释见本附录 A 中 A.2.2 部分；

c ——具体注释见本附录 A 中 A.2.2 部分；

CF ——饲料干物质中粗纤维含量，单位为百分率(%)；

NDF——饲料干物质中中性洗涤纤维含量，单位为百分率(%)；

ADF——饲料干物质中酸性洗涤纤维含量，单位为百分率(%)。

表 A.1 生长肥育绵羊羔羊每日营养需要量表

LBW kg	ADG kg/d	DMI kg/d	ME MJ/d	IDCP g/d
4	0.1	0.12	1.88	35.4
4	0.2	0.12	2.72	60.8
4	0.3	0.12	3.56	82.4
6	0.1	0.13	2.47	41.2
6	0.2	0.13	3.36	62.4
6	0.3	0.13	3.77	83.7
8	0.1	0.16	3.01	42.9
8	0.2	0.16	3.93	63.8
8	0.3	0.16	4.6	84.8
10	0.1	0.24	3.6	44.5
10	0.2	0.24	4.6	65.2
10	0.3	0.24	5.86	85.8
12	0.1	0.32	4.14	46.0
12	0.2	0.32	5.02	66.4
12	0.3	0.32	8.28	86.8
14	0.1	0.4	4.6	47.5
14	0.2	0.4	5.86	67.6
14	0.3	0.4	6.69	87.8
16	0.1	0.48	5.02	48.9
16	0.2	0.48	8.28	68.8
16	0.3	0.48	7.53	88.7

表 A.1 (续)

LBW kg	ADG kg/d	DMI kg/d	ME MJ/d	IDCP g/d
18	0.1	0.56	5.86	50.3
18	0.2	0.56	7.11	69.9
18	0.3	0.56	7.95	89.6
20	0.1	0.64	8.28	51.6
20	0.2	0.64	7.53	71.0
20	0.3	0.64	8.79	90.5

表 A.2 育成母绵羊每日营养需要量表

LBW kg	ADG kg/d	DMI kg/d	ME MJ/d	IDCP g/d
25	0	0.8	4.6	29.0
25	0.03	0.8	5.44	41.7
25	0.06	0.8	5.86	47.3
25	0.09	0.8	6.69	53.0
30	0	1	5.44	33.0
30	0.03	1	6.28	45.1
30	0.06	1	7.11	50.6
30	0.09	1	7.53	56.2
35	0	1.2	6.28	37.0
35	0.03	1.2	7.11	48.4
35	0.06	1.2	7.95	53.9
35	0.09	1.2	8.79	59.3
40	0	1.4	6.69	41.0
40	0.03	1.4	7.95	51.7
40	0.06	1.4	8.79	57.0
40	0.09	1.4	10.04	62.3
45	0	1.5	8.79	49.5
45	0.03	1.5	9.62	54.8
45	0.06	1.5	10.88	60.1
45	0.09	1.5	12.1	65.3
50	0	1.6	7.95	52.7
50	0.03	1.6	9.2	57.9
50	0.06	1.6	10.88	63.1
50	0.09	1.6	12.13	68.3

表 A.3 育成公绵羊营养需要量表

LBW kg	ADG kg/d	DMI kg/d	ME MJ/d	IDCP g/d
20	0.05	0.8	6.7	54.5
20	0.1	0.9	8	67.1
20	0.15	1	10	79.7
25	0.05	0.9	7.2	59.1
25	0.1	0.9	9	71.4
25	0.15	1.1	11.1	83.6
30	0.05	1.1	8.5	63.4
30	0.1	1	10	75.4
30	0.15	1.2	12.1	87.4
35	0.05	1.2	9.3	67.7
35	0.1	1	10.9	79.4
35	0.15	1.3	13.2	91.2
40	0.05	1.3	10.2	71.8
40	0.1	1.1	11.8	83.3
40	0.15	1.4	14.2	94.9
45	0.05	1.4	11.1	75.8
45	0.1	1.2	12.7	87.2
45	0.15	1.5	15.3	98.6
50	0.05	1.5	11.8	79.8
50	0.1	1.3	13.6	91.1
50	0.15	1.6	16.2	102.4
55	0.05	1.6	12.6	83.7
55	0.1	1.4	14.5	94.9
55	0.15	1.6	17.2	106.2
60	0.05	1.7	13.4	87.5
60	0.1	1.5	15.4	98.8
60	0.15	1.7	18.2	110.0
65	0.05	1.7	14.2	91.4
65	0.1	1.6	16.3	102.7
65	0.15	1.8	19.3	114.0
70	0.05	1.9	15	95.2
70	0.1	1.6	17.1	106.6
70	0.15	1.9	20.3	117.9

表 A.4 育肥羊每日营养需要量

LBW kg	ADG kg/d	DMI kg/d	ME MJ/d	IDCP g/d
20	0.1	0.8	7.4	67
20	0.2	0.9	9.3	92
20	0.3	1	11.2	118
25	0.1	0.9	8.6	71
25	0.2	0.9	10.8	96
25	0.3	1.1	13.0	120
30	0.1	1.1	9.8	75
30	0.2	1.1	12.3	99
30	0.3	1.2	14.8	123
35	0.1	1.1	11.1	79
35	0.2	1.2	13.8	103
35	0.3	1.3	16.6	126
40	0.1	1.2	12.2	83
40	0.2	1.3	15.3	106
40	0.3	1.4	18.0	130
45		1.3	13.4	87
45	0.2	1.4	16.8	110
45	0.3	1.5	20.3	133
50	0.1	1.4	14.6	91
50	0.2	1.5	18.3	114
50	0.3	1.6	22.1	136

表 A.5 妊娠母绵羊每日营养需要量

妊娠阶段	LBW kg	DMI kg/d	ME MJ/d	IDCP g/d
前期[a]	40	1.6	10.46	68
	50	1.8	12.55	73
	60	2	13.39	78
	70	2.2	14.23	82
后期[b]	40	1.8	12.55	85
	45	1.9	13.39	89
	50	2	14.23	93
	55	2.1	15.06	96
	60	2.2	15.9	101
	65	2.3	16.74	105
	70	2.4	17.57	110

表 A.5（续）

妊娠阶段	LBW kg	DMI kg/d	ME MJ/d	IDCP g/d
后期[c]	40	1.8	14.23	98
	45	1.9	15.06	103
	50	2	16.32	108
	55	2.1	17.15	113
	60	2.2	18.41	118
	65	2.3	19.25	125
	70	2.4	20.5	132

[a] 指妊娠期的第1个月至第3个月。
[b] 指母羊怀单羔妊娠期的第4个月至第5个月。
[c] 指母羊怀双羔妊娠期的第4个月至第5个月。

表 A.6 泌乳母绵羊每日营养需要量

LBW kg	泌乳量 kg/d	DMI kg/d	ME MJ/d	IDCP g/d
40	0	2.0	8.37	57
40	0.4	2.0	12.55	80
40	0.8	2.0	16.74	102
40	1	2.0	18.83	113
40	1.2	2.0	20.92	124
40	1.4	2.0	23.01	136
40	1.6	2.0	25.1	146
40	1.8	2.0	27.2	158
50	0	2.2	9.62	59
50	0.4	2.2	14.23	82
50	0.8	2.2	18.41	104
50	1	2.2	20.5	115
50	1.2	2.2	22.59	126
50	1.4	2.2	24.69	138
50	1.6	2.2	26.78	148
50	1.8	2.2	28.87	160
60	0	2.4	11.3	61
60	0.2	2.4	13.39	72
60	0.4	2.4	15.48	84
60	0.6	2.4	17.57	95
60	0.8	2.4	19.66	105
60	1	2.4	21.76	117
60	1.2	2.4	23.85	128

表 A.6 （续）

LBW kg	泌乳量 kg/d	DMI kg/d	ME MJ/d	IDCP g/d
60	1.4	2.4	25.94	139
60	1.6	2.4	28.03	150
60	1.8	2.4	30.12	159
70	0	2.6	12.55	63
70	0.2	2.6	14.64	74
70	0.4	2.6	16.7	86
70	0.6	2.6	18.83	96
70	0.8	2.6	20.92	107
70	1	2.6	23.01	119
70	1.2	2.6	25.1	130
70	1.4	2.6	27.61	141
70	1.6	2.6	29.71	152
70	1.8	2.6	31.8	163

表 A.7 肉羊常用饲料成分与饲料蛋白质瘤胃动态降解参数

序号	饲料名称	样品来源 及说明	DM %	ME MJ/kgDM	CP %DM	a %CP	b %CP	c /h	CF %DM	NDF %DM	ADF %DM
1	苜蓿干草	北京，苏联苜蓿 2 号	92.4	8.68	18.2	25	65	0.09	31.9	51.0	41.4
2	苜蓿干草	北京，下等	88.7	7.08	13.1	26	54	0.05	48.8	60.3	44.7
3	黑麦草	北京，盛花期	18.0	10.11	18.3	—	—	—	23.3	61.0	38.0
4	黑麦草	吉林	87.8	9.73	19.4	—	—	—	23.2	65.0	38.0
5	羊草	黑龙江，4 样品平均值	91.6	7.86	8.1	33.6	18.8	0.1	32.1	62.1	37.7
6	羊草	内蒙古	92.0	8.53	7.6	—	—	—	—	62.5	35.7
7	碱草	内蒙古，结实期	91.7	5.85	8.1	—	—	—	45.0	—	—
8	谷草	黑龙江，2 样品平均值	90.7	5.72	5.0	—	—	—	35.9	74.8	50.8
9	大米草	江苏，整株	83.2	7.54	15.4	—	—	—	36.4	82.4	68.7
10	沙打旺	北京	14.9	9.64	23.5	—	—	—	15.4	—	—
11	象草	广东湛江	20.0	9.13	10.0	—	—	—	35.0	—	—
12	玉米秸	辽宁，3 样品平均值	90.0	5.31	6.6	—	—	—	27.7	66.1	40.3
13	稻草	浙江，晚稻	89.4	4.44	2.8	—	—	—	27.0	86.7	54.6
14	稻草	河南	90.3	4.24	6.9	—	—	—	29.9	74.8	50.3
15	小麦秸	北京，冬小麦	43.5	4.80	10.1	30	50	0.12	36.1	78.9	47.4
16	小麦秸	新疆，墨西哥种	89.6	4.86	6.3	30	50	0.12	35.6	81.0	58.0
17	花生蔓	山东，伏花生	91.3	8.52	12.0	—	—	—	32.4	—	—

表 A.7 （续）

序号	饲料名称	样品来源及说明	DM %	ME MJ/kgDM	CP %DM	a %CP	b %CP	c /h	CF %DM	NDF %DM	ADF %DM
18	甘薯蔓	7省市31样品平均值	88.0	7.13	9.2	—	—	—	32.4	—	—
19	甘薯藤	11省市平均值	13.0	8.65	16.2	—	—	—	19.2	—	—
20	玉米青贮	吉林,收获后黄干贮	25.0	5.56	5.6	—	—	—	35.6	52.8	34.5
21	玉米青贮	4省市5样品平均值	22.7	8.12	7.0	—	—	—	30.4	—	—
22	苜蓿青贮	青海西宁	33.7	7.62	15.7	—	—	—	38.0	43.6	35.8
23	冬大麦青贮	北京,7样品平均值	22.2	9.13	11.7	—	—	—	29.7	—	—
24	甘薯蔓青贮	上海	18.3	6.87	9.3	—	—	—	24.6	—	—
25	甜菜叶青贮	吉林	37.5	9.32	12.3	—	—	—	19.7	—	—
26	胡萝卜	12省市13样品平均值	12.0	12.66	9.2	—	—	—	10.0	—	—
27	胡萝卜	张家口	9.3	12.79	8.6	—	—	—	8.6	—	—
28	甘薯	7省市8样品平均值	25.0	12.55	4.0	—	—	—	3.6	—	—
29	甘薯	北京	24.6	12.34	4.5	—	—	—	3.3	—	—
30	甜菜	8省市9样品平均值	15.0	10.60	13.3	—	—	—	11.3	—	—
31	豆腐渣	2省市4样品平均值	11.0	13.19	30.0	—	—	—	19.1	—	—
32	甜菜渣	黑龙江,15样品平均值	8.4	9.77	10.7	—	—	—	31.0	—	—
33	马铃薯	10省市10样品平均值	22.0	12.28	7.5	—	—	—	3.2	—	—
34	芜菁甘蓝	3省市5样品平均值	10.0	12.96	10.0	—	—	—	13.0	—	—
35	籼稻谷	9省市34样品平均值	90.6	11.77	9.2	—	—	—	9.4	16.0	12.0
36	玉米	北京,黄玉米	88.0	13.86	9.7	—	—	—	1.5	14.0	6.5
37	玉米	23省市120样品平均值	88.4	13.42	9.7	35.9	43.1	0.1	2.3	13.6	2.3
38	高粱	17省市38样品平均值	89.3	12.22	9.7	—	—	—	2.5	—	—
39	高粱	北京,红高粱	87.0	12.33	9.8	—	—	—	1.7	17.0	6.0
40	燕麦	11省市17样品平均值	90.3	12.05	12.8	—	—	—	9.9	29.3	14.0
41	大麦	20省市49样品平均值	88.8	12.29	12.1	—	—	—	5.3	20.0	7.0
42	小麦	15省市28样品平均值	91.8	13.23	13.2	—	—	—	2.6	11.8	4.2
43	小麦麸	山东,39样品平均值	89.3	10.53	16.8	29	60	0.06	11.5	46.0	13.0
44	小麦麸	全国115样品平均值	88.6	10.86	16.3	—	—	—	10.4	35.5	10.3
45	米糠	4省市13样品平均值	90.2	12.66	13.4	—	—	—	10.2	23.0	18.0
46	高粱糠	2省8个样品平均值	91.1	12.62	10.5	—	—	—	4.4	—	—
47	玉米皮	北京	87.9	9.44	—	—	—	—	15.7	51.0	17.0
48	大豆皮	北京	91.0	10.14	20.7	23	76	0.05	27.6	—	—
49	黄面粉	北京,土面粉	87.2	13.39	10.9	—	—	—	1.5	—	—
50	豆饼	四川,溶剂法	89.0	12.42	51.2	—	—	—	6.7	13.9	6.3
51	机榨豆饼	13省42样品平均值	90.6	12.96	47.5	—	—	—	6.3	15.6	9.9
52	去壳棉籽饼	上海,浸2样品平均值	88.3	11.19	44.6	—	—	—	11.8	31.0	18.0
53	棉籽饼	去壳机榨,4省市6样品平均值	89.6	12.00	36.3	—	—	—	11.9	—	—

表 A.7 （续）

序号	饲料名称	样品来源及说明	DM %	ME MJ/kgDM	CP %DM	a %CP	b %CP	c /h	CF %DM	NDF %DM	ADF %DM
54	向日葵饼	北京，去壳浸提	92.6	9.71	49.8	—	—	—	12.7	—	—
55	机榨菜籽饼	13 省市 21 样品平均值	92.2	12.02	39.5	—	—	—	11.6	—	—
56	机榨胡麻饼	8 省市 11 样品平均值	92.0	12.26	36.0	—	—	—	10.7	—	—
57	机榨花生饼	9 省市 34 样品平均值	89.9	13.17	51.6	—	—	—	6.5	—	—
58	玉米粉渣	6 省 7 样品平均值	15.0	13.20	12.0	—	—	—	9.3	81.9	28.0
59	马铃薯粉渣	3 省 3 样品平均值	15.0	10.39	6.7	—	—	—	8.7	—	—
60	酱油渣	宁夏银川	24.3	12.21	29.2	—	—	—	13.6	—	—
61	酒糟	贵州，玉米酒糟	21.0	10.57	19.0	—	—	—	11.0	43.0	21.0
62	酒糟	吉林，高粱酒糟	37.7	12.68	24.7	—	—	—	9.0	47.0	19.0
63	啤酒糟	2 省 3 样品平均值	23.4	10.06	29.1	—	—	—	16.7	45.0	22.0
注：表中“—”表示暂无测定数值											

ICS 11.220
B 42

中华人民共和国农业行业标准

NY 817—2004

猪用手术隔离器

Operating isolator for pig

2004-08-25 发布　　2004-09-01 实施

中华人民共和国农业部 发布

前　言

本标准的附录 A、附录 B、附录 C、附录 D、附录 E、附录 F、附录 G 及附录 H 为规范性附录。

本标准由中华人民共和国农业部提出并归口。

本标准起草单位：农业部畜牧兽医器械质检中心、中国农业大学、北京市 SPF 猪育种中心。

本标准主要起草人：赵继勋、钟阳和、周河、王飞虎、任占伟。

猪用手术隔离器

1 范围

本标准规定了猪用手术隔离器的结构、形式和尺寸、技术要求、试验方法、检验规则、标志、包装、贮存。

本标准适用于制备无菌猪、SPF 猪进行剖腹产手术用的手术隔离器。

2 规范性引用文件

下列文件中的条款通过本标准的引用而成为本标准的条款。凡是注日期的引用文件，其随后所有的修改单(不包括勘误的内容)或修订版均不适用于本标准，然而，鼓励根据本标准达成协议的各方研究是否可使用这些文件的最新版本。凡是不注日期的引用文件，其最新版本适用于本标准。

GB 191　包装储运图示

GB 50259　电气装置安装工程电气照明装置施工及验收规范

3 定义

3.1

SPF 猪　special pathogen free pig

一种无特定病原体的猪。

3.2

无菌猪　germ-free pig

经无菌剖腹产手术获得的仔猪，一直饲养于隔离器内，用现有方法查不出任何外来生物体的猪。

3.3

隔离器　isolator

一种将微生物完全隔离，可饲养无菌动物的装置。

4 构造

隔离器由下面几个主要部分组成：主体、传递系统、操作系统、风机、过滤系统、通风系统、灭菌渡槽、支撑结构。

4.1 主体

剖腹取胎手术及所获仔猪暂时生存的空间。

4.2 传递系统

动物、物品进出隔离器的通路。

4.3 操作系统

工作人员操作隔离器用的胶质手套及其与隔离器主体连接的部件。

4.4 风机

隔离器送、排风所需的动力风机或供风系统。

4.5 过滤系统

过滤进、出隔离器主体的空气的系统。

4.6 通风系统

进、出隔离器主体的风口及其管道。

4.7 支撑结构

隔离器本身的支撑及其他辅助部件。

4.8 灭菌渡槽

供器外剖腹取出子宫或胎儿进入手术隔离器的装有清毒药液的通道。

5 类型

5.1 分体型

剖腹手术在隔离器外完成，取出的子宫或胎儿经隔离器灭菌渡槽进入隔离器主体进行手术后处理。其结构模式见图1。

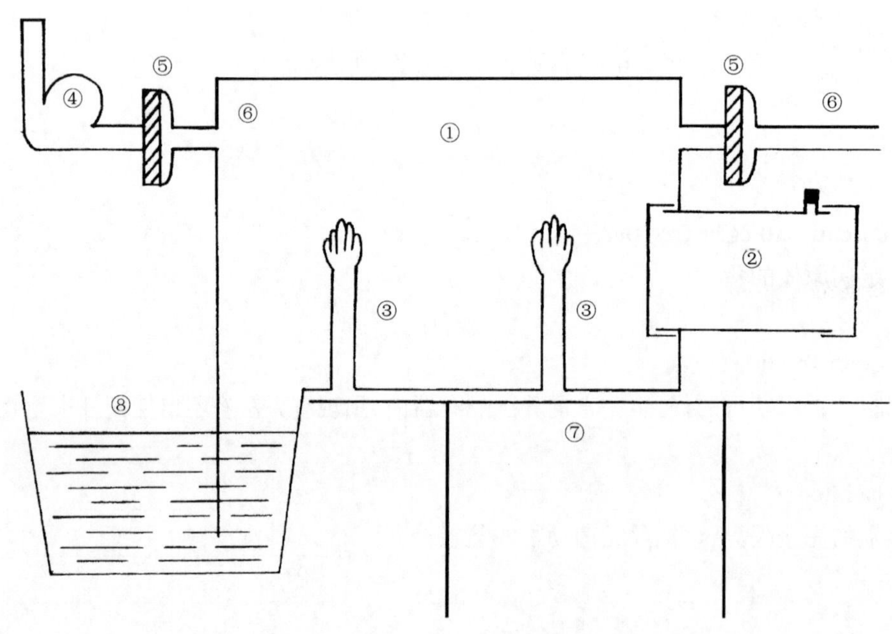

①——主体；
②——传递系统；
③——操作系统；
④——风机；
⑤——过滤系统；
⑥——通风系统；
⑦——支撑结构；
⑧——灭菌渡槽。

图1 分体型猪用手术隔离器结构模式图

5.2 连体型

带有和猪手术部位相连接，可通过手术隔离器操作手套在隔离器主体内进行剖腹产手术。其结构模式见图 2。

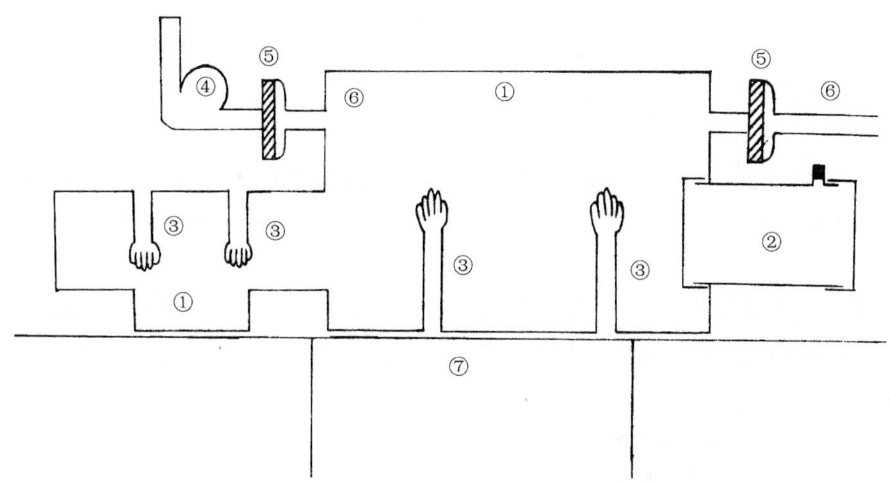

①——主体；
②——传递系统；
③——操作系统；
④——风机；
⑤——过滤系统；
⑥——通风系统；
⑦——支撑结构。

图2 连体型猪用手术隔离器结构模式图

6 材料要求

6.1 制造隔离器的软塑料

可选用无毒、耐酸碱、耐消毒药的聚氯乙烯等产品，其性能应符合表1规定。

表1 软塑料理化性能

项　目	单　位	指　标	
厚度	mm	≥0.4	
适应温度	℃	10～40	
浊度	%	<5	
抗张强度	MPa	纵向	>25
		横向	
撕裂强度	kg/cm^2	纵向	>55
		横向	
伸长率	%	>260	
封口强度	kg/cm^2	>200	
硬度	络氏	≥58	
透明度	眼观	透明	
气密性		均匀性好，无隐性小气孔	

6.2 硬质材料

用于隔离器的一切硬质材料，无论是灭菌渡槽，还是传递舱、隔离器支撑及各种辅助设备部件，凡能和所饲养动物直接接触或有间接影响的必需保证材料无毒、耐酸碱、耐消毒药、易清洗。原材料及其制备的部件不得对动物形成生物危害。可应用不锈钢、玻璃钢、硬质塑料等材料。

6.3 手套

无毒、耐酸碱、耐油、耐消毒药的乳胶或氯丁胶等材料制成，应能单独或组合成长臂形式。材料应质地柔软、坚韧。

6.4 风机

隔离器选用风机应能保证连续运转 3 000 h 以上，配套隔离器使用时，保证隔离器换气次数每小时达到 10 次以上，应能维持器内、外压差不小于 100 Pa。风机本身噪声不得高于 60 dB。

6.5 过滤材料

用于隔离器过滤系统中的过滤材料应无毒、耐酸碱、耐消毒药。组合成高效过滤器后，其性能应保证隔离器主体进出的空气洁净度均达到 100 级。

6.6 其他材料

6.6.1 软管类应无毒、耐酸碱、耐消毒药、易清洗。

6.6.2 电设备应符合 GB 50259 标准要求。

6.6.3 直接引用的仪表、设备、零部件应符合隔离器整体组成及技术需要。

6.6.4 黏合用黏胶、胶带性能要符合隔离器整体有关密封、无害、牢固性要求。

7 技术要求

7.1 空间大小

隔离器主体总面积不小于 0.6 m^2，高度≥40 cm。如为连体型，则主体供剖腹取胎手术用部分的底面积不得小于 0.3 m^2，高度≥40 cm。

7.2 外观质量

7.2.1 通体平整、光滑、无粗糙尖锐处、无断裂口及明显注压和模压花纹。

7.2.2 隔离器整体坚固，有良好移动性。

7.3 隔离器主体内环境指标(见表 2)

表 2 环境指标

项　目	指　标
换气次数	≥20 次/h
气流速度	鸡生存活动空间范围内 0.1 m/s～0.2 m/s
压强梯度	隔离器主体内、外压差 100 Pa～150 Pa
空气洁净度	隔离器主体内 100 级，动物未进入时无菌检出，排风口排出气体 100 级
落下菌数	无菌检出
噪声	≤60 dB
气密性	除送排风口外，主体不应有漏气处

7.4 隔离器本身不具有调控(除非特殊配置)其主体内部空气温、湿度的能力，主体内空气温、湿度是随外环境空气状态而变动的，与外环境相比具有增温、降湿效应。使用猪用手术隔离器时，主体内空气温、湿度变化范围需分别控制在 32℃～35℃和 40%～70%。

7.5 传递系统

最好能区分为清洁与污染两条通道，至少有一条通道最小口径应≥29 cm，具有灭菌用可开闭专门通路。操作中，应能保证断绝主体内、外气体直接交流。

7.6 手套

从隔离器主体往外延伸的操作部分长度不短于 60 cm。手套臂最大内径不小于 16 cm，最小内径不小于 8 cm。配备数量、形状和位置要便于实际操作。

7.7 灭菌渡槽

体积应不小于长 60 cm×宽 40 cm×高 50 cm，子宫和胎儿进出通路面积≥20 cm×30 cm。药槽中间档板需达槽深的 1/3，确保操作时不因药液晃动导致主体内、外气体的直接交流。

8 试验方法

8.1 外观质量用目测方法。

8.2 空间大小和手套等有长度测量要求的用计量尺实测。

8.3 技术要求中隔离器气密性测定见附录 A。

8.4 技术要求中隔离器内风速测定见附录 B。

8.5 技术要求中隔离器内主风道风速测定见附录 C。

8.6 技术要求中隔离器换气次数测定见附录 D。

8.7 技术要求中隔离器内、外气压差测定见附录 E。

8.8 技术要求中隔离器内噪声测定见附录 F。

8.9 技术要求中隔离器内空气洁净度检测见附录 G。

8.10 技术要求中隔离器内落下菌数检测见附录 H。

9 型式检验

9.1 出厂检验

9.1.1 每台隔离器均需按技术要求进行出厂检验，附上合格证方可出厂。

9.1.2 材料及辅助部件以进厂检验和供货方质保单为准。

9.2 型式检验

9.2.1 型式检验项目同出厂检验。

9.2.2 有下列情况需进行型式检验。

产品结构、制造工艺、材料变换时；

用户对产品质量有重大异议时；

技术监督部门需进行监察时。

9.2.3 抽样方法。每批隔离器随机抽取 3 台进行检验。

9.2.4 判定规则。不符合技术要求中任何一项指标即判为不合格，若 3 台均有同一缺陷，整批产品判为不合格。

10 标志、包装、存放

10.1 标志

10.1.1 产品包装物上应有下列标志：产品名称、规格，制造厂名称、地址，商标，生产日期。

10.1.2 产品合格证应有下列标志：产品名称、规格、检验员姓名或代号、检验日期。

10.2 包装

包装应确保出厂至运到用户安装前产品的安全。产品放于抗压箱中，并按 GB 191 规定注明包装储运图示。

10.3 贮存

避免露天放置，防止受潮。

附 录 A
（规范性附录）
隔离器气密性测定

A.1 测定条件

——隔离器组装全部完成，整个系统试运行 48 h 后，或系统正常连续运行之中显示隔离器内、外气压差以及送、排风量均已达标；

——决定隔离器器外环境因素的所有设施、系统均处于稳定正常运行之中；

——隔离器内无动物，室内除检测员以外无其他任何人员。

A.2 测量仪器

测量范围 0 Pa～1 500 Pa、测量误差为±1.0 Pa 的微压表。在观测前，应按仪器使用规定送计量检定单位进行检定，有条件也可进行自然对比检定。

A.3 测定方法

使用压差法，按附录 E 隔离器内、外气压差测定所述方法，测定隔离器内、外气压差之后，将隔离器全部进、出风口尽可能严密堵塞住，关闭风机。过 10 h 后，再次测定隔离器内、外气压差，比较前、后两次测定结果的差异。若隔离器器内、外气压差的下降值低于初始观测值的 50%，则可认为该隔离器气密性达标。如上观测一般至少应重复 3 次。

附 录 B
（规范性附录）
隔离器内风速测定

B.1 测定条件

——隔离器组装全部完成，整个系统试运行 48 h 后，或系统正常连续运行之中显示气密性、隔离器内外气压差以及送、排风量均已达标；
——决定隔离器外环境因素的所有设施、系统均处于稳定正常运行之中；
——隔离器内无动物，室内除检测员以外无其他任何人员。

B.2 测量仪器

测量范围 0.05 m/s～5 m/s、仪器的最小检测量为 0.05 m/s、测量误差优于±5%满量程的热球式风速仪。在观测前，应按仪器使用规定送计量检定单位进行检定，有条件也可进行自然对比检定。

B.3 测定方法

B.3.1 测点设置

可设置 9 个测点，必须保证隔离器内各个角落与中心处均有测点。

B.3.2 仪器安装

将风速仪的传感器送入隔离器内，安置在测点处，导线通过传递舱导出（注意密封不漏气），与指示记录部分相连。

B.3.3 观测步骤

仪器使用方法须遵照仪器说明书进行。若只有一套仪器观测多个测点处的风速，可使用定点流动观测方法。仪器灵敏度高，指针（或数码管显示的数字）难以静止在某数值处不动，可连续观测记录10～30 个读数，以它们的平均值作为该测点处风速值。如上观测一般至少应重复 3 次。

附 录 C
（规范性附录）
隔离器内主风道风速测定

C.1 测定条件

——隔离器组装全部完成，整个系统试运行 48 h 后，或系统正常连续运行之中显示气密性、隔离器内外气压差以及送、排风量均已达标；

——决定隔离器外环境因素的所有设施、系统均处于稳定正常连续运行之中；

——隔离器内无动物，室内除检测员以外无其他任何人员。

C.2 测量仪器

测量范围 0.05 m/s～5 m/s、仪器的最小检测量为 0.05 m/s、测量误差优于±5%满量程的热球式风速仪。在观测前，应按仪器使用规定送计量检定单位进行检定，有条件也可进行自然对比检定。

C.3 测定方法

C.3.1 测点设置

主风道指送风口正对的延伸线所构成的气流的通道，该延伸线可依风口截面形状扫描成长圆柱体或长方体，在此空间内由于气流直吹，有一部分很可能成为高风速区，故称之为主风道。在主风道上，从送风口开始每间距 10 cm（或 15 cm、20 cm）设一测点。

C.3.2 仪器安装

将风速仪的传感器送入器内，导线通过传递舱导出（注意密封不漏气），与指示记录部分相连。

C.3.3 观测步骤

仪器使用方法须遵照仪器说明书进行。若只有一套仪器观测多个测点处的风速，则可使用定点流动观测方法观测。仪器灵敏度高，指针（或数码管显示的数字）难以静止在某数值处不动，可连续观测记录 10 个～30 个读数，以它们的平均值作为该测点处风速值。如上观测一般至少应重复 3 次。

附　录　D
（规范性附录）
隔离器换气次数测定

D.1　测定条件

——隔离器组装全部完成，整个系统试运行 48 h 后，或系统正常连续运行之中显示气密性、隔离器内外气压差以及送、排风量均已达标；
——决定隔离器外环境因素的所有设施、系统均处于稳定正常连续运行之中；
——隔离器内无动物，室内除检测员以外无其他任何人员。

D.2　测量仪器

测量范围 0.05 m/s～5 m/s、仪器的最小检测量为 0.05 m/s、测量误差优于±5%满量程的热球式风速仪。在观测前，应按仪器使用规定送计量检定单位进行检定，有条件也可进行自然对比检定。

D.3　测定方法

D.3.1　测点设置

测点设置在隔离器外排风口断面中心处。

D.3.2　观测步骤

仪器使用方法须遵照仪器说明书进行。仪器灵敏度高，指针（或数码管显示的数字）难以静止在某数值处不动，可连续观测记录 10 个～30 个读数，以它们的平均值作为测点处风速值。如上观测一般至少应重复 3 次。

D.3.3　计算方法

隔离器换气量 $Q=3\,600\times\pi\times r^2\times u$　（m^3/h）（圆形风口）

$Q=3\,600\times S\times u$　（m^3/h）（矩形风口） ………………… (1)

隔离器换气次数 $N=Q/V$　（次/h） ……………………………… (2)

式中：

r——排风口断面半径，单位为米（m）；
S——排风口面积，单位为平方米（m^2）；
u——出风口风速，单位为米每秒（m/s）；
Q——换气量，单位为立方米每小时（m^3/h）；
V——器内体积，单位为立方米（m^3）；
N——换气次数，单位为次每小时（次/h）。

附　录　E
（规范性附录）
隔离器内外气压差测定

E.1　测定条件

——隔离器组装全部完成，整个系统试运行 48 h 后，或系统正常连续运行之中显示气密性、隔离器内外气压差以及送、排风量均已达标。

——决定隔离器外环境因素的所有设施、系统均处于稳定正常运行之中。

——隔离器内无动物，室内除检测员以外无其他任何人员。

E.2　测量仪器

测量范围 0 Pa～1 500 Pa、测量误差为±1.0 Pa 的微压表。在观测前，应按仪器使用规定送计量检定单位进行检定，有条件也可进行自然对比检定。

E.3　测定方法

E.3.1　测点设置

测点设于隔离器内中心点处（负压下可设 3 个测点：隔离器内靠近送风口处；隔离器内中心点处；隔离器内靠近排风口处）。

E.3.2　仪器安装

将气管一端管口置于隔离器内测点处，另一端气管口通过传递舱（注意密封不漏气）导出隔离器外，与微压表动压口相连（负压下将气管一端管口置于隔离器内测点处，另一端气管口通过传递舱导出隔离器外，与微压表静压口相连）。

E.3.3　观测步骤

仪器使用方法须遵照各类仪器说明书进行。一般至少应重复观测 3 次。

附　录　F
（规范性附录）
隔离器内噪声测定

F.1　测定条件

——隔离器组装全部完成，整个系统试运行 48 h 后，或系统正常连续运行之中显示气密性、隔离器内外气压差以及送、排风量均已达标。

——决定隔离器外环境因素的所有设施、系统均处于稳定正常运行之中。

——隔离器内无动物，室内除检测员以外无其他任何人员。

F.2　测量仪器

声级测量范围 40 dB～120 dB、频率范围 31.5 Hz～8 000 Hz、量程转换误差≤±0.5 dB 的测量“A”声级的噪声监测仪。在观测前，应按仪器使用规定，以声级校准器对噪声监测仪进行声校准。

F.3　测定方法

F.3.1　测点设置

若风机紧靠送（或排）风口，则可设 3 个测点：隔离器内靠近送风口处；隔离器内中心点处；隔离器内靠近排风口处。若风机远离送（或排）风口也可只设 1 个测点：隔离器内中心点处。

F.3.2　仪器安装

通过传递舱将噪声监测仪送入隔离器内，再将隔离器封闭好。

F.3.3　观测步骤

仪器使用方法须遵照各类仪器说明书进行。注意必须保证感应部分位于测点处。对各测点顺序重复观测 3 次，以 3 点（或 1 点）3 次观测总平均值为器内噪声值。

附 录 G
（规范性附录）
隔离器内空气洁净度检测

G.1 测定条件

——隔离器组装全部完成，整个系统试运行 48 h 后，或系统正常连续运行之中显示气密性、器内外气压差以及送、排风量均已达标；
——决定隔离器外环境因素的所有设施、系统均处于稳定正常运行之中；
——隔离器内无动物，室内除检测员以外无其他任何人员。

G.2 测量仪器

检测粒径范围 0.3 μm～10 μm、准确度相对误差±40％、离散度±30％、重复性相对标准偏差±20％的尘埃粒子计数器。应按仪器使用规定定期检查或在观测前送计量检定单位进行检定。

G.3 测定方法

G.3.1 测量前，应对过滤系统彻底清洁，更换滤纸。

G.3.2 **测点设置** 隔离器内测点位于中心点处，隔离器外测点位于出风滤器之外的总排风管断面中心点处。

G.3.3 测量仪器需充分予热，采样气管必须洁净，连接处严禁渗漏。

G.3.4 采样气管长度应符合仪器测试规定。若无规定，则宜小于 1.5 m。

G.3.5 采样流量为 2.83 L/min，采样体积 2.83 L。一般在测量仪器稳定正常运行下，对每个测点应连续采样测定 3 次。

G.3.6 **计算方法** 对各测点 3 次测定值求取平均，即为各测点实测结果。

附　录　H
（规范性附录）
隔离器内落下菌数检测

H.1　测定条件

——隔离器组装全部完成，整个系统试运行 48 h 后，或系统正常连续运行之中显示气密性、隔离器内外气压差以及送、排风量均已达标。

——决定隔离器外环境因素的所有设施、系统均处于稳定正常运行之中。

——隔离器内无动物，室内检测员以外无其他任何人员。

H.2　测定方法

H.2.1　测点设置

隔离器内底面中心及四周角落处共 5 个测点以上。

H.2.2　检测步骤

将已有培养基的无菌培养皿通过传递舱送入隔离器内，放于各测点处。打开平皿后放置 30 分钟，然后加盖由传递舱传出，立即放入 37℃恒温箱内培养 48 h 后，计算隔离器内各测点处的落下菌数（个/皿）。

H.2.3　血液琼脂培养基的制备

成分：普通琼脂　　100 mL

　　　无菌脱纤维兔或羊血　　8 mL～10 mL

制法：

a)　将已灭菌的普通琼脂培养基（pH7.6）隔水加热至完全融化；

b)　冷却至 50℃左右，以无菌操作加入无菌脱纤维兔或羊血，轻轻摇匀（勿使有气泡），立即倾注灭菌平皿内（直径 90 mm），每皿注入 15 mL～20 mL。待琼脂凝固后，翻转平皿（盖在下面），放入 37℃恒温箱内，经 24 h 无菌培养，无细菌生长，方可用于检测。

ICS 11.220
B 92

中华人民共和国农业行业标准

NY 818—2004

猪用饲养隔离器

Rearing isolator for pig

2004-08-25 发布　　2004-09-01 实施

中华人民共和国农业部 发布

前　言

本标准的附录 A、附录 B、附录 C、附录 D、附录 E、附录 F、附录 G 和附录 H 为规范性附录。

本标准由中华人民共和国农业部提出并归口。

本标准起草单位：农业部畜牧兽医器械质检中心、中国农业大学、北京市 SPF 猪育种中心。

本标准主要起草人：赵继勋、钟阳和、周河、王飞虎、任占伟。

猪用饲养隔离器

1 范围

本标准规定了猪用饲养隔离器的结构、形式和尺寸、技术要求、试验方法、检验规则、标志、包装、贮存。

本标准适用于饲养无菌猪、SPF猪仔猪的隔离器。

2 规范性引用文件

下列文件中的条款通过本标准的引用而成为本标准的条款。凡是注日期的引用文件，其随后所有的修改单(不包括勘误的内容)或修订版均不适用于本标准，然而，鼓励根据本标准达成协议的各方研究是否可使用这些文件的最新版本。凡是不注日期的引用文件，其最新版本适用于本标准。

GB 191　包装储运图示

GB 14925　实验动物　环境及设施

GB 50259　电气装置安装工程电气照明装置施工及验收规范

3 术语和定义

下列术语和定义适用于本标准。

3.1

SPF猪　special pathogen free pig

一种无特定病原微生物的猪。

3.2

无菌猪　germ-free pig

经无菌剖腹手术获得的仔猪，一直饲养于隔离器内，用现有方法查不出任何外来生物体的猪。

3.3

隔离器　isolator

一种将微生物完全隔离，可饲养无菌动物的装置。

4 构造

隔离器由下面几个主要部分组成：主体、传递系统、操作系统、过滤系统、通风系统、风机、支撑结构。

4.1 主体

剖腹取胎手术后获得的无菌、SPF仔猪生存的空间。

4.2 传递系统

动物、物品的进出隔离器的通路。

4.3 操作系统

工作人员操作隔离器用的胶质手套及其与隔离器主体的连接部件。

4.4 风机

隔离器送排风所需的动力风机或供风系统。

4.5 过滤系统

过滤进出隔离器主体的空气的系统。

4.6 通风系统

进出隔离器主体的风口及其管道。

4.7 支撑结构

隔离器本身的支撑及其他辅助部件。

5 类型

隔离器可有两种类型。

5.1 软质隔离器

主体由柔软塑料薄膜经热合密封而成，主体空间大小随通风而变化，主体内部应有可防止猪和软塑料直接接触的围护笼具。其结构模式见图1。

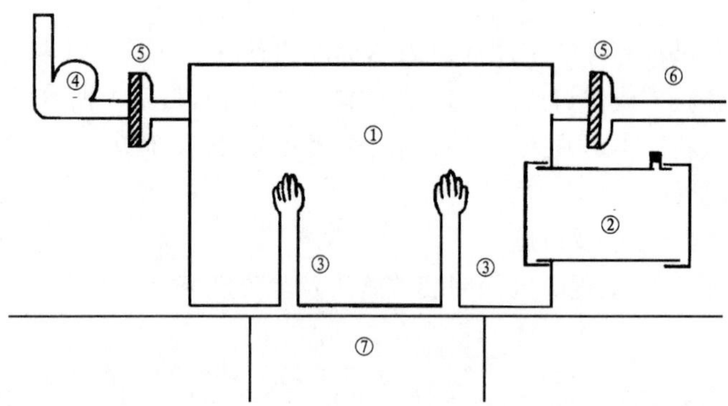

①——主体；
②——传递系统；
③——操作系统；
④——风机；
⑤——过滤系统；
⑥——通风系统；
⑦——支撑结构。

图1 软质隔离器结构模式图

5.2 硬软质复合型隔离器

主体由硬质、软质两部分组成。由硬质材料一体成型或经密封焊接而成的硬质部分，其空间大小不

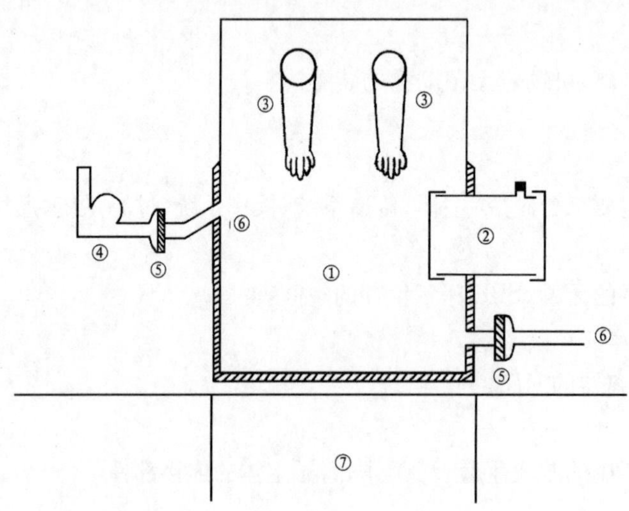

①——主体；
②——传递系统；
③——操作系统；
④——风机；
⑤——过滤系统；
⑥——通风系统；
⑦——支撑结构。

图2 硬软质复合型隔离器结构模式图

随通风而变化，应有防止动物接触软质部分和分隔动物排泄物的结构，是动物活动的区域。由软塑料薄膜经热合密封构成的软质部分，其空间大小随通风而变化，是透光、观察和操作的区域。两部分对接密封组成一个完整主体结构。其结构模式见图2。

6 材料要求

6.1 软塑料

可选用无毒、耐酸碱、耐消毒药的聚氯乙烯等产品，其性能应符合表1规定。

表1 软塑料理化性能

项　目	单　位	指　标	
厚度	mm	≥0.4	
适应温度	℃	10～40	
浊度	%	<5	
抗张强度	MPa	纵向	>25
		横向	
撕裂强度	kg/cm^2	纵向	>55
		横向	
伸长率	%	>260	
封口强度	kg/cm^2	>200	
硬度	络氏	≥58	
透明度	眼观	透明	
气密性		均匀性好，无隐性小气孔	

6.2 硬质材料

用于隔离器的一切硬质材料，无论是硬质隔离器主体外壳、传递舱、隔离器支撑及各种辅助设备部件，凡能和所饲养动物直接接触或有间接影响的必需保证材料无毒、耐酸碱、耐消毒药、易清洗。原材料及其制备的部件不得对动物形成生物危害。可应用不锈钢、玻璃钢、硬质塑料等材料。

6.3 手套

无毒、耐酸碱、耐油、耐消毒药的乳胶或氯丁胶等材料制成，应能单独或组合成长臂形式。材料应质地柔软、坚韧。

6.4 风机

单台隔离器选用风机应能保证连续运转3 000 h，保证隔离器换气次数达到20次/h以上。配套隔离器使用时，应能维持器内、外压差不小于100 Pa。风机本身噪声不得高于60 dB。多台隔离器共用的统一供风系统，需满足隔离器的供风相关技术要求。

6.5 过滤材料

用于隔离器过滤系统中的过滤材料应无毒、耐酸碱、耐消毒药。组合成高效过滤器后，其性能应保证隔离器主体进出的空气洁净度均达到100级。

6.6 其他材料

6.6.1 软管类应无毒、耐酸、耐消毒药、易清洗。

6.6.2 电设备应附合GB 50259标准要求。

6.6.3 直接引用的仪表、设备、零部件应符合隔离器整体组成及技术要求。

6.6.4 粘合用黏胶、胶带性能要符合隔离器对密封性、无害性、牢固性的要求。

7 技术要求

7.1 空间大小

隔离器中动物生存活动空间大小应达到:仔猪体重<2 kg,按 0.07 m^2/头计。仔猪体重≤6 kg,按 0.1 m^2/头计。高度≥50 cm,总面积不小于 0.36 m^2。

7.2 外观质量

7.2.1 通体平整、光滑、无粗糙尖锐处、无断裂口及明显注压和模压花纹。

7.2.2 隔离器整体坚固,有良好移动性。

7.3 环境指标

隔离器主体内环境指标见表 2。

表 2 环境指标

项　　目	指　　标
换气次数	≥20 次/h
气流速度	仔猪活动空间范围内 0.1 m/s~0.2 m/s
压强梯度	隔离器主体内、外压差 100 Pa~150 Pa
空气洁净度	隔离器主体内 100 级,动物未进入时无菌检出;排风口排出气体 100 级
落下菌数	无菌检出
噪声	≤60 dB
气密性	除送排风口外,主体不应有漏气处

7.4 温、湿度

隔离器本身不具有调控(除非特殊配置)其主体内部空气温、湿度的能力,主体内空气温、湿度是随外界环境空气温、湿度状态而变动的,与外环境相比具有增温、降湿效应。使用猪用饲养隔离器时,主体内空气温、湿度变化范围需控制在 16℃~33℃、40%~70%范围内。

7.5 传递系统

进出通道最小口径≥29 cm,具有灭菌用可开闭专门通路。操作中,应能保证断绝主体内外气体的直接交流。

7.6 手套

从隔离器主体伸出的操作部分长度不短于 60 cm,手套壁最大内径不小于 16 cm,最小内径不小于 8 cm,配置数量、形状及位置要便于实际操作。

8 试验方法

8.1 外观质量用目测方法。

8.2 空间大小和手套等有长度测量要求的用计量尺实测。

8.3 技术要求中隔离器气密性测定见附录 A。

8.4 技术要求中隔离器内风速测定见附录 B。

8.5 技术要求中隔离器内主风道风速测定见附录 C。

8.6 技术要求中隔离器换气次数测定见附录 D。

8.7 技术要求中隔离器内、外气压差测定见附录 E。

8.8 技术要求中隔离器内噪声测定见附录 F。

8.9 技术要求中隔离器内空气洁净度检测见附录 G。

8.10 技术要求中隔离器内落下菌数检测见附录 H。

9 型式检验

9.1 出厂检验

9.1.1 每台隔离器均需按技术要求进行出厂检验，附上合格证方可出厂。

9.1.2 材料及辅助部件以进厂检验和供货方质保单为准。

9.2 型式检验

9.2.1 型式检验项目同出厂检验。

9.2.2 有下列情况需进行型式检验。

——产品结构、制造工艺、材料变换时；

——用户对产品质量有重大异议时；

——技术监督部门需进行监察时。

9.2.3 抽样方法。每批隔离器随机抽取 3 台进行检验。

9.2.4 判定规则。不符合技术要求中任何一项指标即判为不合格；若 3 台均有同一缺陷，整批产品判为不合格。

10 标志、包装、存放

10.1 标志

10.1.1 产品包装物上应有下列标志：产品名称、规格、制造厂名称、地址、商标、生产日期。

10.1.2 产品合格证应有下列标志：产品名称、规格、检验员姓名或代号、检验日期。

10.2 包装

包装应确保出厂至运到用户安装前产品的安全。产品放于抗压箱中，并按 GB 191 规定注明包装储运图示。

10.3 贮存

避免露天放置，防止受潮。

附 录 A
（规范性附录）
隔离器气密性测定

A.1 测定条件

——隔离器组装全部完成，整个系统试运行 48 h 后，或系统正常连续运行之中显示隔离器内、外气压差以及送、排风量均已达标；

——决定隔离器器外环境因素的所有设施、系统均处于稳定正常运行之中；

——隔离器内无动物，室内除检测员以外无其他任何人员。

A.2 测量仪器

测量范围 0 Pa～1 500 Pa、测量误差为±1.0 Pa 的微压表。在观测前，应按仪器使用规定送计量检定单位进行检定，有条件也可进行自然对比检定。

A.3 测定方法

使用压差法，按附录 E 隔离器内、外气压差测定所述方法，测定隔离器内、外气压差之后，将隔离器全部进、出风口尽可能严密堵塞住，关闭风机，过 10 h 后，再次测定隔离器内、外气压差，比较前、后两次测定结果的差异。若隔离器器内、外气压差的下降值低于初始观测值的 50%，则可认为该隔离器气密性达标。如上观测一般至少应重复 3 次。

附 录 B
（规范性附录）
隔离器内风速测定

B.1 测定条件

——隔离器组装全部完成，整个系统试运行 48 h 后，或系统正常连续运行之中显示气密性、隔离器内、外气压差以及送、排风量均已达标；
——决定隔离器外环境因素的所有设施、系统均处于稳定正常运行之中；
——隔离器内无动物，室内除检测员以外无其他任何人员。

B.2 测量仪器

测量范围 0.05 m/s～5 m/s、仪器的最小检测量为 0.05 m/s、测量误差优于±5%满量程的热球式风速仪。在观测前，应按仪器使用规定送计量检定单位进行检定，有条件也可进行自然对比检定。

B.3 测定方法

B.3.1 测点设置

可设置 9 个测点，必须保证隔离器内各个角落与中心处均有测点。

B.3.2 仪器安装

将风速仪的传感器送入隔离器内，安置在测点处，导线通过传递舱导出（注意密封不漏气），与指示记录部分相连。

B.3.3 观测步骤

仪器使用方法须遵照仪器说明书进行。若只有一套仪器观测多个测点处的风速，可使用定点流动观测方法。仪器灵敏度高，指针（或数码管显示的数字）难以静止在某数值处不动，可连续观测记录 10 个～30 个读数，以它们的平均值作为该测点处风速值。如上观测一般至少应重复 3 次。

附 录 C
（规范性附录）
隔离器内主风道风速测定

C.1 测定条件

——隔离器组装全部完成，整个系统试运行 48 h 后，或系统正常连续运行之中显示气密性、隔离器内、外气压差以及送、排风量均已达标；
——决定隔离器外环境因素的所有设施、系统均处于稳定正常连续运行之中；
——隔离器内无动物，室内除检测员以外无其他任何人员。

C.2 测量仪器

测量范围 0.05 m/s～5 m/s、仪器的最小检测量为 0.05 m/s、测量误差优于±5%满量程的热球式风速仪。在观测前，应按仪器使用规定送计量检定单位进行检定，有条件也可进行自然对比检定。

C.3 测定方法

C.3.1 测点设置

主风道指送风口正对的延伸线所构成的气流的通道，该延伸线可依风口截面形状扫描成长圆柱体或长方体，在此空间内由于气流直吹，有一部分很可能成为高风速区，故称之为主风道。在主风道上，从送风口开始每间距 10 cm（或 15 cm、20 cm）设一测点。

C.3.2 仪器安装

将风速仪的传感器送入器内，导线通过传递舱导出（注意密封不漏气），与指示记录部分相连。

C.3.3 观测步骤

仪器使用方法须遵照仪器说明书进行。若只有一套仪器观测多个测点处的风速，则可使用定点流动观测方法观测。仪器灵敏度高，指针（或数码管显示的数字）难以静止在某数值处不动，可连续观测记录 10 个～30 个读数，以它们的平均值作为该测点处风速值。如上观测一般至少应重复 3 次。

附 录 D
（规范性附录）
隔离器换气次数测定

D.1 测定条件

——隔离器组装全部完成，整个系统试运行 48 h 后，或系统正常连续运行之中显示气密性、隔离器内、外气压差以及送、排风量均已达标；
——决定隔离器外环境因素的所有设施、系统均处于稳定正常连续运行之中；
——隔离器内无动物，室内除检测员以外无其他任何人员。

D.2 测量仪器

测量范围 0.05 m/s～5 m/s、仪器的最小检测量为 0.05 m/s、测量误差优于±5%满量程的热球式风速仪。在观测前，应按仪器使用规定送计量检定单位进行检定，有条件也可进行自然对比检定。

D.3 测定方法

D.3.1 测点设置

测点设置在隔离器外排风口断面中心处。

D.3.2 观测步骤

仪器使用方法须遵照仪器说明书进行。仪器灵敏度高，指针（或数码管显示的数字）难以静止在某数值处不动，可连续观测记录 10 个～30 个读数，以它们的平均值作为测点处风速值。如上观测一般至少应重复 3 次。

D.3.3 计算方法

$$隔离器换气量 Q = 3\,600 \times \pi \times r^2 \times u \quad （圆形风口）$$

$$Q = 3\,600 \times S \times u \quad （矩形风口） \quad \cdots\cdots (1)$$

$$隔离器换气次数 N = Q/V \quad \cdots\cdots (2)$$

式中：

r——排风口断面半径，单位为米（m）；
S——排风口面积，单位为平方米（m^2）；
u——出风口风速，单位为米每秒（m/s）；
Q——换气量，单位为立方米每小时（m^3/h）；
V——器内体积，单位为立方米（m^3）；
N——换气次数，单位为次每小时（次/h）。

附 录 E
（规范性附录）
隔离器内、外气压差测定

E.1 测定条件

——隔离器组装全部完成，整个系统试运行 48 h 后，或系统正常连续运行之中显示气密性、隔离器内、外气压差以及送、排风量均已达标；
——决定隔离器外环境因素的所有设施、系统均处于稳定正常运行之中；
——隔离器内无动物，室内除检测员以外无其他任何人员。

E.2 测量仪器

测量范围 0 Pa～1 500 Pa、测量误差为±1.0 Pa 的微压表。在观测前，应按仪器使用规定送计量检定单位进行检定，有条件也可进行自然对比检定。

E.3 测定方法

E.3.1 测点设置

测点设于隔离器内中心点处（负压下可设 3 个测点：隔离器内靠近送风口处；隔离器内中心点处；隔离器内靠近排风口处）。

E.3.2 仪器安装

将气管一端管口置于隔离器内测点处，另一端气管口通过传递舱（注意密封不漏气）导出隔离器外，与微压表动压口相连（负压下将气管一端管口置于隔离器内测点处，另一端气管口通过传递舱导出隔离器外，与微压表静压口相连）。

E.3.3 观测步骤

仪器使用方法须遵照各类仪器说明书进行。一般至少应重复观测 3 次。

附 录 F
（规范性附录）
隔离器内噪声测定

F.1 测定条件

——隔离器组装全部完成，整个系统试运行 48 h 后，或系统正常连续运行之中显示气密性、隔离器内、外气压差以及送、排风量均已达标；

决定隔离器外环境因素的所有设施、系统均处于稳定正常运行之中；

——隔离器内无动物，室内除检测员以外无其他任何人员。

F.2 测量仪器

声级测量范围 40 dB～120 dB、频率范围 31.5 Hz～8 000 Hz、量程转换误差≤±0.5 dB 的测量“A”声级的噪声监测仪。在观测前，应按仪器使用规定，以声级校准器对噪声监测仪进行声校准。

F.3 测定方法

F.3.1 测点设置

若风机紧靠送（或排）风口，则可设 3 个测点：隔离器内靠近送风口处；隔离器内中心点处；隔离器内靠近排风口处。若风机远离送（或排）风口也可只设 1 个测点：隔离器内中心点处。

F.3.2 仪器安装

通过传递舱将噪声监测仪送入隔离器内，再将隔离器封闭好。

F.3.3 观测步骤

仪器使用方法须遵照各类仪器说明书进行。注意必须保证感应部分位于测点处。对各测点顺序重复观测 3 次，以 3 点（或 1 点）3 次观测总平均值为器内噪声值。

附 录 G
（规范性附录）
隔离器内空气洁净度检测

G.1 测定条件

——隔离器组装全部完成，整个系统试运行 48 h 后，或系统正常连续运行之中显示气密性、器内、外气压差以及送、排风量均已达标；

——决定隔离器外环境因素的所有设施、系统均处于稳定正常运行之中；

——隔离器内无动物，室内除检测员以外无其他任何人员。

G.2 测量仪器

检测粒径范围 0.3 μm～10 μm、准确度 相对误差±40%、离散度±30%、重复性 相对标准偏差±20%的尘埃粒子计数器。应按仪器使用规定定期检查或在观测前送计量检定单位进行检定。

G.3 测定方法

G.3.1 测量前应对过滤系统彻底清洁，更换滤纸。

G.3.2 测点设置

隔离器内测点位于中心点处，隔离器外测点位于出风滤器之外的总排风管断面中心点处。

G.3.3 测量仪器需充分预热，采样气管必须洁净，连接处严禁渗漏。

G.3.4 采样气管长度应符合仪器测试规定。若无规定，则宜小于 1.5 m。

G.3.5 采样流量为 2.83 L/min，采样体积 2.83 L。一般在测量仪器稳定正常运行下，对每个测点应连续采样测定 3 次。

G.3.6 计算方法

对各测点三次测定值求取平均，即为各测点实测结果。

附 录 H
（规范性附录）
隔离器内落下菌数检测

H.1 测定条件

——隔离器组装全部完成，整个系统试运行 48 h 后，或系统正常连续运行之中显示气密性、隔离器内、外气压差以及送、排风量均已达标。

——决定隔离器外环境因素的所有设施、系统均处于稳定正常运行之中。

——隔离器内无动物，室内检测员以外无其他任何人员。

H.2 测定方法

H.2.1 测点设置

隔离器内底面中心及四周角落处共 5 个测点以上。

H.2.2 检测步骤

将已有培养基的无菌培养皿通过传递舱送入隔离器内，放于各测点处。打开平皿后放置 30 min，然后加盖由传递舱传出，立即放入 37℃恒温箱内培养 48 h 后，计算隔离器内各测点处的落下菌数（个/皿）。

H.2.3 血液琼脂培养基的制备

成分：普通琼脂　　100 mL

　　无菌脱纤维兔或羊血　　8 mL～10 mL

制法：a) 将已灭菌的普通琼脂培养基（pH7.6），隔水加热至完全融化；

b) 冷却至 50℃左右，以无菌操作加入无菌脱纤维兔或羊血，轻轻摇匀（勿使有气泡），立即倾注灭菌平皿内（直径 90 mm），每皿注入 15 mL～20 mL。待琼脂凝固后，翻转平皿（盖在下面），放入 37℃恒温箱内，经 24 h 无菌培养，无细菌生长，方可用于检测。

ICS 11.220
B 92

中华人民共和国农业行业标准

NY 819—2004

鸡用饲养隔离器

Rearing isolator for chicken

2004-08-25 发布 2004-09-01 实施

中华人民共和国农业部 发布

前　言

本标准的附录 A、附录 B、附录 C、附录 D、附录 E、附录 F、附录 G 及附录 H 为规范性附录。

本标准由中华人民共和国农业部提出并归口。

本标准起草单位：农业部畜牧兽医器械质检中心、中国农业大学、天津津航净化空调工程公司、北京实验动物中心、北京市 SPF 猪育种中心。

本标准主要起草人：赵继勋、周河、钟阳和、王飞虎、樊宝仁、李伟。

鸡用饲养隔离器

1 范围

本标准规定了鸡用饲养隔离器的结构、形式和尺寸、技术要求、试验方法、检验规则、标志、包装、贮存。

本标准适用于饲养无菌鸡、SPF 鸡的隔离器。

2 规范性引用文件

下列文件中的条款通过本标准的引用而成为本标准的条款。凡是注日期的引用文件，其随后所有的修改单(不包括勘误的内容)或修订版均不适用于本标准，然而，鼓励根据本标准达成协议的各方研究是否可使用这些文件的最新版本。凡是不注日期的引用文件，其最新版本适用于本标准。

GB 191　包装储运图示

GB 50259　电气装置安装工程电气照明装置施工及验收规范

GB/T 17998　SPF 鸡　微生物学监测总则

3 术语和定义

下列术语和定义适用于本标准。

3.1

SPF 鸡　special pathogen free chicken

符合国家标准 GB/T 17988 中规定的无多种病原微生物的鸡。

3.2

无菌鸡　germ-free chicken

按无菌技术培育及饲养于隔离器内，用现有方法查不出任何外来生物体的鸡。

3.3

隔离器　isolator

一种将微生物完全隔离，可饲养无菌动物的装置。

4 构造

隔离器由下面几个主要部分组成：主体、传递系统、操作系统、过滤系统、通风系统、风机、支撑结构(图 1)。

4.1 主体

动物所处的生存空间。

4.2 传递系统

动物、物品进出隔离器的通路。

4.3 操作系统

工作人员操作隔离器用的胶质手套及其与隔离器主体连接的部件。

4.4 风机

隔离器送、排风所需的动力风机或供风系统。

4.5 过滤系统

过滤进出隔离器主体的空气的系统。

4.6 **通风系统**

进出隔离器主体的风口及其管道。

4.7 **支撑结构**

隔离器本身的支撑及其他辅助部件见图1。

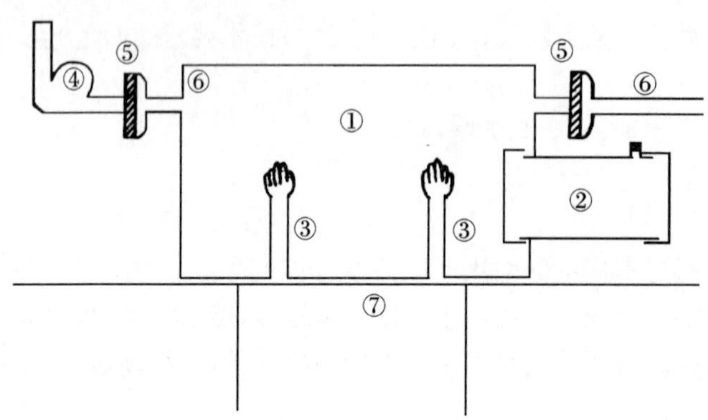

①——主体；
②——传递系统；
③—操作系统；
④——风机；
⑤——过滤系统；
⑥——通风系统；
⑦——支撑结构。

图1 隔离器结构模式图

5 类型

隔离器可有两种类型。

5.1 **软质隔离器**

主体由柔软塑料薄膜经热合密封而成，主体空间大小随通风而变化，主体内部应有可防止鸡和软塑料直接接触以及分隔鸡排泄物的围护笼具。

5.2 **硬质隔离器**

主体由硬质材料一体成型或经密封焊接而成，主体空间大小不随通风而变化。应具有分隔鸡及其排泄物的结构。

6 材料要求

6.1 **软塑料**

可选用无毒、耐酸、耐消毒药的聚氯乙烯等产品，其性能应符合表1规定。

表1 软塑料理化性能

项　　目	单　　位	指　　标	
厚度	mm	≥0.4	
适应温度	℃	10～40	
浊度	%	＜5	
抗张强度	MPa	纵向	＞25
		横向	
撕裂强度	kg/cm²	纵向	＞55
		横向	

表 1 （续）

项　目	单　位	指　标
伸长率	%	＞260
封口强度	kg/cm^2	＞200
硬度	络氏	≥58
透明度		透明
气密性		均匀性好，无隐性小气孔

6.2 硬质材料

用于隔离器的一切硬质材料，无论硬质隔离器主体外壳、传递舱、隔离器支撑及各种辅助设备部件，凡能和所饲养动物直接接触或有间接影响的，必需保证材料无毒、耐酸碱、耐消毒药、易清洗。原材料及其制备的部件不得对动物形成生物危害。可应用不锈钢、玻璃钢和硬质塑料等材料。

6.3 手套

无毒、耐酸碱、耐油、耐消毒药的乳胶或氯丁胶等材料制成。应能单独或组合成长臂形式。材料应质地柔软、坚韧。

6.4 风机

单台隔离器选用风机应能保证连续运转 3 000 h 以上；配套隔离器使用时，应能保证隔离器换气次数达到 20 次/h 以上，维持器内、外压差不小于 100 Pa。风机本身噪声小于 60 dB。多台隔离器共用的统一供风系统，需满足隔离器的供风相关技术要求。

6.5 过滤材料

用于隔离器过滤系统中的过滤材料应无毒、耐酸碱、耐消毒药。组合成高效过滤器后，其性能应保证隔离器主体进出的空气洁净度均达到 100 级。

6.6 其他材料

6.6.1 软管类应无毒、耐酸碱、耐消毒药、易清洗。

6.6.2 电设备应符合 GB 50259 标准要求。

6.6.3 直接引用的仪表、设备、零部件应符合隔离器整体组成及技术要求。

6.6.4 粘合用黏胶、胶带性能要符合隔离器整体有关密封、无害、牢固性要求。

7 技术要求

7.1 空间大小

隔离器中动物生存活动空间大小应达到：

鸡体重＜0.5 kg，按 0.02 m^2/只计，高度≥40 cm，总面积不小于 0.2 m^2。

鸡体重＞0.5 kg，按 0.05 m^2/只计，高度≥50 cm，总面积不小于 0.5 m^2。

7.2 外观质量

7.2.1 通体平整、光滑、无粗糙尖锐处、无断裂口及明显注压和模压花纹。

7.2.2 隔离器整体坚固，有良好移动性。

7.3 环境指标

隔离器主体内环境指标见表 2。

表2 环境指标

项　目	指　标
换气次数	≥20次/h
气流速度	鸡生存活动空间范围内0.1 m/s～0.2 m/s
压强梯度	隔离器主体内、外压差100 Pa～150 Pa
空气洁净度	隔离器主体内100级，动物未进入时无菌检出；排风口排出气体100级
落下菌数	无菌检出
噪声	≤60 dB
气密性	除送、排风口外，主体不应有漏气处

7.4 温、湿度

隔离器本身不具有调控(除非特殊配置)其主体内部空气温、湿度的能力，主体内空气温、湿度是随外环境空气温、湿度状态而变动的，与外环境相比具有增温、降湿效应。使用鸡用饲养隔离器时，主体内空气温、湿度变化范围需控制在16℃～32℃、40％～70％范围内。

7.5 传递系统

最好能区分为清洁与污染两条通道，至少有一条通道最小口径应不小于29 cm，具有灭菌用可开闭专门通路。操作中，应能保证断绝主体内、外气体直接交流。

7.6 手套

从隔离器主体往外延伸的操作部分长度不短于60 cm。手套臂最大内径不小于16 cm，最小内径不小于8 cm。配备数量、形状和位置要便于实际操作。

7.7 硬质隔离器

主体外壳如果由不透明材料制成，则应带有用硬质透明材料制备的观察窗，其大小应不少于主体可透光面积的1/5，以保证观察和透光照明需要。

8 试验方法

8.1 外观质量用目测法。

8.2 空间大小和手套等有长度测量要求的用计量尺实测。

8.3 技术要求中隔离器气密性测定见附录A。

8.4 技术要求中隔离器内风速测定见附录B。

8.5 技术要求中隔离器内主风道风速测定见附录C。

8.6 技术要求中隔离器换气次数测定见附录D。

8.7 技术要求中隔离器内、外气压差测定见附录E。

8.8 技术要求中隔离器内噪声测定见附录F。

8.9 技术要求中隔离器内空气洁净度检测见附录G。

8.10 技术要求中隔离器内落下菌数检测见附录H。

9 型式检验

9.1 出厂检验

9.1.1 每台隔离器均需按技术要求进行出厂检验，附上合格证方可出厂。

9.1.2 材料及辅助部件以进厂检验和供货方质保单为准。

9.2 型式检验

9.2.1　型式检验项目同出厂检验。

9.2.2　有下列情况需进行型式检验。

——产品结构、制造工艺、材料变换时；

——用户对产品质量有重大异议时；

——技术监督部门需进行监察时。

9.2.3　抽样方法。每批隔离器随机抽取 3 台进行检验。

9.2.4　判定规则。不符合技术要求中任何一项指标即判为不合格；若 3 台均有同一缺陷，整批产品判为不合格。

10　标志、包装、存放

10.1　标志

10.1.1　产品包装物上应有下列标志：产品名称、规格、制造厂名称、地址、商标、生产日期。

10.1.2　产品合格证应有下列标志：产品名称、规格、检验员姓名或代号、检验日期。

10.2　包装

包装应确保出厂至运到用户安装前产品的安全。产品放于抗压箱中，并按 GB 191 规定注明包装储运图示。

10.3　贮存

避免露天放置，防止受潮。

附　录　A
（规范性附录）
隔离器气密性测定

A.1　测定条件

——隔离器组装全部完成，整个系统试运行 48 h 后，或系统正常连续运行之中显示隔离器内、外气压差以及送、排风量均已达标；
——决定隔离器器外环境因素的所有设施、系统均处于稳定正常运行之中；
——隔离器内无动物，室内除检测员以外无其他任何人员。

A.2　测量仪器

测量范围 0 Pa～1 500 Pa、测量误差为±1.0 Pa 的微压表。在观测前，应按仪器使用规定送计量检定单位进行检定，有条件也可进行自然对比检定。

A.3　测定方法

使用压差法，按附录 E 隔离器内、外气压差测定所述方法，测定隔离器内、外气压差之后，将隔离器全部进、出风口尽可能严密堵塞住，关闭风机，过 10 h 后，再次测定隔离器内、外气压差，比较前、后两次测定结果的差异。若隔离器器内、外气压差的下降值低于初始观测值的 50%，则可认为该隔离器气密性达标。如上观测一般至少应重复 3 次。

附 录 B
（规范性附录）
隔离器内风速测定

B.1 测定条件

——隔离器组装全部完成，整个系统试运行 48 h 后，或系统正常连续运行之中显示气密性、隔离器内、外气压差以及送、排风量均已达标；
——决定隔离器外环境因素的所有设施、系统均处于稳定正常运行之中；
——隔离器内无动物，室内除检测员以外无其他任何人员。

B.2 测量仪器

测量范围 0.05 m/s～5 m/s、仪器的最小检测量为 0.05 m/s、测量误差优于±5%满量程的热球式风速仪。在观测前，应按仪器使用规定送计量检定单位进行检定，有条件也可进行自然对比检定。

B.3 测定方法

B.3.1 测点设置

必须保证隔离器内各个角落与中心处均有测点，可设置 9 个测点。

B.3.2 仪器安装

将风速仪的传感器送入隔离器内，安置在测点处，导线通过传递舱导出（注意密封不漏气），与指示记录部分相连。

B.3.3 观测步骤

仪器使用方法须遵照仪器说明书进行。若只有一套仪器观测多个测点处的风速，可使用定点流动观测方法。仪器灵敏度高，指针（或数码管显示的数字）难以静止在某数值处不动，可连续观测记录 10 个～30 个读数，以它们的平均值作为该测点处风速值。如上观测一般至少应重复 3 次。

附 录 C
（规范性附录）
隔离器内主风道风速测定

C.1 测定条件

——隔离器组装全部完成，整个系统试运行 48 h 后，或系统正常连续运行之中显示气密性、隔离器内、外气压差以及送、排风量均已达标；
——决定隔离器外环境因素的所有设施、系统均处于稳定正常连续运行之中；
——隔离器内无动物，室内除检测员以外无其他任何人员。

C.2 测量仪器

测量范围 0.05 m/s～5 m/s、仪器的最小检测量为 0.05 m/s、测量误差优于±5%满量程的热球式风速仪。在观测前，应按仪器使用规定送计量检定单位进行检定，有条件也可进行自然对比检定。

C.3 测定方法

C.3.1 测点设置

主风道指送风口正对的延伸线所构成的气流的通道，该延伸线可依风口截面形状扫描成长圆柱体或长方体，在此空间内由于气流直吹，有一部分很可能成为高风速区，故称之为主风道。在主风道上，从送风口开始每间距 10 cm(或 15 cm、20 cm)设一测点。

C.3.2 仪器安装

将风速仪的传感器送入器内，导线通过传递舱导出(注意密封不漏气)，与指示记录部分相连。

C.3.3 观测步骤

仪器使用方法须遵照仪器说明书进行。若只有一套仪器观测多个测点处的风速，则可使用定点流动观测方法观测。仪器灵敏度高，指针(或数码管显示的数字)难以静止在某数值处不动，可连续观测记录 10 个～30 个读数，以它们的平均值作为该测点处风速值。如上观测一般至少应重复 3 次。

附　录　D
（规范性附录）
隔离器换气次数测定

D.1　测定条件

——隔离器组装全部完成，整个系统试运行 48 h 后，或系统正常连续运行之中显示气密性、隔离器内、外气压差以及送、排风量均已达标；
——决定隔离器外环境因素的所有设施、系统均处于稳定正常连续运行之中；
——隔离器内无动物，室内除检测员以外无其他任何人员。

D.2　测量仪器

测量范围 0.05 m/s～5 m/s、仪器的最小检测量为 0.05 m/s、测量误差优于±5%满量程的热球式风速仪。在观测前，应按仪器使用规定送计量检定单位进行检定，有条件也可进行自然对比检定。

D.3　测定方法

D.3.1　测点设置

测点设置在隔离器外排风口断面中心处。

D.3.2　观测步骤

仪器使用方法须遵照仪器说明书进行。仪器灵敏度高，指针（或数码管显示的数字）难以静止在某数值处不动，可连续观测记录 10 个～30 个读数，以它们的平均值作为测点处风速值。如上观测一般至少应重复 3 次。

D.3.3　计算方法

隔离器换气量 $Q=3\,600\times\pi\times r^2\times u$　（圆形风口）

$$Q=3\,600\times S\times u \quad \text{（矩形风口）} \tag{1}$$

$$\text{隔离器换气次数 } N=Q/V \tag{2}$$

式中：

r——排风口断面半径，单位为米（m）；
S——排风口面积，单位为平方米（m^2）；
u——出风口风速，单位为米每秒（m/s）；
Q——换气量，单位为立方米每小时（m^3/h）；
V——器内体积，单位为立方米（m^3）；
N——换气次数，单位为次每小时（次/h）。

附 录 E
（规范性附录）
隔离器内、外气压差测定

E.1 测定条件

——隔离器组装全部完成，整个系统试运行 48 h 后，或系统正常连续运行之中显示气密性、隔离器内、外气压差以及送、排风量均已达标；
——决定隔离器外环境因素的所有设施、系统均处于稳定正常运行之中；
——隔离器内无动物，室内除检测员以外无其他任何人员。

E.2 测量仪器

测量范围 0 Pa～1 500 Pa、测量误差为±1.0 Pa 的微压表。在观测前，应按仪器使用规定送计量检定单位进行检定，有条件也可进行自然对比检定。

E.3 测定方法

E.3.1 测点设置

测点设于隔离器内中心点处（负压下可设 3 个测点：隔离器内靠近送风口处；隔离器内中心点处；隔离器内靠近排风口处）。

E.3.2 仪器安装

将气管一端管口置于隔离器内测点处，另一端气管口通过传递舱（注意密封不漏气）导出隔离器外，与微压表动压口相连（负压下将气管一端管口置于隔离器内测点处，另一端气管口通过传递舱导出隔离器外，与微压表静压口相连）。

E.3.3 观测步骤

仪器使用方法须遵照各类仪器说明书进行。一般至少应重复观测 3 次。

附　录　F
（规范性附录）
隔离器内噪声测定

F.1　测定条件

——隔离器组装全部完成，整个系统试运行 48 h 后，或系统正常连续运行之中显示气密性、隔离器内、外气压差以及送、排风量均已达标；
——决定隔离器外环境因素的所有设施、系统均处于稳定正常运行之中；
——隔离器内无动物，室内除检测员以外无其他任何人员。

F.2　测量仪器

声级测量范围 40 dB～120 dB、频率范围 31.5 Hz～8 000 Hz、量程转换误差≤±0.5 dB 的测量“A”声级的噪声监测仪。在观测前，应按仪器使用规定，以声级校准器对噪声监测仪进行声校准。

F.3　测定方法

F.3.1　测点设置

若风机紧靠送（或排）风口，则可设 3 个测点：隔离器内靠近送风口处；隔离器内中心点处；隔离器内靠近排风口处。若风机远离送（或排）风口也可只设 1 个测点：隔离器内中心点处。

F.3.2　仪器安装

通过传递舱将噪声监测仪送入隔离器内，再将隔离器封闭好。

F.3.3　观测步骤

仪器使用方法须遵照各类仪器说明书进行。注意必须保证感应部分位于测点处。对各测点顺序重复观测 3 次，以 3 点（或 1 点）3 次观测总平均值为器内噪声值。

附 录 G
(规范性附录)
隔离器内空气洁净度检测

G.1 测定条件

——隔离器组装全部完成,整个系统试运行 48 h 后,或系统正常连续运行之中显示气密性、器内、外气压差以及送、排风量均已达标;

——决定隔离器外环境因素的所有设施、系统均处于稳定正常运行之中;

——隔离器内无动物,室内除检测员以外无其他任何人员。

G.2 测量仪器

检测粒径范围 0.3 μm～10 μm、准确度 相对误差±40%、离散度±30%、重复性 相对标准偏差±20%的尘埃粒子计数器。应按仪器使用规定定期检查或在观测前送计量检定单位进行检定。

G.3 测定方法

G.3.1 测量前应对过滤系统彻底清洁,更换滤纸。

G.3.2 **测点设置** 隔离器内测点位于中心点处,隔离器外测点位于出风滤器之外的总排风管断面中心点处。

G.3.3 测量仪器需充分预热,采样气管必须洁净,连接处严禁渗漏。

G.3.4 采样气管长度应符合仪器测试规定。若无规定,则宜小于 1.5 m。

G.3.5 采样流量为 2.83 L/min,采样体积 2.83 L。一般在测量仪器稳定正常运行下,对每个测点应连续采样测定 3 次

G.3.6 **计算方法** 对各测点三次测定值求取平均,即为各测点实测结果。

附 录 H
（规范性附录）
隔离器内落下菌数检测

H.1 测定条件

——隔离器组装全部完成，整个系统试运行 48 h 后，或系统正常连续运行之中显示气密性、隔离器内、外气压差以及送、排风量均已达标；
——决定隔离器外环境因素的所有设施、系统均处于稳定正常运行之中；
——隔离器内无动物，室内检测员以外无其他任何人员。

H.2 测定方法

H.2.1 测点设置

隔离器内底面中心及四周角落处共 5 个测点以上。

H.2.2 检测步骤

将已有培养基的无菌培养皿通过传递舱送入隔离器内，放于各测点处。打开平皿后放置 30 min，然后加盖由传递舱传出，立即放入 37℃恒温箱内培养 48 h 后，计算隔离器内各测点处的落下菌数（个/皿）。

H.2.3 血液琼脂培养基的制备

成分：普通琼脂　　　　　　100 mL
　　　无菌脱纤维兔或羊血　　8 mL～10 mL

制法：a) 将已灭菌的普通琼脂培养基（pH7.6），隔水加热至完全融化；
　　　b) 冷却至 50℃左右，以无菌操作加入无菌脱纤维兔或羊血，轻轻摇匀（勿使有气泡），立即倾注灭菌平皿内（直径 90 mm），每皿注入 15 mL～20 mL。待琼脂凝固后，翻转平皿（盖在下面），放入 37℃恒温箱内，经 24 h 无菌培养，无细菌生长，方可用于检测。

ICS 65.020.30
B 40

中华人民共和国农业行业标准

NY/T 820—2004

种猪登记技术规范

Technical specification for registration of breeding pig

2004-08-25 发布

2004-09-01 实施

中华人民共和国农业部 发布

前　言

本标准的附录 A、附录 B 为规范性附录。

本标准由中华人民共和国农业部提出并归口。

本标准主要起草单位:农业部种猪质量监督检验测试中心(广州)、农业部种猪质量监督检验测试中心(武汉)、广东省板岭原种猪场、广东省东莞食品进出口公司大岭山猪场。

本标准主要起草人:吴秋豪、倪德斌、刘小红、张国杭、李珍泉、李炳坤。

种猪登记技术规范

1 范围

本标准规定了种猪的系谱登记与性能登记项目、方法。

本标准适用于种猪的系谱登记与性能登记。

2 规范性引用文件

下列文件中的条款通过本标准的引用而成为本标准的条款。凡是注日期的引用文件，其随后所有的修改单(不包括勘误的内容)或修订版均不适用于本标准，然而，鼓励根据本标准达成协议的各方研究是否可使用这些文件的最新版本。凡是不注日期的引用文件，其最新版本适用于本标准。

种畜禽管理条例

3 术语与定义

下列术语和定义适用于本标准。

3.1

总产仔数 total number born

出生时同窝的仔猪总数，包括死胎、木乃伊和畸形猪在内。

3.2

产活仔数 number of born alive

出生时同窝存活的仔猪数，包括衰弱即将死亡的仔猪在内。

3.3

产仔间隔 farrowing interval

母猪前、后两胎产仔间隔的天数。

3.4

初产日龄 age at first parity

母猪头胎产仔时的日龄。

3.5

初生重 weight at birth

仔猪初生时的个体重，在出生后 12 h 内测定，只测定出生时存活仔猪的体重。全窝存活仔猪体重之和为初生窝重。

3.6

21 日龄窝重 litter weight at 21 days

21 日龄时的全窝仔猪体重之和为 21 日龄窝重，包括寄养进来的仔猪在内，但寄出仔猪的体重不应计在内。寄养应在 3 d 内完成，注明寄养情况。

3.7

育成仔猪数 number of foster

21 日龄同窝仔猪的头数，包括寄入的在内，并注明寄养头数。

3.8

哺育率 percentage of foster

育成仔猪数占产活仔数的百分比。如有寄养情况，应在产活仔数中扣除寄出仔猪数，加上寄养进来的仔猪数，其计算公式为：

$$哺育率(\%)=\frac{育成仔猪数}{产活仔数-寄出仔猪数+寄入仔猪数}\times 100 \quad\cdots\cdots(1)$$

3.9

达目标体重日龄　age to target live weight

控制测定的后备种公、母猪的体重在一定范围，称重前停料 12 h 以上，记录测定日期，并转换成达目标体重日龄。

3.10

日增重　average daily gain

测定期间的日均增重，用克(g)表示。其计算公式为：

$$日增重=\frac{终测体重-开测体重}{测定期天数} \quad\cdots\cdots(2)$$

3.11

饲料转化率　feed conversion ratio

测定期间每单位增重所消耗的饲料量，计算公式为：

$$饲料转化率=\frac{饲料总消耗量}{总增重} \quad\cdots\cdots(3)$$

3.12

活体背膘厚　backfat at live body

测定垂直于背部皮下脂肪的厚度，以毫米(mm)为单位。可采用 A 超或 B 超进行测定。

3.13

活体眼肌面积　loin eye area at live body

测定垂直于背部背最长肌的横断面面积，以平方厘米(cm^2)为单位。可采用 B 超进行测定。

3.14

体长　body length

枕骨脊至尾根的距离，用软尺沿背线紧贴体表量取。

3.15

体高　body width

鬐甲至地面的垂直距离，用硬尺量取。

3.16

胸围　girth of chest

切于肩胛软骨后角的胸部垂直周径，用软尺紧贴体表量取。

3.17

腿臀围　girth of ham

自左侧膝关节前缘，经肛门，绕至右侧膝关节前缘的距离，用软尺紧贴体表量取。

3.18

管围　circumference of cannon bone

左前肢管部最细处的周径，用软尺紧贴体表量取。

3.19

胸深　depth of chest

切于肩胛软骨后角的背至胸部下缘的垂直距离，用硬尺或测杖量取。

3.20

胸宽 width of chest

切于肩胛后角胸部左右两侧之间的水平距离，用硬尺或测杖量取。

3.21

腹围 girth of paunch

腹部最粗壮处的垂直周径，用软尺紧贴体表量取。

在种猪达到目标体重时测量体尺，种猪站立姿势应求端正，尤其测量体长时。

4 登记条件

根据《种畜禽管理条例》要求，具备种猪场资格登记种猪的后代，或经国家有关部门批准、引进的种猪，或为经国家相关部门认可的外国种猪协会出具血缘证明的猪只、精液或胚胎。

——符合本品种特征；

——系谱记录完整，个体标识清楚；

——健康、无遗传损征，具有种用价值。

5 个体编号与耳缺剪法

实行全国统一的种猪个体编号系统，见附录 A。

6 登记项目

6.1 系谱

登记种猪 3 代以上系谱。登记表格见附录 B 的表 B.1。

6.2 基本信息

登记场名、地址、邮编、登记日期、种群代码、登记品种、性别、个体号、初生重。登记表格见附录 B 的表 B.1。

6.3 生长性能

登记达目标体重日龄、日增重、活体背膘厚、饲料转化率、体尺，体尺、活体眼肌面积、饲料转化率为可选登记项。登记表格见附录 B 的表 B.1。

6.4 繁殖性能

登记胎次、总产仔数、产活仔数、寄养情况、21 日龄窝重、育成仔猪数、哺育率。登记表格见附录 B 的表 B.2。

6.5 种猪登记的变更

登记种猪出现变更、残淘或死亡应向登记部门报告，并填写种猪变更登记表，表格见附录 B 的表 B.3。

附 录 A
（规范性附录）
种猪个体编号系统与耳缺剪法

A.1 种猪个体编号系统

个体号实行全国统一的种猪编号系统，编号系统由15位字母和数字构成，编号原则为：

——前两位用英文字母表示品种，如DD表示杜洛克，LL表示长白，YY表示大白，HH表示汉普夏等，二元杂交母猪用父系＋母系的第一个字母表示；

示例：长大杂交母猪用LY表示。

——第三位至第六位用英文字母表示场号（由农业部统一认定）；

——第七位用数字或英文字母表示分场号（先用1～9，然后用A～Z，无分场的种猪场用1）；

——第八位至第九位用公元年份最后两位数字表示个体出生时的年度；

——第10位至第13位用数字表示场内窝序号；

——第14位至第15位用数字表示窝内个体号；

——建议个体编号用耳标加刺标或耳缺做双重标记，耳标编号为个体号第三位至第六位字母，即场号，加个体号的最后六位。

A.2 耳缺剪法

耳缺剪法如图A.1所示，正对猪头左耳打孔表示场内窝号4 000，右耳打孔表示场内窝号2 000：

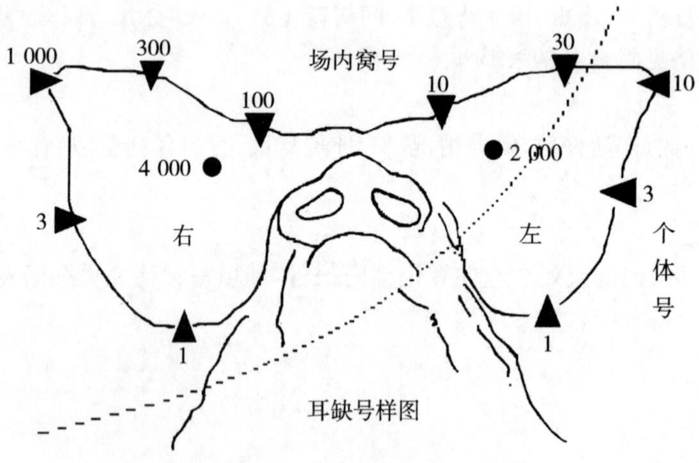

图A.1 耳缺剪法

附　录　B
（规范性附录）
记录表格

B.1　基本信息

表 B.1　种猪基本资料登记表

登记单位：

联系地址：

邮　　编：

电　　话：　　　　　传真：

登 记 号：　　　　　电子邮箱：

登记日期：

耳缺号		种群代码		出生日期		出生地点	
性　　别		品　　种		品　　系		近交程度	
初 生 重		乳 头 数	左　右	进场日期		离场日期	
离场原因							
外形特征							

B.2　系谱

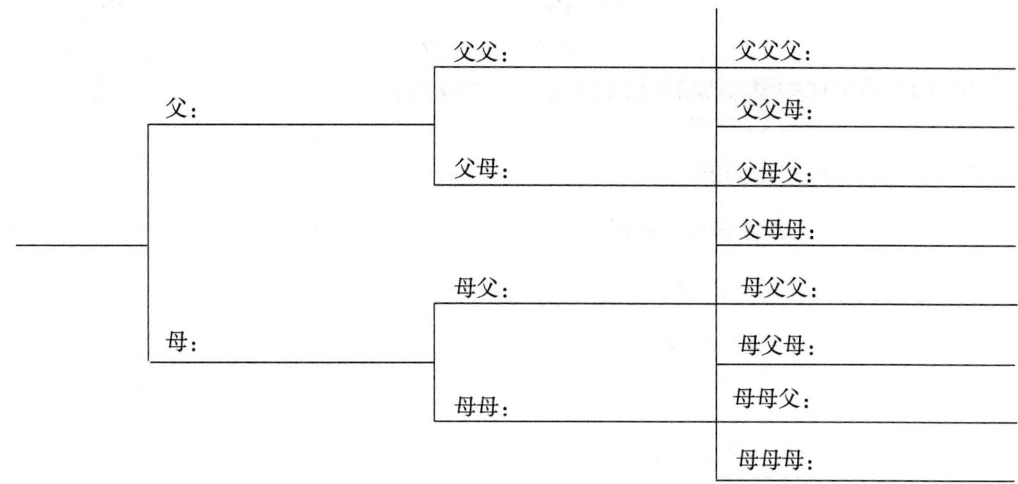

B.3　生长性能

目标体重日龄 d	日增重 g	体尺，cm							活体背膘厚，mm		活体眼肌面积 cm^2	饲料转化率
		体长	胸围	腿围	管围	胸深	胸宽	腹围	A超	B超		

B.4 备注

表 B.2 种猪繁殖性能登记表

登记单位：________________

联系地址：________________

登 记 号：________________ 邮　　编：________________

登记日期：________________ 电　　话：________________ 传真：________________

个 体 号：________________ 电子邮箱：________________

出生日期：________________

配种日期	公猪号	配种方式*	胎次	产仔记录						寄养情况		育成情况			哺育率
				日期	总仔数	活仔数	死胎	畸形	木乃伊	寄出	寄入	称重日期	头数	窝重	

* A为人工授精，N为自然交配。

表 B.3　种猪变更登记表

登记单位：________________

联系地址：________________

邮　　编：________________

电　　话：________传真：________

登 记 号：________________　　电子邮箱：________________

个体号	变更日期	变更原因		
		转　群	残　淘	死　亡

ICS 67.050
X 04

中华人民共和国农业行业标准

NY/T 821—2004

猪肌肉品质测定技术规范

Technical regulation for determination of pork quality

2004-08-25 发布 2004-09-01 实施

中华人民共和国农业部 发布

前　言

本标准由中华人民共和国农业部提出并归口。

本标准起草单位：农业部种猪质量监督检验测试中心（武汉）、农业部种猪质量监督检验测试中心（广州）。

本标准主要起草人：倪德斌、熊远著、邓昌彦、刘望宏、胡军勇、雷明刚、刘小红、钱辉跃。

猪肌肉品质测定技术规范

1 范围

本标准规定了猪肌肉品质测定的指标、方法和条件等。

本标准适用于猪肌肉品质测定。

2 规范性引用文件

下列文件中的条款通过本标准的引用而成为标准的条款。凡是注日期的引用文件，其随后所有的修改单(不包括勘误的内容)或修订版均不适用于本标准，然而，鼓励根据本标准达成协议的各方研究是否可使用这些文件的最新版本。凡是不注日期的引用文件，其最新版本适用于本标准。

NY/T 825—2004 瘦肉型猪胴体性状测定技术规范

3 术语和定义

下列术语和定义适用于本标准。

3.1

肉色 meat color

肌肉横截面颜色的鲜亮程度。

3.2

肌肉 pH muscle pH

宰后一定时间内肌肉的酸碱度，简称 pH。

3.3

系水力 water holding capacity, WHC.

离体肌肉在特定条件下，在一定时间内保持其内含水的能力。根据特定条件的不同，分别表述为系水潜能、可榨出水和滴水损失。

3.3.1

系水潜能 water holding potential

肌肉在一定时间内保持其内含水分的最大能力。

3.3.2

可榨出水 expressible moisture

肌肉在一定外力作用下，在规定时间内其内含水的榨出量。

3.3.3

滴水损失 drip loss

肌肉在不施加外力情况下，在规定时间内其内含水的外渗损失量。

3.4

肌内脂肪 intramuscular fat, IMF.

肌肉组织内的脂肪含量。

3.5

大理石纹 marbling

肌肉横截面可见脂肪与结缔组织的分布情况。

3.6

肌肉品质 meat quality

在由肌肉转化为食用肉的过程中，肌肉原有的各种理化特性与消费和流通有关的品质特性，如肉色、系水力、pH、风味等，简称肉质。

3.7

PSE pale soft and exudative

宰后一定时间内，肌肉出现颜色灰白(pale)、质地松软(soft)和切面汁液外渗(exudative)的现象。

3.8

DFD dark firm and dry

宰后一定时间内，肌肉出现颜色深暗(dark)、质地紧硬(firm)和切面干燥(dry)的现象。

3.9

酸肉 acid meat

宰后 45 min 内，肌肉 pH_1 维持 6.1 以上，但随后肌肉 pH 迅速下降，肌肉 pH_{24} 降至 5.5 以下的现象。

4 宰前处理与屠宰条件

按 NY/T 825—2004 执行。

5 取样

5.1 取样时间

猪停止呼吸 30 min 内应取样完毕。

5.2 取样部位

5.2.1 在左半胴体倒数第 3～第 4 胸椎处向后取背最长肌 20 cm～30 cm。

5.2.2 贴标签于倒数第 3～第 4 胸椎端，标签上注明屠宰时间、取样时间、样号、样重和取样人。

5.2.3 置于有盖白方瓷盘中备测。

6 测定方法

6.1 肉色

6.1.1 测定方法

6.1.1.1 比色板评分法

a) 测定时间：猪停止呼吸 1 h～2 h 内；

b) 测定部位：胸腰椎结合处背最长肌；

c) 将肉样一分为二，平置于白色瓷盘中，对照肉样和肉色比色板在自然光线下进行目测评分，采用 6 分制比色板评分：1 分为 PSE 肉(微浅红白色到白色)；2 分为轻度 PSE 肉(浅灰红色)；3 分为正常肉色(鲜红色)；4 分为正常肉色(深红色)；5 分为轻度 DFD 肉(浅紫红色)；6 分为 DFD 肉(深紫红色)；

d) 宜在两整数间增设 0.5 分档，记录评分值。

6.1.1.2 光学测定法

a) 测定时间和部位与 6.1.1.1 相同；

b) 采用色差计测定，色差计应配备 D65 光源，波长 400 nm～700 nm，如使用其他类型仪器测定，应说明方法与条件；

c) 按仪器操作要求对肉样进行测定，并记录测定结果；

d) 每个肉样测两个平行样，每个平行样测三点，两平行样测定结果之间的相对偏差应小于5%，否则应立即重做。

6.1.2 **测定结果的表述**

6.1.2.1 比色板评分法结果的表述如式(1)：

$$肉色评分=目测评分值 \tag{1}$$

6.1.2.2 光学测定法结果的表述如式(2)：

$$色值=(\sum Ri/3+\sum Rj/3)/2 \tag{2}$$

式中：

$\sum Ri$、$\sum Rj$——分别为每片肉样三次测定读数之和；

3——每片肉样的测定次数；

2——肉片数。

6.1.2.3 测定结果保留至两位小数。

6.2 **肌肉pH**

6.2.1 **测定方法**

6.2.1.1 **测定时间**：猪停止呼吸后45 min内测定，记为pH_1；猪停止呼吸后24 h测定，记为pH_{24}。

6.2.1.2 **测定部位**：倒数第1～第2胸椎段背最长肌。

6.2.1.3 剔除肉样外周肌膜，切成小块置于洁净绞肉机中绞成肉糜状，盛入两个烧杯中待测。

6.2.1.4 采用pH计测定，pH计应配备复合电极，精度要求0.01 pH；也可用直插式pH计，直接测定。

6.2.1.5 按仪器操作要求，先用pH 4.00和pH 7.00标准溶液进行校正，然后进行肉样测定，分别测定出pH_1和pH_{24}，记录测定结果。

6.2.1.6 每个肉样测定两个平行样，每个平行样测定两次。两平行样测定结果之间的相对偏差应小于5%，否则应立即重测。

6.2.2 **测定结果的表述**

测定结果的表述如式(3)：

$$pH=(\sum pHi/2+\sum pHj/2)/2 \tag{3}$$

式中：

$\sum pHi$、$\sum pHj$——分别为每个分肉样的2个测定值之和；

2——分别为肉样分数和每分肉样的测定次数。

测定结果以平均数表示，保留至两位小数。

6.3 **系水力**

6.3.1 **测定方法**

6.3.1.1 **滴水损失法**

a) 测定时间：猪停止呼吸1 h～2 h内；

b) 测定部位：倒数第3～第4胸椎段背最长肌；

c) 样品制备：剔除肉样外周肌膜，顺肌纤维走向修成约4 cm×4 cm×4 cm肉条4根；

d) 用天平称量每根肉条的挂前重，并编号记录之；

e) 用吊钩挂住肉条的一端，放入编号食品袋内，使吊钩的1/2露在食品袋外；充入氮气，使食品袋充盈，肉条悬吊于食品袋中央，避免肉样与食品袋接触，用棉线将食品袋口与吊钩一起扎紧，吊于挂架上，放入2℃～4℃冰箱内保存48 h；

f) 取出挂架，打开食品袋，取出肉条，用滤纸吸干肉条表面水分；然后，称量每根肉条的挂后重，并对号记录之。

6.3.1.2 **压力法**

a) 测定时间和测定部位同 6.3.1.1;

b) 样品制备:切取厚约 1 cm 的肉片 2 块,用 ϕ2.523 cm 的取样器于 2 块肉片的中部各取 1 个肉样;

c) 用天平称肉样的压前重,并记录之;

d) 将肉样置于 2 层纱布之间,上、下各垫 18 层滤纸和一块硬塑料板,置于压力仪的平台上,加压至 35 kg,保持 5 min 时撤除压力;

e) 取出被压肉样,除去硬塑料板、滤纸、纱布后,称肉样的压后重,并记录之;

f) 每个肉样测定两个平行样,两个平行样测定结果之间的相对偏差应小于 5%,否则应立即重做。

6.3.2 **测定结果的表述**

6.3.2.1 滴水损失法测定结果的表述如式(4):

$$滴水损失(\%)=[(W_1-W_2)/W_1]\times 100 \qquad (4)$$

式中:

W_1——肉样吊挂前重,单位为克(g);

W_2——肉样吊挂后重,单位为克(g)。

6.3.2.2 压力法测定结果的表述如式(5)、式(6)、式(7)、式(8):

系水力(%)=[(肉样含水量－肉样失水量)/肉样含水量]×100 ………………… (5)

肉样含水量(g)=肉样压前重(g)×该肉样水分(%)(测定方法见 6.5) ……………… (6)

肉样失水量(g)=肉样压前重(g)－肉样压后重(g) ………………………… (7)

失水率(%)=[(肉样压前重－肉样压后重)/肉样压前重]×100 ………………… (8)

6.3.2.3 测定结果以平均数表示,保留至两位小数。

6.4 **肌内脂肪**

6.4.1 **测定方法**

6.4.1.1 **大理石纹评分法**

a) 测定时间:猪停止呼吸 24 h 内;

b) 测定部位同 6.1.1.1;

c) 样品处理:将肉色评分样置于 0℃～4℃冰箱内保存 24 h,取出后一分为二,平置于白色瓷盘中;

d) 对照 10 分制大理石纹评分图,在自然光照条件下进行目测评分,并记录评分结果,宜在两整数间增设 0.5 分档。

6.4.1.2 **肌内脂肪含量测定法**

a) 测定时间:宜在猪停止呼吸 1 h～2 h 内,如延后测定,应避免肉样水分损失和变质;

b) 测定部位:腰椎处背最长肌;

c) 样品制备:除尽外周筋膜,切成小块置于绞肉机中绞成肉糜待测;

d) 用天平称量肉糜 10.000 0 g±0.050 0 g,并记录之;

e) 将肉糜置于广口瓶中,加入甲醇 60 mL,盖好瓶盖,置于磁力搅拌器上搅拌 30 min;

f) 打开瓶盖加入三氯甲烷 90 mL,盖好瓶盖搅拌至肉糜呈絮状悬浮于溶剂中,静置 36 h,静置期间应振摇 3～4 次;

g) 将浸提液过滤于刻度分液漏斗中,用约 50 mL 三氯甲烷分次洗涤残渣;

h) 取下漏斗,加入 30 mL 蒸馏水,旋摇分液漏斗静置分层,上层为水甲醇层,下层为三氯甲烷脂肪层,记录下层体积。缓慢打开分液漏斗阀弃去约 2 mL 后,缓慢放出下层液于烧杯中;

i) 取 4 个洁净的烧杯编号后烘干,称重,记录烧杯重;

j) 用移液管移出 50.00 mL 下层液于知重烧杯中，置于电热板上烘干液体，然后将烧杯置烘箱中，在 105℃±2℃条件下烘 1 h，取出烧杯置于干燥器中冷却至室温，称重并记录之；

k) 每个肉样做两个平行样，两个平行样测定结果之间的相对偏差应小于 10%，否则应重做。

6.4.2 测定结果的表述

6.4.2.1 大理石纹评分结果的表述如式(9)：

$$大理石纹=目测评分值 \qquad (9)$$

6.4.2.2 肌内脂肪测定结果的表述如式(10)：

$$肌内脂肪(\%)=[(W_2-W_1)/(W_0\times 50/V_1)]\times 100 \qquad (10)$$

式中：

W_0 ——肉样重，单位为克(g)；

W_1 ——烧杯重，单位为克(g)；

W_2 ——烧杯加脂肪重，单位为克(g)；

V_1 ——下层液总体积，单位为毫升(mL)；

50——取样量，单位为毫升(mL)。

6.4.2.3 测定结果以平均数表示，且保留至两位小数。

6.5 水分

6.5.1 测定方法

6.5.1.1 测定时间、测定部位及样品制备同 6.4.1.2。

6.5.1.2 取 2 个洁净的称量瓶编号后烘干，称重并记录称量瓶重。

6.5.1.3 取肉糜于称量瓶中，使肉糜高占称量瓶高的 2/3，整平称重，记为烘前重。

6.5.1.4 将称量瓶置于真空干燥中，打开称量瓶盖 1/3，在 60℃～65℃、0.25 MPa～0.20 MPa 条件下烘 24 h。

6.5.1.5 升温至 102℃±2℃，在 0.25 MPa～0.20 MPa 条件下烘 2 h，取出置于干燥器中冷却至室温，称重。重复此操作直至恒重(前后两次称重之差小于 0.01 g)。

6.5.1.6 每个肉样测定两个平行样，两个平行样测定结果之间的相对偏差应小于 5%，否则应重做。

6.5.2 测定结果的表述

测定结果的表述如式(11)：

$$肌肉水分(\%)=[(W_1-W_2)/(W_1-W_0)]\times 100 \qquad (11)$$

式中：

W_0——称量瓶重，单位为克(g)；

W_1——称量瓶和肉样烘前重之和，单位为克(g)；

W_2——称量瓶和肉样烘后重之和，单位为克(g)。

测定结果以平均数表示，保留至两位小数。

7 猪肌肉品质判定

7.1 判定原则

猪肌肉品质判定以肉色、pH 和系水力为主要依据，其他指标作为参考。

7.2 正常肉

7.2.1 色值

10%～25%；或肉色评分为 3 分～4 分。

7.2.2 pH

pH_1:5.9～6.5 或 pH_{24}:5.6～6.0。

7.2.3 **滴水损失**

2%～6%,或失水率 6%～15%,或系水力 80%～95%。

7.3 **PSE 肉**

7.3.1 色值≥26%,或肉色评分为 1 分～2 分。

7.3.2 pH_1≤5.9,或 pH_{24}<5.5。

7.3.3 滴水损失>6.1%,或失水率>15.1%,或系水力小于 80%。

7.4 **DFD 肉**

7.4.1 色值<10%,或肉色评分为 5 分～6 分。

7.4.2 pH_1>6.5,或 pH_{24}>6.0。

7.4.3 滴水损失<2%,或失水率<5%,或系水力>95%。

7.5 **酸肉(RN)**

当 pH_1 在 6.1 以上,而 pH_{24} 在 5.5 以下时,该肌肉可判定酸肉(RN)。

ICS 65.020.30
B 40

中华人民共和国农业行业标准

NY/T 822—2004

种猪生产性能测定规程

Rules for performance testing of breeding pig

2004-08-25 发布　　2004-09-01 实施

中华人民共和国农业部　发布

前　言

本标准的附录A、附录B为规范性附录。

本标准由中华人民共和国农业部提出并归口。

本标准起草单位：全国畜牧兽医总站、农业部种猪质量监督检验测试中心（武汉）、农业部种猪质量监督检验测试中心（广州）。

本标准主要起草人：刘海良、夏宣炎、吴秋豪、刘小红、张国杭、孙梅、薛明。

种猪生产性能测定规程

1 范围

本标准规定了种猪生产性能中心测定的基本条件，受测猪的选择，测定项目、方法及结果的评定方法。

本标准适用于国家种猪测定中心和各级种猪测定中心(站)。

2 规范性引用文件

下列文件中的条款通过本标准的引用而成为本标准的条款。凡是注日期的引用文件，其随后所有的修改单(不包括勘误的内容)或修订版不适用于本标准，然而，鼓励根据本标准达成协议的各方研究是否可使用这些文件的最新版本。凡是不注日期的引用文件，其最新版本适用于本标准。

中华人民共和国动物防疫法

3 基本条件

3.1 选址合理，有相应的隔离猪舍与测定猪舍，严格的生物安全性措施，符合《中华人民共和国动物防疫法》的有关要求。

3.2 有必要的检测设备，如活体测膘仪(A超或B超)、电子秤(磅秤)、肉质评定仪器设备等。出具数据的仪器设备应进行计量检定，达到规定的精度要求，并由专人负责管理和使用。

3.3 有合格的测定员和兽医人员。

3.4 测定饲料符合各品种猪营养需要，营养水平相对稳定，测定环境基本一致。

3.5 有完整的档案记录。

4 受测猪的选择

4.1 受测猪编号清楚，有三代以上系谱记录，符合品种要求，生长发育正常，健康状况良好，同窝无遗传缺陷。

4.2 送测猪场必须是近3个月内无传染病疫情，并出具县级以上动物防疫监督机构签发的检疫证明。

4.3 送测猪应在测前10 d完成必要的免疫注射。

4.4 送测前15 d将送测猪在场内隔离饲养，“中心”派员协同场内测定员每头猪血清采集2 mL，送省或省级以上动物防疫监督机构进行“中心”要求的血清学检查，根据检验结果确定送测猪。

4.5 送测猪在70日龄以内，体重25 kg以内，并经2周隔离预试后进入测定期。

5 测定项目

——30 kg～100 kg平均日增重(ADG，g)；

——活体背膘厚(BF，mm)；

——饲料转化率(FCR)；

——眼肌面积(LMA，cm^2)；

——后腿比例(%)；

——胴体瘦肉率(%)；

——肌肉pH；

——肌肉颜色；
——滴水损失(%)；
——肌内脂肪含量(%)。

6 测定方法

6.1 种猪收测在2 d内完成，送猪车辆必须彻底清洗、严格消毒。“中心”接到送测猪后，重新打上耳牌，由测定员按规定进行以下各项检查：

——系谱资料；
——健康检查合格证和血清学抗体检验结果；
——场地检疫证明。

6.2 送测猪到“中心”后，以场为单位进入隔离舍观察2周，经兽医检查合格后进入测定。

6.3 送测猪隔离观察结束后随机进入测定栏，转入测定期。

6.4 在隔离期和测定期间均自由采食，可单栏饲养，也可群饲。

6.5 个体重达27 kg～33 kg开始测定，至85 kg～105 kg时结束。定时称重，同时记录称重日期、重量，每天记录饲料耗量，计算30 kg～100 kg平均日增重(校正方法见附录A.1)和饲料转化率。

6.6 终测时进行活体背膘厚测定。

测定部位：采用B超测定倒数第3肋～第4肋间左侧距背中线5 cm处背膘厚(校正方法见附录A.2)；采用A超测定胸腰椎结合处、腰荐椎结合处左侧距背中线5 cm处两点背膘厚平均值。

6.7 送测猪患病应及时治疗，1周内未治愈应退出测定，并称重和结料；若出现死亡，应有尸体解剖记录。

6.8 测定结束后，若屠宰应进行胴体测定和肉质评定。

6.8.1 眼肌面积：在测定活体背膘厚的同时，利用B超扫描测定同一部位的眼肌面积。在屠宰测定时，将左侧胴体(以下需屠宰测定的都是指左侧胴体)倒数第3肋～第4肋间处的眼肌垂直切断，用硫酸纸绘出横断面的轮廓，用求积仪计算面积。也可用游标卡尺度量眼肌的最大高度和宽度，按式(1)计算：

$$\text{眼肌面积}(cm^2)=\text{眼肌高}(cm)\times\text{眼肌宽}(cm)\times 0.7 \quad\cdots\cdots(1)$$

计算出的眼肌面积按式(2)进行校正：

$$\text{眼肌面积}(cm^2)=\text{实际眼肌面积}(cm^2)+\frac{[100-\text{实际体重}(kg)]\times\text{实际眼肌面积}(cm^2)}{\text{实际体重}(kg)+70} \quad\cdots(2)$$

6.8.2 后腿比例：在屠宰测定时，将后肢向后成行状态下，沿腰荐结合处的垂直切线切下的后腿重量占整个胴体重量的比例。按式(3)计算：

$$\text{后腿比例}(\%)=\frac{\text{后腿重量}(kg)}{\text{胴体重量}(kg)}\times 100 \quad\cdots\cdots(3)$$

6.8.3 胴体瘦肉率：取左半胴体除去板油及肾脏后，将其分为前、中、后三躯。前躯与中躯以6肋～7肋间为界垂直切下，后躯从腰椎与荐椎处垂直切下。将各躯皮脂、骨与瘦肉分离开来，并分别称重。分离时，肌间脂肪算做瘦肉不另剔除，皮肌算做肥肉亦不另剔除。按公式(4)计算：

$$\text{胴体瘦肉率}(\%)=\frac{\text{瘦肉重}(kg)}{\text{皮脂重}(kg)+\text{骨重}(kg)+\text{肉重}(kg)}\times 100 \quad\cdots\cdots(4)$$

6.8.4 肌肉pH：在屠宰后45 min～60 min内测定。采用pH计，将探头插入倒数第3肋～第4肋间处的眼肌内，待读数稳定5 s以上，记录pH_1，将肉样保存在4℃冰箱中24 h后测定，记录pH_{24}。

6.8.5 肌肉颜色：在屠宰后45 min～60 min内测定，以倒数第3肋～第4肋间眼肌横切面用色值仪或比色板进行测定。

6.8.6 滴水损失：在屠宰后45 min～60 min内取样，切取倒数第3肋～第4肋间处眼肌，将肉样切成2 cm

厚的肉片，修成长 5 cm、宽 3 cm 的长条，称重。用细铁丝钩住肉条的一端，使肌纤维垂直向下，悬挂于塑料袋中（肉样不得与塑料袋壁接触）。扎紧袋口后，吊挂于冰箱内，在 4℃条件下保持 24 h，取出肉条称重。按式（5）计算：

$$滴水损失(\%)=\frac{吊挂前肉条重(kg)-吊挂后肉条重(kg)}{吊挂前肉条重(kg)}\times 100 \quad\cdots\cdots\cdots\cdots (5)$$

6.8.7 肌内脂肪含量：在倒数第 3 肋～第 4 肋间处眼肌切取 300 g～500 g 肉样，采用索氏抽提法进行测定。

7 评定方法

各中心可按各自实际情况制订相应的综合评定方法，并计算性能综合指数。

8 检测报告

测定结束后，以场为单位编制检测报告，一式三份，其中送测单位一份，“中心”保存一份，报当地畜牧行政主管部门一份。报告格式见附录 B。

附　录　A
（规范性附录）
30 kg～100 kg 平均日增重及背膘厚校正方法

A.1　30 kg～100 kg 平均日增重[式(A.1)]

$$30\text{ kg}\sim100\text{ kg 日增重(g)}=\frac{70\times1\,000}{\text{校正达 100 kg 日龄(d)}-\text{校正达 30 kg 日龄(d)}} \quad\cdots\cdots(A.1)$$

A.1.1　达 30 kg 日龄的校正方法[式(A.2)]

$$\text{校正达 30 kg 日龄(d)}=\text{实测日龄(d)}+[30-\text{实测体重(kg)}]\times b \quad\cdots\cdots(A.2)$$

其中，杜洛克猪 $b=1.536$，长白猪 $b=1.565$，大约克夏猪 $b=1.550$。

A.1.2　达 100 kg 日龄的校正方法[式(A.3)]

$$\text{校正达 100 kg 日龄(d)}=\text{实测日龄(d)}-\frac{\text{实测体重(kg)}-100}{CF} \quad\cdots\cdots(A.3)$$

其中，CF 计算公式见式(A.4)、(A.5)。

$$CF=\frac{\text{实测体重(kg)}}{\text{实测日龄(d)}}\times1.826\,040 \qquad\text{(公猪)}\quad\cdots\cdots(A.4)$$

$$=\frac{\text{实测体重(kg)}}{\text{实测日龄(d)}}\times1.714\,615 \qquad\text{(母猪)}\quad\cdots\cdots(A.5)$$

A.2　背膘厚校正方法

$$\text{校正至 100 kg 体重背膘厚(cm)}=\text{实测背膘厚(cm)}\times CF$$

其中，CF 计算公式见式(A.4)。

$$CF=\frac{A}{A+B\times[\text{实测体重(kg)}-100]} \quad\cdots\cdots(A.6)$$

式中 A、B 值见表 A.1。

表 A.1　A、B 值列表

品　种	公　猪		母　猪	
	A	B	A	B
大约克夏猪	12.402	0.106 530	13.706	0.119 624
长白猪	12.826	0.114 379	13.983	0.126 014
汉普夏猪	13.113	0.117 620	14.288	0.124 425
杜洛克猪	13.468	0.111 528	15.654	0.156 646

附 录 B
(规范性附录)
检验报告格式

No. ××××××××

检 验 报 告

产品名称:____________________

受检单位:____________________

检验类别:____________________

×××××××中心

注　意　事　项

1. 报告无“检验报告专用章”或检验单位公章无效。
2. 复制报告未重新加盖“检验报告专用章”或检验单位公章无效。
3. 报告无制表、审核、批准人签章无效。
4. 报告涂改无效。
5. 对检验报告若有异议，应于收到报告之日起十五日内向检验单位提出，逾期不予受理。
6. 一般情况，委托检验仅对来样负责。
7. 未经本中心许可，不得做商业广告宣传用。

地　　址：××××××××
电　　话：××××××××
传　　真：××××××××
电子邮件：××××××××
邮　　编：××××××××
开户银行：××××××××
银行账号：××××××××

××××××××中心

检 验 报 告

No. ×××××××　　　　共 × 页　第 × 页

<table>
<tr><td rowspan="2">产品名称</td><td rowspan="2"></td><td>型号规格</td><td></td></tr>
<tr><td>商标</td><td></td></tr>
<tr><td>受检单位</td><td></td><td>检验类别</td><td></td></tr>
<tr><td>生产单位</td><td></td><td>样品等级</td><td></td></tr>
<tr><td>抽样地点</td><td></td><td>到样日期</td><td></td></tr>
<tr><td>样品数量</td><td></td><td>送 样 者</td><td></td></tr>
<tr><td>抽样基数</td><td></td><td>原编号或
生产日期</td><td></td></tr>
<tr><td>检验依据</td><td></td><td>检验项目</td><td></td></tr>
<tr><td>所用主要仪器</td><td></td><td>实验环境条件</td><td></td></tr>
<tr><td>检
验
结
论</td><td colspan="3">签发日期　　××××年××月××日(盖章)</td></tr>
<tr><td>备
注</td><td colspan="3"></td></tr>
</table>

批准：　　　　审核：　　　　制表：

××××××××中心

检 验 报 告

No.×××××××　　　　　　　　共×页 第×页

检验内容	计量单位	标准值	实测值	结论

ICS 01.040.65
B 43

中华人民共和国农业行业标准

NY/T 823—2004

家禽生产性能名词术语和度量统计方法

Performance ferms and measurement for poultry

2004-08-25 发布

2004-09-01 实施

中华人民共和国农业部 发布

前　言

本标准由中华人民共和国农业部提出并归口。

本标准起草单位:江苏省家禽科学研究所、扬州大学畜牧兽医学院。

本标准主要起草人:陈宽维、高玉时、王志跃、丁余荣、张学余、李慧芳、卜柱。

家禽生产性能名词术语和度量统计方法

1 范围

本标准规定了鸡、鸭、鹅等家禽的生产性能的规范名词和度量统计方法。

本标准适用于家禽的生产、育种和科学研究。

2 生产阶段的划分

2.1 肉用禽生产

2.1.1 速生型肉禽

以生长速度快、体型大为特征。

育雏期：鸡(0～4)周龄，鸭(0～3)周龄，鹅(0～3)周龄。

育肥期：鸡5周龄至上市，鸭4周龄至上市，鹅4周龄至上市。

2.1.2 优质型肉禽

体型、毛色、肤色等符合市场要求；肉质佳或具有特殊保健功能等特征。

育雏期：(0～5)周龄。

育成期：6周龄至上市。

2.2 种禽及蛋用禽生产

2.2.1 育雏期 brooding period

雏鸡(蛋鸡、肉鸡)：(0～6)周龄。

鸭、鹅：(0～4)周龄。

2.2.2 育成期 rearing period

蛋鸡：(7～18)周龄。

肉种鸡：(7～24)周龄。

蛋鸭：(5～16)周龄。

肉种鸭：(5～24)周龄。

中、小型鹅：(5～28)周龄。

大型鹅：(5～30)周龄。

2.2.3 产蛋期 laying period

蛋鸡：(19～72)周龄。

肉种鸡：(25～66)周龄。

蛋鸭：(17～72)周龄。

肉种鸭：(25～64)周龄。

中、小型鹅：(29～66)周龄。

大型鹅：(31～64)周龄。

3 孵化

3.1 种蛋合格率 percentage of setting eggs

指种禽所产符合本品种、品系要求的种蛋数占产蛋总数的百分比，按式(1)计算：

$$种蛋合格率(\%)=\frac{合格种蛋数}{产蛋总数}\times 100 \quad (1)$$

3.2 受精率 fertility

受精蛋占入孵蛋的百分比。血圈、血线蛋按受精蛋计数;散黄蛋按未受精蛋计数,按式(2)计算:

$$受精率(\%)=\frac{受精蛋数}{入孵蛋数}\times 100 \quad \cdots\cdots (2)$$

3.3 孵化率(出雏率) hatchability

3.3.1 受精蛋孵化率 hatchability of fertile eggs

出雏数占受精蛋数的百分比,按式(3)计算:

$$受精蛋孵化率(\%)=\frac{出雏数}{受精蛋数}\times 100 \quad \cdots\cdots (3)$$

3.3.2 入孵蛋孵化率 hatchability of setting eggs

出雏数占入孵蛋数的百分比,按式(4)计算:

$$入孵蛋孵化率(\%)=\frac{出雏数}{入孵蛋数}\times 100 \quad \cdots\cdots (4)$$

3.4 健雏率 percentage of healthy chicks

指健康雏禽数占出雏数的百分比。健雏指适时出雏、绒毛正常、脐部愈合良好、精神活泼、无畸形的雏鸡,按式(5)计算:

$$健雏率(\%)=\frac{健雏数}{出雏数}\times 100 \quad \cdots\cdots (5)$$

3.5 种母禽产种蛋数 hatching eggs produced per dam

指每只种母禽在规定的生产周期内所产符合本品种、品系要求的种蛋数。

3.6 种母禽提供健雏数 healthy chicks produced per dam

每只入舍种母禽在规定生产周期内提供的健雏数。

4 生长发育性能

4.1 体重 body weight

4.1.1 初生重 day-old weight

雏禽出生后 24 h 内的重量,以克为单位,随机抽取 50 只以上,个体称重后计算平均值。

4.1.2 活重 live weight

鸡断食 12 h,鸭、鹅断食 6 h 的重量,以克为单位。

测定的次数和时间根据家禽品种、类型和其他要求而定。育雏和育成期至少称体重两次,即育雏期末和育成期末;成年体重按蛋鸡和蛋鸭、肉种鸡和肉种鸭 44 周龄、鹅 56 周龄测量。每次至少随机抽取公、母各 30 只进行称重。

4.2 日绝对生长量和相对生长率

日绝对生长量按式(6)计算:

$$日绝对生长量=\frac{W_1-W_0}{t_1-t_0} \quad \cdots\cdots (6)$$

相对生长率按式(7)计算:

$$相对生长率(\%)=\frac{W_1-W_0}{W_0}\times 100 \quad \cdots\cdots (7)$$

式(6)、式(7)中:

W_0 ——前一次测定的重量或长度;

W_1 ——后一次测定的重量或长度;

t_0 ——前一次测定的日龄;

t_1——后一次测定的日龄。

4.3 体尺测量 body measurement

除胸角用胸角器测量外，其余均用卡尺或皮尺测量，单位以厘米计，测量值取小数点后一位。

4.3.1 体斜长 body slope length

体表测量肩关节至坐骨结节间的距离。

4.3.2 龙骨长 fossil bone length

体表龙骨突前端到龙骨末端的距离。

4.3.3 胸角 breast angel

用胸角器在龙骨前缘测量两侧胸部角度。

4.3.4 胸深 breast depth

用卡尺在体表测量第一胸椎到龙骨前缘的距离。

4.3.5 胸宽 breast width

用卡尺测量两肩关节之间的体表距离。

4.3.6 胫长 shank length

从胫部上关节到第三、四趾间的直线距离。

4.3.7 胫围 shank circumference

胫骨中部的周长。

4.3.8 髋骨宽 pelvis width

两腰角间宽。

4.3.9 半潜水长(水禽) half-diving depth

从嘴尖到髋骨连线中点的距离。

4.4 存活率 survivability

4.4.1 育雏期存活率 survivability during brooding period

育雏期末合格雏禽数占入舍雏禽数的百分比，按式(8)计算：

$$育雏率(\%)=\frac{育雏期末合格雏禽数}{入舍雏禽数}\times 100 \qquad (8)$$

4.4.2 育成期存活率 survivability during growing period

育成期末合格育成禽数占育雏期末入舍雏禽数的百分比，按式(9)计算：

$$育成期成活率(\%)=\frac{育成期末合格育成禽数}{育雏期末入舍雏禽数}\times 100 \qquad (9)$$

5 产蛋性能

5.1 开产日龄 age at first egg

个体记录群以产第一个蛋的平均日龄计算。

群体记录时，蛋鸡、蛋鸭按日产蛋率达50%的日龄计算，肉种鸡、肉种鸭、鹅按日产蛋率达5%时日龄计算。

5.2 产蛋数 egg production

母禽在统计期内的产蛋个数。

5.2.1 入舍母禽产蛋数 hen-housed egg production

入舍母禽产蛋数按式(10)计算：

$$入舍母禽产蛋数(个)=\frac{统计期内的总产蛋数}{入舍母禽数} \qquad (10)$$

5.2.2 **母禽饲养日产蛋数 hen-day egg production**

按式(11)计算：

$$母禽饲养日产蛋数(个)=\frac{统计期内的总产蛋数}{平均日饲养母禽只数}=\frac{统计期内的总产蛋数}{统计期内累加日饲养只数\div 统计期日数} \quad\cdots\cdots(11)$$

5.3 **产蛋率 laying rate**

母禽在统计期的产蛋百分比。

5.3.1 **饲养日产蛋率 hen-day laying rate**

按式(12)计算：

$$饲养日产蛋率(\%)=\frac{统计期内的总产蛋数}{实际饲养日母禽只数的累加数}\times 100 \quad\cdots\cdots(12)$$

5.3.2 **入舍母禽产蛋率 hen-housed laying rate**

按式(13)计算：

$$入舍母禽产蛋率(\%)=\frac{统计期内的总产蛋数}{入舍母禽数\times 统计日数}\times 100 \quad\cdots\cdots(13)$$

5.3.3 **高峰产蛋率 laying peak**

指产蛋期内最高周平均产蛋率。

5.4 **蛋重**

5.4.1 **平均蛋重 average egg size**

个体记录群每只母禽连续称3个以上的蛋重，求平均值；群体记录连续称3天产蛋总重，求平均值；大型禽场按日产蛋量的2%以上称蛋重，求平均值，以克为单位。

5.4.2 **总产蛋重量 total egg mass**

按式(14)计算：

$$总蛋重(kg)=(平均蛋重\times 平均产蛋量)\div 1\,000 \quad\cdots\cdots(14)$$

5.5 **母禽存活率 survivability**

入舍母禽数(只)减去死亡数和淘汰数后的存活数占入舍母禽数的百分比，按式(15)计算：

$$母禽存活率(\%)=\frac{入舍母禽数-(死亡数+淘汰数)}{入舍母禽数}\times 100 \quad\cdots\cdots(15)$$

5.6 **蛋品质 egg quality**

在44周龄测定蛋重的同时，进行下列指标测定。测定应在产出后24 h内进行，每项指标测定蛋数不少于30个。

5.6.1 **蛋形指数 egg-shape index**

用游标卡尺测量蛋的纵径和横径，以毫米为单位，精确度为0.1 mm，按式(16)计算蛋形指数。

$$蛋形指数=\frac{纵径}{横径} \quad\cdots\cdots(16)$$

5.6.2 **蛋壳强度 shell strength**

将蛋垂直放在蛋壳强度测定仪上，纯端向上，测定蛋壳表面单位面积上承受的压力，单位为千克每平方厘米(kg/cm^2)。

5.6.3 **蛋壳厚度 shell thickness**

用蛋壳厚度测定仪测定，分别取钝端、中部、锐端的蛋壳剔除内壳膜后，分别测量厚度，求其平均值。以毫米为单位，精确到0.01 mm。

5.6.4 **蛋的比重 specific gravity of eggs**

用盐水漂浮法测定。测定蛋比重溶液的配制与分级：在 1 000 ml 水中加 NaCl 68 g，定为 0 级，以后每增加一级，累加 NaCl 4 g，然后用比重法对所配溶液校正。蛋的级别比重见表 1：

表 1 蛋比重分级

级别	0	1	2	3	4	5	6	7	8
比重	1.068	1.072	1.076	1.080	1.084	1.088	1.092	1.096	1.100

从 0 级开始，将蛋逐级放入配制好的盐水中，漂上来的最小盐水比重级为该蛋的级别。

5.6.5 蛋黄色泽 yolk color

按罗氏(Roche)蛋黄比色扇的 30 个蛋黄色泽等级对比分级，统计各级的数量与百分比，求平均值。

5.6.6 蛋壳色泽 shell color

以白色、浅褐色(粉色)、褐色、深褐色、青(绿色)色等表示。

5.6.7 哈氏单位 haugh unit

取产出 24 h 内的蛋，称蛋重。测量破壳后蛋黄边缘与浓蛋白边缘的中点的浓蛋白高度(避开系带)，测量成正三角型的三个点，取平均值。按式(17)计算哈氏单位。

$$\text{哈氏单位} = 100 \times \log(H - 1.7 \times W \times 0.37 + 7.57) \quad \cdots\cdots (17)$$

式中：

H——以毫米为单位测量的浓蛋白高度值；

W——以克为单位测量的蛋重值。

5.6.8 血斑和肉斑率 percents of blood and meat spots in eggs

统计含有血斑和肉斑蛋的百分比，测定数不少于 100 个，按式(18)计算血斑和肉斑率。

$$\text{血斑和肉斑率}(\%) = \frac{\text{带血斑和肉斑蛋数}}{\text{测定总蛋数}} \times 100 \quad \cdots\cdots (18)$$

5.6.9 蛋黄比率 percentage of yolk

按式(19)计算蛋黄比率。

$$\text{蛋黄比率}(\%) = \frac{\text{蛋黄重}}{\text{蛋重}} \times 100 \quad \cdots\cdots (19)$$

6 肉用性能

6.1 宰前体重 slaughter weight

鸡宰前禁食 12 h，鸭、鹅宰前禁食 6 h 后称活重，以克为单位记录。

6.2 屠宰率 dressed percentage

放血，去羽毛、脚角质层、趾壳和喙壳后的重量为屠体重。屠宰率按式(20)计算：

$$\text{屠宰率}(\%) = \frac{\text{屠体重}}{\text{宰前体重}} \times 100 \quad \cdots\cdots (20)$$

6.3 半净膛重 half-eviscerated weight

屠体去除气管、食道、嗉囊、肠、脾、胰、胆和生殖器官、肌胃内容物及角质膜后的重量。

6.4 半净膛率 percentage of half-eviscerated yield

$$\text{半净膛率}(\%) = \frac{\text{半净膛重}}{\text{宰前体重}} \times 100 \quad \cdots\cdots (21)$$

6.5 全净膛重 eviscerated weight

半净膛重减去心、肝、腺胃、肌胃、肺、腹脂和头脚(鸭、鹅、鸽、鹌鹑保留头脚)的重量。去头时，在第一颈椎骨与头部交界处连皮切开；去脚时，沿跗关节处切开。

6.6 全净膛率 percentage of eviscerated yield

$$全净膛率(\%)=\frac{全净膛重}{宰前体重}\times 100 \quad \cdots\cdots (22)$$

6.7 分割 cutup

6.7.1 翅膀率 percentage of wing

将翅膀向外侧拉开，在肩关节处切下，称左右两侧翅膀重，按式(23)计算翅膀率。

$$翅膀率(\%)=\frac{两侧翅膀重}{全净膛重}\times 100 \quad \cdots\cdots (23)$$

6.7.2 腿比率 percentage of quarter

将腿向外侧拉开使之与体躯垂直，用刀沿着腿内侧与体躯连接处中线向后，绕过坐骨端避开尾脂腺部，沿腰荐中线向前直至最后胸椎处，将皮肤切开，用力把腿部向外掰开，切离髋关节和部分肌腱，即可连皮撕下整个腿部，称重，按式(24)计算腿比率。

$$腿比率(\%)=\frac{两侧腿重}{全净膛重}\times 100 \quad \cdots\cdots (24)$$

6.7.3 腿肌率 percentage of leg muscle

去腿骨、皮肤、皮下脂肪后的全部腿肌，按式(25)计算腿肌率。

$$腿肌率(\%)=\frac{两侧腿净肌肉重}{全净膛重}\times 100 \quad \cdots\cdots (25)$$

6.7.4 胸肌率 percentage of breast muscle

沿着胸骨脊切开皮肤并向背部剥离，用刀切离附着于胸骨脊侧面的肌肉和肩胛部肌腱，即可将整块去皮的胸肌剥离，称重，按式(26)计算胸肌率。

$$胸肌率(\%)=\frac{两侧胸肌重}{全净膛重}\times 100 \quad \cdots\cdots (26)$$

6.7.5 腹脂率 percentage of abdominal fat

腹脂指腹部脂肪和肌胃周围的脂肪，按式(27)计算腹脂率。

$$腹脂率(\%)=\frac{腹脂重}{全净膛重+腹脂重}\times 100 \quad \cdots\cdots (27)$$

6.7.6 瘦肉率(肉鸭) percentage of lean meat

瘦肉重指两侧胸肌和两侧腿肌重量，按式(28)计算瘦肉率。

$$瘦肉率(\%)=\frac{两侧胸肌、腿肌重}{全净膛重}\times 100 \quad \cdots\cdots (28)$$

6.7.7 皮脂率(肉鸭) percentage of skin fat

皮脂重指皮、皮下脂肪和腹脂重量，按式(29)计算皮脂率。

$$皮脂率(\%)=\frac{皮重+皮下脂肪重+腹脂重}{全净膛重}\times 100 \quad \cdots\cdots (29)$$

6.7.8 骨肉比 ratio of bone to meat

将全净膛禽煮熟后去肉、皮、肌腱等，称骨骼重量，按式(30)计算骨肉比。

$$骨肉比=\frac{骨骼重}{全净膛重-骨骼重} \quad \cdots\cdots (30)$$

7 饲料利用性能

7.1 平均日耗料量 average daily feed consumption

按育雏期、育成(育肥)期、产蛋期分别统计，按式(31)计算。

$$平均日耗料(g)=\frac{全期耗料}{饲养只日数} \quad \cdots\cdots (31)$$

7.2 饲料转化比 feed conversion rate

指生产每一个单位产品实际消耗的饲料量。

7.2.1 蛋禽，按产蛋期和全程两种方法统计，分别以式(32)、(33)计算。

$$产蛋期饲料转化比=\frac{产蛋期消耗饲料总量}{总产蛋重量} \quad \cdots\cdots (32)$$

$$全程饲料转化比=\frac{初生到产蛋末期消耗饲料总量}{总产蛋重量+产蛋期末母禽总重量} \quad \cdots\cdots (33)$$

7.2.2 肉禽，以式(34)计算。

$$肉禽饲料转化比=\frac{全程消耗饲料总量}{总增重} \quad \cdots\cdots (34)$$

7.2.3 种禽，以式(35)计算。

$$生产每个种蛋耗料量(g)=\frac{初生到产蛋末期总耗料(包括种公禽)}{总合格种蛋数} \quad \cdots\cdots (35)$$

ICS 67.050
X 04

中华人民共和国农业行业标准

NY/T 824—2004

畜禽产品大肠菌群快速测定技术规范

Rapid detection of coliform bacteria in Livestocks and poultry products

2004-08-25 发布　　2004-09-01 实施

中华人民共和国农业部 发布

前　言

本标准由中华人民共和国农业部提出并归口。

本标准主要起草单位:西南农业大学、农业部畜禽产品监督检验测试中心(北京)、重庆市铁路卫生防疫站、南京三爱实业有限公司。

本标准起草人:蒋作明、刘素英、贺稚非、李洪、张芳、冉光和、李卫东、李洪军、杜木英、徐晶。

畜禽产品大肠菌群快速测定技术规范

1 范围

本标准规定了肉与肉制品大肠菌群测定的基本要求和测定方法的程序、操作步骤及结果判定。

本标准适用于畜禽肉及其熟制加工产品中大肠菌群的快速检测。

2 规范性引用文件

下列文件中的条款通过本标准的引用而成为本标准的条款。凡是注日期的引用文件，其随后所有的修改单(不包括勘误的内容)或修订版均不适用于本标准，然而，鼓励根据本标准达成协议的各方研究是否可使用这些文件的最新版本。凡是不注日期的引用文件，其最新版本适用于本标准。

GB 4789.1 食品卫生微生物学检验 总则

GB 4789.3 食品卫生微生物学检验 大肠菌群的测定

GB 4798.17 食品卫生微生物学检验 肉与肉制品

3 设备材料

3.1 培养箱。

3.2 天平。

3.3 电热恒温水浴锅。

3.4 高压灭菌锅。

3.5 平皿，直径为 90 mm。

3.6 吸管。

3.7 三角烧瓶。

3.8 酒精灯。

3.9 试管架。

3.10 均质器或乳钵。

3.11 冰箱。

3.12 检测纸片：小纸片(5 cm×5 cm)，大纸片(10 cm×10 cm)。

纸片外观整洁，为淡绿色，无斑点，无损坏，密封于专用塑料袋中。在20℃以下，相对湿度约 80%条件下避光通风保存，保存期不超过 1 年。

4 检测步骤

4.1 采样：按 GB 4789.1 规定执行。

4.2 样品处理：按 GB 4789.17 规定执行。

4.3 样品稀释：按 GB 4789.3 规定执行。

4.4 根据样品卫生标准要求或对检样污染情况估计，选择 3 个稀释度，每个稀释度接种 3 张纸片。

4.5 纸片用镊子夹入培养皿或自带塑料袋中，将各稀释度样品分别量取 1 mL(大纸片接种 10 mL)垂直滴入纸片中心，使均匀分布于纸片上，水平放置于(36±1)℃温箱内，培养 12 h～15 h。

5 结果与判定

5.1 纸片上出现紫红色菌落、红晕，其周围有黄圈或片黄者为阳性。

5.2 纸片上呈紫蓝色，无菌落生长为阴性。

5.3 纸片变色呈现不典型菌落，结果可疑者做验证试验。将可疑菌落剪下1个～5个，于乳糖胆盐发酵试管，在(36±1)℃培养24 h，观察是否产酸、产气。

5.4 报告。根据大肠菌群阳性纸片数，查MPN检索表，报告每100 g畜禽产品大肠菌群的最可能数(表1)。

表1 大肠菌群最可能数(MPN)检索表

阳性片数			MPN 100 mL(g)	95%可信限	
1 mL(g)×3	0.1 mL(g)×3	0.01 mL(g)×3		下 限	上 限
0	0	0	<30		
0	0	1	30	<5	90
0	0	2	60		
0	0	3	90		
0	1	0	30		
0	1	1	60	<5	130
0	1	2	90		
0	1	3	120		
0	2	0	60		
0	2	1	90		
0	2	2	120		
0	2	3	160		
0	3	0	90		
0	3	1	130		
0	3	2	160		
0	3	3	190		
1	0	0	40	<5	200
1	0	1	70	10	210
1	0	2	110		
1	0	3	150		
1	1	0	70	10	230
1	1	1	110	30	360
1	1	2	150		
1	1	3	190		
1	2	0	110	30	360
1	2	1	150		
1	2	2	200		
1	2	3	240		
1	3	0	160		
1	3	1	200		
1	3	2	240		
1	3	3	290		
2	0	0	90	10	360
2	0	1	140	30	370
2	0	2	200		
2	0	3	260		

表 1 （续）

阳性片数			MPN 100 mL(g)	95%可信限	
1 mL(g)×3	0.1 mL(g)×3	0.01 mL(g)×3		下　限	上　限
2	1	0	150	30	440
2	1	1	200	70	890
2	1	2	270		
2	1	3	340		
2	2	0	210	40	470
2	2	1	280	100	1 500
2	2	2	350		
2	2	3	420		
2	3	0	290		
2	3	1	360		
2	3	2	440		
2	3	3	530		
3	0	0	230	40	1 200
3	0	1	390	70	1 300
3	0	2	440	150	3 800
3	0	3	550		
3	1	0	430	70	2 100
3	1	1	750	140	2 300
3	1	2	1 200	300	3 800
3	1	3	1 600		
3	2	0	930	150	3 800
3	2	1	1 500	300	4 400
3	2	2	2 100	350	4 700
3	2	3	2 900		
3	3	0	2 400	360	13 000
3	3	1	4 600	710	24 000
3	3	2	11 000	1 500	48 000
3	3	3	≥24 000		

注 1：本表采用 3 个稀释度[1 mL(g)、0.1 mL(g)、0.01 mL(g)]，每稀释度 3 片。

注 2：表内所列检样量如改用 10 mL(g)、1 mL(g)和 0.1 mL(g)时，表内数字相应降低 10 倍；如改用 0.1 mL(g)、0.01 mL(g)和 0.001 mL(g)时，则表内数字相应增加 10 倍。其余类推。

ICS 67.050
X 04

中华人民共和国农业行业标准

NY/T 825—2004

瘦肉型猪胴体性状测定技术规范

Technical regulation for testing of carcass traits in lean-type pig

2004-08-25 发布

2004-09-01 实施

中华人民共和国农业部 发布

前　言

本标准由中华人民共和国农业部提出并归口。

本标准起草单位：广东省农业科学院、农业部种猪质量监督检验测试中心（广州）、华南农业大学。

本标准起草人：彭国良、刘小红、蔡更元、吴秋豪、陈赞谋、李剑豪。

瘦肉型猪胴体性状测定技术规范

1 范围

本标准规定瘦肉型猪胴体性状测定的方法。

本标准适用于瘦肉型猪胴体性状的测定。

2 术语和定义

下列术语和定义适用于本标准。

2.1

宰前活重 live weight at slaughter

猪在屠宰前空腹24 h的体重。

2.2

胴体重 weight of carcass

猪在放血、煺毛后，去掉头、蹄、尾和内脏(保留板油、肾脏)的两边胴体总重量。

2.3

屠宰率 dressing percentage

胴体重占宰前活重的百分比，计算方法如公式(1)：

$$屠宰率(\%)=\frac{胴体重}{宰前活重}\times 100 \quad\cdots\cdots\cdots\cdots (1)$$

2.4

平均背膘厚 average backfat thickness

胴体背中线肩部最厚处、最后肋、腰荐结合处三点的平均脂肪厚度。

2.5

皮厚 thickness of skin

胴体背中线第6肋～第7肋处的皮肤厚度。

2.6

眼肌面积 loin eye area

胴体最后肋处背最长肌的横截面面积。

2.7

胴体长 length of carcass

胴体耻骨联合前沿至第一颈椎前沿的直线长度。

2.8

腿臀比例 percentage of ham

沿倒数第一腰椎与倒数第二腰椎之间垂直切下的左边腿臀重占左边胴体重的百分比，计算方法如公式(2)：

$$腿臀比例(\%)=\frac{左边腿臀重}{左边胴体重}\times 100 \quad\cdots\cdots\cdots\cdots (2)$$

3 测定前处理

3.1 测定猪空腹24 h，空腹期供给充足的饮水并避免打斗。

3.2 空腹后体重 95 kg～105 kg。

3.3 放血部位由猪咽喉正中偏右 3 cm～3.5 cm 刺入心脏附近，割断前腔动脉或颈动脉，但不刺穿心脏，保证放血良好。

3.4 烫毛水温控制在 62℃～65℃，烫毛时间 5 min～7 min。

3.5 胴体开膛劈半应左右对称，背线切面整齐。

4 测定方法

4.1 宰前活重

宰前空腹 24 h 用磅秤称取，单位为千克(kg)。

4.2 胴体重

在猪放血、煺毛后，用磅秤称取去掉头、蹄、尾和内脏(保留板油、肾脏)的两边胴体重量，单位为千克。去头部位在耳根后缘及下颌第一条自然皱纹处，经枕寰关节垂直切下。前蹄的去蹄部位在腕掌关节，后蹄在跗关节。去尾部位在尾根紧贴肛门处。

4.3 平均背膘厚

将右边胴体倒挂，用游标卡尺测量胴体背中线肩部最厚处、最后肋、腰荐结合处三点的脂肪厚度，以平均值表示，单位为毫米(mm)。

4.4 皮厚

将右边胴体倒挂，用游标卡尺测量胴体背中线第 6～7 肋处皮肤的厚度，单位为毫米(mm)。

4.5 眼肌面积

在左边胴体最后肋处垂直切断背最长肌，用硫酸纸覆盖于横截面上，用深色笔沿眼肌边缘描出轮廓，用求积仪求出面积，单位为平方厘米(cm^2)。

4.6 胴体长

将右边胴体倒挂，用皮尺测量胴体耻骨联合前沿至第一颈椎前沿的直线长度，单位为厘米(cm)。

4.7 胴体剥离及皮率、骨率、肥肉率、瘦肉率的计算

将左边胴体皮、骨、肥肉、瘦肉剥离。剥离时，肌间脂肪算做瘦肉不另剔除，皮肌算做肥肉不另剔除，软骨和肌腱计做瘦肉，骨上的瘦肉应剥离干净。剥离过程中的损失应不高于 2%。

将皮、骨、肥肉和瘦肉分别称重，按公式(3)、(4)、(5)、(6)分别计算皮率、骨率、肥肉率和瘦肉率。

$$皮率(\%)=\frac{皮重}{皮重+骨重+肥肉重+瘦肉重}\times 100 \quad\cdots\cdots(3)$$

$$骨率(\%)=\frac{骨重}{皮重+骨重+肥肉重+瘦肉重}\times 100 \quad\cdots\cdots(4)$$

$$肥肉率(\%)=\frac{肥肉重}{皮重+骨重+肥肉重+瘦肉重}\times 100 \quad\cdots\cdots(5)$$

$$瘦肉率(\%)=\frac{瘦肉重}{皮重+骨重+肥肉重+瘦肉重}\times 100 \quad\cdots\cdots(6)$$

ICS 65.020.30
B 40

中华人民共和国农业行业标准

NY/T 826—2004

绵羊胚胎移植技术规程

Regulation for sheep embryo transfer

2004-08-25 发布　　2004-09-01 实施

中华人民共和国农业部 发布

前　言

本标准的附录 A、附录 B、附录 C、附录 D 为规范性附录。

本标准由国家农业部农垦局提出并归口。

本标准起草单位:新疆农垦科学院畜牧兽医所。

本标准主要起草人:石国庆、杨永林、倪建宏、皮文辉、陈静波、周平、万鹏程。

绵羊胚胎移植技术规程

1 范围

本标准规定了绵羊胚胎移植技术操作的基本原则、要求和方法。

本标准适用于绵羊胚胎移植技术推广应用的规范化操作。山羊胚胎移植操作也可参照本规程。

2 术语和定义

下列术语和定义适用于本标准。

2.1

卵 ovum

母畜在性成熟时卵巢所排出的具有繁殖能力的细胞。

2.2

胚胎 embryo

卵经精子授精后称之为胚胎。

2.3

超数排卵 superovlation

指在母畜发情周期的适当时间，注射外源促性腺激素，使卵巢中比在自然情况下，在较多的卵泡发育并排卵的一项技术。

3 供体羊处理

3.1 供体羊的选择

a） 供体羊应符合品种标准；

b） 供体羊健康、无疾病且繁殖机能正常。

3.2 超数排卵时间

a） 应在每年绵羊最佳繁殖季节进行；

b） 在自然发情或诱导发情的第 12 d～13 d 进行。

3.3 超数排卵处理

3.3.1 促卵泡素（FSH）递减处理法

在自然发情或诱导发情的 12 d～13 d 开始肌肉注射 FSH，早、晚各一次，间隔 12 h，分 3 d 递减注射（表 1）。使用国产 FSH 总剂量为 200 IU～300 IU。

山羊的超数排卵可在发情周期的第 17 d 开始，国产促卵泡素用 150 IU～250 IU，或用 PMSG 1 000 IU～2 000 IU，其他操作与绵羊相同。

表 1 超数排卵方法示意图

时间：d

0 d	13 d	14 d	15 d	0 d	2 d～3 d	7 d
发情	FSH	FSH	FSH	发情	输卵管采卵	子宫采卵
剂量：IV	75×2	50×2	25×2	人工输精		
	每日 2 次	每日 2 次	每日 2 次			

3.3.2 孕马血清促性腺激素(PMSG)和抗孕马血清促性腺激素(aPMSG)处理法

在自然发情或诱导发情的第12 d～13 d,一次肌肉注射 PMSG 1 500 IU～2 500 IU,发情后 18 h～24 h肌肉注射等量的 aPMSG。

3.4 人工授精

动物母畜均表现发情,于当日上、下午各人工授精一次,因母畜为超排处理,有多个卵子排出,因而需加大输精量,用原精的 0.2 mL(含 4 亿个精子)/次,直至发情结束。

4 胚胎采集

4.1 采卵时间

以发情日为 0 d,在 6 d～7.5 d 或 2 d～3 d 内用手术法分别从子宫和输卵管回收胚胎。

4.2 手术室设置及要求

采卵及胚胎移植需在专门的手术室内进行。

4.3 器械、冲卵液等物品的准备

4.3.1 手术用的金属器械放在含 0.5%亚硫酸钠(作为防诱剂)的 0.1%新洁尔灭液中浸泡 30 min 或在来苏儿液中浸泡 1 h。

4.3.2 玻璃器皿、敷料和创巾等物品消毒按此规程附录 B 执行。

4.3.3 经灭菌的冲卵液置于 37℃水浴加温,玻璃器皿置于 38℃培养箱内待用。

4.3.4 麻醉药、消毒药和抗生素等药物,以及酒精棉、碘酒棉等物品备齐。

4.4 供体羊准备

供体羊手术前应禁食 24 h～48 h,可供给适量饮水。

4.4.1 供体羊的保定和麻醉

供体羊仰卧在手术架上,固定四肢。肌肉注射 2%静松灵 0.5 mL,局部用 0.5%盐酸普鲁卡因麻醉。

4.4.2 手术部位及其消毒

手术部位一般选择乳房前腹中线部(在两条乳静脉之间)或后肢股内侧腹股沟部。剪毛消毒。

4.5 术者的准备

术者需穿无菌手术服,戴工作帽和口罩,手臂要消毒

4.6 手术操作的基本要求

手术操作要求细心、谨慎、熟练。

4.6.1 手术分离

4.6.1.1 做切口注意要点:避开较大血管和神经。

4.6.1.2 切开皮肤。

4.6.1.3 切开皮下组织。

4.6.1.4 切开肌肉。

4.6.1.5 切开腹膜。

4.6.2 止血

4.6.2.1 毛细管止血。

4.6.2.2 小血管止血。

4.6.2.3 较大血管止血。

4.7 采卵方法

4.7.1 输卵管法

供体羊发情后 2 d～3 d 采卵，用输卵管法。将冲卵管一端由输卵管伞部的喇叭口插入，约 2 cm～3 cm深(打活结或用钝圆的夹子固定)，另一端接集卵皿。用注射器吸取 37℃的冲卵液 5 mL～10 mL，在子宫角靠近输卵管的部位，将针头朝输卵管方向扎入，一人操作，一只手的手指在针头方向后捏紧子宫角，另一只手推注射器，冲卵液由宫管结合部流入输卵管，经输卵管流至集卵皿。

4.7.2 子宫法

供体羊发情后 6 d～7.5 d 采卵用这种方法。术者将子宫暴露于创口表面后，用套有胶管的肠钳夹在子宫角分叉处，注射器吸入预热的冲卵液 20 mL～30 mL(一侧用液 50 mL～60 mL)，冲卵针头(钝形)从子宫角尖端插入，当确认针头在管腔内，进退通畅时，将硅胶管连接于注射器上，推注冲卵液。当子宫角膨胀时，将回收卵针头从肠钳钳夹基部的上方迅速扎入，冲卵液经硅胶管收集于烧杯内，最后用两手拇指和食指将子宫角捋一遍 。另一侧子宫角用同样方法冲洗。进针时，避免损伤血管；推注冲卵液时，力量和速度应适中。

4.7.3 冲卵管法

用手术法取出子宫，在子宫体扎孔，将冲卵管插入，使气球在子宫角分叉处，使冲卵管尖端靠近子宫角前端，用注射器注入气体 8 mL～10 mL，然后进行灌流，分次冲洗子宫角，每次灌注 10 mL～20 mL，一侧用液约 50 mL～60 mL，冲完后气球放气。冲卵管插入另一侧，用同样方法冲卵。

4.8 缝合

缝合按常规手术方法进行。

4.9 术后处理

采卵完毕后，用 37℃灭菌生理盐水湿润母羊子宫，冲去凝血块，再涂少许灭菌液体石蜡，将器官复位。腹膜、肌肉缝合后，撒一些碘胺粉等消炎防腐药。皮肤缝合后，在伤口周围涂碘酒，再用酒精做最后消毒。供体羊肌肉注射青霉素(80 万 IU)和链霉素(100 万 IU)。

5 胚胎检出

5.1 检胚操作要求

检胚者应熟悉体视显微镜的结构，做到熟练使用。

5.2 找卵要点

根据胚胎的比重、大小、形态和透明带折光性等特点找胚胎。

5.3 检胚前的准备

5.3.1 待检的胚胎应保存在 37℃条件下，尽量减少体外环境、温度、灰尘等因素的不良影响。

5.3.2 在酒精灯上拉制内径为 300 μm～400 μm 的玻璃吸管和玻璃针，每个冲卵供体羊需备 3 个～4 个培养皿，写好编号，放入养箱待用。

5.4 检胚方法及要求

用玻棒清除胚胎外围的黏液、杂质。将胚胎吸至第一个培养皿内，吸管先吸入少许磷酸缓冲液(PBS，配制方法见附录 A.1)，再吸入胚胎，在培养皿的不同位置冲洗胚胎 3 次～5 次。

6 胚胎的鉴定和分级

6.1 胚胎的鉴定

6.1.1 在 20 倍～40 倍体视显微镜下观察受精卵的形态、色调、分裂球的大小、均匀度、细胞的密度与透明带的间隙以及变性情况等。

6.1.2 凡卵子的卵黄未形成分裂球及细胞团的，均列为未受精卵。

6.1.3 胚胎的发育阶段。授精后2 d～3 d用输卵管法回收的卵，发育阶段为2细胞期～8细胞期，可清楚地观察到卵裂球，卵黄腔间空隙较大。6 d～8 d回收的正常受精卵发育情况如下：

a) 桑葚胚——授精后第5 d～6 d回收的卵，只能观察到球状的细胞团，分不清分裂球，细胞团占据卵黄腔的50%～60%；
b) 致密桑葚胚——授精后6 d～7 d回收的卵，细胞团占卵黄腔60%～70%；
c) 早期囊胚——授精后第7 d～8 d回收的卵，细胞团的一部分出现发亮的胚泡腔，细胞团占卵黄腔70%～80%，难以分清内细胞团和滋养层；
d) 囊胚——授精后第7 d～8 d回收的卵，内细胞团和滋养层界限清晰，胚泡腔明显，细胞充满卵黄腔；
e) 扩大囊胚——授精后第8 d～9 d回收的卵，囊腔明显扩大，体积增大到原来的1.2倍～1.5倍，与透明带之间无空隙，透明带变薄，相当于正常厚度的1/3；
f) 孵育胚——一般在发情后9 d～11 d，由于胚泡腔继续扩大，致使透明带破裂，卵细胞脱出；
g) 凡在授精后第6 d～8 d回收的16细胞以下的受精卵均应列为非正常发育胚胎，不能用于移植或冷冻保存。

6.2 胚胎的分级

分为A、B、C三个等级。

6.2.1 A级

胚胎形态完整，轮廓清晰，呈球形；分裂球大小均匀，结构紧凑，色调和透明度适中，无附着的细胞和液泡。

6.2.2 B级

轮廓清晰，色调及细胞密度良好，可见到少量附着的细胞和液泡，变性细胞约占10%～30%。

6.2.3 C级

轮廓不清晰，色调发暗，结构较松散，游离的细胞或液泡较多，变性细胞达30%～50%。

6.2.4 胚胎的等级划分还应考虑到受精卵的发育程度。发情后第7 d回收的受精卵在正常发育时应处于致密桑椹胚至囊胚阶段。凡在16细胞以下的受精卵及变性细胞超过一半的胚胎均属等外品，其中部分胚胎仍有发育的能力，但受胎率很低。

6.2.5 胚胎的分级主要是便于移植。一般来讲，A、B、C级为可用胚，但A、B级胚胎可进行冷冻，C级一般只用于鲜胚移植。

7 胚胎的冷冻保存

7.1 三步平衡法

7.1.1 10%甘油保存液的配制：取9 mL含20%羊血清的PBS，加入1 mL甘油，用吸管反复混合15次～20次，经0.22 μm滤器过滤到灭菌容器内待用。

7.1.2 取含20%羊血清0.3 M蔗糖的PBS 2 mL和3.5 mL，分别加入10%甘油3 mL和1.5 mL，配成含6%和3%甘油的蔗糖冷冻液。将3%、6%和10%三种甘油浓度的冷冻液分别装入小培养皿。

7.1.3 胚胎分别在3%、6%和10%甘油的蔗糖冷冻液中浸5 min。

7.1.4 胚胎装管：用0.25 mL塑料细管按以下顺序吸入，少量的10%甘油的PBS液、气泡、10%甘油的PBS液(含有胚胎)、气泡、少量的10%甘油的PBS液(图1所示)，加热封口两道。

7.1.5 塑料细管的编号：剪一段(2 cm)0.5 mL塑料细管作为标记外套，内装色纸，注明供体品种、耳号、胚胎发育阶段及等级、制作日期(年、月、日)，并在外套管上写明序号备查。

7.2 冷冻程序

将细管直接浸入冷冻仪的酒精浴槽内，以1℃/min的速度从室温降至－6℃，停5 min后植冰，再停

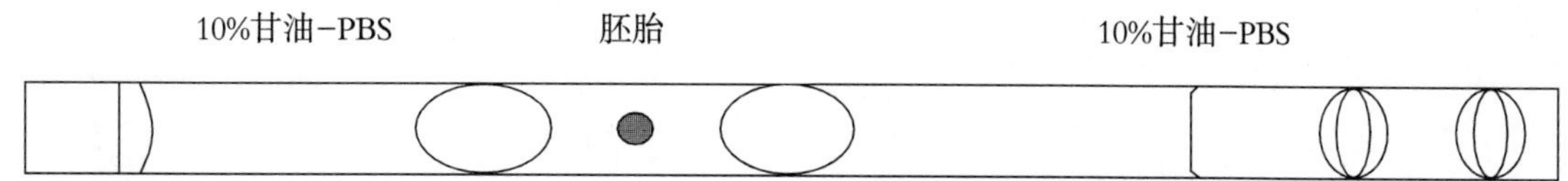

图1 胚胎装管示意图

留10 min,以0.3℃/min的速度降至36℃,再以0.1℃/min的速度降至−38℃,直接投入液氨,长期保存。

8 冷冻胚胎的解冻

8.1 解冻液的配制

根据7.1.1和7.1.2配制出10%、6%和3%甘油的蔗糖解冻液,用0.22 μm滤器灭菌,分装在小培养皿内。第1杯～4杯分别为10%、6%、3%、0%甘油的蔗糖解冻液,第5杯为PBS保存液。

8.2 胚胎的解冻

胚胎从液氮中取出,在3 s内投入38℃水浴,浸10 s。

8.3 三步脱甘油

用70%酒精棉球擦拭塑料细管,用剪刀剪去棉端,与带有空气的1 mL注射器连接。再剪去细管的另一端,在室温下将胚胎推入10%甘油和0.3 M蔗糖的PBS解冻液中,放置5 min后依次移入6%、3%和0%甘油的蔗糖PBS解冻液中,各停留5 min,最后移至PBS保存液中镜检待用。

9 胚胎分割

9.1 准备工作

9.1.1 检查和调整好显微操作装置。

9.1.2 微细玻璃针和固定吸管的制作:玻璃针细度要求为3 μm。

9.1.3 安装好分割胚胎的用具。

9.1.4 将含有20%犊牛血清的PBS液经0.22 μm滤器过滤,在灭菌直径为90 mm的塑料培养皿内做成液滴,覆盖液体石蜡备用。

9.2 分割操作

9.2.1 将第6 d～8 d回收的发育良好的胚胎移入已做好的液滴,每个液滴放入1枚胚胎,用玻璃针或刀片从内细胞团正中切开。

9.2.2 使用刀具分割时可不用固定管。

9.2.3 分割好的胚胎移至含20%羊血清(或犊牛血清)的PBS,清洗后装管移植。

9.2.4 冷冻胚胎解冻后分割操作同上。

10 胚胎移植

10.1 受体羊的选择

10.1.1 受体羊要求健康、无疫病、营养良好。

10.1.2 无生殖疾病、发情周期正常的经产羊。

10.2 供体羊、受体羊的同期发情

10.2.1 自然发情

10.2.2 诱导发情

绵羊诱导发情分为孕激素类和前列腺素类控制同期发情两类方法。孕酮海绵栓法是一种常用的方法。

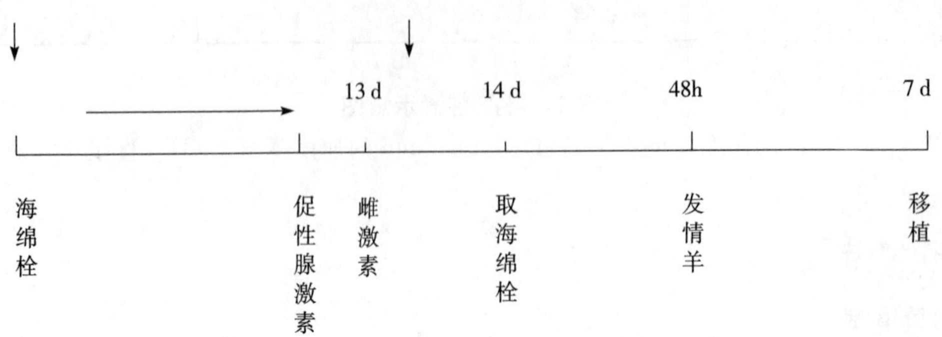

图2 受体羊海绵栓法同期发情示意图

海绵栓在灭菌生理盐水中浸湿后塞入阴道深处，至 13 d～14 d 取出，在取海绵栓的前一天或当天，肌肉注射 PMSG(400 IU)和戊雌酸二醇或苯甲酸雌二醇(2 mg～4 mg)，48 h 前后受体羊可表现发情。

10.2.3 **发情观察**

受体羊发情观察早、晚各一次，母羊接受爬跨确认为发情。受体羊与供体羊发情同期差控制在±24 h。

10.3 **移植**

10.3.1 **移植液**

a) 0.03 g 牛血清白蛋白溶于 10 mL PBS。

b) 1 mL 血清＋9 mL PBS。

以上两种移植液均含青霉毒(100 IU/mL)、链霉素(100 IU/mL)。配好后，用 0.22 μm 滤器过滤，置于 38℃培养箱待用。

10.3.2 **受体羊准备**

受体羊术前需空腹 12 h～24 h，仰卧或侧卧于手术保定架上，肌肉注射 0.3 mL～0.5 mL 2%静松灵。手术部位及手术要求与供体羊相同。

10.3.3 **简易手术法**

对受体羊可用简易手术法移植胚胎。

术部消毒后，拉紧皮肤，在后肢内侧鼠蹊部做 1.5 cm～2 cm 切口，用 1 个手指伸进腹腔，摸到子宫角引导至切口外，确认排卵侧黄体发育状况，用钝形针头在黄体侧子宫角扎孔，将移植管顺子宫角方向插入宫腔，推出胚胎，随即子宫复位。皮肤复位后即将腹壁切口覆盖，皮肤切口用碘酒、酒精消毒，一般不需缝合。若切口增大或覆盖不严密，应进行缝合。

10.3.4 **移植胚胎注意要点**

用内窥镜观察受体卵巢，胚胎移至黄体侧子宫角，无黄体不移植 。

10.3.5 取出子宫，移植 2 枚胚胎。

附 录 A
（规范性附录）
试剂配制

A.1 冲卵液(PPS)的配制

A.1.1 改进的 PBS 液配方

氯化钠 NaCl	136.87 mM	8.00 g/L
氯化钾 KCl	2.68 mM	0.20 g/L
氯化钙 $CaCl_2$	0.90 mM	0.10 g/L
磷酸氢钾 KH_2PO_4	1.47 mM	0.20 g/L
氯化镁 $MgCl_2 \cdot 6H_2O$	0.49 mM	0.10 g/L
磷酸氢钠 Na_2HPO_4	8.09 mM	1.65 g/L
丙酮酸钠	0.33 mM	0.036 g/L
葡萄糖	5.56 mM	1.00 g/L
牛血清蛋白		3.00 g/L
（或犊牛血清）		10 mL/L
青霉素		100 IU/mL
链霉素		100 IU/mL
双蒸水加至		1 000 mL

A.1.2 PBS 液的配制

为了便于保存，可用双蒸水分别配制成 A 液和 B 液，以便高压灭菌，也可配制成浓缩 10 倍的原液。

A 液	100 mL	500 mL	1 000 mL
NaCl	8.0 g	40.0 g	80.0 g
KCl	0.2 g	1.0 g	2.0 g
$CaCl_2$	100 mg	500 mg	1.0 g
$MgCl_2.6H_2O$	100 mg	500 mg	1.0 g
B 液			
$Na_2HPO_4 \cdot 7H_2O$	2.16 g	10.8 g	21.6 g
（或无水 Na_2HPO_4）	1.144 g	5.72 g	11.44 g
KH_2PO_4	200 mg	1.0 g	2.0 g

配好的 A、B 原液和双蒸水分别高压灭菌，低温保存待用。

A.1.3 冲卵液的配制

使用浓缩 A、B 液各取 100 mL。缓慢加入灭菌双蒸水 800 mL 充分混合。取其中 20 mL，加入丙酮酸钠 36 mg、葡萄糖 1.0 g、牛血清蛋白 3.0 g（或羊血清 10 mL）和抗生素，充分混合后用 0.22 μm 滤器过滤灭菌，倒入大瓶混合均匀待用。冲卵液 pH7.2～7.4，渗透压为 270 mM～300 mM。A、B 液混合后，如长时间高温（>40℃）会形成沉淀，影响使用，应注意避免。

A.1.4 保存液的配制

2 mL 供体羊血清+8 mL PBS，青、链霉素各 100 IU/mL，0.22 μm 滤器过滤灭菌。

A.2 羊血清的制作

A.2.1 对超数排卵反应好的供体羊于冲卵后采血。

A.2.2 血清制作程序：

用灭菌的针头和离心管从颈静脉采血，30 min 以内用 3 500 r/10 min 取血清。再用同样转速将分离出的血清再离心 10 min，弃去沉淀。

A.2.3 血清的灭活

将上述血清集中在瓶内，用 50℃水浴，（血清温度达 56℃）灭活 30 min，或者在 52℃温水中灭活 40 min。灭活后，用 3 500 r/10 min，再用 0.45 μm 滤器过滤灭菌，然后分装为小瓶，于 4℃保存待用。

A.2.4 血清使用前，要做胚胎培养试验。只有经培养后确认无污染、胚胎发育好的血清才能使用。

附 录 B
（规范性附录）
实验的准备

B.1 器具的洗刷

B.1.1 器具使用后应立即浸于水中，流水冲洗。粘有污垢或斑点应立即洗刷掉，然后再用洗涤液清洗。

B.1.2 新的玻璃器皿用清水洗净后，放入洗液或稀盐酸中浸泡 24 h，流水冲洗掉洗液，再用洗涤液认真刷洗，或用超声波洗涤器洗涤。洗涤剂可用市售品。

B.1.3 水洗：从洗涤液中取出后立即放入流水中，冲洗 3 h 完全冲掉洗涤液。

B.1.4 洗净：用去离子水冲洗 5 次，再用蒸馏水洗 5 次，最后用双蒸水冲洗 2 次。

B.1.5 干燥和包装：洗净后的器具放入干燥箱烘干，再用白纸或牛皮纸包装待消毒。

B.2 器具的灭菌

B.2.1 高压灭菌：适用于玻璃器具、金属制品、耐压耐热的塑料制品，以及可用高压蒸汽灭菌的培养液、无机盐溶液、液体石蜡油等。上述器具经包装后放入高压灭菌器内，在 120℃（1 kg/cm^2）处理20 min～30 min，PBS 等培养液为 15 min。

B.2.2 气体灭菌法：对于不能用高压蒸汽灭菌处理的塑料器具，可用环氧乙烯等气体灭菌。灭菌方法与要求可根据不同设备说明进行操作。气体灭菌过的器具需放置一定时间才能使用。

B.2.3 干热灭菌法：对耐高温的玻璃及金属器具，包装好后放入干热灭菌器（干烤箱），160℃处理1 h～1.5 h，或者使温度升至 180℃以后，关闭开关，待降至室温时取出。在烘烤过程中或刚结束时，不可打开干燥箱门以防着火。

B.2.4 紫外线灭菌：塑料制品可放置在无菌间距紫外线灯50 cm～80 cm 处，器皿内侧向上。塑料细管需垂直置于紫外线灯下照射 30 min 以上。

B.2.5 钴（Co^{50}）同位素照射灭菌：将需要灭菌的器具包装好，送有关单位处理。

B.2.6 用 70％酒精浸泡消毒：聚乙烯冲卵管以及乳胶管等，洗净后可在 70％酒精液浸泡消毒。

B.3 培养液的灭菌

B.3.1 过滤灭菌法：装有滤膜的滤器经高压灭菌后使用。培养保存液 0.22 μm 滤膜。血清用 0.45 μm 滤膜过滤。过滤时，应弃去开始的 2 滴～3 滴。

B.3.2 用抗生素灭菌：在配制培养液时，同时加入青霉素 100 IU/mL，链霉素 100 IU/mL。

B.4 液体石蜡油的处理

B.4.1 市售液体石蜡装入分液漏斗，用双蒸水充分摇动洗涤 3 次～5 次，静止或离心分离水分。

B.4.2 液体石蜡装入三角烧瓶内（装入量为容量的 70％～75％）用硅塞封口，塞上通入长和短的两根玻璃管，管上端塞好棉花。一根深入油面底层，一根不接触油面。高压灭菌 15 min 呈白浊色，冷却后静置 12 h，即为透明。

B.4.3 将所用的培养液用滤器除菌，按石蜡油量的 1/20 加入并充分混合。

B.4.4 由长玻璃管通入 5% CO_2、95%空气组成的混合气 30 min。

B.4.5 经上述处理后的石蜡油在使用前放在二氧化碳培养箱内静置平衡一昼夜，使液相和油相完全分离，待用。

附 录 C
（规范性附录）
羊胚胎移植主要器械与设备

C.1 回收卵器械

C.1.1 冲卵管——带硅胶管的7号针头（钝形），回收管——带硅胶管的16号针头（钝形），肠钳套乳胶管。

C.1.2 注射器20 mL或30 mL。

C.1.3 集卵杯——50 mL或100 mL烧杯。

C.2 检卵与分割设备

C.2.1 体式显微镜。

C.2.2 培养皿（35 mm×15 mm），（90 mm×15 mm），表面皿。

C.2.3 巴氏玻璃管。

C.2.4 培养箱，CO_2 培养罐及 CO_2 气体。

C.2.5 显微操作仪及附件。

C.3 移植

C.3.1 微量注射器、12号针头。

C.3.2 移植管——内径200 μm～300 μm玻璃细管或前端细后部膨大的（套在注射器上）塑料细管。

C.3.3 羊用腹腔内窥镜。

C.4 手术器械

C.4.1 毛剪，外科剪（圆头、尖头）。

C.4.2 活动刀柄、刀片、外科刀。

C.4.3 止血钳（弯头、直头）、蚊式止血钳、创巾夹、持针器、手术镊（带齿、不带齿）。

C.4.4 缝合针（圆刃针、三棱针）、缝合线（丝线、肠线）、创巾若干。

C.4.5 手术保定架、手术灯、活动手术器械车。

C.5 其他

C.5.1 蒸馏水装置1套，离子交换器1台。

C.5.2 干烤箱1台。

C.5.3 高压消毒锅1台。

C.5.4 滤器若干，0.22 μm、0.45 μm滤膜，0.25 mL（塑料细管）。

C.5.5 pH计1台。

C.6 药品及试剂

C.6.1 配套 PBS 所需试剂。

C.6.2 FSH 和 LH,PMSG 及抗 PMSG 等超排激素。

C.6.3 2%静松灵,0.5%普鲁卡因,利多卡因。

C.6.4 肾上腺素及止血药品。

C.6.5 抗生素及其他消毒液、纱布、药棉等。

附　录　D
(规范性附录)
记录表

表 D.1　供体羊超数排卵记录表

供体号：________　品种：________　出生时间(年龄)：________

产羔时间：________　胎次：________

处理前发情日期：(1)________(2)________

超排处理日期：________年________月________日　激素：________批号：________

总剂量：________每日剂量：________(1)________(2)________(3)________(4)________

促排药注射日期：________　剂量：________

发情时间：________　症状：________

输精时间：(1)________(2)________(3)________公羊号：________

回收卵时间：________月________日　开始：________时________分　结束：________时________分

冲卵人：________　检卵人：________

卵巢	冲卵液回收率	卵巢		回收卵数	未受精卵	退化卵	2～16细胞	胚胎发育与等级							
		CL	F					枚数	等级	M	CM	EB	BL	EXB	HB
左								A							
								B							
								C							
右								A							
								B							
								C							

表 D.2　受体羊移植记录表

序号	受体号	供体号	群号	发情日期	返情日期	黄体发育	移植时间	胚胎等级	术者	产羔	备注

表 D.3 冷冻胚胎记录表

供体号：__________ 品种：__________ 操作者：__________

冲卵结束时间：__________ 冷冻时间：__________ 防冻剂：__________ 冷冻方法：__________

序号	发育阶段	级别	简图	特征简述	提篓号	简号	解冻温度	脱甘油方式	解冻后形态	培养情况	用途	备注

ICS 67.020.30
B 43

中华人民共和国农业行业标准

NY/T 827—2004

绍兴鸭饲养技术规程

Technical regulation for feeding management of shaoxing duck

2004-08-25 发布　　2004-09-01 实施

中华人民共和国农业部 发布

前　言

本标准的附录A为规范性附录。

本标准由中华人民共和国农业部提出并归口。

本标准起草单位:浙江省农业科学院畜牧兽医研究所、浙江大学动物科技学院、绍兴市绍鸭原种场和缙云县畜牧兽医站。

本标准主要起草人:卢立志、刘建新、沈军达、陶争荣、叶伟成、缪海良、陈奕春。

绍兴鸭饲养技术规程

1 范围

本标准规定了绍兴鸭的环境与设施、育雏期饲养管理、育成期饲养管理、产蛋期饲养管理及种鸭饲养管理。

本标准适用于绍兴鸭的饲养管理。

2 规范性引用文件

下列文件中的条款通过本标准的引用而成为本标准的条款。凡是注日期的引用文件，其随后所有的修改单(不包括勘误的内容)或修订版均不适用于本标准，然而，鼓励根据本标准达成协议的各方研究是否可使用这些文件的最新版本。凡是不注日期的引用文件，其最新版本适用于本标准。

GB 7959 粪便无害化卫生标准

GB 14554 恶臭污染物排放标准

NY/T 388 畜禽场环境质量标准

《动物防疫条件审核管理办法》 中华人民共和国农业部 2002 年 5 月发布

3 环境与设施

3.1 环境

3.1.1 选址

养殖场地应选择在生态环境好，无工业“三废”污染，离公路、村镇(居民点)、工厂、学校和其他养殖场 1 000 m 以上，避开水源保护区、风景名胜区、人口密集区等环境敏感地区，符合环境保护和兽医防疫要求。

3.1.2 布局

场区要求地势高燥，布局合理，生产区与生活区必须严格分开。

3.1.3 空气

空气环境质量应符合 NY/T 388 的规定。

3.1.4 饮用水

饮用水应符合 NY/T 388 的规定。

3.2 设施

养殖场应设置防止渗漏、泾流、飞扬且有一定容量的专用储存设施和场所，设有粪尿污水处理设施，家禽粪便处理应符合 GB 7959 和 GB 14554 的规定。

饲养和加工场地应设有与生产相适应的消毒设施、更衣室、兽医室等，并配备工作所需的仪器设备。

4 育雏期饲养管理

4.1 育雏室

4.1.1 育雏室条件

保温性能良好，光照充足。窗户面积与地面面积比例为 1∶3～10。保持舍内干燥、清洁。舍内地面比舍外地面应高出 25 cm～30 cm。

4.1.2 育雏室消毒

在进雏鸭前 1 周，对墙壁、地面及空间进行清洗、涂刷、喷洒消毒，消毒完毕 24 h 后打开门窗换气 2 d～3 d；饲料盆(槽)、饮水器(槽)等用具用消毒液洗涤消毒，棉絮、毛毯、垫草等用前在阳光下曝晒 1 d～2 d。

4.2 种雏

种雏来源清楚，来自具有种畜禽生产许可证的种鸭场。种雏应健康、活泼，符合绍兴鸭品种特征。

4.3 饲养

4.3.1 开水、开食

在出壳后 24 h 左右开水开食。在开食前 1 h～2 h 左右先行开水，水质应符合 NY/T 388 的规定。开水时，可添加 0.01%的多维素或 5%葡萄糖水或抗菌药物，以增强鸭体的抗病能力。开食料用破碎配合饲料为宜，撒在料盘、尼龙编织布或塑料膜上，自由采食。

4.3.2 饲喂

育雏期内饲喂雏鸭专用饲料，营养需要量见附录 A。

1 周龄内每天饲喂 6 次，随着日龄增加而减少饲喂次数或采用自由采食方式。饲喂量随日龄变化而变化，饲喂量一般第一天按 2.5 g/只，以后每天递增 2.5 g/只。绍兴鸭育雏期中某一日龄内累计的采食量可按式(1)计算：

$$g=2.5\times n\times(n+1)/2 \qquad (1)$$

式中：

g——累计采食克数；

n——日龄。

4.4 管理

4.4.1 温度

第 1 周内育雏室室温 28℃～30℃，以后每周下降 2℃～3℃，直至降到 20℃时开始逐步脱温。将温度计挂在离地面 15 cm～20 cm 高处墙壁测室温。

4.4.2 湿度

育雏室相对湿度 60%～70%。

降湿方法：垫草潮湿及时更换；喂水切勿外溢；通风换气良好。

4.4.3 密度

1 日龄～14 日龄每平方米 35 只～25 只；15 日龄～28 日龄每平方米 25 只～15 只。

4.4.4 光照

3 日龄内 23 h～22 h，以后每天降 0.5 h～1 h，直至 10 h 后保持恒定。光照强度 10 lx～20 lx。育雏室内应保持通宵弱光光照，光照强度 5 lx～10 lx。

应备有应激灯。

4.4.5 通风

舍内适当通风，无刺鼻眼的气味，但要防止贼风。

4.4.6 分群

根据出壳时间及鸭体质强弱进行分群，每群以 200 只左右为宜，防止打堆。

4.4.7 放水

从 3 日龄起可用浅水训练鸭子下水。随着日龄增加，可逐渐增加水的深度。一般每天 2 次～3 次，每次 5 min 左右，以“点水”为主，水温不低于 15℃。5 d～15 d 开始自由下水活动。

5 育成期饲养管理

5.1 选择

60 日龄时进行初选，剔除生长发育不良、毛色杂乱等残次鸭。100 日龄时再进行复选，淘汰颈粗、身短及不符合本品种特征的鸭。

5.2 光照时间

光照时间 10 h～15 h，光照强度 10 lx～20 lx。舍内应通宵弱光照明，光照强度 5 lx～10 lx。

5.3 控制体重

加强运动，晴天尽量放鸭到运动场活动，阴雨天可定时赶鸭在舍内做转圈运动，每次 5 min～10 min，每天活动 2 次～4 次。6 周龄后要限制喂料量，多喂些青、粗饲料，以控制体重。要求 120 日龄入舍的平均体重控制在 1.4 kg 左右，要求均匀度 75%以上。

5.4 放牧

5.4.1 放牧场地

应选择有落谷、野草、昆虫、螺蛳等食物的场所放牧，放牧场所应无疫情、无污染。

5.4.2 放牧时间

冬季、早春宜在无风、晴朗的中午，夏季宜在早晨、傍晚。

5.4.3 防止应激

放牧时，应注意天气状况，避免在高温烈日、雨天或剧变的天气放牧。同时，应避免噪音、惊吓等应激。

5.4.4 信号调教

定时放牧和及时回舍，用固定的口令、牧杆、动作信号训练，培养形成固定的条件反射。

5.4.5 补饲

放牧前不喂料，放牧归来后，视鸭群的进食程度、食欲状况补喂饲料。

5.5 圈养

5.5.1 圈养场所

圈养场所应符合《动物防疫条件审核管理办法》的规定，周围环境应符合 NY/T 388 中的要求。鸭舍、运动场、水面面积之比至少 1∶2∶3，尽量增加运动场和水面面积。

5.5.2 饲养密度

饲养密度每平方米 14 只～每平方米 8 只，随着日龄的增加逐渐降低饲养密度。

5.5.3 限制饲养

通过饲料质量和数量进行限制饲养，宜多喂青、粗饲料，以控制体重。营养需要量见附录 A。

5.5.4 训练调教

有意识地对鸭子进行调教，培养形成稳定的生活习惯。

6 产蛋期饲养管理

6.1 场地

产蛋期实行全程圈养，圈养场地同本标准 5.5.1 的要求。鸭滩坡度以 15°左右为宜。地面应保持干燥。

6.2 密度

圈养密度每平方米 7 只～每平方米 8 只。

6.3 温度

舍内维持在 5℃～30℃之间。温度过高、过低时，应采取人工调控。

6.4 光照

舍内应通宵弱光照明，光照强度 5 lx～10 lx，其中 16 h～17 h 光照强度应在 15 lx 左右，灯泡高度离地2 m左右。应备有应激灯。

6.5 喂料

6.5.1 饲喂方式

可采用自由采食或定餐饲喂,定餐饲喂时1昼夜饲喂3次~4次。

6.5.2 饲料

供给产蛋鸭专用饲料,不得使用霉变、生虫或被污染的饲料。在调整饲料配方时,应有10 d左右的过渡期。产蛋鸭营养需要量见附录A。

6.6 饮水

饮用水应符合NY/T 388中的要求。供水充足。

6.7 日常管理程序

日常管理要形成规律,而且不得随意改变。产蛋鸭日常管理见表1。

表1 产蛋鸭日常管理程序

6:00~8:00	放鸭出舍,撒草到水面,让鸭群在水中嬉水、交配、食草,让鸭在运动场中理毛休息;进鸭舍捡蛋,记录产蛋情况;清洗饲料盆、水盆;舍内清理,铺上干净垫草,加足饮水和饲料
8:00~11:00	赶鸭入舍,第1次吃食后让鸭子自由活动,可下水或在运动场或鸭舍内休息、嬉戏
11:00~12:00	赶鸭入舍,第2次喂料
12:00~14:00	鸭子自由活动,可下水或在运动场或鸭舍内休息、嬉戏
14:00~17:00	放鸭出舍入水,让鸭在水中吃草运动,清洗水盆、料盆,加足饲料和饮水,16:00~17:00时第3次喂料
17:00~22:00	21:00第4次加水加料。天黑时开灯补光,弱光通宵照明

6.8 产蛋期饲养管理要点

避免强光、惊群等应激,保持蛋鸭稳定的生活规律。营养供应充足,加强多种维生素和矿物质微量元素的补充,维持适宜的体重,及时淘汰不良个体,不得使用副作用大的药物和禁止使用的药物。

6.9 异常情况下的管理措施

6.9.1 产蛋重量、产蛋率下降

蛋重及产蛋率下降时,应及时分析原因,采取相应措施。

6.9.2 蛋壳质量异常

出现薄壳蛋、软壳蛋、沙皮蛋、畸形蛋等蛋壳质量问题时,需及时查明原因,采取相应措施。

6.9.3 产蛋时间异常

正常产蛋集中在2:00~5:00。如出现产蛋时间推迟或白天产蛋等情况时,则需增加饲料营养和适当调整饲养管理程序。

6.9.4 体重异常

蛋鸭体重应保持相对稳定,如出现过轻、过重等异常时,则需调整饲料和活动量。

7 种鸭饲养管理

7.1 公鸭

要求公鸭比母鸭大1个月~2个月。在育成鸭时期,公、母鸭应分群饲养。未到配种期的公鸭,尽量少下水活动,以减少公鸭互相嬉戏。留种蛋前20 d,放入母鸭群中,此时要多放水,少关饲。

7.2 公母配比

公母比例以1∶15~20为宜,冬季1∶20,夏季1∶15。

7.3 母鸭

饲养管理要求与商品蛋鸭基本相同。除按饲养标准配制日粮外，可适当增加维生素A、维生素E和青饲料喂量。多放水，少关饲，以增加公鸭配种次数，提高种蛋受精率。

7.4 种蛋管理

种蛋要及时收集，收集后要用0.1%新洁尔灭喷雾种蛋表面消毒，贮放在阴凉干燥处，防止昆虫叮咬。种蛋保存温度10℃～15℃，相对湿度70%～80%。每隔3 d～7 d入孵1批。

附 录 A
(规范性附录)
绍兴鸭营养需要量

A.1 绍兴鸭的代谢能、粗蛋白、氨基酸、钙、磷及食盐的需要量,见表A.1。

表A.1 绍兴鸭的代谢能、粗蛋白、氨基酸、钙、磷及食盐的需要量

项　　目	0周龄~4周龄	5周龄~开产	产蛋鸭或种鸭
代谢能,MJ/kg	11.7	10.80	11.41
粗蛋白,%	19.5	16.0	18.0
钙,%	0.9	0.8	3.0
总磷,%	0.6	0.5	0.6
有效磷,%	0.4	0.35	0.4
食盐,%	0.37	0.37	0.37
蛋氨酸,%	0.4	0.3	0.4
蛋氨酸+胱氨酸,%	0.7	0.6	0.7
赖氨酸,%	1.0	0.7	0.9
色氨酸,%	0.24	0.22	0.24
精氨酸,%	1.1	0.7	1.0
亮氨酸,%	1.60	1.12	1.09
异亮氨酸,%	0.69	0.46	0.62
苯丙氨酸,%	0.84	0.54	0.51
苯丙氨酸+络氨酸,%	1.43	0.94	0.97
苏氨酸,%	0.69	0.48	0.56
缬氨酸,%	0.91	0.63	0.75
组氨酸,%	0.43	0.31	0.24
甘氨酸,%	1.14	0.88	0.85

A.2 绍兴鸭维生素、亚油酸及微量元素需要量见表A.2。

表A.2 绍兴鸭维生素、亚油酸及微量元素需要量

营养成分	0周龄～4周龄	5周龄～开产	产蛋鸭或种鸭
维生素A,IU	3 000	2 500	4 000
维生素D_3,IU	600	500	900
维生素E,IU	8	8	8
维生素K,mg	2	2	2
硫胺素,mg	3	3	3
核黄素,mg	5	5	5
泛酸,mg	11	11	11
烟酰胺,mg	60	55	55
吡哆醇,mg	3	3	3
生物素,mg	0.1	0.1	0.2
胆碱,mg	1 650	1 400	1 000
叶酸,mg	1.0	1.0	1.5
维生素B_{12},mg	0.02	0.02	0.02
亚油酸,g	8	8	8
铜,mg	8	8	8
铁,mg	96	96	96
锰,mg	80	80	85
锌,mg	60	60	60
碘,mg	0.45	0.45	0.45
硒,mg	0.15	0.15	0.15
镁,mg	600	600	600
注:表中的数值是每千克饲粮中的含量。			

ICS 67.020.30
B 40

中华人民共和国农业行业标准

NY/T 828—2004

肉鸡生产性能测定技术规范

Technical regulation for performance testing of meat-type chicken

2004-08-25 发布　　2004-09-01 实施

中华人民共和国农业部 发布

前　言

本标准由中华人民共和国农业部提出并归口。

本标准起草单位:中国农业科学院家禽研究所、扬州大学畜牧兽医学院、农业部家禽品质监督检验测试中心。

本标准主要起草人:陈宽维、王志跃、高玉时、黎寿丰、厉保林、章明。

肉鸡生产性能测定技术规范

1 范围

本标准规定了肉种鸡、商品肉鸡生产性能测定的程序、项目和条件。

本标准适用于家禽生产性能测定站(中心)对肉种鸡、商品肉鸡生产性能的测定。

2 测定要求

申报测定的品种(配套系)符合良种繁育体系布局要求。抽样群种鸡健康,来源清楚,饲养管理正常,并达到规定数量。

供测单位种鸡场防疫设施完善,无一类传染病感染,其他健康水平指标符合国家和当地政府主管部门的要求。

3 种蛋取样

3.1 抽样地点

种蛋取样可以在育种场、祖代场等公司的直属场,也可在公司的客户场进行。

3.2 取样方法

取样由测定站派员进行,抽取与供测品种(配套系)名称一致的当天种蛋,并标注抽样日期,取样后3 d内入孵。接受的委托测定可由委托单位送样。

3.3 测定号的确定

多品种(配套系)同时测定时,由测定站和公正部门对测定品种(配套系)进行随机编号,每个种蛋标明测定号。测定号对应的品种(配套系)名称对测定工作人员保密。

4 测定数量及重复数

肉鸡生产性能测定的最少数量见表1。

表1 肉鸡生产性能测定最少数量

<table>
<tr><th colspan="3" rowspan="2">代 次</th><th rowspan="2">送样蛋数量
个</th><th rowspan="2">入孵蛋数量
个</th><th colspan="2">育雏、育成期鸡数</th><th colspan="2">产蛋期鸡数</th></tr>
<tr><th>测定总数,只</th><th>重复</th><th>测定总数,只</th><th>重复</th></tr>
<tr><td rowspan="3">种鸡</td><td colspan="2">品种(系)</td><td>720</td><td>580</td><td>240</td><td>3</td><td>180</td><td>3</td></tr>
<tr><td rowspan="2">配套系</td><td>父系</td><td>240</td><td>180</td><td>60</td><td rowspan="2">3</td><td>26</td><td rowspan="2">3</td></tr>
<tr><td>母系</td><td>720</td><td>580</td><td>240</td><td>180</td></tr>
<tr><td colspan="3">商 品 鸡</td><td>600</td><td>560</td><td>360</td><td>3</td><td></td><td></td></tr>
</table>

5 测定项目

5.1 生产性能

5.1.1 种鸡

取样种蛋的受精率、孵化率、健雏率;

开产日龄、66周龄产蛋量(HH、HD)、产合格种蛋数(HH、HD),种蛋受精率、孵化率、健雏率(32周龄、44周龄、64周龄平均);

0 周龄～24 周龄存活率、25 周龄～66 周龄存活率，0 周龄～24 周龄只耗料量、25 周龄～66 周龄只周耗料量；

24 周龄、44 周龄、66 周龄(公鸡、母鸡)平均体重。

5.1.2 速生型肉用商品鸡

取样种蛋的受精率、孵化率、健雏率；

初生重，7 周龄平均活重、存活率、饲料转化比、屠宰率、腹脂率、胸肌率、腿肌率。

5.1.3 优质肉用商品鸡

取样种蛋的受精率、孵化率、健雏率；

12～14 周龄体重、存活率、饲料转化比、屠宰率、腹脂率、胸肌率、腿肌率。

5.2 健康水平

初生雏鸡白痢抗体阳性率、霉形体抗体阳性率。

5.3 其他

测定站可根据需要增加其他测定项目。

6 饲养管理条件

6.1 测定鸡位置分配和鸡舍条件

为了消除环境误差，不同品种(配套系)的重复组在测定舍的位置须均匀分布。不同测定品种(配套系)饲养管理条件一致，测定舍地面保持干燥，通风良好。

6.2 计量器具

测定使用计量标准器具。

6.3 饲养条件

6.3.1 肉用种鸡

6.3.1.1 育雏期

a) 育雏期采用地面厚垫料平养，自动控温，育雏温度见表 2；

表 2 育雏温度

日　龄	温度，℃
1～2	33～34
3～4	31～32
5～7	30～31
8～14	28～29
15～21	26～27
22～28	23～25
29～35	20～21

b) 饲养密度为每平方米 16 只以内，提供足够的采食、饮水设备，保证足够的采食饮水位置。

6.3.1.2 育成期

a) 饲养方式：地面平养，饲养密度为每平方米 7 只以内，提供足够的采食、饮水设备。

b) 喂料量：参照供测单位提供的种鸡日粮营养需要建议量，确定喂料量，并根据供测单位提供的各周龄体重标准调整。

6.3.1.3 产蛋期

随机确定各品种(配套系)在测定舍的位置。采用地面平养、自然交配的饲养方式，公母比例为

1∶8～11;采用笼养、人工授精的饲养方式,公母比例为1∶6～10。每天集蛋3次～4次,记录产蛋总数、产合格种蛋数和存活鸡数等。

6.3.2 商品肉鸡

采用厚垫料地面平养。饲养密度,速生型肉鸡每平方米10只～12只,优质肉鸡每平方米10只～18只。食槽及供水设备充足,满足生长发育要求。

7 饲料

测定用饲料必须是来自商用饲料生产厂家,具备注册商标、执行标准、包装、标识等法律文本的全价饲料。

饲料的营养成分应满足受测鸡生长、发育要求。

ICS 67.050
X 04

中华人民共和国农业行业标准

NY/T 829—2004

牛奶中氨苄青霉素残留检测方法
——HPLC

**Determination of ampicillin residue in milk:
HPLC**

2004-08-25 发布　　　　2004-09-01 实施

中华人民共和国农业部　发布

前　言

本标准的附录 A 为资料性附录，附录 B 为规范性附录。

本标准由中华人民共和国农业部提出并归口。

本标准起草单位：农业部饲料质量监督检验测试中心（广州）。

本标准主要起草人：罗道栩、曾平、肖田安、邓国东。

牛奶中氨苄青霉素残留检测方法
——HPLC

1 范围

本标准规定了牛奶中氨苄青霉素残留量检测的制样和高效液相色谱测定方法。

本标准适用于牛奶中氨苄青霉素的残留量检测。

2 规范性引用文件

下列文件中的条款通过标准的引用而成为本标准的条款。凡是注日期的引用文件，其随后所有的修改单(不包括勘误的内容)或修订版均不适用于本标准，然而，鼓励根据本标准达成协议的各方研究是否可使用这些文件的最新版本。凡是不注日期的引用文件，其最新版本适用于本标准。

GB/T 6682 分析实验室用水规格和试验方法

3 制样

3.1 样品的制备

取适量新鲜或室温下解冻的冷冻空白或供试牛奶。

3.2 样品的保存

－20℃以下冰箱中贮存备用。

4 测定方法

4.1 方法提要或原理

试样先经三氯乙酸溶液沉淀蛋白，上清液中的氨苄青霉素与甲醛在酸性条件下，加热生成2-羟基-3-苯基-6-甲基吡嗪(氨苄青霉素荧光衍生物)，该衍生物用带有荧光检测器的高效液相色谱在激发波长(Ex)346 nm、发射波长(Em)422 nm条件下测定，外标法定量。

4.2 试剂和材料

以下所用的试剂，除特别注明者外均为分析纯试剂；水为符合GB/T 6682规定的二级水。

4.2.1 氨苄青霉素标准品

含氨苄青霉素($C_{16}H_{18}N_3NaO_4S$)不得少于85.0%。

4.2.2 乙腈 色谱纯

4.2.3 三氯乙酸

4.2.4 甲醛溶液

4.2.5 浓磷酸

4.2.6 磷酸二氢钾

4.2.7 磷酸盐缓冲液(0.02mol/L，pH3.5)

称取2.721 8 g磷酸二氢钾，置于1 000 mL容量瓶中，加水900 mL使溶解，再用浓磷酸调pH至3.5±0.05，加水稀释至刻度，摇匀即得。

4.2.8 三氯乙酸水溶液(200 mg/mL)

称取三氯乙酸 20 g,溶于 80 mL 水中,加水稀释至 100 mL,摇匀即得。

4.2.9 三氯乙酸水溶液(750 mg/mL)

称取三氯乙酸 75 g,加水适量,使溶解,并稀释至 100 mL,摇匀即得。

4.2.10 7%甲醛水溶液

量取 37%甲醛 18.9 mL,加水至 100 mL,摇匀即得。

4.2.11 20%乙腈水溶液

量取 20 mL 乙腈至 100 mL 容量瓶中,加水稀释至刻度,摇匀即得。

4.2.12 氨苄青霉素标准贮备液(1 000 μg/mL)

准确称取氨苄青霉素标准品约 0.115 5 g,置 100 mL 容量瓶中,加水溶解并稀释至刻度,制成 1 000 μg/mL 标准贮备液,置于 4℃冰箱中保存,存放期为 1 周。

4.2.13 氨苄青霉素标准工作液

精密量取氨苄青霉素标准贮备液适量,用水稀释成适宜浓度的标准溶液(0.001 μg/mL~0.100 μg/mL),即得。临用前配制。

4.3 仪器和设备

4.3.1 高效液相色谱仪(配荧光检测器)

4.3.2 冷冻离心机

4.3.3 分析天平(感量 0.000 1 g)

4.3.4 旋涡振荡器

4.3.5 恒温水浴锅

4.3.6 微孔滤膜(0.45 μm)

4.4 测定步骤

4.4.1 试样的制备

试样的制备包括:

——取新鲜或室温下解冻后的牛奶,以 3 500 r/min 离心 10 min,取下层液作为供试试样;

——取新鲜或室温下解冻后的空白牛奶,以 3 500 r/min 离心 10 min,取下层液作为空白试样;

——取空白试样,添加适宜浓度的标准工作溶液作为空白添加试样。

4.4.2 提取

精密量取试样 5.0 mL~10 mL,置于塑料离心管中,加入三氯乙酸水溶液(750 mg/mL)0.5 mL±0.01 mL,盖紧后剧烈振摇 30 s。然后,以 6 500 r/min 的速度离心 10 min,量取上清液 1 mL±0.01 mL 于 10 mL 螺口刻度离心管中。

4.4.3 衍生化

在盛有 1.0 mL 离心上清液或标准工作液的 10 mL 螺口刻度离心管中,加入三氯乙酸水溶液(200 mg/mL)0.2 mL 和 7%甲醛溶液 0.2 mL,旋涡混匀 20 s,加盖拧紧后置于沸水浴中加热 30 min。取出,冷却至室温,用 20%乙腈水溶液定容至 2 mL,混匀后,经 0.45 μm 微孔滤膜滤过至样品瓶中,供高效液相色谱分析。

4.4.4 测定

4.4.4.1 色谱条件

色谱柱:C_{18},250 mm×4.6 mm(i.d.),粒径 5 μm,或相当者;

流动相:磷酸盐缓冲液—乙腈(75+25,v/v);

流速:1 mL/min;

荧光检测器：激发波长 346 nm，发射波长 422 nm；

进样量：100 μL。

4.4.4.2 **测定法**

取适量试样溶液和相应浓度的标准工作液，进行单点或多点校准，以色谱峰面积积分值定量。标准工作液及试样溶液中的氨苄青霉素的响应值应在仪器检测的线性范围之内。在上述色谱条件下，氨苄青霉素的保留时间在 8.3 min 左右，标准溶液液相色谱图见附录 A 中图 A.1～A.3，空白添加试样的色谱图见附录 A 中图 A.5～A.7。

4.4.5 **空白试验**

除不加试料外，采用完全相同的测定步骤(4.4.2～4.4.4)进行平行操作。空白试样的色谱图见附录 A 中图 A.4。

4.5 结果计算和表述

供试样品中氨苄青霉素的残留量按式(1)计算：

$$X=\frac{A\times C_s\times(V+0.5)}{A_s\times V\times 1\,000} \qquad (1)$$

式中：

X——供试样品中氨苄青霉素的残留量，单位为微克每升(μg/L)；

A——供试试样中对应氨苄青霉素的色谱峰面积；

A_s——标准工作液中氨苄青霉素的色谱峰面积；

C_s——标准工作液中氨苄青霉素的浓度，单位为微克每毫升(μg/mL)；

V——供试样品的量，单位为毫升(mL)。

注：测定结果用平行测定的算术平均值表示，保留到小数点后 2 位。

5 检测方法灵敏度、准确度、精密度

5.1 灵敏度

本方法在牛奶中的检测限为 1 μg/L，定量限为 2 μg/L。

5.2 准确度

本方法在 2 μg/L、4 μg/L、10 μg/L 添加浓度水平上的回收率范围为 70%～110%(回归试验按附录 B 操作)。

5.3 精密度

本方法的批内变异系数 $CV\leqslant 10\%$，批间变异系数 $CV\leqslant 15\%$。

附 录 A
（资料性附录）
高效液相色谱图

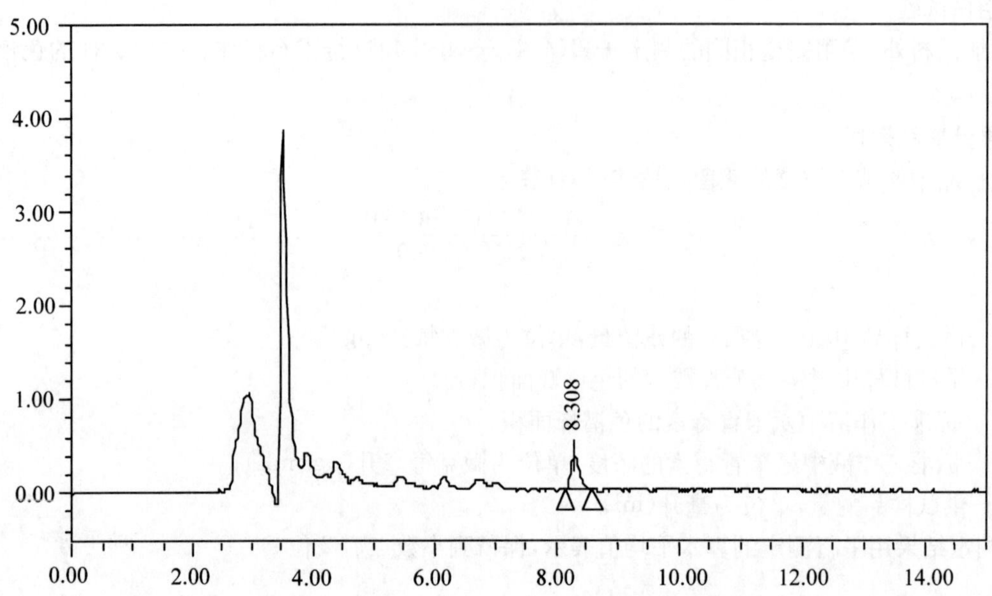

图 A.1 氨苄青霉素标准溶液（1 μg/L）的色谱图（保留时间：8.308 min）

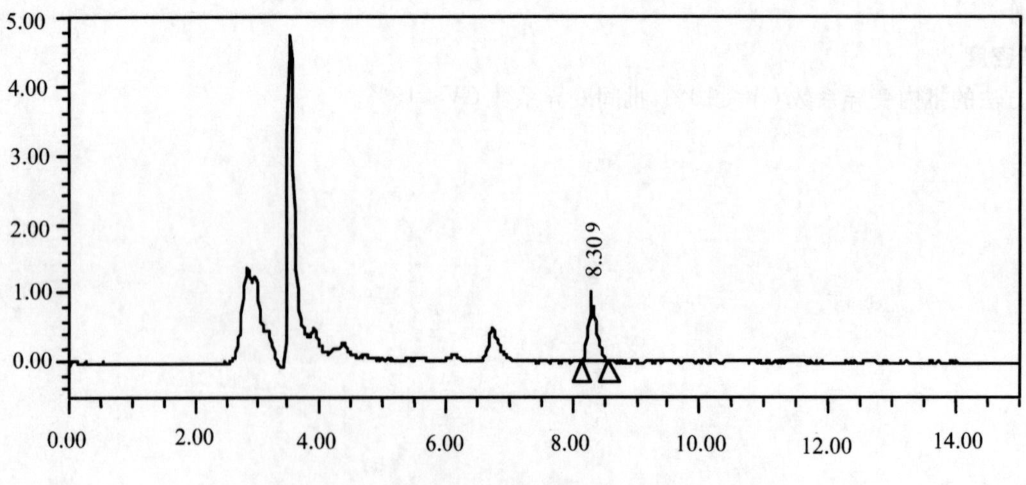

图 A.2 氨苄青霉素标准溶液（2 μg/L）的色谱图

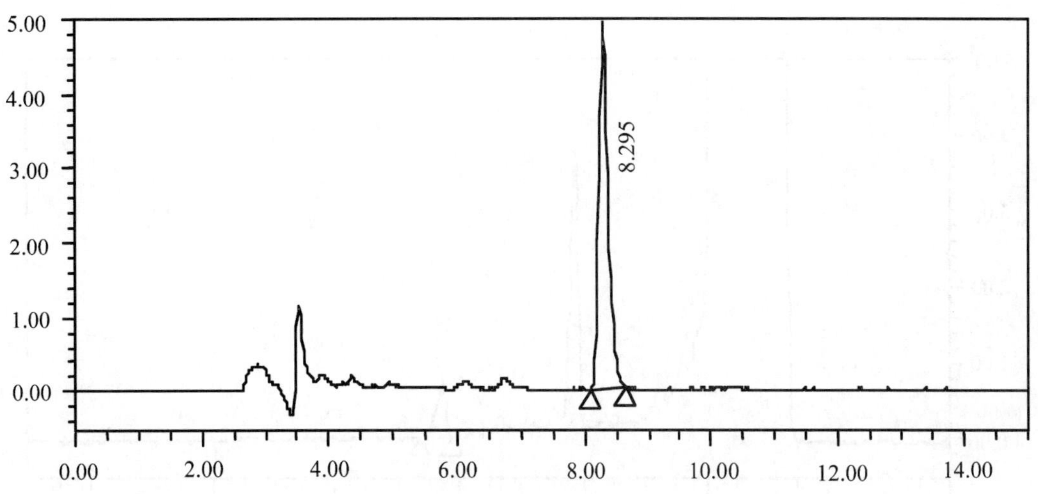

图 A.3 氨苄青霉素标准溶液(10 μg/L)的色谱图

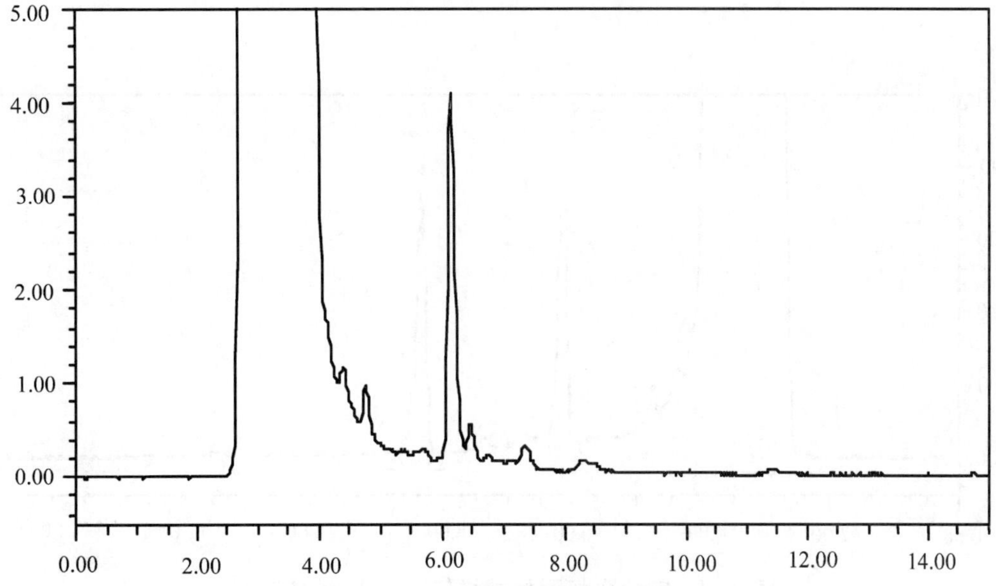

图 A.4 空白牛奶试样的色谱图

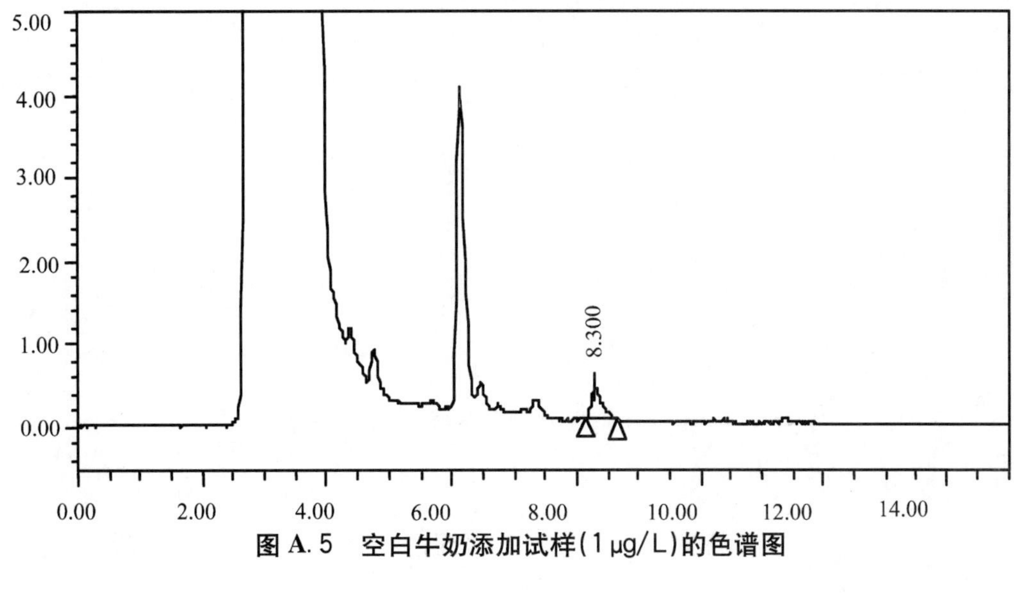

图 A.5 空白牛奶添加试样(1 μg/L)的色谱图

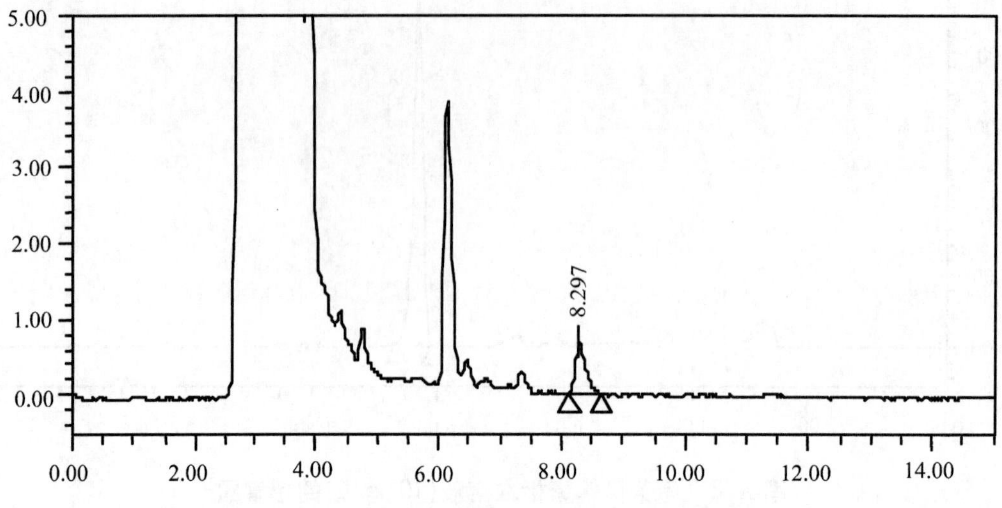

图 A.6　空白牛奶添加试样(2 μg/L)的色谱图

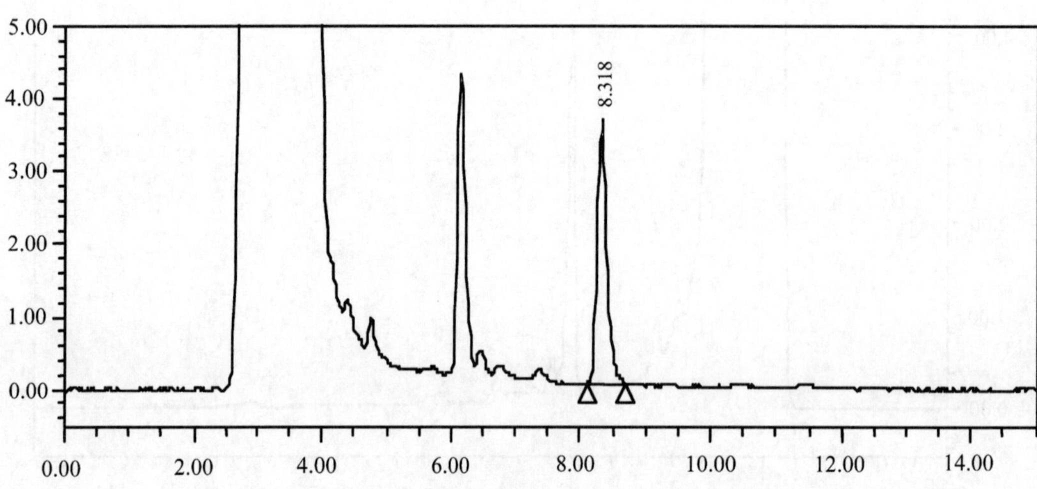

图 A.7　空白牛奶添加试样(10 μg/L)的色谱图

附 录 B
（规范性附录）
添加回收试验

精密量取 4.9 mL 离心后的空白牛奶，置于 10 mL 塑料离心管中，加入 0.1 mL 氨苄青霉素标准品溶液，使成最终浓度为 2 ng/mL、4 ng/mL、10 ng/mL 的添加试样，旋涡混匀 30 s 后，静置 10 min。按测定步骤(4.4.2～4.4.4)相同的操作进行测定。

ICS 67.050
B 04

中华人民共和国农业行业标准

NY/T 830—2004

动物性食品中阿莫西林残留检测方法——HPLC

The determination of amoxicillin in edible animal tissues——HPLC method

2004-08-25 发布　　2004-09-01 实施

中华人民共和国农业部　发布

前　言

本标准的附录 A 为资料性附录。

本标准由中华人民共和国农业部提出并归口。

本标准起草单位:农业部畜禽产品质量监督检验测试中心、北京师范大学分析测试中心。

本标准主要起草人:单吉浩、谢孟峡、刘素英、杨清峰、薛毅、吴银良、王海。

动物性食品中阿莫西林残留检测方法 ——HPLC

1 范围

本标准规定了动物性食品中阿莫西林残留量检测的制样和高效液相色谱的测定方法。

本标准适用于猪肌肉、猪皮、猪皮下脂肪和鸡肌肉中阿莫西林的残留量检测。

2 规范性引用文件

下列文件中的条款通过本标准的引用而成为本标准的条款。凡是注日期的引用文件,其随后所有的修改单(不包括勘误的内容)或修订版均不适用于本标准,然而,鼓励根据本标准达成协议的各方研究是否可使用这些文件的最新文本。凡是不注日期的引用文件,其最新版本适用于本标准。

GB/T 6682 分析实验室用水规则和实验方法

3 制样

3.1 样品的制备

取适量新鲜或冷冻的空白或供试组织,绞碎并使之均匀。

3.2 样品的保存

−20℃以下冰箱中贮存备用。

4 测定方法

4.1 方法提要或原理

匀浆后的试样经过磷酸提取液提取和三氯乙酸沉淀蛋白,过 C_{18} 固相萃取柱净化,用合适的溶剂选择洗脱,经过衍生化,供高效液相色谱定量(紫外检测器)测定。外标法定量。

4.2 试剂和材料

以下所用的试剂,除特别注明外均为分析纯试剂;水为符合 GB/T 6682 规定的二级水。

4.2.1 阿莫西林

含阿莫西林($C_{16}H_{19}N_3O_5S$)不得少于 98.9%。

4.2.2 三氯乙酸

4.2.3 1,2,4 三唑

4.2.4 氯化汞

4.2.5 乙腈:色谱纯

4.2.6 甲醇:色谱纯

4.2.7 磷酸二氢钠

4.2.8 磷酸氢二钠

4.2.9 硫代硫酸钠

4.2.10 氢氧化钠

4.2.11 乙酸酐

4.2.12　氢氧化钠溶液 5.0 mol/L

取氢氧化钠饱和溶液 14 mL,加水稀释至 100 mL。

4.2.13　磷酸缓冲液 0.05 mol/L

取磷酸氢二钠 6.28 g,磷酸二氢钠 5.11 g,硫代硫酸钠 3.11 g,加水使溶解,并稀释至 1 000 mL。使用前,过 0.45 μm 滤膜。

4.2.14　氯化汞溶液 0.026 mol/L

取氯化汞 0.072 g,加水使溶解,并稀释至 10 mL。

4.2.15　乙酸酐溶液 0.20 mol/L

取乙酸酐 0.1 mL,加乙腈稀释至 5 mL。

4.2.16　衍生化试剂

取 1,2,4—三唑 1.37 g 加 6 mL 水使溶解,加 1 mL 0.026 mol/L 氯化汞溶液,用 5.0 mol/L 氢氧化钠溶液调 pH 至 9.0,加水稀释至 10 mL。随配随用。

4.2.17　磷酸氢二钠溶液 0.025 mol/L

取磷酸氢二钠 0.22 g,加水使溶解,用 5.0 mol/L 氢氧化钠溶液调 pH 至 9.0,加水稀释至 50 mL。

4.2.18　提取液

取磷酸二氢钠 1.68 g,加水使溶解,用磷酸调 pH 至 4.5,加水稀释至 500 mL。

4.2.19　三氯乙酸溶液 75%(*w*/*v*)

取三氯乙酸 7.5 g,加水使溶解并稀释至 10 mL。

4.2.20　三氯乙酸溶液 2%(*w*/*v*)

取三氯乙酸 2.0 g,加水使溶解并稀释至 100 mL。

4.2.21　阿莫西林标准储备液

准确称取阿莫西林对照品 25 mg,加水使溶解并稀释至浓度约为 1.0 mg/mL 的储备液,置于 2℃～8℃冰箱中保存,有效期 1 个月。

4.2.22　阿莫西林标准工作液

准确量取适量阿莫西林标准储备液,用水稀释成适宜浓度的阿莫西林标准工作液。

4.3　仪器和设备

4.3.1　高效液相色谱仪(配紫外检测器)

4.3.2　分析天平

感量 0.000 1 g。

4.3.3　天平

感量 0.01 g。

4.3.4　涡旋震荡混合器

4.3.5　组织匀浆机

4.3.6　50 mL 离心管

4.3.7　固相萃取装置

4.3.8　离心机

4.3.9　固相萃取柱 C_{18}

100 mg/mL,含碳量≥16%。

4.3.10　氮气吹干装置

4.3.11　恒温水浴锅

4.3.12　滤膜

0.45 μm，水相。

4.4 测定步骤

4.4.1 试料的制备

试料的制备包括：

——取绞碎后的供试样品，作为供试材料。

——取绞碎后的空白样品，作为空白材料。

——取绞碎后的空白样品，添加适宜浓度的标准溶液作为空白添加试料。

4.4.2 提取

称取(5±0.05) g 试料，置于 30 mL 匀浆杯中，加 10 mL 提取液，10 000 r/min 匀浆 1 min，匀浆液转入 50 mL 离心管中，振荡混合 5 min，4 000 r/min 离心 10 min，上清液转入另一 25 mL 离心管中。用提取液 5 mL 洗刀头及匀浆杯，转入 50 mL 离心管洗残渣，搅匀，振荡，离心。合并上清液于 25 mL 离心管中，加入 0.5 mL 75%(*w*/*v*)三氯乙酸溶液，涡旋震荡 20 s，4 000 r/min 离心 10 min，上清液做备用液。

4.4.3 净化

C_{18}固相萃取柱依次用 5 mL 甲醇，2 mL 水和 2 mL 2%(*w*/*v*)三氯乙酸溶液润洗。将备用液过 C_{18}柱，依次用 2 mL 2%(*w*/*v*)三氯乙酸溶液和 2 mL 水洗，真空抽干。用 3 mL 乙腈洗脱，真空抽干，收集洗脱液。在样液过柱和洗脱过程中流速控制在 1 mL/min 左右。

4.4.4 衍生化反应

洗脱液在 40℃下氮气吹干，加 0.2 mL 水和 0.2 mL 0.025 mol/L pH 为 9.0 的磷酸氢二钠缓冲溶液，涡旋振荡使其溶解。加 0.05 mL 0.2 mol/L 的乙酸酐乙腈溶液，室温下反应 10 min 后，加 0.55 mL 衍生化试剂，密封，涡旋混匀，于 60℃恒温水浴中衍生反应 1 h。衍生结束后冷却至室温，溶液用滤膜过滤，作为试样溶液，供高效液相色谱分析。

4.4.5 标准曲线的制备

准确量取适量阿莫西林标准工作液，用水稀释成浓度分别为 0.05 μg/mL，0.10 μg/mL，0.25 μg/mL，0.50 μg/mL，1.00 μg/mL 的阿莫西林标准溶液。各准确量取 0.20 mL，按衍生化反应步骤衍生，得到系列浓度的阿莫西林衍生化产物。将溶液滤膜过滤，供高效液相色谱分析。

4.4.6 测定

4.4.6.1 色谱条件

色谱柱：C_{18} 250 mm×4.6 mm(i.d.)，粒径 5 μm，或相当者。

流动相：0.05 mol/L 磷酸盐缓冲液—乙腈(84+16)，用前过滤膜。

流速：1.0 mL/min。

检测波长：323 nm。

进样量：20 μL。

4.4.6.2 测定法

取适量试样溶液和相应的标准工作溶液，做单点或多点校准，以色谱峰面积积分值定量。标准工作液及试样液中的阿莫西林衍生物响应值均应在仪器检测的线性范围之内。在上述色谱条件下，阿莫西林衍生产物的保留时间在 7.20 min 左右，标准溶液和试样溶液衍生化产物的液相色谱图见附录 A。

4.4.7 空白实验

除不加试料外，采用完全相同的测定步骤进行平行操作。

4.5 结果计算和表述

试料中阿莫西林的残留量(μg/kg)：按式(1)计算。

$$X=\frac{A\times C_S\times V}{A_S\times M} \quad \cdots\cdots (1)$$

式中：

X——试料中阿莫西林的残留量，单位为纳克每克(ng/g)；

A——试样溶液中阿莫西林衍生物的峰面积；

A_S——标准工作液中阿莫西林衍生物的峰面积；

C_S——标准工作液中阿莫西林的浓度，单位为纳克每毫升(ng/mL)；

V——试样溶液体积体积，单位为毫升(mL)；

M——组织样品的质量，单位为克(g)。

注：计算结果扣除空白试料值，测定结果用平行测定的算术平均值表示，保留至小数点后2位。

5 检测方法灵敏度、准确度、精密度

5.1 灵敏度

本方法在猪肌肉、猪皮、猪皮下脂肪和鸡肌肉中的检测限为10 μg/kg。

5.2 准确度

本方法在10 μg/kg～200 μg/kg添加浓度的回收率为70%～110%。

5.3 精密度

本方法的批内变异系数CV≤10%，批间变异系数CV≤15%。

附　录　A
（资料性附录）
高效液相色谱图

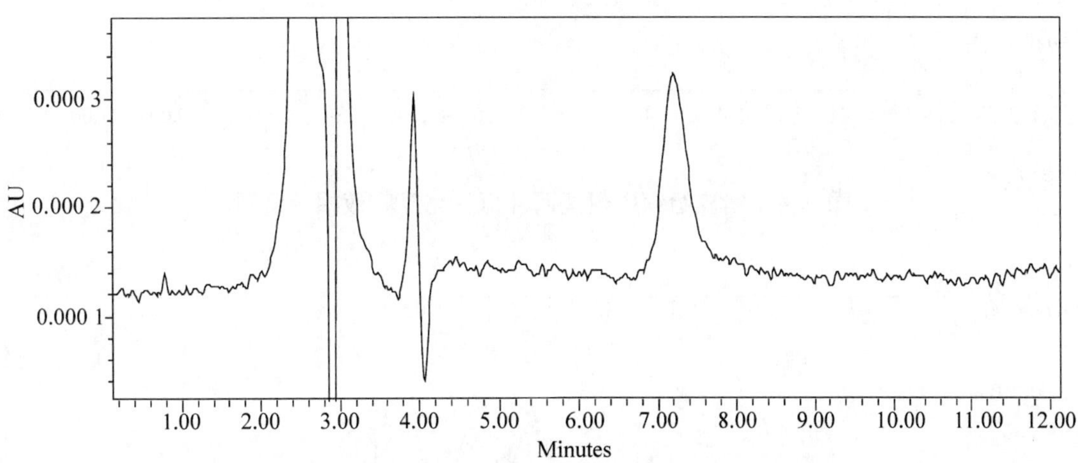

图 A.1　阿莫西林标准溶液衍生化物的液相色谱图

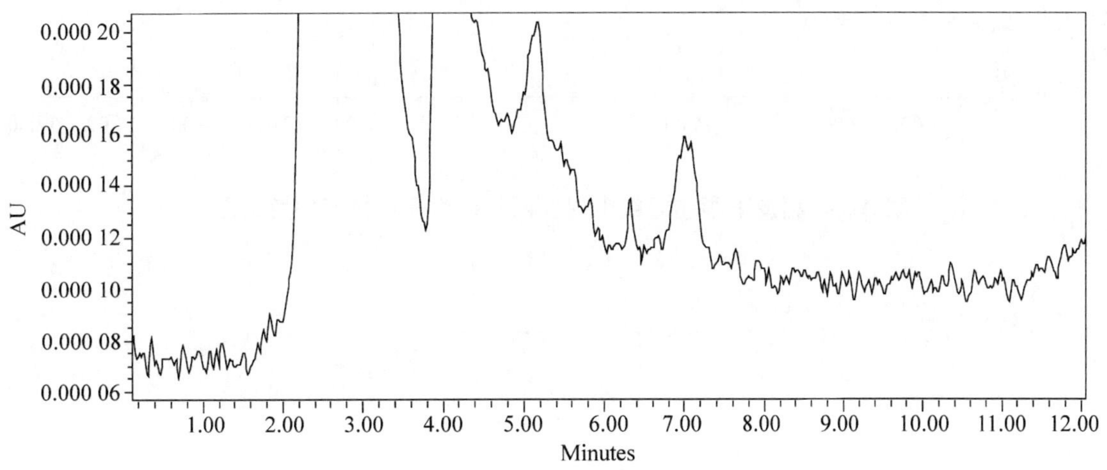

图 A.2　猪肌肉组织中阿莫西林衍生化产物液相色谱图

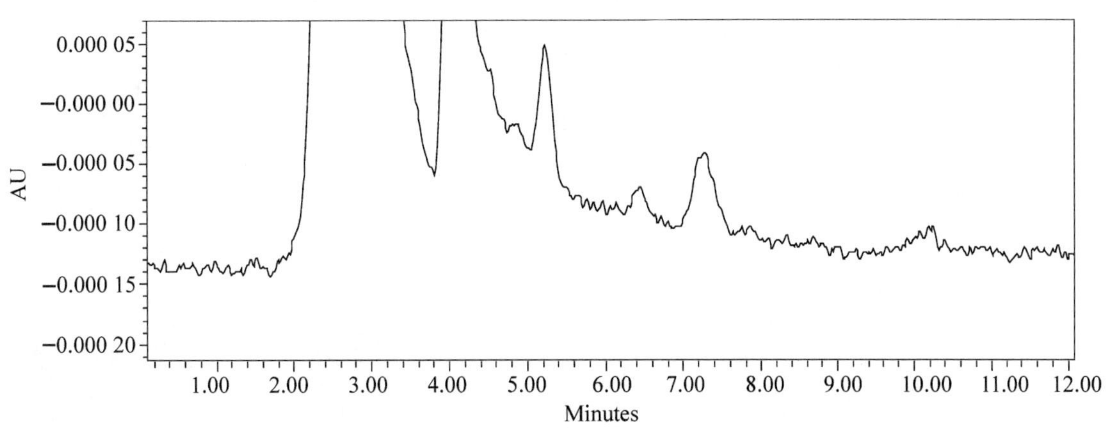

图 A.3　鸡肌肉组织中阿莫西林衍生化产物液相色谱图

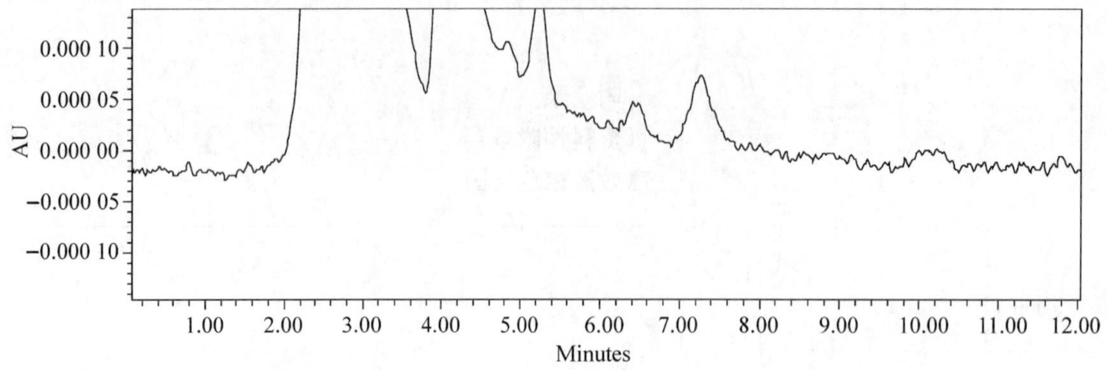

图 A.4　猪皮组织中阿莫西林衍生化产物液相色谱图

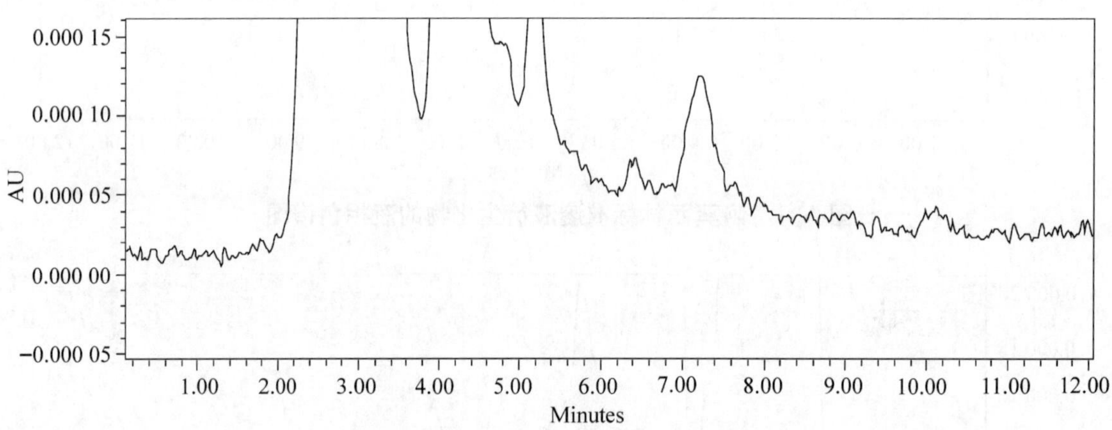

图 A.5　猪皮下脂肪组织中阿莫西林衍生化产物液相色谱图

ICS 65.100.01
B 17

中华人民共和国农业行业标准

NY 831—2004

柑橘中苯螨特、噻嗪酮、氯氰菊酯、苯硫威、甲氰菊酯、唑螨酯、氟苯脲最大残留限量

Maximum residue limits for 7 pesticides in citrus

2004-08-25 发布　　　　2004-09-01 实施

中华人民共和国农业部　发布

前　言

本标准由中华人民共和国农业部提出并归口。

起草单位:农业部农药检定所。

本标准主要起草人:何艺兵、朱光艳、刘光学、龚勇、秦冬梅、陶传江、李友顺、宋稳成、李传义。

柑橘中苯螨特、噻嗪酮、氯氰菊酯、苯硫威、甲氰菊酯、唑螨酯、氟苯脲最大残留限量

1 范围

本标准规定了柑橘全果中苯螨特、噻嗪酮、氯氰菊酯、苯硫威、甲氰菊酯、唑螨酯、氟苯脲 7 种农药的最大残留限量。

本标准适用于柑橘类水果。

2 要求

苯螨特、噻嗪酮、氯氰菊酯、苯硫威、甲氰菊酯、唑螨酯、氟苯脲 7 种农药的最大残留限量指标见表 1。

表 1 柑橘中 7 种农药的最大残留限量

项　　目	指标/(mg/kg)
苯螨特(benzoximate)	0.3
噻嗪酮(buprofezin)	2
氯氰菊酯(cypermethrin)	1
苯硫威(fenothiocarb)	5
甲氰菊酯(fenpropathrin)	5
唑螨酯(fenproximate)	1
氟苯脲(teflubenzuron)	0.5

ICS 67.060
B 22

中华人民共和国农业行业标准

NY/T 832—2004

黑　　米

2004-08-25 发布　　2004-09-01 实施

中华人民共和国农业部　发布

前　言

本标准的附录 A、附录 B 为规范性附录。

本标准由中华人民共和国农业部提出并归口。

本标准起草单位:陕西省农业厅、陕西省水稻研究所、农业部稻米及制品质检中心、陕西省资源生物重点实验室、汉中市质量技术监督局。

本标准主要起草人:吴升华、罗纪石、罗玉坤、李新生、李汉风、谢效勇、赵志杰、高如嵩、张选明。

黑　　米

1　范围

本标准规定了黑米的定义、分类、质量要求、检验方法及标志、包装、运输、贮存的要求。

本标准适用于收购、贮存、运输、加工、销售的商品黑米。

2　规范性引用文件

下列文件中的条款通过本标准的引用而成为本标准的条款。凡是注日期的引用文件，其随后所有的修改单(不包括勘误的内容)或修订版均不适用于本标准，然而，鼓励根据本标准达成协议的各方研究是否可使用这些文件的最新版本。凡是不注日期的引用文件，其最新版本适用于本标准。

GB 1350—1999　稻谷

GB 1354—1986　大米

GB 2715　粮食卫生标准

GB/T 5490　粮食、油料及植物油检验　一般规则

GB 5491　粮食、油料检验　扦样、分样法

GB/T 5492　粮食、油料检验　色泽、气味、口味鉴定法

GB/T 5494　粮食、油料检验　杂质、不完善粒检验法

GB/T 5497　粮食、油料检验　水分测定法

GB/T 5511　粮食、油料检验　粗蛋白测定法

GB 6388　运输包装收发货标志

GB 7718　食品标签通用标准

GB 13757　袋类运输包装尺寸系列

GB/T 15683　稻米直链淀粉含量的测定

GB/T 17109　粮食销售包装

GB/T 17891—1999　优质稻谷

NY 20—1988　米质测定方法

3　术语和定义

本标准采用下列术语和定义。

3.1

黑米

稻谷糙米天然色泽为黑色的稻米。

3.2

整黑米

黑米长度达到完整黑米粒长度五分之四以上(含五分之四)的米粒。

3.3

整黑米率

整黑米占黑米试样质量的百分率。

3.4

黑米粒率

黑米粒占整个米粒样数的百分率。

3.5

黑色度

黑米的黑色表面积总和占试样米粒表面积总和的百分比。

3.6

黑米色素

是从黑米中提取的一种水溶和醇溶性色素，属花青苷类化合物(Black Rice Anthocynin Pigment，简称 BRAP)。

3.7

黑米色素含量

黑米中花青苷色素含量，用色价($E^{1\%}_{1\ \mathrm{cm},\lambda=\max 535\ \mathrm{nm}}$)表示。

3.8

直链淀粉含量

黑米中直链淀粉质量占样品质量(干基)的百分率。

3.9

糊化温度(碱消值)

黑米淀粉在水中加热吸水膨胀，绝大多数淀粉粒作不可逆膨胀、双折射现象消失时的温度。本标准中以其简接指标碱消值表示。

3.10

蛋白质含量

黑米中粗蛋白质质量占样品质量(干基)的百分率。

3.11

异品种粒

不同品种的黑米粒。

3.12

不完善粒

包括下列尚有食用价值的黑米粒。

3.12.1 **未熟粒**

籽粒未成熟不饱满，米粒外观全部为粉质的黑米粒。

3.12.2 **虫蚀粒**

被虫蛀蚀并伤及胚乳的黑米粒。

3.12.3 **病斑粒**

胚或胚乳有病斑的黑米粒。

3.12.4 **生芽粒**

芽或幼根已突破种皮的黑米粒。

3.12.5 **霉变粒**

糙米生霉，胚或胚乳变色或变质的黑米粒。

3.13

色泽、气味、口味

一批黑米固有的色泽、气味和口味。

4 分类

根据黑米的品种分为四类：黑籼粘米、黑粳粘米、黑籼糯米、黑粳糯米。

5 要求

5.1 分级指标

黑米分级指标见表1。

表1 黑米分级指标

类别	等级	黑色度 %	黑米色素 E	整黑米率 %	直链淀粉（干基）%	碱消值级	粗蛋白质 %	异品种粒 %	不完善粒 %	杂质 %	稻谷粒 ≤ 粒/kg	水分 %	色泽气味口味
黑籼粘米	1	≥90.0	≥2.5	≥96.0	17.0～20.0	≥6.0	≥10.0	≤1.0	≤2.0	≤0.20	≤4	≤13.5	正常
	2	≥85.0	≥1.5	≥94.0	15.0～22.0	≥5.0	≥9.0	≤2.0	≤3.0				
	3	≥80.0	≥1.0	≥92.0	11.0～26.0	≥4.0	≥8.0	≤3.0	≤5.0				
黑粳粘米	1	≥90.0	≥2.5	≥98.0	15.0～18.0	≥7.0	≥10.0	≤1.0	≤2.0	≤0.20	≤4	≤14.0	
	2	≥85.0	≥1.5	≥96.0	13.0～20.0	≥6.0	≥9.0	≤2.0	≤3.0				
	3	≥80.0	≥1.0	≥94.0	11.0～22.0	≥5.0	≥8.0	≤3.0	≤5.0				
黑籼糯米	1	≥90.0	≥2.5	≥96.0	≤2.0	≥6.0	≥10.0	≤1.0	≤2.0	≤0.20	≤4	≤13.5	
	2	≥85.0	≥1.5	≥94.0		≥5.0	≥9.0	≤2.0	≤3.0				
	3	≥80.0	≥1.0	≥92.0		≥4.0	≥8.0	≤3.0	≤5.0				
黑粳糯米	1	≥90.0	≥2.5	≥98.0	≤2.0	≥7.0	≥10.0	≤1.0	≤2.0	≤0.20	≤4	≤14.0	
	2	≥85.0	≥1.5	≥96.0		≥6.0	≥9.0	≤2.0	≤3.0				
	3	≥80.0	≥1.0	≥94.0		≥5.0	≥8.0	≤3.0	≤5.0				

5.2 定级

以整黑米率、黑色度、碱消值、蛋白质含量和黑米中谷粒数为定级指标，应达到表1规定；其余指标，如有三项以上不合格但不低于下一个等级指标的降一级；任何一项指标达不到三级要求时，作为等外黑米。

5.3 卫生检验和植物检疫

应符合GB 2715和有关规定。

6 检验方法

6.1 检验的一般原则

按GB/T 5490执行。

6.2 扦样、分样

按GB 5491执行。

6.3 黑米粒率

从黑米试样中随机数取整黑米100粒，拣出黑色表皮面积≥60%的黑米粒，按式(1)求出黑米粒率，计算结果精确到小数点后一位。重复一次，取两次测定的平均值，即为黑米粒率。

$$黑米粒率(\%)=\frac{黑米粒数}{总粒数}\times 100 \quad\cdots\cdots\cdots\cdots (1)$$

6.4 黑色度

在按6.3拣出的黑米粒中，随机取出10粒，逐粒目测黑色表面积的百分率，求出黑色面积的平均值。重复一次,取两次测定的平均值为黑色面积大小。黑色度按式(2)计算。

$$黑色度(\%)=黑米粒率\times黑色面积大小 \quad \cdots\cdots (2)$$

6.5 直链淀粉

按 GB/T 15683 执行,其中,检验方法中以黑米精米为样品执行。

6.6 碱消值

按 NY 20—1988 中 6.2 执行,其中 6.2.3.1 测定方法中以黑米精米为样品执行。

6.7 粗蛋白

按 GB/T 5511 执行,其中,测定方法中以黑米为样品执行。

6.8 异品种粒

按 GB/T 17891—1999 中 6.4 执行。

6.9 不完善粒、杂质

按 GB/T 5494 执行。

6.10 色泽、气味、口味

按 GB/T 5492 执行。

6.11 稻谷粒

从黑米试样中随机称取 1 kg,拣出稻谷粒,重复一次,取两次测定的平均值。

6.12 水分

按 GB/T 5497 执行。

6.13 黑米色素

按附录 A 执行。

6.14 整黑米率

按附录 B 执行。

7 标志、包装、运输和贮存

7.1 标志

按 GB 7718 执行。

7.2 包装

要求称量准确,包装紧实、整齐、美观。销售包装应符合 GB/T 17109 的规定。

7.3 运输

按 GB 6388 和 GB 13757 执行。

7.4 贮存

按商业部《粮油贮藏技术规范》执行。

附　录　A
（规范性附录）
黑米色素检验方法

A.1　仪器

A.1.1　上皿电子天平

A.1.2　分光光度计

A.1.3　恒温水浴锅

A.2　试剂

A.2.1　95%乙醇，分析纯（AR）

A.2.2　盐酸，分析纯（AR）

A.3　操作方法

A.3.1　色素色价测定

称取 1 g 黑糙米（精确至 0.01 g）置于索氏提取仪的回流瓶中，加入 100 mL1.5mol/L HCl 95%乙醇溶液（HCl/乙醇=15/85），在 80℃恒温水浴中浸提 60 min。浸提完毕，冷却至室温并用脱脂棉过滤，滤液定容至 100 mL。选用 1 cm 比色皿，在 535 nm 处测其 Abs 值。

A.3.2　色价计算

按式（A.1）计算色价：

$$E_{1\ \mathrm{cm},\lambda=\max 535\ \mathrm{nm}}^{1\%}=\frac{A\times R}{W} \quad \cdots\cdots (A.1)$$

式中：

$E_{1\ \mathrm{cm},\lambda=\max 535\ \mathrm{nm}}^{1\%}$——色价，即 1 g 黑米所含色素溶于 100 mL 酸性乙醇溶液，选用 1 cm 比色皿，在最大吸收波长 535 nm 处测得的吸光度值（Abs）；

A——上机测试液的吸光度值；

R——色素提取液的稀释倍数；

W——样品的质量，单位为克（g）。

A.4　检验误差

色价值双试验误差小于 0.05。

附 录 B
（规范性附录）
整黑米率检验方法

B.1 仪器

B.1.1 实验室用砻谷机

B.1.2 天平(感量 0.01 g)

B.1.3 谷物选筛

B.2 操作方法

称取净黑米试样(W_0)，从中拣出整黑米粒(W_1)，称重后计算其整黑米率(H)。

B.3 结果计算

按式(B.1)计算整黑米率：

$$H(\%)=\frac{W_1}{W_0}\times 100 \quad \cdots\cdots (B.1)$$

式中：

H ——整黑米率，单位为百分率(%)；

W_0 ——黑米试样质量，单位为克(g)；

W_1 ——整黑米质量，单位为克(g)。

双试验误差不超过 2%，求其平均值即为检验结果。

ICS 67.080.20
B 31

中华人民共和国农业行业标准

NY/T 833—2004

草　　菇

Volvariella volvacea

2004-08-25 发布　　　　2004-09-01 实施

中华人民共和国农业部 发布

前　言

本标准由中华人民共和国农业部提出并归口。

本标准起草单位:上海市农业科学院食用菌研究所、农业部食用菌产品质量监督检验测试中心(上海)。

本标准主要起草人:王南、凌霞芬、门殿英、尚晓冬、陈明杰、郭倩、关斯明、徐海英。

草　　菇

1　范围

本标准规定了草菇的要求、试验方法、检验规则、标志、标签、包装、运输和贮存。

本标准适用于人工栽培的鲜草菇和干草菇。

2　规范性引用文件

下列文件中的条款通过本标准的引用而成为本标准的条款。凡是注日期的引用文件，其随后所有的修改单(不包括勘误的内容)或修订版均不适于本标准，然而，鼓励根据本标准达成协议的各方研究是否可使用这些文件的最新版本。凡是不注日期的引用文件，其最新版本适用于本标准。

GB/T 5009.10　食品中粗纤维的测定方法

GB/T 5009.11　食品中总砷的测定方法

GB/T 5009.12　食品中铅的测定方法

GB/T 5009.15　食品中镉的测定方法

GB/T 5009.17　食品中总汞的测定方法

GB/T 5009.20　食品中有机磷农药残留量的测定方法

GB 7718　食品标签通用标准

GB/T 8868　蔬菜塑料周转箱

GB/T 12530　食用菌取样方法

GB/T 12531　食用菌水分测定

GB/T 12532　食用菌灰分测定

GB/T 14929.4　食品中氯氰菊酯、氰戊菊酯和溴氰菊酯残留量的测定

GB/T 15673　食用菌粗蛋白质含量测定方法

3　术语和定义

下列术语和定义适用于本标准。

3.1

菌膜　veil

又称外包被，是当草菇子实体幼嫩时(即菌蕾期)包裹在其外部的一层保护膜，使草菇外形呈卵圆形。

3.2

菌托　volova

当草菇子实体发育到一定阶段后，由于子实体菌柄的伸长，菌膜会被菌盖顶端突破而残留于基部，此部分残留菌膜称为菌托。

3.3

松紧度　degree of tightness

手捏菌膜未破草菇的纵向中间部位，紧实而有弹性，谓之实，表明菌膜内菌柄尚未开始伸长；松软而缺乏弹性，谓之松，表明菌膜内菌柄已开始伸长。

3.4

一般杂质　common foreign matters

草菇成品以外的植物性物质(如稻草、秸秆、木屑、棉籽壳等)。

3.5

有害杂质　detrimental foreign matters

有毒、有害及其他有碍食用安全卫生的物质(如毒菇、虫体、动物毛发和排泄物、金属、玻璃、砂石等)。

4　要求

4.1　感官要求

4.1.1　鲜草菇的感官要求

鲜草菇的感官要求应符合表1规定。

表1　鲜草菇的感官要求

项　目	级　别		
	特　级	一　级	二　级
形状	菇形完整、饱满,荔枝形或卵圆形		菇形完整,长圆形
菌膜	未破裂		
松紧度	实	较实	松
直径,cm	≥2.0,均匀	≥2.0,较均匀	≥2.0,不很均匀
长度,cm	≥3.0,均匀	≥3.0,较均匀	≥3.0,不很均匀
颜色	灰黑色或灰褐色,灰白或黄白色(草菇的白色变种)		
气味	有草菇特有的香味,无异味		
虫蛀菇,%	0		≤1
一般杂质,%	0		≤0.5
有害杂质	无		
霉烂菇	无		

4.1.2　干草菇的感官要求

干草菇的感官要求应符合表2规定。

表2　干草菇的感官要求

项　目	级　别		
	特　级	一　级	二　级
形状	菇片完整,菇身肥厚		菇片较完整
菌膜	未破裂		
直径,cm	≥2.0,均匀	≥1.5,较均匀	≥1.0,不很均匀
长度,cm	≥3.0,均匀	≥3.0,较均匀	≥3.0,不很均匀
切面颜色	白至淡黄色	深黄色	色暗
气味	有草菇特有的香味,无异味		
虫蛀菇,%	0		≤1
一般杂质,%	0		≤0.5
有害杂质	无		
霉烂菇	无		

4.2　理化要求

草菇的理化要求应符合表 3 规定。

表 3　草菇的理化要求

单位为百分率

项　目	指　　标	
	干草菇	鲜草菇
水分	≤10	≤91
粗蛋白	≥18	≥2.0
粗纤维	≤13	≤1.5
灰分	≤10	≤1.2

4.3　卫生要求

应符合表 4 规定。

表 4　草菇的卫生要求

单位为毫克每千克

项　目	指　　标	
	干草菇	鲜草菇
砷(以 As 计)	≤1.0	≤0.5
汞(以 Hg 计)	≤0.2	≤0.1
铅(以 Pb 计)	≤2.0	≤1.0
镉(以 Cd 计)	≤1.0	≤0.5
敌敌畏(dichlorvos)	≤0.5	
氯氰菊酯(cypermethrin)	≤0.05	
注:根据《中华人民共和国农药管理条例》,剧毒和高毒农药不得在蔬菜(包括食用菌)生产中使用。		

5　试验方法

5.1　感官指标

5.1.1　形状、菌膜、颜色/切面颜色、松紧度、气味

肉眼观察形状、菌膜、颜色/切面颜色;手捏判断松紧度;鼻嗅判断气味。

5.1.2　直径、长度

随机取不少于 10 个草菇,用精度为 0.1 mm 的量具,量取每个菌柄的最大直径和最大长度,计算出平均直径和长度;其中:

直径最大或长度最长的草菇与直径最小或长度最短的草菇之差≤2 mm,为均匀;

直径最大或长度最长的草菇与直径最小或长度最短的草菇之差≤4 mm,为较均匀;

直径最大或长度最长的草菇与直径最小或长度最短的草菇之差≤6 mm,为不很均匀。

5.1.3　虫蛀菇、霉烂菇、一般杂质、有害杂质

随机抽取样品 500.0 g(精确至±0.1 g),分别拣出虫蛀菇、霉烂菇、一般杂质、有害杂质,用感量为 0.1 g 的天平称其质量,分别计算其占样品的百分率,以 X 计,按式(1)计算,计算结果精确到小数点后一位。

$$X(\%) = \frac{m_1}{m} \times 100 \quad \cdots\cdots (1)$$

式中:

m_1——虫蛀菇、霉烂菇、一般杂质、有害杂质的质量，单位为克(g)；

m——样品的质量，单位为克(g)。

5.2 理化指标

5.2.1 水分

按 GB/T 12531 规定执行。

5.2.2 粗蛋白

按 GB/T 15673 规定执行。

5.2.3 粗纤维

按 GB/T 5009.10 规定执行。

5.2.4 灰分

按 GB/T 12532 规定执行。

5.3 卫生指标

5.3.1 砷

按 GB/T 5009.11 规定执行。

5.3.2 汞

按 GB/T 5009.17 规定执行。

5.3.3 铅

按 GB/T 5009.12 规定执行。

5.3.4 镉

按 GB/T 5009.15 规定执行。

5.3.5 敌敌畏

按 GB/T 5009.20 规定执行。

5.3.6 氯氰菊酯

按 GB/T 14929.4 规定执行。

6 检验规则

6.1 抽样方法

按 GB 12530 规定执行。

6.2 组批规则

同产地、同规格、同时采收的草菇作为一个检验批次；批发市场同产地、同规格的草菇作为一个检验批次；农贸市场和超市相同进货渠道的草菇作为一个检验批次。

6.3 检验分类

6.3.1 型式检验

型式检验是对产品进行全面考核，即对本标准规定的全部要求进行检验。有下列情形之一者应进行型式检验。

a） 国家质量监督机构或行业主管部门提出型式检验要求；

b） 前后两次抽样检验结果差异较大；

c） 因为人为或自然因素使生产技术、环境发生较大变化。

6.3.2 交收检验

每批产品交收前，生产者应进行交收检验。交收检验内容包括感官、标志和包装。检验合格后并附合格证方可交收。

6.4 包装检验

按第 7 章的规定执行。

6.5 判定规则

6.5.1 以表 1、表 2 中除气味、霉烂菇、有害杂质指标外的规定确定受检批次产品的等级。同级指标中任何一项达不到该级指标即降为下一级，达不到二级要求者为等外品。

6.5.2 含水量、气味、霉烂菇、有害杂质及卫生指标中任何一项不能达到要求的，即判该批次产品不合格。

6.5.3 该批次样品标志、包装、净含量不合格者，允许生产者进行整改后申请复验一次。

7 标志、标签

7.1 包装上应有明确标志，应标明：产品名称、产品采用标准、等级、重量(数量)、生产日期、生产企业的名称、地址、联系电话。

7.2 标签应符合 GB 7718 的要求。

8 包装、运输和贮存

8.1 包装

8.1.1 用于产品包装的容器，如箱、筐等需按产品的大小规格设计，同一规格必须大小一致，应牢固、整洁、干燥、无污染、无异味、内壁无尖突物，无虫蛀、腐烂、霉变等，纸箱无受潮、离层现象。塑料箱应符合 GB/T 8868 的要求。

8.1.2 按产品的种类、规格分别包装，同一件包装内的产品应摆放整齐紧密。

8.1.3 每批产品所用的包装、单位质量应一致。

8.1.4 包装检验规则：逐件称量抽取的样品，每件的净含量应不低于包装外标志的净含量。

8.2 运输

8.2.1 运输时轻装、轻卸，避免机械损伤。

8.2.2 运输工具要清洁、卫生、无污染物、无杂物。

8.2.3 防日晒、防雨淋，不可裸露运输。

8.2.4 不得与有毒有害物品、鲜活动物混装混运。

8.2.5 鲜草菇应在 15℃条件下运输，以保持产品的良好品质。

8.3 贮存

8.3.1 干草菇：在避光、阴凉、干燥、洁净处贮存，注意防霉、防虫。

8.3.2 鲜草菇：因低温(0℃～8℃)会导致鲜草菇自溶(液化)变质，所以一般不适宜贮存。鲜草菇在 14℃～16℃条件下只可作 1 d～2 d 保存。

ICS 67.080.20
B 31

中华人民共和国农业行业标准

NY/T 834—2004

银 耳

Tremella fuciformis

2004-08-25 发布 2004-09-01 实施

中华人民共和国农业部 发布

前　言

本标准由中华人民共和国农业部提出并归口。

本标准起草单位:农业部食用菌产品质量监督检验测试中心(上海)、上海市农业科学院食用菌研究所、福建省标准化研究所。

本标准主要起草人:王南、尚晓冬、门殿英、林祖寿、谭琦、徐海英、关斯明。

银　　耳

1　范围

本标准规定了银耳的产品分类分级、要求、试验方法、检验规则、标志、标签、包装、运输和贮存。

本标准适用于代料栽培的银耳干品。

2　规范性引用文件

下列文件中的条款通过本标准的引用而成为本标准的条款。凡是注日期的引用文件，其随后所有的修改单(不包括勘误的内容)或修订版均不适用于本标准，然而，鼓励根据本标准达成协议的各方研究是否可使用这些文件的最新版本。凡是不注日期的引用文件，其最新版本适用于本标准。

GB/T 5009.10　食品中粗纤维的测定方法

GB/T 5009.11　食品中总砷的测定方法

GB/T 5009.12　食品中铅的测定方法

GB/T 5009.15　食品中镉的测定方法

GB/T 5009.17　食品中总汞的测定方法

GB/T 5009.34　食品中亚硫酸盐的测定方法

GB 7718　食品标签通用标准

GB/T 12530　食用菌取样方法

GB/T 12531　食用菌水分测定

GB/T 12532　食用菌灰分测定

GB/T 14929.4　食品中氯氰菊酯、氰戊菊酯和溴氰菊酯残留量的测定

GB/T 15673　食用菌粗蛋白质含量测定方法

3　术语和定义

下列术语和定义适用于本标准。

3.1

片状银耳　flakes of yin-er

鲜银耳经削除耳基、剪切、漂洗、浸泡、日晒(增白)和烘干而成片状或连片状的干银耳。

3.2

朵型银耳　flowerlike yin-er

鲜银耳经削除耳基、漂洗、浸泡、日晒(增白)和烘干而成保持自然朵形且形态较疏松的干银耳。

3.3

干整银耳　dry and whole yin-er

鲜银耳用日晒或烘干方法进行干燥，保留自然色泽和朵形的干银耳。

3.4

拳耳　fisted friut body

在阴雨多湿季节，因晾晒或翻晒不及时，致使耳片相互黏裹而形成的状似拳头的银耳。

3.5

干湿比(泡松率)　dry-wet ratio

指干银耳与浸泡吸水并滤去余水后湿银耳的质量之比。

3.6

一般杂质　common foreign matters

附着在银耳产品中的植物性物质(如稻草、秸秆、木屑、棉籽壳等)。

3.7

有害杂质　detrimental foreign matters

有毒、有害及其他有碍食用安全卫生的物质(如毒菇、虫体、动物毛发和排泄物、金属、玻璃、砂石等)。

4　产品分类分级

按市场销售方式和加工工艺不同分为：片状银耳、朵型银耳、干整银耳三大类。

每类分为：特级、一级、二级。

5　要求

5.1　感官要求

5.1.1　片状银耳和朵型银耳的感官要求

片状银耳和朵型银耳的感官要求应符合表1规定。

表1　片状银耳和朵型银耳的感官要求

项　目	要　求					
	片状银耳			朵型银耳		
级　别	特级	一级	二级	特级	一级	二级
形　状	单片或连片疏松状，带少许耳基			呈自然近圆朵形，耳片疏松，带有少许耳基		
色　泽	耳片半透明有光泽			耳片半透明有光泽		
	白	较白	黄	白	较白	黄
气　味	无异味或有微酸味			无异味或有微酸味		
碎耳片，%	≤0.5	≤1.0	≤2.0	≤0.5	≤1.0	≤2.0
拳耳，%	0		≤0.5	0		≤0.5
一般杂质，%	0		≤0.5	0		≤0.5
虫蛀耳	0		≤0.5	0		≤0.5
霉变耳	0			0		
有害杂质	0			0		
注：碎耳片指直径≤0.5 mm的银耳碎片(下同)。						

5.1.2　干整银耳的感官要求

干整银耳的感官要求应符合表2规定。

表 2 干整银耳的感官要求

项 目	要 求		
	特 级	一 级	二 级
形 状	呈自然近圆朵形，耳片较密实，带有耳基		
色 泽	耳片半透明，耳基呈橙黄色、橙色或垩白色		
	乳白色	淡黄色	黄色
气 味	无异味或微酸味		
碎耳片，%	≤1.0	≤2.0	≤4.0
一般杂质，%	0	≤0.5	≤1.0
虫蛀耳，%	0		≤0.5
霉变耳	无		
有害杂质	无		

5.2 理化要求

银耳的理化要求应符合表 3 规定。

表 3 银耳的理化要求

项 目		指 标		
		特 级	一 级	二 级
片状银耳	干湿比	≤1∶8.5	≤1∶8.0	≤1∶7.0
	朵片大小，长×宽，cm	≥3.5×1.5	≥3.0×1.2	≥2.0×1.0
朵型银耳	干湿比	≤1∶8.0	≤1∶7.5	≤1∶6.5
	直径，cm	≥6.0	≥4.5	≥3.0
干整银耳	干湿比	≤1∶7.5	≤1∶7.0	≤1∶6.0
	直径，cm	≥5.0	≥4.0	≥2.5
水分，%		≤15		
粗蛋白，%		≥6.0		
粗纤维，%		≤5.0		
灰分，%		≤8.0		

5.3 卫生要求

银耳的卫生要求应符合表 4 规定。

表 4 银耳的卫生要求

单位为毫克每千克

项 目	指 标
砷(以 As 计)	≤1.0
汞(以 Hg 计)	≤0.2
铅(以 Pb 计)	≤2.0
镉(以 Cd 计)	≤1.0
氯氰菊酯	≤0.05
溴氰菊酯	≤0.01
亚硫酸盐(以 SO_2 计)	≤400

6 试验方法

6.1 感官指标

6.1.1 色泽、形状、气味

肉眼观察形状、色泽；鼻嗅判断气味。

6.1.2 碎耳片、拳耳、虫蛀耳、霉变耳、一般杂质、有害杂质

随机抽取样品 500 g(精确至±0.1 g)，分别拣出碎耳片、拳耳、虫蛀耳、霉变耳、一般杂质、有害杂质，用感量为 0.1 g 的天平称其质量，分别计算其占样品的百分率，以 X 计，按式(1)计算，计算结果精确到小数点后一位。

$$X(\%)=\frac{m_1}{m}\times 100 \quad\cdots\cdots\cdots\cdots (1)$$

式中：

m_1——碎耳片、拳耳、虫蛀耳、霉变耳、一般杂质、有害杂质的质量，单位为克(g)；

m ——样品的质量，单位为克(g)。

6.2 理化指标

6.2.1 干湿比(泡松率)

称取整朵朵型银耳、干整银耳 50.0 g(精确至±0.1 g)或片状银耳 20.0 g(精确至±0.1 g)，将银耳样品放入 25℃水中浸泡 4 h 后，观察朵片完全伸展，直径明显增大，朵片边缘整齐、有弹性、无发黏、软塌。取出用漏水容器沥尽余水后称重，计算干湿比(泡松率)，以 Y 计，按式(2)计算，计算结果精确到小数点后一位。

$$Y=1:\frac{m_1}{m} \quad\cdots\cdots\cdots\cdots (2)$$

式中：

m_1——银耳样品湿重，单位为克(g)；

m ——银耳样品干重，单位为克(g)。

6.2.2 耳片长度、宽度

随机取不少于 10 个耳片，用精度为 0.1 mm 的量具，量取每个耳片的最长处和最宽处，计算出耳片的平均长度和宽度。

6.2.3 朵形直径

随机取不少于 5 个整朵银耳，用精度 0.1 mm 的量具，量取每朵银耳的最大和最小直径，计算出整朵银耳的平均直径。

6.2.4 水分

按 GB/T 12531 规定执行。

6.2.5 灰分

按 GB/T 12532 规定执行。

6.2.6 粗纤维

按 GB/T 5009.10 规定执行。

6.2.7 粗蛋白

按 GB/T 15673 规定执行。

6.3 卫生指标

6.3.1 砷

按 GB/T 5009.11 规定执行。

6.3.2 汞

按 GB/T 5009.17 规定执行。

6.3.3 铅

按 GB/T 5009.12 规定执行。

6.3.4 镉

按 GB/T 5009.15 规定执行。

6.3.5 氯氰菊酯、溴氰菊酯

按 GB/T 14929.4 规定执行。

6.3.6 亚硫酸盐

称取粉碎后的样品 1.0 g(精确至±0.01 g),在 200 mL 蒸馏水中浸泡 1 h,离心后倒去水分取沉淀,按 GB/T 5009.34 规定执行。

7 检验规则

7.1 抽样方法

按 GB 12530 规定执行。

7.2 组批规则

同产地、同规格、同时采收的银耳作为一个检验批次;批发市场同产地、同规格的银耳作为一个检验批次;农贸市场和超市相同进货渠道的银耳作为一个检验批次。

7.3 检验分类

7.3.1 型式检验

型式检验是对产品进行全面考核,即对本标准规定的全部要求进行检验。有下列情形之一者应进行型式检验:

a) 国家质量监督机构或行业主管部门提出型式检验要求;

b) 前后两次抽样检验结果差异较大;

c) 因为人为或自然因素使生产技术、环境发生较大变化。

7.3.2 交收检验

每批产品交收前,生产者应进行交收检验。交收检验内容包括感官、标志和包装。检验合格后并附合格证方可交收。

7.4 判定规则

7.4.1 以表 1、表 2、表 3 中除霉变耳、有害杂质、水分、粗蛋白、粗纤维、灰分指标外的规定确定受检批次产品的等级。同级指标中任何一项达不到该级指标即降为下一级,达不到二级要求者为等外品。

7.4.2 含水量、霉变耳、有害杂质及卫生指标中任何一项不能达到要求的,即判该批次产品不合格。

7.4.3 该批次样品标志、包装、净含量不合格者,允许生产者进行整改后申请复验一次。

8 标志、标签

8.1 包装上应有明确标志,应标明:产品名称、产品采用标准、等级、重量(数量)、生产日期、生产企业的名称、地址、联系电话。

8.2 标签应符合 GB 7718 的要求。

9 包装、运输和贮存

9.1 包装

9.1.1 用于产品包装的容器,如箱、筐等需按产品的大小规格设计,同一规格必须大小一致,应牢固、整洁、干燥、无污染、无异味、内壁无尖突物,无虫蛀、腐烂、霉变等,纸箱无受潮、离层现象。

9.1.2 按产品的种类、规格分别包装,同一件包装内的产品应摆放整齐紧密。

9.1.3 每批产品所用的包装、单位质量应一致。

9.1.4 包装检验规则:逐件称量抽取的样品,每件的净含量应不低于包装外标志的净含量。

9.2 运输

9.2.1 运输时轻装、轻卸,避免机械损伤。

9.2.2 运输工具要清洁、卫生、无污染物、无杂物。

9.2.3 防日晒、防雨淋,不可裸露运输。

9.2.4 不得与有毒有害物品、鲜活动物混装混运。

9.3 贮存

9.3.1 置于通风良好、阴凉干燥、清洁卫生、有防潮设备及防虫蛀和鼠咬措施的库房贮存。

9.3.2 不得与有毒、有害、有异味的物品混存。

ICS 67.080.20
B 31

中华人民共和国农业行业标准

NY/T 835—2004

茭　　白

Water bamboo shoot

2004-08-25 发布　　　　2004-09-01 实施

中华人民共和国农业部 发布

前　言

本标准由中华人民共和国农业部提出并归口。

本标准起草单位：湖北省绿色食品管理办公室、农业部食品监测检验测试中心（武汉）、武汉市蔬菜科学研究所。

本标准主要起草人：李秋洪、柯卫东、刘义满、罗昆、胡军安、袁泳、陈智东、王明锐、张宗波。

茭　　白

1　范围

本标准规定了茭白初级产品(简称产品)的术语和定义、指标要求、检验方法、检验规则和包装、运输与贮存的方法。

本标准适用于茭白的生产和流通。

2　规范性引用文件

下列文件中的条款通过本标准的引用而成为本标准的条款。凡是注日期的引用文件,其随后所有的修改单(不包括勘误的内容)或修订版均不适用于本标准,然而,鼓励根据本标准达成协议的各方研究是否可使用这些文件的最新版本。凡是不注日期的引用文件,其最新版本适用于本标准。

GB/T 5009.11　食品中总砷的测定方法

GB/T 5009.12　食品中铅的测定方法

GB/T 5009.15　食品中镉的测定方法

GB/T 5009.17　食品中总汞的测定方法

GB/T 5009.20　食品中有机磷农药残留量的测定方法

GB/T 5009.38　蔬菜、水果卫生标准的分析方法

GB/T 8855　新鲜水果和蔬菜的取样方法

GB/T 8868—1988　蔬菜塑料周转箱

GB 14875　食品中辛硫磷农药残留量的测定方法

GB/T 14973　食品中粉锈宁残留量的测定方法

GB/T 15401　水果、蔬菜及其制品　亚硝酸盐和硝酸盐含量的测定

GB/T 17332　食品中有机氯和拟除虫菊酯类农药多种残留的测定

中华人民共和国农药管理条例

3　术语和定义

下列术语和定义适用于本标准。

3.1

茭白　water bamboo shoot

禾本科菰属植物菰(*Zizania caduciflora* Hand.-Mazz.)被菰黑粉菌(*Ustilago esculenta* P. Henn.)寄生后,其地上营养茎膨大形成的变态肉质茎。

3.2

同一品种　same cultivar

植物学特征和生物学特性相同的栽培植物群体。

3.3

秋茭　autumn water bamboo shoot

秋季成熟采收的茭白。

3.4

夏茭　summer water bamboo shoot

主要在夏季成熟采收的茭白。

3.5

壳茭　vaginated water bamboo shoot

带叶鞘的茭白。

3.6

净茭　bald water bamboo shoot

去掉叶鞘的茭白。

3.7

整修　trimming

将采收后的茭白基部未膨大的营养茎留 1 个～2 个节、上部留适当长度叶鞘齐切，并去掉外层叶鞘。

3.8

整齐度　uniformity

同一品种质量大小的一致程度。

［注：用质量在其许可范围内的个体的总质量百分比表示，而质量许可范围用样品平均质量乘以(1±10%)表示。］

3.9

清洁　cleanliness

不带泥土、杂草及虫粪等杂质。

3.10

新鲜　freshness

色泽明亮，不萎蔫。

3.11

机械伤害　mechanical injury

净茭表面划伤、刺伤伤口长 1 cm 以上或深 1 cm 以上并出现水渍状的伤口。

3.12

病虫害　disease and pest injury

由病虫等有害生物为害导致的伤口。

4 指标要求

4.1 等级指标

茭白等级指标要求应符合表 1 的规定。

表 1　茭白等级指标

等级	指　标	限　度
一级	1. 同一品种纯度不低于 97%； 2. 平均单个净茭质量秋茭不低于 90 g、夏茭不低于 70 g； 3. 整齐度不低于 90%； 4. 壳茭整修符合要求； 5. 新鲜、清洁，无机械伤害、无病虫害； 6. 净茭表皮光洁，呈白色； 7. 净茭横切面无肉眼可观察到的黑色小点	1、2、3 项应符合规定； 4、5、6、7 项指标不合格率之和不超过 5%，且其中任一单项指标不合格率不超过 2%

表 1 (续)

等级	指　　标	限　　度
二级	1. 同一品种纯度不低于 95%； 2. 平均单个净茭质量秋茭不低于 80 g、夏茭不低于 60 g； 3. 整齐度不低于 90%； 4. 壳茭整修符合要求； 5. 新鲜、清洁，无机械伤害、无病虫害； 6. 净茭表皮光洁，呈白色、黄白色或淡绿色； 7. 净茭横切面上，肉眼可观察到的黑点数不超过 10 个。	1、2、3 项应符合规定； 4、5、6、7 项指标不合格率之和不超过 8%，且其中任一单项指标不合格率不超过 3%
三级	1. 同一品种纯度不低于 93%； 2. 平均单个净茭质量秋茭不低于 70 g、夏茭不低于 50 g； 3. 整齐度不低于 90%； 4. 壳茭整修符合要求； 5. 新鲜、清洁，无机械伤害、无病虫害； 6. 净茭表皮光洁，呈黄白色或淡绿色； 7. 净茭横切面上，肉眼可观察到的黑点数不超过 15 个	1、2、3 项应符合规定； 4、5、6、7 项指标不合格率之和不超过 10%，且其中任一单项指标不合格率不超过 3%
注：产品等级依照就低不就高的原则确定。		

4.2 卫生指标

茭白卫生指标应符合表 2 的规定。

表 2　茭白卫生指标　　　　单位为毫克每千克

序　号	项　　目	指　　标
1	砷(以 As 计)	≤0.5
2	铅(以 Pb 计)	≤0.2
3	镉(以 Cd 计)	≤0.05
4	汞(以 Hg 计)	≤0.01
5	马拉硫磷(malathion)	不得检出
6	乐果(dimethoate)	≤1
7	敌百虫(trichlorfon)	≤0.1
8	辛硫磷(phoxim)	≤0.05
9	敌敌畏(dichlorvos)	≤0.2
10	溴氰菊酯(deltamethrin)	≤0.5
11	多菌灵(carbendazim)	≤1
12	三唑酮(triadimefon)	≤0.2
13	亚硝酸盐	≤4
注 1：出口产品按进口国的要求检验；进口国没有要求者，建议采用本标准。 注 2：根据《中华人民共和国农药管理条例》剧毒和高毒农药不得在蔬菜生产中使用，不得检出。		

5 检验方法

5.1 感官指标检验

5.1.1 品种特征、壳茭整修、清洁、新鲜、病虫害、机械伤害、净茭皮色、净茭横切面

随机抽取100个以上的样品，用目测法检验，对不符合感官要求的样品做各项记录。虫害症状明显或症状不明显而有怀疑者，应解剖检验，如发现内部症状，则应扩大一倍样品数量。如果一个样品同时出现多种缺陷，则选择一种较为严重的缺陷，按一个缺陷计。单项感官不合格品的百分率按公式(1)计算，结果保留一位小数。

$$P(\%)=\frac{m_1}{m_2}\times 100 \quad\cdots\cdots(1)$$

式中：

P——单项感官不合格率，单位为百分率(%)；

m_1——单项感官不合格品的总质量，单位为千克(kg)；

m_2——检验样本的总质量，单位为千克(kg)。

同一品种纯度(%)＝100－"品种特征"不合格率(%)。

5.1.2 整齐度

5.1.2.1 分别称量所抽检样品单个个体质量，并记录，按公式(2)计算平均质量。

$$\bar{x}=\frac{M}{n} \quad\cdots\cdots(2)$$

式中：

$\bar{x}$——单个样品平均质量，单位为克(g)；

M——所抽检样品的总质量，单位为克(g)；

n——所抽检样品的个体个数。

5.1.2.2 根据平均质量($\bar{x}$)计算单个质量许可范围$\bar{x}(1\pm10\%)$。

5.1.2.3 从所抽检样品内挑出单个质量在许可范围[$\bar{x}90\%$，$\bar{x}110\%$]内的样品，并计算其总质量(M_1)。最后按公式(3)计算整齐度，计算结果保留一位小数。

$$H(\%)=\frac{M_1}{M}\times 100 \quad\cdots\cdots(3)$$

式中：

H——整齐度，单位为百分率(%)；

M_1——单个质量在许可范围内的样品总质量，单位为克(g)；

M——所抽检样品的总质量，单位为克(g)。

5.2 卫生指标检验

5.2.1 砷

按GB/T 5009.11规定执行。

5.2.2 铅

按GB/T 5009.12规定执行。

5.2.3 镉

按GB/T 5009.15规定执行。

5.2.4 汞

按GB/T 5009.17规定执行。

5.2.5 溴氰菊酯

按 GB/T 17332 规定执行。

5.2.6 马拉硫磷、乐果、敌敌畏、敌百虫

按 GB/T 5009.20 规定执行。

5.2.7 辛硫磷

按 GB 14875 规定执行。

5.2.8 多菌灵

按 GB/T 5009.38 规定执行。

5.2.9 三唑酮

按 GB 14973 规定执行。

5.2.10 亚硝酸盐

按 GB/T 15401 规定执行。

6 检验规则

6.1 检验批次

同一产地、同一品种、同一采收期的茭白作为一个检验批次。

6.2 抽样方法

按 GB/T 8855 规定执行。以一个检验批次作为一个抽样批次。

6.3 检验分类

6.3.1 型式检验

型式检验是对产品进行全面考核，即对本标准规定的全部要求进行检验。有下列情形之一者应进行型式检验：

a) 申请无公害食品或绿色食品标志，或进行无公害食品或绿色食品年度抽查检验；

b) 前后两次抽样检验结果差异较大；

c) 因人为或自然因素使生产环境发生较大变化；

d) 国家质量技术监督机构或行业主管部门提出型式检验要求。

6.3.2 交收检验

每批次产品交收前，生产单位都应进行交收检验。交收检验的内容包括感官、标志和包装。检验合格并附合格证的产品方可交收。

6.4 包装检验

包装应符合本标准 7.1 的规定。

6.5 判定规则

6.5.1 等级判定

按表 1 的规定确定受检批次产品的等级。受检批次产品的感官指标低于表 1 中三级品要求者为等外品。

6.5.2 不合格产品的判定

卫生指标有一项不合格者，受检批次产品为不合格产品。

6.5.3 复验

受检批次的样本标志、标签、包装、净含量不合格者，允许生产单位进行整改后申请复验一次。感官和卫生指标检验不合格者不进行复验。

7 包装、运输和贮存

7.1 包装

7.1.1 包装材料

要求清洁、卫生、不会对产品造成污染。建议采用GB/T 8868—1988规定的蔬菜塑料周转箱。

7.1.2 包装要求

a) 不同批次、不同等级、不同整修的产品不能一同包装。同一包装内产品应排放整齐。

b) 无公害食品或绿色食品茭白包装应标注无公害食品标志或绿色食品标志。

c) 每一包装上均应有标签。每件包装内产品质量应不低于标签上标称质量。标签上应标明产品名称、品种、产地、生产单位、净含量、等级、采收日期、执行标准代号等。

7.2 运输

运输过程中应防冻、防晒、通风散热并适度保湿。

7.3 贮存

贮存用茭白应为整修好的壳茭，按产品批次、等级分别贮存。

贮存时建议采用聚乙烯气调塑料袋包装，每袋5.0 kg。贮存温度宜为(0±1)℃，空气相对湿度宜为85%～95%。

ICS 67.080.020
B 31

中华人民共和国农业行业标准

NY/T 836—2004

竹　　荪

Dictyophora **spp.**

2004-08-25 发布　　　　2004-09-01 实施

中华人民共和国农业部 发布

前　言

本标准由中华人民共和国农业部提出并归口。

本标准起草单位:农业部食用菌产品质量监督检验测试中心(上海)、上海市农业科学院食用菌研究所、福建省标准化研究所。

本标准主要起草人:王南、尚晓冬、门殿英、林祖寿、谭琦、徐海英、关斯明。

竹　荪

1　范围

本标准规定了竹荪的要求、产品分类分级、试验方法、检验规则、标志、标签、包装、运输和贮存。

本标准适用于人工栽培的长裙竹荪(*Dictyophora indusiata*)、短裙竹荪(*Dictyophora duplicata*)、棘托竹荪(*Dictyophora echinovolvata*)和红托竹荪(*Dictyophora rubrovalvata*)等竹荪干品。

2　规范性引用文件

下列文件中的条款通过本标准的引用而成为本标准的条款。凡是注日期的引用文件,其随后所有的修改单(不包括勘误的内容)或修订版均不适用于本标准,然而,鼓励根据本标准达成协议的各方研究是否可使用这些文件的最新版本。凡是不注日期的引用文件,其最新版本适用于本标准。

GB/T 5009.10　食品中粗纤维的测定方法

GB/T 5009.11　食品中总砷的测定方法

GB/T 5009.12　食品中铅的测定方法

GB/T 5009.15　食品中镉的测定方法

GB/T 5009.17　食品中总汞的测定方法

GB/T 5009.34　食品中亚硫酸盐的测定方法

GB 7718　食品标签通用标准

GB/T 12530　食用菌取样方法

GB/T 12531　食用菌水分测定

GB/T 12532　食用菌灰分测定

GB/T 14929.4　食品中氯氰菊酯、氰戊菊酯和溴氰菊酯残留量的测定

GB/T 15673　食用菌粗蛋白含量测定方法

3　术语和定义

下列术语和定义适用于本标准。

3.1

竹荪　*Dictyophora* spp.

竹荪子实体由菌盖、菌裙、菌柄、菌托四部分组成,本标准中的竹荪仅指其具有商品价值的部分:菌裙和菌柄。

3.2

碎菇体　fruitbody's fragments

长度在10 mm以下,形状不规则的竹荪碎片。

3.3

残缺菇　incomplete fruitbody

因受机械损伤而残缺不全的竹荪子实体。

3.4

一般杂质　common foreign matters

竹荪成品以外的植物性物质(如稻草、秸秆、木屑、棉籽壳等)及无食用价值的菌盖、菌托。

3.5

有害杂质　detrimental foreign matters

有毒、有害及其他有碍食用安全卫生的物质(如毒菇、虫体、动物毛发和排泄物、金属、玻璃、砂石等)。

4　要求

4.1　感官要求

竹荪的感官要求应符合表1规定。

表1　竹荪的感官要求

项　目	指　标		
	特　级	一　级	二　级
色泽	菌柄和菌裙洁白色、白色或乳白色		
形状	菌柄圆柱形或近圆柱形、菌裙呈网状		
气味	有竹荪特有的香味,无异味或微酸味		
菌柄直径,mm	≥20	≥15	≥10
菌柄长度,mm	≥200	≥150	≥100
残缺菇,%	≤1.0	≤3.0	≤5.0
碎菇体,%	≤0.5	≤2.0	≤4.0
虫蛀菇	0		≤0.5
霉变菇	无		
一般杂质,%	≤1.0	≤1.5	≤2.0
有害杂质	无		

4.2　理化要求

竹荪的理化要求应符合表2规定。

表2　竹荪的理化要求

单位为百分率

项　目	指　标
水分	≤13.0
粗蛋白(干重计)	≥14.0
粗纤维(干重计)	≤10.0
灰分	≤8.0

4.3　卫生要求

竹荪的卫生要求应符合表3规定。

表3　竹荪的卫生要求

单位为毫克每千克

项　目	指　标
砷(以As计)	≤1.00

表3（续）

单位为毫克每千克

项　　目	指　　标
汞(以 Hg 计)	≤0.20
铅(以 Pb 计)	≤2.00
镉(以 Cd 计)	≤1.00
氯氰菊酯	≤0.05
溴氰菊酯	≤0.01
亚硫酸盐(以 SO_2 计)	≤400

5 试验方法

5.1 感官指标

5.1.1 色泽、形状、气味

肉眼观察形状、色泽；鼻嗅判断气味。

5.1.2 菌柄直径、菌柄长度

随机取不少于10个竹荪菌柄，用精度为0.1 mm的量具，量取每个菌柄的最大直径和最大长度，计算出菌柄的平均直径和长度。

5.1.3 残缺菇、碎菇体、虫蛀菇、霉变菇、一般杂质、有害杂质

随机抽取样品500.0 g(精确至±0.1 g)，分别拣出残缺菇、碎菇体、虫蛀菇、霉变菇、一般杂质、有害杂质，用感量为0.1 g的天平称其质量，分别计算其占样品的百分率，以 X 计，按式(1)计算，计算结果精确到小数点后一位。

$$X(\%)=\frac{m_1}{m}\times 100 \quad\cdots\cdots(1)$$

式中：

m_1——残缺菇、碎菇体、虫蛀菇、霉变菇、一般杂质、有害杂质的质量，单位为克(g)；

m——样品的质量，单位为克(g)。

5.2 理化指标

5.2.1 水分

按GB/T 12531规定执行。

5.2.2 灰分

按GB/T 12532规定执行。

5.2.3 粗蛋白

按GB/T 15673规定执行。

5.2.4 粗纤维

按GB/T 5009.10规定执行。

5.3 卫生指标

5.3.1 砷

按GB/T 5009.11规定执行。

5.3.2 汞

按GB/T 5009.17规定执行。

5.3.3 铅

按 GB/T 5009.12 规定执行。

5.3.4 镉

按 GB/T 5009.15 规定执行。

5.3.5 氯氰菊酯、溴氰菊酯

按 GB/T 14929.4 的规定执行。

5.3.6 亚硫酸盐

称取粉碎后的样品 1.0 g(精确至±0.01 g)，在 200 mL 蒸馏水中浸泡 1 h，离心后倾去水分取沉淀，按 GB/T 5009.34 的规定执行。

6 检验规则

6.1 抽样方法

按 GB 12530 规定执行。

6.2 组批规则

同产地、同规格、同时采收的竹荪作为一个检验批次；批发市场同产地、同规格的竹荪作为一个检验批次；农贸市场和超市相同进货渠道的竹荪作为一个检验批次。

6.3 检验分类

6.3.1 型式检验

型式检验是对产品进行全面考核，即对本标准规定的全部要求进行检验。有下列情形之一者应进行型式检验：

a) 国家质量监督机构或行业主管部门提出型式检验要求；

b) 前后两次抽样检验结果差异较大；

c) 因为人为或自然因素使生产技术、环境发生较大变化。

6.3.2 交收检验

每批产品交收前，生产者应进行交收检验。交收检验内容包括感官、标志和包装。检验合格后并附合格证方可交收。

6.4 判定规则

6.4.1 以表 1 中除霉变菇、有害杂质指标外的规定确定受检批次产品的等级。同级指标中任何一项达不到该级指标即降为下一级，达不到二级要求者为等外品。

6.4.2 含水量、霉变菇、有害杂质及卫生指标中任何一项不能达到要求的，即判该批次产品不合格。

6.4.3 该批次样品标志、包装、净含量不合格者，允许生产者进行整改后申请复验一次。

7 标志、标签

7.1 包装上应有明确标志，应标明：产品名称、产品采用标准、等级、重量 kg(数量)、生产日期、生产企业的名称、地址、联系电话。

7.2 标签应符合 GB 7718 的要求。

8 包装、运输和贮存

8.1 包装

8.1.1 用于产品包装的容器如：箱、筐等需按产品的大小规格设计，同一规格必须大小一致，应牢固、整洁、干燥、无污染、无异味、内壁无尖突物，无虫蛀、腐烂、霉变等，纸箱无受潮、离层现象。

8.1.2 按产品的种类、规格分别包装，同一件包装内的产品应摆放整齐紧密。

8.1.3 每批产品所用的包装、单位质量应一致。

8.1.4 包装检验规则：逐件称量抽取的样品，每件的净含量应不低于包装外标志的净含量。

8.2 运输

8.2.1 运输时轻装、轻卸，避免机械损伤。

8.2.2 运输工具要清洁、卫生、无污染物、无杂物。

8.2.3 防日晒、防雨淋，不可裸露运输。

8.2.4 不得与有毒有害物品、鲜活动物混装混运。

8.3 贮存

8.3.1 置于通风良好、阴凉干燥、清洁卫生、有防潮设备及防虫蛀和鼠咬措施的库房贮存。

8.3.2 不得与有毒、有害、有异味的物品混存。

ICS 65.020.020
B 31

中华人民共和国农业行业标准

NY/T 837—2004

莲藕栽培技术规程

Rules for lotus root cultivation techniques

2004-08-25 发布　　　　2004-09-01 实施

中华人民共和国农业部　发布

前　言

本标准的附录 A、附录 B 为资料性附录。

本标准由中华人民共和国农业部提出并归口。

本标准起草单位:湖北省优质农产品开发服务中心。

本标准主要起草人:操尚学、柯卫东、张纯军、刘义满、晏成华、肖长惜、王于武、肖建平。

莲藕栽培技术规程

1 范围

本标准规定了莲藕[①]产地环境技术条件和莲藕露地栽培、设施早熟栽培及节水设施栽培的基本方法。

本标准适用于我国莲藕主产区，其他地区亦可参考使用。

2 规范性引用文件

下列文件中的条款通过本标准的引用而成为本标准的条款。凡是注日期的引用文件，其随后所有的修改单(不包括勘误的内容)或修订版均不适用于本标准，然而，鼓励根据本标准达成协议的各方研究是否可使用这些文件的最新版本。凡是不注日期的引用文件，其最新版本适用于本标准。

NY/T 391—2000 绿色食品 产地环境技术条件

NY/T 393 绿色食品 农药使用准则

NY/T 394—2000 绿色食品 肥料使用准则

3 术语与定义

下列术语和定义适用于本标准。

3.1

浅水藕 shallow-water lotus root cultivar

栽培适宜水深为 5 cm～50 cm 的莲藕品种。

3.2

早熟莲藕品种 early-maturing lotus root cultivar

露地栽培时，定植后 100 d～110 d 内，形成的膨大茎节间直径不低于 4 cm、节间不少于 3 个的莲藕品种。

3.3

塑料拱棚 plastic-covered arch shed

采用塑料薄膜覆盖的圆形拱棚，其骨架常用竹、木、钢材或复合材料建成。

3.4

日光温室 sun-heated greenhouse

由采光和保温维护结构组成，以塑料薄膜为透明覆盖材料，东西向延长，在寒冷季节主要依靠获取和蓄积太阳辐射能进行蔬菜生产的单栋温室。

3.5

莲藕节水设施栽培 lotus root water-saving cultivation

利用节水设施减少或防止藕田土壤水分渗漏，增加保水能力，减少灌溉用水的一种莲藕栽培形式。

4 产地环境技术条件

莲藕栽培的环境技术条件应符合 NY/T 391—2000 中 4.1、4.2 及 4.5 有关环境空气质量、农田灌

① 本标准所谓的莲藕均指浅水藕莲。

溉水质及土壤环境质量(水田)的规定。以土壤酸碱度为pH 5.6～7.5、含盐量0.2%以下为宜。要求水源充足,地势平坦,排灌便利及保水性好。

5 露地栽培

5.1 土壤准备

5.1.1 整田

宜于大田定植15 d～20 d前整田,耕深30 cm,清除杂草,耙平泥面。

5.1.2 基肥施用

基肥施用应符合NY/T 394—2000中4.2与5.2的规定,改造后的土壤肥力指标不宜低于NY/T 391—2000中4.6规定的Ⅱ级土壤肥力水田的指标。每公顷宜施腐熟粪肥45 000 kg、磷酸二铵900 kg、复合微生物肥料2 700 kg。

5.2 品种选择

应选择经省级或省级以上农作物品种审定委员会审(认)定的品种,或地方优良品种。常用莲藕优良品种参见附录A。

5.3 种藕准备

5.3.1 种藕质量

种藕纯度应达95%以上;单个藕支应具1个以上顶芽、3个或3个以上节,并且未受病虫害为害,藕芽完好。其繁育体系和保纯技术参见附录B。

5.3.2 种藕用量

每公顷种藕用量宜为3 000 kg～3 750 kg,或顶芽9 000个以上。

5.3.3 种藕贮运

5.3.3.1 散装贮运 种藕采挖后,应带泥、保湿贮运。种藕带泥量宜为10%;保湿方法宜为水中浸泡,或于遮荫处每日浇水。装运时,宜将藕支顶芽向内,按顺序堆码,堆码高度应在1.2 m以下。堆码前宜于底部垫一层厚15 cm的稻草或麦草等松软、透气的缓冲层。散装贮运的种藕应在采挖后10 d内定植大田。

5.3.3.2 包装贮运 种藕采挖后,应在3 d内洗净(带泥量1%以下)、修整、消毒及包装贮运。消毒宜用50%多菌灵可湿性粉剂800倍～1 000倍液浸泡1 min;包装宜用纸箱内衬聚乙烯塑料袋,并用清洁珍珠岩或蛭石等轻基质填充。包装贮运的种藕,可在采挖后45 d内定植大田。

5.4 定植

5.4.1 时间

应在日平均气温达15℃以上时开始定植。山东、河南、陕西及江苏与安徽的淮河以北地区宜为4月中旬至5月上旬,江苏与安徽的淮河以南地区、上海、浙江、江西、湖北、湖南、四川宜为4月上旬至4月中旬,福建、广东、广西、云南、海南等地宜为3月至4月上旬。

5.4.2 方法

定植密度宜为行距1.5 m～2.5 m、穴距1.0 m～2.0 m,每穴排放整藕1支或子藕2支～4支,定植穴在行间呈三角形相间排列。种藕藕支宜按10°～20°角斜插入土,藕头入泥5 cm～10 cm,藕梢翘露泥面。

应将田块四周边行内的种藕藕头全部朝向田块内,田内定植行分别从两边相对排放,至中间两条对行间的距离加大至3 m～4 m。

5.5 管理

5.5.1 追肥

5.5.1.1 追肥应符合 NY/T 394—2000 中 4.2 和 5.2 的规定。

5.5.1.2 宜于定植后 25 d～30 d、55 d～60 d 分别进行第一次、第二次追肥，每公顷每次施腐熟粪肥 22 500 kg 或尿素 150 kg～225 kg。

5.5.1.3 以采收嫩藕(青荷藕)为目的时，不再追肥。以采收老熟藕(枯荷藕)为目的时，宜于定植后 75 d～80 d 进行第三次追肥，每公顷施尿素和硫酸钾各 150 kg。

5.5.2 水深调节

不同时期的田间适宜水深分别为：定植期至萌芽阶段 3 cm～5 cm，开始抽生立叶至封行前 5 cm～10 cm，封行期至结藕期 10 cm～20 cm，结藕期至枯荷期 5 cm～10 cm，莲藕留地越冬期间 3 cm～5 cm。

5.5.3 病虫害及杂草防治

5.5.3.1 病虫害杂草防治过程中，农药使用应符合 NY/T 393 的规定。

5.5.3.2 **莲藕腐败病** 应选用抗病品种、栽植无病种藕、实行水旱轮作。宜于定植前 3 d～5 d，每公顷施生石灰 750 kg；种藕用 50%多菌灵可湿性粉剂 800 倍液或 70%甲基硫菌灵(甲基托布津)可湿性粉剂 800 倍液浸泡 1 min。定植后，宜及时拔除发病病株。

5.5.3.3 **莲藕褐斑病** 宜每公顷用 50%多菌灵可湿性粉剂 750 g 对水 970 kg，于发病初期喷雾一次，安全间隔期 10 d；或 75%百菌清可湿性粉剂 2 250 g 对水 1 200 kg，于发病初期喷雾 1 次，安全间隔期 20 d。

5.5.3.4 **斜纹夜蛾** 宜用黑光灯或频振式杀虫灯诱杀成虫，或用糖 6 份、醋 3 份、白酒 1 份、水 10 份及 90%敌百虫 1 份调匀配成糖醋液诱杀成虫；人工摘除卵块或捕杀幼虫；转移后的幼虫每公顷用 Bt 粉剂 600 g 对水喷雾防治，或 5%定虫隆(抑太保)1 500 倍液喷雾 1 次，安全间隔期 7 d。

5.5.3.5 **蚜虫(莲缢管蚜)** 宜用黄板诱杀有翅成虫；或每公顷用 40%乐果乳油 1 125 g 对水 1 350 kg 喷雾 1 次，安全间隔期 15 d；或 50%抗蚜威可湿性粉剂 300 g 对水 360 kg 喷雾 1 次，安全间隔期 10 d。

5.5.3.6 **克氏原螯虾(龙虾)** 宜在定植前 7 d，每公顷用 2.5%溴氰菊酯乳油 600 ml 均匀浇泼 1 次，田间水深保持 3 cm。

5.5.3.7 **福寿螺(大瓶螺)** 宜于定植前 7 d，每公顷施用 2%三苯醇锡粒剂 15 kg～20 kg，田间水深保持 3 cm。

5.5.3.8 **稻根叶甲** 宜采用水旱轮作清除田间和田边杂草，或放养泥鳅、黄鳝等捕食幼虫。

5.5.3.9 **杂草** 定植前，结合耕翻整地清除杂草；定植后至封行前，人工拔除杂草。

5.6 采收

宜在主藕形成 3 个～4 个膨大节间时开始采收嫩藕(青荷藕)，叶片(荷叶)枯黄时开始采收老熟藕(枯荷藕)。采挖后的藕支应完整、无明显伤痕。

6 设施早熟栽培

6.1 土壤准备

见 5.1。

6.2 设施准备

小拱棚：规格为跨度 1.2 m～1.5 m，高 0.6 m～1.0 m，长 20 m～40 m。宜在定植当天搭建完毕，用塑料薄膜覆盖。

中拱棚：规格为跨度 3 m～6 m，高度 1 m～2 m，长 20 m～40 m。要求在定植前 5 d～7 d 搭建完毕，用塑料薄膜覆盖。

大拱棚：规格为跨度 6 m～8 m，高度 2 m～3 m，长 30 m～50 m。要求在定植前 5 d～7 d 搭建完毕，用塑料薄膜覆盖。

日光温室：宜直接利用栽培旱生蔬菜的日光温室，但应对土壤进行防渗漏处理，使之具备保水功能。

6.3 品种选择与种藕准备

6.3.1 品种选择

应选择经省级或省级以上品种审定委员会审(认)定的品种,或地方优良品种中的早熟莲藕品种。

6.3.2 种藕准备

按5.3.1和5.3.3的要求。每公顷种藕用量宜为3 750 kg~4 500 kg,或顶芽9 000个~12 000个。

6.4 定植

6.4.1 时间

6.4.1.1 山东、河南、陕西及江苏与安徽的淮河以北地区,大拱棚和中拱棚的定植期宜在3月下旬至4月中旬,小拱棚宜在4月上旬至4月中旬,日光温室宜在2月中旬至4月中旬。

6.4.1.2 江苏与安徽的淮河以南地区、上海、浙江、江西、湖北、湖南、四川、重庆等地区大拱棚和中拱棚内定植期宜在3月中旬至3月下旬,小拱棚内定植期宜为3月下旬至4月上旬。

6.4.1.3 福建、广东、广西、云南、海南等地小拱棚内定植期宜为2月下旬至3月中旬。

6.4.2 方法

定植密度为行距1.2 m~1.5 m,穴距1.0 m~1.2 m,中间两条对行间行距加大为2.5 m~3.0 m,其余见5.4.2。

6.5 管理

6.5.1 追肥、水深调节、病虫害及杂草防治

见5.5。

6.5.2 设施管理

前期主要为保温、增温(日光温室宜在夜间覆盖草栅,草栅应早揭晚盖)。设施内温度宜为20 ℃~30 ℃,不要低于15 ℃。设施内温度达30 ℃以上时,应于白天将设施两端揭膜通风降温,且随着气温升高,逐渐增加每日的揭膜通风降温时间。日均气温达18 ℃以上时,设施两端薄膜应昼夜不盖,保持通风状态;日均气温23 ℃以上时,应将薄膜全部揭去。

6.6 采收

人工采挖,在主藕形成3个以上节间时开始采收,一般为定植后80 d~100 d。藕支应完整,无明显伤痕。

7 节水栽培

7.1 节水设施

7.1.1 规格

单个藕池面积宜为330 m²~1 340 m²,形状矩形。

7.1.2 池埂

池埂设于藕池周围。池埂高宜为80 cm~120 cm,其中水平泥面以上部分高度宜为30 cm~40 cm;池埂宽宜为12 cm~24 cm。池埂宜用实心砖砌成,表面抹1.5 cm厚水泥。亦可起土埂,夯实,并在表面铺0.1 mm厚塑料薄膜。

7.1.3 池底

池底表面宜位于水平泥面下30 cm~40 cm处。硬池池底宜先用5 cm×12 cm×24 cm规格实心砖平铺,再抹1.5 cm厚的水泥;或先垫铺三合土20 cm,然后每667 m² 均匀铺撒生石灰5 t,钙化3 d~5 d后用机械压实,再铺2 cm厚水泥砂浆,最后用水泥砂浆打一遍。软池池底可用0.1 mm厚聚乙烯塑料薄膜铺垫。

7.1.4 进水孔和排水孔

进水孔应设于靠近水源的池埂上，排水孔应设于便于排水的池埂上。每个藕池宜设进水孔和排水孔各1个～2个，均为矩形，高25 cm、宽20 cm。进水孔底边宜高于水平泥面10 cm～15 cm，排水孔底边宜略低于水平泥面。

7.2 土壤准备、品种选择、种藕准备、定植、管理及采收

依次分别见5.1、5.2、5.3、5.4、5.5及5.6。

附　录　A
（资料性附录）
常用莲藕优良品种简介

A.1　鄂莲 1 号

武汉市蔬菜科学研究所选育。叶柄长 130 cm，叶径 60 cm，开少量白花。入泥深 15 cm～20 cm，主藕 6 节～7 节，长 130 cm，横径 6.5 cm，单支重 5 kg 左右，皮色黄白。极早熟，7 月上旬每 667 m^2 可收青荷藕 1 000 kg，9～10 月后可收老熟藕 2 000 kg～2 500 kg 左右，宜炒食。

A.2　鄂莲 2 号

武汉市蔬菜科学研究所选育。叶柄长 180 cm，叶面多皱褶，白花。入泥深 30 cm，主藕 5 节，长 120 cm，横径 7 cm，单支重 4 kg～5 kg，皮色白。中晚熟，667 m^2 产 2 000 kg～2 500 kg。清炒、煨煮皆宜，味甜。

A.3　鄂莲 3 号

武汉市蔬菜科学研究所杂交选育而成。叶柄长 140 cm 左右，叶径 65 cm，开白花。主藕呈短筒形，5 节～6 节，长 120 cm 左右，横径 7 cm 左右。子藕肥大。单支重 3 kg 以上，皮色浅黄白色。入泥深 20 cm。7 月上中旬可收青荷藕，9 月后收老熟藕，667 m^2 产 2 200 kg，炒食、生食皆宜。

A.4　鄂莲 4 号

武汉市蔬菜科学研究所杂交选育而成。叶柄长 140 cm 左右，叶径 75 cm，花白色带红尖，主藕 5 节～7 节，长 120 cm～150 cm，横径 7 cm～8 cm，单支重 5 kg～6 kg 左右，梢节粗大，入泥深 25 cm～30 cm，皮淡黄白色。7 月中旬可收青荷藕，667 m^2 产 750 kg～1 000 kg 左右，10 月可开始收老熟藕 2 500 kg 左右，生食较甜，煨汤较粉，亦宜炒食。

A.5　鄂莲 5 号

武汉市蔬菜科学研究所杂交育成。抗逆性较强。株高 160 cm～180 cm，叶径 75 cm～80 cm，花白色。主藕 5 节～6 节，长 120 cm，直径 7 cm～9 cm，藕肉厚实，通气孔小，表皮白色。入泥 30 cm。中早熟，7 月下旬每 667 m^2 产青荷藕 500 kg～800 kg，8 月下旬产老熟藕 2 500 kg。耐贮藏，炒食、煨汤皆宜。

A.6　9217 莲藕

武汉市蔬菜科学研究所从地方品种中单株系选而成。株型高大，莲藕表皮白嫩，藕型肥大，株高 175 cm，叶片宽 75 cm，耐深水，花白色。中晚熟。主藕入泥 30 cm～35 cm，5 段～6 段，长 120 cm，粗 7.5 cm。9 月上旬成熟，一般每 667 m^2 产 2 300 kg 左右。商品性好，炒食、煨汤皆宜。

A.7　新 1 号

武汉市蔬菜科学研究所从鄂莲 1 号自然籽实生后代系选而成。株高 175 cm，叶径 75 cm，花白色。主藕 5 节，长 120 cm，粗 7.5 cm，表皮白，商品性好。入泥深 30 cm。中早熟，7 月中旬收青荷藕；8 月中下旬后收枯荷藕，667 m^2 产 2 500 kg。煨汤易粉，凉拌、炒食味甜。

A.8　武植 2 号

中国科学院武汉植物研究所选育。主藕 5 节～6 节，藕身粗，长圆筒形，有明显凹槽，皮色黄白，叶芽黄玉色，花白爪红色。早中熟，667 m^2 产 2 500 kg～3 000 kg。质粉，易煮烂，味香甜。

A.9 慢藕（又名慢荷、蔓荷）

原产江苏省苏州市。主藕 5 节～6 节，藕身长圆筒形，皮色黄白，叶芽黄玉色，花粉红色。中熟，667 m^2 产 1 100 kg～1 400 kg。质细嫩，渣少，宜熟食。

A.10 大紫红

原产江苏省宝应县。主藕 4 节～5 节，藕身长圆筒形，表皮米白色，叶芽紫红色。花少，粉红色。中熟，667 m^2 产 1 500 kg～2 000 kg。生熟食均可。

A.11 美人红

原产江苏省宝应县。主藕 4 节～5 节，藕身粗长圆筒形，皮色白色，叶芽胭脂红色，无花。晚熟。667 m^2 产 1 200 kg～1 500 kg。脆嫩但粉质少，生熟食皆宜。

A.12 花香藕

原产江苏省南京市。主藕 4 节～5 节，藕身短圆筒形，表皮黄玉色，叶芽黄玉色，花白爪红色。早熟，667 m^2 产 1 500 kg～2 000 kg。质脆嫩，宜生食。

A.13 浙湖 1 号

浙江农业大学选育。主藕 5 节～6 节，藕身圆筒形。早中熟，667 m^2 产 1 200 kg～1 300 kg。质地嫩。

A.14 浙湖 2 号

浙江农业大学选育。主藕 4 节～5 节，藕身长圆筒形。晚熟，667 m^2 产 1 400 kg～1 500 kg。质细。

A.15 湖南泡子

原产湖南省。主藕 5 节～7 节，藕身长圆筒形，表皮白色，叶芽玉黄色。花少，白色。中熟，667 m^2 产 1 000 kg～1 200 kg。质细嫩，味甜，但淀粉含量少。

A.16 大卧龙

原产山东省济南市。主藕 5 节～6 节，藕身长圆筒形，表皮玉黄色，顶芽玉黄色，叶芽玉红色。花少，白色。晚熟，667 m^2 产 1 500 kg。质脆嫩，煨煮宜粉，生熟皆宜。

附 录 B
（资料性附录）
莲藕良种繁育体系和保纯技术

B.1 莲藕良种繁育体系

B.1.1 原原种

应在原原种繁殖区内繁殖，繁殖生产应由育种者指导进行。原原种纯度应达99%以上。

B.1.2 原种

应在原种繁殖区繁殖，繁殖生产由从事莲藕生产的高级专业技术人员指导进行。繁殖原种用的种藕应来自于原原种。原种纯度应达97%以上。

B.1.3 生产用种

宜在生产用种繁育基地内繁殖，繁殖生产由中级称职以上相关专业人员指导进行。繁殖生产用种的种藕应来自于原种或直接来自原原种。生产用种纯度应达95%以上。

B.2 莲藕良种保纯技术

B.2.1 隔离

品种间采用水泥砖墙（深1.0 m～1.2 m，厚25 cm）或空间（10 m以上）隔离。原原种繁殖小区面积67 m^2～667 m^2，原种与生产用种繁殖小区面积667 m^2～1 500 m^2。同一田块连续几年用于繁种时，应繁殖同一品种，更换品种时应先种植其他种类作物1年～2年。

B.2.2 防杂去杂

B.2.2.1 定植前

对于连作种藕田，宜推迟10 d～15 d定植，定植前先挖除上年残留植株。

B.2.2.2 生长期

及时清除花色、花形、叶形、叶色等性状与所繁品种有异的植株。花期每10 d～15 d巡查一遍，摘除花蕾和莲蓬。

B.2.2.3 枯荷期

进入枯荷期后，挖除田块内仍保持绿色的个别植株。

B.2.2.4 采挖期

种藕采挖时，剔除皮色、芽色、藕头与藕条形状等与所繁品种有异的藕支及感病藕支。

B.2.2.5 贮运期

种藕贮运时，同一品种应单独贮藏、包装和运输，并做好标记，注明品种名称、繁殖地点、供种者、采挖日期、数量及种藕级别等。

ICS 67.140.10
X 55

中华人民共和国农业行业标准

NY/T 838—2004

茶叶中氟含量测定方法
氟离子选择电极法

Test method of Fluorine in tea—Electrode method for selection of Fluorine ion

2004-08-25 发布　　2004-09-01 实施

中华人民共和国农业部　发布

前　言

本标准由中华人民共和国农业部提出并归口。

本标准起草单位:农业部茶叶质量监督检验测试中心。

本标准起草人:鲁成银、赵立达。

茶叶中氟含量测定方法 氟离子选择电极法

1 范围

本标准规定了茶叶中氟含量测定的试验方法。

本标准适用于茶叶中氟含量的测定。

2 规范性引用文件

下列文件中的条款通过本标准的引用而成为本标准的条款。凡是注日期的引用文件,其随后所有的修改单(不包括勘误的内容)或修改版均不适用于本标准,然而,鼓励根据本标准达成协议的各方研究是否可使用这些文件的最新版本。凡是不注日期的引用文件,其最新版本适用于本标准。

GB/T 603 化学试剂 试验方法中所用制剂及制品的制备

GB/T 6682 分析实验室用水规格和试验方法(GB/T 6682—1993 eqv ISO/3696:1987)

GB/T 8302 茶 取样

3 方法提要

氟离子选择电极的氟化镧单晶膜对氟离子产生选择性的响应,在氟电极和饱和甘汞电极的电极对中,电位差可随溶液中氟离子活度的变化而改变,电位变化规律符合能斯特(Nernst)方程。

$$E = E^{\circ} - (2.303\,RT/F)\mathrm{Lg}C_{F^-}$$

E 与 $\mathrm{Lg}C_{F^-}$ 成线性关系。2.303RT/F 为该直线的斜率(25℃时为 59.16)。

工作电池可表示如下:

Ag|AgCl,Cl(0.3 mol/L),F^-(0.001 mol/L)|LaF_3||试液||外参比电极

4 试剂和溶液

本标准所有试剂除另有说明外,均按 GB/T 603 和 GB/T 6682 之规定制备。

4.1 高氯酸($HClO_4$):70%~72%。

4.2 氟离子标准贮备液:1 000 μg/mL。称取于 120℃烘 4 h 的 NaF 2.210 g,溶解定容至 1 000 mL,摇匀,贮存与聚乙烯瓶中。此溶液每毫升含氟量 1 000 μg。

4.3 高氯酸溶液:C($HClO_4$)=0.1 mol/L。取 8.4 mL 高氯酸,用水稀释至 1 000 mL。

4.4 TISAB 缓冲溶液。称取柠檬酸钠 114.0 g,乙酸钠 12.0 g,溶解定容至 1 000 mL。

5 仪器

5.1 氟离子选择电极。

5.2 饱和甘汞电极。

5.3 离子活度计、毫伏计或 pH 计:精确到 0.1 mV。

5.4 磁力搅拌器:具备覆盖聚乙烯或聚四氟乙烯等的磁力棒,并带有加热温控装置。

5.5 聚乙烯烧杯:50 mL;100 mL;150 mL。

6 分析步骤

6.1 样品制备

茶叶取样按 GB/T 8302 执行。

6.2 仪器的校正，按酸度计、电极的使用说明书以及需要测定的具体条件进行。

6.3 试验室室温恒定在 25℃±2℃，测定前应使试样达到室温，并且试样和标准溶液的温度一致。

6.4 测定

称取 6.1 制备的茶样 0.500 0 g±0.020 0 g，转入聚乙烯烧杯中，然后加入 25 mL 4.3 制备的高氯酸溶液，开启磁力搅拌器搅拌 30 min（搅拌速度以没有试液溅出为准，注意保证每次测定的搅拌速度恒定），然后继续加入 25 mL 4.4 制备的缓冲溶液，插入氟离子选择电极和参比饱和甘汞电极，再搅拌 30 min 后读取平衡电位 E_x，然后由校准曲线上查找氟含量。在每次测量之前，都要用蒸馏水充分冲洗电极，并用滤纸吸干。对同一个样品做 3 次平行测定。

6.5 校准（曲线法）

把氟离子标准贮备液稀释至适当的浓度，用 50 mL 容量瓶配制成浓度分别为 0，2，4，6，8，10 μg/mL 的氟离子标准溶液，并在定容前分别加入 25 mL TISAB 缓冲液，充分摇匀。再转入 100 mL 聚乙烯烧杯中，插入氟离子选择电极和参比饱和甘汞电极，开动磁力搅拌器，由低浓度到高浓度依次读取平衡电位，在半对数纸上绘制 $E—LgC_{F^-}$ 曲线。

7 结果计算

茶样中氟含量按公式(1)计算：

$$X = c \times 50 \times 1\,000 / (m \times 1\,000) \qquad (1)$$

式中：

X——样品氟的含量，单位为毫克每千克，mg/kg；

c——测定用样液中氟的浓度，单位为微克每毫升，μg/mL；

m——样品质量，单位为克，g。

测定结果取小数点后一位，取三次平行测定结果的算术平均值为测定结果，任意两次平行测定结果相对相差不得大于 10%。

ICS 67.080.10
B 31

中华人民共和国农业行业标准

NY/T 839—2004

鲜　　李

Fresh plum

2004-08-25 发布　　　　2004-09-01 实施

中华人民共和国农业部　发布

前　　言

本标准由中华人民共和国农业部提出并归口。

本标准起草单位:农业部优质农产品开发服务中心、辽宁省果树科学研究所、四川省农业厅。

本标准主要起草人:李清泽、郁香荷、罗楠、李建兵。

鲜　　李

1　范围

本标准规定了收销主要鲜李的定义、要求、检验规则、试验方法、包装与标志、贮藏与运输。

本标准适用于鲜李。

2　规范性引用文件

下列文件中的条款通过本标准的引用而成为本标准的条款。凡是注日期的引用文件，其随后所有的修改单(不包括勘误的内容)或修订版均不适用于本标准，然而，鼓励根据本标准达成协议的各方研究是否使用这些文件的最新版本。凡是不注日期的引用文件，其最新版本适用于本标准。

GB 2762　食品中汞限量卫生标准

GB 2763　食品中六六六、滴滴涕残留量标准

GB 4788　食品中甲拌磷、杀螟硫磷、倍硫磷最大残留限量标准

GB/T 8855　新鲜水果和蔬菜的取样方法

GB/T 5009.17　食品中总汞的测定方法

GB/T 5009.19　食品中六六六、滴滴涕残留量的测定方法

GB/T 5009.20　食品中有机磷农药残留量的测定方法

GB/T 10651　鲜苹果

NY/T 439　苹果外观等级标准

SB/T 10090　鲜桃

3　术语和定义

下列术语和定义适用于本标准。

3.1

果形

指本品种果实成熟时应具有的形状。果形端正指果实没有不正常的明显凹陷和突起、以及外形偏缺的现象，反之即为畸形果。

3.2

新鲜

适用于 NY/T 439—2001 的本部分。

3.3

洁净

适用于 NY/T 439—2001 的本部分。

3.4

异味

适用于 GB/T 10651—1989 的本部分。

3.5

不正常的外来水分

适用于 SB/T 10090—1992 的本部分。

3.6

色泽

指本品种果实成熟时应具有的自然色泽。主要有红色、紫红色、黄色、绿黄色、黄绿色、紫黑色、蓝黑色等。

3.7

品种特征

指本品种果实成熟时应具有的各项特征。包括果实形状、单果重、果皮色泽、果点大小及疏密、果皮厚薄、果粉多少、果梗长短及粗细、顶洼和梗洼深浅、果汁多少、肉质风味、粘离核等。

3.8

果梗

极短果梗品种果梗可有可无,但在梗洼处必须无缺肉伤痕;长果梗品种必须带有完整的果梗。

3.9

充分发育

适用于NY/T 439—2001的本部分。

3.10

成熟

指果实的发育已经达到成熟阶段,基本呈现出本品种特有的色、香、味,果肉即将由硬变韧或柔软。

3.11

成熟度

表示果实成熟的不同阶段,鲜果一般分以下三个阶段:A. 采收成熟度,果实达到正常的基本大小,果实底色发生变化,耐贮运,经贮藏后可食用。B. 鲜食成熟度,果实具有品种成熟的基本特征,仍保持较好的硬度,可短途运销,可鲜食。C. 生理成熟度,果实完全成熟。

3.12

单果重

指单个果实的重量。是确定果实大小的依据,以克(g)为单位。

3.13

果面缺陷

指人为或自然因素对果面造成的损伤。

3.14

刺伤

适用于GB/T 10651—1989的本部分。

3.15

碰压伤

适用于GB/T 10651—1989的本部分。

3.16

磨伤

适用于GB/T 10651—1989的本部分。

3.17

日灼

适用于GB/T 10651—1989的本部分。

3.18

药害

适用于 GB/T 10651—1989 的本部分。

3.19

雹伤

适用于 GB/T 10651—1989 的本部分。

3.20

裂果

适用于 GB/T 10651—1989 的本部分。

3.21

生理性病害

主要有缺硼症、果肉褐变、冷害、CO_2 中毒等。

3.22

侵染性病害

主要有细菌性穿孔病、李红点病、褐腐病、炭疽病等。

3.23

虫果

经食心虫危害的果实，果面上有虫眼，周围变色，入果后蛀食果肉或果心，虫眼周围或虫道中留有虫粪，影响食用。危害李的食心虫有李小食心虫、桃小食心虫、梨小食心虫和桃蛀螟等。

3.24

其他虫害

指桃粉蚜、象鼻虫、等蛀食果皮和果肉引起的果面伤痕。虫伤面积包括伤口及周围已木栓化部分。

3.25

容许度

适用于 GB/T 10651—1989 的本部分。

3.26

果实大小等级

按不同品种的单果重大小分为 1A 级、2A 级、3A 级和 4A 级四类。每类型中又分 3 级(特等、一等、二等果)。1A 级单果重<50 g;2A 级单果重(50 g～79 g);3A 级单果重(80 g～109 g);4A 级单果重(≥110 g)。

3.27

果实成熟期

从开花到果实成熟所需的天数为果实发育期，按果实发育期分为早熟(<90 d);中熟(91 d～100 d);晚熟(>101 d)。

4 要求

4.1 等级规格

李果实等级规格应符合表 1 规定。

4.2 理化指标

共有可溶性固形物含量、总酸量、固酸比三个理化指标，暂不作鲜李购销的质量指标，具体规定见本标准附录 A(参考件)

4.3 卫生指标

按 GB 2762、GB 2763、GB 4788 水果类规定指标执行。

表 1 李等级规格指标

等 级		特等果	一等果	二等果
基本要求		果实基本发育成熟,新鲜洁净,无异味、不正常外来水分、刺伤、药害及病害。具有适于市场或贮存要求的成熟度		
色 泽		具有本品种成熟时应具有的色泽		
果 形		端正	比较端正	可有缺陷,但不得畸形
可溶性固形物 %	早熟果	≥12.5	12.4~11.0	10.9~9.0
	中熟果	≥13.0	12.9~11.5	11.4~10.0
	晚熟果	≥14.0	13.9~12.0	11.9~9.5
果面缺陷	磨 伤	无	无	允许面积小于 0.5 cm^2 轻微磨擦伤 1 处
	日 灼	无	无	允许轻微日灼,面积不超过 0.4 cm^2
	雹 伤	无	无	允许有轻微雹伤,面积不超过 0.2 cm^2
	碰压伤	无	无	允许面积小于 0.5 cm^2 碰压伤 1 处
	裂 果	无	无	允许有轻微裂果,面积小于 0.5 cm^2
	虫 伤	无	无	允许干枯虫伤,面积不超过 0.1 cm^2
	病 伤	无	无	允许病伤,面积不超过 0.1 cm^2
注 1:果面缺陷,一等果要求无,二等果不得超过 2 项。 注 2:果实含酸量不能低于 0.7%。				

5 检验规则

5.1 产地或收购点收购鲜李时,同品种,同等级,同一批鲜李作为一个检验批次。

5.2 李产地集中的生产单位或生产户交售产品时,必须分清品种,等级,自行定量包装或代包装,写明交售件数和重量。收购者如发现等级不清,件数不符,包装不合规定者,应由交售单位或生产户重新整理后,进行重验,以一次为限。

5.3 分散零担收购的李也必须分清品种和等级,按规定的品质指标分等验收,验收后由收购单位按规定要求称重包装。

5.4 抽样

按照 GB/T 8855 中的有关规定执行。

报验单填写的项目应与货物相符,凡与货物单不符,包装容器严重损坏者,应由交货单位重新整理后再行抽样。

5.5 检重:参照 SB/T 10090—1992 中的 7.4。

5.6 包装检查:参照 SB/T 10090—1992 中的 7.5。

5.7 批检应以感官鉴定为主,按本标准等级指标规定(4.1)的各项技术要求对样果逐个检查,将各种不合格的果捡出分别记录,计算后作为评定的依据,理化检验作为评定的参考,暂不作收购检验的质量指标。如在感观鉴定中对果实质量和成熟度及卫生条件不能作出明确判定时,可对照理化、卫生检验结果作为判定果实内在质量的依据。理化、卫生检验的取样应选该批具有代表性的样果 30~40 个。

5.8 验收容许度

5.8.1 各等级容许度:参照 NY/T 439—2001 中的 5.1.1。

5.8.2 容许度的测定:参照 NY/T 439—2001 中的 5.1.2。

5.8.3 容许度规定的百分率计算:参照 NY/T 439—2001 中的 5.1.4。

5.8.4 **产地验收规定**

5.8.4.1 特等应≤1%的一等果。

5.8.4.2 一等应≤3%的果实不符合本等级规定的品质要求，其中串等果不超过1%，损伤果≤1%，虫伤果≤1%。

5.8.4.3 二等果应≤7%的果实不符合本等级规定的品质要求，其中串等果≤4%，损伤果≤2%，虫伤果≤2%。

5.8.4.4 各等级不符合单果重规定范围的果实≤5%，整批李果外观大小基本一致。

5.8.4.5 经贮藏的李果，各等级应≤3%的不影响外观的生理性病害果，且不超过果面缺陷的规定限额。

5.8.4.6 在整批李果满足该等级规定容许度的前提下，单个包装件的容许度不得超过规定容许度的1.5倍。

5.8.5 **港站验收容许度**

参照SB/T 10090—1992中的7.7.4。

6 试验方法

6.1 等级规格检验

按SB/T 10090—1992中的6.1执行。但单果重应用小台秤(感量为2 g)测定。

6.2 理化检验

按本标准的附录B进行。

6.3 卫生检验

按GB/T 5009的17、19、20和SB/T 10090—1992中的6.3执行。

7 包装及标志

参照SB/T 10090—1992中的8.1～8.2。

7.1 包装

7.1.1 包装容器参照SB/T 10090—1992的8.1.1。

7.1.2 采后用于鲜销和短距离运输的包装。用纸箱包装时，每件净重5 kg～10 kg；用透明塑料盒时，每盒4～8个果；用塑料箱时，每件净重5 kg～15 kg；用木箱时，每件净重10 kg～20 kg。

7.1.3 纸箱须用瓦楞纸箱。箱型比例以长边为宽边的1.5倍以上，高度易浅，避免过于立体化包装。

7.1.4 纸箱图案应鲜明、美观，突出产品的风格和自有的品牌。

7.1.5 包装箱内要衬垫清洁、干燥的填充材料，确保商品安全。

7.1.6 **捆包**

瓦楞纸箱应用胶带粘贴；透明塑料果型模盒可用钉箱机封箱。

7.2 标志

7.2.1 同一批货物的包装标志，在形式和内容上必须完全统一。

7.2.2 果箱应在箱的外部印刷或贴上不易抹掉的文字和标记，应标明品名、品种、等级、净重或果数、产地和验收日期等，要求字迹清晰易辨。

8 运输与贮存

参照SB/T 10090—1992的9.1～9.3。

8.1 需贮藏的李果应在采收成熟度时采收。

8.2　鲜果采收后应经过预冷，放入冷库贮藏。贮藏期限因品种而异，最佳时期为 45 d～90 d。

8.3　李果采收后应立即按标准规定的质量条件挑选分级，包装验收。验收后的鲜果必须根据果实的成熟度和品质情况，迅速组织调运至鲜销地或入库贮存，按等级品质分别存放。

8.4　待运的李，必须批次分明，堆放整齐，通风良好，严禁烈日暴晒、雨淋，注意防热。

8.5　堆放和装卸时要轻搬轻入，运输工具必须清洁卫生。严禁与有毒、有异味等有害物品混装、混运。

8.6　在库内存放时不得落地或靠墙，并要加强防蝇、防鼠措施。

附 录 A
（资料性附录）
鲜李品质理化指标（参考件）

等级	特级			一级			二级		
指标 项目 品种	可溶性固形物 % ≥	总酸量 % ≤	固酸比 ≥	可溶性固形物 % ≥	总酸量 % ≤	固酸比 ≥	可溶性固形物 % ≥	总酸量 % ≤	固酸比 ≥
大石早生	12.5	1.40	8.9	11.5	1.50	7.7	11.0	1.55	7.1
长李15号	14.0	1.00	14.1	13.0	1.05	12.4	13.0	1.10	11.8
美丽李	12.5	1.10	11.4	11.5	1.15	10.0	11.5	1.20	9.6
美国大李	10.5	1.00	10.5	9.5	1.10	8.6	9.0	1.10	8.2
五香李	11.5	0.90	12.8	10.5	1.00	10.5	10.0	1.00	10.0
香蕉李	11.0	1.00	11.0	10.0	1.05	9.5	10.0	1.10	9.1
昌乐牛心李	12.0	1.15	10.4	11.5	1.20	9.6	11.0	1.20	9.2
绥李3号	12.5	1.45	8.6	11.5	1.55	7.4	11.0	1.60	6.9
奎　丰	20.5	0.70	29.3	20.0	0.75	26.7	19.0	0.80	23.8
黑琥珀	11.0	1.70	6.5	10.0	1.80	5.6	10.0	1.80	5.6
红心李	10.0	0.70	14.3	9.0	0.80	11.3	9.0	0.80	11.3
秋　李	14.0	1.15	12.2	13.0	1.25	10.4	12.0	1.30	9.2
海城苹果李	11.5	1.00	11.5	10.5	1.05	10.0	10.0	1.100	9.1
绥棱红	13.0	1.15	11.3	12.0	1.25	9.6	12.0	1.30	9.2
黑宝石	11.5	0.80	14.4	10.5	0.85	12.4	10.0	0.90	11.1
澳大利亚14号	13.5	0.90	15.0	12.5	1.00	12.5	12.5	1.00	12.5
龙园秋李	13.0	0.95	13.7	12.0	1.05	11.4	12.0	1.10	10.9
玉皇李	12.0	0.95	12.7	11.0	1.03	10.7	11.0	1.10	10.0
朱砂李	11.0	0.80	13.8	10.0	0.85	11.8	10.0	0.85	11.8
油　棕	14.0	1.70	8.2	13.0	1.80	7.2	13.0	1.80	7.2
青脆李	11.5	1.45	7.9	10.0	1.55	6.5	10.0	1.60	6.3
帅　李	11.5	1.50	7.7	10.5	1.60	6.6	10.0	1.60	6.31
芙蓉李	12.5	0.70	17.9	11.5	0.75	15.3	11.0	0.80	13.8
鸡麻李	15.0	0.70	21.4	14.0	0.80	17.5	12.0	0.80	15.0
江安李	11.5	0.10	11.5	11.00	0.14	75.58	10.5	0.2	52.5
饼子李	13	0.5	26	12	0.59	20.34	11	0.65	16.92
春桃李	13.1	0.1	131	12.1	0.14	86.43	11	0.20	55
金蜜李	13.5	0.15	90	12	0.19	67.89	11.5	0.3	38.33

附录 A （续）

等级	特级			一级			二级		
品种 \ 指标 \ 项目	可溶性固形物 % ≥	总酸量 % ≤	固酸比 ≥	可溶性固形物 % ≥	总酸量 % ≤	固酸比 ≥	可溶性固形物 % ≥	总酸量 % ≤	固酸比 ≥
鸡血李	11.5	1.4	8.21	10.5	1.59	6.60	9.5	1.65	5.76
青　棕	14	0.8	17.5	13.1	0.95	13.79	12	1.0	12
神农李	9.5	0.95	10	10.5	1.07	9.81	9.5	1.1	8.64
巴塘李	17	0.7	24.29	16.5	0.78	21.15	15	0.9	16.67
安哥里那	16	0.65	24.62	15.2	0.73	20.82	14	0.83	16.87
槜　李	14.0	0.95	14.7	13.0	1.00	13.0	13.0	1.05	12.4
注：入库贮藏果实的理化指标参照二级果标准。									

附 录 B
（规范性附录）
李果理化检验方法

B.1 可溶性固形物

B.1.1 仪器：手持糖量计（手持折光仪）。

B.1.2 测试方法：校正好仪器标尺的焦距和位置，从果实中挤出汁液2～3滴，滴在棱镜平面的中央，迅速关合上辅助棱盖，静置1 min，朝向光源明亮处调节消色环，视野内出现明暗分界线及与之相应的读数，即果实汁液在20℃下所含可溶性固形物的百分数。若检验环境不足20℃时，可按仪器侧面所附补偿温度计表示的加减数进行校正。连续使用仪器测定不同试样时，应在每次用完后用清水冲洗洁净，再用干燥的镜纸擦干才可继续进行测试。

B.2 总酸量（可滴定酸）

B.2.1 原理：果实中的有机酸以酚酞作指示剂，应用中和法进行滴定，以所消耗的氢氧化钠标准溶液的毫升数计算总酸量。

B.2.2 试剂：

B.2.2.1 1%的酚酞指示剂：称取酚酞1 g溶与100 ml 95%的乙醇中。

B.2.2.2 0.1 mol/L氢氧化钠标准溶液：准确称取化学纯氢氧化钠4 g（精确0.1 mg），置于100 ml容量瓶中，加新煮沸放冷的蒸馏水溶解后，加水至刻度，摇匀，按下面的方法标定溶液浓度。

标定：准确称取邻二甲酸氢钾（化学纯，已经120℃烘2 h）0.3 g～0.4 g（精确0.1 mg），置于200 ml锥形瓶中，加入新煮沸放冷的蒸馏水100 ml，待溶解后摇匀，加酚酞指示剂2～3滴，用氢氧化钠溶液滴至微红色为终点，计算氢氧化钠标准溶液的浓度。

计算公式：

$$C=\frac{W}{V\times 0.2041} \qquad \text{(B.1)}$$

式中：

C——氢氧化钠标准溶液的浓度，mol/L；

V——滴定时消耗氢氧化钠标准溶液的体积，ml；

W——邻二甲酸氢钾的质量，g。

B.2.3 主要仪器：

a) 天平：感量0.1 mg；

b) 电烘箱；

c) 高速捣碎机或研钵；

d) 滴定管：刻度0.05 ml；

e) 容量瓶：1 000 ml、250 ml、100 ml；

f) 移液管：50 ml；

g) 锥形瓶、玻璃漏斗、电炉等。

B.2.4 试样制备：将测定硬度后的果实10个，逐个纵向分切成8瓣，每一果实取样瓣，去皮和剜去不可食部分后，切成小块或擦成细丝，以四分法取果样100 mg，加蒸馏水100 mg，置入捣碎机或研钵内迅速研磨成浆，装入清洁容器内备用。

B.2.5 测定方法：准确称取式样 20 g(精确 0.1 mg)于小烧杯中，用新煮沸放冷的蒸馏水 50 ml～80 ml，将试样洗入 250 ml 的容量瓶中，置 75℃～80℃水浴上加温 30 min，冷却后定容至刻度，摇匀，用脱脂棉过滤，吸取滤液 50 ml 于锥形瓶中，加酚酞指示剂 2～3 滴，用氢氧化钠标准溶液滴至微红色。

计算公式：

$$A=\frac{C\times V\times 0.067\times 5}{W}\times 100\% \quad \text{(B.2)}$$

式中：

A——总酸量(%)

C——氢氧化钠标准溶液的浓度，mol/L；

V——滴定时消耗氢氧化钠标准溶液的体积，ml；

W——试样重量(试样浆液 20 g 相当 10 g)，g。

平行试验允许差为 0.05%，取其平均值。

B.3 固酸比

以测定的可溶性固形物和总酸量的数值，按式(B3)计算：

计算公式：

$$X=\frac{S}{A} \quad \text{(B.3)}$$

式中：

X——固酸比；

S——可溶性固形物(%)；

A——总酸量(%)。

ICS 67.120.30
B 50

中华人民共和国农业行业标准

NY/T 840—2004

绿色食品　虾

Green food　Shrimp

2004-08-25 发布　　　　2004-09-01 实施

中华人民共和国农业部　发布

前　言

本标准由中华人民共和国农业部提出并归口。

本标准起草单位:国家水产品质量监督检验中心。

本标准主要起草人:周德庆、李晓川、王联珠、郭春敏、谢焱、陈远惠、冷凯良。

绿色食品 虾

1 范围

本标准规定了绿色食品 虾的要求、试验方法、检验规则、标志、标签、包装、运输与贮存。

本标准适用于绿色食品 活虾、鲜虾、速冻生虾(包括对虾科、长额虾科、褐虾科和长臂虾科各品种的虾)。冻虾的产品形式可以是冻全虾、去头虾、带尾虾和虾仁。

2 规范性引用文件

下列文件中的条款通过本标准的引用而成为本标准的条款。凡是注日期的引用文件,其随后所有的修改单(不包括勘误的内容)或修订版均不适用于本标准,然而,鼓励根据本标准达成协议的各方研究是否可使用这些文件的最新版本。凡是不注日期的引用文件,其最新版本适用于本标准。

GB/T 4789.4 食品卫生微生物学检验 沙门氏菌检验

GB/T 4789.6 食品卫生微生物学检验 致泻大肠埃希氏菌检验

GB/T 4789.7 食品卫生微生物学检验 副溶血性弧菌检验

GB/T 4789.20 食品卫生微生物学检验 水产食品检验

GB/T 5009.11 食品中总砷及无机砷的测定

GB/T 5009.12 食品中铅的测定

GB/T 5009.15 食品中镉的测定

GB/T 5009.17 食品中总汞及有机汞的测定

GB/T 5009.19 食品中六六六、滴滴涕残留量的测定

GB/T 5009.20 食品中有机磷农药残留量的测定

GB/T 5009.44 肉与肉制品卫生标准的分析方法

GB/T 5009.190 海产食品中多氯联苯的测定

GB 5749 生活饮用水卫生标准

GB 7718 食品标签通用标准

GB/T 14929.4 食品中氯氰菊酯、氰戊菊酯、溴氰菊酯残留量的测定方法

NY/T 391 绿色食品 产地环境技术条件

NY/T 392 绿色食品 食品添加剂使用准则

NY/T 471 绿色食品 饲料及饲料添加剂使用准则

NY/T 658 绿色食品 包装通用准则

NY/T 755 绿色食品 渔药使用准则

NY 5172 无公害食品 水发水产品

SC/T 3009 水产品加工质量管理规范

SC/T 3015 水产品中四环素、土霉素、金霉素残留量的测定

SC/T 3018 水产品中氯霉素残留量的测定

SC/T 3019 水产品中喹乙醇残留量的检验方法

SC/T 3020 水产品中己烯雌酚残留量的测定

SC/T 3021 水产品中孔雀石绿残留量的测定

SC/T 3022 水产品中呋喃唑酮残留量的检验方法

SC/T 3113 冻虾

SC/T 3303 冻烤鳗

SN 0208 出口肉中十种磺胺残留量检验方法

3 术语和定义

下列术语和定义适用于本标准。

绿色食品 green food

指遵守可持续发展原则，按照特定生产方式生产，经专门机构认定，许可使用绿色食品标志的，无污染、安全、优质、营养类食品。

4 要求

4.1 产地环境要求和捕捞

虾生长水域应按 NY/T 391 的规定执行；捕捞方法应无毒、无污染。

4.2 养殖虾的要求

4.2.1 种质与培育条件

选择健康的亲本，亲本的质量应符合国家或行业有关种质标准的规定，不得使用转基因虾亲本。用水需沉淀、消毒，使整个育苗过程呈封闭性，无病原带入；种苗培育过程中不使用禁用药物；并投喂高质量、无污染饵料。种苗出场前，进行检疫消毒。

4.2.2 养殖管理

4.2.2.1 养殖密度：应采用健康养殖、生态养殖方式，确定合适的放养密度，防止疾病爆发。

4.2.2.2 饲料及饲料添加剂质量：应选择使用高效、适口性好和稳定性高的优质饲料，饲料和饲料添加剂的使用符合 NY/T 471 的规定。

4.2.3 养殖用药

养殖用药物应按 NY/T 755 的规定执行。

4.3 虾的加工

原料虾应是绿色食品，加工企业的质量管理按 SC/T 3009 的规定执行，食品添加剂的使用按 NY/T 392 的规定执行，加工用水按 GB 5749 的规定执行。

4.4 感官要求

4.4.1 活虾

a) 活对虾具有本身固有的色泽和光泽，体形正常，无畸形，活动敏捷，无病态；

b) 活罗氏沼虾具有本身固有的淡蓝色的体色和光泽，无病态，活动敏捷。

4.4.2 鲜虾

鲜对虾应按表 1 的规定执行。

表 1 鲜对虾的感官要求

项 目	指 标
色 泽	1) 色泽正常，无红变，甲壳光泽较好 2) 尾扇不允许有轻微变色，自然斑点不限 3) 卵黄按不同产期呈现自然色泽，不允许在正常冷藏中变色
形 态	1) 虾体完整，连接膜可有一处破裂，但破裂处虾肉只能有轻微裂口 2) 不允许有软壳虾

表 1 （续）

项　目	指　　标
滋味、气味	气味正常，无异味，具有对虾的固有鲜味
肌肉组织	肉质紧密有弹性
杂质	虾体清洁、未混入任何外来杂质，包括触鞭、甲壳、附肢等
水煮试验	具有对虾特有的鲜味，口感肌肉组织紧密有弹性，滋味鲜美

4.4.3　**其他种类的鲜虾**

可参照表 1 要求执行。

4.4.4　**虾的加工品**

冻虾产品的虾体大小均匀，无干耗、无软化现象；单冻虾产品的个体间应易于分离，冰衣透明光亮；块冻虾冻块平整不破碎，冰被清洁并均匀盖没虾体。冰衣、冰被用水按 GB 5749 规定执行，冻虾感官应符合 SC/T 3113 的一级品的要求，其他产品应满足相应的行业标准的要求。

4.5　**理化要求**

活虾、鲜虾、冻虾及加工品的理化要求按表 2 规定执行。

表 2　虾的理化要求

项　　目	指　　标
挥发性盐基氮，mg/100 g	≤15（淡水虾） ≤20（海水虾）
总砷（以 As 计），mg/kg	≤0.5（淡水虾）
无机砷，mg/kg	≤0.5（海水虾鲜品）
总汞，mg/kg	≤0.20
铅，mg/kg	≤0.2
镉，mg/kg	≤0.05
多氯联苯，mg/kg	≤0.2
敌百虫，mg/kg	不得检出
六六六，mg/kg	≤0.05
滴滴涕，mg/kg	≤0.05
土霉素、金霉素（以总量计），mg/kg	≤0.05
磺胺类药物（以总量计），mg/kg	不得检出
氯霉素，μg/kg	不得检出（≤0.3）
甲醛，mg/kg	<10.0
呋喃唑酮，μg/kg	不得检出
喹乙醇，mg/kg	不得检出
溴氰菊酯，mg/kg	不得检出
噁喹酸，mg/kg	不得检出
己烯雌酚，mg/kg	不得检出
孔雀石绿，mg/kg	不得检出

4.6 微生物学要求

微生物学要求按表3规定执行。

表3 虾的微生物指标

项　目	指　标
沙门氏菌	不得检出
致泻大肠埃希氏菌	不得检出
副溶血性弧菌	不得检出(海水虾)

5 试验方法

5.1 感官检验

在光线充足、无异味的环境中，将试样倒在白色陶瓷盘或不锈钢工作台上，按本标准4.4的规定逐项进行感官检验。当不能确定产品质量时，进行水煮试验，并测定挥发性盐基氮。

5.2 水煮试验

在容器中加入500 mL饮用水，将水烧开后，取约100 g用清水洗净的虾，放入容器中，盖上盖，煮5 min后，打开盖，嗅蒸汽气味，再品尝肉质。

5.3 样品制备

按要求取足够尾数的鲜活虾(制备的样品至少400 g)，去虾头、虾皮、肠腺体，得到整条虾肉。将所取得的虾肉立即用绞肉机绞碎，绞肉机的孔径应在1.5 mm～3 mm之间。使用组织捣碎机时，打碎数分钟。用于微生物项目检验的样品，按GB/T 4789.20规定执行。

5.4 理化指标的测定

5.4.1 挥发性盐基氮

按GB/T 5009.44规定执行。

5.4.2 总砷、无机砷

按GB/T 5009.11规定执行。

5.4.3 总汞

按GB/T 5009.17规定执行。

5.4.4 铅

按GB/T 5009.12规定执行。

5.4.5 镉

按GB/T 5009.15规定执行。

5.4.6 多氯联苯

按GB/T 5009.190规定执行。

5.4.7 敌百虫

按GB/T 5009.20的规定执行。

5.4.8 六六六、滴滴涕

按GB/T 5009.19规定执行。

5.4.9 土霉素、金霉素

按SC/T 3015规定执行。

5.4.10 磺胺类药物

按SN 0208规定执行。

5.4.11 氯霉素

按 SC/T 3018 规定执行。

5.4.12 甲醛

按 NY 5172 附录 A 执行。

5.4.13 呋喃唑酮

按 SC/T 3022 规定执行。

5.4.14 喹乙醇

按 SC/T 3019 定执行。

5.4.15 溴氰菊酯

按 GB/T 14929.4 规定执行。

5.4.16 噁喹酸

按 SC/T 3303 规定执行。

5.4.17 己烯雌酚

按 SC/T 3020 规定执行。

5.4.18 孔雀石绿

按 SC/T 3021 规定执行。

5.5 微生物指标检验

5.5.1 沙门氏菌

按 GB/T 4789.4 规定执行。

5.5.2 致泻大肠埃希氏菌

按 GB/T 4789.6 规定执行。

5.5.3 副溶血性弧菌

按 GB/T 4789.7 规定执行。

6 检验规则

6.1 组批

活、鲜虾以同一条船上相同虾种的虾，同一时间、同一来源（同一虾池或同一养殖场）或同一班次加工生产的产品为一批次。

6.2 抽样

6.2.1 感官检验抽样

按检验批随机抽样，每批在 500 kg 以内的抽取 50 只，每增加 500 kg 增抽 10 只，增加数量不足 500 kg 的也增抽 10 只。

6.2.2 理化指标检验抽样

按检验批随机抽样，每批在 500 kg 以内的抽取 4 kg，每增加 500 kg 增抽 1 kg，增加数量不足 500 kg 的也增抽 1 kg。虾体清洗后，去头、剥壳、抽肠腺，将所得虾肉绞碎混合均匀后作为试样，试样不得少于 400 g。

6.3 检验分类

6.3.1 出厂（场）检验

每批产品应进行出厂（场）检验。出厂检验由生产单位质量检验部门执行，检验项目按本标准中 4.4 的规定执行。

6.3.2 型式检验

下列情形时应进行型式检验，所检验项目按本标准中4.4、4.5、4.6的规定执行。

a) 新捕捞(养殖)区域捕捞的对虾等，申请绿色食品认证及其年度抽查的产品；

b) 养殖虾正常生产时，每年至少进行一次型式检验；

c) 对虾捕捞(养殖)区域条件发生变化，可能影响产品质量时；

d) 出厂(场)检验与上次型式检验有较大差异时；

e) 国家质量监督机构或行业主管当局提出进行型式检验要求时。

6.4 判定规则

感官检验项目应全部符合4.4条规定；有一项指标不合格，允许加倍抽样将此项指标复验一次，按复验结果判定本批产品是否合格；检验结果中有两项及两项以上指标不合格，则判定本批产品不合格。

理化指标有一项指标不合格，允许加倍抽样将此项指标复验一次，按复验结果判定本批产品是否合格；检验结果中有两项及两项以上不合格，则判定本批产品不合格。

微生物指标的检验结果中有一项指标不合格，则判定本批产品不合格，不得复验。

7 标志、标签、包装、运输与贮存

7.1 标志、标签

7.1.1 标志

每批产品应有绿色食品标志，按有关规定执行。

7.1.2 标签

标签按GB 7718的规定执行，标明虾的品名、产地及生产(捕捞)日期等。

7.2 包装

按NY/T 658的规定执行，注明标准号；活虾应有充氧和保活设施，鲜虾应装于无毒、无味、便于冲洗的箱中，确保虾的鲜度及虾体的完好。

7.3 运输

活虾运输要有保活设施，应做到快装、快运、快卸；鲜虾用冷藏或保温车船运输，保持虾体温度在0℃～4℃之间。所有虾产品的运输工具应清洁卫生，运输中防止日晒、虫害、有害物质的污染和其他损害。

7.4 贮存

活虾贮存中应保证虾所需氧气充足；鲜虾应贮存于清洁库房，防止虫害和有害物质的污染及其他损害，贮存时保持虾体温度在0℃～4℃之间。冻虾应贮存在－18℃以下，应满足保持良好品质的条件。

ICS 67.120.30
B 50

中华人民共和国农业行业标准

NY/T 841—2004

绿色食品　蟹

Green food　Crab

2004-08-25 发布　　2004-09-01 实施

中华人民共和国农业部　发布

前　言

本标准由中华人民共和国农业部提出并归口。

本标准起草单位:国家水产品质量监督检验中心。

本标准主要起草人:周德庆、李晓川、王联珠、郭春敏、谢焱、潘洪强、翟毓秀、陈远惠。

绿色食品　蟹

1　范围

本标准规定了绿色食品　蟹的规格、要求、试验方法、检验规则及标志、标签、包装、运输与贮存。

本标准适用于绿色食品　蟹，包括淡水蟹活品、海水蟹的活品及其冻品。

2　规范性引用文件

下列文件中的条款通过本标准的引用而成为本标准的条款。凡是注日期的引用文件，其随后所有的修改单（不包括勘误的内容）或修订版均不适用于本标准，然而，鼓励根据本标准达成协议的各方研究是否可使用这些文件的最新版本。凡是不注日期的引用文件，其最新版本适用于本标准。

GB/T 4789.4　食品卫生微生物学检验　沙门氏菌检验

GB/T 4789.6　食品卫生微生物学检验　致泻大肠埃希氏菌检验

GB/T 4789.7　食品卫生微生物学检验　副溶血性弧菌检验

GB/T 4789.20　食品卫生微生物学检验　水产食品检验

GB/T 5009.11　食品中总砷及无机砷的测定

GB/T 5009.12　食品中铅的测定

GB/T 5009.15　食品中镉的测定

GB/T 5009.17　食品中总汞及有机汞的测定

GB/T 5009.19　食品中六六六、滴滴涕残留量的测定

GB/T 5009.44　肉与肉制品卫生标准的分析方法

GB/T 5009.190　食品中多氯联苯的测定

GB 7718　食品标签通用标准

GB/T 14929.4　食品中氯氰菊酯、氰戊菊酯、溴氰菊酯残留量的测定方法

NY/T 391　绿色食品　产地环境技术条件

NY/T 471　绿色食品　饲料及饲料添加剂使用准则

NY/T 658　绿色食品　包装通用准则

NY/T 755　绿色食品　渔药使用准则

NY 5162　无公害食品　三疣梭子蟹

NY 5172　无公害食品　水发水产品

SC/T 3009　水产品加工质量管理规范

SC/T 3015　水产品中四环素、土霉素、金霉素残留量的测定

SC/T 3018　水产品中氯霉素残留量的测定

SC/T 3020　水产品中己烯雌酚残留量的测定

SC/T 3021　水产品中孔雀石绿残留量的测定

SC/T 3022　水产品中呋喃唑酮残留量的检验方法

SC/T 3112　冻梭子蟹

SC/T 3303　冻烤鳗

SN 0208　出口肉中十种磺胺残留量检验方法

3 术语和定义

绿色食品 green food

指遵守可持续发展原则，按照特定生产方式生产，经专门机构认定，许可使用绿色食品标志的，无污染的安全、优质、营养类食品。

4 要求

4.1 产地环境要求和捕捞

蟹的原产地的环境和生长水域按 NY/T 391 的规定执行；捕捞方法应无毒、无污染。

4.2 养殖蟹的要求

4.2.1 种质与培育条件

选择健康的亲本，亲本的质量应符合国家或行业有关种质标准的规定，不得使用转基因蟹亲本。用水需沉淀、消毒，水量充沛，水质清新，无污染，进排水方便，使整个育苗过程呈封闭性，无病原带入；种苗培育过程中不使用禁用药物；并投喂高质量、无污染饵料。种苗出场前，进行检疫消毒。苗种要体态正常、个体健壮、无病无伤。

4.2.2 养殖管理

4.2.2.1 养殖密度：应采用健康养殖、生态养殖方式，确定合适的放养密度，防止疾病爆发。

4.2.2.2 饲料及饲料添加剂：应选择使用高效、适口性好和稳定性高的优质饲料，饲料和饲料添加剂的使用按 NY/T 471 的规定执行。

4.2.3 养殖用药

提倡不用药、少用药，用药时所用药物按 NY/T 755 的规定执行。

4.3 鉴别

各类蟹应具有固有的特征。如中华绒螯蟹的鉴别，其外部形态应符合中华绒螯蟹分类特征。

4.4 感官要求

4.4.1 活中华绒螯蟹感官指标

中华绒螯蟹感官要求应按表1的规定执行。

表1 感官要求

项目		指标
体色	背	青色、青灰色、墨绿色、青黑色、青黄色或黄色等固有色泽
	腹	白色、乳白色、灰白色或淡黄色、灰色、黄色等固有色泽
甲壳		坚硬，光洁，头胸甲隆起
螯、足		一对螯足呈钳状，掌节密生黄色或褐色绒毛，四对步足，前后缘长有金色或棕色绒毛
蟹体动作		活动有力，反应敏捷
鳃		鳃丝清晰，无异物，无异臭味

4.4.2 三疣梭子蟹感官要求

三疣梭子蟹的感官要求按 NY 5162 中的规定执行。

4.4.3 冻品

冻梭子蟹要达到 SC/T 3112 中 3.3 一级品的要求。

4.5 理化要求

按表2的规定执行。

表2 理化要求

项 目	指 标
挥发性盐基氮,mg/100 g	≤15(适用于冻品)
总汞,mg/kg	≤0.2
总砷,mg/kg	≤0.5(淡水蟹)
铅,mg/kg	≤0.3
镉,mg/kg	≤0.05
六六六,mg/kg	≤0.05
滴滴涕,mg/kg	≤0.05
多氯联苯,mg/kg	≤0.2
土霉素、金霉素(以总量计),mg/kg	≤0.05
磺胺类(以总量计),mg/kg	不得检出
氯霉素,μg/kg	不得检出(0.3)
甲醛,mg/kg	<10.0
己烯雌酚,mg/kg	不得检出
呋喃唑酮,mg/kg	不得检出
噁喹酸,mg/kg	不得检出
溴氰菊酯,mg/kg	不得检出
孔雀石绿,mg/kg	不得检出

4.6 生物学要求

按表3的规定执行。

表3 生物学要求

项 目	指 标
寄生虫(蟹奴)	不得检出
沙门氏菌	不得检出
致泻大肠埃希氏菌	不得检出
副溶血性弧菌	不得检出

5 试验方法

5.1 感官检验

感官指标用目测、手指压、鼻嗅的方式按照4.4的要求逐项检验。

5.2 试样的制备

打开甲壳,分离肝脏、性腺;剪开步足与头胸甲底部骨骼,刮出肌肉,蟹的可食部分为肝脏、性腺、肌肉的总合,将三部分可食部分混合搅匀后作为试样。将所取得的试样(或蟹肉)立即用绞肉机绞碎3次,绞肉机的孔径应为1.5 mm~3 mm。使用组织捣碎机时,打碎数分钟。制备样品至少400 g。

用于微生物项目检验的样品,按GB/T 4789.20规定执行。

5.3 理化指标

5.3.1 挥发性盐基氮

按 GB/T 5009.44 规定执行。

5.3.2 总汞

按 GB/T 5009.17 规定执行。

5.3.3 总砷

按 GB/T 5009.11 规定执行。

5.3.4 铅

按 GB/T 5009.12 规定执行。

5.3.5 镉

按 GB/T 5009.15 规定执行。

5.3.6 六六六、滴滴涕

按 GB/T 5009.19 规定执行。

5.3.7 多氯联苯

按 GB/T 5009.190 规定执行。

5.3.8 土霉素、金霉素

按 SC/T 3015 规定执行。

5.3.9 磺胺类药物

按 SN 0208 规定执行。

5.3.10 氯霉素

按 SC/T 3018 规定执行。

5.3.11 甲醛

按 NY 5172 附录 A 执行。

5.3.12 己烯雌酚

按 SC/T 3020 规定执行。

5.3.13 呋喃唑酮

按 SC/T 3022 规定执行。

5.3.14 噁喹酸

按 SC/T 3303 规定执行。

5.3.15 溴氰菊酯

按 GB/T 14929.4 规定执行。

5.3.16 孔雀石绿

按 SC/T 3021 规定执行。

5.4 生物学指标的检验

5.4.1 蟹奴的检查

将试样放在白色搪瓷盘中，打开蟹体，肉眼观察或放大镜、解剖镜镜检。

5.4.2 沙门氏菌

按 GB/T 4789.4 规定执行。

5.4.3 致泻大肠埃希氏菌

按 GB/T 4789.6 规定执行。

5.4.4 副溶血性弧菌

按 GB/T 4789.7 规定执行。

6 检验规则

6.1 组批

同一条船上相同的蟹种，同一时间、同一来源(同一蟹池或同一养殖场)或同一班次加工生产的产品为一个批次。

6.2 抽样

6.2.1 感官检验抽样

同一检验批的蟹应随机抽样。批量在100只以下(含100只)，取样只数为20只；批量在101只～1 000只范围内，取样只数为批量的7%；批量在1 001只～10 000只范围内，取样只数为批量的5%；批量在10 000只以上，取样只数为批量的3%；样本总数不低于20只。

6.2.2 理化、生物学检验抽样

从感官检验抽取的样品中随机抽样。批量在1 000只以下(含1 000只)，取样只数至少4只；批量在1 001只～5 000只范围内，取样只数为10只；批量在5 001只～10 000只范围内，取样只数为20只；批量在10 000只以上，取样只数为30只。

6.3 检验分类

6.3.1 出厂(场)检验

每批产品应进行出厂(场)检验。出厂检验由生产单位质量检验部门执行，检验项目按本标准4.4的要求执行。

6.3.2 型式检验

下列情形时应进行型式检验，所检验项目按本标准中4.4、4.5、4.6的规定执行。

a) 新建养殖场水产品捕获时或首次从某海域捕获的梭子蟹；

b) 正常养殖时，每年至少一次的型式检验；

c) 蟹养殖条件发生变化，可能影响产品质量时；

d) 出厂检验与上次型式检验有较大差异时；

e) 申请绿色食品认证及年度抽查的产品；

f) 国家质量监督检验检疫机构提出进行型式检验要求时。

6.4 判断规则

感官检验项目应全部符合4.4条规定；有一项指标不合格，允许加倍抽样将此项指标复验一次，按复验结果判定本批产品是否合格；检验结果中有二项及二项以上指标不合格，则判定本批产品不合格。

理化指标有一项指标不合格，允许加倍抽样将此项指标复验一次，按复验结果判定本批产品是否合格；检验结果中有二项指标不合格，则直接判定本批产品不合格。

生物学指标的检验结果中有一项指标不合格，则判定本批产品不合格，不得复验。

7 标志、标签、包装、运输与贮存

7.1 标志、标签

7.1.1 标志

每批产品应有绿色食品标志，按有关规定执行。

7.1.2 标签

标签按GB 7718的规定执行，标明产品名称、生产者名称和地址、出厂(场)日期、批号和产品标准号。

7.2 包装

按NY/T 658的规定执行，注明标准号；活蟹可将蟹腹部朝下整齐排列于蒲包或网袋中，每包可装

蟹 10 kg～15 kg,蒲包扎紧包口,网袋平放在篓中压紧加盖,贴上标识。

7.3 运输

要求按等级分类,活蟹在低温清洁的环境中装运,保证鲜活。运输工具在装货前应清洗、消毒,做到洁净、无毒、无异味。运输过程中,防温度剧变、挤压、剧烈震动,不得与有害物质混运,严防运输污染。

7.4 贮存

活体出售,贮存于洁净的环境中,也可在暂养池暂养,要防止有害物质的污染和损害。

ICS 67.120.30
B 50

中华人民共和国农业行业标准

NY/T 842—2004

绿色食品　鱼

Green food　Fish

2004-08-25 发布　　2004-09-01 实施

中华人民共和国农业部　发布

前　言

本标准由中华人民共和国农业部提出并归口。

本标准起草单位:国家水产品质量监督检验中心。

本标准主要起草人:周德庆、王联珠、李晓川、郭春敏、谢焱、张双灵、翟毓秀、陈远惠、冷凯良。

绿色食品　鱼

1　范围

本标准规定了绿色食品鱼的定义、要求、试验方法、检验规则、标志、标签、包装、运输与贮存。

本标准适用于绿色食品活(海水、淡水)鱼、冰鲜(海水、淡水)鱼、以及仅去内脏进行冷冻的初加工(海水、淡水)鱼产品。

2　规范性引用文件

下列文件中的条款通过本标准的引用而成为本标准的条款。凡是注日期的引用文件,其随后所有的修改单(不包括勘误的内容)或修订版均不适用于本标准,然而,鼓励根据本标准达成协议的各方研究是否可使用这些文件的最新版本。凡是不注日期的引用文件,其最新版本适用于本标准。

GB/T 4789.4　食品卫生微生物学检验　沙门氏菌检验
GB/T 4789.6　食品卫生微生物学检验　致泻大肠埃希氏菌检验
GB/T 4789.7　食品卫生微生物学检验　副溶血性弧菌检验
GB/T 4789.20　食品卫生微生物学检验　水产食品检验
GB/T 5009.11　食品中总砷及无机砷的测定
GB/T 5009.12　食品中铅的测定
GB/T 5009.15　食品中镉的测定
GB/T 5009.17　食品中总汞及有机汞的测定
GB/T 5009.18　食品中氟的测定
GB/T 5009.19　食品中六六六、滴滴涕残留量的测定
GB/T 5009.20　食品中有机磷农药残留量的测定
GB/T 5009.44　肉与肉制品卫生标准的分析方法
GB/T 5009.45　水产品卫生标准的分析方法
GB/T 5009.190　海产食品中多氯联苯的测定
GB 5749　生活饮用水卫生标准
GB 7718　食品标签通用标准
GB/T 14929.4　食品中氯氰菊酯、氰戊菊酯、溴氰菊酯残留量的测定方法
NY/T 391　绿色食品　产地环境技术条件
NY/T 392　绿色食品　食品添加剂使用准则
NY/T 471　绿色食品　饲料及饲料添加剂使用准则
NY/T 658　绿色食品　包装通用准则
NY/T 755　绿色食品　渔药使用准则
NY 5172　无公害食品　水发水产品
SC/T 3002　船上渔获物加冰保鲜操作技术规程
SC/T 3009　水产品加工质量管理规范
SC/T 3015　水产品中四环素、土霉素、金霉素残留量的测定
SC/T 3018　水产品中氯霉素残留量的测定
SC/T 3019　水产品中喹乙醇残留量的检验方法
SC/T 3020　水产品中己烯雌酚残留量的测定

SC/T 3021 水产品中孔雀石绿残留量的测定

SC/T 3022 水产品中呋喃唑酮残留量的检验方法

SC/T 3303 冻烤鳗

SN 0208 出口肉中十种磺胺残留量检验方法

3 术语和定义

下列术语和定义适用于本标准。

绿色食品 green food

指遵守可持续发展原则，按照特定生产方式生产，经专门机构认定，许可使用绿色食品标志的，无污染的安全、优质、营养类食品。

4 要求

4.1 产地环境要求

鱼的原产地的环境质量和生长水域水质按 NY/T 391 中的规定执行。

4.2 养殖鱼的要求

4.2.1 种质与培育条件

选择健康的亲本，亲本的质量有国家或行业标准规定的，按相关规定和标准执行。不得使用转基因鱼亲本。育苗用水需沉淀、消毒，使整个育苗过程呈封闭性，无病原带入；应采用自然或物理方式催产及孵化。使用成熟卵及精子，并投喂高质量饵料。种苗培育过程中不使用禁用药物。种苗出场前，进行检疫消毒。

4.2.2 养殖管理

4.2.2.1 养殖密度：应采用健康养殖、生态养殖技术，确定合适的养殖密度，防止疾病的暴发。

4.2.2.2 饲料及饲料添加剂质量：应选择使用高效、适口性好、稳定性高的优质饲料；饲料和饲料添加剂的使用按 NY/T 471 的规定执行。

4.2.3 养殖用药

提倡不用药、少用药，用药时所用药物按 NY/T 755 的规定执行。

4.3 捕捞鱼和养殖鱼的初加工

海上捕捞鱼按 SC/T 3002 的规定执行；加工企业的质量管理按 SC/T 3009 的规定执行。加工用水按 GB 5749 的规定执行；加工中的食品添加剂按 NY/T 392 的规定执行。

4.4 感官要求

4.4.1 活鱼感官要求

鱼体健康，体态匀称，游动活泼，无鱼病症状；鱼体具有本种鱼固有的色泽和光泽，无异味；鳞片完整、紧密。

4.4.2 鲜鱼感官要求

鲜鱼感官要求按表 1 的规定执行。

表 1　感官要求

项　目	海水鱼类	淡水鱼类
鱼体	体态匀称无畸形，鱼体完整，无破肚，肛门紧缩	体态匀称无畸形，鱼体完整，无破肚，肛门紧缩或稍有凸出
体表	呈鲜鱼固有色泽，花纹清晰；有鳞鱼鳞片紧密，不易脱落，体表黏液透明，无异臭味	呈鲜鱼固有色泽，鳞片紧密，不易脱落，体表黏液透明，无异味
鳃	鳃丝清晰，呈鲜红色，黏液透明	鳃丝清晰，呈鲜红或暗红色，仅有少量黏液
眼球	眼球饱满，角膜清晰	眼球饱满，角膜透明
组织	肉质有弹性，切面有光泽、肌纤维清晰	肌肉组织致密、有弹性
气味	体表和鳃丝具鲜鱼特有的腥味，无异味	体表和鳃丝具淡水鱼特有气味，无异味
水煮实验	具有鲜海水鱼固有的香味，口感肌肉组织紧密、有弹性，滋味鲜美，气味正常	具有鲜淡水鱼固有的香味，口感肌肉组织有弹性，滋味鲜美，气味正常

4.5　理化要求

冰鲜鱼及初加工品理化要求按表 2 的规定执行。

表 2　理化要求

项　目	海水鱼类	淡水鱼类
挥发性盐基氮，mg/100 g	一般鱼类≤15，板鳃鱼类≤40	≤10
组胺，mg/100 g	≤30	—
总砷，mg/kg	—	≤0.5
无机砷，mg/kg	≤0.5	—
铅，mg/kg	≤0.2	
总汞，mg/kg	≤0.2	
氟，mg/kg	—	≤2.0
镉，mg/kg	≤0.05	
甲醛，mg/kg	<10.0	
六六六，mg/kg	≤0.05	
滴滴涕，mg/kg	≤0.05	
多氯联苯，mg/kg	≤0.2	
敌百虫，mg/kg	—	不得检出
溴氰菊酯，mg/kg	—	不得检出
氯霉素，μg/kg	不得检出(≤0.3)	
土霉素、金霉素(以总量计)，mg/kg	≤0.05	
磺胺类药物(以总量计)，mg/kg	不得检出	
喹乙醇，mg/kg	不得检出	
己烯雌酚，mg/kg	不得检出	
呋喃唑酮，mg/kg	不得检出	
噁喹酸，mg/kg	不得检出	
孔雀石绿，mg/kg	不得检出	

4.6 生物学要求

生物学要求按表3的规定执行。

表3 生物学要求

项　目	海水鱼类	淡水鱼类
寄生虫，个/cm^2	不得检出	
沙门氏菌	不得检出	
致泻大肠埃希氏菌	不得检出	
副溶血性弧菌	不得检出	

5 试验方法

5.1 感官检验

在光线充足、无异味的环境条件下，将样品置于白色瓷盘或不锈钢工作台上，对鱼按照4.4的要求逐项检验。气味评定时，撕开或用刀切开鱼体的3处～5处，嗅气味判定。

5.2 水煮试验

在容器中加入适量饮用水，将水烧开后，取适量鱼，放入容器中，盖上盖，煮熟后，打开盖，嗅蒸汽气味，再品尝肉质。

5.3 样品制备

5.3.1 小鱼(体长≤15 cm)取5尾～10尾(制备样品至少400 g)，清洗后，弃去鱼头、鱼鳞、鱼尾、鱼鳍、内脏，从头至尾在背上部至腹腔两侧横切鱼，得到整片鱼肉。

5.3.2 大鱼(体长＞15 cm)至少取3尾，清洗、去鳞、去内脏，从每尾鱼上切取2.5 cm厚的3个横截面鱼片，剔去鱼骨。

5.3.3 将所取的鱼肉立即用绞肉机绞碎，可反复绞几次，绞肉机的孔径应在1.5 mm～3 mm之间；使用组织捣碎机时，打碎数分钟。

5.3.4 用于微生物项目检验的样品，按GB/T 4789.20规定执行。

5.4 理化指标测定

5.4.1 挥发性盐基氮

按GB/T 5009.44规定执行。

5.4.2 组胺

按GB/T 5009.45规定执行。

5.4.3 总砷、无机砷

按GB/T 5009.11规定执行。

5.4.4 铅

按GB/T 5009.12规定执行。

5.4.5 汞

按GB/T 5009.17规定执行。

5.4.6 氟

按GB/T 5009.18规定执行。

5.4.7 镉

按GB/T 5009.15规定执行。

5.4.8 甲醛

按 NY 5172 附录 A 规定执行。

5.4.9 六六六、滴滴涕

按 GB/T 5009.19 规定执行。

5.4.10 多氯联苯

按 GB/T 5009.190 规定执行。

5.4.11 敌百虫

按 GB/T 5009.20 规定执行。

5.4.12 溴氰菊酯

按 GB/T 14929.4 规定执行。

5.4.13 氯霉素

按 SC/T 3018 规定执行。

5.4.14 土霉素、金霉素

按 SC/T 3015 规定执行。

5.4.15 磺胺类药物

按 SN 0208 规定执行。

5.4.16 喹乙醇

按 SC/T 3019 规定执行。

5.4.17 己烯雌酚

按 SC/T 3020 规定执行。

5.4.18 呋喃唑酮

按 SC/T 3022 规定执行。

5.4.19 噁喹酸

按 SC/T 3303 规定执行。

5.4.20 孔雀石绿

按 SC/T 3021 规定执行。

5.5 生物学指标检验

5.5.1 沙门氏菌

按 GB/T 4789.4 的规定执行。

5.5.2 致泻大肠埃希氏菌

按 GB/T 4789.6 的规定执行。

5.5.3 副溶血性弧菌

按 GB/T 4789.7 的规定执行。

5.5.4 寄生虫检验

按以下规定执行：

a) 在灯检台上进行，要求灯检台表面平滑、密封、照明度应适宜；

b) 每批至少抽 10 尾鱼进行检查。将鱼洗净，去头、皮、内脏后，切成鱼片，将鱼片平摊在灯检台上，查看肉中有无寄生虫及虫卵；同时将鱼腹部剖开于灯检台上检查有无绦虫等寄生虫。

6 检验规则

6.1 组批

同一条船上相同的鱼种，同一时间、同一来源（同一鱼池或同一养殖场）或同一班次加工生产的产品为一个批次。

6.2 抽样

抽样数量应按表4的规定执行。

表4 抽样数量

单位为尾

批　　量	抽　样　量
≤500	10
501～5 000	15
5 001～10 000	20
＞10 000	30

6.3 检验分类

6.3.1 出厂(场)检验

每批产品应进行出厂(场)检验。出厂检验由生产单位质量检验部门执行,检验项目按本标准4.4的规定进行。

6.3.2 型式检验

下列情形时应进行型式检验,检验项目按本标准中4.4、4.5、4.6的规定执行。

a) 申请绿色食品认证及其年度抽查的产品;

b) 养殖产品正常生产时,每一养殖周期至少一次型式检验;捕捞产品,在同一区域捕捞的产品至少一次型式检验;

c) 国家产品质量监督检验机构或主管部门提出型式检验要求;

d) 新建养殖厂(场)生产环境发生较大变化。

6.4 判定规则

感官检验项目应全部符合4.4条规定;有一项指标不合格,允许加倍抽样将此项指标复验一次,按复验结果判定本批产品是否合格;检验结果中有二项及二项以上指标不合格,则判定本批产品不合格。

理化指标有一项指标不合格,允许加倍抽样将此项指标复验一次,按复验结果判定本批产品是否合格;检验结果中有二项及二项以上指标不合格,则判定本批产品不合格。

生物学指标的检验结果中有一项指标不合格,则判定本批产品不合格,不得复验。

7 标志、标签、包装、运输与贮存

7.1 标志、标签

7.1.1 标志

每批产品应有绿色食品标志,按有关规定执行。

7.1.2 标签

标签按GB 7718的规定执行,标明鱼名(或商品名)、产地及生产(捕捞)日期等。

7.2 包装

包装应符合NY/T 658的要求。活鱼可用帆布桶、活鱼箱、尼龙袋充氧等或采用保活设施;鲜海水鱼应装于无毒、无味、便于冲洗的鱼箱或保温鱼箱中,确保鱼的鲜度及鱼体的完好。在鱼箱中需放足量的碎冰,以保持鱼体温度在0℃～4℃之间。

7.3 运输

活鱼运输要有保活设施,应做到快装、快运、快卸;冰鲜鱼用冷藏或保温车船运输,保持鱼体温度在0℃～4℃之间,运输工具应清洁卫生,运输中防止日晒、虫害、有害物质的污染和其他损害。

7.4 贮存

活鱼应在符合NY/T 391中4.3的规定的水体中暂养;鲜鱼应贮存于清洁库房,防止虫害和有害物质的污染及其他损害,贮存时保持鱼体温度在0℃～4℃之间;冷冻鱼应贮存在－18℃以下的低温环境下,并防止有害物质的污染及其他损害。

ICS 67.120.10
X 22

中华人民共和国农业行业标准

NY/T 843—2004

绿色食品　肉及肉制品

Green food　Meat and meat products

2004-08-25 发布　　　　2004-09-01 实施

中华人民共和国农业部　发布

前　言

本标准由中华人民共和国农业部提出。

本标准主要起草单位：农业部肉及肉制品质量监督检验测试中心。

本标准主要起草人：罗林广、卢普滨、戴廷灿、唐安来、聂根新、周瑶敏、尹光灿。

绿色食品　肉及肉制品

1　范围

本标准规定了绿色食品肉及肉制品的术语和定义、要求、试验方法、检验规则、标志、标签、包装、运输和贮存。

本标准适用于绿色食品鲜、冻和冷却猪肉、牛肉、羊肉、兔肉及畜禽肉制品，不适用于辐照畜禽肉、畜禽内脏及制品。

2　规范性引用文件

下列文件中的条款通过本标准的引用而成为本标准的条款。凡是注日期的引用文件，其随后所有的修改单(不包括勘误的内容)或修订版均不适用于本标准，然而，鼓励根据本标准达成协议的各方研究是否可使用这些文件的最新版本。凡是不注日期的引用文件，其最新版本适用于本标准。

GB 191　包装储运图示标志
GB 2707　猪肉卫生标准
GB 2708　牛肉、羊肉、兔肉卫生标准
GB 2725.1　肉灌肠卫生标准
GB 2726　酱卤肉类卫生标准
GB 2727　烧烤肉卫生标准
GB 2729　肉松卫生标准
GB 2730　广式腊肉卫生标准
GB 2731　火腿卫生标准
GB 2732　板鸭(咸鸭)卫生标准
GB 4789.2　食品微生物学检验　菌落总数测定
GB 4789.3　食品微生物学检验　大肠菌群测定
GB 4789.4　食品微生物学检验　沙门氏菌检验
GB 4789.5　食品微生物学检验　志贺氏菌检验
GB 4789.6　食品微生物学检验　致泻大肠埃希氏菌检验
GB 4789.10　食品微生物学检验　金黄色葡萄球菌检验
GB 4789.11　食品微生物学检验　溶血性链球菌检验
GB 4789.26　食品微生物学检验　罐头食品商业无菌的检验
GB/T 5009.3　食品中水分的测定
GB/T 5009.11　食品中总砷及无机砷的测定
GB/T 5009.12　食品中铅的测定
GB/T 5009.13　食品中铜的测定
GB/T 5009.15　食品中镉的测定
GB/T 5009.16　食品中锡的测定
GB/T 5009.17　食品中总汞及有机汞的测定
GB/T 5009.18　食品中氟的测定
GB/T 5009.19　食品中六六六、滴滴涕残留量的测定
GB/T 5009.20　食品中有机磷农药残留量的测定

GB/T 5009.27 食品中苯并(a)芘的测定
GB/T 5009.28 食品中糖精钠的测定
GB/T 5009.29 食品中山梨酸、苯甲酸的测定
GB/T 5009.33 食品中亚硝酸盐与硝酸盐的测定
GB/T 5009.37 食用植物油卫生标准的分析
GB/T 5009.44 肉与肉制品卫生标准的分析
GB/T 5009.116 畜禽肉中土霉素、四环素、金霉素残留量的测定(高效液相色谱法)
GB/T 5009.108 畜禽肉中己烯雌酚的测定
GB/T 5009.123 食品中铬的测定
GB/T 7718 食品标签通用标准
GB/T 9695.7 肉与肉制品 总脂肪测定方法
GB/T 9695.11 肉与肉制品 氮含量测定方法
GB/T 9695.14 肉与肉制品 淀粉测定方法
GB/T 9695.19 肉及肉制品 取样方法
GB/T 9695.31 肉及肉制品 总糖测定方法
GB 10147 香肠(腊肠)、香肚卫生标准
GB/T 12457 食品中氯化钠的测定方法
GB 13100 肉类罐头食品卫生标准
GB 13101 西式蒸煮、烟熏火腿卫生标准
GB 18394 畜禽肉水分限量
NY/T 391 绿色食品 产地环境技术条件
NY/T 392 绿色食品 食品添加剂使用准则
NY/T 468 动物组织中盐酸克伦特罗的测定 气相色谱一质谱法
NY/T 471 绿色食品 饲料及饲料添加剂使用准则
NY/T 472 绿色食品 兽药使用准则
NY/T 473 绿色食品 动物卫生准则
NY/T 632 冷却猪肉
NY/T 633 冷却羊肉
NY/T 658 绿色食品 包装通用准则
NY 5029 无公害食品 猪肉
NY 5039 无公害食品 鸡蛋
SB/T 10003 广式腊肠
SB/T 10278 中式香肠
SB/T 10282 肉干
SB/T 10283 肉脯
SB/T 10294 腌猪肉
SN 0197 出口肉中喹乙醇残留量检测方法
SN/T 0341 出口肉及肉制品中氯霉素残留量检验方法
农牧发[2001]38号文:动物源食品中磺胺类药物残留的检测方法——高效液相色谱法

3 术语和定义

下列术语和定义适用于本标准。

3.1

绿色食品　green food

见 NY/T 391 中 3.1。

3.2

畜肉　livestock meat

各种畜类经宰杀后的鲜冻胴体肉、分割肉。

3.3

肉制品　meat products

畜禽肉经不同程度加工后用于食用的产品。

3.4

冷却肉　chilled meat

畜禽经宰前、宰后检验检疫合格，胴体经冷却，其腿部肌肉深层中心温度在－1℃～7℃。冷却胴体在良好操作规范和良好卫生条件下，在 10℃～15℃的车间内进行分割、分切工艺制得的畜禽肉产品。

4 要求

4.1 原料

a) 畜禽的饲养、屠宰及其产品的加工、贮藏和运输应符合 NY/T 473 要求；

b) 饲养防疫用药应符合 NY/T 472 要求；

c) 饲料和饲料添加剂的使用应符合 NY/T 471 要求；

d) 冷却猪肉加工应符合 NY/T 632 的要求，冷却羊肉加工应符合 NY/T 633 的要求，其他产品可参照 NY/T 632 执行。

4.2 鲜、冻畜肉

4.2.1 感官

猪肉应符合 GB 2707 中 3.1 的要求。牛肉、羊肉、兔肉应符合 GB 2708 要求，其他畜肉参照 GB 2708 执行。

4.2.2 理化及卫生指标

理化及卫生指标应符合表 1 的要求。

表 1　鲜、冻、冷却畜肉理化及卫生指标

项　　目	指　　标
水分，%	≤77
挥发性盐基氮，mg/kg	≤15
汞(以 Hg 计)，mg/kg	≤0.05
铅(以 Pb 计)，mg/kg	≤0.1
砷(以 As 计)，mg/kg	≤0.5
镉(以 Cd 计)，mg/kg	≤0.1
铜(以 Cu 计)，mg/kg	≤10
铬(以 Cr 计)，mg/kg	≤0.5
氟(以 F 计)，mg/kg	≤1.0
四环素，mg/kg	不得检出(<0.1)
土霉素，mg/kg	不得检出(<0.1)
金霉素，mg/kg	不得检出(<0.1)
伊维菌素，mg/kg	≤0.02
磺胺类(以磺胺类总量计)，mg/kg	不得检出(<0.01)
己烯雌酚，mg/kg	不得检出(<0.25)

表 1 （续）

项　　目	指　　标
喹乙醇，mg/kg	不得检出（＜0.05，仅对猪肉要求）
盐酸克伦特罗，mg/kg	不得检出（＜0.002）
氯霉素，mg/kg	不得检出（＜0.01）
呋喃唑酮，mg/kg	不得检出（＜0.01）
六六六，mg/kg	≤0.05
滴滴涕，mg/kg	≤0.05
敌敌畏，mg/kg	≤0.02
菌落总数，cfu/g	$\leqslant 5\times10^{5}$
大肠菌群，MPN/100g	$\leqslant 10^{3}$
沙门氏菌	不得检出
致泻大肠埃希氏菌	不得检出

4.3 腌腊肉类产品

4.3.1 感官

腊肠应符合 GB 10147、SB/T 10003、SB/T 10278 的要求。腌、腊肉应符合 GB 2730、SB/T 10294 的要求。火腿应符合 GB 2731 的要求。板鸭(咸鸭)应符合 GB 2732 的要求。

4.3.2 理化及卫生指标

理化及卫生指标应符合表 2 的要求。

表 2　腌腊肉类产品理化及卫生指标

<table>
<tr><th rowspan="3">项　　目</th><th colspan="6">指　　标</th></tr>
<tr><th colspan="2">腊肠类</th><th colspan="2">腌、腊肉类</th><th rowspan="2">火腿类</th><th rowspan="2">板鸭(咸鸭)</th></tr>
<tr><th>广式</th><th>中式</th><th>腌肉</th><th>腊肉</th></tr>
<tr><td>水分，%</td><td colspan="2">≤25</td><td>—</td><td>≤25</td><td>—</td><td>≤45</td></tr>
<tr><td>食盐(以 NaCl 计)，%</td><td colspan="3">≤6</td><td>≤10</td><td>—</td><td>≤8</td></tr>
<tr><td>蛋白质，%</td><td colspan="2">≥22</td><td colspan="4">—</td></tr>
<tr><td>脂肪，%</td><td colspan="2">≤35</td><td colspan="4">—</td></tr>
<tr><td>总糖(以蔗糖计)，%</td><td>≤20</td><td>≤22</td><td colspan="4">—</td></tr>
<tr><td>挥发性盐基氮，mg/100 g</td><td colspan="2">—</td><td colspan="2">≤20</td><td colspan="2">—</td></tr>
<tr><td>酸价，mgKOH/g</td><td colspan="2">≤4</td><td>—</td><td>≤4</td><td>—</td><td>≤3.0</td></tr>
<tr><td>过氧化值(以 I 计)，g/100 g</td><td colspan="2">—</td><td>≤0.25</td><td>≤0.25</td><td>≤0.25</td><td>≤2.5</td></tr>
<tr><td>亚硝酸盐(以 $NaNO_2$ 计)，mg/kg</td><td colspan="4">≤5</td><td colspan="2">≤2</td></tr>
<tr><td>复合磷酸盐(以 PO_4 计)，g/kg</td><td colspan="6">≤5</td></tr>
<tr><td>苯甲酸，g/kg</td><td colspan="6">不得检出(＜0.001)</td></tr>
<tr><td>山梨酸，g/kg</td><td colspan="6">≤0.075</td></tr>
<tr><td>糖精钠，g/kg</td><td colspan="2">不得检出(＜0.000 15)</td><td>—</td><td colspan="2">不得检出(＜0.000 15)</td><td>—</td></tr>
<tr><td>苯并(a)芘，ug/kg</td><td>≤5</td><td colspan="2">—</td><td colspan="3">≤5</td></tr>
<tr><td>三甲胺氮，mg/kg</td><td colspan="4">—</td><td>≤13</td><td>—</td></tr>
<tr><td>砷(以 As 计)，mg/kg</td><td colspan="6">≤0.5</td></tr>
</table>

表 2（续）

项　　目	指　　标					
	腊肠类		腌、腊肉类		火腿类	板鸭(咸鸭)
	广式	中式	腌肉	腊肉		
铅(以 Pb 计),mg/kg	≤0.1					
汞(以 Hg 计),mg/kg	≤0.05					
镉(以 Cd 计),mg/kg	≤0.1					
六六六,mg/kg	≤0.05					
滴滴涕,mg/kg	≤0.05					
菌落总数,cfu/g	$\leq 5\times10^5$					
大肠菌群,MPN/100g	$\leq 10^3$					
致病菌(沙门氏菌、志贺氏菌、金黄色葡萄球菌、溶血性链球菌)	不得检出					
注 1:其他食品添加剂使用必须符合 NY/T 392 的规定。 注 2:苯并(a)芘仅适用于经熏烤的肉制品。						

4.4 熟肉类产品

4.4.1 感官

肉类熟食(酱卤、烧烤肉类产品)应符合 GB 2726、GB 2727 的要求。肉类罐头应符合 GB 13100 的要求。肉灌肠类应符合 GB 2725.1 的要求。肉松应符合 GB 2729 的要求。肉干应符合 SB/T 10282 的要求。肉脯应符合 SB/T 10283 的要求。

4.4.2 理化及卫生指标

理化及卫生指标应符合表 3 的要求。

表 3　熟肉类产品理化及卫生指标

项　　目	指　　标									
	肉类熟食	肉类罐头	肉灌肠类	肉　松　类			肉　干		肉脯类	
				肉松	油酥肉松	肉粉松	牛肉干	猪肉干	肉脯	肉糜脯
水分,%	—			≤20	≤4	≤4	≤20	≤20	≤16	≤16
蛋白质,%	—			≥36	≥25	≥14	≥40	≥36	≥40	≥28
脂肪,%	—			≤10	≤35	≤30	≤10	≤12	≤14	≤18
总糖(以蔗糖计),%	—			≤25	≤30	≤30	≤30	≤30	≤30	≤40
淀粉,%	—			—		≤20	—			
食盐(以 NaCl 计),%	—			≤7						
亚硝酸盐(以 $NaNO_2$ 计),mg/kg	10			≤5						
复合磷酸盐(以 PO_4 计),g/kg	5			≤5						
苯并(a)芘,ug/kg	≤5									
铅(以 Pb 计),mg/kg	≤0.1									
砷(以 As 计),mg/kg	≤0.5									
汞(以 Hg 计),mg/kg	≤0.05									

表 3 （续）

项　目	指　　标									
	肉类熟食	肉类罐头	肉灌肠类	肉　松　类			肉　干		肉脯类	
				肉松	油酥肉松	肉粉松	牛肉干	猪肉干	肉脯	肉糜脯
铜(以 Cu 计),mg/kg	≤10									
镉(以 Cd 计),mg/kg	≤0.1									
锡(以 Sn 计),mg/kg	—	≤100	—							
苯甲酸 g/kg	不得检出(<0.001)									
山梨酸 g/kg	≤0.075									
糖精钠,mg/kg	—		不得检出(<0.000 15)							
菌落总数,cfu/g	≤50 000	—	≤20 000	≤10 000					≤30 000	
大肠菌群,MPN/100 g	≤100	—	≤30	≤40					≤40	
致病菌(沙门氏菌、志贺氏菌、金黄色葡萄球菌、溶血性链球菌)	不得检出	—	不得检出							
商业无菌	—	商业无菌	—							
注 1:其他食品添加剂使用必须符合 NY/T 392 的规定。 注 2:苯并(a)芘仅适用于经熏烤的肉制品。										

5　试验方法

5.1　感官检验

5.1.1　外观、组织状态、气味检验

将样品置一白色托盘中,在自然光下,用眼睛观察外观形状、色泽、组织状态、肉眼可见异物;用指压表面测其弹性;用鼻嗅其气味。

5.1.2　煮沸后肉汤检验

按 GB/T 5009.44 中 3.2 的方法测定。

5.2　理化及卫生指标检验

5.2.1　水分

鲜冻肉按 GB 18394 的规定执行,其他产品按 GB 5009.3 的规定执行。

5.2.2　挥发性盐基氮

按 GB/T 5009.44 的规定执行。

5.2.3　汞

按 GB/T 5009.17 的规定执行。

5.2.4　铅

按 GB/T 5009.12 的规定执行。

5.2.5　砷

按 GB/T 5009.11 的规定执行。

5.2.6　镉

按 GB/T 5009.15 的规定执行。

5.2.7　铜

按 GB/T 5009.13 的规定执行。

5.2.8 铬

按 GB/T 5009.123 的规定执行。

5.2.9 氟

按 GB/T 5009.18 的规定执行。

5.2.10 六六六、滴滴涕

按 GB/T 5009.19 的规定执行。

5.2.11 四环素、土霉素、金霉素

按 GB/T 5009.116 的规定执行。

5.2.12 敌敌畏

按 GB/T 5009.20 的规定执行。

5.2.13 磺胺类

按农牧发[2001]38 号文的规定执行。

5.2.14 己烯雌酚

按 GB/T 5009.108 的规定执行。

5.2.15 喹乙醇

按 SN 0197 规定的方法测定。

5.2.16 盐酸克伦特罗

按 NY/T 468 的规定执行。

5.2.17 氯霉素

按 SN/T 0341 的规定执行。

5.2.18 呋喃唑酮

按 NY 5039 的规定执行。

5.2.19 菌落总数

按 GB 4789.2 的规定执行。

5.2.20 大肠菌群

按 GB 4789.3 的规定执行。

5.2.21 沙门氏菌

按 GB 4789.4 的规定执行。

5.2.22 志贺氏菌

按 GB 4789.5 的规定执行。

5.2.23 致泻大肠埃希氏菌

按 GB 4789.6 的规定执行。

5.2.24 金黄色葡萄球菌

按 GB 4789.10 的规定执行。

5.2.25 溶血性链球菌

按 GB 4789.11 的规定执行。

5.2.26 伊维菌素

按 NY 5029 附录 B 的规定执行。

5.2.27 食盐

按 GB/T 12457 的规定执行。

5.2.28 蛋白质

按 GB 9695.11 的规定执行。

5.2.29 脂肪

按 GB 9695.7 的规定执行。

5.2.30 总糖

按 GB/T 9695.31 的规定执行。

5.2.31 酸价

按 GB/T 5009.37 的规定执行。

5.2.32 过氧化值

按 GB/T 5009.37 的规定执行。

5.2.33 亚硝酸盐

按 GB/T 5009.33 的规定执行。

5.2.34 复合磷酸盐

按 GB 13101 的规定执行。

5.2.35 苯甲酸、山梨酸

按 GB/T 5009.29 的规定执行。

5.2.36 糖精钠

按 GB/T 5009.28 的规定执行。

5.2.37 苯并(a)芘

按 GB/T 5009.27 的规定执行。

5.2.38 三甲胺氮

按 GB 2731 的规定执行。

5.2.39 锡

按 GB/T 5009.16 的规定执行。

5.2.40 商业无菌

按 GB 4789.26 的规定执行。

5.2.41 淀粉

按 GB 9695.14 的规定执行。

6 检验规则

6.1 抽样规则及方法

6.1.1 组批

由同一班次同一生产线生产的相同品种产品为同一批次。

6.1.2 抽样方法

抽样按 GB/T 9695.19 规定执行。流通领域抽样应抽同一批次产品。

6.2 检验类型

6.2.1 出厂检验

每批产品必须经生产企业质检部门对产品的感官指标、包装、标签及净含量检验合格后附上合格标志方可出厂销售。熟肉类产品还需对微生物指标检验合格才能出厂销售。

6.2.2 型式检验

型式检验是对产品进行全面考核，即对本标准所规定的全部技术要求进行检验。正常情况下，要求每6个月进行一次型式检验，有下列情况之一者也应进行型式检验：

a) 申请绿色食品认证及绿色食品年度抽检产品时；

b) 正式生产后，产品原料、工艺、配方有较大变化，可能影响产品质量时；

c) 国家质量监督机构或主管部门提出进行形式检验要求时；

d) 有关各方对产品质量有争议需仲裁时。

6.3 判定规则

6.3.1 产品的感官指标和理化指标中的水分、食盐、蛋白质、脂肪、总糖、淀粉等项目不符合本标准为缺陷项，其他指标不符合本标准为关键项，缺陷项超过两项（含两项），判该产品不合格；关键项超过一项（含一项），判定该产品不合格。

6.3.2 受检样品的缺陷项目检验不合格时，允许按6.1的规定重新加倍抽取样品进行复检，以复检结果为最终检验结果。

7 标志、标签

产品的销售和运输包装应标注绿色食品标志。产品的标签应符合GB 7718规定，储运图示标志按GB 191执行。

8 包装、运输、贮存

产品的包装、运输、贮存应符合NY/T 658的规定。产品运输应采用洁净、干燥的设施和工具，在运输过程中应做到防雨、防晒。产品运输时应有冷藏或冷冻设施。一般产品应存放于清洁、阴凉、干燥的场所，不应露天堆放。冻肉产品应贮存在－18℃以下的冷库中。冷却肉产品应贮存在－1℃～7℃的环境中。

ICS 67.080.10
B 31

中华人民共和国农业行业标准

NY/T 844—2004

绿色食品　温带水果

Green food　Temperate fruits

2004-08-25 发布　　2004-09-01 实施

中华人民共和国农业部　发布

前　言

本标准由中华人民共和国农业部提出。

本标准起草单位:中国农业科学院郑州果树研究所、农业部果品及苗木质量监督检验测试中心(郑州)。

本标准主要起草人:刘三军、乔宪生、俞宏、温少辉、阎振立、刘崇怀、蒯传化。

绿色食品　温带水果

1　范围

本标准规定了绿色食品温带水果(包括苹果、梨、葡萄、桃、猕猴桃、樱桃、枣、杏、李、柿、草莓、山楂、石榴等)的术语和定义、要求、检验方法、检验规则、标志、包装、运输和贮藏。

本标准适用于绿色食品温带水果。

2　规范性引用文件

下列文件中的条款通过本标准的引用而成为本标准的条款。凡是注明日期的引用文件,其随后所有的修改单(不包括勘误的内容)或修订版均不适用于本标准,然而,鼓励根据本标准达成协议的各方研究是否可以使用这些文件的最新版本。凡是不注日期的引用文件,其最新版本适用于本标准。

GB/T 5009.11　食品中总砷的测定方法

GB/T 5009.12　食品中铅的测定方法

GB/T 5009.13　食品中铜的测定方法

GB/T 5009.14　食品中锌的测定方法

GB/T 5009.15　食品中镉的测定方法

GB/T 5009.17　食品中总汞的测定方法

GB/T 5009.18　食品中氟的测定方法

GB/T 5009.19　食品中六六六、滴滴涕残留量的测定方法

GB/T 5009.20　食品中有机磷农药残留量的测定方法

GB/T 5009.33　食品中亚硝酸盐与硝酸盐的测定方法

GB/T 5009.34　食品中亚硫酸盐的测定方法

GB/T 5009.38　蔬菜、水果卫生标准的分析方法

GB/T 5009.110　植物性食品中氯氰菊酯、溴氰菊酯和氰戊菊酯残留量测定

GB/T 5009.123　食品中铬的测定方法

GB 5835　红枣

GB/T 6195　水果、蔬菜维生素C含量测定法(2,6-二氯靛酚滴定法)

GB 7718　食品标签通用标准

GB/T 8855　新鲜水果和蔬菜的取样方法

GB 10466　蔬菜、水果形态学和结构学术语(一)

GB 10650　鲜梨

GB 10651　鲜苹果

GB/T 12293　水果、蔬菜制品　可滴定酸度的测定

GB/T 12295　水果、蔬菜制品　可溶性固形物含量的测定—折射法

GB 14878　食品中百菌清残留量的测定方法

GB/T 14973　食品中粉锈宁残留量的测定方法

GB 16319　食品中敌百虫最大残留限量标准

NY/T 391　绿色食品　产地环境技术条件

NY/T 393　绿色食品　农药使用准则

NY/T 394　绿色食品　肥料使用准则

NY/T 444　草莓
NY/T 470　鲜食葡萄
NY/T 586　鲜桃
NY/T 658　绿色食品　包装通用准则
SB/T 10092　山楂

3　术语和定义

NY/T 391 中 3.1 确立的绿色食品定义和 GB 10466 中确立的形态学和结构学定义的有关术语以及 GB 10651 中确立的果实完整、良好、洁净、异嗅或异味、不正常外来水分、充分发育、成熟、刺伤、碰压伤、磨伤、日灼、药害、虫伤、雹伤、裂果、可溶性固形物、容许度等有关定义适用于本标准。

4　要求

4.1　产地环境

应符合 NY/T 391 的规定。

4.2　生产过程农药和化肥使用

生产过程农药和化肥使用应符合 NY/T 393 和 NY/T 394 的规定。

4.3　感官

4.3.1　苹果

感官指标应符合 GB 10651 鲜苹果表 1 中一等果的规定。

4.3.2　梨

感官指标应符合 GB 10650 鲜梨表 1 中一等果的规定。

4.3.3　葡萄

感官指标应符合 NY/T 470 表 1 中一等果的规定。

4.3.4　桃

感官指标应符合 NY/T 586 表 1 中一等果的规定。

4.3.5　猕猴桃

猕猴桃感官指标应符合表 1 的规定。

表 1　猕猴桃的感官指标

项　目	要　求
基本要求	各品种的猕猴桃都必须完整良好，新鲜洁净，无不正常外部水分，无异嗅和异味，精心手采，无机械损伤，无病虫害，发育正常，具有贮藏及市场要求的成熟度
果形	具有品种的特征果形，果形良好，无畸形果
色泽	具有品种的特征色泽
单果重，g	中华猕猴桃≥70；美味猕猴桃≥80
果面	果面洁净，无损伤和各种斑迹
果肉	软硬适度，多汁，果肉颜色具有品种的特征颜色
成熟度	达到生理成熟，或完成后熟

4.3.6　樱桃

樱桃感官指标应符合表 2 的规定。

表 2 樱桃的感官指标

项　目	要　　求
基本要求	果实完整良好，果柄完整，新鲜清洁，无机械损伤，无果肉褐变、病果、虫果、刺伤，无不正常外来水分，充分发育，无异常气味或滋味，具有可采收成熟度或食用成熟度，整齐度好
果形	果形端正，具有本品种的固有特征
色泽	果皮色泽具有本品种成熟时应有的色泽
果实大小，g	大樱桃≥7.0；中国樱桃≥2.0

4.3.7 **枣**

枣感官指标应符合表 3 的规定。

表 3 枣的感官指标

项　目	要　　求
基本要求	果实完整良好，新鲜清洁，无果肉褐变、病果、虫果，无浆头，无不正常外来水分，充分发育，无异常气味或滋味，具有可采收成熟度或食用成熟度，个头均匀
果形	果形饱满，具有本品种应有的特征
肉质	肉质肥厚
色泽	果皮色泽具有本品种成熟时应有的色泽

4.3.8 **杏**

杏感官指标应符合表 4 的规定。

表 4 杏的感官指标

项　目	要　　求
基本要求	果实完整良好，果柄完整，新鲜清洁，无果肉褐变、病果、虫果、刺伤，无不正常外来水分，充分发育，无异常气味或滋味，具有可采收成熟度或食用成熟度，整齐度好
果形	果形端正，具有本品种的固有特征
色泽	果皮色泽具有本品种成熟时应有的色泽，着色程度达到本品种应有着色面积的四分之三以上

4.3.9 **李**

李感官指标应符合表 5 的规定。

表 5 鲜食李的感官指标

项　目	要　　求
基本要求	果实完整良好，新鲜清洁，无果肉褐变、病果、虫果、刺伤，无不正常外来水分，充分发育，无异常气味或滋味，具有可采收成熟度或食用成熟度，整齐度好
果形	果形端正，具有本品种的固有特征
色泽	果皮色泽具有本品种成熟时应有的色泽

4.3.10 **柿**

柿感官指标应符合表 6 的规定。

表6 柿的感官指标

项　目	要　　求	
	普通柿	甜柿
基本要求	果实完整良好，果柄完整，新鲜清洁，无果肉褐变、病果、虫果、刺伤，无不正常外来水分，充分发育，无异常气味或滋味，具有可采收成熟度或食用成熟度，整齐度好	
果形	果形端正，具有本品种的固有形状和特征	
果肉	硬度不要求	有一定硬度，可削皮、可切分
色泽	果皮色泽具有本品种完熟期（软食）应有的色泽	果皮色泽具有本品种采收成熟期（脆食）应有的色泽
果实大小，g	大型果：≥250；中型果：≥200；小型果：≥100	大型果：≥200；中型果：≥120；小型果：≥100

4.3.11 草莓

草莓感官指标应符合 NY/T 444 表1中一等果的规定。

4.3.12 山楂

山楂感官指标应符合 SB/T 10092 表1中一等果的规定。

4.3.13 石榴

石榴感官指标应符合表7的规定。

表7 绿色食品石榴的感官指标

项　目	要　　求
基本要求	果实完整良好，果柄完整，新鲜清洁，无病果、虫果、刺伤，无不正常外来水分，充分发育，籽粒饱满，无异常气味或滋味，整齐度好
果形	果形端正，具有本品种的固有形状和特征
色泽	果皮色泽具有本品种成熟时应有的色泽
果实大小，g	特大型果：≥600；大型果：≥400；中型果：≥200；小型果：≥100

4.4 理化要求

13种水果的理化指标应符合表8的规定。

表8 13种水果的理化指标

水果名称	指　　标			
	硬度，kg/cm²	可食率，%	可溶性固形物，%	可滴定酸，%
苹果	≥5.5	—	≥11.0	≤0.35
梨	≥4.0	—	≥11.0	≤0.30
葡萄	—	—	≥14.0	≤0.70
桃	≥4.5	—	≥10.0	≤0.60
猕猴桃	—	—	生理成熟果≥6.0	≤1.50
			后熟果≥14.0	
樱桃	—	—	中国樱桃≥15.0	≤0.60
			大樱桃≥14.5	≤0.80
枣	≥5.0	≥93.0	≥25.0	≤1.00

表 8 (续)

水果名称	指标			
	硬度,kg/cm^2	可食率,%	可溶性固形物,%	可滴定酸,%
杏	≥4.5	—	≥9.0	≤1.80
李	≥4.5	—	≥11.0	≤1.60
柿	—	—	普通柿≥18.0 甜柿≥16.0	—
草莓	—	—	≥8.0	≤0.8
山楂	—	—	≥9.0	≤2.0
石榴	—	≥85%	≥14.0	≤0.6

注 1:表中各种水果理化指标,可参考附录中水果各品种的具体指标执行。
注 2:猕猴桃果实的维生素 C 含量≥400 mg/kg。

4.5 卫生指标

卫生指标应符合表 9 的规定。

表 9 温带水果的卫生指标

单位为毫克每千克

序号	项目	指标
1	砷(以 As 计)	≤0.2
2	铅(以 Pb 计)	≤0.2
3	镉(以 Cd 计)	≤0.01
4	汞(以 Hg 计)	≤0.01
5	氟(以 F 计)	≤0.5
6	铜(以 Cu 计)	≤10
7	锌(以 Zn 计)	≤5
8	铬(以 Cr 计)	≤0.5
9	六六六	≤0.05
10	滴滴涕(DDT)	≤0.05
11	乐果(dimethoate)	≤0.5
12	敌敌畏(dichlorvos)	≤0.2
13	对硫磷(parathion)	不得检出(检出限≤0.001)
14	马拉硫磷(malathion)	不得检出(检出限≤0.001)
15	甲拌磷(phorate)	不得检出(检出限≤0.001)
16	杀螟硫磷(fenitrothion)	≤0.2
17	倍硫磷(fenthion)	≤0.02
18	溴氰菊酯(deltamethrin)	≤0.1
19	氰戊菊酯(fenvalerate)	≤0.2
20	敌百虫(trichlorfon)	≤0.1
21	百菌清(chlorothalonil)	≤1
22	多菌灵(carbendazim)	≤0.5

表9（续）

序号	项　目	指　　标
23	粉锈宁(triadimefon)	≤0.2
24	亚硝酸盐(以 $NaNO_2$ 计)	≤4
25	二氧化硫(sulfur dioxide)	≤50
注1:其他农药施用方式及其限量应符合 NY/T 393 的规定。 注2:标准中未规定的其他温带水果可参照本表执行。		

5 检验方法

5.1 感官

从供试样品中随机抽取 0.5 kg～1 kg,用目测法进行品种特征、成熟度、色泽、新鲜、清洁、大小、机械伤、霉烂、冻害和病虫害等感官项目的检测。

5.2 理化指标

5.2.1 硬度

按照 GB/T 10651 规定执行。

5.2.2 可食率(可食部分,%)

按照 GB 5835 中附录 A.1 规定执行。

5.2.3 可溶性固形物

按照 GB/T 12295 规定执行。

5.2.4 可滴定酸

按照 GB/T 12293 规定执行。

5.2.5 维生素 C 测定

按照 GB/T 6195 规定执行。

5.3 卫生指标

5.3.1 砷的测定

按照 GB/T 5009.11 规定执行。

5.3.2 铅的测定

按照 GB/T 5009.12 规定执行。

5.3.3 镉的测定

按照 GB/T 5009.15 规定执行。

5.3.4 汞的测定

按照 GB/T 5009.17 规定执行。

5.3.5 氟的测定

按照 GB/T 5009.18 规定执行。

5.3.6 铜的测定

按照 GB/T 5009.13 规定执行

5.3.7 锌的测定

按照 GB/T 5009.14 规定执行

5.3.8 铬的测定

按照 GB/T 5009.123 规定执行

5.3.9 **六六六、滴滴涕的测定**

按照 GB/T 5009.19 规定执行。

5.3.10 **乐果、敌敌畏、对硫磷、马拉硫磷、甲拌磷、杀螟硫磷、倍硫磷的测定**

按照 GB/T 5009.20 规定执行。

5.3.11 **溴氰菊酯、氰戊菊酯的测定**

按照 GB/T 5009.110 规定执行。

5.3.12 **敌百虫的测定**

按照 GB 16319 规定执行。

5.3.13 **百菌清的测定**

按照 GB 14878 规定执行。

5.3.14 **多菌灵的测定**

按照 GB/T 5009.38 规定执行。

5.3.15 **粉锈宁的测定方法**

按照 GB/T 14973 规定执行。

5.3.16 **亚硝酸盐的测定**

按照 GB/T 5009.33 规定执行。

5.3.17 **二氧化硫的测定**

按照 GB/T 5009.34 规定执行。

6 检验规则

6.1 组批

同一产地、同品种、同一采收日期的果实作为一个检验批次。

6.2 抽样方法

按 GB/T 8855 规定执行。

6.3 检验分类

6.3.1 型式检验

型式检验是对产品进行全面考核，即对本标准规定的全部要求(指标)进行检验。有下列情形之一者应进行型式检验：

a) 申请绿色食品认证以及绿色食品年度抽查检验；

b) 前后两次出厂检验结果差异较大；

c) 因人为或自然因素使生产环境发生较大变化；

d) 国家质量监督机构或主管部门提出型式检验要求。

6.3.2 交收检验

每批产品交收前，生产单位都应进行交收检验，交收检验的内容包括包装、标志、标签、感官要求，卫生指标应根据土壤环境背景值及农药施用情况确定检测项目。检验合格并附合格证的产品方可交收。

6.4 判定规则

6.4.1 每批受检样品抽样检验时，对不符合感官要求的样品作记录，不合格百分率按照有缺陷果实质量计算，每批受检样品的平均不合格率不得超过 5%。理化指标有一项不合格，应加倍抽样检验一次，如仍不合格，则该批产品判为不合格。

6.4.2 卫生指标有一项不合格，则该批次产品判为不合格，不得复验。

6.4.3 对包装、标志、标签不合格产品，允许生产单位进行整改后申请复检。

7 标志、标签

7.1 标志

7.1.1 包装箱或包装盒上应标注绿色产品标志，具体标注按有关规定执行。

7.1.2 包装箱或包装盒上应标注产品名称、数量、产地、包装日期、保存期、生产单位、储运注意事项等内容。字迹应清晰、完整，无错别字。

7.2 标签

应按照 GB 7718 的规定执行。

8 包装、运输、贮存

8.1 包装

按照 NY/T 658 的规定执行。

8.2 运输

8.2.1 装运时要轻装、轻卸，严防机械损伤。运输工具必须清洁、卫生、无污染，不得与有毒、有异味、有害的物品混装、混运。

8.2.2 运输过程中，严禁日晒、雨淋，并注意防冻和通风散热。

8.2.3 需要暂存时，必须堆放整齐，批次分明，环境清洁，通风良好。

8.3 贮存

8.3.1 果实采收后，立即按照本标准的要求进行果实分级、包装、交售、验收。

8.3.2 存放环境要求阴凉、通风、清洁、卫生，严防日晒、雨淋、冻害及有毒物质和病虫害污染。不得使用任何对人体有害的贮藏保鲜剂。

8.3.3 长中期贮藏保鲜的果实，应在常温库和恒温库中进行贮藏。出售时，应保持果实原有的色、香、味。不得使用任何化学合成的食品添加剂。

8.3.4 在贮藏库中，包装的果实不得直接着地或靠墙，码垛不得过高，垛间留有通道，注意防止鼠害。

ICS 27.140
K 55

中华人民共和国农业行业标准

NY/T 845—2004

微型水力发电机技术条件

General technical qualification of generator for micor-hydor power generating equipments

2004-08-25 发布　　2004-09-01 实施

中华人民共和国农业部 发布

前　　言

本标准由中华人民共和国农业部提出并归口。

本标准起草单位:农业部南京农业机械化研究所、农业部微水电设备质量监督检验测试中心。

本标准主要起草人:施可造、钟挺、胡桧、刘燕、李良波。

微型水力发电机技术条件

1 范围

本标准规定了额定功率为100 kW及以下微型水力发电设备(以下简称微水电设备)配套使用的50 Hz发电机技术要求。

本标准适用于30 kW及以下微型水力发电机,30 kW～100 kW的微型水力发电机参照执行。

2 规范性引用文件

下列文件中的条款通过本标准的引用而成为本标准的条款。凡是注日期的引用文件,其随后所有的修改单(不包括勘误的内容)或修订版均不适用于本标准,然而,鼓励根据本标准达成协议的各方研究是否可使用这些文件的最新版本。凡是不注日期的引用文件,其最新版本适用于本标准。

GB/T 191 包装储运图示标志

GB 2423.16 电工电子产品基本环境试验规程
试验J:长霉试验方法

GB/T 12665 电机在一般环境条件下使用的湿热试验要求

3 使用环境条件

微型水力发电机在下列使用条件下应能正常连续运行:

a) 海拔高度不超过1 000 m;

b) 冷却空气温度0℃～45℃;

c) 机房内相对湿度不超过85%。

4 基本参数

4.1 微型水力发电机输出的额定功率(kW)

优先在下列等级中选取:0.05、0.1、0.2、0.3、0.5、0.75、1、2、3、5、7.5、10、11、12、13、15、17、18.5、20、22、25、30。

允许用提高功率因素的方法把发电机的有效功率提高到额定容量。

4.2 发电机的额定电压值

a) 单相:230V、400V;

b) 三相:230V/400V、400V/690 V。

4.3 发电机额定转速

优先在下列转速(r/min)中选择:250、300、375、500、600、750、1 000、1 500。

4.4 效率

各类发电机在额定容量、额定电压、额定功率因素及额定转速运行时应达到的最低效率η_{min}见表1。

表1 各类发电机应达到的最低效率

发电机类型	η_{min} %	发电机类型	η_{min} %
单相永磁(≤0.1 kW)	60	单相异步(>0.5 kW,且≤1 kW)	65
单相永磁(>0.1 kW,且≤0.5 kW)	65	单相异步(>1 kW,且≤12 kW)	70
单相永磁(>0.5 kW,且≤1 kW)	72	三相异步(>0.5 kW,且≤1 kW)	70
单相永磁(>1 kW,且≤12 kW)	78	三相异步(>1 kW,且≤12 kW)	75
三相永磁(>0.5 kW,且≤1 kW)	75	单相励磁(≥1 kW,且≤12 kW)	80
三相永磁(>1 kW,且≤12 kW)	80	单相励磁(≥12 kW)	82
单相异步(≤0.1 kW)	55	三相励磁(≥1 kW,且≤12 kW)	83
单相异步(>0.1 kW,且≤0.5 kW)	60		

5 技术要求

5.1 基本要求

5.1.1 在下列情况下,发电机应能输出额定容量

a) 在额定转速及额定功率因数时,电压与其额定值的偏差不超过±5%;

b) 在额定电压及额定功率因数时,频率与其额定值的偏差不超过−1%~+3%;

c) 在额定功率因数时,当电压与频率同时发生偏差,若两者偏差均为正偏差时,两者偏差之和不超过8%;若两者偏差均为负偏差,或为正与负偏差,两者偏差的百分数绝对值之和不超过6%;当电压与频率偏差超过上述规定时应能连续运行,此时输出容量以励磁电流不超过额定值、定子电流不超过额定值的105%为限;

d) 在上述情况下,应保证输出的功率与其额定值的偏差不超过±5%。

5.1.2 发电机的功率因数应不低于0.8

5.2 电气特性

5.2.1 温升

5.2.1.1 绕组、定子铁心等部件温升

在规定的使用条件(按第3章)及额定工况下,绕组、定子铁心等部件的温升限值应不超过表2的规定。

表2 绕组、定子铁心等部件允许温升限值

单位为℃

热 分 级	B				F			
测量方法	Th	R	ETD	BTH	Th	R	ETD	BTH
空气冷却的定子绕组		75	80	45		95	100	50
定子铁心		75	80			95	100	
两层及以上的转子绕组		75		45		95		50
表面裸露的单层转子绕组		85				100		
集流环	75				85			
不与绕组接触的其他部件	这些部件的温升应不损坏该部件本身或任何与其相邻部件的绝缘							
注:TH——温度计法;R——电阻法;ETD——埋置检温计法;BTH——表面温度计测量法。								

5.2.1.2 **轴承温升**

发电机在额定运行工况下，其轴承的最高温度应不超过表3规定值。

表3 轴承温升限值

单位为℃

轴承名称	埋置检温计法	轴承外表面温度计法
推力轴承巴氏合金瓦	75	56
推力轴承塑料瓦体	55	42
导轴承巴氏合金瓦	75	56
座式滑动轴承巴氏合金瓦	80	60

5.2.2 **波形畸变系数**

a) 发电机定子绕组按正常工作接法，在空载及额定电压下，线电压波形正弦性畸变率应为下列数值：额定功率大于30 kW者不超过13%；额定功率小于(含等于)30 kW者不超过15%。

b) 12 kW以上发电机在空载额定电压和额定转速时，线电压的电压谐波因数(THF)应不超过10%。

5.2.3 **特殊运行要求**

5.2.3.1 **定子绕组过电流**

发电机在事故条件下允许短时过电流。定子绕组过电流倍数与相应的允许持续时间按表4确定。但达到表4中允许持续时间的过电流次数，平均每年不超过2次。

表4 定子过电流倍数与允许持续时间

定子过电流倍数 (定子电流/定子额定电流)	允许持续时间，min
1.10	60
1.15	15
1.20	6
1.25	5
1.30	4
1.40	3
1.50	2

5.2.3.2 **转子绕组过电流**

转子绕组应能承受2倍额定励磁电流，持续时间为50 s。

5.2.3.3 **不对称负荷运行**

发电机在不对称运行时，任何一相电流不超过额定电流，且其负序电流分量与额定电流之比(标准值)不超过15%时应能长期运行。

5.2.3.4 **故障情况下短时不对称运行**

在故障情况下短时不对称运行时，不对称运行时间应小于公式(1)的要求。

$$t(s)=(I_2/I_N)^2\times t \quad \cdots\cdots (1)$$

式中：

$t(s)$——允许不对称运行时间，单位为秒(s)；

I_2——负序电流，单位为安培(A)；

I_N——额定电流，单位为安培(A)；

t——允许的时间标准值，单位为秒(s)，一般为40 s。

5.2.3.5 额定转速限止

当发电机在额定电压下输出额定功率时，其转速应不大于105%额定转速。

5.2.3.6 过载能力要求

在105%额定转速下，发电机在额定电压下应能过载运行2 min。

5.2.3.7 空载超速要求

发电机在空载情况下，应能承受2倍额定转速，历时2 min，转子结构不应发生损坏及有害变形。

5.2.4 三相主引出线和相序

5.2.4.1 主引出线

三相发电机定子绕组主引出线数目一般为3个或6个。

5.2.4.2 相序

三相发电机出线端相序排列应为：面对发电机出线端，从左至右水平方向的顺序为U、V、W。

5.2.5 绝缘性能与试验

5.2.5.1 绝缘电阻

发电机定子绕组对机壳或绕组间的绝缘电阻值在换算至100℃时，应不低于式(2)计算的数值。

$$R=\frac{U_N}{1\,000} \qquad (2)$$

在室温条件的定子绝缘电阻值可用公式(3)进行修正。

$$R_t=R\times 1.6^{\frac{100-t}{10}} \qquad (3)$$

式(2)、式(3)中：

U_N——发电机的额定线电压，单位为伏特(V)；

R——对应100℃时的绝缘电阻，单位为兆欧(MΩ)；

R_t——室温条件下应达到的绝缘电阻，单位为兆欧(MΩ)；

t——测量绝缘电阻时的室温，单位为摄氏度(℃)。

5.2.5.2 绕组直流电阻偏差

发电机定子绕组在实际冷态下，直流电阻最大与最小两相间的差值，在校正了由于引线长度不同引起的误差后应不超过最小值的2%。

5.2.5.3 耐电压试验

发电机应能承受表5中所规定的50 Hz交流(波形为正弦波)耐电压试验，历时1 min而绝缘不被击穿。

表5 发电机各部位耐电压试验的电压有效值

发电机部位	试验电压，V
发电机电枢绕组及辅助绕组对地	1 000+2U 最低为1 500
发电机电枢绕组及辅助绕组	1 000+2U 最低为1 500
发电机励磁绕组及励磁装置中，与励磁绕组相连的部分对机壳及其他绕组之间	10倍额定励磁电压，最低为1 500
与电枢绕组或辅助绕组楞连的励磁装置部分对机壳及其他绕组之间	1 000+2U 最低为1 500

注1：控制器、半导体器件和电容器不做此项试验；

注2：U为和绕组的额定工作电压；

注3：应尽量减少耐电压试验次数，对有质检部门提供已做过耐电压试验证明的，可以免做，当用户要求再做时，其试验电压应取1 500 V。

5.3 机械特性

5.3.1 发电机的规定旋转方向，从非驱动端看为顺时针方向。

5.3.2 发电机应能承受短路机械强度试验而不发生损坏及有害变形。短路试验在发电机空载转速为额定转速时进行，短路历时 3 s。

5.3.3 定子和转子间的气隙，其最大值或最小值与其平均值之差应不超过平均值的 8%。

5.3.4 在发电机盖板外缘上方垂直距离 1 m 处测量的噪声应不超过 85 dB(A)。

5.4 结构基本要求

5.4.1 发电机结构应便于检修。

5.4.2 发电机结构应保证不拆御润滑。

5.4.3 12 kW 以上发电机应配备开路、超速的报警装置。

5.5 其他要求

5.5.1 防潮性能

按 GB/T 12665 进行防潮试验，试验后检查绝缘电阻，测得的绝缘电阻应不小于额定电压的 1/1 000(MΩ)。

5.5.2 防霉性能

取发电机露于空气中的零件试品各 3 件，按 GB 2423.16 进行防霉试验，试验后长霉等级应不超过 3 级，但其长霉面积不得超过 50%。

6 标志及包装

6.1 在发电机的铭牌上应标明：

a) 产品名称；
b) 国家名称；
c) 制造厂名；
d) 本标准编号或技术条件编号；
e) 制造厂出厂编号；
f) 产品型号；
g) 额定容量(kW 或 KVA)；
h) 额定电压(V)；
i) 额定电流(A)；
j) 额定频率(Hz)；
k) 相数；
l) 定子绕组接线法；
m) 额定功率因素(cosϕ)；
n) 额定转速(r/min)；
o) 飞逸转速(r/min)；
p) 绝缘等级；
q) 出厂年月；
r) 额定励磁电压(V)；
s) 额定励磁电流(A)。

6.2 微水电设备的包装应能保证在正常的储运条件下，不至因包装不善而导致受潮与损坏。

6.3 包装箱外壁的文字应清洁整齐，内容如下：

a) 发货站及制造厂名称；
b) 收货站及收货单位名称；
c) 微水电设备的净重及连同包装箱的毛重；
d) 包装箱尺寸；
e) 在包装箱外部的适当位置应标有“小心轻放”、“防潮”和表示放置方向的“↑”等字样，其图形符合 GB/T 191 的规定。对出口产品，上述各项均以英文标示，或根据订户要求标示。

ICS 13.020.50
Z 51

中华人民共和国农业行业标准

NY/T 846—2004

油菜产地环境技术条件

Environmental requirement for growing area of rape

2005-01-04 发布 2005-02-01 实施

中华人民共和国农业部 发布

前　言

本标准的附录 A 为资料性附录。

本标准由中华人民共和国农业部提出并归口。

本标准起草单位:农业部农业环境质量监督检验测试中心(武汉)。

本标准主要起草人:姜达炳、樊丹、林匡飞、项雅玲、邵志慧、杨光圣、涂金星。

油菜产地环境技术条件

1 范围

本标准规定了油菜产地适宜的气候条件、油菜产地空气、土壤、灌溉水质量要求及分析方法等。

本标准适用于油菜生产。

2 规范性引用文件

下列文件中的条款通过本标准的引用而成为本标准的条款。凡是注日期的引用文件，其随后所有的修改单(不包括勘误的内容)或修订版均不适用于本标准，然而，鼓励根据本标准达成协议的各方研究是否可使用这些文件的最新版本。凡是不注日期的引用文件，其最新版本适用于本标准。

GB 3095 环境空气质量标准

GB 4284 农用污泥中污染物控制标准

GB 4285 农药安全使用标准

GB 5084 农田灌溉水质标准

GB/T 6920 水质 pH 值的测定 玻璃电极法

GB/T 7467 水质 六价铬的测定 二苯碳酰二肼分光光度法

GB/T 7468 水质 总汞的测定 冷原子吸收分光光度法

GB/T 7475 水质 铜、锌、铅、镉的测定 原子吸收分光光度法

GB/T 7484 水质 氟化物的测定 离子选择电极法

GB/T 7485 水质 总砷的测定 二乙基二硫代氨基甲酸银分光光度法

GB/T 7486 水质 氰化物的测定 第一部分:总氰化物的测定

GB/T 7487 水质 氰化物的测定 第二部分:氰化物的测定

GB/T 7490 水质 挥发酚的测定 蒸馏后 4-氨基安替比林分光光度法

GB/T 8170 数值修约规则

GB 8172 城镇垃圾农用控制标准

GB 8173 农用粉煤灰中污染物控制标准

GB 8321.1—4 农药合理使用准则(一)—(四)

GB/T 8321.5 农药合理使用准则(五)

GB 9137 保护农作物的大气污染物最高允许浓度

GB/T 11896 水质 氯化物的测定 硝酸银容量法

GB/T 11900 水质 痕量砷的测定 硼氢化钾—硝酸银分光光度法

GB/T 11914 水质 化学需氧量的测定 重铬酸盐法

GB/T 15505 水质 硒的测定 石墨炉原子吸收分光光度法

GB 15618 土壤环境质量标准

GB/T 16488 水质 石油类和动植物油的测定 红外光度法

GB/T 17134 土壤质量 总砷的测定 二乙基二硫代氨基甲酸银分光光度法

GB/T 17135 土壤质量 总砷的测定 硼氢化钾—硝酸银分光光度法

GB/T 17136 土壤质量 总汞的测定 冷原子吸收分光光度法

GB/T 17137 土壤质量 总铬的测定 火焰原子吸收分光光度法

GB/T 17138 土壤质量 铜、锌的测定 火焰原子吸收分光光度法

GB/T 17140 土壤质量 铅、镉的测定 KI-MIBK 萃取火焰原子吸收分光光度法
GB/T 17141 土壤质量 铅、镉的测定 石墨炉原子吸收分光光度法
NY/T 395 农田土壤环境质量监测技术规范
NY/T 396 农田水源环境质量监测技术规范
NY/T 397 农田环境空气质量监测技术规范

3 要求

3.1 适宜土壤条件

适宜土壤条件应符合表1的要求。

表1 油菜产地土壤条件要求

项 目	指 标
pH	6.0～8.0
有机质含量,g/kg	≥10
地下水位,m	0.5～1.0
速效磷(P),mg/kg	≥10
速效磷(K),mg/kg	≥150
碱解氮(N),mg/kg	≥100
有效硼(B),mg/kg	≥0.4

3.2 环境质量

3.2.1 空气环境质量

空气环境质量要求见表2。

表2 空气环境质量要求

项 目		取值时间	指 标
总悬浮颗粒物(标准状态),mg/m^3		日平均	≤0.30
二氧化硫(标准状态),mg/m^3		日平均	≤0.15
		一小时平均浓度	≤0.50
二氧化氮(标准状态),mg/m^3		日平均	≤0.08
		一小时平均浓度	≤0.12
氟化物	挂膜法,μg/(dm^2·d)	日平均	≤1.8
	动力法,μg/m^3(标准状态)	日平均	≤7.0
		小时平均	≤20
注1:日平均浓度指任何一日的平均浓度。 注2:一小时平均浓度指任何一小时的平均浓度。 注3:氟化物日平均浓度1.8为挂片法之值;日平均浓度7和一小时平均浓度20为动力法之值。			

3.2.2 灌溉水质量

灌溉水质量要求见表3。

表 3 灌溉水质量要求

项　　目	指　标
pH	5.5～8.5
化学需氧量(COD_{Cr}),mg/L	≤150
总汞,mg/L	≤0.001
总镉,mg/L	≤0.005
总砷,mg/L	≤0.05
铬(六价),mg/L	≤0.1
总铅,mg/L	≤0.1
总铜,mg/L	≤1.0
总锌,mg/L	≤2.0
总硒,mg/L	≤0.02
氟化物,mg/L	≤2.0
氰化物,mg/L	≤0.5
石油类,mg/L	≤5.0
挥发酚,mg/L	≤1.0

3.2.3 土壤环境质量

土壤环境质量要求见表 4。

表 4 土壤环境质量要求

项　　目	指　标		
	pH<6.5	pH 6.5～7.5	pH>7.5
总镉,mg/kg	≤0.30	≤0.30	≤0.60
总汞,mg/kg	≤0.30	≤0.50	≤1.0
总砷,mg/kg	≤30	≤25	≤20
总铜,mg/kg	≤50	≤100	≤100
总铅,mg/kg	≤250	≤300	≤350
总铬,mg/kg	≤250	≤300	≤350
总锌,mg/kg	≤200	≤250	≤300

3.3 生态环境保护

3.3.1 严禁使用剧毒、高毒、高残留或致癌、致畸、致突变的农药。允许使用的农药要按 GB 4285、GB 8321.1、GB 8321.2、GB 8321.3、GB 8321.4、GB/T 8321.5 使用,以减少对环境的污染。

3.3.2 用于改良土壤的污泥、粉煤灰、城镇垃圾,其污染物含量应符合 GB 4284、GB 8173、GB 8172 的规定。

3.3.3 禁止使用未经处理的医药、生物制品、废水及化工试剂、农药、石油炼制、焦化等行业处理后的有机化工废水进行灌溉。

4 分析方法

4.1 环境空气质量的测定

环境空气质量的采样和分析方法按照 GB 3095 中的规定执行。

4.2 灌溉水质分析方法

4.2.1 pH

按照 GB/T 6920 的规定执行。

4.2.2 化学需氧量(COD_{Cr})

按照 GB/T 11914 的规定执行。

4.2.3 总汞

按照 GB/T 7468 的规定执行。

4.2.4 总镉

按照 GB/T 7475 的规定执行。

4.2.5 总砷

按照 GB/T 7485 执行或 GB/T 11900 的规定执行。

4.2.6 铬(六价)

按照 GB/T 7467 的规定执行。

4.2.7 总铅

按照 GB/T 7475 的规定执行。

4.2.8 总铜

按照 GB/T 7475 的规定执行。

4.2.9 总锌

按照 GB/T 7475 的规定执行。

4.2.10 总硒

按照 GB/T 15505 的规定执行。

4.2.11 氟化物

按照 GB/T 7484 的规定执行。

4.2.12 氰化物

按 GB/T 7486 或 GB/T 7487 的规定执行

4.2.13 石油类

按照 GB/T 16488 的规定执行

4.2.14 挥发酚

按照 GB/T 7490 的规定执行

4.3 土壤环境分析方法

4.3.1 总镉

按照 GB/T 17140 或 GB/T 17141 的规定执行。

4.3.2 总汞

按照 GB/T 17136 的规定执行。

4.3.3 总砷

按照 GB/T 17134 或 GB/T 17135 的规定执行

4.3.4 总铜

按照 GB/T 17138 的规定执行。

4.3.5 总铅

按照 GB/T 17140 或 GB/T 17141 的规定执行。

4.3.6 总铬

按照 GB/T 17137 的规定执行

4.3.7 总锌

按照 GB/T 17138 的规定执行。

5 检验规则

5.1 产地环境

油菜产地必须符合油菜产地环境条件要求。

5.2 采样方法

5.2.1 环境空气质量监测的采样方法按 NY/T 397 执行。

5.2.2 灌溉水质量监测的采样方法按 NY/T 396 执行。

5.2.3 土壤环境质量监测的采样方法按 NY/T 395 执行。

5.3 检验结果的数值修约

检验结果的数值修约按 GB/T 8170 执行。

附 录 A
（资料性附录）
油菜产地适宜气候条件

A.1 油菜产地适宜气候条件

油菜产地适宜气候条件见表 A.1 和表 A.2。

表 A.1 秋播油菜区适宜生态环境条件

区号	适宜程度	1 月平均气温 ℃	1 月平均最低气温保证率≥80%	全生育期降水量 mm
Ⅰ	最适宜气候区	1～9	−3℃	Ⅰ$_{1}$<200 Ⅰ$_{2}$ 200～500 Ⅰ$_{3}$ 500～700 Ⅰ$_{4}$≥700
Ⅱ	适宜气候区	9～12	−17℃	Ⅱ$_{1}$ 300 左右 Ⅱ$_{2}$>300 Ⅱ$_{3}$<300
Ⅲ	次适宜气候区	Ⅲ$_{1}$ 1 月平均气温 12℃～15℃ Ⅲ$_{2}$ 1 月平均最低气温−7℃保证率小于 80% 1 月平均最低气温−9℃为秋播油菜栽培北界		

表 A.2 春播油菜区适宜生态环境条件

区号	适宜程度	油菜花荚期平均气温 ℃	年降水量 mm
Ⅰ	适宜气候区	10～20	Ⅰ$_{1}$≥300 Ⅰ$_{2}$<300
Ⅱ	次适宜气候区	20～22	Ⅱ$_{1}$≥300 Ⅱ$_{2}$>300
Ⅲ	不适宜气候区	>22	

ICS 13.020.50
Z 51

中华人民共和国农业行业标准

NY/T 847—2004

水稻产地环境技术条件

Environmental requirement for paddy rice growing area

2005-01-04 发布　　　　2005-02-01 实施

中华人民共和国农业部　发布

前　言

本标准的附录 A 为资料性附录。

本标准由中华人民共和国农业部提出并归口。

本标准起草单位:农业部农业环境质量监督检验测试中心(武汉)。

本标准主要起草人:姜达炳、李峰、甘小泽、樊丹、沈跃、胡明辰、倪海燕。

水稻产地环境技术条件

1 范围

本标准规定了水稻产地适宜的气候条件、水稻产地空气、土壤、灌溉水质量要求及检测方法等。

本标准适用于水稻生产。

2 规范性引用文件

下列文件中的条款通过本标准的引用而成为本标准的条款。凡是注日期的引用文件，其随后所有的修改单（不包括勘误的内容）或修订版均不适用于本标准，然而，鼓励根据本标准达成协议的各方研究是否可使用这些文件的最新版本。凡是不注日期的引用文件，其最新版本适用于本标准。

GB 3095 环境空气质量标准

GB 4284 农用污泥中污染物控制标准

GB 4285 农药安全使用标准

GB 5084 农田灌溉水质标准

GB/T 6920 水质 pH值的测定 玻璃电极法

GB/T 7467 水质 六价铬的测定 二苯碳酰二肼分光光度法

GB/T 7475 水质 铜、锌、铅、镉的测定 原子吸收分光光度法

GB/T 7484 水质 氟化物的测定 离子选择电极法

GB/T 7485 水质 总砷的测定 二乙基二硫代氨基甲酸银分光光度法

GB/T 7486 水质 氰化物的测定 第一部分:总氰化物的测定

GB/T 8170 数值修约规则

GB 8172 城镇垃圾农用控制标准

GB 8173 农用粉煤灰中污染物控制标准

GB 8321.1—4 农药合理使用准则(一)—(四)

GB/T 8321.5 农药合理使用准则(五)

GB 9137 保护农作物的大气污染物最高允许浓度

GB/T 11896 水质 氯化物的测定 硝酸银滴定法

GB/T 11900 水质 痕量砷的测定 硼氢化钾—硝酸银分光光度法

GB 11914 水质 化学需氧量的测定 重铬酸盐法

GB 15618 土壤环境质量标准

GB/T 16488 水质 石油类和动植物油的测定 红外光度法

GB/T 16489 水质 硫化物的测定 亚甲基蓝分光光度法

GB/T 17133 水质 硫化物的测定 直接显色分光光度法

GB/T 17134 土壤质量 总砷的测定 二乙基二硫代氨基甲酸银分光光度法

GB/T 17135 土壤质量 总砷的测定 硼氢化钾—硝酸银分光光度法

GB/T 17136 土壤质量 总汞的测定 冷原子吸收分光光度法

GB/T 17137 土壤质量 总铬的测定 火焰原子吸收分光光度法

GB/T 17138 土壤质量 铜、锌的测定 火焰原子吸收分光光度法

GB/T 17140 土壤质量 铅、镉的测定 KI-MIBK萃取火焰原子吸收分光光度法

GB/T 17141 土壤质量 铅、镉的测定 石墨炉原子吸收分光光度法

NY/T 395　农田土壤环境质量监测技术规范
NY/T 396　农田水源环境质量监测技术规范
NY/T 397　农田环境空气质量监测技术规范

3　要求

3.1　适宜土壤条件

适宜土壤条件应符合表1的要求。

表1　水稻产地适宜土壤条件

项　　目	指　　标
pH	6.0～8.0
有机质含量,g/kg	≥10
地下水位,m	0.5～1
日渗透量,mm	5～15
稻田水温,℃	22～32
速效磷(P),mg/kg	≥10
速效钾(K),mg/kg	≥150
碱解氮(N),mg/kg	≥100

3.2　环境质量

3.2.1　空气环境质量

空气环境质量要求见表2。

表2　空气环境质量要求

项　　目		取值时间	指　　标
二氧化硫,mg/m^3(标准状态)		生长季平均	≤0.05
		日平均	≤0.15
		一小时平均	≤0.50
二氧化氮,mg/m^3(标准状态)		日平均	≤0.08
		一小时平均	≤0.12
总悬浮颗粒物,mg/m^3(标准状态)		日平均	≤0.30
臭氧,mg/m^3(标准状态)		一小时平均	≤0.16
氟化物	挂膜法,$\mu g/(dm^2 \cdot d)$	日平均	≤1.8
	动力法,$\mu g/m^3$(标准状态)	日平均	≤7.0
		一小时平均	≤20

注1:日平均浓度指任何一日的平均浓度。
注2:一小时平均浓度指任何一小时的平均浓度。
注3:氟化物日平均浓度1.8为挂片法之值;日平均浓度7和一小时平均浓度20为动力法之值。

3.2.2　灌溉水质量

灌溉水质量要求见表3。

表3 灌溉水质量要求

项　　目	指　　标
pH	5.5～8.5
化学需氧量(COD_{Cr})， mg/L	≤200
氯化物， mg/L	≤250
硫化物， mg/L	≤1.0
总汞， mg/L	≤0.001
总镉， mg/L	≤0.005
总砷， mg/L	≤0.05
铬(六价)， mg/L	≤0.1
总铅， mg/L	≤0.1
氟化物， mg/L	≤2.0
氰化物， mg/L	≤0.5
石油类， mg/L	≤5.0

3.2.3 **土壤环境质量**

土壤环境质量要求见表4。

表4 土壤环境质量要求

项　　目	指　　标		
	pH<6.5	pH 6.5～7.5	pH>7.5
总镉， mg/kg	≤0.30	≤0.30	≤0.60
总汞， mg/kg	≤0.30	≤0.50	≤1.0
总砷， mg/kg	≤30	≤25	≤20
总铜， mg/kg	≤50	≤100	≤100
总铅， mg/kg	≤250	≤300	≤350
总铬， mg/kg	≤250	≤300	≤350
总锌， mg/kg	≤200	≤250	≤300
总镍， mg/kg	≤40	≤50	≤60

3.3 生态环境保护

3.3.1 严禁使用剧毒、高毒、高残留或致癌、致畸、致突变的农药。允许使用的农药要按 GB 4285、GB 8321.1、GB 8321.2、GB 8321.3、GB 8321.4、GB/T 8321.5 使用。

3.3.2 用于改良土壤的污泥、粉煤灰、城镇垃圾，其污染物含量应符合 GB 4284、GB 8173、GB 8172 的规定。

3.3.3 禁止使用未经处理的医药、生物制品、废水及化工试剂、农药、石油炼制、焦化等有机化工废水进行灌溉。

4 检测方法

4.1 环境空气质量的检测方法

环境空气质量的采样和分析方法按照 GB 3095 中的规定执行。

4.2 灌溉水质量的检测方法

4.2.1 pH

按照 GB/T 6920 的规定执行。

4.2.2 化学需氧量

按照 GB 11914 规定执行。

4.2.3 氯化物

按照 GB/T 11896 的规定执行。

4.2.4 硫化物

按照 GB/T 16489 或 GB/T 17133 的规定执行。

4.2.5 总汞

按照 NY/T 396 的规定执行。

4.2.6 总镉

按照 GB/T 7475 的规定执行。

4.2.7 总砷

按照 GB 7485 或 GB/T 11900 的规定执行。

4.2.8 铬(六价)

按照 GB/T 7467 的规定执行。

4.2.9 总铅

按照 GB/T 7475 的规定执行。

4.2.10 氟化物

按照 GB/T 7484 的规定执行。

4.2.11 氰化物

按照 GB/T 7486 的规定执行。

4.2.12 石油类

按照 GB/T 16488 的规定执行。

4.3 土壤环境质量的检测方法

4.3.1 pH

按照 NY/T 395 的规定执行。

4.3.2 总砷

按照 GB/T 17134 或 GB/T 17135 的规定执行。

4.3.3 总汞

按照 GB/T 17136 的规定执行。

4.3.4 总铬

按照 GB/T 17137 的规定执行。

4.3.5 总铜

按照 GB/T 17138 的规定执行。

4.3.6 总铅

按照 GB/T 17140 或 GB/T 17141 的规定执行。

4.3.7 总镉

按照 GB/T 17140 或 GB/T 17141 的规定执行。

4.3.8 总锌

按照 GB/T 17138 的规定执行。

4.3.9 **总镍**

按照 GB/T 15618 的规定执行。

5 检验规则

5.1 产地环境

水稻产地应符合水稻产地环境条件要求。

5.2 采样方法

5.2.1 环境空气质量监测的采样方法按 NY/T 397 执行。

5.2.2 灌溉水质量监测的采样方法按 NY/T 396 执行。

5.2.3 土壤环境质量监测的采样方法按 NY/T 395 执行。

5.3 检验结果的数值修约

检验结果的数值修约按 GB/T 8170 执行。

附　录　A
（资料性附录）
水稻产地适宜气候条件

A.1　水稻产地适宜气候条件

水稻产地适宜气候条件见表 A.1。

表 A.1　水稻产地适宜气候条件

项　　目	三熟或二熟区	二熟区	一熟区
地理位置	中(南)亚热带和热带	暖温带和北亚热带	温带
生长季节平均气温,℃	21～26	21～23	17～21
生长季≥10℃积温,℃	>5 500	3 800～5 500	2 100～3 400
降水量,mm	>1 400	600～1 400	200～600
日照时数,h	>1 400	1 200～1 400	<1 200
复种指数,%	>220	180～220	<180
光合辐射总量×10^4 J/cm^2	12～20	15～18	8～17
适宜生长期,d	>300	180～260	120～175

ICS 13.020.50
Z 51

中华人民共和国农业行业标准

NY/T 848—2004

蔬菜产地环境技术条件

Environmental requirement for vegetable growing area

2005-01-04 发布　　　　2005-02-01 实施

中华人民共和国农业部 发布

前　言

本标准由中华人民共和国农业部提出并归口。

本标准起草单位：农业部环境质量监督检验测试中心(天津)、农业部环境保护科研监测所。

本标准主要起草人:刘凤枝、高怀友、刘萧威、周其文、赵玉杰、徐亚平。

蔬菜产地环境技术条件

1 范围

本标准规定了蔬菜产地选择要求、环境空气质量、灌溉水质量、土壤环境质量、采样及分析方法。

本标准适用于陆生蔬菜露地栽培的产地环境要求。

2 规范性引用文件

下列文件中的条款通过本标准的引用而成为本标准的条款。凡是注日期的引用文件，其随后所有的修改单(不包括勘误的内容)或修订版均不适用于本标准，然而，鼓励根据本标准达成协议的各方研究是否可使用这些文件的最新版本。凡是不注日期的引用文件，其最新版本适用于本标准。

GB/T 6920 水质 pH值的测定 玻璃电极法

GB/T 7467 水质 铬(六价)的测定 二苯碳酰二肼分光光度法

GB/T 7468 水质 总汞的测定 冷原子吸收分光光度法

GB/T 7475 水质 铜、锌、铅、镉的测定 原子吸收分光光谱法

GB/T 7484 水质 氟化物的测定 离子选择电极法

GB/T 7485 水质 总砷的测定 二乙基二硫代氨基甲酸银分光光度法

GB/T 7486 水质 氰化物的测定 第一部分：总氰化物的测定

GB/T 7490 水质 挥发酚的测定 蒸馏后4-氨基安替比林分光光度法

GB/T 7494 水质 阴离子表面活性剂的测定 亚甲蓝分光光度法

GB/T 11890 水质 苯系物的测定 气相色谱法

GB/T 11896 水质 氯化物的测定 硝酸银滴定法

GB/T 11900 水质 总砷的测定 硼氢化钾—硝酸银分光光度法

GB/T 11902 水质 总硒的测定 2,3-二氨基萘荧光法

GB/T 11914 水质 化学需氧量的测定 重铬酸盐法

GB/T 13199 水质 阴离子洗涤剂的测定 电位滴定法

GB/T 15262 环境空气 二氧化硫的测定 甲醛吸收—副玫瑰苯胺分光光度法

GB/T 15264 环境空气 铅的测定 火焰原子吸收分光光度法

GB/T 15432 环境空气 总悬浮颗粒物的测定 重量法

GB/T 15433 环境空气 氟化物的测定 石灰滤纸·氟离子选择电极法

GB/T 15434 环境空气 氟化物的测定 滤膜·氟离子选择电极法

GB/T 15435 环境空气 二氧化氮的测定 Saltzman法

GB/T 15439 环境空气 苯并[a]芘的测定 高效液相色谱法

GB/T 15505 水质 总硒的测定 石墨炉原子吸收分光光度法

GB/T 16488 水质 石油类和动植物油的测定 红外光度法

GB/T 17134 土壤质量 总砷的测定 二乙基二硫代氨基甲酸银分光光度法

GB/T 17135 土壤质量 总砷的测定 硼氢化钾—硝酸银分光光度法

GB/T 17136 土壤质量 总汞的测定 冷原子吸收分光光度法

GB/T 17137 土壤质量 总铬的测定 火焰原子吸收分光光度法

GB/T 17138 土壤质量 铜、锌的测定 火焰原子吸收分光光度法

GB/T 17139 土壤质量 镍的测定 火焰原子吸收分光光度法

GB/T 17140 土壤质量 铅、镉的测定 KI—MIBK 萃取火焰原子吸收分光光度法

GB/T 17141 土壤质量 铅、镉的测定 石墨炉原子吸收分光光度法

NY/T 395 农田土壤环境质量监测技术规范

NY/T 396 农用水源环境质量监测技术规范

NY/T 397 农区环境空气质量监测技术规范

《土壤理化分析》 上海科技出版社,1978 年

卫生部卫法监发[2001]161 号文 生活饮用水卫生规范

《农业环境监测实用手册》 中国标准出版社,2001 年

《水和废水监测分析方法(第四版)》 中国环境科学出版社,2002 年

3 要求

3.1 产地选择

3.1.1 蔬菜产地应选择在生态环境条件良好,并具有可持续生产能力的农业生产区域。

3.1.2 生产区域内禁止使用高毒、高残留或未经正式登记的农药(包括植物生长调节剂);使用基因工程产品及制剂,必须在生产、加工、销售等各个环节予以明确标示。

3.1.3 生产区域内禁止使用未经正式登记或有害物质含量超标的化学或生物肥料;禁止施用未经无害化处理的工业废渣、城市垃圾、污泥和有机肥。

3.1.4 生产区域内的废旧地膜必须全部回收。

3.2 环境空气质量

蔬菜产地环境空气质量应符合表 1 的规定。

表 1 环境空气质量要求

<table>
<tr><th>项 目</th><th>取值时间</th><th>限 值</th><th>单 位</th></tr>
<tr><td>总悬浮颗粒物</td><td>日平均</td><td>≤0.30</td><td>mg/m³(标准状态)</td></tr>
<tr><td>二氧化硫</td><td>日平均</td><td>≤0.25</td><td rowspan="2">mg/m³(标准状态)</td></tr>
<tr><td>二氧化氮</td><td>日平均</td><td>≤0.12</td></tr>
<tr><td>铅</td><td>季平均</td><td>≤1.5</td><td rowspan="3">μg/m³(标准状态)</td></tr>
<tr><td>苯并[a]芘</td><td>日平均</td><td>≤0.01</td></tr>
<tr><td rowspan="2">氟化物</td><td>日平均</td><td>≤7</td></tr>
<tr><td>植物生长季平均</td><td>≤2.0</td><td>μg/dm²·d(标准状态)</td></tr>
<tr><td colspan="4">注:日平均指任何一日的平均浓度;季平均指任何一季的日平均浓度的算术均值;植物生长季平均指任何一个植物生长季月平均浓度的算术均值。</td></tr>
</table>

3.3 灌溉水质量

医药、生物制品、化学试剂、农药、石化、焦化和有机化工等行业的废水(包括处理后的废水)不可作为蔬菜产地的灌溉水。

蔬菜产地灌溉水质量指标划分为基本控制项目和选择性控制项目两类,其指标值应分别符合表 2、表 3 的规定。

表 2　灌溉水水质基本控制项目要求

项　　目	限　　值	
pH	5.5～8.5	
化学需氧量,mg/L	≤40[a]	150[b]
阴离子表面活性剂,mg/L	≤5.0	
氯化物,mg/L	≤250	
总汞,mg/L	≤0.001	
总镉,mg/L	≤0.01	
总砷,mg/L	≤0.05	
总铅,mg/L	≤0.10	
铬(六价),mg/L	≤0.10	
每 100mL 粪大肠菌群,个	≤4 000	
蛔虫卵,个/L	≤2	

[a] 生食类蔬菜产地。
[b] 加工、烹调及去皮类蔬菜产地。

表 3　灌溉水水质选择性控制项目要求

单位为毫克每升

项　　目	限　　值
总铜	≤1.0
总锌	≤2.0
总硒	≤0.02
氟化物	≤2.0
氰化物	≤0.50
石油类	≤1.0
挥发酚	≤1.0
苯	≤2.5

3.4 土壤环境质量要求

蔬菜产地土壤环境质量应符合表 4 的规定。

表 4　土壤环境质量要求

单位为毫克每千克

项　　目	限　　值		
	pH<6.5	pH6.5～7.5	pH>7.5
镉	≤0.30	≤0.30	≤0.60
汞	≤0.30	≤0.50	≤1.0
砷	≤40	≤30	≤25
铅	≤250	≤300	≤350
铬	≤150	≤200	≤250
铜	≤50	≤100	≤100

表 4（续）

<table>
<tr><td rowspan="2">项　目</td><td colspan="3">限　　值</td></tr>
<tr><td>pH<6.5</td><td>pH6.5～7.5</td><td>pH>7.5</td></tr>
<tr><td>锌</td><td>≤200</td><td>≤250</td><td>≤300</td></tr>
<tr><td>镍</td><td>≤40</td><td>≤50</td><td>≤60</td></tr>
<tr><td colspan="4">注：以上项目均按元素量计，适用于阳离子交换量>5 cmol(+)/kg 的土壤，若≤5 cmol(+)/kg，其标准值为表内数值的半数。</td></tr>
</table>

4　采样方法

4.1　环境空气质量

按 NY/T 397 规定执行。

4.2　灌溉水质量

按 NY/T 396 规定执行。

4.3　土壤环境质量

按 NY/T 395 规定执行。

5　分析方法

蔬菜产地环境空气、灌溉水、土壤中各项目指标的分析方法见表 5。

表 5　分析方法

<table>
<tr><td>类　别</td><td>项　目</td><td>方法名称</td><td>方法来源</td></tr>
<tr><td rowspan="8">空气</td><td>总悬浮颗粒物</td><td>重量法</td><td>GB/T 15432</td></tr>
<tr><td>二氧化硫</td><td>甲醛吸收—副玫瑰苯胺分光光度法</td><td>GB/T 15262</td></tr>
<tr><td>二氧化氮</td><td>Saltzman 法</td><td>GB/T 15435</td></tr>
<tr><td rowspan="2">铅</td><td>火焰原子吸收分光光度法</td><td>GB/T 15264</td></tr>
<tr><td>石墨炉原子吸收分光光度法</td><td>GB/T 17141</td></tr>
<tr><td rowspan="2">氟化物</td><td>石灰滤纸・氟离子选择电极法</td><td>GB/T 15433</td></tr>
<tr><td>滤膜・氟离子选择电极法</td><td>GB/T 15434</td></tr>
<tr><td>苯并[a]芘</td><td>高效液相色谱法</td><td>GB/T 15439</td></tr>
<tr><td rowspan="12">灌溉水</td><td>pH</td><td>玻璃电极法</td><td>GB/T 6920</td></tr>
<tr><td rowspan="2">化学需氧量</td><td>重铬酸盐法</td><td>GB/T 11914</td></tr>
<tr><td>库仑法</td><td>(1)</td></tr>
<tr><td rowspan="2">阴离子表面活性剂</td><td>亚甲蓝分光光度法</td><td>GB/T 7494</td></tr>
<tr><td>电位滴定法</td><td>GB/T 13199</td></tr>
<tr><td rowspan="2">氯化物</td><td>硝酸银滴定法</td><td>GB/T 11896</td></tr>
<tr><td>离子色谱法</td><td>(1)</td></tr>
<tr><td rowspan="2">总汞</td><td>冷原子吸收分光光度法</td><td>GB/T 7468</td></tr>
<tr><td>原子荧光法</td><td>(1)</td></tr>
<tr><td rowspan="3">总砷</td><td>硼氢化钾—硝酸银分光光度法</td><td>GB/T 11900</td></tr>
<tr><td>二乙基二硫代氨基甲酸银分光光度法</td><td>GB/T 7485</td></tr>
<tr><td>原子荧光法</td><td>(1)</td></tr>
</table>

表 5 (续)

类 别	项 目	方法名称	方法来源
灌溉水	铬(六价)	二苯碳酰二肼分光光度法	GB/T 7467
	铅、镉	原子吸收分光光谱法	GB/T 7475
		石墨炉原子吸收法	(1)
		氢化物—原子荧光光谱法	(3)
	铜、锌	原子吸收分光光谱法	GB/T 7475
	总硒	2,3-二氨基萘荧光法	GB/T 11902
		石墨炉原子吸收分光光度法	GB/T 15505
		原子荧光法	(1)
	氟化物	离子选择电极法	GB/T 7484
		离子色谱法	(1)
	氰化物	异烟酸-吡唑啉酮比色法	GB/T 7486
	石油类	红外光度法	GB/T 16488
	挥发酚	蒸馏后 4-氨基安替比林分光光度法	GB/T 7490
	苯	气相色谱法	GB/T 11890
		顶空气相色谱法	(2)
	粪大肠菌群	多管发酵法	(2)
		滤膜法	(2)
	蛔虫卵数	沉淀集卵法	(1)
土壤	pH	玻璃电极法	(3)
	阳离子交换量	乙酸铵法	(4)
	总砷	二乙基二硫代氨基甲酸银分光光度法	GB/T 17134
		硼氢化钾—硝酸银分光光度法	GB/T 17135
		氢化物—非色散原子荧光法	(3)
	总汞	冷原子吸收分光光度法	GB/T 17136
		原子荧光法	(3)
	总铬	火焰原子吸收分光光度法	GB/T 17137
		二苯碳酰二肼分光光度法	(3)
	铅、镉	石墨炉原子吸收分光光度法	GB/T 17141
		KI-MIBK 萃取火焰原子吸收分光光度法	GB/T 17140
		氢化物—原子荧光光谱法	(3)
	铜、锌	火焰原子吸收分光光度法	GB/T 17138
	镍	火焰原子吸收分光光度法	GB/T 17139

注：(1)《水和废水监测分析方法(第四版)》,中国环境科学出版社,2002 年。

(2)《生活饮用水卫生规范》,卫生部卫法监发[2001]161 号文,2001 年。

(3)《农业环境监测实用手册》,中国标准出版社,2001 年。

(4)《土壤理化分析》,上海科技出版社,1978 年。

以上各项所采用的分析方法,待国家方法标准发布后,执行国家标准。

ICS 13.020.50
Z 51

中华人民共和国农业行业标准

NY/T 849—2004

玉米产地环境技术条件

Environmental requirement for growing area of corn

2005-01-04 发布　　　　2005-02-01 实施

中华人民共和国农业部 发布

前　言

本标准附录 A 为资料性附录。

本标准由中华人民共和国农业部提出并归口。

本标准起草单位：农业部农业环境质量监督检验测试中心（长春）、农业部环境保护科研监测所。

本标准主要起草人：刘建波、张泽、乔冬云、杨立国、韩守新、贾丽娜、曹靖、王德荣。

玉米产地环境技术条件

1 范围

本标准规定了玉米的产地选择要求、环境空气质量、灌溉水质量、土壤质量的各个项目要求及分析方法。

本标准适用于玉米产地。

2 规范性引用文件

下列文件中的条款通过本标准的引用而成为本标准的条款。凡是注日期的引用文件，其随后所有的修改单(不包括勘误的内容)或修改版本均不适用于本标准，然而，鼓励根据本标准达成协议的各方研究是否可使用这些文件的最新版本。凡是不注日期的引用文件，其最新版本适用于本标准。

GB/T 6920 水质 pH的测定 玻璃电极法

GB/T 7137 土壤全氮测定法(半微量开氏法)

GB/T 7467 水质 六价铬的测定 二苯碳酰二肼分光光度法

GB/T 7468 水质 总汞的测定 冷原子分光光度法

GB/T 7475 水质 铜、锌、铅、镉的测定 原子吸收分光光度法

GB/T 7484 水质 氟化物的测定 氟试剂分光光度法

GB/T 7485 水质 总砷的测定 二乙基二硫代氨基甲酸银分光光度法

GB/T 7487 水质 氰化物的测定 吡啶—巴比妥酸比色法

GB/T 7490 水质 挥发酚的测定 蒸馏后4-氨基安替比林分光光度法

GB/T 15262 环境空气 二氧化硫的测定 甲醛吸收—副玫瑰苯胺分光光度法

GB/T 15432 环境空气 总悬浮颗粒物的测定 重量法

GB/T 15433 环境空气 氟化物的测定 石灰滤纸·氟离子选择电极法

GB/T 15434 环境空气 氟化物的测定 滤膜·氟离子选择电极法

GB/T 15435 环境空气 二氧化氮的测定 Saltzman法

GB/T 16488 水质 石油类和动植物油的测定 红外光度法

GB/T 17134 土壤质量 总砷的测定 二乙基二硫代氨基甲酸银分光光度法

GB/T 17136 土壤质量 总汞的测定 冷原子吸收分光光度法

GB/T 17137 土壤质量 总铬的测定 火焰原子吸收分光光度法

GB/T 17138 土壤质量 铜、锌的测定 火焰原子吸收分光光度法

GB/T 17141 土壤质量 铅、镉的测定 石墨炉原子吸收分光光度法

LY/T 1236 森林土壤速效钾的测定

NY/T 85 土壤有机质测定法

NY/T 148 石灰性土壤有效磷的测定方法

NY/T 395 农田土壤环境质量监测技术规范

NY/T 396 农用水源环境质量监测技术规范

NY/T 397 农区环境空气质量监测技术规范

《农业环境监测施用手册》(中国标准出版社，2001年9月)

3 要求

3.1 产地选择

玉米产地应选择生态条件良好，远离污染源，并具有可持续生产能力的农业生产区域。

3.2 环境空气质量

玉米产地环境空气中各项污染物含量不应超过表1浓度限值。

表1 空气中各项污染物的浓度限值

<table>
<tr><th colspan="2">项　　目</th><th colspan="2">限　　值</th></tr>
<tr><td colspan="2">总悬浮颗粒物，mg/m³（标准状态） ≤</td><td>日平均</td><td>0.30</td></tr>
<tr><td colspan="2">二氧化硫（SO_2），mg/m³（标准状态） ≤</td><td>日平均
1 h平均</td><td>0.25
0.70</td></tr>
<tr><td colspan="2">二氧化氮（NO_2），mg/m³（标准状态） ≤</td><td>日平均
1 h平均</td><td>0.12
0.24</td></tr>
<tr><td rowspan="2">氟化物（F）</td><td>μg/m³（标准状态） ≤</td><td>日平均
1 h平均</td><td>7
20</td></tr>
<tr><td>μg/（dm²·d） ≤</td><td>月平均
植物生长季平均</td><td>3.0
2.0</td></tr>
<tr><td colspan="4">注1：日平均指任何一日的平均浓度；
注2：1 h平均指任何1 h的平均浓度；
注3：月平均浓度；
注4：季平均浓度。</td></tr>
</table>

3.3 灌溉水质量

玉米产地灌溉水中各项污染物含量不应超过表2所列浓度值。

表2 灌溉水中各项污染物的浓度限值

项　　目		限　　值
pH		5.5～8.5
总汞，mg/L	≤	0.001
总镉，mg/L	≤	0.005
总砷，mg/L	≤	0.10
总铅，mg/L	≤	0.10
铬（六价），mg/L	≤	0.10
氟化物，mg/L	≤	3.0
氰化物，mg/L	≤	0.50
石油类，mg/L	≤	10
挥发酚，mg/L	≤	1.0

3.4 土壤环境质量

本标准根据玉米产地土壤 pH 的不同,将土壤分为三种情况,不同情况执行不同标准值。玉米产地土壤中各项污染物含量不应超过表 3 所列的含量限值。

表 3 土壤环境中污染物含量限值

项　目		限　　值		
		pH<6.5	pH=6.5~7.5	pH>7.5
镉,mg/kg	≤	0.30	0.30	0.60
汞,mg/kg	≤	0.30	0.50	1.0
砷,mg/kg	≤	40	30	25
铅,mg/kg	≤	250	300	350
铬,mg/kg	≤	150	200	250
铜,mg/kg	≤	50	100	100
注:以上项目均按元素量计,适用于阳离子交换量>5 cmol(+)/kg 的土壤,若≤5 cmol(+)/kg,其标准值为表内数值的半数。				

4 采样方法

4.1 环境空气质量

按照 NY/T 397 执行。

4.2 灌溉水质量

按照 NY/T 396 执行。

4.3 土壤环境质量

按照 NY/T 395 执行。

5 分析方法

5.1 环境空气质量

5.1.1 二氧化硫

按照 GB/T 15262 执行。

5.1.2 二氧化氮

按照 GB/T 15435 执行。

5.1.3 氟化物

按照 GB/T 15433 或 GB/T 15434 执行。

5.1.4 总悬浮颗粒物

按照 GB/T 15432 执行。

5.2 灌溉水质量

5.2.1 pH

按照 GB/T 6920 执行。

5.2.2 总汞

按照 GB/T 7468 执行。

5.2.3 总砷

按照 GB/T 7485 执行。

5.2.4 铅、镉

按照 GB/T 7475 执行。

5.2.5 六价铬

按照 GB/T 7467 执行。

5.2.6 氰化物

按照 GB/T 7487 执行。

5.2.7 氟化物

按照 GB/T 7484 执行。

5.2.8 石油类

按照 GB/T 16488 执行。

5.2.9 挥发酚

按照 GB/T 7490 执行。

5.3 土壤环境质量

5.3.1 铅、镉

按照 GB/T 17141 执行。

5.3.2 汞

按照 GB/T 17136 执行。

5.3.3 砷

按照 GB/T 17134 执行。

5.3.4 铬

按照 GB/T 17137 执行。

5.3.5 铜

按照 GB/T 17138 执行。

5.3.6 pH

按照《农业环境监测施用手册》(中国标准出版社,2001 年 9 月)中“土壤中 pH 的测定　玻璃电极法”执行。

附 录 A
(资料性附录)

A.1 玉米产地土壤肥力分级

A.1.1 玉米产地气候条件参考指标,见表A1。

表A.1 玉米产地气候参考指标

项 目	限 值	
	低限值	适宜值
无霜期(d)	120	≥150
≥0℃的积温(℃)	2 300	≥2 500
≥10℃的积温(℃)	1 800	≥2 000

A.1.2 玉米产地土壤肥力参考指标,见表A2。

表A.2 玉米产地土壤参考指标

项 目		指 标
pH		5.0～8.0(最适范围6.5～7.0)
有机质(g/kg)	≥	10
全氮(g/kg)	≥	0.8
有效磷(mg/kg)	≥	5
速效钾(mg/kg)	≥	80

A.2 检验方法

A.2.1 pH

按照《农业环境监测施用手册》(中国标准出版社,2001年9月)中"土壤中pH的测定 玻璃电极法"执行。

A.2.2 有机质

按照NY/T 85执行。

2.3 全氮

按照GB/T 7137执行。

A.2.4 有效磷的测定,按照NY/T 148执行。

A.2.5 速效钾的测定,按照LY/T 1236执行。

ICS 13.020.50
Z 51

中华人民共和国农业行业标准

NY/T 850—2004

大豆产地环境技术条件

Environmental requirement for growing area of soybeans

2005-01-04 发布　　　　2005-02-01 实施

中华人民共和国农业部 发布

前　言

本标准附录 A 为资料性附录。

本标准由中华人民共和国农业部提出并归口。

本标准起草单位：农业部农业环境质量监督检验测试中心(长春)、农业部环境保护科研监测所。

本标准主要起草人：刘建波、张泽、杨立国、葛明华、乔冬云、王荣兴、徐琪、王德荣。

大豆产地环境技术条件

1 范围

本标准规定了大豆产地的选择要求、环境空气质量、灌溉水质量、土壤质量的各个项目要求以及分析方法。

本标准适用于大豆产地。

2 规范性引用文件

下列文件中的条款通过本条款的引用而成为本标准的条款。凡是注日期的引用文件，其随后所有的修改单(不包括勘误的内容)或修改版本均不适用于本标准，然而，鼓励根据本标准达成协议的各方研究是否可使用这些文件的最新版本。凡是不注日期的引用文件，其最新版本适用于本标准。

GB/T 6920 水质 pH的测定 玻璃电极法
GB/T 7137 土壤全氮测定法(半微量开氏法)
GB/T 7467 水质 六价铬的测定 二苯碳酰二肼分光光度法
GB/T 7468 水质 总汞的测定 冷原子分光光度法
GB/T 7475 水质 铜、锌、铅、镉的测定 原子吸收分光光度法
GB/T 7484 水质 氟化物的测定 氟试剂分光光度法
GB/T 7485 水质 总砷的测定 二乙基二硫代氨基甲酸银分光光度法
GB/T 7487 水质 氰化物的测定 吡啶—巴比妥酸比色法
GB/T 7490 水质 挥发酚的测定 蒸馏后4-氨基安替比林分光光度法
GB/T 15262 环境空气 二氧化硫的测定 甲醛吸收-副玫瑰苯胺分光光度法
GB/T 15432 环境空气 总悬浮颗粒物的测定 重量法
GB/T 15433 环境空气 氟化物的测定 石灰滤纸·氟离子选择电极法
GB/T 15434 环境空气 氟化物的测定 滤膜·氟离子选择电极法
GB/T 15435 环境空气 二氧化氮的测定 Saltzman法
GB/T 16488 水质 石油类和动植物油的测定 红外光度法
GB/T 17134 土壤质量 总砷的测定 二乙基二硫代氨基甲酸银分光光度法
GB/T 17136 土壤质量 总汞的测定 冷原子吸收分光光度法
GB/T 17137 土壤质量 总铬的测定 火焰原子吸收分光光度法
GB/T 17138 土壤质量 铜、锌的测定 火焰原子吸收分光光度法
GB/T 17141 土壤质量 铅、镉的测定 石墨炉原子吸收分光光度法
LY/T 1236 森林土壤速效钾的测定
NY/T 85 土壤有机质测定法
NY/T 148 石灰性土壤有效磷测定方法
NY/T 395 农田土壤环境质量监测技术规范
NY/T 396 农用水源环境质量监测技术规范
NY/T 397 农区环境空气质量监测技术规范
《农业环境监测施用手册》(中国标准出版社，2001年9月)

3 要求

3.1 产地选择

大豆产地应选择生态条件良好，远离污染源，并具有可持续生产能力的农业生产区域。

3.2 环境空气质量

大豆产地环境空气质量应符合表1规定。

表1 环境空气质量要求

项目			限值	
总悬浮颗粒物，mg/m³(标准状态)		≤	日平均	0.30
二氧化硫(SO_2)，mg/m³(标准状态)		≤	日平均 1 h平均	0.15 0.50
二氧化氮(NO_2)，mg/m³(标准状态)		≤	日平均 1 h平均	0.12 0.24
氟化物(F)	μg/m³(标准状态)	≤	日平均 1 h平均	7 20
	μg/(dm²·d)	≤	月平均 植物生长季平均	3.0 2.0

注1：日平均指任何一日的平均浓度；
注2：1 h平均指任何1 h的平均浓度；
注3：月平均浓度；
注4：季平均浓度。

3.3 灌溉水质量

大豆产地灌溉水质量应符合表2规定。

表2 灌溉水中各项污染物的浓度限值

项目		限值
pH		5.5～8.5
总汞，mg/L	≤	0.001
总镉，mg/L	≤	0.005
总砷，mg/L	≤	0.10
总铅，mg/L	≤	0.10
铬(六价)，mg/L	≤	0.10
氟化物，mg/L	≤	3.0
氰化物，mg/L	≤	0.50
石油类，mg/L	≤	10
挥发酚，mg/L	≤	1.0

3.4 土壤环境质量

本标准根据大豆产地土壤pH的不同，将土壤分为三种情况，不同情况执行不同标准值。大豆产地土壤中各项污染物含量不应超过表3所列的含量限值。

表 3 土壤环境中污染物含量限值

项 目		限 值		
		pH<6.5	pH=6.5~7.5	pH>7.5
镉,mg/kg	≤	0.30	0.30	0.60
汞,mg/kg	≤	0.30	0.50	1.0
砷,mg/kg	≤	40	30	25
铅,mg/kg	≤	250	300	350
铬,mg/kg	≤	150	200	250
铜,mg/kg	≤	50	100	100
注:以上项目均按元素量计,适用于阳离子交换量>5 cmol(+)/kg 的土壤,若≤5 cmol(+)/kg,其标准值为表内数值的半数。				

4 采样方法

4.1 环境空气质量

按照 NY/T 397 执行。

4.2 灌溉水质量

按照 NY/T 396 执行。

4.3 土壤环境质量

按照 NY/T 395 执行。

5 分析方法

5.1 环境空气质量

5.1.1 二氧化硫

按照 GB/T 15262 执行。

5.1.2 二氧化氮

按照 GB/T 15435 执行。

5.1.3 氟化物

按照 GB/T 15433 或 GB/T 15434 执行。

5.1.4 总悬浮颗粒物

按照 GB/T 15432 执行。

5.2 灌溉水质量

5.2.1 pH

按照 GB/T 6920 执行。

5.2.2 总汞

按照 GB/T 7468 执行。

5.2.3 总砷

按照 GB/T 7485 执行。

5.2.4 铅、镉

按照 GB/T 7475 执行。

5.2.5 六价铬

按照GB/T 7467执行。

5.2.6 **氰化物**

按照GB/T 7487执行。

5.2.7 **氟化物**

按照GB/T 7484执行。

5.2.8 **石油类**

按照GB/T 16488执行。

5.2.9 **挥发酚**

按照GB/T 7490执行。

5.3 **土壤环境质量与土壤肥力**

5.3.1 **铅、镉**

按照GB/T 17141执行。

5.3.2 **汞**

按照GB/T 17136执行。

5.3.3 **砷**

按照GB/T 17134执行。

5.3.4 **铬**

按照GB/T 17137执行。

5.3.5 **铜**

按照GB/T 17138执行。

5.3.6 pH

按照《农业环境监测施用手册》(中国标准出版社,2001年9月)中“土壤中pH的测定 玻璃电极法”执行。

5.3.7 有机质按照NY/T 85执行。

5.3.8 **全氮**

按照GB/T 7137执行。

5.3.9 **有效磷**

按照NY/T 148执行。

5.3.10 **速效钾**

按照LY/T 1236执行。

附 录 A
(资料性附录)
大豆产地土壤肥力分级

A.1 大豆产地气候条件参考指标,见表 A.1。

表 A.1 大豆产地气候参考指标

项目		限值	
		低限值	适宜值
无霜期(d)	春大豆	100	≥150
	夏大豆	170	≥200
≥10℃的积温(℃)	春大豆	1 900	≥2 500
	夏大豆	2 500	≥3 000

A.2 大豆产地土壤肥力参考指标,见表 A.2。

表 A.2 大豆产地土壤参考指标

项目		指标
pH		5.0～8.0(最适范围 6.5～7.5)
有机质(g/kg)	≥	10
全氮(g/kg)	≥	0.8
有效磷(mg/kg)	≥	5
速效钾(mg/kg)	≥	80

ICS 13.020.50
Z 51

中华人民共和国农业行业标准

NY/T 851—2004

小麦产地环境技术条件

Environmental requirement for growing area of wheat

2005-01-04 发布 2005-02-01 实施

中华人民共和国农业部 发布

前　言

本标准由中华人民共和国农业部提出并归口。

本标准起草单位：农业部农业环境质量监督检验测试中心（济南）。

本标准主要起草人：张汝安、吴成、张玉芳、许志强、黄现民、薛新红、姚希来。

小麦产地环境技术条件

1 范围

本标准规定了小麦产地空气环境质量、灌溉水质量和土壤环境质量、采样及分析方法。

本标准适用于小麦产地环境要求。

2 规范性引用文件

下列文件中的条款通过本标准的引用而成为本标准的条款。凡是注日期的引用文件，其随后所有的修改单(不包括勘误的内容)或修订版均不适用于本标准，然而，鼓励根据本标准达成协议的各方研究是否可使用这些文件的最新版本。凡是不注日期的引用文件，其最新版本适用于本标准。

GB/T 6920 水质 pH的测定 玻璃电极法

GB/T 7467 水质 六价铬的测定 二苯碳酰二肼分光光度法

GB/T 7468 水质 总汞的测定 冷原子吸收分光光度法

GB/T 7475 水质 铜、锌、铅、镉的测定 原子吸收分光光度法

GB/T 7484 水质 氟化物的测定 离子选择电极法

GB/T 7485 水质 总砷的测定 二乙基二硫代氨基甲酸银分光光度法

GB/T 11896 水质 氯化物的测定 硝酸银容量法

GB/T 15262 环境空气 二氧化硫的测定 甲醛吸收-副玫瑰苯胺分光光度法

GB/T 15435 环境空气 二氧化氮的测定 Saltzman法

GB/T 15264 环境空气 铅的测定 火焰原子吸收分光光度法

GB/T 15432 环境空气 总悬浮颗粒物的测定 重量法

GB/T 15433 环境空气 氟化物的测定 石灰滤纸 氟离子选择电极法

GB/T 16488 水质 石油类和动植物油的测定 红外分光光度法

GB/T 17134 土壤质量 总砷的测定 二乙基二硫代氨基甲酸银分光光度法

GB/T 17136 土壤质量 总汞的测定 冷原子吸收分光光度法

GB/T 17137 土壤质量 总铬的测定 火焰原子吸收分光光度法

GB/T 17138 土壤质量 铜、锌的测定 火焰原子吸收分光光度法

GB/T 17141 土壤质量 铅、镉的测定 石墨炉原子吸收分光光度法

NY/T 395 农田土壤环境质量监测技术规范

NY/T 396 农田水源环境质量监测技术规范

NY/T 397 农田环境空气质量监测技术规范

3 要求

3.1 环境空气质量

小麦产地环境空气质量应符合表1的规定。

表 1 环境空气质量要求

项 目	取值时间	限 值	单 位
总悬浮颗粒物	日平均	0.30	mg/m³(标准状态)
二氧化硫	日平均 1 h 平均	0.15 0.50	
二氧化氮	日平均 1 h 平均	0.12 0.24	
铅	季平均	1.5	μg/m³(标准状态)
氟化物	日平均	5.0	μg/(dm²·d)(标准状态)
	植物生长季平均	1.0	

注 1:日平均指任何一日的平均浓度;
注 2:1 h 平均指任何 1 h 的平均浓度;
注 3:季平均指任何一季的日平均浓度的算术均值;
注 4:植物生长季平均指任何一个植物生长季月平均浓度的算术均值。

3.2 灌溉水质量

小麦产地灌溉水水质应符合表 2 的规定。

表 2 灌溉水水质要求

项 目		限 值
pH		6.5～8.5
总汞,mg/L	≤	0.001
总镉,mg/L	≤	0.005
总砷,mg/L	≤	0.1
总铅,mg/L	≤	0.1
铬(六价),mg/L	≤	0.1
石油类,mg/L	≤	1.0
氟化物(以 F^- 计),mg/L	≤	1.5
氯化物(以 Cl^- 计),mg/L	≤	250

3.3 土壤环境质量

小麦产地土壤环境质量应符合表 3 的规定。

表 3 土壤环境质量要求

项 目		限 值		
		pH<6.5	pH 6.5～7.5	pH>7.5
总镉,mg/kg	≤	0.30	0.30	0.60
总汞,mg/kg	≤	0.30	0.50	1.0
总砷,mg/kg	≤	40	30	25
总铅,mg/kg	≤	250	300	350
总铬,mg/kg	≤	150	200	250
总铜,mg/kg	≤	50	100	100
总锌,mg/kg	≤	200	250	300

注:以上项目均按元素量计,适用于阳离子交换量>5 cmol(+)/kg 的土壤,若≤5 cmol(+)/kg,其标准值为表内数值的半数。

4 采样方法

4.1 环境空气质量

按 NY/T 397 规定执行。

4.2 灌溉水质量

按 NY/T 396 规定执行。

4.3 土壤环境质量

按 NY/T 395 规定执行。

5 分析方法

5.1 空气环境质量指标

5.1.1 总悬浮颗粒物

按 GB/T 15432 的规定执行。

5.1.2 二氧化硫

按 GB/T 15262 的规定执行。

5.1.3 二氧化氮

按 GB/T 15435 的规定执行。

5.1.4 铅

按 GB/T 15264 的规定执行。

5.1.5 氟化物

按 GB/T 15433 的规定执行。

5.2 灌溉水质量指标

5.2.1 pH

按 GB/T 6920 的规定执行。

5.2.2 总汞

按 GB/T 7468 的规定执行。

5.2.3 总砷

按 GB/T 7485 的规定执行。

5.2.4 铅、镉

按 GB/T 7475 的规定执行。

5.2.5 六价铬

按 GB/T 7467 的规定执行。

5.2.6 氟化物

按 GB/T 7484 的规定执行。

5.2.7 石油类

按 GB/T 16488 的规定执行。

5.2.8 氯化物

按 GB/T 11896 的规定执行。

5.3 土壤环境质量指标

5.3.1 铅、镉

按 GB/T 17141 的规定执行。

5.3.2 **总汞**

按 GB/T 17136 的规定执行。

5.3.3 **总砷**

按 GB/T 17134 的规定执行。

5.3.4 **总铬**

按 GB/T 17137 的规定执行。

5.3.5 **总铜**

按 GB/T 17138 的规定执行。

5.3.6 **总锌**

按 GB/T 17138 的规定执行。

ICS 13.020.50
B 51

中华人民共和国农业行业标准

NY/T 852—2004

烟草产地环境技术条件

Environmental requirement for growing area of tobacco

2005-01-04 发布　　2005-02-01 实施

中华人民共和国农业部　发布

前 言

烟草是一种重要的经济作物，是国家财政税收的重要支柱。我国是烟草生产和消费大国。烟草产地环境质量关系到烟草行业的可持续发展，关系到烟区农产品的质量安全。制定本标准，是建立健全我国重要农产品农业环境和农产品质量安全体系的需要，可为烟草安全性生产和生产安全性烟叶提供科学依据。

本标准附录A为资料性附录。

本标准由中华人民共和国农业部提出并归口。

本标准起草单位：农业部农业环境质量监督检验测试中心（昆明）、云南省农业环境保护监测站。

本标准主要起草人：马艳兰、严学成、王红华、孙治旭、胡涛、杨文洪、金玉棋。

烟草产地环境技术条件

1 范围

本标准规定了烟草产地环境空气、灌溉水、土壤环境质量要求及其分析方法。

本标准适用于我国烟草产地。

2 规范性引用文件

下列文件中的条款通过本标准的引用而成为本标准的条款。凡是注日期的引用文件，其随后所有的修改单(或修订版)均不适用于本标准，然而，鼓励根据本标准达成协议的各方研究是否可使用这些文件的最新版本。凡是不注日期的引用文件，其最新版本适用于本标准。

GB/T 6920 水质 pH 值的测定 玻璃电极法

GB/T 7467 水质 六价铬的测定 二苯碳酰二肼光度法

GB/T 7468 水质 总汞的测定 冷原子吸收分光光度法

GB/T 7475 水质 铜、锌、铅、镉的测定 原子吸收分光光度法

GB/T 7484 水质 氟化物的测定 离子选择电极法

GB/T 7485 水质 总砷的测定 二乙基二硫代氨基甲酸银分光光度法

GB 8170 数值修约规则

GB/T 11896 水质 氯化物的测定 硝酸银滴定法

GB/T 11900 水质 痕量砷的测定 硼氢化钾—硝酸银分光光度法

GB/T 14550 土壤质量 六六六和滴滴涕的测定 气相色谱法

GB/T 15262 环境空气 二氧化硫的测定 甲醛吸收——副玫瑰苯胺分光光度法

GB/T 15432 环境空气 总悬浮颗粒物的测定 重量法

GB/T 15433 环境空气 氟化物的测定 石灰滤纸氟离子选择电极法

GB/T 15434 环境空气 氟化物的测定 滤膜氟离子选择电极法

GB/T 15436 环境空气 氮氧化物的测定 Saltzman 法

GB/T 16488 水质 石油类和动物油的测定 红外分光光度法

GB/T 17134 土壤质量 总砷的测定 二乙基二硫代氨基甲酸银分光光度法

GB/T 17135 土壤质量 总砷的测定 硼氢化钾—硝酸银分光光度法

GB/T 17136 土壤质量 总汞的测定 冷原子吸收分光光度法

GB/T 17137 土壤质量 总铬的测定 火焰原子吸收分光光度法

GB/T 17140 土壤质量 铅、镉的测定 KI-MIBR 萃取火焰原子吸收分光光度法

GB/T 17141 土壤质量 铅、镉的测定 石墨炉原子吸收分光光度法

NY/T 395 农田土壤环境质量监测技术规范

NY/T 396 农田水源环境质量监测技术规范

NY/T 397 农田环境空气质量监测技术规范

3 要求

3.1 环境空气质量

烟草产地环境空气质量应符合表 1 的规定。

表 1 环境空气质量要求

项目	指标(日平均)
总悬浮颗粒物(标准状态),mg/m³	≤0.30
二氧化硫(标准状态),mg/m³	≤0.15
氮氧化物(标准状态),mg/m³	≤0.10
氟化物(标准状态)	≤7μg/m³
	≤5.0μg/(dm²·d)

3.2 灌溉水质量

烟草产地灌溉水质量应符合表 2 的规定。

表 2 灌溉水质量要求

项目	指标
pH	5.5～7.5
总汞,mg/L	≤0.001
镉,mg/L	≤0.005
砷,mg/L	≤0.1
铅,mg/L	≤0.1
铬(六价),mg/L	≤0.1
氯化物,mg/L	≤200
氟化物,mg/L	≤3.0
石油类,mg/L	≤10

3.3 土壤环境质量

烟草产地土壤环境质量应符合表 3 的规定。

表 3 土壤环境质量要求

项目	指标
pH	5.5～7.5
镉,mg/kg	≤0.3
汞,mg/kg	≤0.5
砷,mg/kg	≤30
铅,mg/kg	≤300
铬,mg/kg	≤250
氯化物,mg/kg	≤30
六六六,mg/kg	≤0.5
滴滴涕,mg/kg	≤0.5

3.4 烤烟适生类型划分

参见附录 A。

4 采样方法

4.1 空气取样方法按照 NY/T 397 执行。

4.2 灌溉水取样方法按照 NY/T 396 执行。

4.3 土壤取样方法按照 NY/T 395 执行。

5 分析方法

5.1 空气环境质量监测

5.1.1 总悬浮颗粒物

按照 GB/T 15432 执行。

5.1.2 二氧化硫

按照 GB/T 15262 执行。

5.1.3 氮氧化物

按照 GB/T 15436 执行。

5.1.4 氟化物

按照 GB/T 15433 或 GB/T 15434 执行。

5.2 灌溉水质监测

5.2.1 pH

按照 GB/T 6920 执行。

5.2.2 总汞

按照 GB/T 7468 执行。

5.2.3 铅、镉

按照 GB/T 7475 执行。

5.2.4 总砷

按照 GB/T 7485 或 GB/T 11900 执行。

5.2.5 六价铬

按照 GB/T 7467 执行。

5.2.6 氯化物

按照 GB/T 11896 执行。

5.2.7 氟化物

按照 GB/T 7484 执行。

5.2.8 石油类

按照 GB/T 16488 执行。

5.3 土壤环境质量监测

5.3.1 pH

按照 NY/T 395 执行。

5.3.2 铅、镉

按照 GB/T 17140 或 GB/T 17141 执行。

5.3.3 汞

按照 GB/T 17136 或 NY/T 395 执行。

5.3.4 砷

按照 GB/T 17134 或 GB/T 17135 或 NY/T 395 执行。

5.3.5 总铬

按照 GB/T 17137 或 NY/T 395 执行。

5.3.6 **氯化物**

按照 NY/T 395 执行。

5.3.7 **六六六和滴滴涕**

按照 GB/T 14550 执行。

6 检验规则

6.1 烟草产地环境质量应符合本标准规定的环境空气、灌溉水、土壤环境质量要求。

6.2 烟草产地灌溉水评价方法按 NY/T 396 规定执行。

6.3 烟草产地土壤评价方法按 NY/T 395 规定执行。

6.4 烟草产地空气评价方法按 NY/T 397 规定执行。

6.5 检验结果的数值修约按 GB/T 8170 执行。

附　录　A
（资料性附录）
烤烟适生类型划分指标

适宜类型	主　要　划　分　指　标	
不适宜类型	无霜期，d 0 cm～60 cm 土壤含氯量，mg/kg	＜120 ＞45
次适宜类型	无霜期，d 日平均气温≥20℃持续日数，d 日平均气温≥10℃活动积温，℃ 0 cm～60 cm 土壤含氯量，mg/kg	≥120 ＞50 ＜2 600 ＜45
适宜类型	无霜期，d 日平均气温≥20℃持续日数，d 日平均气温≥10℃活动积温，℃ 0 cm～60 cm 土壤含氯量，mg/kg 土壤 pH	＞120 ≥70 ＞2 600 ＜30 ≤7.0
最适宜类型	无霜期，d 日平均气温≥20℃持续日数，d 日平均气温≥10℃活动积温，℃ 0 cm～60 cm 土壤含氯量，mg/kg 土壤 pH	＞120 ≥70 ＞2 600 ＜30 5.5～6.5

注：根据烟草与自然条件关系，《中国烟草种植区划》按主要生态环境条件对烟叶生长发育和烟叶质量的影响程度，将烟草产地分为最适宜类型、适宜类型、次适宜类型和不适宜类型四类：

最适宜类型：自然条件优越，虽然可能有个别不利因素，但容易改造补救。能够生产优质烟叶（烟叶内在质量优点多而突出，缺点少而容易弥补）；

适宜类型：自然条件良好，虽有一定的不利因素，但较容易改变或补救，生产的烟叶使用价值较高（烟叶内在质量优点较多，但有一定缺点或可以弥补的缺陷）；

次适宜类型：自然条件中有明显的障碍因素，改造补救困难，生产的烟叶使用价值低（如烟叶燃烧性不良或有其他不可弥补的缺陷）；

不适宜类型：自然条件中有限制性因素，并且难以改造或补救，烤烟不能完成其正常的生长发育过程或虽能正常生长，但烟叶的使用价值极低（如黑灰熄火）。

ICS 13.020.50
B 51

中华人民共和国农业行业标准

NY/T 853—2004

茶叶产地环境技术条件

Environmental requirement for growing area of tea

2005-01-04 发布　　2005-02-01 实施

中华人民共和国农业部　发布

前　言

为了合理选择茶叶种植区域，主动保护茶叶产地环境，加强茶叶的生产管理，防止人类生产和生活活动对茶叶产地造成污染，促进生产者科学合理地使用农业生产资料，改进土壤肥力，从而有效控制茶叶污染，保障食用者安全，特制定本标准。

本标准的附录A为资料性附录。

本标准由中华人民共和国农业部提出并归口。

本标准起草单位：中国农业部农业环境质量监督检验测试中心（昆明）、云南省农业环境保护监测站。

本标准主要起草人：王红华、严学成、马艳兰、孙治旭、杨文洪、金玉棋、刘鸣。

茶叶产地环境技术条件

1 范围

本标准规定了茶叶产地的空气环境质量、灌溉水质量和土壤环境质量要求及分析方法。

本标准适用于茶叶产地。

2 规范性引用文件

下列文件中的条款通过本标准的引用而成为本标准的条款。凡是注日期的引用文件，其随后所有的修改单(或修订版)均不适用于本标准。然而，鼓励根据本标准达成协议的各方研究是否可使用这些文件的最新版本。凡是不注明日期的引用文件，其最新版本适用于本标准。

GB/T 6920 水质 pH 的测定 玻璃电极法

GB/T 7467 水质 六价铬的测定 二苯碳酰二肼光度法

GB/T 7468 水质 总汞的测定 冷原子吸收分光光度法

GB/T 7475 水质 铜、锌、铅、镉的测定 原子吸收分光光度法

GB/T 7483 水质 氟化物的测定 氟试剂分光光度法

GB/T 7484 水质 氟化物的测定 离子选择电极法

GB/T 7485 水质 总砷的测定 二乙基二硫代氨基甲酸银分光光度法

GB/T 8170 《数值修约规则》

GB/T 15262 环境空气 二氧化硫的测定 甲醛吸收-副玫瑰苯胺分光光度法

GB/T 15432 环境空气 总悬浮微粒的测定 重量法

GB/T 15433 环境空气 氟化物的测定 石灰滤纸-氟离子选择电极法

GB/T 15434 环境空气 氟化物的测定 滤膜-氟离子选择电极法

GB/T 15436 环境空气 氮氧化物的测定 Saltzman 法

GB/T 17134 土壤质量 总砷的测定 二乙基二硫代氨基甲酸银分光光度法

GB/T 17135 土壤质量 总砷的测定 硼氢化钾-硝酸银分光光度法

GB/T 17136 土壤质量 总汞的测定 冷原子吸收分光光度法

GB/T 17137 土壤质量 总铬的测定 火焰原子吸收分光光度法

GB/T 17140 土壤质量 铅和镉的测定 KI—MIBR 萃取火焰原子吸收分光光度法

GB/T 17141 土壤质量 铅和镉的测定 石墨炉原子吸收分光光度法

NY/T 395 农田土壤环境质量监测技术规范

NY/T 396 农用水源环境质量监测技术规范

NY/T 397 农区环境空气质量监测技术规范

3 要求

3.1 环境空气质量

茶园环境空气质量应符合表 1 的要求。

表 1 环境空气质量要求

项　　　目		限值(日均值)
总悬浮颗粒物(标准状态)mg/m^3	≤	0.30
二氧化硫(标准状态)mg/m^3	≤	0.15
氮氧化物(标准状态)mg/m^3	≤	0.10
氟化物(标准状态)	≤	7μg/m^3(动力法)
		5.0μg/(dm^2·d)(挂片法)
注 1:日均值指任何一日的平均浓度。 注 2:连续采样 3 天,一日三次。8:00～9:00 时、11:00～12:00 时、16:00～17:00 时各一次。 注 3:氟化物采样可用滤膜动力采样法或石灰滤纸挂片法,分别按各自规定的指标执行。石灰滤纸挂片法挂置 7 天。		

3.2 灌溉水质量

茶园灌溉水质量应符合表 2 的要求。

表 2 灌溉水质量要求

项　　　目		限　　　值
pH		5.5～7.5
总汞　mg/L	≤	0.001
总镉　mg/L	≤	0.005
总铅　mg/L	≤	0.10
总砷　mg/L	≤	0.10
铬(六价)mg/L	≤	0.10
氟化物　mg/L	≤	2.0

3.3 土壤质量

3.3.1 环境质量要求

茶园土壤环境质量应符合表 3 的要求。

表 3 土壤质量要求

项　　　目		限　　　值	
		pH≤6.5	pH>6.5
镉 mg/kg	≤	0.30	0.40
铅 mg/kg	≤	250	300
汞 mg/kg	≤	0.30	0.50
砷 mg/kg	≤	40	30
铬 mg/kg	≤	150	200
氟 mg/kg	≤	1 200	1 500

3.3.2 土壤肥力分级参考指标

茶园土壤肥力分级参考指标参见附录 A。

4 采样方法

空气采样方法按照 NY/T 397 执行。

灌溉水采样方法按照NY/T 396执行。

土壤采样方法按照NY/T 395执行。

5 分析方法

5.1 空气质量分析方法

5.1.1 总悬浮颗粒物

按照GB/T 15432执行。

5.1.2 二氧化硫

按照GB/T 15262执行。

5.1.3 氮氧化物

按照GB/T 15436执行。

5.1.4 氟化物

按照GB/T 15433或GB/T 15434执行。

5.2 灌溉水质量分析方法

5.2.1 pH

按照GB/T 6920执行。

5.2.2 总汞

按照GB/T 7468或NY/T 396规定执行。

5.2.3 总镉、总铅

按照GB/T 7475执行。

5.2.4 总砷

按照GB/T 7485或NY/T 396规定执行。

5.2.5 六价铬

按GB/T 7467执行。

5.2.6 氟化物

按照GB/T 7483或GB/T 7484执行。

5.3 土壤质量分析方法

5.3.1 pH

按NY/T 395规定执行。

5.3.2 镉和铅

按照GB/T 17140或GB/T 17141执行。

5.3.3 总汞

按照GB/T 17136或NY/T 395规定执行。

5.3.4 总砷

按照GB/T 17134、GB/T 17135或NY/T 395规定执行。

5.3.5 总铬

按照GB/T 17137或NY/T 395规定执行。

5.3.6 氟化物

按照NY/T 395规定执行。

6 评价原则

6.1 茶叶产地环境条件应符合本标准规定的灌溉水质量、土壤环境质量和空气环境质量要求。

6.2 茶园灌溉水质评价按照 NY/T 396 规定执行。

6.3 茶园土壤环境质量评价按照 NY/T 395 规定执行。

6.4 茶园空气质量评价按照 NY/T 397 规定执行。

6.5 检测结果的数据修约按照 GB/T 8170 执行。

附 录 A
（资料性附录）
茶叶产地土壤肥力分级

A.1 土壤肥力分级参考指标

土壤肥力分级参考指标见表A.1。

表A.1 土壤肥力分级参考指标

项 目	指 标		
	Ⅰ级	Ⅱ级	Ⅲ级
有机质 g/kg	>15	10～15	<10
全氮 g/kg	>1.0	0.8～1.0	<0.8
全磷 g/kg	>0.6	0.4～0.6	<0.4
全钾 g/kg	>10	5～10	<5
有效氮 mg/kg	>100	50～100	<50
有效磷 mg/kg	>10	5～10	<5
有效钾 mg/kg	>120	80～120	<80
阳离子交换量 cmol/kg	>20	15～20	<15

A.2 土壤肥力评价

土壤肥力的各项指标，Ⅰ级为优良，Ⅱ级为尚可，Ⅲ级为较差，供生产者和评价者作为增施有机肥，改善土壤肥力时参考，不作硬性评价要求。

A.3 土壤肥力测定方法

按NY/T 53、LY/T 1225、LY/T 1233、LY/T 1236、LY/T 1243的规定执行。

ICS 13.020.50
Z 51

中华人民共和国农业行业标准

NY/T 854—2004

京白梨产地环境技术条件

Environmental requirement for growing area of jingbai pear

2005-01-04 发布

2005-02-01 实施

中华人民共和国农业部 发布

前　言

本标准的附录 A、附录 B 为资料性附录。

本标准由中华人民共和国农业部提出并归口。

本标准起草单位:农业部农业环境质量监督检验测试中心(北京)、北京市农林科学院林果研究所。

本标准主要起草人:赵婴荣、欧阳喜辉、高景红、张敬锁、李杰、肖志勇、鲁韧强。

京白梨产地环境技术条件

1 范围

本标准规定了京白梨产地环境空气质量、土壤环境质量、农灌水质量、采样方法和分析方法。

本标准适用于京白梨产地环境。

2 规范性引用文件

下列文件中的条款通过本标准的引用而成为本标准的条款。凡是注日期的引用文件，其随后所有的修改单(不包括勘误的内容)或修订版均不适用于本标准，然而，鼓励根据本标准达成协议的各方研究是否可使用这些文件的最新版本。凡是不注明日期的引用文件，其最新版本适用于本标准。

GB/T 6920 水质 pH 的测定 玻璃电极法

GB/T 7467 水质 六价铬的测定 二苯碳酰二肼分光光度法

GB/T 7475 水质 铜、锌、铅、镉的测定 原子吸收分光光度法

GB/T 7484 水质 氟化物的测定 离子选择电极法

GB/T 7856

GB/T 15262 环境空气 二氧化硫的测定 甲醛吸收-副玫瑰苯胺分光光度法

GB/T 15264 环境空气 铅的测定 火焰原子吸收分光光度法

GB/T 15432 环境空气 总悬浮颗粒物的测定 重量法

GB/T 15433 环境空气 氟化物的测定 石灰滤纸·氟离子选择电极法

GB/T 15434 环境空气 氟化物的测定 滤膜·氟离子选择电极法

GB/T 15435 环境空气 二氧化氮的测定 Saltzman 法

GB/T 17135 土壤质量 总砷的测定 硼氢化钾硝酸银分光光度法

GB/T 17136 土壤质量 总汞的测定 原子吸收分光光度法

GB/T 17137 土壤质量 总铬的测定 火焰原子吸收分光光度法

GB/T 17138 土壤质量 铜、锌的测定 火焰原子吸收分光光度法

GB/T 17141 土壤质量 铅、镉的测定 石墨炉原子吸收分光光度法

NY/T 53

NY/T 85 土壤有机质含量

NY/T 149

NY/T 395 农田土壤环境质量监测技术规范

NY/T 396 农用水源环境质量检测技术规范

NY/T 397 农区环境空气质量检测技术规范

3 要求

3.1 空气质量

环境空气质量应符合表 1 的规定。

表 1 环境空气质量要求

项目			限值	
			日平均	1 h 平均
总悬浮颗粒物(TSP)(标准状态),mg/m³		≤	0.30	—
二氧化硫(SO_2)(标准状态),mg/m³		≤	0.15	0.50
二氧化氮(NO_2)(标准状态),mg/m³		≤	0.08	0.12
氟化物(F)(标准状态)	μg/(dm² · d)	≤	1.8	1.2
	μg/m³	≤	7.0	20
铅,μg/m³		≤	1.5	—

注 1:日平均指任何 1 d 的平均浓度;

注 2:1 h 平均指任何 1 h 的平均浓度;

注 3:氟化物(F)日平均浓度 7 μg/m³ 和 1 h 平均浓度 20 μg/m³ 为动力法浓度限值。

氟化物(F)月平均浓度 1.8 μg/(dm² · d)和植物生长季平均浓度 1.2 μg/(dm² · d)为挂片法浓度限值。

3.2 灌溉水质量

产地灌溉水质量应符合表 2 的规定。

表 2 灌溉水质量要求

项目		限值
pH		5.5～8.5
氟化物,mg/L	≤	3.0
总汞,mg/L	≤	0.001
总铅,mg/L	≤	0.1
总镉,mg/L	≤	0.005
总砷,mg/L	≤	0.1
铬(六价),mg/L	≤	0.1

3.3 土壤环境质量

产地的土壤环境质量应符合表 3 的规定。

表 3 土壤中各项污染物的指标

项目		限值		
		pH<6.5	pH6.5～7.5	pH>7.5
总砷,mg/kg	≤	40	30	25
总铬,mg/kg	≤	150	200	250
总镉,mg/kg	≤	0.30	0.30	0.60
总汞,mg/kg	≤	0.30	0.50	1.0
总铜,mg/kg	≤	150	200	200
总铅,mg/kg	≤	250	300	350

4 分析方法

4.1 环境空气质量

4.1.1 二氧化硫

按照 GB/T 15262 的规定执行。

4.1.2 铅

按照 GB/T 15264 的规定执行。

4.1.3 总悬浮颗粒物

按照 GB/T 15432 的规定执行。

4.1.4 氟化物

按照 GB/T 15433 或 GB/T 15434 的规定执行。

4.1.5 二氧化氮

按照 GB/T 15435 的规定执行。

4.2 灌溉水质量

4.2.1 pH

按照 GB/T 6920 的规定执行。

4.2.2 铬(六价)

按照 GB/T 7467 的规定执行。

4.2.3 总铅

按照 GB/T 7475 的规定执行。

4.2.4 总镉

按照 GB/T 7475 的规定执行。

4.2.5 氟化物

按照 GB/T 7484 的规定执行。

4.2.6 总砷

按照 NY/T 396 的规定执行。

4.2.7 总汞

按照 NY/T 396 的规定执行。

4.3 土壤环境质量

4.3.1 pH

按照 NY/T 395 的规定执行。

4.3.2 总砷

按照 GB/T 17135 的规定执行。

4.3.3 总汞

按照 GB/T 17136 的规定执行。

4.3.4 总铬

按照 GB/T 17137 的规定执行。

4.3.5 总铜

按照 GB/T 17138 的规定执行。

4.3.6 总铅

按照 GB/T 17141 的规定执行。

4.3.7 总镉

按照 GB/T 17141 的规定执行。

5 采样方法

5.1 土壤

按照 NY/T 395 的规定执行。

5.2 灌溉水

按照 NY/T 396 的规定执行。

5.3 环境空气

按照 NY/T 397 的规定执行。

6 其他要求

6.1 产地选择要求参见附录 A。

6.2 土壤肥力指标的检测方法参见附录 B。

附 录 A
（资料性附录）

京白梨产地，应选择生态条件良好，远离污染源，并具有可持续生产能力的农业生产区域。

京白梨产地气候条件应符合表 A.1 的规定。

表 A.1 产地气候条件值域

项　目	限　值	
	极小值	极大值
年平均气温，℃	6.0	13.0
1 月份平均气温，℃	−11	−4
年低于 10℃日数，d	160	210
年平均 10℃以上的积温，℃	2 500	4 500

京白梨产地土壤肥力指标应符合表 A.2 的规定。

表 A.2 产地土壤肥力参考指标

项　目		指　标
有机质，g/kg	≥	10
全氮，g/kg	≥	0.7
有效磷，mg/kg	≥	15
有效钾，mg/kg	≥	60

附 录 B
（资料性附录）

B.1 土壤肥力指标的检测

B.1.1 总氮

按照 NY/T 53 的规定执行。

B.1.2 有效磷

按照 NY/T 149 的规定执行。

B.1.3 速效钾

按照 GB/T 7856 的规定执行。

B.1.4 有机质

按照 NY/T 85 的规定执行。

ICS 13.020.50
Z 51

中华人民共和国农业行业标准

NY/T 855—2004

花生产地环境技术条件

Environmental requirement for growing area of peanuts

2005-01-04 发布　　　　2005-02-01 实施

中华人民共和国农业部 发布

前　言

本标准由中华人民共和国农业部提出并归口。

本标准起草单位:农业部农业环境质量监督检验测试中心(济南)。

本标准主要起草人:孙桂兰、吴成、黄现民、许志强、张玉芳、薛新红、姚希来。

花生产地环境技术条件

1 范围

本标准规定了花生产地空气环境质量、灌溉水质量和土壤环境质量、采样及分析方法。

本标准适用于花生产地环境要求。

2 规范性引用文件

下列文件中的条款通过本标准的引用而成为本标准的条款。凡是注日期的引用文件，其随后所有的修改单(不包括勘误的内容)或修订版均不适用于本标准，然而，鼓励根据本标准达成协议的各方研究是否可使用这些文件的最新版本。凡是不注日期的引用文件，其最新版本适用于本标准。

GB/T 6920 水质 pH的测定 玻璃电极法

GB/T 7467 水质 六价铬的测定 二苯碳酰二肼分光光度法

GB/T 7468 水质 总汞的测定 冷原子吸收分光光度法

GB/T 7475 水质 铜、锌、铅、镉的测定 原子吸收分光光度法

GB/T 7484 水质 氟化物的测定 离子选择电极法

GB/T 7485 水质 总砷的测定 二乙基二硫代氨基甲酸银分光光度法

GB/T 11896 水质 氯化物的测定 硝酸银滴定法

GB/T 15262 环境空气 二氧化硫的测定 甲醛吸收-副玫瑰苯胺分光光度法

GB/T 15435 环境空气 二氧化氮的测定 Saltzman法

GB/T 15264 环境空气 铅的测定 火焰原子吸收分光光度法。

GB/T 15432 环境空气 总悬浮颗粒物的测定 重量法

GB/T 15433 环境空气 氟化物的测定 石灰滤纸 氟离子选择电极法

GB/T 16488 水质 石油类和动植物油的测定 红外分光光度法

GB/T 17134 土壤质量 总砷的测定 二乙基二硫代氨基甲酸银分光光度法

GB/T 17136 土壤质量 总汞的测定 冷原子吸收分光光度法

GB/T 17137 土壤质量 总铬的测定 火焰原子吸收分光光度法

GB/T 17138 土壤质量 铜、锌的测定 火焰原子吸收分光光度法

GB/T 17141 土壤质量 铅、镉的测定 石墨炉原子吸收分光光度法

NY/T 395 农田土壤环境质量监测技术规范

NY/T 396 农田水源环境质量监测技术规范

NY/T 397 农田环境空气质量监测技术规范

3 要求

3.1 环境空气质量

花生产地环境空气质量应符合表1的规定。

表 1　环境空气质量要求

项　　目	取值时间	限　值	单　　位
总悬浮颗粒物	日平均	0.30	mg/m³(标准状态)
二氧化硫	日平均 1 h平均	0.15 0.50	
二氧化氮	日平均 1 h平均	0.12 0.24	
铅	季平均	1.5	μg/m³(标准状态)
氟化物	日平均	5.0	μg/dm² · d(标准状态)
	植物生长季平均	1.0	

注 1:日平均指任何一日的平均浓度;
注 2:1 h平均指任何一小时的平均浓度;
注 3:季平均指任何一季的日平均浓度的算术均值;
注 4:植物生长季平均指任何一个植物生长季月平均浓度的算术均值。

3.2　灌溉水质量

花生产地灌溉水水质应符合表 2 的规定。

表 2　灌溉水水质要求

项　　目		限　值
pH		6.5～8.5
总汞,mg/L	≤	0.001
总镉,mg/L	≤	0.005
总砷,mg/L	≤	0.1
总铅,mg/L	≤	0.1
铬(六价),mg/L	≤	0.1
石油类,mg/L	≤	1.0
氟化物(以 F^- 计),mg/L	≤	1.5
氯化物(以 Cl^- 计),mg/L	≤	250

3.3　土壤环境质量

花生产地土壤环境质量应符合表 3 的规定。

表 3　土壤环境质量要求

项　　目		限　　值		
		pH<6.5	pH 6.5～7.5	pH>7.5
总镉,mg/kg	≤	0.30	0.30	0.60
总汞,mg/kg	≤	0.30	0.50	1.0
总砷,mg/kg	≤	40	30	25
总铅,mg/kg	≤	250	300	350
总铬,mg/kg	≤	150	200	250
总铜,mg/kg	≤	50	100	100
总锌,mg/kg	≤	200	250	300

注:以上项目均按元素量计,适用于阳离子交换量>5cmol(+)/kg 的土壤,若≤5cmol(+)/kg,其标准值为表内数值的半数。

4 采样方法

4.1 环境空气质量

按 NY/T 397 规定执行。

4.2 灌溉水质量

按 NY/T 396 规定执行。

4.3 土壤环境质量

按 NY/T 395 规定执行。

5 分析方法

5.1 空气环境质量指标

5.1.1 总悬浮颗粒物的测定 按 GB/T 15432 的规定执行。

5.1.2 二氧化硫的测定 按 GB/T 15262 的规定执行。

5.1.3 二氧化氮的测定 按 GB/T 15435 的规定执行。

5.1.4 铅的测定 按 GB/T 15264 的规定执行。

5.1.5 氟化物的测定 按 GB/T 15433 的规定执行。

5.2 灌溉水质量指标

5.2.1 pH 的测定 按 GB/T 6920 的规定执行。

5.2.2 总汞的测定 按 GB/T 7468 的规定执行。

5.2.3 总砷的测定 按 GB/T 7485 的规定执行。

5.2.4 铅、镉的测定 按 GB/T 7475 的规定执行。

5.2.5 六价铬的测定 按 GB/T 7467 的规定执行。

5.2.6 氟化物的测定 按 GB/T 7484 的规定执行。

5.2.7 石油类的测定 按 GB/T 16488 的规定执行。

5.2.8 氯化物的测定 按 GB/T 11896 的规定执行。

5.3 土壤环境质量指标

5.3.1 铅、镉的测定 按 GB/T 17141 的规定执行。

5.3.2 总汞的测定 按 GB/T 17136 的规定执行。

5.3.3 总砷的测定 按 GB/T 17134 的规定执行。

5.3.4 总铬的测定 按 GB/T 17137 的规定执行。

5.3.5 总铜的测定 按 GB/T 17138 的规定执行。

5.3.6 总锌的测定 按 GB/T 17138 的规定执行。

ICS 13.020.50
Z 51

中华人民共和国农业行业标准

NY/T 856—2004

苹果产地环境技术条件

Environmental requirement for growing area of apple

2005-01-04 发布　　2005-02-01 实施

中华人民共和国农业部　发布

前　言

本标准的附录 B 为规范性附录，附录 A 为资料性附录。

本标准由中华人民共和国农业部提出并归口。

本标准起草单位：农业部农业环境质量监督检验测试中心(沈阳)、农业部果品及苗木质量监督检验测试中心(兴城)。

本标准主要起草人：高明和、李静、黄毅、杨振峰、张红军、马智勇、聂继云。

苹果产地环境技术条件

1 范围

本标准规定了苹果产地的土壤,灌溉水、空气等环境条件质量要求及其分析方法。

本标准适用于苹果的产地环境。

2 规范性引用文件

下列文件中的条款通过本标准的引用而成为本标准的条款。凡是注日期的引用文件,其随后所有的修改单(不包括勘误的内容)或修订版均不适用于本标准,然而,鼓励根据本标准达成协议的各方研究是否可使用这些文件的最新版本。凡是不注日期的引用文件,其最新版本适用于本标准。

GB 3095 环境空气质量标准

GB 4284 农用污泥中污染物控制标准

GB 4285 农药安全使用标准

GB 5084 农田灌溉水质标准

GB/T 8170 数值修约规则

GB 8172 城镇垃圾农用控制标准

GB 8173 农用粉煤灰中污染物控制标准

GB 8321.1 农药合理使用准则(一)

GB 8321.2 农药合理使用准则(二)

GB 8321.3 农药合理使用准则(三)

GB 8321.4 农药合理使用准则(四)

GB/T 8321.5 农药合理使用准则(五)

GB/T 17134 土壤质量 总砷的测定 二乙基二硫代氨基甲酸银分光度法

GB/T 17136 土壤质量 总汞的测定 冷原子吸收分光光度法

GB/T 17137 土壤质量 总铬的测定 火焰原子吸收分光光度法

GB/T 17138 土壤质量 铜锌的测定 火焰原子吸收分光光度法

GB/T 17141 土壤质量 铅镉的测定 火焰原子吸收分光光度法

NY/T 85 土壤有机质含量

NY/T 395 农田土壤环境质量技术规范

NY/T 396 农用水源环境质量技术规范

NY/T 397 农区环境空气质量技术规范

3 要求

3.1 环境质量

3.1.1 空气环境

苹果产地的空气环境质量应符合表 1 的规定。

表 1　空气环境指标

<table>
<tr><th>项　目</th><th>取值时间</th><th>浓度限值</th><th>浓度单位</th></tr>
<tr><td rowspan="2">二氧化硫</td><td>日平均</td><td>0.15</td><td rowspan="5">mg/m³
（标准状态）</td></tr>
<tr><td>小时平均</td><td>0.50</td></tr>
<tr><td rowspan="2">二氧化氮</td><td>日平均</td><td>0.12</td></tr>
<tr><td>小时平均</td><td>0.24</td></tr>
<tr><td>总悬浮颗粒物</td><td>日平均</td><td>0.30</td></tr>
<tr><td rowspan="3">氟化物</td><td rowspan="2">日平均</td><td>7.0</td><td>μg/m³</td></tr>
<tr><td>1.8</td><td>μg/(dm²・d)</td></tr>
<tr><td>小时平均</td><td>20</td><td>μg/m³</td></tr>
</table>

3.1.2　灌溉水质

苹果产地的灌溉水环境质量应符合表 2 的规定。

表 2　灌溉水质指标

项　　目		指　　标
pH		5.5～8.5
总汞,mg/L	≤	0.001
总镉,mg/L	≤	0.005
总砷,mg/L	≤	0.1
铬(六价),mg/L	≤	0.1
总铅,mg/L	≤	0.1
氟化物,mg/L	≤	3.0
氰化物,mg/L	≤	0.5
石油类,mg/L	≤	10

3.1.3　土壤环境指标见表 3。

苹果产地的土壤环境质量应符合表 3 的规定。

表 3　土壤环境指标

项　目		pH<6.5	pH6.5～7.5	pH>7.5
镉,mg/kg	≤	0.30	0.30	0.60
汞,mg/kg	≤	0.30	0.50	1.0
砷,mg/kg	≤	40	30	25
铜,mg/kg	≤	150	200	200
铅,mg/kg	≤	250	300	350
铬,mg/kg	≤	150	200	250

注：重金属和砷均按元素量计，适用于阳离子交换量>5 cmol(+)/kg，若≤5 cmol(+)/kg，其标准值为表内数值的半数。

3.2　生态环境保护

3.2.1　农药安全使用控制指标

严禁使用剧毒、高毒、高残留或致癌、致畸、致突变的农药，严禁使用未经充分证明对人及生态环境无害的基因工程产品及制剂，允许使用的农药要按 GB 4285、GB 8321.1、GB 8321.2、GB 8321.3、GB 8321.4、GB/T 8321.5 使用以减少对环境的污染。

3.2.2 用于改良土壤的污泥、粉煤灰、城镇垃圾，其污染物含量应符合 GB 4284、GB 8173、GB 8172 的规定。

3.2.3 禁止使用未经处理的医药、生物制品、化学试剂、农药、石油炼制、焦化和处理后的有机化工废水进行灌溉。

4 分析方法

4.1 灌溉水质分析方法

灌溉水质的分析方法按照 GB 5084 的规定执行。

4.2 环境空气质量的测定

环境空气质量的分析方法按照 GB 3095 的规定执行。

4.3 土壤环境分析方法

4.3.1 镉的测定

按 GB/T 17141 的规定执行。

4.3.2 汞的测定

按 GB/T 17136 的规定执行。

4.3.3 砷的测定

按 GB/T 17134 的规定执行。

4.3.4 铜的测定

按 GB/T 17138 的规定执行。

4.3.5 铅的测定

按 GB/T 17141 的规定执行。

4.3.6 铬的测定

按 GB/T 17137 的规定执行。

5 检验规则

5.1 采样方法

5.1.1 灌溉水质量监测的采样方法按 NY/T 396 执行。

5.1.2 环境空气质量监测的采样方法按 NY/T 397 执行。

5.1.3 土壤环境质量的采样方法按 NY/T 395 执行。

5.2 检验结果数值修约

按 GB/T 8170 执行。

附 录 A
（资料性附录）

A.1 苹果产地适宜生态环境条件

A.1.1 苹果产地适宜气候条件见表 A.1。

表 A.1 苹果产地适宜的气候条件

项　　目	最适区	适宜区	次适宜区
全年平均气温，℃	9～12.5	8.0～9.0 或 12.5～13.5	6.5～8.0 或 13.5～16.5
全年≥10℃积温，℃	2 800～3 600	2 800～2 400 或 3 600～4 300	2 400～1 600 或 4 300～5 100
全年极端最低气温，℃	<−20.0	<−25.0	<−28.0
6～8(9)月平均气温，℃	17.5～22.0(16.0)	16.0～17.5(>15.0)或 22.0～24.0(<20.0)	13.5～16.0(>12.0)或 24.0～27.0(<21.0)
6～8(9)月平均气温日较差，℃	>10.0	>8.0	<8.0
6～8(9)月平均相对湿度，%	<70(75)	<75(80)	<80(85)
6～8(9)月日照时数及光质，h	>190 紫外光多	>160 紫外光较多	>140
4～9 月降水量，mm	400～550	<400 或>700	<200 或>800
注：表中括号内的数据是 9 月份的相关值，对晚熟品种应考虑。各类适宜区的主要地理生态区域见附录 A。 新抗寒或耐热品种以审定意见为主。			

A.1.2 土壤条件指标见表 A.2。

表 A.2 土壤条件指标

项　　目		指　标　值
pH		5.3～7.5
土层厚度，m	≥	0.60
有机质含量，%	≥	0.60
全盐含量，%	<	0.25
地下水位，m	≥	1.5

A.1.3 苹果产地适宜气候条件各项指标值根据当地气象部门提供的资料确定。

A.1.4 土壤条件指标的检测按附录 B 执行。

A.2 各类适宜区的主要地理生态区域

A.2.1 最适区

A.2.1.1 黄土高原

包括东起太行山西至青藏高原边缘山地、南至秦岭北麓和渭河以北，北至宁夏平原以南的黄土高原大部分地区。属南温带干湿润到干旱气候、旱生夏绿落阔叶林到荒漠草原地带。

A.2.1.2 川滇横断山区

包括北起川西、南至滇东北的北纬26°～32°横断山脉中北段。属南温带半湿润到半干旱高原季风气候，河谷旱生灌丛草被和旱生落叶阔叶林地带。

A.2.2 适宜区

A.2.2.1 渤海湾区

包括辽南、辽西、河北燕山部分和山东半岛。属南温带半湿润海洋季风气候，落叶阔叶林间有针阔混交林和中生夏绿阔叶林地带。

A.2.2.2 华北平原

包括冀东和冀中南大部、鲁西北和鲁中南部。属南温带半湿润海洋季风气候，夏绿阔叶林地带。

A.2.3 次适宜区

A.2.3.1 黄淮、汉水区

包括黄河故道(淮河以北的苏北、皖北、鲁西南和豫东)以及淮河、汉水流域的一部分(豫南、鄂北、陕南汉中和甘肃武都)。属南温带南部及部分亚热带北部暖热半湿润季风气候，落叶阔叶林与常绿阔叶林混交林地带。

A.2.3.2 西南及藏东高原区

包括云南高原较高或较低海拔区、西藏雅鲁藏布江流域河谷和藏东高原的一部分。属温带到亚热带，湿润、半干旱高原季风气候，针阔混交林，夏绿阔叶林到常绿阔叶林地带。

附 录 B
(规范性附录)
土壤条件指标的检测

B.1 pH 测定

称取通过 2 mm 孔径筛的土壤 25 g、放在 50 ml 小烧杯中，加入蒸馏水 25 ml，搅拌 1 min，放置平衡 0.5 h～1 h 使其澄清，用 pH 计(此 pH 计需经标准 pH 缓冲溶液校正后使用)玻璃电极插到下部悬浊液中，轻轻摇动，再将甘汞电极插入上层清液 2 min～3 min 后，按下读数按钮进行测定。

B.2 土层厚度

做土壤剖面，用米尺测量。

B.3 有机质含量

按 NY/T 85 规定测定。

B.4 全盐含量

称过 1 mm 孔径筛的土壤 50 g，放入 500 mL 三角瓶中，加 250 ml 不含二氧化碳的无离子水，加塞，振荡 3 min，尽快过滤。对容易滤清的土壤悬浊液，可用滤纸在大漏斗上过滤；不容易滤清的土壤悬浊液，用布氏漏斗抽气过滤，漏斗上盖以表玻璃以减少蒸发，反复过滤直至溶液清亮为止，待测液放置时间不得超过一天。

吸取滤液 50 mL～100 mL，放在已知重量的瓷蒸发皿(或硬质玻璃蒸发皿)内，在水浴上蒸干，加 10%～15%过氧化氢数滴，至残渣湿润即可，再蒸干，反复数次，至有机物质全部氧化，残渣呈白色为止。在 105℃～110℃烘箱中烘 1 h～2 h，称重，再烘一次，直至恒重(两次重量不超过 1 mg)。

结果计算：

$$\text{土壤全盐含量}\% = \frac{(W_2 - W_1) \times V}{W \times V_1} \times 100$$

式中：

W——干土重(g)；

W_1——蒸发皿重；

W_2——蒸发皿+可溶盐重(g)；

V——提取时加水体积(mL)；

V_1——吸取滤液毫升数。

B.5 地下水位

做土壤剖面，用米尺测量。

ICS 13.020.50
Z 51

中华人民共和国农业行业标准

NY/T 857—2004

葡萄产地环境技术条件

Environmental requirement for growing area of grape

2005-01-04 发布　　2005-02-01 实施

中华人民共和国农业部　发布

前　言

本标准由中华人民共和国农业部提出并归口。

本标准起草单位:天津市农业环境保护管理监测站、天津市林果站。

本标准主要起草人:杜长城、江应松、徐震、贾兰英、田丽梅、张伟玉、成振华、冯伟、韩建华、刘艳军、马志武。

葡萄产地环境技术条件

1 范围

本标准规定了葡萄产地环境技术条件的定义，葡萄产地环境空气质量、灌溉水质量、土壤有害物成分的各项指标和各项指标的检验方法，葡萄产地选择要求的气候、土壤等生态条件。

本标准适用于我国的葡萄产地，其中土壤、气候等生态条件适用于华北地区。

2 规范性引用文件

下列文件中的条款通过本标准的引用而成为本标准的条款。凡是注日期的引用文件，其随后所有的修改单(不包括勘误的内容)或修订版均不适用于本标准，然而，鼓励根据本标准达成协议的各方研究是否可使用这些文件的最新版本。凡是不注日期的引用文件，其最新版本适用于本标准。

GB 5084　农田灌溉水质标准

GB/T 5750　水质　粪大肠菌群的测定

GB/T 6920　水质　pH 的测定　玻璃电极法

GB/T 7467　水质　铬(六价)的测定　二苯碳酰二肼分光光度法

GB/T 7475　水质　铜、锌、铅、镉的测定　原子吸收分光光度法

GB/T 7484　水质　氟化物的测定　离子选择电极法

GB/T 7485　水质　总砷的测定　二乙基二硫代氨基甲酸银分光光度法

GB/T 7486　水质　氰化物的测定　第二部分　氰化物的测定

GB/T 8170　数值修约规则

GB/T 11896　水质　氯化物的测定　硝酸银滴定法

GB/T 11914　水质　化学需氧量的测定　重铬酸盐法

GB/T 15262　环境空气　二氧化硫的测定　甲醛吸收—副玫瑰苯胺分光光度法

GB/T 15432　环境空气　总悬浮颗粒物的测定　重量法

GB/T 15433　环境空气　氟化物的测定　石灰滤纸・氟离子选择电极法

GB/T 15434　环境空气　氟化物的测定　滤膜・氟离子选择电极法

GB/T 15435　环境空气　二氧化氮的测定　Saltzman 法

GB/T 16488　水质　石油类的测定　红外光度法

GB/T 17134　土壤质量　总砷的测定　二乙基二硫代氨基甲酸银分光光度法

GB/T 17136　土壤质量　总汞的测定　冷原子吸收分光光度法

GB/T 17137　土壤质量　总铬的测定　火焰原子吸收分光光度法

GB/T 17138　土壤质量　铜的测定　火焰原子吸收分光光度法

GB/T 17141　土壤质量　铅、镉的测定　石墨炉原子分光光度法

NY/T 391—2000　绿色食品　产地环境技术条件

NY/T 395　农田土壤环境质量监测技术规范

NY/T 396　农田水源环境质量监测技术规范

NY/T 397　农区环境空气质量监测技术规范

3 要求

3.1 产地选择要求

葡萄产地应选择在土壤疏松，生长期气候温暖、光照充足、温度适宜且有灌溉条件的农区，还应是远离污染源，具有可持续生产能力的地区。

葡萄产地的气候条件应符合表1的规定。

表1 产地气候条件要求

项　目	限　值	
	极小值	极大值
气温(℃)	−26	45
≥10℃的年活动积温(℃)	3 000	4 500
年降水量(mm)	350	800
年均温度(℃)　≥	8	
年日照时数(h)　＞	2 200	

葡萄产地土壤条件指标应符合表2的规定。

表2 产地土壤条件要求

项　目	限　值
pH	6.5～8.0
地下水位(m)　＞	1
土质	沙壤土、砾石壤土

3.2 环境空气质量要求

标准状态下葡萄产地环境空气质量应符合表3的规定。

表3 环境空气质量指标

项　目	限　值	
	日平均	1 h平均
总悬浮颗粒物 mg/m^3　≤	0.30	—
二氧化硫　mg/m^3　≤	0.15	0.50
二氧化氮　mg/m^3　≤	0.12	0.24
氟化物　≤	7 $\mu g/m^3$	20 $\mu g/m^3$
	1.8 $\mu g/(dm^2 \cdot d)$	—

注1：日平均指任何一日的平均浓度；
注2：1 h平均指任何一小时的平均浓度。

3.3 灌溉水质量要求

葡萄产地灌溉水质应符合表4的规定。

表4 灌溉水质量指标

项　目	限　值
pH	5.5～8.5
化学需氧量　mg/L	≤300
总砷　mg/L	≤0.1
总铅　mg/L	≤0.1
铬(六价)　mg/L	≤0.1

表 4 （续）

项　　目	限　　　值
氯化物　mg/L	≤250
氟化物　mg/L	≤2.0
氰化物　mg/L	≤0.5
石油类　mg/L	≤10
粪大肠菌群　个/L	≤10 000
蛔虫卵　个/L	≤2

3.4 土壤环境质量要求

葡萄产地土壤环境质量应符合表 5 的规定。

表 5　土壤质量要求

项　　目	限　　值		
	pH<6.5	pH 6.5～7.5	pH>7.5
镉　mg/kg　≤	0.30	0.60	1.0
汞　mg/kg　≤	0.30	0.50	1.0
砷　mg/kg　≤	40	30	25
铅　mg/kg　≤	250	300	350
铬　mg/kg　≤	150	200	250
铜　mg/kg　≤	150	200	200
注：以上项目均按元素量计，适用于阳离子交换量>5 cmol(+)/kg 的土壤，若≤5 cmol(+)/kg，其标准值为表内数值的半数。			

3.5 其他条件

葡萄产地应远离村镇生活区、畜牧饲养区、工矿区等其他污染源。

4 分析方法

4.1 环境空气质量指标

4.1.1 总悬浮颗粒的测定按照 GB/T 15432 执行。

4.1.2 二氧化硫的测定按照 GB/T 15262 执行。

4.1.3 二氧化氮的测定按照 GB/T 15435 执行。

4.1.4 氟化物的测定按照 GB/T 15433 或 GB/T 15434 执行。

4.2 灌溉水质量指标

4.2.1 pH 的测定按照 GB/T 6920 执行。

4.2.2 化学需氧量的测定按照 GB 11914 执行。

4.2.3 总砷的测定按照 GB/T 7485 执行。

4.2.4 铅的测定按照 GB/T 7475 执行。

4.2.5 六价铬的测定按照 GB/T 7467 执行。

4.2.6 氯化物的测定按照 GB/T 11896 执行。

4.2.7 氰化物的测定按照 GB/T 7486 执行。

4.2.8 氟化物的测定按照 GB/T 7484 执行。

4.2.9 石油类的测定按照 GB/T 16488 执行。

4.2.10 粪大肠菌群的测定按照 GB/T 5750 执行。

4.2.11 蛔虫卵数的测定按照 GB 5084 中的沉淀积卵法执行。

4.3 **土壤环境质量指标**

4.3.1 铅、镉的测定按照 GB/T 17141 执行。

4.3.2 汞的测定按照 GB/T 17136 执行。

4.3.3 砷的测定按照 GB/T 17134 执行。

4.3.4 铬的测定按照 GB/T 17137 执行。

4.3.5 铜的测定按照 GB/T 17138 执行。

5 检验规则

5.1 葡萄产地必须符合 NY/T 391—2000 要求。

5.2 葡萄产地环境质量监测采样方法。

5.2.1 环境空气质量监测的采样方法按照 NY/T 397 执行。

5.2.2 灌溉水质量监测的采样方法按照 NY/T 396 执行。

5.2.3 土壤环境质量监测的采样方法按照 NY/T 395 执行。

5.3 检验结果的数据修约按照 GB/T 8170 执行。

ICS 17.200
N 11

中华人民共和国农业行业标准

NY/T 858—2004

沼气压力表

Biogas pressure meter

2005-01-04 发布　　2005-02-01 实施

中华人民共和国农业部 发布

前　言

本标准的附录 A 是规范性附录。

本标准由中华人民共和国农业部提出并归口。

本标准起草单位:农业部沼气产品及设备质量监督检验测试中心。

本标准主要起草人:郑时选、毛永成、钱晓吾、王超、丁自立。

沼 气 压 力 表

1 范围

本标准规定了沼气压力表(以下简称仪表)的技术要求、试验方法、检验规则和标志、包装与贮存。

本标准适用于金属膜盒沼气压力表及橡胶膜盒沼气压力表。

沼气液体压力计的质量按 JB/T 6803.2—93 的要求。

2 规范性引用文件

下列文件中的条款通过本标准的引用而成为本标准的条款。凡是注日期的引用文件,其随后所有的修改单(不包括勘误的内容)或修改版均不适用于本标准,然而,鼓励根据本标准达成协议的各方研究是否可使用这些文件的最新版本。凡是不注日期的引用文件,其最新版本适用于本标准。

GB 4451—84 工业自动化仪表振动(正弦)试验方法

GB/T 15464—1995 仪器仪表包装通用技术条件

GB/T 17214.3—2000 工业过程测量和控制装置的工作条件第 3 部分:机械影响

JB/T 9252—1999 工业自动化仪表 指针指示部分的基本形式、尺寸及指针的一般技术要求

JB/T 9253—1999 工业自动化仪表 标度的一般规定

JB/T 9274—1999 膜盒压力表

JB/T 9329—1999 仪器仪表运输、运输贮存基本环境条件及试验方法

3 产品代号及型式规格

3.1 型号编制

3.1.1 仪表用汉语拼音“YZZ”表示。

3.1.2 仪表的外壳公称直径用阿拉伯数字表示。

3.2 型号表示

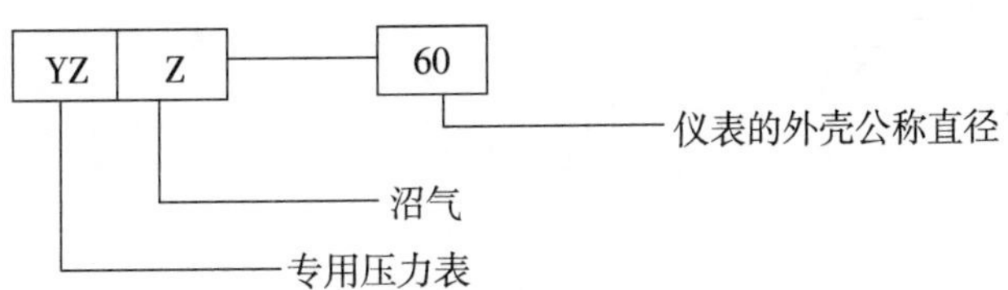

3.3 仪表的准确度等级

仪表的准确度等级为 4 级。

3.4 仪表量程范围

仪表量程范围为 0 kPa～10 kPa,0 kPa～16 kPa。

3.5 仪表连接方式

仪表连接方式为软管连结。

3.6 仪表的外壳公称直径

仪表外壳公称直径分为 60 mm 及 100 mm 两种。

3.7 仪表型式及主要尺寸

仪表型式及主要尺寸应符合图 1 和表 1 的规定。

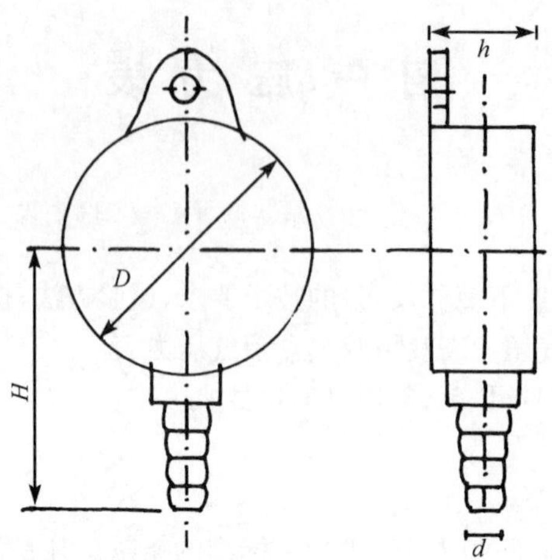

图 1

表 1 仪表主要尺寸

单位为毫米

D	H	h	d
60	<70	<36	8
100	<80	<36	8

4 技术要求

4.1 正常工作条件

4.1.1 仪表正常工作环境温度为－25℃～＋55℃。

4.1.2 环境振动应不超过 GB/T 17214.3 规定的 V.H.3 级。

4.1.3 仪表的正常工作压力应在仪表满刻度的四分之三以内。

4.2 参比工作条件

在下列条件下，仪表的基本误差、来回差、零点误差、轻敲位移及指针偏转的平稳性应符合本标准有关的规定：

a) 环境温度为 20℃±5℃；

b) 仪表垂直安装；

c) 负荷变化均匀。

4.3 基本误差

仪表的基本误差以引用误差表示，其值应在表 2 规定的范围之内。

表 2 基本误差

准确度等级	在测量范围内基本误差限(以量程的%计)
4	±4

4.4 来回差

仪表示值来回差应不大于基本误差限的绝对值。

4.5 零点误差

当仪表的膜盒内腔与大气连通时：

仪表的指针应靠在限止钉上且压住零标度线。

4.6 轻敲位移

在测量范围内的任何位置上，用手指轻敲(使指针能自由摆动)仪表外壳时，指针示值的变动量不应大于基本误差限绝对值的二分之一。

4.7 指针偏转的平稳性

在测量过程中，仪表的指针在全分度范围内偏转应平稳，不应有跳动或停滞现象。

4.8 超负荷

仪表应能承受测量范围上限值125%负荷并历时30 min的超负荷试验，试验后仍能满足4.3～4.7要求。

4.9 温度影响

应符合JB/T 9274—1999中4.9的规定。

4.10 交变负荷

仪表应能承受30 000周次正弦波形的交变负荷试验，负荷变化范围为量程的25%～35%至75%～85%，负荷变化幅度应不小于量程的50%，试验后仍应满足4.3～4.7要求。

4.11 指示装置

4.11.1 零点

仪表的零标度线应位于标度的左端。

4.11.2 标度

4.11.2.1 仪表标度线的型式和比例应符合JB/T 9253规定，其长标度线采用粗线，粗线的宽度应不大于1.2 mm。

仪表的中标度线和短标度线的宽度应不大于粗线宽度的三分之一。

4.11.2.2 零标度线

带限止钉仪表的零标度线对理论零点向负荷增加方向的偏移，应不大于测量范围基本误差限绝对值。

4.11.3 指针

仪表的指针应符合JB/T 9252的规定。

4.11.4 指针与标度盘间的距离

仪表指针要与大小刻度线重叠，其指针与标度盘之间的距离应在1.5 mm～3 mm范围内。指针旋转时与标度盘间距离的变化量应不大于1 mm。

4.12 外观

仪表的可见部分应无明显的瑕疵、划伤、毛刺和损伤；仪表外壳与表体结合部位不应有明显的裂隙。标度、标示应清晰、正确和完整。

4.13 耐工作环境振动性能

仪表应能承受符合GB/T 17214.3中规定的振动等级的振动，振动级为V.H.3级，振动后应无机械损伤并仍应符合本标准4.3～4.7规定。

4.14 抗运输环境性能

仪表在包装、运输条件下应能承受JB/T 9329所规定的自由跌落试验，自由跌落高度为100 mm。试验后仍能满足4.3～4.7要求。

4.15 耐腐蚀性

仪表应作连续通沼气两个月试验，负荷变化范围为量程的20%～80%，试验后仍应满足4.3～4.7要求。

4.16 材质要求

a) 仪表的外壳采用ABS工程塑料；

b) 仪表内与沼气接触的弹性元件采用耐酸性好的金属膜或橡胶片，其材质要求应符合国家现行有关规定。

5 试验方法

仪表的试验顺序及各试验项目之间的间歇时间按附录A(规范性附录)要求。

5.1 试验条件

5.1.1 按4.2参比工作条件。

注:出厂检验可以不在参比温度条件进行,但在参比工作条件下仪表仍应符合4.3~4.7规定。

5.1.2 试验用人工沼气(标气)的H_2S含量0.24%。

注:只用于耐腐蚀性试验,其余试验仍应参照JB/T 9274进行(空气)。

5.2 试验仪器

试验用标准仪器基本误差限的绝对值不大于被检仪表基本误差限的绝对值的四分之一。

5.3 试验点

以标有数字的标度线作为试验点。

5.4 测试方法

采用被测仪表与标准仪器比较的方法进行测试。

5.5 基本误差试验

5.5.1 试验时应由零均匀缓慢地增加负荷,试验各规定的试验点至测量上限,并保持3 min,然后再均匀缓慢地减负荷,试验各试验点到零。

5.5.2 测量时各试验点应进行两次读数,一次是在负荷平稳达到预定负荷(即轻敲仪表外壳前)时进行,另一次是在轻敲仪表外壳后进行。

5.5.3 基本误差应在正反行程中,轻敲前后各测量一次,检验轻敲前后示值与预定负荷之差均应符合4.3规定。

5.6 来回差试验

在5.5试验中,检验轻敲后同一试验点增负荷与减负荷时示值之差。

5.7 零点误差试验

5.7.1 在5.5试验中,负荷为零时目测被检仪表指针轻敲前后所处位置。

5.7.2 带限止钉仪表,指针应紧靠限止钉。

5.8 轻敲位移试验

在5.5试验中,检验同一试验点轻敲前与轻敲后示值之差。

5.9 指针偏转平稳性试验

由零均匀缓慢地增加负荷至测量上限,再均匀缓慢地减小负荷到零,观察指针偏转的平稳性。

5.10 超负荷试验

在5.1.1规定条件下,仪表按4.8规定作超负荷试验,去掉负荷后在30 min内按5.5~5.9检验。

5.11 温度影响试验

将仪表放入恒温箱中,逐渐升(降)温度至4.1.1规定的温度范围上(下)限值,并使仪表承受上限值四分之三的负荷,待温度稳定且保持不少于3 h后,进行温度影响示值误差试验。

5.12 交变负荷试验

在5.1.1规定条件下,将仪表安装在能产生正弦波形,频率30±3次/min,负荷交变幅度及次数符合4.10规定值的设备上,经试验后在30 min内按5.5~5.9检验。

5.13 指示装置试验

目测及用通用量具进行。

5.14 外观检验

目测检验。

5.15 耐工作环境振动试验

按 GB 4451 规定进行，耐久性试验采用定频试验，振动等级：1—A 级。

试验中给仪表施加量程 50％的负荷。

试验结束 1 h 后按 5.5～5.9 进行检验。

5.16 抗运输环境性能试验

按 4.14 要求及 JB/T 9329 规定的方法进行，试验后应按 5.5～5.9 进行检验。

5.17 耐腐蚀性试验

在 5.1 规定条件下，仪表按 4.15 规定作耐腐蚀性试验，试验结束 24 h 后按 5.5～5.9 检验。

6 检验规则

6.1 出厂检验

仪表应按 4.3～4.7 及 4.11～4.12 和 7.1 规定进行逐台检验，经判定仪表合格并发有合格证后方能出厂。

6.2 型式检验

有下列情况之一时，仪表应按本标准全部要求项目进行型式检验。

a） 新产品试制定型鉴定；

b） 连续生产的仪表每年进行一次；

c） 当设计、工艺或材料的改变可能影响到仪表性能时；

d） 仪表长期停产后，恢复生产时；

e） 出厂检验结果与上次型式检验结果有较大差异时；

f） 当企业进行质量体系认证时；

g） 抽样检验。

注：b）、d）两项中对 5.15 及 5.16 可以不进行。

6.3 监督检验

6.3.1 不合格品的判定原则

a） 仪表有一个 A 类不合格，称为不合格品；

b） 仪表有两个 B 类不合格，称为不合格品。

6.3.2 项目分类及判定方法

项目分类及判定方法见表 3。

表 3 项目分类及判定方法

分类	序号	项目名称	判定方法
A类	1	耐腐蚀性	不允许不合格
	2	基本误差	
B类	3	来回差	允许有一项不合格
	4	零点误差	
	5	轻敲位移	
	6	指针偏转的平稳性	
	7	超负荷	
	8	交变负荷	
	9	指示装置	
	10	耐工作振动环境	
	11	外观	
	12	材质要求	
	13	温度影响	

7 标志、包装与贮存

7.1 标志

仪表的标度盘上应标有：

a） 制造厂名和商标；

b） 仪表名称，并在仪表名称下面画一条标示沼气的红线；

c） 计量单位；

d） 准确度等级；

e） 制造年月及仪表编号或批号。

7.2 包装

仪表包装应按 GB/T 15464 规定，其防护类型由制造厂自定。

7.3 贮存

仪表应贮存在干燥通风的室内，室内空气中不应含有引起仪表腐蚀的杂质。

附　录　A
（规范性附录）
试验顺序及项目之间间歇时间

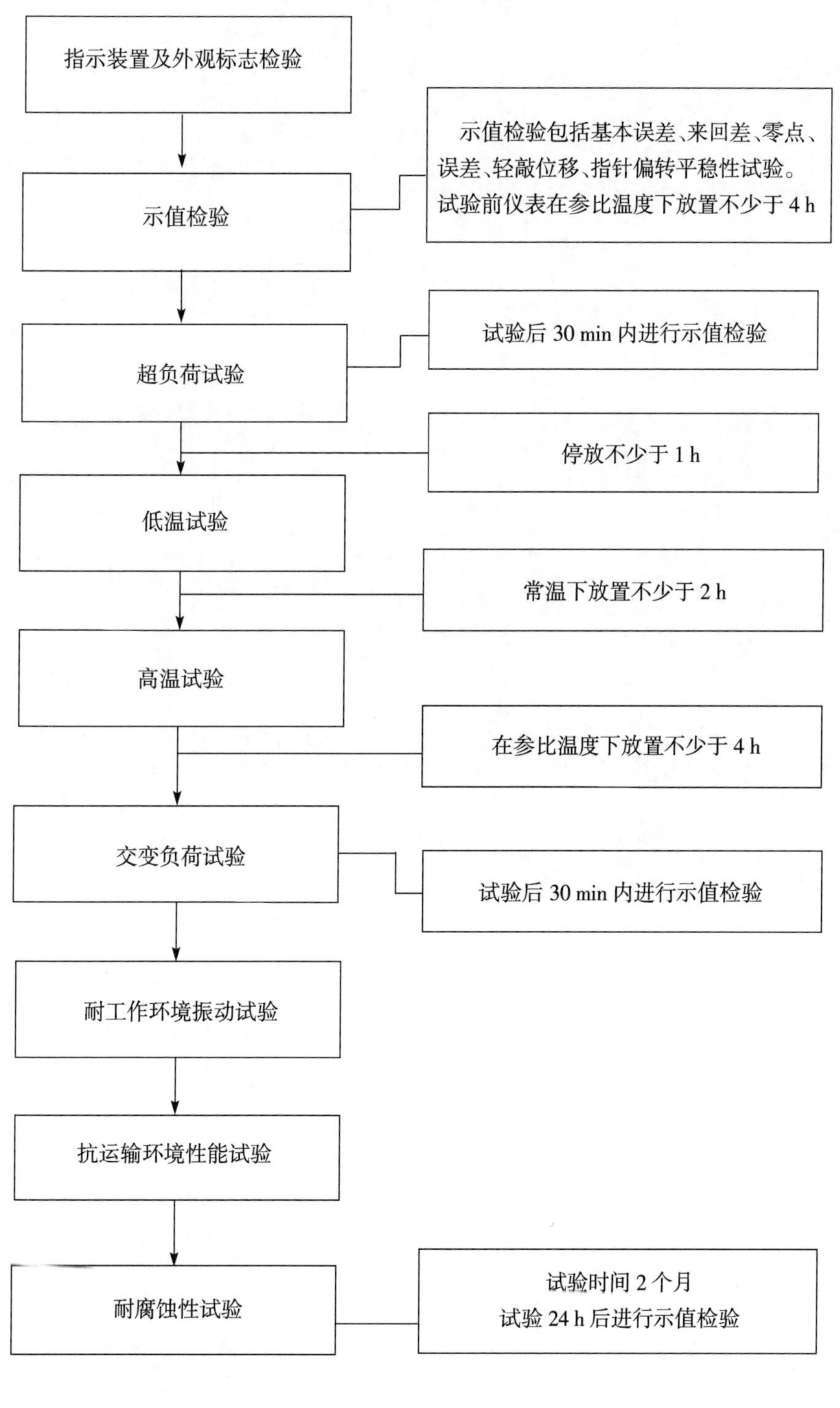

ICS 7.120.99
J 88

中华人民共和国农业行业标准

NY/T 859—2004

户用沼气脱硫器

Desulfuricer of household biogas

2005-01-04 发布　　　　2005-02-01 实施

中华人民共和国农业部 发布

前　言

本标准由中华人民共和国农业部提出并归口。

本标准起草单位:农业部沼气产品及设备质量监督检验测试中心。

本标准主要起草人:郑时选、颜秀琴、王超、丁自立、陈子爱、李晋梅、彭爱华。

户用沼气脱硫器

1 范围

本标准规定了以脱硫剂为氧化铁的户用沼气脱硫器的技术要求、试验方法、检验和标志、包装运输。

本标准适用于农村户用沼气池和压力小于 10 kPa 的数个户用沼气池组的沼气脱硫。

本标准不适用于液体及其他固体脱硫剂的脱硫器。

2 规范性引用文件

下列文件中的条款通过本标准的引用而成为本标准的条款。凡是注日期的引用文件,其随后所有的修改单(不包括勘误的内容)或修订版均不适用于本标准,然而,鼓励根据本标准达成协议的各方研究是否可使用这些文件的最新版本。凡是不注日期的引用文件,其最新版本适用于本标准。

GB 12211—90　城市燃气中硫化氢含量测定

3 型号及参数

3.1 型号编制

户用沼气脱硫器型号用汉语拼音字母和阿拉伯数字组成。

汉语拼音字母 H 表示户用;

汉语拼音字母 Z 表示沼气;

汉语拼音字母 TL 表示脱硫器;

阿拉伯数字表示脱硫器容积。

3.2 型号表示

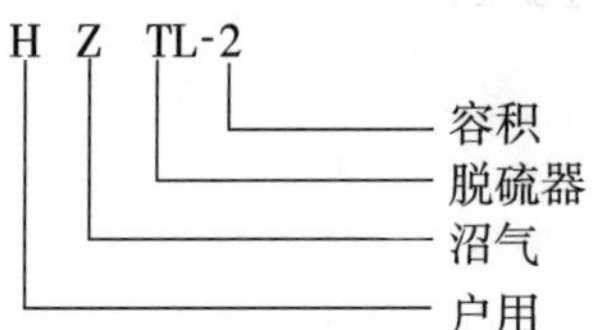

示例:"HZTL-2"表示:容积为 2L 的户用沼气脱硫器。

4 技术要求

4.1 外观

脱硫器外观应平整光滑无毛刺,无有损外观的缺陷。

4.2 结构

4.2.1 结构应能密封,易于固定,在使用、更换脱硫剂时应易于装卸,沼气进出流动应在脱硫器中不短路。

4.2.2 脱硫器的填充接合面及进出气口内壁应光滑、无毛刺,接头处应有密封垫,密封垫应有弹性并耐磨。

4.2.3 脱硫器进出口管长度应≥20 mm,ϕ 公称直径≥10 mm,与输气管连接处应有卡扣卡紧,不得漏气。

4.2.4 容器表面应有明显进出气方向标示。

4.3 材质

4.3.1 脱硫器应使用耐压≥10 kPa 压力并耐腐蚀的材料制造。

4.3.2 脱硫器壁厚应>2 mm,不得有明显气孔、裂纹等缺陷,不得使用再生塑料。

4.3.3 脱硫器壳体重量应在说明书中标明。

4.4 户用沼气脱硫器的容积应≥2L。

4.5 密封性能应在 10 kPa 压力下保持 1 min,不漏气。

4.6 脱硫剂

4.6.1 氧化铁脱硫剂几何尺寸为直径 ϕ4 mm~6 mm,长 5 mm~15 mm 的条状颗粒,直径 ϕ2 mm 以下的颗粒和粉末不应装入脱硫器内。

4.6.2 脱硫剂重量应≥1.6 kg。

4.6.3 脱硫剂累计硫容应≥30%。

4.7 使用寿命

4.7.1 脱硫器接口密封圈在反复开启后仍符合 4.5 要求。

4.7.2 脱硫器在避阳避热状况下安装使用 3 年内应保持原状,不应有锈蚀、开裂、变形、老化现象。

4.7.3 脱硫器首次使用 4 个月后应再生脱硫剂,脱硫剂再生不超过 3 次,脱硫剂使用终止时间不得超过 12 个月。

4.7.4 不允许脱硫剂在脱硫器内再生。

4.7.5 脱硫剂再生方法应在使用说明书中详细列出。

4.8 户用沼气脱硫器首次使用脱除硫化氢后,硫化氢剩余含量应≤36 mg/Nm^3。

4.9 脱落粉末含量

脱硫器中脱落粉末直径 ϕ<2 mm 的量应<10 g。

4.10 压力降

脱硫器首次使用产生的压力降应<200 Pa。

5 试验方法

5.1 实验室条件

5.1.1 试验温度 25℃±10℃,试验压力 1 600 Pa±100 Pa;试验气流量 10 L/min。

5.1.2 试验系统中需备有容积≥800 L 的沼气储存罐,并配备微调开关。

5.1.3 试验用气采用人工配制的沼气,硫化氢含量 0.24%。

5.1.4 试验用仪器应经过检定,试验用仪器见表 1。

表 1 试验所需仪器

测定项目	仪器名称	规 格	精度或最小刻度
硫化氢含量	注射器	0 ml~50 ml 0 ml~100 ml	2 ml
	三通活塞	不锈钢	注射器配套
	秒表	15 min	0.1 s
	硫化氢检测仪	HS-1 型	0.001%
	硫化氢检测管	0.01%~0.5%(0.6%) 0.001%~0.1% 0.000 1%~0.012%	

表 1 （续）

测定项目	仪器名称	规　格	精度或最小刻度
环境条件	玻璃水银温度计	0℃～50℃	1℃
	盒式压力表	±2 000 Pa	10 Pa
压力降	U 型压力计	0 kPa～10 kPa	10 Pa
脱硫剂重量	电子秤	5 kg	1 g
粉尘含量	天平	0 g～200 g	0.1 g
几何尺寸	游标卡尺	0 mm～200 mm	0.02 mm

5.2 外观

目测脱硫器表面是否平整光滑无毛刺，无明显划痕和影响外观的缺陷。

5.3 结构

目测及通用量具检查脱硫器结构应符合 4.2 要求。

5.4 容积

用游标卡尺和软尺测量户用沼气脱硫器表面尺寸和内外壁厚度，计算出容积。

5.5 密封性能

密封脱硫器出口，U 型表与脱硫器并联在入口处输入试验气，按 10 kPa 试压，保持 1 min，检查是否漏气。

5.6 脱硫剂

5.6.1 用游标卡尺测量氧化铁脱硫剂几何尺寸。

5.6.2 将脱硫剂从脱硫器中倒出，用电子秤称脱硫剂重量。

5.7 硫化氢剩余含量

用 10 L/min 流速的试验气通入户用沼气脱硫器，在沼气脱硫器出口处用医用注射器抽取 50 ml 气样，取 2 个平行样测定硫化氢剩余含量。将百分含量换算为克/标准立方米（mg/Nm^3）。

换算方法按式（1）：

$$mg/Nm^3 = \frac{H_2S\% \times 34}{22.4} \times 10^6 \qquad \cdots\cdots (1)$$

式中：

34——硫化氢（H_2S）分子量；

22.4——标准状态下 1 摩尔的体积，单位为升（L）。

5.8 硫容

5.8.1 将 50 g 脱硫剂装于干燥管中，在入口处接上转子流量计（带稳压装置），再接上硫化氢含量为 0.24%的标准试验气，以 10 L/min 的流速通入。直至在出口处测不出硫化氢时，记录所用试验气体积（V）和时间（t），计算重量并换算为克/标准立方米（g/Nm^3）。

5.8.2 一次硫容

按 5.8.1 的方法实验，一次硫容按式（2）计算：

$$S_1 = \frac{G}{W} \qquad \cdots\cdots (2)$$

式中：

S_1 ——一次硫容，单位为百分含量（%）；

W ——脱硫剂重量，单位为克（g）；

G ——脱出的硫化氢重量，单位为克（g）。

5.8.3 累计硫容

将脱硫器中的脱硫剂倒出，在室温自然通风条件下摊开，期间每天翻动1～2次，待脱硫剂变回接近原来的黄褐色后装入脱硫器中继续使用。按5.8.1方法进行实验，按式(2)计算出二、三次硫容。

脱硫剂累计硫容按式(3)计算：

$$\sum S(\%)=\frac{S_1+S_2+S_3}{W} \quad \cdots\cdots (3)$$

式中：

$\sum S$——脱硫剂累计硫容，单位为百分含量(%)；

S_2——二次工作硫容，单位为克(g)；

S_3——三次工作硫容，单位为克(g)。

5.9 使用寿命

脱硫器接口密封圈在反复开启8次后，按5.5的方法测试应符合4.5要求。

5.10 脱落粉末含量

拧开脱硫器盖，将脱硫剂倒入10目分样筛，筛出脱硫剂直径 $\phi<2$ mm的颗粒和粉末，用天平称重量。

5.11 压力降

在脱硫器进、出气口处各并联安装一个U型压力表，记录进出气口压力差值。

6 出厂检验

出厂检验的项目为本标准4.1、4.2、4.6.2。

产品应有生产厂质检部门检验合格证方可出厂。

6.1 型式检验

6.1.1 在下列情况之一时应进行型式检验：

——新产品或老产品转厂生产的试制定型鉴定；

——正式生产后，如结构、材质上有所改变而可能影响产品性能时；

——正常生产，周期满1年时；

——产品长期停产后恢复生产时；

——出厂检验结果与上次型式检验有较大差异时；

——国家质量监督机构提出进行型式检验要求时；

——生产企业进行质量体系认证时。

6.1.2 型式检验的样品在经出厂检验合格的产品批中随机抽取。

6.2 判定原则

表2 项目分类及判定方法

分　类	序　号	项目名称	判定方法
A	1	密封性	不允许不合格
	2	脱硫剂首次脱硫后硫化氢剩余含量	
	3	脱硫剂重量	
B	4	粉末含量	允许有一项不合格
	5	压力降	
	6	脱硫器材质	
	7	脱硫器容积	

表 2 （续）

分　　类	序　　号	项目名称	判定方法
C	8	脱硫剂几何尺寸	允许有四项不合格
	9	脱硫器接口密封圈弹性	
	10	脱硫器进出口几何尺寸	
	11	容器表面进出气方向标示	
	12	外观	
	13	结构	
	14	应在使用说明书中列出脱硫剂再生方法	

不合格品的判定原则：

a） 有一个 A 项不合格时，为不合格；

b） 有一个 B 类和两个 C 类或两个 B 类不合格时，为不合格；

c） 有四个 C 类不合格时，为不合格。

7 标志、包装、运输、贮存

7.1 标志

脱硫器应在明显位置标示铭牌，标明生产厂的名称、商标、型号、制造日期，产品执行标准。

7.2 包装

7.2.1 包装应安全、牢固，应标明厂名、产品名称、型号、体积、脱硫剂重量、防潮、防压等字样，包装内应有出厂检验合格证和使用说明书。

7.2.2 产品使用说明书

应包括下列内容：

——产品主要技术指标；

——安装、使用说明；

——脱硫剂再生方法；

——安全维护注意事项；

——厂址及通讯联络事项。

7.3 运输

脱硫器在运输时要轻装轻放，避免剧烈震动、碰撞和防雨，搬动时禁止滚动和抛掷，避免脱硫剂粉化。

7.4 贮存

脱硫器须贮存在干燥、清洁通风的仓库里，防止吸潮和化学污染。贮存堆码不得超过 2 m，防止倒垛。

ICS 91.120.10
Q 25

中华人民共和国农业行业标准

NY/T 860—2004

户用沼气池密封涂料

Digestor sealing coatings

2005-01-04 发布　　　　2005-02-01 实施

中华人民共和国农业部　发布

前　言

本标准由中华人民共和国农业部提出并归口。

本标准起草单位:农业部沼气产品及设备质量监督检验测试中心。

本标准主要起草人:郑时选、陈子爱。

户用沼气池密封涂料

1 范围

本标准规定了户用沼气池密封涂料的技术要求、试验方法、检验规则，以及包装、标志、运输和贮存要求等。

本标准适用于混凝土或砖混结构的沼气池内部密封的户用沼气池密封涂料。

2 规范性引用文件

下列文件中的条款通过本标准的引用而成为本标准的条款。凡是注日期的引用文件，其随后所有的修改单(不包括勘误的内容)或修订版均不适用于本标准，然而，鼓励根据本标准达成协议的各方研究是否可使用这些文件的最新版本。凡是不注日期的引用文件，其最新版本适用于本标准。

GB 175 硅酸盐普通水泥、普通硅酸盐普通水泥

GB 3186 涂料产品的取样

GB/T 4751—2002 户用沼气池质量检查验收规范

GB/T 9265—1988 建筑涂料 涂层耐碱性的测定

GB/T 16777—1997 建筑防水涂料试验方法

3 产品分类

3.1 组成

户用沼气池密封涂料由甲组分和乙组分组成。其中甲组分为醋酸乙烯、聚醋乙烯树脂、聚乙烯或丙烯酸、丙烯酸酯，乙组分为硅酸盐水泥。

3.2 分类

按户用沼气池密封涂料的所含甲组分(聚合物)的种类进行分类：

a) Ⅰ类：甲组分为醋酸乙烯、聚醋乙烯树脂、聚乙烯等；

b) Ⅱ类：甲组分为丙烯酸、丙烯酸酯等。

3.3 产品标记

3.3.1 标记方法

产品按下列顺序标记：名称、类型、标准号。

3.3.2 标记示例

Ⅰ类户用沼气池密封涂料标记为：

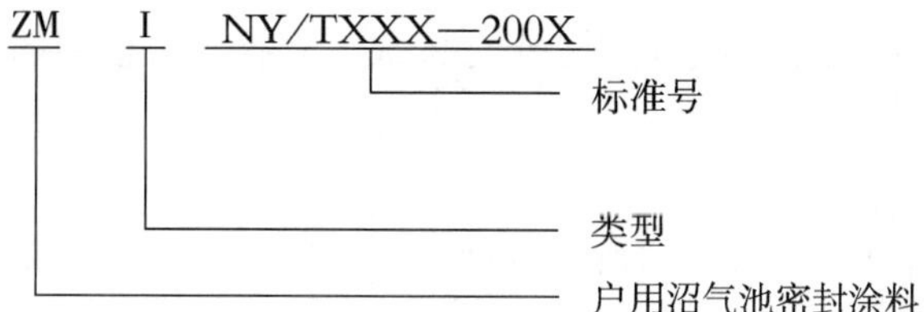

4 技术要求

4.1 乙组分应符合 GB 175 的规定，强度等级为 42.5 MPa。

4.2 甲组分、甲组分和乙组分混合后产品的技术指标应符合表1的要求。

表1 产品的技术指标

试 验 项 目[a]			技 术 指 标
外观			乳胶状产品应为无杂质、无硬块的均匀膏状体
固体含量,%		≥	12[b]
毒害性			涂料不应降低沼气池发酵微生物的产气性能
贮存稳定性			涂料在0℃和50℃放置24 h后,其外观应符合技术要求
亲和性			将涂料甲组分与乙组分混匀后静置30 min,应无分层现象
抗渗性(1 000 mm水柱下降率,%)		<	3.0%[c]
空气渗透率,%		<	3.0%[c]
潮湿基面黏结强度,MPa		≥	0.2
耐碱(饱和氢氧化钙溶液,48 h)			试样表面无起泡、裂痕、剥落、粉化、软化和溶出现象
耐酸(pH为5的溶液,48 h)			试样表面无起泡、裂痕、剥落、粉化、软化和溶出现象
耐热度(60℃,5 h)[d]			试样表面无鼓泡、流淌和滑动现象
干燥时间,h	表干时间	≤	4
	实干时间	≤	24

注:
[a] 涂料1~4测试项目的样品为甲组分;5~12测试项目的样品为甲乙组分混合后的涂料(备用涂料);
[b] 为甲组分的固体含量指标;
[c] 技术指标符合GB/T 4751—2002中10.2.1和10.2.2规定;
[d] 如产品用于高温发酵沼气池,该项目应测试。

5 试验方法

5.1 乙组分

按GB 175的规定进行。

5.2 试料取样

按GB 3186的规定进行。

5.3 标准试验条件

试验室标准实验条件为:温度23℃±2℃,相对湿度45%~70%。

5.4 备用涂料

将甲组分涂料按产品配制比例与水及乙组分配成可直接施工使用的备用涂料,用于表1中6~12试验项目的测试。

5.5 外观检查

取适量甲组分涂料于干净的玻璃器皿,用玻璃棒搅拌后目测,其外观应符合表1的要求。

5.6 固体含量的测定

取适量甲组分涂料按GB/T 16777—1997中第4章A法的规定测定。干燥温度:Ⅰ类、Ⅱ类为105℃±2℃。

5.7 毒害性的测定

5.7.1 **试验装置**

由500 ml血清瓶、150 ml排气集气瓶和50 ml接水量筒组成。如图1所示。

5.7.2 **试验样品与材料**

5.7.2.1 猪粪水或牛粪水；

5.7.2.2 厌氧污泥；

5.7.2.3 石蜡。

5.7.3 **试验步骤**

5.7.3.1 **样品试验**

向5个血清瓶中分别加入体积比为1∶4的厌氧污泥和干物质含量(TS)约6%的猪粪水(牛粪水)约400 ml，然后投入甲组分涂料，此涂料量是按产品在沼气池中使用比例计算出500 ml体积时应加的量。连接集气定量装置，并用石蜡对瓶口及连接处进行密封。见图1。

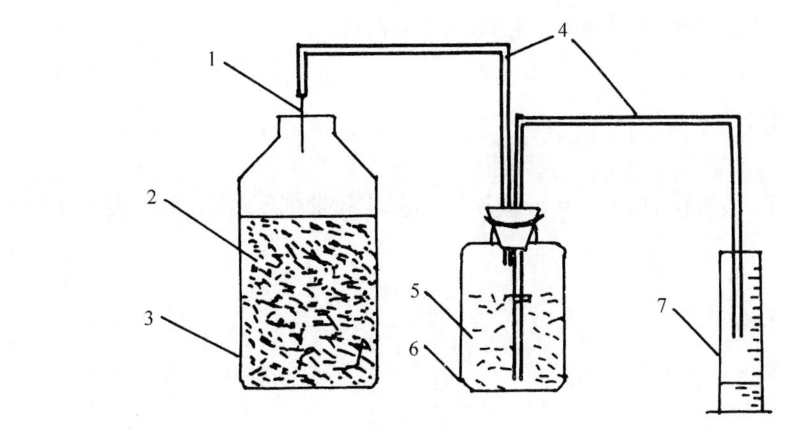

1——注射针；
2——猪粪水(牛粪水)+污泥；
3——血清瓶；
4——导管；
5——蒸馏水；
6——排水集气瓶；
7——量筒。

图1 毒害性试验装置示意图

5.7.3.2 **对照试验**

除不加甲组分涂料外，其余与“样品试验”相同。

5.7.3.3 将装置置于常温条件下(20℃～25℃)发酵。每天观察测量沼气情况，并每天记录处理组和对照组的沼气产量各一次，直至第10 d。

5.7.4 **结果处理与评定**

5.7.4.1 对处理和对照的产气量数据进行统计和采用t检验方法，以确定涂料对沼气池发酵微生物的产气性能是否有抑制。

5.7.4.2 涂料对沼气池发酵微生物的产气性能是否有抑制，以涂料对猪粪水(牛粪水)厌氧发酵产沼气量是否有显著影响来表示。当处理组与对照组的产沼气量没有显著差异时，表明涂料对沼气池发酵微生物的产气性能没有明显的抑制作用；反之，表明涂料对沼气池发酵微生物的产气性能有明显的抑制作用。

5.8 **贮存稳定性**

5.8.1 **试验器具**

5.8.1.1 生化培养箱：0 ℃～50 ℃，控温精度±1 ℃；

5.8.1.2 电子天平：精度 0.1 g。

5.8.2 **试验步骤**

将一定量甲组分样品 50 g～250 g 分别在 0℃±1℃和 50℃±1℃环境下放置 24 h 后取出，目测其外观是否符合表 1 要求。

5.9 **亲和性的测定**

将在标准试验条件下放置后的涂料样品按生产厂家指定的比例分别称取适量甲乙组分涂料，各取两份，混匀后静置 30 min，观察甲组分与乙组分是否有分层现象。

5.10 **抗渗性试验**

5.10.1 **试验器具**

5.10.1.1 硬聚氯乙烯或金属型框：70 mm×70 mm×20 mm；

5.10.1.2 捣棒：直径 10 mm，长 350 mm，端部磨圆；

5.10.1.3 抹刀：刀宽 25 mm；

5.10.1.4 软毛刷：宽度为 25 mm～50 mm；

5.10.1.5 水砂纸：200 号；

5.10.1.6 硅油或液体石蜡。

5.10.2 **试验装置**

试验仪器如图 2 所示，装置由直径 50 mm 玻璃短颈漏斗和带刻度玻璃管(长度为 1 000 mm，内径为 10 mm)组成。

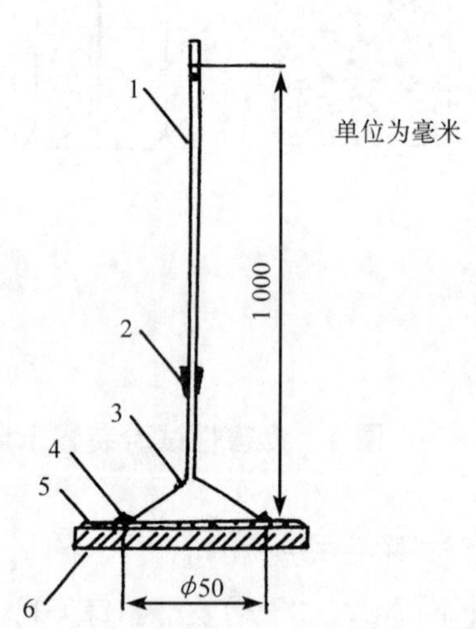

1——带刻度的玻璃管或塑料管；
2——橡胶管或 PVC 管；
3——漏斗；
4——室温硅橡胶；
5——涂料；
6——试块。

图 2 透水性试验用装置

5.10.3 **试件的制备**

5.10.3.1 将符合 GB 175 的强度等级为 42.5 MPa 普通水泥及中砂和水按重量比 1∶2∶0.4 配制成砂浆，混匀后倒入 5.10.1.1 的硬聚氯乙烯或金属型框中，捣实抹平。为方便脱模，在涂覆前模具表面可用硅油或液体石蜡进行处理。24 h 后脱模，将砂浆块在 20℃±1℃的水中养护 7 d，再于室温下放置 7 d，用 200 号水砂纸将成型试块的底面磨平，清除浮灰，即可供试验使用。

5.10.3.2 将搅拌均匀的备用涂料用软毛刷在 5.10.3.1 制备的普通水泥砂浆块的 70 mm×70 mm 水平面中涂刷。可分五次涂刷，每道涂刷时，不允许有空白，并在涂刷后在 5.3 试验条件下放置 4 h～6 h，最后一道涂刷后应在5.3试验条件下放置24 h～30 h，固化后涂膜厚度应为2.0 mm±0.2 mm。检查涂膜外观，试件表面应光滑、无明显气泡。

5.10.4 试验程序

将三块按5.10.3规定制备的试件置于水平状态，且涂膜面朝上，再用室温硅橡胶密封漏斗和试件间缝隙，放置24 h，按如图2连接玻璃管或塑料管。往玻璃管或塑料管内注入蒸馏水，直至距离试件表面约1 000 mm，读取玻璃管刻度(L_1)；放置24 h，再读取玻璃管刻度(L_2)，试验前后玻璃管刻度之差即为透水量。

5.10.5 结果计算

透水率按式(1)计算

$$S=\frac{L_1-L_2}{L_1}\times 100 \qquad \cdots\cdots(1)$$

式中：

S——透水率，单位为百分率(%)；

L_1——初装时玻璃管刻度，单位为毫米(mm)；

L_2——24 h后玻璃管刻度，单位为毫米(mm)。

抗渗性能以透水率表示，透水率越小，表明该涂料的抗渗性能越好；反之，表明该涂料的抗渗性能越差。

试验结果取三个试件的算术平均值，精确到0.1%。

5.11 空气渗透率的测试

5.11.1 试验器具

5.11.1.1 U型压力表：0 kPa～10 kPa；

5.11.1.2 乳胶管；

5.11.1.3 充气器及开关。

5.11.2 试验装置

试验仪器如图3所示，装置由直径50 mm玻璃短颈漏斗、U型压力表和充气器组成。

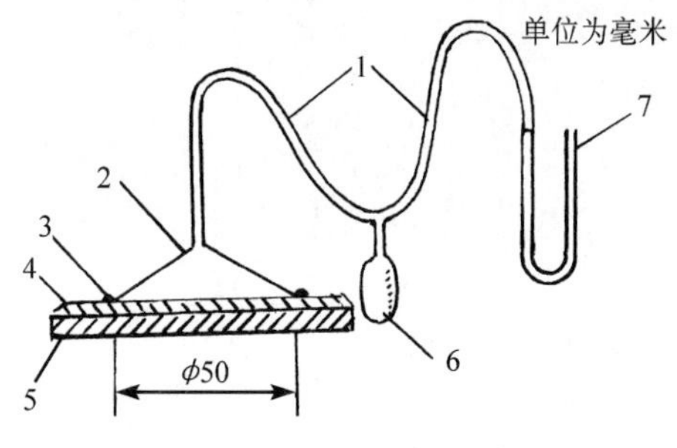

1——乳胶管；
2——漏斗；
3——室温硅橡胶；
4——涂料；
5——试块；
6——充气器；
7——U型压力表。

图3 空气渗透率试验用装置

5.11.3 试件的制备

按5.10.3的方法进行。

5.11.4 试验程序

同5.10.4步骤将漏斗和试件连接，放置24 h。按如图3将U型压力表与漏斗及充气器连接，往实验装置内充气，使U型管液面间的高度差为800 mm(h_0)，关闭充气开关。24 h后观察U型管液面间的高度差(h_1)。

5.11.5 结果计算

空气渗透率按式(2)计算

$$t=\frac{h_0-h_1}{h_0}\times 100 \quad \cdots\cdots (2)$$

式中：

t——空气渗透率，单位为百分率(%)；

h_0——初装时液面高度差，单位为毫米(mm)；

h_1——24 h后液面高度差，单位为毫米(mm)。

以三个试件的算术平均值为试验结果，精确到0.1%。

5.12 潮湿基面黏结强度的测定

5.12.1 试验器具

5.12.1.1 拉力试验机：量程0 N～1 000 N，拉伸速度0 mm/min～500 mm/min；

5.12.1.2 “8”字形金属模具：按GB/T 16777—1997中的图2；

5.12.1.3 “8”字形普通水泥砂浆块：按GB/T 16777—1997中的图3；

5.12.1.4 游标卡尺：精度0.1 mm。

5.12.2 试件的制备

按GB/T 16777—1997中的6.2.1的规定制备半“8”字形水泥砂浆块。清除水泥砂浆块断面上的浮灰后将砂浆块在23℃±2℃的水中浸泡24 h。取出，在5.3试验条件下放置5 min后，在砂浆块的断面上均匀涂抹备用涂料，不允许有空白，且涂膜厚为0.5 mm～0.7 mm。然后将两个砂浆块的断面小心对接，在5.3试验条件下放置4 h。将制得的试件在20℃±1℃的水中养护7 d。

按相同方法同时制备五个试件。

5.12.3 试验步骤

将试件在5.3试验条件下放置2 h，用卡尺测量试件黏结面的长度和宽度(mm)。将试件装在拉力试验机的夹具上，以50 mm/min的速度拉伸试件，记下试件拉断时的拉力值(N)。并观察试件断面的情况，若试件拉断时断面有四分之一以上的面积露出砂浆表面，则该数值无效，应进行补做。

5.12.4 结果计算

黏结强度按式(3)计算

$$g=\frac{I}{a\times b} \quad \cdots\cdots (3)$$

式中：

g——试件的黏结强度，单位为兆帕(MPa)；

I——试件破坏时的拉力值，单位为牛顿(N)；

a——试件黏结面的长度，单位为毫米(mm)；

b——试件黏结面的宽度，单位为毫米(mm)。

黏结性以黏结强度表示，取三个试件有效结果的算术平均值为黏结强度值，精确到0.01 MPa。

5.13 耐碱性的测定

5.13.1 材料与仪器

5.13.1.1 氢氧化钙(化学纯)；

5.13.1.2 蒸馏水或无离子水；

5.13.1.3 石蜡、松香(工业品)；

5.13.1.4 酸度计：pH精度为±0.1；

5.13.1.5 天平：精确至0.001 g。

5.13.2 饱和氢氧化钙溶液的配制

按 GB/T 9265—1988 的第 4 章进行。

5.13.3 **试件制备**

按 5.10.3 进行。

5.13.4 **试验步骤**

取三个试件，用石蜡和松香混合物(质量比为 1∶1)将试件的四周和背面即涂层之外的部分封闭。然后浸入按 5.13.2 配制的缓冲溶液中，且液面应高于试件 10 mm 以上，48 h 后取出。

5.13.5 **试件的检查与结果评定**

浸泡结束后，取出试件用水冲洗干净，甩掉板面上的水珠，再用滤纸吸干。立即观察涂层表面是否出现起泡、裂痕、剥落、粉化、软化和溶出等现象。

以三个试件涂层均无上述现象为合格。

5.14 **耐酸性的测定**

5.14.1 **材料与仪器**

5.14.1.1 邻苯二甲酸氢钾(分析纯)；

5.14.1.2 氢氧化钠(分析纯)；

5.14.1.3 蒸馏水或无离子水；

5.14.1.4 量筒：50 ml；

5.14.1.5 移液管：20 ml、5 ml；

5.14.1.6 石蜡、松香(工业品)；

5.14.1.7 酸度计：同 5.13.1.4；

5.14.1.8 天平：同 5.13.1.5。

5.14.2 **pH 为 5 的溶液的配制**

5.14.2.1 **0.1 mol/L 邻苯二甲酸氢钾溶液的配制**

称取预先经 105℃烘干 2 h 的邻苯二甲酸氢钾($KHC_8H_4O_4$)20.41 g 溶于蒸馏水，转入容量瓶中，定容至 1 000 ml。

5.14.2.2 **0.10 mol/L 氢氧化钠溶液的配制**

称取预先经 105℃烘干 2 h 的氢氧化钠(NaOH)4.0 g 溶于蒸馏水，转入容量瓶中，定容至 1 000 ml。

5.14.2.3 **pH 为 5 溶液的配制**

于 23℃±2℃条件下，量取 0.1 mol/L 邻苯二甲酸氢钾溶液 50 ml 和 0.10 mol/L 氢氧化钠溶液 22.6 ml 于容量瓶中，并加蒸馏水定容至 100 ml。该溶液的 pH 应达到 5。

5.14.3 **试件的制备**

按 5.10.3 进行。

5.14.4 **试验步骤**

按 5.13.4 进行。

5.14.5 **试件的检查与结果评定**

按 5.13.5 进行。

5.15 **耐热度的测定**

5.15.1 **试验器具**

5.15.1.1 电热鼓风恒温干燥箱：0℃～300℃，控温精度±2℃；

5.15.1.2 硬聚氯乙烯或金属型框：同 5.10.1.1。

5.15.2 **试件的制备**

按 5.10.3 进行。

5.15.3 试验步骤

将试样置于干燥箱内，且温度控制在 60℃，5 h 后取出。

5.15.4 试件的检查与结果评定

观察三个试样表面是否有鼓泡、流淌和滑动现象。

以三块试件涂层均无上述现象为合格。

5.16 干燥时间的测定

5.16.1 表干时间

按 GB/T 16777—1997 中 12.2.1 B法进行。

5.16.2 实干时间

按 GB/T 16777—1997 中 12.2.2 B法进行。

6 检验规则

6.1 检验分类

6.1.1 出厂检验

出厂检验项目包括外观、固体含量、亲和性、空气渗透率。

6.1.2 型式检验

型式检验的项目包括本标准规定的全部技术要求。

有下列情况之一时，应进行型式检验：

a) 新产品试制或老产品转厂生产的试制定型鉴定；
b) 正常生产时，每年进行一次型式检验；
c) 产品的原料、配比、工艺有较大改变，可能影响产品质量时；
d) 产品停产半年以上，恢复生产时；
e) 出产检验结果与上次型式检验有较大差异时；
f) 国家质量监督机构提出进行型式检验要求。

6.2 组批与抽样规则

6.2.1 组批

以同一类型的 5 t 为一批量，不足 5 t 也作为一批。

6.2.2 抽样

出厂检验和型式检验产品取样时，取 2 kg 样品用于检验。按 GB 3186 进行取样。

6.3 判定规则

6.3.1 物理力学性能单项判定：抗渗性、空气渗透率试验每个试件均符合表 1 规定，则判该项目合格；其余项目试验结果的算术平均值符合表 1 规定，则判该项目合格。

6.3.2 综合判定见表 2。

表 2 项目分类及判定方法

分类	序号	项目名称	判定方法
A类	1	亲和性	不允许不合格
	2	固体含量	
	3	抗渗性	
	4	空气渗透率	
	5	黏结强度	

表2（续）

分类	序号	项目名称	判定方法
B类	6	外观	允许有一项不合格
	7	毒害性	
	8	贮存稳定性	
	9	耐酸性	
	10	耐碱性	
	11	耐热度	
	12	干燥时间	

7 标志、包装、运输和贮存

7.1 标志

7.1.1 乙组分的标志符合GB 175的规定。

7.1.2 涂料甲组分包装上应有印刷或粘贴牢固的标志，内容包括：

a) 产品名称；
b) 主要成分；
c) 贮存条件；
d) 生产厂名、地址；
e) 生产日期、批号和保质期；
f) 净含量；
g) 商标；
h) 产品的使用说明(应包括产品性能特点、使用方法)；
i) 执行标准。

7.2 包装

7.2.1 乙组分的包装符合GB 175的规定。

7.2.2 甲组分应采用塑料桶或塑料袋包装。

7.2.3 甲组分包装应附有产品合格证和使用说明书。

7.3 运输

7.3.1 乙组分的运输符合GB 175的规定。

7.3.2 溶剂型甲组分产品按危险品运输方式办理，在运输过程中应不得接触明火；

7.3.3 乳胶状甲组分产品为非易燃易爆品，可按一般货物运输；

7.3.4 甲组分在运输时防止雨淋、暴晒、受冻，避免挤压、碰撞，保持包装完好无损。

7.4 贮存

7.4.1 乙组分的贮存符合GB 175的规定。

7.4.2 甲组分产品贮存期间应保证通风、干燥，防止日光直接照射，贮存温度不应低于0℃和高于50℃；

7.4.3 甲组分产品在符合本标准7.4.2的存放条件下，自生产之日起，保质期为12个月。

ICS 67.060
B 20

中华人民共和国农业行业标准

NY 861—2004

粮食(含谷物、豆类、薯类)及制品中铅、铬、镉、汞、硒、砷、铜、锌等八种元素限量

Limits of eight elements in cereals, legume, tubes and its products

2005-01-04 发布 2005-02-01 实施

中华人民共和国农业部 发布

前　言

本标准由中华人民共和国农业部提出并归口。

本标准起草单位:农业部食品质量监督检验测试中心(成都)。

本标准主要起草人:杨定清、胡述楫、胡谟彪、谢永红、罗晓梅。

粮食(含谷物、豆类、薯类)及制品中铅、铬、镉、汞、硒、砷、铜、锌等八种元素限量

1 范围

本标准规定了粮食及其制品中铅、铬、镉、汞、硒、砷、铜、锌等八种元素的限量要求及检验方法。

本标准适用于谷物、大米、小麦、玉米、豆类、薯类及其制品(粉条、粉丝、米粉、玉米粉、薯条、食用淀粉等制品)。

2 规范性引用文件

下列文件中的条款通过本标准的引用而成为本标准的条款。凡是注日期的引用文件,其随后所有的修改单(不包括勘误的内容)或修订版均不适用于本标准,然而,鼓励根据本标准达成协议的各方研究是否可使用这些文件的最新版本。凡是不注日期的引用文件,其最新版本适用于本标准。

GB/T 5009.11 食品中总砷及无机砷的测定

GB/T 5009.12 食品中铅的测定

GB/T 5009.13 食品中铜的测定

GB/T 5009.14 食品中锌的测定

GB/T 5009.15 食品中镉的测定

GB/T 5009.17 食品中总汞及有机汞的测定

GB/T 5009.93 食品中硒的测定

GB/T 5009.123 食品中铬的测定

3 要求

粮食及制品中铅等八种元素限量指标应符合表1的规定。

表1 粮食及其制品中铅等八种元素限量

项目	谷物及制品	豆类及制品	鲜薯类(甘薯、马铃薯)	薯类制品
铜(以Cu计),mg/kg≤	10	20	6	20
锌(以Zn计),mg/kg≤	50	100	15	50
铅(以Pb计),mg/kg≤	0.4	0.8	0.4	1.0
镉(以Cd计),mg/kg≤	大米0.2 面粉0.1 玉米0.05	0.2	0.2	0.05
砷(以总As计),mg/kg≤	0.7	0.5	0.2	0.5
铬(以总Cr计),mg/kg≤	1.0	1.0	0.5	1.0
硒(以Se计),mg/kg≤	0.3	0.3	0.1	0.3
汞(以Hg计),mg/kg≤	0.02	0.02	0.01	0.02

4 检验方法

4.1 铜

按 GB/T 5009.13 执行。

4.2 锌

按 GB/T 5009.14 执行。

4.3 铅

按 GB/T 5009.12 执行。

4.4 镉

按 GB/T 5009.15 执行。

4.5 砷

按 GB/T 5009.11 执行。

4.6 铬

按 GB/T 5009.123 执行。

4.7 硒

按 GB/T 5009.93 执行。

4.8 汞

按 GB/T 5009.17 执行。

ICS 67.80.20
B 39

中华人民共和国农业行业标准

NY 862—2004

杏鲍菇和白灵菇菌种

Culture of *Pleurotus eryngii* and *Pleurotus nebrodensis*

2005-01-04 发布　　　　2005-02-01 实施

中华人民共和国农业部　发布

前　言

本标准的附录 A、附录 B、附录 C 为规范性附录。

本标准由中华人民共和国农业部提出并归口。

本标准起草单位：中国农业科学院土壤肥料研究所、中国微生物菌种保藏管理委员会农业微生物中心。

本标准主要起草人：张金霞、黄晨阳、左雪梅、郑素月。

杏鲍菇和白灵菇菌种

1 范围

本标准规定了杏鲍菇(*Pleurotus eryngii*)和白灵菇(*Pleurotus nebrodensis*)各级菌种的质量要求、试验方法、检验规则及标签、标志、包装、贮运。

本标准适用于杏鲍菇(*Pleurotus eryngii*)和白灵菇(*Pleurotus nebrodensis*)的母种(一级种)、原种(二级种)和栽培种(三级种)。

2 规范性引用文件

下列文件中的条款通过本标准的引用而成为本标准的条款。凡是注日期的引用文件,其随后所有的修改单(不包括勘误的内容)或修订版均不适用于本标准,然而,鼓励根据本标准达成协议的各方研究是否可使用这些文件的最新版本。凡是不注日期的引用文件,其最新版本适用于本标准。

GB 191 包装储运图示标志

GB/T 4789.28 食品卫生微生物学检验 染色法、培养基和试剂

NY/T 528 食用菌菌种生产技术规程

3 术语和定义

下列术语和定义适用于本标准。

3.1

母种 stock culture

按 NY/T 528规定。

3.2

原种 mother spawn

按 NY/T 528规定。

3.3

栽培种 spawn

按 NY/T 528规定。

3.4

拮抗现象 antagonism

具有不同遗传基因的菌落间产生不生长区带或形成不同形式线形边缘的现象。

3.5

角变 sector

因基因变异或感染病毒而导致菌丝变细、生长缓慢,造成菌丝体表面特征成角状异常的现象。

3.6

高温圈 high temperatured-line

菌种在培养过程中受高温和氧气不足的不良影响,出现的圈状发黄、发暗或菌丝变稀变弱的现象。

3.7

生物学效率 biological efficiency

单位质量的培养料(风干)培养产生出的子实体或菌丝体质量(鲜重),用百分数表示。如培养料

100 kg 产生新鲜子实体 50 kg,生物学效率为 50%。

3.8

种性　characters of strain

按 NY/T 528 规定。

3.9

菌龄　spawn running period

接种后菌丝在培养基物中生长发育的时间。

3.10

菌皮　coat

菌种因菌龄过长,在基质表面形成的皮状物。

4　要求

4.1　母种

4.1.1　容器规格

符合 NY/T 528 规定。

4.1.2　感官要求

母种感官要求应符合表 1 规定。

表 1　母种感官要求

项　　目		要　　求
容器		洁净、完整、无损
棉塞或无棉塑料盖		干燥、洁净,松紧适度,能满足透气和滤菌要求
斜面长度		顶端距棉塞 40 mm～50 mm
接种量(接种物)		3 mm～5 mm×3 mm～5 mm
菌种外观	菌丝生长量	长满斜面
	菌丝体特征	洁白、健壮、棉毛状
	菌丝体表面	均匀、舒展、平整、无角变、色泽一致
	菌丝分泌物	无
	菌落边缘	较整齐
	杂菌菌落	无
	虫(螨)体	无
斜面背面外观		培养基无干缩,颜色均匀、无暗斑、无明显色素
气味		具特有的香味,无异味

4.1.3　微生物学要求

母种微生物学要求应符合表 2 规定。

表 2　母种微生物学要求

项　　目	要　　求
菌丝生长状态	粗壮、丰满、均匀
锁状联合	有
杂菌	无

4.1.4 **菌丝生长速度**

4.1.4.1 白灵菇在25℃±1℃下，在PDPYA培养基上，10 d～12 d长满斜面；在90 mm培养皿上，8 d～10 d长满平板；在PDA培养基上，12 d～14 d长满斜面；在90 mm培养皿上，9 d～11 d长满平板。

4.1.4.2 杏鲍菇在PDA培养基上，在25℃±1℃下，10 d～12 d长满斜面；在90 mm培养皿上，8 d～10 d长满平板。

4.1.5 **母种栽培性状**

供种单位所供母种应栽培性状清楚，需经出菇试验确证农艺性状和商品性状等种性合格后，方可用于扩大繁殖或出售。产量性状在适宜条件下生物学效率杏鲍菇不低于40%，白灵菇不低于30%。

4.2 **原种**

4.2.1 **容器规格**

符合NY/T 528规定。

4.2.2 **感官要求**

原种感官要求应符合表3规定。

表3 原种感官要求

项目			要求
容器			洁净、完整、无损
棉塞或无棉塑料盖			干燥、洁净，松紧适度，能满足透气和滤菌要求
培养基上表面距瓶（袋）口的距离			50 mm±5 mm
接种量(接种物大小)			≥12 mm×12 mm
菌种外观	菌丝生长量		长满容器
	菌丝体特征		洁白浓密，生长健壮
	培养物表面菌丝体		生长均匀，无角变，无高温圈
	培养基及菌丝体		紧贴瓶(袋)壁，无明显干缩
	培养物表面分泌物		无
	杂菌菌落		无
	虫(螨)体		无
	拮抗现象		无
	菌皮		无
	出现子实体原基的瓶(袋)数	杏鲍菇	≤3%
		白灵菇	无
气味			具特有的清香味，无异味

4.2.3 **微生物学要求**

原种微生物学要求应符合4.1.3表2规定。

4.2.4 **菌丝生长速度**

在培养室室温23℃±1℃下，在谷粒培养基上20 d±2 d长满容器，在棉籽壳麦麸培养基和棉籽壳玉米粉培养基上30 d～35 d长满容器，在木屑培养基上35 d～40 d长满容器。

4.3 栽培种

4.3.1 容器规格

符合 NY/T 528 规定。

4.3.2 感官要求

栽培种感官要求应符合表 4 规定。

表 4 栽培种感官要求

项 目			要 求
容器			洁净、完整、无损
棉塞或无棉塑料盖			干燥、洁净,松紧适度,满足透气和滤菌要求
培养基上表面距瓶(袋)口的距离			50 mm±5 mm
菌种外观	菌丝生长量		长满容器
	菌丝体特征		洁白浓密,生长健壮,饱满
	不同部位菌丝体		生长均匀,色泽一致,无角变,无高温圈
	培养基及菌丝体		紧贴瓶(袋)壁,无明显干缩
	培养物表面分泌物		无
	杂菌菌落		无
	虫(螨)体		无
	拮抗现象		无
	菌皮		无
	出现子实体原基的瓶(袋)数	杏鲍菇	≤5%
		白灵菇	无
气 味			具特有的香味,无异味

4.3.3 微生物学要求

栽培种微生物学要求应符合 4.1.3 表 2 规定。

4.3.4 菌丝生长速度

在培养室室温(23℃±1℃)下,在谷粒培养基上菌丝长满瓶应 20 d±2 d,长满袋应 25 d±2 d;在其他培养基上长满瓶应 25 d～35 d,长满袋应 30 d～35 d。

5 抽样

5.1 母种按品种、培养条件、接种时间分批编号,原种、栽培种按菌种来源、制种方法和接种时间分批编号。按批随机抽取被检样品。

5.2 母种、原种、栽培种的抽样量分别为该批菌种量的 10%,5%,1%。但每批抽样数量不得少于 10 支、瓶(袋);超过 100 支、瓶(袋)的,可进行两级抽样。

6 试验方法

6.1 感官检验

感官要求检验方法按表 5 逐项进行。

表 5 感官要求检验方法

检验项目	检验方法	检验项目	检验方法
容器	肉眼观察	接种量	肉眼观察、测量
棉塞、无棉塑料盖	肉眼观察	气味	鼻嗅
培养基上表面距瓶(袋)口的距离	肉眼观察和测量	外观各项[杂菌菌落、虫(螨)体,子实体原基除外]	肉眼观察和测量
斜面长度	肉眼观察和测量	杂菌菌落、虫(螨)体	肉眼观察,必要时用5×放大镜观察
斜面背面外观	肉眼观察	子实体原基	随机抽取样本100瓶(袋),肉眼观察有无原基,计算百分率

6.2 微生物学检验

6.2.1 4.1.3表2中菌丝生长状态和锁状联合用放大倍数不低于10×40的光学显微镜对培养物的水封片进行观察,每一检样应观察不少于50个视野。

6.2.2 细菌检验

将检验样本,按无菌操作接种于GB 4789.28中4.7规定的营养琼脂培养基中,28℃下培养1 d～2 d,观察斜面表面是否有细菌菌落长出,有细菌菌落长出者,为有细菌污染,必要时用显微镜检查;无细菌菌落长出者为无细菌污染。

6.2.3 霉菌检验

将检验样本,按无菌操作接种于PDA培养基(见附录A.1)中,25℃～28℃培养3 d～4 d,出现非杏鲍菇和白灵菇菌丝形态菌落的,或有异味者为霉菌污染物,必要时进行水封片镜检。

6.3 菌丝生长速度

6.3.1 母种

PDA培养基,90 mm直径的培养皿,倾倒培养基25 ml～30 ml/皿,菌龄7 d～10 d的菌种为接种物,用灭菌过的5 mm直径的打孔器在菌落周围相同菌龄处打取接种物,接种后立即置于25℃±1℃黑暗培养,计算长满所需天数。

6.3.2 原种和栽培种

附录B.1、附录B.2、附录B.3、附录B.4规定的配方任选其一,接种后立即在25℃±1℃黑暗培养,计算长满所需天数。

6.4 母种栽培性状

将被检母种制成原种。采用附录C规定的培养基配方,制做菌袋45个。接种后分3组(每组15袋),按试验设计要求排列,进行常规管理,根据表6所列项目,做好栽培记录,统计检验结果。同时将该母种的出发菌株设为对照,做同样处理。对比二者的检验结果,以时间计的检验项目中,被检母种任何一项的时间,白灵菇较对照菌株推迟15 d以上(含15 d)者、杏鲍菇较对照菌株推迟10 d(含10 d)者,为不合格;产量显著低于对照菌株者,为不合格;菇体外观形态与对照明显不同或畸形者,为不合格。

表 6 母种栽培性状检验记录(平均值)

检验项目	检验结果	检验项目	检验结果
长满菌袋所需时间(d)		总产(kg)	
出第一潮菇所需时间(d)		平均单产(kg)	
第一潮菇产量(kg)		色泽、质地	
第一潮菇生物学效率(%)		菇形	
生物学效率(%)		菇盖直径、菌柄长短(cm)	

6.5 留样

各级菌种都要留样备查，留样的数量应每个批号菌种 3～5 支(瓶、袋)，于 4℃～6℃下贮存。杏鲍菇母种 4.5 个月，原种 3.5 个月，栽培种 2 个月；白灵菇母种 6 个月，原种 5 个月，栽培种 4 个月。

7 检验规则

判定规则按要求进行。检验项目全部符合要求时，为合格菌种，其中任何一项不符合要求，均为不合格菌种。

8 标签、标志、包装、运输、贮存

8.1 标签、标志

8.1.1 产品标签

每支(瓶、袋)菌种必需贴有清晰注明以下要素的标签：

a) 产品名称(如杏鲍菇母种)；

b) 品种名称(如杏鲍菇 3 号)；

c) 生产单位(如某某菌种厂)；

d) 接种日期；

e) 执行标准。

8.1.2 包装标签

每箱菌种必需贴有清晰注明以下要素的包装标签：

a) 产品名称、品种名称；

b) 厂名、厂址、联系电话；

c) 出厂日期；

d) 保质期、贮存条件；

e) 数量；

f) 执行标准。

8.1.3 包装储运图示

按 GB 191 规定，应注明以下图示标志：

a) 小心轻放标志；

b) 防水防潮防冻标志；

c) 防晒防高温标志；

d) 防止倒置标志；

e) 防止重压标志。

8.2 包装

8.2.1 母种外包装采用木盒或有足够强度的纸箱，内部用棉花、碎纸或报纸等具有缓冲作用的轻质材料填满。

8.2.2 原种、栽培种外包装采用有足够强度的纸箱，菌种之间用碎纸或报纸等具有缓冲作用的轻质材料填满。纸箱上部和底部用 8 cm 宽的胶带封口，并用打包带捆扎两道，箱内附产品合格证书和使用说明(包括菌种种性、培养基配方及适用范围等)。

8.3 运输

8.3.1 不得与有毒物品混装，不得挤压。

8.3.2 气温达 30℃以上时，需用低于 20℃的冷藏车运输。

8.3.3 运输过程中应有防震、防晒、防尘、防雨淋、防冻、防杂菌污染的措施。

8.4 贮存

8.4.1 菌种生产单位使用的各级菌种，应按计划生产，尽量减少贮藏时间。

8.4.2 母种供种单位的母种应在4℃～6℃冰箱中贮存，贮存期不超过90 d。

8.4.3 原种应尽快使用，在温度不超过25℃、清洁、干燥通风(空气相对湿度50%～70%)、避光的室内存放，谷粒种不超过7 d，其余培养基的原种不超过14 d。在4℃～6℃下贮存，贮存期不超过45 d。

8.4.4 栽培种应尽快使用，在温度不超过25℃、清洁、通风、干燥(相对湿度50%～70%)、避光的室内存放，谷粒种不超过10 d，其余培养基的栽培种不超过20 d。在4℃～6℃下贮存时，贮存期不超过45 d。

附 录 A
（规范性附录）
母种培养基及其配方

A.1 PDPYA 培养基

马铃薯 300 g，葡萄糖 20 g，蛋白胨 2 g，酵母粉 2 g，琼脂 20 g，水 1 000 mL，pH 自然。

A.2 PDA 培养基

马铃薯 200 g，葡萄糖 20 g，琼脂 20 g，水 1 000 mL，pH 自然。

附 录 B
（规范性附录）
原种和栽培种培养基及其配方

B.1 谷粒培养基

小麦、谷子、玉米或高粱98%，石膏2%，含水量50%±1%。

B.2 棉籽壳麦麸培养基

棉籽壳84%，麦麸15%，石膏1%，含水量60%±2%。

B.3 棉籽壳玉米粉培养基

棉籽壳93%，玉米粉5%，石膏2%，含水量60%±2%。

B.4 木屑培养基

阔叶树木屑79%，麦麸20%，石膏1%，含水量60%±2%。

附 录 C
（规范性附录）
栽培性状检验用培养基

C.1 棉籽壳80%，麦麸15%，玉米粉5%，石膏2%，含水量60%±2%。

C.2 棉籽壳55%，阔叶木屑25%，麦麸15%，玉米粉3%，石膏2%，含水量60%±2%。

ICS 67.140.10
X 55

中华人民共和国农业行业标准

NY/T 863—2004

碧 螺 春 茶

Bilochun tea

2005-01-04 发布 2005-02-01 实施

中华人民共和国农业部 发布

前　言

本标准由中华人民共和国农业部提出并归口。

本标准起草单位:江苏省农林厅。

本标准主要起草人:张定、顾卫忠、孙国华、唐锁海、章无畏、刘新玲、芮铭清、周云芳。

碧 螺 春 茶

1 范围

本标准规定了碧螺春茶的术语和定义、要求、试验方法、检验规则、标签、包装、运输、贮存。

本标准适用于江苏太湖、宜溧、宁镇丘陵茶区生产的碧螺春茶。

2 规范性引用文件

下列文件中的条款通过本标准的引用而成为本标准的条款。凡是注日期的引用文件,其随后所有的修改单(不包括勘误的内容)或修订版均不适用于本标准,然而,鼓励根据本标准达成协议的各方研究是否可使用这些文件的最新版本。凡是不注日期的引用文件,其最新版本适用于本标准。

GB 191 包装储运图示标志

GB/T 5009.57 茶叶卫生标准的分析方法

GB 7718 食品标签通用标准

GB/T 8302 茶 取样

GB/T 8303 茶 磨碎试样的制备及其干物质含量测定

GB/T 8304 茶 水分测定

GB/T 8305 茶 水浸出物测定

GB/T 8306 茶 总灰分测定

GB/T 8310 茶 粗纤维测定

GB/T 8311 茶 粉末和碎茶含量测定

GB 11680 食品包装用原纸卫生标准

GB/T 14487 茶叶感官审评术语

GB/T 14456 绿茶

NY 5017 无公害食品 茶叶

SB/T 10157 茶叶感官审评方法

SB/T 10035 茶叶销售包装通用技术条件

SB/T 10037 绿茶、红茶、花茶运输包装

国家质量技术监督局(1995)第43号令《定量包装商品计量监督规定》

3 术语和定义

下列术语和定义适用于本标准。

碧螺春茶 **biluochun tea**

采自江苏太湖、宜溧、宁镇丘陵茶区茶树新梢的幼嫩芽叶,经摊放、杀青、揉捻、搓团显毫、文火干燥等工艺加工而成,以条索紧细多毫、卷曲呈螺为主要品质特征的特种绿茶。

4 要求

4.1 基本要求

4.1.1 不得含有非茶类夹杂物,无劣变、无异味。

4.1.2 不着色,不添加任何物质。

4.2 质量分级和实物标准样

4.2.1 产品分设特级、一级、二级、三级。

4.2.2 实物标准样：各级设实物标准样，实物标准样为该级品质最低界限，每3年换样一次。

4.3 感官指标

各级应符合实物标准样和表1的规定。

表1 碧螺春茶感官品质特征

级别	外形				内质			
	条索	整碎	色泽	匀净度	香气	滋味	汤色	叶底
特级	纤细卷曲呈螺，白毫披覆	匀整	银绿隐翠	匀净	嫩香清鲜	清鲜甘醇	嫩绿明亮	幼嫩多芽，嫩绿明亮
一级	紧细卷曲成螺，白毫披露	匀整	银绿显翠	匀净	嫩香清高	鲜醇	嫩绿明亮	茶叶幼嫩，嫩绿明亮
二级	紧细卷曲成螺，白毫显露	匀尚整	绿翠	匀尚净	清香鲜爽	浓厚	绿明亮	嫩略含单张，嫩明亮
三级	紧结卷曲成螺，白毫尚显	尚匀整	绿润	尚匀净	清香	醇厚	绿明亮	尚嫩含单张，绿尚亮

4.4 理化指标

理化指标应符合表2规定

表2 碧螺春茶理化指标

项目		指标
水分	%	≤7.5
总灰分	%	≤7.0
水浸出物	%	≥35.0
粗纤维	%	≤12.0
碎末	%	≤3.0

4.5 卫生指标

按NY 5017规定执行。

4.6 净含量负偏差

小包装净含量负偏差符合国家质量技术监督局(1995)第43号令《定量包装商品计量监督规定》。

5 试验方法

5.1 取样

按GB/T 8302规定执行。

5.2 感官品质检验

按GB/T 14487和SB/T 10157规定执行。

5.3 理化品质检验

5.3.1 总灰分、粗纤维、水浸出物检验的样品制备，按GB 8303规定执行。

5.3.2 水分检验，按GB/T 8304规定执行。

5.3.3 碎茶、粉末检验，按GB/T 8311规定执行。

5.3.4 水浸出物检验，按GB/T 8305规定执行。

5.3.5 粗纤维检验，按GB/T 8310规定执行。

5.3.6 总灰分检验，按 GB/T 8306 规定执行。

5.4 卫生检验

按 GB 5009.57 和 NY 5017 执行。

5.5 包装检验

按 GB 11680 和 GB 7718 规定执行。

5.6 净含量负偏差检验

按国家质量技术监督局(1995)第 43 号令《定量商品计量监督规定》，用相应精度的计量器具执行。

6 检验规则

6.1 检验批次。产品检验以批为单位，同批产品的品质规格和包装必须一致。

6.2 交收(出厂)检验

6.2.1 每批产品交货时，检验感官品质、水分、粉末、净信号量和包装规格。

6.2.2 产品出厂，应经过厂质检部门的检验，签发产品质量合格证，方可出厂。

6.3 型式(例行)检验

6.3.1 型式检验的样品应在出厂检验合格的产品中随机抽取。

6.3.2 有下列情况之一时，应对产品质量进行型式检验：

a) 正常生产时每两年进行一次；

b) 加工工艺、机具有较大改变，可能影响品质时；

c) 两次检验结果差距较大时。

6.3.3 型式检验项目为本标准规定全部项目。

6.4 判定规则

6.4.1 凡劣变、有污染、有异气味和卫生指标有一项不合格的产品，均判为不合格产品。

6.4.2 净含量、理化指标中若有一项指标不合格或感官指标经综合评判后不合格的，可从同批产品中加倍抽样，检验仍不合格，则判定该批产品不合格。

6.5 复验

对检验结果有争议时，应对留存样进行复验，或在同批产品中重新按 GB 8302 规定加倍取样，对不合格项目进行复验，以复验结果为准。

7 标志、包装、运输、贮存

7.1 标志

出厂产品的外包装及销售包装应符合 GB 7718 规定，运输包装应注明"怕热、怕湿"图示标志，图示标志应符合 GB 191 规定。

7.2 包装

7.2.1 包装容器应该用干燥、清洁、无异气味及不影响茶叶品质的材料制成，接触茶叶的内包装材料应符合 GB 11680 规定和 SB/T 10035 的规定。

7.2.2 包装应牢固、防潮、整洁、美观，能保护茶叶品质，便于携带、贮存、运输。

7.2.3 包装规格应符合 SB/T 10037 规定。

7.3 运输

运输工具必须清洁、干燥、无异味、无污染；运输时应有防雨、防潮、防暴晒等措施。应轻放轻卸，严禁与有毒、有异气味、易污染物品混装、混运。

7.4 贮存

产品应贮存于低温、干燥、清洁、无异气味的专用仓库内，存放位置应离地、离墙 15 cm 以上，严禁与有毒、有异味、易污染的物品混放。

ICS 67.140.10
X 55

中华人民共和国农业行业标准

NY/T 864—2004

苦　丁　茶

Kudingcha

2005-01-04 发布　　　　2005-02-01 实施

中华人民共和国农业部 发布

前　言

本标准由中华人民共和国农业部提出并归口。

本标准起草单位:农业部热带农产品质量监督检验测试中心。

本标准主要起草人:刘洪升、章程辉、冯信平、贺利民、汤建彪、尹桂豪。

苦　丁　茶

1　范围

本标准规定了冬青科冬青属苦丁茶（*Ilex kudingcha* C.J.Tseng）、冬青科冬青属大叶冬青（*Ilex lati-folia* Thunb.）苦丁茶的术语和定义、要求、试验方法、检测规则、标识、包装、运输和贮存。

本标准适用于采用冬青科芽、叶为原料制成的苦丁茶。

2　规范性引用文件

下列文件中的条款通过本标准的引用而成为本标准的条款。凡是注日期的引用文件，其随后所有的修改单（不包括勘误的内容）或修订版均不适用于本标准，然而，鼓励根据本标准达成协议的各方研究是否可使用这些文件的最新版本。凡是不注日期的引用文件，其最新版本适用于本标准。

GB 191　包装储运图示标志

GB/T 5009.11　食品中总砷及无机砷的测定

GB/T 5009.12　食品中铅的测定

GB/T 5009.13　食品中铜的测定

GB/T 5009.16　食品中镉的测定

GB/T 5009.17　食品中氟的测定

GB/T 5009.18　食品中总汞及有机汞的测定

GB/T 5009.123　食品中铬的测定

GB 7718　食品标签通用标准

GB/T 8302　茶　取样

GB/T 8304　茶　水分测定

GB/T 8305　茶　水浸出物的测定

GB/T 8306　茶　总灰分测定

GB/T 8307　茶　水溶性灰分和水不溶性灰分测定

GB/T 8308　茶　酸不溶性灰分测定

GB/T 8310　茶　粗纤维测定

GB/T 8311　茶　粉末和碎茶含量测定

GB 11688　食品包装用厚纸卫生标准

GB/T 14487　茶叶感官审评术语

JJF 1070　定量包装商品净含量计量检验规则

NY 660　茶叶中甲萘威、丁硫克百威、多菌灵、残杀威和抗蚜威的最大残留限量

NY 661　茶叶中氟氯氰菊酯和氟氰戊菊酯的最大残留限量

国家质量技术监督局43号令《定量包装商品计量监督规定》

3　术语和定义

下列术语和定义适用于本标准。

3.1

匀净　neat

匀整，不含梗朴及其他夹杂物。

3.2

花杂 mixed

叶色不一,形状不一。

3.3

苦回甘 sweet after bitter

入口即有苦味,回味略有甜感。

3.4

清澈 clear

清净、透明、光亮、无悬浮物。

4 要求

4.1 基本要求

4.1.1 应具有苦丁茶的自然特征,无劣变、无异味等。

4.1.2 应洁净,不应含有非苦丁茶类夹杂物。

4.1.3 不添加任何添加剂。

4.2 感官要求

感官应符合表1要求。

表1 苦丁茶感官要求

级别	外形品质	内在品质			
		香气	滋味	汤色	叶底
特级	重实、乌润、匀净、无花杂	清香	鲜爽、苦回甘	清澈	单芽到一芽二叶,长度为1 cm~5 cm之间;柔嫩
一级	肥壮、乌润、匀净、无花杂	清香	鲜爽、苦回甘	清澈	一芽二、三叶,长度为2 cm~6 cm;柔嫩
二级	褐黑、较匀净、少量花杂、稍有嫩茎	较清香	较鲜爽、苦回甘	较清澈	一芽二、三叶及同等嫩度对夹叶,长度为2 cm~7 cm;较柔嫩
三级	褐黑、尚匀净、有花杂、稍有嫩茎	尚清香	尚鲜爽、苦回甘	尚清澈	一芽三、四叶及同等嫩度单双片对夹叶,叶长度为2 cm~8 cm;尚柔嫩
注:炒青茶外形色泽呈淡绿色。					

4.3 理化指标

理化指标应符合表2的要求。

表2 苦丁茶理化指标

单位为百分率

序号	项目	指标			
		特级	一级	二级	三级
1	水分	≤7.0		≤8.0	
2	总灰分	≤7.0		≤8.0	
3	水浸出物	≥36.0		≥35.0	
4	粗纤维	≤12.0		≤14.0	
5	水溶性灰分占总灰分	≥50.0		≥48.0	
6	酸不溶性灰分	≤1.0			
7	粉末	≤2.0			

4.4 卫生指标

卫生指标应符合表3要求。

表3 苦丁茶卫生指标

单位为毫克每千克

项 目	指 标
铅(以 Pb 计)	≤2.0
铜(以 Cu 计)	≤60
铬(以 Pb 计)	≤5
镉(以 Cd 计)	≤1
汞(以 Hg 计)	≤0.3
氟(以 F 计)	≤200
砷(以 As 计)	≤2
甲萘威(carbaryl)	≤5
丁硫克百威(carbosulfan)	≤1
多菌灵(carbendazim)	≤5
残杀威(propoxur)	≤1
抗蚜威(pirmicarb)	≤1
氟氯氰菊酯(cyfluthrin)	≤1
氟氰戊菊酯(flucythrinate)	≤1
注:其他卫生指标执行国家相关标准。	

4.5 净含量负偏差

执行国家质量技术监督局43号令《定量包装商品计量监督规定》。

5 试验方法

5.1 取样

按 GB/T 8302 规定执行。

5.2 基本要求和感官要求检测

按 GB/T 14487 规定执行。

5.3 理化指标检测

5.3.1 水分

按 GB/T 8304 规定执行。

5.3.2 总灰分

按 GB/T 8306 规定执行。

5.3.3 水浸出物

按 GB/T 8305 规定执行。

5.3.4 粗纤维

按 GB/T 8310 规定执行。

5.3.5 水溶性灰分

按 GB/T 8307 规定执行。

5.3.6 酸不溶性灰分

按 GB/T 8308 规定执行。

5.3.7 **粉末和碎茶含量**

按 GB/T 8211 规定执行。

5.4 卫生指标的检测

5.4.1 **砷**

按 GB/T 5009.11 规定执行。

5.4.2 **铅**

按 GB/T 5009.12 规定执行。

5.4.3 **铜**

按 GB/T 5009.13 规定执行。

5.4.4 **镉**

按 GB/T 5009.15 规定执行。

5.4.5 **汞**

按 GB/T 5009.17 规定执行。

5.4.6 **氟**

按 GB/T 5009.18 规定执行。

5.4.7 **铬**

按 GB/T 5009.123 规定执行。

5.4.8 **甲萘威、丁硫克百威、多菌灵、残杀威、抗蚜威**

按 NY 660 附录 A 规定执行。

5.4.9 **氟氯氰菊酯、氟氰戊菊酯**

按 NY 661 附录 A 规定执行。

5.5 净含量负偏差检测

按 JJF 1070 规定执行。

5.6 包装标签检验

按 GB 7718 规定执行。

6 检验规则

6.1 组批

同一产地、同一生产日期、同一原料、同一等级苦丁茶产品为一批次。

6.2 抽样方法

按 GB/T 8302 规定执行。

6.3 交收(出厂)检验

6.3.1 每批产品交收(出厂)前,应进行检验,检验合格并附有合格证的产品方可出售。

6.3.2 交收(出厂)检验内容为感官、水分、粉末、净含量、包装、标志和标签。

6.4 型式检验

型式检验是对产品质量进行全面考核,有下列情形之一者应对产品质量进行型式检验。

a) 新产品试制或原料、工艺、设备有较大改变时;

b) 因人为或自然因素使生产环境发生较大变化;

c) 前后两次抽样检验结果差异较大;

d) 有关行政主管部门提出型式检验要求。

型式检验时,应按第 4 章规定的全部技术指标要求进行检验。

6.5 判定规则

6.5.1 经检验符合本标准要求的产品，按第4章等级要求分别定为相应等级。

6.5.2 基本要求、卫生指标有一项不符合要求的产品，判为不合格产品。

6.6 复验

理化指标检验不合格，可对保留样进行复检或在同批产品中重新按GB/T 8302规定加倍取样，对不合格项目进行复检，以一次复检为限，结果以复检为准。

7 标识

7.1 标志

包装储运图示标志应符合GB 191规定。

7.2 标签

应符合GB 7718的规定。标签内容中应标明苦丁茶科、属、种名称，明确植物学名或拉丁文。

8 包装

8.1 包装材料应干燥、清洁、无异味，不影响苦丁茶品质。便于装卸、仓储和运输。

8.2 接触茶叶的内包装材料应符合GB 11680规定。

9 运输和贮存

9.1 运输工具应清洁、干燥、无异味、无污染；运输时应防潮、防雨、防暴晒；装卸时轻放轻卸，严禁与有毒、有异味、易污染的物品混装混运。

9.2 应贮于清洁、干燥、阴凉、避光、无异气味的专用仓库中，仓库周围应无异味污染。防高温、防光照、防氧化，密封贮存。

ICS 67.080.10
B 31

中华人民共和国农业行业标准

NY/T 865—2004

巴　　梨

Bartlett

2005-01-04 发布　　2005-02-01 实施

中华人民共和国农业部　发布

前　　言

本标准由中华人民共和国农业部提出并归口。

本标准起草单位:辽宁省乡镇企业技术发展中心、沈阳农业大学。

本标准主要起草人:马岩松、吴玥、杨洪嘉、车芙蓉、张春红。

巴　　梨

1　范围

本标准规定了鲜巴梨术语和定义、要求、试验方法、检验规则、标志与包装、运输与贮藏。

本标准适用于鲜巴梨。

2　规范性引用文件

下列文件中的条款通过本标准的引用而成为本标准的条款。凡是注日期的引用文件，其随后所有的修改单(不包括勘误的内容)或修订版均不适用于本标准，然而，鼓励根据本标准达成协议的各方研究是否可使用这些文件的最新版本。凡是不注日期的引用文件，其最新版本适用于本标准。

GB/T 5009.11　食品中总砷的测定方法

GB/T 5009.12　食品中铅的测定方法

GB/T 5009.15　食品中镉的测定方法

GB/T 5009.17　食品中总汞的测定方法

GB/T 5009.38　蔬菜、水果卫生标准的分析方法

GB 7718　食品标签通用标准

GB/T 10650—1989　鲜梨

GB 14875　食品中辛硫磷农药残留量的测定方法

GB/T 17331　食品中有机磷和氨基甲酸酯类农药多种残留的测定

GB/T 17332　食品中有机氯和拟除虫菊酯类农药多种残留的测定

SB/T 10060　梨冷藏技术

SB/T 10158　新鲜蔬菜包装通用技术条件

3　术语和定义

下列术语和定义适用于本标准。

3.1

品种特征　varietal characteristic

巴梨果实较大，果实呈粗颈葫芦形，果皮绿黄色，间或阳面有浅红晕，果面稍有凸凹，具蜡质光泽，果点小，果梗粗短，梗洼浅狭，采后经后熟，果皮转黄色，果肉乳白色，肉质细软，石细胞少，柔软易溶于口，品质佳。

3.2

畸形果　deformity fruit

指果实有不正常的明显凹陷或突起，以及外形缺陷。

3.3

果梗完整　fruit stem intact

指果实带有完整的粗短果梗，凡不带或带有受损果梗不能认为果梗完整。

3.4

成熟　mature

指果实发育已达到可继续进行完熟的阶段，此时果面绿色减退，果肉由硬脆逐步转为清脆。即本标准规定品种特征的可采成熟度。

3.5

日灼　sun burn

指果面因受强烈日光照射形成的变色斑块，也称晒伤或日烧病，轻微者晒伤部位呈桃红色或微白色，严重者变成黄褐色。

3.6

雹伤　hail damage

指果实生长期间被冰雹击伤，轻微者伤处可愈合，形成褐色小块斑痕，或果皮未破，伤处略呈凹陷，严重者伤及果肉，伤部面积较大，伤口不能愈合。

3.7

果锈　russet

指果皮上覆盖的锈状木栓化物质，包括条状、片状锈斑和斑点。

3.8

药斑　medicinal speckle

指喷洒农药在果面上残留的不能清除斑点，轻微者指细小而稀疏的斑点或变色不明显的网状薄层。

3.9

病果　disorder or infected fruit

指由微生物引起的轮纹病、炭疽病和腐烂病等病害果实或褐皮病、褐心病、冷害、二氧化碳中毒等非微生物因素引起的病害果实。

3.10

虫果　insect infested fruit

指受食心虫等为害的果实，果面上有虫眼，周围变色，食心虫入果后蛀食果肉和果心，虫眼周围或虫道中留有虫粪，影响食用。

3.11

虫伤　insect bites

指危害果实的卷叶蛾、椿象、金龟子等蛀食果皮和果肉的虫伤，面积计算应包括伤口周围已木栓化部分。

4　要求

4.1　感官要求

应符合表1规定。

表1　巴梨感官要求

项　目		特　等	一　等	二　等
基本要求		具有果实成熟时应有的品种特征，新鲜洁净，无异味，果梗完整	具有果实成熟时应有的品种特征，新鲜洁净，无异味，果梗完整	允许果形稍有缺陷，无畸形果
果面缺陷	碰压伤	无	无	允许总面积小于 0.5 cm² 轻微压伤
	刺　伤	无	无	无
	擦　伤	允许总面积小于 0.5 cm² 轻微擦伤	允许总面积小于 1.0 cm² 轻微擦伤	允许总面积小于 2.0 cm² 轻微擦伤
	日　灼	无	无	允许总面积小于 0.5 cm² 轻微日灼

表 1 （续）

项目		特等	一等	二等
果面缺陷	雹伤	无	无	允许总面积小于 0.5 cm^2 轻微雹伤
	果锈	允许总面积小于 0.5 cm^2 轻微果锈	允许总面积小于 1.0 cm^2 轻微果锈	允许总面积小于 2.0 cm^2 轻微果锈
	药斑	无	允许总面积小于 0.5 cm^2 轻微药斑	允许总面积小于 1.0 cm^2 轻微药斑
	虫伤	无	允许总面积小于 0.1 cm^2 干枯虫伤	允许总面积小于 0.5 cm^2 干枯虫伤
	病果	无	无	无
	虫果	无	无	无
单果重，g		≥260	≥220	≥180
容许度		果面缺陷不应超过 1 项，允许按重量计算有 2.0%的果面缺陷不合格品（应达到一等果要求）	果面缺陷不应超过 2 项，允许有 5.0%的果面缺陷不合格品（应达到二等果要求）	果面缺陷不应超过 3 项，允许按重量计算有 8.0%的果面缺陷不合格品

4.2 理化要求

应符合表 2 的规定。

表 2　巴梨理化要求

项目	可溶性固形物，%	总酸，%	固酸比
指标	≥12.0	≤0.25	≥48∶1

4.3 卫生要求

应符合表 1 的规定。

表 3　巴梨的卫生指标

单位为毫克每千克

项目	指标
砷（以 As 计）	≤0.5
铅（以 Pb 计）	≤0.2
镉（以 Cd 计）	≤0.03
汞（以 Hg 计）	≤0.01
多菌灵 carbendazim	≤0.5
毒死蜱 chlorpyrifos	≤1.0
辛硫磷 phoxim	≤0.05
氯氟氰菊酯 cyhalothrin	≤0.2
溴氰菊酯 deltamethrin	≤0.1
氯氰菊酯 cypermethrin	≤2.0

5 试验方法

5.1 感官检验

按 GB/T 10650 中 6.1 规定执行。

5.2 理化检验

按 GB/T 10650 中 6.2 规定执行。

5.3 卫生检验

5.3.1 砷

按 GB/T 5009.11 规定执行。

5.3.2 铅

按 GB/T 5009.12 规定执行。

5.3.3 镉

按 GB/T 5009.15 规定执行。

5.3.4 汞

按 GB/T 5009.17 规定执行。

5.3.5 多菌灵

按 GB/T 5009.38 规定执行。

5.3.6 辛硫磷

按 GB 14875 规定执行。

5.3.7 毒死蜱

按 GB/T 17331 规定执行。

5.3.8 氯氟氰菊酯、溴氰菊酯、氯氰菊酯

按 GB/T 17332 规定执行。

6 检验规则

6.1 组批规则

同一产地、同一等级、同一包装日期的巴梨作为一个批次。

6.2 抽样方法

按 GB/T 10650 中 7.4、7.5 及 7.6 规定执行。

6.3 型式检验

型式检验是对产品进行全面考核，即对本标准规定的全部要求(指标)进行检验。有下列情形之一者，应进行型式试验：

a) 前后两次检验结果差异较大；

b) 因人为或自然因素使生产环境发生较大变化；

c) 国家质量监督机构或主管部门提出型式检验要求。

6.4 交收检验

交收检验为感官检验所有内容，按本标准 4.1 表 1 所列各项要求对样果逐个进行检查，将检查出的各种不合格果分别记录，计算后作为评定的依据。检验合格并附合格证的产品，方可收购。

6.5 判定规则

6.5.1 **检验计算方法** 每批巴梨抽样检验时，对不符合所属等级标准的产品作分项称量，正确记录在检验单上；如同一果实上兼有二项及二项以上果面缺陷或损伤者，则选定一项对质量影响较重的计量记录。单项合格果百分率按式(1)计算，精确到小数点后一位。

$$X=\frac{m_1}{m_2}\times 100 \quad \cdots\cdots (1)$$

式中：

X——单项不合格百分率，单位为百分率(%)；

m_1——单项不合格果的数量，单位为千克(kg)；

m_2——检验样本的果品数量，单位为千克(kg)。

6.5.2 **验收容许度** 验收容许度是抽检每一个包装件中的果实，对不符合等级规格指标部分，允许有一定容许度(表 1)。各等级容许度允许的降等果，只能是邻级果。

6.6 复检规定

经检验评定不符合本等级规定质量的巴梨，应按其实际规格质量定级验收，如交售方不同意变更等级，须重新整理后再送样复检，以复检结果定级，复检以一次为限。

7 标志与包装

7.1 标志

应按 GB 7718 规定执行。外包装应标明品名、等级、规格、重量、产地、经销单位和包装日期。

7.2 包装

巴梨应按等级、质量分别包装。包装容器、包装方法与要求应按 GB/T 10650 和 GB/T 10158 规定执行。运输、贮藏包装应用塑料箱或木箱，每件净重 15 kg～25 kg。销售包装应用瓦楞纸箱，每件 8 kg 以下，分二层装果。

8 运输与贮藏

8.1 运输

运输车辆应清洁卫生，不得与有毒、有害、有异味的物品混装、混运。装卸运输中要轻装轻卸，尽量缩短运输时间，严禁日晒雨淋，注意防热防冻。

8.2 贮藏

巴梨贮藏可参照 SB/T 10060 规定执行。巴梨冷藏温度－0.5℃～0.5℃，相对湿度 90%～95%，适时通风换气。气调贮藏温度 0℃～1℃，相对湿度 95%～98%，O_2 浓度 2.0%～4.0%，CO_2 浓度2.0%～3.0%。采用薄膜小包装气调贮藏时，果实应经预冷后装袋扎口，装量小于 15 kg，O_2 浓度不低于 2.0%，CO_2 浓度不高于 3.0%。

ICS 67.080.10
B 31

中华人民共和国农业行业标准

NY/T 866—2004

水　蜜　桃

Honey peach

2005-01-04 发布　　2005-02-01 实施

中华人民共和国农业部 发布

前　言

本标准由中华人民共和国农业部提出并归口。

本标准起草单位：四川省农业厅、四川省农业科学院。

本标准主要起草人：高瑛、邓家林、刘建军、魏荣州、杨素芝、罗楠、胡述辑、宋文奇、李昆。

水　蜜　桃

1　范围

本标准规定了水蜜桃果实的术语和定义、要求、试验方法、检验规则、包装、标志及贮藏与运输。

本标准适用于水蜜桃。

2　规范性引用文件

下列文件中的条款通过本标准的引用而成为本标准的条款。凡是注日期的引用文件，其随后所有的修改单(不包括勘误的内容)或修订版均不适用于本标准，然而，鼓励根据本标准达成协议的各方研究是否可使用这些文件的最新版本。凡是不注日期的引用文件，其最新版本适用于本标准。

GB 191　包装储运图示标志

GB 14875　食品中辛硫磷农药残留量的测定方法

GB 14878　食品中百菌清残留量的测定方法

GB/T 5009.11　食品中总砷的测定方法

GB/T 5009.12　食品中铅的测定方法

GB/T 5009.15　食品中镉的测定方法

GB/T 5009.17　食品中总汞的测定方法

GB/T 5009.18　食品中氟的测定方法

GB/T 5009.19　食品中六六六、滴滴涕残留量的测定方法

GB/T 5009.20　食品中有机磷农药残留量的测定方法

GB/T 5009.38　蔬菜、水果卫生标准的分析方法

GB/T 6543　瓦楞纸箱

GB/T 8855　新鲜水果和蔬菜的取样方法

GB/T 12295　水果、蔬菜制品　可溶性固形物含量的测定——折射仪法

GB/T 13607　苹果、柑橘包装

GB/T 17332　食品中有机氯和拟除虫菊酯类农药多种残留的测定

SB/T 10090　鲜桃

SB/T 10091　桃冷藏技术

3　术语和定义

SB/T 10090 的定义以及下列术语和定义适用于本标准。

3.1

水蜜桃　Honey peach

为蔷薇科李属桃亚属普通桃中柔软多汁、易剥皮、多粘核、不耐贮运的一类桃。生产中主要品种有早香玉、京春、玉露、白花水蜜、湖景蜜露、白凤、大久保、皮球桃、京艳、简阳晚白桃等。

3.2

早中晚熟品种划分　Demarcation of early-, mid-, late-matured varieties

果实生长发育期≤65 d 为特早熟品种，66 d～90 d 为早熟品种，91 d～120 d 的为中熟品种，121 d～150 d 为晚熟品种，＞150 d 为特晚熟品种。

4 要求

4.1 感官指标

应符合表1规定。

表1 感官指标

级别		优等品	一等品	二等品
项目	果形	具该品种固有特征,果形端正、整齐、一致	具该品种固有特征,形状端正较一致	具该品种固有特征,果形端正,无明显畸形
	色泽	均匀一致		较均匀一致
	果面	洁净、无病、无虫伤和机械伤、无各种斑疤		
	梗洼	无伤痕、无虫斑	无伤痕、虫斑≤2个	

4.2 理化指标

应符合表2规定。

表2 理化指标

项目		优等品	一等品	二等品
单果重(g)	特早熟品种	≥110	≥90	≥80
	早熟品种	130～250	≥110	≥100
	中熟品种	175～350	≥150	≥125
	晚熟品种	225～350	≥185	≥150
	特晚熟品种	200～300	≥180	≥150
可溶性固形物(%)	特早熟品种	≥8.0	≥8.0	≥7.0
	早熟品种	≥9.5	≥9.5	≥9.0
	中熟品种	≥11.5	≥11.0	≥10.5
	晚熟品种	≥12.0	≥11.5	≥11.0
	特晚熟品种	≥12.5	≥12.0	≥11.5

4.3 卫生指标

应符合表3规定。

表3 卫生指标

项目	指标(mg/kg)
砷(以As计)	≤0.5
铅(以Pb计)	≤0.2
镉(以Cd计)	≤0.03
氟(以F计)	≤0.5
汞(以Hg计)	≤0.01
六六六(BHC)	≤0.2
滴滴涕(DDT)	≤0.1
多菌灵(carbendazim)	≤0.5
百菌清(chlorothalonil)	≤1.0
氯氟氰菊酯(cyhalothrin)	≤0.2
氯氰菊酯(cypermethrin)	≤2.0

表 3 （续）

项　　目	指　标(mg/kg)
溴氰菊酯(deltamerthrin)	≤0.1
氰戊菊酯(fenvalerate)	≤0.2
敌敌畏(dichlorvos)	≤0.2
乐果(dimethoate)	≤1.0
杀螟硫磷(fenitrothion)	≤0.5
喹硫磷(quinalphos)	≤0.5
辛硫磷(phoxim)	≤0.05
注:禁用农药在水蜜桃生产中不得使用。	

5　试验方法

5.1　感官检验

将样品置于自然光照下,进行感官检验,对不符合基本要求的样品做各项记录。如果一个样品同时出现多种缺陷,合并主要的缺陷计算。不合格品的百分率按式(1)计算,结果保留一位小数。

$$X=\frac{m_1}{m_2}\times 100 \quad \cdots\cdots (1)$$

式中:

X——单项不合格百分率,单位为百分率(%);

m_1——单项不合格品的重量,单位为千克(kg);

m_2——检验样本的重量,单位为千克(kg)。

各单项不合格品百分率之和即为总不合格百分率。

5.2　可溶性固形物含量的检验

按 GB/T 12295 的规定执行。

5.3　安全卫生指标的检验

5.3.1　砷

按 GB/T 5009.11 规定执行。

5.3.2　铅

按 GB/T 5009.12 规定执行。

5.3.3　镉

按 GB/T 5009.15 规定执行。

5.3.4　氟

按 GB/T 5009.18 规定执行。

5.3.5　汞

按 GB/T 5009.17 规定执行。

5.3.6　六六六、滴滴涕

按 GB/T 5009.19 规定执行。

5.3.7　多菌灵

按 GB/T 5009.38 的规定执行。

5.3.8　百菌清

按 GB 14878 的规定执行。

5.3.9 **氯氟氰菊酯、氯氰菊酯、溴氰菊酯、氰戊菊酯**

按 GB/T 17332 的规定执行。

5.3.10 **敌敌畏、乐果、杀螟硫磷、喹硫磷**

按 GB/T 5009.20 的规定执行。

5.3.11 **辛硫磷**

按 GB 14875 的规定执行。

6 检验规则

6.1 组批规则

同一生产单位、同品种、同等级、同一包装日期的水蜜桃作为一个检验批次。

6.2 检验期限

货到产地站台或机场 12 h 以内检验，货到目的地 12 h 以内检验。

6.3 抽样方法

按 GB/T 8855 规定执行。

6.4 检验分类

6.4.1 型式检验

型式检验是对产品进行全面考核，即对本标准规定的全部要求(指标)进行检验。有下列情形之一者应进行型式检验：

a) 客户提出型式检验要求；

b) 前后两次抽样检验结果差异较大；

c) 国家质量监督机构或主管部门提出型式检验要求。

6.4.2 交收检验

每批产品交收前进行交收检验，其内容包括感官、净重、包装、标志的检验。检验合格并附合格证的产品方可交收。

6.5 判定规则

6.5.1 产地站台交接重量差异允许度，每件净重不低于标示重量的 99.5%。运到目的地，每件净重不低于标示重量的 98%。

6.5.2 感官要求的总不合格品百分率不超过检验样本重量的 3%，理化指标要求的可溶性固形物及安全卫生指标均为合格；果实大小，优等品不得混入邻级果，一、二等品中邻级果以个计算不得超过 5%，各等级果品均不得混入等外级果。则该批产品判为合格。

6.5.3 不符合 6.5.2 要求判为不合格产品。

6.5.4 出现不合格时，允许复检或整改后申请复检，若仍不合格，则判为不合格；若复检合格，则需再取样作第二次复检，以第二次复检结果为准。

7 包装

7.1 包装材料应无毒、无害、清洁。单果包装材料和垫层材料还需柔软、有一定透气性。外包装材料还要求牢固、美观、干燥、无尖突物。同批商品的包装材料质地色泽一致。

7.2 包装按 GB/T 13607 规定执行，每箱净重不超过 20 kg。瓦楞纸箱按 GB 6543 规定执行。

8 标志

8.1 包装储运图示按 GB 191 规定执行。

8.2 包装上应标注商标、品名、等级、果实大小、个数、毛重(kg)、净重(kg)、经销商、产地、包装厂、采收期、包装日期、贮运条件等。

9 贮藏与运输

9.1 贮藏

9.1.1 冷库贮藏物理条件、定义和测量按SB/T 10091规定执行。贮藏时不宜与有毒、有异味的物品混放。

9.1.2 鉴于水蜜桃可带皮食用或加工,采后不应用有毒、有害、有异味或破坏风味的药剂进行果实保鲜处理。

9.2 运输

9.2.1 运输工具必须清洁、干燥、无毒、无污染、无异味,要有通风、防日晒和防雨雪渗入的设施。

9.2.2 装运及堆码轻卸轻放,通风堆码,不允许混装。

ICS 67.080.10
B 31

中华人民共和国农业行业标准

NY/T 867—2004

扁　　桃

Almonds

2005-01-04 发布　　　　2005-02-01 实施

中华人民共和国农业部　发布

前　言

本标准由中华人民共和国农业部提出并归口。

本标准起草单位:新疆生产建设兵团农三师科委、农业部食品质量监督检验测试中心(石河子)。

本标准主要起草人:胡仲华、张惠臻、熊焕章、宋光杰、侯明镜、王木森、李俊、梁宏蔚。

扁　　桃

1　范围

本标准规定了扁桃的术语和定义、要求、试验方法、检验规则、标志、包装、运输和贮存。

本标准适用于扁桃。

2　规范性引用文件

下列文件中的条款通过本标准的引用而成为本标准的条款。凡是注日期的引用文件，其随后所有的修改单(不包括勘误的内容)或修订版均不适用于本标准，然而，鼓励根据本标准达成协议的各方研究是否可使用这些文件的最新版本。凡是不注日期的引用文件，其最新版本适用于本标准。

GB 4789.2　食品卫生微生物学检验　菌落总数测定

GB 4789.3　食品卫生微生物学检验　大肠菌群测定

GB 4789.4　食品卫生微生物学检验　沙门氏菌检验

GB 4789.5　食品卫生微生物学检验　志贺氏菌检验

GB 4789.10　食品卫生微生物学检验　葡萄球菌检验

GB 4789.11　食品卫生微生物学检验　溶血性链球菌检验

GB/T 5009.3　食品中水分的测定

GB/T 5009.5　食品中蛋白质的测定

GB/T 5009.6　食品中脂肪的测定

GB/T 5009.11　食品中总砷及无机砷的测定

GB/T 5009.12　食品中铅的测定

GB/T 5009.17　食品中总汞及有机汞的测定

GB/T 5009.19　食品中六六六、滴滴涕残留量的测定

GB/T 5491　粮食、油料检验　扦称分样法

3　术语和定义

下列术语和定义适用于本标准。

3.1

扁桃　almonds

又叫巴旦姆、巴旦杏。

3.2

果仁比　ratio of kernel and nut

样果脱壳后果仁的质量与样果质量的百分率。

3.3

虫蚀粒　insect damaged nut

被虫蛀蚀伤及果仁的颗粒。

3.4

破损粒　broken nut

被压扁、破碎伤及果仁的颗粒。

3.5

病斑粒　diseased nut

果壳带有病斑并病及果仁的颗粒。

3.6

生芽粒　grown slip nut

芽或幼根突破种皮的颗粒。

3.7

霉变粒　mouldy nut

果壳发霉或果仁变色、变质的颗粒。

3.8

污染物　filth

指活昆虫、死昆虫、霉菌、螨虫生成物及排泄物。

4　分类

扁桃分为厚壳和薄壳两类，厚壳指壳厚为 1.5 mm～2 mm 以上，薄壳指厚度为 1.5 mm 以下。

5　要求

5.1　感官

扁桃外观色泽介于淡黄色与米黄色之间，并有深黄色的非病态斑点，表面干净，无异味。

5.2　等级规格

扁桃核仁分为一级品、二级品、三级品，各等级应符合表 1 的要求。

表 1　扁桃规格等级表

规格	千克粒数 ≤		果仁比，% ≥	
	厚壳扁桃	薄壳扁桃	厚壳扁桃	薄壳扁桃
一级品	大 290 中 545 小 890	大 325 中 450 小 740	大 30 中 38 小 45	大 42 中 67 小 57
二级品	大 385 中 715 小 995	大 295 中 570 小 945	大 29 中 39 小 45	大 45 中 69 小 57
三级品	大 380 中 810 小 1 010	大 475 中 700 小 1 015	大 28 中 40 小 45	大 46 中 73 小 59

5.3　理化指标

扁桃理化指标见表 2。

表 2　扁桃理化指标

单位为百分率（%）

蛋白质（干基）	脂肪（干基）	水分	缺陷粒	杂质	污染物
≥25.0	≥50.0	≤9.0	≤9.0	≤2.0	≤0.1
注 1. 缺陷粒是指虫蚀粒、破损粒、病斑粒、生芽粒、霉变粒。 注 2. 虫蚀粒、霉变粒和病斑粒分别不得超过 0.2%。					

5.4 卫生指标

卫生指标见表 3。

表 3 扁桃卫生指标

单位为毫克每千克

项　　目	指　　标
汞(以 Hg 计),mg/kg	≤0.01
砷(以 As 计),mg/kg	≤0.5
铅(以 Pb 计),mg/kg	≤0.2
滴滴涕,mg/kg	≤0.1
乐果,mg/kg	≤0.1
注 1. 菌落总数(个/g)≤5 000,大肠菌群(MPN/100 g)≤50 注 2. 对进口扁桃的检疫,按国家植物检疫的有关规定执行。	

6 试验方法

6.1 感官检测

将样品铺于洁净的白色瓷盘上,肉眼观察样品的外观色泽;取少量样品放入密闭器皿内,在 60℃～70℃的温水杯中保温数分钟,取出,并立即嗅辨气味。

6.2 千克粒数

从样品中随机称取样果 1 000 g,放于洁净的白色瓷盘上计粒数。

6.3 果仁比

从样品中随机称取样果约 200 g,剥除果壳后称果仁质量。

果仁比以质量分数 ω_1 表示,单位为百分比(%),按公式(1)计算,精确到整数位。

$$\omega_1=\frac{m_2}{m_1}\times 100 \cdots\cdots (1)$$

式中:

ω_1 ——果仁比,单位为百分比(%);

m_1 ——样果质量,单位为克(g);

m_2 ——果仁质量,单位为克(g)。

6.4 杂质

从样品中随机称取样果约 1 000 g,放于洁净的白色瓷盘上,挑出杂质并称质量。

杂质含量以质量分数 ω_2 表示,单位为百分比(%),按公式(2)计算,精确到整数位。

$$\omega_2=\frac{m_4}{m_3}\times 100 \cdots\cdots (2)$$

式中:

ω_2 ——杂质含量,单位为百分比(%);

m_3 ——样果质量,单位为克(g);

m_4 ——杂质质量,单位为克(g)。

6.5 缺陷粒

从样品中随机称取样果约 1 000 g,放于洁净的白色瓷盘上,挑出缺陷粒并称质量。

缺陷粒以质量分数 ω_3 表示,单位为百分比(%),按公式(3)计算,精确到整数位。

$$\omega_3=\frac{m_6}{m_5}\times 100 \cdots\cdots (3)$$

式中：

ω_3 ——缺陷粒含量，单位为百分比（%）；

m_5 ——样果质量，单位为克（g）；

m_6 ——缺陷粒质量，单位为克（g）。

6.6 污染物

从样品中随机称取样果约 1 000 g，放于洁净的白色瓷盘上，挑出污染物并称质量。

污染物以质量分数 ω_4 表示，单位为百分比（%），按公式（4）计算，精确到整数位。

$$\omega_4=\frac{m_8}{m_7}\times 100 \quad \cdots\cdots (4)$$

式中：

ω_4 ——污染物含量，单位为百分比（%）；

m_7 ——样果质量，单位为克（g）；

m_8 ——污染物质量，单位为克（g）。

6.7 理化检测

6.7.1 水分

按 GB/T 5009.3 中第 1 法的规定执行。

6.7.2 蛋白质

按 GB/T 5009.5 的规定执行。

6.7.3 脂肪

按 GB/T 5009.6 中第 1 法的规定执行。

6.7.4 汞

按 GB/T 5009.17 的规定执行。

6.7.5 砷

按 GB/T 5009.11 的规定执行。

6.7.6 铅

按 GB/T 5009.12 的规定执行。

6.7.7 六六六、滴滴涕

按 GB/T 5009.19 的规定执行。

6.7.8 微生物指标

菌落总数

按 GB 4789.2 的规定执行。

大肠菌群

按 GB 4789.3 的规定执行。

7 检验规则

7.1 检验分类

在确保表 3 卫生指标全部达到标准的前提下，除表 2 中蛋白质及脂肪外，按照表 1 全部项目和表 2 部分项目进行分类。

7.2 组批

凡同品种、同规格、同一产地的扁桃可作为一个检验批次。

7.3 抽样

按 GB/T 5491 中的 2.1、2.2.1.4、2.3.2 和 3.1 的规定执行。

7.4 检验容许度

一个检验批次的扁桃容许不符合等级质量要求的数量(以重量计)见表4。

表4 扁桃各等级不符合质量指标要求的容许范围

项目		容许度		
		一级品	二级品	三级品
外观质量	破碎率,% ≤	1	2	3
	含杂率,% ≤	0	2	3
理化指标	缺陷率,% ≤	2	4	9
	蛋白质,% ≥	25	22	15
	脂肪,% ≥	50	45	40
	水分,% ≤	9	12	15
	污染物,% ≤	0.1	0.15	0.2

7.5 判定规则

凡卫生指标中一项不合格者,判为不合格品,并且不复验。

7.6 复验

按本标准检验,理化指标如有一项不合格,应另取一份样品复验,若仍不合格,则判定该批产品不合格;若复验合格,则应再取一份样品作第二次复验,以第二次复验为准。

8 包装、标志、贮藏和运输

8.1 包装

各种规格包装扁桃的材料必须符合卫生要求、无异味、不影响扁桃品质,不可混级包装,净重与标识相符。

8.2 标志

在每一个包装上应标志注明下列项目:

——产品名称、种类、商标、执行标准编号;

——生产商或包装商的名称、地址;

——净含量;

——规格;

——包装日期及收获年份;

——产地。

8.3 贮藏

扁桃应堆放于通风、干燥的场所,堆垛应留有通道,下面要有木板垫底,离地面10 cm高。要注意防鼠害。

8.4 运输

运输时运输工具要保持清洁、卫生,注意防雨防潮,不与有毒、有害、有腐蚀性、有异味以及不洁物混合装运。